THE
ASTRONOMICAL
ALMANAC

FOR THE YEAR

1996

Data for Astronomy, Space Sciences, Geodesy,
Surveying, Navigation and other applications

WASHINGTON

Issued by the
Nautical Almanac Office
United States
Naval Observatory
by direction of the
Secretary of the Navy
and under the
authority of Congress

LONDON

Issued by
Her Majesty's
Nautical Almanac Office
Royal Greenwich Observatory
on behalf of the
Particle Physics
and Astronomy
Research Council

WASHINGTON: U.S. GOVERNMENT PRINTING OFFICE
LONDON: HMSO

ISBN 0 11 886502 1

ISSN 0737-6421

UNITED STATES

For sale by the
Superintendent of Documents
U.S. GOVERNMENT PRINTING OFFICE
Washington, D.C., 20402

UNITED KINGDOM

For sale by

HMSO

HMSO publications are available from:

HMSO Publications Centre
(Mail, fax and telephone orders only)
PO Box 276, London, SW8 5DT
Telephone orders 071-873 9090
General enquiries 071-873 0011
(queuing system in operation for both numbers)
Fax orders 071-873 8200

HMSO Bookshops
49 High Holborn, London, WC1V 6HB
(Counter service only)
071-873 0011   Fax 071-873 8200
258 Broad Street, Birmingham, B1 2HE
021-643 3740   Fax 021-643 6510
33 Wine Street, Bristol BS1 2BQ
0272 264306   Fax 0272 294515
9–21 Princess Street, Manchester, M60 8AS
061-834 7201   Fax 061-833 0634
16 Arthur Street, Belfast, BT1 4GD
0232 238451   Fax 0232 235401
71 Lothian Road, Edinburgh, EH3 9AZ
031-228 4181   Fax 031-229 2734

HMSO's Accredited Agents
(see Yellow Pages)

And through good booksellers

Overseas Orders to:
The Government Bookshop
PO Box 276, London SW8 5DT

NOTE
Every care is taken to prevent errors in the production of
this publication. As a final precaution it is recommended
that the sequence of pages in this copy be examined on
receipt.   If faulty it should be returned for replacement.

Printed in the United States of America
by the U. S. Government Printing Office

Beginning with the edition for 1981, the title *The Astronomical Almanac* replaced both the title *The American Ephemeris and Nautical Almanac* and the title *The Astronomical Ephemeris*. The changes in title symbolise the unification of the two series, which until 1980 were published separately in the United States of America since 1855 and in the United Kingdom since 1767. *The Astronomical Almanac* is prepared jointly by the Nautical Almanac Office, United States Naval Observatory, and H.M. Nautical Almanac Office, Royal Greenwich Observatory, and is published jointly by the United States Government Printing Office and Her Majesty's Stationery Office; it is printed only in the United States of America but some of the reproducible material that is used is prepared in the United Kingdom.

The principal ephemerides in this Almanac have been computed from fundamental ephemerides of the planets and the Moon prepared at the Jet Propulsion Laboratory, California, in cooperation with the U.S. Naval Observatory. They are in general accord with the recommendations of the International Astronomical Union and are consistent with the IAU (1976) system of astronomical constants apart from minor modifications introduced to permit a better fit to observations; in particular, dynamical time-scales and the standard reference system of J2000·0 are used where appropriate. A brief description of the use of each ephemeris is given with it, and the bases and additional notes are given in the Explanation at the end of the volume. Additional information about the IAU recommendations and the ephemerides is given in the *Supplement to the Astronomical Almanac for 1984*. More detailed information is available in the *Explanatory Supplement to The Astronomical Almanac* edited by P. Kenneth Seidelmann, U.S. Naval Observatory, published in 1992.

By international agreement the tasks of computation and publication of astronomical ephemerides are shared between the ephemeris offices of a number of countries. The sources of the basic data for this Almanac are indicated in the list of contributors on page vii. This volume was designed in consultation with other astronomers of many countries, and is intended to provide current, accurate astronomical data for use in the making and reduction of observations and for general purposes. (The other publications listed on pages viii–ix give astronomical data for particular applications, such as navigation and surveying.) Any changes introduced since the previous volume are listed on page iv. Suggestions for further improvement of this Almanac would be welcomed; they should be sent to the Director, Nautical Almanac Office, United States Naval Observatory or to the Superintendent, H.M. Nautical Almanac Office, Royal Greenwich Observatory.

RICHARD E. BLUMBERG   ALEXANDER BOKSENBERG,
Captain, U.S. Navy,   *Director of the Royal Observatories,*
Superintendent, U.S. Naval Observatory,   *Royal Greenwich Observatory,*
3450 Massachusetts Avenue NW,   *Madingley Road,*
Washington, D.C. 20392–5420   *Cambridge, CB3 0EZ,*
U.S.A.   *England*

May 1994

CORRECTIONS TO RECENT VOLUMES

Astronomical Almanac 1993

Page H31, BRIGHT STARS, J1993.5, Notes, between lines 11 and 12 insert:

       6   spectroscopic binary

Astronomical Almanac 1994

Page following A86; PATH OF CENTRAL PHASE: TOTAL SOLAR ECLIPSE OF NOVEMBER 3. The page containing this table was omitted. This information can be found on page 73 of *Astronomical Phenomena 1994*.

Astronomical Almanac 1995

Page A81, BESSELIAN ELEMENTS, POLYNOMIAL FORM, 1st line

      for   ealements   *read*   elements

Page H31, for H.R. 9045, 6th line from the bottom of the table, in column 1

      for   71 ρ Cas   *read*   7 ρ Cas

Section A   PHENOMENA
Seasons: Moon's phases; principal occultations; planetary phenomena; elongations and magnitudes of planets; visibility of planets; diary of phenomena; times of sunrise, sunset, twilight, moonrise and moonset; eclipses.

Section B   TIME-SCALES AND COORDINATE SYSTEMS
Calendar; chronological cycles and eras; religious calendars; relationships between time scales; universal and sidereal times; reduction of celestial coordinates; proper motion, annual parallax, aberration, light-deflection, precession and nutation; Besselian day numbers; second-order day numbers; rigorous formulae for apparent place reduction; position and velocity of the Earth; mean place conversion from B1950·0 to J2000·0 and from J2000·0 to B1950·0; matrix elements for precession and nutation; polar motion; diurnal parallax and aberration; altitude, azimuth; refraction; pole star formulae and table.

Section C   SUN
Mean orbital elements, elements of rotation; ecliptic and equatorial coordinates; heliographic coordinates, horizontal parallax, semi-diameter and time of transit; geocentric rectangular coordinates; low-precision formulae for coordinates of the Sun and the equation of time.

Section D   MOON
Phases; perigee and apogee; mean elements of orbit and rotation; lengths of mean months; geocentric, topocentric and selenographic coordinates; formulae for libration; ecliptic and equatorial coordinates, distance, horizontal parallax, semi-diameter and time of transit; physical ephemeris; daily polynomial coefficients; low-precision formulae for geocentric and topocentric coordinates.

Section E   MAJOR PLANETS
Osculating orbital elements for Mercury, Venus, Earth, Mars, Jupiter, Saturn, Uranus, Neptune and Pluto; heliocentric ecliptic coordinates; geocentric equatorial coordinates; times of transit; rotation elements; physical ephemerides.

Section F   SATELLITES OF THE PLANETS
Ephemerides and phenomena of the satellites of Mars, Jupiter, Saturn (including the rings), Uranus, Neptune and Pluto.

Section G   MINOR PLANETS AND COMETS
Osculating elements for periodic comets; geocentric equatorial coordinates and time of transit for Ceres, Pallas, Juno and Vesta; orbital elements, magnitudes and dates of opposition of the larger minor planets.

Section H   STARS AND STELLAR SYSTEMS
Lists of bright stars, *UBVRI* standard stars, *uvby* and Hβ standard stars, radial velocity standard stars, bright galaxies, open clusters, globular clusters, astrometric radio source positions, radio telescope flux calibrators, X-ray sources, variable stars, quasars and pulsars.

Section J   OBSERVATORIES
Index of observatory name and place; lists of optical and radio observatories.

Section K   TABLES AND DATA
Julian dates of Gregorian calendar dates; IAU system of astronomical constants; reduction of time scales; reduction of terrestrial coordinates; interpolation methods.

Section L   EXPLANATION   Section M   GLOSSARY   Section N   INDEX

The pagination within each section is given in full on the first page of each section.

U.S. NAVAL OBSERVATORY

Captain Richard E. Blumberg, *U.S.N., Superintendent*

ASTRONOMICAL COUNCIL

Captain Richard E. Blumberg, *U.S.N., Superintendent*
Commander Terry A. Howell, *U.S.N., Deputy Superintendent*
Gart Westerhout, *Scientific Director*
Gernot M. R. Winkler, *Director, Time Service Department*
P. Kenneth Seidelmann, *Director, Orbital Mechanics Department*
Paul M. Janiczek, *Director, Astronomical Applications Department*
F. Stephen Gauss, *Director, Astrometry Department*

ASTRONOMICAL APPLICATIONS DEPARTMENT

Paul M. Janiczek, *Director*
George H. Kaplan, *Deputy Director*

LeRoy E. Doggett, *Chief, Nautical Almanac Office*
John A. Bangert, *Chief, Product Development*
F. Neville Withington, *Head, Distributed Systems*
David A. Nutile, *Head, Integrated Systems*

Marie R. Lukac	Yvette Holley
Jennifer E. Jeffries	QMC (SW) Michael D. Fortier, U.S.N.
William T. Harris	QM2 (SS) David J. Deandrea, U.S.N.
Stephen P. Panossian	ETC Timothy A. Ladd, U.S.N.
William J. Tangren	ET2 David J. Papp, U.S.N.
Candice P. Baines	QM2 (SW) Roger D. Rippy, U.S.N.

THE ROYAL OBSERVATORIES

Royal Greenwich Observatory, Cambridge
Royal Observatory, Edinburgh
Isaac Newton Group, La Palma
Joint Astronomy Centre, Hawaii

Alexander Boksenberg, Ph.D., F.R.S., *Director*

ROYAL GREENWICH OBSERVATORY

ASTRONOMY DIVISION

J. V. Wall, M.A.Sc., Ph.D., *Division Head*

HER MAJESTY'S NAUTICAL ALMANAC OFFICE

B. D. Yallop, B.Sc., Ph.D., *Superintendent*

Miss C. Y. Hohenkerk, B.Sc.	D. B. Taylor, B.Sc., Ph.D.
S. A. Bell, B.Sc., Ph.D.	

In addition, the following persons have assisted in the preparation and proofreading of the publications of the Office:

Mrs. P. V. Long and Mrs. R. A. Yallop

May 1994

The data in this volume have been prepared as follows:-

By H.M. Nautical Almanac Office, Royal Greenwich Observatory:

Section A—phenomena, rising and setting of Sun and Moon; B—ephemerides and tables relating to time-scales and coordinate reference frames; D—physical ephemerides, geocentric coordinates and daily polynomial coefficients of the Moon; G—geocentric positions of minor planets; K—tables and data.

By the Nautical Almanac Office, United States Naval Observatory:

Section A—eclipses of Sun and Moon; C—physical ephemerides, geocentric and rectangular coordinates of the Sun; E—physical ephemerides, geocentric coordinates and transit times of the major planets; F—ephemerides of satellites, except Jupiter I–IV; H—data for lists of bright stars, lists of photometric standard stars, bright galaxies, radio source positions, radio flux calibrators, X-ray sources, radial velocity standard stars, variable stars, quasars and pulsars; J—information on observatories; L—explanation; M—glossary; N—index.

By the Service des Calculs, Bureau des Longitudes, Paris:

Section F—ephemerides of satellites I–IV of Jupiter.

By the Institute of Theoretical Astronomy, St. Petersburg:

Section G—orbital elements of minor planets.

In general the Office responsible for the preparation of the data has drafted the related explanatory notes and auxiliary material, but both have contributed to the final form of the material. The preliminaries, part of Section A and Sections B, D, G and K have been composed in the United Kingdom, while the rest of the material has been composed in the United States. The work of proofreading has been shared, but no attempt has been made to eliminate the differences in spelling and style between the contributions of the two Offices.

Joint publications of the Royal Greenwich Observatory and the United States Naval Observatory

Except for the *Explanatory Supplement*, these publications are available from HMSO and from the Superintendent of Documents, U.S. Government Printing Office. Their addresses are listed on the reverse of the title page of this volume.

The Astronomical Almanac contains ephemerides of the Sun, Moon, planets and their natural satellites, as well as data on eclipses and other astronomical phenomena. The data in this annual volume are calculated cooperatively by the British and American offices, with contributions from the Bureau des Longitudes, Astronomisches Rechen-Institut, the Institute of Theoretical Astronomy, St. Petersburg, and B.G. Marsden, Smithsonian Astrophysical Observatory.

The Nautical Almanac contains ephemerides at an interval of one hour and auxiliary astronomical data for marine navigation.

The Air Almanac contains ephemerides at an interval of ten minutes and auxiliary astronomical data for air navigation.

Planetary and Lunar Coordinates, 1984–2000 provides low-precision astronomical data for use in advance of the annual ephemerides and for other purposes. It contains heliocentric, geocentric, spherical and rectangular coordinates of the Sun, Moon and planets, eclipse data, and auxiliary data, such as orbital elements and precessional constants.

Explanatory Supplement to The Astronomical Ephemeris and The American Ephemeris and Nautical Almanac was published by Her Majesty's Stationery Office but is now out of print. A new *Explanatory Supplement to The Astronomical Almanac* has been prepared, see below.

Other publications of the Royal Greenwich Observatory

The Star Almanac for Land Surveyors contains the Greenwich hour angle of Aries and the position of the Sun, tabulated for every six hours, and represented by monthly polynomial coefficients. Positions of all stars brighter than magnitude 4·0 are tabulated monthly to a precision of $0\overset{s}{.}1$ in right ascension and $1''$ in declination. This publication is available from HMSO and from Bernan-UNIPUB, 4611/F Assembly Drive, Lanham, MD 20706-4391, U.S.A.

Compact Data for Navigation and Astronomy for 1991–1995 contains data, which are mainly in the form of polynomial coefficients, for use by navigators and astronomers to calculate the positions of the Sun, Moon, navigational planets and bright stars using a small programmable calculator or personal computer. This publication is available from Cambridge University Press, The Edinburgh Building, Shaftesbury Road, Cambridge, CB2 2RU.

Other publications of the United States Naval Observatory

Astronomical Papers of the American Ephemeris[†] are issued irregularly and contain reports of research in celestial mechanics with particular relevance to ephemerides.

U.S. Naval Observatory Circulars[†] are issued irregularly to disseminate astronomical data concerning ephemerides or astronomical phenomena.

Explanatory Supplement to The Astronomical Almanac edited by P. Kenneth Seidelmann of the U.S. Naval Observatory. This book is an authoritative source on the basis and derivation of information contained in *The Astronomical Almanac*, and it contains material that is relevant to positional and dynamical astronomy and to chronology. It includes details of the FK5 J2000·0 reference system and transformations. The publication is a collaborative work with authors from the U.S. Naval Observatory, H.M. Nautical Almanac Office, the Jet Propulsion Laboratory and the Bureau des Longitudes. It is published by, and available from, University Science Books, 20 Edgehill Road, Mill Valley, CA 94941. The U.K. distributor is W.H. Freeman, 20 Beaumont Street, Oxford, OX1 2NQ.

MICA 1990-1999 is an interactive astronomical almanac for professional applications. There are versions, with User's Guides, for both Apple Macintosh, and IBM PC and compatibles. *MICA* allows a user to compute, to full precision, much of the tabular data contained in *The Astronomical Almanac*, as well as data for specific times. All calculations are made in real time and data are not interpolated from tables. It replaces *The Floppy Almanac*. *MICA* is distributed by the National Technical Information Service (NTIS) of the U.S. Department of Commerce, Springfield, Virginia 22161. The UK distributer for NTIS is microinfo Ltd., P.O. Box 3, Omega Park, Alton, Hampshire GU34 2PG.

† These publications are available from the Nautical Almanac Office, U.S. Naval Observatory, Washington, D.C. 20392.

Publications of other countries

Apparent Places of Fundamental Stars is prepared annually by the Astronomisches Rechen-Institut in Heidelberg and contains mean and apparent coordinates of 1535 stars of the *Fifth Fundamental Catalogue* (FK5). This volume is available from Verlag G. Braun, Karl-Friedrich-Strasse, 14–18, Karlsruhe, Germany.

Ephemerides of Minor Planets is prepared annually by the Institute of Theoretical Astronomy, and published by the Russian Academy of Sciences. Included in this volume are elements, opposition dates and opposition ephemerides of all numbered minor planets. This volume is available from the Institute of Theoretical Astronomy, Naberezhnaya Kutuzova 10, 191187 St. Petersburg, Russia.

CONTENTS OF SECTION A

NOTE: All the times in this section are expressed in universal time (UT).

THE SUN

		d h			d h m			d h m
Perigee	... Jan.	4 07	Equinoxes	... Mar.	20 08 03 ...	... Sept.	22 18 00
Apogee	... July	5 18	Solstices	... June	21 02 24 ...	... Dec.	21 14 06

PHASES OF THE MOON

Lunation	New Moon			First Quarter			Full Moon			Last Quarter		
	d	h	m	d	h	m	d	h	m	d	h	m
903							Jan.	5	20 51	Jan.	13	20 45
904	Jan.	20	12 50	Jan.	27	11 14	Feb.	4	15 58	Feb.	12	08 37
905	Feb.	18	23 30	Feb.	26	05 52	Mar.	5	09 23	Mar.	12	17 15
906	Mar.	19	10 45	Mar.	27	01 31	Apr.	4	00 07	Apr.	10	23 36
907	Apr.	17	22 49	Apr.	25	20 40	May	3	11 48	May	10	05 04
908	May	17	11 46	May	25	14 13	June	1	20 47	June	8	11 05
909	June	16	01 36	June	24	05 23	July	1	03 58	July	7	18 55
910	July	15	16 15	July	23	17 49	July	30	10 35	Aug.	6	05 25
911	Aug.	14	07 34	Aug.	22	03 36	Aug.	28	17 52	Sept.	4	19 06
912	Sept.	12	23 07	Sept.	20	11 23	Sept.	27	02 51	Oct.	4	12 04
913	Oct.	12	14 14	Oct.	19	18 09	Oct.	26	14 11	Nov.	3	07 50
914	Nov.	11	04 16	Nov.	18	01 09	Nov.	25	04 10	Dec.	3	05 06
915	Dec.	10	16 56	Dec.	17	09 31	Dec.	24	20 41			

ECLIPSES

Total eclipse of the Moon	Apr. 3-4	Part of Antarctica, W. Asia, Africa, Europe, including the British Isles, Iceland, Greenland, S. America, West Indies, E. of N. America
Partial eclipse of the Sun	Apr. 17-18	New Zealand, part of Antarctica, S. Pacific Ocean
Total eclipse of the Moon	Sept. 27	Part of Antarctica, extreme W. Asia, Africa, Europe, including the British Isles, Iceland, Greenland, Arctic regions, The Americas except Alaska, E. part of the Pacific Ocean
Partial eclipse of the Sun	Oct. 12	Extreme N.E. Canada, Greenland, Iceland, Europe, including the British Isles, N. Africa

MOON AT PERIGEE

	d h		d h		d h
Jan.	19 23	June	3 16	Oct.	22 09
Feb.	17 09	July	1 22	Nov.	16 05
Mar.	16 06	July	30 08	Dec.	13 04
Apr.	11 03	Aug.	27 17		
May	6 22	Sept.	24 22		

MOON AT APOGEE

	d h		d h		d h
Jan.	5 12	May	22 16	Oct.	6 18
Feb.	1 16	June	19 06	Nov.	3 14
Feb.	29 07	July	16 14	Dec.	1 11
Mar.	28 03	Aug.	12 16	Dec.	29 05
Apr.	24 22	Sept.	9 02		

OCCULTATIONS OF PLANETS AND BRIGHT STARS BY THE MOON

Date	Body	Areas of Visibility
d h		
Feb. 22 05	Venus	Indonesia, W. and N. Australia, Pacific Ocean including the Hawaiian Islands
Apr. 8 12	Ceres	Antarctica, extreme S. of New Zealand
May 5 15	Ceres	E. Indian Ocean, Australia, New Zealand, S. Pacific Ocean
June 1 15	Ceres	E. Russia, China, Japan, N.W. Pacific Ocean
June 14 00	Mercury	Australasia except the S.E., Pacific Ocean
July 12 09	Venus	W. Atlantic, N. Africa, Europe except N, but including the British Isles, N. and central Saudi Arabia, E. and central Russia, W. China, India, except the S.
Aug. 4 03	Juno	E. tip of S. America, central and N.E. Africa, Saudi Arabia, Iran, S.W. China, India
Aug. 8 07	*Aldebaran*	N. Russia, Arctic region, most of Greenland, N. Canada
Aug. 16 18	Mercury	Pacific Ocean, central S. America, S. Atlantic Ocean
Aug. 21 19	*Vesta*	Tip of W. Canada, N. Atlantic, S.W. Greenland, Europe except the extreme N.E., N. Africa
Sept. 4 14	*Aldebaran*	N.E. Russia, Alaska, N. Canada, Arctic Ocean, Greenland
Oct. 1 22	*Aldebaran*	Greenland, except the S.W., Europe, including the British Isles, N. Russia, the Arctic Ocean, N.W. tip of Alaska
Oct. 29 08	*Aldebaran*	Extreme N.E. Russia, Alaska, N.W. Canada, Arctic Ocean, Greenland, British Isles, Scandinavia, N. coast of Russia
Nov. 25 17	*Aldebaran*	Alaska, extreme N.W. Canada, N. Greenland, Arctic Ocean, N. coast of Russia, Scandinavia, eastern Europe
Dec. 23 00	*Aldebaran*	Central and N.W. Russia, N. Europe, Greenland, Arctic Ocean, Canada except the east and west coasts, tip of the central part of the United States of America

OCCULTATIONS OF X-RAY SOURCES BY THE MOON

Occultations occur at intervals of a lunar month between the dates given below:

Source	Dates	Source	Dates
4U1240 − 05	Jan. 13–June 24	3U0255 + 13	Jan. 28–Dec. 21
H1648 − 185	Jan. 17–Dec. 10	3U1811 − 17	Mar. 13–June 3
A1805 − 18	Jan. 18–Dec. 11	H2215 − 086	July 4–Dec. 15
H2252 − 035	Jan. 23–Oct. 23	3U1811 − 17	July 28–Dec. 11
4U0015 + 02	Jan. 25–Dec. 18	3U1728 − 16	Sept. 20–Oct. 17
H0123 + 075	Jan. 26–Dec. 19	H0509 + 167	Oct. 2

AVAILABILITY OF PREDICTIONS OF LUNAR OCCULTATIONS

The International Lunar Occultation Centre, Astronomical Division, Hydrographic Department, Tsukiji-5, Chuo-ku, Tokyo, 104 JAPAN is responsible for the predictions and for the reductions of timings of occultations of stars by the Moon

GEOCENTRIC PHENOMENA

MERCURY

	d h	d h	d h	d h
Greatest elongation East	Jan. 2 16 (19°)	Apr. 23 08 (20°)	Aug. 21 16 (27°)	Dec. 15 19 (20°)
Stationary	Jan. 9 12	May 4 10	Sept. 3 20	Dec. 23 14
Inferior conjunction ...	Jan. 18 22	May 15 01	Sept. 17 13	—
Stationary	Jan. 30 06	May 27 07	Sept. 25 22	—
Greatest elongation West	Feb. 11 21 (26°)	June 10 09 (24°)	Oct. 3 06 (18°)	—
Superior conjunction ...	Mar. 28 08	July 11 09	Nov. 2 00	—

VENUS

	d h		d h
Greatest elongation East	Apr. 1 01 (46°)	Stationary	July 2 00
Greatest brilliancy ...	May 4 14	Greatest brilliancy ...	July 17 09
Stationary	May 20 07	Greatest elongation West	Aug. 20 04 (46°)
Inferior conjunction ...	June 10 16		

SUPERIOR PLANETS

	Conjunction	Stationary	Opposition	Stationary
	d h	d h	d h	d h
Mars	Mar. 4 14	—	⟵	—
Jupiter	—	May 4 17	July 4 12	Sept. 3 14
Saturn	Mar. 17 19	July 20 00	Sept. 26 19	Dec. 4 11
Uranus	Jan. 21 07	May 9 00	July 25 07	Oct. 10 03
Neptune	Jan. 16 03	Apr. 29 09	July 18 18	Oct. 6 12
Pluto	Nov. 25 00	Mar. 7 20	May 22 14	Aug. 13 17

OCCULTATIONS BY PLANETS AND SATELLITES

Details of predictions of occultations of stars by planets, minor planets and satellites are given in *The Handbook of the British Astronomical Association.*

HELIOCENTRIC PHENOMENA

	Perihelion	Aphelion	Ascending Node	Greatest Lat. North	Descending Node	Greatest Lat. South
Mercury	Jan. 12	Feb. 25	Jan. 7	Jan. 22	Feb. 14	Mar. 16
	Apr. 9	May 23	Apr. 4	Apr. 19	May 12	June 12
	July 6	Aug. 19	July 1	July 16	Aug. 8	Sept. 8
	Oct. 2	Nov. 15	Sept. 27	Oct. 12	Nov. 4	Dec. 5
	Dec. 29	—	Dec. 24	—	—	—
Venus	Mar. 22	July 13	Feb. 17	Apr. 13	June 8	Aug. 4
	Nov. 2	—	Sept. 29	Nov. 24	—	—
Mars	Feb. 20	—	June 20	Dec. 22	—	Jan. 25

Jupiter: Descending Node, June 6
Saturn, Uranus, Neptune, Pluto: None in 1996

PHENOMENA, 1996

ELONGATIONS AND MAGNITUDES OF PLANETS AT 0^h UT

Date	Mercury Elong.	Mag.	Venus Elong.	Mag.	Date	Mercury Elong.	Mag.	Venus Elong.	Mag.
Jan. −2	E. 19	−0·7	E. 32	−4·0	**July 1**	W. 12	−1·2	W. 28	−4·4
3	19	−0·5	33	4·0	**6**	7	1·7	32	4·4
8	18	0·0	34	4·0	**11**	W. 1	2·1	36	4·5
13	12	+1·6	35	4·0	**16**	E. 6	1·6	39	4·5
18	E. 4	4·5	36	4·0	**21**	11	1·0	41	4·5
23	W. 10	+2·7	E. 37	−4·0	**26**	E. 15	−0·7	W. 43	−4·5
28	18	1·0	38	4·1	**31**	19	0·4	44	4·4
Feb. 2	23	0·3	39	4·1	**Aug. 5**	22	−0·1	45	4·4
7	25	+0·1	40	4·1	**10**	25	0·0	45	4·4
12	26	0·0	41	4·1	**15**	26	+0·2	46	4·3
17	W. 25	0·0	E. 42	−4·1	**20**	E. 27	+0·3	W. 46	−4·3
22	24	−0·1	42	4·2	**25**	27	0·4	46	4·3
27	22	0·1	43	4·2	**30**	26	0·6	46	4·3
Mar. 3	20	0·2	44	4·2	**Sept. 4**	22	1·1	45	4·2
8	17	0·4	44	4·2	**9**	16	2·0	45	4·2
13	W. 14	−0·6	E. 45	−4·2	**14**	E. 8	+3·6	W. 44	−4·2
18	10	0·9	45	4·3	**19**	W. 4	4·6	44	4·2
23	6	1·4	46	4·3	**24**	12	2·1	43	4·1
28	W. 1	1·9	46	4·3	**29**	17	+0·3	42	4·1
Apr. 2	E. 5	1·8	46	4·4	**Oct. 4**	18	−0·5	41	4·1
7	E. 10	−1·4	E. 46	−4·4	**9**	W. 16	−0·9	W. 40	−4·1
12	15	1·0	45	4·4	**14**	13	1·0	39	4·1
17	19	−0·5	45	4·4	**19**	10	1·1	38	4·1
22	20	+0·1	44	4·5	**24**	6	1·2	37	4·0
27	20	0·8	43	4·5	**29**	W. 3	1·3	36	4·0
May 2	E. 17	+1·8	E. 41	−4·5	**Nov. 3**	E. 1	−1·3	W. 35	−4·0
7	12	3·1	39	4·5	**8**	4	1·0	34	4·0
12	E. 5	4·9	36	4·5	**13**	7	0·8	33	4·0
17	W. 3	5·4	32	4·5	**18**	9	0·7	32	4·0
22	11	3·6	27	4·4	**23**	12	0·6	31	4·0
27	W. 17	+2·4	E. 22	−4·3	**28**	E. 14	−0·5	W. 30	−4·0
June 1	21	1·6	15	4·1	**Dec. 3**	17	0·5	29	4·0
6	23	1·0	E. 7	3·9	**8**	19	0·5	28	4·0
11	24	0·5	W. 1	3·7	**13**	20	0·5	27	4·0
16	23	+0·1	8	3·9	**18**	20	−0·4	25	4·0
21	W. 20	−0·3	W. 16	−4·1	**23**	E. 18	+0·2	W. 24	−3·9
26	17	0·7	22	4·3	**28**	11	1·9	23	3·9
July 1	W. 12	−1·2	W. 28	−4·4	**33**	E. 3	+4·8	W. 22	−3·9

MINOR PLANETS

	Stationary	Opposition	Stationary	Conjunction
Ceres	Apr. 9	May 30	July 20	—
Pallas	Mar. 13	Apr. 18	June 15	Dec. 10
Juno	Sept. 2	Oct. 5	Nov. 13	| Jan. 26
Vesta	Mar. 29	May 8	June 24	—

ELONGATIONS AND MAGNITUDES OF PLANETS AT 0ʰ UT

Date	Mars Elong.	Mag.	Jupiter Elong.	Mag.	Saturn Elong.	Mag.	Uranus Elong.	Neptune Elong.	Pluto Elong.
Jan. −2	E. 15	+1·2	W. 8	−1·8	E. 72	+1·1	E. 22	E. 18	W. 37
8	13	1·2	16	1·8	63	1·2	13	E. 8	46
18	10	1·2	24	1·8	54	1·2	E. 3	W. 2	56
28	8	1·1	32	1·9	44	1·2	W. 6	12	65
Feb. 7	6	1·1	40	1·9	35	1·2	16	21	75
17	E. 4	+1·1	W. 48	−1·9	E. 26	+1·2	W. 26	W. 31	W. 85
27	E. 2	1·1	56	2·0	17	1·2	35	41	94
Mar. 8	W. 1	1·1	65	2·0	E. 9	1·1	45	51	104
18	3	1·1	73	2·1	W. 2	1·1	54	60	114
28	5	1·1	82	2·1	9	1·1	64	70	124
Apr. 7	W. 7	+1·2	W. 91	−2·2	W. 18	+1·1	W. 73	W. 80	W. 133
17	9	1·2	100	2·3	26	1·1	83	90	142
27	11	1·2	109	2·3	35	1·0	92	99	151
May 7	14	1·3	119	2·4	43	1·0	102	109	160
17	16	1·3	129	2·5	52	1·0	112	119	W. 165
27	W. 18	+1·4	W. 139	−2·6	W. 61	+1·0	W. 122	W. 128	E. 166
June 6	20	1·4	149	2·6	70	1·0	131	138	161
16	23	1·4	160	2·7	79	0·9	141	148	153
26	25	1·4	W. 171	2·7	88	0·9	151	158	144
July 6	28	1·5	E. 178	2·7	97	0·8	161	167	135
16	W. 30	+1·5	E. 168	−2·7	W. 106	+0·8	W. 171	W. 177	E. 126
26	33	1·5	157	2·7	116	0·7	E. 179	E. 173	116
Aug. 5	36	1·5	146	2·6	126	0·7	169	163	107
15	39	1·5	136	2·6	136	0·6	159	153	98
25	42	1·5	126	2·5	146	0·6	149	143	88
Sept. 4	W. 45	+1·5	E. 116	−2·4	W. 156	+0·6	E. 139	E. 134	E. 79
14	49	1·5	107	2·4	166	0·5	129	124	70
24	52	1·5	97	2·3	W. 176	0·5	120	114	60
Oct. 4	56	1·4	88	2·2	E. 172	0·5	110	104	51
14	60	1·4	79	2·2	162	0·6	100	94	42
24	W. 64	+1·3	E. 71	−2·1	E. 151	+0·6	E. 90	E. 84	E. 33
Nov. 3	69	1·2	62	2·1	140	0·7	80	74	25
13	73	1·2	54	2·0	130	0·8	70	64	17
23	78	1·1	46	2·0	120	0·8	60	55	E. 13
Dec. 3	84	0·9	38	2·0	109	0·9	51	45	W. 15
13	W. 89	+0·8	E. 30	−1·9	E. 99	+0·9	E. 41	E. 35	W. 21
23	95	0·6	22	1·9	90	1·0	31	25	30
33	W. 102	+0·5	E. 14	−1·9	E. 80	+1·0	E. 22	E. 15	W. 39

Magnitudes at opposition:　Uranus 5·7　　Neptune 7·8　　Pluto 13·7

VISUAL MAGNITUDES OF MINOR PLANETS

	Jan. 8	Feb. 17	Mar. 28	May 7	June 16	July 26	Sept. 4	Oct. 14	Nov. 23	Dec. 33
Ceres	8·9	8·7	8·2	7·5	7·4	8·3	8·9	9·1	9·2	8·9
Pallas	9·1	8·7	8·2	8·4	9·1	9·7	10·0	10·2	10·2	10·3
Juno	10·8	10·7	10·6	10·4	10·0	9·3	8·2	7·6	8·4	9·0
Vesta	7·7	7·2	6·4	5·5	6·2	6·9	7·4	7·7	7·8	7·8

VISIBILITY OF PLANETS

The planet diagram on page A7 shows, in graphical form for any date during the year, the local mean times of meridian passage of the Sun, of the five planets, Mercury, Venus, Mars, Jupiter and Saturn, and of every 2^h of right ascension. Intermediate lines, corresponding to particular stars, may be drawn in by the user if desired. The diagram is intended to provide a general picture of the availability of planets and stars for observation during the year.

On each side of the line marking the time of meridian passage of the Sun, a band 45^m wide is shaded to indicate that planets and most stars crossing the meridian within 45^m of the Sun are generally too close to the Sun for observation.

For any date the diagram provides immediately the local mean time of meridian passage of the Sun, planets and stars, and thus the following information:
  a) whether a planet or star is too close to the Sun for observation;
  b) visibility of a planet or star in the morning or evening;
  c) location of a planet or star during twilight;
  d) proximity of planets to stars or other planets.

When the meridian passage of a body occurs at midnight, it is close to opposition to the Sun and is visible all night, and may be observed in both morning and evening twilights. As the time of meridian passage decreases, the body ceases to be observable in the morning, but its altitude above the eastern horizon during evening twilight gradually increases until it is on the meridian at evening twilight. From then onwards the body is observable above the western horizon, its altitude at evening twilight gradually decreasing, until it becomes too close to the Sun for observation. When it again becomes visible, it is seen in the morning twilight, low in the east. Its altitude at morning twilight gradually increases until meridian passage occurs at the time of morning twilight, then as the time of meridian passage decreases to 0^h, the body is observable in the west in the morning twilight with a gradually decreasing altitude, until it once again reaches opposition.

Notes on the visibility of the principal planets, except Pluto, are given on page A8. Further information on the visibility of planets may be obtained from the diagram below which shows, in graphical form for any date during the year, the declinations of the bodies plotted on the planet diagram on page A7.

DECLINATIONS OF SUN AND PLANETS, 1996

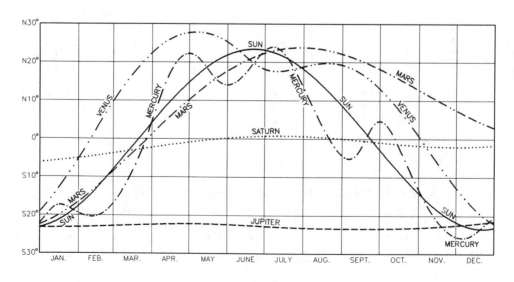

LOCAL MEAN TIME OF MERIDIAN PASSAGE

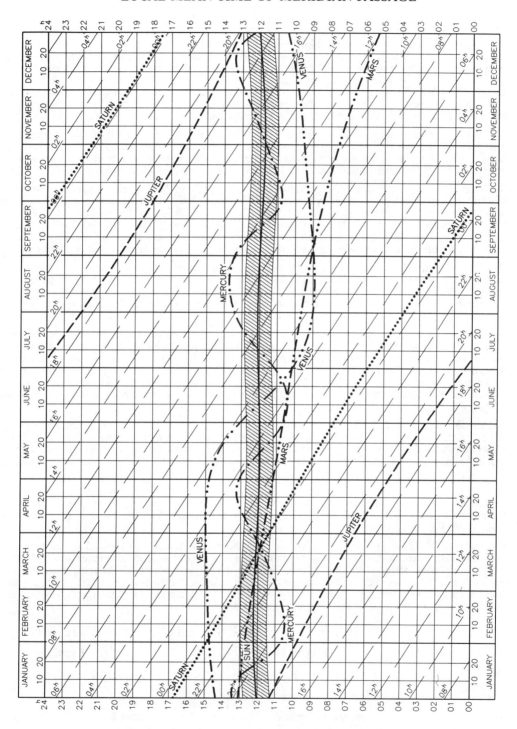

LOCAL MEAN TIME OF MERIDIAN PASSAGE

VISIBILITY OF PLANETS

MERCURY can only be seen low in the east before sunrise, or low in the west after sunset (about the time of the beginning or end of civil twilight). It is visible in the mornings between the following approximate dates: January 25 to March 19, May 24 to July 4, and September 25 to October 20. The planet is brighter at the end of each period, (the best conditions in northern latitudes occur from the beginning of October to mid-way through the second week of that month, and in southern latitudes during the last three weeks of February). It is visible in the evenings between the following approximate dates: January 1 to January 13, April 6 to May 5, July 19 to September 11 and November 19 to December 27. The planet is brighter at the beginning of each period, (the best conditions in northern latitudes occur from mid-April to just a few days before the end of that month, and in southern latitudes from early August to early September).

VENUS is a brilliant object in the evening sky from the beginning of the year until mid-way through the first week of June when it becomes too close to the Sun for observation. During the middle of June it reappears in the morning sky where it stays until the end of the year. Venus is in conjunction with Saturn on February 3, with Mercury on June 23 and with Mars on June 30 and September 4.

MARS is too close to the Sun for observation until the middle of May when it appears in the morning sky. Its westward elongation gradually increases moving from Aries at the beginning of May, into Taurus in early June (passing 6°N of *Aldebaran* on June 27) and into Gemini in the last week of July (passing 6°S of *Pollux* on August 31). It then continues through Cancer, Leo (passing 1°2N of *Regulus* on October 29) and into Virgo where after mid-December it can be seen for more than half the night. Mars is in conjunction with Mercury on May 31 and June 14, and with Venus on June 30 and September 4.

JUPITER rises just before sunrise in Sagittarius, in which constellation it remains throughout the year. Its westward elongation gradually increases and from the second week of April it can be seen for more than half the night. It is at opposition on July 4 when it is visible throughout the night. Its eastward elongation then decreases and from the beginning of October until the end of the year it can only be seen in the evening sky.

SATURN can be seen in the evening sky in Aquarius until the end of February when it becomes too close to the Sun for observation. It reappears in the morning sky during the first week of April in Pisces. Its westward elongation gradually increases passing into Cetus in early June and Pisces again from early September in which constellation it remains for the rest of the year. It is at opposition on September 26 when it is visible throughout the night. Its eastward elongation then gradually decreases until in the second half of December it can only be seen in the evening sky. Saturn is in conjunction with Venus on February 3.

URANUS is too close to the Sun for observation until mid-February when it appears in the morning sky in Capricornus, in which constellation it remains throughout the year. Its westward elongation gradually increases until on July 25 it is at opposition when it is visible throughout the night. Its eastward elongation gradually decreases and from mid-October until the end of the year it can only be seen in the evening sky.

NEPTUNE is too close to the Sun for observation until the second week of February when it appears in the morning sky in Sagittarius, in which constellation it remains throughout the year. It is at opposition on July 18 when it can be seen throughout the night. Its eastward elongation gradually decreases and from mid-October until late December it can be seen in the evening sky, after which it again becomes too close to the Sun for observation.

DO NOT CONFUSE (1) Venus with Saturn from the end of January to the end of the first week in February, with Mars from late June to early July and late August to mid-September and with Mercury in the fourth week of June; on all occasions Venus is the brighter object. (2) Mercury with Mars in the last week of May to the end of the third week of June; Mercury is the brighter object except for the last week in May. The reddish tint of Mars should assist in its identification. (3) Jupiter with Mercury around mid-December when Jupiter is the brighter object.

VISIBILITY OF PLANETS IN MORNING AND EVENING TWILIGHT

	Morning	Evening
Venus	June 17 – December 31	January 1 – June 4
Mars	May 14 – December 31	
Jupiter	January 1 – July 4	July 4 – December 31
Saturn	April 4 – September 26	January 1 – February 29
		September 26 – December 31

CONFIGURATIONS OF SUN, MOON AND PLANETS

d h		d h	
Jan. 1 01	Mercury 0°9 S. of Uranus	Mar. 16 06	Moon at perigee
1 07	Mars 1°6 S. of Neptune	17 19	Saturn in conjunction with Sun
2 16	Mercury greatest elong. E. (19°)	19 11	NEW MOON
4 07	Earth at perihelion	20 08	Equinox
5 12	Moon at apogee	22 20	Mars 1°3 N. of Saturn
5 21	FULL MOON	23 00	Venus 5° N. of Moon
8 00	Mars 0°6 S. of Uranus	23 11	Mercury 0°3 N. of Saturn
9 12	Mercury stationary	23 20	Mercury 0°9 S. of Mars
13 00	Mercury 3° N. of Mars	27 02	FIRST QUARTER
13 21	LAST QUARTER	28 03	Moon at apogee
16 03	Neptune in conjunction with Sun	28 08	Mercury in superior conjunction
18 20	Jupiter 5° S. of Moon	29 08	Vesta stationary
18 22	Mercury in inferior conjunction	Apr. 1 01	Venus greatest elong. E. (46°)
19 23	Moon at perigee	4 00	FULL MOON Eclipse
20 13	NEW MOON	8 12	Ceres 1°0 N. of Moon Occn.
21 07	Uranus in conjunction with Sun	9 19	Ceres stationary
23 08	Venus 5° S. of Moon	10 17	Jupiter 5° S. of Moon
24 04	Saturn 5° S. of Moon	11 00	LAST QUARTER
26 05	Juno in conjunction with Sun	11 03	Moon at perigee
27 11	FIRST QUARTER	11 12	Neptune 5° S. of Moon
30 06	Mercury stationary	12 00	Uranus 6° S. of Moon
Feb. 1 16	Moon at apogee	15 22	Venus 10° N. of Aldebaran
3 02	Venus 1°3 N. of Saturn	16 01	Saturn 4° S. of Moon
4 16	FULL MOON	17 23	NEW MOON Eclipse
11 14	Mercury 0°07 N. of Neptune	18 21	Pallas at opposition
11 21	Mercury greatest elong. W. (26°)	19 10	Mercury 5° N. of Moon
12 02	Passage of the Earth through the ring-plane of Saturn from N to S	21 14	Venus 9° N. of Moon
		23 08	Mercury greatest elong. E. (20°)
12 09	LAST QUARTER	24 22	Moon at apogee
15 15	Jupiter 5° S. of Moon	25 21	FIRST QUARTER
16 20	Neptune 5° S. of Moon	29 09	Neptune stationary
16 22	Mercury 0°2 N. of Uranus	May 3 12	FULL MOON
17 05	Uranus 6° S. of Moon	4 10	Mercury stationary
17 06	Mercury 5° S. of Moon	4 14	Venus greatest brilliancy
17 09	Moon at perigee	4 17	Jupiter stationary
19 00	NEW MOON	5 15	Ceres 0°3 N. of Moon Occn.
20 19	Saturn 4° S. of Moon	6 22	Moon at perigee
22 05	Venus 0°06 N. of Moon Occn.	8 00	Jupiter 5° S. of Moon
26 06	FIRST QUARTER	8 17	Neptune 5° S. of Moon
29 07	Moon at apogee	8 21	Vesta at opposition
Mar. 4 14	Mars in conjunction with Sun	9 00	Uranus stationary
5 09	FULL MOON	9 06	Uranus 6° S. of Moon
7 20	Pluto stationary	10 05	LAST QUARTER
12 17	LAST QUARTER	13 13	Saturn 3° S. of Moon
13 00	Pallas stationary	15 01	Mercury in inferior conjunction
14 06	Jupiter 5° S. of Moon	16 03	Mars 1°7 N. of Moon
15 05	Neptune 5° S. of Moon	17 12	NEW MOON
15 16	Uranus 6° S. of Moon	20 01	Venus 8° N. of Moon
		20 07	Venus stationary
		22 14	Pluto at opposition

DIARY OF PHENOMENA, 1996

CONFIGURATIONS OF SUN, MOON AND PLANETS

d h		
May 22 16	Moon at apogee	
25 14	FIRST QUARTER	
27 07	Mercury stationary	
30 00	Ceres at opposition	
31 06	Mercury 4° S. of Mars	
June 1 15	Ceres 0°.8 S. of Moon	Occn.
1 21	FULL MOON	
3 16	Moon at perigee	
4 06	Jupiter 5° S. of Moon	
5 00	Neptune 5° S. of Moon	
5 12	Uranus 6° S. of Moon	
8 11	LAST QUARTER	
9 22	Saturn 3° S. of Moon	
10 09	Mercury greatest elong. W. (24°)	
10 16	Venus in inferior conjunction	
14 00	Mercury 0°.4 N. of Moon	Occn.
14 01	Mars 4° N. of Moon	
14 13	Mercury 3° S. of Mars	
15 09	Pallas stationary	
16 02	NEW MOON	
19 06	Moon at apogee	
21 02	Solstice	
21 11	Mercury 4° N. of Aldebaran	
23 12	Mercury 1°.6 N. of Venus	
24 05	FIRST QUARTER	
24 16	Vesta stationary	
27 12	Mars 6° N. of Aldebaran	
30 04	Venus 4° S. of Mars	
July 1 04	FULL MOON	
1 10	Jupiter 5° S. of Moon	
1 22	Moon at perigee	
2 00	Venus stationary	
2 08	Neptune 4° S. of Moon	
2 20	Uranus 5° S. of Moon	
4 12	Jupiter at opposition	
5 18	Earth at aphelion	
7 06	Saturn 3° S. of Moon	
7 19	LAST QUARTER	
11 09	Mercury in superior conjunction	
12 09	Venus 0°.4 S. of Moon	Occn.
12 23	Mars 5° N. of Moon	
15 16	NEW MOON	
16 14	Moon at apogee	
17 09	Venus greatest brilliancy	
18 18	Neptune at opposition	
20 00	Saturn stationary	
20 18	Ceres stationary	
23 18	FIRST QUARTER	
25 07	Uranus at opposition	
28 16	Jupiter 5° S. of Moon	

d h		
July 29 18	Neptune 4° S. of Moon	
30 04	Uranus 5° S. of Moon	
30 08	Moon at perigee	
30 11	FULL MOON	
Aug. 1 10	Mercury 0°.5 N. of Regulus	
3 13	Saturn 3° S. of Moon	
4 03	Juno 0°.1 S. of Moon	Occn.
6 05	LAST QUARTER	
8 07	Aldebaran 1°.0 S. of Moon Occn.	
10 04	Venus 1°.2 N. of Moon	
10 21	Mars 6° N. of Moon	
12 16	Moon at apogee	
13 17	Pluto stationary	
14 08	NEW MOON	
16 18	Mercury 0°.3 N. of Moon	Occn.
20 04	Venus greatest elong. W. (46°)	
21 16	Mercury greatest elong. E. (27°)	
21 19	Vesta 0°.9 S. of Moon	Occn.
22 04	FIRST QUARTER	
24 22	Jupiter 5° S. of Moon	
26 03	Neptune 5° S. of Moon	
26 13	Uranus 5° S. of Moon	
27 17	Moon at perigee	
28 18	FULL MOON	
30 21	Saturn 3° S. of Moon	
31 17	Mars 6° S. of Pollux	
Sept. 2 05	Venus 9° S. of Pollux	
2 11	Juno stationary	
3 14	Jupiter stationary	
3 20	Mercury stationary	
4 14	Aldebaran 0°.9 S. of Moon Occn.	
4 15	Venus 3° S. of Mars	
4 19	LAST QUARTER	
8 19	Mars 6° N. of Moon	
8 23	Venus 3° N. of Moon	
9 02	Moon at apogee	
12 23	NEW MOON	
17 13	Mercury in inferior conjunction	
20 11	FIRST QUARTER	
21 06	Jupiter 6° S. of Moon	
22 11	Neptune 5° S. of Moon	
22 18	Equinox	
22 21	Uranus 6° S. of Moon	
24 22	Moon at perigee	
25 22	Mercury stationary	
26 19	Saturn at opposition	
27 03	FULL MOON	Eclipse
27 04	Saturn 3° S. of Moon	
Oct. 1 22	Aldebaran 0°.8 S. of Moon Occn.	
3 06	Mercury greatest elong. W. (18°)	

CONFIGURATIONS OF SUN, MOON AND PLANETS

	d h	
Oct.	4 00	Venus 0°.2 S. of Regulus
	4 12	LAST QUARTER
	5 00	Juno at opposition
	6 12	Neptune stationary
	6 18	Moon at apogee
	7 15	Mars 6° N. of Moon
	9 04	Venus 4° N. of Moon
	10 03	Uranus stationary
	12 14	NEW MOON Eclipse
	18 16	Jupiter 6° S. of Moon
	19 17	Neptune 5° S. of Moon
	19 18	FIRST QUARTER
	20 03	Uranus 6° S. of Moon
	22 09	Moon at perigee
	24 10	Saturn 3° S. of Moon
	26 14	FULL MOON
	29 04	Mars 1°.2 N. of Regulus
	29 08	Aldebaran 0°.9 S. of Moon Occn.
Nov.	2 00	Mercury in superior conjunction
	3 08	LAST QUARTER
	3 14	Moon at apogee
	5 08	Mars 5° N. of Moon
	8 10	Venus 1°.4 N. of Moon
	11 04	NEW MOON
	13 14	Juno stationary
	15 05	Jupiter 5° S. of Moon
	15 23	Neptune 4° S. of Moon
	16 05	Moon at perigee
	16 09	Uranus 5° S. of Moon

	d h	
Nov.	16 18	Venus 4° N. of Spica
	18 01	FIRST QUARTER
	20 15	Saturn 3° S. of Moon
	20 17	Mercury 3° N. of Antares
	25 00	Pluto in conjunction with Sun
	25 04	FULL MOON
	25 17	Aldebaran 0°.9 S. of Moon Occn.
Dec.	1 11	Moon at apogee
	3 05	LAST QUARTER
	3 21	Mars 4° N. of Moon
	4 11	Saturn stationary
	8 13	Venus 2° S. of Moon
	10 05	Pallas in conjunction with Sun
	10 17	NEW MOON
	12 05	Mercury 7° S. of Moon
	12 23	Jupiter 5° S. of Moon
	13 04	Moon at perigee
	13 07	Neptune 4° S. of Moon
	13 18	Uranus 5° S. of Moon
	15 19	Mercury greatest elong. E. (20°)
	17 10	FIRST QUARTER
	17 20	Saturn 3° S. of Moon
	21 14	Solstice
	23 00	Aldebaran 0°.9 S. of Moon Occn.
	23 14	Mercury stationary
	24 07	Venus 6° N. of Antares
	24 21	FULL MOON
	29 05	Moon at apogee

Arrangement and basis of the tabulations

The tabulations of risings, settings and twilights on pages A14–A77 refer to the instants when the true geocentric zenith distance of the central point of the disk of the Sun or Moon takes the value indicated in the following table. The tabular times are in universal time (UT) for selected latitudes on the meridian of Greenwich; the times for other latitudes and longitudes may be obtained by interpolation as described below and as exemplified on page A13.

	Phenomena	*Zenith distance*	*Pages*
SUN (interval 4 days):	sunrise and sunset	90° 50′	A14–A21
	civil twilight	96°	A22–A29
	nautical twilight	102°	A30–A37
	astronomical twilight	108°	A38–A45
MOON (interval 1 day):	moonrise and moonset	90° 34′ + $s - \pi$	A46–A77

(s = semidiameter, π = horizontal parallax)

The zenith distance at the times for rising and setting is such that under normal conditions the upper limb of the Sun and Moon appears to be on the horizon of an observer at sea-level. The parallax of the Sun is ignored. The observed time may differ from the tabular time because of a variation of the atmospheric refraction from the adopted value (34′) and because of a difference in height of the observer and the actual horizon.

Use of tabulations

The following procedure may be used to obtain times of the phenomena for a non-tabular place and date.

Step 1: Interpolate linearly for latitude. The differences between adjacent values are usually small and so the required interpolates can often be obtained by inspection.

Step 2: Interpolate linearly for date and longitude in order to obtain the local mean times of the phenomena at the longitude concerned. For the Sun the variations with longitude of the local mean times of the phenomena are small, but to obtain better precision the interpolation factor for date should be increased by

$$\text{west longitude in degrees } /1440$$

since the interval of tabulation is 4 days. For the Moon, the interpolating factor to be used is simply

$$\text{west longitude in degrees } /360$$

since the interval of tabulation is 1 day; backward interpolation should be carried out for east longitudes.

Step 3: Convert the times so obtained (which are on the scale of local mean time for the local meridian) to universal time (UT) or to the appropriate clock time, which may differ from the time of the nearest standard meridian according to the customs of the country concerned. The UT of the phenomenon is obtained from the local mean time by applying the longitude expressed in time measure (1 hour for each 15° of longitude), adding for west longitudes and subtracting for east longitudes. The times so obtained may require adjustment by 24^h; if so, the corresponding date must be changed accordingly.

Approximate formulae for direct calculation

The approximate UT of rising or setting of a body with right ascension α and declination δ at latitude ϕ and *east* longitude λ may be calculated from

$$UT = 0{\cdot}997\,27\,\{\alpha - \lambda \pm \cos^{-1}(-\tan\phi\tan\delta) - (\text{GMST at } 0^h\ UT)\}$$

where each term is expressed in time measure and the GMST at 0^h UT is given in the tabulations on pages B8–B15. The negative sign corresponds to rising and the positive sign to setting. The formula ignores refraction, semi-diameter and any changes in α and δ during the day. If $\tan\phi\tan\delta$ is numerically greater than 1, there is no phenomenon.

Examples

The following examples of the calculations of the times of rising and setting phenomena use the procedure described on page A12.

1. To find the times of sunrise and sunset for Paris on 1996 July 20. Paris is at latitude N 48° 52′ (= +48°87), longitude E 2° 20′ (= E 2°33 = E 0^h 09^m), and in the summer the clocks are kept two hours in advance of UT. The relevant portions of the tabulation on page A19 and the results of the interpolation for latitude are as follows, where the interpolation factor is (48·87 − 48)/2 = 0·44:

	Sunrise			Sunset		
	+48°	+50°	+48°87	+48°	+50°	+48°87
	h m	h m	h m	h m	h m	h m
July 17	04 18	04 10	04 14	19 53	20 02	19 57
July 21	04 23	04 15	04 19	19 49	19 57	19 53

The interpolation factor for date and longitude is (20 − 17)/4 − 2·33/1440 = 0·75

	Sunrise	Sunset
	d h m	d h m
Interpolate to obtain local mean time:	20 04 18	20 19 54
Subtract 0^h 09^m to obtain universal time:	20 04 09	20 19 45
Add 2^h to obtain clock time:	20 06 09	20 21 45

2. To find the times of beginning and end of astronomical twilight for Canberra, Australia on 1996 November 15. Canberra is at latitude S 35° 18′ (= −35°30), longitude E 149° 08′(= E 149°13 = E 9^h 57^m), and in the summer the clocks are kept eleven hours in advance of UT. The relevant portions of the tabulation on page A44 and the results of the interpolation for latitude are as follows, where the interpolation factor is (−35·30 − (−40))/5 = 0·94:

	Astronomical Twilight					
	beginning			end		
	−40°	−35°	−35°30	−40°	−35°	−35°30
	h m	h m	h m	h m	h m	h m
Nov. 14	02 46	03 09	03 08	20 44	20 21	20 22
Nov. 18	02 41	03 05	03 04	20 51	20 27	20 28

The interpolation factor for date and longitude is (15 − 14)/4 − 149·13/1440 = 0·15

	Astronomical Twilight	
	beginning	end
	d h m	d h m
Interpolation to obtain local mean time:	15 03 07	15 20 23
Subtract 9^h 57^m to obtain universal time:	14 17 10	15 10 26
Add 11^h to obtain clock time:	15 04 10	15 21 26

3. To find the times of moonrise and moonset for Washington, D.C. on 1996 February 6. Washington is at latitude N 38° 55′ (= +38°92), longitude W 77° 00′ (= W 77°00 = W 5^h 08^m), and in the winter the clocks are kept five hours behind UT. The relevant portions of the tabulation on page A48 and the results of the interpolation for latitude are as follows, where the interpolation factor is (38·92 − 35)/5 = 0·78:

	Moonrise			Moonset		
	+35°	+40°	+38°92	+35°	+40°	+38°92
	h m	h m	h m	h m	h m	h m
Feb. 6	19 29	19 27	19 27	07 37	07 41	07 40
Feb. 7	20 26	20 26	20 26	08 10	08 12	08 12

The interpolation factor for longitude is 77·0/360 = 0·21

	Moonrise	Moonset
	d h m	d h m
Interpolate to obtain local mean time:	6 19 39	6 07 47
Add 5^h 08^m to obtain universal time:	7 00 47	6 12 55
Subtract 5^h to obtain clock time:	6 19 47	6 07 55

SUNRISE AND SUNSET, 1996

UNIVERSAL TIME FOR MERIDIAN OF GREENWICH
SUNRISE

Lat.	−55°	−50°	−45°	−40°	−35°	−30°	−20°	−10°	0°	+10°	+20°	+30°	+35°	+40°
	h m	h m	h m	h m	h m	h m	h m	h m	h m	h m	h m	h m	h m	h m
Jan. −1	3 23	3 53	4 15	4 33	4 48	5 01	5 22	5 41	5 59	6 16	6 34	6 55	7 07	7 21
3	3 28	3 57	4 19	4 36	4 51	5 03	5 25	5 43	6 01	6 18	6 36	6 56	7 08	7 22
7	3 33	4 01	4 23	4 40	4 54	5 06	5 27	5 46	6 02	6 19	6 37	6 57	7 09	7 22
11	3 40	4 07	4 27	4 44	4 58	5 10	5 30	5 48	6 04	6 20	6 37	6 57	7 08	7 22
15	3 46	4 12	4 32	4 48	5 01	5 13	5 33	5 50	6 06	6 21	6 38	6 57	7 08	7 20
19	3 54	4 18	4 37	4 53	5 05	5 16	5 35	5 52	6 07	6 22	6 38	6 56	7 07	7 19
23	4 02	4 25	4 43	4 57	5 09	5 20	5 38	5 54	6 08	6 22	6 38	6 55	7 05	7 16
27	4 10	4 32	4 48	5 02	5 14	5 24	5 41	5 55	6 09	6 23	6 37	6 53	7 03	7 14
31	4 19	4 39	4 54	5 07	5 18	5 27	5 43	5 57	6 10	6 23	6 36	6 51	7 00	7 10
Feb. 4	4 27	4 46	5 00	5 12	5 22	5 31	5 46	5 58	6 10	6 22	6 35	6 49	6 57	7 06
8	4 36	4 53	5 06	5 17	5 26	5 34	5 48	6 00	6 11	6 22	6 33	6 46	6 54	7 02
12	4 45	5 00	5 12	5 22	5 30	5 37	5 50	6 01	6 11	6 21	6 31	6 43	6 50	6 58
16	4 54	5 07	5 18	5 26	5 34	5 41	5 52	6 02	6 11	6 20	6 29	6 40	6 46	6 53
20	5 02	5 14	5 23	5 31	5 38	5 44	5 54	6 02	6 10	6 18	6 27	6 36	6 41	6 47
24	5 11	5 21	5 29	5 36	5 42	5 47	5 55	6 03	6 10	6 17	6 24	6 32	6 37	6 42
28	5 19	5 28	5 35	5 40	5 45	5 50	5 57	6 03	6 09	6 15	6 21	6 28	6 32	6 36
Mar. 3	5 27	5 34	5 40	5 45	5 49	5 53	5 59	6 04	6 09	6 13	6 18	6 24	6 27	6 30
7	5 36	5 41	5 46	5 49	5 52	5 55	6 00	6 04	6 08	6 11	6 15	6 19	6 21	6 24
11	5 44	5 48	5 51	5 54	5 56	5 58	6 01	6 04	6 07	6 09	6 12	6 14	6 16	6 18
15	5 52	5 54	5 56	5 58	5 59	6 00	6 02	6 04	6 06	6 07	6 08	6 10	6 10	6 11
19	6 00	6 01	6 01	6 02	6 03	6 03	6 04	6 04	6 04	6 05	6 05	6 05	6 05	6 05
23	6 07	6 07	6 06	6 06	6 06	6 05	6 05	6 04	6 03	6 02	6 01	6 00	5 59	5 58
27	6 15	6 13	6 12	6 10	6 09	6 08	6 06	6 04	6 02	6 00	5 58	5 55	5 54	5 52
31	6 23	6 19	6 17	6 14	6 12	6 10	6 07	6 04	6 01	5 58	5 54	5 50	5 48	5 45
Apr. 4	6 31	6 26	6 22	6 18	6 15	6 13	6 08	6 04	6 00	5 55	5 51	5 46	5 43	5 39

SUNSET

Lat.	−55°	−50°	−45°	−40°	−35°	−30°	−20°	−10°	0°	+10°	+20°	+30°	+35°	+40°
	h m	h m	h m	h m	h m	h m	h m	h m	h m	h m	h m	h m	h m	h m
Jan. −1	20 41	20 12	19 49	19 32	19 17	19 04	18 42	18 23	18 06	17 49	17 31	17 10	16 57	16 43
3	20 40	20 11	19 50	19 32	19 18	19 05	18 44	18 25	18 08	17 51	17 33	17 12	17 00	16 47
7	20 38	20 10	19 49	19 32	19 18	19 05	18 45	18 26	18 10	17 53	17 36	17 15	17 04	16 50
11	20 35	20 08	19 48	19 31	19 18	19 06	18 45	18 28	18 11	17 55	17 38	17 19	17 07	16 54
15	20 31	20 05	19 46	19 30	19 17	19 05	18 46	18 29	18 13	17 57	17 41	17 22	17 11	16 58
19	20 26	20 02	19 43	19 28	19 15	19 04	18 46	18 29	18 14	17 59	17 43	17 25	17 15	17 03
23	20 20	19 58	19 40	19 26	19 14	19 03	18 45	18 30	18 15	18 01	17 46	17 29	17 19	17 07
27	20 14	19 53	19 36	19 23	19 11	19 01	18 44	18 30	18 16	18 03	17 48	17 32	17 23	17 12
31	20 07	19 47	19 32	19 19	19 09	18 59	18 43	18 30	18 17	18 04	17 51	17 36	17 27	17 17
Feb. 4	19 59	19 41	19 27	19 15	19 05	18 57	18 42	18 29	18 17	18 06	17 53	17 39	17 31	17 22
8	19 51	19 35	19 22	19 11	19 02	18 54	18 40	18 29	18 18	18 07	17 55	17 42	17 35	17 27
12	19 42	19 28	19 16	19 06	18 58	18 51	18 38	18 28	18 18	18 08	17 57	17 46	17 39	17 31
16	19 33	19 20	19 10	19 01	18 54	18 47	18 36	18 26	18 18	18 09	17 59	17 49	17 43	17 36
20	19 24	19 13	19 03	18 56	18 49	18 43	18 34	18 25	18 17	18 09	18 01	17 52	17 47	17 41
24	19 15	19 05	18 57	18 50	18 44	18 39	18 31	18 24	18 17	18 10	18 03	17 55	17 50	17 45
28	19 05	18 57	18 50	18 44	18 39	18 35	18 28	18 22	18 16	18 10	18 04	17 58	17 54	17 50
Mar. 3	18 55	18 48	18 43	18 38	18 34	18 31	18 25	18 20	18 15	18 11	18 06	18 01	17 58	17 54
7	18 45	18 40	18 36	18 32	18 29	18 26	18 22	18 18	18 14	18 11	18 07	18 03	18 01	17 59
11	18 35	18 31	18 28	18 26	18 23	18 22	18 18	18 16	18 13	18 11	18 09	18 06	18 04	18 03
15	18 25	18 23	18 21	18 19	18 18	18 17	18 15	18 13	18 12	18 11	18 10	18 08	18 08	18 07
19	18 15	18 14	18 13	18 13	18 12	18 12	18 12	18 11	18 11	18 11	18 11	18 11	18 11	18 11
23	18 05	18 05	18 06	18 06	18 07	18 07	18 08	18 09	18 10	18 11	18 12	18 13	18 14	18 15
27	17 54	17 57	17 58	18 00	18 01	18 02	18 05	18 07	18 09	18 11	18 13	18 16	18 17	18 19
31	17 44	17 48	17 51	17 53	17 56	17 58	18 01	18 04	18 07	18 11	18 14	18 18	18 21	18 23
Apr. 4	17 34	17 39	17 43	17 47	17 50	17 53	17 58	18 02	18 06	18 10	18 15	18 21	18 24	18 28

UNIVERSAL TIME FOR MERIDIAN OF GREENWICH
SUNRISE

Lat.	+40°	+42°	+44°	+46°	+48°	+50°	+52°	+54°	+56°	+58°	+60°	+62°	+64°	+66°
	h m	h m	h m	h m	h m	h m	h m	h m	h m	h m	h m	h m	h m	h m
Jan. −1	7 21	7 28	7 34	7 42	7 50	7 59	8 08	8 19	8 32	8 46	9 03	9 24	9 52	10 32
3	7 22	7 28	7 35	7 42	7 50	7 58	8 08	8 19	8 31	8 45	9 02	9 22	9 48	10 25
7	7 22	7 28	7 35	7 42	7 49	7 58	8 07	8 17	8 29	8 43	8 59	9 18	9 43	10 17
11	7 22	7 27	7 34	7 40	7 48	7 56	8 05	8 15	8 26	8 39	8 54	9 13	9 36	10 06
15	7 20	7 26	7 32	7 38	7 46	7 53	8 02	8 11	8 22	8 34	8 49	9 06	9 27	9 55
19	7 19	7 24	7 30	7 36	7 43	7 50	7 58	8 07	8 17	8 29	8 42	8 58	9 18	9 43
23	7 16	7 21	7 27	7 33	7 39	7 46	7 54	8 02	8 12	8 22	8 35	8 50	9 07	9 30
27	7 14	7 18	7 23	7 29	7 35	7 41	7 48	7 56	8 05	8 15	8 27	8 40	8 56	9 16
31	7 10	7 15	7 19	7 25	7 30	7 36	7 43	7 50	7 58	8 07	8 18	8 30	8 45	9 02
Feb. 4	7 06	7 11	7 15	7 20	7 25	7 30	7 36	7 43	7 51	7 59	8 08	8 19	8 32	8 48
8	7 02	7 06	7 10	7 14	7 19	7 24	7 30	7 36	7 42	7 50	7 59	8 08	8 20	8 34
12	6 58	7 01	7 05	7 09	7 13	7 17	7 22	7 28	7 34	7 41	7 48	7 57	8 07	8 19
16	6 53	6 56	6 59	7 02	7 06	7 10	7 15	7 19	7 25	7 31	7 37	7 45	7 54	8 04
20	6 47	6 50	6 53	6 56	6 59	7 03	7 07	7 11	7 15	7 21	7 26	7 33	7 41	7 50
24	6 42	6 44	6 47	6 49	6 52	6 55	6 58	7 02	7 06	7 10	7 15	7 21	7 27	7 35
28	6 36	6 38	6 40	6 42	6 45	6 47	6 50	6 53	6 56	7 00	7 04	7 08	7 13	7 20
Mar. 3	6 30	6 32	6 33	6 35	6 37	6 39	6 41	6 43	6 46	6 49	6 52	6 56	7 00	7 04
7	6 24	6 25	6 26	6 28	6 29	6 30	6 32	6 34	6 36	6 38	6 40	6 43	6 46	6 49
11	6 18	6 18	6 19	6 20	6 21	6 22	6 23	6 24	6 25	6 27	6 28	6 30	6 32	6 34
15	6 11	6 12	6 12	6 12	6 13	6 13	6 14	6 14	6 15	6 15	6 16	6 17	6 18	6 19
19	6 05	6 05	6 05	6 05	6 05	6 05	6 05	6 04	6 04	6 04	6 04	6 04	6 04	6 03
23	5 58	5 58	5 58	5 57	5 56	5 56	5 55	5 55	5 54	5 53	5 52	5 51	5 50	5 48
27	5 52	5 51	5 50	5 49	5 48	5 47	5 46	5 45	5 43	5 42	5 40	5 38	5 35	5 33
31	5 45	5 44	5 43	5 42	5 40	5 39	5 37	5 35	5 33	5 30	5 28	5 25	5 21	5 17
Apr. 4	5 39	5 37	5 36	5 34	5 32	5 30	5 28	5 25	5 22	5 19	5 16	5 12	5 07	5 02

SUNSET

Lat.	+40°	+42°	+44°	+46°	+48°	+50°	+52°	+54°	+56°	+58°	+60°	+62°	+64°	+66°
	h m	h m	h m	h m	h m	h m	h m	h m	h m	h m	h m	h m	h m	h m
Jan. −1	16 43	16 37	16 30	16 23	16 15	16 06	15 57	15 46	15 33	15 19	15 02	14 41	14 13	13 33
3	16 47	16 40	16 34	16 27	16 19	16 10	16 01	15 50	15 38	15 24	15 07	14 47	14 21	13 43
7	16 50	16 44	16 38	16 31	16 23	16 15	16 06	15 55	15 43	15 30	15 14	14 54	14 30	13 56
11	16 54	16 48	16 42	16 35	16 28	16 20	16 11	16 01	15 50	15 37	15 22	15 03	14 40	14 09
15	16 58	16 53	16 47	16 40	16 33	16 26	16 17	16 08	15 57	15 45	15 30	15 13	14 52	14 24
19	17 03	16 58	16 52	16 46	16 39	16 32	16 24	16 15	16 04	15 53	15 39	15 24	15 04	14 39
23	17 07	17 02	16 57	16 51	16 45	16 38	16 30	16 22	16 12	16 02	15 49	15 35	15 17	14 55
27	17 12	17 07	17 02	16 57	16 51	16 45	16 37	16 30	16 21	16 11	15 59	15 46	15 30	15 10
31	17 17	17 13	17 08	17 03	16 57	16 51	16 45	16 37	16 29	16 20	16 10	15 58	15 43	15 25
Feb. 4	17 22	17 18	17 13	17 09	17 04	16 58	16 52	16 45	16 38	16 30	16 20	16 09	15 56	15 41
8	17 27	17 23	17 19	17 15	17 10	17 05	17 00	16 54	16 47	16 39	16 31	16 21	16 09	15 56
12	17 31	17 28	17 24	17 21	17 16	17 12	17 07	17 02	16 56	16 49	16 41	16 33	16 23	16 11
16	17 36	17 33	17 30	17 27	17 23	17 19	17 14	17 10	17 04	16 59	16 52	16 44	16 35	16 25
20	17 41	17 38	17 35	17 32	17 29	17 26	17 22	17 18	17 13	17 08	17 02	16 56	16 48	16 39
24	17 45	17 43	17 41	17 38	17 35	17 32	17 29	17 26	17 22	17 18	17 13	17 07	17 01	16 53
28	17 50	17 48	17 46	17 44	17 42	17 39	17 37	17 34	17 30	17 27	17 23	17 18	17 13	17 07
Mar. 3	17 54	17 53	17 51	17 50	17 48	17 46	17 44	17 41	17 39	17 36	17 33	17 30	17 26	17 21
7	17 59	17 58	17 56	17 55	17 54	17 52	17 51	17 49	17 47	17 45	17 43	17 41	17 38	17 34
11	18 03	18 02	18 01	18 01	18 00	17 59	17 58	17 57	17 56	17 54	17 53	17 51	17 50	17 48
15	18 07	18 07	18 06	18 06	18 06	18 05	18 05	18 04	18 04	18 03	18 03	18 02	18 02	18 01
19	18 11	18 11	18 11	18 11	18 12	18 12	18 12	18 12	18 12	18 12	18 13	18 13	18 13	18 14
23	18 15	18 16	18 16	18 17	18 17	18 18	18 19	18 20	18 20	18 21	18 22	18 24	18 25	18 27
27	18 19	18 20	18 21	18 22	18 23	18 24	18 26	18 27	18 29	18 30	18 32	18 34	18 37	18 40
31	18 23	18 25	18 26	18 27	18 29	18 31	18 33	18 35	18 37	18 39	18 42	18 45	18 49	18 53
Apr. 4	18 28	18 29	18 31	18 33	18 35	18 37	18 39	18 42	18 45	18 48	18 52	18 56	19 01	19 06

SUNRISE AND SUNSET, 1996

UNIVERSAL TIME FOR MERIDIAN OF GREENWICH

SUNRISE

Lat.	−55°	−50°	−45°	−40°	−35°	−30°	−20°	−10°	0°	+10°	+20°	+30°	+35°	+40°
	h m	h m	h m	h m	h m	h m	h m	h m	h m	h m	h m	h m	h m	h m
Mar. 31	6 23	6 19	6 17	6 14	6 12	6 10	6 07	6 04	6 01	5 58	5 54	5 50	5 48	5 45
Apr. 4	6 31	6 26	6 22	6 18	6 15	6 13	6 08	6 04	6 00	5 55	5 51	5 46	5 43	5 39
8	6 38	6 32	6 27	6 22	6 18	6 15	6 09	6 04	5 58	5 53	5 48	5 41	5 37	5 33
12	6 46	6 38	6 32	6 26	6 22	6 17	6 10	6 04	5 57	5 51	5 44	5 36	5 32	5 27
16	6 54	6 44	6 37	6 30	6 25	6 20	6 11	6 04	5 56	5 49	5 41	5 32	5 27	5 20
20	7 01	6 50	6 42	6 34	6 28	6 22	6 12	6 04	5 56	5 47	5 38	5 28	5 22	5 15
24	7 09	6 56	6 46	6 38	6 31	6 25	6 14	6 04	5 55	5 45	5 35	5 24	5 17	5 09
28	7 16	7 02	6 51	6 42	6 34	6 27	6 15	6 04	5 54	5 44	5 33	5 20	5 12	5 04
May 2	7 24	7 08	6 56	6 46	6 37	6 30	6 16	6 05	5 54	5 42	5 30	5 16	5 08	4 59
6	7 31	7 14	7 01	6 50	6 41	6 32	6 18	6 05	5 53	5 41	5 28	5 13	5 04	4 54
10	7 38	7 20	7 06	6 54	6 44	6 35	6 19	6 06	5 53	5 40	5 26	5 10	5 00	4 50
14	7 45	7 26	7 10	6 58	6 47	6 37	6 21	6 06	5 53	5 39	5 24	5 07	4 57	4 46
18	7 52	7 31	7 15	7 01	6 50	6 40	6 22	6 07	5 53	5 38	5 23	5 05	4 54	4 42
22	7 58	7 36	7 19	7 05	6 53	6 42	6 24	6 08	5 53	5 38	5 22	5 03	4 52	4 39
26	8 04	7 41	7 23	7 08	6 55	6 45	6 26	6 09	5 53	5 38	5 21	5 01	4 50	4 36
30	8 10	7 45	7 26	7 11	6 58	6 47	6 27	6 10	5 54	5 38	5 20	5 00	4 48	4 34
June 3	8 14	7 49	7 30	7 14	7 00	6 49	6 29	6 11	5 55	5 38	5 20	4 59	4 47	4 32
7	8 19	7 53	7 33	7 16	7 03	6 51	6 30	6 12	5 55	5 38	5 20	4 58	4 46	4 31
11	8 22	7 55	7 35	7 18	7 05	6 52	6 31	6 13	5 56	5 39	5 20	4 58	4 45	4 31
15	8 25	7 58	7 37	7 20	7 06	6 54	6 33	6 14	5 57	5 39	5 20	4 58	4 46	4 31
19	8 26	7 59	7 38	7 22	7 07	6 55	6 34	6 15	5 58	5 40	5 21	4 59	4 46	4 31
23	8 27	8 00	7 39	7 22	7 08	6 56	6 35	6 16	5 59	5 41	5 22	5 00	4 47	4 32
27	8 27	8 00	7 39	7 23	7 09	6 56	6 35	6 17	5 59	5 42	5 23	5 01	4 48	4 33
July 1	8 26	7 59	7 39	7 23	7 09	6 57	6 36	6 17	6 00	5 43	5 24	5 03	4 50	4 35
5	8 24	7 58	7 38	7 22	7 08	6 56	6 36	6 18	6 01	5 44	5 26	5 04	4 52	4 37

SUNSET

Lat.	−55°	−50°	−45°	−40°	−35°	−30°	−20°	−10°	0°	+10°	+20°	+30°	+35°	+40°
	h m	h m	h m	h m	h m	h m	h m	h m	h m	h m	h m	h m	h m	h m
Mar. 31	17 44	17 48	17 51	17 53	17 56	17 58	18 01	18 04	18 07	18 11	18 14	18 18	18 21	18 23
Apr. 4	17 34	17 39	17 43	17 47	17 50	17 53	17 58	18 02	18 06	18 10	18 15	18 21	18 24	18 28
8	17 24	17 31	17 36	17 41	17 45	17 48	17 54	18 00	18 05	18 10	18 16	18 23	18 27	18 32
12	17 15	17 23	17 29	17 35	17 39	17 44	17 51	17 58	18 04	18 10	18 17	18 26	18 30	18 36
16	17 05	17 15	17 22	17 29	17 34	17 39	17 48	17 56	18 03	18 11	18 19	18 28	18 33	18 40
20	16 56	17 07	17 16	17 23	17 29	17 35	17 45	17 54	18 02	18 11	18 20	18 30	18 37	18 44
24	16 47	16 59	17 09	17 17	17 25	17 31	17 42	17 52	18 01	18 11	18 21	18 33	18 40	18 48
28	16 38	16 52	17 03	17 12	17 20	17 27	17 40	17 51	18 01	18 11	18 23	18 36	18 43	18 52
May 2	16 29	16 45	16 57	17 07	17 16	17 24	17 37	17 49	18 00	18 12	18 24	18 38	18 46	18 56
6	16 21	16 38	16 52	17 03	17 12	17 21	17 35	17 48	18 00	18 12	18 25	18 41	18 50	19 00
10	16 14	16 32	16 47	16 58	17 09	17 18	17 33	17 47	18 00	18 13	18 27	18 43	18 53	19 04
14	16 07	16 27	16 42	16 55	17 06	17 15	17 32	17 46	18 00	18 14	18 29	18 46	18 56	19 08
18	16 00	16 21	16 38	16 51	17 03	17 13	17 30	17 46	18 00	18 15	18 30	18 48	18 59	19 11
22	15 55	16 17	16 34	16 48	17 00	17 11	17 29	17 45	18 00	18 15	18 32	18 51	19 02	19 15
26	15 50	16 13	16 31	16 46	16 58	17 09	17 28	17 45	18 01	18 16	18 34	18 53	19 05	19 18
30	15 45	16 10	16 28	16 44	16 57	17 08	17 28	17 45	18 01	18 17	18 35	18 56	19 08	19 21
June 3	15 42	16 07	16 26	16 42	16 56	17 07	17 28	17 45	18 02	18 19	18 37	18 58	19 10	19 24
7	15 39	16 05	16 25	16 41	16 55	17 07	17 28	17 46	18 03	18 20	18 38	19 00	19 12	19 27
11	15 37	16 04	16 24	16 41	16 55	17 07	17 28	17 46	18 03	18 21	18 39	19 01	19 14	19 29
15	15 36	16 03	16 24	16 41	16 55	17 07	17 28	17 47	18 04	18 22	18 41	19 03	19 16	19 31
19	15 36	16 04	16 24	16 41	16 55	17 08	17 29	17 48	18 05	18 23	18 42	19 04	19 17	19 32
23	15 37	16 05	16 25	16 42	16 56	17 09	17 30	17 48	18 06	18 24	18 42	19 05	19 18	19 33
27	15 39	16 06	16 27	16 44	16 58	17 10	17 31	17 49	18 07	18 24	18 43	19 05	19 18	19 33
July 1	15 42	16 08	16 29	16 45	16 59	17 11	17 32	17 50	18 08	18 25	18 43	19 05	19 18	19 33
5	15 46	16 11	16 31	16 47	17 01	17 13	17 33	17 51	18 08	18 25	18 44	19 05	19 17	19 32

SUNRISE AND SUNSET, 1996

UNIVERSAL TIME FOR MERIDIAN OF GREENWICH

SUNRISE

Lat.	+40°	+42°	+44°	+46°	+48°	+50°	+52°	+54°	+56°	+58°	+60°	+62°	+64°	+66°
	h m	h m	h m	h m	h m	h m	h m	h m	h m	h m	h m	h m	h m	h m
Mar. 31	5 45	5 44	5 43	5 42	5 40	5 39	5 37	5 35	5 33	5 30	5 28	5 25	5 21	5 17
Apr. 4	5 39	5 37	5 36	5 34	5 32	5 30	5 28	5 25	5 22	5 19	5 16	5 12	5 07	5 02
8	5 33	5 31	5 29	5 26	5 24	5 21	5 19	5 15	5 12	5 08	5 04	4 59	4 53	4 46
12	5 27	5 24	5 22	5 19	5 16	5 13	5 10	5 06	5 02	4 57	4 52	4 46	4 39	4 31
16	5 20	5 18	5 15	5 12	5 08	5 05	5 01	4 56	4 51	4 46	4 40	4 33	4 25	4 15
20	5 15	5 12	5 08	5 05	5 01	4 57	4 52	4 47	4 42	4 35	4 28	4 20	4 11	4 00
24	5 09	5 06	5 02	4 58	4 54	4 49	4 44	4 38	4 32	4 25	4 17	4 08	3 57	3 44
28	5 04	5 00	4 56	4 51	4 47	4 41	4 36	4 30	4 22	4 15	4 06	3 55	3 43	3 28
May 2	4 59	4 54	4 50	4 45	4 40	4 34	4 28	4 21	4 13	4 05	3 55	3 43	3 29	3 13
6	4 54	4 49	4 45	4 39	4 34	4 28	4 21	4 13	4 05	3 55	3 44	3 31	3 16	2 57
10	4 50	4 45	4 40	4 34	4 28	4 21	4 14	4 06	3 56	3 46	3 34	3 20	3 03	2 41
14	4 46	4 40	4 35	4 29	4 22	4 15	4 07	3 59	3 49	3 37	3 24	3 09	2 49	2 25
18	4 42	4 37	4 31	4 24	4 17	4 10	4 01	3 52	3 41	3 29	3 15	2 58	2 37	2 09
22	4 39	4 33	4 27	4 20	4 13	4 05	3 56	3 46	3 35	3 22	3 07	2 48	2 25	1 53
26	4 36	4 30	4 24	4 17	4 09	4 01	3 51	3 41	3 29	3 15	2 59	2 39	2 13	1 37
30	4 34	4 28	4 21	4 14	4 06	3 57	3 47	3 37	3 24	3 09	2 52	2 30	2 02	1 20
June 3	4 32	4 26	4 19	4 12	4 03	3 54	3 44	3 33	3 20	3 04	2 46	2 23	1 53	1 02
7	4 31	4 25	4 18	4 10	4 02	3 52	3 42	3 30	3 17	3 01	2 41	2 17	1 44	0 44
11	4 31	4 24	4 17	4 09	4 00	3 51	3 40	3 28	3 14	2 58	2 38	2 13	1 37	0 19
15	4 31	4 24	4 16	4 09	4 00	3 50	3 39	3 27	3 13	2 56	2 36	2 10	1 33	□
19	4 31	4 24	4 17	4 09	4 00	3 50	3 39	3 27	3 13	2 56	2 35	2 09	1 31	□
23	4 32	4 25	4 18	4 10	4 01	3 51	3 40	3 28	3 14	2 57	2 36	2 10	1 32	□
27	4 33	4 26	4 19	4 11	4 02	3 53	3 42	3 30	3 16	2 59	2 39	2 13	1 35	□
July 1	4 35	4 28	4 21	4 13	4 05	3 55	3 44	3 32	3 18	3 02	2 42	2 17	1 42	0 22
5	4 37	4 30	4 23	4 16	4 07	3 58	3 48	3 36	3 22	3 06	2 47	2 23	1 50	0 48

SUNSET

	+40°	+42°	+44°	+46°	+48°	+50°	+52°	+54°	+56°	+58°	+60°	+62°	+64°	+66°
	h m	h m	h m	h m	h m	h m	h m	h m	h m	h m	h m	h m	h m	h m
Mar. 31	18 23	18 25	18 26	18 27	18 29	18 31	18 33	18 35	18 37	18 39	18 42	18 45	18 49	18 53
Apr. 4	18 28	18 29	18 31	18 33	18 35	18 37	18 39	18 42	18 45	18 48	18 52	18 56	19 01	19 06
8	18 32	18 34	18 36	18 38	18 41	18 43	18 46	18 49	18 53	18 57	19 02	19 07	19 13	19 19
12	18 36	18 38	18 41	18 43	18 46	18 49	18 53	18 57	19 01	19 06	19 11	19 18	19 25	19 33
16	18 40	18 42	18 45	18 49	18 52	18 56	19 00	19 04	19 09	19 15	19 21	19 28	19 37	19 47
20	18 44	18 47	18 50	18 54	18 58	19 02	19 07	19 12	19 17	19 24	19 31	19 39	19 49	20 01
24	18 48	18 51	18 55	18 59	19 03	19 08	19 13	19 19	19 26	19 33	19 41	19 51	20 02	20 15
28	18 52	18 56	19 00	19 04	19 09	19 14	19 20	19 27	19 34	19 42	19 51	20 02	20 14	20 29
May 2	18 56	19 00	19 05	19 10	19 15	19 21	19 27	19 34	19 42	19 51	20 01	20 13	20 27	20 44
6	19 00	19 04	19 09	19 15	19 20	19 27	19 34	19 41	19 50	20 00	20 11	20 24	20 40	20 59
10	19 04	19 09	19 14	19 20	19 26	19 33	19 40	19 48	19 58	20 08	20 21	20 35	20 53	21 15
14	19 08	19 13	19 18	19 25	19 31	19 38	19 46	19 55	20 05	20 17	20 30	20 46	21 06	21 31
18	19 11	19 17	19 23	19 29	19 36	19 44	19 52	20 02	20 13	20 25	20 39	20 57	21 18	21 47
22	19 15	19 21	19 27	19 34	19 41	19 49	19 58	20 08	20 20	20 33	20 48	21 07	21 31	22 04
26	19 18	19 24	19 31	19 38	19 46	19 54	20 03	20 14	20 26	20 40	20 57	21 17	21 43	22 21
30	19 21	19 28	19 34	19 42	19 50	19 59	20 08	20 19	20 32	20 47	21 04	21 26	21 55	22 39
June 3	19 24	19 31	19 38	19 45	19 53	20 03	20 13	20 24	20 37	20 53	21 11	21 34	22 06	22 58
7	19 27	19 33	19 40	19 48	19 57	20 06	20 16	20 28	20 42	20 58	21 17	21 42	22 15	23 19
11	19 29	19 36	19 43	19 51	19 59	20 09	20 20	20 32	20 46	21 02	21 22	21 47	22 23	23 51
15	19 31	19 37	19 45	19 53	20 01	20 11	20 22	20 34	20 48	21 05	21 25	21 51	22 29	□
19	19 32	19 39	19 46	19 54	20 03	20 13	20 23	20 36	20 50	21 07	21 27	21 54	22 32	□
23	19 33	19 39	19 47	19 55	20 04	20 13	20 24	20 36	20 51	21 07	21 28	21 54	22 32	□
27	19 33	19 40	19 47	19 55	20 04	20 13	20 24	20 36	20 50	21 07	21 27	21 53	22 30	□
July 1	19 33	19 39	19 47	19 54	20 03	20 12	20 23	20 35	20 49	21 05	21 25	21 50	22 25	23 38
5	19 32	19 38	19 45	19 53	20 02	20 11	20 21	20 33	20 46	21 02	21 21	21 45	22 18	23 16

□ indicates Sun continuously above horizon.

SUNRISE AND SUNSET, 1996

UNIVERSAL TIME FOR MERIDIAN OF GREENWICH

SUNRISE

Lat.	−55°	−50°	−45°	−40°	−35°	−30°	−20°	−10°	0°	+10°	+20°	+30°	+35°	+40°
	h m	h m	h m	h m	h m	h m	h m	h m	h m	h m	h m	h m	h m	h m
July 1	8 26	7 59	7 39	7 23	7 09	6 57	6 36	6 17	6 00	5 43	5 24	5 03	4 50	4 35
5	8 24	7 58	7 38	7 22	7 08	6 56	6 36	6 18	6 01	5 44	5 26	5 04	4 52	4 37
9	8 21	7 56	7 37	7 21	7 07	6 56	6 36	6 18	6 02	5 45	5 27	5 06	4 54	4 40
13	8 17	7 53	7 34	7 19	7 06	6 55	6 35	6 18	6 02	5 46	5 28	5 08	4 56	4 42
17	8 13	7 50	7 32	7 17	7 04	6 53	6 35	6 18	6 03	5 47	5 30	5 10	4 59	4 45
21	8 07	7 45	7 28	7 14	7 02	6 52	6 34	6 18	6 03	5 48	5 31	5 13	5 01	4 49
25	8 01	7 41	7 24	7 11	7 00	6 50	6 32	6 17	6 03	5 49	5 33	5 15	5 04	4 52
29	7 55	7 35	7 20	7 08	6 57	6 47	6 31	6 17	6 03	5 49	5 34	5 17	5 07	4 56
Aug. 2	7 48	7 30	7 15	7 03	6 53	6 45	6 29	6 16	6 03	5 50	5 36	5 20	5 10	4 59
6	7 40	7 23	7 10	6 59	6 50	6 41	6 27	6 14	6 02	5 50	5 37	5 22	5 13	5 03
10	7 32	7 17	7 04	6 54	6 46	6 38	6 25	6 13	6 02	5 51	5 38	5 24	5 16	5 07
14	7 23	7 09	6 58	6 49	6 41	6 34	6 22	6 11	6 01	5 51	5 40	5 27	5 19	5 11
18	7 14	7 02	6 52	6 44	6 37	6 30	6 19	6 10	6 00	5 51	5 41	5 29	5 22	5 15
22	7 05	6 54	6 46	6 38	6 32	6 26	6 16	6 08	5 59	5 51	5 42	5 31	5 25	5 18
26	6 56	6 46	6 39	6 32	6 27	6 22	6 13	6 06	5 58	5 51	5 43	5 34	5 28	5 22
30	6 46	6 38	6 32	6 26	6 22	6 17	6 10	6 03	5 57	5 51	5 44	5 36	5 31	5 26
Sept. 3	6 36	6 30	6 24	6 20	6 16	6 13	6 07	6 01	5 56	5 51	5 45	5 38	5 34	5 30
7	6 26	6 21	6 17	6 14	6 11	6 08	6 03	5 59	5 55	5 50	5 46	5 40	5 37	5 33
11	6 16	6 13	6 10	6 07	6 05	6 03	5 59	5 56	5 53	5 50	5 47	5 42	5 40	5 37
15	6 06	6 04	6 02	6 01	5 59	5 58	5 56	5 54	5 52	5 50	5 47	5 45	5 43	5 41
19	5 56	5 55	5 54	5 54	5 53	5 53	5 52	5 51	5 50	5 49	5 48	5 47	5 46	5 45
23	5 45	5 46	5 47	5 47	5 48	5 48	5 49	5 49	5 49	5 49	5 49	5 49	5 49	5 49
27	5 35	5 37	5 39	5 41	5 42	5 43	5 45	5 46	5 48	5 49	5 50	5 51	5 52	5 52
Oct. 1	5 25	5 29	5 32	5 34	5 36	5 38	5 41	5 44	5 46	5 49	5 51	5 53	5 55	5 56
5	5 15	5 20	5 24	5 28	5 31	5 33	5 38	5 42	5 45	5 48	5 52	5 56	5 58	6 00

SUNSET

Lat.	−55°	−50°	−45°	−40°	−35°	−30°	−20°	−10°	0°	+10°	+20°	+30°	+35°	+40°
	h m	h m	h m	h m	h m	h m	h m	h m	h m	h m	h m	h m	h m	h m
July 1	15 42	16 08	16 29	16 45	16 59	17 11	17 32	17 50	18 08	18 25	18 43	19 05	19 18	19 33
5	15 46	16 11	16 31	16 47	17 01	17 13	17 33	17 51	18 08	18 25	18 44	19 05	19 17	19 32
9	15 50	16 15	16 34	16 50	17 03	17 15	17 35	17 52	18 09	18 25	18 43	19 04	19 16	19 31
13	15 55	16 19	16 37	16 53	17 06	17 17	17 36	17 53	18 09	18 26	18 43	19 03	19 15	19 29
17	16 00	16 23	16 41	16 56	17 08	17 19	17 38	17 54	18 10	18 25	18 42	19 02	19 13	19 26
21	16 06	16 28	16 45	16 59	17 11	17 21	17 39	17 55	18 10	18 25	18 41	19 00	19 11	19 24
25	16 12	16 33	16 49	17 02	17 14	17 24	17 41	17 56	18 10	18 24	18 40	18 58	19 08	19 20
29	16 19	16 38	16 53	17 06	17 16	17 26	17 42	17 56	18 10	18 24	18 38	18 55	19 05	19 17
Aug. 2	16 25	16 43	16 58	17 09	17 19	17 28	17 43	17 57	18 10	18 23	18 36	18 52	19 02	19 12
6	16 32	16 49	17 02	17 13	17 22	17 31	17 45	17 57	18 09	18 21	18 34	18 49	18 58	19 08
10	16 39	16 55	17 07	17 17	17 25	17 33	17 46	17 58	18 09	18 20	18 32	18 46	18 54	19 03
14	16 47	17 00	17 11	17 20	17 28	17 35	17 47	17 58	18 08	18 18	18 29	18 42	18 49	18 58
18	16 54	17 06	17 16	17 24	17 31	17 37	17 48	17 58	18 07	18 16	18 26	18 38	18 45	18 52
22	17 01	17 12	17 21	17 28	17 34	17 40	17 49	17 58	18 06	18 14	18 23	18 34	18 40	18 47
26	17 09	17 18	17 25	17 32	17 37	17 42	17 50	17 58	18 05	18 12	18 20	18 29	18 35	18 41
30	17 16	17 24	17 30	17 35	17 40	17 44	17 51	17 58	18 04	18 10	18 17	18 25	18 29	18 34
Sept. 3	17 23	17 29	17 35	17 39	17 43	17 46	17 52	17 57	18 02	18 08	18 13	18 20	18 24	18 28
7	17 30	17 35	17 39	17 43	17 46	17 48	17 53	17 57	18 01	18 05	18 10	18 15	18 18	18 22
11	17 38	17 41	17 44	17 46	17 49	17 50	17 54	17 57	18 00	18 03	18 06	18 10	18 12	18 15
15	17 45	17 47	17 49	17 50	17 51	17 53	17 55	17 56	17 58	18 00	18 02	18 05	18 07	18 08
19	17 53	17 53	17 54	17 54	17 54	17 55	17 55	17 56	17 57	17 58	17 59	18 00	18 01	18 02
23	18 00	17 59	17 59	17 58	17 57	17 57	17 56	17 56	17 55	17 55	17 55	17 55	17 55	17 55
27	18 08	18 05	18 03	18 02	18 00	17 59	17 57	17 56	17 54	17 53	17 51	17 50	17 49	17 49
Oct. 1	18 15	18 11	18 08	18 06	18 03	18 01	17 58	17 55	17 53	17 50	17 48	17 45	17 44	17 42
5	18 23	18 18	18 13	18 10	18 06	18 04	17 59	17 55	17 52	17 48	17 44	17 40	17 38	17 36

UNIVERSAL TIME FOR MERIDIAN OF GREENWICH
SUNRISE

Lat.	+40°	+42°	+44°	+46°	+48°	+50°	+52°	+54°	+56°	+58°	+60°	+62°	+64°	+66°
	h m	h m	h m	h m	h m	h m	h m	h m	h m	h m	h m	h m	h m	h m
July 1	4 35	4 28	4 21	4 13	4 05	3 55	3 44	3 32	3 18	3 02	2 42	2 17	1 42	0 22
5	4 37	4 30	4 23	4 16	4 07	3 58	3 48	3 36	3 22	3 06	2 47	2 23	1 50	0 48
9	4 40	4 33	4 26	4 19	4 11	4 01	3 51	3 40	3 27	3 12	2 53	2 30	1 59	1 09
13	4 42	4 36	4 29	4 22	4 14	4 05	3 56	3 45	3 32	3 18	3 00	2 39	2 10	1 27
17	4 45	4 39	4 33	4 26	4 18	4 10	4 01	3 50	3 38	3 24	3 08	2 48	2 22	1 45
21	4 49	4 43	4 37	4 30	4 23	4 15	4 06	3 56	3 45	3 32	3 16	2 58	2 34	2 02
25	4 52	4 47	4 41	4 34	4 28	4 20	4 12	4 02	3 51	3 39	3 25	3 08	2 47	2 19
29	4 56	4 51	4 45	4 39	4 32	4 25	4 17	4 09	3 59	3 47	3 34	3 18	2 59	2 35
Aug. 2	4 59	4 55	4 49	4 44	4 38	4 31	4 24	4 15	4 06	3 56	3 43	3 29	3 12	2 50
6	5 03	4 59	4 54	4 49	4 43	4 37	4 30	4 22	4 14	4 04	3 53	3 40	3 24	3 05
10	5 07	5 03	4 58	4 53	4 48	4 42	4 36	4 29	4 21	4 13	4 03	3 51	3 37	3 20
14	5 11	5 07	5 03	4 58	4 54	4 48	4 43	4 36	4 29	4 21	4 12	4 02	3 49	3 35
18	5 15	5 11	5 07	5 03	4 59	4 54	4 49	4 43	4 37	4 30	4 22	4 13	4 02	3 49
22	5 18	5 15	5 12	5 08	5 04	5 00	4 56	4 51	4 45	4 39	4 31	4 23	4 14	4 02
26	5 22	5 19	5 16	5 13	5 10	5 06	5 02	4 58	4 53	4 47	4 41	4 34	4 26	4 16
30	5 26	5 24	5 21	5 18	5 15	5 12	5 09	5 05	5 01	4 56	4 51	4 44	4 37	4 29
Sept. 3	5 30	5 28	5 26	5 23	5 21	5 18	5 15	5 12	5 08	5 04	5 00	4 55	4 49	4 42
7	5 33	5 32	5 30	5 28	5 26	5 24	5 22	5 19	5 16	5 13	5 09	5 05	5 01	4 55
11	5 37	5 36	5 35	5 33	5 32	5 30	5 28	5 26	5 24	5 22	5 19	5 16	5 12	5 08
15	5 41	5 40	5 39	5 38	5 37	5 36	5 35	5 33	5 32	5 30	5 28	5 26	5 24	5 21
19	5 45	5 44	5 44	5 43	5 43	5 42	5 41	5 41	5 40	5 39	5 38	5 36	5 35	5 33
23	5 49	5 49	5 48	5 48	5 48	5 48	5 48	5 48	5 48	5 47	5 47	5 47	5 46	5 46
27	5 52	5 53	5 53	5 53	5 54	5 54	5 54	5 55	5 55	5 56	5 56	5 57	5 58	5 58
Oct. 1	5 56	5 57	5 58	5 59	5 59	6 00	6 01	6 02	6 03	6 05	6 06	6 07	6 09	6 11
5	6 00	6 01	6 03	6 04	6 05	6 06	6 08	6 09	6 11	6 13	6 15	6 18	6 21	6 24

SUNSET

Lat.	+40°	+42°	+44°	+46°	+48°	+50°	+52°	+54°	+56°	+58°	+60°	+62°	+64°	+66°
	h m	h m	h m	h m	h m	h m	h m	h m	h m	h m	h m	h m	h m	h m
July 1	19 33	19 39	19 47	19 54	20 03	20 12	20 23	20 35	20 49	21 05	21 25	21 50	22 25	23 38
5	19 32	19 38	19 45	19 53	20 02	20 11	20 21	20 33	20 46	21 02	21 21	21 45	22 18	23 16
9	19 31	19 37	19 44	19 51	19 59	20 08	20 18	20 30	20 43	20 58	21 16	21 39	22 09	22 58
13	19 29	19 35	19 42	19 49	19 57	20 05	20 15	20 26	20 38	20 53	21 10	21 31	21 59	22 40
17	19 26	19 32	19 39	19 46	19 53	20 02	20 11	20 21	20 33	20 47	21 03	21 23	21 48	22 24
21	19 24	19 29	19 35	19 42	19 49	19 57	20 06	20 16	20 27	20 40	20 55	21 13	21 36	22 07
25	19 20	19 26	19 32	19 38	19 45	19 52	20 01	20 10	20 20	20 32	20 46	21 03	21 24	21 51
29	19 17	19 22	19 27	19 33	19 40	19 47	19 54	20 03	20 13	20 24	20 37	20 52	21 11	21 35
Aug. 2	19 12	19 17	19 22	19 28	19 34	19 41	19 48	19 56	20 05	20 15	20 27	20 41	20 58	21 19
6	19 08	19 12	19 17	19 22	19 28	19 34	19 41	19 48	19 57	20 06	20 17	20 30	20 45	21 03
10	19 03	19 07	19 12	19 16	19 21	19 27	19 33	19 40	19 48	19 56	20 06	20 18	20 31	20 48
14	18 58	19 02	19 06	19 10	19 15	19 20	19 25	19 32	19 39	19 46	19 55	20 05	20 18	20 32
18	18 52	18 56	18 59	19 03	19 08	19 12	19 17	19 23	19 29	19 36	19 44	19 53	20 04	20 16
22	18 47	18 50	18 53	18 56	19 00	19 04	19 09	19 14	19 19	19 25	19 32	19 40	19 50	20 01
26	18 41	18 43	18 46	18 49	18 52	18 56	19 00	19 04	19 09	19 15	19 21	19 28	19 36	19 45
30	18 34	18 37	18 39	18 42	18 45	18 48	18 51	18 55	18 59	19 04	19 09	19 15	19 22	19 30
Sept. 3	18 28	18 30	18 32	18 34	18 37	18 39	18 42	18 45	18 49	18 53	18 57	19 02	19 07	19 14
7	18 22	18 23	18 25	18 27	18 29	18 31	18 33	18 35	18 38	18 41	18 45	18 49	18 53	18 59
11	18 15	18 16	18 17	18 19	18 20	18 22	18 24	18 26	18 28	18 30	18 33	18 36	18 39	18 43
15	18 08	18 09	18 10	18 11	18 12	18 13	18 14	18 16	18 17	18 19	18 20	18 23	18 25	18 28
19	18 02	18 02	18 03	18 03	18 04	18 04	18 05	18 06	18 06	18 07	18 08	18 09	18 11	18 12
23	17 55	17 55	17 55	17 55	17 55	17 55	17 56	17 56	17 56	17 56	17 56	17 56	17 57	17 57
27	17 49	17 48	17 48	17 48	17 47	17 47	17 46	17 46	17 45	17 45	17 44	17 43	17 42	17 42
Oct. 1	17 42	17 41	17 41	17 40	17 39	17 38	17 37	17 36	17 35	17 33	17 32	17 30	17 28	17 26
5	17 36	17 35	17 33	17 32	17 31	17 29	17 28	17 26	17 24	17 22	17 20	17 17	17 14	17 11

SUNRISE AND SUNSET, 1996

UNIVERSAL TIME FOR MERIDIAN OF GREENWICH

SUNRISE

Lat.	−55°	−50°	−45°	−40°	−35°	−30°	−20°	−10°	0°	+10°	+20°	+30°	+35°	+40°
	h m	h m	h m	h m	h m	h m	h m	h m	h m	h m	h m	h m	h m	h m
Oct. 1	5 25	5 29	5 32	5 34	5 36	5 38	5 41	5 44	5 46	5 49	5 51	5 53	5 55	5 56
5	5 15	5 20	5 24	5 28	5 31	5 33	5 38	5 42	5 45	5 48	5 52	5 56	5 58	6 00
9	5 05	5 11	5 17	5 21	5 25	5 29	5 34	5 39	5 44	5 48	5 53	5 58	6 01	6 04
13	4 55	5 03	5 10	5 15	5 20	5 24	5 31	5 37	5 43	5 48	5 54	6 01	6 04	6 09
17	4 45	4 55	5 03	5 09	5 15	5 20	5 28	5 35	5 42	5 49	5 56	6 03	6 08	6 13
21	4 35	4 47	4 56	5 03	5 10	5 15	5 25	5 33	5 41	5 49	5 57	6 06	6 11	6 17
25	4 26	4 39	4 49	4 58	5 05	5 11	5 22	5 32	5 41	5 49	5 58	6 09	6 15	6 21
29	4 17	4 31	4 43	4 53	5 01	5 08	5 20	5 30	5 40	5 50	6 00	6 12	6 18	6 26
Nov. 2	4 08	4 24	4 37	4 48	4 57	5 04	5 18	5 29	5 40	5 51	6 02	6 15	6 22	6 30
6	4 00	4 18	4 32	4 43	4 53	5 01	5 16	5 28	5 40	5 52	6 04	6 18	6 26	6 35
10	3 52	4 11	4 27	4 39	4 49	4 59	5 14	5 28	5 40	5 53	6 06	6 21	6 30	6 40
14	3 45	4 06	4 22	4 35	4 47	4 56	5 13	5 28	5 41	5 54	6 08	6 24	6 34	6 44
18	3 38	4 01	4 18	4 32	4 44	4 54	5 12	5 27	5 42	5 56	6 11	6 28	6 38	6 49
22	3 32	3 56	4 14	4 29	4 42	4 53	5 12	5 28	5 43	5 57	6 13	6 31	6 41	6 53
26	3 27	3 52	4 12	4 27	4 40	4 52	5 11	5 28	5 44	5 59	6 16	6 34	6 45	6 58
30	3 23	3 49	4 09	4 26	4 39	4 51	5 12	5 29	5 45	6 01	6 18	6 38	6 49	7 02
Dec. 4	3 19	3 47	4 08	4 25	4 39	4 51	5 12	5 30	5 47	6 03	6 21	6 41	6 52	7 06
8	3 17	3 46	4 07	4 24	4 39	4 52	5 13	5 31	5 48	6 05	6 23	6 44	6 56	7 09
12	3 16	3 45	4 07	4 25	4 40	4 52	5 14	5 33	5 50	6 07	6 26	6 46	6 59	7 13
16	3 15	3 45	4 08	4 26	4 41	4 54	5 16	5 35	5 52	6 09	6 28	6 49	7 01	7 16
20	3 16	3 47	4 09	4 27	4 42	4 55	5 17	5 36	5 54	6 11	6 30	6 51	7 04	7 18
24	3 19	3 49	4 11	4 29	4 44	4 57	5 19	5 38	5 56	6 13	6 32	6 53	7 06	7 20
28	3 22	3 52	4 14	4 32	4 47	5 00	5 22	5 41	5 58	6 15	6 34	6 55	7 07	7 21
32	3 26	3 55	4 17	4 35	4 50	5 02	5 24	5 43	6 00	6 17	6 35	6 56	7 08	7 22
36	3 31	4 00	4 21	4 38	4 53	5 05	5 27	5 45	6 02	6 19	6 36	6 57	7 09	7 22

SUNSET

Lat.	−55°	−50°	−45°	−40°	−35°	−30°	−20°	−10°	0°	+10°	+20°	+30°	+35°	+40°
	h m	h m	h m	h m	h m	h m	h m	h m	h m	h m	h m	h m	h m	h m
Oct. 1	18 15	18 11	18 08	18 06	18 03	18 01	17 58	17 55	17 53	17 50	17 48	17 45	17 44	17 42
5	18 23	18 18	18 13	18 10	18 06	18 04	17 59	17 55	17 52	17 48	17 44	17 40	17 38	17 36
9	18 31	18 24	18 18	18 14	18 10	18 06	18 00	17 55	17 50	17 46	17 41	17 36	17 33	17 29
13	18 39	18 30	18 24	18 18	18 13	18 09	18 02	17 55	17 49	17 44	17 38	17 31	17 27	17 23
17	18 47	18 37	18 29	18 22	18 16	18 11	18 03	17 55	17 49	17 42	17 35	17 27	17 22	17 17
21	18 55	18 44	18 34	18 27	18 20	18 14	18 04	17 56	17 48	17 40	17 32	17 23	17 18	17 12
25	19 03	18 50	18 40	18 31	18 24	18 17	18 06	17 56	17 47	17 39	17 29	17 19	17 13	17 06
29	19 12	18 57	18 45	18 36	18 27	18 20	18 08	17 57	17 47	17 37	17 27	17 15	17 09	17 01
Nov. 2	19 20	19 04	18 51	18 40	18 31	18 23	18 10	17 58	17 47	17 36	17 25	17 12	17 05	16 56
6	19 29	19 11	18 57	18 45	18 35	18 26	18 12	17 59	17 47	17 35	17 23	17 09	17 01	16 52
10	19 37	19 17	19 02	18 50	18 39	18 30	18 14	18 00	17 47	17 35	17 22	17 06	16 58	16 48
14	19 45	19 24	19 08	18 54	18 43	18 33	18 16	18 02	17 48	17 35	17 20	17 04	16 55	16 44
18	19 54	19 31	19 13	18 59	18 47	18 36	18 19	18 03	17 49	17 35	17 20	17 03	16 53	16 41
22	20 01	19 37	19 19	19 04	18 51	18 40	18 21	18 05	17 50	17 35	17 19	17 01	16 51	16 39
26	20 09	19 43	19 24	19 08	18 55	18 43	18 24	18 07	17 51	17 36	17 19	17 00	16 49	16 37
30	20 16	19 49	19 29	19 12	18 58	18 46	18 26	18 09	17 52	17 36	17 19	17 00	16 48	16 36
Dec. 4	20 22	19 54	19 33	19 16	19 02	18 50	18 29	18 11	17 54	17 37	17 20	17 00	16 48	16 35
8	20 28	19 59	19 37	19 20	19 05	18 53	18 31	18 13	17 56	17 39	17 21	17 00	16 48	16 35
12	20 33	20 03	19 41	19 23	19 08	18 55	18 34	18 15	17 58	17 40	17 22	17 01	16 49	16 35
16	20 36	20 06	19 44	19 26	19 11	18 58	18 36	18 17	18 00	17 42	17 24	17 03	16 50	16 36
20	20 39	20 09	19 46	19 28	19 13	19 00	18 38	18 19	18 02	17 44	17 25	17 04	16 52	16 38
24	20 41	20 11	19 48	19 30	19 15	19 02	18 40	18 21	18 04	17 46	17 28	17 06	16 54	16 40
28	20 41	20 12	19 49	19 31	19 17	19 04	18 42	18 23	18 05	17 48	17 30	17 09	16 56	16 42
32	20 41	20 12	19 50	19 32	19 17	19 05	18 43	18 25	18 07	17 50	17 32	17 11	16 59	16 46
36	20 39	20 11	19 49	19 32	19 18	19 05	18 44	18 26	18 09	17 52	17 35	17 14	17 03	16 49

UNIVERSAL TIME FOR MERIDIAN OF GREENWICH

SUNRISE

Lat.	+40°	+42°	+44°	+46°	+48°	+50°	+52°	+54°	+56°	+58°	+60°	+62°	+64°	+66°
	h m	h m	h m	h m	h m	h m	h m	h m	h m	h m	h m	h m	h m	h m
Oct. 1	5 56	5 57	5 58	5 59	5 59	6 00	6 01	6 02	6 03	6 05	6 06	6 07	6 09	6 11
5	6 00	6 01	6 03	6 04	6 05	6 06	6 08	6 09	6 11	6 13	6 15	6 18	6 21	6 24
9	6 04	6 06	6 07	6 09	6 11	6 13	6 15	6 17	6 19	6 22	6 25	6 29	6 32	6 37
13	6 09	6 10	6 12	6 14	6 17	6 19	6 22	6 24	6 28	6 31	6 35	6 39	6 44	6 50
17	6 13	6 15	6 17	6 20	6 22	6 25	6 29	6 32	6 36	6 40	6 45	6 50	6 56	7 04
21	6 17	6 20	6 22	6 25	6 28	6 32	6 36	6 40	6 44	6 49	6 55	7 01	7 09	7 17
25	6 21	6 24	6 27	6 31	6 34	6 38	6 43	6 47	6 53	6 58	7 05	7 12	7 21	7 31
29	6 26	6 29	6 33	6 36	6 41	6 45	6 50	6 55	7 01	7 08	7 15	7 24	7 33	7 45
Nov. 2	6 30	6 34	6 38	6 42	6 47	6 52	6 57	7 03	7 10	7 17	7 25	7 35	7 46	8 00
6	6 35	6 39	6 43	6 48	6 53	6 58	7 04	7 11	7 18	7 26	7 36	7 46	7 59	8 14
10	6 40	6 44	6 49	6 54	6 59	7 05	7 11	7 19	7 27	7 36	7 46	7 58	8 12	8 29
14	6 44	6 49	6 54	6 59	7 05	7 11	7 18	7 26	7 35	7 45	7 56	8 09	8 25	8 44
18	6 49	6 54	6 59	7 05	7 11	7 18	7 25	7 34	7 43	7 54	8 06	8 20	8 38	9 00
22	6 53	6 59	7 04	7 10	7 17	7 24	7 32	7 41	7 51	8 02	8 16	8 31	8 50	9 15
26	6 58	7 03	7 09	7 15	7 22	7 30	7 39	7 48	7 59	8 11	8 25	8 42	9 03	9 30
30	7 02	7 08	7 14	7 20	7 28	7 36	7 45	7 54	8 06	8 18	8 33	8 51	9 14	9 44
Dec. 4	7 06	7 12	7 18	7 25	7 33	7 41	7 50	8 00	8 12	8 25	8 41	9 00	9 25	9 58
8	7 09	7 15	7 22	7 29	7 37	7 45	7 55	8 06	8 18	8 32	8 48	9 08	9 34	10 11
12	7 13	7 19	7 26	7 33	7 41	7 50	7 59	8 10	8 22	8 37	8 54	9 15	9 42	10 21
16	7 16	7 22	7 29	7 36	7 44	7 53	8 03	8 14	8 26	8 41	8 58	9 20	9 48	10 29
20	7 18	7 24	7 31	7 39	7 47	7 56	8 05	8 17	8 29	8 44	9 02	9 23	9 52	10 34
24	7 20	7 26	7 33	7 40	7 48	7 57	8 07	8 18	8 31	8 46	9 03	9 25	9 53	10 36
28	7 21	7 27	7 34	7 42	7 50	7 58	8 08	8 19	8 32	8 46	9 03	9 25	9 52	10 33
32	7 22	7 28	7 35	7 42	7 50	7 59	8 08	8 19	8 31	8 45	9 02	9 23	9 49	10 28
36	7 22	7 28	7 35	7 42	7 49	7 58	8 07	8 18	8 30	8 43	9 00	9 19	9 44	10 20

SUNSET

Lat.	+40°	+42°	+44°	+46°	+48°	+50°	+52°	+54°	+56°	+58°	+60°	+62°	+64°	+66°
	h m	h m	h m	h m	h m	h m	h m	h m	h m	h m	h m	h m	h m	h m
Oct. 1	17 42	17 41	17 41	17 40	17 39	17 38	17 37	17 36	17 35	17 33	17 32	17 30	17 28	17 26
5	17 36	17 35	17 33	17 32	17 31	17 29	17 28	17 26	17 24	17 22	17 20	17 17	17 14	17 11
9	17 29	17 28	17 26	17 25	17 23	17 21	17 19	17 16	17 14	17 11	17 08	17 04	17 00	16 56
13	17 23	17 21	17 19	17 17	17 15	17 13	17 10	17 07	17 04	17 00	16 56	16 52	16 47	16 41
17	17 17	17 15	17 13	17 10	17 07	17 04	17 01	16 58	16 54	16 50	16 45	16 39	16 33	16 26
21	17 12	17 09	17 06	17 03	17 00	16 57	16 53	16 49	16 44	16 39	16 33	16 27	16 19	16 11
25	17 06	17 03	17 00	16 57	16 53	16 49	16 45	16 40	16 35	16 29	16 22	16 15	16 06	15 56
29	17 01	16 58	16 54	16 50	16 46	16 42	16 37	16 31	16 26	16 19	16 11	16 03	15 53	15 41
Nov. 2	16 56	16 53	16 49	16 44	16 40	16 35	16 29	16 23	16 17	16 09	16 01	15 51	15 40	15 26
6	16 52	16 48	16 43	16 39	16 34	16 28	16 22	16 16	16 08	16 00	15 51	15 40	15 27	15 12
10	16 48	16 44	16 39	16 34	16 28	16 22	16 16	16 09	16 01	15 52	15 41	15 29	15 15	14 58
14	16 44	16 40	16 35	16 29	16 23	16 17	16 10	16 02	15 53	15 44	15 32	15 19	15 03	14 44
18	16 41	16 36	16 31	16 25	16 19	16 12	16 05	15 56	15 47	15 36	15 24	15 09	14 52	14 30
22	16 39	16 34	16 28	16 22	16 15	16 08	16 00	15 51	15 41	15 29	15 16	15 01	14 41	14 17
26	16 37	16 31	16 25	16 19	16 12	16 04	15 56	15 46	15 36	15 24	15 09	14 53	14 32	14 04
30	16 36	16 30	16 24	16 17	16 10	16 02	15 53	15 43	15 32	15 19	15 04	14 46	14 23	13 53
Dec. 4	16 35	16 29	16 22	16 15	16 08	16 00	15 50	15 40	15 28	15 15	14 59	14 40	14 16	13 42
8	16 35	16 28	16 22	16 15	16 07	15 58	15 49	15 38	15 26	15 12	14 56	14 36	14 10	13 33
12	16 35	16 29	16 22	16 15	16 07	15 58	15 48	15 37	15 25	15 11	14 54	14 33	14 06	13 26
16	16 36	16 30	16 23	16 16	16 07	15 59	15 49	15 38	15 25	15 10	14 53	14 32	14 04	13 22
20	16 38	16 31	16 24	16 17	16 09	16 00	15 50	15 39	15 26	15 12	14 54	14 32	14 04	13 21
24	16 40	16 33	16 27	16 19	16 11	16 02	15 52	15 41	15 29	15 14	14 56	14 35	14 06	13 24
28	16 42	16 36	16 29	16 22	16 14	16 05	15 55	15 44	15 32	15 17	15 00	14 39	14 11	13 31
32	16 46	16 39	16 33	16 25	16 18	16 09	15 59	15 49	15 36	15 22	15 05	14 45	14 18	13 40
36	16 49	16 43	16 36	16 29	16 22	16 13	16 04	15 54	15 42	15 28	15 12	14 52	14 27	13 52

CIVIL TWILIGHT, 1996

UNIVERSAL TIME FOR MERIDIAN OF GREENWICH
BEGINNING OF MORNING CIVIL TWILIGHT

Lat.	−55°	−50°	−45°	−40°	−35°	−30°	−20°	−10°	0°	+10°	+20°	+30°	+35°	+40°
	h m	h m	h m	h m	h m	h m	h m	h m	h m	h m	h m	h m	h m	h m
Jan. −1	2 26	3 08	3 38	4 00	4 18	4 33	4 58	5 18	5 36	5 53	6 10	6 29	6 39	6 51
3	2 31	3 13	3 42	4 03	4 21	4 36	5 00	5 20	5 38	5 55	6 12	6 30	6 40	6 52
7	2 38	3 18	3 46	4 07	4 25	4 39	5 03	5 23	5 40	5 56	6 13	6 31	6 41	6 52
11	2 46	3 24	3 51	4 12	4 28	4 43	5 06	5 25	5 42	5 58	6 14	6 31	6 41	6 51
15	2 54	3 30	3 56	4 16	4 32	4 46	5 09	5 27	5 43	5 59	6 14	6 31	6 40	6 51
19	3 03	3 37	4 02	4 21	4 37	4 50	5 11	5 29	5 45	6 00	6 14	6 30	6 39	6 49
23	3 13	3 45	4 08	4 26	4 41	4 54	5 14	5 31	5 46	6 00	6 14	6 29	6 38	6 47
27	3 23	3 53	4 14	4 31	4 46	4 57	5 17	5 33	5 47	6 01	6 14	6 28	6 36	6 45
31	3 33	4 00	4 21	4 37	4 50	5 01	5 20	5 35	5 48	6 01	6 13	6 26	6 33	6 41
Feb. 4	3 43	4 08	4 27	4 42	4 54	5 05	5 22	5 36	5 49	6 00	6 12	6 24	6 31	6 38
8	3 53	4 16	4 33	4 47	4 59	5 09	5 25	5 38	5 49	6 00	6 10	6 21	6 27	6 34
12	4 03	4 24	4 40	4 53	5 03	5 12	5 27	5 39	5 50	5 59	6 09	6 19	6 24	6 30
16	4 13	4 32	4 46	4 58	5 07	5 16	5 29	5 40	5 50	5 58	6 07	6 15	6 20	6 25
20	4 22	4 39	4 52	5 03	5 12	5 19	5 31	5 41	5 49	5 57	6 04	6 12	6 16	6 20
24	4 32	4 47	4 58	5 08	5 16	5 22	5 33	5 42	5 49	5 56	6 02	6 08	6 11	6 15
28	4 41	4 54	5 04	5 13	5 20	5 25	5 35	5 42	5 48	5 54	5 59	6 04	6 06	6 09
Mar. 3	4 50	5 01	5 10	5 17	5 23	5 28	5 36	5 43	5 48	5 52	5 56	6 00	6 01	6 03
7	4 58	5 08	5 16	5 22	5 27	5 31	5 38	5 43	5 47	5 50	5 53	5 55	5 56	5 57
11	5 07	5 15	5 21	5 26	5 30	5 34	5 39	5 43	5 46	5 48	5 50	5 51	5 51	5 51
15	5 15	5 22	5 27	5 31	5 34	5 36	5 40	5 43	5 45	5 46	5 46	5 46	5 45	5 44
19	5 23	5 28	5 32	5 35	5 37	5 39	5 42	5 43	5 44	5 44	5 43	5 41	5 40	5 38
23	5 31	5 35	5 37	5 39	5 40	5 42	5 43	5 43	5 43	5 41	5 39	5 36	5 34	5 31
27	5 39	5 41	5 42	5 43	5 44	5 44	5 44	5 43	5 41	5 39	5 36	5 31	5 28	5 25
31	5 47	5 47	5 47	5 47	5 47	5 46	5 45	5 43	5 40	5 37	5 32	5 26	5 23	5 18
Apr. 4	5 54	5 53	5 52	5 51	5 50	5 49	5 46	5 43	5 39	5 34	5 29	5 22	5 17	5 12

END OF EVENING CIVIL TWILIGHT

Lat.	−55°	−50°	−45°	−40°	−35°	−30°	−20°	−10°	0°	+10°	+20°	+30°	+35°	+40°
	h m	h m	h m	h m	h m	h m	h m	h m	h m	h m	h m	h m	h m	h m
Jan. −1	21 38	20 56	20 27	20 04	19 46	19 31	19 07	18 46	18 29	18 12	17 55	17 36	17 25	17 14
3	21 36	20 55	20 27	20 05	19 47	19 32	19 08	18 48	18 30	18 14	17 57	17 39	17 28	17 17
7	21 33	20 53	20 26	20 04	19 47	19 33	19 09	18 49	18 32	18 16	17 59	17 41	17 32	17 20
11	21 28	20 51	20 24	20 03	19 47	19 33	19 09	18 50	18 34	18 18	18 02	17 45	17 35	17 24
15	21 23	20 47	20 21	20 02	19 46	19 32	19 10	18 51	18 35	18 20	18 04	17 48	17 38	17 28
19	21 16	20 43	20 18	19 59	19 44	19 31	19 09	18 52	18 36	18 22	18 07	17 51	17 42	17 32
23	21 09	20 37	20 14	19 57	19 42	19 29	19 09	18 52	18 37	18 23	18 09	17 54	17 46	17 37
27	21 01	20 32	20 10	19 53	19 39	19 27	19 08	18 52	18 38	18 25	18 12	17 58	17 50	17 41
31	20 52	20 25	20 05	19 49	19 36	19 25	19 07	18 52	18 39	18 26	18 14	18 01	17 54	17 46
Feb. 4	20 43	20 18	20 00	19 45	19 33	19 22	19 05	18 51	18 39	18 27	18 16	18 04	17 58	17 50
8	20 34	20 11	19 54	19 40	19 29	19 19	19 03	18 50	18 39	18 29	18 18	18 07	18 01	17 55
12	20 24	20 03	19 48	19 35	19 25	19 16	19 01	18 49	18 39	18 29	18 20	18 10	18 05	17 59
16	20 14	19 55	19 41	19 30	19 20	19 12	18 59	18 48	18 39	18 30	18 22	18 13	18 09	18 04
20	20 04	19 47	19 34	19 24	19 15	19 08	18 56	18 47	18 38	18 31	18 24	18 16	18 12	18 08
24	19 54	19 39	19 27	19 18	19 10	19 04	18 53	18 45	18 38	18 31	18 25	18 19	18 16	18 13
28	19 43	19 30	19 20	19 12	19 05	19 00	18 50	18 43	18 37	18 32	18 27	18 22	18 20	18 17
Mar. 3	19 33	19 21	19 13	19 06	19 00	18 55	18 47	18 41	18 36	18 32	18 28	18 25	18 23	18 21
7	19 22	19 13	19 05	18 59	18 54	18 50	18 44	18 39	18 35	18 32	18 29	18 27	18 26	18 26
11	19 12	19 04	18 58	18 53	18 49	18 46	18 40	18 37	18 34	18 32	18 31	18 30	18 30	18 30
15	19 01	18 55	18 50	18 46	18 43	18 41	18 37	18 34	18 33	18 32	18 32	18 32	18 33	18 34
19	18 51	18 46	18 43	18 40	18 38	18 36	18 33	18 32	18 32	18 32	18 33	18 35	18 36	18 38
23	18 41	18 37	18 35	18 33	18 32	18 31	18 30	18 30	18 30	18 32	18 34	18 37	18 40	18 42
27	18 30	18 29	18 27	18 27	18 26	18 26	18 27	18 28	18 29	18 32	18 35	18 40	18 43	18 47
31	18 20	18 20	18 20	18 20	18 21	18 21	18 23	18 25	18 28	18 32	18 36	18 42	18 46	18 51
Apr. 4	18 10	18 12	18 13	18 14	18 15	18 17	18 20	18 23	18 27	18 32	18 37	18 45	18 49	18 55

UNIVERSAL TIME FOR MERIDIAN OF GREENWICH
BEGINNING OF MORNING CIVIL TWILIGHT

Lat.	+40°	+42°	+44°	+46°	+48°	+50°	+52°	+54°	+56°	+58°	+60°	+62°	+64°	+66°
	h m	h m	h m	h m	h m	h m	h m	h m	h m	h m	h m	h m	h m	h m
Jan. −1	6 51	6 56	7 01	7 07	7 13	7 20	7 28	7 36	7 45	7 55	8 06	8 19	8 35	8 54
3	6 52	6 57	7 02	7 08	7 14	7 20	7 28	7 35	7 44	7 54	8 05	8 18	8 33	8 52
7	6 52	6 57	7 02	7 07	7 13	7 20	7 27	7 34	7 43	7 52	8 03	8 16	8 30	8 48
11	6 51	6 56	7 01	7 06	7 12	7 18	7 25	7 32	7 41	7 50	8 00	8 12	8 26	8 42
15	6 51	6 55	7 00	7 05	7 10	7 16	7 23	7 30	7 37	7 46	7 56	8 07	8 20	8 36
19	6 49	6 53	6 58	7 03	7 08	7 13	7 19	7 26	7 33	7 41	7 51	8 01	8 13	8 28
23	6 47	6 51	6 55	7 00	7 05	7 10	7 16	7 22	7 29	7 36	7 45	7 54	8 05	8 19
27	6 45	6 48	6 52	6 56	7 01	7 06	7 11	7 17	7 23	7 30	7 38	7 47	7 57	8 09
31	6 41	6 45	6 49	6 52	6 57	7 01	7 06	7 11	7 17	7 23	7 30	7 38	7 47	7 58
Feb. 4	6 38	6 41	6 44	6 48	6 52	6 56	7 00	7 05	7 10	7 15	7 22	7 29	7 37	7 46
8	6 34	6 37	6 40	6 43	6 46	6 50	6 54	6 58	7 02	7 07	7 13	7 19	7 26	7 34
12	6 30	6 32	6 35	6 38	6 40	6 44	6 47	6 51	6 54	6 59	7 04	7 09	7 15	7 22
16	6 25	6 27	6 29	6 32	6 34	6 37	6 40	6 43	6 46	6 50	6 54	6 58	7 03	7 09
20	6 20	6 22	6 24	6 25	6 28	6 30	6 32	6 35	6 37	6 40	6 43	6 47	6 51	6 55
24	6 15	6 16	6 17	6 19	6 21	6 22	6 24	6 26	6 28	6 30	6 33	6 35	6 38	6 42
28	6 09	6 10	6 11	6 12	6 13	6 15	6 16	6 17	6 19	6 20	6 22	6 23	6 25	6 28
Mar. 3	6 03	6 04	6 04	6 05	6 06	6 06	6 07	6 08	6 09	6 09	6 10	6 11	6 12	6 13
7	5 57	5 57	5 58	5 58	5 58	5 58	5 58	5 59	5 59	5 59	5 59	5 59	5 59	5 58
11	5 51	5 51	5 51	5 51	5 50	5 50	5 50	5 49	5 49	5 48	5 48	5 47	5 46	5 43
15	5 44	5 44	5 43	5 43	5 42	5 41	5 40	5 39	5 38	5 37	5 35	5 33	5 31	5 28
19	5 38	5 37	5 36	5 35	5 34	5 32	5 31	5 29	5 27	5 25	5 23	5 20	5 16	5 12
23	5 31	5 30	5 29	5 27	5 25	5 24	5 22	5 19	5 17	5 14	5 10	5 06	5 02	4 56
27	5 25	5 23	5 21	5 19	5 17	5 15	5 12	5 09	5 06	5 02	4 58	4 53	4 47	4 40
31	5 18	5 16	5 14	5 11	5 09	5 06	5 03	4 59	4 55	4 50	4 45	4 39	4 32	4 24
Apr. 4	5 12	5 09	5 06	5 04	5 00	4 57	4 53	4 49	4 44	4 38	4 32	4 25	4 17	4 07

END OF EVENING CIVIL TWILIGHT

	+40°	+42°	+44°	+46°	+48°	+50°	+52°	+54°	+56°	+58°	+60°	+62°	+64°	+66°
	h m	h m	h m	h m	h m	h m	h m	h m	h m	h m	h m	h m	h m	h m
Jan. −1	17 14	17 09	17 03	16 58	16 51	16 45	16 37	16 29	16 20	16 10	15 59	15 45	15 30	15 11
3	17 17	17 12	17 07	17 01	16 55	16 48	16 41	16 33	16 25	16 15	16 04	15 51	15 35	15 17
7	17 20	17 16	17 10	17 05	16 59	16 53	16 46	16 38	16 30	16 20	16 09	15 57	15 42	15 25
11	17 24	17 19	17 15	17 09	17 04	16 57	16 51	16 43	16 35	16 26	16 16	16 04	15 50	15 33
15	17 28	17 24	17 19	17 14	17 08	17 03	16 56	16 49	16 42	16 33	16 23	16 12	15 59	15 43
19	17 32	17 28	17 24	17 19	17 14	17 08	17 02	16 56	16 48	16 40	16 31	16 21	16 09	15 54
23	17 37	17 33	17 29	17 24	17 19	17 14	17 08	17 02	16 56	16 48	16 40	16 30	16 19	16 06
27	17 41	17 38	17 34	17 29	17 25	17 20	17 15	17 09	17 03	16 56	16 48	16 40	16 30	16 18
31	17 46	17 42	17 39	17 35	17 31	17 26	17 22	17 16	17 11	17 05	16 58	16 50	16 41	16 30
Feb. 4	17 50	17 47	17 44	17 40	17 37	17 33	17 28	17 24	17 19	17 13	17 07	17 00	16 52	16 42
8	17 55	17 52	17 49	17 46	17 43	17 39	17 35	17 31	17 27	17 22	17 16	17 10	17 03	16 55
12	17 59	17 57	17 54	17 52	17 49	17 46	17 42	17 39	17 35	17 31	17 26	17 21	17 15	17 08
16	18 04	18 02	18 00	17 57	17 55	17 52	17 49	17 46	17 43	17 40	17 36	17 31	17 26	17 21
20	18 08	18 07	18 05	18 03	18 01	17 59	17 57	17 54	17 51	17 49	17 45	17 42	17 38	17 34
24	18 13	18 11	18 10	18 08	18 07	18 05	18 04	18 02	18 00	17 58	17 55	17 53	17 50	17 47
28	18 17	18 16	18 15	18 14	18 13	18 12	18 11	18 09	18 08	18 07	18 05	18 03	18 02	17 59
Mar. 3	18 21	18 21	18 20	18 20	18 19	18 18	18 18	18 17	18 16	18 16	18 15	18 14	18 13	18 12
7	18 26	18 25	18 25	18 25	18 25	18 25	18 25	18 25	18 24	18 25	18 25	18 25	18 25	18 25
11	18 30	18 30	18 30	18 30	18 31	18 31	18 32	18 32	18 33	18 34	18 34	18 36	18 37	18 39
15	18 34	18 35	18 35	18 36	18 37	18 38	18 39	18 40	18 41	18 43	18 44	18 46	18 49	18 52
19	18 38	18 39	18 40	18 41	18 43	18 44	18 46	18 47	18 49	18 52	18 54	18 57	19 01	19 05
23	18 42	18 44	18 45	18 47	18 49	18 50	18 53	18 55	18 58	19 01	19 04	19 09	19 13	19 19
27	18 47	18 48	18 50	18 52	18 54	18 57	19 00	19 03	19 06	19 10	19 15	19 20	19 26	19 33
31	18 51	18 53	18 55	18 58	19 00	19 03	19 07	19 11	19 15	19 20	19 25	19 31	19 38	19 47
Apr. 4	18 55	18 58	19 00	19 03	19 06	19 10	19 14	19 18	19 23	19 29	19 35	19 43	19 51	20 02

CIVIL TWILIGHT, 1996

UNIVERSAL TIME FOR MERIDIAN OF GREENWICH
BEGINNING OF MORNING CIVIL TWILIGHT

Lat.	−55°	−50°	−45°	−40°	−35°	−30°	−20°	−10°	0°	+10°	+20°	+30°	+35°	+40°
	h m	h m	h m	h m	h m	h m	h m	h m	h m	h m	h m	h m	h m	h m
Mar. 31	5 47	5 47	5 47	5 47	5 47	5 46	5 45	5 43	5 40	5 37	5 32	5 26	5 23	5 18
Apr. 4	5 54	5 53	5 52	5 51	5 50	5 49	5 46	5 43	5 39	5 34	5 29	5 22	5 17	5 12
8	6 02	5 59	5 57	5 55	5 53	5 51	5 47	5 42	5 38	5 32	5 25	5 17	5 11	5 05
12	6 09	6 05	6 02	5 59	5 56	5 53	5 48	5 42	5 36	5 30	5 22	5 12	5 06	4 59
16	6 16	6 11	6 07	6 03	5 59	5 56	5 49	5 42	5 35	5 28	5 19	5 07	5 00	4 52
20	6 24	6 17	6 11	6 07	6 02	5 58	5 50	5 42	5 34	5 26	5 15	5 03	4 55	4 46
24	6 31	6 23	6 16	6 10	6 05	6 00	5 51	5 42	5 34	5 24	5 12	4 59	4 50	4 40
28	6 38	6 29	6 21	6 14	6 08	6 03	5 52	5 43	5 33	5 22	5 10	4 55	4 45	4 35
May 2	6 45	6 34	6 25	6 18	6 11	6 05	5 54	5 43	5 32	5 20	5 07	4 51	4 41	4 29
6	6 51	6 40	6 30	6 21	6 14	6 07	5 55	5 43	5 32	5 19	5 05	4 47	4 37	4 24
10	6 58	6 45	6 34	6 25	6 17	6 10	5 56	5 44	5 31	5 18	5 03	4 44	4 33	4 19
14	7 04	6 50	6 38	6 29	6 20	6 12	5 58	5 44	5 31	5 17	5 01	4 41	4 29	4 15
18	7 10	6 55	6 42	6 32	6 23	6 14	5 59	5 45	5 31	5 16	4 59	4 38	4 26	4 11
22	7 16	7 00	6 46	6 35	6 25	6 16	6 01	5 46	5 31	5 15	4 58	4 36	4 23	4 08
26	7 21	7 04	6 50	6 38	6 28	6 19	6 02	5 47	5 31	5 15	4 57	4 34	4 21	4 05
30	7 26	7 08	6 53	6 41	6 30	6 21	6 03	5 47	5 32	5 15	4 56	4 33	4 19	4 02
June 3	7 30	7 11	6 56	6 44	6 33	6 23	6 05	5 48	5 32	5 15	4 55	4 32	4 17	4 00
7	7 34	7 15	6 59	6 46	6 35	6 24	6 06	5 49	5 33	5 15	4 55	4 31	4 16	3 59
11	7 37	7 17	7 01	6 48	6 36	6 26	6 07	5 50	5 34	5 16	4 55	4 31	4 16	3 58
15	7 39	7 19	7 03	6 50	6 38	6 27	6 09	5 51	5 34	5 16	4 56	4 31	4 16	3 58
19	7 41	7 21	7 05	6 51	6 39	6 29	6 10	5 52	5 35	5 17	4 57	4 32	4 16	3 58
23	7 42	7 21	7 05	6 52	6 40	6 29	6 11	5 53	5 36	5 18	4 57	4 32	4 17	3 59
27	7 42	7 22	7 06	6 52	6 40	6 30	6 11	5 54	5 37	5 19	4 58	4 34	4 18	4 00
July 1	7 41	7 21	7 05	6 52	6 41	6 30	6 12	5 55	5 38	5 20	5 00	4 35	4 20	4 02
5	7 39	7 20	7 05	6 52	6 40	6 30	6 12	5 55	5 39	5 21	5 01	4 37	4 22	4 05

END OF EVENING CIVIL TWILIGHT

Lat.	−55°	−50°	−45°	−40°	−35°	−30°	−20°	−10°	0°	+10°	+20°	+30°	+35°	+40°
	h m	h m	h m	h m	h m	h m	h m	h m	h m	h m	h m	h m	h m	h m
Mar. 31	18 20	18 20	18 20	18 20	18 21	18 21	18 23	18 25	18 28	18 32	18 36	18 42	18 46	18 51
Apr. 4	18 10	18 12	18 13	18 14	18 15	18 17	18 20	18 23	18 27	18 32	18 37	18 45	18 49	18 55
8	18 01	18 03	18 06	18 08	18 10	18 12	18 16	18 21	18 26	18 32	18 39	18 47	18 53	18 59
12	17 51	17 55	17 59	18 02	18 05	18 08	18 13	18 19	18 25	18 32	18 40	18 50	18 56	19 04
16	17 42	17 47	17 52	17 56	18 00	18 03	18 10	18 17	18 24	18 32	18 41	18 53	19 00	19 08
20	17 33	17 40	17 46	17 51	17 55	17 59	18 07	18 15	18 23	18 32	18 43	18 55	19 03	19 12
24	17 25	17 33	17 39	17 45	17 51	17 56	18 05	18 14	18 23	18 33	18 44	18 58	19 07	19 17
28	17 16	17 26	17 34	17 40	17 46	17 52	18 02	18 12	18 22	18 33	18 46	19 01	19 10	19 21
May 2	17 08	17 19	17 28	17 36	17 42	17 49	18 00	18 11	18 22	18 34	18 47	19 04	19 14	19 25
6	17 01	17 13	17 23	17 31	17 39	17 46	17 58	18 10	18 22	18 34	18 49	19 06	19 17	19 30
10	16 54	17 07	17 18	17 27	17 35	17 43	17 56	18 09	18 22	18 35	18 50	19 09	19 21	19 34
14	16 48	17 02	17 14	17 24	17 32	17 40	17 55	18 08	18 22	18 36	18 52	19 12	19 24	19 38
18	16 42	16 57	17 10	17 21	17 30	17 38	17 54	18 08	18 22	18 37	18 54	19 15	19 27	19 42
22	16 37	16 53	17 07	17 18	17 28	17 37	17 53	18 08	18 22	18 38	18 56	19 18	19 31	19 46
26	16 33	16 50	17 04	17 16	17 26	17 35	17 52	18 07	18 23	18 39	18 58	19 20	19 34	19 50
30	16 29	16 47	17 01	17 14	17 25	17 34	17 52	18 08	18 23	18 40	18 59	19 23	19 37	19 53
June 3	16 26	16 45	17 00	17 12	17 24	17 34	17 51	18 08	18 24	18 41	19 01	19 25	19 39	19 57
7	16 24	16 43	16 59	17 12	17 23	17 33	17 51	18 08	18 25	18 43	19 03	19 27	19 42	19 59
11	16 22	16 42	16 58	17 11	17 23	17 33	17 52	18 09	18 26	18 44	19 04	19 29	19 44	20 02
15	16 22	16 42	16 58	17 11	17 23	17 34	17 52	18 10	18 27	18 45	19 05	19 30	19 45	20 03
19	16 22	16 42	16 58	17 12	17 24	17 34	17 53	18 10	18 28	18 46	19 06	19 31	19 47	20 05
23	16 23	16 43	16 59	17 13	17 25	17 35	17 54	18 11	18 28	18 47	19 07	19 32	19 47	20 06
27	16 25	16 45	17 01	17 14	17 26	17 36	17 55	18 12	18 29	18 47	19 08	19 32	19 48	20 06
July 1	16 27	16 47	17 02	17 16	17 27	17 38	17 56	18 13	18 30	18 48	19 08	19 32	19 47	20 05
5	16 30	16 49	17 05	17 18	17 29	17 39	17 57	18 14	18 31	18 48	19 08	19 32	19 47	20 04

CIVIL TWILIGHT, 1996

UNIVERSAL TIME FOR MERIDIAN OF GREENWICH
BEGINNING OF MORNING CIVIL TWILIGHT

Lat.	+40°	+42°	+44°	+46°	+48°	+50°	+52°	+54°	+56°	+58°	+60°	+62°	+64°	+66°
	h m	h m	h m	h m	h m	h m	h m	h m	h m	h m	h m	h m	h m	h m
Mar. 31	5 18	5 16	5 14	5 11	5 09	5 06	5 03	4 59	4 55	4 50	4 45	4 39	4 32	4 24
Apr. 4	5 12	5 09	5 06	5 04	5 00	4 57	4 53	4 49	4 44	4 38	4 32	4 25	4 17	4 07
8	5 05	5 02	4 59	4 56	4 52	4 48	4 44	4 39	4 33	4 27	4 19	4 11	4 01	3 49
12	4 59	4 55	4 52	4 48	4 44	4 39	4 34	4 28	4 22	4 15	4 06	3 57	3 45	3 32
16	4 52	4 49	4 45	4 40	4 36	4 30	4 25	4 18	4 11	4 03	3 53	3 42	3 29	3 13
20	4 46	4 42	4 38	4 33	4 28	4 22	4 16	4 08	4 00	3 51	3 40	3 28	3 13	2 54
24	4 40	4 36	4 31	4 26	4 20	4 14	4 06	3 59	3 49	3 39	3 27	3 13	2 56	2 34
28	4 35	4 30	4 24	4 19	4 12	4 05	3 58	3 49	3 39	3 27	3 14	2 58	2 38	2 12
May 2	4 29	4 24	4 18	4 12	4 05	3 58	3 49	3 39	3 29	3 16	3 01	2 43	2 19	1 47
6	4 24	4 18	4 12	4 06	3 58	3 50	3 41	3 30	3 18	3 04	2 48	2 27	2 00	1 19
10	4 19	4 13	4 07	4 00	3 52	3 43	3 33	3 22	3 09	2 53	2 35	2 11	1 38	0 37
14	4 15	4 09	4 02	3 54	3 45	3 36	3 25	3 13	2 59	2 42	2 22	1 54	1 13	// //
18	4 11	4 04	3 57	3 49	3 40	3 30	3 18	3 05	2 50	2 32	2 09	1 37	0 40	// //
22	4 08	4 00	3 53	3 44	3 35	3 24	3 12	2 58	2 42	2 22	1 56	1 18	// //	// //
26	4 05	3 57	3 49	3 40	3 30	3 19	3 06	2 52	2 34	2 12	1 43	0 57	// //	// //
30	4 02	3 54	3 46	3 37	3 26	3 15	3 01	2 46	2 27	2 04	1 31	0 28	// //	// //
June 3	4 00	3 52	3 44	3 34	3 23	3 11	2 57	2 41	2 21	1 56	1 20	// //	// //	// //
7	3 59	3 51	3 42	3 32	3 21	3 09	2 54	2 37	2 17	1 50	1 09	// //	// //	// //
11	3 58	3 50	3 41	3 31	3 19	3 07	2 52	2 34	2 13	1 45	1 00	// //	// //	// //
15	3 58	3 49	3 40	3 30	3 19	3 06	2 51	2 33	2 11	1 41	0 53	// //	// //	□
19	3 58	3 50	3 40	3 30	3 19	3 06	2 51	2 33	2 10	1 40	0 49	// //	// //	□
23	3 59	3 51	3 41	3 31	3 20	3 07	2 51	2 33	2 11	1 41	0 50	// //	// //	□
27	4 00	3 52	3 43	3 33	3 21	3 08	2 53	2 35	2 13	1 44	0 55	// //	// //	□
July 1	4 02	3 54	3 45	3 35	3 24	3 11	2 56	2 39	2 17	1 49	1 04	// //	// //	// //
5	4 05	3 56	3 48	3 38	3 27	3 14	3 00	2 43	2 22	1 55	1 14	// //	// //	// //

END OF EVENING CIVIL TWILIGHT

Lat.	+40°	+42°	+44°	+46°	+48°	+50°	+52°	+54°	+56°	+58°	+60°	+62°	+64°	+66°
	h m	h m	h m	h m	h m	h m	h m	h m	h m	h m	h m	h m	h m	h m
Mar. 31	18 51	18 53	18 55	18 58	19 00	19 03	19 07	19 11	19 15	19 20	19 25	19 31	19 38	19 47
Apr. 4	18 55	18 58	19 00	19 03	19 06	19 10	19 14	19 18	19 23	19 29	19 35	19 43	19 51	20 02
8	18 59	19 02	19 05	19 09	19 13	19 17	19 21	19 26	19 32	19 39	19 46	19 55	20 05	20 17
12	19 04	19 07	19 10	19 14	19 19	19 23	19 29	19 34	19 41	19 48	19 57	20 07	20 19	20 33
16	19 08	19 12	19 16	19 20	19 25	19 30	19 36	19 43	19 50	19 58	20 08	20 20	20 33	20 50
20	19 12	19 16	19 21	19 26	19 31	19 37	19 44	19 51	19 59	20 09	20 20	20 32	20 48	21 07
24	19 17	19 21	19 26	19 31	19 37	19 44	19 51	19 59	20 08	20 19	20 31	20 46	21 04	21 27
28	19 21	19 26	19 31	19 37	19 44	19 51	19 59	20 08	20 18	20 29	20 43	21 00	21 20	21 48
May 2	19 25	19 31	19 37	19 43	19 50	19 58	20 06	20 16	20 27	20 40	20 55	21 14	21 38	22 12
6	19 30	19 35	19 42	19 49	19 56	20 04	20 14	20 24	20 37	20 51	21 08	21 29	21 58	22 42
10	19 34	19 40	19 47	19 54	20 02	20 11	20 21	20 33	20 46	21 02	21 21	21 45	22 19	23 34
14	19 38	19 45	19 52	20 00	20 08	20 18	20 28	20 41	20 55	21 12	21 34	22 02	22 46	// //
18	19 42	19 49	19 57	20 05	20 14	20 24	20 36	20 49	21 04	21 23	21 47	22 20	23 25	// //
22	19 46	19 53	20 01	20 10	20 19	20 30	20 42	20 56	21 13	21 34	22 00	22 40	// //	// //
26	19 50	19 58	20 06	20 15	20 25	20 36	20 49	21 04	21 21	21 44	22 13	23 03	// //	// //
30	19 53	20 01	20 10	20 19	20 29	20 41	20 55	21 10	21 29	21 53	22 27	23 39	// //	// //
June 3	19 57	20 05	20 13	20 23	20 34	20 46	21 00	21 16	21 36	22 02	22 39	// //	// //	// //
7	19 59	20 07	20 16	20 26	20 37	20 50	21 04	21 21	21 42	22 10	22 51	// //	// //	// //
11	20 02	20 10	20 19	20 29	20 40	20 53	21 08	21 25	21 47	22 16	23 02	// //	// //	// //
15	20 03	20 12	20 21	20 31	20 43	20 56	21 11	21 28	21 51	22 20	23 10	// //	// //	□
19	20 05	20 13	20 22	20 33	20 44	20 57	21 12	21 30	21 53	22 23	23 14	// //	// //	□
23	20 06	20 14	20 23	20 33	20 45	20 58	21 13	21 31	21 53	22 23	23 14	// //	// //	□
27	20 06	20 14	20 23	20 33	20 45	20 58	21 13	21 30	21 52	22 21	23 09	// //	// //	□
July 1	20 05	20 14	20 23	20 33	20 44	20 56	21 11	21 28	21 50	22 18	23 02	// //	// //	// //
5	20 04	20 12	20 21	20 31	20 42	20 54	21 09	21 25	21 46	22 13	22 52	// //	// //	// //

□ indicates Sun continuously above horizon.
// // indicates continuous twilight.

CIVIL TWILIGHT, 1996

UNIVERSAL TIME FOR MERIDIAN OF GREENWICH
BEGINNING OF MORNING CIVIL TWILIGHT

Lat.	−55°	−50°	−45°	−40°	−35°	−30°	−20°	−10°	0°	+10°	+20°	+30°	+35°	+40°
	h m	h m	h m	h m	h m	h m	h m	h m	h m	h m	h m	h m	h m	h m
July 1	7 41	7 21	7 05	6 52	6 41	6 30	6 12	5 55	5 38	5 20	5 00	4 35	4 20	4 02
5	7 39	7 20	7 05	6 52	6 40	6 30	6 12	5 55	5 39	5 21	5 01	4 37	4 22	4 05
9	7 37	7 18	7 03	6 51	6 40	6 30	6 12	5 55	5 39	5 22	5 03	4 39	4 24	4 07
13	7 34	7 16	7 01	6 49	6 38	6 29	6 12	5 56	5 40	5 23	5 04	4 41	4 27	4 10
17	7 30	7 13	6 59	6 47	6 37	6 28	6 11	5 56	5 40	5 24	5 06	4 43	4 30	4 14
21	7 25	7 09	6 56	6 45	6 35	6 26	6 10	5 55	5 41	5 25	5 07	4 46	4 33	4 17
25	7 20	7 05	6 52	6 42	6 33	6 24	6 09	5 55	5 41	5 26	5 09	4 49	4 36	4 21
29	7 14	7 00	6 48	6 38	6 30	6 22	6 08	5 54	5 41	5 27	5 11	4 51	4 39	4 25
Aug. 2	7 07	6 54	6 44	6 35	6 27	6 19	6 06	5 54	5 41	5 28	5 12	4 54	4 42	4 29
6	7 00	6 49	6 39	6 31	6 23	6 16	6 04	5 53	5 41	5 28	5 14	4 56	4 46	4 33
10	6 53	6 42	6 34	6 26	6 19	6 13	6 02	5 51	5 40	5 29	5 15	4 59	4 49	4 37
14	6 45	6 36	6 28	6 21	6 15	6 10	6 00	5 50	5 40	5 29	5 17	5 02	4 52	4 42
18	6 37	6 29	6 22	6 16	6 11	6 06	5 57	5 48	5 39	5 29	5 18	5 04	4 56	4 46
22	6 28	6 21	6 16	6 11	6 06	6 02	5 54	5 46	5 38	5 30	5 19	5 07	4 59	4 50
26	6 19	6 14	6 09	6 05	6 01	5 58	5 51	5 44	5 37	5 30	5 20	5 09	5 02	4 54
30	6 09	6 06	6 02	5 59	5 56	5 53	5 48	5 42	5 36	5 30	5 22	5 11	5 05	4 58
Sept. 3	6 00	5 57	5 55	5 53	5 51	5 49	5 44	5 40	5 35	5 29	5 23	5 14	·5 08	5 02
7	5 50	5 49	5 48	5 47	5 45	5 44	5 41	5 38	5 34	5 29	5 24	5 16	5 11	5 06
11	5 40	5 40	5 40	5 40	5 40	5 39	5 37	5 35	5 33	5 29	5 24	5 18	5 15	5 10
15	5 30	5 32	5 33	5 34	5 34	5 34	5 34	5 33	5 31	5 29	5 25	5 21	5 18	5 14
19	5 20	5 23	5 25	5 27	5 28	5 29	5 30	5 30	5 30	5 28	5 26	5 23	5 21	5 18
23	5 09	5 14	5 18	5 20	5 22	5 24	5 27	5 28	5 28	5 28	5 27	5 25	5 24	5 22
27	4 59	5 05	5 10	5 14	5 17	5 19	5 23	5 25	5 27	5 28	5 28	5 27	5 27	5 25
Oct. 1	4 48	4 56	5 02	5 07	5 11	5 14	5 19	5 23	5 26	5 28	5 29	5 30	5 30	5 29
5	4 38	4 47	4 55	5 00	5 05	5 09	5 16	5 20	5 24	5 27	5 30	5 32	5 33	5 33

END OF EVENING CIVIL TWILIGHT

Lat.	−55°	−50°	−45°	−40°	−35°	−30°	−20°	−10°	0°	+10°	+20°	+30°	+35°	+40°
	h m	h m	h m	h m	h m	h m	h m	h m	h m	h m	h m	h m	h m	h m
July 1	16 27	16 47	17 02	17 16	17 27	17 38	17 56	18 13	18 30	18 48	19 08	19 32	19 47	20 05
5	16 30	16 49	17 05	17 18	17 29	17 39	17 57	18 14	18 31	18 48	19 08	19 32	19 47	20 04
9	16 34	16 53	17 07	17 20	17 31	17 41	17 59	18 15	18 31	18 48	19 08	19 31	19 46	20 03
13	16 38	16 56	17 10	17 23	17 33	17 43	18 00	18 16	18 32	18 48	19 07	19 30	19 44	20 01
17	16 43	17 00	17 14	17 25	17 36	17 45	18 01	18 17	18 32	18 48	19 06	19 28	19 42	19 58
21	16 48	17 04	17 17	17 28	17 38	17 47	18 03	18 17	18 32	18 48	19 05	19 26	19 39	19 55
25	16 54	17 09	17 21	17 32	17 41	17 49	18 04	18 18	18 32	18 47	19 04	19 24	19 37	19 51
29	17 00	17 14	17 25	17 35	17 43	17 51	18 05	18 19	18 32	18 46	19 02	19 21	19 33	19 47
Aug. 2	17 06	17 19	17 29	17 38	17 46	17 53	18 07	18 19	18 31	18 45	19 00	19 18	19 29	19 43
6	17 12	17 24	17 33	17 41	17 49	17 55	18 08	18 19	18 31	18 43	18 57	19 15	19 25	19 38
10	17 18	17 29	17 37	17 45	17 52	17 58	18 09	18 19	18 30	18 42	18 55	19 11	19 21	19 32
14	17 25	17 34	17 42	17 48	17 54	18 00	18 10	18 19	18 29	18 40	18 52	19 07	19 16	19 27
18	17 32	17 40	17 46	17 52	17 57	18 02	18 11	18 19	18 28	18 38	18 49	19 03	19 11	19 21
22	17 39	17 45	17 51	17 55	18 00	18 04	18 12	18 19	18 27	18 36	18 46	18 58	19 06	19 15
26	17 46	17 51	17 55	17 59	18 03	18 06	18 13	18 19	18 26	18 34	18 43	18 54	19 01	19 09
30	17 53	17 56	18 00	18 03	18 05	18 08	18 13	18 19	18 25	18 31	18 39	18 49	18 55	19 02
Sept. 3	18 00	18 02	18 04	18 06	18 08	18 10	18 14	18 19	18 23	18 29	18 36	18 44	18 49	18 56
7	18 07	18 08	18 09	18 10	18 11	18 12	18 15	18 18	18 22	18 26	18 32	18 39	18 44	18 49
11	18 14	18 14	18 13	18 13	18 14	18 14	18 16	18 18	18 20	18 24	18 28	18 34	18 38	18 42
15	18 21	18 19	18 18	18 17	18 17	18 16	18 17	18 17	18 19	18 21	18 25	18 29	18 32	18 36
19	18 29	18 25	18 23	18 21	18 20	18 19	18 17	18 17	18 18	18 19	18 21	18 24	18 26	18 29
23	18 36	18 32	18 28	18 25	18 23	18 21	18 18	18 17	18 16	18 16	18 17	18 19	18 20	18 22
27	18 44	18 38	18 33	18 29	18 26	18 23	18 19	18 17	18 15	18 14	18 13	18 14	18 15	18 16
Oct. 1	18 52	18 44	18 38	18 33	18 29	18 25	18 20	18 16	18 14	18 11	18 10	18 09	18 09	18 09
5	19 00	18 51	18 43	18 37	18 32	18 28	18 21	18 16	18 12	18 09	18 06	18 04	18 03	18 03

UNIVERSAL TIME FOR MERIDIAN OF GREENWICH
BEGINNING OF MORNING CIVIL TWILIGHT

Lat.	+40°	+42°	+44°	+46°	+48°	+50°	+52°	+54°	+56°	+58°	+60°	+62°	+64°	+66°
	h m	h m	h m	h m	h m	h m	h m	h m	h m	h m	h m	h m	h m	h m
July 1	4 02	3 54	3 45	3 35	3 24	3 11	2 56	2 39	2 17	1 49	1 04	// //	// //	// //
5	4 05	3 56	3 48	3 38	3 27	3 14	3 00	2 43	2 22	1 55	1 14	// //	// //	// //
9	4 07	3 59	3 51	3 41	3 30	3 18	3 04	2 48	2 28	2 03	1 26	// //	// //	// //
13	4 10	4 03	3 54	3 45	3 35	3 23	3 10	2 54	2 35	2 12	1 39	0 34	// //	// //
17	4 14	4 06	3 58	3 49	3 39	3 28	3 16	3 01	2 43	2 21	1 52	1 05	// //	// //
21	4 17	4 10	4 02	3 54	3 44	3 34	3 22	3 08	2 51	2 31	2 05	1 27	// //	// //
25	4 21	4 14	4 07	3 59	3 50	3 40	3 28	3 15	3 00	2 42	2 18	1 46	0 47	// //
29	4 25	4 19	4 12	4 04	3 56	3 46	3 35	3 23	3 09	2 52	2 31	2 04	1 22	// //
Aug. 2	4 29	4 23	4 16	4 09	4 01	3 52	3 42	3 31	3 18	3 03	2 44	2 20	1 47	0 41
6	4 33	4 28	4 21	4 15	4 07	3 59	3 50	3 39	3 27	3 13	2 56	2 35	2 08	1 25
10	4 37	4 32	4 26	4 20	4 13	4 06	3 57	3 47	3 36	3 24	3 08	2 50	2 26	1 54
14	4 42	4 37	4 31	4 26	4 19	4 12	4 04	3 56	3 45	3 34	3 20	3 04	2 44	2 17
18	4 46	4 41	4 36	4 31	4 25	4 19	4 12	4 04	3 55	3 44	3 32	3 17	3 00	2 37
22	4 50	4 46	4 41	4 36	4 31	4 25	4 19	4 12	4 03	3 54	3 43	3 30	3 15	2 56
26	4 54	4 50	4 46	4 42	4 37	4 32	4 26	4 20	4 12	4 04	3 54	3 43	3 30	3 13
30	4 58	4 55	4 51	4 47	4 43	4 38	4 33	4 27	4 21	4 13	4 05	3 55	3 43	3 29
Sept. 3	5 02	4 59	4 56	4 53	4 49	4 45	4 40	4 35	4 29	4 23	4 15	4 07	3 57	3 45
7	5 06	5 03	5 01	4 58	4 55	4 51	4 47	4 43	4 38	4 32	4 26	4 18	4 10	4 00
11	5 10	5 08	5 06	5 03	5 00	4 57	4 54	4 50	4 46	4 41	4 36	4 30	4 22	4 14
15	5 14	5 12	5 10	5 08	5 06	5 03	5 01	4 58	4 54	4 50	4 46	4 41	4 35	4 28
19	5 18	5 16	5 15	5 13	5 12	5 10	5 07	5 05	5 02	4 59	4 56	4 52	4 47	4 41
23	5 22	5 21	5 20	5 18	5 17	5 16	5 14	5 12	5 10	5 08	5 05	5 02	4 59	4 54
27	5 25	5 25	5 24	5 24	5 23	5 22	5 21	5 20	5 18	5 17	5 15	5 13	5 10	5 07
Oct. 1	5 29	5 29	5 29	5 28	5 28	5 28	5 28	5 27	5 26	5 25	5 24	5 23	5 22	5 20
5	5 33	5 34	5 34	5 34	5 34	5 34	5 34	5 34	5 34	5 34	5 34	5 34	5 33	5 33

END OF EVENING CIVIL TWILIGHT

	+40°	+42°	+44°	+46°	+48°	+50°	+52°	+54°	+56°	+58°	+60°	+62°	+64°	+66°
	h m	h m	h m	h m	h m	h m	h m	h m	h m	h m	h m	h m	h m	h m
July 1	20 05	20 14	20 23	20 33	20 44	20 56	21 11	21 28	21 50	22 18	23 02	// //	// //	// //
5	20 04	20 12	20 21	20 31	20 42	20 54	21 09	21 25	21 46	22 13	22 52	// //	// //	// //
9	20 03	20 11	20 19	20 29	20 39	20 51	21 05	21 21	21 41	22 06	22 41	// //	// //	// //
13	20 01	20 08	20 17	20 26	20 36	20 48	21 01	21 16	21 35	21 58	22 30	23 29	// //	// //
17	19 58	20 05	20 13	20 22	20 32	20 43	20 56	21 10	21 28	21 49	22 17	23 02	// //	// //
21	19 55	20 02	20 10	20 18	20 27	20 38	20 50	21 04	21 20	21 40	22 05	22 41	// //	// //
25	19 51	19 58	20 05	20 13	20 22	20 32	20 43	20 56	21 11	21 29	21 52	22 23	23 16	// //
29	19 47	19 53	20 00	20 08	20 16	20 26	20 36	20 48	21 02	21 19	21 39	22 06	22 45	// //
Aug. 2	19 43	19 49	19 55	20 02	20 10	20 19	20 29	20 40	20 53	21 08	21 26	21 49	22 21	23 17
6	19 38	19 43	19 49	19 56	20 03	20 11	20 21	20 31	20 43	20 56	21 13	21 33	22 00	22 39
10	19 32	19 38	19 43	19 49	19 56	20 04	20 12	20 22	20 32	20 45	21 00	21 18	21 41	22 12
14	19 27	19 32	19 37	19 43	19 49	19 56	20 03	20 12	20 22	20 33	20 47	21 02	21 22	21 48
18	19 21	19 25	19 30	19 35	19 41	19 48	19 55	20 02	20 11	20 22	20 33	20 47	21 05	21 26
22	19 15	19 19	19 23	19 28	19 33	19 39	19 45	19 52	20 01	20 10	20 20	20 33	20 48	21 06
26	19 09	19 12	19 16	19 20	19 25	19 30	19 36	19 42	19 50	19 58	20 07	20 18	20 31	20 47
30	19 02	19 05	19 09	19 13	19 17	19 22	19 27	19 32	19 39	19 46	19 54	20 04	20 15	20 29
Sept. 3	18 56	18 58	19 02	19 05	19 09	19 13	19 17	19 22	19 28	19 34	19 41	19 49	19 59	20 11
7	18 49	18 51	18 54	18 57	19 00	19 04	19 07	19 12	19 17	19 22	19 28	19 35	19 44	19 53
11	18 42	18 44	18 47	18 49	18 52	18 55	18 58	19 01	19 06	19 10	19 15	19 21	19 28	19 37
15	18 36	18 37	18 39	18 41	18 43	18 46	18 48	18 51	18 55	18 58	19 03	19 08	19 13	19 20
19	18 29	18 30	18 32	18 33	18 35	18 37	18 39	18 41	18 44	18 47	18 50	18 54	18 59	19 04
23	18 22	18 23	18 24	18 25	18 26	18 28	18 29	18 31	18 33	18 35	18 38	18 41	18 44	18 48
27	18 16	18 16	18 17	18 17	18 18	18 19	18 20	18 21	18 22	18 24	18 25	18 27	18 30	18 32
Oct. 1	18 09	18 09	18 09	18 10	18 10	18 10	18 11	18 11	18 12	18 12	18 13	18 14	18 15	18 17
5	18 03	18 02	18 02	18 02	18 02	18 02	18 01	18 01	18 01	18 01	18 01	18 01	18 02	18 02

// // indicates continuous twilight.

CIVIL TWILIGHT, 1996

UNIVERSAL TIME FOR MERIDIAN OF GREENWICH
BEGINNING OF MORNING CIVIL TWILIGHT

Lat.	−55°	−50°	−45°	−40°	−35°	−30°	−20°	−10°	0°	+10°	+20°	+30°	+35°	+40°
	h m	h m	h m	h m	h m	h m	h m	h m	h m	h m	h m	h m	h m	h m
Oct. 1	4 48	4 56	5 02	5 07	5 11	5 14	5 19	5 23	5 26	5 28	5 29	5 30	5 30	5 29
5	4 38	4 47	4 55	5 00	5 05	5 09	5 16	5 20	5 24	5 27	5 30	5 32	5 33	5 33
9	4 27	4 38	4 47	4 54	5 00	5 04	5 12	5 18	5 23	5 27	5 31	5 34	5 36	5 37
13	4 17	4 29	4 39	4 47	4 54	5 00	5 09	5 16	5 22	5 27	5 32	5 37	5 39	5 41
17	4 06	4 21	4 32	4 41	4 49	4 55	5 06	5 14	5 21	5 27	5 33	5 39	5 42	5 45
21	3 56	4 12	4 25	4 35	4 44	4 51	5 03	5 12	5 20	5 28	5 35	5 42	5 45	5 49
25	3 46	4 04	4 18	4 29	4 39	4 47	5 00	5 10	5 20	5 28	5 36	5 44	5 49	5 54
29	3 35	3 56	4 11	4 24	4 34	4 43	4 57	5 09	5 19	5 28	5 38	5 47	5 52	5 58
Nov. 2	3 26	3 48	4 05	4 18	4 30	4 39	4 55	5 08	5 19	5 29	5 39	5 50	5 56	6 02
6	3 16	3 40	3 59	4 13	4 26	4 36	4 53	5 07	5 19	5 30	5 41	5 53	5 59	6 07
10	3 07	3 33	3 53	4 09	4 22	4 33	4 51	5 06	5 19	5 31	5 43	5 56	6 03	6 11
14	2 58	3 27	3 48	4 05	4 19	4 30	4 50	5 05	5 19	5 32	5 45	5 59	6 07	6 15
18	2 50	3 21	3 44	4 01	4 16	4 28	4 48	5 05	5 20	5 34	5 47	6 02	6 10	6 20
22	2 42	3 15	3 39	3 58	4 14	4 26	4 48	5 05	5 21	5 35	5 50	6 05	6 14	6 24
26	2 36	3 11	3 36	3 56	4 12	4 25	4 47	5 06	5 22	5 37	5 52	6 09	6 18	6 28
30	2 30	3 07	3 33	3 54	4 10	4 24	4 47	5 06	5 23	5 39	5 54	6 12	6 21	6 32
Dec. 4	2 25	3 04	3 31	3 53	4 10	4 24	4 48	5 07	5 24	5 40	5 57	6 15	6 25	6 36
8	2 21	3 02	3 30	3 52	4 10	4 24	4 49	5 08	5 26	5 42	5 59	6 17	6 28	6 39
12	2 19	3 01	3 30	3 52	4 10	4 25	4 50	5 10	5 28	5 45	6 02	6 20	6 31	6 42
16	2 18	3 01	3 30	3 53	4 11	4 26	4 51	5 11	5 30	5 47	6 04	6 23	6 33	6 45
20	2 18	3 02	3 32	3 54	4 13	4 28	4 53	5 13	5 31	5 49	6 06	6 25	6 36	6 47
24	2 20	3 04	3 34	3 56	4 15	4 30	4 55	5 15	5 33	5 51	6 08	6 27	6 37	6 49
28	2 24	3 07	3 37	3 59	4 17	4 32	4 57	5 17	5 35	5 52	6 10	6 28	6 39	6 51
32	2 29	3 11	3 40	4 02	4 20	4 35	5 00	5 20	5 37	5 54	6 11	6 30	6 40	6 52
36	2 36	3 16	3 44	4 06	4 24	4 38	5 02	5 22	5 39	5 56	6 12	6 31	6 41	6 52

END OF EVENING CIVIL TWILIGHT

Lat.	−55°	−50°	−45°	−40°	−35°	−30°	−20°	−10°	0°	+10°	+20°	+30°	+35°	+40°
	h m	h m	h m	h m	h m	h m	h m	h m	h m	h m	h m	h m	h m	h m
Oct. 1	18 52	18 44	18 38	18 33	18 29	18 25	18 20	18 16	18 14	18 11	18 10	18 09	18 09	18 09
5	19 00	18 51	18 43	18 37	18 32	18 28	18 21	18 16	18 12	18 09	18 06	18 04	18 03	18 03
9	19 09	18 57	18 48	18 41	18 35	18 30	18 23	18 16	18 11	18 07	18 03	18 00	17 58	17 56
13	19 17	19 04	18 54	18 46	18 39	18 33	18 24	18 16	18 10	18 05	18 00	17 55	17 53	17 50
17	19 26	19 11	18 59	18 50	18 43	18 36	18 25	18 17	18 10	18 03	17 57	17 51	17 48	17 45
21	19 35	19 18	19 05	18 55	18 46	18 39	18 27	18 17	18 09	18 01	17 54	17 47	17 43	17 39
25	19 44	19 25	19 11	19 00	18 50	18 42	18 29	18 18	18 09	18 00	17 52	17 43	17 39	17 34
29	19 54	19 33	19 17	19 05	18 54	18 45	18 31	18 19	18 08	17 59	17 50	17 40	17 35	17 29
Nov. 2	20 03	19 40	19 23	19 10	18 58	18 49	18 33	18 20	18 08	17 58	17 48	17 37	17 31	17 24
6	20 13	19 48	19 29	19 15	19 02	18 52	18 35	18 21	18 09	17 57	17 46	17 34	17 27	17 20
10	20 23	19 56	19 36	19 20	19 07	18 56	18 37	18 22	18 09	17 57	17 45	17 32	17 24	17 17
14	20 32	20 03	19 42	19 25	19 11	18 59	18 40	18 24	18 10	17 57	17 44	17 30	17 22	17 13
18	20 42	20 11	19 48	19 30	19 15	19 03	18 42	18 26	18 11	17 57	17 43	17 28	17 20	17 11
22	20 52	20 18	19 54	19 35	19 19	19 06	18 45	18 27	18 12	17 57	17 43	17 27	17 18	17 08
26	21 01	20 25	19 59	19 40	19 24	19 10	18 48	18 29	18 13	17 58	17 43	17 26	17 17	17 07
30	21 09	20 32	20 05	19 44	19 28	19 13	18 50	18 31	18 15	17 59	17 43	17 26	17 16	17 06
Dec. 4	21 17	20 38	20 10	19 49	19 31	19 17	18 53	18 34	18 16	18 00	17 44	17 26	17 16	17 05
8	21 24	20 43	20 14	19 52	19 35	19 20	18 56	18 36	18 18	18 02	17 45	17 27	17 16	17 05
12	21 30	20 47	20 18	19 56	19 38	19 23	18 58	18 38	18 20	18 03	17 46	17 27	17 17	17 05
16	21 34	20 51	20 21	19 59	19 41	19 25	19 01	18 40	18 22	18 05	17 48	17 29	17 18	17 07
20	21 37	20 54	20 24	20 01	19 43	19 28	19 03	18 42	18 24	18 07	17 50	17 31	17 20	17 08
24	21 39	20 55	20 26	20 03	19 45	19 30	19 05	18 44	18 26	18 09	17 52	17 33	17 22	17 10
28	21 39	20 56	20 27	20 04	19 46	19 31	19 06	18 46	18 28	18 11	17 54	17 35	17 25	17 13
32	21 37	20 55	20 27	20 05	19 47	19 32	19 08	18 48	18 30	18 13	17 56	17 38	17 27	17 16
36	21 34	20 54	20 26	20 05	19 47	19 33	19 09	18 49	18 32	18 15	17 59	17 41	17 30	17 19

CIVIL TWILIGHT, 1996

UNIVERSAL TIME FOR MERIDIAN OF GREENWICH
BEGINNING OF MORNING CIVIL TWILIGHT

Lat.	+40°	+42°	+44°	+46°	+48°	+50°	+52°	+54°	+56°	+58°	+60°	+62°	+64°	+66°
	h m	h m	h m	h m	h m	h m	h m	h m	h m	h m	h m	h m	h m	h m
Oct. 1	5 29	5 29	5 29	5 29	5 28	5 28	5 28	5 27	5 26	5 25	5 24	5 23	5 22	5 20
5	5 33	5 34	5 34	5 34	5 34	5 34	5 34	5 34	5 34	5 34	5 34	5 34	5 33	5 33
9	5 37	5 38	5 38	5 39	5 40	5 40	5 41	5 41	5 42	5 43	5 43	5 44	5 45	5 45
13	5 41	5 42	5 43	5 44	5 45	5 46	5 48	5 49	5 50	5 51	5 53	5 54	5 56	5 58
17	5 45	5 47	5 48	5 50	5 51	5 53	5 54	5 56	5 58	6 00	6 02	6 05	6 07	6 11
21	5 49	5 51	5 53	5 55	5 57	5 59	6 01	6 03	6 06	6 09	6 12	6 15	6 19	6 23
25	5 54	5 56	5 58	6 00	6 03	6 05	6 08	6 11	6 14	6 17	6 21	6 25	6 30	6 36
29	5 58	6 00	6 03	6 05	6 08	6 11	6 15	6 18	6 22	6 26	6 30	6 36	6 41	6 48
Nov. 2	6 02	6 05	6 08	6 11	6 14	6 18	6 21	6 25	6 30	6 34	6 40	6 46	6 53	7 01
6	6 07	6 10	6 13	6 16	6 20	6 24	6 28	6 33	6 37	6 43	6 49	6 56	7 04	7 13
10	6 11	6 14	6 18	6 22	6 26	6 30	6 35	6 40	6 45	6 51	6 58	7 06	7 15	7 25
14	6 15	6 19	6 23	6 27	6 31	6 36	6 41	6 47	6 53	7 00	7 07	7 16	7 26	7 37
18	6 20	6 23	6 28	6 32	6 37	6 42	6 47	6 54	7 00	7 08	7 16	7 25	7 36	7 49
22	6 24	6 28	6 32	6 37	6 42	6 48	6 54	7 00	7 07	7 15	7 24	7 34	7 46	8 00
26	6 28	6 32	6 37	6 42	6 47	6 53	6 59	7 06	7 14	7 22	7 32	7 43	7 56	8 11
30	6 32	6 36	6 41	6 47	6 52	6 58	7 05	7 12	7 20	7 29	7 39	7 51	8 05	8 21
Dec. 4	6 36	6 40	6 45	6 51	6 57	7 03	7 10	7 18	7 26	7 35	7 46	7 58	8 13	8 30
8	6 39	6 44	6 49	6 55	7 01	7 07	7 15	7 22	7 31	7 41	7 52	8 05	8 20	8 38
12	6 42	6 47	6 53	6 58	7 05	7 11	7 19	7 27	7 35	7 45	7 57	8 10	8 26	8 45
16	6 45	6 50	6 56	7 01	7 08	7 14	7 22	7 30	7 39	7 49	8 01	8 14	8 30	8 50
20	6 47	6 52	6 58	7 04	7 10	7 17	7 24	7 33	7 42	7 52	8 04	8 17	8 34	8 53
24	6 49	6 54	7 00	7 06	7 12	7 19	7 26	7 34	7 44	7 54	8 06	8 19	8 35	8 55
28	6 51	6 56	7 01	7 07	7 13	7 20	7 27	7 35	7 44	7 55	8 06	8 20	8 35	8 55
32	6 52	6 57	7 02	7 08	7 14	7 20	7 28	7 36	7 44	7 54	8 06	8 19	8 34	8 53
36	6 52	6 57	7 02	7 08	7 14	7 20	7 27	7 35	7 43	7 53	8 04	8 17	8 31	8 49

END OF EVENING CIVIL TWILIGHT

Lat.	+40°	+42°	+44°	+46°	+48°	+50°	+52°	+54°	+56°	+58°	+60°	+62°	+64°	+66°
	h m	h m	h m	h m	h m	h m	h m	h m	h m	h m	h m	h m	h m	h m
Oct. 1	18 09	18 09	18 09	18 10	18 10	18 10	18 11	18 11	18 12	18 12	18 13	18 14	18 15	18 17
5	18 03	18 02	18 02	18 02	18 02	18 02	18 02	18 01	18 01	18 01	18 01	18 01	18 02	18 02
9	17 56	17 56	17 55	17 54	17 54	17 53	17 53	17 52	17 51	17 50	17 50	17 49	17 48	17 47
13	17 50	17 49	17 48	17 47	17 46	17 45	17 44	17 43	17 41	17 40	17 38	17 37	17 35	17 33
17	17 45	17 43	17 42	17 40	17 39	17 37	17 35	17 34	17 32	17 29	17 27	17 25	17 22	17 18
21	17 39	17 37	17 36	17 34	17 32	17 30	17 27	17 25	17 22	17 19	17 16	17 13	17 09	17 05
25	17 34	17 32	17 30	17 27	17 25	17 22	17 20	17 17	17 13	17 10	17 06	17 02	16 57	16 51
29	17 29	17 27	17 24	17 21	17 18	17 15	17 12	17 09	17 05	17 01	16 56	16 51	16 45	16 38
Nov. 2	17 24	17 22	17 19	17 16	17 12	17 09	17 05	17 01	16 57	16 52	16 46	16 40	16 33	16 25
6	17 20	17 17	17 14	17 10	17 07	17 03	16 59	16 54	16 49	16 43	16 37	16 30	16 22	16 13
10	17 17	17 13	17 10	17 06	17 02	16 57	16 53	16 48	16 42	16 36	16 29	16 21	16 12	16 02
14	17 13	17 10	17 06	17 02	16 57	16 52	16 47	16 42	16 36	16 29	16 21	16 12	16 02	15 51
18	17 11	17 07	17 02	16 58	16 53	16 48	16 42	16 36	16 30	16 22	16 14	16 04	15 53	15 40
22	17 08	17 04	17 00	16 55	16 50	16 44	16 38	16 32	16 25	16 17	16 08	15 57	15 45	15 31
26	17 07	17 02	16 57	16 52	16 47	16 41	16 35	16 28	16 20	16 12	16 02	15 51	15 38	15 23
30	17 06	17 01	16 56	16 51	16 45	16 39	16 32	16 25	16 17	16 08	15 58	15 46	15 32	15 16
Dec. 4	17 05	17 00	16 55	16 49	16 44	16 37	16 30	16 23	16 14	16 05	15 54	15 42	15 27	15 10
8	17 05	17 00	16 55	16 49	16 43	16 36	16 29	16 21	16 13	16 03	15 52	15 39	15 24	15 05
12	17 05	17 00	16 55	16 49	16 43	16 36	16 29	16 21	16 12	16 02	15 51	15 37	15 22	15 03
16	17 07	17 01	16 56	16 50	16 44	16 37	16 30	16 22	16 12	16 02	15 51	15 37	15 21	15 02
20	17 08	17 03	16 58	16 52	16 45	16 39	16 31	16 23	16 14	16 03	15 52	15 38	15 22	15 02
24	17 10	17 05	17 00	16 54	16 48	16 41	16 33	16 25	16 16	16 06	15 54	15 40	15 24	15 05
28	17 13	17 08	17 02	16 57	16 50	16 44	16 36	16 28	16 19	16 09	15 57	15 44	15 28	15 09
32	17 16	17 11	17 06	17 00	16 54	16 47	16 40	16 32	16 23	16 13	16 02	15 49	15 33	15 15
36	17 19	17 14	17 09	17 04	16 58	16 51	16 44	16 36	16 28	16 18	16 07	15 55	15 40	15 22

NAUTICAL TWILIGHT, 1996

UNIVERSAL TIME FOR MERIDIAN OF GREENWICH
BEGINNING OF MORNING NAUTICAL TWILIGHT

Lat.	−55°	−50°	−45°	−40°	−35°	−30°	−20°	−10°	0°	+10°	+20°	+30°	+35°	+40°
	h m	h m	h m	h m	h m	h m	h m	h m	h m	h m	h m	h m	h m	h m
Jan. −1	// //	2 04	2 48	3 19	3 41	4 00	4 29	4 51	5 10	5 27	5 43	5 59	6 08	6 17
3	0 22	2 09	2 53	3 22	3 45	4 03	4 31	4 53	5 12	5 29	5 44	6 00	6 09	6 18
7	0 48	2 16	2 58	3 27	3 48	4 06	4 34	4 56	5 14	5 30	5 45	6 01	6 09	6 18
11	1 08	2 24	3 04	3 31	3 53	4 10	4 37	4 58	5 16	5 32	5 46	6 02	6 09	6 18
15	1 25	2 32	3 10	3 36	3 57	4 14	4 40	5 00	5 18	5 33	5 47	6 02	6 09	6 17
19	1 42	2 41	3 17	3 42	4 02	4 18	4 43	5 03	5 19	5 34	5 47	6 01	6 08	6 16
23	1 58	2 51	3 24	3 48	4 07	4 22	4 46	5 05	5 21	5 35	5 47	6 00	6 07	6 14
27	2 13	3 00	3 31	3 54	4 11	4 26	4 49	5 07	5 22	5 35	5 47	5 59	6 05	6 12
31	2 27	3 10	3 38	4 00	4 16	4 30	4 52	5 09	5 23	5 35	5 47	5 58	6 03	6 09
Feb. 4	2 41	3 20	3 46	4 06	4 21	4 34	4 55	5 11	5 24	5 35	5 46	5 55	6 01	6 06
8	2 55	3 29	3 53	4 12	4 26	4 38	4 58	5 12	5 24	5 35	5 44	5 53	5 57	6 02
12	3 07	3 38	4 00	4 17	4 31	4 42	5 00	5 14	5 25	5 34	5 43	5 50	5 54	5 58
16	3 19	3 47	4 08	4 23	4 36	4 46	5 02	5 15	5 25	5 33	5 41	5 47	5 50	5 53
20	3 31	3 56	4 15	4 29	4 40	4 50	5 05	5 16	5 25	5 32	5 38	5 44	5 46	5 48
24	3 42	4 05	4 21	4 34	4 45	4 53	5 07	5 17	5 25	5 31	5 36	5 40	5 42	5 43
28	3 53	4 13	4 28	4 39	4 49	4 57	5 09	5 17	5 24	5 29	5 33	5 36	5 37	5 38
Mar. 3	4 03	4 21	4 34	4 45	4 53	5 00	5 10	5 18	5 24	5 28	5 30	5 32	5 32	5 32
7	4 13	4 28	4 40	4 49	4 57	5 03	5 12	5 18	5 23	5 26	5 27	5 27	5 27	5 26
11	4 22	4 36	4 46	4 54	5 01	5 06	5 13	5 19	5 22	5 24	5 24	5 23	5 21	5 19
15	4 31	4 43	4 52	4 59	5 04	5 09	5 15	5 19	5 21	5 22	5 21	5 18	5 16	5 13
19	4 40	4 50	4 58	5 03	5 08	5 11	5 16	5 19	5 20	5 19	5 17	5 13	5 10	5 06
23	4 48	4 57	5 03	5 08	5 11	5 14	5 17	5 19	5 19	5 17	5 14	5 08	5 04	5 00
27	4 57	5 03	5 08	5 12	5 14	5 16	5 18	5 19	5 17	5 15	5 10	5 03	4 59	4 53
31	5 05	5 10	5 13	5 16	5 17	5 19	5 19	5 18	5 16	5 12	5 07	4 58	4 53	4 46
Apr. 4	5 12	5 16	5 18	5 20	5 21	5 21	5 20	5 18	5 15	5 10	5 03	4 53	4 47	4 39

END OF EVENING NAUTICAL TWILIGHT

Lat.	−55°	−50°	−45°	−40°	−35°	−30°	−20°	−10°	0°	+10°	+20°	+30°	+35°	+40°
	h m	h m	h m	h m	h m	h m	h m	h m	h m	h m	h m	h m	h m	h m
Jan. −1	// //	22 00	21 16	20 46	20 23	20 05	19 36	19 14	18 55	18 38	18 22	18 06	17 57	17 48
3	23 39	21 58	21 15	20 46	20 23	20 05	19 37	19 15	18 57	18 40	18 24	18 08	18 00	17 51
7	23 20	21 55	21 14	20 45	20 23	20 05	19 38	19 16	18 58	18 42	18 27	18 11	18 03	17 54
11	23 04	21 50	21 11	20 43	20 22	20 05	19 38	19 17	19 00	18 44	18 29	18 14	18 06	17 58
15	22 50	21 45	21 08	20 41	20 21	20 04	19 38	19 18	19 01	18 46	18 31	18 17	18 10	18 02
19	22 36	21 38	21 03	20 38	20 19	20 03	19 38	19 18	19 02	18 47	18 34	18 20	18 13	18 06
23	22 23	21 31	20 59	20 35	20 16	20 01	19 37	19 18	19 03	18 49	18 36	18 23	18 17	18 10
27	22 09	21 23	20 53	20 31	20 13	19 59	19 36	19 18	19 03	18 50	18 38	18 26	18 20	18 14
31	21 57	21 15	20 47	20 26	20 10	19 56	19 34	19 18	19 04	18 52	18 40	18 30	18 24	18 18
Feb. 4	21 44	21 07	20 41	20 21	20 06	19 53	19 33	19 17	19 04	18 53	18 42	18 33	18 28	18 23
8	21 31	20 58	20 34	20 16	20 01	19 49	19 30	19 16	19 04	18 54	18 44	18 36	18 31	18 27
12	21 19	20 49	20 27	20 10	19 57	19 46	19 28	19 15	19 04	18 54	18 46	18 39	18 35	18 31
16	21 07	20 39	20 19	20 04	19 52	19 42	19 25	19 13	19 03	18 55	18 48	18 41	18 38	18 36
20	20 55	20 30	20 12	19 58	19 47	19 37	19 23	19 12	19 03	18 55	18 49	18 44	18 42	18 40
24	20 43	20 21	20 04	19 52	19 41	19 33	19 20	19 10	19 02	18 56	18 51	18 47	18 45	18 44
28	20 31	20 11	19 56	19 45	19 36	19 28	19 16	19 08	19 01	18 56	18 52	18 50	18 49	18 49
Mar. 3	20 19	20 02	19 49	19 38	19 30	19 23	19 13	19 06	19 00	18 56	18 54	18 52	18 52	18 53
7	20 07	19 52	19 41	19 32	19 24	19 19	19 10	19 03	18 59	18 56	18 55	18 55	18 56	18 57
11	19 56	19 43	19 33	19 25	19 19	19 14	19 06	19 01	18 58	18 56	18 56	18 58	18 59	19 01
15	19 45	19 33	19 25	19 18	19 13	19 09	19 03	18 59	18 57	18 56	18 57	19 00	19 02	19 06
19	19 34	19 24	19 17	19 11	19 07	19 04	18 59	18 57	18 56	18 56	18 58	19 03	19 06	19 10
23	19 23	19 15	19 09	19 05	19 01	18 59	18 56	18 54	18 54	18 56	19 00	19 05	19 09	19 14
27	19 13	19 06	19 02	18 58	18 56	18 54	18 52	18 52	18 53	18 56	19 01	19 08	19 13	19 19
31	19 02	18 57	18 54	18 52	18 50	18 49	18 49	18 50	18 52	18 56	19 02	19 11	19 16	19 23
Apr. 4	18 52	18 49	18 47	18 45	18 45	18 44	18 45	18 48	18 51	18 56	19 03	19 13	19 20	19 28

// // indicates continuous twilight.

UNIVERSAL TIME FOR MERIDIAN OF GREENWICH
BEGINNING OF MORNING NAUTICAL TWILIGHT

Lat.	+40°	+42°	+44°	+46°	+48°	+50°	+52°	+54°	+56°	+58°	+60°	+62°	+64°	+66°
	h m	h m	h m	h m	h m	h m	h m	h m	h m	h m	h m	h m	h m	h m
Jan. −1	6 17	6 21	6 25	6 29	6 34	6 39	6 44	6 50	6 56	7 02	7 10	7 18	7 27	7 38
3	6 18	6 22	6 26	6 30	6 34	6 39	6 44	6 50	6 55	7 02	7 09	7 17	7 26	7 37
7	6 18	6 22	6 26	6 30	6 34	6 39	6 44	6 49	6 54	7 01	7 08	7 15	7 24	7 34
11	6 18	6 21	6 25	6 29	6 33	6 38	6 42	6 47	6 53	6 59	7 05	7 12	7 21	7 30
15	6 17	6 21	6 24	6 28	6 32	6 36	6 40	6 45	6 50	6 56	7 02	7 08	7 16	7 25
19	6 16	6 19	6 22	6 26	6 30	6 33	6 37	6 42	6 46	6 52	6 57	7 03	7 11	7 19
23	6 14	6 17	6 20	6 23	6 27	6 30	6 34	6 38	6 42	6 47	6 52	6 58	7 04	7 11
27	6 12	6 14	6 17	6 20	6 23	6 26	6 30	6 33	6 37	6 41	6 46	6 51	6 56	7 03
31	6 09	6 11	6 14	6 17	6 19	6 22	6 25	6 28	6 32	6 35	6 39	6 43	6 48	6 54
Feb. 4	6 06	6 08	6 10	6 12	6 15	6 17	6 20	6 22	6 25	6 28	6 31	6 35	6 39	6 43
8	6 02	6 04	6 06	6 08	6 10	6 12	6 14	6 16	6 18	6 21	6 23	6 26	6 29	6 33
12	5 58	5 59	6 01	6 02	6 04	6 06	6 07	6 09	6 11	6 12	6 14	6 16	6 19	6 21
16	5 53	5 54	5 56	5 57	5 58	5 59	6 00	6 01	6 03	6 04	6 05	6 06	6 07	6 09
20	5 48	5 49	5 50	5 51	5 51	5 52	5 53	5 53	5 54	5 55	5 55	5 55	5 56	5 56
24	5 43	5 44	5 44	5 44	5 45	5 45	5 45	5 45	5 45	5 45	5 45	5 44	5 43	5 43
28	5 38	5 38	5 38	5 38	5 37	5 37	5 37	5 36	5 36	5 35	5 34	5 32	5 31	5 29
Mar. 3	5 32	5 31	5 31	5 31	5 30	5 29	5 28	5 27	5 26	5 24	5 22	5 20	5 17	5 14
7	5 26	5 25	5 24	5 23	5 22	5 21	5 19	5 18	5 16	5 13	5 11	5 07	5 03	4 59
11	5 19	5 18	5 17	5 16	5 14	5 12	5 10	5 08	5 05	5 02	4 58	4 54	4 49	4 43
15	5 13	5 11	5 10	5 08	5 06	5 04	5 01	4 58	4 54	4 50	4 46	4 40	4 34	4 27
19	5 06	5 04	5 02	5 00	4 57	4 55	4 51	4 48	4 43	4 39	4 33	4 26	4 19	4 10
23	5 00	4 57	4 55	4 52	4 49	4 45	4 41	4 37	4 32	4 26	4 20	4 12	4 03	3 52
27	4 53	4 50	4 47	4 44	4 40	4 36	4 31	4 26	4 20	4 14	4 06	3 57	3 46	3 33
31	4 46	4 43	4 39	4 36	4 31	4 27	4 21	4 15	4 09	4 01	3 52	3 41	3 29	3 13
Apr. 4	4 39	4 36	4 32	4 27	4 22	4 17	4 11	4 04	3 57	3 48	3 37	3 25	3 10	2 52

END OF EVENING NAUTICAL TWILIGHT

Lat.	+40°	+42°	+44°	+46°	+48°	+50°	+52°	+54°	+56°	+58°	+60°	+62°	+64°	+66°
	h m	h m	h m	h m	h m	h m	h m	h m	h m	h m	h m	h m	h m	h m
Jan. −1	17 48	17 44	17 40	17 35	17 31	17 26	17 21	17 15	17 09	17 03	16 55	16 47	16 38	16 27
3	17 51	17 47	17 43	17 39	17 34	17 30	17 25	17 19	17 13	17 07	17 00	16 52	16 43	16 32
7	17 54	17 50	17 47	17 42	17 38	17 34	17 29	17 24	17 18	17 12	17 05	16 57	16 49	16 39
11	17 58	17 54	17 50	17 47	17 42	17 38	17 34	17 29	17 23	17 17	17 11	17 04	16 55	16 46
15	18 02	17 58	17 55	17 51	17 47	17 43	17 39	17 34	17 29	17 23	17 17	17 11	17 03	16 54
19	18 06	18 02	17 59	17 56	17 52	17 48	17 44	17 40	17 35	17 30	17 25	17 18	17 11	17 03
23	18 10	18 07	18 04	18 01	17 57	17 54	17 50	17 46	17 42	17 37	17 32	17 27	17 20	17 13
27	18 14	18 11	18 09	18 06	18 03	17 59	17 56	17 53	17 49	17 45	17 40	17 35	17 30	17 24
31	18 18	18 16	18 13	18 11	18 08	18 05	18 02	17 59	17 56	17 52	17 49	17 44	17 40	17 34
Feb. 4	18 23	18 20	18 18	18 16	18 14	18 11	18 09	18 06	18 03	18 01	17 57	17 54	17 50	17 46
8	18 27	18 25	18 23	18 21	18 20	18 18	18 16	18 13	18 11	18 09	18 06	18 03	18 00	17 57
12	18 31	18 30	18 28	18 27	18 25	18 24	18 22	18 21	18 19	18 17	18 15	18 13	18 11	18 09
16	18 36	18 34	18 33	18 32	18 31	18 30	18 29	18 28	18 27	18 26	18 25	18 23	18 22	18 21
20	18 40	18 39	18 38	18 38	18 37	18 36	18 36	18 35	18 35	18 34	18 34	18 34	18 33	18 33
24	18 44	18 44	18 43	18 43	18 43	18 43	18 43	18 43	18 43	18 43	18 43	18 44	18 45	18 46
28	18 49	18 48	18 49	18 49	18 49	18 49	18 50	18 50	18 51	18 52	18 53	18 55	18 57	18 59
Mar. 3	18 53	18 53	18 54	18 54	18 55	18 56	18 57	18 58	18 59	19 01	19 03	19 05	19 08	19 12
7	18 57	18 58	18 59	19 00	19 01	19 02	19 04	19 06	19 08	19 10	19 13	19 16	19 20	19 25
11	19 01	19 02	19 04	19 05	19 07	19 09	19 11	19 13	19 16	19 19	19 23	19 28	19 33	19 39
15	19 06	19 07	19 09	19 11	19 13	19 15	19 18	19 21	19 25	19 29	19 34	19 39	19 46	19 54
19	19 10	19 12	19 14	19 16	19 19	19 22	19 25	19 29	19 34	19 39	19 44	19 51	19 59	20 09
23	19 14	19 17	19 19	19 22	19 25	19 29	19 33	19 37	19 43	19 49	19 55	20 03	20 13	20 24
27	19 19	19 21	19 24	19 28	19 32	19 36	19 41	19 46	19 52	19 59	20 07	20 16	20 27	20 41
31	19 23	19 26	19 30	19 34	19 38	19 43	19 48	19 54	20 01	20 09	20 18	20 29	20 42	20 59
Apr. 4	19 28	19 31	19 35	19 40	19 45	19 50	19 56	20 03	20 11	20 20	20 31	20 43	20 59	21 18

NAUTICAL TWILIGHT, 1996
UNIVERSAL TIME FOR MERIDIAN OF GREENWICH
BEGINNING OF MORNING NAUTICAL TWILIGHT

Lat.	−55°	−50°	−45°	−40°	−35°	−30°	−20°	−10°	0°	+10°	+20°	+30°	+35°	+40°
	h m	h m	h m	h m	h m	h m	h m	h m	h m	h m	h m	h m	h m	h m
Mar. 31	5 05	5 10	5 13	5 16	5 17	5 19	5 19	5 18	5 16	5 12	5 07	4 58	4 53	4 46
Apr. 4	5 12	5 16	5 18	5 20	5 21	5 21	5 20	5 18	5 15	5 10	5 03	4 53	4 47	4 39
8	5 20	5 22	5 23	5 24	5 24	5 23	5 21	5 18	5 13	5 07	4 59	4 48	4 41	4 32
12	5 27	5 28	5 28	5 27	5 27	5 25	5 22	5 18	5 12	5 05	4 56	4 43	4 35	4 25
16	5 34	5 34	5 33	5 31	5 30	5 28	5 23	5 18	5 11	5 03	4 52	4 38	4 29	4 19
20	5 41	5 39	5 37	5 35	5 32	5 30	5 24	5 18	5 10	5 01	4 49	4 34	4 24	4 12
24	5 48	5 45	5 42	5 39	5 35	5 32	5 25	5 18	5 09	4 59	4 46	4 29	4 18	4 06
28	5 55	5 50	5 46	5 42	5 38	5 34	5 26	5 18	5 08	4 57	4 43	4 25	4 13	3 59
May 2	6 01	5 56	5 50	5 46	5 41	5 36	5 27	5 18	5 07	4 55	4 40	4 20	4 08	3 53
6	6 08	6 01	5 55	5 49	5 44	5 39	5 29	5 18	5 06	4 53	4 37	4 17	4 04	3 48
10	6 14	6 06	5 59	5 52	5 47	5 41	5 30	5 18	5 06	4 52	4 35	4 13	3 59	3 42
14	6 19	6 11	6 03	5 56	5 49	5 43	5 31	5 19	5 06	4 51	4 33	4 10	3 55	3 37
18	6 25	6 15	6 07	5 59	5 52	5 45	5 32	5 19	5 05	4 50	4 31	4 07	3 51	3 33
22	6 30	6 19	6 10	6 02	5 54	5 47	5 34	5 20	5 05	4 49	4 29	4 04	3 48	3 29
26	6 35	6 23	6 14	6 05	5 57	5 49	5 35	5 21	5 05	4 48	4 28	4 02	3 45	3 25
30	6 39	6 27	6 17	6 07	5 59	5 51	5 36	5 21	5 06	4 48	4 27	4 00	3 43	3 22
June 3	6 43	6 30	6 20	6 10	6 01	5 53	5 38	5 22	5 06	4 48	4 27	3 59	3 41	3 19
7	6 47	6 33	6 22	6 12	6 03	5 55	5 39	5 23	5 07	4 48	4 26	3 58	3 40	3 18
11	6 49	6 36	6 24	6 14	6 05	5 56	5 40	5 24	5 07	4 49	4 26	3 58	3 39	3 17
15	6 52	6 38	6 26	6 16	6 06	5 58	5 41	5 25	5 08	4 49	4 27	3 58	3 39	3 16
19	6 53	6 39	6 27	6 17	6 07	5 59	5 42	5 26	5 09	4 50	4 27	3 58	3 40	3 16
23	6 54	6 40	6 28	6 18	6 08	6 00	5 43	5 27	5 10	4 51	4 28	3 59	3 40	3 17
27	6 54	6 40	6 28	6 18	6 09	6 00	5 44	5 28	5 11	4 52	4 29	4 00	3 42	3 19
July 1	6 53	6 40	6 28	6 18	6 09	6 00	5 44	5 28	5 12	4 53	4 31	4 02	3 44	3 21
5	6 52	6 39	6 28	6 18	6 09	6 00	5 45	5 29	5 12	4 54	4 32	4 04	3 46	3 23

END OF EVENING NAUTICAL TWILIGHT

Lat.	−55°	−50°	−45°	−40°	−35°	−30°	−20°	−10°	0°	+10°	+20°	+30°	+35°	+40°
	h m	h m	h m	h m	h m	h m	h m	h m	h m	h m	h m	h m	h m	h m
Mar. 31	19 02	18 57	18 54	18 52	18 50	18 49	18 49	18 50	18 52	18 56	19 02	19 11	19 16	19 23
Apr. 4	18 52	18 49	18 47	18 45	18 45	18 44	18 45	18 48	18 51	18 56	19 03	19 13	19 20	19 28
8	18 43	18 41	18 40	18 39	18 39	18 40	18 42	18 45	18 50	18 56	19 05	19 16	19 23	19 32
12	18 33	18 33	18 33	18 33	18 34	18 36	18 39	18 43	18 49	18 57	19 06	19 19	19 27	19 37
16	18 24	18 25	18 26	18 28	18 29	18 31	18 36	18 42	18 48	18 57	19 08	19 22	19 31	19 42
20	18 15	18 17	18 20	18 22	18 25	18 27	18 33	18 40	18 48	18 57	19 09	19 25	19 35	19 47
24	18 07	18 10	18 14	18 17	18 20	18 24	18 31	18 39	18 47	18 58	19 11	19 28	19 38	19 51
28	17 59	18 04	18 08	18 12	18 16	18 20	18 28	18 37	18 47	18 58	19 13	19 31	19 42	19 56
May 2	17 52	17 58	18 03	18 08	18 12	18 17	18 26	18 36	18 47	18 59	19 14	19 34	19 46	20 01
6	17 45	17 52	17 58	18 04	18 09	18 14	18 24	18 35	18 47	19 00	19 16	19 37	19 50	20 06
10	17 38	17 46	17 53	18 00	18 06	18 12	18 23	18 34	18 47	19 01	19 18	19 40	19 54	20 11
14	17 33	17 42	17 49	17 56	18 03	18 09	18 22	18 34	18 47	19 02	19 20	19 43	19 58	20 16
18	17 27	17 37	17 46	17 54	18 01	18 07	18 20	18 34	18 47	19 03	19 22	19 47	20 02	20 21
22	17 23	17 33	17 43	17 51	17 59	18 06	18 20	18 33	18 48	19 04	19 24	19 50	20 06	20 25
26	17 19	17 30	17 40	17 49	17 57	18 05	18 19	18 33	18 49	19 06	19 26	19 52	20 09	20 30
30	17 15	17 28	17 38	17 47	17 56	18 04	18 19	18 34	18 49	19 07	19 28	19 55	20 12	20 34
June 3	17 13	17 26	17 37	17 46	17 55	18 03	18 19	18 34	18 50	19 08	19 30	19 58	20 15	20 37
7	17 11	17 24	17 36	17 45	17 54	18 03	18 19	18 35	18 51	19 10	19 32	20 00	20 18	20 40
11	17 10	17 23	17 35	17 45	17 54	18 03	18 19	18 35	18 52	19 11	19 33	20 02	20 20	20 43
15	17 09	17 23	17 35	17 45	17 55	18 03	18 20	18 36	18 53	19 12	19 34	20 03	20 22	20 45
19	17 10	17 24	17 35	17 46	17 55	18 04	18 21	18 37	18 54	19 13	19 35	20 05	20 23	20 46
23	17 11	17 25	17 36	17 47	17 56	18 05	18 21	18 38	18 55	19 14	19 36	20 05	20 24	20 47
27	17 12	17 26	17 38	17 48	17 57	18 06	18 22	18 39	18 55	19 14	19 37	20 06	20 24	20 47
July 1	17 15	17 28	17 40	17 50	17 59	18 07	18 24	18 39	18 56	19 15	19 37	20 06	20 24	20 47
5	17 17	17 31	17 42	17 52	18 01	18 09	18 25	18 40	18 57	19 15	19 37	20 05	20 23	20 45

UNIVERSAL TIME FOR MERIDIAN OF GREENWICH
BEGINNING OF MORNING NAUTICAL TWILIGHT

Lat.	+40°	+42°	+44°	+46°	+48°	+50°	+52°	+54°	+56°	+58°	+60°	+62°	+64°	+66°
	h m	h m	h m	h m	h m	h m	h m	h m	h m	h m	h m	h m	h m	h m
Mar. 31	4 46	4 43	4 39	4 36	4 31	4 27	4 21	4 15	4 09	4 01	3 52	3 41	3 29	3 13
Apr. 4	4 39	4 36	4 32	4 27	4 22	4 17	4 11	4 04	3 57	3 48	3 37	3 25	3 10	2 52
8	4 32	4 28	4 24	4 19	4 14	4 07	4 01	3 53	3 44	3 34	3 23	3 08	2 51	2 29
12	4 25	4 21	4 16	4 11	4 05	3 58	3 50	3 42	3 32	3 21	3 07	2 51	2 30	2 02
16	4 19	4 14	4 08	4 02	3 56	3 48	3 40	3 30	3 19	3 06	2 51	2 32	2 07	1 31
20	4 12	4 07	4 01	3 54	3 47	3 39	3 29	3 19	3 06	2 52	2 34	2 12	1 40	0 44
24	4 06	4 00	3 53	3 46	3 38	3 29	3 19	3 07	2 53	2 37	2 16	1 49	1 06	// //
28	3 59	3 53	3 46	3 38	3 29	3 20	3 08	2 55	2 40	2 21	1 57	1 22	// //	// //
May 2	3 53	3 47	3 39	3 30	3 21	3 10	2 58	2 44	2 26	2 05	1 36	0 46	// //	// //
6	3 48	3 40	3 32	3 23	3 13	3 01	2 48	2 32	2 12	1 47	1 10	// //	// //	// //
10	3 42	3 34	3 26	3 16	3 05	2 52	2 38	2 20	1 58	1 28	0 33	// //	// //	// //
14	3 37	3 29	3 20	3 09	2 58	2 44	2 28	2 08	1 43	1 06	// //	// //	// //	// //
18	3 33	3 24	3 14	3 03	2 51	2 36	2 19	1 57	1 28	0 36	// //	// //	// //	// //
22	3 29	3 19	3 09	2 57	2 44	2 28	2 09	1 45	1 11	// //	// //	// //	// //	// //
26	3 25	3 15	3 04	2 52	2 38	2 21	2 01	1 34	0 51	// //	// //	// //	// //	// //
30	3 22	3 12	3 01	2 48	2 33	2 15	1 53	1 23	0 25	// //	// //	// //	// //	// //
June 3	3 19	3 09	2 57	2 44	2 29	2 10	1 46	1 13	// //	// //	// //	// //	// //	// //
7	3 18	3 07	2 55	2 41	2 25	2 06	1 40	1 03	// //	// //	// //	// //	// //	// //
11	3 17	3 06	2 53	2 39	2 23	2 02	1 36	0 55	// //	// //	// //	// //	// //	// //
15	3 16	3 05	2 53	2 38	2 21	2 01	1 33	0 48	// //	// //	// //	// //	// //	□
19	3 16	3 05	2 53	2 38	2 21	2 00	1 32	0 45	// //	// //	// //	// //	// //	□
23	3 17	3 06	2 53	2 39	2 22	2 01	1 33	0 46	// //	// //	// //	// //	// //	□
27	3 19	3 08	2 55	2 41	2 24	2 03	1 36	0 51	// //	// //	// //	// //	// //	□
July 1	3 21	3 10	2 58	2 43	2 27	2 07	1 40	0 59	// //	// //	// //	// //	// //	// //
5	3 23	3 13	3 01	2 47	2 31	2 11	1 46	1 08	// //	// //	// //	// //	// //	// //

END OF EVENING NAUTICAL TWILIGHT

Lat.	+40°	+42°	+44°	+46°	+48°	+50°	+52°	+54°	+56°	+58°	+60°	+62°	+64°	+66°
	h m	h m	h m	h m	h m	h m	h m	h m	h m	h m	h m	h m	h m	h m
Mar. 31	19 23	19 26	19 30	19 34	19 38	19 43	19 48	19 54	20 01	20 09	20 18	20 29	20 42	20 59
Apr. 4	19 28	19 31	19 35	19 40	19 45	19 50	19 56	20 03	20 11	20 20	20 31	20 43	20 59	21 18
8	19 32	19 36	19 41	19 46	19 51	19 57	20 04	20 12	20 21	20 31	20 44	20 58	21 16	21 40
12	19 37	19 41	19 46	19 52	19 58	20 05	20 13	20 21	20 31	20 43	20 57	21 14	21 36	22 05
16	19 42	19 47	19 52	19 58	20 05	20 13	20 21	20 31	20 42	20 56	21 11	21 31	21 57	22 37
20	19 47	19 52	19 58	20 05	20 12	20 21	20 30	20 41	20 53	21 08	21 27	21 50	22 24	23 35
24	19 51	19 57	20 04	20 11	20 19	20 29	20 39	20 51	21 05	21 22	21 44	22 12	23 00	// //
28	19 56	20 03	20 10	20 18	20 27	20 37	20 48	21 02	21 17	21 37	22 02	22 39	// //	// //
May 2	20 01	20 08	20 16	20 25	20 34	20 45	20 58	21 12	21 30	21 53	22 23	23 21	// //	// //
6	20 06	20 14	20 22	20 31	20 42	20 53	21 07	21 23	21 43	22 10	22 50	// //	// //	// //
10	20 11	20 19	20 28	20 38	20 49	21 02	21 17	21 35	21 58	22 29	23 36	// //	// //	// //
14	20 16	20 25	20 34	20 45	20 56	21 10	21 27	21 47	22 13	22 53	// //	// //	// //	// //
18	20 21	20 30	20 40	20 51	21 04	21 18	21 36	21 58	22 29	23 28	// //	// //	// //	// //
22	20 25	20 35	20 45	20 57	21 11	21 26	21 46	22 10	22 47	// //	// //	// //	// //	// //
26	20 30	20 40	20 50	21 03	21 17	21 34	21 55	22 23	23 08	// //	// //	// //	// //	// //
30	20 34	20 44	20 55	21 08	21 23	21 41	22 04	22 34	23 41	// //	// //	// //	// //	// //
June 3	20 37	20 48	21 00	21 13	21 29	21 48	22 12	22 46	// //	// //	// //	// //	// //	// //
7	20 40	20 51	21 03	21 17	21 33	21 53	22 19	22 57	// //	// //	// //	// //	// //	// //
11	20 43	20 54	21 06	21 20	21 37	21 58	22 24	23 07	// //	// //	// //	// //	// //	// //
15	20 45	20 56	21 09	21 23	21 40	22 01	22 28	23 14	// //	// //	// //	// //	// //	□
19	20 46	20 58	21 10	21 25	21 42	22 03	22 31	23 18	// //	// //	// //	// //	// //	□
23	20 47	20 58	21 11	21 25	21 42	22 03	22 31	23 18	// //	// //	// //	// //	// //	□
27	20 47	20 58	21 11	21 25	21 42	22 03	22 30	23 14	// //	// //	// //	// //	// //	□
July 1	20 47	20 58	21 10	21 24	21 40	22 00	22 27	23 07	// //	// //	// //	// //	// //	// //
5	20 45	20 56	21 08	21 22	21 38	21 57	22 22	22 59	// //	// //	// //	// //	// //	// //

□ indicates Sun continuously above horizon.
// // indicates continuous twilight.

NAUTICAL TWILIGHT, 1996

UNIVERSAL TIME FOR MERIDIAN OF GREENWICH
BEGINNING OF MORNING NAUTICAL TWILIGHT

Lat.	−55°	−50°	−45°	−40°	−35°	−30°	−20°	−10°	0°	+10°	+20°	+30°	+35°	+40°
	h m	h m	h m	h m	h m	h m	h m	h m	h m	h m	h m	h m	h m	h m
July 1	6 53	6 40	6 28	6 18	6 09	6 00	5 44	5 28	5 12	4 53	4 31	4 02	3 44	3 21
5	6 52	6 39	6 28	6 18	6 09	6 00	5 45	5 29	5 12	4 54	4 32	4 04	3 46	3 23
9	6 50	6 37	6 26	6 17	6 08	6 00	5 45	5 29	5 13	4 55	4 34	4 06	3 48	3 27
13	6 47	6 35	6 25	6 16	6 07	5 59	5 44	5 30	5 14	4 56	4 35	4 09	3 51	3 30
17	6 44	6 32	6 23	6 14	6 06	5 58	5 44	5 30	5 15	4 58	4 37	4 11	3 55	3 34
21	6 40	6 29	6 20	6 12	6 04	5 57	5 43	5 30	5 15	4 59	4 39	4 14	3 58	3 38
25	6 35	6 25	6 16	6 09	6 02	5 55	5 42	5 29	5 15	5 00	4 41	4 17	4 01	3 43
29	6 29	6 20	6 13	6 06	5 59	5 53	5 41	5 29	5 16	5 01	4 43	4 20	4 05	3 47
Aug. 2	6 23	6 15	6 09	6 02	5 56	5 51	5 40	5 28	5 16	5 02	4 45	4 23	4 09	3 52
6	6 17	6 10	6 04	5 58	5 53	5 48	5 38	5 27	5 16	5 02	4 46	4 26	4 13	3 57
10	6 10	6 04	5 59	5 54	5 49	5 45	5 36	5 26	5 15	5 03	4 48	4 29	4 16	4 02
14	6 02	5 58	5 53	5 49	5 45	5 41	5 33	5 25	5 15	5 04	4 50	4 32	4 20	4 06
18	5 54	5 51	5 48	5 44	5 41	5 38	5 31	5 23	5 15	5 04	4 51	4 35	4 24	4 11
22	5 46	5 44	5 41	5 39	5 37	5 34	5 28	5 22	5 14	5 04	4 53	4 37	4 28	4 16
26	5 37	5 36	5 35	5 33	5 32	5 30	5 25	5 20	5 13	5 05	4 54	4 40	4 31	4 20
30	5 28	5 28	5 28	5 28	5 27	5 25	5 22	5 18	5 12	5 05	4 55	4 43	4 35	4 25
Sept. 3	5 18	5 20	5 21	5 22	5 21	5 21	5 19	5 16	5 11	5 05	4 56	4 45	4 38	4 29
7	5 08	5 12	5 14	5 15	5 16	5 16	5 15	5 13	5 10	5 05	4 58	4 48	4 41	4 33
11	4 58	5 03	5 06	5 09	5 10	5 11	5 12	5 11	5 08	5 04	4 59	4 50	4 45	4 38
15	4 48	4 54	4 59	5 02	5 05	5 06	5 08	5 08	5 07	5 04	5 00	4 53	4 48	4 42
19	4 37	4 45	4 51	4 56	4 59	5 01	5 05	5 06	5 06	5 04	5 01	4 55	4 51	4 46
23	4 26	4 36	4 43	4 49	4 53	4 56	5 01	5 03	5 04	5 04	5 01	4 57	4 54	4 50
27	4 15	4 27	4 35	4 42	4 47	4 51	4 57	5 01	5 03	5 03	5 02	4 59	4 57	4 54
Oct. 1	4 04	4 17	4 27	4 35	4 41	4 46	4 53	4 58	5 02	5 03	5 03	5 02	5 00	4 58
5	3 53	4 08	4 19	4 28	4 35	4 41	4 50	4 56	5 00	5 03	5 04	5 04	5 03	5 02

END OF EVENING NAUTICAL TWILIGHT

Lat.	−55°	−50°	−45°	−40°	−35°	−30°	−20°	−10°	0°	+10°	+20°	+30°	+35°	+40°
	h m	h m	h m	h m	h m	h m	h m	h m	h m	h m	h m	h m	h m	h m
July 1	17 15	17 28	17 40	17 50	17 59	18 07	18 24	18 39	18 56	19 15	19 37	20 06	20 24	20 47
5	17 17	17 31	17 42	17 52	18 01	18 09	18 25	18 40	18 57	19 15	19 37	20 05	20 23	20 45
9	17 21	17 33	17 44	17 54	18 02	18 11	18 26	18 41	18 57	19 15	19 37	20 04	20 22	20 43
13	17 25	17 37	17 47	17 56	18 05	18 12	18 27	18 42	18 58	19 15	19 36	20 03	20 20	20 41
17	17 29	17 40	17 50	17 59	18 07	18 14	18 28	18 43	18 58	19 15	19 35	20 01	20 17	20 38
21	17 34	17 44	17 53	18 02	18 09	18 16	18 30	18 43	18 58	19 14	19 33	19 58	20 14	20 34
25	17 39	17 49	17 57	18 04	18 11	18 18	18 31	18 44	18 57	19 13	19 32	19 56	20 11	20 29
29	17 44	17 53	18 01	18 07	18 14	18 20	18 32	18 44	18 57	19 12	19 30	19 53	20 07	20 25
Aug. 2	17 50	17 58	18 04	18 11	18 16	18 22	18 33	18 44	18 57	19 11	19 27	19 49	20 03	20 20
6	17 56	18 02	18 08	18 14	18 19	18 24	18 34	18 44	18 56	19 09	19 25	19 45	19 58	20 14
10	18 02	18 07	18 12	18 17	18 22	18 26	18 35	18 45	18 55	19 07	19 22	19 41	19 53	20 08
14	18 08	18 12	18 16	18 20	18 24	18 28	18 36	18 44	18 54	19 05	19 19	19 37	19 48	20 02
18	18 14	18 18	18 21	18 24	18 27	18 30	18 37	18 44	18 53	19 03	19 16	19 32	19 43	19 56
22	18 21	18 23	18 25	18 27	18 29	18 32	18 38	18 44	18 52	19 01	19 12	19 28	19 37	19 49
26	18 28	18 28	18 29	18 31	18 32	18 34	18 38	18 44	18 50	18 59	19 09	19 23	19 32	19 42
30	18 34	18 34	18 34	18 34	18 35	18 36	18 39	18 43	18 49	18 56	19 05	19 18	19 26	19 35
Sept. 3	18 42	18 39	18 38	18 38	18 38	18 38	18 40	18 43	18 48	18 54	19 02	19 13	19 20	19 28
7	18 49	18 45	18 43	18 41	18 40	18 40	18 41	18 43	18 46	18 51	18 58	19 07	19 14	19 21
11	18 56	18 51	18 47	18 45	18 43	18 42	18 41	18 42	18 45	18 48	18 54	19 02	19 08	19 14
15	19 04	18 57	18 52	18 49	18 46	18 44	18 42	18 42	18 43	18 46	18 50	18 57	19 02	19 08
19	19 12	19 03	18 57	18 53	18 49	18 46	18 43	18 41	18 42	18 43	18 46	18 52	18 56	19 01
23	19 20	19 10	19 02	18 57	18 52	18 49	18 44	18 41	18 40	18 41	18 43	18 47	18 50	18 54
27	19 28	19 16	19 07	19 01	18 55	18 51	18 45	18 41	18 39	18 38	18 39	18 42	18 44	18 47
Oct. 1	19 37	19 23	19 13	19 05	18 59	18 54	18 46	18 41	18 38	18 36	18 35	18 37	18 38	18 40
5	19 46	19 30	19 18	19 09	19 02	18 56	18 47	18 41	18 36	18 34	18 32	18 32	18 33	18 34

UNIVERSAL TIME FOR MERIDIAN OF GREENWICH
BEGINNING OF MORNING NAUTICAL TWILIGHT

Lat.	+40°	+42°	+44°	+46°	+48°	+50°	+52°	+54°	+56°	+58°	+60°	+62°	+64°	+66°
	h m	h m	h m	h m	h m	h m	h m	h m	h m	h m	h m	h m	h m	h m
July 1	3 21	3 10	2 58	2 43	2 27	2 07	1 40	0 59	// //	// //	// //	// //	// //	// //
5	3 23	3 13	3 01	2 47	2 31	2 11	1 46	1 08	// //	// //	// //	// //	// //	// //
9	3 27	3 16	3 05	2 51	2 36	2 17	1 53	1 19	// //	// //	// //	// //	// //	// //
13	3 30	3 20	3 09	2 56	2 41	2 23	2 01	1 31	0 31	// //	// //	// //	// //	// //
17	3 34	3 24	3 14	3 01	2 47	2 30	2 10	1 43	0 59	// //	// //	// //	// //	// //
21	3 38	3 29	3 19	3 07	2 54	2 38	2 19	1 55	1 20	// //	// //	// //	// //	// //
25	3 43	3 34	3 24	3 13	3 00	2 46	2 28	2 06	1 37	0 43	// //	// //	// //	// //
29	3 47	3 39	3 30	3 19	3 07	2 54	2 38	2 18	1 53	1 14	// //	// //	// //	// //
Aug. 2	3 52	3 44	3 35	3 26	3 15	3 02	2 47	2 29	2 07	1 36	0 38	// //	// //	// //
6	3 57	3 49	3 41	3 32	3 22	3 10	2 57	2 41	2 21	1 55	1 17	// //	// //	// //
10	4 02	3 55	3 47	3 38	3 29	3 18	3 06	2 51	2 34	2 12	1 42	0 48	// //	// //
14	4 06	4 00	3 53	3 45	3 36	3 26	3 15	3 02	2 46	2 27	2 02	1 26	// //	// //
18	4 11	4 05	3 58	3 51	3 43	3 34	3 24	3 12	2 58	2 41	2 20	1 52	1 07	// //
22	4 16	4 10	4 04	3 57	3 50	3 42	3 32	3 22	3 09	2 54	2 36	2 13	1 41	0 37
26	4 20	4 15	4 10	4 04	3 57	3 49	3 41	3 31	3 20	3 07	2 51	2 32	2 06	1 28
30	4 25	4 20	4 15	4 10	4 04	3 57	3 49	3 40	3 30	3 19	3 05	2 48	2 27	1 58
Sept. 3	4 29	4 25	4 21	4 16	4 10	4 04	3 57	3 49	3 40	3 30	3 18	3 04	2 46	2 23
7	4 33	4 30	4 26	4 21	4 16	4 11	4 05	3 58	3 50	3 41	3 31	3 18	3 03	2 44
11	4 38	4 34	4 31	4 27	4 23	4 18	4 13	4 06	4 00	3 52	3 42	3 32	3 19	3 02
15	4 42	4 39	4 36	4 33	4 29	4 25	4 20	4 15	4 09	4 02	3 54	3 44	3 33	3 20
19	4 46	4 44	4 41	4 38	4 35	4 31	4 27	4 23	4 17	4 12	4 05	3 57	3 47	3 36
23	4 50	4 48	4 46	4 43	4 41	4 38	4 34	4 30	4 26	4 21	4 15	4 09	4 01	3 51
27	4 54	4 52	4 51	4 49	4 47	4 44	4 41	4 38	4 35	4 30	4 26	4 20	4 13	4 06
Oct. 1	4 58	4 57	4 56	4 54	4 52	4 50	4 48	4 46	4 43	4 40	4 36	4 31	4 26	4 19
5	5 02	5 01	5 00	4 59	4 58	4 57	4 55	4 53	4 51	4 48	4 46	4 42	4 38	4 33

END OF EVENING NAUTICAL TWILIGHT

Lat.	+40°	+42°	+44°	+46°	+48°	+50°	+52°	+54°	+56°	+58°	+60°	+62°	+64°	+66°
	h m	h m	h m	h m	h m	h m	h m	h m	h m	h m	h m	h m	h m	h m
July 1	20 47	20 58	21 10	21 24	21 40	22 00	22 27	23 07	// //	// //	// //	// //	// //	// //
5	20 45	20 56	21 08	21 22	21 38	21 57	22 22	22 59	// //	// //	// //	// //	// //	// //
9	20 43	20 54	21 05	21 19	21 34	21 52	22 16	22 49	// //	// //	// //	// //	// //	// //
13	20 41	20 51	21 02	21 15	21 29	21 47	22 09	22 38	23 32	// //	// //	// //	// //	// //
17	20 38	20 47	20 58	21 10	21 24	21 40	22 01	22 27	23 08	// //	// //	// //	// //	// //
21	20 34	20 43	20 53	21 05	21 18	21 33	21 52	22 16	22 49	// //	// //	// //	// //	// //
25	20 29	20 38	20 48	20 59	21 11	21 26	21 43	22 04	22 33	23 21	// //	// //	// //	// //
29	20 25	20 33	20 42	20 52	21 04	21 17	21 33	21 52	22 17	22 53	// //	// //	// //	// //
Aug. 2	20 20	20 27	20 36	20 46	20 56	21 09	21 23	21 41	22 02	22 32	23 22	// //	// //	// //
6	20 14	20 21	20 29	20 38	20 48	21 00	21 13	21 29	21 48	22 13	22 49	// //	// //	// //
10	20 08	20 15	20 22	20 31	20 40	20 51	21 03	21 17	21 34	21 55	22 24	23 11	// //	// //
14	20 02	20 08	20 15	20 23	20 32	20 41	20 52	21 05	21 21	21 39	22 03	22 36	// //	// //
18	19 56	20 01	20 08	20 15	20 23	20 32	20 42	20 54	21 07	21 23	21 44	22 11	22 52	// //
22	19 49	19 54	20 00	20 07	20 14	20 22	20 31	20 42	20 54	21 08	21 26	21 48	22 19	23 12
26	19 42	19 47	19 53	19 59	20 05	20 13	20 21	20 30	20 41	20 54	21 09	21 28	21 53	22 28
30	19 35	19 40	19 45	19 50	19 56	20 03	20 10	20 19	20 29	20 40	20 53	21 09	21 30	21 57
Sept. 3	19 28	19 32	19 37	19 42	19 47	19 53	20 00	20 07	20 16	20 26	20 38	20 52	21 09	21 31
7	19 21	19 25	19 29	19 33	19 38	19 43	19 49	19 56	20 04	20 13	20 23	20 35	20 50	21 08
11	19 14	19 18	19 21	19 25	19 29	19 34	19 39	19 45	19 52	19 59	20 08	20 19	20 32	20 47
15	19 08	19 10	19 13	19 17	19 20	19 24	19 29	19 34	19 40	19 47	19 54	20 03	20 14	20 27
19	19 01	19 03	19 05	19 08	19 11	19 15	19 19	19 23	19 28	19 34	19 41	19 48	19 58	20 09
23	18 54	18 56	18 58	19 00	19 03	19 06	19 09	19 13	19 17	19 22	19 27	19 34	19 42	19 51
27	18 47	18 48	18 50	18 52	18 54	18 56	18 59	19 02	19 06	19 10	19 14	19 20	19 26	19 34
Oct. 1	18 40	18 41	18 43	18 44	18 46	18 48	18 50	18 52	18 55	18 58	19 02	19 06	19 11	19 17
5	18 34	18 35	18 35	18 36	18 38	18 39	18 40	18 42	18 44	18 47	18 49	18 53	18 57	19 01

// // indicates continuous twilight.

NAUTICAL TWILIGHT, 1996

UNIVERSAL TIME FOR MERIDIAN OF GREENWICH
BEGINNING OF MORNING NAUTICAL TWILIGHT

Lat.	−55°	−50°	−45°	−40°	−35°	−30°	−20°	−10°	0°	+10°	+20°	+30°	+35°	+40°
	h m	h m	h m	h m	h m	h m	h m	h m	h m	h m	h m	h m	h m	h m
Oct. 1	4 04	4 17	4 27	4 35	4 41	4 46	4 53	4 58	5 02	5 03	5 03	5 02	5 00	4 58
5	3 53	4 08	4 19	4 28	4 35	4 41	4 50	4 56	5 00	5 03	5 04	5 04	5 03	5 02
9	3 41	3 58	4 11	4 21	4 29	4 36	4 46	4 54	4 59	5 03	5 05	5 06	5 06	5 06
13	3 29	3 49	4 03	4 14	4 24	4 31	4 43	4 51	4 58	5 03	5 06	5 09	5 10	5 10
17	3 17	3 39	3 55	4 08	4 18	4 26	4 39	4 49	4 57	5 03	5 08	5 11	5 13	5 14
21	3 05	3 30	3 47	4 01	4 12	4 22	4 36	4 47	4 56	5 03	5 09	5 14	5 16	5 18
25	2 53	3 20	3 40	3 55	4 07	4 17	4 33	4 45	4 55	5 03	5 10	5 16	5 19	5 22
29	2 41	3 11	3 32	3 49	4 02	4 13	4 30	4 44	4 54	5 03	5 12	5 19	5 23	5 26
Nov. 2	2 28	3 02	3 25	3 43	3 57	4 09	4 28	4 42	4 54	5 04	5 13	5 22	5 26	5 30
6	2 16	2 53	3 18	3 37	3 53	4 05	4 25	4 41	4 54	5 05	5 15	5 24	5 29	5 34
10	2 03	2 44	3 11	3 32	3 49	4 02	4 23	4 40	4 54	5 06	5 17	5 27	5 33	5 38
14	1 50	2 36	3 05	3 27	3 45	3 59	4 22	4 39	4 54	5 07	5 19	5 30	5 36	5 43
18	1 37	2 28	3 00	3 23	3 42	3 57	4 20	4 39	4 54	5 08	5 21	5 33	5 40	5 47
22	1 24	2 20	2 55	3 19	3 39	3 55	4 19	4 39	4 55	5 09	5 23	5 36	5 43	5 51
26	1 10	2 14	2 50	3 16	3 36	3 53	4 19	4 39	4 56	5 11	5 25	5 39	5 47	5 55
30	0 56	2 08	2 46	3 14	3 35	3 52	4 19	4 39	4 57	5 13	5 27	5 42	5 50	5 58
Dec. 4	0 41	2 03	2 44	3 12	3 34	3 51	4 19	4 40	4 58	5 14	5 30	5 45	5 53	6 02
8	0 23	1 59	2 42	3 11	3 33	3 51	4 19	4 41	5 00	5 16	5 32	5 48	5 56	6 05
12	// //	1 57	2 41	3 11	3 33	3 52	4 20	4 43	5 01	5 18	5 34	5 50	5 59	6 08
16	// //	1 56	2 41	3 11	3 34	3 53	4 22	4 44	5 03	5 20	5 36	5 53	6 02	6 11
20	// //	1 56	2 42	3 13	3 36	3 54	4 24	4 46	5 05	5 22	5 39	5 55	6 04	6 13
24	// //	1 58	2 44	3 15	3 38	3 57	4 26	4 48	5 07	5 24	5 40	5 57	6 06	6 15
28	// //	2 02	2 47	3 17	3 40	3 59	4 28	4 50	5 09	5 26	5 42	5 59	6 07	6 17
32	// //	2 07	2 51	3 21	3 44	4 02	4 30	4 53	5 11	5 28	5 44	6 00	6 08	6 18
36	0 41	2 14	2 56	3 25	3 47	4 05	4 33	4 55	5 13	5 30	5 45	6 01	6 09	6 18

END OF EVENING NAUTICAL TWILIGHT

Lat.	−55°	−50°	−45°	−40°	−35°	−30°	−20°	−10°	0°	+10°	+20°	+30°	+35°	+40°
	h m	h m	h m	h m	h m	h m	h m	h m	h m	h m	h m	h m	h m	h m
Oct. 1	19 37	19 23	19 13	19 05	18 59	18 54	18 46	18 41	18 38	18 36	18 35	18 37	18 38	18 40
5	19 46	19 30	19 18	19 09	19 02	18 56	18 47	18 41	18 36	18 34	18 32	18 32	18 33	18 34
9	19 55	19 38	19 24	19 14	19 06	18 59	18 48	18 41	18 35	18 31	18 29	18 27	18 27	18 28
13	20 05	19 45	19 30	19 19	19 09	19 02	18 50	18 41	18 35	18 29	18 26	18 23	18 22	18 22
17	20 15	19 53	19 37	19 24	19 13	19 05	18 52	18 42	18 34	18 28	18 23	18 19	18 17	18 16
21	20 26	20 01	19 43	19 29	19 18	19 08	18 53	18 42	18 33	18 26	18 20	18 15	18 13	18 11
25	20 37	20 10	19 50	19 34	19 22	19 12	18 55	18 43	18 33	18 25	18 18	18 11	18 08	18 06
29	20 49	20 18	19 56	19 40	19 26	19 15	18 58	18 44	18 33	18 24	18 16	18 08	18 04	18 01
Nov. 2	21 01	20 27	20 03	19 45	19 31	19 19	19 00	18 45	18 33	18 23	18 14	18 05	18 01	17 56
6	21 14	20 36	20 10	19 51	19 35	19 23	19 02	18 47	18 34	18 22	18 12	18 02	17 58	17 53
10	21 27	20 46	20 18	19 57	19 40	19 26	19 05	18 48	18 34	18 22	18 11	18 00	17 55	17 49
14	21 41	20 55	20 25	20 02	19 45	19 30	19 08	18 50	18 35	18 22	18 10	17 58	17 52	17 46
18	21 56	21 05	20 32	20 08	19 50	19 34	19 10	18 52	18 36	18 23	18 10	17 57	17 50	17 44
22	22 12	21 14	20 39	20 14	19 54	19 38	19 13	18 54	18 38	18 23	18 10	17 56	17 49	17 41
26	22 28	21 23	20 46	20 19	19 59	19 42	19 16	18 56	18 39	18 24	18 10	17 55	17 48	17 40
30	22 45	21 31	20 52	20 24	20 03	19 46	19 19	18 58	18 41	18 25	18 10	17 55	17 47	17 39
Dec. 4	23 04	21 39	20 58	20 29	20 07	19 50	19 22	19 00	18 42	18 26	18 11	17 56	17 47	17 39
8	23 27	21 46	21 03	20 34	20 11	19 53	19 25	19 03	18 44	18 28	18 12	17 56	17 48	17 39
12	// //	21 52	21 07	20 37	20 15	19 56	19 27	19 05	18 46	18 30	18 14	17 57	17 49	17 39
16	// //	21 56	21 11	20 41	20 17	19 59	19 30	19 07	18 48	18 31	18 15	17 59	17 50	17 41
20	// //	21 59	21 14	20 43	20 20	20 01	19 32	19 09	18 50	18 33	18 17	18 01	17 52	17 42
24	// //	22 01	21 15	20 45	20 22	20 03	19 34	19 11	18 52	18 35	18 19	18 03	17 54	17 44
28	// //	22 01	21 16	20 46	20 23	20 04	19 35	19 13	18 54	18 37	18 21	18 05	17 56	17 47
32	23 48	21 59	21 16	20 46	20 23	20 05	19 37	19 15	18 56	18 39	18 24	18 07	17 59	17 50
36	23 25	21 56	21 14	20 45	20 23	20 05	19 38	19 16	18 58	18 41	18 26	18 10	18 02	17 53

// // indicates continuous twilight.

NAUTICAL TWILIGHT, 1996 A37

UNIVERSAL TIME FOR MERIDIAN OF GREENWICH
BEGINNING OF MORNING NAUTICAL TWILIGHT

Lat.	+40°	+42°	+44°	+46°	+48°	+50°	+52°	+54°	+56°	+58°	+60°	+62°	+64°	+66°
	h m	h m	h m	h m	h m	h m	h m	h m	h m	h m	h m	h m	h m	h m
Oct. 1	4 58	4 57	4 56	4 54	4 52	4 50	4 48	4 46	4 43	4 40	4 36	4 31	4 26	4 19
5	5 02	5 01	5 00	4 59	4 58	4 57	4 55	4 53	4 51	4 48	4 46	4 42	4 38	4 33
9	5 06	5 06	5 05	5 04	5 04	5 03	5 02	5 01	4 59	4 57	4 55	4 53	4 50	4 46
13	5 10	5 10	5 10	5 10	5 09	5 09	5 08	5 08	5 07	5 06	5 05	5 03	5 01	4 59
17	5 14	5 14	5 15	5 15	5 15	5 15	5 15	5 15	5 15	5 15	5 15	5 14	5 13	5 12	5 11
21	5 18	5 19	5 19	5 20	5 21	5 21	5 22	5 22	5 23	5 23	5 23	5 23	5 24	5 23
25	5 22	5 23	5 24	5 25	5 26	5 27	5 28	5 29	5 30	5 31	5 32	5 33	5 34	5 35
29	5 26	5 27	5 29	5 30	5 32	5 33	5 35	5 36	5 38	5 40	5 41	5 43	5 45	5 47
Nov. 2	5 30	5 32	5 34	5 35	5 37	5 39	5 41	5 43	5 45	5 48	5 50	5 53	5 56	5 59
6	5 34	5 36	5 38	5 41	5 43	5 45	5 48	5 50	5 53	5 56	5 59	6 02	6 06	6 10
10	5 38	5 41	5 43	5 46	5 48	5 51	5 54	5 57	6 00	6 04	6 07	6 11	6 16	6 21
14	5 43	5 45	5 48	5 51	5 54	5 57	6 00	6 03	6 07	6 11	6 16	6 20	6 26	6 32
18	5 47	5 50	5 53	5 56	5 59	6 02	6 06	6 10	6 14	6 18	6 23	6 29	6 35	6 42
22	5 51	5 54	5 57	6 00	6 04	6 08	6 12	6 16	6 20	6 25	6 31	6 37	6 44	6 52
26	5 55	5 58	6 01	6 05	6 09	6 13	6 17	6 22	6 27	6 32	6 38	6 45	6 52	7 01
30	5 58	6 02	6 05	6 09	6 13	6 18	6 22	6 27	6 32	6 38	6 45	6 52	7 00	7 09
Dec. 4	6 02	6 05	6 09	6 13	6 18	6 22	6 27	6 32	6 38	6 44	6 51	6 58	7 07	7 17
8	6 05	6 09	6 13	6 17	6 22	6 26	6 31	6 37	6 42	6 49	6 56	7 04	7 13	7 23
12	6 08	6 12	6 16	6 20	6 25	6 30	6 35	6 41	6 47	6 53	7 00	7 09	7 18	7 29
16	6 11	6 15	6 19	6 23	6 28	6 33	6 38	6 44	6 50	6 57	7 04	7 12	7 22	7 33
20	6 13	6 17	6 21	6 26	6 30	6 35	6 41	6 46	6 53	6 59	7 07	7 15	7 25	7 36
24	6 15	6 19	6 23	6 28	6 32	6 37	6 43	6 48	6 54	7 01	7 09	7 17	7 27	7 38
28	6 17	6 21	6 25	6 29	6 34	6 39	6 44	6 49	6 55	7 02	7 10	7 18	7 27	7 38
32	6 18	6 21	6 26	6 30	6 34	6 39	6 44	6 50	6 56	7 02	7 09	7 17	7 27	7 37
36	6 18	6 22	6 26	6 30	6 34	6 39	6 44	6 49	6 55	7 01	7 08	7 16	7 25	7 35

END OF EVENING NAUTICAL TWILIGHT

Lat.	+40°	+42°	+44°	+46°	+48°	+50°	+52°	+54°	+56°	+58°	+60°	+62°	+64°	+66°
	h m	h m	h m	h m	h m	h m	h m	h m	h m	h m	h m	h m	h m	h m
Oct. 1	18 40	18 41	18 43	18 44	18 46	18 48	18 50	18 52	18 55	18 58	19 02	19 06	19 11	19 17
5	18 34	18 35	18 35	18 36	18 38	18 39	18 40	18 42	18 44	18 47	18 49	18 53	18 57	19 01
9	18 28	18 28	18 28	18 29	18 30	18 30	18 31	18 33	18 34	18 36	18 38	18 40	18 43	18 46
13	18 22	18 22	18 22	18 22	18 22	18 22	18 23	18 23	18 24	18 25	18 26	18 28	18 29	18 32
17	18 16	18 16	18 15	18 15	18 15	18 15	18 14	18 14	18 15	18 15	18 15	18 16	18 17	18 18
21	18 11	18 10	18 09	18 08	18 08	18 07	18 06	18 06	18 05	18 05	18 05	18 04	18 04	18 04
25	18 06	18 04	18 03	18 02	18 01	18 00	17 59	17 58	17 57	17 56	17 55	17 53	17 52	17 51
29	18 01	17 59	17 58	17 56	17 55	17 53	17 52	17 50	17 48	17 47	17 45	17 43	17 41	17 39
Nov. 2	17 56	17 55	17 53	17 51	17 49	17 47	17 45	17 43	17 41	17 38	17 36	17 33	17 30	17 27
6	17 53	17 50	17 48	17 46	17 44	17 41	17 39	17 36	17 34	17 31	17 27	17 24	17 20	17 16
10	17 49	17 47	17 44	17 42	17 39	17 36	17 33	17 30	17 27	17 24	17 20	17 16	17 11	17 06
14	17 46	17 43	17 41	17 38	17 35	17 32	17 28	17 25	17 21	17 17	17 13	17 08	17 02	16 56
18	17 44	17 41	17 38	17 34	17 31	17 28	17 24	17 20	17 16	17 11	17 06	17 01	16 55	16 48
22	17 41	17 38	17 35	17 32	17 28	17 24	17 20	17 16	17 11	17 06	17 01	16 55	16 48	16 40
26	17 40	17 37	17 33	17 29	17 26	17 22	17 17	17 13	17 08	17 02	16 56	16 49	16 42	16 33
30	17 39	17 36	17 32	17 28	17 24	17 20	17 15	17 10	17 05	16 59	16 52	16 45	16 37	16 28
Dec. 4	17 39	17 35	17 31	17 27	17 23	17 18	17 13	17 08	17 03	16 56	16 50	16 42	16 33	16 24
8	17 39	17 35	17 31	17 27	17 22	17 18	17 13	17 07	17 01	16 55	16 48	16 40	16 31	16 21
12	17 39	17 36	17 31	17 27	17 23	17 18	17 13	17 07	17 01	16 54	16 47	16 39	16 30	16 19
16	17 41	17 37	17 33	17 28	17 24	17 19	17 13	17 08	17 02	16 55	16 47	16 39	16 29	16 18
20	17 42	17 38	17 34	17 30	17 25	17 20	17 15	17 09	17 03	16 56	16 49	16 40	16 31	16 19
24	17 44	17 40	17 36	17 32	17 27	17 22	17 17	17 11	17 05	16 58	16 51	16 42	16 33	16 22
28	17 47	17 43	17 39	17 35	17 30	17 25	17 20	17 14	17 08	17 02	16 54	16 46	16 36	16 25
32	17 50	17 46	17 42	17 38	17 33	17 28	17 23	17 18	17 12	17 05	16 58	16 50	16 41	16 30
36	17 53	17 49	17 45	17 41	17 37	17 32	17 27	17 22	17 16	17 10	17 03	16 55	16 47	16 36

ASTRONOMICAL TWILIGHT, 1996

UNIVERSAL TIME FOR MERIDIAN OF GREENWICH
BEGINNING OF MORNING ASTRONOMICAL TWILIGHT

Lat.	−55°	−50°	−45°	−40°	−35°	−30°	−20°	−10°	0°	+10°	+20°	+30°	+35°	+40°
	h m	h m	h m	h m	h m	h m	h m	h m	h m	h m	h m	h m	h m	h m
Jan. −1	// //	// //	1 43	2 30	3 01	3 24	3 59	4 24	4 44	5 01	5 16	5 30	5 37	5 44
3	// //	// //	1 49	2 34	3 05	3 28	4 01	4 26	4 46	5 02	5 17	5 31	5 38	5 45
7	// //	// //	1 56	2 39	3 09	3 31	4 04	4 28	4 48	5 04	5 19	5 32	5 39	5 45
11	// //	0 21	2 04	2 45	3 14	3 35	4 07	4 31	4 50	5 06	5 20	5 33	5 39	5 45
15	// //	0 55	2 13	2 51	3 19	3 39	4 11	4 33	4 52	5 07	5 20	5 33	5 39	5 45
19	// //	1 16	2 22	2 58	3 24	3 44	4 14	4 36	4 53	5 08	5 21	5 32	5 38	5 44
23	// //	1 34	2 31	3 05	3 29	3 49	4 17	4 38	4 55	5 09	5 21	5 32	5 37	5 42
27	// //	1 50	2 40	3 12	3 35	3 53	4 20	4 41	4 56	5 10	5 21	5 31	5 35	5 40
31	// //	2 05	2 50	3 19	3 41	3 58	4 24	4 43	4 58	5 10	5 20	5 29	5 33	5 37
Feb. 4	0 54	2 19	2 59	3 26	3 46	4 02	4 27	4 45	4 59	5 10	5 19	5 27	5 31	5 34
8	1 28	2 33	3 08	3 33	3 52	4 07	4 30	4 47	4 59	5 10	5 18	5 25	5 28	5 30
12	1 52	2 45	3 17	3 40	3 57	4 11	4 33	4 48	5 00	5 09	5 17	5 22	5 25	5 26
16	2 11	2 57	3 25	3 46	4 03	4 16	4 35	4 50	5 00	5 09	5 15	5 19	5 21	5 22
20	2 29	3 08	3 34	3 53	4 08	4 20	4 38	4 51	5 00	5 08	5 13	5 16	5 17	5 17
24	2 44	3 18	3 42	3 59	4 13	4 24	4 40	4 52	5 00	5 06	5 10	5 12	5 12	5 12
28	2 58	3 28	3 49	4 05	4 17	4 27	4 42	4 53	5 00	5 05	5 08	5 08	5 08	5 06
Mar. 3	3 11	3 37	3 56	4 11	4 22	4 31	4 44	4 53	4 59	5 03	5 05	5 04	5 03	5 00
7	3 23	3 46	4 03	4 16	4 26	4 34	4 46	4 54	4 59	5 01	5 02	5 00	4 57	4 54
11	3 34	3 55	4 10	4 21	4 30	4 37	4 47	4 54	4 58	4 59	4 59	4 55	4 52	4 48
15	3 44	4 03	4 16	4 26	4 34	4 40	4 49	4 54	4 57	4 57	4 55	4 50	4 46	4 41
19	3 54	4 10	4 22	4 31	4 38	4 43	4 50	4 54	4 56	4 55	4 52	4 45	4 41	4 34
23	4 04	4 18	4 28	4 36	4 41	4 46	4 52	4 54	4 55	4 53	4 48	4 40	4 35	4 27
27	4 13	4 25	4 33	4 40	4 45	4 48	4 53	4 54	4 53	4 50	4 44	4 35	4 28	4 20
31	4 21	4 32	4 39	4 44	4 48	4 51	4 54	4 54	4 52	4 48	4 41	4 30	4 22	4 13
Apr. 4	4 30	4 38	4 44	4 48	4 51	4 53	4 55	4 54	4 51	4 45	4 37	4 24	4 16	4 06

END OF EVENING ASTRONOMICAL TWILIGHT

Lat.	−55°	−50°	−45°	−40°	−35°	−30°	−20°	−10°	0°	+10°	+20°	+30°	+35°	+40°
	h m	h m	h m	h m	h m	h m	h m	h m	h m	h m	h m	h m	h m	h m
Jan. −1	// //	// //	22 21	21 34	21 03	20 40	20 06	19 41	19 21	19 04	18 49	18 35	18 28	18 21
3	// //	// //	22 18	21 33	21 03	20 41	20 07	19 42	19 23	19 06	18 51	18 37	18 31	18 24
7	// //	// //	22 15	21 32	21 03	20 41	20 08	19 43	19 24	19 08	18 54	18 40	18 34	18 27
11	// //	23 43	22 10	21 29	21 01	20 40	20 08	19 44	19 26	19 10	18 56	18 43	18 37	18 30
15	// //	23 19	22 04	21 26	20 59	20 38	20 08	19 45	19 27	19 12	18 58	18 46	18 40	18 34
19	// //	23 01	21 58	21 22	20 56	20 37	20 07	19 45	19 28	19 13	19 00	18 49	18 43	18 38
23	// //	22 46	21 51	21 17	20 53	20 34	20 06	19 45	19 28	19 15	19 03	18 52	18 47	18 42
27	// //	22 32	21 43	21 12	20 49	20 31	20 04	19 44	19 29	19 16	19 05	18 55	18 50	18 46
31	// //	22 18	21 35	21 07	20 45	20 28	20 03	19 44	19 29	19 17	19 07	18 58	18 54	18 50
Feb. 4	23 24	22 06	21 27	21 01	20 41	20 25	20 01	19 43	19 29	19 18	19 09	19 01	18 57	18 54
8	22 54	21 53	21 19	20 54	20 36	20 21	19 58	19 42	19 29	19 19	19 10	19 04	19 01	18 59
12	22 32	21 41	21 10	20 47	20 30	20 16	19 55	19 40	19 28	19 19	19 12	19 07	19 04	19 03
16	22 13	21 29	21 01	20 41	20 25	20 12	19 53	19 38	19 28	19 20	19 14	19 09	19 08	19 07
20	21 56	21 18	20 52	20 34	20 19	20 07	19 49	19 37	19 27	19 20	19 15	19 12	19 11	19 11
24	21 40	21 07	20 44	20 27	20 13	20 02	19 46	19 35	19 26	19 20	19 17	19 15	19 15	19 16
28	21 25	20 56	20 35	20 19	20 07	19 57	19 43	19 33	19 25	19 21	19 18	19 17	19 18	19 20
Mar. 3	21 11	20 45	20 26	20 12	20 01	19 52	19 39	19 30	19 24	19 21	19 19	19 20	19 22	19 24
7	20 57	20 34	20 17	20 05	19 55	19 47	19 36	19 28	19 23	19 21	19 20	19 23	19 25	19 29
11	20 44	20 24	20 09	19 58	19 49	19 42	19 32	19 26	19 22	19 21	19 22	19 25	19 29	19 33
15	20 31	20 14	20 00	19 51	19 43	19 37	19 28	19 23	19 21	19 21	19 23	19 28	19 32	19 37
19	20 19	20 04	19 52	19 44	19 37	19 32	19 25	19 21	19 20	19 21	19 24	19 31	19 36	19 42
23	20 08	19 54	19 44	19 37	19 31	19 27	19 21	19 19	19 18	19 21	19 25	19 33	19 39	19 47
27	19 56	19 45	19 36	19 30	19 25	19 22	19 18	19 16	19 17	19 21	19 27	19 36	19 43	19 51
31	19 45	19 35	19 28	19 23	19 19	19 17	19 14	19 14	19 16	19 21	19 28	19 39	19 47	19 56
Apr. 4	19 35	19 27	19 21	19 17	19 14	19 12	19 11	19 12	19 15	19 21	19 29	19 42	19 51	20 01

// // indicates continuous twilight.

ASTRONOMICAL TWILIGHT, 1996

UNIVERSAL TIME FOR MERIDIAN OF GREENWICH
BEGINNING OF MORNING ASTRONOMICAL TWILIGHT

Lat.	+40°	+42°	+44°	+46°	+48°	+50°	+52°	+54°	+56°	+58°	+60°	+62°	+64°	+66°
	h m	h m	h m	h m	h m	h m	h m	h m	h m	h m	h m	h m	h m	h m
Jan. −1	5 44	5 47	5 50	5 53	5 56	5 59	6 03	6 06	6 10	6 14	6 18	6 23	6 28	6 33
3	5 45	5 48	5 51	5 54	5 57	6 00	6 03	6 06	6 10	6 14	6 18	6 22	6 27	6 32
7	5 45	5 48	5 51	5 54	5 57	6 00	6 03	6 06	6 09	6 13	6 17	6 21	6 25	6 30
11	5 45	5 48	5 50	5 53	5 56	5 59	6 02	6 05	6 08	6 11	6 15	6 18	6 22	6 27
15	5 45	5 47	5 50	5 52	5 55	5 57	6 00	6 02	6 05	6 08	6 11	6 15	6 18	6 22
19	5 44	5 46	5 48	5 50	5 53	5 55	5 57	6 00	6 02	6 05	6 07	6 10	6 13	6 17
23	5 42	5 44	5 46	5 48	5 50	5 52	5 54	5 56	5 58	6 00	6 03	6 05	6 07	6 10
27	5 40	5 42	5 43	5 45	5 47	5 48	5 50	5 52	5 53	5 55	5 57	5 59	6 01	6 02
31	5 37	5 39	5 40	5 41	5 43	5 44	5 45	5 47	5 48	5 49	5 50	5 52	5 53	5 54
Feb. 4	5 34	5 35	5 36	5 37	5 38	5 39	5 40	5 41	5 42	5 43	5 43	5 44	5 44	5 44
8	5 30	5 31	5 32	5 33	5 33	5 34	5 35	5 35	5 35	5 35	5 35	5 35	5 34	5 33
12	5 26	5 27	5 27	5 28	5 28	5 28	5 28	5 28	5 28	5 27	5 26	5 25	5 24	5 22
16	5 22	5 22	5 22	5 22	5 22	5 22	5 21	5 21	5 20	5 18	5 17	5 15	5 13	5 10
20	5 17	5 17	5 17	5 16	5 16	5 15	5 14	5 13	5 11	5 09	5 07	5 04	5 01	4 57
24	5 12	5 11	5 11	5 10	5 09	5 07	5 06	5 04	5 02	4 59	4 56	4 53	4 48	4 43
28	5 06	5 05	5 04	5 03	5 01	5 00	4 58	4 55	4 52	4 49	4 45	4 40	4 35	4 28
Mar. 3	5 00	4 59	4 58	4 56	4 54	4 52	4 49	4 46	4 42	4 38	4 33	4 27	4 20	4 12
7	4 54	4 53	4 51	4 48	4 46	4 43	4 40	4 36	4 32	4 26	4 21	4 14	4 05	3 55
11	4 48	4 46	4 43	4 41	4 38	4 34	4 30	4 26	4 20	4 14	4 07	3 59	3 49	3 37
15	4 41	4 39	4 36	4 33	4 29	4 25	4 20	4 15	4 09	4 02	3 54	3 44	3 32	3 18
19	4 34	4 31	4 28	4 24	4 20	4 15	4 10	4 04	3 57	3 49	3 39	3 28	3 14	2 57
23	4 27	4 24	4 20	4 16	4 11	4 06	3 59	3 52	3 44	3 35	3 24	3 11	2 54	2 33
27	4 20	4 16	4 12	4 07	4 02	3 55	3 48	3 41	3 31	3 21	3 08	2 52	2 32	2 06
31	4 13	4 08	4 04	3 58	3 52	3 45	3 37	3 28	3 18	3 05	2 51	2 32	2 08	1 32
Apr. 4	4 06	4 01	3 55	3 49	3 42	3 34	3 26	3 16	3 04	2 49	2 32	2 10	1 38	0 37

END OF EVENING ASTRONOMICAL TWILIGHT

	+40°	+42°	+44°	+46°	+48°	+50°	+52°	+54°	+56°	+58°	+60°	+62°	+64°	+66°
	h m	h m	h m	h m	h m	h m	h m	h m	h m	h m	h m	h m	h m	h m
Jan. −1	18 21	18 18	18 15	18 12	18 09	18 05	18 02	17 59	17 55	17 51	17 47	17 42	17 37	17 32
3	18 24	18 21	18 18	18 15	18 12	18 09	18 06	18 02	17 59	17 55	17 51	17 46	17 42	17 36
7	18 27	18 24	18 21	18 19	18 16	18 13	18 10	18 06	18 03	18 00	17 56	17 52	17 47	17 42
11	18 30	18 28	18 25	18 23	18 20	18 17	18 14	18 11	18 08	18 05	18 01	17 58	17 54	17 49
15	18 34	18 32	18 29	18 27	18 24	18 22	18 19	18 16	18 14	18 11	18 08	18 04	18 01	17 57
19	18 38	18 36	18 34	18 31	18 29	18 27	18 24	18 22	18 20	18 17	18 14	18 12	18 09	18 05
23	18 42	18 40	18 38	18 36	18 34	18 32	18 30	18 28	18 26	18 24	18 22	18 19	18 17	18 14
27	18 46	18 44	18 43	18 41	18 39	18 38	18 36	18 34	18 33	18 31	18 29	18 28	18 26	18 24
31	18 50	18 49	18 47	18 46	18 45	18 43	18 42	18 41	18 40	18 38	18 37	18 36	18 35	18 34
Feb. 4	18 54	18 53	18 52	18 51	18 50	18 49	18 48	18 48	18 47	18 46	18 46	18 45	18 45	18 45
8	18 59	18 58	18 57	18 56	18 56	18 55	18 55	18 54	18 54	18 54	18 54	18 55	18 55	18 56
12	19 03	19 02	19 02	19 02	19 01	19 01	19 01	19 02	19 02	19 03	19 03	19 05	19 06	19 08
16	19 07	19 07	19 07	19 07	19 07	19 07	19 08	19 09	19 10	19 11	19 13	19 15	19 17	19 20
20	19 11	19 12	19 12	19 12	19 13	19 14	19 15	19 16	19 18	19 20	19 22	19 25	19 29	19 33
24	19 16	19 16	19 17	19 18	19 19	19 20	19 22	19 24	19 26	19 29	19 32	19 36	19 41	19 46
28	19 20	19 21	19 22	19 23	19 25	19 27	19 29	19 31	19 34	19 38	19 42	19 47	19 53	20 00
Mar. 3	19 24	19 26	19 27	19 29	19 31	19 33	19 36	19 39	19 43	19 47	19 53	19 59	20 06	20 14
7	19 29	19 30	19 32	19 35	19 37	19 40	19 44	19 47	19 52	19 57	20 03	20 11	20 19	20 30
11	19 33	19 35	19 38	19 40	19 44	19 47	19 51	19 56	20 01	20 07	20 15	20 23	20 33	20 46
15	19 37	19 40	19 43	19 46	19 50	19 54	19 59	20 04	20 11	20 18	20 26	20 36	20 49	21 04
19	19 42	19 45	19 49	19 52	19 57	20 01	20 07	20 13	20 20	20 29	20 39	20 50	21 05	21 23
23	19 47	19 50	19 54	19 59	20 03	20 09	20 15	20 22	20 31	20 40	20 52	21 06	21 23	21 45
27	19 51	19 55	20 00	20 05	20 10	20 17	20 24	20 32	20 41	20 52	21 06	21 22	21 43	22 11
31	19 56	20 01	20 06	20 11	20 18	20 25	20 33	20 42	20 53	21 05	21 21	21 40	22 06	22 45
Apr. 4	20 01	20 06	20 12	20 18	20 25	20 33	20 42	20 52	21 05	21 19	21 37	22 01	22 35	// //

// // indicates continuous twilight.

ASTRONOMICAL TWILIGHT, 1996

UNIVERSAL TIME FOR MERIDIAN OF GREENWICH
BEGINNING OF MORNING ASTRONOMICAL TWILIGHT

Lat.	−55°	−50°	−45°	−40°	−35°	−30°	−20°	−10°	0°	+10°	+20°	+30°	+35°	+40°
	h m	h m	h m	h m	h m	h m	h m	h m	h m	h m	h m	h m	h m	h m
Mar. 31	4 21	4 32	4 39	4 44	4 48	4 51	4 54	4 54	4 52	4 48	4 41	4 30	4 22	4 13
Apr. 4	4 30	4 38	4 44	4 48	4 51	4 53	4 55	4 54	4 51	4 45	4 37	4 24	4 16	4 06
8	4 37	4 44	4 49	4 52	4 54	4 55	4 56	4 54	4 49	4 43	4 33	4 19	4 10	3 58
12	4 45	4 50	4 54	4 56	4 57	4 58	4 57	4 53	4 48	4 40	4 29	4 14	4 04	3 51
16	4 52	4 56	4 59	5 00	5 00	5 00	4 57	4 53	4 47	4 38	4 26	4 09	3 57	3 43
20	4 59	5 02	5 03	5 04	5 03	5 02	4 58	4 53	4 45	4 35	4 22	4 03	3 51	3 36
24	5 06	5 07	5 08	5 07	5 06	5 04	4 59	4 53	4 44	4 33	4 19	3 58	3 45	3 29
28	5 13	5 13	5 12	5 11	5 09	5 06	5 00	4 53	4 43	4 31	4 15	3 54	3 39	3 22
May 2	5 19	5 18	5 16	5 14	5 11	5 08	5 01	4 53	4 42	4 29	4 12	3 49	3 34	3 15
6	5 25	5 23	5 20	5 17	5 14	5 10	5 02	4 53	4 41	4 27	4 09	3 45	3 28	3 08
10	5 31	5 28	5 24	5 21	5 17	5 12	5 03	4 53	4 41	4 26	4 07	3 41	3 23	3 02
14	5 37	5 32	5 28	5 24	5 19	5 15	5 05	4 53	4 40	4 24	4 04	3 37	3 19	2 56
18	5 42	5 37	5 32	5 27	5 22	5 17	5 06	4 54	4 40	4 23	4 02	3 33	3 14	2 50
22	5 47	5 41	5 35	5 30	5 24	5 19	5 07	4 54	4 40	4 22	4 00	3 30	3 10	2 45
26	5 51	5 45	5 38	5 32	5 26	5 20	5 08	4 55	4 40	4 22	3 59	3 28	3 07	2 40
30	5 56	5 48	5 41	5 35	5 29	5 22	5 09	4 55	4 40	4 21	3 58	3 26	3 04	2 36
June 3	5 59	5 51	5 44	5 37	5 31	5 24	5 11	4 56	4 40	4 21	3 57	3 24	3 02	2 33
7	6 02	5 54	5 46	5 39	5 32	5 26	5 12	4 57	4 40	4 21	3 56	3 23	3 00	2 30
11	6 05	5 56	5 48	5 41	5 34	5 27	5 13	4 58	4 41	4 21	3 56	3 22	2 59	2 28
15	6 07	5 58	5 50	5 43	5 35	5 28	5 14	4 59	4 42	4 22	3 56	3 22	2 59	2 28
19	6 09	6 00	5 51	5 44	5 37	5 29	5 15	5 00	4 43	4 22	3 57	3 22	2 59	2 28
23	6 09	6 00	5 52	5 45	5 37	5 30	5 16	5 01	4 43	4 23	3 58	3 23	3 00	2 28
27	6 10	6 01	5 53	5 45	5 38	5 31	5 17	5 01	4 44	4 24	3 59	3 25	3 01	2 30
July 1	6 09	6 00	5 53	5 45	5 38	5 31	5 17	5 02	4 45	4 25	4 00	3 26	3 03	2 33
5	6 08	6 00	5 52	5 45	5 38	5 31	5 17	5 03	4 46	4 27	4 02	3 29	3 06	2 36

END OF EVENING ASTRONOMICAL TWILIGHT

Lat.	−55°	−50°	−45°	−40°	−35°	−30°	−20°	−10°	0°	+10°	+20°	+30°	+35°	+40°
	h m	h m	h m	h m	h m	h m	h m	h m	h m	h m	h m	h m	h m	h m
Mar. 31	19 45	19 35	19 28	19 23	19 19	19 17	19 14	19 14	19 16	19 21	19 28	19 39	19 47	19 56
Apr. 4	19 35	19 27	19 21	19 17	19 14	19 12	19 11	19 12	19 15	19 21	19 29	19 42	19 51	20 01
8	19 25	19 18	19 14	19 11	19 09	19 08	19 08	19 10	19 14	19 21	19 31	19 45	19 55	20 06
12	19 15	19 10	19 07	19 05	19 04	19 03	19 05	19 08	19 14	19 22	19 33	19 48	19 59	20 12
16	19 06	19 02	19 00	18 59	18 59	18 59	19 02	19 06	19 13	19 22	19 34	19 52	20 03	20 17
20	18 57	18 55	18 54	18 54	18 54	18 55	18 59	19 05	19 12	19 23	19 36	19 55	20 07	20 23
24	18 49	18 48	18 48	18 48	18 50	18 52	18 57	19 03	19 12	19 23	19 38	19 58	20 12	20 29
28	18 41	18 41	18 42	18 44	18 46	18 48	18 54	19 02	19 12	19 24	19 40	20 02	20 16	20 34
May 2	18 34	18 35	18 37	18 39	18 42	18 45	18 52	19 01	19 12	19 25	19 42	20 06	20 21	20 40
6	18 27	18 29	18 32	18 35	18 39	18 42	18 51	19 00	19 12	19 26	19 44	20 09	20 26	20 46
10	18 21	18 24	18 28	18 32	18 36	18 40	18 49	19 00	19 12	19 27	19 47	20 13	20 30	20 52
14	18 15	18 20	18 24	18 29	18 33	18 38	18 48	18 59	19 13	19 29	19 49	20 16	20 35	20 58
18	18 10	18 16	18 21	18 26	18 31	18 36	18 47	18 59	19 13	19 30	19 51	20 20	20 39	21 04
22	18 06	18 12	18 18	18 23	18 29	18 35	18 46	18 59	19 14	19 31	19 53	20 24	20 44	21 10
26	18 02	18 09	18 15	18 21	18 27	18 33	18 46	18 59	19 15	19 33	19 56	20 27	20 48	21 15
30	17 59	18 07	18 13	18 20	18 26	18 33	18 46	19 00	19 15	19 34	19 58	20 30	20 52	21 20
June 3	17 57	18 05	18 12	18 19	18 26	18 32	18 46	19 00	19 16	19 36	20 00	20 33	20 55	21 24
7	17 55	18 04	18 11	18 18	18 25	18 32	18 46	19 01	19 17	19 37	20 02	20 35	20 58	21 28
11	17 54	18 03	18 11	18 18	18 25	18 32	18 46	19 01	19 18	19 38	20 03	20 37	21 01	21 31
15	17 54	18 03	18 11	18 18	18 26	18 33	18 47	19 02	19 19	19 39	20 05	20 39	21 03	21 34
19	17 54	18 03	18 11	18 19	18 26	18 33	18 48	19 03	19 20	19 40	20 06	20 40	21 04	21 35
23	17 55	18 04	18 12	18 20	18 27	18 34	18 49	19 04	19 21	19 41	20 07	20 41	21 05	21 36
27	17 57	18 06	18 14	18 21	18 28	18 35	18 50	19 05	19 22	19 42	20 07	20 41	21 05	21 36
July 1	17 59	18 07	18 15	18 23	18 30	18 37	18 51	19 06	19 22	19 42	20 07	20 41	21 04	21 35
5	18 02	18 10	18 17	18 24	18 31	18 38	18 52	19 06	19 23	19 42	20 07	20 40	21 03	21 33

UNIVERSAL TIME FOR MERIDIAN OF GREENWICH
BEGINNING OF MORNING ASTRONOMICAL TWILIGHT

Lat.	+40°	+42°	+44°	+46°	+48°	+50°	+52°	+54°	+56°	+58°	+60°	+62°	+64°	+66°
	h m	h m	h m	h m	h m	h m	h m	h m	h m	h m	h m	h m	h m	h m
Mar. 31	4 13	4 08	4 04	3 58	3 52	3 45	3 37	3 28	3 18	3 05	2 51	2 32	2 08	1 32
Apr. 4	4 06	4 01	3 55	3 49	3 42	3 34	3 26	3 16	3 04	2 49	2 32	2 10	1 38	0 37
8	3 58	3 53	3 47	3 40	3 32	3 24	3 14	3 02	2 49	2 32	2 12	1 44	0 57	// //
12	3 51	3 45	3 38	3 31	3 22	3 13	3 02	2 49	2 33	2 14	1 49	1 10	// //	// //
16	3 43	3 37	3 29	3 21	3 12	3 01	2 49	2 34	2 16	1 53	1 21	// //	// //	// //
20	3 36	3 29	3 21	3 12	3 02	2 50	2 36	2 19	1 58	1 30	0 39	// //	// //	// //
24	3 29	3 21	3 12	3 02	2 51	2 38	2 22	2 03	1 38	0 59	// //	// //	// //	// //
28	3 22	3 13	3 04	2 53	2 41	2 26	2 08	1 46	1 14	// //	// //	// //	// //	// //
May 2	3 15	3 06	2 55	2 44	2 30	2 14	1 53	1 26	0 41	// //	// //	// //	// //	// //
6	3 08	2 58	2 47	2 34	2 19	2 01	1 38	1 03	// //	// //	// //	// //	// //	// //
10	3 02	2 51	2 39	2 25	2 09	1 48	1 20	0 30	// //	// //	// //	// //	// //	// //
14	2 56	2 44	2 31	2 16	1 58	1 34	1 00	// //	// //	// //	// //	// //	// //	// //
18	2 50	2 38	2 24	2 08	1 47	1 20	0 32	// //	// //	// //	// //	// //	// //	// //
22	2 45	2 32	2 17	1 59	1 37	1 05	// //	// //	// //	// //	// //	// //	// //	// //
26	2 40	2 27	2 11	1 52	1 26	0 47	// //	// //	// //	// //	// //	// //	// //	// //
30	2 36	2 22	2 05	1 44	1 16	0 23	// //	// //	// //	// //	// //	// //	// //	// //
June 3	2 33	2 18	2 00	1 38	1 07	// //	// //	// //	// //	// //	// //	// //	// //	// //
7	2 30	2 15	1 56	1 33	0 58	// //	// //	// //	// //	// //	// //	// //	// //	// //
11	2 28	2 13	1 54	1 29	0 50	// //	// //	// //	// //	// //	// //	// //	// //	// //
15	2 28	2 12	1 52	1 26	0 45	// //	// //	// //	// //	// //	// //	// //	// //	□
19	2 28	2 11	1 52	1 25	0 42	// //	// //	// //	// //	// //	// //	// //	// //	□
23	2 28	2 12	1 52	1 26	0 43	// //	// //	// //	// //	// //	// //	// //	// //	□
27	2 30	2 14	1 55	1 29	0 47	// //	// //	// //	// //	// //	// //	// //	// //	□
July 1	2 33	2 17	1 58	1 33	0 54	// //	// //	// //	// //	// //	// //	// //	// //	// //
5	2 36	2 21	2 02	1 38	1 03	// //	// //	// //	// //	// //	// //	// //	// //	// //

END OF EVENING ASTRONOMICAL TWILIGHT

Lat.	+40°	+42°	+44°	+46°	+48°	+50°	+52°	+54°	+56°	+58°	+60°	+62°	+64°	+66°
	h m	h m	h m	h m	h m	h m	h m	h m	h m	h m	h m	h m	h m	h m
Mar. 31	19 56	20 01	20 06	20 11	20 18	20 25	20 33	20 42	20 53	21 05	21 21	21 40	22 06	22 45
Apr. 4	20 01	20 06	20 12	20 18	20 25	20 33	20 42	20 52	21 05	21 19	21 37	22 01	22 35	// //
8	20 06	20 12	20 18	20 25	20 33	20 42	20 52	21 04	21 17	21 34	21 56	22 26	23 21	// //
12	20 12	20 18	20 25	20 32	20 41	20 51	21 02	21 15	21 31	21 51	22 18	23 01	// //	// //
16	20 17	20 24	20 31	20 40	20 49	21 00	21 13	21 28	21 46	22 11	22 46	// //	// //	// //
20	20 23	20 30	20 38	20 48	20 58	21 10	21 24	21 42	22 03	22 34	23 38	// //	// //	// //
24	20 29	20 36	20 45	20 55	21 07	21 20	21 36	21 56	22 23	23 06	// //	// //	// //	// //
28	20 34	20 43	20 53	21 04	21 16	21 31	21 49	22 13	22 47	// //	// //	// //	// //	// //
May 2	20 40	20 50	21 00	21 12	21 26	21 43	22 04	22 32	23 25	// //	// //	// //	// //	// //
6	20 46	20 56	21 08	21 21	21 36	21 55	22 19	22 56	// //	// //	// //	// //	// //	// //
10	20 52	21 03	21 15	21 29	21 46	22 08	22 37	23 38	// //	// //	// //	// //	// //	// //
14	20 58	21 10	21 23	21 38	21 57	22 21	22 58	// //	// //	// //	// //	// //	// //	// //
18	21 04	21 16	21 30	21 47	22 08	22 36	23 30	// //	// //	// //	// //	// //	// //	// //
22	21 10	21 22	21 38	21 56	22 19	22 52	// //	// //	// //	// //	// //	// //	// //	// //
26	21 15	21 29	21 45	22 04	22 30	23 12	// //	// //	// //	// //	// //	// //	// //	// //
30	21 20	21 34	21 51	22 12	22 41	23 42	// //	// //	// //	// //	// //	// //	// //	// //
June 3	21 24	21 39	21 57	22 20	22 52	// //	// //	// //	// //	// //	// //	// //	// //	// //
7	21 28	21 44	22 02	22 26	23 02	// //	// //	// //	// //	// //	// //	// //	// //	// //
11	21 31	21 47	22 06	22 31	23 11	// //	// //	// //	// //	// //	// //	// //	// //	// //
15	21 34	21 50	22 09	22 35	23 18	// //	// //	// //	// //	// //	// //	// //	// //	□
19	21 35	21 51	22 11	22 38	23 21	// //	// //	// //	// //	// //	// //	// //	// //	□
23	21 36	21 52	22 12	22 38	23 21	// //	// //	// //	// //	// //	// //	// //	// //	□
27	21 36	21 52	22 11	22 37	23 18	// //	// //	// //	// //	// //	// //	// //	// //	□
July 1	21 35	21 50	22 09	22 34	23 12	// //	// //	// //	// //	// //	// //	// //	// //	// //
5	21 33	21 48	22 06	22 30	23 04	// //	// //	// //	// //	// //	// //	// //	// //	// //

□ indicates Sun continuously above horizon.
// // indicates continuous twilight.

ASTRONOMICAL TWILIGHT, 1996

UNIVERSAL TIME FOR MERIDIAN OF GREENWICH
BEGINNING OF MORNING ASTRONOMICAL TWILIGHT

Lat.	−55°	−50°	−45°	−40°	−35°	−30°	−20°	−10°	0°	+10°	+20°	+30°	+35°	+40°
	h m	h m	h m	h m	h m	h m	h m	h m	h m	h m	h m	h m	h m	h m
July 1	6 09	6 00	5 53	5 45	5 38	5 31	5 17	5 02	4 45	4 25	4 00	3 26	3 03	2 33
5	6 08	6 00	5 52	5 45	5 38	5 31	5 17	5 03	4 46	4 27	4 02	3 29	3 06	2 36
9	6 06	5 58	5 51	5 44	5 38	5 31	5 18	5 03	4 47	4 28	4 04	3 31	3 09	2 40
13	6 04	5 56	5 49	5 43	5 37	5 30	5 18	5 04	4 48	4 29	4 06	3 34	3 12	2 44
17	6 00	5 54	5 47	5 41	5 35	5 29	5 17	5 04	4 49	4 31	4 08	3 37	3 16	2 49
21	5 56	5 50	5 45	5 39	5 34	5 28	5 17	5 04	4 49	4 32	4 10	3 40	3 20	2 54
25	5 52	5 47	5 42	5 37	5 32	5 27	5 16	5 04	4 50	4 33	4 12	3 43	3 24	3 00
29	5 47	5 42	5 38	5 34	5 29	5 25	5 15	5 03	4 50	4 34	4 14	3 47	3 29	3 06
Aug. 2	5 41	5 38	5 34	5 30	5 26	5 22	5 13	5 03	4 51	4 35	4 16	3 50	3 33	3 11
6	5 35	5 32	5 30	5 27	5 23	5 20	5 12	5 02	4 51	4 36	4 18	3 54	3 38	3 17
10	5 28	5 26	5 25	5 22	5 20	5 17	5 10	5 01	4 51	4 37	4 20	3 57	3 42	3 23
14	5 20	5 20	5 19	5 18	5 16	5 13	5 08	5 00	4 50	4 38	4 22	4 01	3 46	3 28
18	5 12	5 13	5 14	5 13	5 12	5 10	5 05	4 58	4 50	4 39	4 24	4 04	3 51	3 34
22	5 04	5 06	5 07	5 08	5 07	5 06	5 02	4 57	4 49	4 39	4 26	4 07	3 55	3 39
26	4 55	4 59	5 01	5 02	5 02	5 02	5 00	4 55	4 49	4 40	4 27	4 10	3 59	3 45
30	4 46	4 51	4 54	4 56	4 57	4 58	4 57	4 53	4 48	4 40	4 29	4 13	4 03	3 50
Sept. 3	4 36	4 43	4 47	4 50	4 52	4 53	4 53	4 51	4 47	4 40	4 30	4 16	4 07	3 55
7	4 26	4 34	4 40	4 44	4 47	4 49	4 50	4 49	4 46	4 40	4 31	4 19	4 10	4 00
11	4 15	4 25	4 32	4 37	4 41	4 44	4 46	4 47	4 44	4 40	4 33	4 22	4 14	4 04
15	4 04	4 16	4 24	4 31	4 35	4 39	4 43	4 44	4 43	4 40	4 34	4 24	4 17	4 09
19	3 53	4 06	4 16	4 24	4 29	4 34	4 39	4 42	4 42	4 40	4 35	4 27	4 21	4 13
23	3 41	3 57	4 08	4 17	4 23	4 28	4 35	4 39	4 40	4 39	4 36	4 29	4 24	4 18
27	3 29	3 47	4 00	4 09	4 17	4 23	4 31	4 36	4 39	4 39	4 37	4 32	4 27	4 22
Oct. 1	3 16	3 36	3 51	4 02	4 11	4 18	4 28	4 34	4 38	4 39	4 38	4 34	4 31	4 26
5	3 03	3 26	3 42	3 55	4 05	4 12	4 24	4 31	4 36	4 39	4 39	4 36	4 34	4 30

END OF EVENING ASTRONOMICAL TWILIGHT

	−55°	−50°	−45°	−40°	−35°	−30°	−20°	−10°	0°	+10°	+20°	+30°	+35°	+40°
	h m	h m	h m	h m	h m	h m	h m	h m	h m	h m	h m	h m	h m	h m
July 1	17 59	18 07	18 15	18 23	18 30	18 37	18 51	19 06	19 22	19 42	20 07	20 41	21 04	21 35
5	18 02	18 10	18 17	18 24	18 31	18 38	18 52	19 06	19 23	19 42	20 07	20 40	21 03	21 33
9	18 05	18 13	18 20	18 26	18 33	18 40	18 53	19 07	19 23	19 42	20 06	20 39	21 01	21 30
13	18 08	18 16	18 22	18 29	18 35	18 41	18 54	19 08	19 23	19 42	20 05	20 37	20 59	21 26
17	18 12	18 19	18 25	18 31	18 37	18 43	18 55	19 08	19 24	19 41	20 04	20 35	20 56	21 22
21	18 17	18 23	18 28	18 34	18 39	18 45	18 56	19 09	19 23	19 41	20 03	20 32	20 52	21 17
25	18 22	18 27	18 32	18 37	18 42	18 47	18 57	19 09	19 23	19 40	20 01	20 29	20 48	21 12
29	18 27	18 31	18 35	18 40	18 44	18 49	18 58	19 10	19 23	19 38	19 58	20 25	20 43	21 06
Aug. 2	18 32	18 35	18 39	18 42	18 46	18 50	18 59	19 10	19 22	19 37	19 56	20 21	20 38	21 00
6	18 38	18 40	18 43	18 46	18 49	18 52	19 00	19 10	19 21	19 35	19 53	20 17	20 33	20 53
10	18 44	18 45	18 47	18 49	18 51	18 54	19 01	19 10	19 20	19 33	19 50	20 13	20 28	20 47
14	18 50	18 50	18 51	18 52	18 54	18 56	19 02	19 09	19 19	19 31	19 46	20 08	20 22	20 40
18	18 56	18 55	18 55	18 55	18 56	18 58	19 03	19 09	19 18	19 29	19 43	20 03	20 16	20 32
22	19 03	19 00	18 59	18 59	18 59	19 00	19 03	19 09	19 16	19 26	19 39	19 58	20 10	20 25
26	19 10	19 06	19 03	19 02	19 01	19 02	19 04	19 08	19 15	19 24	19 36	19 53	20 04	20 18
30	19 17	19 11	19 08	19 05	19 04	19 04	19 05	19 08	19 13	19 21	19 32	19 47	19 57	20 10
Sept. 3	19 24	19 17	19 12	19 09	19 07	19 06	19 05	19 07	19 12	19 18	19 28	19 42	19 51	20 03
7	19 32	19 23	19 17	19 13	19 10	19 08	19 06	19 07	19 10	19 16	19 24	19 36	19 45	19 55
11	19 39	19 29	19 22	19 16	19 13	19 10	19 07	19 07	19 09	19 13	19 20	19 31	19 38	19 48
15	19 48	19 36	19 27	19 20	19 16	19 12	19 08	19 06	19 07	19 10	19 16	19 25	19 32	19 40
19	19 56	19 42	19 32	19 25	19 19	19 14	19 09	19 06	19 06	19 08	19 12	19 20	19 26	19 33
23	20 05	19 49	19 38	19 29	19 22	19 17	19 10	19 06	19 04	19 05	19 08	19 15	19 20	19 26
27	20 15	19 57	19 43	19 33	19 25	19 19	19 11	19 05	19 03	19 03	19 05	19 10	19 14	19 19
Oct. 1	20 25	20 04	19 49	19 38	19 29	19 22	19 12	19 05	19 02	19 00	19 01	19 05	19 08	19 12
5	20 36	20 12	19 56	19 43	19 33	19 25	19 13	19 05	19 01	18 58	18 58	19 00	19 02	19 05

UNIVERSAL TIME FOR MERIDIAN OF GREENWICH
BEGINNING OF MORNING ASTRONOMICAL TWILIGHT

Lat.	+40°	+42°	+44°	+46°	+48°	+50°	+52°	+54°	+56°	+58°	+60°	+62°	+64°	+66°
	h m	h m	h m	h m	h m	h m	h m	h m	h m	h m	h m	h m	h m	h m
July 1	2 33	2 17	1 58	1 33	0 54	// //	// //	// //	// //	// //	// //	// //	// //	// //
5	2 36	2 21	2 02	1 38	1 03	// //	// //	// //	// //	// //	// //	// //	// //	// //
9	2 40	2 25	2 07	1 45	1 14	// //	// //	// //	// //	// //	// //	// //	// //	// //
13	2 44	2 30	2 13	1 52	1 24	0 29	// //	// //	// //	// //	// //	// //	// //	// //
17	2 49	2 36	2 20	2 00	1 35	0 55	// //	// //	// //	// //	// //	// //	// //	// //
21	2 54	2 42	2 27	2 09	1 46	1 14	// //	// //	// //	// //	// //	// //	// //	// //
25	3 00	2 48	2 34	2 17	1 57	1 29	0 40	// //	// //	// //	// //	// //	// //	// //
29	3 06	2 54	2 41	2 26	2 07	1 44	1 08	// //	// //	// //	// //	// //	// //	// //
Aug. 2	3 11	3 01	2 49	2 35	2 18	1 57	1 29	0 35	// //	// //	// //	// //	// //	// //
6	3 17	3 07	2 56	2 43	2 28	2 09	1 46	1 10	// //	// //	// //	// //	// //	// //
10	3 23	3 14	3 03	2 51	2 38	2 21	2 01	1 33	0 44	// //	// //	// //	// //	// //
14	3 28	3 20	3 10	2 59	2 47	2 32	2 14	1 51	1 18	// //	// //	// //	// //	// //
18	3 34	3 26	3 17	3 07	2 56	2 43	2 27	2 07	1 41	1 00	// //	// //	// //	// //
22	3 39	3 32	3 24	3 15	3 05	2 53	2 39	2 22	2 00	1 30	0 33	// //	// //	// //
26	3 45	3 38	3 31	3 22	3 13	3 02	2 50	2 35	2 16	1 53	1 18	// //	// //	// //
30	3 50	3 44	3 37	3 29	3 21	3 11	3 00	2 47	2 31	2 11	1 45	1 03	// //	// //
Sept. 3	3 55	3 49	3 43	3 36	3 29	3 20	3 10	2 58	2 44	2 27	2 06	1 36	0 43	// //
7	4 00	3 55	3 49	3 43	3 36	3 28	3 19	3 09	2 57	2 42	2 24	2 01	1 27	// //
11	4 04	4 00	3 55	3 49	3 43	3 36	3 28	3 19	3 08	2 56	2 40	2 21	1 55	1 17
15	4 09	4 05	4 01	3 56	3 50	3 44	3 37	3 28	3 19	3 08	2 55	2 39	2 18	1 50
19	4 13	4 10	4 06	4 02	3 57	3 51	3 45	3 38	3 29	3 20	3 08	2 55	2 37	2 15
23	4 18	4 15	4 11	4 07	4 03	3 58	3 53	3 47	3 39	3 31	3 21	3 09	2 55	2 37
27	4 22	4 19	4 16	4 13	4 09	4 05	4 00	3 55	3 49	3 41	3 33	3 23	3 11	2 55
Oct. 1	4 26	4 24	4 22	4 19	4 16	4 12	4 08	4 03	3 58	3 52	3 44	3 36	3 25	3 13
5	4 30	4 29	4 27	4 24	4 22	4 19	4 15	4 11	4 07	4 01	3 55	3 48	3 39	3 28

END OF EVENING ASTRONOMICAL TWILIGHT

Lat.	+40°	+42°	+44°	+46°	+48°	+50°	+52°	+54°	+56°	+58°	+60°	+62°	+64°	+66°
	h m	h m	h m	h m	h m	h m	h m	h m	h m	h m	h m	h m	h m	h m
July 1	21 35	21 50	22 09	22 34	23 12	// //	// //	// //	// //	// //	// //	// //	// //	// //
5	21 33	21 48	22 06	22 30	23 04	// //	// //	// //	// //	// //	// //	// //	// //	// //
9	21 30	21 45	22 02	22 24	22 55	// //	// //	// //	// //	// //	// //	// //	// //	// //
13	21 26	21 40	21 57	22 17	22 45	23 35	// //	// //	// //	// //	// //	// //	// //	// //
17	21 22	21 36	21 51	22 10	22 35	23 13	// //	// //	// //	// //	// //	// //	// //	// //
21	21 17	21 30	21 45	22 02	22 24	22 56	// //	// //	// //	// //	// //	// //	// //	// //
25	21 12	21 24	21 38	21 54	22 14	22 40	23 25	// //	// //	// //	// //	// //	// //	// //
29	21 06	21 17	21 30	21 45	22 03	22 26	22 59	// //	// //	// //	// //	// //	// //	// //
Aug. 2	21 00	21 10	21 22	21 36	21 52	22 13	22 40	23 26	// //	// //	// //	// //	// //	// //
6	20 53	21 03	21 14	21 27	21 42	22 00	22 23	22 56	// //	// //	// //	// //	// //	// //
10	20 47	20 56	21 06	21 18	21 31	21 47	22 07	22 33	23 16	// //	// //	// //	// //	// //
14	20 40	20 48	20 57	21 08	21 20	21 35	21 52	22 14	22 45	// //	// //	// //	// //	// //
18	20 32	20 40	20 49	20 59	21 10	21 23	21 38	21 57	22 22	22 59	// //	// //	// //	// //
22	20 25	20 32	20 40	20 49	20 59	21 11	21 25	21 41	22 02	22 30	23 18	// //	// //	// //
26	20 18	20 24	20 31	20 40	20 49	20 59	21 12	21 26	21 44	22 06	22 38	// //	// //	// //
30	20 10	20 16	20 23	20 30	20 39	20 48	20 59	21 12	21 27	21 46	22 11	22 49	// //	// //
Sept. 3	20 03	20 08	20 14	20 21	20 28	20 37	20 47	20 58	21 12	21 28	21 48	22 16	23 01	// //
7	19 55	20 00	20 05	20 11	20 18	20 26	20 35	20 45	20 57	21 11	21 28	21 50	22 21	23 21
11	19 48	19 52	19 57	20 02	20 08	20 15	20 23	20 32	20 43	20 55	21 10	21 28	21 52	22 28
15	19 40	19 44	19 48	19 53	19 59	20 05	20 12	20 20	20 29	20 40	20 52	21 08	21 28	21 54
19	19 33	19 36	19 40	19 45	19 49	19 55	20 01	20 08	20 16	20 25	20 36	20 50	21 06	21 27
23	19 26	19 29	19 32	19 36	19 40	19 45	19 50	19 56	20 03	20 11	20 21	20 33	20 46	21 04
27	19 19	19 21	19 24	19 27	19 31	19 35	19 40	19 45	19 51	19 58	20 07	20 16	20 28	20 43
Oct. 1	19 12	19 14	19 17	19 19	19 22	19 26	19 30	19 34	19 40	19 46	19 53	20 01	20 11	20 23
5	19 05	19 07	19 09	19 11	19 14	19 17	19 20	19 24	19 28	19 34	19 40	19 47	19 55	20 05

// // indicates continuous twilight.

ASTRONOMICAL TWILIGHT, 1996

UNIVERSAL TIME FOR MERIDIAN OF GREENWICH
BEGINNING OF MORNING ASTRONOMICAL TWILIGHT

Lat.	−55°	−50°	−45°	−40°	−35°	−30°	−20°	−10°	0°	+10°	+20°	+30°	+35°	+40°
	h m	h m	h m	h m	h m	h m	h m	h m	h m	h m	h m	h m	h m	h m
Oct. 1	3 16	3 36	3 51	4 02	4 11	4 18	4 28	4 34	4 38	4 39	4 38	4 34	4 31	4 26
5	3 03	3 26	3 42	3 55	4 05	4 12	4 24	4 31	4 36	4 39	4 39	4 36	4 34	4 30
9	2 49	3 15	3 34	3 47	3 58	4 07	4 20	4 29	4 35	4 38	4 40	4 39	4 37	4 34
13	2 35	3 04	3 25	3 40	3 52	4 02	4 16	4 26	4 34	4 38	4 41	4 41	4 40	4 38
17	2 20	2 53	3 16	3 33	3 46	3 57	4 13	4 24	4 32	4 38	4 42	4 44	4 43	4 43
21	2 05	2 42	3 07	3 26	3 40	3 52	4 09	4 22	4 31	4 38	4 43	4 46	4 47	4 47
25	1 48	2 30	2 58	3 18	3 34	3 47	4 06	4 20	4 30	4 38	4 44	4 48	4 50	4 51
29	1 29	2 18	2 49	3 11	3 29	3 42	4 03	4 18	4 30	4 39	4 46	4 51	4 53	4 55
Nov. 2	1 07	2 06	2 41	3 05	3 23	3 38	4 00	4 16	4 29	4 39	4 47	4 54	4 56	4 59
6	0 40	1 54	2 32	2 58	3 18	3 34	3 57	4 15	4 29	4 40	4 49	4 56	5 00	5 03
10	// //	1 41	2 24	2 52	3 13	3 30	3 55	4 14	4 28	4 40	4 50	4 59	5 03	5 07
14	// //	1 28	2 16	2 46	3 09	3 26	3 53	4 13	4 28	4 41	4 52	5 02	5 06	5 11
18	// //	1 14	2 08	2 41	3 05	3 23	3 52	4 12	4 29	4 42	4 54	5 05	5 10	5 14
22	// //	0 59	2 01	2 36	3 01	3 21	3 50	4 12	4 29	4 44	4 56	5 07	5 13	5 18
26	// //	0 42	1 54	2 32	2 58	3 19	3 49	4 12	4 30	4 45	4 58	5 10	5 16	5 22
30	// //	0 20	1 48	2 28	2 56	3 17	3 49	4 12	4 31	4 47	5 00	5 13	5 19	5 26
Dec. 4	// //	// //	1 43	2 25	2 54	3 16	3 49	4 13	4 32	4 48	5 03	5 16	5 22	5 29
8	// //	// //	1 39	2 24	2 53	3 16	3 49	4 14	4 34	4 50	5 05	5 19	5 25	5 32
12	// //	// //	1 36	2 23	2 53	3 16	3 50	4 15	4 35	4 52	5 07	5 21	5 28	5 35
16	// //	// //	1 35	2 23	2 54	3 17	3 52	4 17	4 37	4 54	5 09	5 24	5 31	5 38
20	// //	// //	1 36	2 24	2 55	3 19	3 53	4 19	4 39	4 56	5 11	5 26	5 33	5 40
24	// //	// //	1 38	2 26	2 57	3 21	3 55	4 21	4 41	4 58	5 13	5 28	5 35	5 42
28	// //	// //	1 42	2 29	3 00	3 23	3 58	4 23	4 43	5 00	5 15	5 29	5 36	5 44
32	// //	// //	1 47	2 33	3 03	3 26	4 00	4 25	4 45	5 02	5 17	5 31	5 38	5 45
36	// //	// //	1 54	2 38	3 08	3 30	4 03	4 28	4 47	5 04	5 18	5 32	5 38	5 45

END OF EVENING ASTRONOMICAL TWILIGHT

Lat.	−55°	−50°	−45°	−40°	−35°	−30°	−20°	−10°	0°	+10°	+20°	+30°	+35°	+40°
	h m	h m	h m	h m	h m	h m	h m	h m	h m	h m	h m	h m	h m	h m
Oct. 1	20 25	20 04	19 49	19 38	19 29	19 22	19 12	19 05	19 02	19 00	19 01	19 05	19 08	19 12
5	20 36	20 12	19 56	19 43	19 33	19 25	19 13	19 05	19 01	18 58	18 58	19 00	19 02	19 05
9	20 47	20 21	20 02	19 48	19 37	19 28	19 15	19 06	19 00	18 56	18 54	18 55	18 57	18 59
13	21 00	20 30	20 09	19 53	19 41	19 31	19 16	19 06	18 59	18 54	18 51	18 51	18 52	18 53
17	21 13	20 39	20 16	19 59	19 45	19 35	19 18	19 07	18 58	18 52	18 48	18 47	18 47	18 47
21	21 28	20 49	20 24	20 05	19 50	19 38	19 20	19 07	18 58	18 51	18 46	18 43	18 42	18 42
25	21 44	21 00	20 32	20 11	19 55	19 42	19 23	19 08	18 58	18 50	18 44	18 39	18 38	18 37
29	22 03	21 11	20 40	20 17	20 00	19 46	19 25	19 10	18 58	18 49	18 42	18 36	18 34	18 32
Nov. 2	22 25	21 23	20 48	20 24	20 05	19 50	19 28	19 11	18 58	18 48	18 40	18 33	18 30	18 28
6	22 56	21 36	20 57	20 30	20 10	19 54	19 30	19 13	18 59	18 48	18 38	18 31	18 27	18 24
10	// //	21 49	21 06	20 37	20 16	19 59	19 33	19 14	19 00	18 48	18 37	18 29	18 25	18 21
14	// //	22 04	21 15	20 44	20 21	20 03	19 36	19 16	19 01	18 48	18 37	18 27	18 22	18 18
18	// //	22 20	21 24	20 51	20 27	20 08	19 39	19 18	19 02	18 48	18 36	18 26	18 21	18 16
22	// //	22 37	21 33	20 58	20 32	20 12	19 42	19 21	19 03	18 49	18 36	18 25	18 19	18 14
26	// //	22 57	21 42	21 04	20 37	20 17	19 46	19 23	19 05	18 50	18 36	18 24	18 18	18 12
30	// //	23 25	21 51	21 10	20 42	20 21	19 49	19 25	19 07	18 51	18 37	18 24	18 18	18 12
Dec. 4	// //	// //	21 59	21 16	20 47	20 25	19 52	19 28	19 09	18 52	18 38	18 25	18 18	18 11
8	// //	// //	22 06	21 21	20 51	20 28	19 55	19 30	19 11	18 54	18 39	18 25	18 19	18 12
12	// //	// //	22 12	21 26	20 55	20 32	19 58	19 33	19 13	18 56	18 41	18 27	18 20	18 12
16	// //	// //	22 17	21 29	20 58	20 35	20 00	19 35	19 15	18 58	18 42	18 28	18 21	18 14
20	// //	// //	22 20	21 32	21 00	20 37	20 02	19 37	19 17	19 00	18 44	18 30	18 23	18 15
24	// //	// //	22 21	21 33	21 02	20 39	20 04	19 39	19 19	19 02	18 46	18 32	18 25	18 17
28	// //	// //	22 21	21 34	21 03	20 40	20 06	19 41	19 20	19 04	18 48	18 34	18 27	18 20
32	// //	// //	22 19	21 34	21 03	20 41	20 07	19 42	19 22	19 06	18 51	18 37	18 30	18 23
36	// //	// //	22 16	21 32	21 03	20 41	20 07	19 43	19 24	19 07	18 53	18 39	18 33	18 26

// // indicates continuous twilight.

UNIVERSAL TIME FOR MERIDIAN OF GREENWICH
BEGINNING OF MORNING ASTRONOMICAL TWILIGHT

Lat.	+40°	+42°	+44°	+46°	+48°	+50°	+52°	+54°	+56°	+58°	+60°	+62°	+64°	+66°
	h m	h m	h m	h m	h m	h m	h m	h m	h m	h m	h m	h m	h m	h m
Oct. 1	4 26	4 24	4 22	4 19	4 16	4 12	4 08	4 03	3 58	3 52	3 44	3 36	3 25	3 13
5	4 30	4 29	4 27	4 24	4 22	4 19	4 15	4 11	4 07	4 01	3 55	3 48	3 39	3 28
9	4 34	4 33	4 31	4 30	4 28	4 25	4 22	4 19	4 15	4 11	4 06	3 59	3 52	3 43
13	4 38	4 38	4 36	4 35	4 33	4 31	4 29	4 27	4 24	4 20	4 16	4 11	4 05	3 57
17	4 43	4 42	4 41	4 40	4 39	4 38	4 36	4 34	4 32	4 29	4 25	4 22	4 17	4 11
21	4 47	4 46	4 46	4 45	4 45	4 44	4 43	4 41	4 40	4 37	4 35	4 32	4 28	4 24
25	4 51	4 51	4 51	4 51	4 50	4 50	4 49	4 48	4 47	4 46	4 44	4 42	4 39	4 36
29	4 55	4 55	4 55	4 56	4 56	4 56	4 56	4 55	4 55	4 54	4 53	4 52	4 50	4 48
Nov. 2	4 59	4 59	5 00	5 01	5 01	5 02	5 02	5 02	5 02	5 02	5 02	5 01	5 01	4 59
6	5 03	5 04	5 05	5 06	5 07	5 07	5 08	5 09	5 10	5 10	5 10	5 11	5 11	5 11
10	5 07	5 08	5 09	5 11	5 12	5 13	5 14	5 15	5 17	5 18	5 19	5 20	5 20	5 21
14	5 11	5 12	5 14	5 15	5 17	5 19	5 20	5 22	5 23	5 25	5 27	5 28	5 30	5 31
18	5 14	5 16	5 18	5 20	5 22	5 24	5 26	5 28	5 30	5 32	5 34	5 36	5 39	5 41
22	5 18	5 20	5 23	5 25	5 27	5 29	5 31	5 34	5 36	5 39	5 41	5 44	5 47	5 50
26	5 22	5 24	5 27	5 29	5 32	5 34	5 37	5 39	5 42	5 45	5 48	5 51	5 55	5 58
30	5 26	5 28	5 31	5 33	5 36	5 39	5 42	5 44	5 48	5 51	5 54	5 58	6 02	6 06
Dec. 4	5 29	5 32	5 34	5 37	5 40	5 43	5 46	5 49	5 53	5 56	6 00	6 04	6 08	6 13
8	5 32	5 35	5 38	5 41	5 44	5 47	5 50	5 54	5 57	6 01	6 05	6 09	6 14	6 19
12	5 35	5 38	5 41	5 44	5 47	5 50	5 54	5 57	6 01	6 05	6 09	6 14	6 19	6 24
16	5 38	5 41	5 44	5 47	5 50	5 53	5 57	6 00	6 04	6 08	6 13	6 17	6 22	6 28
20	5 40	5 43	5 46	5 49	5 53	5 56	5 59	6 03	6 07	6 11	6 15	6 20	6 25	6 31
24	5 42	5 45	5 48	5 51	5 54	5 58	6 01	6 05	6 09	6 13	6 17	6 22	6 27	6 33
28	5 44	5 47	5 50	5 53	5 56	5 59	6 03	6 06	6 10	6 14	6 18	6 23	6 28	6 33
32	5 45	5 48	5 50	5 53	5 57	6 00	6 03	6 06	6 10	6 14	6 18	6 23	6 27	6 33
36	5 45	5 48	5 51	5 54	5 57	6 00	6 03	6 06	6 10	6 13	6 17	6 21	6 26	6 31

END OF EVENING ASTRONOMICAL TWILIGHT

Lat.	+40°	+42°	+44°	+46°	+48°	+50°	+52°	+54°	+56°	+58°	+60°	+62°	+64°	+66°
	h m	h m	h m	h m	h m	h m	h m	h m	h m	h m	h m	h m	h m	h m
Oct. 1	19 12	19 14	19 17	19 19	19 22	19 26	19 30	19 34	19 40	19 46	19 53	20 01	20 11	20 23
5	19 05	19 07	19 09	19 11	19 14	19 17	19 20	19 24	19 28	19 34	19 40	19 47	19 55	20 05
9	18 59	19 00	19 02	19 04	19 06	19 08	19 11	19 14	19 18	19 22	19 27	19 33	19 40	19 48
13	18 53	18 54	18 55	18 56	18 58	19 00	19 02	19 04	19 07	19 11	19 15	19 20	19 26	19 33
17	18 47	18 48	18 49	18 50	18 51	18 52	18 53	18 55	18 58	19 00	19 04	19 07	19 12	19 18
21	18 42	18 42	18 42	18 43	18 44	18 44	18 45	18 47	18 48	18 50	18 53	18 56	18 59	19 03
25	18 37	18 37	18 37	18 37	18 37	18 37	18 38	18 39	18 40	18 41	18 43	18 45	18 47	18 50
29	18 32	18 32	18 31	18 31	18 31	18 31	18 31	18 31	18 31	18 32	18 33	18 34	18 36	18 38
Nov. 2	18 28	18 27	18 26	18 26	18 25	18 25	18 24	18 24	18 24	18 24	18 24	18 24	18 25	18 26
6	18 24	18 23	18 22	18 21	18 20	18 19	18 18	18 17	18 17	18 16	18 16	18 15	18 15	18 15
10	18 21	18 19	18 18	18 17	18 15	18 14	18 13	18 12	18 10	18 09	18 08	18 07	18 06	18 05
14	18 18	18 16	18 15	18 13	18 11	18 10	18 08	18 06	18 05	18 03	18 02	18 00	17 58	17 57
18	18 16	18 14	18 12	18 10	18 08	18 06	18 04	18 02	18 00	17 58	17 56	17 53	17 51	17 49
22	18 14	18 12	18 09	18 07	18 05	18 03	18 00	17 58	17 56	17 53	17 50	17 48	17 45	17 42
26	18 12	18 10	18 08	18 05	18 03	18 00	17 58	17 55	17 52	17 49	17 46	17 43	17 39	17 36
30	18 12	18 09	18 07	18 04	18 01	17 58	17 56	17 53	17 50	17 46	17 43	17 39	17 35	17 31
Dec. 4	18 11	18 09	18 06	18 03	18 00	17 57	17 54	17 51	17 48	17 44	17 40	17 36	17 32	17 27
8	18 12	18 09	18 06	18 03	18 00	17 57	17 54	17 50	17 47	17 43	17 39	17 35	17 30	17 25
12	18 12	18 09	18 07	18 03	18 00	17 57	17 54	17 50	17 47	17 43	17 38	17 34	17 29	17 23
16	18 14	18 11	18 08	18 05	18 01	17 58	17 55	17 51	17 47	17 43	17 39	17 34	17 29	17 23
20	18 15	18 12	18 09	18 06	18 03	18 00	17 56	17 52	17 49	17 45	17 40	17 35	17 30	17 24
24	18 17	18 14	18 11	18 08	18 05	18 02	17 58	17 55	17 51	17 47	17 42	17 38	17 33	17 27
28	18 20	18 17	18 14	18 11	18 08	18 04	18 01	17 57	17 54	17 50	17 46	17 41	17 36	17 30
32	18 23	18 20	18 17	18 14	18 11	18 08	18 04	18 01	17 57	17 54	17 49	17 45	17 40	17 35
36	18 26	18 23	18 20	18 17	18 15	18 12	18 08	18 05	18 02	17 58	17 54	17 50	17 45	17 40

MOONRISE AND MOONSET, 1996

UNIVERSAL TIME FOR MERIDIAN OF GREENWICH
MOONRISE

Lat.	−55°	−50°	−45°	−40°	−35°	−30°	−20°	−10°	0°	+10°	+20°	+30°	+35°	+40°
Jan.	h m	h m	h m	h m	h m	h m	h m	h m	h m	h m	h m	h m	h m	h m
0	15 28	15 13	15 01	14 51	14 42	14 35	14 22	14 11	14 01	13 51	13 40	13 28	13 20	13 12
1	16 31	16 13	15 59	15 47	15 37	15 28	15 13	15 00	14 48	14 36	14 23	14 08	13 59	13 50
2	17 31	17 10	16 54	16 41	16 30	16 20	16 03	15 49	15 35	15 22	15 07	14 51	14 41	14 30
3	18 24	18 03	17 46	17 32	17 20	17 10	16 53	16 37	16 23	16 09	15 54	15 36	15 26	15 14
4	19 11	18 50	18 33	18 19	18 08	17 57	17 40	17 25	17 11	16 56	16 41	16 24	16 14	16 02
5	19 51	19 31	19 15	19 03	18 52	18 42	18 26	18 11	17 58	17 44	17 30	17 14	17 04	16 53
6	20 24	20 07	19 54	19 42	19 33	19 24	19 09	18 57	18 45	18 32	18 20	18 05	17 56	17 46
7	20 53	20 39	20 28	20 18	20 10	20 03	19 51	19 40	19 30	19 20	19 09	18 57	18 50	18 42
8	21 18	21 07	20 59	20 52	20 46	20 40	20 31	20 23	20 15	20 07	19 59	19 49	19 44	19 38
9	21 40	21 33	21 28	21 23	21 19	21 16	21 10	21 04	20 59	20 54	20 49	20 42	20 39	20 35
10	22 01	21 58	21 56	21 54	21 52	21 50	21 48	21 45	21 43	21 41	21 39	21 36	21 34	21 33
11	22 22	22 23	22 23	22 24	22 25	22 25	22 26	22 27	22 28	22 29	22 29	22 31	22 31	22 32
12	22 43	22 48	22 52	22 56	22 58	23 01	23 06	23 10	23 14	23 18	23 22	23 26	23 29	23 32
13	23 07	23 16	23 23	23 29	23 35	23 39	23 48	23 55	.. ..	.. ..	.. ..	.. ..	.. ..	.. ..
14	23 35	23 48	23 58	.. ..	.. ..	.. ..	.. ..	.. ..	0 02	0 09	0 16	0 24	0 29	0 35
15	.. ..	.. ..	.. ..	0 07	0 14	0 21	0 33	0 43	0 53	1 02	1 13	1 25	1 32	1 39
16	0 08	0 25	0 39	0 50	0 59	1 08	1 22	1 35	1 47	1 59	2 12	2 27	2 36	2 45
17	0 51	1 11	1 27	1 39	1 50	2 00	2 17	2 31	2 45	2 59	3 13	3 30	3 40	3 52
18	1 45	2 06	2 23	2 37	2 48	2 59	3 16	3 32	3 46	4 00	4 16	4 33	4 44	4 56
19	2 51	3 12	3 28	3 41	3 53	4 03	4 20	4 34	4 48	5 02	5 17	5 34	5 44	5 55
20	4 08	4 26	4 40	4 51	5 01	5 10	5 25	5 38	5 50	6 02	6 16	6 30	6 39	6 49
21	5 30	5 44	5 55	6 04	6 12	6 18	6 30	6 41	6 50	7 00	7 10	7 22	7 29	7 36
22	6 54	7 03	7 10	7 16	7 21	7 26	7 34	7 41	7 47	7 54	8 01	8 08	8 13	8 18
23	8 16	8 20	8 24	8 27	8 29	8 31	8 35	8 38	8 41	8 44	8 48	8 51	8 53	8 56
24	9 36	9 35	9 35	9 34	9 34	9 34	9 33	9 33	9 33	9 32	9 32	9 31	9 31	9 31

MOONSET

Lat.	−55°	−50°	−45°	−40°	−35°	−30°	−20°	−10°	0°	+10°	+20°	+30°	+35°	+40°
Jan.	h m	h m	h m	h m	h m	h m	h m	h m	h m	h m	h m	h m	h m	h m
0	0 23	0 35	0 45	0 54	1 01	1 07	1 18	1 28	1 37	1 46	1 56	2 07	2 13	2 21
1	0 50	1 06	1 19	1 30	1 39	1 47	2 00	2 12	2 24	2 35	2 47	3 01	3 09	3 18
2	1 22	1 41	1 56	2 08	2 19	2 28	2 44	2 58	3 11	3 24	3 38	3 54	4 03	4 13
3	2 00	2 21	2 37	2 51	3 02	3 12	3 29	3 44	3 58	4 12	4 27	4 44	4 54	5 06
4	2 44	3 06	3 23	3 37	3 49	3 59	4 16	4 32	4 46	5 00	5 16	5 33	5 43	5 55
5	3 35	3 56	4 13	4 26	4 38	4 48	5 05	5 20	5 34	5 48	6 02	6 19	6 29	6 40
6	4 32	4 51	5 06	5 18	5 29	5 38	5 54	6 08	6 21	6 33	6 47	7 03	7 12	7 22
7	5 33	5 49	6 02	6 13	6 22	6 30	6 44	6 56	7 07	7 18	7 30	7 43	7 51	8 00
8	6 37	6 50	7 00	7 08	7 16	7 22	7 33	7 43	7 52	8 01	8 10	8 21	8 27	8 34
9	7 43	7 52	7 59	8 05	8 10	8 15	8 23	8 30	8 36	8 43	8 50	8 57	9 02	9 07
10	8 50	8 55	8 59	9 03	9 06	9 08	9 13	9 17	9 20	9 24	9 28	9 32	9 35	9 37
11	9 58	9 59	10 00	10 01	10 02	10 02	10 03	10 04	10 04	10 05	10 06	10 07	10 07	10 08
12	11 08	11 05	11 03	11 01	10 59	10 57	10 54	10 52	10 50	10 47	10 45	10 42	10 40	10 38
13	12 20	12 13	12 07	12 02	11 58	11 54	11 47	11 42	11 36	11 31	11 25	11 19	11 15	11 11
14	13 34	13 23	13 13	13 05	12 59	12 53	12 43	12 34	12 26	12 17	12 08	11 58	11 53	11 46
15	14 49	14 33	14 21	14 11	14 02	13 54	13 41	13 29	13 18	13 07	12 56	12 42	12 35	12 26
16	16 03	15 44	15 29	15 17	15 06	14 57	14 41	14 27	14 14	14 01	13 47	13 32	13 22	13 12
17	17 13	16 52	16 36	16 22	16 10	16 00	15 43	15 28	15 14	14 59	14 44	14 27	14 17	14 05
18	18 15	17 54	17 38	17 24	17 13	17 02	16 45	16 30	16 16	16 01	15 46	15 28	15 18	15 06
19	19 07	18 48	18 33	18 21	18 10	18 01	17 45	17 31	17 18	17 05	16 51	16 34	16 25	16 14
20	19 49	19 33	19 21	19 11	19 03	18 55	18 42	18 30	18 19	18 08	17 56	17 42	17 35	17 25
21	20 22	20 12	20 03	19 56	19 50	19 44	19 34	19 26	19 18	19 10	19 01	18 51	18 45	18 38
22	20 51	20 45	20 40	20 36	20 32	20 29	20 23	20 18	20 13	20 08	20 03	19 57	19 54	19 50
23	21 16	21 15	21 13	21 12	21 11	21 10	21 09	21 07	21 06	21 05	21 03	21 01	21 00	20 59
24	21 40	21 43	21 45	21 47	21 48	21 50	21 52	21 54	21 56	21 58	22 00	22 03	22 04	22 06

.. .. indicates phenomenon will occur the next day.

UNIVERSAL TIME FOR MERIDIAN OF GREENWICH
MOONRISE

Lat.	+40°	+42°	+44°	+46°	+48°	+50°	+52°	+54°	+56°	+58°	+60°	+62°	+64°	+66°
	h m	h m	h m	h m	h m	h m	h m	h m	h m	h m	h m	h m	h m	h m
Jan. 0	13 12	13 09	13 05	13 01	12 56	12 52	12 46	12 41	12 34	12 27	12 19	12 10	11 59	11 46
1	13 50	13 45	13 41	13 36	13 30	13 25	13 18	13 11	13 03	12 54	12 44	12 33	12 19	12 02
2	14 30	14 25	14 20	14 15	14 09	14 02	13 55	13 47	13 37	13 27	13 15	13 02	12 45	12 25
3	15 14	15 09	15 04	14 58	14 51	14 44	14 36	14 28	14 18	14 07	13 54	13 39	13 21	12 58
4	16 02	15 57	15 51	15 45	15 39	15 32	15 24	15 15	15 06	14 54	14 42	14 26	14 08	13 45
5	16 53	16 48	16 43	16 37	16 31	16 24	16 17	16 09	16 00	15 49	15 37	15 23	15 06	14 45
6	17 46	17 42	17 37	17 32	17 27	17 21	17 14	17 07	16 59	16 50	16 39	16 27	16 13	15 55
7	18 42	18 38	18 34	18 30	18 25	18 20	18 15	18 09	18 02	17 55	17 47	17 37	17 25	17 12
8	19 38	19 35	19 32	19 29	19 25	19 22	19 18	19 13	19 08	19 03	18 57	18 49	18 41	18 31
9	20 35	20 33	20 31	20 29	20 27	20 24	20 22	20 19	20 16	20 12	20 08	20 04	19 59	19 53
10	21 33	21 32	21 31	21 30	21 29	21 28	21 27	21 26	21 25	21 23	21 22	21 20	21 18	21 15
11	22 32	22 32	22 32	22 33	22 33	22 34	22 34	22 35	22 35	22 36	22 36	22 37	22 38	22 39
12	23 32	23 34	23 35	23 37	23 39	23 40	23 43	23 45	23 47	23 50	23 53	23 57	.. ..	.. ..
13	.. ..	.. ..	.. ..	.. ..	.. ..	.. ..	.. ..	.. ..	.. ..	.. ..	.. ..	.. ..	0 01	0 05
14	0 35	0 37	0 40	0 43	0 46	0 49	0 53	0 57	1 01	1 06	1 12	1 18	1 26	1 35
15	1 39	1 43	1 47	1 51	1 55	2 00	2 05	2 11	2 17	2 25	2 33	2 42	2 53	3 07
16	2 45	2 50	2 55	3 00	3 05	3 11	3 18	3 25	3 33	3 43	3 54	4 06	4 21	4 39
17	3 52	3 57	4 02	4 08	4 14	4 21	4 29	4 37	4 47	4 58	5 10	5 25	5 43	6 06
18	4 56	5 01	5 07	5 13	5 19	5 27	5 35	5 44	5 54	6 05	6 18	6 34	6 53	7 17
19	5 55	6 00	6 06	6 12	6 18	6 25	6 32	6 41	6 50	7 01	7 13	7 28	7 45	8 06
20	6 49	6 53	6 58	7 03	7 08	7 14	7 21	7 28	7 36	7 45	7 55	8 07	8 21	8 37
21	7 36	7 40	7 43	7 47	7 51	7 56	8 01	8 06	8 12	8 19	8 26	8 35	8 45	8 57
22	8 18	8 20	8 23	8 25	8 28	8 31	8 34	8 38	8 42	8 46	8 51	8 56	9 03	9 10
23	8 56	8 57	8 58	8 59	9 01	9 02	9 04	9 05	9 07	9 09	9 11	9 14	9 17	9 20
24	9 31	9 31	9 31	9 31	9 31	9 31	9 30	9 30	9 30	9 30	9 30	9 29	9 29	9 29

MOONSET

Lat.	+40°	+42°	+44°	+46°	+48°	+50°	+52°	+54°	+56°	+58°	+60°	+62°	+64°	+66°
	h m	h m	h m	h m	h m	h m	h m	h m	h m	h m	h m	h m	h m	h m
Jan. 0	2 21	2 24	2 27	2 31	2 35	2 40	2 44	2 50	2 56	3 02	3 10	3 18	3 28	3 40
1	3 18	3 22	3 27	3 31	3 36	3 42	3 48	3 55	4 02	4 11	4 20	4 32	4 45	5 01
2	4 13	4 18	4 23	4 29	4 34	4 41	4 48	4 56	5 05	5 15	5 26	5 40	5 56	6 16
3	5 06	5 11	5 16	5 22	5 29	5 36	5 43	5 52	6 02	6 13	6 25	6 40	6 58	7 21
4	5 55	6 00	6 06	6 12	6 18	6 25	6 33	6 42	6 52	7 03	7 16	7 31	7 50	8 13
5	6 40	6 45	6 51	6 57	7 03	7 10	7 17	7 26	7 35	7 46	7 58	8 12	8 29	8 51
6	7 22	7 26	7 31	7 37	7 42	7 48	7 55	8 03	8 11	8 21	8 31	8 44	8 59	9 17
7	8 00	8 04	8 08	8 12	8 17	8 22	8 28	8 34	8 41	8 49	8 58	9 09	9 21	9 35
8	8 34	8 37	8 41	8 44	8 48	8 52	8 57	9 02	9 07	9 13	9 20	9 28	9 37	9 48
9	9 07	9 09	9 11	9 14	9 16	9 19	9 22	9 26	9 30	9 34	9 39	9 44	9 50	9 57
10	9 37	9 39	9 40	9 41	9 43	9 44	9 46	9 48	9 50	9 53	9 55	9 58	10 02	10 05
11	10 08	10 08	10 08	10 08	10 09	10 09	10 09	10 10	10 10	10 10	10 11	10 11	10 12	10 13
12	10 38	10 38	10 37	10 36	10 35	10 34	10 32	10 31	10 30	10 28	10 27	10 25	10 22	10 20
13	11 11	11 09	11 07	11 05	11 02	11 00	10 57	10 54	10 51	10 48	10 44	10 39	10 34	10 28
14	11 46	11 43	11 40	11 37	11 33	11 29	11 25	11 21	11 15	11 10	11 03	10 56	10 48	10 38
15	12 26	12 22	12 18	12 14	12 09	12 04	11 58	11 52	11 45	11 37	11 28	11 18	11 06	10 52
16	13 12	13 07	13 02	12 57	12 51	12 45	12 38	12 30	12 21	12 12	12 01	11 48	11 32	11 14
17	14 05	14 00	13 54	13 48	13 42	13 35	13 27	13 18	13 09	12 58	12 45	12 30	12 11	11 49
18	15 06	15 01	14 55	14 49	14 43	14 35	14 27	14 18	14 08	13 57	13 44	13 28	13 09	12 45
19	16 14	16 09	16 04	15 58	15 52	15 45	15 38	15 30	15 21	15 10	14 58	14 44	14 27	14 06
20	17 25	17 21	17 17	17 12	17 07	17 02	16 56	16 49	16 42	16 33	16 24	16 12	15 59	15 43
21	18 38	18 35	18 32	18 29	18 25	18 21	18 17	18 12	18 07	18 01	17 54	17 46	17 37	17 26
22	19 50	19 48	19 46	19 44	19 42	19 40	19 37	19 34	19 31	19 28	19 24	19 20	19 14	19 09
23	20 59	20 59	20 58	20 58	20 57	20 56	20 56	20 55	20 54	20 53	20 52	20 50	20 49	20 47
24	22 06	22 07	22 07	22 08	22 09	22 10	22 11	22 12	22 13	22 15	22 16	22 18	22 20	22 22

.. .. indicates phenomenon will occur the next day.

MOONRISE AND MOONSET, 1996

UNIVERSAL TIME FOR MERIDIAN OF GREENWICH
MOONRISE

Lat.	−55°	−50°	−45°	−40°	−35°	−30°	−20°	−10°	0°	+10°	+20°	+30°	+35°	+40°
	h m	h m	h m	h m	h m	h m	h m	h m	h m	h m	h m	h m	h m	h m
Jan. 23	8 16	8 20	8 24	8 27	8 29	8 31	8 35	8 38	8 41	8 44	8 48	8 51	8 53	8 56
24	9 36	9 35	9 35	9 34	9 34	9 34	9 33	9 33	9 33	9 32	9 32	9 31	9 31	9 31
25	10 52	10 47	10 43	10 40	10 37	10 34	10 30	10 26	10 22	10 18	10 14	10 10	10 08	10 05
26	12 06	11 56	11 48	11 42	11 37	11 32	11 24	11 17	11 10	11 03	10 56	10 48	10 44	10 39
27	13 15	13 02	12 51	12 42	12 35	12 28	12 17	12 07	11 58	11 48	11 38	11 27	11 21	11 14
28	14 21	14 04	13 51	13 40	13 31	13 23	13 09	12 56	12 45	12 33	12 21	12 07	12 00	11 50
29	15 23	15 03	14 48	14 35	14 25	14 15	13 59	13 45	13 32	13 19	13 05	12 50	12 40	12 30
30	16 18	15 57	15 41	15 27	15 16	15 06	14 49	14 34	14 20	14 06	13 51	13 34	13 24	13 13
31	17 08	16 46	16 30	16 16	16 04	15 54	15 37	15 21	15 07	14 53	14 38	14 21	14 10	13 59
Feb. 1	17 50	17 30	17 14	17 01	16 49	16 40	16 23	16 08	15 55	15 41	15 26	15 09	15 00	14 48
2	18 26	18 08	17 54	17 42	17 32	17 23	17 07	16 54	16 41	16 29	16 15	16 00	15 51	15 41
3	18 57	18 41	18 29	18 19	18 11	18 03	17 50	17 38	17 28	17 17	17 05	16 52	16 44	16 35
4	19 23	19 11	19 02	18 54	18 47	18 41	18 31	18 22	18 13	18 04	17 55	17 45	17 39	17 32
5	19 47	19 39	19 32	19 26	19 22	19 18	19 10	19 04	18 58	18 52	18 45	18 38	18 34	18 29
6	20 08	20 04	20 01	19 58	19 55	19 53	19 49	19 45	19 42	19 39	19 36	19 32	19 29	19 27
7	20 29	20 29	20 29	20 28	20 28	20 28	20 27	20 27	20 27	20 27	20 26	20 26	20 26	20 26
8	20 51	20 54	20 57	20 59	21 01	21 03	21 07	21 10	21 12	21 15	21 18	21 22	21 23	21 26
9	21 13	21 21	21 27	21 32	21 37	21 40	21 47	21 53	21 59	22 05	22 11	22 18	22 22	22 27
10	21 39	21 51	22 00	22 08	22 14	22 20	22 30	22 40	22 48	22 57	23 06	23 16	23 23	23 30
11	22 10	22 25	22 37	22 47	22 56	23 04	23 17	23 29	23 40	23 51	.. ..	.. ..	.. ..	.. ..
12	22 47	23 06	23 20	23 32	23 43	23 52	.. ..	.. ..	.. ..	.. ..	0 03	0 16	0 24	0 33
13	23 34	23 55	.. ..	.. ..	.. ..	.. ..	0 07	0 21	0 34	0 47	1 01	1 17	1 26	1 37
14	.. ..	.. ..	0 11	0 24	0 35	0 45	1 02	1 17	1 31	1 46	2 01	2 18	2 28	2 40
15	0 32	0 53	1 09	1 23	1 34	1 44	2 02	2 17	2 31	2 45	3 00	3 17	3 28	3 39
16	1 41	2 00	2 15	2 28	2 39	2 48	3 04	3 18	3 31	3 44	3 58	4 14	4 23	4 34

MOONSET

Lat.	−55°	−50°	−45°	−40°	−35°	−30°	−20°	−10°	0°	+10°	+20°	+30°	+35°	+40°
	h m	h m	h m	h m	h m	h m	h m	h m	h m	h m	h m	h m	h m	h m
Jan. 23	21 16	21 15	21 13	21 12	21 11	21 10	21 09	21 07	21 06	21 05	21 03	21 01	21 00	20 59
24	21 40	21 43	21 45	21 47	21 48	21 50	21 52	21 54	21 56	21 58	22 00	22 03	22 04	22 06
25	22 03	22 10	22 16	22 20	22 25	22 28	22 34	22 40	22 45	22 50	22 56	23 02	23 06	23 10
26	22 28	22 39	22 47	22 55	23 01	23 07	23 16	23 25	23 33	23 41	23 49	23 59	.. ..	.. ..
27	22 55	23 09	23 21	23 31	23 39	23 46	23 59	.. ..	.. ..	.. ..	.. ..	.. ..	0 05	0 11
28	23 25	23 43	23 57	.. ..	.. ..	.. ..	.. ..	0 10	0 20	0 31	0 42	0 55	1 02	1 10
29	.. ..	.. ..	.. ..	0 09	0 19	0 27	0 42	0 55	1 08	1 20	1 33	1 48	1 57	2 07
30	0 01	0 21	0 37	0 50	1 01	1 10	1 27	1 42	1 55	2 09	2 23	2 40	2 50	3 01
31	0 43	1 04	1 21	1 34	1 46	1 56	2 13	2 29	2 43	2 57	3 12	3 29	3 39	3 51
Feb. 1	1 31	1 52	2 09	2 22	2 34	2 44	3 01	3 16	3 30	3 44	3 59	4 16	4 26	4 38
2	2 25	2 45	3 01	3 13	3 24	3 34	3 50	4 04	4 17	4 31	4 45	5 01	5 10	5 21
3	3 24	3 42	3 56	4 07	4 17	4 25	4 39	4 52	5 04	5 16	5 28	5 42	5 50	6 00
4	4 28	4 42	4 53	5 02	5 10	5 17	5 29	5 40	5 50	5 59	6 10	6 21	6 28	6 36
5	5 33	5 44	5 52	5 59	6 05	6 10	6 19	6 27	6 35	6 42	6 50	6 59	7 04	7 09
6	6 40	6 47	6 52	6 57	7 00	7 04	7 09	7 15	7 19	7 24	7 29	7 34	7 37	7 41
7	7 49	7 51	7 53	7 55	7 57	7 58	8 00	8 02	8 04	8 05	8 07	8 09	8 10	8 12
8	8 59	8 57	8 56	8 54	8 53	8 53	8 51	8 50	8 49	8 47	8 46	8 44	8 44	8 43
9	10 09	10 04	9 59	9 55	9 52	9 49	9 43	9 39	9 35	9 30	9 26	9 21	9 18	9 14
10	11 22	11 11	11 03	10 57	10 51	10 46	10 37	10 29	10 22	10 15	10 07	9 59	9 54	9 48
11	12 34	12 20	12 09	12 00	11 52	11 45	11 33	11 22	11 12	11 02	10 52	10 40	10 33	10 25
12	13 47	13 29	13 15	13 03	12 54	12 45	12 30	12 17	12 05	11 53	11 40	11 26	11 17	11 07
13	14 56	14 36	14 20	14 07	13 56	13 46	13 29	13 15	13 01	12 48	12 33	12 16	12 07	11 56
14	15 59	15 38	15 21	15 08	14 56	14 46	14 29	14 14	14 00	13 45	13 30	13 13	13 02	12 51
15	16 54	16 34	16 18	16 05	15 54	15 44	15 28	15 13	14 59	14 46	14 31	14 14	14 04	13 53
16	17 39	17 22	17 09	16 57	16 48	16 39	16 25	16 12	16 00	15 47	15 34	15 19	15 10	15 00

.. .. indicates phenomenon will occur the next day.

UNIVERSAL TIME FOR MERIDIAN OF GREENWICH
MOONRISE

Lat.	+40°	+42°	+44°	+46°	+48°	+50°	+52°	+54°	+56°	+58°	+60°	+62°	+64°	+66°
	h m	h m	h m	h m	h m	h m	h m	h m	h m	h m	h m	h m	h m	h m
Jan. 23	8 56	8 57	8 58	8 59	9 01	9 02	9 04	9 05	9 07	9 09	9 11	9 14	9 17	9 20
24	9 31	9 31	9 31	9 31	9 31	9 31	9 30	9 30	9 30	9 30	9 30	9 29	9 29	9 29
25	10 05	10 04	10 02	10 01	10 00	10 00	9 58	9 54	9 52	9 50	9 47	9 44	9 41	9 37
26	10 39	10 37	10 34	10 32	10 29	10 26	10 23	10 19	10 15	10 11	10 06	10 00	9 54	9 47
27	11 14	11 10	11 07	11 03	10 59	10 55	10 50	10 45	10 40	10 33	10 26	10 18	10 09	9 58
28	11 50	11 46	11 42	11 38	11 33	11 27	11 21	11 15	11 07	10 59	10 50	10 39	10 27	10 12
29	12 30	12 25	12 20	12 15	12 09	12 03	11 56	11 48	11 40	11 30	11 19	11 06	10 51	10 32
30	13 13	13 08	13 02	12 56	12 50	12 43	12 36	12 27	12 18	12 07	11 55	11 40	11 23	11 01
31	13 59	13 54	13 48	13 42	13 36	13 29	13 21	13 12	13 03	12 52	12 39	12 24	12 05	11 43
Feb. 1	14 48	14 43	14 38	14 32	14 26	14 19	14 12	14 03	13 54	13 43	13 31	13 17	12 59	12 37
2	15 41	15 36	15 31	15 26	15 20	15 14	15 07	15 00	14 51	14 42	14 31	14 18	14 03	13 44
3	16 35	16 32	16 27	16 23	16 18	16 13	16 07	16 01	15 53	15 45	15 36	15 26	15 13	14 58
4	17 32	17 29	17 25	17 22	17 18	17 14	17 09	17 04	16 59	16 52	16 45	16 37	16 28	16 17
5	18 29	18 27	18 24	18 22	18 19	18 16	18 13	18 10	18 06	18 02	17 57	17 52	17 45	17 38
6	19 27	19 26	19 25	19 23	19 22	19 20	19 19	19 17	19 15	19 13	19 10	19 07	19 04	19 01
7	20 26	20 26	20 26	20 26	20 25	20 25	20 25	20 25	20 25	20 25	20 25	20 25	20 24	20 24
8	21 26	21 27	21 28	21 29	21 30	21 32	21 33	21 35	21 36	21 38	21 41	21 43	21 46	21 49
9	22 27	22 29	22 31	22 34	22 36	22 39	22 42	22 45	22 49	22 53	22 58	23 03	23 09	23 16
10	23 30	23 33	23 36	23 40	23 43	23 48	23 52	23 57	.. ..	.. ..	.. ..	.. ..	.. ..	.. ..
11	.. ..	.. ..	.. ..	.. ..	.. ..	.. ..	.. ..	.. ..	.. ..	0 03	0 09	0 16	0 24	0 34	0 45
12	0 33	0 37	0 41	0 46	0 51	0 57	1 03	1 09	1 17	1 25	1 35	1 46	1 59	2 15
13	1 37	1 42	1 47	1 52	1 58	2 05	2 12	2 20	2 29	2 39	2 51	3 04	3 21	3 41
14	2 40	2 45	2 50	2 56	3 03	3 10	3 18	3 26	3 36	3 47	4 00	4 15	4 34	4 57
15	3 39	3 44	3 50	3 56	4 02	4 09	4 17	4 26	4 35	4 46	4 59	5 14	5 32	5 55
16	4 34	4 39	4 44	4 49	4 55	5 01	5 08	5 16	5 25	5 35	5 46	5 59	6 15	6 34

MOONSET

Lat.	+40°	+42°	+44°	+46°	+48°	+50°	+52°	+54°	+56°	+58°	+60°	+62°	+64°	+66°
	h m	h m	h m	h m	h m	h m	h m	h m	h m	h m	h m	h m	h m	h m
Jan. 23	20 59	20 59	20 58	20 58	20 57	20 56	20 56	20 55	20 54	20 53	20 52	20 50	20 49	20 47
24	22 06	22 07	22 07	22 08	22 09	22 10	22 11	22 12	22 13	22 15	22 16	22 18	22 20	22 22
25	23 10	23 12	23 14	23 16	23 18	23 20	23 23	23 26	23 29	23 33	23 37	23 41	23 47	23 53
26	.. ..	.. ..	.. ..	.. ..	.. ..	.. ..	.. ..	.. ..	.. ..	.. ..	.. ..	.. ..	.. ..	.. ..
27	0 11	0 14	0 17	0 20	0 24	0 28	0 32	0 37	0 42	0 47	0 54	1 01	1 10	1 20
28	1 10	1 14	1 18	1 22	1 27	1 32	1 38	1 44	1 51	1 58	2 07	2 17	2 29	2 43
29	2 07	2 11	2 16	2 21	2 27	2 33	2 40	2 47	2 55	3 05	3 15	3 28	3 43	4 01
30	3 01	3 06	3 11	3 17	3 23	3 29	3 37	3 45	3 54	4 05	4 17	4 31	4 49	5 10
31	3 51	3 56	4 02	4 08	4 14	4 21	4 29	4 37	4 47	4 58	5 11	5 26	5 44	6 07
Feb. 1	4 38	4 43	4 48	4 54	5 00	5 07	5 15	5 23	5 33	5 44	5 56	6 11	6 28	6 50
2	5 21	5 25	5 30	5 36	5 42	5 48	5 55	6 03	6 12	6 22	6 33	6 46	7 02	7 21
3	6 00	6 04	6 08	6 13	6 18	6 24	6 30	6 37	6 44	6 53	7 02	7 13	7 26	7 42
4	6 36	6 39	6 43	6 47	6 51	6 56	7 01	7 06	7 12	7 19	7 26	7 35	7 45	7 57
5	7 09	7 12	7 15	7 17	7 21	7 24	7 28	7 32	7 36	7 41	7 46	7 53	8 00	8 08
6	7 41	7 43	7 44	7 46	7 48	7 50	7 52	7 55	7 58	8 01	8 04	8 08	8 12	8 17
7	8 12	8 12	8 13	8 14	8 14	8 15	8 16	8 17	8 18	8 19	8 20	8 22	8 23	8 25
8	8 43	8 42	8 42	8 41	8 41	8 40	8 39	8 39	8 38	8 37	8 36	8 35	8 34	8 32
9	9 14	9 13	9 11	9 09	9 08	9 06	9 04	9 01	8 59	8 56	8 53	8 49	8 45	8 40
10	9 48	9 46	9 43	9 40	9 37	9 34	9 30	9 26	9 22	9 17	9 11	9 05	8 58	8 50
11	10 25	10 22	10 18	10 14	10 10	10 05	10 00	9 55	9 48	9 42	9 34	9 25	9 15	9 02
12	11 07	11 03	10 59	10 54	10 48	10 42	10 36	10 29	10 21	10 12	10 02	9 51	9 37	9 20
13	11 56	11 51	11 45	11 40	11 34	11 27	11 19	11 11	11 02	10 52	10 40	10 26	10 09	9 48
14	12 51	12 46	12 40	12 34	12 27	12 20	12 12	12 04	11 54	11 43	11 30	11 14	10 56	10 33
15	13 53	13 48	13 42	13 36	13 30	13 23	13 16	13 07	12 57	12 47	12 34	12 19	12 01	11 39
16	15 00	14 56	14 51	14 46	14 40	14 34	14 27	14 20	14 12	14 02	13 51	13 39	13 24	13 05

.. .. indicates phenomenon will occur the next day.

MOONRISE AND MOONSET, 1996

UNIVERSAL TIME FOR MERIDIAN OF GREENWICH

MOONRISE

Lat.	−55°	−50°	−45°	−40°	−35°	−30°	−20°	−10°	0°	+10°	+20°	+30°	+35°	+40°
	h m	h m	h m	h m	h m	h m	h m	h m	h m	h m	h m	h m	h m	h m
Feb. 15	0 32	0 53	1 09	1 23	1 34	1 44	2 02	2 17	2 31	2 45	3 00	3 17	3 28	3 39
16	1 41	2 00	2 15	2 28	2 39	2 48	3 04	3 18	3 31	3 44	3 58	4 14	4 23	4 34
17	2 58	3 14	3 27	3 38	3 46	3 54	4 08	4 20	4 31	4 42	4 53	5 07	5 15	5 23
18	4 20	4 32	4 41	4 49	4 56	5 02	5 12	5 20	5 29	5 37	5 46	5 56	6 01	6 08
19	5 44	5 51	5 56	6 01	6 05	6 08	6 14	6 19	6 24	6 29	6 35	6 41	6 44	6 48
20	7 06	7 08	7 10	7 11	7 12	7 13	7 15	7 16	7 18	7 20	7 21	7 23	7 24	7 25
21	8 26	8 23	8 21	8 19	8 17	8 16	8 14	8 12	8 10	8 08	8 06	8 04	8 02	8 01
22	9 43	9 35	9 30	9 25	9 21	9 17	9 11	9 05	9 00	8 55	8 49	8 43	8 40	8 36
23	10 56	10 45	10 35	10 28	10 21	10 16	10 06	9 57	9 49	9 41	9 33	9 23	9 18	9 11
24	12 06	11 50	11 38	11 28	11 20	11 12	10 59	10 48	10 38	10 27	10 16	10 04	9 57	9 48
25	13 10	12 52	12 38	12 26	12 16	12 07	11 52	11 38	11 26	11 14	11 01	10 46	10 37	10 28
26	14 09	13 49	13 33	13 20	13 09	12 59	12 42	12 28	12 14	12 01	11 46	11 30	11 20	11 10
27	15 01	14 40	14 24	14 10	13 59	13 49	13 31	13 16	13 02	12 48	12 33	12 16	12 06	11 55
28	15 46	15 26	15 10	14 56	14 45	14 35	14 18	14 04	13 50	13 36	13 21	13 04	12 54	12 43
29	16 25	16 06	15 51	15 39	15 28	15 19	15 03	14 50	14 37	14 24	14 10	13 54	13 45	13 34
Mar. 1	16 58	16 41	16 28	16 18	16 09	16 01	15 47	15 34	15 23	15 12	14 59	14 45	14 37	14 28
2	17 26	17 13	17 02	16 54	16 46	16 40	16 28	16 18	16 09	15 59	15 49	15 38	15 31	15 23
3	17 51	17 41	17 34	17 27	17 22	17 17	17 08	17 01	16 54	16 47	16 39	16 31	16 26	16 20
4	18 13	18 08	18 03	17 59	17 56	17 53	17 48	17 43	17 39	17 35	17 30	17 25	17 22	17 19
5	18 35	18 33	18 32	18 30	18 29	18 28	18 27	18 25	18 24	18 23	18 21	18 20	18 19	18 18
6	18 57	18 59	19 01	19 02	19 03	19 04	19 06	19 08	19 10	19 12	19 14	19 16	19 17	19 18
7	19 19	19 26	19 31	19 35	19 38	19 42	19 47	19 52	19 57	20 02	20 07	20 13	20 16	20 20
8	19 45	19 55	20 03	20 10	20 16	20 21	20 30	20 38	20 46	20 53	21 02	21 11	21 17	21 23
9	20 14	20 28	20 39	20 48	20 56	21 03	21 16	21 27	21 37	21 47	21 58	22 11	22 18	22 26
10	20 49	21 06	21 20	21 31	21 41	21 50	22 05	22 18	22 30	22 42	22 56	23 11	23 20	23 30

MOONSET

Lat.	−55°	−50°	−45°	−40°	−35°	−30°	−20°	−10°	0°	+10°	+20°	+30°	+35°	+40°
	h m	h m	h m	h m	h m	h m	h m	h m	h m	h m	h m	h m	h m	h m
Feb. 15	16 54	16 34	16 18	16 05	15 54	15 44	15 28	15 13	14 59	14 46	14 31	14 14	14 04	13 53
16	17 39	17 22	17 09	16 57	16 48	16 39	16 25	16 12	16 00	15 47	15 34	15 19	15 10	15 00
17	18 17	18 04	17 53	17 44	17 37	17 30	17 18	17 08	16 58	16 49	16 38	16 26	16 19	16 11
18	18 48	18 40	18 33	18 27	18 21	18 17	18 09	18 02	17 55	17 49	17 42	17 33	17 29	17 23
19	19 16	19 11	19 08	19 05	19 03	19 01	18 57	18 53	18 50	18 47	18 43	18 39	18 37	18 34
20	19 41	19 41	19 41	19 42	19 42	19 42	19 42	19 43	19 43	19 43	19 43	19 43	19 43	19 44
21	20 05	20 10	20 14	20 17	20 20	20 22	20 26	20 30	20 34	20 37	20 41	20 45	20 48	20 51
22	20 30	20 39	20 46	20 52	20 57	21 02	21 10	21 17	21 23	21 30	21 37	21 45	21 50	21 55
23	20 57	21 09	21 20	21 28	21 36	21 42	21 53	22 03	22 13	22 22	22 32	22 43	22 50	22 57
24	21 27	21 43	21 56	22 06	22 16	22 24	22 37	22 50	23 01	23 13	23 25	23 39	23 47	23 56
25	22 01	22 20	22 35	22 47	22 58	23 07	23 23	23 36	23 49	.. ..	.. ..	.. ..	.. ..	.. ..
26	22 41	23 01	23 17	23 31	23 42	23 52	.. ..	.. ..	.. ..	0 02	0 16	0 32	0 41	0 52
27	23 26	23 47	.. ..	.. ..	.. ..	.. ..	0 09	0 24	0 38	0 51	1 06	1 23	1 33	1 44
28	.. ..	.. ..	0 04	0 17	0 29	0 39	0 56	1 11	1 25	1 39	1 54	2 11	2 21	2 33
29	0 18	0 38	0 54	1 07	1 18	1 28	1 45	1 59	2 12	2 26	2 40	2 57	3 06	3 17
Mar. 1	1 15	1 34	1 48	2 00	2 10	2 19	2 34	2 47	2 59	3 11	3 24	3 39	3 48	3 58
2	2 17	2 32	2 44	2 54	3 03	3 10	3 23	3 35	3 45	3 56	4 07	4 19	4 27	4 35
3	3 22	3 33	3 43	3 51	3 57	4 03	4 13	4 22	4 31	4 39	4 48	4 57	5 03	5 10
4	4 28	4 36	4 43	4 48	4 53	4 57	5 04	5 10	5 16	5 21	5 27	5 34	5 38	5 42
5	5 37	5 41	5 44	5 47	5 49	5 51	5 55	5 58	6 01	6 03	6 06	6 10	6 12	6 14
6	6 47	6 47	6 47	6 47	6 47	6 47	6 46	6 46	6 46	6 46	6 46	6 45	6 45	6 45
7	7 59	7 54	7 51	7 48	7 45	7 43	7 39	7 36	7 32	7 29	7 26	7 22	7 19	7 17
8	9 11	9 03	8 56	8 50	8 45	8 41	8 33	8 26	8 20	8 14	8 07	8 00	7 55	7 51
9	10 24	10 12	10 01	9 53	9 46	9 39	9 28	9 19	9 10	9 01	8 51	8 40	8 34	8 27
10	11 37	11 20	11 07	10 56	10 47	10 39	10 25	10 13	10 02	9 51	9 38	9 25	9 17	9 08

.. .. indicates phenomenon will occur the next day.

MOONRISE AND MOONSET, 1996

UNIVERSAL TIME FOR MERIDIAN OF GREENWICH

MOONRISE

Lat.	+40°	+42°	+44°	+46°	+48°	+50°	+52°	+54°	+56°	+58°	+60°	+62°	+64°	+66°
	h m	h m	h m	h m	h m	h m	h m	h m	h m	h m	h m	h m	h m	h m
Feb. 15	3 39	3 44	3 50	3 56	4 02	4 09	4 17	4 26	4 35	4 46	4 59	5 14	5 32	5 55
16	4 34	4 39	4 44	4 49	4 55	5 01	5 08	5 16	5 25	5 35	5 46	5 59	6 15	6 34
17	5 23	5 27	5 32	5 36	5 41	5 46	5 52	5 58	6 05	6 13	6 22	6 32	6 44	6 59
18	6 08	6 11	6 14	6 17	6 21	6 24	6 29	6 33	6 38	6 44	6 50	6 57	7 06	7 15
19	6 48	6 50	6 52	6 54	6 56	6 58	7 01	7 03	7 06	7 10	7 13	7 17	7 22	7 28
20	7 25	7 26	7 26	7 27	7 28	7 28	7 29	7 30	7 31	7 32	7 33	7 35	7 36	7 38
21	8 01	8 00	8 00	7 59	7 58	7 57	7 56	7 55	7 54	7 53	7 52	7 50	7 49	7 47
22	8 36	8 34	8 32	8 30	8 28	8 26	8 23	8 21	8 18	8 14	8 11	8 07	8 02	7 56
23	9 11	9 09	9 06	9 03	8 59	8 56	8 52	8 47	8 42	8 37	8 31	8 24	8 16	8 07
24	9 48	9 45	9 41	9 37	9 32	9 27	9 22	9 16	9 10	9 02	8 54	8 45	8 34	8 21
25	10 28	10 23	10 19	10 14	10 08	10 02	9 56	9 49	9 41	9 32	9 22	9 10	8 56	8 39
26	11 10	11 05	11 00	10 54	10 48	10 41	10 34	10 26	10 17	10 07	9 55	9 41	9 25	9 05
27	11 55	11 50	11 44	11 38	11 32	11 25	11 17	11 09	10 59	10 49	10 36	10 21	10 04	9 42
28	12 43	12 38	12 33	12 27	12 21	12 14	12 06	11 58	11 48	11 38	11 25	11 11	10 53	10 31
29	13 34	13 30	13 25	13 19	13 13	13 07	13 00	12 52	12 43	12 33	12 22	12 08	11 53	11 33
Mar. 1	14 28	14 24	14 19	14 15	14 09	14 04	13 58	13 51	13 43	13 35	13 25	13 14	13 00	12 44
2	15 23	15 20	15 16	15 13	15 08	15 04	14 59	14 53	14 47	14 40	14 33	14 24	14 13	14 01
3	16 20	16 18	16 15	16 12	16 09	16 06	16 02	15 58	15 54	15 49	15 43	15 37	15 30	15 21
4	17 19	17 17	17 16	17 14	17 12	17 10	17 08	17 05	17 03	17 00	16 57	16 53	16 48	16 43
5	18 18	18 17	18 17	18 17	18 16	18 16	18 15	18 15	18 14	18 13	18 12	18 11	18 10	18 09	18 07
6	19 18	19 19	19 20	19 20	19 21	19 22	19 23	19 24	19 25	19 26	19 28	19 29	19 31	19 33
7	20 20	20 22	20 24	20 25	20 28	20 30	20 32	20 35	20 38	20 42	20 45	20 50	20 55	21 01
8	21 23	21 26	21 28	21 32	21 35	21 39	21 43	21 47	21 52	21 58	22 04	22 11	22 20	22 30
9	22 26	22 30	22 34	22 38	22 43	22 48	22 53	23 00	23 06	23 14	23 23	23 33	23 45	23 59
10	23 30	23 34	23 39	23 44	23 50	23 56	.. ..	.. ..	.. ..	.. ..	.. ..	.. ..	.. ..	.. ..

MOONSET

Lat.	+40°	+42°	+44°	+46°	+48°	+50°	+52°	+54°	+56°	+58°	+60°	+62°	+64°	+66°
	h m	h m	h m	h m	h m	h m	h m	h m	h m	h m	h m	h m	h m	h m
Feb. 15	13 53	13 48	13 42	13 36	13 30	13 23	13 16	13 07	12 57	12 47	12 34	12 19	12 01	11 39
16	15 00	14 56	14 51	14 46	14 40	14 34	14 27	14 20	14 12	14 02	13 51	13 39	13 24	13 05
17	16 11	16 08	16 04	16 00	15 55	15 51	15 45	15 39	15 33	15 26	15 17	15 08	14 57	14 43
18	17 23	17 21	17 18	17 15	17 12	17 09	17 06	17 02	16 57	16 52	16 47	16 41	16 34	16 25
19	18 34	18 33	18 32	18 30	18 29	18 27	18 26	18 24	18 22	18 19	18 17	18 14	18 10	18 06
20	19 44	19 44	19 44	19 44	19 44	19 44	19 44	19 44	19 44	19 44	19 44	19 44	19 44	19 45
21	20 51	20 52	20 53	20 55	20 56	20 58	21 00	21 02	21 04	21 06	21 09	21 12	21 15	21 20
22	21 55	21 58	22 00	22 03	22 06	22 09	22 12	22 16	22 20	22 25	22 30	22 36	22 43	22 51
23	22 57	23 00	23 04	23 08	23 12	23 16	23 21	23 27	23 33	23 39	23 47	23 56	.. ..	.. ..
24	23 56	.. ..	.. ..	.. ..	.. ..	.. ..	.. ..	.. ..	.. ..	.. ..	.. ..	.. ..	0 06	0 18
25	.. ..	0 00	0 05	0 09	0 15	0 20	0 26	0 33	0 41	0 49	0 59	1 11	1 24	1 40
26	0 52	0 57	1 02	1 07	1 13	1 20	1 27	1 34	1 43	1 53	2 05	2 18	2 34	2 54
27	1 44	1 49	1 55	2 00	2 07	2 14	2 21	2 30	2 39	2 50	3 02	3 17	3 35	3 57
28	2 33	2 38	2 43	2 49	2 55	3 02	3 10	3 18	3 28	3 39	3 51	4 06	4 24	4 46
29	3 17	3 22	3 27	3 33	3 39	3 45	3 52	4 00	4 09	4 20	4 31	4 45	5 01	5 21
Mar. 1	3 58	4 02	4 07	4 12	4 17	4 23	4 29	4 36	4 44	4 53	5 03	5 15	5 29	5 46
2	4 35	4 39	4 43	4 47	4 51	4 56	5 02	5 07	5 14	5 21	5 30	5 39	5 50	6 03
3	5 10	5 12	5 15	5 19	5 22	5 26	5 30	5 35	5 40	5 45	5 51	5 59	6 07	6 16
4	5 42	5 44	5 46	5 48	5 51	5 53	5 56	5 59	6 02	6 06	6 10	6 15	6 20	6 26
5	6 14	6 15	6 16	6 17	6 18	6 19	6 20	6 22	6 24	6 25	6 27	6 30	6 32	6 35
6	6 45	6 45	6 45	6 45	6 45	6 45	6 44	6 44	6 44	6 44	6 44	6 44	6 43	6 43
7	7 17	7 16	7 15	7 13	7 12	7 10	7 09	7 07	7 05	7 03	7 01	6 58	6 55	6 51
8	7 51	7 48	7 46	7 44	7 41	7 38	7 35	7 32	7 28	7 24	7 19	7 14	7 08	7 01
9	8 27	8 24	8 21	8 17	8 13	8 09	8 04	7 59	7 54	7 48	7 41	7 33	7 23	7 13
10	9 08	9 04	8 59	8 55	8 50	8 44	8 38	8 32	8 25	8 16	8 07	7 56	7 44	7 29

.. .. indicates phenomenon will occur the next day.

MOONRISE AND MOONSET, 1996

UNIVERSAL TIME FOR MERIDIAN OF GREENWICH

MOONRISE

Lat.	−55°	−50°	−45°	−40°	−35°	−30°	−20°	−10°	0°	+10°	+20°	+30°	+35°	+40°
	h m	h m	h m	h m	h m	h m	h m	h m	h m	h m	h m	h m	h m	h m
Mar. 9	20 14	20 28	20 39	20 48	20 56	21 03	21 16	21 27	21 37	21 47	21 58	22 11	22 18	22 26
10	20 49	21 06	21 20	21 31	21 41	21 50	22 05	22 18	22 30	22 42	22 56	23 11	23 20	23 30
11	21 32	21 52	22 07	22 20	22 31	22 41	22 57	23 12	23 26	23 39	23 54	.. ..	.. ..	.. ..
12	22 25	22 45	23 02	23 15	23 27	23 36	23 54	.. ..	.. ..	.. ..	.. ..	0 11	0 20	0 32
13	23 27	23 47	.. ..	.. ..	.. ..	.. ..	.. ..	0 09	0 23	0 37	0 52	1 09	1 19	1 31
14	.. ..	.. ..	0 03	0 16	0 27	0 36	0 53	1 07	1 21	1 34	1 49	2 05	2 15	2 26
15	0 39	0 56	1 10	1 21	1 31	1 39	1 54	2 07	2 18	2 30	2 43	2 57	3 06	3 15
16	1 56	2 10	2 21	2 30	2 37	2 44	2 55	3 06	3 15	3 25	3 35	3 46	3 53	4 00
17	3 17	3 26	3 33	3 39	3 44	3 49	3 57	4 04	4 10	4 17	4 24	4 32	4 36	4 41
18	4 38	4 42	4 45	4 48	4 51	4 53	4 57	5 00	5 04	5 07	5 10	5 14	5 17	5 19
19	5 58	5 57	5 57	5 57	5 57	5 56	5 56	5 56	5 56	5 56	5 55	5 55	5 55	5 55
20	7 16	7 11	7 07	7 04	7 01	6 58	6 54	6 50	6 47	6 43	6 40	6 35	6 33	6 30
21	8 32	8 23	8 15	8 09	8 04	7 59	7 51	7 44	7 37	7 31	7 24	7 16	7 11	7 06
22	9 45	9 31	9 21	9 12	9 04	8 58	8 46	8 36	8 27	8 18	8 08	7 57	7 50	7 43
23	10 53	10 36	10 23	10 12	10 03	9 54	9 40	9 28	9 17	9 05	8 53	8 39	8 31	8 22
24	11 56	11 36	11 21	11 09	10 58	10 49	10 33	10 19	10 06	9 53	9 39	9 23	9 14	9 04
25	12 52	12 31	12 15	12 01	11 50	11 40	11 23	11 08	10 55	10 41	10 26	10 09	9 59	9 48
26	13 40	13 19	13 03	12 50	12 39	12 29	12 12	11 57	11 43	11 29	11 14	10 57	10 47	10 36
27	14 22	14 02	13 47	13 34	13 23	13 14	12 58	12 43	12 30	12 17	12 03	11 46	11 37	11 26
28	14 57	14 39	14 26	14 14	14 05	13 56	13 42	13 29	13 17	13 05	12 52	12 37	12 29	12 19
29	15 26	15 12	15 01	14 51	14 43	14 36	14 24	14 13	14 03	13 52	13 41	13 29	13 22	13 13
30	15 53	15 42	15 33	15 26	15 19	15 14	15 04	14 56	14 48	14 40	14 31	14 21	14 16	14 09
31	16 16	16 09	16 03	15 58	15 54	15 50	15 44	15 38	15 33	15 27	15 22	15 15	15 11	15 07
Apr. 1	16 38	16 35	16 32	16 30	16 28	16 26	16 23	16 20	16 18	16 15	16 13	16 10	16 08	16 06
2	17 00	17 01	17 01	17 02	17 02	17 02	17 03	17 03	17 03	17 04	17 04	17 05	17 05	17 06

MOONSET

Lat.	−55°	−50°	−45°	−40°	−35°	−30°	−20°	−10°	0°	+10°	+20°	+30°	+35°	+40°
	h m	h m	h m	h m	h m	h m	h m	h m	h m	h m	h m	h m	h m	h m
Mar. 9	10 24	10 12	10 01	9 53	9 46	9 39	9 28	9 19	9 10	9 01	8 51	8 40	8 34	8 27
10	11 37	11 20	11 07	10 56	10 47	10 39	10 25	10 13	10 02	9 51	9 38	9 25	9 17	9 08
11	12 46	12 27	12 12	11 59	11 49	11 39	11 23	11 09	10 56	10 43	10 29	10 13	10 04	9 53
12	13 50	13 29	13 13	13 00	12 49	12 39	12 22	12 07	11 53	11 39	11 24	11 07	10 57	10 45
13	14 46	14 26	14 10	13 57	13 46	13 36	13 19	13 04	12 50	12 36	12 21	12 04	11 54	11 43
14	15 34	15 16	15 01	14 49	14 39	14 30	14 15	14 01	13 48	13 35	13 22	13 06	12 57	12 46
15	16 13	15 58	15 46	15 37	15 28	15 21	15 08	14 56	14 46	14 35	14 23	14 10	14 02	13 53
16	16 46	16 35	16 27	16 19	16 13	16 08	15 58	15 50	15 42	15 33	15 25	15 15	15 09	15 02
17	17 15	17 08	17 03	16 59	16 55	16 52	16 46	16 41	16 36	16 31	16 26	16 20	16 16	16 12
18	17 40	17 38	17 37	17 36	17 34	17 33	17 32	17 30	17 29	17 27	17 25	17 24	17 22	17 21
19	18 05	18 07	18 10	18 11	18 13	18 14	18 16	18 18	18 20	18 22	18 24	18 26	18 27	18 29
20	18 30	18 37	18 42	18 47	18 51	18 54	19 00	19 06	19 11	19 16	19 21	19 28	19 31	19 35
21	18 56	19 07	19 16	19 23	19 29	19 35	19 45	19 53	20 01	20 09	20 17	20 27	20 33	20 39
22	19 25	19 40	19 51	20 01	20 09	20 17	20 29	20 40	20 51	21 01	21 12	21 25	21 33	21 41
23	19 58	20 16	20 30	20 41	20 51	21 00	21 15	21 28	21 40	21 53	22 06	22 21	22 29	22 39
24	20 36	20 56	21 12	21 24	21 35	21 45	22 01	22 16	22 29	22 43	22 57	23 14	23 23	23 34
25	21 20	21 41	21 57	22 11	22 22	22 32	22 49	23 04	23 18	23 32	23 47	.. ..	.. ..	.. ..
26	22 10	22 30	22 46	23 00	23 11	23 21	23 37	23 52	.. ..	.. ..	.. ..	0 04	0 14	0 25
27	23 05	23 24	23 39	23 51	.. ..	.. ..	.. ..	.. ..	0 06	0 19	0 34	0 51	1 00	1 11
28	.. ..	.. ..	.. ..	.. ..	0 02	0 11	0 26	0 40	0 53	1 06	1 19	1 34	1 43	1 54
29	0 05	0 21	0 34	0 45	0 54	1 02	1 16	1 28	1 39	1 50	2 02	2 16	2 23	2 32
30	1 08	1 21	1 31	1 40	1 48	1 54	2 05	2 15	2 24	2 34	2 43	2 54	3 01	3 08
31	2 13	2 23	2 31	2 37	2 42	2 47	2 55	3 03	3 09	3 16	3 23	3 31	3 36	3 41
Apr. 1	3 21	3 27	3 31	3 35	3 38	3 41	3 46	3 50	3 54	3 58	4 02	4 07	4 10	4 13
2	4 31	4 32	4 34	4 35	4 36	4 36	4 38	4 39	4 40	4 41	4 42	4 43	4 44	4 44

.. .. indicates phenomenon will occur the next day.

UNIVERSAL TIME FOR MERIDIAN OF GREENWICH

MOONRISE

Lat.	+40°	+42°	+44°	+46°	+48°	+50°	+52°	+54°	+56°	+58°	+60°	+62°	+64°	+66°
	h m	h m	h m	h m	h m	h m	h m	h m	h m	h m	h m	h m	h m	h m
Mar. 9	22 26	22 30	22 34	22 38	22 43	22 48	22 53	23 00	23 06	23 14	23 23	23 33	23 45	23 59
10	23 30	23 34	23 39	23 44	23 50	23 56	.. ..	.. ..	.. ..	.. ..	.. ..	.. ..	.. ..	.. ..
11	.. ..	.. ..	.. ..	.. ..	.. ..	.. ..	0 03	0 10	0 19	0 28	0 39	0 52	1 07	1 26
12	0 32	0 37	0 42	0 48	0 54	1 01	1 09	1 17	1 26	1 37	1 50	2 04	2 22	2 44
13	1 31	1 36	1 41	1 47	1 54	2 01	2 09	2 17	2 27	2 38	2 51	3 06	3 24	3 47
14	2 26	2 30	2 36	2 41	2 47	2 54	3 01	3 09	3 18	3 29	3 40	3 54	4 11	4 31
15	3 15	3 20	3 24	3 29	3 34	3 40	3 46	3 53	4 01	4 10	4 19	4 31	4 44	5 00
16	4 00	4 04	4 07	4 11	4 15	4 20	4 24	4 30	4 36	4 42	4 50	4 58	5 08	5 20
17	4 41	4 43	4 46	4 48	4 51	4 54	4 58	5 01	5 05	5 09	5 14	5 20	5 26	5 34
18	5 19	5 20	5 21	5 23	5 24	5 26	5 27	5 29	5 31	5 33	5 35	5 38	5 41	5 45
19	5 55	5 55	5 55	5 55	5 55	5 55	5 55	5 55	5 55	5 55	5 55	5 55	5 54	5 54
20	6 30	6 29	6 28	6 27	6 25	6 24	6 22	6 20	6 18	6 16	6 14	6 11	6 08	6 04
21	7 06	7 04	7 01	6 59	6 56	6 53	6 50	6 46	6 43	6 38	6 33	6 28	6 22	6 14
22	7 43	7 40	7 36	7 33	7 29	7 25	7 20	7 15	7 09	7 03	6 56	6 48	6 38	6 27
23	8 22	8 18	8 14	8 09	8 04	7 59	7 53	7 46	7 39	7 31	7 22	7 11	6 59	6 44
24	9 04	8 59	8 54	8 49	8 43	8 37	8 30	8 22	8 14	8 04	7 53	7 40	7 25	7 07
25	9 48	9 43	9 38	9 32	9 26	9 19	9 12	9 04	8 54	8 44	8 32	8 17	8 00	7 39
26	10 36	10 31	10 25	10 20	10 13	10 06	9 59	9 50	9 41	9 30	9 18	9 03	8 46	8 24
27	11 26	11 21	11 16	11 11	11 05	10 58	10 51	10 43	10 34	10 23	10 12	9 58	9 41	9 21
28	12 19	12 14	12 10	12 05	11 59	11 53	11 47	11 40	11 32	11 23	11 12	11 00	10 46	10 28
29	13 13	13 10	13 06	13 02	12 57	12 52	12 47	12 41	12 34	12 26	12 18	12 08	11 56	11 42
30	14 09	14 07	14 04	14 00	13 57	13 53	13 49	13 44	13 39	13 33	13 27	13 20	13 11	13 01
31	15 07	15 05	15 03	15 01	14 59	14 56	14 53	14 50	14 47	14 43	14 39	14 34	14 29	14 22
Apr. 1	16 06	16 05	16 04	16 03	16 02	16 01	16 00	15 58	15 57	15 55	15 53	15 51	15 48	15 46
2	17 06	17 07	17 07	17 07	17 07	17 07	17 08	17 08	17 08	17 09	17 09	17 10	17 10	17 11

MOONSET

Lat.	+40°	+42°	+44°	+46°	+48°	+50°	+52°	+54°	+56°	+58°	+60°	+62°	+64°	+66°
	h m	h m	h m	h m	h m	h m	h m	h m	h m	h m	h m	h m	h m	h m
Mar. 9	8 27	8 24	8 21	8 17	8 13	8 09	8 04	7 59	7 54	7 48	7 41	7 33	7 23	7 13
10	9 08	9 04	8 59	8 55	8 50	8 44	8 38	8 32	8 25	8 16	8 07	7 56	7 44	7 29
11	9 53	9 49	9 44	9 38	9 32	9 26	9 19	9 11	9 02	8 53	8 41	8 28	8 13	7 53
12	10 45	10 40	10 35	10 29	10 22	10 15	10 08	9 59	9 49	9 39	9 26	9 11	8 53	8 31
13	11 43	11 38	11 32	11 27	11 20	11 13	11 05	10 57	10 47	10 36	10 23	10 08	9 50	9 28
14	12 46	12 41	12 36	12 31	12 25	12 19	12 12	12 04	11 55	11 45	11 33	11 20	11 04	10 44
15	13 53	13 49	13 45	13 41	13 36	13 30	13 24	13 18	13 11	13 02	12 53	12 42	12 30	12 14
16	15 02	14 59	14 56	14 53	14 49	14 45	14 41	14 36	14 31	14 25	14 18	14 11	14 02	13 51
17	16 12	16 10	16 08	16 06	16 04	16 02	15 59	15 56	15 53	15 50	15 46	15 41	15 36	15 30
18	17 21	17 21	17 20	17 19	17 19	17 18	17 17	17 16	17 15	17 14	17 13	17 11	17 10	17 08
19	18 29	18 30	18 30	18 31	18 32	18 33	18 34	18 35	18 36	18 37	18 38	18 40	18 42	18 44
20	19 35	19 37	19 39	19 41	19 43	19 45	19 48	19 51	19 54	19 58	20 02	20 06	20 11	20 17
21	20 39	20 42	20 45	20 48	20 52	20 56	21 00	21 05	21 10	21 15	21 22	21 29	21 38	21 48
22	21 41	21 45	21 49	21 53	21 58	22 03	22 08	22 14	22 21	22 29	22 38	22 48	23 00	23 14
23	22 39	22 44	22 49	22 54	22 59	23 05	23 12	23 19	23 28	23 37	23 48	.. ..	.. ..	.. ..
24	23 34	23 39	23 44	23 50	23 56	.. ..	.. ..	.. ..	.. ..	.. ..	.. ..	0 00	0 15	0 33
25	.. ..	.. ..	.. ..	.. ..	.. ..	0 03	0 10	0 18	0 28	0 38	0 50	1 04	1 21	1 42
26	0 25	0 30	0 35	0 41	0 48	0 55	1 02	1 11	1 20	1 31	1 43	1 58	2 16	2 38
27	1 11	1 16	1 22	1 27	1 33	1 40	1 48	1 56	2 05	2 15	2 27	2 41	2 58	3 19
28	1 54	1 58	2 03	2 08	2 14	2 20	2 27	2 34	2 43	2 52	3 03	3 15	3 30	3 48
29	2 32	2 36	2 40	2 45	2 50	2 55	3 01	3 07	3 14	3 22	3 31	3 42	3 54	4 08
30	3 08	3 11	3 14	3 18	3 22	3 26	3 31	3 36	3 41	3 48	3 55	4 03	4 12	4 23
31	3 41	3 43	3 46	3 48	3 51	3 54	3 58	4 01	4 05	4 10	4 15	4 20	4 27	4 34
Apr. 1	4 13	4 14	4 16	4 17	4 19	4 21	4 23	4 25	4 27	4 30	4 32	4 36	4 39	4 43
2	4 44	4 45	4 45	4 45	4 46	4 46	4 47	4 47	4 48	4 48	4 49	4 50	4 51	4 52

.. .. indicates phenomenon will occur the next day.

MOONRISE AND MOONSET, 1996

UNIVERSAL TIME FOR MERIDIAN OF GREENWICH

MOONRISE

Lat.	−55°	−50°	−45°	−40°	−35°	−30°	−20°	−10°	0°	+10°	+20°	+30°	+35°	+40°
	h m	h m	h m	h m	h m	h m	h m	h m	h m	h m	h m	h m	h m	h m
Apr. 1	16 38	16 35	16 32	16 30	16 28	16 26	16 23	16 20	16 18	16 15	16 13	16 10	16 08	16 06
2	17 00	17 01	17 01	17 02	17 02	17 02	17 03	17 03	17 04	17 04	17 05	17 05	17 06	17 06
3	17 23	17 27	17 31	17 34	17 37	17 39	17 44	17 47	17 51	17 55	17 58	18 03	18 05	18 08
4	17 48	17 56	18 03	18 09	18 14	18 19	18 27	18 33	18 40	18 47	18 54	19 02	19 07	19 12
5	18 16	18 29	18 39	18 47	18 54	19 01	19 12	19 22	19 31	19 41	19 51	20 02	20 09	20 17
6	18 50	19 06	19 19	19 30	19 39	19 47	20 01	20 13	20 25	20 37	20 49	21 04	21 12	21 22
7	19 31	19 50	20 05	20 17	20 28	20 37	20 53	21 08	21 21	21 34	21 48	22 05	22 14	22 25
8	20 21	20 41	20 58	21 11	21 22	21 32	21 49	22 04	22 18	22 32	22 47	23 04	23 14	23 26
9	21 21	21 41	21 57	22 10	22 21	22 31	22 48	23 02	23 16	23 30	23 44	.. ..	.. ..	.. ..
10	22 29	22 47	23 01	23 13	23 23	23 32	23 47	.. ..	.. ..	.. ..	.. ..	0 01	0 11	0 22
11	23 43	23 58	.. ..	.. ..	.. ..	.. ..	.. ..	0 01	0 13	0 26	0 39	0 54	1 03	1 13
12	.. ..	.. ..	0 10	0 19	0 28	0 35	0 48	0 59	1 09	1 19	1 30	1 43	1 50	1 58
13	1 00	1 11	1 20	1 27	1 33	1 38	1 47	1 56	2 03	2 11	2 19	2 28	2 33	2 39
14	2 19	2 25	2 30	2 34	2 38	2 41	2 46	2 51	2 56	3 00	3 05	3 10	3 13	3 17
15	3 37	3 39	3 40	3 41	3 42	3 43	3 44	3 45	3 47	3 48	3 49	3 51	3 52	3 53
16	4 55	4 52	4 49	4 47	4 45	4 44	4 41	4 39	4 37	4 35	4 33	4 30	4 29	4 27
17	6 10	6 03	5 57	5 52	5 48	5 44	5 38	5 32	5 27	5 21	5 16	5 10	5 06	5 02
18	7 24	7 13	7 03	6 56	6 49	6 43	6 33	6 24	6 16	6 08	6 00	5 50	5 44	5 38
19	8 35	8 19	8 07	7 57	7 48	7 41	7 28	7 17	7 06	6 56	6 44	6 32	6 24	6 16
20	9 41	9 22	9 08	8 56	8 46	8 37	8 22	8 08	7 56	7 44	7 30	7 15	7 07	6 57
21	10 40	10 20	10 04	9 51	9 40	9 30	9 14	8 59	8 45	8 32	8 18	8 01	7 51	7 41
22	11 33	11 12	10 55	10 42	10 31	10 21	10 03	9 49	9 35	9 21	9 06	8 49	8 39	8 27
23	12 17	11 57	11 41	11 28	11 17	11 08	10 51	10 36	10 23	10 09	9 55	9 38	9 28	9 17
24	12 55	12 37	12 22	12 11	12 00	11 51	11 36	11 23	11 10	10 57	10 44	10 28	10 19	10 09
25	13 27	13 11	12 59	12 49	12 40	12 32	12 19	12 07	11 56	11 45	11 33	11 20	11 12	11 03

MOONSET

Lat.	−55°	−50°	−45°	−40°	−35°	−30°	−20°	−10°	0°	+10°	+20°	+30°	+35°	+40°
	h m	h m	h m	h m	h m	h m	h m	h m	h m	h m	h m	h m	h m	h m
Apr. 1	3 21	3 27	3 31	3 35	3 38	3 41	3 46	3 50	3 54	3 58	4 02	4 07	4 10	4 13
2	4 31	4 32	4 34	4 35	4 36	4 36	4 38	4 39	4 40	4 41	4 42	4 43	4 44	4 44
3	5 43	5 40	5 38	5 36	5 34	5 33	5 30	5 28	5 26	5 24	5 22	5 19	5 18	5 16
4	6 56	6 49	6 43	6 39	6 34	6 31	6 25	6 19	6 14	6 09	6 04	5 58	5 54	5 50
5	8 10	7 59	7 50	7 43	7 36	7 31	7 21	7 12	7 04	6 56	6 48	6 38	6 32	6 26
6	9 25	9 10	8 58	8 48	8 39	8 31	8 19	8 07	7 57	7 46	7 35	7 22	7 15	7 06
7	10 37	10 19	10 04	9 52	9 42	9 33	9 17	9 04	8 51	8 39	8 25	8 10	8 01	7 51
8	11 44	11 23	11 07	10 54	10 43	10 33	10 16	10 02	9 48	9 34	9 20	9 03	8 53	8 42
9	12 43	12 22	12 06	11 53	11 42	11 32	11 15	11 00	10 46	10 32	10 17	9 59	9 49	9 38
10	13 33	13 14	12 59	12 46	12 36	12 26	12 10	11 56	11 43	11 30	11 16	11 00	10 50	10 39
11	14 14	13 58	13 45	13 34	13 25	13 17	13 04	12 51	12 40	12 28	12 16	12 02	11 54	11 44
12	14 48	14 35	14 26	14 18	14 11	14 04	13 54	13 44	13 35	13 26	13 16	13 05	12 59	12 51
13	15 17	15 09	15 02	14 57	14 52	14 48	14 41	14 34	14 28	14 22	14 16	14 08	14 04	13 59
14	15 42	15 39	15 36	15 33	15 31	15 29	15 26	15 23	15 20	15 17	15 14	15 11	15 08	15 06
15	16 07	16 07	16 08	16 08	16 09	16 09	16 10	16 10	16 11	16 11	16 12	16 12	16 12	16 13
16	16 31	16 36	16 40	16 43	16 46	16 49	16 53	16 57	17 01	17 04	17 08	17 13	17 15	17 18
17	16 56	17 05	17 12	17 18	17 24	17 28	17 37	17 44	17 50	17 57	18 04	18 12	18 17	18 23
18	17 23	17 36	17 47	17 55	18 03	18 09	18 21	18 31	18 40	18 50	19 00	19 11	19 18	19 25
19	17 55	18 11	18 24	18 35	18 44	18 52	19 06	19 18	19 30	19 42	19 54	20 08	20 16	20 26
20	18 31	18 50	19 05	19 17	19 28	19 37	19 53	20 07	20 20	20 33	20 47	21 03	21 12	21 23
21	19 12	19 33	19 49	20 02	20 14	20 24	20 41	20 55	21 09	21 23	21 38	21 55	22 05	22 16
22	20 00	20 21	20 37	20 51	21 02	21 12	21 29	21 44	21 58	22 12	22 27	22 44	22 53	23 05
23	20 54	21 13	21 29	21 42	21 53	22 02	22 18	22 32	22 46	22 59	23 13	23 29	23 38	23 49
24	21 52	22 09	22 23	22 35	22 44	22 53	23 08	23 20	23 32	23 44	23 57	.. ..	.. ..	.. ..
25	22 53	23 08	23 19	23 29	23 37	23 44	23 57	.. ..	.. ..	.. ..	.. ..	0 11	0 20	0 29

.. .. indicates phenomenon will occur the next day.

UNIVERSAL TIME FOR MERIDIAN OF GREENWICH

MOONRISE

Lat.	+40°	+42°	+44°	+46°	+48°	+50°	+52°	+54°	+56°	+58°	+60°	+62°	+64°	+66°
	h m	h m	h m	h m	h m	h m	h m	h m	h m	h m	h m	h m	h m	h m
Apr. 1	16 06	16 05	16 04	16 03	16 02	16 01	16 00	15 58	15 57	15 55	15 53	15 51	15 48	15 46
2	17 06	17 07	17 07	17 07	17 07	17 07	17 08	17 08	17 08	17 09	17 09	17 10	17 10	17 11
3	18 08	18 10	18 11	18 13	18 14	18 16	18 18	18 20	18 22	18 25	18 28	18 31	18 35	18 39
4	19 12	19 14	19 17	19 20	19 23	19 26	19 29	19 33	19 37	19 42	19 47	19 54	20 01	20 09
5	20 17	20 20	20 24	20 28	20 32	20 36	20 41	20 47	20 53	21 00	21 08	21 17	21 28	21 40
6	21 22	21 26	21 30	21 35	21 41	21 46	21 53	22 00	22 08	22 17	22 27	22 39	22 53	23 10
7	22 25	22 30	22 35	22 41	22 47	22 54	23 01	23 09	23 19	23 29	23 41	23 55	.. ..	0 33
8	23 26	23 31	23 37	23 42	23 49	23 56	.. ..	.. ..	.. ..	.. ..	.. ..	.. ..	0 12	0 33
9	.. ..	.. ..	.. ..	.. ..	.. ..	.. ..	0 04	0 12	0 22	0 33	0 46	1 01	1 19	1 42
10	0 22	0 27	0 32	0 38	0 44	0 51	0 59	1 07	1 16	1 27	1 39	1 53	2 10	2 31
11	1 13	1 17	1 22	1 27	1 33	1 39	1 45	1 53	2 01	2 10	2 20	2 33	2 47	3 04
12	1 58	2 02	2 06	2 10	2 14	2 19	2 25	2 31	2 37	2 44	2 53	3 02	3 13	3 26
13	2 39	2 42	2 45	2 48	2 51	2 55	2 58	3 03	3 07	3 12	3 18	3 25	3 32	3 41
14	3 17	3 19	3 20	3 22	3 24	3 26	3 28	3 31	3 33	3 36	3 40	3 43	3 48	3 53
15	3 53	3 53	3 53	3 54	3 54	3 55	3 56	3 56	3 57	3 58	3 59	4 00	4 01	4 03
16	4 27	4 27	4 26	4 25	4 24	4 23	4 22	4 21	4 20	4 19	4 17	4 16	4 14	4 12
17	5 02	5 00	4 58	4 56	4 54	4 52	4 49	4 47	4 43	4 40	4 36	4 32	4 27	4 22
18	5 38	5 35	5 32	5 29	5 26	5 22	5 18	5 14	5 09	5 03	4 57	4 50	4 42	4 33
19	6 16	6 12	6 09	6 04	6 00	5 55	5 49	5 44	5 37	5 30	5 21	5 12	5 01	4 48
20	6 57	6 52	6 48	6 43	6 37	6 31	6 25	6 18	6 10	6 01	5 50	5 38	5 24	5 07
21	7 41	7 36	7 31	7 25	7 19	7 12	7 05	6 57	6 48	6 38	6 26	6 12	5 56	5 36
22	8 27	8 22	8 17	8 11	8 05	7 58	7 50	7 42	7 32	7 22	7 09	6 55	6 37	6 15
23	9 17	9 12	9 07	9 01	8 55	8 48	8 41	8 32	8 23	8 12	8 00	7 46	7 29	7 07
24	10 09	10 04	10 00	9 54	9 49	9 42	9 35	9 28	9 19	9 10	8 59	8 46	8 30	8 11
25	11 03	10 59	10 54	10 50	10 45	10 40	10 34	10 27	10 20	10 12	10 02	9 51	9 38	9 23

MOONSET

Lat.	+40°	+42°	+44°	+46°	+48°	+50°	+52°	+54°	+56°	+58°	+60°	+62°	+64°	+66°
	h m	h m	h m	h m	h m	h m	h m	h m	h m	h m	h m	h m	h m	h m
Apr. 1	4 13	4 14	4 16	4 17	4 19	4 21	4 23	4 25	4 27	4 30	4 32	4 36	4 39	4 43
2	4 44	4 45	4 45	4 45	4 46	4 46	4 47	4 47	4 48	4 48	4 49	4 50	4 51	4 52
3	5 16	5 16	5 15	5 14	5 13	5 12	5 11	5 10	5 09	5 08	5 06	5 04	5 02	5 00
4	5 50	5 48	5 46	5 44	5 42	5 40	5 37	5 34	5 31	5 28	5 24	5 20	5 15	5 09
5	6 26	6 23	6 20	6 17	6 14	6 10	6 06	6 02	5 57	5 51	5 45	5 38	5 30	5 21
6	7 06	7 02	6 58	6 54	6 50	6 45	6 39	6 33	6 26	6 19	6 10	6 01	5 49	5 36
7	7 51	7 47	7 42	7 37	7 31	7 25	7 18	7 11	7 02	6 53	6 42	6 30	6 15	5 58
8	8 42	8 37	8 31	8 25	8 19	8 12	8 05	7 57	7 47	7 36	7 24	7 10	6 53	6 31
9	9 38	9 33	9 27	9 21	9 15	9 08	9 00	8 52	8 42	8 31	8 18	8 03	7 45	7 22
10	10 39	10 34	10 29	10 24	10 18	10 11	10 04	9 56	9 46	9 36	9 24	9 10	8 53	8 33
11	11 44	11 40	11 36	11 31	11 26	11 20	11 14	11 07	10 59	10 50	10 40	10 28	10 14	9 58
12	12 51	12 48	12 44	12 41	12 37	12 32	12 27	12 22	12 16	12 09	12 02	11 53	11 43	11 31
13	13 59	13 57	13 54	13 52	13 49	13 46	13 43	13 39	13 35	13 31	13 26	13 20	13 14	13 06
14	15 06	15 05	15 04	15 03	15 01	15 00	14 59	14 57	14 55	14 53	14 51	14 48	14 45	14 41
15	16 13	16 13	16 13	16 13	16 13	16 13	16 14	16 14	16 14	16 14	16 15	16 15	16 15	16 16
16	17 18	17 20	17 21	17 22	17 24	17 26	17 28	17 30	17 32	17 34	17 37	17 40	17 44	17 48
17	18 23	18 25	18 28	18 30	18 33	18 36	18 40	18 44	18 48	18 53	18 58	19 04	19 11	19 19
18	19 25	19 29	19 32	19 36	19 40	19 45	19 50	19 55	20 01	20 08	20 16	20 25	20 35	20 48
19	20 26	20 30	20 34	20 39	20 44	20 50	20 56	21 03	21 11	21 19	21 29	21 41	21 54	22 11
20	21 23	21 27	21 33	21 38	21 44	21 50	21 57	22 05	22 14	22 24	22 36	22 49	23 05	23 25
21	22 16	22 21	22 26	22 32	22 38	22 45	22 53	23 01	23 11	23 21	23 34	23 48	.. ..	.. ..
22	23 05	23 10	23 15	23 21	23 27	23 34	23 42	23 50	23 59	.. ..	.. ..	.. ..	0 06	0 28
23	23 49	23 54	23 59	.. ..	.. ..	.. ..	.. ..	.. ..	.. ..	0 10	0 22	0 37	0 54	1 16
24	.. ..	.. ..	.. ..	0 04	0 10	0 16	0 24	0 31	0 40	0 50	1 01	1 15	1 30	1 50
25	0 29	0 33	0 38	0 43	0 48	0 53	1 00	1 07	1 14	1 23	1 33	1 44	1 57	2 13

.. .. indicates phenomenon will occur the next day.

MOONRISE AND MOONSET, 1996

UNIVERSAL TIME FOR MERIDIAN OF GREENWICH
MOONRISE

Lat.	−55°	−50°	−45°	−40°	−35°	−30°	−20°	−10°	0°	+10°	+20°	+30°	+35°	+40°
	h m	h m	h m	h m	h m	h m	h m	h m	h m	h m	h m	h m	h m	h m
Apr. 24	12 55	12 37	12 22	12 11	12 00	11 51	11 36	11 23	11 10	10 57	10 44	10 28	10 19	10 09
25	13 27	13 11	12 59	12 49	12 40	12 32	12 19	12 07	11 56	11 45	11 33	11 20	11 12	11 03
26	13 54	13 42	13 32	13 24	13 17	13 10	13 00	12 50	12 41	12 32	12 22	12 11	12 05	11 58
27	14 19	14 10	14 03	13 57	13 52	13 47	13 39	13 32	13 26	13 19	13 12	13 04	12 59	12 54
28	14 41	14 36	14 32	14 28	14 25	14 23	14 18	14 14	14 10	14 06	14 02	13 58	13 55	13 52
29	15 03	15 01	15 00	14 59	14 59	14 58	14 57	14 56	14 55	14 54	14 53	14 52	14 52	14 51
30	15 25	15 27	15 30	15 31	15 33	15 35	15 37	15 39	15 42	15 44	15 46	15 49	15 50	15 52
May 1	15 48	15 55	16 01	16 05	16 09	16 13	16 19	16 25	16 30	16 35	16 41	16 47	16 51	16 55
2	16 15	16 26	16 35	16 42	16 48	16 54	17 04	17 13	17 21	17 29	17 38	17 48	17 54	18 00
3	16 47	17 02	17 13	17 23	17 32	17 39	17 52	18 04	18 14	18 25	18 37	18 50	18 58	19 07
4	17 25	17 44	17 58	18 10	18 20	18 29	18 45	18 58	19 11	19 24	19 38	19 53	20 02	20 13
5	18 13	18 34	18 50	19 03	19 14	19 24	19 41	19 56	20 10	20 23	20 38	20 56	21 06	21 17
6	19 11	19 32	19 48	20 02	20 13	20 23	20 40	20 55	21 09	21 23	21 38	21 55	22 05	22 17
7	20 18	20 38	20 53	21 05	21 16	21 25	21 41	21 55	22 08	22 21	22 35	22 51	23 00	23 10
8	21 32	21 48	22 01	22 12	22 21	22 29	22 42	22 54	23 05	23 16	23 28	23 41	23 49	23 58
9	22 49	23 01	23 11	23 19	23 26	23 32	23 42	23 51	.. ..	.. ..	.. ..	.. ..	.. ..	.. ..
10	.. ..	.. ..	.. ..	.. ..	.. ..	.. ..	.. ..	.. ..	0 00	0 08	0 18	0 28	0 34	0 41
11	0 07	0 15	0 21	0 26	0 31	0 34	0 41	0 47	0 53	0 58	1 04	1 11	1 14	1 19
12	1 25	1 28	1 30	1 32	1 34	1 36	1 38	1 41	1 43	1 46	1 48	1 51	1 52	1 54
13	2 41	2 39	2 38	2 37	2 37	2 36	2 35	2 34	2 33	2 32	2 31	2 30	2 29	2 28
14	3 56	3 50	3 45	3 41	3 38	3 35	3 30	3 25	3 21	3 17	3 13	3 08	3 05	3 02
15	5 09	4 59	4 51	4 44	4 38	4 33	4 25	4 17	4 10	4 03	3 56	3 47	3 42	3 37
16	6 20	6 06	5 55	5 46	5 38	5 31	5 19	5 09	4 59	4 49	4 39	4 27	4 21	4 13
17	7 27	7 10	6 56	6 45	6 35	6 27	6 13	6 00	5 48	5 36	5 24	5 10	5 02	4 52
18	8 30	8 10	7 54	7 42	7 31	7 21	7 05	6 51	6 38	6 24	6 10	5 54	5 45	5 34

MOONSET

Lat.	−55°	−50°	−45°	−40°	−35°	−30°	−20°	−10°	0°	+10°	+20°	+30°	+35°	+40°
	h m	h m	h m	h m	h m	h m	h m	h m	h m	h m	h m	h m	h m	h m
Apr. 24	21 52	22 09	22 23	22 35	22 44	22 53	23 08	23 20	23 32	23 44	23 57	.. ..	.. ..	.. ..
25	22 53	23 08	23 19	23 29	23 37	23 44	23 57	.. ..	.. ..	.. ..	.. ..	0 11	0 20	0 29
26	23 57	.. ..	.. ..	.. ..	.. ..	.. ..	.. ..	0 08	0 18	0 28	0 38	0 51	0 58	1 06
27	.. ..	0 08	0 17	0 25	0 31	0 37	0 46	0 55	1 03	1 10	1 19	1 28	1 33	1 39
28	1 04	1 11	1 17	1 22	1 26	1 30	1 36	1 42	1 47	1 52	1 58	2 04	2 07	2 11
29	2 12	2 15	2 18	2 20	2 22	2 24	2 27	2 29	2 32	2 34	2 36	2 39	2 41	2 43
30	3 22	3 21	3 21	3 20	3 20	3 19	3 19	3 18	3 17	3 17	3 16	3 15	3 15	3 14
May 1	4 35	4 30	4 26	4 22	4 19	4 17	4 12	4 08	4 04	4 01	3 57	3 52	3 50	3 47
2	5 49	5 40	5 32	5 26	5 21	5 16	5 08	5 01	4 54	4 47	4 40	4 32	4 27	4 22
3	7 05	6 52	6 41	6 32	6 24	6 17	6 06	5 56	5 46	5 36	5 26	5 15	5 08	5 00
4	8 21	8 03	7 50	7 38	7 29	7 20	7 06	6 53	6 41	6 29	6 17	6 02	5 54	5 44
5	9 32	9 12	8 56	8 44	8 33	8 23	8 07	7 52	7 39	7 25	7 11	6 54	6 45	6 34
6	10 36	10 15	9 59	9 46	9 34	9 24	9 07	8 52	8 38	8 24	8 09	7 51	7 41	7 30
7	11 30	11 11	10 55	10 42	10 31	10 22	10 05	9 51	9 37	9 24	9 09	8 52	8 42	8 31
8	12 15	11 58	11 44	11 33	11 24	11 15	11 00	10 47	10 35	10 23	10 10	9 55	9 46	9 36
9	12 51	12 38	12 27	12 18	12 10	12 04	11 52	11 41	11 31	11 22	11 11	10 59	10 52	10 44
10	13 22	13 12	13 05	12 58	12 53	12 48	12 40	12 32	12 25	12 18	12 11	12 02	11 57	11 51
11	13 48	13 43	13 39	13 35	13 32	13 30	13 25	13 21	13 17	13 13	13 09	13 04	13 01	12 58
12	14 12	14 11	14 10	14 10	14 09	14 09	14 08	14 08	14 07	14 06	14 05	14 05	14 04	14 03
13	14 35	14 39	14 41	14 44	14 46	14 48	14 51	14 53	14 56	14 58	15 01	15 04	15 06	15 08
14	14 59	15 07	15 13	15 18	15 22	15 26	15 33	15 39	15 45	15 50	15 56	16 03	16 07	16 11
15	15 25	15 36	15 46	15 53	16 00	16 06	16 16	16 25	16 33	16 42	16 51	17 01	17 07	17 14
16	15 54	16 09	16 21	16 31	16 40	16 47	17 00	17 12	17 23	17 33	17 45	17 58	18 06	18 14
17	16 27	16 46	17 00	17 12	17 22	17 31	17 46	17 59	18 12	18 25	18 38	18 53	19 02	19 12
18	17 06	17 27	17 43	17 56	18 07	18 16	18 33	18 48	19 01	19 15	19 30	19 46	19 56	20 07

.. .. indicates phenomenon will occur the next day.

UNIVERSAL TIME FOR MERIDIAN OF GREENWICH

MOONRISE

Lat.	+40°	+42°	+44°	+46°	+48°	+50°	+52°	+54°	+56°	+58°	+60°	+62°	+64°	+66°
	h m	h m	h m	h m	h m	h m	h m	h m	h m	h m	h m	h m	h m	h m
Apr. 24	10 09	10 04	10 00	9 54	9 49	9 42	9 35	9 28	9 19	9 10	8 59	8 46	8 30	8 11
25	11 03	10 59	10 54	10 50	10 45	10 40	10 34	10 27	10 20	10 12	10 02	9 51	9 38	9 23
26	11 58	11 55	11 51	11 48	11 44	11 39	11 34	11 29	11 23	11 17	11 10	11 01	10 51	10 40
27	12 54	12 52	12 49	12 47	12 44	12 41	12 37	12 34	12 30	12 25	12 20	12 14	12 07	11 59
28	13 52	13 51	13 49	13 48	13 46	13 44	13 42	13 40	13 38	13 35	13 32	13 29	13 25	13 21
29	14 51	14 51	14 51	14 50	14 50	14 49	14 49	14 49	14 48	14 48	14 47	14 46	14 45	14 44
30	15 52	15 53	15 54	15 55	15 56	15 57	15 58	15 59	16 01	16 02	16 04	16 06	16 08	16 11
May 1	16 55	16 57	16 59	17 01	17 04	17 06	17 09	17 12	17 16	17 19	17 24	17 28	17 34	17 40
2	18 00	18 03	18 07	18 10	18 14	18 18	18 22	18 27	18 32	18 38	18 45	18 53	19 02	19 13
3	19 07	19 11	19 15	19 20	19 24	19 30	19 36	19 42	19 49	19 58	20 07	20 18	20 31	20 46
4	20 13	20 18	20 23	20 28	20 34	20 41	20 48	20 55	21 04	21 14	21 26	21 39	21 55	22 15
5	21 17	21 22	21 28	21 33	21 40	21 47	21 55	22 03	22 13	22 24	22 37	22 52	23 10	23 33
6	22 17	22 22	22 27	22 33	22 39	22 46	22 54	23 03	23 12	23 23	23 36	23 51	.. ..	.. ..
7	23 10	23 15	23 20	23 25	23 31	23 38	23 45	23 52	.. ..	.. ..	.. ..	.. ..	0 08	0 31
8	23 58	.. ..	.. ..	.. ..	.. ..	.. ..	.. ..	.. ..	0 01	0 11	0 22	0 35	0 50	1 09
9	.. ..	0 02	0 06	0 11	0 16	0 21	0 27	0 33	0 40	0 48	0 57	1 08	1 20	1 34
10	0 41	0 44	0 47	0 50	0 54	0 58	1 02	1 07	1 12	1 18	1 24	1 32	1 41	1 51
11	1 19	1 21	1 23	1 25	1 27	1 30	1 33	1 36	1 39	1 43	1 47	1 51	1 57	2 03
12	1 54	1 55	1 56	1 57	1 58	1 59	2 00	2 01	2 03	2 04	2 06	2 08	2 10	2 13
13	2 28	2 28	2 28	2 27	2 27	2 27	2 26	2 26	2 25	2 25	2 24	2 23	2 23	2 22
14	3 02	3 01	2 59	2 58	2 56	2 54	2 52	2 50	2 48	2 45	2 42	2 39	2 35	2 31
15	3 37	3 34	3 32	3 29	3 26	3 23	3 19	3 16	3 11	3 07	3 02	2 56	2 49	2 41
16	4 13	4 10	4 06	4 02	3 58	3 54	3 49	3 44	3 38	3 31	3 24	3 15	3 05	2 54
17	4 52	4 48	4 44	4 39	4 34	4 28	4 22	4 15	4 08	4 00	3 50	3 39	3 26	3 11
18	5 34	5 30	5 25	5 19	5 13	5 07	5 00	4 52	4 43	4 34	4 22	4 09	3 54	3 34

MOONSET

Lat.	+40°	+42°	+44°	+46°	+48°	+50°	+52°	+54°	+56°	+58°	+60°	+62°	+64°	+66°
	h m	h m	h m	h m	h m	h m	h m	h m	h m	h m	h m	h m	h m	h m
Apr. 24	.. ..	.. ..	.. ..	0 04	0 10	0 16	0 24	0 31	0 40	0 50	1 01	1 15	1 30	1 50
25	0 29	0 33	0 38	0 43	0 48	0 53	1 00	1 07	1 14	1 23	1 33	1 44	1 57	2 13
26	1 06	1 09	1 13	1 17	1 21	1 26	1 31	1 37	1 43	1 50	1 58	2 07	2 17	2 30
27	1 39	1 42	1 45	1 48	1 51	1 55	1 59	2 03	2 08	2 13	2 19	2 26	2 33	2 42
28	2 11	2 13	2 15	2 17	2 19	2 22	2 24	2 27	2 30	2 33	2 37	2 41	2 46	2 52
29	2 43	2 43	2 44	2 45	2 46	2 47	2 48	2 50	2 51	2 52	2 54	2 56	2 58	3 00
30	3 14	3 14	3 14	3 13	3 13	3 13	3 12	3 12	3 12	3 11	3 11	3 10	3 09	3 09
May 1	3 47	3 45	3 44	3 43	3 41	3 39	3 37	3 35	3 33	3 31	3 28	3 25	3 21	3 17
2	4 22	4 19	4 17	4 14	4 11	4 08	4 05	4 01	3 57	3 52	3 47	3 42	3 35	3 27
3	5 00	4 57	4 54	4 50	4 46	4 41	4 36	4 31	4 25	4 18	4 11	4 02	3 52	3 41
4	5 44	5 40	5 35	5 31	5 25	5 20	5 13	5 06	4 59	4 50	4 40	4 29	4 15	3 59
5	6 34	6 29	6 24	6 18	6 12	6 05	5 58	5 50	5 41	5 31	5 19	5 05	4 49	4 28
6	7 30	7 25	7 19	7 13	7 07	6 59	6 52	6 43	6 33	6 22	6 09	5 54	5 36	5 13
7	8 31	8 26	8 21	8 15	8 09	8 02	7 54	7 46	7 36	7 25	7 13	6 58	6 41	6 19
8	9 36	9 32	9 27	9 22	9 16	9 10	9 04	8 56	8 48	8 38	8 28	8 15	8 00	7 42
9	10 44	10 40	10 36	10 32	10 27	10 23	10 17	10 11	10 05	9 57	9 49	9 39	9 28	9 14
10	11 51	11 48	11 46	11 43	11 40	11 36	11 32	11 28	11 24	11 19	11 13	11 06	10 58	10 49
11	12 58	12 56	12 55	12 53	12 51	12 50	12 47	12 45	12 43	12 40	12 37	12 33	12 29	12 24
12	14 03	14 03	14 03	14 03	14 02	14 02	14 02	14 01	14 01	14 00	14 00	13 59	13 58	13 57
13	15 08	15 09	15 10	15 11	15 12	15 13	15 14	15 16	15 17	15 19	15 21	15 23	15 26	15 29
14	16 11	16 13	16 16	16 18	16 20	16 23	16 26	16 29	16 33	16 36	16 41	16 46	16 52	16 58
15	17 14	17 17	17 20	17 23	17 27	17 31	17 36	17 40	17 46	17 52	17 59	18 06	18 16	18 26
16	18 14	18 18	18 22	18 27	18 32	18 37	18 43	18 49	18 56	19 04	19 13	19 24	19 36	19 51
17	19 12	19 17	19 22	19 27	19 33	19 39	19 46	19 53	20 02	20 11	20 22	20 35	20 51	21 09
18	20 07	20 12	20 18	20 23	20 30	20 36	20 44	20 52	21 01	21 12	21 24	21 39	21 56	22 17

.. .. indicates phenomenon will occur the next day.

MOONRISE AND MOONSET, 1996

UNIVERSAL TIME FOR MERIDIAN OF GREENWICH

MOONRISE

Lat.	−55°	−50°	−45°	−40°	−35°	−30°	−20°	−10°	0°	+10°	+20°	+30°	+35°	+40°
	h m	h m	h m	h m	h m	h m	h m	h m	h m	h m	h m	h m	h m	h m
May 17	7 27	7 10	6 56	6 45	6 35	6 27	6 13	6 00	5 48	5 36	5 24	5 10	5 02	4 52
18	8 30	8 10	7 54	7 42	7 31	7 21	7 05	6 51	6 38	6 24	6 10	5 54	5 45	5 34
19	9 25	9 04	8 48	8 34	8 23	8 13	7 56	7 41	7 27	7 13	6 58	6 41	6 31	6 20
20	10 13	9 53	9 36	9 23	9 12	9 02	8 45	8 30	8 16	8 02	7 47	7 30	7 20	7 09
21	10 54	10 35	10 20	10 07	9 56	9 47	9 31	9 17	9 04	8 50	8 36	8 20	8 11	8 00
22	11 28	11 11	10 58	10 47	10 37	10 29	10 15	10 02	9 50	9 38	9 26	9 11	9 03	8 53
23	11 57	11 43	11 32	11 23	11 15	11 08	10 56	10 45	10 36	10 26	10 15	10 03	9 56	9 48
24	12 22	12 12	12 03	11 56	11 50	11 45	11 36	11 28	11 20	11 12	11 04	10 55	10 49	10 43
25	12 45	12 38	12 33	12 28	12 24	12 20	12 14	12 09	12 04	11 59	11 53	11 47	11 44	11 39
26	13 06	13 03	13 01	12 59	12 57	12 55	12 53	12 50	12 48	12 46	12 43	12 40	12 39	12 37
27	13 27	13 28	13 29	13 29	13 30	13 30	13 31	13 32	13 33	13 33	13 34	13 35	13 36	13 36
28	13 50	13 54	13 58	14 02	14 04	14 07	14 11	14 15	14 19	14 23	14 27	14 32	14 34	14 37
29	14 14	14 23	14 30	14 36	14 41	14 46	14 54	15 01	15 08	15 15	15 22	15 30	15 35	15 41
30	14 43	14 56	15 06	15 15	15 22	15 29	15 40	15 50	16 00	16 10	16 20	16 32	16 39	16 46
31	15 18	15 35	15 48	15 59	16 08	16 17	16 31	16 44	16 55	17 07	17 20	17 35	17 44	17 53
June 1	16 02	16 21	16 37	16 49	17 00	17 10	17 26	17 41	17 54	18 08	18 22	18 39	18 49	19 00
2	16 56	17 17	17 33	17 47	17 58	18 08	18 26	18 41	18 55	19 09	19 24	19 42	19 52	20 03
3	18 01	18 21	18 37	18 50	19 01	19 11	19 28	19 42	19 56	20 10	20 24	20 41	20 51	21 02
4	19 15	19 33	19 47	19 58	20 08	20 17	20 31	20 44	20 56	21 08	21 21	21 36	21 44	21 54
5	20 34	20 48	20 59	21 08	21 15	21 22	21 34	21 44	21 54	22 04	22 14	22 25	22 32	22 40
6	21 54	22 03	22 11	22 17	22 22	22 27	22 35	22 42	22 49	22 55	23 02	23 10	23 15	23 20
7	23 13	23 18	23 21	23 25	23 27	23 30	23 34	23 37	23 41	23 44	23 48	23 52	23 55	23 57
8	.. ..	.. ..	.. ..	.. ..	.. ..	.. ..	.. ..	.. ..	.. ..	.. ..	.. ..	.. ..	.. ..	.. ..
9	0 30	0 30	0 30	0 30	0 30	0 31	0 31	0 31	0 31	0 31	0 31	0 31	0 32	0 32
10	1 45	1 41	1 38	1 35	1 32	1 30	1 26	1 23	1 20	1 17	1 13	1 10	1 08	1 05

MOONSET

Lat.	−55°	−50°	−45°	−40°	−35°	−30°	−20°	−10°	0°	+10°	+20°	+30°	+35°	+40°
	h m	h m	h m	h m	h m	h m	h m	h m	h m	h m	h m	h m	h m	h m
May 17	16 27	16 46	17 00	17 12	17 22	17 31	17 46	17 59	18 12	18 25	18 38	18 53	19 02	19 12
18	17 06	17 27	17 43	17 56	18 07	18 16	18 33	18 48	19 01	19 15	19 30	19 46	19 56	20 07
19	17 52	18 13	18 29	18 43	18 54	19 04	19 22	19 37	19 51	20 05	20 20	20 37	20 47	20 58
20	18 43	19 04	19 20	19 33	19 44	19 54	20 11	20 25	20 39	20 53	21 07	21 24	21 33	21 45
21	19 40	19 58	20 13	20 25	20 36	20 45	21 00	21 14	21 26	21 39	21 52	22 08	22 16	22 26
22	20 40	20 56	21 09	21 19	21 28	21 36	21 49	22 01	22 12	22 23	22 35	22 48	22 56	23 04
23	21 43	21 56	22 06	22 14	22 21	22 28	22 39	22 48	22 57	23 06	23 15	23 26	23 32	23 39
24	22 48	22 57	23 04	23 10	23 15	23 20	23 28	23 35	23 41	23 48	23 54	.. ..	.. ..	.. ..
25	23 54	23 59	.. ..	.. ..	.. ..	.. ..	.. ..	.. ..	.. ..	.. ..	.. ..	0 02	0 06	0 11
26	.. ..	.. ..	0 03	0 07	0 10	0 13	0 17	0 21	0 25	0 29	0 33	0 37	0 39	0 42
27	1 02	1 03	1 04	1 05	1 06	1 06	1 07	1 08	1 09	1 10	1 11	1 12	1 12	1 13
28	2 13	2 10	2 07	2 05	2 03	2 02	1 59	1 57	1 55	1 52	1 50	1 47	1 46	1 44
29	3 25	3 18	3 12	3 07	3 03	2 59	2 53	2 47	2 42	2 37	2 31	2 25	2 21	2 17
30	4 40	4 29	4 19	4 12	4 05	3 59	3 49	3 41	3 32	3 24	3 16	3 06	3 00	2 53
31	5 56	5 41	5 28	5 18	5 09	5 02	4 48	4 37	4 26	4 15	4 04	3 51	3 43	3 34
June 1	7 11	6 52	6 37	6 25	6 14	6 05	5 50	5 36	5 23	5 10	4 56	4 41	4 32	4 21
2	8 21	8 00	7 44	7 30	7 19	7 09	6 52	6 37	6 23	6 09	5 54	5 37	5 27	5 15
3	9 22	9 01	8 45	8 31	8 20	8 10	7 53	7 38	7 24	7 10	6 55	6 38	6 27	6 16
4	10 12	9 53	9 39	9 27	9 16	9 07	8 52	8 38	8 25	8 12	7 58	7 42	7 33	7 22
5	10 53	10 38	10 26	10 16	10 07	10 00	9 46	9 35	9 24	9 13	9 01	8 48	8 40	8 31
6	11 26	11 15	11 06	10 59	10 53	10 47	10 37	10 28	10 20	10 12	10 03	9 53	9 47	9 41
7	11 54	11 47	11 42	11 38	11 34	11 30	11 24	11 19	11 14	11 09	11 03	10 57	10 53	10 49
8	12 19	12 17	12 15	12 13	12 12	12 11	12 09	12 07	12 05	12 03	12 01	11 59	11 58	11 56
9	12 42	12 44	12 46	12 47	12 48	12 49	12 51	12 53	12 54	12 56	12 57	12 59	13 00	13 01
10	13 05	13 12	13 17	13 21	13 24	13 28	13 33	13 38	13 43	13 47	13 52	13 58	14 01	14 05

.. .. indicates phenomenon will occur the next day.

UNIVERSAL TIME FOR MERIDIAN OF GREENWICH
MOONRISE

Lat.	+40°	+42°	+44°	+46°	+48°	+50°	+52°	+54°	+56°	+58°	+60°	+62°	+64°	+66°
	h m	h m	h m	h m	h m	h m	h m	h m	h m	h m	h m	h m	h m	h m
May 17	4 52	4 48	4 44	4 39	4 34	4 28	4 22	4 15	4 08	4 00	3 50	3 39	3 26	3 11
18	5 34	5 30	5 25	5 19	5 13	5 07	5 00	4 52	4 43	4 34	4 22	4 09	3 54	3 34
19	6 20	6 15	6 10	6 04	5 57	5 51	5 43	5 35	5 25	5 14	5 02	4 48	4 30	4 09
20	7 09	7 04	6 58	6 52	6 46	6 39	6 31	6 23	6 13	6 03	5 50	5 35	5 18	4 56
21	8 00	7 55	7 50	7 44	7 38	7 32	7 25	7 17	7 08	6 58	6 46	6 32	6 16	5 55
22	8 53	8 49	8 44	8 39	8 34	8 28	8 22	8 15	8 07	7 58	7 48	7 36	7 22	7 05
23	9 48	9 44	9 40	9 36	9 32	9 27	9 22	9 16	9 09	9 02	8 54	8 44	8 33	8 19
24	10 43	10 40	10 37	10 34	10 31	10 27	10 23	10 19	10 14	10 08	10 02	9 55	9 47	9 37
25	11 39	11 38	11 36	11 34	11 32	11 29	11 26	11 24	11 20	11 17	11 13	11 08	11 03	10 57
26	12 37	12 36	12 35	12 35	12 34	12 32	12 31	12 30	12 29	12 27	12 25	12 24	12 21	12 19
27	13 36	13 36	13 37	13 37	13 37	13 38	13 38	13 39	13 39	13 40	13 40	13 41	13 42	13 42
28	14 37	14 39	14 40	14 42	14 43	14 45	14 47	14 49	14 52	14 54	14 57	15 01	15 05	15 09
29	15 41	15 43	15 46	15 49	15 52	15 55	15 58	16 02	16 07	16 12	16 17	16 23	16 31	16 39
30	16 46	16 50	16 54	16 58	17 02	17 07	17 12	17 17	17 24	17 31	17 39	17 48	17 59	18 12
31	17 53	17 58	18 02	18 07	18 13	18 19	18 25	18 33	18 41	18 50	19 01	19 13	19 27	19 45
June 1	19 00	19 05	19 10	19 16	19 22	19 29	19 37	19 45	19 54	20 05	20 18	20 32	20 50	21 11
2	20 03	20 09	20 14	20 20	20 27	20 34	20 42	20 51	21 00	21 12	21 24	21 40	21 58	22 21
3	21 02	21 07	21 12	21 18	21 24	21 31	21 38	21 46	21 56	22 06	22 18	22 32	22 49	23 10
4	21 54	21 58	22 03	22 08	22 13	22 19	22 25	22 32	22 40	22 49	22 59	23 11	23 24	23 41
5	22 40	22 43	22 47	22 51	22 55	22 59	23 04	23 10	23 16	23 22	23 30	23 39	23 49	.. ..
6	23 20	23 23	23 25	23 28	23 31	23 34	23 37	23 41	23 45	23 49	23 54	.. ..	.. ..	0 00
7	23 57	23 58	.. ..	.. ..	.. ..	.. ..	.. ..	.. ..	.. ..	.. ..	.. ..	0 00	0 06	0 14
8	.. ..	.. ..	0 00	0 01	0 03	0 04	0 06	0 08	0 10	0 12	0 15	0 17	0 21	0 24
9	0 32	0 32	0 32	0 32	0 32	0 32	0 32	0 32	0 33	0 33	0 33	0 33	0 33	0 34
10	1 05	1 04	1 03	1 02	1 01	1 00	0 58	0 56	0 55	0 53	0 51	0 48	0 45	0 42

MOONSET

	+40°	+42°	+44°	+46°	+48°	+50°	+52°	+54°	+56°	+58°	+60°	+62°	+64°	+66°
	h m	h m	h m	h m	h m	h m	h m	h m	h m	h m	h m	h m	h m	h m
May 17	19 12	19 17	19 22	19 27	19 33	19 39	19 46	19 53	20 02	20 11	20 22	20 35	20 51	21 09
18	20 07	20 12	20 18	20 23	20 30	20 36	20 44	20 52	21 01	21 12	21 24	21 39	21 56	22 17
19	20 58	21 03	21 09	21 15	21 21	21 28	21 36	21 44	21 54	22 05	22 17	22 32	22 50	23 12
20	21 45	21 49	21 55	22 00	22 06	22 13	22 21	22 29	22 38	22 48	23 00	23 14	23 31	23 51
21	22 26	22 31	22 36	22 41	22 46	22 52	22 59	23 06	23 15	23 24	23 35	23 47	.. ..	.. ..
22	23 04	23 08	23 12	23 17	23 21	23 27	23 32	23 39	23 45	23 53	.. ..	.. ..	0 01	0 19
23	23 39	23 42	23 45	23 49	23 53	23 57	.. ..	.. ..	.. ..	.. ..	0 02	0 12	0 24	0 38
24	.. ..	.. ..	.. ..	.. ..	.. ..	.. ..	0 01	0 06	0 12	0 18	0 24	0 32	0 41	0 52
25	0 11	0 14	0 16	0 18	0 21	0 24	0 27	0 31	0 34	0 39	0 43	0 49	0 55	1 02
26	0 42	0 44	0 45	0 46	0 48	0 49	0 51	0 53	0 55	0 58	1 00	1 03	1 07	1 11
27	1 13	1 13	1 13	1 14	1 14	1 14	1 15	1 15	1 15	1 16	1 16	1 17	1 18	1 18
28	1 44	1 43	1 42	1 42	1 41	1 40	1 38	1 37	1 36	1 34	1 33	1 31	1 29	1 26
29	2 17	2 15	2 13	2 11	2 09	2 07	2 04	2 01	1 58	1 55	1 51	1 46	1 41	1 35
30	2 53	2 51	2 48	2 44	2 41	2 37	2 33	2 28	2 23	2 18	2 11	2 04	1 56	1 46
31	3 34	3 31	3 26	3 22	3 17	3 12	3 07	3 00	2 54	2 46	2 37	2 27	2 15	2 02
June 1	4 21	4 17	4 12	4 06	4 01	3 54	3 48	3 40	3 31	3 22	3 11	2 58	2 43	2 25
2	5 15	5 10	5 05	4 59	4 52	4 45	4 38	4 29	4 20	4 09	3 56	3 41	3 24	3 01
3	6 16	6 11	6 05	5 59	5 53	5 46	5 38	5 29	5 19	5 08	4 55	4 40	4 22	3 59
4	7 22	7 17	7 12	7 07	7 01	6 54	6 47	6 39	6 30	6 20	6 08	5 54	5 38	5 17
5	8 31	8 27	8 23	8 18	8 13	8 08	8 02	7 55	7 48	7 39	7 30	7 19	7 06	6 50
6	9 41	9 38	9 34	9 31	9 27	9 23	9 19	9 14	9 09	9 03	8 56	8 48	8 39	8 28
7	10 49	10 47	10 45	10 43	10 41	10 39	10 36	10 33	10 30	10 26	10 22	10 17	10 12	10 06
8	11 56	11 55	11 55	11 54	11 53	11 52	11 51	11 50	11 49	11 48	11 46	11 45	11 43	11 41
9	13 01	13 02	13 02	13 03	13 03	13 04	13 05	13 06	13 07	13 07	13 09	13 10	13 11	13 13
10	14 05	14 06	14 08	14 10	14 12	14 14	14 16	14 19	14 22	14 25	14 29	14 33	14 37	14 43

.. .. indicates phenomenon will occur the next day.

MOONRISE AND MOONSET, 1996

UNIVERSAL TIME FOR MERIDIAN OF GREENWICH
MOONRISE

Lat.	−55°	−50°	−45°	−40°	−35°	−30°	−20°	−10°	0°	+10°	+20°	+30°	+35°	+40°
	h m	h m	h m	h m	h m	h m	h m	h m	h m	h m	h m	h m	h m	h m
June 8	.. ..	.. ..	.. ..	.. ..	.. ..	.. ..	.. ..	.. ..	.. ..	.. ..	.. ..	.. ..	.. ..	.. ..
9	0 30	0 30	0 30	0 30	0 30	0 31	0 31	0 31	0 31	0 31	0 31	0 31	0 32	0 32
10	1 45	1 41	1 38	1 35	1 32	1 30	1 26	1 23	1 20	1 17	1 13	1 10	1 08	1 05
11	2 59	2 50	2 43	2 37	2 32	2 28	2 20	2 14	2 08	2 02	1 55	1 48	1 44	1 39
12	4 10	3 57	3 47	3 38	3 31	3 25	3 14	3 05	2 56	2 47	2 38	2 27	2 21	2 14
13	5 17	5 01	4 48	4 38	4 29	4 21	4 07	3 55	3 44	3 33	3 21	3 08	3 00	2 52
14	6 21	6 02	5 47	5 35	5 24	5 15	4 59	4 46	4 33	4 20	4 07	3 51	3 42	3 32
15	7 19	6 58	6 42	6 29	6 17	6 07	5 51	5 36	5 22	5 08	4 54	4 37	4 27	4 16
16	8 10	7 49	7 32	7 19	7 07	6 57	6 40	6 25	6 11	5 57	5 42	5 24	5 14	5 03
17	8 53	8 33	8 18	8 04	7 53	7 44	7 27	7 12	6 59	6 45	6 31	6 14	6 04	5 53
18	9 30	9 12	8 58	8 46	8 36	8 27	8 12	7 58	7 46	7 33	7 20	7 05	6 56	6 46
19	10 01	9 46	9 34	9 24	9 15	9 07	8 54	8 43	8 32	8 21	8 09	7 56	7 48	7 40
20	10 27	10 15	10 06	9 58	9 51	9 45	9 34	9 25	9 16	9 08	8 58	8 48	8 42	8 35
21	10 51	10 42	10 36	10 30	10 25	10 21	10 13	10 06	10 00	9 54	9 47	9 40	9 35	9 30
22	11 12	11 07	11 04	11 00	10 58	10 55	10 51	10 47	10 44	10 40	10 36	10 32	10 30	10 27
23	11 33	11 32	11 31	11 30	11 30	11 29	11 29	11 28	11 27	11 26	11 26	11 25	11 25	11 24
24	11 54	11 57	11 59	12 01	12 03	12 04	12 07	12 09	12 12	12 14	12 17	12 19	12 21	12 23
25	12 16	12 23	12 29	12 33	12 38	12 41	12 47	12 53	12 58	13 03	13 09	13 16	13 19	13 24
26	12 42	12 53	13 02	13 09	13 15	13 21	13 31	13 39	13 47	13 55	14 04	14 14	14 20	14 27
27	13 13	13 27	13 39	13 49	13 57	14 05	14 18	14 29	14 40	14 51	15 02	15 15	15 23	15 32
28	13 51	14 09	14 23	14 35	14 45	14 54	15 10	15 23	15 36	15 49	16 02	16 18	16 27	16 38
29	14 39	14 59	15 15	15 29	15 40	15 50	16 07	16 22	16 36	16 50	17 05	17 22	17 32	17 43
30	15 39	16 00	16 16	16 30	16 41	16 51	17 08	17 23	17 37	17 51	18 06	18 24	18 34	18 45
July 1	16 50	17 09	17 24	17 37	17 47	17 57	18 13	18 26	18 39	18 52	19 06	19 22	19 32	19 42
2	18 09	18 25	18 37	18 48	18 57	19 04	19 18	19 29	19 40	19 51	20 03	20 16	20 24	20 32

MOONSET

Lat.	−55°	−50°	−45°	−40°	−35°	−30°	−20°	−10°	0°	+10°	+20°	+30°	+35°	+40°
	h m	h m	h m	h m	h m	h m	h m	h m	h m	h m	h m	h m	h m	h m
June 8	12 19	12 17	12 15	12 13	12 12	12 11	12 09	12 07	12 05	12 03	12 01	11 59	11 58	11 56
9	12 42	12 44	12 46	12 47	12 48	12 49	12 51	12 53	12 54	12 56	12 57	12 59	13 00	13 01
10	13 05	13 12	13 17	13 21	13 24	13 28	13 33	13 38	13 43	13 47	13 52	13 58	14 01	14 05
11	13 30	13 40	13 48	13 55	14 01	14 06	14 15	14 23	14 31	14 38	14 46	14 55	15 01	15 07
12	13 57	14 11	14 22	14 31	14 39	14 46	14 58	15 09	15 19	15 29	15 40	15 52	15 59	16 07
13	14 28	14 45	14 59	15 10	15 20	15 28	15 43	15 56	16 08	16 20	16 32	16 47	16 56	17 05
14	15 05	15 24	15 40	15 52	16 03	16 13	16 29	16 43	16 57	17 10	17 24	17 41	17 50	18 01
15	15 47	16 08	16 24	16 38	16 49	16 59	17 17	17 32	17 46	18 00	18 15	18 32	18 42	18 53
16	16 36	16 57	17 13	17 27	17 38	17 48	18 05	18 20	18 34	18 48	19 03	19 20	19 30	19 41
17	17 30	17 50	18 05	18 18	18 29	18 38	18 55	19 09	19 22	19 35	19 49	20 05	20 14	20 25
18	18 29	18 47	19 00	19 11	19 21	19 29	19 44	19 57	20 08	20 20	20 32	20 47	20 55	21 04
19	19 31	19 45	19 57	20 06	20 14	20 21	20 33	20 44	20 54	21 03	21 14	21 26	21 32	21 40
20	20 35	20 46	20 54	21 01	21 08	21 13	21 22	21 30	21 38	21 45	21 53	22 02	22 07	22 13
21	21 40	21 47	21 53	21 57	22 01	22 05	22 11	22 16	22 21	22 26	22 31	22 37	22 40	22 44
22	22 47	22 50	22 52	22 54	22 56	22 57	23 00	23 02	23 04	23 07	23 09	23 11	23 13	23 14
23	23 55	23 54	23 53	23 52	23 52	23 51	23 50	23 49	23 48	23 48	23 47	23 46	23 45	23 44
24	.. ..	.. ..	.. ..	.. ..	.. ..	.. ..	.. ..	.. ..	.. ..	.. ..	.. ..	.. ..	.. ..	.. ..
25	1 05	0 59	0 55	0 52	0 49	0 46	0 42	0 37	0 34	0 30	0 26	0 21	0 19	0 16
26	2 17	2 07	2 00	1 53	1 48	1 43	1 35	1 28	1 21	1 15	1 07	0 59	0 55	0 49
27	3 31	3 17	3 06	2 57	2 50	2 43	2 31	2 21	2 12	2 02	1 52	1 41	1 34	1 27
28	4 45	4 28	4 14	4 03	3 53	3 45	3 31	3 18	3 06	2 54	2 42	2 27	2 19	2 10
29	5 58	5 38	5 22	5 09	4 58	4 48	4 32	4 17	4 04	3 51	3 36	3 20	3 10	2 59
30	7 04	6 43	6 26	6 13	6 01	5 51	5 34	5 19	5 05	4 51	4 35	4 18	4 08	3 56
July 1	8 01	7 41	7 25	7 12	7 01	6 52	6 35	6 21	6 07	5 53	5 38	5 22	5 12	5 00
2	8 48	8 31	8 17	8 06	7 56	7 48	7 33	7 21	7 09	6 56	6 43	6 29	6 20	6 10

.. .. indicates phenomenon will occur the next day.

UNIVERSAL TIME FOR MERIDIAN OF GREENWICH
MOONRISE

Lat.	+40°	+42°	+44°	+46°	+48°	+50°	+52°	+54°	+56°	+58°	+60°	+62°	+64°	+66°
	h m	h m	h m	h m	h m	h m	h m	h m	h m	h m	h m	h m	h m	h m
June 8	.. ..	.. ..	0 00	0 01	0 03	0 04	0 06	0 08	0 10	0 12	0 15	0 17	0 21	0 24
9	0 32	0 32	0 32	0 32	0 32	0 32	0 32	0 32	0 32	0 33	0 33	0 33	0 33	0 34
10	1 05	1 04	1 03	1 02	1 01	1 00	0 58	0 56	0 55	0 53	0 51	0 48	0 45	0 42
11	1 39	1 37	1 35	1 33	1 30	1 27	1 24	1 21	1 18	1 14	1 09	1 04	0 58	0 52
12	2 14	2 11	2 08	2 05	2 01	1 57	1 52	1 48	1 42	1 36	1 30	1 22	1 13	1 03
13	2 52	2 48	2 44	2 39	2 35	2 29	2 24	2 17	2 10	2 03	1 54	1 44	1 32	1 18
14	3 32	3 28	3 23	3 18	3 12	3 06	2 59	2 52	2 43	2 34	2 23	2 11	1 56	1 38
15	4 16	4 11	4 06	4 00	3 54	3 47	3 39	3 31	3 22	3 11	2 59	2 45	2 28	2 07
16	5 03	4 58	4 52	4 47	4 40	4 33	4 25	4 17	4 07	3 56	3 44	3 29	3 11	2 49
17	5 53	5 48	5 43	5 37	5 31	5 24	5 17	5 08	4 59	4 49	4 36	4 22	4 05	3 43
18	6 46	6 41	6 36	6 31	6 25	6 19	6 12	6 05	5 56	5 47	5 36	5 23	5 08	4 49
19	7 40	7 36	7 32	7 27	7 22	7 17	7 11	7 05	6 58	6 50	6 40	6 30	6 17	6 02
20	8 35	8 32	8 28	8 25	8 21	8 17	8 12	8 07	8 01	7 55	7 48	7 40	7 30	7 19
21	9 30	9 28	9 26	9 23	9 21	9 18	9 14	9 11	9 07	9 03	8 58	8 52	8 46	8 38
22	10 27	10 26	10 24	10 23	10 21	10 20	10 18	10 16	10 14	10 11	10 09	10 05	10 02	9 58
23	11 24	11 24	11 24	11 23	11 23	11 23	11 23	11 22	11 22	11 21	11 21	11 20	11 20	11 19
24	12 23	12 24	12 25	12 26	12 27	12 28	12 29	12 30	12 32	12 33	12 35	12 37	12 40	12 43
25	13 24	13 26	13 28	13 30	13 32	13 35	13 37	13 41	13 44	13 48	13 52	13 57	14 02	14 09
26	14 27	14 30	14 33	14 36	14 40	14 44	14 48	14 53	14 58	15 04	15 11	15 19	15 28	15 38
27	15 32	15 36	15 40	15 44	15 49	15 55	16 00	16 07	16 14	16 22	16 31	16 42	16 55	17 10
28	16 38	16 43	16 48	16 53	16 59	17 05	17 12	17 20	17 29	17 39	17 51	18 04	18 20	18 40
29	17 43	17 48	17 54	18 00	18 06	18 13	18 21	18 30	18 40	18 51	19 03	19 19	19 37	20 00
30	18 45	18 51	18 56	19 02	19 08	19 15	19 23	19 32	19 42	19 53	20 05	20 20	20 38	21 01
July 1	19 42	19 47	19 52	19 57	20 03	20 09	20 16	20 24	20 33	20 43	20 54	21 07	21 22	21 41
2	20 32	20 36	20 40	20 45	20 50	20 55	21 01	21 07	21 14	21 22	21 30	21 41	21 52	22 06

MOONSET

	+40°	+42°	+44°	+46°	+48°	+50°	+52°	+54°	+56°	+58°	+60°	+62°	+64°	+66°
	h m	h m	h m	h m	h m	h m	h m	h m	h m	h m	h m	h m	h m	h m
June 8	11 56	11 55	11 55	11 54	11 53	11 52	11 51	11 50	11 49	11 48	11 46	11 45	11 43	11 41
9	13 01	13 02	13 02	13 03	13 03	13 04	13 05	13 06	13 07	13 07	13 09	13 10	13 11	13 13
10	14 05	14 06	14 08	14 10	14 12	14 14	14 16	14 19	14 22	14 25	14 29	14 33	14 37	14 43
11	15 07	15 09	15 12	15 15	15 18	15 22	15 26	15 30	15 35	15 40	15 46	15 53	16 01	16 10
12	16 07	16 11	16 14	16 19	16 23	16 28	16 33	16 39	16 46	16 53	17 01	17 11	17 22	17 35
13	17 05	17 10	17 14	17 19	17 25	17 31	17 37	17 44	17 52	18 01	18 12	18 24	18 38	18 55
14	18 01	18 06	18 11	18 17	18 23	18 29	18 37	18 45	18 54	19 04	19 16	19 30	19 47	20 07
15	18 53	18 58	19 04	19 09	19 16	19 23	19 31	19 39	19 49	20 00	20 12	20 27	20 45	21 07
16	19 41	19 46	19 51	19 57	20 04	20 10	20 18	20 26	20 36	20 47	20 59	21 13	21 31	21 52
17	20 25	20 29	20 34	20 40	20 46	20 52	20 59	21 07	21 16	21 25	21 37	21 50	22 05	22 24
18	21 04	21 08	21 13	21 18	21 23	21 28	21 34	21 41	21 49	21 57	22 07	22 18	22 31	22 46
19	21 40	21 43	21 47	21 51	21 55	22 00	22 05	22 10	22 16	22 23	22 31	22 40	22 50	23 02
20	22 13	22 16	22 18	22 21	22 25	22 28	22 32	22 36	22 40	22 45	22 51	22 57	23 05	23 13
21	22 44	22 46	22 48	22 50	22 52	22 54	22 56	22 59	23 02	23 05	23 08	23 12	23 17	23 22
22	23 14	23 15	23 16	23 17	23 17	23 18	23 19	23 20	23 22	23 23	23 24	23 26	23 28	23 30
23	23 44	23 44	23 44	23 43	23 43	23 43	23 42	23 42	23 41	23 41	23 40	23 39	23 39	23 38
24	.. ..	.. ..	.. ..	.. ..	.. ..	.. ..	.. ..	.. ..	.. ..	23 59	23 57	23 53	23 50	23 46
25	0 16	0 14	0 13	0 11	0 10	0 08	0 06	0 04	0 02	.. ..	.. ..	.. ..	.. ..	23 55
26	0 49	0 47	0 45	0 42	0 39	0 36	0 33	0 29	0 25	0 20	0 15	0 09	0 03	.. ..
27	1 27	1 23	1 20	1 16	1 12	1 08	1 03	0 57	0 51	0 45	0 37	0 29	0 19	0 08
28	2 10	2 05	2 01	1 56	1 51	1 45	1 39	1 32	1 24	1 16	1 06	0 55	0 41	0 25
29	2 59	2 54	2 49	2 43	2 37	2 31	2 23	2 15	2 06	1 56	1 44	1 30	1 14	0 53
30	3 56	3 51	3 45	3 39	3 33	3 26	3 18	3 09	2 59	2 48	2 35	2 20	2 02	1 39
July 1	5 00	4 55	4 50	4 44	4 38	4 31	4 23	4 15	4 05	3 54	3 42	3 27	3 09	2 47
2	6 10	6 05	6 01	5 55	5 50	5 44	5 37	5 30	5 21	5 12	5 01	4 49	4 34	4 16

.. .. indicates phenomenon will occur the next day.

MOONRISE AND MOONSET, 1996
UNIVERSAL TIME FOR MERIDIAN OF GREENWICH
MOONRISE

Lat.	−55°	−50°	−45°	−40°	−35°	−30°	−20°	−10°	0°	+10°	+20°	+30°	+35°	+40°
	h m	h m	h m	h m	h m	h m	h m	h m	h m	h m	h m	h m	h m	h m
July 1	16 50	17 09	17 24	17 37	17 47	17 57	18 13	18 26	18 39	18 52	19 06	19 22	19 32	19 42
2	18 09	18 25	18 37	18 48	18 57	19 04	19 18	19 29	19 40	19 51	20 03	20 16	20 24	20 32
3	19 31	19 43	19 52	20 00	20 06	20 12	20 22	20 30	20 38	20 47	20 55	21 05	21 11	21 17
4	20 54	21 01	21 06	21 11	21 14	21 18	21 24	21 29	21 34	21 39	21 44	21 50	21 53	21 57
5	22 15	22 16	22 18	22 19	22 20	22 21	22 23	22 25	22 26	22 28	22 29	22 31	22 32	22 33
6	23 32	23 30	23 28	23 26	23 24	23 23	23 21	23 19	23 17	23 15	23 13	23 11	23 09	23 08
7	.. ..	.. ..	.. ..	.. ..	.. ..	.. ..	.. ..	.. ..	.. ..	.. ..	23 55	23 50	23 46	23 42
8	0 48	0 40	0 35	0 30	0 26	0 22	0 16	0 11	0 06	0 01	.. ..	.. ..	.. ..	.. ..
9	2 00	1 49	1 40	1 32	1 26	1 20	1 10	1 02	0 54	0 46	0 38	0 29	0 23	0 17
10	3 09	2 54	2 42	2 32	2 24	2 16	2 04	1 53	1 42	1 32	1 21	1 09	1 02	0 54
11	4 14	3 56	3 41	3 30	3 20	3 11	2 56	2 43	2 31	2 19	2 06	1 51	1 42	1 33
12	5 13	4 53	4 37	4 24	4 13	4 04	3 47	3 33	3 19	3 06	2 52	2 35	2 26	2 15
13	6 06	5 45	5 29	5 15	5 04	4 54	4 37	4 22	4 08	3 54	3 39	3 22	3 12	3 00
14	6 52	6 32	6 16	6 02	5 51	5 41	5 24	5 10	4 56	4 42	4 27	4 10	4 00	3 49
15	7 32	7 13	6 58	6 45	6 35	6 26	6 10	5 56	5 43	5 30	5 16	5 00	4 51	4 41
16	8 04	7 48	7 35	7 24	7 15	7 07	6 53	6 41	6 29	6 18	6 06	5 51	5 43	5 34
17	8 33	8 19	8 09	8 00	7 52	7 46	7 34	7 24	7 14	7 05	6 55	6 43	6 36	6 29
18	8 57	8 47	8 39	8 33	8 27	8 22	8 13	8 06	7 59	7 51	7 44	7 35	7 30	7 24
19	9 19	9 13	9 08	9 04	9 00	8 57	8 51	8 47	8 42	8 37	8 32	8 27	8 24	8 20
20	9 40	9 37	9 35	9 34	9 32	9 31	9 29	9 27	9 25	9 23	9 21	9 19	9 18	9 17
21	10 00	10 02	10 03	10 04	10 05	10 05	10 06	10 08	10 09	10 10	10 11	10 12	10 13	10 14
22	10 22	10 27	10 31	10 35	10 38	10 40	10 45	10 49	10 53	10 57	11 02	11 07	11 10	11 13
23	10 45	10 54	11 02	11 08	11 13	11 18	11 26	11 33	11 40	11 47	11 54	12 03	12 08	12 13
24	11 13	11 26	11 36	11 45	11 52	11 59	12 10	12 20	12 29	12 39	12 49	13 01	13 08	13 15
25	11 46	12 02	12 15	12 26	12 36	12 44	12 58	13 10	13 22	13 34	13 46	14 01	14 09	14 19

MOONSET

Lat.	−55°	−50°	−45°	−40°	−35°	−30°	−20°	−10°	0°	+10°	+20°	+30°	+35°	+40°
	h m	h m	h m	h m	h m	h m	h m	h m	h m	h m	h m	h m	h m	h m
July 1	8 01	7 41	7 25	7 12	7 01	6 52	6 35	6 21	6 07	5 53	5 38	5 22	5 12	5 00
2	8 48	8 31	8 17	8 06	7 56	7 48	7 33	7 21	7 09	6 56	6 43	6 29	6 20	6 10
3	9 25	9 13	9 02	8 53	8 46	8 39	8 28	8 18	8 08	7 59	7 48	7 36	7 30	7 22
4	9 57	9 48	9 41	9 36	9 31	9 26	9 18	9 12	9 05	8 59	8 52	8 43	8 39	8 33
5	10 24	10 20	10 16	10 14	10 11	10 09	10 05	10 02	9 59	9 56	9 52	9 48	9 46	9 44
6	10 48	10 49	10 49	10 49	10 50	10 50	10 50	10 50	10 50	10 51	10 51	10 51	10 51	10 51
7	11 12	11 17	11 21	11 24	11 26	11 29	11 33	11 37	11 40	11 44	11 47	11 52	11 54	11 57
8	11 37	11 45	11 52	11 58	12 03	12 08	12 16	12 22	12 29	12 35	12 42	12 50	12 55	13 00
9	12 03	12 15	12 25	12 34	12 41	12 47	12 58	13 08	13 17	13 26	13 36	13 47	13 54	14 01
10	12 32	12 48	13 01	13 12	13 21	13 29	13 42	13 54	14 06	14 17	14 29	14 43	14 51	15 00
11	13 06	13 25	13 40	13 52	14 03	14 12	14 27	14 41	14 54	15 07	15 21	15 37	15 46	15 56
12	13 46	14 07	14 23	14 36	14 47	14 57	15 14	15 29	15 43	15 56	16 11	16 28	16 38	16 49
13	14 32	14 53	15 10	15 23	15 35	15 45	16 02	16 17	16 31	16 45	17 00	17 17	17 27	17 38
14	15 24	15 45	16 00	16 13	16 25	16 34	16 51	17 05	17 19	17 32	17 47	18 03	18 13	18 23
15	16 21	16 40	16 54	17 06	17 16	17 25	17 40	17 53	18 06	18 18	18 31	18 46	18 55	19 04
16	17 22	17 38	17 50	18 00	18 09	18 16	18 29	18 41	18 51	19 02	19 13	19 26	19 33	19 42
17	18 26	18 38	18 47	18 55	19 02	19 08	19 18	19 27	19 36	19 44	19 53	20 03	20 09	20 16
18	19 30	19 39	19 45	19 51	19 56	20 00	20 07	20 14	20 20	20 25	20 32	20 39	20 43	20 47
19	20 36	20 41	20 44	20 47	20 50	20 52	20 56	21 00	21 03	21 06	21 09	21 13	21 15	21 18
20	21 43	21 43	21 44	21 44	21 44	21 45	21 45	21 46	21 46	21 46	21 47	21 47	21 47	21 48
21	22 51	22 47	22 44	22 42	22 40	22 38	22 35	22 33	22 30	22 27	22 25	22 22	22 20	22 18
22	.. ..	23 53	23 46	23 41	23 37	23 33	23 27	23 21	23 15	23 10	23 04	22 58	22 54	22 50
23	0 00	.. ..	.. ..	.. ..	.. ..	.. ..	.. ..	.. ..	.. ..	23 55	23 46	23 37	23 31	23 24
24	1 11	1 00	0 50	0 43	0 36	0 30	0 20	0 12	0 03	.. ..	.. ..	.. ..	.. ..	.. ..
25	2 23	2 08	1 56	1 46	1 37	1 29	1 16	1 05	0 54	0 44	0 32	0 19	0 12	0 03

.. .. indicates phenomenon will occur the next day.

UNIVERSAL TIME FOR MERIDIAN OF GREENWICH

MOONRISE

Lat.	+40°	+42°	+44°	+46°	+48°	+50°	+52°	+54°	+56°	+58°	+60°	+62°	+64°	+66°
	h m	h m	h m	h m	h m	h m	h m	h m	h m	h m	h m	h m	h m	h m
July 1	19 42	19 47	19 52	19 57	20 03	20 09	20 16	20 24	20 33	20 43	20 54	21 07	21 22	21 41
2	20 32	20 36	20 40	20 45	20 50	20 55	21 01	21 07	21 14	21 22	21 30	21 41	21 52	22 06
3	21 17	21 20	21 23	21 26	21 30	21 33	21 37	21 42	21 47	21 52	21 59	22 06	22 14	22 23
4	21 57	21 58	22 00	22 02	22 04	22 07	22 09	22 12	22 14	22 18	22 21	22 25	22 30	22 35
5	22 33	22 34	22 34	22 35	22 36	22 36	22 37	22 38	22 39	22 40	22 41	22 42	22 44	22 45
6	23 08	23 07	23 07	23 06	23 05	23 05	23 04	23 03	23 02	23 01	22 59	22 58	22 56	22 54
7	23 42	23 41	23 39	23 37	23 35	23 33	23 30	23 28	23 25	23 21	23 18	23 14	23 09	23 04
8	.. ..	.. ..	.. ..	.. ..	.. ..	.. ..	23 58	23 53	23 49	23 44	23 38	23 31	23 23	23 14
9	0 17	0 14	0 12	0 09	0 05	0 02	.. ..	.. ..	.. ..	.. ..	.. ..	23 51	23 40	23 28
10	0 54	0 50	0 46	0 42	0 38	0 33	0 28	0 22	0 16	0 08	0 00	.. ..	.. ..	23 46
11	1 33	1 28	1 24	1 19	1 14	1 08	1 01	0 54	0 46	0 38	0 28	0 16	0 02	.. ..
12	2 15	2 10	2 05	1 59	1 53	1 47	1 40	1 32	1 23	1 13	1 01	0 47	0 31	0 11
13	3 00	2 55	2 50	2 44	2 38	2 31	2 23	2 15	2 05	1 54	1 42	1 27	1 10	0 48
14	3 49	3 44	3 39	3 33	3 27	3 20	3 12	3 04	2 54	2 43	2 31	2 16	1 59	1 37
15	4 41	4 36	4 31	4 25	4 19	4 13	4 06	3 58	3 49	3 39	3 28	3 14	2 58	2 39
16	5 34	5 30	5 25	5 21	5 15	5 10	5 04	4 57	4 49	4 40	4 30	4 19	4 06	3 49
17	6 29	6 25	6 22	6 18	6 13	6 09	6 04	5 58	5 52	5 45	5 37	5 28	5 17	5 05
18	7 24	7 22	7 19	7 16	7 13	7 09	7 06	7 01	6 57	6 52	6 46	6 39	6 32	6 23
19	8 20	8 18	8 17	8 15	8 13	8 11	8 08	8 06	8 03	8 00	7 56	7 52	7 47	7 42
20	9 17	9 16	9 15	9 15	9 14	9 13	9 12	9 11	9 10	9 09	9 07	9 06	9 04	9 02
21	10 14	10 14	10 15	10 15	10 16	10 16	10 17	10 18	10 18	10 19	10 20	10 21	10 22	10 24
22	11 13	11 14	11 16	11 17	11 19	11 21	11 23	11 26	11 28	11 31	11 34	11 38	11 42	11 47
23	12 13	12 16	12 18	12 21	12 24	12 27	12 31	12 35	12 39	12 44	12 50	12 56	13 04	13 12
24	13 15	13 19	13 22	13 26	13 31	13 35	13 41	13 46	13 52	13 59	14 07	14 17	14 27	14 40
25	14 19	14 23	14 28	14 33	14 38	14 44	14 51	14 58	15 06	15 15	15 25	15 37	15 51	16 09

MOONSET

Lat.	+40°	+42°	+44°	+46°	+48°	+50°	+52°	+54°	+56°	+58°	+60°	+62°	+64°	+66°
	h m	h m	h m	h m	h m	h m	h m	h m	h m	h m	h m	h m	h m	h m
July 1	5 00	4 55	4 50	4 44	4 38	4 31	4 23	4 15	4 05	3 54	3 42	3 27	3 09	2 47
2	6 10	6 05	6 01	5 55	5 50	5 44	5 37	5 30	5 21	5 12	5 01	4 49	4 34	4 16
3	7 22	7 18	7 14	7 10	7 06	7 01	6 56	6 50	6 44	6 37	6 29	6 19	6 08	5 55
4	8 33	8 31	8 29	8 26	8 23	8 20	8 16	8 12	8 08	8 03	7 58	7 52	7 45	7 37
5	9 44	9 42	9 41	9 40	9 38	9 37	9 35	9 33	9 31	9 29	9 26	9 23	9 20	9 16
6	10 51	10 51	10 51	10 51	10 51	10 52	10 52	10 52	10 52	10 52	10 52	10 52	10 52	10 52
7	11 57	11 58	11 59	12 01	12 02	12 04	12 05	12 07	12 09	12 12	12 14	12 17	12 21	12 25
8	13 00	13 02	13 05	13 07	13 10	13 13	13 17	13 20	13 24	13 29	13 34	13 40	13 47	13 54
9	14 01	14 04	14 08	14 12	14 16	14 20	14 25	14 30	14 36	14 43	14 50	14 59	15 09	15 21
10	15 00	15 04	15 08	15 13	15 18	15 24	15 30	15 37	15 44	15 52	16 02	16 13	16 26	16 42
11	15 56	16 01	16 06	16 11	16 17	16 24	16 31	16 38	16 47	16 57	17 08	17 22	17 38	17 57
12	16 49	16 54	17 00	17 05	17 12	17 19	17 26	17 35	17 44	17 55	18 07	18 22	18 39	19 01
13	17 38	17 43	17 49	17 55	18 01	18 08	18 16	18 24	18 34	18 45	18 57	19 12	19 29	19 51
14	18 23	18 28	18 33	18 39	18 45	18 52	18 59	19 07	19 16	19 26	19 38	19 52	20 08	20 28
15	19 04	19 09	19 13	19 18	19 24	19 30	19 36	19 43	19 51	20 00	20 11	20 22	20 36	20 53
16	19 42	19 45	19 49	19 53	19 58	20 03	20 08	20 14	20 21	20 28	20 37	20 47	20 58	21 11
17	20 16	20 19	20 22	20 25	20 29	20 32	20 37	20 41	20 46	20 52	20 58	21 06	21 14	21 24
18	20 47	20 49	20 52	20 54	20 56	20 59	21 02	21 05	21 09	21 13	21 17	21 22	21 27	21 34
19	21 18	21 19	21 20	21 21	21 23	21 24	21 26	21 27	21 29	21 31	21 33	21 36	21 39	21 42
20	21 48	21 48	21 48	21 48	21 48	21 48	21 48	21 49	21 49	21 49	21 49	21 49	21 50	21 50
21	22 18	22 17	22 16	22 15	22 14	22 13	22 12	22 10	22 09	22 07	22 05	22 03	22 00	21 58
22	22 50	22 48	22 46	22 44	22 41	22 39	22 36	22 33	22 30	22 26	22 22	22 18	22 12	22 06
23	23 24	23 21	23 18	23 15	23 12	23 08	23 04	22 59	22 54	22 48	22 42	22 35	22 27	22 17
24	.. ..	23 59	23 55	23 51	23 46	23 41	23 36	23 30	23 23	23 15	23 07	22 57	22 45	22 32
25	0 03	.. ..	.. ..	.. ..	.. ..	.. ..	.. ..	.. ..	23 59	23 49	23 39	23 26	23 12	22 54

.. .. indicates phenomenon will occur the next day.

MOONRISE AND MOONSET, 1996

UNIVERSAL TIME FOR MERIDIAN OF GREENWICH
MOONRISE

Lat.	−55°	−50°	−45°	−40°	−35°	−30°	−20°	−10°	0°	+10°	+20°	+30°	+35°	+40°
	h m	h m	h m	h m	h m	h m	h m	h m	h m	h m	h m	h m	h m	h m
July 24	11 13	11 26	11 36	11 45	11 52	11 59	12 10	12 20	12 29	12 39	12 49	13 01	13 08	13 15
25	11 46	12 02	12 15	12 26	12 36	12 44	12 58	13 10	13 22	13 34	13 46	14 01	14 09	14 19
26	12 28	12 47	13 02	13 15	13 25	13 35	13 51	14 05	14 18	14 32	14 46	15 03	15 12	15 23
27	13 20	13 40	13 57	14 10	14 21	14 31	14 49	15 04	15 18	15 32	15 47	16 04	16 14	16 26
28	14 24	14 44	15 00	15 13	15 24	15 34	15 51	16 05	16 19	16 33	16 47	17 04	17 14	17 25
29	15 39	15 56	16 10	16 22	16 32	16 41	16 55	17 08	17 21	17 33	17 46	18 00	18 09	18 19
30	17 00	17 14	17 25	17 34	17 42	17 49	18 01	18 11	18 21	18 31	18 41	18 53	18 59	19 07
31	18 25	18 34	18 42	18 48	18 53	18 58	19 06	19 13	19 19	19 26	19 33	19 41	19 45	19 50
Aug. 1	19 49	19 53	19 57	20 00	20 02	20 04	20 08	20 12	20 15	20 18	20 21	20 25	20 27	20 30
2	21 11	21 10	21 10	21 10	21 09	21 09	21 09	21 08	21 08	21 08	21 08	21 07	21 07	21 07
3	22 30	22 25	22 20	22 17	22 14	22 11	22 07	22 03	21 59	21 56	21 52	21 48	21 45	21 42
4	23 45	23 36	23 28	23 22	23 16	23 12	23 03	22 56	22 49	22 43	22 36	22 28	22 23	22 18
5	.. ..	.. ..	.. ..	.. ..	.. ..	.. ..	23 58	23 48	23 39	23 29	23 20	23 08	23 02	22 55
6	0 57	0 44	0 33	0 24	0 16	0 10	.. ..	.. ..	.. ..	.. ..	.. ..	23 50	23 42	23 33
7	2 04	1 48	1 34	1 23	1 14	1 06	0 52	0 39	0 28	0 16	0 04	.. ..	.. ..	.. ..
8	3 06	2 47	2 32	2 19	2 09	1 59	1 43	1 29	1 17	1 04	0 50	0 34	0 25	0 15
9	4 02	3 41	3 25	3 12	3 00	2 51	2 34	2 19	2 05	1 51	1 37	1 20	1 10	0 59
10	4 50	4 30	4 13	4 00	3 49	3 39	3 22	3 07	2 53	2 39	2 24	2 08	1 58	1 46
11	5 32	5 12	4 57	4 44	4 34	4 24	4 08	3 54	3 41	3 27	3 13	2 57	2 47	2 37
12	6 07	5 50	5 36	5 25	5 15	5 07	4 52	4 39	4 27	4 15	4 02	3 48	3 39	3 29
13	6 37	6 22	6 11	6 01	5 53	5 46	5 34	5 23	5 13	5 02	4 51	4 39	4 32	4 23
14	7 02	6 51	6 43	6 35	6 29	6 23	6 14	6 05	5 57	5 49	5 41	5 31	5 25	5 19
15	7 25	7 18	7 12	7 07	7 03	6 59	6 52	6 46	6 41	6 35	6 30	6 23	6 19	6 15
16	7 47	7 43	7 40	7 38	7 35	7 33	7 30	7 27	7 24	7 22	7 19	7 15	7 13	7 11
17	8 08	8 08	8 08	8 08	8 08	8 08	8 08	8 08	8 08	8 08	8 08	8 08	8 08	8 08

MOONSET

Lat.	−55°	−50°	−45°	−40°	−35°	−30°	−20°	−10°	0°	+10°	+20°	+30°	+35°	+40°
	h m	h m	h m	h m	h m	h m	h m	h m	h m	h m	h m	h m	h m	h m
July 24	1 11	1 00	0 50	0 43	0 36	0 30	0 20	0 12	0 03	.. ..	.. ..	.. ..	.. ..	.. ..
25	2 23	2 08	1 56	1 46	1 37	1 29	1 16	1 05	0 54	0 44	0 32	0 19	0 12	0 03
26	3 35	3 16	3 01	2 49	2 39	2 30	2 15	2 01	1 49	1 36	1 22	1 07	0 58	0 48
27	4 43	4 22	4 06	3 53	3 42	3 32	3 15	3 00	2 46	2 32	2 18	2 01	1 51	1 39
28	5 44	5 23	5 07	4 54	4 43	4 33	4 16	4 01	3 47	3 33	3 18	3 00	2 50	2 39
29	6 36	6 17	6 03	5 50	5 40	5 31	5 15	5 01	4 48	4 35	4 21	4 05	3 56	3 45
30	7 19	7 04	6 52	6 42	6 33	6 25	6 12	6 00	5 49	5 38	5 27	5 13	5 05	4 56
31	7 54	7 43	7 35	7 27	7 21	7 15	7 06	6 57	6 49	6 41	6 32	6 22	6 16	6 09
Aug. 1	8 24	8 18	8 13	8 09	8 05	8 02	7 56	7 51	7 46	7 41	7 36	7 30	7 26	7 22
2	8 51	8 49	8 48	8 47	8 46	8 45	8 43	8 42	8 40	8 39	8 37	8 35	8 34	8 33
3	9 16	9 19	9 21	9 23	9 25	9 26	9 28	9 31	9 33	9 35	9 37	9 39	9 40	9 42
4	9 41	9 48	9 54	9 59	10 03	10 06	10 13	10 18	10 23	10 29	10 34	10 40	10 44	10 48
5	10 07	10 18	10 27	10 35	10 41	10 47	10 56	11 05	11 13	11 21	11 30	11 40	11 45	11 52
6	10 36	10 51	11 03	11 12	11 21	11 28	11 41	11 52	12 02	12 13	12 24	12 37	12 44	12 53
7	11 09	11 27	11 41	11 52	12 02	12 11	12 26	12 39	12 51	13 04	13 17	13 32	13 40	13 50
8	11 47	12 07	12 22	12 35	12 46	12 56	13 12	13 27	13 40	13 53	14 08	14 24	14 34	14 45
9	12 31	12 51	13 08	13 21	13 33	13 42	14 00	14 14	14 28	14 42	14 57	15 14	15 24	15 35
10	13 20	13 41	13 57	14 10	14 21	14 31	14 48	15 03	15 16	15 30	15 44	16 01	16 11	16 22
11	14 16	14 35	14 49	15 02	15 12	15 21	15 37	15 50	16 03	16 16	16 29	16 45	16 54	17 04
12	15 15	15 31	15 44	15 55	16 04	16 12	16 26	16 38	16 49	17 00	17 12	17 26	17 34	17 42
13	16 17	16 31	16 41	16 50	16 57	17 04	17 15	17 25	17 34	17 43	17 53	18 04	18 10	18 18
14	17 22	17 31	17 39	17 46	17 51	17 56	18 04	18 12	18 18	18 25	18 32	18 40	18 45	18 50
15	18 27	18 33	18 38	18 42	18 45	18 48	18 53	18 58	19 02	19 06	19 10	19 15	19 18	19 21
16	19 34	19 36	19 37	19 39	19 40	19 41	19 42	19 44	19 45	19 47	19 48	19 50	19 51	19 52
17	20 41	20 39	20 38	20 36	20 35	20 34	20 32	20 31	20 29	20 28	20 26	20 24	20 23	20 22

.. .. indicates phenomenon will occur the next day.

UNIVERSAL TIME FOR MERIDIAN OF GREENWICH

MOONRISE

Lat.	+40°	+42°	+44°	+46°	+48°	+50°	+52°	+54°	+56°	+58°	+60°	+62°	+64°	+66°
	h m	h m	h m	h m	h m	h m	h m	h m	h m	h m	h m	h m	h m	h m
July 24	13 15	13 19	13 22	13 26	13 31	13 35	13 41	13 46	13 52	13 59	14 07	14 17	14 27	14 40
25	14 19	14 23	14 28	14 33	14 38	14 44	14 51	14 58	15 06	15 15	15 25	15 37	15 51	16 09
26	15 23	15 28	15 33	15 39	15 45	15 52	15 59	16 08	16 17	16 27	16 39	16 54	17 11	17 32
27	16 26	16 31	16 36	16 42	16 49	16 56	17 04	17 12	17 22	17 33	17 46	18 01	18 20	18 42
28	17 25	17 30	17 35	17 41	17 47	17 54	18 01	18 10	18 19	18 29	18 41	18 56	19 12	19 33
29	18 19	18 23	18 28	18 33	18 38	18 44	18 50	18 58	19 05	19 14	19 24	19 36	19 50	20 07
30	19 07	19 11	19 14	19 18	19 22	19 27	19 32	19 37	19 43	19 50	19 58	20 06	20 16	20 28
31	19 50	19 53	19 55	19 58	20 01	20 04	20 07	20 10	20 14	20 19	20 24	20 29	20 36	20 43
Aug. 1	20 30	20 31	20 32	20 33	20 35	20 36	20 38	20 39	20 41	20 43	20 46	20 48	20 51	20 55
2	21 07	21 07	21 06	21 06	21 06	21 06	21 06	21 06	21 06	21 06	21 06	21 05	21 05	21 05
3	21 42	21 41	21 40	21 38	21 37	21 35	21 34	21 32	21 30	21 27	21 25	21 22	21 19	21 15
4	22 18	22 16	22 13	22 11	22 08	22 05	22 02	21 58	21 54	21 50	21 45	21 39	21 33	21 25
5	22 55	22 51	22 48	22 44	22 40	22 36	22 31	22 26	22 20	22 14	22 07	21 59	21 49	21 38
6	23 33	23 29	23 25	23 20	23 15	23 10	23 04	22 57	22 50	22 42	22 33	22 22	22 10	21 55
7	.. ..	.. ..	.. ..	.. ..	23 54	23 48	23 41	23 33	23 25	23 15	23 04	22 51	22 36	22 18
8	0 15	0 10	0 05	0 00	.. ..	.. ..	.. ..	.. ..	.. ..	.. ..	23 54	23 42	23 28	23 11	22 50
9	0 59	0 54	0 49	0 43	0 37	0 30	0 23	0 14	0 05	.. ..	.. ..	.. ..	23 56	23 34
10	1 46	1 41	1 36	1 30	1 24	1 17	1 09	1 01	0 52	0 41	0 28	0 14	.. ..	.. ..
11	2 37	2 32	2 27	2 21	2 15	2 09	2 01	1 53	1 44	1 34	1 22	1 09	0 52	0 32
12	3 29	3 25	3 20	3 15	3 10	3 04	2 57	2 50	2 42	2 33	2 23	2 11	1 56	1 39
13	4 23	4 20	4 16	4 12	4 07	4 02	3 57	3 51	3 44	3 36	3 28	3 18	3 06	2 53
14	5 19	5 16	5 13	5 10	5 06	5 02	4 58	4 53	4 48	4 42	4 36	4 29	4 20	4 10
15	6 15	6 13	6 11	6 08	6 06	6 03	6 01	5 58	5 54	5 50	5 46	5 41	5 35	5 29
16	7 11	7 10	7 09	7 08	7 07	7 06	7 04	7 03	7 01	6 59	6 57	6 55	6 52	6 49
17	8 08	8 08	8 08	8 09	8 09	8 09	8 09	8 09	8 09	8 09	8 09	8 09	8 09	8 10

MOONSET

Lat.	+40°	+42°	+44°	+46°	+48°	+50°	+52°	+54°	+56°	+58°	+60°	+62°	+64°	+66°
	h m	h m	h m	h m	h m	h m	h m	h m	h m	h m	h m	h m	h m	h m
July 24	.. ..	23 59	23 55	23 51	23 46	23 41	23 36	23 30	23 23	23 15	23 07	22 57	22 45	22 32
25	0 03	.. ..	.. ..	.. ..	.. ..	.. ..	.. ..	.. ..	23 59	23 49	23 39	23 26	23 12	22 54
26	0 48	0 43	0 38	0 33	0 28	0 21	0 15	0 07	.. ..	.. ..	.. ..	.. ..	23 50	23 28
27	1 39	1 34	1 29	1 23	1 17	1 10	1 02	0 54	0 45	0 34	0 22	0 07	.. ..	.. ..
28	2 39	2 34	2 28	2 22	2 16	2 09	2 01	1 52	1 42	1 31	1 18	1 03	0 45	0 22
29	3 45	3 40	3 35	3 29	3 23	3 17	3 10	3 02	2 52	2 42	2 30	2 17	2 00	1 39
30	4 56	4 52	4 48	4 43	4 38	4 32	4 26	4 20	4 12	4 04	3 54	3 43	3 30	3 14
31	6 09	6 06	6 03	5 59	5 56	5 52	5 47	5 42	5 37	5 31	5 24	5 16	5 07	4 56
Aug. 1	7 22	7 20	7 18	7 16	7 14	7 12	7 09	7 06	7 03	6 59	6 56	6 51	6 46	6 40
2	8 33	8 33	8 32	8 31	8 31	8 30	8 29	8 28	8 27	8 26	8 25	8 24	8 22	8 21
3	9 42	9 43	9 43	9 44	9 45	9 46	9 47	9 48	9 49	9 51	9 52	9 54	9 56	9 58
4	10 48	10 50	10 52	10 54	10 56	10 59	11 01	11 04	11 08	11 11	11 15	11 20	11 25	11 31
5	11 52	11 55	11 58	12 01	12 05	12 08	12 13	12 17	12 22	12 28	12 35	12 42	12 51	13 01
6	12 53	12 56	13 00	13 05	13 09	13 14	13 20	13 26	13 33	13 41	13 50	14 00	14 12	14 26
7	13 50	13 55	14 00	14 05	14 10	14 16	14 23	14 30	14 39	14 48	14 59	15 11	15 26	15 44
8	14 45	14 50	14 55	15 01	15 07	15 13	15 21	15 29	15 38	15 48	16 00	16 14	16 31	16 52
9	15 35	15 40	15 46	15 51	15 58	16 05	16 12	16 21	16 30	16 41	16 53	17 08	17 25	17 47
10	16 22	16 27	16 32	16 37	16 44	16 50	16 58	17 06	17 15	17 25	17 37	17 51	18 08	18 29
11	17 04	17 08	17 13	17 18	17 24	17 30	17 37	17 44	17 53	18 02	18 13	18 25	18 40	18 58
12	17 42	17 46	17 51	17 55	18 00	18 05	18 11	18 17	18 24	18 32	18 41	18 52	19 04	19 18
13	18 18	18 21	18 24	18 28	18 32	18 36	18 41	18 46	18 51	18 58	19 05	19 13	19 22	19 33
14	18 50	18 53	18 55	18 58	19 01	19 04	19 07	19 11	19 15	19 19	19 24	19 30	19 37	19 44
15	19 21	19 23	19 24	19 26	19 28	19 30	19 32	19 34	19 36	19 39	19 42	19 45	19 49	19 54
16	19 52	19 52	19 53	19 53	19 54	19 54	19 55	19 55	19 56	19 57	19 58	19 59	20 00	20 02
17	20 22	20 21	20 21	20 20	20 19	20 19	20 18	20 17	20 16	20 15	20 14	20 13	20 11	20 10

.. .. indicates phenomenon will occur the next day.

MOONRISE AND MOONSET, 1996

UNIVERSAL TIME FOR MERIDIAN OF GREENWICH
MOONRISE

Lat.	−55°	−50°	−45°	−40°	−35°	−30°	−20°	−10°	0°	+10°	+20°	+30°	+35°	+40°
	h m	h m	h m	h m	h m	h m	h m	h m	h m	h m	h m	h m	h m	h m
Aug. 16	7 47	7 43	7 40	7 38	7 35	7 33	7 30	7 27	7 24	7 22	7 19	7 15	7 13	7 11
17	8 08	8 08	8 08	8 08	8 08	8 08	8 08	8 08	8 08	8 08	8 08	8 08	8 08	8 08
18	8 29	8 33	8 36	8 38	8 41	8 43	8 46	8 49	8 52	8 55	8 58	9 02	9 04	9 06
19	8 51	8 59	9 05	9 10	9 15	9 19	9 26	9 32	9 38	9 43	9 50	9 57	10 01	10 06
20	9 17	9 28	9 38	9 45	9 52	9 58	10 08	10 17	10 25	10 34	10 43	10 53	10 59	11 06
21	9 47	10 02	10 14	10 24	10 32	10 40	10 53	11 04	11 15	11 26	11 38	11 51	11 59	12 08
22	10 24	10 42	10 56	11 08	11 18	11 27	11 42	11 56	12 08	12 21	12 34	12 50	12 59	13 10
23	11 10	11 30	11 45	11 58	12 09	12 19	12 36	12 50	13 04	13 18	13 33	13 50	13 59	14 11
24	12 06	12 27	12 43	12 56	13 07	13 17	13 34	13 49	14 03	14 16	14 31	14 48	14 58	15 09
25	13 14	13 33	13 48	14 00	14 10	14 20	14 35	14 49	15 02	15 15	15 29	15 45	15 54	16 04
26	14 30	14 46	14 59	15 09	15 18	15 26	15 39	15 51	16 02	16 13	16 25	16 38	16 46	16 55
27	15 52	16 04	16 13	16 21	16 28	16 34	16 44	16 52	17 01	17 09	17 18	17 28	17 33	17 40
28	17 17	17 24	17 29	17 34	17 38	17 41	17 47	17 53	17 58	18 03	18 08	18 14	18 18	18 22
29	18 41	18 43	18 45	18 46	18 47	18 48	18 50	18 51	18 53	18 55	18 56	18 58	18 59	19 00
30	20 03	20 00	19 58	19 56	19 55	19 53	19 51	19 49	19 47	19 45	19 43	19 40	19 39	19 38
31	21 23	21 15	21 09	21 04	21 00	20 56	20 50	20 44	20 39	20 34	20 28	20 22	20 18	20 14
Sept. 1	22 38	22 27	22 17	22 09	22 03	21 57	21 47	21 38	21 30	21 22	21 13	21 04	20 58	20 52
2	23 50	23 34	23 22	23 12	23 03	22 56	22 43	22 31	22 21	22 10	21 59	21 46	21 39	21 31
3	.. ..	.. ..	.. ..	.. ..	.. ..	23 52	23 36	23 23	23 11	22 58	22 45	22 30	22 22	22 12
4	0 55	0 37	0 22	0 10	0 00	.. ..	.. ..	.. ..	.. ..	23 47	23 32	23 16	23 07	22 56
5	1 54	1 34	1 18	1 05	0 54	0 45	0 28	0 14	0 00	.. ..	.. ..	.. ..	23 54	23 43
6	2 46	2 25	2 09	1 56	1 44	1 34	1 18	1 03	0 49	0 35	0 20	0 04	.. ..	.. ..
7	3 30	3 10	2 54	2 42	2 31	2 21	2 05	1 50	1 37	1 23	1 09	0 53	0 43	0 32
8	4 07	3 49	3 35	3 23	3 13	3 05	2 49	2 36	2 24	2 11	1 58	1 43	1 34	1 24
9	4 39	4 24	4 11	4 01	3 53	3 45	3 32	3 20	3 10	2 59	2 47	2 34	2 26	2 17

MOONSET

Lat.	−55°	−50°	−45°	−40°	−35°	−30°	−20°	−10°	0°	+10°	+20°	+30°	+35°	+40°
	h m	h m	h m	h m	h m	h m	h m	h m	h m	h m	h m	h m	h m	h m
Aug. 16	19 34	19 36	19 37	19 39	19 40	19 41	19 42	19 44	19 45	19 47	19 48	19 50	19 51	19 52
17	20 41	20 39	20 38	20 36	20 35	20 34	20 32	20 31	20 29	20 28	20 26	20 24	20 23	20 22
18	21 50	21 44	21 39	21 35	21 31	21 28	21 23	21 18	21 14	21 09	21 05	20 59	20 56	20 53
19	22 59	22 49	22 41	22 34	22 29	22 24	22 15	22 07	22 00	21 53	21 45	21 37	21 32	21 26
20	.. ..	23 55	23 44	23 35	23 27	23 21	23 09	22 58	22 49	22 39	22 29	22 17	22 10	22 03
21	0 09	.. ..	.. ..	.. ..	.. ..	.. ..	.. ..	23 52	23 40	23 28	23 16	23 01	22 53	22 44
22	1 19	1 02	0 48	0 37	0 27	0 19	0 05	.. ..	.. ..	.. ..	.. ..	23 51	23 41	23 31
23	2 26	2 07	1 51	1 39	1 28	1 18	1 02	0 48	0 35	0 21	0 07	.. ..	.. ..	.. ..
24	3 29	3 08	2 52	2 39	2 27	2 17	2 01	1 46	1 32	1 18	1 03	0 46	0 36	0 24
25	4 23	4 04	3 48	3 36	3 25	3 15	2 59	2 44	2 31	2 17	2 03	1 46	1 36	1 25
26	5 10	4 53	4 39	4 28	4 19	4 10	3 56	3 43	3 31	3 19	3 06	2 51	2 42	2 32
27	5 48	5 35	5 25	5 16	5 08	5 02	4 50	4 40	4 30	4 20	4 10	3 58	3 51	3 43
28	6 21	6 12	6 05	5 59	5 54	5 50	5 42	5 35	5 28	5 21	5 14	5 06	5 01	4 56
29	6 50	6 46	6 42	6 39	6 37	6 35	6 31	6 27	6 24	6 21	6 17	6 13	6 11	6 08
30	7 16	7 17	7 17	7 17	7 18	7 18	7 18	7 18	7 19	7 19	7 19	7 19	7 19	7 20
31	7 42	7 47	7 51	7 54	7 57	8 00	8 04	8 08	8 12	8 15	8 19	8 23	8 26	8 29
Sept. 1	8 09	8 18	8 25	8 31	8 37	8 41	8 49	8 57	9 03	9 10	9 17	9 25	9 30	9 36
2	8 37	8 50	9 01	9 09	9 17	9 24	9 35	9 45	9 54	10 04	10 14	10 25	10 32	10 40
3	9 09	9 26	9 39	9 50	9 59	10 07	10 21	10 33	10 45	10 56	11 09	11 23	11 31	11 40
4	9 46	10 05	10 20	10 32	10 43	10 52	11 08	11 22	11 35	11 48	12 01	12 17	12 27	12 37
5	10 28	10 49	11 05	11 18	11 29	11 39	11 55	12 10	12 24	12 38	12 52	13 09	13 19	13 30
6	11 16	11 37	11 53	12 06	12 17	12 27	12 44	12 58	13 12	13 26	13 40	13 57	14 07	14 18
7	12 09	12 29	12 44	12 57	13 07	13 17	13 33	13 47	14 00	14 13	14 26	14 42	14 51	15 02
8	13 07	13 25	13 38	13 49	13 59	14 07	14 22	14 34	14 46	14 58	15 10	15 24	15 32	15 42
9	14 09	14 23	14 34	14 44	14 52	14 59	15 11	15 22	15 31	15 41	15 52	16 04	16 10	16 18

.. .. indicates phenomenon will occur the next day.

UNIVERSAL TIME FOR MERIDIAN OF GREENWICH
MOONRISE

Lat.	+40°	+42°	+44°	+46°	+48°	+50°	+52°	+54°	+56°	+58°	+60°	+62°	+64°	+66°
	h m	h m	h m	h m	h m	h m	h m	h m	h m	h m	h m	h m	h m	h m
Aug. 16	7 11	7 10	7 09	7 08	7 07	7 06	7 04	7 03	7 01	6 59	6 57	6 55	6 52	6 49
17	8 08	8 08	8 08	8 09	8 09	8 09	8 09	8 09	8 09	8 09	8 09	8 09	8 09	8 10
18	9 06	9 08	9 09	9 10	9 11	9 13	9 14	9 16	9 18	9 20	9 22	9 25	9 28	9 32
19	10 06	10 08	10 10	10 12	10 15	10 18	10 21	10 24	10 28	10 32	10 37	10 42	10 48	10 55
20	11 06	11 09	11 12	11 16	11 20	11 24	11 28	11 33	11 39	11 45	11 52	12 00	12 10	12 21
21	12 08	12 12	12 16	12 20	12 25	12 31	12 36	12 43	12 50	12 58	13 08	13 18	13 31	13 47
22	13 10	13 14	13 19	13 24	13 30	13 37	13 44	13 51	14 00	14 10	14 21	14 34	14 50	15 10
23	14 11	14 16	14 21	14 27	14 33	14 40	14 48	14 56	15 06	15 17	15 29	15 44	16 01	16 24
24	15 09	15 15	15 20	15 26	15 32	15 39	15 47	15 55	16 05	16 15	16 28	16 42	17 00	17 22
25	16 04	16 09	16 14	16 19	16 25	16 31	16 38	16 46	16 55	17 04	17 16	17 28	17 44	18 02
26	16 55	16 58	17 03	17 07	17 12	17 17	17 23	17 29	17 36	17 44	17 53	18 03	18 15	18 29
27	17 40	17 43	17 46	17 49	17 53	17 57	18 01	18 05	18 11	18 16	18 23	18 30	18 38	18 48
28	18 22	18 23	18 25	18 27	18 29	18 32	18 34	18 37	18 40	18 43	18 47	18 51	18 56	19 01
29	19 00	19 01	19 01	19 02	19 03	19 03	19 04	19 05	19 06	19 07	19 08	19 10	19 11	19 13
30	19 38	19 37	19 36	19 35	19 35	19 34	19 33	19 32	19 31	19 30	19 28	19 27	19 25	19 23
31	20 14	20 13	20 11	20 09	20 06	20 04	20 02	19 59	19 56	19 52	19 49	19 44	19 40	19 34
Sept. 1	20 52	20 49	20 46	20 43	20 39	20 36	20 32	20 27	20 22	20 17	20 11	20 04	19 56	19 46
2	21 31	21 27	21 23	21 19	21 14	21 09	21 04	20 58	20 51	20 44	20 36	20 26	20 15	20 02
3	22 12	22 08	22 03	21 58	21 52	21 46	21 40	21 33	21 25	21 16	21 06	20 54	20 40	20 23
4	22 56	22 51	22 46	22 40	22 34	22 28	22 21	22 13	22 04	21 53	21 42	21 28	21 12	20 52
5	23 43	23 38	23 32	23 27	23 20	23 13	23 06	22 58	22 48	22 38	22 25	22 11	21 54	21 32
6	.. ..	.. ..	.. ..	.. ..	.. ..	.. ..	23 56	23 48	23 39	23 29	23 17	23 03	22 46	22 25
7	0 32	0 27	0 22	0 16	0 10	0 04	.. ..	.. ..	.. ..	.. ..	.. ..	.. ..	23 47	23 29
8	1 24	1 19	1 15	1 09	1 04	0 58	0 51	0 43	0 35	0 26	0 15	0 02	.. ..	.. ..
9	2 17	2 14	2 09	2 05	2 00	1 55	1 49	1 43	1 35	1 27	1 18	1 08	0 55	0 40

MOONSET

	+40°	+42°	+44°	+46°	+48°	+50°	+52°	+54°	+56°	+58°	+60°	+62°	+64°	+66°
	h m	h m	h m	h m	h m	h m	h m	h m	h m	h m	h m	h m	h m	h m
Aug. 16	19 52	19 52	19 53	19 53	19 54	19 54	19 55	19 55	19 56	19 57	19 58	19 59	20 00	20 02
17	20 22	20 21	20 21	20 20	20 19	20 19	20 18	20 17	20 16	20 15	20 14	20 13	20 11	20 10
18	20 53	20 51	20 50	20 48	20 46	20 44	20 42	20 40	20 37	20 34	20 31	20 27	20 23	20 18
19	21 26	21 24	21 21	21 18	21 15	21 12	21 08	21 04	21 00	20 55	20 50	20 43	20 36	20 28
20	22 03	21 59	21 56	21 52	21 47	21 43	21 38	21 32	21 26	21 20	21 12	21 03	20 53	20 41
21	22 44	22 39	22 35	22 30	22 25	22 19	22 13	22 06	21 58	21 50	21 40	21 29	21 16	21 00
22	23 31	23 26	23 21	23 15	23 09	23 03	22 55	22 47	22 39	22 28	22 17	22 03	21 47	21 27
23	.. ..	.. ..	.. ..	.. ..	.. ..	23 55	23 47	23 38	23 29	23 18	23 05	22 51	22 33	22 11
24	0 24	0 19	0 14	0 08	0 02	.. ..	.. ..	.. ..	.. ..	.. ..	.. ..	23 53	23 36	23 14
25	1 25	1 20	1 15	1 09	1 03	0 56	0 49	0 40	0 31	0 20	0 08	.. ..	.. ..	.. ..
26	2 32	2 28	2 23	2 18	2 12	2 06	1 59	1 52	1 44	1 34	1 24	1 11	0 56	0 38
27	3 43	3 39	3 36	3 31	3 27	3 22	3 17	3 11	3 05	2 57	2 49	2 39	2 28	2 15
28	4 56	4 53	4 51	4 48	4 45	4 41	4 38	4 34	4 30	4 25	4 19	4 13	4 06	3 57
29	6 08	6 07	6 06	6 04	6 03	6 01	6 00	5 58	5 55	5 53	5 50	5 47	5 44	5 40
30	7 20	7 20	7 20	7 20	7 20	7 20	7 20	7 20	7 20	7 20	7 20	7 20	7 20	7 21
31	8 29	8 30	8 31	8 33	8 34	8 36	8 38	8 40	8 42	8 45	8 47	8 51	8 54	8 58
Sept. 1	9 36	9 38	9 41	9 43	9 46	9 49	9 53	9 57	10 01	10 06	10 11	10 17	10 24	10 33
2	10 40	10 43	10 47	10 50	10 55	10 59	11 04	11 10	11 16	11 23	11 30	11 39	11 50	12 02
3	11 40	11 44	11 49	11 54	11 59	12 04	12 11	12 17	12 25	12 34	12 44	12 55	13 09	13 25
4	12 37	12 42	12 47	12 52	12 58	13 05	13 12	13 19	13 28	13 38	13 50	14 03	14 19	14 39
5	13 30	13 35	13 40	13 46	13 52	13 59	14 06	14 15	14 24	14 34	14 47	15 01	15 18	15 40
6	14 18	14 23	14 28	14 34	14 40	14 47	14 54	15 03	15 12	15 22	15 34	15 48	16 05	16 26
7	15 02	15 06	15 11	15 17	15 23	15 29	15 36	15 44	15 52	16 02	16 13	16 26	16 41	17 00
8	15 42	15 46	15 50	15 55	16 00	16 06	16 12	16 18	16 26	16 34	16 44	16 55	17 08	17 23
9	16 18	16 22	16 25	16 29	16 33	16 38	16 43	16 48	16 55	17 01	17 09	17 18	17 28	17 40

.. .. indicates phenomenon will occur the next day.

MOONRISE AND MOONSET, 1996

UNIVERSAL TIME FOR MERIDIAN OF GREENWICH

MOONRISE

Lat.	−55°	−50°	−45°	−40°	−35°	−30°	−20°	−10°	0°	+10°	+20°	+30°	+35°	+40°
	h m	h m	h m	h m	h m	h m	h m	h m	h m	h m	h m	h m	h m	h m
Sept. 8	4 07	3 49	3 35	3 23	3 13	3 05	2 49	2 36	2 24	2 11	1 58	1 43	1 34	1 24
9	4 39	4 24	4 11	4 01	3 53	3 45	3 32	3 20	3 10	2 59	2 47	2 34	2 26	2 17
10	5 06	4 54	4 44	4 36	4 29	4 23	4 13	4 03	3 54	3 46	3 36	3 26	3 19	3 12
11	5 30	5 22	5 15	5 09	5 04	4 59	4 52	4 45	4 39	4 32	4 25	4 18	4 13	4 08
12	5 52	5 47	5 43	5 40	5 37	5 35	5 30	5 26	5 22	5 19	5 15	5 10	5 08	5 05
13	6 14	6 12	6 11	6 11	6 10	6 09	6 08	6 07	6 06	6 05	6 04	6 03	6 03	6 02
14	6 35	6 37	6 40	6 41	6 43	6 44	6 47	6 49	6 51	6 53	6 55	6 57	6 59	7 00
15	6 57	7 04	7 09	7 13	7 17	7 20	7 26	7 31	7 36	7 41	7 46	7 52	7 56	8 00
16	7 22	7 32	7 41	7 47	7 53	7 59	8 08	8 16	8 23	8 31	8 39	8 48	8 54	9 00
17	7 51	8 05	8 16	8 25	8 33	8 40	8 52	9 02	9 12	9 23	9 33	9 46	9 53	10 01
18	8 25	8 42	8 56	9 07	9 16	9 25	9 39	9 52	10 04	10 16	10 29	10 44	10 53	11 02
19	9 07	9 26	9 41	9 54	10 05	10 14	10 30	10 45	10 58	11 11	11 26	11 42	11 52	12 03
20	9 58	10 18	10 34	10 48	10 59	11 09	11 25	11 40	11 54	12 08	12 23	12 40	12 49	13 01
21	10 59	11 19	11 34	11 47	11 58	12 07	12 24	12 38	12 51	13 04	13 19	13 35	13 45	13 55
22	12 10	12 27	12 41	12 52	13 01	13 10	13 24	13 37	13 49	14 01	14 13	14 28	14 36	14 46
23	13 27	13 40	13 51	14 00	14 08	14 15	14 26	14 36	14 46	14 56	15 06	15 17	15 24	15 31
24	14 48	14 57	15 04	15 11	15 16	15 21	15 29	15 36	15 42	15 49	15 56	16 04	16 08	16 14
25	16 11	16 15	16 19	16 22	16 24	16 26	16 30	16 34	16 37	16 40	16 44	16 48	16 50	16 53
26	17 33	17 33	17 32	17 32	17 32	17 32	17 32	17 31	17 31	17 31	17 31	17 31	17 31	17 30
27	18 54	18 49	18 45	18 42	18 39	18 36	18 32	18 28	18 24	18 21	18 17	18 13	18 10	18 07
28	20 13	20 03	19 56	19 49	19 44	19 39	19 31	19 23	19 17	19 10	19 03	18 55	18 50	18 45
29	21 28	21 14	21 03	20 54	20 47	20 40	20 28	20 18	20 09	19 59	19 49	19 38	19 31	19 24
30	22 38	22 21	22 08	21 56	21 47	21 39	21 24	21 12	21 00	20 49	20 36	20 22	20 14	20 05
Oct. 1	23 42	23 22	23 07	22 54	22 44	22 34	22 18	22 04	21 51	21 38	21 24	21 09	21 00	20 49
2	.. ..	.. ..	.. ..	23 48	23 36	23 27	23 10	22 55	22 41	22 28	22 13	21 56	21 47	21 36

MOONSET

Lat.	−55°	−50°	−45°	−40°	−35°	−30°	−20°	−10°	0°	+10°	+20°	+30°	+35°	+40°
	h m	h m	h m	h m	h m	h m	h m	h m	h m	h m	h m	h m	h m	h m
Sept. 8	13 07	13 25	13 38	13 49	13 59	14 07	14 22	14 34	14 46	14 58	15 10	15 24	15 32	15 42
9	14 09	14 23	14 34	14 44	14 52	14 59	15 11	15 22	15 31	15 41	15 52	16 04	16 10	16 18
10	15 12	15 23	15 32	15 39	15 45	15 51	16 00	16 08	16 16	16 23	16 32	16 41	16 46	16 52
11	16 18	16 25	16 31	16 35	16 39	16 43	16 49	16 55	17 00	17 05	17 10	17 16	17 20	17 24
12	17 24	17 27	17 30	17 32	17 34	17 36	17 39	17 41	17 44	17 46	17 48	17 51	17 53	17 54
13	18 32	18 31	18 31	18 30	18 30	18 29	18 29	18 28	18 28	18 27	18 26	18 26	18 25	18 25
14	19 41	19 36	19 32	19 29	19 26	19 24	19 19	19 16	19 12	19 09	19 05	19 01	18 59	18 56
15	20 50	20 41	20 34	20 29	20 24	20 19	20 12	20 05	19 59	19 52	19 46	19 38	19 34	19 29
16	22 00	21 48	21 38	21 29	21 22	21 16	21 05	20 55	20 47	20 38	20 28	20 18	20 11	20 04
17	23 10	22 54	22 41	22 30	22 21	22 13	22 00	21 48	21 37	21 26	21 14	21 00	20 53	20 44
18	.. ..	23 58	23 43	23 31	23 21	23 12	22 56	22 42	22 30	22 17	22 03	21 47	21 38	21 28
19	0 17	.. ..	.. ..	.. ..	.. ..	.. ..	23 53	23 38	23 25	23 11	22 56	22 39	22 30	22 18
20	1 20	0 59	0 44	0 30	0 19	0 10	.. ..	.. ..	.. ..	.. ..	23 53	23 36	23 26	23 15
21	2 16	1 56	1 40	1 27	1 16	1 06	0 49	0 35	0 21	0 07	.. ..	.. ..	.. ..	.. ..
22	3 03	2 45	2 31	2 19	2 09	2 00	1 45	1 31	1 19	1 06	0 52	0 37	0 27	0 17
23	3 44	3 29	3 17	3 07	2 59	2 51	2 38	2 27	2 16	2 05	1 54	1 40	1 33	1 24
24	4 18	4 07	3 58	3 51	3 45	3 39	3 30	3 21	3 13	3 05	2 56	2 46	2 40	2 33
25	4 48	4 41	4 36	4 32	4 28	4 25	4 19	4 13	4 08	4 03	3 58	3 52	3 48	3 44
26	5 15	5 13	5 11	5 10	5 09	5 08	5 06	5 04	5 03	5 01	5 00	4 58	4 57	4 55
27	5 41	5 43	5 46	5 47	5 49	5 50	5 52	5 55	5 56	5 58	6 00	6 03	6 04	6 05
28	6 07	6 14	6 20	6 25	6 29	6 32	6 39	6 44	6 49	6 54	7 00	7 06	7 10	7 14
29	6 35	6 46	6 55	7 03	7 09	7 15	7 25	7 33	7 42	7 50	7 58	8 08	8 14	8 21
30	7 06	7 21	7 33	7 43	7 51	7 59	8 12	8 23	8 33	8 44	8 55	9 08	9 16	9 24
Oct. 1	7 42	8 00	8 14	8 25	8 35	8 44	8 59	9 12	9 25	9 37	9 50	10 06	10 14	10 25
2	8 22	8 42	8 58	9 11	9 22	9 31	9 48	10 02	10 16	10 29	10 43	11 00	11 09	11 20

.. .. indicates phenomenon will occur the next day.

UNIVERSAL TIME FOR MERIDIAN OF GREENWICH

MOONRISE

Lat.	+40°	+42°	+44°	+46°	+48°	+50°	+52°	+54°	+56°	+58°	+60°	+62°	+64°	+66°
	h m	h m	h m	h m	h m	h m	h m	h m	h m	h m	h m	h m	h m	h m
Sept. 8	1 24	1 19	1 15	1 09	1 04	0 58	0 51	0 43	0 35	0 26	0 15	0 02	.. ..	.. ..
9	2 17	2 14	2 09	2 05	2 00	1 55	1 49	1 43	1 35	1 27	1 18	1 08	0 55	0 40
10	3 12	3 09	3 06	3 02	2 58	2 54	2 50	2 44	2 39	2 32	2 25	2 17	2 08	1 56
11	4 08	4 06	4 03	4 01	3 58	3 55	3 52	3 48	3 44	3 40	3 35	3 29	3 22	3 15
12	5 05	5 03	5 02	5 01	4 59	4 57	4 55	4 53	4 51	4 48	4 46	4 42	4 39	4 34
13	6 02	6 02	6 02	6 01	6 01	6 00	6 00	6 00	5 59	5 59	5 58	5 57	5 56	5 55
14	7 00	7 01	7 02	7 03	7 04	7 05	7 06	7 07	7 08	7 10	7 11	7 13	7 15	7 18
15	8 00	8 02	8 03	8 05	8 08	8 10	8 13	8 15	8 18	8 22	8 26	8 30	8 35	8 41
16	9 00	9 03	9 06	9 09	9 12	9 16	9 20	9 25	9 30	9 35	9 41	9 48	9 57	10 07
17	10 01	10 05	10 09	10 13	10 18	10 22	10 28	10 34	10 41	10 48	10 57	11 07	11 18	11 32
18	11 02	11 07	11 12	11 17	11 22	11 28	11 35	11 42	11 50	12 00	12 10	12 23	12 37	12 55
19	12 03	12 08	12 13	12 19	12 25	12 31	12 39	12 47	12 56	13 07	13 19	13 33	13 50	14 11
20	13 01	13 06	13 11	13 17	13 23	13 30	13 38	13 46	13 56	14 07	14 19	14 34	14 52	15 14
21	13 55	14 00	14 05	14 11	14 17	14 23	14 31	14 39	14 48	14 58	15 09	15 23	15 39	15 59
22	14 46	14 50	14 54	14 59	15 04	15 10	15 16	15 23	15 31	15 40	15 49	16 01	16 14	16 30
23	15 31	15 35	15 38	15 42	15 46	15 51	15 56	16 01	16 07	16 14	16 21	16 30	16 40	16 51
24	16 14	16 16	16 18	16 21	16 24	16 27	16 30	16 34	16 38	16 42	16 47	16 53	16 59	17 07
25	16 53	16 54	16 55	16 57	16 58	16 59	17 01	17 03	17 05	17 07	17 09	17 12	17 15	17 19
26	17 30	17 30	17 30	17 30	17 30	17 30	17 30	17 30	17 30	17 30	17 30	17 30	17 30	17 30
27	18 07	18 06	18 05	18 04	18 02	18 01	17 59	17 57	17 55	17 53	17 50	17 47	17 44	17 40
28	18 45	18 43	18 40	18 38	18 35	18 32	18 29	18 25	18 21	18 17	18 12	18 06	18 00	17 52
29	19 24	19 21	19 17	19 14	19 10	19 05	19 00	18 55	18 49	18 43	18 36	18 27	18 18	18 07
30	20 05	20 01	19 57	19 52	19 47	19 42	19 36	19 29	19 22	19 13	19 04	18 53	18 41	18 25
Oct. 1	20 49	20 44	20 39	20 34	20 28	20 22	20 15	20 07	19 59	19 49	19 38	19 25	19 10	18 51
2	21 36	21 31	21 25	21 20	21 14	21 07	20 59	20 51	20 42	20 32	20 19	20 05	19 48	19 28

MOONSET

Lat.	+40°	+42°	+44°	+46°	+48°	+50°	+52°	+54°	+56°	+58°	+60°	+62°	+64°	+66°
	h m	h m	h m	h m	h m	h m	h m	h m	h m	h m	h m	h m	h m	h m
Sept. 8	15 42	15 46	15 50	15 55	16 00	16 06	16 12	16 18	16 26	16 34	16 44	16 55	17 08	17 23
9	16 18	16 22	16 25	16 29	16 33	16 38	16 43	16 48	16 55	17 01	17 09	17 18	17 28	17 40
10	16 52	16 54	16 57	17 00	17 03	17 07	17 11	17 15	17 19	17 25	17 30	17 37	17 44	17 53
11	17 24	17 25	17 27	17 29	17 31	17 33	17 36	17 39	17 42	17 45	17 49	17 53	17 58	18 03
12	17 54	17 55	17 56	17 57	17 58	17 59	18 00	18 01	18 02	18 04	18 05	18 07	18 09	18 12
13	18 25	18 25	18 24	18 24	18 24	18 24	18 23	18 23	18 23	18 22	18 22	18 21	18 21	18 20
14	18 56	18 55	18 53	18 52	18 51	18 49	18 47	18 45	18 43	18 41	18 39	18 36	18 32	18 29
15	19 29	19 27	19 24	19 22	19 19	19 16	19 13	19 10	19 06	19 02	18 57	18 52	18 45	18 38
16	20 04	20 01	19 58	19 54	19 50	19 46	19 42	19 37	19 31	19 25	19 18	19 10	19 01	18 51
17	20 44	20 40	20 36	20 31	20 26	20 21	20 15	20 09	20 01	19 53	19 44	19 34	19 22	19 07
18	21 28	21 23	21 19	21 13	21 08	21 01	20 54	20 47	20 38	20 29	20 18	20 05	19 50	19 31
19	22 18	22 13	22 08	22 02	21 56	21 49	21 42	21 33	21 24	21 13	21 01	20 47	20 30	20 08
20	23 15	23 10	23 04	22 59	22 52	22 45	22 38	22 29	22 20	22 09	21 57	21 42	21 25	21 03
21	.. ..	.. ..	.. ..	.. ..	23 56	23 50	23 43	23 35	23 26	23 16	23 05	22 52	22 36	22 16
22	0 17	0 12	0 07	0 02	.. ..	.. ..	.. ..	.. ..	.. ..	.. ..	.. ..	.. ..	.. ..	23 45
23	1 24	1 20	1 16	1 11	1 06	1 01	0 55	0 48	0 41	0 33	0 24	0 13	0 00	.. ..
24	2 33	2 30	2 27	2 24	2 20	2 16	2 12	2 07	2 02	1 56	1 49	1 41	1 32	1 21
25	3 44	3 42	3 41	3 38	3 36	3 34	3 31	3 28	3 25	3 21	3 17	3 13	3 07	3 01
26	4 55	4 55	4 54	4 53	4 53	4 52	4 51	4 50	4 49	4 48	4 47	4 45	4 43	4 41
27	6 05	6 06	6 07	6 07	6 08	6 09	6 10	6 11	6 12	6 13	6 15	6 16	6 18	6 20
28	7 14	7 16	7 18	7 20	7 22	7 25	7 27	7 30	7 33	7 37	7 41	7 46	7 51	7 57
29	8 21	8 24	8 27	8 30	8 34	8 37	8 42	8 46	8 52	8 57	9 04	9 12	9 20	9 31
30	9 24	9 28	9 32	9 37	9 41	9 47	9 52	9 58	10 05	10 13	10 22	10 32	10 44	10 59
Oct. 1	10 25	10 29	10 34	10 39	10 45	10 51	10 57	11 05	11 13	11 23	11 33	11 46	12 01	12 19
2	11 20	11 25	11 30	11 36	11 42	11 49	11 56	12 04	12 13	12 24	12 36	12 50	13 06	13 27

.. .. indicates phenomenon will occur the next day.

MOONRISE AND MOONSET, 1996

UNIVERSAL TIME FOR MERIDIAN OF GREENWICH
MOONRISE

Lat.	−55°	−50°	−45°	−40°	−35°	−30°	−20°	−10°	0°	+10°	+20°	+30°	+35°	+40°
	h m	h m	h m	h m	h m	h m	h m	h m	h m	h m	h m	h m	h m	h m
Oct. 1	23 42	23 22	23 07	22 54	22 44	22 34	22 18	22 04	21 51	21 38	21 24	21 09	21 00	20 49
2	.. ..	.. ..	.. ..	23 48	23 36	23 27	23 10	22 55	22 41	22 28	22 13	21 56	21 47	21 36
3	0 37	0 17	0 01	.. ..	.. ..	.. ..	23 59	23 44	23 30	23 17	23 02	22 46	22 36	22 25
4	1 25	1 05	0 49	0 36	0 25	0 15	.. ..	.. ..	.. ..	.. ..	23 52	23 36	23 27	23 16
5	2 06	1 47	1 32	1 20	1 10	1 00	0 45	0 31	0 18	0 05	.. ..	.. ..	.. ..	.. ..
6	2 39	2 23	2 10	1 59	1 50	1 42	1 28	1 16	1 05	0 53	0 41	0 27	0 19	0 09
7	3 08	2 55	2 44	2 36	2 28	2 21	2 10	1 59	1 50	1 40	1 30	1 18	1 12	1 04
8	3 33	3 24	3 16	3 09	3 03	2 58	2 49	2 42	2 34	2 27	2 19	2 10	2 05	1 59
9	3 56	3 50	3 45	3 41	3 37	3 34	3 28	3 23	3 18	3 13	3 08	3 03	2 59	2 56
10	4 18	4 15	4 13	4 11	4 10	4 08	4 06	4 04	4 02	4 00	3 58	3 56	3 54	3 53
11	4 39	4 40	4 41	4 42	4 43	4 43	4 45	4 46	4 46	4 47	4 48	4 50	4 50	4 51
12	5 02	5 06	5 11	5 14	5 17	5 20	5 24	5 28	5 32	5 36	5 40	5 45	5 48	5 51
13	5 26	5 35	5 42	5 48	5 53	5 58	6 06	6 13	6 19	6 26	6 33	6 41	6 46	6 52
14	5 53	6 06	6 16	6 25	6 32	6 38	6 50	6 59	7 09	7 18	7 28	7 39	7 46	7 54
15	6 26	6 42	6 55	7 06	7 15	7 23	7 37	7 49	8 00	8 12	8 24	8 38	8 47	8 56
16	7 06	7 25	7 39	7 52	8 02	8 11	8 27	8 41	8 54	9 07	9 21	9 37	9 47	9 57
17	7 54	8 14	8 30	8 43	8 55	9 04	9 21	9 36	9 50	10 04	10 18	10 35	10 45	10 57
18	8 52	9 12	9 28	9 41	9 52	10 02	10 18	10 33	10 46	11 00	11 14	11 31	11 41	11 52
19	9 59	10 17	10 31	10 43	10 53	11 02	11 17	11 30	11 43	11 55	12 09	12 24	12 33	12 43
20	11 12	11 27	11 39	11 49	11 57	12 04	12 17	12 28	12 39	12 49	13 00	13 13	13 20	13 29
21	12 29	12 40	12 49	12 56	13 02	13 08	13 17	13 26	13 33	13 41	13 50	13 59	14 04	14 10
22	13 49	13 55	14 00	14 05	14 08	14 12	14 17	14 22	14 27	14 32	14 37	14 42	14 46	14 49
23	15 09	15 11	15 12	15 13	15 14	15 15	15 17	15 18	15 20	15 21	15 22	15 24	15 25	15 26
24	16 29	16 26	16 24	16 22	16 20	16 18	16 16	16 14	16 12	16 10	16 08	16 05	16 04	16 02
25	17 48	17 40	17 34	17 29	17 25	17 21	17 14	17 09	17 04	16 58	16 53	16 46	16 43	16 39

MOONSET

	−55°	−50°	−45°	−40°	−35°	−30°	−20°	−10°	0°	+10°	+20°	+30°	+35°	+40°
	h m	h m	h m	h m	h m	h m	h m	h m	h m	h m	h m	h m	h m	h m
Oct. 1	7 42	8 00	8 14	8 25	8 35	8 44	8 59	9 12	9 25	9 37	9 50	10 06	10 14	10 25
2	8 22	8 42	8 58	9 11	9 22	9 31	9 48	10 02	10 16	10 29	10 43	11 00	11 09	11 20
3	9 09	9 29	9 46	9 59	10 10	10 20	10 37	10 51	11 05	11 19	11 34	11 50	12 00	12 11
4	10 01	10 21	10 36	10 49	11 00	11 10	11 26	11 40	11 54	12 07	12 21	12 37	12 47	12 58
5	10 58	11 16	11 30	11 42	11 52	12 00	12 15	12 29	12 41	12 53	13 06	13 21	13 29	13 39
6	11 58	12 13	12 25	12 36	12 44	12 52	13 05	13 16	13 27	13 37	13 48	14 01	14 09	14 17
7	13 01	13 13	13 22	13 30	13 37	13 43	13 54	14 03	14 11	14 20	14 29	14 39	14 45	14 52
8	14 05	14 14	14 21	14 26	14 31	14 35	14 43	14 49	14 55	15 01	15 08	15 15	15 19	15 24
9	15 11	15 16	15 20	15 23	15 26	15 28	15 32	15 36	15 39	15 43	15 46	15 50	15 52	15 55
10	16 19	16 19	16 20	16 21	16 21	16 22	16 22	16 23	16 23	16 24	16 24	16 25	16 25	16 26
11	17 28	17 24	17 22	17 20	17 18	17 16	17 13	17 11	17 08	17 06	17 03	17 00	16 59	16 57
12	18 38	18 31	18 25	18 20	18 16	18 12	18 05	18 00	17 54	17 49	17 44	17 37	17 33	17 29
13	19 49	19 38	19 29	19 21	19 15	19 09	18 59	18 51	18 43	18 35	18 26	18 16	18 11	18 04
14	21 00	20 45	20 33	20 23	20 15	20 08	19 55	19 44	19 33	19 23	19 11	18 59	18 51	18 43
15	22 10	21 51	21 37	21 25	21 15	21 07	20 51	20 38	20 26	20 13	20 00	19 45	19 36	19 26
16	23 14	22 54	22 39	22 26	22 15	22 05	21 49	21 34	21 21	21 07	20 53	20 36	20 26	20 15
17	.. ..	23 52	23 36	23 23	23 12	23 02	22 45	22 30	22 17	22 03	21 48	21 31	21 21	21 10
18	0 12	.. ..	.. ..	.. ..	.. ..	23 56	23 40	23 26	23 13	23 00	22 46	22 30	22 20	22 10
19	1 02	0 43	0 28	0 16	0 06	.. ..	.. ..	.. ..	.. ..	23 58	23 46	23 31	23 23	23 14
20	1 44	1 28	1 15	1 04	0 55	0 47	0 33	0 21	0 10	.. ..	.. ..	.. ..	.. ..	.. ..
21	2 19	2 06	1 57	1 48	1 41	1 35	1 24	1 14	1 05	0 56	0 46	0 35	0 28	0 20
22	2 49	2 41	2 34	2 29	2 24	2 19	2 12	2 05	1 59	1 53	1 46	1 38	1 34	1 29
23	3 16	3 12	3 09	3 06	3 04	3 02	2 58	2 55	2 52	2 49	2 46	2 42	2 40	2 37
24	3 41	3 42	3 42	3 43	3 43	3 43	3 44	3 44	3 44	3 45	3 45	3 45	3 46	3 46
25	4 07	4 12	4 16	4 19	4 22	4 24	4 29	4 33	4 36	4 40	4 44	4 48	4 51	4 54

.. .. indicates phenomenon will occur the next day.

UNIVERSAL TIME FOR MERIDIAN OF GREENWICH
MOONRISE

Lat.	+40°	+42°	+44°	+46°	+48°	+50°	+52°	+54°	+56°	+58°	+60°	+62°	+64°	+66°
	h m	h m	h m	h m	h m	h m	h m	h m	h m	h m	h m	h m	h m	h m
Oct. 1	20 49	20 44	20 39	20 34	20 28	20 22	20 15	20 07	19 59	19 49	19 38	19 25	19 10	18 51
2	21 36	21 31	21 25	21 20	21 14	21 07	20 59	20 51	20 42	20 32	20 19	20 05	19 48	19 28
3	22 25	22 20	22 15	22 09	22 03	21 56	21 49	21 40	21 31	21 21	21 09	20 54	20 37	20 16
4	23 16	23 12	23 07	23 01	22 56	22 49	22 42	22 34	22 26	22 16	22 05	21 51	21 36	21 16
5	.. ..	.. ..	.. ..	23 56	23 51	23 45	23 39	23 32	23 25	23 16	23 06	22 55	22 42	22 25
6	0 09	0 05	0 01	.. ..	.. ..	.. ..	.. ..	.. ..	.. ..	.. ..	.. ..	.. ..	23 52	23 40
7	1 04	1 00	0 57	0 53	0 49	0 44	0 39	0 33	0 27	0 20	0 12	0 03	.. ..	.. ..
8	1 59	1 57	1 54	1 51	1 48	1 44	1 40	1 36	1 32	1 26	1 21	1 14	1 06	0 57
9	2 56	2 54	2 52	2 50	2 48	2 46	2 43	2 41	2 38	2 35	2 31	2 27	2 22	2 16
10	3 53	3 52	3 51	3 51	3 50	3 49	3 48	3 47	3 46	3 44	3 43	3 41	3 39	3 37
11	4 51	4 51	4 52	4 52	4 53	4 53	4 54	4 54	4 55	4 56	4 56	4 57	4 58	4 59
12	5 51	5 52	5 54	5 55	5 57	5 59	6 01	6 03	6 06	6 08	6 11	6 15	6 19	6 24
13	6 52	6 54	6 57	7 00	7 03	7 06	7 09	7 13	7 18	7 22	7 28	7 34	7 41	7 50
14	7 54	7 57	8 01	8 05	8 09	8 13	8 18	8 24	8 30	8 37	8 45	8 54	9 04	9 17
15	8 56	9 00	9 05	9 10	9 15	9 21	9 27	9 34	9 42	9 50	10 00	10 12	10 26	10 43
16	9 57	10 02	10 07	10 13	10 19	10 25	10 33	10 41	10 50	11 00	11 12	11 25	11 42	12 02
17	10 57	11 02	11 07	11 13	11 19	11 26	11 34	11 42	11 52	12 03	12 15	12 30	12 48	13 10
18	11 52	11 57	12 02	12 08	12 14	12 21	12 28	12 36	12 46	12 56	13 08	13 22	13 39	14 00
19	12 43	12 47	12 52	12 57	13 02	13 08	13 15	13 22	13 31	13 40	13 50	14 02	14 17	14 34
20	13 29	13 32	13 36	13 40	13 45	13 50	13 55	14 01	14 08	14 15	14 24	14 33	14 44	14 57
21	14 10	14 13	14 16	14 19	14 22	14 26	14 30	14 34	14 39	14 44	14 50	14 57	15 05	15 14
22	14 49	14 51	14 53	14 55	14 56	14 59	15 01	15 04	15 06	15 09	15 13	15 17	15 21	15 27
23	15 26	15 27	15 27	15 28	15 28	15 29	15 30	15 30	15 31	15 32	15 33	15 34	15 36	15 37
24	16 02	16 02	16 01	16 00	15 59	15 59	15 58	15 57	15 55	15 54	15 53	15 51	15 50	15 47
25	16 39	16 37	16 35	16 33	16 31	16 29	16 26	16 23	16 20	16 17	16 13	16 09	16 04	15 58

MOONSET

Lat.	+40°	+42°	+44°	+46°	+48°	+50°	+52°	+54°	+56°	+58°	+60°	+62°	+64°	+66°
	h m	h m	h m	h m	h m	h m	h m	h m	h m	h m	h m	h m	h m	h m
Oct. 1	10 25	10 29	10 34	10 39	10 45	10 51	10 57	11 05	11 13	11 23	11 33	11 46	12 01	12 19
2	11 20	11 25	11 30	11 36	11 42	11 49	11 56	12 04	12 13	12 24	12 36	12 50	13 06	13 27
3	12 11	12 16	12 22	12 27	12 34	12 40	12 48	12 56	13 05	13 16	13 28	13 42	14 00	14 21
4	12 58	13 02	13 07	13 13	13 19	13 25	13 32	13 40	13 49	13 59	14 11	14 24	14 40	15 00
5	13 39	13 43	13 48	13 53	13 58	14 04	14 11	14 18	14 26	14 35	14 45	14 57	15 10	15 27
6	14 17	14 21	14 25	14 29	14 33	14 38	14 44	14 50	14 56	15 04	15 12	15 22	15 33	15 46
7	14 52	14 54	14 58	15 01	15 05	15 08	15 13	15 17	15 22	15 28	15 35	15 42	15 51	16 00
8	15 24	15 26	15 28	15 31	15 33	15 36	15 39	15 42	15 46	15 50	15 54	15 59	16 05	16 11
9	15 55	15 56	15 57	15 59	16 00	16 01	16 03	16 05	16 07	16 09	16 11	16 14	16 17	16 21
10	16 26	16 26	16 26	16 26	16 26	16 27	16 27	16 27	16 27	16 28	16 28	16 28	16 29	16 29
11	16 57	16 56	16 55	16 54	16 53	16 52	16 51	16 49	16 48	16 46	16 45	16 43	16 40	16 38
12	17 29	17 27	17 26	17 23	17 21	17 19	17 16	17 13	17 10	17 06	17 03	16 58	16 53	16 47
13	18 04	18 02	17 59	17 55	17 52	17 48	17 44	17 40	17 35	17 29	17 23	17 16	17 08	16 58
14	18 43	18 39	18 35	18 31	18 27	18 22	18 16	18 10	18 04	17 56	17 48	17 38	17 27	17 14
15	19 26	19 22	19 17	19 12	19 07	19 01	18 54	18 47	18 39	18 30	18 19	18 07	17 53	17 35
16	20 15	20 10	20 05	19 59	19 53	19 47	19 39	19 31	19 22	19 11	18 59	18 45	18 29	18 08
17	21 10	21 05	20 59	20 53	20 47	20 40	20 33	20 24	20 15	20 04	19 51	19 36	19 19	18 57
18	22 10	22 05	22 00	21 54	21 48	21 41	21 34	21 26	21 17	21 07	20 55	20 41	20 24	20 04
19	23 14	23 09	23 05	23 00	22 55	22 49	22 43	22 36	22 28	22 19	22 09	21 57	21 43	21 27
20	.. ..	.. ..	.. ..	.. ..	.. ..	.. ..	23 56	23 51	23 45	23 38	23 30	23 21	23 11	22 58
21	0 20	0 17	0 14	0 10	0 06	0 01	.. ..	.. ..	.. ..	.. ..	.. ..	.. ..	.. ..	.. ..
22	1 29	1 26	1 24	1 21	1 19	1 16	1 12	1 09	1 04	1 00	0 55	0 49	0 42	0 34
23	2 37	2 36	2 35	2 34	2 32	2 31	2 29	2 28	2 26	2 23	2 21	2 18	2 15	2 11
24	3 46	3 46	3 46	3 46	3 46	3 46	3 47	3 47	3 47	3 47	3 47	3 47	3 48	3 48
25	4 54	4 55	4 56	4 58	5 00	5 01	5 03	5 05	5 07	5 10	5 13	5 16	5 20	5 24

.. .. indicates phenomenon will occur the next day.

MOONRISE AND MOONSET, 1996

UNIVERSAL TIME FOR MERIDIAN OF GREENWICH
MOONRISE

Lat.	−55°	−50°	−45°	−40°	−35°	−30°	−20°	−10°	0°	+10°	+20°	+30°	+35°	+40°
	h m	h m	h m	h m	h m	h m	h m	h m	h m	h m	h m	h m	h m	h m
Oct. 24	16 29	16 26	16 24	16 22	16 20	16 18	16 16	16 14	16 12	16 10	16 08	16 05	16 04	16 02
25	17 48	17 40	17 34	17 29	17 25	17 21	17 14	17 09	17 04	16 58	16 53	16 46	16 43	16 39
26	19 04	18 52	18 43	18 35	18 28	18 23	18 12	18 04	17 55	17 47	17 39	17 29	17 23	17 17
27	20 17	20 02	19 49	19 39	19 30	19 23	19 10	18 58	18 47	18 37	18 26	18 13	18 05	17 57
28	21 25	21 07	20 52	20 40	20 30	20 21	20 05	19 52	19 39	19 27	19 14	18 59	18 50	18 40
29	22 26	22 05	21 49	21 36	21 25	21 16	20 59	20 44	20 31	20 17	20 03	19 46	19 37	19 26
30	23 18	22 57	22 41	22 28	22 17	22 07	21 50	21 35	21 21	21 08	20 53	20 36	20 26	20 15
31	.. ..	23 43	23 27	23 15	23 04	22 54	22 38	22 24	22 10	21 57	21 43	21 27	21 17	21 06
Nov. 1	0 02	.. ..	.. ..	23 56	23 46	23 38	23 23	23 10	22 58	22 46	22 33	22 18	22 09	21 59
2	0 39	0 22	0 08	.. ..	.. ..	.. ..	.. ..	23 54	23 44	23 33	23 22	23 09	23 02	22 53
3	1 10	0 55	0 44	0 34	0 25	0 18	0 05	.. ..	.. ..	.. ..	.. ..	.. ..	23 55	23 48
4	1 36	1 25	1 16	1 08	1 02	0 56	0 46	0 37	0 28	0 20	0 11	0 01	.. ..	.. ..
5	2 00	1 52	1 46	1 40	1 36	1 31	1 24	1 18	1 12	1 06	1 00	0 53	0 49	0 44
6	2 22	2 17	2 14	2 11	2 08	2 06	2 02	1 59	1 56	1 53	1 49	1 45	1 43	1 41
7	2 43	2 42	2 42	2 41	2 41	2 41	2 40	2 40	2 40	2 39	2 39	2 39	2 38	2 38
8	3 04	3 08	3 10	3 13	3 14	3 16	3 19	3 22	3 25	3 27	3 30	3 33	3 35	3 37
9	3 27	3 35	3 40	3 45	3 50	3 53	4 00	4 06	4 11	4 17	4 23	4 29	4 33	4 38
10	3 54	4 05	4 14	4 21	4 28	4 33	4 43	4 52	5 00	5 08	5 17	5 28	5 34	5 40
11	4 25	4 39	4 51	5 01	5 09	5 17	5 30	5 41	5 52	6 03	6 14	6 27	6 35	6 44
12	5 02	5 20	5 34	5 46	5 56	6 05	6 20	6 34	6 46	6 59	7 12	7 28	7 37	7 47
13	5 48	6 08	6 24	6 37	6 48	6 58	7 14	7 29	7 43	7 56	8 11	8 28	8 38	8 49
14	6 44	7 04	7 21	7 34	7 45	7 55	8 12	8 27	8 40	8 54	9 09	9 26	9 36	9 48
15	7 49	8 08	8 23	8 36	8 46	8 55	9 11	9 25	9 38	9 51	10 05	10 21	10 30	10 41
16	9 01	9 18	9 30	9 41	9 50	9 58	10 12	10 24	10 35	10 46	10 58	11 12	11 20	11 29
17	10 18	10 30	10 40	10 48	10 55	11 01	11 12	11 21	11 30	11 39	11 48	11 59	12 05	12 12

MOONSET

Lat.	−55°	−50°	−45°	−40°	−35°	−30°	−20°	−10°	0°	+10°	+20°	+30°	+35°	+40°
	h m	h m	h m	h m	h m	h m	h m	h m	h m	h m	h m	h m	h m	h m
Oct. 24	3 41	3 42	3 42	3 43	3 43	3 43	3 44	3 44	3 44	3 45	3 45	3 45	3 46	3 46
25	4 07	4 12	4 16	4 19	4 22	4 24	4 29	4 33	4 36	4 40	4 44	4 48	4 51	4 54
26	4 33	4 42	4 50	4 56	5 01	5 06	5 14	5 21	5 28	5 35	5 42	5 51	5 55	6 01
27	5 03	5 16	5 26	5 35	5 43	5 49	6 01	6 11	6 20	6 30	6 40	6 52	6 58	7 06
28	5 36	5 52	6 06	6 17	6 26	6 34	6 48	7 01	7 12	7 24	7 37	7 51	7 59	8 09
29	6 14	6 34	6 49	7 01	7 12	7 21	7 37	7 51	8 04	8 17	8 31	8 47	8 57	9 07
30	6 59	7 19	7 36	7 49	8 00	8 10	8 27	8 41	8 55	9 09	9 24	9 41	9 50	10 02
31	7 49	8 10	8 26	8 39	8 50	9 00	9 17	9 31	9 45	9 59	10 13	10 30	10 40	10 51
Nov. 1	8 45	9 04	9 19	9 31	9 42	9 51	10 07	10 21	10 34	10 46	11 00	11 16	11 25	11 35
2	9 44	10 01	10 14	10 25	10 35	10 43	10 57	11 09	11 20	11 32	11 44	11 57	12 05	12 14
3	10 46	11 00	11 11	11 20	11 28	11 34	11 46	11 56	12 06	12 15	12 25	12 36	12 43	12 50
4	11 50	12 00	12 08	12 15	12 21	12 26	12 35	12 43	12 50	12 57	13 04	13 13	13 18	13 23
5	12 55	13 02	13 07	13 11	13 15	13 18	13 24	13 29	13 33	13 38	13 43	13 48	13 51	13 55
6	14 02	14 04	14 06	14 08	14 10	14 11	14 13	14 15	14 17	14 19	14 20	14 23	14 24	14 25
7	15 10	15 08	15 07	15 06	15 05	15 05	15 03	15 02	15 01	15 00	14 59	14 57	14 57	14 56
8	16 20	16 14	16 10	16 06	16 03	16 00	15 55	15 51	15 47	15 43	15 38	15 33	15 31	15 27
9	17 31	17 22	17 14	17 08	17 02	16 57	16 49	16 41	16 34	16 27	16 20	16 12	16 07	16 01
10	18 44	18 30	18 20	18 10	18 03	17 56	17 44	17 34	17 25	17 15	17 05	16 53	16 47	16 39
11	19 56	19 39	19 25	19 14	19 05	18 56	18 42	18 29	18 18	18 06	17 53	17 39	17 31	17 21
12	21 05	20 45	20 30	20 17	20 06	19 57	19 40	19 26	19 13	19 00	18 45	18 29	18 20	18 09
13	22 07	21 47	21 30	21 17	21 06	20 56	20 39	20 24	20 10	19 56	19 41	19 24	19 14	19 03
14	23 01	22 41	22 26	22 13	22 02	21 53	21 36	21 22	21 08	20 55	20 40	20 23	20 14	20 02
15	23 46	23 29	23 15	23 04	22 54	22 45	22 31	22 18	22 06	21 53	21 40	21 25	21 16	21 06
16	.. ..	.. ..	23 58	23 49	23 41	23 34	23 22	23 11	23 01	22 51	22 41	22 28	22 21	22 13
17	0 23	0 09	.. ..	.. ..	.. ..	.. ..	.. ..	.. ..	23 56	23 48	23 40	23 31	23 26	23 20

.. .. indicates phenomenon will occur the next day.

MOONRISE AND MOONSET, 1996   A73

UNIVERSAL TIME FOR MERIDIAN OF GREENWICH
MOONRISE

Lat.	+40°	+42°	+44°	+46°	+48°	+50°	+52°	+54°	+56°	+58°	+60°	+62°	+64°	+66°
	h m	h m	h m	h m	h m	h m	h m	h m	h m	h m	h m	h m	h m	h m
Oct. 24	16 02	16 02	16 01	16 00	15 59	15 59	15 58	15 57	15 55	15 54	15 53	15 51	15 50	15 47
25	16 39	16 37	16 35	16 33	16 31	16 29	16 26	16 23	16 20	16 17	16 13	16 09	16 04	15 58
26	17 17	17 14	17 11	17 08	17 04	17 01	16 56	16 52	16 47	16 42	16 35	16 28	16 20	16 11
27	17 57	17 53	17 49	17 45	17 40	17 35	17 30	17 24	17 17	17 10	17 01	16 52	16 41	16 27
28	18 40	18 35	18 31	18 26	18 20	18 14	18 08	18 00	17 52	17 43	17 33	17 21	17 07	16 49
29	19 26	19 21	19 16	19 10	19 04	18 58	18 50	18 42	18 33	18 23	18 11	17 57	17 41	17 21
30	20 15	20 10	20 05	19 59	19 53	19 46	19 38	19 30	19 20	19 10	18 57	18 43	18 26	18 04
31	21 06	21 01	20 56	20 51	20 45	20 38	20 31	20 23	20 14	20 03	19 52	19 38	19 21	19 01
Nov. 1	21 59	21 55	21 50	21 45	21 40	21 34	21 27	21 20	21 12	21 02	20 52	20 40	20 25	20 07
2	22 53	22 50	22 46	22 41	22 37	22 32	22 26	22 20	22 13	22 05	21 56	21 46	21 34	21 20
3	23 48	23 45	23 42	23 39	23 35	23 31	23 27	23 22	23 17	23 11	23 04	22 56	22 47	22 37
4	.. ..	.. ..	.. ..	.. ..	.. ..	.. ..	.. ..	.. ..	.. ..	.. ..	.. ..	.. ..	.. ..	23 55
5	0 44	0 42	0 40	0 37	0 35	0 32	0 29	0 26	0 22	0 18	0 13	0 08	0 02	.. ..
6	1 41	1 39	1 38	1 37	1 36	1 34	1 33	1 31	1 29	1 27	1 24	1 21	1 18	1 15
7	2 38	2 38	2 38	2 38	2 38	2 38	2 37	2 37	2 37	2 37	2 37	2 36	2 36	2 36
8	3 37	3 38	3 39	3 40	3 41	3 43	3 44	3 45	3 47	3 49	3 51	3 53	3 56	3 59
9	4 38	4 40	4 42	4 44	4 47	4 49	4 52	4 55	4 59	5 03	5 07	5 12	5 18	5 25
10	5 40	5 43	5 46	5 50	5 54	5 58	6 02	6 07	6 12	6 19	6 25	6 33	6 42	6 53
11	6 44	6 48	6 52	6 56	7 01	7 07	7 13	7 19	7 26	7 34	7 44	7 54	8 07	8 22
12	7 47	7 52	7 57	8 02	8 08	8 15	8 22	8 29	8 38	8 48	8 59	9 12	9 28	9 47
13	8 49	8 54	9 00	9 06	9 12	9 19	9 26	9 35	9 44	9 55	10 08	10 22	10 40	11 02
14	9 48	9 53	9 58	10 04	10 10	10 17	10 25	10 33	10 43	10 54	11 06	11 21	11 38	12 00
15	10 41	10 45	10 50	10 56	11 02	11 08	11 15	11 23	11 31	11 41	11 52	12 06	12 21	12 40
16	11 29	11 33	11 37	11 41	11 46	11 52	11 58	12 04	12 11	12 19	12 29	12 39	12 51	13 06
17	12 12	12 15	12 18	12 21	12 25	12 29	12 34	12 39	12 44	12 50	12 57	13 05	13 13	13 24

MOONSET

Lat.	+40°	+42°	+44°	+46°	+48°	+50°	+52°	+54°	+56°	+58°	+60°	+62°	+64°	+66°
	h m	h m	h m	h m	h m	h m	h m	h m	h m	h m	h m	h m	h m	h m
Oct. 24	3 46	3 46	3 46	3 46	3 46	3 46	3 47	3 47	3 47	3 47	3 47	3 47	3 48	3 48
25	4 54	4 55	4 56	4 58	5 00	5 01	5 03	5 05	5 07	5 10	5 13	5 16	5 20	5 24
26	6 01	6 03	6 06	6 08	6 11	6 15	6 18	6 22	6 26	6 31	6 37	6 43	6 50	6 58
27	7 06	7 09	7 13	7 17	7 21	7 26	7 31	7 36	7 42	7 49	7 57	8 06	8 17	8 29
28	8 09	8 13	8 17	8 22	8 27	8 33	8 39	8 46	8 54	9 03	9 13	9 24	9 38	9 55
29	9 07	9 12	9 17	9 23	9 29	9 35	9 42	9 50	9 59	10 09	10 21	10 34	10 50	11 10
30	10 02	10 07	10 12	10 18	10 24	10 31	10 38	10 47	10 56	11 07	11 19	11 33	11 50	12 12
31	10 51	10 56	11 01	11 07	11 13	11 19	11 27	11 35	11 44	11 55	12 07	12 21	12 37	12 58
Nov. 1	11 35	11 39	11 44	11 50	11 55	12 01	12 08	12 16	12 24	12 34	12 45	12 57	13 12	13 30
2	12 14	12 18	12 23	12 27	12 32	12 38	12 44	12 50	12 57	13 05	13 15	13 25	13 38	13 53
3	12 50	12 54	12 57	13 01	13 05	13 09	13 14	13 19	13 25	13 32	13 39	13 47	13 57	14 08
4	13 23	13 26	13 28	13 31	13 34	13 38	13 41	13 45	13 49	13 54	13 59	14 05	14 12	14 20
5	13 55	13 56	13 58	14 00	14 02	14 04	14 06	14 08	14 11	14 14	14 17	14 21	14 25	14 30
6	14 25	14 26	14 26	14 27	14 28	14 28	14 29	14 30	14 31	14 32	14 34	14 35	14 37	14 38
7	14 56	14 55	14 55	14 54	14 54	14 53	14 53	14 52	14 51	14 51	14 50	14 49	14 48	14 47
8	15 27	15 26	15 25	15 23	15 21	15 19	15 17	15 15	15 13	15 10	15 07	15 04	15 00	14 55
9	16 01	15 59	15 56	15 54	15 51	15 48	15 44	15 40	15 36	15 31	15 26	15 20	15 13	15 06
10	16 39	16 36	16 32	16 28	16 24	16 20	16 15	16 09	16 03	15 57	15 49	15 40	15 31	15 19
11	17 21	17 17	17 12	17 08	17 02	16 57	16 51	16 44	16 36	16 28	16 18	16 07	15 53	15 38
12	18 09	18 04	17 59	17 53	17 47	17 41	17 34	17 26	17 17	17 07	16 55	16 42	16 25	16 06
13	19 03	18 58	18 52	18 46	18 40	18 33	18 25	18 17	18 07	17 56	17 44	17 29	17 11	16 49
14	20 02	19 57	19 52	19 46	19 40	19 33	19 26	19 17	19 08	18 57	18 45	18 30	18 13	17 51
15	21 06	21 02	20 57	20 52	20 46	20 40	20 33	20 26	20 18	20 08	19 57	19 45	19 30	19 11
16	22 13	22 09	22 05	22 01	21 56	21 51	21 46	21 40	21 33	21 26	21 17	21 07	20 55	20 42
17	23 20	23 18	23 15	23 12	23 08	23 05	23 01	22 57	22 52	22 47	22 41	22 34	22 26	22 16

.. .. indicates phenomenon will occur the next day.

MOONRISE AND MOONSET, 1996

UNIVERSAL TIME FOR MERIDIAN OF GREENWICH

MOONRISE

Lat.	−55°	−50°	−45°	−40°	−35°	−30°	−20°	−10°	0°	+10°	+20°	+30°	+35°	+40°
	h m	h m	h m	h m	h m	h m	h m	h m	h m	h m	h m	h m	h m	h m
Nov. 16	9 01	9 18	9 30	9 41	9 50	9 58	10 12	10 24	10 35	10 46	10 58	11 12	11 20	11 29
17	10 18	10 30	10 40	10 48	10 55	11 01	11 12	11 21	11 30	11 39	11 48	11 59	12 05	12 12
18	11 36	11 44	11 50	11 56	12 00	12 04	12 11	12 18	12 23	12 29	12 35	12 42	12 46	12 51
19	12 54	12 58	13 01	13 03	13 05	13 07	13 10	13 12	13 15	13 18	13 20	13 23	13 25	13 27
20	14 12	14 11	14 10	14 09	14 09	14 08	14 07	14 06	14 06	14 05	14 04	14 03	14 03	14 02
21	15 29	15 24	15 19	15 15	15 12	15 09	15 04	15 00	14 56	14 52	14 48	14 43	14 40	14 37
22	16 45	16 35	16 27	16 20	16 15	16 10	16 01	15 54	15 47	15 40	15 32	15 24	15 19	15 13
23	17 59	17 45	17 34	17 24	17 16	17 09	16 57	16 47	16 37	16 28	16 18	16 06	15 59	15 52
24	19 09	18 51	18 37	18 26	18 16	18 08	17 53	17 41	17 29	17 17	17 04	16 50	16 42	16 33
25	20 13	19 53	19 37	19 24	19 13	19 04	18 48	18 33	18 20	18 07	17 53	17 37	17 28	17 17
26	21 09	20 48	20 32	20 19	20 07	19 57	19 40	19 25	19 11	18 57	18 43	18 26	18 16	18 05
27	21 57	21 37	21 21	21 08	20 57	20 47	20 30	20 15	20 02	19 48	19 33	19 16	19 07	18 55
28	22 38	22 19	22 04	21 52	21 42	21 33	21 17	21 03	20 50	20 37	20 24	20 08	19 59	19 48
29	23 11	22 55	22 42	22 32	22 23	22 15	22 01	21 49	21 37	21 26	21 14	21 00	20 52	20 42
30	23 40	23 27	23 16	23 07	23 00	22 53	22 42	22 32	22 23	22 13	22 03	21 52	21 45	21 37
Dec. 1	.. ..	23 55	23 47	23 40	23 35	23 30	23 21	23 14	23 07	23 00	22 52	22 43	22 38	22 33
2	0 04	.. ..	.. ..	.. ..	.. ..	.. ..	23 59	23 54	23 50	23 45	23 41	23 35	23 32	23 28
3	0 26	0 20	0 15	0 11	0 08	0 05	.. ..	.. ..	.. ..	.. ..	.. ..	.. ..	.. ..	.. ..
4	0 47	0 45	0 43	0 41	0 40	0 39	0 36	0 35	0 33	0 31	0 29	0 27	0 26	0 25
5	1 08	1 09	1 10	1 11	1 12	1 13	1 14	1 15	1 17	1 18	1 19	1 20	1 21	1 22
6	1 30	1 35	1 39	1 43	1 46	1 48	1 53	1 57	2 02	2 06	2 10	2 15	2 18	2 21
7	1 54	2 03	2 10	2 16	2 22	2 26	2 35	2 42	2 49	2 56	3 03	3 12	3 17	3 22
8	2 22	2 35	2 45	2 54	3 01	3 08	3 19	3 29	3 39	3 48	3 59	4 10	4 17	4 25
9	2 55	3 12	3 25	3 36	3 45	3 54	4 08	4 20	4 32	4 44	4 57	5 11	5 20	5 29
10	3 38	3 57	4 12	4 25	4 35	4 45	5 01	5 15	5 29	5 42	5 56	6 13	6 22	6 33

MOONSET

Lat.	−55°	−50°	−45°	−40°	−35°	−30°	−20°	−10°	0°	+10°	+20°	+30°	+35°	+40°
	h m	h m	h m	h m	h m	h m	h m	h m	h m	h m	h m	h m	h m	h m
Nov. 16	.. ..	.. ..	23 58	23 49	23 41	23 34	23 22	23 11	23 01	22 51	22 41	22 28	22 21	22 13
17	0 23	0 09	.. ..	.. ..	.. ..	.. ..	.. ..	.. ..	23 56	23 48	23 40	23 31	23 26	23 20
18	0 54	0 44	0 36	0 30	0 24	0 19	0 11	0 03	.. ..	.. ..	.. ..	.. ..	.. ..	.. ..
19	1 21	1 16	1 11	1 08	1 04	1 02	0 57	0 52	0 48	0 44	0 39	0 34	0 31	0 28
20	1 46	1 45	1 44	1 43	1 43	1 42	1 41	1 40	1 39	1 38	1 37	1 36	1 35	1 35
21	2 10	2 13	2 16	2 18	2 20	2 22	2 25	2 27	2 30	2 32	2 35	2 37	2 39	2 41
22	2 35	2 43	2 49	2 54	2 58	3 02	3 09	3 15	3 20	3 26	3 32	3 38	3 42	3 47
23	3 02	3 14	3 23	3 31	3 37	3 43	3 53	4 02	4 11	4 19	4 28	4 38	4 44	4 51
24	3 33	3 48	4 00	4 10	4 19	4 27	4 40	4 51	5 02	5 13	5 24	5 38	5 45	5 54
25	4 08	4 27	4 41	4 53	5 03	5 12	5 27	5 41	5 53	6 06	6 20	6 35	6 44	6 54
26	4 50	5 10	5 26	5 39	5 50	6 00	6 17	6 31	6 45	6 59	7 13	7 30	7 40	7 51
27	5 38	5 59	6 15	6 28	6 40	6 50	7 07	7 22	7 36	7 50	8 04	8 21	8 31	8 43
28	6 32	6 52	7 07	7 20	7 31	7 41	7 57	8 12	8 25	8 39	8 53	9 09	9 19	9 29
29	7 30	7 48	8 02	8 14	8 24	8 33	8 48	9 01	9 13	9 25	9 38	9 53	10 02	10 11
30	8 31	8 47	8 59	9 09	9 17	9 25	9 38	9 49	9 59	10 10	10 21	10 33	10 41	10 49
Dec. 1	9 35	9 47	9 56	10 04	10 11	10 17	10 27	10 36	10 44	10 52	11 01	11 11	11 17	11 23
2	10 39	10 47	10 54	10 59	11 04	11 08	11 15	11 22	11 28	11 33	11 39	11 46	11 50	11 55
3	11 44	11 49	11 52	11 55	11 58	12 00	12 04	12 07	12 11	12 14	12 17	12 21	12 23	12 25
4	12 51	12 51	12 52	12 52	12 52	12 53	12 53	12 53	12 54	12 54	12 54	12 55	12 55	12 55
5	13 59	13 55	13 53	13 50	13 48	13 46	13 43	13 40	13 38	13 35	13 33	13 29	13 28	13 26
6	15 09	15 01	14 55	14 50	14 46	14 42	14 35	14 29	14 24	14 18	14 13	14 06	14 02	13 58
7	16 21	16 09	16 00	15 52	15 45	15 39	15 29	15 21	15 12	15 04	14 55	14 45	14 40	14 33
8	17 34	17 18	17 06	16 56	16 47	16 39	16 26	16 15	16 04	15 53	15 42	15 29	15 21	15 13
9	18 45	18 27	18 12	18 00	17 50	17 41	17 25	17 11	16 59	16 46	16 32	16 17	16 08	15 58
10	19 53	19 32	19 16	19 03	18 52	18 42	18 25	18 10	17 56	17 43	17 28	17 11	17 01	16 50

.. .. indicates phenomenon will occur the next day.

UNIVERSAL TIME FOR MERIDIAN OF GREENWICH

MOONRISE

Lat.	+40°	+42°	+44°	+46°	+48°	+50°	+52°	+54°	+56°	+58°	+60°	+62°	+64°	+66°
	h m	h m	h m	h m	h m	h m	h m	h m	h m	h m	h m	h m	h m	h m
Nov. 16	11 29	11 33	11 37	11 41	11 46	11 52	11 58	12 04	12 11	12 19	12 29	12 39	12 51	13 06
17	12 12	12 15	12 18	12 21	12 25	12 29	12 34	12 39	12 44	12 50	12 57	13 05	13 13	13 24
18	12 51	12 53	12 55	12 57	13 00	13 02	13 05	13 08	13 12	13 16	13 20	13 25	13 30	13 37
19	13 27	13 28	13 29	13 30	13 31	13 32	13 34	13 35	13 37	13 38	13 40	13 42	13 45	13 48
20	14 02	14 02	14 02	14 02	14 01	14 01	14 01	14 00	14 00	14 00	13 59	13 59	13 58	13 57
21	14 37	14 36	14 35	14 33	14 31	14 30	14 28	14 26	14 23	14 21	14 18	14 15	14 11	14 07
22	15 13	15 11	15 09	15 06	15 03	15 00	14 56	14 53	14 48	14 44	14 39	14 33	14 26	14 18
23	15 52	15 48	15 45	15 41	15 37	15 32	15 27	15 22	15 16	15 09	15 02	14 53	14 44	14 32
24	16 33	16 28	16 24	16 19	16 14	16 09	16 02	15 56	15 48	15 40	15 30	15 19	15 06	14 50
25	17 17	17 12	17 07	17 02	16 56	16 49	16 42	16 35	16 26	16 16	16 05	15 52	15 36	15 17
26	18 05	18 00	17 54	17 49	17 42	17 35	17 28	17 19	17 10	16 59	16 47	16 33	16 15	15 54
27	18 55	18 50	18 45	18 39	18 33	18 26	18 19	18 10	18 01	17 50	17 38	17 24	17 06	16 45
28	19 48	19 44	19 39	19 33	19 27	19 21	19 14	19 06	18 57	18 48	18 36	18 23	18 07	17 48
29	20 42	20 38	20 34	20 29	20 24	20 19	20 12	20 06	19 58	19 50	19 40	19 29	19 15	18 59
30	21 37	21 34	21 30	21 27	21 22	21 18	21 13	21 07	21 01	20 54	20 47	20 38	20 27	20 15
Dec. 1	22 33	22 30	22 27	22 25	22 21	22 18	22 14	22 10	22 06	22 01	21 55	21 49	21 41	21 33
2	23 28	23 27	23 25	23 23	23 21	23 19	23 17	23 14	23 12	23 08	23 05	23 01	22 56	22 51
3	.. ..	.. ..	.. ..	.. ..	.. ..	.. ..	.. ..	.. ..	.. ..	.. ..	.. ..	.. ..	.. ..	.. ..
4	0 25	0 24	0 23	0 23	0 22	0 21	0 20	0 19	0 18	0 17	0 16	0 14	0 13	0 11
5	1 22	1 23	1 23	1 23	1 24	1 25	1 25	1 26	1 27	1 27	1 28	1 29	1 31	1 32
6	2 21	2 23	2 24	2 26	2 28	2 30	2 32	2 34	2 37	2 40	2 43	2 46	2 51	2 56
7	3 22	3 25	3 27	3 30	3 33	3 37	3 40	3 44	3 49	3 54	3 59	4 06	4 13	4 22
8	4 25	4 29	4 32	4 36	4 41	4 45	4 50	4 56	5 02	5 10	5 18	5 27	5 38	5 51
9	5 29	5 34	5 38	5 43	5 49	5 55	6 01	6 08	6 16	6 25	6 36	6 48	7 02	7 20
10	6 33	6 38	6 44	6 49	6 56	7 02	7 10	7 18	7 27	7 38	7 50	8 04	8 21	8 43

MOONSET

Lat.	+40°	+42°	+44°	+46°	+48°	+50°	+52°	+54°	+56°	+58°	+60°	+62°	+64°	+66°
	h m	h m	h m	h m	h m	h m	h m	h m	h m	h m	h m	h m	h m	h m
Nov. 16	22 13	22 09	22 05	22 01	21 56	21 51	21 46	21 40	21 33	21 26	21 17	21 07	20 55	20 42
17	23 20	23 18	23 15	23 12	23 08	23 05	23 01	22 57	22 52	22 47	22 41	22 34	22 26	22 16
18	.. ..	.. ..	.. ..	.. ..	.. ..	.. ..	.. ..	.. ..	.. ..	.. ..	.. ..	.. ..	23 57	23 52
19	0 28	0 26	0 25	0 23	0 21	0 19	0 17	0 14	0 12	0 09	0 05	0 01	.. ..	.. ..
20	1 35	1 34	1 34	1 34	1 33	1 33	1 32	1 32	1 31	1 30	1 29	1 29	1 28	1 26
21	2 41	2 42	2 43	2 44	2 45	2 46	2 47	2 48	2 50	2 51	2 53	2 55	2 57	3 00
22	3 47	3 49	3 51	3 53	3 55	3 58	4 01	4 04	4 07	4 11	4 15	4 20	4 26	4 33
23	4 51	4 54	4 57	5 01	5 04	5 08	5 13	5 18	5 23	5 29	5 36	5 44	5 53	6 04
24	5 54	5 58	6 02	6 06	6 11	6 17	6 22	6 29	6 36	6 44	6 53	7 04	7 16	7 31
25	6 54	6 59	7 04	7 09	7 15	7 21	7 28	7 35	7 44	7 53	8 04	8 17	8 33	8 51
26	7 51	7 56	8 01	8 07	8 13	8 20	8 27	8 35	8 45	8 55	9 07	9 22	9 39	10 00
27	8 43	8 48	8 53	8 59	9 05	9 12	9 20	9 28	9 37	9 48	10 00	10 15	10 32	10 54
28	9 29	9 34	9 39	9 45	9 51	9 57	10 05	10 13	10 21	10 32	10 43	10 57	11 13	11 32
29	10 11	10 16	10 20	10 25	10 31	10 36	10 43	10 50	10 58	11 07	11 17	11 28	11 42	11 59
30	10 49	10 53	10 57	11 01	11 05	11 10	11 15	11 21	11 28	11 35	11 44	11 53	12 04	12 17
Dec. 1	11 23	11 26	11 29	11 32	11 36	11 40	11 44	11 48	11 53	11 59	12 05	12 12	12 21	12 30
2	11 55	11 57	11 59	12 01	12 04	12 06	12 09	12 12	12 16	12 20	12 24	12 29	12 34	12 41
3	12 25	12 26	12 27	12 29	12 30	12 31	12 33	12 34	12 36	12 38	12 40	12 43	12 46	12 49
4	12 55	12 55	12 55	12 55	12 55	12 56	12 56	12 56	12 56	12 56	12 56	12 57	12 57	12 57
5	13 26	13 25	13 24	13 23	13 22	13 21	13 19	13 18	13 16	13 14	13 12	13 10	13 08	13 05
6	13 58	13 56	13 54	13 52	13 49	13 47	13 44	13 41	13 38	13 34	13 30	13 25	13 20	13 14
7	14 33	14 30	14 27	14 24	14 20	14 16	14 12	14 08	14 02	13 57	13 50	13 43	13 35	13 25
8	15 13	15 09	15 05	15 00	14 56	14 51	14 45	14 39	14 32	14 24	14 16	14 06	13 54	13 40
9	15 58	15 53	15 48	15 43	15 37	15 31	15 24	15 17	15 09	14 59	14 48	14 36	14 21	14 03
10	16 50	16 45	16 39	16 33	16 27	16 20	16 13	16 04	15 55	15 44	15 32	15 17	15 00	14 38

.. .. indicates phenomenon will occur the next day.

MOONRISE AND MOONSET, 1996

UNIVERSAL TIME FOR MERIDIAN OF GREENWICH
MOONRISE

Lat.	−55°	−50°	−45°	−40°	−35°	−30°	−20°	−10°	0°	+10°	+20°	+30°	+35°	+40°
	h m	h m	h m	h m	h m	h m	h m	h m	h m	h m	h m	h m	h m	h m
Dec. 9	2 55	3 12	3 25	3 36	3 45	3 54	4 08	4 20	4 32	4 44	4 57	5 11	5 20	5 29
10	3 38	3 57	4 12	4 25	4 35	4 45	5 01	5 15	5 29	5 42	5 56	6 13	6 22	6 33
11	4 30	4 51	5 07	5 20	5 31	5 41	5 58	6 13	6 27	6 42	6 57	7 14	7 24	7 35
12	5 33	5 53	6 09	6 22	6 33	6 43	6 59	7 14	7 27	7 41	7 55	8 12	8 22	8 33
13	6 45	7 03	7 17	7 28	7 38	7 47	8 02	8 15	8 27	8 39	8 52	9 07	9 15	9 25
14	8 03	8 17	8 28	8 37	8 45	8 52	9 04	9 15	9 24	9 34	9 45	9 56	10 03	10 11
15	9 23	9 32	9 40	9 46	9 52	9 57	10 05	10 13	10 20	10 27	10 34	10 42	10 47	10 53
16	10 42	10 47	10 52	10 55	10 58	11 00	11 05	11 09	11 13	11 16	11 20	11 25	11 27	11 30
17	12 01	12 01	12 02	12 02	12 02	12 03	12 03	12 03	12 04	12 04	12 05	12 05	12 05	12 06
18	13 18	13 14	13 11	13 08	13 05	13 03	13 00	12 57	12 54	12 51	12 48	12 45	12 43	12 40
19	14 33	14 25	14 18	14 12	14 07	14 03	13 56	13 49	13 43	13 37	13 31	13 24	13 20	13 15
20	15 46	15 34	15 24	15 15	15 08	15 02	14 51	14 42	14 33	14 24	14 15	14 05	13 59	13 52
21	16 56	16 40	16 27	16 16	16 07	16 00	15 46	15 34	15 23	15 12	15 00	14 47	14 39	14 31
22	18 01	17 42	17 27	17 15	17 05	16 56	16 40	16 26	16 13	16 01	15 47	15 32	15 23	15 13
23	19 01	18 40	18 24	18 11	17 59	17 49	17 33	17 18	17 04	16 50	16 36	16 19	16 09	15 58
24	19 52	19 31	19 15	19 02	18 50	18 40	18 23	18 08	17 54	17 40	17 25	17 08	16 59	16 47
25	20 36	20 16	20 01	19 48	19 37	19 28	19 11	18 57	18 44	18 30	18 16	17 59	17 50	17 39
26	21 12	20 55	20 41	20 30	20 20	20 11	19 56	19 44	19 31	19 19	19 06	18 51	18 43	18 33
27	21 43	21 28	21 17	21 07	20 59	20 52	20 39	20 28	20 18	20 07	19 56	19 43	19 36	19 28
28	22 09	21 58	21 49	21 41	21 35	21 29	21 19	21 10	21 02	20 54	20 45	20 35	20 29	20 23
29	22 32	22 24	22 18	22 13	22 08	22 04	21 57	21 51	21 46	21 40	21 34	21 27	21 23	21 18
30	22 53	22 49	22 46	22 43	22 40	22 38	22 35	22 31	22 28	22 25	22 22	22 18	22 16	22 14
31	23 13	23 13	23 13	23 12	23 12	23 12	23 12	23 11	23 11	23 11	23 11	23 10	23 10	23 10
32	23 34	23 37	23 40	23 42	23 44	23 46	23 49	23 52	23 54	23 57	.. ..	.. ..	.. ..	.. ..
33	23 56	.. ..	.. ..	.. ..	.. ..	.. ..	.. ..	.. ..	.. ..	.. ..	0 00	0 03	0 05	0 07

MOONSET

Lat.	−55°	−50°	−45°	−40°	−35°	−30°	−20°	−10°	0°	+10°	+20°	+30°	+35°	+40°
	h m	h m	h m	h m	h m	h m	h m	h m	h m	h m	h m	h m	h m	h m
Dec. 9	18 45	18 27	18 12	18 00	17 50	17 41	17 25	17 11	16 59	16 46	16 32	16 17	16 08	15 58
10	19 53	19 32	19 16	19 03	18 52	18 42	18 25	18 10	17 56	17 43	17 28	17 11	17 01	16 50
11	20 53	20 32	20 16	20 03	19 52	19 42	19 25	19 10	18 56	18 42	18 27	18 10	18 00	17 48
12	21 43	21 25	21 10	20 58	20 47	20 38	20 23	20 09	19 56	19 43	19 29	19 13	19 03	18 53
13	22 24	22 09	21 57	21 47	21 38	21 30	21 17	21 05	20 54	20 43	20 31	20 18	20 10	20 01
14	22 58	22 47	22 38	22 31	22 24	22 18	22 08	21 59	21 51	21 42	21 33	21 23	21 17	21 10
15	23 27	23 20	23 15	23 10	23 06	23 02	22 56	22 50	22 45	22 40	22 34	22 27	22 23	22 19
16	23 53	23 50	23 48	23 47	23 45	23 44	23 41	23 39	23 37	23 35	23 33	23 30	23 29	23 27
17	.. ..	.. ..	.. ..	.. ..	.. ..	.. ..	.. ..	.. ..	.. ..	.. ..	.. ..	.. ..	.. ..	.. ..
18	0 17	0 19	0 20	0 22	0 23	0 24	0 25	0 26	0 28	0 29	0 30	0 32	0 33	0 34
19	0 42	0 47	0 52	0 56	1 00	1 03	1 08	1 13	1 17	1 22	1 27	1 32	1 35	1 39
20	1 07	1 17	1 25	1 32	1 38	1 43	1 52	2 00	2 07	2 14	2 22	2 31	2 37	2 42
21	1 35	1 49	2 00	2 10	2 17	2 24	2 36	2 47	2 57	3 07	3 17	3 30	3 37	3 45
22	2 08	2 25	2 39	2 50	3 00	3 08	3 23	3 35	3 47	3 59	4 12	4 27	4 35	4 45
23	2 46	3 06	3 21	3 34	3 45	3 54	4 10	4 25	4 38	4 51	5 05	5 22	5 31	5 42
24	3 31	3 51	4 08	4 21	4 32	4 42	5 00	5 14	5 28	5 42	5 57	6 14	6 24	6 35
25	4 21	4 42	4 58	5 12	5 23	5 33	5 50	6 04	6 18	6 32	6 47	7 03	7 13	7 24
26	5 18	5 37	5 52	6 05	6 15	6 24	6 40	6 54	7 07	7 20	7 33	7 49	7 58	8 08
27	6 18	6 35	6 48	6 59	7 08	7 16	7 30	7 43	7 54	8 05	8 17	8 31	8 39	8 48
28	7 21	7 35	7 45	7 54	8 02	8 08	8 20	8 30	8 39	8 49	8 59	9 10	9 16	9 24
29	8 25	8 35	8 43	8 50	8 55	9 00	9 09	9 16	9 23	9 30	9 38	9 46	9 51	9 56
30	9 30	9 36	9 41	9 45	9 49	9 52	9 57	10 02	10 06	10 11	10 15	10 21	10 24	10 27
31	10 35	10 37	10 39	10 41	10 42	10 43	10 45	10 47	10 49	10 51	10 52	10 54	10 55	10 57
32	11 41	11 40	11 38	11 37	11 36	11 36	11 34	11 33	11 32	11 31	11 29	11 28	11 27	11 26
33	12 49	12 43	12 39	12 35	12 32	12 29	12 24	12 20	12 16	12 12	12 08	12 03	12 00	11 57

.. .. indicates phenomenon will occur the next day.

UNIVERSAL TIME FOR MERIDIAN OF GREENWICH
MOONRISE

Lat.	+40°	+42°	+44°	+46°	+48°	+50°	+52°	+54°	+56°	+58°	+60°	+62°	+64°	+66°
	h m	h m	h m	h m	h m	h m	h m	h m	h m	h m	h m	h m	h m	h m
Dec. 9	5 29	5 34	5 38	5 43	5 49	5 55	6 01	6 08	6 16	6 25	6 36	6 48	7 02	7 20
10	6 33	6 38	6 44	6 49	6 56	7 02	7 10	7 18	7 27	7 38	7 50	8 04	8 21	8 43
11	7 35	7 41	7 46	7 52	7 58	8 05	8 13	8 22	8 32	8 43	8 55	9 10	9 29	9 51
12	8 33	8 38	8 43	8 49	8 55	9 02	9 09	9 17	9 27	9 37	9 49	10 03	10 20	10 41
13	9 25	9 29	9 34	9 39	9 44	9 50	9 57	10 04	10 12	10 20	10 31	10 42	10 56	11 13
14	10 11	10 15	10 18	10 22	10 27	10 31	10 36	10 42	10 48	10 55	11 03	11 11	11 22	11 34
15	10 53	10 55	10 57	11 00	11 03	11 06	11 10	11 14	11 18	11 23	11 28	11 34	11 41	11 48
16	11 30	11 32	11 33	11 34	11 36	11 38	11 40	11 42	11 44	11 46	11 49	11 52	11 56	12 00
17	12 06	12 06	12 06	12 06	12 06	12 07	12 07	12 07	12 07	12 08	12 08	12 09	12 09	12 09
18	12 40	12 39	12 38	12 37	12 36	12 35	12 34	12 32	12 30	12 29	12 27	12 24	12 22	12 19
19	13 15	13 13	13 11	13 09	13 06	13 04	13 01	12 58	12 54	12 50	12 46	12 41	12 35	12 29
20	13 52	13 49	13 46	13 42	13 38	13 34	13 30	13 25	13 20	13 14	13 08	13 00	12 51	12 41
21	14 31	14 27	14 23	14 18	14 13	14 08	14 03	13 56	13 49	13 42	13 33	13 23	13 11	12 57
22	15 13	15 08	15 03	14 58	14 52	14 46	14 40	14 32	14 24	14 15	14 04	13 51	13 37	13 19
23	15 58	15 53	15 48	15 42	15 36	15 29	15 22	15 14	15 05	14 54	14 42	14 28	14 11	13 50
24	16 47	16 42	16 37	16 31	16 25	16 18	16 10	16 02	15 52	15 41	15 29	15 14	14 57	14 35
25	17 39	17 34	17 29	17 23	17 17	17 11	17 03	16 55	16 46	16 36	16 24	16 10	15 53	15 32
26	18 33	18 28	18 24	18 19	18 13	18 07	18 00	17 53	17 45	17 36	17 25	17 13	16 58	16 41
27	19 28	19 24	19 20	19 16	19 11	19 06	19 00	18 54	18 47	18 40	18 31	18 21	18 09	17 55
28	20 23	20 20	20 17	20 13	20 10	20 06	20 02	19 57	19 52	19 46	19 39	19 32	19 23	19 12
29	21 18	21 16	21 14	21 12	21 09	21 07	21 04	21 00	20 57	20 53	20 48	20 43	20 37	20 31
30	22 14	22 13	22 12	22 11	22 09	22 08	22 06	22 05	22 03	22 01	21 58	21 56	21 53	21 49
31	23 10	23 10	23 10	23 10	23 10	23 10	23 10	23 09	23 09	23 09	23 09	23 09	23 09	23 09
32	.. ..	.. ..	.. ..	.. ..	.. ..	.. ..	.. ..	.. ..	.. ..	.. ..	.. ..	.. ..	.. ..	.. ..
33	0 07	0 08	0 09	0 10	0 11	0 13	0 14	0 15	0 17	0 19	0 21	0 23	0 26	0 29

MOONSET

Lat.	+40°	+42°	+44°	+46°	+48°	+50°	+52°	+54°	+56°	+58°	+60°	+62°	+64°	+66°
	h m	h m	h m	h m	h m	h m	h m	h m	h m	h m	h m	h m	h m	h m
Dec. 9	15 58	15 53	15 48	15 43	15 37	15 31	15 24	15 17	15 09	14 59	14 48	14 36	14 21	14 03
10	16 50	16 45	16 39	16 33	16 27	16 20	16 13	16 04	15 55	15 44	15 32	15 17	15 00	14 38
11	17 48	17 43	17 38	17 32	17 25	17 18	17 11	17 02	16 52	16 41	16 29	16 14	15 55	15 33
12	18 53	18 48	18 43	18 37	18 31	18 25	18 18	18 10	18 01	17 50	17 39	17 25	17 08	16 48
13	20 01	19 57	19 52	19 48	19 43	19 37	19 31	19 24	19 17	19 08	18 59	18 48	18 34	18 18
14	21 10	21 07	21 04	21 00	20 56	20 52	20 48	20 43	20 37	20 31	20 24	20 16	20 06	19 55
15	22 19	22 17	22 15	22 13	22 11	22 08	22 05	22 02	21 58	21 55	21 50	21 45	21 40	21 33
16	23 27	23 26	23 25	23 25	23 24	23 23	23 22	23 20	23 19	23 17	23 16	23 14	23 12	23 09
17	.. ..	.. ..	.. ..	.. ..	.. ..	.. ..	.. ..	.. ..	.. ..	.. ..	.. ..	.. ..	.. ..	.. ..
18	0 34	0 34	0 34	0 35	0 35	0 36	0 37	0 37	0 38	0 39	0 40	0 41	0 42	0 43
19	1 39	1 40	1 42	1 44	1 46	1 48	1 50	1 52	1 55	1 58	2 02	2 06	2 10	2 15
20	2 42	2 45	2 48	2 51	2 54	2 58	3 01	3 06	3 10	3 16	3 22	3 28	3 36	3 45
21	3 45	3 48	3 52	3 56	4 01	4 05	4 11	4 17	4 23	4 30	4 39	4 48	4 59	5 13
22	4 45	4 49	4 54	4 59	5 04	5 10	5 17	5 24	5 32	5 41	5 51	6 03	6 17	6 35
23	5 42	5 47	5 52	5 58	6 04	6 10	6 18	6 26	6 35	6 45	6 57	7 11	7 27	7 48
24	6 35	6 40	6 46	6 52	6 58	7 05	7 13	7 21	7 30	7 41	7 54	8 08	8 26	8 48
25	7 24	7 29	7 34	7 40	7 46	7 53	8 01	8 09	8 18	8 29	8 41	8 55	9 12	9 33
26	8 08	8 13	8 18	8 23	8 29	8 35	8 42	8 49	8 58	9 07	9 18	9 31	9 46	10 04
27	8 48	8 52	8 56	9 01	9 06	9 11	9 17	9 23	9 30	9 39	9 48	9 58	10 11	10 25
28	9 24	9 27	9 30	9 34	9 38	9 42	9 47	9 52	9 58	10 04	10 12	10 20	10 29	10 41
29	9 56	9 59	10 01	10 04	10 07	10 10	10 14	10 17	10 22	10 26	10 31	10 37	10 44	10 52
30	10 27	10 28	10 30	10 32	10 34	10 36	10 38	10 40	10 43	10 45	10 49	10 52	10 56	11 01
31	10 57	10 57	10 58	10 58	10 59	11 00	11 01	11 01	11 02	11 03	11 04	11 06	11 07	11 09
32	11 26	11 26	11 25	11 25	11 24	11 24	11 23	11 22	11 22	11 21	11 20	11 19	11 18	11 17
33	11 57	11 55	11 54	11 52	11 50	11 49	11 47	11 44	11 42	11 39	11 36	11 33	11 29	11 25

.. .. indicates phenomenon will occur the next day.

There are four eclipses, two of the Sun and two of the Moon.

I	April 3–4	Total eclipse of the Moon
II	April 17–18	Partial eclipse of the Sun
III	September 27	Total eclipse of the Moon
IV	October 12	Partial eclipse of the Sun

Standard corrections of $+0\overset{''}{.}5$ and $-0\overset{''}{.}25$ have been applied to the tabular longitude and latitude of the Moon, respectively, to help correct for the difference between the center of figure and the center of mass.

All time arguments are given provisionally in Universal Time, using $\Delta T(A) = +62^s$. Once the value of ΔT is known, the data on these pages may be expressed in Universal Time as follows:

Define $\delta T = \Delta T - \Delta T(A)$, in units of seconds of time.

Change the time arguments of the tables and the times of circumstances given in provisional Universal Time by subtracting δT. Then apply the correction $0.00417807\,\delta T$ degrees to μ and the longitudes in such a way that if δT is positive, μ decreases and the longitudes shift to the east.

Leave all other quantities unchanged.

This correction procedure is included in the polynomial representation of the Besselian elements.

Longitude is positive to the east, and negative to the west.

I.—*Total Eclipse of the Moon*, April 3–4; the beginning of the umbral phase visible in extreme eastern North America, South America (except for the northwest and the west coast), southern and eastern Greenland, Europe, Africa, western and central Asia, the extreme western coast of Australia, parts of Antarctica, most of the North Atlantic Ocean, the South Atlantic Ocean, and the Indian Ocean; the end visible in eastern and central regions of the United States and Canada, most of Mexico, Central America, South America, Greenland, Europe, Africa, western Asia, parts of Antarctica, the eastern South Pacific Ocean, the Atlantic Ocean, and the western Indian Ocean.

ELEMENTS OF THE ECLIPSE

UT of geocentric opposition in right ascension, April 4^d 00^h 18^m $25^s\!.569$

Julian Date = 2450177.5127959405

	h m s		s
R.A. of Sun	0 53 27.803	Hourly motion	9.125
R.A. of Moon	12 53 27.803	Hourly motion	127.198
	° ′ ″		′ ″
Declination of Sun	+ 5 43 22.32	Hourly motion	+ 0 57.16
Declination of Moon	− 5 58 31.03	Hourly motion	− 9 57.89
Equatorial hor. par. of Sun	8.79	True semidiameter of Sun	15 59.5
Equatorial hor. par. of Moon	57 07.71	True semidiameter of Moon	15 34.0

I.—*Total Eclipse of the Moon*, April 3–4 (continued)

CIRCUMSTANCES OF THE ECLIPSE

		d	h m	
Moon enters penumbra	April	3	21 15.7	
Moon enters umbra		3	22 20.9	
Moon enters totality		3	23 26.5	
Middle of eclipse		4	0 09.7	UT
Moon leaves totality		4	0 53.0	
Moon leaves umbra		4	1 58.7	
Moon leaves penumbra		4	3 03.7	

Contacts of Umbra with Limb of Moon	Position Angles from the North Point	The Moon being in the Zenith in Longitude	Latitude
	°	° ′	° ′
First	92.5 to East	+ 24 35.4	− 5 39.0
Last	58.4 to West	− 28 05.0	− 6 15.1

Magnitude of the eclipse: 1.384

II.—*Partial Eclipse of the Sun,* April 17–18.

ELEMENTS OF THE ECLIPSE

UT of geocentric conjunction in right ascension, April $17^d\ 22^h\ 05^m\ 02^s.438$

Julian Date = 2450191.4201671067

	h m s		s s
R.A. of Sun and Moon	1 44 38.729	Hourly motions	9.298 and 129.997
	° ′ ″		′ ″
Declination of Sun	+10 49 15.12	Hourly motion	+ 0 52.35
Declination of Moon	+ 9 46 38.60	Hourly motion	+ 9 01.49
Equatorial hor. par. of Sun	8.76	True semidiameter of Sun	15 55.6
Equatorial hor. par. of Moon	57 13.74	True semidiameter of Moon	15 35.7

CIRCUMSTANCES OF THE ECLIPSE

		UT	Longitude	Latitude
		d h m	° ′	° ′
Eclipse begins	April	17 20 31.4	+159 01.5	−56 53.3
Greatest eclipse		17 22 37.2	−104 08.1	−71 25.4
Eclipse ends		18 0 43.3	−106 39.9	−27 19.4

Magnitude of greatest eclipse: 0.880

BESSELIAN ELEMENTS, POLYNOMIAL FORM

The equations below represent simple least-squares fits to the tabular Besselian elements.

Let $t = (UT - 20^h) + \delta T/3600$, in units of hours. For times on 18 April, add 24^h to the UT before computing t.

These equations are valid over the range $0^h.467 \le t \le 4^h.892$. Do not use t outside the given range, and do not omit any terms in the series.

$$x = -1.08562374 + 0.52086973\ t + 0.00004364\ t^2 - 0.00000705\ t^3$$
$$y = -1.39346990 + 0.14238549\ t - 0.00000764\ t^2 - 0.00000188\ t^3$$
$$\sin d = 0.18727732 + 0.00024366\ t - 0.00000008\ t^2$$
$$\cos d = 0.98230705 - 0.00004642\ t - 0.00000003\ t^2$$
$$\mu = 120.14032726 + 15.00362170\ t - 0.00000175\ t^2 + 0.00000004\ t^3 - 0.00417807\ \delta T$$

Radius of
$$\text{penumbra} = 0.55187320 + 0.00017458\ t - 0.00001111\ t^2$$

III.—*Total Eclipse of the Moon*, September 27; the beginning of the umbral phase visible in eastern and central regions of the United States and Canada, most of Mexico, Central America, South America, Greenland, Europe, Africa, western Asia, parts of Antarctica, the eastern South Pacific Ocean, the Atlantic Ocean, and the western half of the Indian Ocean; the end visible in North America (except for extreme western Alaska), Hawaii, Central America, South America, the western half of Africa, Europe (except for the extreme east), Greenland, parts of Antarctica, the eastern Pacific Ocean, and the Atlantic Ocean.

ELEMENTS OF THE ECLIPSE

UT of geocentric opposition in right ascension, September $27^د 3^h 05^m 57^s.715$

Julian Date = 2450353.6291402143

	h m s		s
R.A. of Sun	12 15 44.844	Hourly motion	9.006
R.A. of Moon	0 15 44.844	Hourly motion	138.028
	° ′ ″		′ ″
Declination of Sun	− 1 42 17.63	Hourly motion	− 0 58.38
Declination of Moon	+ 2 03 48.04	Hourly motion	+11 16.32
Equatorial hor. par. of Sun	8.77	True semidiameter of Sun	15 57.5
Equatorial hor. par. of Moon	59 48.14	True semidiameter of Moon	16 17.7

CIRCUMSTANCES OF THE ECLIPSE

		d	h m	
Moon enters penumbra	September	27	0 12.4	
Moon enters umbra		27	1 12.3	
Moon enters totality		27	2 19.3	
Middle of eclipse		27	2 54.4	UT
Moon leaves totality		27	3 29.4	
Moon leaves umbra		27	4 36.3	
Moon leaves penumbra		27	5 36.4	

Contacts of Umbra with Limb of Moon	Position Angles from the North Point	The Moon being in the Zenith in Longitude	Latitude
	°	° ′	° ′
First	91.9 to East	− 21 20.9	+ 1 42.4
Last	127.3 to West	− 70 31.9	+ 2 20.8

Magnitude of the eclipse: 1.245

IV.—*Partial Eclipse of the Sun*, October 12.

ELEMENTS OF THE ECLIPSE

UT of geocentric conjunction in right ascension, October $12^د 13^h 23^m 50^s.198$

Julian Date = 2450369.0582198803

	h m s		s	s
R.A. of Sun and Moon	13 11 58.580	Hourly motions	9.248	and 123.326
	° ′ ″		′ ″	
Declination of Sun	− 7 37 39.77	Hourly motion	− 0 56.18	
Declination of Moon	− 6 32 02.59	Hourly motion	− 9 23.77	
Equatorial hor. par. of Sun	8.81	True semidiameter of Sun	16 01.7	
Equatorial hor. par. of Moon	56 08.68	True semidiameter of Moon	15 18.0	

IV.—*Partial Eclipse of the Sun*, October 12 (continued).

CIRCUMSTANCES OF THE ECLIPSE

		UT	Longitude	Latitude
		d h m	° ′	° ′
Eclipse begins	October	12 11 59.5	− 78 43.2	+61 59.2
Greatest eclipse		12 14 02.0	+ 32 00.5	+71 48.1
Eclipse ends		12 16 04.8	+ 21 03.5	+29 17.2

Magnitude of greatest eclipse: 0.758

BESSELIAN ELEMENTS, POLYNOMIAL FORM

The equations below represent simple least-squares fits to the tabular Besselian elements.

Let $t = (\text{UT} - 12^\text{h}) + \delta T/3600$, in units of hours.

These equations are valid over the range $-0^\text{h}\!.117 \le t \le 4^\text{h}\!.242$. Do not use t outside the given range, and do not omit any terms in the series.

$$x = -0.70697221 + 0.50590299\,t + 0.00005280\,t^2 - 0.00000643\,t^3$$
$$y = 1.38347517 - 0.15145966\,t - 0.00002114\,t^2 + 0.00000184\,t^3$$
$$\sin d = -0.13241716 - 0.00026359\,t$$
$$\cos d = 0.99119409 - 0.00003523\,t - 0.00000003\,t^2$$
$$\mu = 3.39760615 + 15.00378775\,t - 0.00000189\,t^2 + 0.00000002\,t^3 - 0.00417807\,\delta T$$
$$\text{Radius of penumbra} = 0.55953746 - 0.00006438\,t - 0.00001065\,t^2 - 0.00000001\,t^3$$

ECLIPSES, 1996

BESSELIAN ELEMENTS: PARTIAL SOLAR ECLIPSE OF APRIL 17–18

UT	Intersection of Axis of Shadow with Fundamental Plane		Direction of Axis of Shadow			Radius of Shadow on Fundamental Plane
	x	y	$\sin d$	$\cos d$	μ	Penumbra
h m					°	
20 10	−0.998811	−1.369739	+0.187318	0.982299	122.64093	0.551902
20	0.911996	1.346009	.187359	.982292	125.14153	.551930
30	0.825179	1.322279	.187399	.982284	127.64214	.551958
40	0.738360	1.298550	.187440	.982276	130.14274	.551985
50	0.651539	1.274822	.187480	.982268	132.64334	.552011
21 00	−0.564717	−1.251094	+0.187521	0.982261	135.14395	0.552037
10	0.477894	1.227367	.187561	.982253	137.64455	.552062
20	0.391070	1.203641	.187602	.982245	140.14515	.552086
30	0.304245	1.179915	.187643	.982237	142.64576	.552110
40	0.217419	1.156191	.187683	.982230	145.14636	.552133
50	0.130593	1.132467	.187724	.982222	147.64696	.552156
22 00	−0.043766	−1.108745	+0.187764	0.982214	150.14756	0.552178
10	+0.043060	1.085023	.187805	.982206	152.64817	.552199
20	0.129887	1.061303	.187845	.982199	155.14877	.552220
30	0.216713	1.037583	.187886	.982191	157.64937	.552240
40	0.303539	1.013865	.187927	.982183	160.14997	.552260
50	0.390364	0.990148	.187967	.982175	162.65058	.552279
23 00	+0.477188	−0.966433	+0.188008	0.982168	165.15118	0.552297
10	0.564011	0.942719	.188048	.982160	167.65178	.552315
20	0.650833	0.919006	.188089	.982152	170.15238	.552332
30	0.737653	0.895295	.188129	.982144	172.65298	.552348
40	0.824471	0.871585	.188170	.982137	175.15359	.552364
50	0.911288	0.847877	.188210	.982129	177.65419	.552379
0 00	+0.998102	−0.824171	+0.188251	0.982121	180.15479	0.552394
10	1.084915	0.800466	.188291	.982113	182.65539	.552408
20	1.171724	0.776763	.188332	.982105	185.15599	.552421
30	1.258532	0.753061	.188372	.982098	187.65659	.552434
40	1.345336	0.729362	.188413	.982090	190.15719	.552446
50	1.432137	0.705664	.188453	.982082	192.65780	.552458
1 00	+1.518935	−0.681969	+0.188494	0.982074	195.15840	0.552469
10	+1.605730	−0.658275	+0.188534	0.982067	197.65900	0.552479

$$\tan f_1 \qquad 0.004657$$
$$\mu' \qquad 0.261863 \text{ radians per hour}$$
$$d' \qquad +0.000248 \text{ radians per hour}$$

PARTIAL SOLAR ECLIPSE OF 1996 APRIL 17-18

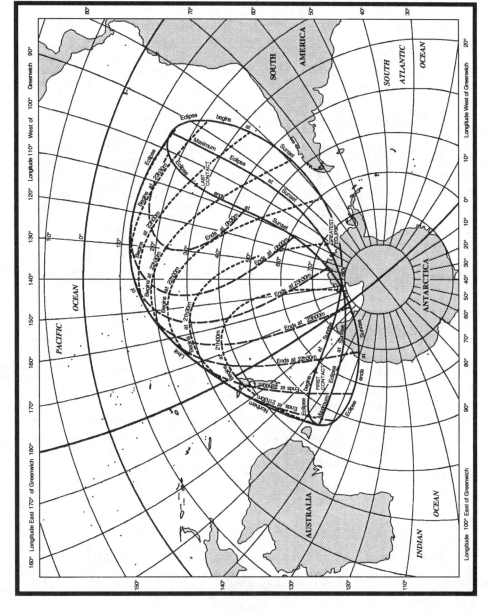

BESSELIAN ELEMENTS: PARTIAL SOLAR ECLIPSE OF OCTOBER 12

UT	Intersection of Axis of Shadow with Fundamental Plane		Direction of Axis of Shadow			Radius of Shadow on Fundamental Plane
	x	y	$\sin d$	$\cos d$	μ	Penumbra
h　m					°	
11 30	−0.959910	+1.459199	−0.132285	0.991212	355.89571	0.559567
40	0.875600	1.433959	.132329	.991206	358.39634	.559558
50	0.791288	1.408718	.132373	.991200	0.89697	.559548
12 00	−0.706972	+1.383475	−0.132417	0.991194	3.39761	0.559537
10	0.622654	1.358231	.132461	.991188	5.89824	.559526
20	0.538332	1.332986	.132505	.991182	8.39887	.559515
30	0.454008	1.307740	.132549	.991176	10.89950	.559503
40	0.369682	1.282493	.132593	.991171	13.40013	.559490
50	0.285353	1.257245	.132637	.991165	15.90076	.559476
13 00	−0.201023	+1.231996	−0.132681	0.991159	18.40139	0.559462
10	0.116690	1.206746	.132725	.991153	20.90202	.559448
20	−0.032356	1.181496	.132769	.991147	23.40265	.559433
30	+0.051979	1.156244	.132813	.991141	25.90328	.559417
40	0.136316	1.130992	.132856	.991135	28.40391	.559401
50	0.220654	1.105739	.132900	.991129	30.90454	.559384
14 00	+0.304994	+1.080486	−0.132944	0.991124	33.40517	0.559366
10	0.389333	1.055232	.132988	.991118	35.90580	.559348
20	0.473674	1.029978	.133032	.991112	38.40643	.559329
30	0.558015	1.004723	.133076	.991106	40.90706	.559310
40	0.642356	0.979467	.133120	.991100	43.40769	.559290
50	0.726697	0.954212	.133164	.991094	45.90832	.559269
15 00	+0.811038	+0.928956	−0.133208	0.991088	48.40895	0.559248
10	0.895379	0.903699	.133252	.991082	50.90958	.559227
20	0.979720	0.878443	.133296	.991076	53.41021	.559204
30	1.064059	0.853186	.133340	.991070	55.91084	.559181
40	1.148398	0.827929	.133383	.991065	58.41147	.559158
50	1.232736	0.802673	.133427	.991059	60.91210	.559134
16 00	+1.317073	+0.777416	−0.133471	0.991053	63.41273	0.559109
10	1.401408	0.752159	.133515	.991047	65.91336	.559084
20	1.485742	0.726903	.133559	.991041	68.41399	.559058
30	+1.570074	+0.701646	−0.133603	0.991035	70.91461	0.559031

$$\tan f_1 \qquad 0.004687$$
$$\mu' \qquad 0.261865 \text{ radians per hour}$$
$$d' \qquad -0.000266 \text{ radians per hour}$$

PARTIAL SOLAR ECLIPSE OF 1996 OCTOBER 12

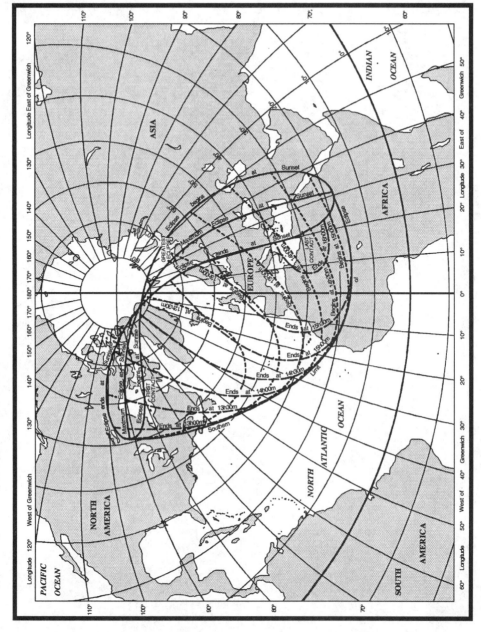

CONTENTS OF SECTION B

NOTE

The tables and formulae in this section were revised in 1984 to bring them into accordance with the recommendations of the International Astronomical Union at its General Assemblies in 1976, 1979 and 1982. They are intended for use with the new dynamical time-scales, the new FK5 celestial reference system and the new standard epoch of J2000·0, and formulae are given for the computation of relativistic effects in the reduction from mean to apparent place. Except when the highest precision is required it is possible, however, to continue to use the classical methods (e.g. to use day numbers), but the catalogue position should be reduced to the FK5 system and to the standard equinox of J2000·0 as explained in the Supplement to the Almanac for 1984, and precession should be applied to give the mean place for the *middle* of the year as the starting point for the reduction from mean to apparent place when day numbers are to be used.

Background information about the new time and coordinate reference systems recommended by the IAU and adopted in this almanac, and about the changes in the procedures, are given in the *Explanatory Supplement to the Astronomical Almanac* (1992).

CALENDAR, 1996

Day of Month	JANUARY Day of Week	Day of Year	FEBRUARY Day of Week	Day of Year	MARCH Day of Week	Day of Year	APRIL Day of Week	Day of Year	MAY Day of Week	Day of Year	JUNE Day of Week	Day of Year
1	Mon.	1	Thu.	32	Fri.	61	Mon.	92	Wed.	122	Sat.	153
2	Tue.	2	Fri.	33	Sat.	62	Tue.	93	Thu.	123	Sun.	154
3	Wed.	3	Sat.	34	Sun.	63	Wed.	94	Fri.	124	Mon.	155
4	Thu.	4	Sun.	35	Mon.	64	Thu.	95	Sat.	125	Tue.	156
5	Fri.	5	Mon.	36	Tue.	65	Fri.	96	Sun.	126	Wed.	157
6	Sat.	6	Tue.	37	Wed.	66	Sat.	97	Mon.	127	Thu.	158
7	Sun.	7	Wed.	38	Thu.	67	Sun.	98	Tue.	128	Fri.	159
8	Mon.	8	Thu.	39	Fri.	68	Mon.	99	Wed.	129	Sat.	160
9	Tue.	9	Fri.	40	Sat.	69	Tue.	100	Thu.	130	Sun.	161
10	Wed.	10	Sat.	41	Sun.	70	Wed.	101	Fri.	131	Mon.	162
11	Thu.	11	Sun.	42	Mon.	71	Thu.	102	Sat.	132	Tue.	163
12	Fri.	12	Mon.	43	Tue.	72	Fri.	103	Sun.	133	Wed.	164
13	Sat.	13	Tue.	44	Wed.	73	Sat.	104	Mon.	134	Thu.	165
14	Sun.	14	Wed.	45	Thu.	74	Sun.	105	Tue.	135	Fri.	166
15	Mon.	15	Thu.	46	Fri.	75	Mon.	106	Wed.	136	Sat.	167
16	Tue.	16	Fri.	47	Sat.	76	Tue.	107	Thu.	137	Sun.	168
17	Wed.	17	Sat.	48	Sun.	77	Wed.	108	Fri.	138	Mon.	169
18	Thu.	18	Sun.	49	Mon.	78	Thu.	109	Sat.	139	Tue.	170
19	Fri.	19	Mon.	50	Tue.	79	Fri.	110	Sun.	140	Wed.	171
20	Sat.	20	Tue.	51	Wed.	80	Sat.	111	Mon.	141	Thu.	172
21	Sun.	21	Wed.	52	Thu.	81	Sun.	112	Tue.	142	Fri.	173
22	Mon.	22	Thu.	53	Fri.	82	Mon.	113	Wed.	143	Sat.	174
23	Tue.	23	Fri.	54	Sat.	83	Tue.	114	Thu.	144	Sun.	175
24	Wed.	24	Sat.	55	Sun.	84	Wed.	115	Fri.	145	Mon.	176
25	Thu.	25	Sun.	56	Mon.	85	Thu.	116	Sat.	146	Tue.	177
26	Fri.	26	Mon.	57	Tue.	86	Fri.	117	Sun.	147	Wed.	178
27	Sat.	27	Tue.	58	Wed.	87	Sat.	118	Mon.	148	Thu.	179
28	Sun.	28	Wed.	59	Thu.	88	Sun.	119	Tue.	149	Fri.	180
29	Mon.	29	Thu.	60	Fri.	89	Mon.	120	Wed.	150	Sat.	181
30	Tue.	30			Sat.	90	Tue.	121	Thu.	151	Sun.	182
31	Wed.	31			Sun.	91			Fri.	152		

CHRONOLOGICAL CYCLES AND ERAS

Dominical Letter	GF	Julian Period (year of)	6709
Epact	10	Roman Indiction	4
Golden Number (Lunar Cycle) ...	II	Solar Cycle	17

All dates are given in terms of the Gregorian calendar in which
1996 January 14 corresponds to 1996 January 1 of the Julian calendar.

ERA	YEAR	BEGINS	ERA	YEAR	BEGINS
Byzantine	7505	Sept. 14	Japanese	2656	Jan. 1
Jewish (A.M.)*	5757	Sept. 13	Grecian (Seleucidæ) ...	2308	Sept. 14
Chinese (Bing-zi)	(4633)	Feb. 19			(or Oct. 14)
Roman (A.U.C.)	2749	Jan. 14	Indian (Saka)	1918	Mar. 21
Nabonassar	2745	Apr. 24	Diocletian	1713	Sept. 11
			Islamic (Hegira)*	1417	May 18

* Year begins at sunset

	JULY		AUGUST		SEPTEMBER		OCTOBER		NOVEMBER		DECEMBER	
Day of Month	Day of Week	Day of Year	Day of Week	Day of Year	Day of Week	Day of Year	Day of Week	Day of Year	Day of Week	Day of Year	Day of Week	Day of Year
1	Mon.	183	Thu.	214	Sun.	245	Tue.	275	Fri.	306	Sun.	336
2	Tue.	184	Fri.	215	Mon.	246	Wed.	276	Sat.	307	Mon.	337
3	Wed.	185	Sat.	216	Tue.	247	Thu.	277	Sun.	308	Tue.	338
4	Thu.	186	Sun.	217	Wed.	248	Fri.	278	Mon.	309	Wed.	339
5	Fri.	187	Mon.	218	Thu.	249	Sat.	279	Tue.	310	Thu.	340
6	Sat.	188	Tue.	219	Fri.	250	Sun.	280	Wed.	311	Fri.	341
7	Sun.	189	Wed.	220	Sat.	251	Mon.	281	Thu.	312	Sat.	342
8	Mon.	190	Thu.	221	Sun.	252	Tue.	282	Fri.	313	Sun.	343
9	Tue.	191	Fri.	222	Mon.	253	Wed.	283	Sat.	314	Mon.	344
10	Wed.	192	Sat.	223	Tue.	254	Thu.	284	Sun.	315	Tue.	345
11	Thu.	193	Sun.	224	Wed.	255	Fri.	285	Mon.	316	Wed.	346
12	Fri.	194	Mon.	225	Thu.	256	Sat.	286	Tue.	317	Thu.	347
13	Sat.	195	Tue.	226	Fri.	257	Sun.	287	Wed.	318	Fri.	348
14	Sun.	196	Wed.	227	Sat.	258	Mon.	288	Thu.	319	Sat.	349
15	Mon.	197	Thu.	228	Sun.	259	Tue.	289	Fri.	320	Sun.	350
16	Tue.	198	Fri.	229	Mon.	260	Wed.	290	Sat.	321	Mon.	351
17	Wed.	199	Sat.	230	Tue.	261	Thu.	291	Sun.	322	Tue.	352
18	Thu.	200	Sun.	231	Wed.	262	Fri.	292	Mon.	323	Wed.	353
19	Fri.	201	Mon.	232	Thu.	263	Sat.	293	Tue.	324	Thu.	354
20	Sat.	202	Tue.	233	Fri.	264	Sun.	294	Wed.	325	Fri.	355
21	Sun.	203	Wed.	234	Sat.	265	Mon.	295	Thu.	326	Sat.	356
22	Mon.	204	Thu.	235	Sun.	266	Tue.	296	Fri.	327	Sun.	357
23	Tue.	205	Fri.	236	Mon.	267	Wed.	297	Sat.	328	Mon.	358
24	Wed.	206	Sat.	237	Tue.	268	Thu.	298	Sun.	329	Tue.	359
25	Thu.	207	Sun.	238	Wed.	269	Fri.	299	Mon.	330	Wed.	360
26	Fri.	208	Mon.	239	Thu.	270	Sat.	300	Tue.	331	Thu.	361
27	Sat.	209	Tue.	240	Fri.	271	Sun.	301	Wed.	332	Fri.	362
28	Sun.	210	Wed.	241	Sat.	272	Mon.	302	Thu.	333	Sat.	363
29	Mon.	211	Thu.	242	Sun.	273	Tue.	303	Fri.	334	Sun.	364
30	Tue.	212	Fri.	243	Mon.	274	Wed.	304	Sat.	335	Mon.	365
31	Wed.	213	Sat.	244			Thu.	305			Tue.	366

RELIGIOUS CALENDARS

Epiphany	Jan. 6	Ascension Day	May 16
Ash Wednesday	Feb. 21	Whit Sunday—Pentecost ...	May 26
Palm Sunday	Mar. 31	Trinity Sunday	June 2
Good Friday	Apr. 5	First Sunday in Advent	Dec. 1
Easter Day	Apr. 7	Christmas Day (Wednesday) ...	Dec. 25
First Day of Passover (Pesach)	Apr. 4	Day of Atonement	
Feast of Weeks (Shavuot) ...	May 24	(Yom Kippur)	Sept. 23
Jewish New Year (tabular)		First day of Tabernacles	
(Rosh Hashanah)	Sept. 14	(Succoth)	Sept. 28
First day of Ramadân	Jan. 22	Islamic New Year	May 19
(tabular)		(tabular)	

The Jewish and Islamic dates above are tabular dates, which begin at sunset on the previous evening and end at sunset on the date tabulated. In practice, the dates of Islamic fasts and festivals are determined by an actual sighting of the appropriate new moon.

Julian date

A tabulation of Julian date (JD) at 0^h UT against calendar date is given with the ephemeris of universal and sidereal times on pages B8–B15. The following relationship holds during 1996:

$$\text{Julian date} = 245\,0082 \cdot 5 + \text{day of year} + \text{fraction of day from } 0^h \text{ UT}$$

where the day of the year for the current year of the Gregorian calendar is given on pages B2–B3. The following table gives the Julian dates at day 0 of each month of 1996:

0^h UT	JD	0^h UT	JD	0^h UT	JD
Jan. 0	245 0082·5	May 0	245 0203·5	Sept. 0	245 0326·5
Feb. 0	245 0113·5	June 0	245 0234·5	Oct. 0	245 0356·5
Mar. 0	245 0142·5	July 0	245 0264·5	Nov. 0	245 0387·5
Apr. 0	245 0173·5	Aug. 0	245 0295·5	Dec. 0	245 0417·5

Tabulations of Julian date against calendar date for other years are given on pages K2–K4. Other relevant dates are:

$$\text{400-day date, JD } 245\,0400 \cdot 5 = 1996 \text{ November } 13 \cdot 0$$

Standard epoch,   1900 January 0, 12^h UT = JD241 5020·0
Standard epoch, B1950·0 = 1950 Jan. 0·923 = JD243 3282·423
B1996·0 = 1996 Jan. 1·065 = JD245 0083·565
J1996·5 = 1996 July 2·125 = JD245 0266·625
Standard epoch, J2000·0 = 2000 Jan. 1·5   = JD245 1545·0

The fraction of the year from 1996·5 is tabulated with the Besselian day numbers on pages B24–B31.

The "*modified Julian date*" (MJD) is the Julian date minus 240 0000·5 and in 1996 is given by: MJD = 50082·0 + day of year + fraction of day from 0^h UT.

A date may also be expressed in years as a Julian epoch, or for some purposes as a Besselian epoch, using:

$$\text{Julian epoch} = J[2000 \cdot 0 + (JD - 245\,1545 \cdot 0)/365 \cdot 25]$$
$$\text{Besselian epoch} = B[1900 \cdot 0 + (JD - 241\,5020 \cdot 313\,52)/365 \cdot 242\,198\,781]$$

where JD is the Julian date; the prefixes J and B may be omitted only where the context, or precision, make them superfluous.

Notation for time-scales

A summary of the notation for time-scales and related quantities used in this Almanac is given below. Additional information is given in the Glossary, in the Explanation and in the Supplement to the Almanac for 1984.

UT   = UT1; universal time; counted from 0^h at midnight; unit is mean solar day
UT0   local approximation to universal time; not corrected for polar motion
GMST   Greenwich mean sidereal time; GHA of mean equinox of date
GAST   Greenwich apparent sidereal time; GHA of true equinox of date
TAI   international atomic time; unit is the SI second

Notation for time-scales (continued)

UTC   coordinated universal time; differs from TAI by an integral number of seconds, and is the basis of most radio time signals and legal time systems

ΔUT   = UT−UTC; increment to be applied to UTC to give UT

DUT   = predicted value of ΔUT, rounded to $0\overset{s}{.}1$, given in some radio time signals

ET   ephemeris time; was used in dynamical theories and in the Almanac from 1960–1983; but is now replaced by TDT and TDB

TDT   terrestrial dynamical time; used as time-scale of ephemerides for observations from the Earth's surface. TDT = TAI + $32\overset{s}{.}184$

TDB   barycentric dynamical time; used as time-scale of ephemerides referred to the barycentre of the solar system

ΔT = ET − UT (prior to 1984); increment to be applied to UT to give ET

ΔT = TDT − UT (1984 onwards); increment to be applied to UT to give TDT

ΔT = TAI + $32\overset{s}{.}184$ − UT

ΔAT   = TAI − UTC; increment to be applied to UTC to give TAI

ΔET   = ET − UTC; increment to be applied to UTC to give ET

ΔTT   = TDT − UTC; increment to be applied to UTC to give TDT

For most purposes, ET up to 1983 December 31 and TDT from 1984 January 1 can be regarded as a continuous time-scale. Values of ΔT for the years 1620 onwards are given on pages K8–K9.

The name Greenwich mean time (GMT) is not used in this Almanac since it is ambiguous and is now used, although not in astronomy, in the sense of UTC in addition to the earlier sense of UT; prior to 1925 it was reckoned for astronomical purposes from Greenwich mean noon (12^h UT).

Relationships between time-scales

The relationships between universal and sidereal times are described on page B6 and a daily ephemeris is given on pages B8–B15; examples of the use of the ephemeris are given on page B7.

The scale of coordinated universal time (UTC) contains step adjustments of exactly one second (leap seconds) so that universal time (UT) may be obtained directly from it with an accuracy of 1 second or better and so that international atomic time (TAI) may be obtained by the addition of an integral number of seconds. The step adjustments are usually inserted after the 60th second of the last minute of December 31 or June 30. Values of the differences ΔAT for 1972 onwards are given on page K9. Accurate values of the increment ΔUT to be applied to UTC to give UT are derived from observations, but predicted values are transmitted in code in some time signals.

The differences between the terrestrial and barycentric dynamical time-scales (due to the variations in gravitational potential around the Earth's orbit) are given by:

$$TDB = TDT + 0\overset{s}{.}001\ 658 \sin g + 0\overset{s}{.}000\ 014 \sin 2g$$
$$g = 357\overset{\circ}{.}53 + 0\overset{\circ}{.}985\ 600\ 28(JD - 245\ 1545 \cdot 0)$$

where higher-order terms are neglected and g is the mean anomaly of the Earth in its orbit around the Sun. For the current year

$$g = 356\overset{\circ}{.}09 + 0\overset{\circ}{.}985\ 600\ 28\ d$$

where d is the day of the year tabulated on pages B2–B3.

Relationships between universal and sidereal time

The ephemeris of universal and sidereal times on pages B8–B15 is primarily intended to facilitate the conversion of universal time to local apparent sidereal time, and vice versa, for use in the computation and reduction of quantities dependent on local hour angle. Numerical examples of such conversions using the ephemeris and other tables are given opposite on page B7. Alternatively, such conversions may be carried out using the basic formulae and numerical coefficients given below.

Universal time is defined in terms of Greenwich mean sidereal time, (i.e. the Greenwich hour angle (GHA) of the mean equinox of date), by:

$$\text{GMST at } 0^h \text{ UT} = 24\ 110\overset{s}{.}548\ 41 + 8640\ 184\overset{s}{.}812\ 866\ T_U$$
$$+ 0\overset{s}{.}093\ 104\ T_U^2 - 6\overset{s}{.}2 \times 10^{-6}\ T_U^3$$

where $$T_U = (\text{JD} - 245\ 1545{\cdot}0)/36\ 525$$

T_U is the interval of time, measured in Julian centuries of 36 525 days of universal time (mean solar days), elapsed since the epoch 2000 January $1^d\ 12^h$ UT.

The following relationship holds during 1996:

on day of year d at t^h UT, GMST $= 6^h{\cdot}596\ 7564 + 0^h{\cdot}065\ 709\ 8244\ d + 1^h{\cdot}002\ 737\ 91\ t$

where the day of year d is tabulated on pages B2–B3. Add or subtract multiples of 24^h as necessary.

In 1996:   1 mean solar day $=$ 1·002 737 909 35   mean sidereal days
                    $=$ $24^h\ 03^m\ 56\overset{s}{.}555\ 37$ of mean sidereal time
        1 mean sidereal day $=$ 0·997 269 566 33   mean solar days
                    $=$ $23^h\ 56^m\ 04\overset{s}{.}090\ 53$ of mean solar time

Greenwich apparent sidereal time (i.e. the Greenwich hour angle of the true equinox of date) is given by:

$$\text{GAST} = \text{GMST} + \text{equation of equinoxes}$$

The equation of the equinoxes is tabulated on pages B8–B15 at 0^h UT for each day and should be interpolated to the required time if full precision is required; it is equal to the total nutation in longitude multiplied by the cosine of the true obliquity of the ecliptic.

Relationships with local time and hour angle

The following general relationships are used:

local mean solar time $=$ universal time $+$ east longitude
local mean sidereal time $=$ Greenwich mean sidereal time $+$ east longitude
local apparent sidereal time $=$ local mean sidereal time $+$ equation of equinoxes
$=$ Greenwich apparent sidereal time $+$ east longitude
local hour angle $=$ local apparent sidereal time $-$ apparent right ascension
$=$ local mean sidereal time
$-$ (apparent right ascension $-$ equation of equinoxes)

A further small correction for the effect of polar motion is required in the reduction of very precise observations; for details see page B60.

Examples of the use of the ephemeris of universal and sidereal times

1. *Conversion of universal time to local sidereal time*

To find the local apparent sidereal time at $09^h\ 44^m\ 30^s$ UT on 1996 July 8 in longitude $80°\ 22'\ 55\!.''79$ west.

	h	m	s
Greenwich mean sidereal time on July 8 at 0^h UT is (page B12)	19	04	53·8429
Add the equivalent mean sidereal time interval from 0^h to $09^h\ 44^m\ 30^s$ UT (multiply UT interval by 1·002 737 9093)	9	46	06·0185
Greenwich mean sidereal time at required UT:	4	50	59·8614
Add equation of equinoxes, interpolated using second-order differences to approximate UT $= 0^d\!41$			+0·2698
Greenwich apparent sidereal time:	4	51	00·1312
Subtract west longitude (add east longitude)	5	21	31·7193
Local apparent sidereal time:	23	29	28·4119

The calculation for local mean sidereal time is similar, but omit the step which allows for the equation of the equinoxes.

2. *Conversion of local sidereal time to universal time*

To find the universal time at $23^h\ 29^m\ 28^s\!.4119$ local apparent sidereal time on 1996 July 8 in longitude $80°\ 22'\ 55\!.''79$ west.

	h	m	s
Local apparent sidereal time:	23	29	28·4119
Add west longitude (subtract east longitude)	5	21	31·7193
Greenwich apparent sidereal time:	4	51	00·1312
Subtract equation of equinoxes, interpolated using second-order differences to approximate UT $= 0^d\!41$			+0·2698
Greenwich mean sidereal time:	4	50	59·8614
Subtract Greenwich mean sidereal time at 0^h UT	19	04	53·8429
Mean sidereal time interval from 0^h UT:	9	46	06·0185
Equivalent UT interval (multiply mean sidereal time interval by 0·997 269 5663)	9	44	30·0000

The conversion of mean sidereal time to universal time is carried out by a similar procedure; omit the step which allows for the equation of the equinoxes.

Date 0ʰ UT		Julian Date	G. SIDEREAL TIME (GHA of the Equinox)		Equation of Equinoxes at 0ʰ UT	GSD at 0ʰ GMST	UT at 0ʰ GMST (Greenwich Transit of the Mean Equinox)			
			Apparent	Mean						
		245	h m s	s	s	**245**		h m s		
Jan.	0	**0082·5**	6 35 48·7519	48·3230	+0·4289	**6792·0**	Jan.	0	17 21	20·6108
	1	**0083·5**	6 39 45·3085	44·8784	·4301	**6793·0**		1	17 17	24·7013
	2	**0084·5**	6 43 41·8669	41·4337	·4332	**6794·0**		2	17 13	28·7918
	3	**0085·5**	6 47 38·4268	37·9891	·4377	**6795·0**		3	17 09	32·8824
	4	**0086·5**	6 51 34·9876	34·5445	·4431	**6796·0**		4	17 05	36·9729
	5	**0087·5**	6 55 31·5486	31·0998	+0·4487	**6797·0**		5	17 01	41·0634
	6	**0088·5**	6 59 28·1090	27·6552	·4538	**6798·0**		6	16 57	45·1539
	7	**0089·5**	7 03 24·6683	24·2106	·4578	**6799·0**		7	16 53	49·2445
	8	**0090·5**	7 07 21·2260	20·7659	·4600	**6800·0**		8	16 49	53·3350
	9	**0091·5**	7 11 17·7817	17·3213	·4604	**6801·0**		9	16 45	57·4255
	10	**0092·5**	7 15 14·3356	13·8767	+0·4590	**6802·0**		10	16 42	01·5161
	11	**0093·5**	7 19 10·8880	10·4320	·4560	**6803·0**		11	16 38	05·6066
	12	**0094·5**	7 23 07·4396	06·9874	·4521	**6804·0**		12	16 34	09·6971
	13	**0095·5**	7 27 03·9911	03·5428	·4483	**6805·0**		13	16 30	13·7877
	14	**0096·5**	7 31 00·5437	00·0981	·4456	**6806·0**		14	16 26	17·8782
	15	**0097·5**	7 34 57·0983	56·6535	+0·4448	**6807·0**		15	16 22	21·9687
	16	**0098·5**	7 38 53·6558	53·2089	·4469	**6808·0**		16	16 18	26·0593
	17	**0099·5**	7 42 50·2163	49·7642	·4521	**6809·0**		17	16 14	30·1498
	18	**0100·5**	7 46 46·7793	46·3196	·4597	**6810·0**		18	16 10	34·2403
	19	**0101·5**	7 50 43·3433	42·8750	·4683	**6811·0**		19	16 06	38·3308
	20	**0102·5**	7 54 39·9064	39·4303	+0·4761	**6812·0**		20	16 02	42·4214
	21	**0103·5**	7 58 36·4668	35·9857	·4811	**6813·0**		21	15 58	46·5119
	22	**0104·5**	8 02 33·0235	32·5411	·4825	**6814·0**		22	15 54	50·6024
	23	**0105·5**	8 06 29·5769	29·0964	·4804	**6815·0**		23	15 50	54·6930
	24	**0106·5**	8 10 26·1279	25·6518	·4761	**6816·0**		24	15 46	58·7835
	25	**0107·5**	8 14 22·6782	22·2072	+0·4710	**6817·0**		25	15 43	02·8740
	26	**0108·5**	8 18 19·2291	18·7626	·4665	**6818·0**		26	15 39	06·9646
	27	**0109·5**	8 22 15·7814	15·3179	·4635	**6819·0**		27	15 35	11·0551
	28	**0110·5**	8 26 12·3355	11·8733	·4622	**6820·0**		28	15 31	15·1456
	29	**0111·5**	8 30 08·8915	08·4287	·4628	**6821·0**		29	15 27	19·2362
	30	**0112·5**	8 34 05·4489	04·9840	+0·4649	**6822·0**		30	15 23	23·3267
	31	**0113·5**	8 38 02·0074	01·5394	·4680	**6823·0**		31	15 19	27·4172
Feb.	1	**0114·5**	8 41 58·5662	58·0948	·4714	**6824·0**	Feb.	1	15 15	31·5078
	2	**0115·5**	8 45 55·1245	54·6501	·4744	**6825·0**		2	15 11	35·5983
	3	**0116·5**	8 49 51·6819	51·2055	·4764	**6826·0**		3	15 07	39·6888
	4	**0117·5**	8 53 48·2376	47·7609	+0·4768	**6827·0**		4	15 03	43·7793
	5	**0118·5**	8 57 44·7915	44·3162	·4753	**6828·0**		5	14 59	47·8699
	6	**0119·5**	9 01 41·3434	40·8716	·4718	**6829·0**		6	14 55	51·9604
	7	**0120·5**	9 05 37·8936	37·4270	·4667	**6830·0**		7	14 51	56·0509
	8	**0121·5**	9 09 34·4428	33·9823	·4605	**6831·0**		8	14 48	00·1415
	9	**0122·5**	9 13 30·9917	30·5377	+0·4540	**6832·0**		9	14 44	04·2320
	10	**0123·5**	9 17 27·5413	27·0931	·4482	**6833·0**		10	14 40	08·3225
	11	**0124·5**	9 21 24·0926	23·6484	·4441	**6834·0**		11	14 36	12·4131
	12	**0125·5**	9 25 20·6463	20·2038	·4425	**6835·0**		12	14 32	16·5036
	13	**0126·5**	9 29 17·2027	16·7592	·4435	**6836·0**		13	14 28	20·5941
	14	**0127·5**	9 33 13·7616	13·3145	+0·4471	**6837·0**		14	14 24	24·6847
	15	**0128·5**	9 37 10·3220	09·8699	+0·4521	**6838·0**		15	14 20	28·7752

Date 0ʰ UT	Julian Date	G. SIDEREAL TIME (GHA of the Equinox) Apparent	Mean	Equation of Equinoxes at 0ʰ UT	GSD at 0ʰ GMST	UT at 0ʰ GMST (Greenwich Transit of the Mean Equinox)
	245	h m s	s	s	**245**	h m s
Feb. 15	**0128·5**	9 37 10·3220	09·8699	+0·4521	**6838·0**	Feb. 15 14 20 28·7752
16	**0129·5**	9 41 06·8823	06·4253	·4571	**6839·0**	16 14 16 32·8657
17	**0130·5**	9 45 03·4409	02·9806	·4603	**6840·0**	17 14 12 36·9562
18	**0131·5**	9 48 59·9965	59·5360	·4605	**6841·0**	18 14 08 41·0468
19	**0132·5**	9 52 56·5486	56·0914	·4572	**6842·0**	19 14 04 45·1373
20	**0133·5**	9 56 53·0978	52·6467	+0·4510	**6843·0**	20 14 00 49·2278
21	**0134·5**	10 00 49·6455	49·2021	·4434	**6844·0**	21 13 56 53·3184
22	**0135·5**	10 04 46·1933	45·7575	·4358	**6845·0**	22 13 52 57·4089
23	**0136·5**	10 08 42·7422	42·3128	·4294	**6846·0**	23 13 49 01·4994
24	**0137·5**	10 12 39·2931	38·8682	·4249	**6847·0**	24 13 45 05·5900
25	**0138·5**	10 16 35·8459	35·4236	+0·4223	**6848·0**	25 13 41 09·6805
26	**0139·5**	10 20 32·4005	31·9790	·4215	**6849·0**	26 13 37 13·7710
27	**0140·5**	10 24 28·9562	28·5343	·4219	**6850·0**	27 13 33 17·8616
28	**0141·5**	10 28 25·5124	25·0897	·4227	**6851·0**	28 13 29 21·9521
29	**0142·5**	10 32 22·0684	21·6451	·4234	**6852·0**	29 13 25 26·0426
Mar. 1	**0143·5**	10 36 18·6236	18·2004	+0·4232	**6853·0**	Mar. 1 13 21 30·1332
2	**0144·5**	10 40 15·1774	14·7558	·4216	**6854·0**	2 13 17 34·2237
3	**0145·5**	10 44 11·7295	11·3112	·4183	**6855·0**	3 13 13 38·3142
4	**0146·5**	10 48 08·2796	07·8665	·4131	**6856·0**	4 13 09 42·4047
5	**0147·5**	10 52 04·8280	04·4219	·4061	**6857·0**	5 13 05 46·4953
6	**0148·5**	10 56 01·3751	00·9773	+0·3979	**6858·0**	6 13 01 50·5858
7	**0149·5**	10 59 57·9218	57·5326	·3892	**6859·0**	7 12 57 54·6763
8	**0150·5**	11 03 54·4690	54·0880	·3810	**6860·0**	8 12 53 58·7669
9	**0151·5**	11 07 51·0177	50·6434	·3744	**6861·0**	9 12 50 02·8574
10	**0152·5**	11 11 47·5688	47·1987	·3701	**6862·0**	10 12 46 06·9479
11	**0153·5**	11 15 44·1225	43·7541	+0·3684	**6863·0**	11 12 42 11·0385
12	**0154·5**	11 19 40·6787	40·3095	·3692	**6864·0**	12 12 38 15·1290
13	**0155·5**	11 23 37·2365	36·8648	·3717	**6865·0**	13 12 34 19·2195
14	**0156·5**	11 27 33·7947	33·4202	·3745	**6866·0**	14 12 30 23·3101
15	**0157·5**	11 31 30·3517	29·9756	·3762	**6867·0**	15 12 26 27·4006
16	**0158·5**	11 35 26·9064	26·5309	+0·3755	**6868·0**	16 12 22 31·4911
17	**0159·5**	11 39 23·4580	23·0863	·3717	**6869·0**	17 12 18 35·5816
18	**0160·5**	11 43 20·0068	19·6417	·3651	**6870·0**	18 12 14 39·6722
19	**0161·5**	11 47 16·5536	16·1970	·3565	**6871·0**	19 12 10 43·7627
20	**0162·5**	11 51 13·0999	12·7524	·3474	**6872·0**	20 12 06 47·8532
21	**0163·5**	11 55 09·6470	09·3078	+0·3392	**6873·0**	21 12 02 51·9438
22	**0164·5**	11 59 06·1959	05·8631	·3327	**6874·0**	22 11 58 56·0343
23	**0165·5**	12 03 02·7470	02·4185	·3285	**6875·0**	23 11 55 00·1248
24	**0166·5**	12 06 59·3001	58·9739	·3262	**6876·0**	24 11 51 04·2154
25	**0167·5**	12 10 55·8547	55·5292	·3255	**6877·0**	25 11 47 08·3059
26	**0168·5**	12 14 52·4102	52·0846	+0·3256	**6878·0**	26 11 43 12·3964
27	**0169·5**	12 18 48·9658	48·6400	·3258	**6879·0**	27 11 39 16·4870
28	**0170·5**	12 22 45·5207	45·1954	·3254	**6880·0**	28 11 35 20·5775
29	**0171·5**	12 26 42·0745	41·7507	·3238	**6881·0**	29 11 31 24·6680
30	**0172·5**	12 30 38·6268	38·3061	·3207	**6882·0**	30 11 27 28·7586
31	**0173·5**	12 34 35·1772	34·8615	+0·3157	**6883·0**	31 11 23 32·8491
Apr. 1	**0174·5**	12 38 31·7259	31·4168	+0·3091	**6884·0**	Apr. 1 11 19 36·9396

Date 0ʰ UT	Julian Date	G. SIDEREAL TIME (GHA of the Equinox) Apparent	Mean	Equation of Equinoxes at 0ʰ UT	GSD at 0ʰ GMST	UT at 0ʰ GMST (Greenwich Transit of the Mean Equinox)		
	245	h m s	s	s	245		h m s	
Apr. 1	0174·5	12 38 31·7259	31·4168	+0·3091	6884·0	Apr. 1	11 19 36·9396	
2	0175·5	12 42 28·2732	27·9722	·3010	6885·0	2	11 15 41·0301	
3	0176·5	12 46 24·8199	24·5276	·2923	6886·0	3	11 11 45·1207	
4	0177·5	12 50 21·3668	21·0829	·2839	6887·0	4	11 07 49·2112	
5	0178·5	12 54 17·9151	17·6383	·2768	6888·0	5	11 03 53·3017	
6	0179·5	12 58 14·4658	14·1937	+0·2721	6889·0	6	10 59 57·3923	
7	0180·5	13 02 11·0192	10·7490	·2702	6890·0	7	10 56 01·4828	
8	0181·5	13 06 07·5754	07·3044	·2710	6891·0	8	10 52 05·5733	
9	0182·5	13 10 04·1335	03·8598	·2737	6892·0	9	10 48 09·6639	
10	0183·5	13 14 00·6922	00·4151	·2771	6893·0	10	10 44 13·7544	
11	0184·5	13 17 57·2501	56·9705	+0·2796	6894·0	11	10 40 17·8449	
12	0185·5	13 21 53·8059	53·5259	·2800	6895·0	12	10 36 21·9355	
13	0186·5	13 25 50·3589	50·0812	·2777	6896·0	13	10 32 26·0260	
14	0187·5	13 29 46·9092	46·6366	·2726	6897·0	14	10 28 30·1165	
15	0188·5	13 33 43·4574	43·1920	·2654	6898·0	15	10 24 34·2070	
16	0189·5	13 37 40·0048	39·7473	+0·2574	6899·0	16	10 20 38·2976	
17	0190·5	13 41 36·5526	36·3027	·2499	6900·0	17	10 16 42·3881	
18	0191·5	13 45 33·1019	32·8581	·2438	6901·0	18	10 12 46·4786	
19	0192·5	13 49 29·6534	29·4134	·2399	6902·0	19	10 08 50·5692	
20	0193·5	13 53 26·2071	25·9688	·2383	6903·0	20	10 04 54·6597	
21	0194·5	13 57 22·7627	22·5242	+0·2385	6904·0	21	10 00 58·7502	
22	0195·5	14 01 19·3195	19·0795	·2399	6905·0	22	9 57 02·8408	
23	0196·5	14 05 15·8767	15·6349	·2418	6906·0	23	9 53 06·9313	
24	0197·5	14 09 12·4336	12·1903	·2433	6907·0	24	9 49 11·0218	
25	0198·5	14 13 08·9895	08·7456	·2439	6908·0	25	9 45 15·1124	
26	0199·5	14 17 05·5440	05·3010	+0·2430	6909·0	26	9 41 19·2029	
27	0200·5	14 21 02·0968	01·8564	·2404	6910·0	27	9 37 23·2934	
28	0201·5	14 24 58·6479	58·4118	·2361	6911·0	28	9 33 27·3840	
29	0202·5	14 28 55·1975	54·9671	·2304	6912·0	29	9 29 31·4745	
30	0203·5	14 32 51·7463	51·5225	·2238	6913·0	30	9 25 35·5650	
May 1	0204·5	14 36 48·2949	48·0779	+0·2171	6914·0	May 1	9 21 39·6555	
2	0205·5	14 40 44·8446	44·6332	·2114	6915·0	2	9 17 43·7461	
3	0206·5	14 44 41·3964	41·1886	·2078	6916·0	3	9 13 47·8366	
4	0207·5	14 48 37·9511	37·7440	·2072	6917·0	4	9 09 51·9271	
5	0208·5	14 52 34·5089	34·2993	·2096	6918·0	5	9 05 56·0177	
6	0209·5	14 56 31·0691	30·8547	+0·2144	6919·0	6	9 02 00·1082	
7	0210·5	15 00 27·6304	27·4101	·2203	6920·0	7	8 58 04·1987	
8	0211·5	15 04 24·1912	23·9654	·2257	6921·0	8	8 54 08·2893	
9	0212·5	15 08 20·7500	20·5208	·2292	6922·0	9	8 50 12·3798	
10	0213·5	15 12 17·3060	17·0762	·2299	6923·0	10	8 46 16·4703	
11	0214·5	15 16 13·8592	13·6315	+0·2276	6924·0	11	8 42 20·5609	
12	0215·5	15 20 10·4101	10·1869	·2232	6925·0	12	8 38 24·6514	
13	0216·5	15 24 06·9598	06·7423	·2175	6926·0	13	8 34 28·7419	
14	0217·5	15 28 03·5097	03·2976	·2121	6927·0	14	8 30 32·8324	
15	0218·5	15 31 60·0608	59·8530	·2078	6928·0	15	8 26 36·9230	
16	0219·5	15 35 56·6139	56·4084	+0·2055	6929·0	16	8 22 41·0135	
17	0220·5	15 39 53·1692	52·9637	+0·2054	6930·0	17	8 18 45·1040	

Date 0ʰ UT		Julian Date	G. SIDEREAL TIME (GHA of the Equinox)		Equation of Equinoxes at 0ʰ UT	GSD at 0ʰ GMST	UT at 0ʰ GMST (Greenwich Transit of the Mean Equinox)		
			Apparent	Mean					
		245	h m s	s	s	245		h m s	
May	17	0220·5	15 39 53·1692	52·9637	+0·2054	6930·0	May 17	8 18 45·1040	
	18	0221·5	15 43 49·7265	49·5191	·2074	6931·0	18	8 14 49·1946	
	19	0222·5	15 47 46·2853	46·0745	·2108	6932·0	19	8 10 53·2851	
	20	0223·5	15 51 42·8448	42·6298	·2150	6933·0	20	8 06 57·3756	
	21	0224·5	15 55 39·4042	39·1852	·2190	6934·0	21	8 03 01·4662	
	22	0225·5	15 59 35·9629	35·7406	+0·2223	6935·0	22	7 59 05·5567	
	23	0226·5	16 03 32·5202	32·2959	·2243	6936·0	23	7 55 09·6472	
	24	0227·5	16 07 29·0759	28·8513	·2246	6937·0	24	7 51 13·7378	
	25	0228·5	16 11 25·6298	25·4067	·2232	6938·0	25	7 47 17·8283	
	26	0229·5	16 15 22·1822	21·9620	·2201	6939·0	26	7 43 21·9188	
	27	0230·5	16 19 18·7334	18·5174	+0·2160	6940·0	27	7 39 26·0093	
	28	0231·5	16 23 15·2842	15·0728	·2115	6941·0	28	7 35 30·0999	
	29	0232·5	16 27 11·8356	11·6281	·2075	6942·0	29	7 31 34·1904	
	30	0233·5	16 31 08·3886	08·1835	·2051	6943·0	30	7 27 38·2809	
	31	0234·5	16 35 04·9442	04·7389	·2053	6944·0	31	7 23 42·3715	
June	1	0235·5	16 39 01·5029	01·2943	+0·2086	6945·0	June 1	7 19 46·4620	
	2	0236·5	16 42 58·0646	57·8496	·2150	6946·0	2	7 15 50·5525	
	3	0237·5	16 46 54·6281	54·4050	·2231	6947·0	3	7 11 54·6431	
	4	0238·5	16 50 51·1918	50·9604	·2315	6948·0	4	7 07 58·7336	
	5	0239·5	16 54 47·7539	47·5157	·2381	6949·0	5	7 04 02·8241	
	6	0240·5	16 58 44·3130	44·0711	+0·2419	6950·0	6	7 00 06·9147	
	7	0241·5	17 02 40·8689	40·6265	·2425	6951·0	7	6 56 11·0052	
	8	0242·5	17 06 37·4222	37·1818	·2403	6952·0	8	6 52 15·0957	
	9	0243·5	17 10 33·9738	33·7372	·2366	6953·0	9	6 48 19·1863	
	10	0244·5	17 14 30·5253	30·2926	·2327	6954·0	10	6 44 23·2768	
	11	0245·5	17 18 27·0776	26·8479	+0·2297	6955·0	11	6 40 27·3673	
	12	0246·5	17 22 23·6317	23·4033	·2284	6956·0	12	6 36 31·4578	
	13	0247·5	17 26 20·1879	19·9587	·2292	6957·0	13	6 32 35·5484	
	14	0248·5	17 30 16·7461	16·5140	·2320	6958·0	14	6 28 39·6389	
	15	0249·5	17 34 13·3058	13·0694	·2364	6959·0	15	6 24 43·7294	
	16	0250·5	17 38 09·8665	09·6248	+0·2417	6960·0	16	6 20 47·8200	
	17	0251·5	17 42 06·4273	06·1801	·2471	6961·0	17	6 16 51·9105	
	18	0252·5	17 46 02·9874	02·7355	·2519	6962·0	18	6 12 56·0010	
	19	0253·5	17 49 59·5463	59·2909	·2554	6963·0	19	6 09 00·0916	
	20	0254·5	17 53 56·1036	55·8462	·2574	6964·0	20	6 05 04·1821	
	21	0255·5	17 57 52·6591	52·4016	+0·2575	6965·0	21	6 01 08·2726	
	22	0256·5	18 01 49·2128	48·9570	·2558	6966·0	22	5 57 12·3632	
	23	0257·5	18 05 45·7652	45·5123	·2529	6967·0	23	5 53 16·4537	
	24	0258·5	18 09 42·3169	42·0677	·2492	6968·0	24	5 49 20·5442	
	25	0259·5	18 13 38·8687	38·6231	·2456	6969·0	25	5 45 24·6347	
	26	0260·5	18 17 35·4215	35·1784	+0·2431	6970·0	26	5 41 28·7253	
	27	0261·5	18 21 31·9765	31·7338	·2427	6971·0	27	5 37 32·8158	
	28	0262·5	18 25 28·5342	28·2892	·2450	6972·0	28	5 33 36·9063	
	29	0263·5	18 29 25·0950	24·8445	·2505	6973·0	29	5 29 40·9969	
	30	0264·5	18 33 21·6583	21·3999	·2584	6974·0	30	5 25 45·0874	
July	1	0265·5	18 37 18·2227	17·9553	+0·2674	6975·0	July 1	5 21 49·1779	
	2	0266·5	18 41 14·7862	14·5107	+0·2755	6976·0	2	5 17 53·2685	

Date 0ʰ UT	Julian Date	G. SIDEREAL TIME (GHA of the Equinox)		Equation of Equinoxes at 0ʰ UT	GSD at 0ʰ GMST	UT at 0ʰ GMST (Greenwich Transit of the Mean Equinox)		
		Apparent	Mean					
	245	h m s	s	s	**245**		h m s	
July 2	**0266·5**	18 41 14·7862	14·5107	+0·2755	**6976·0**	July 2	5 17 53·2685	
3	**0267·5**	18 45 11·3471	11·0660	·2811	**6977·0**	3	5 13 57·3590	
4	**0268·5**	18 49 07·9046	07·6214	·2832	**6978·0**	4	5 10 01·4495	
5	**0269·5**	18 53 04·4587	04·1768	·2820	**6979·0**	5	5 06 05·5401	
6	**0270·5**	18 57 01·0107	00·7321	·2786	**6980·0**	6	5 02 09·6306	
7	**0271·5**	19 00 57·5619	57·2875	+0·2744	**6981·0**	7	4 58 13·7211	
8	**0272·5**	19 04 54·1137	53·8429	·2709	**6982·0**	8	4 54 17·8117	
9	**0273·5**	19 08 50·6670	50·3982	·2688	**6983·0**	9	4 50 21·9022	
10	**0274·5**	19 12 47·2223	46·9536	·2687	**6984·0**	10	4 46 25·9927	
11	**0275·5**	19 16 43·7795	43·5090	·2705	**6985·0**	11	4 42 30·0832	
12	**0276·5**	19 20 40·3384	40·0643	+0·2740	**6986·0**	12	4 38 34·1738	
13	**0277·5**	19 24 36·8982	36·6197	·2785	**6987·0**	13	4 34 38·2643	
14	**0278·5**	19 28 33·4583	33·1751	·2832	**6988·0**	14	4 30 42·3548	
15	**0279·5**	19 32 30·0179	29·7304	·2874	**6989·0**	15	4 26 46·4454	
16	**0280·5**	19 36 26·5763	26·2858	·2905	**6990·0**	16	4 22 50·5359	
17	**0281·5**	19 40 23·1331	22·8412	+0·2920	**6991·0**	17	4 18 54·6264	
18	**0282·5**	19 44 19·6881	19·3965	·2916	**6992·0**	18	4 14 58·7170	
19	**0283·5**	19 48 16·2413	15·9519	·2894	**6993·0**	19	4 11 02·8075	
20	**0284·5**	19 52 12·7929	12·5073	·2857	**6994·0**	20	4 07 06·8980	
21	**0285·5**	19 56 09·3436	09·0626	·2809	**6995·0**	21	4 03 10·9886	
22	**0286·5**	20 00 05·8940	05·6180	+0·2760	**6996·0**	22	3 59 15·0791	
23	**0287·5**	20 04 02·4451	02·1734	·2717	**6997·0**	23	3 55 19·1696	
24	**0288·5**	20 07 58·9978	58·7287	·2690	**6998·0**	24	3 51 23·2601	
25	**0289·5**	20 11 55·5528	55·2841	·2687	**6999·0**	25	3 47 27·3507	
26	**0290·5**	20 15 52·1106	51·8395	·2712	**7000·0**	26	3 43 31·4412	
27	**0291·5**	20 19 48·6711	48·3948	+0·2762	**7001·0**	27	3 39 35·5317	
28	**0292·5**	20 23 45·2332	44·9502	·2830	**7002·0**	28	3 35 39·6223	
29	**0293·5**	20 27 41·7955	41·5056	·2900	**7003·0**	29	3 31 43·7128	
30	**0294·5**	20 31 38·3562	38·0609	·2952	**7004·0**	30	3 27 47·8033	
31	**0295·5**	20 35 34·9136	34·6163	·2973	**7005·0**	31	3 23 51·8939	
Aug. 1	**0296·5**	20 39 31·4675	31·1717	+0·2958	**7006·0**	Aug. 1	3 19 55·9844	
2	**0297·5**	20 43 28·0184	27·7271	·2913	**7007·0**	2	3 16 00·0749	
3	**0298·5**	20 47 24·5678	24·2824	·2854	**7008·0**	3	3 12 04·1655	
4	**0299·5**	20 51 21·1173	20·8378	·2796	**7009·0**	4	3 08 08·2560	
5	**0300·5**	20 55 17·6682	17·3932	·2750	**7010·0**	5	3 04 12·3465	
6	**0301·5**	20 59 14·2210	13·9485	+0·2724	**7011·0**	6	3 00 16·4371	
7	**0302·5**	21 03 10·7757	10·5039	·2718	**7012·0**	7	2 56 20·5276	
8	**0303·5**	21 07 07·3322	07·0593	·2729	**7013·0**	8	2 52 24·6181	
9	**0304·5**	21 11 03·8897	03·6146	·2751	**7014·0**	9	2 48 28·7086	
10	**0305·5**	21 15 00·4477	00·1700	·2777	**7015·0**	10	2 44 32·7992	
11	**0306·5**	21 18 57·0053	56·7254	+0·2799	**7016·0**	11	2 40 36·8897	
12	**0307·5**	21 22 53·5619	53·2807	·2811	**7017·0**	12	2 36 40·9802	
13	**0308·5**	21 26 50·1169	49·8361	·2808	**7018·0**	13	2 32 45·0708	
14	**0309·5**	21 30 46·6701	46·3915	·2787	**7019·0**	14	2 28 49·1613	
15	**0310·5**	21 34 43·2215	42·9468	·2747	**7020·0**	15	2 24 53·2518	
16	**0311·5**	21 38 39·7712	39·5022	+0·2690	**7021·0**	16	2 20 57·3424	
17	**0312·5**	21 42 36·3198	36·0576	+0·2622	**7022·0**	17	2 17 01·4329	

Date 0ʰ UT	Julian Date	G. SIDEREAL TIME (GHA of the Equinox)		Equation of Equinoxes at 0ʰ UT	GSD at 0ʰ GMST	UT at 0ʰ GMST (Greenwich Transit of the Mean Equinox)	
		Apparent	Mean				
	245	h m s	s	s	**245**		h m s
Aug. 17	**0312·5**	21 42 36·3198	36·0576	+0·2622	**7022·0**	Aug. 17	2 17 01·4329
18	**0313·5**	21 46 32·8679	32·6129	·2550	**7023·0**	18	2 13 05·5234
19	**0314·5**	21 50 29·4165	29·1683	·2482	**7024·0**	19	2 09 09·6140
20	**0315·5**	21 54 25·9663	25·7237	·2426	**7025·0**	20	2 05 13·7045
21	**0316·5**	21 58 22·5182	22·2790	·2391	**7026·0**	21	2 01 17·7950
22	**0317·5**	22 02 19·0725	18·8344	+0·2381	**7027·0**	22	1 57 21·8855
23	**0318·5**	22 06 15·6293	15·3898	·2396	**7028·0**	23	1 53 25·9761
24	**0319·5**	22 10 12·1881	11·9451	·2430	**7029·0**	24	1 49 30·0666
25	**0320·5**	22 14 08·7477	08·5005	·2471	**7030·0**	25	1 45 34·1571
26	**0321·5**	22 18 05·3064	05·0559	·2505	**7031·0**	26	1 41 38·2477
27	**0322·5**	22 22 01·8628	01·6112	+0·2516	**7032·0**	27	1 37 42·3382
28	**0323·5**	22 25 58·4159	58·1666	·2493	**7033·0**	28	1 33 46·4287
29	**0324·5**	22 29 54·9658	54·7220	·2438	**7034·0**	29	1 29 50·5193
30	**0325·5**	22 33 51·5134	51·2773	·2361	**7035·0**	30	1 25 54·6098
31	**0326·5**	22 37 48·0605	47·8327	·2278	**7036·0**	31	1 21 58·7003
Sept. 1	**0327·5**	22 41 44·6085	44·3881	+0·2204	**7037·0**	Sept. 1	1 18 02·7909
2	**0328·5**	22 45 41·1585	40·9435	·2150	**7038·0**	2	1 14 06·8814
3	**0329·5**	22 49 37·7106	37·4988	·2118	**7039·0**	3	1 10 10·9719
4	**0330·5**	22 53 34·2647	34·0542	·2105	**7040·0**	4	1 06 15·0625
5	**0331·5**	22 57 30·8201	30·6096	·2105	**7041·0**	5	1 02 19·1530
6	**0332·5**	23 01 27·3760	27·1649	+0·2111	**7042·0**	6	0 58 23·2435
7	**0333·5**	23 05 23·9319	23·7203	·2116	**7043·0**	7	0 54 27·3340
8	**0334·5**	23 09 20·4869	20·2757	·2112	**7044·0**	8	0 50 31·4246
9	**0335·5**	23 13 17·0405	16·8310	·2094	**7045·0**	9	0 46 35·5151
10	**0336·5**	23 17 13·5924	13·3864	·2060	**7046·0**	10	0 42 39·6056
11	**0337·5**	23 21 10·1424	09·9418	+0·2007	**7047·0**	11	0 38 43·6962
12	**0338·5**	23 25 06·6908	06·4971	·1937	**7048·0**	12	0 34 47·7867
13	**0339·5**	23 29 03·2379	03·0525	·1854	**7049·0**	13	0 30 51·8772
14	**0340·5**	23 32 59·7844	59·6079	·1766	**7050·0**	14	0 26 55·9678
15	**0341·5**	23 36 56·3312	56·1632	·1680	**7051·0**	15	0 23 00·0583
16	**0342·5**	23 40 52·8791	52·7186	+0·1605	**7052·0**	16	0 19 04·1488
17	**0343·5**	23 44 49·4289	49·2740	·1550	**7053·0**	17	0 15 08·2394
18	**0344·5**	23 48 45·9811	45·8293	·1518	**7054·0**	18	0 11 12·3299
19	**0345·5**	23 52 42·5358	42·3847	·1511	**7055·0**	19	0 07 16·4204
20	**0346·5**	23 56 39·0925	38·9401	+0·1524	**7056·0**	20	0 03 20·5109
					7057·0	20	23 59 24·6015
21	**0347·5**	0 00 35·6502	35·4954	+0·1548	**7058·0**	21	23 55 28·6920
22	**0348·5**	0 04 32·2077	32·0508	·1568	**7059·0**	22	23 5̇1 32·7825
23	**0349·5**	0 08 28·7634	28·6062	·1573	**7060·0**	23	23 47 36·8731
24	**0350·5**	0 12 25·3165	25·1615	·1550	**7061·0**	24	23 43 40·9636
25	**0351·5**	0 16 21·8665	21·7169	+0·1496	**7062·0**	25	23 39 45·0541
26	**0352·5**	0 20 18·4141	18·2723	·1418	**7063·0**	26	23 35 49·1447
27	**0353·5**	0 24 14·9604	14·8276	·1327	**7064·0**	27	23 31 53·2352
28	**0354·5**	0 28 11·5071	11·3830	·1241	**7065·0**	28	23 27 57·3257
29	**0355·5**	0 32 08·0555	07·9384	·1171	**7066·0**	29	23 24 01·4163
30	**0356·5**	0 36 04·6063	04·4937	+0·1125	**7067·0**	30	23 20 05·5068
Oct. 1	**0357·5**	0 40 01·1594	01·0491	+0·1102	**7068·0**	Oct. 1	23 16 09·5973

Date 0ʰ UT		Julian Date	G. SIDEREAL TIME (GHA of the Equinox)		Equation of Equinoxes at 0ʰ UT	GSD at 0ʰ GMST	UT at 0ʰ GMST (Greenwich Transit of the Mean Equinox)			
			Apparent	Mean						
		245	h m s	s	s	245			h m s	
Oct.	1	0357·5	0 40 01·1594	01·0491	+0·1102	7068·0	Oct.	1	23 16 09·5973	
	2	0358·5	0 43 57·7142	57·6045	·1097	7069·0		2	23 12 13·6878	
	3	0359·5	0 47 54·2700	54·1599	·1101	7070·0		3	23 08 17·7784	
	4	0360·5	0 51 50·8259	50·7152	·1106	7071·0		4	23 04 21·8689	
	5	0361·5	0 55 47·3811	47·2706	·1106	7072·0		5	23 00 25·9594	
	6	0362·5	0 59 43·9352	43·8260	+0·1093	7073·0		6	22 56 30·0500	
	7	0363·5	1 03 40·4877	40·3813	·1064	7074·0		7	22 52 34·1405	
	8	0364·5	1 07 37·0384	36·9367	·1017	7075·0		8	22 48 38·2310	
	9	0365·5	1 11 33·5875	33·4921	·0954	7076·0		9	22 44 42·3216	
	10	0366·5	1 15 30·1352	30·0474	·0878	7077·0		10	22 40 46·4121	
	11	0367·5	1 19 26·6822	26·6028	+0·0794	7078·0		11	22 36 50·5026	
	12	0368·5	1 23 23·2293	23·1582	·0711	7079·0		12	22 32 54·5932	
	13	0369·5	1 27 19·7773	19·7135	·0638	7080·0		13	22 28 58·6837	
	14	0370·5	1 31 16·3272	16·2689	·0583	7081·0		14	22 25 02·7742	
	15	0371·5	1 35 12·8796	12·8243	·0554	7082·0		15	22 21 06·8648	
	16	0372·5	1 39 09·4346	09·3796	+0·0550	7083·0		16	22 17 10·9553	
	17	0373·5	1 43 05·9918	05·9350	·0568	7084·0		17	22 13 15·0458	
	18	0374·5	1 47 02·5503	02·4904	·0599	7085·0		18	22 09 19·1363	
	19	0375·5	1 50 59·1088	59·0457	·0630	7086·0		19	22 05 23·2269	
	20	0376·5	1 54 55·6659	55·6011	·0648	7087·0		20	22 01 27·3174	
	21	0377·5	1 58 52·2207	52·1565	+0·0643	7088·0		21	21 57 31·4079	
	22	0378·5	2 02 48·7727	48·7118	·0609	7089·0		22	21 53 35·4985	
	23	0379·5	2 06 45·3223	45·2672	·0550	7090·0		23	21 49 39·5890	
	24	0380·5	2 10 41·8703	41·8226	·0477	7091·0		24	21 45 43·6795	
	25	0381·5	2 14 38·4182	38·3779	·0402	7092·0		25	21 41 47·7701	
	26	0382·5	2 18 34·9674	34·9333	+0·0340	7093·0		26	21 37 51·8606	
	27	0383·5	2 22 31·5187	31·4887	·0301	7094·0		27	21 33 55·9511	
	28	0384·5	2 26 28·0726	28·0440	·0286	7095·0		28	21 30 00·0417	
	29	0385·5	2 30 24·6287	24·5994	·0293	7096·0		29	21 26 04·1322	
	30	0386·5	2 34 21·1863	21·1548	·0315	7097·0		30	21 22 08·2227	
	31	0387·5	2 38 17·7443	17·7101	+0·0342	7098·0		31	21 18 12·3132	
Nov.	1	0388·5	2 42 14·3021	14·2655	·0365	7099·0	Nov.	1	21 14 16·4038	
	2	0389·5	2 46 10·8588	10·8209	·0379	7100·0		2	21 10 20·4943	
	3	0390·5	2 50 07·4140	07·3763	·0377	7101·0		3	21 06 24·5848	
	4	0391·5	2 54 03·9675	03·9316	·0359	7102·0		4	21 02 28·6754	
	5	0392·5	2 58 00·5193	00·4870	+0·0323	7103·0		5	20 58 32·7659	
	6	0393·5	3 01 57·0697	57·0424	·0274	7104·0		6	20 54 36·8564	
	7	0394·5	3 05 53·6192	53·5977	·0215	7105·0		7	20 50 40·9470	
	8	0395·5	3 09 50·1685	50·1531	·0154	7106·0		8	20 46 45·0375	
	9	0396·5	3 13 46·7185	46·7085	·0100	7107·0		9	20 42 49·1280	
	10	0397·5	3 17 43·2701	43·2638	+0·0063	7108·0		10	20 38 53·2186	
	11	0398·5	3 21 39·8242	39·8192	·0050	7109·0		11	20 34 57·3091	
	12	0399·5	3 25 36·3811	36·3746	·0065	7110·0		12	20 31 01·3996	
	13	0400·5	3 29 32·9406	32·9299	·0107	7111·0		13	20 27 05·4902	
	14	0401·5	3 33 29·5018	29·4853	·0165	7112·0		14	20 23 09·5807	
	15	0402·5	3 37 26·0633	26·0407	+0·0227	7113·0		15	20 19 13·6712	
	16	0403·5	3 41 22·6237	22·5960	+0·0277	7114·0		16	20 15 17·7617	

Date 0ʰ UT	Julian Date	G. SIDEREAL TIME (GHA of the Equinox) Apparent	Mean	Equation of Equinoxes at 0ʰ UT	GSD at 0ʰ GMST	UT at 0ʰ GMST (Greenwich Transit of the Mean Equinox)
	245	h m s	s	s	**245**	h m s
Nov. 16	**0403·5**	3 41 22·6237	22·5960	+0·0277	**7114·0**	Nov. 16 20 15 17·7617
17	**0404·5**	3 45 19·1818	19·1514	·0304	**7115·0**	17 20 11 21·8523
18	**0405·5**	3 49 15·7371	15·7068	·0304	**7116·0**	18 20 07 25·9428
19	**0406·5**	3 53 12·2898	12·2621	·0277	**7117·0**	19 20 03 30·0333
20	**0407·5**	3 57 08·8408	08·8175	·0233	**7118·0**	20 19 59 34·1239
21	**0408·5**	4 01 05·3913	05·3729	+0·0184	**7119·0**	21 19 55 38·2144
22	**0409·5**	4 05 01·9426	01·9282	·0144	**7120·0**	22 19 51 42·3049
23	**0410·5**	4 08 58·4958	58·4836	·0122	**7121·0**	23 19 47 46·3955
24	**0411·5**	4 12 55·0514	55·0390	·0124	**7122·0**	24 19 43 50·4860
25	**0412·5**	4 16 51·6093	51·5943	·0150	**7123·0**	25 19 39 54·5765
26	**0413·5**	4 20 48·1690	48·1497	+0·0193	**7124·0**	26 19 35 58·6671
27	**0414·5**	4 24 44·7297	44·7051	·0246	**7125·0**	27 19 32 02·7576
28	**0415·5**	4 28 41·2904	41·2604	·0300	**7126·0**	28 19 28 06·8481
29	**0416·5**	4 32 37·8503	37·8158	·0345	**7127·0**	29 19 24 10·9386
30	**0417·5**	4 36 34·4087	34·3712	·0376	**7128·0**	30 19 20 15·0292
Dec. 1	**0418·5**	4 40 30·9655	30·9265	+0·0389	**7129·0**	Dec. 1 19 16 19·1197
2	**0419·5**	4 44 27·5204	27·4819	·0385	**7130·0**	2 19 12 23·2102
3	**0420·5**	4 48 24·0738	24·0373	·0365	**7131·0**	3 19 08 27·3008
4	**0421·5**	4 52 20·6260	20·5927	·0333	**7132·0**	4 19 04 31·3913
5	**0422·5**	4 56 17·1777	17·1480	·0297	**7133·0**	5 19 00 35·4818
6	**0423·5**	5 00 13·7297	13·7034	+0·0263	**7134·0**	6 18 56 39·5724
7	**0424·5**	5 04 10·2829	10·2588	·0241	**7135·0**	7 18 52 43·6629
8	**0425·5**	5 08 06·8382	06·8141	·0241	**7136·0**	8 18 48 47·7534
9	**0426·5**	5 12 03·3962	03·3695	·0267	**7137·0**	9 18 44 51·8440
10	**0427·5**	5 15 59·9571	59·9249	·0322	**7138·0**	10 18 40 55·9345
11	**0428·5**	5 19 56·5203	56·4802	+0·0401	**7139·0**	11 18 37 00·0250
12	**0429·5**	5 23 53·0844	53·0356	·0488	**7140·0**	12 18 33 04·1155
13	**0430·5**	5 27 49·6479	49·5910	·0569	**7141·0**	13 18 29 08·2061
14	**0431·5**	5 31 46·2092	46·1463	·0628	**7142·0**	14 18 25 12·2966
15	**0432·5**	5 35 42·7674	42·7017	·0657	**7143·0**	15 18 21 16·3871
16	**0433·5**	5 39 39·3226	39·2571	+0·0655	**7144·0**	16 18 17 20·4777
17	**0434·5**	5 43 35·8756	35·8124	·0631	**7145·0**	17 18 13 24·5682
18	**0435·5**	5 47 32·4277	32·3678	·0599	**7146·0**	18 18 09 28·6587
19	**0436·5**	5 51 28·9803	28·9232	·0571	**7147·0**	19 18 05 32·7493
20	**0437·5**	5 55 25·5343	25·4785	·0558	**7148·0**	20 18 01 36·8398
21	**0438·5**	5 59 22·0906	22·0339	+0·0567	**7149·0**	21 17 57 40·9303
22	**0439·5**	6 03 18·6490	18·5893	·0598	**7150·0**	22 17 53 45·0209
23	**0440·5**	6 07 15·2093	15·1446	·0647	**7151·0**	23 17 49 49·1114
24	**0441·5**	6 11 11·7708	11·7000	·0708	**7152·0**	24 17 45 53·2019
25	**0442·5**	6 15 08·3326	08·2554	·0772	**7153·0**	25 17 41 57·2925
26	**0443·5**	6 19 04·8937	04·8107	+0·0830	**7154·0**	26 17 38 01·3830
27	**0444·5**	6 23 01·4536	01·3661	·0875	**7155·0**	27 17 34 05·4735
28	**0445·5**	6 26 58·0117	57·9215	·0902	**7156·0**	28 17 30 09·5640
29	**0446·5**	6 30 54·5679	54·4768	·0911	**7157·0**	29 17 26 13·6546
30	**0447·5**	6 34 51·1224	51·0322	·0902	**7158·0**	30 17 22 17·7451
31	**0448·5**	6 38 47·6754	47·5876	+0·0878	**7159·0**	31 17 18 21·8356
32	**0449·5**	6 42 44·2276	44·1429	+0·0847	**7160·0**	32 17 14 25·9262

Purpose and arrangement

The formulae, tables and ephemerides in the remainder of this section are mainly intended to provide for the reduction of celestial coordinates (especially of right ascension and declination) from one reference system to another (especially for stars from catalogue (barycentric) place to apparent (geocentric) place) but some of the data may be used for other purposes. Formulae and numerical values are given on pages B16–B21 for the separate steps in such reductions (i.e. for proper motion, aberration, light-deflection, parallax, precession and nutation). Formulae, examples and ephemerides are given for approximate reductions using the day-number technique on pages B22–B35 and for full-precision reductions using vectors and the rotation-matrix technique on pages B36–B59. Finally, formulae and numerical values are given for the reduction from geocentric to topocentric place on pages B60 and B61. Background information is given in the Glossary and the Explanation.

Notation and units

t an epoch expressed in terms of the Julian year (see page B4); the difference between two epochs represents a time-interval expressed in Julian years; subscripts zero and one are used to indicate the epoch of a catalogue place, usually the standard epoch of J2000·0, and the epoch of the middle of a Julian year (here shortened to "epoch of year"), respectively.

τ fraction of year measured from the epoch of year; $\tau = t - t_1$.

T an interval of time expressed in Julian centuries of 36 525 days; usually measured from J2000·0, i.e. from JD 245 1545·0.

α, δ, π right ascension, declination and annual parallax; in the formulae for computation, right ascension and related quantities are expressed in time-measure ($1^h = 15°$, etc.), while declination and related quantities, including annual parallax, are expressed in sexagesimal angular measure, unless the contrary is indicated.

μ_α, μ_δ components of *centennial* proper motion in right ascension and declination.

λ, β ecliptic longitude and latitude.

Ω, i, ω orbital elements referred to the ecliptic; longitude of ascending node, inclination, argument of perihelion.

X, Y, Z rectangular coordinates of the Earth with respect to the barycentre of the solar system, referred to the mean equinox and equator of J2000·0, and expressed in astronomical units (au).

$\dot{X}, \dot{Y}, \dot{Z}$ first derivatives of X, Y, Z with respect to time expressed in days.

Approximate reduction for proper motion

In its simplest form the reduction for the proper motion is given by:
$$\alpha = \alpha_0 + (t - t_0)\mu_\alpha/100 \qquad \delta = \delta_0 + (t - t_0)\mu_\delta/100$$

In some cases it is necessary to allow also for second-order terms, radial velocity and orbital motion, but appropriate formulae are usually given in the catalogue.

Approximate reduction for annual parallax

The reduction for annual parallax from the catalogue place (α_0, δ_0) to the geocentric place (α, δ) is given by:
$$\alpha = \alpha_0 + (\pi/15 \cos \delta_0)(X \sin \alpha_0 - Y \cos \alpha_0)$$
$$\delta = \delta_0 + \pi(X \cos \alpha_0 \sin \delta_0 + Y \sin \alpha_0 \sin \delta_0 - Z \cos \delta_0)$$

where X, Y, Z are the coordinates of the Earth tabulated on pages B44 onwards. Expressions for X, Y, Z may be obtained from page C24, since $X = -x$, $Y = -y$, $Z = -z$. The correction may be applied with the correction for annual aberration using the C and D day numbers, (see page B22).

The times of reception of periodic phenomena, such as pulsar signals, may be reduced to a common origin at the barycentre by adding the light-time corresponding to the component of the Earth's position vector along the direction to the object; that is by adding to the observed times $(X \cos \alpha \cos \delta + Y \sin \alpha \cos \delta + Z \sin \delta)/c$, where the velocity of light, $c = 173·14$ au/d, and the light time for 1 au, $1/c = 0^d005\ 7755$.

Approximate reduction for annual aberration

The reduction for annual aberration from a geometric geocentric place (α_0, δ_0) to an apparent geocentric place (α, δ) is given by:

$$\alpha = \alpha_0 + (-\dot{X} \sin \alpha_0 + \dot{Y} \cos \alpha_0)/(c \cos \delta_0)$$

$$\delta = \delta_0 + (-\dot{X} \cos \alpha_0 \sin \delta_0 - \dot{Y} \sin \alpha_0 \sin \delta_0 + \dot{Z} \cos \delta_0)/c$$

where $c = 173 \cdot 14$ au/d, and $\dot{X}, \dot{Y}, \dot{Z}$ are the velocity components of the Earth given on pages B44 onwards. Alternatively, but to lower precision, it is possible to use the expressions

$$\dot{X} = +0 \cdot 0172 \sin \lambda \qquad \dot{Y} = -0 \cdot 0158 \cos \lambda \qquad \dot{Z} = -0 \cdot 0068 \cos \lambda$$

where the apparent longitude of the Sun λ is given by the expression on page C24. The reduction may also be carried out by using the day-number technique (see page B22) or the rotation-matrix technique (see page B39) when full precision is required.

Measurements of radial velocity may be reduced to a common origin at the bary-centre by adding the component of the Earth's velocity in the direction of the object; that is by adding

$$\dot{X} \cos \alpha_0 \cos \delta_0 + \dot{Y} \sin \alpha_0 \cos \delta_0 + \dot{Z} \sin \delta_0$$

Classical reduction for planetary aberration

In the case of a body in the solar system the apparent direction at the instant of observation (t) differs from the geometric direction at that instant because of (a) the motion of the body during the light-time and (b) the relative motion of the Earth and the light. The reduction may be carried out in two stages: (i) by combining the barycentric position of the body at time $t - \Delta t$, where Δt is the light-time, with the barycentric position of the Earth at time t, and then (ii) by applying the correction for annual aberration as described above. Alternatively it is possible to interpolate the geometric (geocentric) ephemeris of the body to the time $t - \Delta t$; it is usually sufficient to subtract the product of the light-time and the first derivative of the coordinate. The light-time Δt in days is given by the distance in au between the body and the Earth, multiplied by $0 \cdot 005\ 7755$; strictly, the light-time corresponds to the distance from the position of the Earth at time t to the position of the body at time $t - \Delta t$, but it is usually sufficient to use the geocentric distance at time t.

Approximate reduction for light-deflection

The apparent direction of a star or of a body in the solar system may be significantly affected by the deflection of light in the gravitational field of the Sun. The elongation (E) from the centre of the Sun is increased by an amount (ΔE) that, for a star, depends on the elongation in the following manner:

$$\Delta E = 0''004\ 07/ \tan(E/2)$$

E	$0°25$	$0°5$	$1°$	$2°$	$5°$	$10°$	$20°$	$50°$	$90°$
ΔE	$1''866$	$0''933$	$0''466$	$0''233$	$0''093$	$0''047$	$0''023$	$0''009$	$0''004$

The body disappears behind the Sun when E is less than the limiting grazing value of about $0°25$. The effects in right ascension and declination may be calculated approximately from:

$$\cos E = \sin \delta \sin \delta_0 + \cos \delta \cos \delta_0 \cos(\alpha - \alpha_0)$$

$$\Delta \alpha = 0^s 000\ 271 \cos \delta_0 \sin(\alpha - \alpha_0)/(1 - \cos E) \cos \delta$$

$$\Delta \delta = 0''004\ 07[\sin \delta \cos \delta_0 \cos(\alpha - \alpha_0) - \cos \delta \sin \delta_0]/(1 - \cos E)$$

where α, δ refer to the star, and α_0, δ_0 to the Sun. See also page B39.

Reduction for precession—rigorous formulae

Rigorous formulae for the reduction of mean equatorial positions from an initial epoch t_0 to epoch of date t, and vice versa, are as follows:

For right ascension and declination:

$$
\begin{aligned}
\sin(\alpha - z_A)\cos\delta &= \sin(\alpha_0 + \zeta_A)\cos\delta_0 \\
\cos(\alpha - z_A)\cos\delta &= \cos(\alpha_0 + \zeta_A)\cos\theta_A\cos\delta_0 - \sin\theta_A\sin\delta_0 \\
\sin\delta &= \cos(\alpha_0 + \zeta_A)\sin\theta_A\cos\delta_0 + \cos\theta_A\sin\delta_0 \\
\sin(\alpha_0 + \zeta_A)\cos\delta_0 &= \sin(\alpha - z_A)\cos\delta \\
\cos(\alpha_0 + \zeta_A)\cos\delta_0 &= \cos(\alpha - z_A)\cos\theta_A\cos\delta + \sin\theta_A\sin\delta \\
\sin\delta_0 &= -\cos(\alpha - z_A)\sin\theta_A\cos\delta + \cos\theta_A\sin\delta
\end{aligned}
$$

where ζ_A, z_A, θ_A are angles that serve to specify the position of the mean equinox and equator of date with respect to the mean equinox and equator of the initial epoch.

For reduction with respect to the standard epoch $t_0 = \text{J2000·0}$

$$
\begin{aligned}
\zeta_A &= 0°640\,6161\,T + 0°000\,0839\,T^2 + 0°000\,0050\,T^3 \\
z_A &= 0°640\,6161\,T + 0°000\,3041\,T^2 + 0°000\,0051\,T^3 \\
\theta_A &= 0°556\,7530\,T - 0°000\,1185\,T^2 - 0°000\,0116\,T^3
\end{aligned}
$$

where $T = (t - 2000·0)/100 = (\text{JD} - 245\,1545·0)/36\,525$

For equatorial rectangular coordinates (or direction cosines):

$$\mathbf{r} = \mathbf{P}\,\mathbf{r}_0 \qquad \mathbf{r}_0 = \mathbf{P}^{-1}\,\mathbf{r} = \mathbf{P}'\mathbf{r} \qquad \text{where } \mathbf{r} \text{ is the position vector } (x, y, z).$$

The inverse of the rotation matrix $\mathbf{P}$ is equal to its transpose, i.e. $\mathbf{P}^{-1} = \mathbf{P}'$. The elements of $\mathbf{P}$ may be expressed in terms of ζ_A, z_A, θ_A as follows:

$$
\begin{array}{lll}
\cos\zeta_A\cos\theta_A\cos z_A - \sin\zeta_A\sin z_A & -\sin\zeta_A\cos\theta_A\cos z_A - \cos\zeta_A\sin z_A & -\sin\theta_A\cos z_A \\
\cos\zeta_A\cos\theta_A\sin z_A + \sin\zeta_A\cos z_A & -\sin\zeta_A\cos\theta_A\sin z_A + \cos\zeta_A\cos z_A & -\sin\theta_A\sin z_A \\
\cos\zeta_A\sin\theta_A & -\sin\zeta_A\sin\theta_A & \cos\theta_A
\end{array}
$$

Values of the angles ζ_A, z_A, θ_A and of the elements of $\mathbf{P}$ for reduction from the standard epoch J2000·0 to epoch of year are as follows:

Epoch J1996·5	Rotation matrix $\mathbf{P}$ for reduction to epoch J1996·5		
$\zeta_A = -80''72 = -0°022\,421$	$+0·999\,999\,64$	$+0·000\,782\,65$	$+0·000\,340\,10$
$z_A = -80''72 = -0°022\,421$	$-0·000\,782\,65$	$+0·999\,999\,69$	$-0·000\,000\,13$
$\theta_A = -70''15 = -0°019\,487$	$-0·000\,340\,10$	$-0·000\,000\,13$	$+0·999\,999\,94$

The obliquity of the ecliptic of date (with respect to the mean equator of date) is given by:

$$
\begin{aligned}
\varepsilon &= 23°\,26'\,21''45 - 46''815\,T - 0''0006\,T^2 + 0''001\,81\,T^3 \\
\varepsilon &= 23°439\,291 - 0°013\,0042\,T - 0°000\,000\,16\,T^2 + 0°000\,000\,504\,T^3
\end{aligned}
$$

The precessional motion of the ecliptic is specified by the inclination (π_A) and longitude of the node (Π_A) of the ecliptic of date with respect to the ecliptic and equinox of J2000·0; they are given by:

$$
\begin{aligned}
\pi_A\sin\Pi_A &= +\,4''198\,T + 0''1945\,T^2 - 0''000\,18\,T^3 \\
\pi_A\cos\Pi_A &= -46''815\,T + 0''0506\,T^2 + 0''000\,34\,T^3
\end{aligned}
$$

For epoch J1996·5

$$
\begin{aligned}
\varepsilon &= 23°\,26'\,23''09 = 23°439\,746 \\
\pi_A &= -1''645 = -0°000\,4570 \\
\Pi_A &= 174°\,53'1 = 174°885
\end{aligned}
$$

Reduction for precession—approximate formulae

Approximate formulae for the reduction of coordinates and orbital elements referred to the mean equinox and equator or ecliptic of date (t) are as follows:

For reduction to J2000·0

$$\alpha_0 = \alpha - M - N \sin \alpha_m \tan \delta_m$$
$$\delta_0 = \delta - N \cos \alpha_m$$
$$\lambda_0 = \lambda - a + b \cos (\lambda + c') \tan \beta_0$$
$$\beta_0 = \beta - b \sin (\lambda + c')$$
$$\Omega_0 = \Omega - a + b \sin (\Omega + c') \cot i_0$$
$$i_0 = i - b \cos (\Omega + c')$$
$$\omega_0 = \omega - b \sin (\Omega + c') \operatorname{cosec} i_0$$

For reduction from J2000·0

$$\alpha = \alpha_0 + M + N \sin \alpha_m \tan \delta_m$$
$$\delta = \delta_0 + N \cos \alpha_m$$
$$\lambda = \lambda_0 + a - b \cos (\lambda_0 + c) \tan \beta$$
$$\beta = \beta_0 + b \sin (\lambda_0 + c)$$
$$\Omega = \Omega_0 + a - b \sin (\Omega_0 + c) \cot i$$
$$i = i_0 + b \cos (\Omega_0 + c)$$
$$\omega = \omega_0 + b \sin (\Omega_0 + c) \operatorname{cosec} i$$

where the subscript zero refers to epoch J2000·0 and α_m, δ_m refer to the mean epoch; with sufficient accuracy:

$$\alpha_m = \alpha - \tfrac{1}{2}(M + N \sin \alpha \tan \delta)$$
$$\delta_m = \delta - \tfrac{1}{2}N \cos \alpha_m$$

or

$$\alpha_m = \alpha_0 + \tfrac{1}{2}(M + N \sin \alpha_0 \tan \delta_0)$$
$$\delta_m = \delta_0 + \tfrac{1}{2}N \cos \alpha_m$$

The precessional constants M, N, etc., are given by:

$$M = 1°281\ 2323\ T + 0°000\ 3879\ T^2 + 0°000\ 0101\ T^3$$
$$N = 0°556\ 7530\ T - 0°000\ 1185\ T^2 - 0°000\ 0116\ T^3$$
$$a = 1°396\ 971\ T + 0°000\ 3086\ T^2$$
$$b = 0°013\ 056\ T - 0°000\ 0092\ T^2$$
$$c = 5°123\ 62 + 0°241\ 614\ T + 0°000\ 1122\ T^2$$
$$c' = 5°123\ 62 - 1°155\ 358\ T - 0°000\ 1964\ T^2$$

where $T = (t - 2000·0)/100 = (\text{JD} - 245\ 1545·0)/36\ 525$

Formulae for the reduction from the mean equinox and equator or ecliptic of the middle of year (t_1) to date (t) are as follows:

$$\alpha = \alpha_1 + \tau(m + n \sin \alpha_1 \tan \delta_1)$$
$$\delta = \delta_1 + \tau n \cos \alpha_1$$
$$\lambda = \lambda_1 + \tau(p - \pi \cos (\lambda_1 + 6°) \tan \beta)$$
$$\beta = \beta_1 + \tau \pi \sin (\lambda_1 + 6°)$$
$$\Omega = \Omega_1 + \tau(p - \pi \sin (\Omega_1 + 6°) \cot i)$$
$$i = i_1 + \tau \pi \cos (\Omega_1 + 6°)$$
$$\omega = \omega_1 + \tau \pi \sin (\Omega_1 + 6°) \operatorname{cosec} i$$

where $\tau = t - t_1$ and π is the annual rate of rotation of the ecliptic. The precessional constants p, m, etc. are as follows:

Epoch J1996·5

Annual general precession	$p = +0°013\ 9695$
Annual precession in R.A.	$m = +0°012\ 8121$
Annual precession in Dec.	$n = +0°005\ 5676$
Annual rate of rotation	$\pi = +0°000\ 1306$
Longitude of axis	$\Pi = +174°8444$
	$\gamma = 180° - \Pi = +5°1556$

where Π is the longitude of the instantaneous rotation axis of the ecliptic, measured from the mean equinox of date.

Approximate reduction for nutation

To first order, the contributions of the nutations in longitude ($\Delta\psi$) and in obliquity ($\Delta\varepsilon$) to the reduction from mean place to true place are given by:

$$\Delta\alpha = (\cos\varepsilon + \sin\varepsilon \sin\alpha \tan\delta)\,\Delta\psi - \cos\alpha \tan\delta\,\Delta\varepsilon \qquad \Delta\lambda = \Delta\psi$$
$$\Delta\delta = \sin\varepsilon \cos\alpha\,\Delta\psi + \sin\alpha\,\Delta\varepsilon \qquad\qquad\qquad \Delta\beta = 0$$

Daily values of $\Delta\psi$ and $\Delta\varepsilon$ during 1996 are tabulated on pages B24–B31. The following formulae may be used to compute $\Delta\psi$ and $\Delta\varepsilon$ to a precision of about $0°0002$ ($1''$) during 1996.

$$\Delta\psi = -0°0048 \sin(202°5 - 0\cdot053\,d) \qquad \Delta\varepsilon = +0°0026 \cos(202°5 - 0\cdot053\,d)$$
$$\quad\;\; -0°0004 \sin(197°9 + 1\cdot971\,d) \qquad\qquad +0°0002 \cos(197°9 + 1\cdot971\,d)$$

where $d = \text{JD} - 245\ 0082\cdot5$; for this precision

$$\varepsilon = 23°44 \qquad \cos\varepsilon = 0\cdot917 \qquad \sin\varepsilon = 0\cdot398$$

The corrections to be added to the mean rectangular coordinates (x, y, z) to produce the true rectangular coordinates are given by:

$$\Delta x = -(y\cos\varepsilon + z\sin\varepsilon)\,\Delta\psi \qquad \Delta y = +x\cos\varepsilon\,\Delta\psi - z\,\Delta\varepsilon \qquad \Delta z = +x\sin\varepsilon\,\Delta\psi + y\,\Delta\varepsilon$$

where $\Delta\psi$ and $\Delta\varepsilon$ are expressed in radians.

The elements of the corresponding rotation matrix are:

$$
\begin{array}{ccc}
1 & -\Delta\psi\cos\varepsilon & -\Delta\psi\sin\varepsilon \\
+\Delta\psi\cos\varepsilon & 1 & -\Delta\varepsilon \\
+\Delta\psi\sin\varepsilon & +\Delta\varepsilon & 1
\end{array}
$$

The full series for nutation in $\Delta\psi$ and $\Delta\varepsilon$ are given in *The Astronomical Almanac 1984* on pages S23–S26.

Approximate reduction for precession and nutation

The following formulae and table may be used for the approximate reduction from the standard equinox and equator of J2000·0 to the true equinox and equator of date during 1996:

$$\alpha = \alpha_0 + f + g\,\sin(G + \alpha_0)\tan\delta_0$$
$$\delta = \delta_0 + g\,\cos(G + \alpha_0)$$

where the units of the correction to α_0 and δ_0 are seconds of time and minutes of arc, respectively.

Date 1996	f	g	g	G	Date 1996	f	g	g	G
	s	s	'	h m		s	s	'	h m
Jan. −2*	−11·9	5·2	1·30	11 33	July 6	−10·5	4·6	1·15	11 28
8	11·8	5·2	1·29	11 33	16*	10·4	4·5	1·14	11 28
18	11·7	5·1	1·28	11 33	26	10·3	4·5	1·13	11 28
28	11·6	5·1	1·27	11 33	Aug. 5	10·2	4·5	1·12	11 29
Feb. 7*	11·5	5·0	1·26	11 34	15	10·1	4·4	1·11	11 29
17	−11·4	5·0	1·25	11 34	25*	−10·1	4·4	1·10	11 29
27	11·4	5·0	1·25	11 34	Sept. 4	10·0	4·4	1·10	11 29
Mar. 8	11·4	5·0	1·24	11 35	14	10·0	4·4	1·09	11 30
18*	11·3	4·9	1·23	11 35	24	9·9	4·3	1·09	11 30
28	11·2	4·9	1·23	11 34	Oct. 4*	9·9	4·3	1·08	11 29
Apr. 7	−11·2	4·9	1·23	11 34	14	−9·8	4·3	1·08	11 29
17	11·2	4·9	1·22	11 33	24	9·8	4·3	1·07	11 28
27*	11·1	4·8	1·21	11 32	Nov. 3	9·7	4·3	1·06	11 27
May 7	11·0	4·8	1·21	11 31	13*†	9·6	4·2	1·06	11 26
17	10·9	4·8	1·20	11 31	23	9·5	4·2	1·05	11 25
27	−10·9	4·8	1·19	11 30	Dec. 3	−9·4	4·1	1·04	11 24
June 6*	10·7	4·7	1·18	11 29	13	9·3	4·1	1·03	11 23
16	10·7	4·7	1·17	11 28	23*	9·2	4·1	1·02	11 22
26	10·6	4·6	1·16	11 28	33	9·1	4·0	1·01	11 23
July 6	10·5	4·6	1·15	11 28					

* 40-day date   † 400-day date for osculation epoch

Differential precession and nutation

The corrections for differential precession and nutation are given below. These are to be added to the observed differences of the right ascension and declination, $\Delta\alpha$ and $\Delta\delta$, of an object relative to a comparison star to obtain the differences in the mean place for a standard epoch (e.g. J2000·0 or the beginning of the year). The differences $\Delta\alpha$ and $\Delta\delta$ are measured in the sense "object – comparison star", and the corrections are in the same units as $\Delta\alpha$ and $\Delta\delta$. In the correction to right ascension the same units must be used for $\Delta\alpha$ and $\Delta\delta$.

$$\text{correction to right ascension} \quad e\tan\delta\,\Delta\alpha - f\,\sec^2\delta\,\Delta\delta$$
$$\text{correction to declination} \quad f\,\Delta\alpha$$

where $e = -\cos\alpha\,(nt + \sin\varepsilon\,\Delta\psi) - \sin\alpha\,\Delta\varepsilon$
$\qquad f = +\sin\alpha\,(nt + \sin\varepsilon\,\Delta\psi) - \cos\alpha\,\Delta\varepsilon$
and $\quad \varepsilon = 23°44, \qquad \sin\varepsilon = 0·3978$
$\qquad n = 0·000\,0972$ radians for epoch J1996·5
$\qquad t$ is the time in years *from* the standard epoch *to* the time of observation.
$\qquad \Delta\psi, \Delta\varepsilon$ are nutations in longitude and obliquity at the time of observation, *expressed in radians.* $(1'' = 0·000\,004\,8481\text{ rad})$.

The errors in arc units caused by using these formulae are of order $10^{-8}\,t^2\sec^2\delta$ multiplied by the displacement in arc from the comparison star.

Differential aberration

The corrections for differential annual aberration to be added to the observed differences (in the sense moving object minus star) of right ascension and declination to give the true differences are:

$$\text{in right ascension} \quad a\,\Delta\alpha + b\,\Delta\delta \quad \text{in units of } 0\overset{s}{·}001$$
$$\text{in declination} \quad c\,\Delta\alpha + d\,\Delta\delta \quad \text{in units of } 0\overset{''}{·}01$$

where $\Delta\alpha, \Delta\delta$ are the observed differences in units of 1^{m} and $1'$ respectively, and where a, b, c, d are coefficients defined by:

$$a = -5·701\cos(H+\alpha)\sec\delta \qquad b = -0·380\sin(H+\alpha)\sec\delta\tan\delta$$
$$c = +8·552\sin(H+\alpha)\sin\delta \qquad d = -0·570\cos(H+\alpha)\cos\delta$$
$$H^{\mathrm{h}} = 23·4 - (\text{day of year}/15·2)$$

The day of year is tabulated on pages B2–B3.

Astrometric positions

An astrometric position of a body in the solar system is formed by applying the correction for the barycentric motion of the body during the light-time to the geometric geocentric position referred to the equator and equinox of the standard epoch of J2000·0. Such a position is then directly comparable with the astrometric positions of stars formed by applying the corrections for proper motion and annual parallax to the catalogue positions for the standard epoch of J2000·0. The deflection of light has been ignored.

Formulae using day numbers

For stars and other objects outside the solar system the usual procedure for the computation of apparent positions from catalogue data is as follows, but the techniques described on pages B39–B41 should be used if full precision is required.

From	To	Step	Correction
catalogue epoch	current epoch	i	proper motion
catalogue equinox	mean equinox of year	ii	precession
mean equinox of year	mean equinox of date	iii	precession
mean equinox of date	true equinox of date	iv	nutation
true (heliocentric) position	apparent (geocentric) position	$\begin{cases} v \\ vi \end{cases}$	aberration (annual) / parallax (annual)

Star catalogues usually provide coefficients for steps i and ii for the reduction from catalogue position (α_0, δ_0) to the position for the mean equinox of another epoch. Besselian day numbers (A to E), which provide for steps iii to v for the reductions from the position (α_1, δ_1) for the mean equinox of the middle of the year to the apparent geocentric position (α, δ), are given on pages B24–B31; for high declinations, the second-order day numbers (J, J') given on pages B32–B35 may be required. The formulae to be used are:

$$\alpha = \alpha_1 + Aa + Bb + Cc + Dd + E + J \tan^2 \delta_1$$
$$\delta = \delta_1 + Aa' + Bb' + Cc' + Dd' + J' \tan \delta_1$$

where the Besselian star constants are given by:

$$
\begin{aligned}
a &= (m/n) + \sin \alpha_1 \tan \delta_1 & a' &= \cos \alpha_1 \\
b &= \cos \alpha_1 \tan \delta_1 & b' &= -\sin \alpha_1 \\
c &= \cos \alpha_1 \sec \delta_1 & c' &= \tan \varepsilon \cos \delta_1 - \sin \alpha_1 \sin \delta_1 \\
d &= \sin \alpha_1 \sec \delta_1 & d' &= \cos \alpha_1 \sin \delta_1
\end{aligned}
$$

where α and δ are in arc units. For 1996·5, $m/n = 2\cdot301\,17$ and $\tan \varepsilon = 0\cdot433\,56$.

The additional corrections for the proper motion (centennial components μ_α, μ_δ) during the fraction of year (τ) and for annual parallax (π) are given by:

$$\Delta\alpha = \tau\mu_\alpha/100 + \pi\,(dX - cY) \qquad \Delta\delta = \tau\mu_\delta/100 + \pi\,(d'X - c'Y)$$

where X, Y are the coordinates of the Earth with respect to the solar-system barycentre given on pages B44–B59. Strictly, this parallax correction should be computed using the coordinates of the Earth referred to the mean equinox of the middle of the year, or using star constants computed for the standard epoch of J2000·0.

The corrections for annual parallax may be included with the corrections for annual aberration by substituting $C - \pi Y$ for C and $D + \pi X$ for D in the formulae given above. Alternatively if the annual parallax is small enough it is possible to make the substitutions

$$
\begin{array}{ll}
c + 0\cdot0532\,d\pi \text{ for } c & d - 0\cdot0448\,c\pi \text{ for } d \\
c' + 0\cdot0532\,d'\pi \text{ for } c' & d' - 0\cdot0448\,c'\pi \text{ for } d'
\end{array}
$$

The error in this approximate method is negligible if the parallax of the star is less than about $0\cdot''2$.

A further correction to allow for the deflection of the light in the gravitational field of the Sun may also be required—appropriate formulae are given on page B17.

The day-number technique may also be used for objects within the solar system but steps i and vi are omitted and step v is replaced by forming the geocentric position by combining the barycentric position of the body at time $t - \Delta t$, where Δt is the light-time, with the barycentric position of the Earth at time t.

Example of day-number technique

To calculate the apparent place of a star at 0^h TDT at Greenwich on 1996 January 1 from the mean place for J1996·5 using day numbers.

Step 1. From a fundamental star catalogue, such as the FK5, calculate for epoch and equinox J1996·5 the mean right ascension and declination (α_1, δ_1), the centennial proper motion (μ_α, μ_δ) and the parallax (π).

Assume the following fictitious values for the calculation:

$$\alpha_1 = 14^h\ 39^m\ 21^s686 \qquad \delta_1 = -60°\ 49'\ 15''74 \qquad \pi = 0''752$$
$$\mu_\alpha = -49^s455\ \text{per century} \quad \mu_\delta = +69''71\ \text{per century}$$

Step 2. Form the star constants as follows:

$$a = \tfrac{1}{15}((m/n) + \sin\alpha_1 \tan\delta_1) \qquad a' = \cos\alpha_1 = -0·767\ 83$$
$$\qquad = +0·229\ 90$$

$$b = \tfrac{1}{15}\cos\alpha_1 \tan\delta_1 = +0·091\ 67 \qquad b' = -\sin\alpha_1 = +0·640\ 65$$

$$c = \tfrac{1}{15}\cos\alpha_1 \sec\delta_1 = -0·104\ 99 \qquad c' = \tan\varepsilon\cos\delta_1 - \sin\alpha_1 \sin\delta_1$$
$$\qquad = -0·347\ 97$$

$$d = \tfrac{1}{15}\sin\alpha_1 \sec\delta_1 = -0·087\ 60 \qquad d' = \cos\alpha_1 \sin\delta_1 = +0·670\ 40$$

Step 3. Extract the day numbers from pages B24, B34 and B35. In general, linear interpolation is required and second differences may be significant for A and B. The values for 1996 January 1 at 0^h TDT are:

$$A = -7''252 \qquad C = -3''294 \qquad E = +0^s0010 \qquad J = +0^s000\ 08$$
$$B = +9''139 \qquad D = +20''531 \qquad \tau = -0·5014 \qquad J' = -0''0002$$

Step 4. Extract the values of the Earth's rectangular coordinates from page B44 (the values for J2000·0 are of sufficient accuracy for computing the parallax correction). The values are:

$$X = -0·173 \qquad Y = +0·895$$

Step 5. Calculate the corrections for light-deflection, $\Delta\alpha$ and $\Delta\delta$.

For the Sun for 1996 January 1 at 0^h TDT, $\alpha_0 = 18^h\ 42^m8$, $\delta_0 = -23°\ 04'$. Using the formulae on page B17, $\cos(\text{elongation}) = +0·5606$ and the corrections for light-deflection are $\Delta\alpha = -0^s001$ and $\Delta\delta = 0''00$.

Step 6. Compute the apparent position as follows:

Mean position 1996·5, $\alpha_1 = 14^h\ 39^m\ 21^s686$		$\delta_1 = -60°\ 49'\ 15''74$	
$Aa + Bb + Cc + Dd + E$	$= -2^s281$	$Aa' + Bb' + Cc' + Dd'$	$= +26''33$
$J\tan^2\delta_1$	$=\ \ \ 0^s000$	$J'\tan\delta_1$	$=\ \ \ 0''00$
$\tau\mu_\alpha/100$	$= +0^s248$	$\tau\mu_\delta/100$	$= -\ 0''35$
$\pi(dX - cY)$	$= +0^s082$	$\pi(d'X - c'Y)$	$= +\ 0''15$
$\Delta\alpha$	$= -0^s001$	$\Delta\delta$	$=\ \ \ 0''00$

Apparent position $\alpha = 14^h\ 39^m\ 19^s734$ $\delta = -60°\ 48'\ 49''61$

FOR 0ʰ DYNAMICAL TIME

Date 0ʰ TDT	Nutation in Long.	Nutation in Obl.	Obl. of Ecliptic 23° 26′	Besselian Day Numbers for Mean Equinox J1996·5 A	B	C	D	E (0ˑ0001)	Fraction of Year τ
	″	″	″	″	″	″	″		
Jan. 0	+ 7·012	− 9·110	14·212	− 7·315	+ 9·110	− 2·965	+ 20·592	+ 10	− 0·5041
1	7·032	9·139	14·182	7·252	9·139	3·294	20·531	10	·5014
2	7·082	9·165	14·155	7·177	9·165	3·622	20·465	10	·4986
3	7·156	9·182	14·136	7·093	9·182	3·948	20·392	10	·4959
4	7·244	9·188	14·130	7·003	9·188	4·273	20·313	10	·4932
5	+ 7·336	− 9·180	14·136	− 6·911	+ 9·180	− 4·597	+ 20·229	+ 10	− 0·4904
6	7·419	9·159	14·156	6·823	9·159	4·920	20·138	10	·4877
7	7·484	9·127	14·186	6·743	9·127	5·240	20·041	11	·4849
8	7·521	9·088	14·224	6·673	9·088	5·560	19·939	11	·4822
9	7·527	9·048	14·263	6·616	9·048	5·878	19·831	11	·4795
10	+ 7·504	− 9·011	14·299	− 6·570	+ 9·011	− 6·194	+ 19·717	+ 11	− 0·4767
11	7·455	8·982	14·327	6·535	8·982	6·509	19·596	11	·4740
12	7·392	8·966	14·341	6·505	8·966	6·822	19·470	10	·4713
13	7·330	8·964	14·342	6·475	8·964	7·133	19·338	10	·4685
14	7·284	8·977	14·328	6·438	8·977	7·442	19·200	10	·4658
15	+ 7·273	− 9·001	14·302	− 6·388	+ 9·001	− 7·749	+ 19·056	+ 10	− 0·4630
16	7·307	9·029	14·273	6·320	9·029	8·055	18·906	10	·4603
17	7·391	9·052	14·249	6·231	9·052	8·358	18·749	10	·4576
18	7·515	9·059	14·240	6·127	9·059	8·658	18·586	11	·4548
19	7·657	9·044	14·254	6·016	9·044	8·956	18·417	11	·4521
20	+ 7·783	− 9·005	14·291	− 5·910	+ 9·005	− 9·252	+ 18·242	+ 11	− 0·4493
21	7·865	8·951	14·345	5·823	8·951	9·544	18·060	11	·4466
22	7·888	8·891	14·403	5·759	8·891	9·832	17·872	11	·4439
23	7·854	8·840	14·453	5·718	8·840	10·117	17·679	11	·4411
24	7·784	8·805	14·487	5·691	8·805	10·399	17·480	11	·4384
25	+ 7·701	− 8·790	14·501	− 5·669	+ 8·790	− 10·676	+ 17·276	+ 11	− 0·4357
26	7·627	8·791	14·498	5·643	8·791	10·950	17·066	11	·4329
27	7·577	8·803	14·485	5·608	8·803	11·220	16·851	11	·4302
28	7·557	8·820	14·467	5·562	8·820	11·485	16·632	11	·4274
29	7·566	8·834	14·451	5·503	8·834	11·748	16·408	11	·4247
30	+ 7·601	− 8·841	14·443	− 5·434	+ 8·841	− 12·006	+ 16·179	+ 11	− 0·4220
31	7·651	8·838	14·445	5·359	8·838	12·260	15·945	11	·4192
Feb. 1	7·707	8·823	14·459	5·282	8·823	12·510	15·707	11	·4165
2	7·756	8·794	14·486	5·208	8·794	12·756	15·465	11	·4138
3	7·788	8·755	14·524	5·140	8·755	12·999	15·218	11	·4110
4	+ 7·795	− 8·708	14·569	− 5·083	+ 8·708	− 13·237	+ 14·967	+ 11	− 0·4083
5	7·770	8·659	14·618	5·038	8·659	13·471	14·712	11	·4055
6	7·714	8·612	14·664	5·005	8·612	13·701	14·453	11	·4028
7	7·630	8·572	14·702	4·984	8·572	13·928	14·189	11	·4001
8	7·528	8·545	14·727	4·969	8·545	14·150	13·922	11	·3973
9	+ 7·422	− 8·533	14·738	− 4·957	+ 8·533	− 14·368	+ 13·650	+ 10	− 0·3946
10	7·328	8·536	14·734	4·939	8·536	14·582	13·374	10	·3919
11	7·261	8·551	14·718	4·911	8·551	14·792	13·095	10	·3891
12	7·234	8·572	14·696	4·867	8·572	14·997	12·811	10	·3864
13	7·251	8·591	14·675	4·805	8·591	15·198	12·523	10	·3836
14	+ 7·309	− 8·599	14·665	− 4·727	+ 8·599	− 15·395	+ 12·231	+ 10	− 0·3809
15	+ 7·391	− 8·590	14·673	− 4·640	+ 8·590	− 15·587	+ 11·934	+ 10	− 0·3782

FOR 0ʰ DYNAMICAL TIME

Date 0ʰ TDT	Nutation in Long.	in Obl.	Obl. of Ecliptic 23° 26′	Besselian Day Numbers for Mean Equinox J1996·5 A	B	C	D	E	Fraction of Year τ
	″	″	″	″	″	″	″	(0ˢ.0001)	
Feb. 15	+ 7·391	− 8·590	14·673	− 4·640	+ 8·590	− 15·587	+ 11·934	+ 10	− 0·3782
16	7·472	8·560	14·702	4·552	8·560	15·774	11·634	11	·3754
17	7·525	8·511	14·750	4·476	8·511	15·956	11·330	11	·3727
18	7·528	8·453	14·806	4·420	8·453	16·132	11·022	11	·3700
19	7·475	8·398	14·861	4·387	8·398	16·303	10·711	11	·3672
20	+ 7·374	− 8·355	14·902	− 4·372	+ 8·355	− 16·469	+ 10·396	+ 10	− 0·3645
21	7·249	8·332	14·924	4·367	8·332	16·629	10·078	10	·3617
22	7·125	8·329	14·926	4·362	8·329	16·783	9·757	10	·3590
23	7·020	8·341	14·912	4·348	8·341	16·932	9·434	10	·3563
24	6·946	8·361	14·891	4·323	8·361	17·075	9·108	10	·3535
25	+ 6·905	− 8·382	14·868	− 4·284	+ 8·382	− 17·212	+ 8·780	+ 10	− 0·3508
26	6·891	8·398	14·852	4·235	8·398	17·344	8·450	10	·3480
27	6·897	8·404	14·844	4·178	8·404	17·471	8·118	10	·3453
28	6·911	8·398	14·848	4·117	8·398	17·592	7·784	10	·3426
29	6·922	8·381	14·865	4·058	8·381	17·707	7·448	10	·3398
Mar. 1	+ 6·919	− 8·352	14·892	− 4·004	+ 8·352	− 17·817	+ 7·111	+ 10	− 0·3371
2	6·893	8·316	14·927	3·960	8·316	17·922	6·772	10	·3344
3	6·839	8·275	14·967	3·926	8·275	18·021	6·431	10	·3316
4	6·754	8·236	15·004	3·905	8·236	18·115	6·089	10	·3289
5	6·640	8·204	15·036	3·896	8·204	18·204	5·746	9	·3261
6	+ 6·505	− 8·183	15·055	− 3·895	+ 8·183	− 18·287	+ 5·402	+ 9	− 0·3234
7	6·363	8·178	15·059	3·896	8·178	18·365	5·056	9	·3207
8	6·229	8·189	15·047	3·895	8·189	18·438	4·709	9	·3179
9	6·121	8·213	15·021	3·883	8·213	18·506	4·360	9	·3152
10	6·050	8·245	14·988	3·856	8·245	18·569	4·011	9	·3125
11	+ 6·023	− 8·277	14·954	− 3·812	+ 8·277	− 18·626	+ 3·660	+ 8	− 0·3097
12	6·036	8·302	14·929	3·752	8·302	18·678	3·308	8	·3070
13	6·076	8·311	14·918	3·681	8·311	18·724	2·955	9	·3042
14	6·122	8·301	14·927	3·608	8·301	18·765	2·600	9	·3015
15	6·150	8·274	14·953	3·542	8·274	18·800	2·245	9	·2988
16	+ 6·138	− 8·235	14·990	− 3·492	+ 8·235	− 18·829	+ 1·889	+ 9	− 0·2960
17	6·077	8·194	15·030	3·461	8·194	18·852	1·532	9	·2933
18	5·969	8·162	15·060	3·449	8·162	18·869	1·175	8	·2906
19	5·829	8·147	15·074	3·450	8·147	18·880	0·817	8	·2878
20	5·680	8·152	15·068	3·454	8·152	18·885	0·459	8	·2851
21	+ 5·546	− 8·175	15·044	− 3·453	+ 8·175	− 18·884	+ 0·102	+ 8	− 0·2823
22	5·440	8·210	15·007	3·440	8·210	18·876	− 0·255	8	·2796
23	5·370	8·249	14·967	3·413	8·249	18·863	0·611	8	·2769
24	5·333	8·286	14·929	3·373	8·286	18·843	0·966	8	·2741
25	5·321	8·314	14·900	3·323	8·314	18·818	1·320	7	·2714
26	+ 5·323	− 8·330	14·882	− 3·267	+ 8·330	− 18·788	− 1·674	+ 7	− 0·2687
27	5·326	8·334	14·877	3·211	8·334	18·751	2·026	7	·2659
28	5·320	8·327	14·883	3·159	8·327	18·709	2·376	7	·2632
29	5·294	8·310	14·898	3·114	8·310	18·662	2·726	7	·2604
30	5·243	8·289	14·918	3·080	8·289	18·610	3·074	7	·2577
31	+ 5·162	− 8·267	14·939	− 3·057	+ 8·267	− 18·552	− 3·420	+ 7	− 0·2550
Apr. 1	+ 5·053	− 8·250	14·954	− 3·045	+ 8·250	− 18·489	− 3·765	+ 7	− 0·2522

FOR 0ʰ DYNAMICAL TIME

Date 0ʰ TDT		Nutation in Long.	in Obl.	Obl. of Ecliptic 23° 26′	Besselian Day Numbers for Mean Equinox J1996·5 A	B	C	D	E (0ˢ·0001)	Fraction of Year τ
		″	″	″	″	″	″	″		
Apr.	1	+ 5·053	− 8·250	14·954	− 3·045	+ 8·250	− 18·489	− 3·765	+ 7	− 0·2522
	2	4·922	8·244	14·960	3·043	8·244	18·420	4·109	7	·2495
	3	4·779	8·252	14·950	3·045	8·252	18·347	4·450	7	·2467
	4	4·641	8·276	14·925	3·045	8·276	18·269	4·790	7	·2440
	5	4·526	8·315	14·884	3·035	8·315	18·186	5·129	6	·2413
	6	+ 4·449	− 8·365	14·833	− 3·011	+ 8·365	− 18·098	− 5·466	+ 6	− 0·2385
	7	4·418	8·417	14·780	2·969	8·417	18·006	5·801	6	·2358
	8	4·430	8·462	14·734	2·909	8·462	17·908	6·134	6	·2331
	9	4·475	8·492	14·702	2·836	8·492	17·805	6·466	6	·2303
	10	4·529	8·505	14·688	2·760	8·505	17·697	6·797	6	·2276
	11	+ 4·571	− 8·499	14·693	− 2·689	+ 8·499	− 17·584	− 7·125	+ 6	− 0·2248
	12	4·578	8·479	14·711	2·631	8·479	17·466	7·452	6	·2221
	13	4·540	8·456	14·733	2·591	8·456	17·343	7·776	6	·2194
	14	4·456	8·439	14·749	2·569	8·439	17·214	8·099	6	·2166
	15	4·340	8·435	14·752	2·561	8·435	17·080	8·418	6	·2139
	16	+ 4·209	− 8·449	14·736	− 2·558	+ 8·449	− 16·940	− 8·736	+ 6	− 0·2112
	17	4·085	8·482	14·702	2·553	8·482	16·795	9·050	6	·2084
	18	3·986	8·528	14·655	2·537	8·528	16·645	9·361	6	·2057
	19	3·922	8·582	14·600	2·507	8·582	16·490	9·669	6	·2029
	20	3·895	8·635	14·545	2·463	8·635	16·330	9·974	5	·2002
	21	+ 3·899	− 8·681	14·498	− 2·407	+ 8·681	− 16·165	− 10·275	+ 5	− 0·1975
	22	3·922	8·716	14·461	2·343	8·716	15·995	10·572	6	·1947
	23	3·953	8·738	14·438	2·276	8·738	15·821	10·866	6	·1920
	24	3·978	8·748	14·428	2·211	8·748	15·642	11·156	6	·1893
	25	3·987	8·747	14·427	2·153	8·747	15·459	11·442	6	·1865
	26	+ 3·972	− 8·739	14·434	− 2·103	+ 8·739	− 15·272	− 11·725	+ 6	− 0·1838
	27	3·931	8·728	14·443	2·065	8·728	15·080	12·003	6	·1810
	28	3·861	8·721	14·449	2·038	8·721	14·885	12·277	5	·1783
	29	3·767	8·721	14·448	2·020	8·721	14·686	12·548	5	·1756
	30	3·659	8·733	14·434	2·009	8·733	14·483	12·814	5	·1728
May	1	+ 3·549	− 8·761	14·405	− 1·997	+ 8·761	− 14·276	− 13·077	+ 5	− 0·1701
	2	3·456	8·805	14·359	1·979	8·805	14·066	13·335	5	·1674
	3	3·398	8·862	14·302	1·948	8·862	13·853	13·590	5	·1646
	4	3·387	8·924	14·239	1·897	8·924	13·636	13·840	5	·1619
	5	3·426	8·981	14·180	1·827	8·981	13·416	14·087	5	·1591
	6	+ 3·505	− 9·025	14·135	− 1·741	+ 9·025	− 13·192	− 14·330	+ 5	− 0·1564
	7	3·602	9·049	14·109	1·647	9·049	12·964	14·570	5	·1537
	8	3·691	9·053	14·104	1·557	9·053	12·733	14·805	5	·1509
	9	3·747	9·041	14·114	1·480	9·041	12·499	15·037	5	·1482
	10	3·758	9·023	14·132	1·420	9·023	12·260	15·265	5	·1454
	11	+ 3·722	− 9·007	14·146	− 1·380	+ 9·007	− 12·018	− 15·488	+ 5	− 0·1427
	12	3·649	9·004	14·148	1·354	9·004	11·772	15·707	5	·1400
	13	3·557	9·016	14·134	1·336	9·016	11·523	15·921	5	·1372
	14	3·467	9·047	14·103	1·317	9·047	11·270	16·131	5	·1345
	15	3·397	9·091	14·057	1·289	9·091	11·014	16·336	5	·1318
	16	+ 3·360	− 9·144	14·003	− 1·250	+ 9·144	− 10·754	− 16·536	+ 5	− 0·1290
	17	+ 3·359	− 9·199	13·947	− 1·195	+ 9·199	− 10·491	− 16·730	+ 5	− 0·1263

FOR 0ʰ DYNAMICAL TIME

Date 0ʰ TDT	Nutation in Long.	Nutation in Obl.	Obl. of Ecliptic 23° 26′	A	B	C	D	E (0ˢ.0001)	Fraction of Year τ
	″	″	″	″	″	″	″		
May 17	+ 3·359	− 9·199	13·947	− 1·195	+ 9·199	− 10·491	− 16·730	+ 5	− 0·1263
18	3·390	9·248	13·896	1·128	9·248	10·224	16·920	5	·1235
19	3·446	9·287	13·856	1·050	9·287	9·955	17·104	5	·1208
20	3·514	9·313	13·829	0·969	9·313	9·684	17·282	5	·1181
21	3·581	9·325	13·816	0·887	9·325	9·409	17·455	5	·1153
22	+ 3·635	− 9·325	13·815	− 0·811	+ 9·325	− 9·132	− 17·623	+ 5	− 0·1126
23	3·667	9·316	13·822	0·743	9·316	8·853	17·786	5	·1099
24	3·672	9·303	13·834	0·686	9·303	8·572	17·942	5	·1071
25	3·648	9·290	13·845	0·641	9·290	8·288	18·094	5	·1044
26	3·599	9·283	13·851	0·606	9·283	8·003	18·240	5	·1016
27	+ 3·531	− 9·286	13·847	− 0·578	+ 9·286	− 7·716	− 18·380	+ 5	− 0·0989
28	3·457	9·302	13·829	0·552	9·302	7·427	18·516	5	·0962
29	3·392	9·334	13·797	0·523	9·334	7·136	18·645	5	·0934
30	3·353	9·379	13·750	0·484	9·379	6·845	18·770	5	·0907
31	3·356	9·433	13·694	0·428	9·433	6·551	18·889	5	·0880
June 1	+ 3·411	− 9·487	13·639	− 0·351	+ 9·487	− 6·257	− 19·003	+ 5	− 0·0852
2	3·514	9·531	13·595	0·255	9·531	5·961	19·112	5	·0825
3	3·648	9·555	13·569	0·147	9·555	5·664	19·217	5	·0797
4	3·784	9·556	13·566	− 0·038	9·556	5·365	19·316	5	·0770
5	3·893	9·538	13·583	+ 0·060	9·538	5·065	19·410	5	·0743
6	+ 3·955	− 9·509	13·611	+ 0·140	+ 9·509	− 4·763	− 19·500	+ 6	− 0·0715
7	3·964	9·480	13·639	0·198	9·480	4·459	19·584	6	·0688
8	3·929	9·461	13·657	0·239	9·461	4·154	19·663	6	·0661
9	3·869	9·458	13·658	0·270	9·458	3·848	19·736	5	·0633
10	3·804	9·472	13·643	0·299	9·472	3·540	19·804	5	·0606
11	+ 3·755	− 9·501	13·612	+ 0·334	+ 9·501	− 3·231	− 19·866	+ 5	− 0·0578
12	3·734	9·540	13·572	0·381	9·540	2·920	19·922	5	·0551
13	3·747	9·582	13·529	0·441	9·582	2·609	19·972	5	·0524
14	3·793	9·620	13·490	0·514	9·620	2·296	20·016	5	·0496
15	3·865	9·648	13·460	0·598	9·648	1·983	20·055	5	·0469
16	+ 3·952	− 9·664	13·443	+ 0·687	+ 9·664	− 1·669	− 20·087	+ 6	− 0·0441
17	4·040	9·666	13·440	0·777	9·666	1·355	20·113	6	·0414
18	4·118	9·656	13·449	0·863	9·656	1·041	20·133	6	·0387
19	4·176	9·635	13·469	0·941	9·635	0·726	20·147	6	·0359
20	4·208	9·608	13·494	1·008	9·608	0·412	20·155	6	·0332
21	+ 4·209	− 9·579	13·521	+ 1·064	+ 9·579	− 0·098	− 20·157	+ 6	− 0·0305
22	4·183	9·555	13·545	1·108	9·555	+ 0·216	20·153	6	·0277
23	4·134	9·538	13·560	1·144	9·538	0·530	20·144	6	·0250
24	4·073	9·534	13·563	1·175	9·534	0·843	20·128	6	·0222
25	4·015	9·543	13·553	1·206	9·543	1·155	20·107	6	·0195
26	+ 3·974	− 9·566	13·528	+ 1·245	+ 9·566	+ 1·466	− 20·080	+ 6	− 0·0168
27	3·967	9·600	13·493	1·297	9·600	1·777	20·048	6	·0140
28	4·006	9·638	13·454	1·367	9·638	2·087	20·010	6	·0113
29	4·095	9·670	13·420	1·457	9·670	2·396	19·967	6	·0086
30	4·224	9·687	13·402	1·564	9·687	2·704	19·919	6	·0058
July 1	+ 4·371	− 9·682	13·406	+ 1·677	+ 9·682	+ 3·010	− 19·866	+ 6	− 0·0031
2	+ 4·505	− 9·654	13·433	+ 1·785	+ 9·654	+ 3·317	− 19·808	+ 6	− 0·0003

FOR 0ʰ DYNAMICAL TIME

Date 0ʰ TDT	Nutation in Long.	Nutation in Obl.	Obl. of Ecliptic 23° 26′	Besselian Day Numbers for Mean Equinox J1996·5 A	B	C	D	E (0⁵·0001)	Fraction of Year τ
	″	″	″	″	″	″	″		
July 1	+ 4·371	− 9·682	13·406	+ 1·677	+ 9·682	+ 3·010	− 19·866	+ 6	− 0·0031
2	4·505	9·654	13·433	1·785	9·654	3·317	19·808	6	− ·0003
3	4·596	9·609	13·476	1·876	9·609	3·622	19·744	6	+ ·0024
4	4·630	9·560	13·524	1·945	9·560	3·927	19·676	7	·0051
5	4·610	9·518	13·565	1·992	9·518	4·231	19·603	6	·0079
6	+ 4·555	− 9·492	13·590	+ 2·024	+ 9·492	+ 4·534	− 19·524	+ 6	+ 0·0106
7	4·487	9·484	13·596	2·052	9·484	4·837	19·439	6	·0133
8	4·428	9·494	13·585	2·084	9·494	5·138	19·349	6	·0161
9	4·394	9·514	13·564	2·125	9·514	5·439	19·254	6	·0188
10	4·393	9·539	13·538	2·179	9·539	5·738	19·153	6	·0216
11	+ 4·423	− 9·561	13·514	+ 2·246	+ 9·561	+ 6·037	− 19·045	+ 6	+ 0·0243
12	4·480	9·576	13·498	2·324	9·576	6·333	18·933	6	·0270
13	4·553	9·579	13·493	2·408	9·579	6·628	18·814	6	·0298
14	4·630	9·569	13·502	2·493	9·569	6·921	18·690	7	·0325
15	4·699	9·546	13·524	2·576	9·546	7·212	18·560	7	·0352
16	+ 4·749	− 9·512	13·557	+ 2·651	+ 9·512	+ 7·502	− 18·425	+ 7	+ 0·0380
17	4·773	9·471	13·596	2·715	9·471	7·788	18·284	7	·0407
18	4·767	9·428	13·638	2·767	9·428	8·073	18·138	7	·0435
19	4·731	9·387	13·678	2·808	9·387	8·355	17·986	7	·0462
20	4·670	9·353	13·711	2·839	9·353	8·634	17·829	7	·0489
21	+ 4·593	− 9·330	13·733	+ 2·863	+ 9·330	+ 8·911	− 17·666	+ 6	+ 0·0517
22	4·512	9·320	13·741	2·885	9·320	9·185	17·499	6	·0544
23	4·442	9·324	13·736	2·913	9·324	9·456	17·327	6	·0572
24	4·399	9·339	13·720	2·950	9·339	9·724	17·150	6	·0599
25	4·393	9·361	13·697	3·003	9·361	9·989	16·968	6	·0626
26	+ 4·433	− 9·381	13·675	+ 3·074	+ 9·381	+ 10·251	− 16·781	+ 6	+ 0·0654
27	4·516	9·392	13·662	3·161	9·392	10·510	16·591	6	·0681
28	4·627	9·385	13·668	3·260	9·385	10·765	16·396	7	·0708
29	4·740	9·355	13·697	3·360	9·355	11·018	16·196	7	·0736
30	4·826	9·305	13·745	3·450	9·305	11·268	15·993	7	·0763
31	+ 4·861	− 9·245	13·805	+ 3·518	+ 9·245	+ 11·515	− 15·786	+ 7	+ 0·0791
Aug. 1	4·835	9·186	13·862	3·563	9·186	11·759	15·575	7	·0818
2	4·763	9·141	13·906	3·589	9·141	12·001	15·359	7	·0845
3	4·666	9·116	13·930	3·605	9·116	12·239	15·139	7	·0873
4	4·571	9·111	13·934	3·622	9·111	12·475	14·914	6	·0900
5	+ 4·497	− 9·120	13·923	+ 3·648	+ 9·120	+ 12·708	− 14·685	+ 6	+ 0·0927
6	4·454	9·137	13·905	3·686	9·137	12·938	14·452	6	·0955
7	4·444	9·153	13·887	3·736	9·153	13·164	14·214	6	·0982
8	4·462	9·163	13·876	3·798	9·163	13·387	13·971	6	·1010
9	4·498	9·163	13·875	3·868	9·163	13·606	13·724	6	·1037
10	+ 4·540	− 9·149	13·887	+ 3·939	+ 9·149	+ 13·822	− 13·473	+ 6	+ 0·1064
11	4·576	9·123	13·912	4·009	9·123	14·034	13·217	6	·1092
12	4·596	9·087	13·947	4·071	9·087	14·242	12·957	6	·1119
13	4·591	9·042	13·990	4·124	9·042	14·445	12·693	6	·1146
14	4·556	8·995	14·037	4·165	8·995	14·645	12·425	6	·1174
15	+ 4·491	− 8·949	14·081	+ 4·194	+ 8·949	+ 14·840	− 12·153	+ 6	+ 0·1201
16	+ 4·398	− 8·910	14·119	+ 4·212	+ 8·910	+ 15·031	− 11·877	+ 6	+ 0·1229

FOR 0ʰ DYNAMICAL TIME

Date	Nutation		Obl. of Ecliptic	Besselian Day Numbers for Mean Equinox J1996·5					Fraction of Year
0ʰ TDT	in Long.	in Obl.	23° 26′	A	B	C	D	E	τ
	″	″	″	″	″	″	″	(0ˢ·0001)	
Aug. 16	+ 4·398	− 8·910	14·119	+ 4·212	+ 8·910	+ 15·031	− 11·877	+ 6	+ 0·1229
17	4·287	8·881	14·147	4·223	8·881	15·217	11·598	6	·1256
18	4·169	8·865	14·161	4·231	8·865	15·399	11·315	6	·1283
19	4·057	8·863	14·162	4·241	8·863	15·576	11·028	6	·1311
20	3·967	8·874	14·150	4·260	8·874	15·748	10·739	6	·1338
21	+ 3·909	− 8·892	14·131	+ 4·292	+ 8·892	+ 15·916	− 10·446	+ 5	+ 0·1366
22	3·893	8·912	14·109	4·340	8·912	16·078	10·150	5	·1393
23	3·917	8·926	14·094	4·405	8·926	16·236	9·852	6	·1420
24	3·972	8·926	14·093	4·482	8·926	16·390	9·551	6	·1448
25	4·041	8·907	14·111	4·564	8·907	16·538	9·247	6	·1475
26	+ 4·096	− 8·868	14·148	+ 4·641	+ 8·868	+ 16·682	− 8·942	+ 6	+ 0·1502
27	4·113	8·814	14·200	4·702	8·814	16·821	8·634	6	·1530
28	4·076	8·757	14·256	4·743	8·757	16·956	8·324	6	·1557
29	3·986	8·709	14·303	4·761	8·709	17·087	8·011	6	·1585
30	3·860	8·679	14·332	4·766	8·679	17·213	7·697	5	·1612
31	+ 3·724	− 8·670	14·340	+ 4·767	+ 8·670	+ 17·336	− 7·380	+ 5	+ 0·1639
Sept. 1	3·604	8·681	14·328	4·774	8·681	17·453	7·060	5	·1667
2	3·516	8·703	14·304	4·794	8·703	17·566	6·738	5	·1694
3	3·463	8·728	14·278	4·828	8·728	17·675	6·413	5	·1721
4	3·441	8·748	14·256	4·874	8·748	17·779	6·086	5	·1749
5	+ 3·441	− 8·759	14·244	+ 4·929	+ 8·759	+ 17·877	− 5·757	+ 5	+ 0·1776
6	3·452	8·758	14·245	4·988	8·758	17·971	5·425	5	·1804
7	3·459	8·744	14·257	5·046	8·744	18·060	5·091	5	·1831
8	3·453	8·719	14·281	5·098	8·719	18·143	4·755	5	·1858
9	3·424	8·685	14·313	5·142	8·685	18·221	4·417	5	·1886
10	+ 3·367	− 8·648	14·349	+ 5·174	+ 8·648	+ 18·294	− 4·077	+ 5	+ 0·1913
11	3·280	8·612	14·383	5·194	8·612	18·361	3·735	5	·1940
12	3·166	8·582	14·413	5·204	8·582	18·422	3·392	4	·1968
13	3·031	8·561	14·432	5·205	8·561	18·478	3·048	4	·1995
14	2·887	8·554	14·438	5·202	8·554	18·528	2·702	4	·2023
15	+ 2·746	− 8·561	14·429	+ 5·201	+ 8·561	+ 18·573	− 2·355	+ 4	+ 0·2050
16	2·624	8·582	14·408	5·208	8·582	18·612	2·007	4	·2077
17	2·533	8·611	14·377	5·226	8·611	18·645	1·659	4	·2105
18	2·482	8·644	14·343	5·261	8·644	18·672	1·310	3	·2132
19	2·470	8·673	14·312	5·311	8·673	18·693	0·960	3	·2159
20	+ 2·492	− 8·690	14·294	+ 5·374	+ 8·690	+ 18·709	− 0·611	+ 4	+ 0·2187
21	2·530	8·691	14·291	5·445	8·691	18·720	− 0·261	4	·2214
22	2·564	8·674	14·307	5·513	8·674	18·725	+ 0·088	4	·2242
23	2·571	8·642	14·338	5·571	8·642	18·724	0·437	4	·2269
24	2·534	8·602	14·377	5·611	8·602	18·718	0·786	4	·2296
25	+ 2·446	− 8·566	14·411	+ 5·631	+ 8·566	+ 18·708	+ 1·134	+ 3	+ 0·2324
26	2·318	8·544	14·432	5·635	8·544	18·692	1·482	3	·2351
27	2·170	8·543	14·433	5·631	8·543	18·671	1·830	3	·2379
28	2·029	8·562	14·412	5·629	8·562	18·645	2·178	3	·2406
29	1·915	8·597	14·375	5·639	8·597	18·614	2·526	3	·2433
30	+ 1·840	− 8·640	14·332	+ 5·664	+ 8·640	+ 18·578	+ 2·873	+ 3	+ 0·2461
Oct. 1	+ 1·802	− 8·681	14·289	+ 5·704	+ 8·681	+ 18·537	+ 3·221	+ 3	+ 0·2488

FOR 0ʰ DYNAMICAL TIME

Date 0ʰ TDT	Nutation in Long.	Nutation in Obl.	Obl. of Ecliptic 23° 26′	Besselian Day Numbers for Mean Equinox J1996·5 A	B	C	D	E (0.ˢ0001)	Fraction of Year τ
	″	″	″	″	″	″	″		
Oct. 1	+ 1·802	− 8·681	14·289	+ 5·704	+8·681	+18·537	+ 3·221	+ 3	+0·2488
2	1·793	8·714	14·255	5·755	8·714	18·490	3·568	3	·2515
3	1·800	8·734	14·234	5·813	8·734	18·439	3·914	3	·2543
4	1·809	8·741	14·225	5·871	8·741	18·381	4·261	3	·2570
5	1·807	8·736	14·229	5·925	8·736	18·318	4·606	3	·2598
6	+ 1·786	− 8·723	14·241	+ 5·972	+8·723	+18·249	+ 4·951	+ 3	+0·2625
7	1·739	8·704	14·259	6·008	8·704	18·175	5·295	2	·2652
8	1·664	8·684	14·277	6·033	8·684	18·095	5·638	2	·2680
9	1·560	8·669	14·291	6·047	8·669	18·010	5·980	2	·2707
10	1·435	8·662	14·296	6·052	8·662	17·918	6·321	2	·2734
11	+ 1·298	− 8·668	14·289	+ 6·052	+8·668	+17·821	+ 6·660	+ 2	+0·2762
12	1·162	8·689	14·267	6·053	8·689	17·718	6·998	2	·2789
13	1·043	8·724	14·230	6·060	8·724	17·610	7·333	1	·2817
14	0·954	8·770	14·183	6·080	8·770	17·495	7·667	1	·2844
15	0·905	8·820	14·132	6·115	8·820	17·375	7·998	1	·2871
16	+ 0·899	− 8·868	14·083	+ 6·168	+8·868	+17·249	+ 8·327	+ 1	+0·2899
17	0·929	8·906	14·044	6·234	8·906	17·118	8·654	1	·2926
18	0·980	8·927	14·021	6·309	8·927	16·982	8·977	1	·2953
19	1·030	8·931	14·016	6·384	8·931	16·840	9·298	1	·2981
20	1·060	8·919	14·027	6·451	8·919	16·693	9·615	1	·3008
21	+ 1·051	− 8·897	14·047	+ 6·502	+8·897	+16·542	+ 9·930	+ 1	+0·3036
22	0·996	8·876	14·067	6·535	8·876	16·385	10·241	1	·3063
23	0·900	8·865	14·077	6·552	8·865	16·224	10·550	1	·3090
24	0·780	8·872	14·069	6·559	8·872	16·058	10·855	1	·3118
25	0·658	8·898	14·041	6·566	8·898	15·888	11·157	1	·3145
26	+ 0·557	− 8·942	13·996	+ 6·580	+8·942	+15·714	+11·457	+ 1	+0·3172
27	0·491	8·996	13·941	6·609	8·996	15·535	11·753	1	·3200
28	0·467	9·053	13·883	6·654	9·053	15·351	12·047	1	·3227
29	0·479	9·103	13·831	6·714	9·103	15·163	12·337	1	·3255
30	0·515	9·143	13·790	6·783	9·143	14·971	12·624	1	·3282
31	+ 0·559	− 9·167	13·764	+ 6·855	+9·167	+14·773	+12·908	+ 1	+0·3309
Nov. 1	0·597	9·179	13·752	6·926	9·179	14·572	13·189	1	·3337
2	0·619	9·179	13·750	6·989	9·179	14·365	13·467	1	·3364
3	0·617	9·172	13·756	7·043	9·172	14·154	13·741	1	·3392
4	0·586	9·162	13·764	7·086	9·162	13·938	14·011	1	·3419
5	+ 0·529	− 9·155	13·770	+ 7·118	+9·155	+13·717	+14·277	+ 1	+0·3446
6	0·447	9·154	13·770	7·140	9·154	13·492	14·540	+ 1	·3474
7	0·351	9·165	13·758	7·157	9·165	13·262	14·798	0	·3501
8	0·251	9·189	13·733	7·172	9·189	13·027	15·052	0	·3528
9	0·163	9·227	13·693	7·192	9·227	12·788	15·302	0	·3556
10	+ 0·103	− 9·278	13·641	+ 7·223	+9·278	+12·545	+15·547	0	+0·3583
11	0·082	9·335	13·582	7·269	9·335	12·297	15·788	0	·3611
12	0·107	9·392	13·524	7·334	9·392	12·045	16·023	0	·3638
13	0·174	9·440	13·475	7·416	9·440	11·789	16·253	0	·3665
14	0·270	9·471	13·443	7·509	9·471	11·529	16·478	0	·3693
15	+ 0·370	− 9·483	13·429	+ 7·604	+9·483	+11·265	+16·698	+ 1	+0·3720
16	+ 0·453	− 9·478	13·434	+ 7·691	+9·478	+10·998	+16·912	+ 1	+0·3747

FOR 0ʰ DYNAMICAL TIME

Date 0ʰ TDT	Nutation in Long.	Nutation in Obl.	Obl. of Ecliptic 23° 26′	Besselian Day Numbers for Mean Equinox J1996·5 A	B	C	D	E (0ˢ.0001)	Fraction of Year τ
	"	"	"	"	"	"	"		
Nov. 16	+ 0·453	− 9·478	13·434	+ 7·691	+9·478	+10·998	+16·912	+ 1	+0·3747
17	0·498	9·460	13·450	7·764	9·460	10·727	17·121	1	·3775
18	0·496	9·441	13·468	7·818	9·441	10·453	17·324	1	·3802
19	0·453	9·428	13·479	7·856	9·428	10·176	17·522	1	·3830
20	0·381	9·431	13·475	7·882	9·431	9·896	17·714	+ 1	·3857
21	+ 0·301	− 9·452	13·453	+ 7·905	+9·452	+ 9·614	+17·901	0	+0·3884
22	0·235	9·489	13·414	7·934	9·489	9·329	18·082	0	·3912
23	0·199	9·539	13·363	7·975	9·539	9·041	18·259	0	·3939
24	0·203	9·594	13·307	8·031	9·594	8·751	18·430	0	·3966
25	0·245	9·645	13·255	8·102	9·645	8·458	18·596	0	·3994
26	+ 0·316	− 9·686	13·213	+ 8·186	+9·686	+ 8·162	+18·757	0	+0·4021
27	0·403	9·713	13·184	8·275	9·713	7·864	18·912	+ 1	·4049
28	0·490	9·725	13·171	8·364	9·725	7·564	19·062	1	·4076
29	0·563	9·724	13·171	8·449	9·724	7·260	19·207	1	·4103
30	0·614	9·713	13·180	8·524	9·713	6·955	19·346	1	·4131
Dec. 1	+ 0·636	− 9·697	13·195	+ 8·587	+9·697	+ 6·646	+19·480	+ 1	+0·4158
2	0·630	9·681	13·209	8·640	9·681	6·336	19·608	1	·4185
3	0·597	9·670	13·219	8·681	9·670	6·022	19·730	1	·4213
4	0·545	9·668	13·220	8·716	9·668	5·707	19·846	1	·4240
5	0·485	9·678	13·209	8·747	9·678	5·389	19·956	1	·4268
6	+ 0·430	− 9·701	13·185	+ 8·780	+9·701	+ 5·069	+20·060	+ 1	+0·4295
7	0·395	9·736	13·148	8·820	9·736	4·747	20·158	1	·4322
8	0·393	9·782	13·101	8·875	9·782	4·423	20·250	1	·4350
9	0·437	9·829	13·052	8·947	9·829	4·097	20·335	1	·4377
10	0·527	9·871	13·009	9·038	9·871	3·770	20·413	1	·4405
11	+ 0·655	− 9·898	12·981	+ 9·143	+9·898	+ 3·441	+20·485	+ 1	+0·4432
12	0·798	9·904	12·973	9·256	9·904	3·111	20·550	1	·4459
13	0·931	9·890	12·987	9·363	9·890	2·779	20·608	1	·4487
14	1·027	9·860	13·015	9·456	9·860	2·447	20·659	1	·4514
15	1·074	9·824	13·050	9·530	9·824	2·114	20·703	2	·4541
16	+ 1·071	− 9·793	13·080	+ 9·583	+9·793	+ 1·781	+20·740	+ 2	+0·4569
17	1·032	9·775	13·096	9·623	9·775	1·448	20·771	1	·4596
18	0·979	9·776	13·094	9·657	9·776	1·115	20·796	1	·4624
19	0·933	9·793	13·076	9·693	9·793	0·782	20·813	1	·4651
20	0·912	9·824	13·044	9·740	9·824	0·448	20·825	1	·4678
21	+ 0·927	− 9·860	13·006	+ 9·800	+9·860	+ 0·115	+20·831	+ 1	+0·4706
22	0·977	9·895	12·970	9·875	9·895	− 0·217	20·830	1	·4733
23	1·058	9·921	12·942	9·962	9·921	0·550	20·823	1	·4760
24	1·157	9·935	12·927	10·057	9·935	0·883	20·810	2	·4788
25	1·262	9·934	12·927	10·153	9·934	1·215	20·792	2	·4815
26	+ 1·356	− 9·919	12·941	+10·246	+9·919	− 1·547	+20·767	+ 2	+0·4843
27	1·430	9·893	12·966	10·330	9·893	1·878	20·735	2	·4870
28	1·475	9·859	12·998	10·403	9·859	2·210	20·698	2	·4897
29	1·489	9·824	13·032	10·463	9·824	2·540	20·655	2	·4925
30	1·474	9·792	13·063	10·512	9·792	2·871	20·605	2	·4952
31	+ 1·436	− 9·767	13·086	+10·552	+9·767	− 3·200	+20·549	+ 2	+0·4979
32	+ 1·384	− 9·753	13·099	+10·586	+9·753	− 3·530	+20·487	+ 2	+0·5007

SECOND-ORDER DAY NUMBERS, 1996

J for NORTHERN DECLINATIONS
FOR 0^h TDT AND EQUINOX J1996·5

Right Ascension

Date		0^h 12^h	1^h 13^h	2^h 14^h	3^h 15^h	4^h 16^h	5^h 17^h	6^h 18^h	7^h 19^h	8^h 20^h	9^h 21^h	10^h 22^h	11^h 23^h	12^h 24^h
Jan.	−2	+ 3	+ 4	+ 3	+ 2	0	− 1	− 3	− 4	− 3	− 2	0	+ 1	+ 3
	8	+ 2	+ 3	+ 3	+ 3	+ 2	0	− 2	− 3	− 3	− 3	− 2	0	+ 2
	18	0	+ 1	+ 2	+ 3	+ 2	+ 1	0	− 1	− 2	− 3	− 2	− 1	0
	28	− 1	0	+ 1	+ 2	+ 2	+ 2	+ 1	0	− 1	− 2	− 2	− 2	− 1
Feb.	7	− 2	− 1	0	+ 1	+ 2	+ 2	+ 2	+ 1	0	− 1	− 2	− 2	− 2
	17	− 2	− 1	− 1	0	+ 1	+ 1	+ 2	+ 1	+ 1	0	− 1	− 1	− 2
	27	− 1	− 2	− 2	− 1	0	0	+ 1	+ 2	+ 2	+ 1	0	0	− 1
Mar.	8	0	− 1	− 2	− 2	− 1	− 1	0	+ 1	+ 2	+ 2	+ 1	+ 1	0
	18	+ 1	0	− 1	− 2	− 2	− 2	− 1	0	+ 1	+ 2	+ 2	+ 2	+ 1
	28	+ 2	+ 1	0	− 1	− 2	− 2	− 2	− 1	0	+ 1	+ 2	+ 2	+ 2
Apr.	7	+ 3	+ 2	+ 1	0	− 2	− 2	− 3	− 2	− 1	0	+ 2	+ 2	+ 3
	17	+ 3	+ 3	+ 2	+ 1	− 1	− 2	− 3	− 3	− 2	− 1	+ 1	+ 2	+ 3
	27	+ 3	+ 4	+ 4	+ 3	+ 1	− 1	− 3	− 4	− 4	− 3	− 1	+ 1	+ 3
May	7	+ 2	+ 4	+ 4	+ 4	+ 2	0	− 2	− 4	− 4	− 4	− 2	0	+ 2
	17	+ 1	+ 3	+ 5	+ 5	+ 4	+ 2	− 1	− 3	− 5	− 5	− 4	− 2	+ 1
	27	− 1	+ 2	+ 5	+ 6	+ 5	+ 4	+ 1	− 2	− 5	− 6	− 5	− 4	− 1
June	6	− 3	0	+ 3	+ 6	+ 6	+ 5	+ 3	0	− 3	− 6	− 6	− 5	− 3
	16	− 5	− 2	+ 2	+ 5	+ 7	+ 7	+ 5	+ 2	− 2	− 5	− 7	− 7	− 5
	26	− 7	− 4	0	+ 4	+ 7	+ 8	+ 7	+ 4	0	− 4	− 7	− 8	− 7
July	6	− 8	− 6	− 2	+ 2	+ 5	+ 8	+ 8	+ 6	+ 2	− 2	− 5	− 8	− 8
	16	− 9	− 8	− 5	− 1	+ 4	+ 7	+ 9	+ 8	+ 5	+ 1	− 4	− 7	− 9
	26	− 9	− 9	− 7	− 3	+ 2	+ 6	+ 9	+ 9	+ 7	+ 3	− 2	− 6	− 9
Aug.	5	− 8	−10	− 9	− 6	− 1	+ 4	+ 8	+10	+ 9	+ 6	+ 1	− 4	− 8
	15	− 6	− 9	−10	− 8	− 4	+ 1	+ 6	+ 9	+10	+ 8	+ 4	− 1	− 6
	25	− 4	− 8	−11	−10	− 7	− 2	+ 4	+ 8	+11	+10	+ 7	+ 2	− 4
Sept.	4	− 1	− 7	−10	−11	− 9	− 5	+ 1	+ 7	+10	+11	+ 9	+ 5	− 1
	14	+ 2	− 4	− 9	−12	−11	− 8	− 2	+ 4	+ 9	+12	+11	+ 8	+ 2
	24	+ 6	− 1	− 7	−11	−13	−11	− 6	+ 1	+ 7	+11	+13	+11	+ 6
Oct.	4	+ 9	+ 3	− 4	−10	−13	−13	− 9	− 3	+ 4	+10	+13	+13	+ 9
	14	+12	+ 6	− 1	− 8	−13	−14	−12	− 6	+ 1	+ 8	+13	+14	+12
	24	+14	+10	+ 3	− 5	−11	−15	−14	−10	− 3	+ 5	+11	+15	+14
Nov.	3	+16	+13	+ 6	− 2	− 9	−14	−16	−13	− 6	+ 2	+ 9	+14	+16
	13	+16	+15	+10	+ 2	− 7	−13	−16	−15	−10	− 2	+ 7	+13	+16
	23	+16	+16	+13	+ 6	− 3	−11	−16	−16	−13	− 6	+ 3	+11	+16
Dec.	3	+14	+17	+15	+ 9	+ 1	− 8	−14	−17	−15	− 9	− 1	+ 8	+14
	13	+12	+17	+16	+12	+ 4	− 5	−12	−17	−16	−12	− 4	+ 5	+12
	23	+ 9	+15	+17	+14	+ 7	− 1	− 9	−15	−17	−14	− 7	+ 1	+ 9
	33	+ 6	+13	+16	+15	+10	+ 2	− 6	−13	−16	−15	−10	− 2	+ 6

The second-order day number *J* is given in this table in units of 0^{s}000 01.
The apparent right ascension of a star is given by:

$$\alpha = \alpha_1 + \tau\mu_\alpha / 100 + Aa + Bb + Cc + Dd + E + J \tan^2 \delta_1$$

where the position (α_1, δ_1) and centennial proper motion in right ascension (μ_α) are referred to the mean equator and equinox of J1996·5

J' for NORTHERN DECLINATIONS
FOR 0ʰ TDT AND EQUINOX J1996·5

Right Ascension

Date		0ʰ 12ʰ	1ʰ 13ʰ	2ʰ 14ʰ	3ʰ 15ʰ	4ʰ 16ʰ	5ʰ 17ʰ	6ʰ 18ʰ	7ʰ 19ʰ	8ʰ 20ʰ	9ʰ 21ʰ	10ʰ 22ʰ	11ʰ 23ʰ	12ʰ 24ʰ
Jan.	−2	− 1	− 2	− 4	− 5	− 5	− 5	− 4	− 3	− 2	− 1	0	0	− 1
	8	0	− 1	− 2	− 3	− 4	− 5	− 4	− 3	− 2	− 1	0	0	0
	18	0	0	− 1	− 2	− 3	− 4	− 4	− 3	− 3	− 2	− 1	0	0
	28	0	0	0	− 1	− 2	− 2	− 3	− 3	− 3	− 2	− 1	− 1	0
Feb.	7	− 1	0	0	0	− 1	− 1	− 2	− 3	− 3	− 3	− 2	− 1	− 1
	17	− 1	− 1	0	0	0	− 1	− 1	− 2	− 2	− 2	− 2	− 2	− 1
	27	− 2	− 1	− 1	0	0	0	0	− 1	− 2	− 2	− 2	− 2	− 2
Mar.	8	− 3	− 2	− 2	− 1	0	0	0	0	− 1	− 1	− 2	− 2	− 3
	18	− 3	− 3	− 3	− 2	− 1	− 1	0	0	0	− 1	− 2	− 2	− 3
	28	− 3	− 3	− 3	− 3	− 2	− 2	− 1	0	0	0	− 1	− 2	− 3
Apr.	7	− 2	− 3	− 4	− 4	− 4	− 3	− 2	− 1	0	0	0	− 1	− 2
	17	− 2	− 3	− 4	− 5	− 5	− 4	− 3	− 2	− 1	0	0	− 1	− 2
	27	− 1	− 2	− 4	− 5	− 6	− 6	− 5	− 3	− 2	− 1	0	0	− 1
May	7	0	− 2	− 3	− 5	− 6	− 7	− 6	− 5	− 4	− 2	− 1	0	0
	17	0	− 1	− 2	− 4	− 6	− 8	− 8	− 7	− 5	− 3	− 1	0	0
	27	0	0	− 2	− 4	− 6	− 8	− 9	− 8	− 7	− 5	− 3	− 1	0
June	6	− 1	0	− 1	− 3	− 5	− 7	− 9	−10	− 9	− 7	− 5	− 2	− 1
	16	− 2	0	0	− 2	− 4	− 7	− 9	−10	−10	− 9	− 7	− 4	− 2
	26	− 3	− 1	0	− 1	− 3	− 6	− 9	−11	−12	−11	− 9	− 6	− 3
July	6	− 5	− 2	0	0	− 2	− 4	− 7	−10	−12	−12	−11	− 8	− 5
	16	− 7	− 4	− 1	0	− 1	− 3	− 6	− 9	−12	−13	−12	−10	− 7
	26	− 9	− 6	− 2	0	0	− 2	− 5	− 8	−11	−13	−14	−12	− 9
Aug.	5	−12	− 8	− 4	− 1	0	− 1	− 3	− 6	−10	−13	−14	−14	−12
	15	−14	−11	− 7	− 3	− 1	0	− 2	− 5	− 9	−12	−15	−15	−14
	25	−16	−13	− 9	− 5	− 2	0	− 1	− 3	− 7	−11	−14	−16	−16
Sept.	4	−17	−16	−12	− 8	− 4	− 1	0	− 2	− 5	− 9	−13	−16	−17
	14	−18	−17	−15	−11	− 6	− 2	0	− 1	− 3	− 7	−12	−16	−18
	24	−18	−19	−17	−14	− 9	− 4	− 1	0	− 2	− 5	−10	−15	−18
Oct.	4	−18	−20	−20	−17	−12	− 7	− 2	0	− 1	− 3	− 8	−13	−18
	14	−17	−20	−21	−19	−15	−10	− 5	− 1	0	− 2	− 6	−12	−17
	24	−15	−20	−22	−22	−18	−13	− 7	− 3	0	− 1	− 4	− 9	−15
Nov.	3	−13	−19	−23	−24	−21	−17	−10	− 5	− 1	0	− 2	− 7	−13
	13	−11	−17	−22	−24	−23	−19	−14	− 7	− 2	0	− 1	− 5	−11
	23	− 8	−15	−21	−24	−25	−22	−17	−10	− 4	− 1	0	− 3	− 8
Dec.	3	− 6	−12	−19	−24	−26	−24	−20	−13	− 7	− 2	0	− 1	− 6
	13	− 4	−10	−16	−22	−25	−25	−22	−16	− 9	− 4	0	0	− 4
	23	− 2	− 7	−13	−20	−24	−25	−23	−18	−12	− 6	− 1	0	− 2
	33	− 1	− 5	−10	−17	−22	−24	−23	−20	−14	− 8	− 3	0	− 1

The second-order day number J' is given in this table in units of $0\overset{''}{.}0001$.
The apparent declination of a star is given by:

$$\delta = \delta_1 + \tau\mu_\delta / 100 + Aa' + Bb' + Cc' + J' \tan \delta_1$$

where the declination (δ_1) and centennial proper motion in declination
(μ_δ) are referred to the mean equator and equinox of J1996·5

J for SOUTHERN DECLINATIONS
FOR 0^h TDT AND EQUINOX J1996·5

Right Ascension

Date		0^h 12^h	1^h 13^h	2^h 14^h	3^h 15^h	4^h 16^h	5^h 17^h	6^h 18^h	7^h 19^h	8^h 20^h	9^h 21^h	10^h 22^h	11^h 23^h	12^h 24^h
Jan.	−2	−10	− 4	+ 4	+11	+14	+14	+10	+ 4	− 4	−11	−14	−14	−10
	8	−13	− 7	+ 1	+ 8	+13	+15	+13	+ 7	− 1	− 8	−13	−15	−13
	18	−14	−10	− 3	+ 5	+11	+15	+14	+10	+ 3	− 5	−11	−15	−14
	28	−15	−12	− 6	+ 1	+ 8	+13	+15	+12	+ 6	− 1	− 8	−13	−15
Feb.	7	−14	−13	− 9	− 2	+ 5	+11	+14	+13	+ 9	+ 2	− 5	−11	−14
	17	−12	−14	−11	− 6	+ 1	+ 8	+12	+14	+11	+ 6	− 1	− 8	−12
	27	−10	−13	−12	− 8	− 2	+ 5	+10	+13	+12	+ 8	+ 2	− 5	−10
Mar.	8	− 7	−12	−13	−10	− 5	+ 1	+ 7	+12	+13	+10	+ 5	− 1	− 7
	18	− 4	− 9	−12	−11	− 8	− 2	+ 4	+ 9	+12	+11	+ 8	+ 2	− 4
	28	− 1	− 6	−11	−12	−10	− 5	+ 1	+ 6	+11	+12	+10	+ 5	− 1
Apr.	7	+ 2	− 3	− 8	−11	−11	− 8	− 2	+ 3	+ 8	+11	+11	+ 8	+ 2
	17	+ 5	0	− 6	−10	−11	− 9	− 5	0	+ 6	+10	+11	+ 9	+ 5
	27	+ 8	+ 3	− 3	− 8	−10	−10	− 8	− 3	+ 3	+ 8	+10	+10	+ 8
May	7	+ 9	+ 5	0	− 5	− 9	−11	− 9	− 5	0	+ 5	+ 9	+11	+ 9
	17	+10	+ 7	+ 3	− 2	− 7	−10	−10	− 7	− 3	+ 2	+ 7	+10	+10
	27	+10	+ 9	+ 5	0	− 5	− 8	−10	− 9	− 5	0	+ 5	+ 8	+10
June	6	+ 9	+ 9	+ 7	+ 3	− 2	− 6	− 9	− 9	− 7	− 3	+ 2	+ 6	+ 9
	16	+ 8	+ 9	+ 8	+ 5	0	− 4	− 8	− 9	− 8	− 5	0	+ 4	+ 8
	26	+ 6	+ 8	+ 8	+ 6	+ 3	− 2	− 6	− 8	− 8	− 6	− 3	+ 2	+ 6
July	6	+ 3	+ 7	+ 8	+ 7	+ 4	+ 1	− 3	− 7	− 8	− 7	− 4	− 1	+ 3
	16	+ 1	+ 5	+ 7	+ 7	+ 5	+ 2	− 1	− 5	− 7	− 7	− 5	− 2	+ 1
	26	− 1	+ 3	+ 5	+ 6	+ 6	+ 4	+ 1	− 3	− 5	− 6	− 6	− 4	− 1
Aug.	5	− 2	+ 1	+ 3	+ 5	+ 6	+ 4	+ 2	− 1	− 3	− 5	− 6	− 4	− 2
	15	− 3	− 1	+ 2	+ 4	+ 5	+ 5	+ 3	+ 1	− 2	− 4	− 5	− 5	− 3
	25	− 3	− 2	0	+ 2	+ 4	+ 4	+ 3	+ 2	0	− 2	− 4	− 4	− 3
Sept.	4	− 3	− 2	− 1	+ 1	+ 2	+ 3	+ 3	+ 2	+ 1	− 1	− 2	− 3	− 3
	14	− 3	− 3	− 2	− 1	+ 1	+ 2	+ 3	+ 3	+ 2	+ 1	− 1	− 2	− 3
	24	− 2	− 2	− 2	− 1	0	+ 1	+ 2	+ 2	+ 2	+ 1	0	− 1	− 2
Oct.	4	− 1	− 1	− 2	− 1	− 1	0	+ 1	+ 1	+ 2	+ 1	+ 1	0	− 1
	14	0	0	− 1	− 1	− 1	− 1	0	0	+ 1	+ 1	+ 1	+ 1	0
	24	+ 1	+ 1	0	− 1	− 1	− 1	− 1	− 1	0	+ 1	+ 1	+ 1	+ 1
Nov.	3	+ 1	+ 1	+ 1	0	0	− 1	− 1	− 1	− 1	0	0	+ 1	+ 1
	13	+ 1	+ 1	+ 1	+ 1	+ 1	0	− 1	− 1	− 1	− 1	− 1	0	+ 1
	23	0	+ 1	+ 1	+ 2	+ 2	+ 1	0	− 1	− 1	− 2	− 2	− 1	0
Dec.	3	− 1	0	+ 1	+ 2	+ 2	+ 2	+ 1	0	− 1	− 2	− 2	− 2	− 1
	13	− 3	− 2	0	+ 1	+ 2	+ 3	+ 3	+ 2	0	− 1	− 2	− 3	− 3
	23	− 4	− 3	− 2	0	+ 2	+ 3	+ 4	+ 3	+ 2	0	− 2	− 3	− 4
	33	− 4	− 4	− 3	− 1	+ 1	+ 3	+ 4	+ 4	+ 3	+ 1	− 1	− 3	− 4

The second-order day number *J* is given in this table in units of $0\overset{s}{.}000\ 01$.
The apparent right ascension of a star is given by:

$$\alpha = \alpha_1 + \tau\mu_a / 100 + Aa + Bb + Cc + Dd + E + J \tan^2 \delta_1$$

where the position (α_1, δ_1) and centennial proper motion in right ascension (μ_a) are referred to the mean equator and equinox of J1996·5

J′ for SOUTHERN DECLINATIONS
FOR 0ʰ TDT AND EQUINOX J1996·5

Right Ascension

Date	0ʰ 12ʰ	1ʰ 13ʰ	2ʰ 14ʰ	3ʰ 15ʰ	4ʰ 16ʰ	5ʰ 17ʰ	6ʰ 18ʰ	7ʰ 19ʰ	8ʰ 20ʰ	9ʰ 21ʰ	10ʰ 22ʰ	11ʰ 23ʰ	12ʰ 24ʰ
Jan. −2	− 3	0	0	− 3	− 8	−14	−19	−22	−22	−19	−14	− 8	− 3
8	− 5	− 1	0	− 2	− 6	−12	−17	−21	−22	−21	−16	−11	− 5
18	− 8	− 3	0	− 1	− 4	− 9	−15	−20	−22	−22	−19	−13	− 8
28	−10	− 5	− 1	0	− 2	− 6	−12	−17	−21	−22	−20	−16	−10
Feb. 7	−12	− 7	− 2	0	− 1	− 4	− 9	−14	−19	−21	−20	−17	−12
17	−15	− 9	− 4	− 1	0	− 2	− 6	−11	−16	−20	−21	−19	−15
27	−16	−12	− 6	− 2	0	− 1	− 4	− 8	−13	−18	−20	−19	−16
Mar. 8	−17	−13	− 9	− 4	− 1	0	− 2	− 6	−10	−15	−18	−19	−17
18	−18	−15	−11	− 6	− 2	0	− 1	− 3	− 7	−12	−16	−18	−18
28	−18	−16	−13	− 8	− 4	− 1	0	− 1	− 5	− 9	−14	−17	−18
Apr. 7	−17	−17	−14	−10	− 6	− 2	0	0	− 3	− 7	−11	−15	−17
17	−15	−17	−15	−12	− 8	− 4	− 1	0	− 1	− 4	− 8	−13	−15
27	−14	−16	−16	−14	−10	− 6	− 2	0	0	− 2	− 6	−10	−14
May 7	−12	−15	−16	−15	−12	− 8	− 4	− 1	0	− 1	− 4	− 8	−12
17	− 9	−13	−15	−15	−13	−10	− 6	− 2	0	0	− 2	− 5	− 9
27	− 7	−11	−14	−15	−14	−11	− 8	− 4	− 1	0	− 1	− 3	− 7
June 6	− 5	− 9	−12	−14	−14	−12	− 9	− 6	− 2	0	0	− 2	− 5
16	− 3	− 6	−10	−12	−14	−13	−10	− 7	− 4	− 1	0	− 1	− 3
26	− 2	− 4	− 8	−10	−12	−12	−11	− 8	− 5	− 2	0	0	− 2
July 6	− 1	− 3	− 6	− 9	−11	−12	−11	− 9	− 6	− 3	− 1	0	− 1
16	0	− 1	− 4	− 6	− 9	−11	−11	−10	− 7	− 4	− 2	0	0
26	0	0	− 2	− 4	− 7	− 9	−10	− 9	− 8	− 5	− 3	− 1	0
Aug. 5	0	0	− 1	− 3	− 5	− 7	− 8	− 8	− 8	− 6	− 4	− 2	0
15	− 1	0	0	− 1	− 3	− 5	− 6	− 7	− 7	− 6	− 4	− 2	− 1
25	− 1	0	0	0	− 2	− 3	− 5	− 6	− 6	− 6	− 4	− 3	− 1
Sept. 4	− 2	− 1	0	0	− 1	− 2	− 3	− 4	− 5	− 5	− 4	− 3	− 2
14	− 2	− 1	− 1	0	0	− 1	− 2	− 3	− 3	− 4	− 4	− 3	− 2
24	− 2	− 2	− 1	0	0	0	− 1	− 1	− 2	− 3	− 3	− 3	− 2
Oct. 4	− 2	− 2	− 1	− 1	0	0	0	0	− 1	− 2	− 2	− 2	− 2
14	− 2	− 2	− 2	− 1	− 1	0	0	0	0	− 1	− 1	− 2	− 2
24	− 1	− 2	− 2	− 2	− 1	− 1	0	0	0	0	0	− 1	− 1
Nov. 3	− 1	− 1	− 1	− 2	− 2	− 1	− 1	− 1	0	0	0	0	− 1
13	0	− 1	− 1	− 2	− 2	− 2	− 2	− 2	− 1	− 1	0	0	0
23	0	0	− 1	− 1	− 2	− 2	− 3	− 2	− 2	− 1	− 1	0	0
Dec. 3	0	0	0	− 1	− 1	− 2	− 3	− 3	− 3	− 3	− 2	− 1	0
13	− 1	0	0	0	− 1	− 2	− 3	− 4	− 4	− 4	− 3	− 2	− 1
23	− 3	− 1	0	0	0	− 1	− 3	− 4	− 5	− 6	− 5	− 4	− 3
33	− 4	− 3	− 1	0	0	− 1	− 2	− 4	− 6	− 7	− 7	− 6	− 4

The second-order day number J' is given in this table in units of 0″.0001.
The apparent declination of a star is given by:

$$\delta = \delta_1 + \tau\mu_\delta / 100 + Aa' + Bb' + Cc' + J' \tan \delta_1$$

where the declination (δ_1) and centennial proper motion in declination (μ_δ) are referred to the mean equator and equinox of J1996·5

Planetary reduction

Data and formulae are provided for the precise computation for an object within the solar system of apparent geocentric right ascension and declination at an epoch in terrestrial dynamical time, from a barycentric ephemeris in rectangular coordinates and barycentric dynamical time referred to the standard equator and equinox of J2000·0. The stages in the reduction may be summarised as follows:

1. Convert from terrestrial dynamical time TDT (proper time) to barycentric dynamical time TDB (coordinate time).

2. Calculate the geocentric rectangular coordinates of the planet from barycentric ephemerides of the planet and the Earth for the standard equator and equinox of J2000·0 and coordinate time argument TDB, allowing for light time calculated from heliocentric coordinates.

3. Calculate the direction of the planet relative to the natural frame (i.e. the geocentric inertial frame that is instantaneously stationary in the space time reference frame of the solar system), allowing for light deflection due to solar gravitation.

4. Calculate the direction of the planet relative to the geocentric proper frame by applying the correction for the Earth's orbital velocity about the barycentre (i.e. annual aberration). The resulting direction is for the standard equator and equinox of J2000·0.

5. Apply precession and nutation to convert to the true equator and equinox of date.

6. Convert to spherical coordinates.

Formulae and method for planetary reduction

Step 1. The apparent place is required for a time in TDT whilst the barycentric ephemeris is referred to TDB. For calculating an apparent place the following approximate formulae are sufficient for converting from TDT to TDB:

$$\text{TDB} = \text{TDT} + 0\overset{s}{\cdot}001\,658\sin g + 0\overset{s}{\cdot}000\,014\sin 2g$$

where $g = 357\overset{\circ}{\cdot}53 + 0\overset{\circ}{\cdot}985\,6003\,(\text{JD} - 245\,1545\cdot0)$
and JD = Julian date to two decimals of a day.

Step 2. Obtain the Earth's barycentric position $\mathbf{E}_B(t)$ in au and velocity $\dot{\mathbf{E}}_B(t)$ in au/d, at coordinate time $t = \text{TDB}$ referred to the equator and equinox of J2000·0.

Using an ephemeris, obtain the barycentric position of the planet $\mathbf{Q}_B$ in au at time $(t - \tau)$ for the equator and equinox of J2000·0 where τ is the light time, so that light emitted by the planet at the event $\mathbf{Q}_B(t - \tau)$ arrives at the Earth at the event $\mathbf{E}_B(t)$.

The light time equation is solved iteratively using the heliocentric position of the Earth $(\mathbf{E})$ and the planet $(\mathbf{Q})$, starting with the approximation $\tau = 0$, as follows:

Form $\mathbf{P}$, the vector from the Earth to the planet from the equation:

$$\mathbf{P} = \mathbf{Q}_B(t - \tau) - \mathbf{E}_B(t)$$

Form $\mathbf{E}$ and $\mathbf{Q}$ from the equations: $\mathbf{E} = \mathbf{E}_B(t) - \mathbf{S}_B(t)$

$$\mathbf{Q} = \mathbf{Q}_B(t - \tau) - \mathbf{S}_B(t - \tau)$$

where $\mathbf{S}_B$ is the barycentric position of the Sun.

Calculate τ from: $c\tau = P + (2\mu/c^2)\ln[(E + P + Q)/(E - P + Q)]$

where the light time (τ) includes the effect of gravitational retardation due to the Sun, and

$\mu = GM_0$ c = velocity of light = 173·1446 au/d
G = the gravitational constant $\mu/c^2 = 9\cdot87 \times 10^{-9}$ au
M_0 = mass of Sun $P = |\mathbf{P}|, Q = |\mathbf{Q}|, E = |\mathbf{E}|$

where | | means calculate the square root of the sum of the squares of the components.

Formulae and method for planetary reduction (continued)

After convergence, form unit vectors **p**, **q**, **e** by dividing **P**, **Q**, **E** by P, Q, E respectively.

Step 3. Calculate the geocentric direction ($\mathbf{p}_1$) of the planet, corrected for light deflection in the natural frame, from:

$$\mathbf{p}_1 = \mathbf{p} + (2\mu/c^2 E)((\mathbf{p} \cdot \mathbf{q})\mathbf{e} - (\mathbf{e} \cdot \mathbf{p})\mathbf{q})/(1 + \mathbf{q} \cdot \mathbf{e})$$

where the dot indicates a scalar product. (The scalar product of two vectors is the sum of the products of their corresponding components in the same reference frame.)

The vector $\mathbf{p}_1$ is a unit vector to order μ/c^2.

Step 4. Calculate the proper direction of the planet ($\mathbf{p}_2$) in the geocentric inertial frame that is moving with the instantaneous velocity (**V**) of the Earth relative to the natural frame from:

$$\mathbf{p}_2 = (\beta^{-1}\mathbf{p}_1 + (1 + (\mathbf{p}_1 \cdot \mathbf{V})/(1 + \beta^{-1}))\,\mathbf{V})/(1 + \mathbf{p}_1 \cdot \mathbf{V})$$

where $\mathbf{V} = \dot{\mathbf{E}}_B/c = 0.005\,7755\,\dot{\mathbf{E}}_B$ and $\beta = (1 - V^2)^{-1/2}$; the velocity (**V**) is expressed in units of the velocity of light and is equal to the Earth's velocity in the barycentric frame to order V^2.

Step 5. Apply precession and nutation to the proper direction ($\mathbf{p}_2$) by multiplying by the rotation matrix **R** given on the odd pages B45 to B59 to obtain the apparent direction $\mathbf{p}_3$ from:

$$\mathbf{p}_3 = \mathbf{R}\,\mathbf{p}_2$$

using row by column multiplication.

Step 6. Convert to spherical coordinates α, δ using: $\alpha = \tan^{-1}(\eta/\xi), \delta = \sin^{-1}\zeta$ where $\mathbf{p}_3 = (\xi, \eta, \zeta)$ and the quadrant of α is determined by the signs of ξ and η.

Example of planetary reduction

Calculate the apparent place of Venus on 1996 December 25 at 0^h TDT:

Step 1. From page B15, JD = 245 0442·5,
hence $g = 350°.91$ and TDB − TDT = -3.1×10^{-9} days.
The difference between TDB and TDT may be neglected in this example.

Step 2. Tabular values, taken from the JPL DE200/LE200 barycentric ephemeris, referred to J2000·0, which are required for the calculation, are as follows:

Vector	Julian date (TDB)	x	y	z
		Rectangular components		
$\mathbf{E}_B$	245 0442·5	−0·066 554 262	+0·906 141 594	+0·393 026 174
$\dot{\mathbf{E}}_B$	245 0442·5	−0·017 452 057	−0·001 033 364	−0·000 447 868
$\mathbf{Q}_B$	245 0440·5	−0·609 906 650	−0·369 311 657	−0·127 865 492
	245 0441·5	−0·598 730 470	−0·384 431 198	−0·135 374 854
	245 0442·5	−0·587 089 743	−0·399 245 034	−0·142 776 089
	245 0443·5	−0·574 993 855	−0·413 741 736	−0·150 063 463
	245 0444·5	−0·562 452 544	−0·427 910 138	−0·157 231 334
$\mathbf{S}_B$	245 0441·5	−0·006 129 671	+0·005 558 846	+0·002 564 254
	245 0442·5	−0·006 135 947	+0·005 553 870	+0·002 562 294
	245 0443·5	−0·006 142 217	+0·005 548 887	+0·002 560 329

Example of planetary reduction (continued)

Hence on JD 245 0442·5

$\mathbf{E} = (-0.060\ 418\ 315,\ \ +0.900\ 587\ 724,\ \ +0.390\ 463\ 880)$ $E = 0.983\ 448\ 353$

The first iteration, with $\tau = 0$, gives:

$\mathbf{P} = (-0.520\ 535\ 481,\ \ -1.305\ 386\ 628,\ \ -0.535\ 802\ 263)$ $P = 1.504\ 019\ 781$
$\mathbf{Q} = (-0.580\ 953\ 796,\ \ -0.404\ 798\ 904,\ \ -0.145\ 338\ 383)$ $Q = 0.722\ 836\ 573$
$\tau = 0^{\mathrm{d}}008\ 686\ 49$

The second iteration, with $\tau = 0^{\mathrm{d}}008\ 686\ 49$ using Stirling's central-difference formula up to δ^4 to interpolate $\mathbf{Q}_{\mathrm{B}}$, and up to δ^2 to interpolate $\mathbf{S}_{\mathrm{B}}$, gives:

$\mathbf{P} = (-0.520\ 638\ 572,\ \ -1.305\ 259\ 297,\ \ -0.535\ 738\ 454)$ $P = 1.503\ 922\ 221$
$\mathbf{Q} = (-0.581\ 056\ 941,\ \ -0.404\ 671\ 616,\ \ -0.145\ 274\ 591)$ $Q = 0.722\ 835\ 384$
$\tau = 0^{\mathrm{d}}008\ 685\ 93$

Iterate until P changes by less than 10^{-9}.

Hence the unit vectors are:

$\mathbf{p} = (-0.346\ 187\ 160,\ \ -0.867\ 903\ 460,\ \ -0.356\ 227\ 502)$
$\mathbf{q} = (-0.803\ 857\ 901,\ \ -0.559\ 839\ 257,\ \ -0.200\ 978\ 810)$
$\mathbf{e} = (-0.061\ 435\ 168,\ \ +0.915\ 744\ 809,\ \ +0.397\ 035\ 471)$

Step 3. Calculate the scalar products:

$\mathbf{p} \cdot \mathbf{q} = +0.835\ 765\ 892$ $\mathbf{e} \cdot \mathbf{p} = -0.914\ 944\ 976$ $\mathbf{q} \cdot \mathbf{e} = -0.543\ 080\ 464$ then

$(2\mu/c^2 E)((\mathbf{p} \cdot \mathbf{q})\mathbf{e} - (\mathbf{e} \cdot \mathbf{p})\mathbf{q})/(1 + \mathbf{q} \cdot \mathbf{e}) = (-0.000\ 000\ 035, +0.000\ 000\ 011, +0.000\ 000\ 006)$
and $\mathbf{p}_1 = (-0.346\ 187\ 195, -0.867\ 903\ 449, -0.356\ 227\ 496)$

Step 4. Take $\dot{\mathbf{E}}_{\mathrm{B}}$ from the table in *Step* 2 and calculate:

$\mathbf{V} = 0.005\ 7755\ \dot{\mathbf{E}}_{\mathrm{B}} = (-0.000\ 100\ 795,\ \ -0.000\ 005\ 968,\ \ -0.000\ 002\ 587)$

Then $V = 0.000\ 101\ 004$, $\beta = 1.000\ 000\ 005$ and $\beta^{-1} = 0.999\ 999\ 995$

Calculate the scalar product $\mathbf{p}_1 \cdot \mathbf{V} = +0.000\ 040\ 995$

Then $1 + (\mathbf{p}_1 \cdot \mathbf{V})/(1 + \beta^{-1}) = 1.000\ 020\ 498$

Hence $\mathbf{p}_2 = (-0.346\ 273\ 794,\ \ -0.867\ 873\ 835,\ \ -0.356\ 215\ 477)$

Step 5. From page B59, the precession and nutation matrix $\mathbf{R}$ is given by:

$$\mathbf{R} = \begin{bmatrix} +0.999\ 999\ 73 & +0.000\ 669\ 37 & +0.000\ 290\ 88 \\ -0.000\ 669\ 38 & +0.999\ 999\ 77 & +0.000\ 048\ 07 \\ -0.000\ 290\ 85 & -0.000\ 048\ 26 & +0.999\ 999\ 96 \end{bmatrix}$$

Hence $\mathbf{p}_3 = \mathbf{R}\,\mathbf{p}_2 = (-0.346\ 958\ 24,\ \ -0.867\ 658\ 97,\ \ -0.356\ 072\ 87)$

Step 6. Converting to spherical coordinates

$$\alpha = 16^{\mathrm{h}}\ 32^{\mathrm{m}}\ 49^{\mathrm{s}}10 \qquad \delta = -20° 51' 33''2$$

The geometric distance between the Earth and Venus at time $t = $ JD 245 0442·5 is the value of $P = 1.504\ 019\ 781$ au in the first iteration in *Step* 2, where $\tau = 0$. The light path distance between the Earth at time t and Venus at time $(t - \tau)$ is the value of $P = 1.503\ 922\ 227$ au in the final iteration in *Step* 2, where $\tau = 0^{\mathrm{d}}008\ 685\ 93$.

Solar reduction

The method for solar reduction is identical to the method for planetary reduction, except for the following differences:

In *Step* 2 set $\mathbf{Q_B} = \mathbf{S_B}$ and hence $\mathbf{P} = \mathbf{S_B}(t - \tau) - \mathbf{E_B}(t)$. Calculate the light time (τ) by iteration from $\tau = P/c$ and form the unit vector $\mathbf{p}$ only.

In *Step* 3 set $\mathbf{p_1} = \mathbf{p}$ since there is no light deflection from the centre of the Sun's disk.

Stellar reduction

The method for planetary reduction may be applied with some modification to the calculation of the apparent places of stars.

The barycentric direction of a star at epoch TDB is calculated from its right ascension, declination and space motion for the standard equator and equinox of J2000·0 on the FK5 system. A concise method of conversion from B1950·0 on the FK4 system to J2000·0 on the FK5 system is given on page B42.

The main modifications to the planetary reduction in the stellar case are: in *Step* 1, the distinction between TDB and TDT is not significant; in *Step* 2, the space motion of the star is included but light time is ignored; in *Step* 3, the relativity term for light deflection is modified to the asymptotic case where the star is assumed to be at infinity.

Formulae and method for stellar reduction

The steps in the stellar reduction are as follows:

Step 1.   Set TDB = TDT

Step 2.   Obtain the Earth's barycentric position $\mathbf{E_B}$ in au and velocity $\mathbf{\dot{E}_B}$ in au/d, at coordinate time t = TDB referred to the equator and equinox of J2000·0.

The barycentric direction ($\mathbf{q}$) of a star at epoch J2000·0, referred to the standard equator and equinox of J2000·0, is given by:

$$\mathbf{q} = (\cos \alpha_0 \cos \delta_0, \ \sin \alpha_0 \cos \delta_0, \ \sin \delta_0)$$

where α_0 and δ_0 are the right ascension and declination for the equator, equinox and epoch of J2000·0.

The space motion vector $\mathbf{m} = (m_x, m_y, m_z)$ of the star expressed in radians per century, is given by:

$$
\begin{aligned}
m_x &= -\mu_\alpha \cos \delta_0 \sin \alpha_0 \ - \mu_\delta \sin \delta_0 \cos \alpha_0 \ + v\pi \cos \delta_0 \cos \alpha_0 \\
m_y &= \ \ \mu_\alpha \cos \delta_0 \cos \alpha_0 \ - \mu_\delta \sin \delta_0 \sin \alpha_0 \ + v\pi \cos \delta_0 \sin \alpha_0 \\
m_z &= \qquad\qquad\qquad\qquad\ \ \mu_\delta \cos \delta_0 \qquad + v\pi \sin \delta_0
\end{aligned}
$$

where these expressions take into account radial velocity (v) in au/century (1 km/s = 21·095 au/century), measured positively away from the Earth, as well as proper motion (μ_α, μ_δ) in right ascension and declination in radians/century, and π is the parallax in radians.

Calculate $\mathbf{P}$, the geocentric vector of the star at the required epoch, from:

$$\mathbf{P} = \mathbf{q} + T\,\mathbf{m} - \pi\,\mathbf{E_B}$$

where T = (JD − 245 1545·0)/36 525, which is the interval in Julian centuries from J2000·0, and JD is the Julian date to one decimal of a day.

Formulae and method for stellar reduction (continued)

Form the heliocentric position of the Earth (**E**) from:

$$\mathbf{E} = \mathbf{E}_B - \mathbf{S}_B$$

where $\mathbf{S}_B$ is the barycentric position of the Sun at time t.

Form the geocentric direction (**p**) of the star and the unit vector (**e**) from $\mathbf{p} = \mathbf{P}/|\mathbf{P}|$ and $\mathbf{e} = \mathbf{E}/|\mathbf{E}|$.

Step 3. Calculate the geocentric direction ($\mathbf{p}_1$) of the star, corrected for light deflection in the natural frame, from:

$$\mathbf{p}_1 = \mathbf{p} + (2\mu/c^2 E)(\mathbf{e} - (\mathbf{p} \cdot \mathbf{e})\mathbf{p})/(1 + \mathbf{p} \cdot \mathbf{e})$$

where the dot indicates a scalar product, $\mu/c^2 = 9.87 \times 10^{-9}$ au and $E = |\mathbf{E}|$. Note that the expression is derived from the planetary case by substituting $\mathbf{q} = \mathbf{p}$ in the small term which allows for light deflection.

The vector $\mathbf{p}_1$ is a unit vector to order μ/c^2.

Step 4. Calculate the proper direction ($\mathbf{p}_2$) in the geocentric inertial frame, that is moving with the instantaneous velocity (**V**) of the Earth relative to the natural frame, from:

$$\mathbf{p}_2 = (\beta^{-1}\mathbf{p}_1 + (1 + (\mathbf{p}_1 \cdot \mathbf{V})/(1 + \beta^{-1}))\mathbf{V})/(1 + \mathbf{p}_1 \cdot \mathbf{V})$$

where $\mathbf{V} = \dot{\mathbf{E}}_B/c = 0.005\,7755\,\dot{\mathbf{E}}_B$ and $\beta = (1 - V^2)^{-1/2}$; the velocity (**V**) is expressed in units of velocity of light and is equal to the Earth's velocity in the barycentric frame to order V^2.

Step 5. Apply precession and nutation to the proper direction ($\mathbf{p}_2$) by multiplying by the rotation matrix (**R**), given on the odd pages B45 to B59, to obtain the apparent direction ($\mathbf{p}_3$) from:

$$\mathbf{p}_3 = \mathbf{R}\,\mathbf{p}_2$$

using row by column multiplication.

Step 6. Convert to spherical coordinates (α, δ) using: $\alpha = \tan^{-1}(\eta/\xi)$, $\delta = \sin^{-1}\zeta$ where $\mathbf{p}_3 = (\xi, \eta, \zeta)$ and the quadrant of α is determined by the signs of ξ and η.

Example of stellar reduction

Calculate the apparent position of a fictitious star on 1996 January 1 at 0^h TDT. The mean right ascension (α_0), declination (δ_0), centennial proper motions (μ_α, μ_δ), parallax (π) and radial velocity (v) of the star at the standard equator and equinox of J2000·0 are given by:

$\alpha_0 = 14^h\,39^m\,36^s087$ $\delta_0 = -60° \, 50' \, 07''14$ $\pi = 0''752 = 3.6458 \times 10^{-6}$ rad

$\mu_\alpha = -49.486\,\text{s/cy}$ $\mu_\delta = +69.60\,''/\text{cy}$ $v = -22.2\,\text{km/s}$

    $= -0.003\,598\,723\,\text{rad/cy}$, $= +0.000\,337\,430\,\text{rad/cy}$, $v\pi = -0.001\,707\,357\,\text{rad/cy}$

Step 1. TDB = TDT = JD 245 0083·5

Step 2. Tabular values of $\mathbf{E}_B$, $\dot{\mathbf{E}}_B$ and $\mathbf{S}_B$, taken from the JPL DE200/LE200 barycentric ephemeris referred to J2000·0, are:

Vector	Julian date (TDB)	Rectangular components		
		x	y	z
$\mathbf{E}_B$	245 0083·5	−0·172 646 036	+0·895 454 955	+0·388 317 104
$\dot{\mathbf{E}}_B$	245 0083·5	−0·017 231 971	−0·002 778 667	−0·001 203 943
$\mathbf{S}_B$	245 0083·5	−0·003 613 103	+0·006 768 503	+0·003 014 418

Example of stellar reduction (continued)

From the positional data, calculate:

$$\mathbf{q} = (-0.373\ 854\ 098,\ -0.312\ 594\ 565,\ -0.873\ 222\ 624)$$
$$\mathbf{m} = (-0.000\ 712\ 685,\ +0.001\ 690\ 102,\ +0.001\ 655\ 339)$$

Form $\quad \mathbf{P} = \mathbf{q} + T\,\mathbf{m} - \pi\,\mathbf{E_B} = (-0.373\ 824\ 951,\ -0.312\ 665\ 457,\ -0.873\ 290\ 276)$

where $\quad T = (245\ 0083.5 - 245\ 1545.0)/36\ 525 = -0.040\ 013\ 689,$

and form $\quad \mathbf{E} = \mathbf{E_B} - \mathbf{S_B} = (-0.169\ 032\ 933,\ +0.888\ 686\ 452,\ +0.385\ 302\ 686),$
$$E = 0.983\ 256\ 783$$

Hence the unit vectors are:

$$\mathbf{p} = (-0.373\ 798\ 658,\ -0.312\ 643\ 465,\ -0.873\ 228\ 852)$$
$$\mathbf{e} = (-0.171\ 911\ 281,\ +0.903\ 819\ 294,\ +0.391\ 863\ 746)$$

Step 3.   Calculate the scalar product $\mathbf{p} \cdot \mathbf{e} = -0.560\ 499\ 718$, then

$$(2\mu/c^2 E)(\mathbf{e} - (\mathbf{p} \cdot \mathbf{e})\mathbf{p})/(1 + \mathbf{p} \cdot \mathbf{e}) = (-0.000\ 000\ 017,\ +0.000\ 000\ 033,\ -0.000\ 000\ 004)$$
$$\text{and} \quad \mathbf{p_1} = (-0.373\ 798\ 675,\ -0.312\ 643\ 431,\ -0.873\ 228\ 856)$$

Step 4.

Calculate $\mathbf{V} = 0.005\ 7755\,\dot{\mathbf{E}}_B = (-0.000\ 099\ 524,\ -0.000\ 016\ 048,\ -0.000\ 006\ 953)$
where $\dot{\mathbf{E}}_B$ is taken from the table in *Step* 2.

Then $V = 0.000\ 101\ 049$, $\beta = 1.000\ 000\ 005$ and $\beta^{-1} = 0.999\ 999\ 995$

Calculate the scalar product $\mathbf{p_1} \cdot \mathbf{V} = +0.000\ 048\ 291$

Then $1 + (\mathbf{p_1} \cdot \mathbf{V})/(1 + \beta^{-1}) = 1.000\ 024\ 146$

Hence $\mathbf{p_2} = (-0.373\ 880\ 144,\ -0.312\ 644\ 380,\ -0.873\ 193\ 638)$

Step 5.   From page B45, the precession and nutation matrix $\mathbf{R}$ is given by:

$$\mathbf{R} = \begin{bmatrix} +0.999\ 999\ 56 & +0.000\ 863\ 49 & +0.000\ 375\ 26 \\ -0.000\ 863\ 50 & +0.999\ 999\ 63 & +0.000\ 044\ 15 \\ -0.000\ 375\ 22 & -0.000\ 044\ 47 & +0.999\ 999\ 93 \end{bmatrix}$$

Hence $\quad \mathbf{p_3} = \mathbf{R}\,\mathbf{p_2} = (-0.374\ 477\ 62,\ -0.312\ 359\ 97,\ -0.873\ 039\ 38)$

Step 6.   Converting to spherical coordinates:

$$\alpha = 14^h\ 39^m\ 19\overset{s}{.}734 \qquad \delta = -60°\ 48'\ 49\overset{''}{.}61$$

Conversion of stellar positions and proper motions from the standard epoch B1950·0 to the standard epoch J2000·0

A matrix method for calculating the mean place of a star at J2000·0 on the FK5 system from the mean place at B1950·0 on the FK4 system, ignoring the systematic corrections FK5–FK4 and individual star corrections to the FK5, is as follows:

1. From a star catalogue obtain the FK4 position (α_0, δ_0), in degrees, proper motion $(\mu_{\alpha 0}, \mu_{\delta 0})$ in seconds of arc per tropical century, parallax (π_0) in seconds of arc and radial velocity (v_0) in km/s for B1950·0. If π_0 or v_0 are unspecified, set them both equal to zero.

2. Calculate the rectangular components of the position vector $\mathbf{r}_0$ and velocity vector $\dot{\mathbf{r}}_0$ from:

$$\mathbf{r}_0 = \begin{bmatrix} \cos\alpha_0 \cos\delta_0 \\ \sin\alpha_0 \cos\delta_0 \\ \sin\delta_0 \end{bmatrix} \quad \dot{\mathbf{r}}_0 = \begin{bmatrix} -\mu_{\alpha 0} \sin\alpha_0 \cos\delta_0 - \mu_{\delta 0} \cos\alpha_0 \sin\delta_0 \\ \mu_{\alpha 0} \cos\alpha_0 \cos\delta_0 - \mu_{\delta 0} \sin\alpha_0 \sin\delta_0 \\ \mu_{\delta 0} \cos\delta_0 \end{bmatrix} + 21\cdot095 \, v_0 \, \pi_0 \, \mathbf{r}_0$$

3. Remove the effects of the E-terms of aberration to form $\mathbf{r}_1$ and $\dot{\mathbf{r}}_1$ from:

$$\mathbf{r}_1 = \mathbf{r}_0 - \mathbf{A} + (\mathbf{r}_0 \cdot \mathbf{A}) \mathbf{r}_0$$
$$\dot{\mathbf{r}}_1 = \dot{\mathbf{r}}_0 - \dot{\mathbf{A}} + (\mathbf{r}_0 \cdot \dot{\mathbf{A}}) \mathbf{r}_0$$

where $\mathbf{A} = \begin{bmatrix} -1\cdot625\,57 \\ -0\cdot319\,19 \\ -0\cdot138\,43 \end{bmatrix} \times 10^{-6}$ radians, $\quad \dot{\mathbf{A}} = \begin{bmatrix} +1''245 \\ -1''580 \\ -0''659 \end{bmatrix} \times 10^{-3}$ per tropical cy.

The terms $(\mathbf{r}_0 \cdot \mathbf{A})$ and $(\mathbf{r}_0 \cdot \dot{\mathbf{A}})$ are scalar products.

4. Form the vector $\mathbf{R}_1 = \begin{bmatrix} \mathbf{r}_1 \\ \dot{\mathbf{r}}_1 \end{bmatrix}$ and calculate the vector $\mathbf{R} = \begin{bmatrix} \mathbf{r} \\ \dot{\mathbf{r}} \end{bmatrix}$ from:

$$\mathbf{R} = \mathbf{M}\,\mathbf{R}_1$$

where $\mathbf{M}$ is a constant 6×6 matrix given by:

$$\begin{bmatrix}
+0\cdot999\,925\,6782 & -0\cdot011\,182\,0611 & -0\cdot004\,857\,9477 & +0\cdot000\,002\,423\,950\,18 & -0\cdot000\,000\,027\,106\,63 & -0\cdot000\,000\,011\,776\,56 \\
+0\cdot011\,182\,0610 & +0\cdot999\,937\,4784 & -0\cdot000\,027\,1765 & +0\cdot000\,000\,027\,106\,63 & +0\cdot000\,002\,423\,978\,78 & -0\cdot000\,000\,000\,065\,87 \\
+0\cdot004\,857\,9479 & -0\cdot000\,027\,1474 & +0\cdot999\,988\,1997 & +0\cdot000\,000\,011\,776\,56 & -0\cdot000\,000\,000\,065\,82 & +0\cdot000\,002\,424\,101\,73 \\
-0\cdot000\,551 & -0\cdot238\,565 & +0\cdot435\,739 & +0\cdot999\,947\,04 & -0\cdot011\,182\,51 & -0\cdot004\,857\,67 \\
+0\cdot238\,514 & -0\cdot002\,667 & -0\cdot008\,541 & +0\cdot011\,182\,51 & +0\cdot999\,958\,83 & -0\cdot000\,027\,18 \\
-0\cdot435\,623 & +0\cdot012\,254 & +0\cdot002\,117 & +0\cdot004\,857\,67 & -0\cdot000\,027\,14 & +1\cdot000\,009\,56
\end{bmatrix}$$

and set $(x, y, z, \dot{x}, \dot{y}, \dot{z}) = \mathbf{R}'$.

5. Calculate the FK5 mean position (α_1, δ_1), proper motion $(\mu_{\alpha 1}, \mu_{\delta 1})$ in seconds of arc per Julian century, parallax (π_1) in seconds of arc and radial velocity (v_1) in km/s for J2000·0 from:

$$\cos\alpha_1 \cos\delta_1 = x/r \quad \sin\alpha_1 \cos\delta_1 = y/r \quad \sin\delta_1 = z/r$$

$$\mu_{\alpha 1} = (x\dot{y} - y\dot{x})/(x^2 + y^2) \quad \mu_{\delta 1} = [\dot{z}(x^2 + y^2) - z(x\dot{x} + y\dot{y})]/[r^2(x^2 + y^2)^{1/2}]$$

$$v_1 = (x\dot{x} + y\dot{y} + z\dot{z})/(21\cdot095\pi_0 r) \quad \pi_1 = \pi_0/r$$

where $r = (x^2 + y^2 + z^2)^{1/2}$.

If π_0 is zero set $v_1 = v_0$.

References

Standish, E.M., (1982) *Astron. Astrophys.*, **115**, 20–22.
Aoki, S., Sôma, M., Kinoshita, H., Inoue, K., (1983) *Astron. Astrophys.*, **128**, 263–267.

Conversion of stellar positions and proper motions from the standard epoch J2000·0 to the standard epoch B1950·0

A matrix method for calculating the mean place of a star at B1950·0 on the FK4 system from the mean place at J2000·0 on the FK5 system, ignoring the systematic corrections FK4–FK5 and individual star corrections to the FK4, is as follows:

1. From a star catalogue obtain the FK5 position (α_0, δ_0), in degrees, proper motion $(\mu_{\alpha 0}, \mu_{\delta 0})$ in seconds of arc per Julian century, parallax (π_0) in seconds of arc and radial velocity (v_0) in km/s for J2000·0. If π_0 or v_0 are unspecified, set them both equal to zero.

2. Calculate the rectangular components of the position vector $\mathbf{r}_0$ and velocity vector $\dot{\mathbf{r}}_0$ from:

$$\mathbf{r}_0 = \begin{bmatrix} \cos\alpha_0 \cos\delta_0 \\ \sin\alpha_0 \cos\delta_0 \\ \sin\delta_0 \end{bmatrix} \quad \dot{\mathbf{r}}_0 = \begin{bmatrix} -\mu_{\alpha 0} \sin\alpha_0 \cos\delta_0 - \mu_{\delta 0} \cos\alpha_0 \sin\delta_0 \\ \mu_{\alpha 0} \cos\alpha_0 \cos\delta_0 - \mu_{\delta 0} \sin\alpha_0 \sin\delta_0 \\ \mu_{\delta 0} \cos\delta_0 \end{bmatrix} + 21{\cdot}095\, v_0\, \pi_0\, \mathbf{r}_0$$

3. Form the vector $\mathbf{R}_0 = \begin{bmatrix} \mathbf{r}_0 \\ \dot{\mathbf{r}}_0 \end{bmatrix}$ and calculate the vector $\mathbf{R}_1 = \begin{bmatrix} \mathbf{r}_1 \\ \dot{\mathbf{r}}_1 \end{bmatrix}$ from:

$$\mathbf{R}_1 = \mathbf{M}^{-1}\, \mathbf{R}_0$$

where $\mathbf{M}^{-1}$ is a constant 6×6 matrix given by:

$$\begin{bmatrix}
+0{\cdot}999\,925\,6795 & +0{\cdot}011\,181\,4828 & +0{\cdot}004\,859\,0039 & -0{\cdot}000\,002\,423\,898\,40 & -0{\cdot}000\,000\,027\,105\,44 & -0{\cdot}000\,000\,011\,777\,42 \\
-0{\cdot}011\,181\,4828 & +0{\cdot}999\,937\,4849 & -0{\cdot}000\,027\,1771 & +0{\cdot}000\,000\,027\,105\,44 & -0{\cdot}000\,002\,423\,927\,02 & +0{\cdot}000\,000\,000\,065\,85 \\
-0{\cdot}004\,859\,0040 & -0{\cdot}000\,027\,1557 & +0{\cdot}999\,988\,1946 & +0{\cdot}000\,000\,011\,777\,42 & +0{\cdot}000\,000\,000\,065\,85 & -0{\cdot}000\,002\,424\,049\,95 \\
-0{\cdot}000\,551 & +0{\cdot}238\,509 & -0{\cdot}435\,614 & +0{\cdot}999\,904\,32 & +0{\cdot}011\,181\,45 & +0{\cdot}004\,858\,52 \\
-0{\cdot}238\,560 & -0{\cdot}002\,667 & +0{\cdot}012\,254 & -0{\cdot}011\,181\,45 & +0{\cdot}999\,916\,13 & -0{\cdot}000\,027\,17 \\
+0{\cdot}435\,730 & -0{\cdot}008\,541 & +0{\cdot}002\,117 & -0{\cdot}004\,858\,52 & -0{\cdot}000\,027\,16 & +0{\cdot}999\,966\,84
\end{bmatrix}$$

4. Include the effects of the E-terms of aberration as follows: Form $\mathbf{s}_1 = \mathbf{r}_1/r_1$ and $\dot{\mathbf{s}}_1 = \dot{\mathbf{r}}_1/r_1$ where $r_1 = (x_1^2 + y_1^2 + z_1^2)^{1/2}$.

Set $\mathbf{s} = \mathbf{s}_1$ and calculate $\mathbf{r}$ from $\mathbf{r} = \mathbf{s}_1 + \mathbf{A} - (\mathbf{s} \cdot \mathbf{A})\mathbf{s}$, where

$$\mathbf{A} = \begin{bmatrix} -1{\cdot}625\,57 \\ -0{\cdot}319\,19 \\ -0{\cdot}138\,43 \end{bmatrix} \times 10^{-6} \text{ radians,}$$

and $(\mathbf{s} \cdot \mathbf{A})$ is a scalar product.

Set $\mathbf{s} = \mathbf{r}/r$ and iterate the expression for $\mathbf{r}$ once or twice until a consistent value for $\mathbf{r}$ is obtained, then calculate:

$$\dot{\mathbf{r}} = \dot{\mathbf{s}}_1 + \dot{\mathbf{A}} - (\mathbf{s} \cdot \dot{\mathbf{A}})\mathbf{s} \qquad \text{where} \qquad \dot{\mathbf{A}} = \begin{bmatrix} +1{\cdot}''245 \\ -1{\cdot}''580 \\ -0{\cdot}''659 \end{bmatrix} \times 10^{-3} \text{ per tropical cy}$$

5. Calculate the FK4 mean position (α_1, δ_1), proper motion $(\mu_{\alpha 1}, \mu_{\delta 1})$ in seconds of arc per tropical century, parallax (π_1) in seconds of arc and radial velocity (v_1) in km/s for B1950·0, as follows:

Set $\qquad (x, y, z) = \mathbf{r}' \quad (\dot{x}, \dot{y}, \dot{z}) = \dot{\mathbf{r}}' \quad$ and $\quad r = (x^2 + y^2 + z^2)^{1/2}$

Then $\qquad \cos\alpha_1 \cos\delta_1 = x/r \qquad \sin\alpha_1 \cos\delta_1 = y/r \qquad \sin\delta_1 = z/r$

$$\mu_{\alpha 1} = (x\dot{y} - y\dot{x})/(x^2 + y^2) \qquad \mu_{\delta 1} = [\dot{z}(x^2 + y^2) - z(x\dot{x} + y\dot{y})]/[r^2(x^2 + y^2)^{1/2}]$$

In step 4 set

$$(x_1, y_1, z_1) = \mathbf{r}_1' \quad (\dot{x}_1, \dot{y}_1, \dot{z}_1) = \dot{\mathbf{r}}_1' \quad \text{and} \quad r_1 = (x_1^2 + y_1^2 + z_1^2)^{1/2}$$

then $\qquad v_1 = (x_1\dot{x}_1 + y_1\dot{y}_1 + z_1\dot{z}_1)/(21{\cdot}095\pi_0 r_1) \qquad \pi_1 = \pi_0/r_1$

If π_0 is zero set $v_1 = v_0$.

ORIGIN AT SOLAR SYSTEM BARYCENTRE
MEAN EQUATOR AND EQUINOX J2000·0

Date 0ʰ TDB	X	Y	Z	$\dot{X}$	$\dot{Y}$	$\dot{Z}$
Jan. 0	−0·155 388 084	+0·898 095 650	+0·389 461 203	−1728 3077	− 250 2553	− 108 4186
1	·172 646 036	·895 454 955	·388 317 104	1723 1971	277 8667	120 3943
2	·189 850 322	·892 538 664	·387 053 459	1717 5754	305 3738	132 3275
3	·206 995 855	·889 347 839	·385 670 702	1711 4470	332 7728	144 2163
4	·224 077 586	·885 883 580	·384 169 288	1704 8156	360 0601	156 0585
5	−0·241 090 501	+0·882 147 022	+0·382 549 694	−1697 6842	− 387 2321	− 167 8521
6	·258 029 611	·878 139 334	·380 812 414	1690 0549	414 2854	179 5952
7	·274 889 946	·873 861 721	·378 957 965	1681 9294	441 2165	191 2857
8	·291 666 547	·869 315 422	·376 986 883	1673 3083	468 0218	202 9214
9	·308 354 461	·864 501 716	·374 899 727	1664 1918	494 6974	214 5000
10	−0·324 948 729	+0·859 421 921	+0·372 697 081	−1654 5791	− 521 2391	− 226 0191
11	·341 444 385	·854 077 397	·370 379 551	1644 4690	547 6421	237 4763
12	·357 836 445	·848 469 557	·367 947 771	1633 8595	573 9016	248 8687
13	·374 119 901	·842 599 863	·365 402 402	1622 7478	600 0117	260 1934
14	·390 289 714	·836 469 842	·362 744 139	1611 1301	625 9659	271 4471
15	−0·406 340 802	+0·830 081 091	+0·359 973 709	−1599 0019	− 651 7562	− 282 6260
16	·422 268 032	·823 435 296	·357 091 882	1586 3576	677 3730	293 7257
17	·438 066 215	·816 534 252	·354 099 476	1573 1916	702 8036	304 7409
18	·453 730 109	·809 379 896	·350 997 368	1559 4991	728 0323	315 6650
19	·469 254 435	·801 974 343	·347 786 505	1545 2780	753 0398	326 4906
20	−0·484 633 914	+0·794 319 910	+0·344 467 912	−1530 5305	− 777 8045	− 337 2096
21	·499 863 316	·786 419 136	·341 042 696	1515 2645	802 3044	347 8138
22	·514 937 519	·778 274 772	·337 512 043	1499 4933	826 5194	358 2959
23	·529 851 556	·769 889 752	·333 877 204	1483 2342	850 4334	368 6503
24	·544 600 639	·761 267 146	·330 139 478	1466 5057	874 0350	378 8727
25	−0·559 180 166	+0·752 410 116	+0·326 300 198	−1449 3260	− 897 3174	− 388 9607
26	·573 585 708	·743 321 875	·322 360 719	1431 7110	920 2766	398 9123
27	·587 812 981	·734 005 669	·318 322 409	1413 6744	942 9104	408 7266
28	·601 857 830	·724 464 755	·314 186 647	1395 2281	965 2177	418 4026
29	·615 716 209	·714 702 408	·309 954 820	1376 3818	987 1971	427 9394
30	−0·629 384 163	+0·704 721 910	+0·305 628 327	−1357 1445	−1008 8476	− 437 3359
31	·642 857 823	·694 526 557	·301 208 574	1337 5242	1030 1677	446 5911
Feb. 1	·656 133 395	·684 119 661	·296 696 980	1317 5283	1051 1562	455 7039
2	·669 207 160	·673 504 543	·292 094 974	1297 1637	1071 8118	464 6732
3	·682 075 461	·662 684 539	·287 403 997	1276 4365	1092 1333	473 4981
4	−0·694 734 700	+0·651 662 993	+0·282 625 497	−1255 3524	−1112 1198	− 482 1775
5	·707 181 334	·640 443 262	·277 760 934	1233 9159	1131 7703	490 7104
6	·719 411 856	·629 028 712	·272 811 780	1212 1309	1151 0834	499 0957
7	·731 422 798	·617 422 723	·267 779 516	1190 0000	1170 0578	507 3321
8	·743 210 711	·605 628 692	·262 665 638	1167 5253	1188 6913	515 4182
9	−0·754 772 162	+0·593 650 043	+0·257 471 659	−1144 7077	−1206 9809	− 523 3522
10	·766 103 724	·581 490 233	·252 199 108	1121 5476	1224 9226	531 1320
11	·777 201 972	·569 152 767	·246 849 540	1098 0448	1242 5112	538 7551
12	·788 063 476	·556 641 208	·241 424 538	1074 1987	1259 7399	546 2184
13	·798 684 799	·543 959 198	·235 925 717	1050 0087	1276 5998	553 5182
14	−0·809 062 504	+0·531 110 477	+0·230 354 734	−1025 4749	−1293 0802	− 560 6501
15	−0·819 193 156	+0·518 098 905	+0·224 713 292	−1000 5987	−1309 1675	− 567 6089

$\dot{X}, \dot{Y}, \dot{Z}$ are in units of 10^{-9} au / d.

MATRIX ELEMENTS FOR CONVERSION FROM
MEAN EQUINOX OF J2000·0 TO TRUE EQUINOX OF DATE

Julian Date	$R_{11}-1$	R_{12}	R_{13}	R_{21}	$R_{22}-1$	R_{23}	R_{31}	R_{32}	$R_{33}-1$
245									
0082·5	− 44	+ 86 419	+ 37 557	− 86 420	− 37	+4400	− 37 553	−4433	− 7
0083·5	44	86 349	37 526	86 350	37	4415	37 522	4447	7
0084·5	44	86 265	37 490	86 267	37	4427	37 486	4460	7
0085·5	44	86 171	37 449	86 173	37	4436	37 445	4468	7
0086·5	44	86 071	37 405	86 072	37	4438	37 402	4470	7
0087·5	− 44	+ 85 968	+ 37 361	− 85 970	− 37	+4434	− 37 357	−4467	− 7
0088·5	44	85 870	37 318	85 872	37	4424	37 315	4456	7
0089·5	44	85 780	37 279	85 782	37	4409	37 276	4441	7
0090·5	44	85 702	37 246	85 704	37	4390	37 242	4422	7
0091·5	44	85 638	37 218	85 640	37	4371	37 214	4402	7
0092·5	− 44	+ 85 588	+ 37 196	− 85 589	− 37	+4353	− 37 192	−4384	− 7
0093·5	43	85 548	37 179	85 550	37	4339	37 175	4370	7
0094·5	43	85 515	37 164	85 517	37	4331	37 160	4363	7
0095·5	43	85 481	37 150	85 483	37	4330	37 146	4362	7
0096·5	43	85 440	37 132	85 442	37	4336	37 128	4368	7
0097·5	− 43	+ 85 384	+ 37 107	− 85 386	− 37	+4348	− 37 104	−4380	− 7
0098·5	43	85 308	37 074	85 310	36	4362	37 070	4393	7
0099·5	43	85 209	37 031	85 211	36	4373	37 028	4404	7
0100·5	43	85 093	36 981	85 094	36	4376	36 977	4408	7
0101·5	43	84 969	36 927	84 970	36	4369	36 923	4400	7
0102·5	− 43	+ 84 851	+ 36 876	− 84 853	− 36	+4350	− 36 872	−4382	− 7
0103·5	43	84 753	36 833	84 755	36	4324	36 830	4355	7
0104·5	43	84 682	36 802	84 684	36	4295	36 799	4326	7
0105·5	43	84 636	36 782	84 638	36	4270	36 779	4301	7
0106·5	43	84 606	36 769	84 608	36	4253	36 766	4284	7
0107·5	− 43	+ 84 582	+ 36 759	− 84 583	− 36	+4246	− 36 755	−4277	− 7
0108·5	42	84 553	36 746	84 555	36	4246	36 743	4278	7
0109·5	42	84 514	36 729	84 516	36	4252	36 726	4283	7
0110·5	42	84 462	36 707	84 464	36	4260	36 703	4291	7
0111·5	42	84 397	36 678	84 398	36	4267	36 675	4298	7
0112·5	− 42	+ 84 320	+ 36 645	− 84 322	− 36	+4271	− 36 641	−4302	− 7
0113·5	42	84 236	36 609	84 238	36	4269	36 605	4300	7
0114·5	42	84 151	36 571	84 152	35	4262	36 568	4293	7
0115·5	42	84 067	36 535	84 069	35	4248	36 532	4279	7
0116·5	42	83 992	36 502	83 993	35	4229	36 499	4260	7
0117·5	− 42	+ 83 928	+ 36 475	− 83 929	− 35	+4207	− 36 471	−4237	− 7
0118·5	42	83 877	36 453	83 879	35	4183	36 449	4213	7
0119·5	42	83 841	36 437	83 843	35	4160	36 433	4190	7
0120·5	42	83 817	36 427	83 819	35	4141	36 423	4171	7
0121·5	42	83 801	36 420	83 803	35	4128	36 416	4158	7
0122·5	− 42	+ 83 787	+ 36 413	− 83 789	− 35	+4122	− 36 410	−4152	− 7
0123·5	42	83 768	36 405	83 770	35	4123	36 401	4154	7
0124·5	42	83 737	36 391	83 738	35	4130	36 388	4161	7
0125·5	42	83 687	36 370	83 689	35	4140	36 366	4171	7
0126·5	42	83 618	36 340	83 620	35	4150	36 336	4180	7
0127·5	− 41	+ 83 532	+ 36 302	− 83 533	− 35	+4154	− 36 299	−4184	− 7
0128·5	− 41	+ 83 434	+ 36 260	− 83 435	− 35	+4150	− 36 256	−4180	− 7

Values are in units of 10^{-8}.

ORIGIN AT SOLAR SYSTEM BARYCENTRE

MEAN EQUATOR AND EQUINOX J2000·0

Date 0ʰ TDB	X	Y	Z	$\dot{X}$	$\dot{Y}$	$\dot{Z}$
Feb. 15	−0·819 193 156	+0·518 098 905	+0·224 713 292	−1000 5987	−1309 1675	− 567 6089
16	·829 073 350	·504 928 489	·219 003 151	975 3843	1324 8462	574 3889
17	·838 699 741	·491 603 400	·213 226 131	949 8397	1340 0993	580 9839
18	·848 069 086	·478 127 979	·207 384 111	923 9777	1354 9098	587 3879
19	·857 178 293	·464 506 729	·201 479 027	897 8153	1369 2630	593 5958
20	−0·866 024 459	+0·450 744 282	+0·195 512 861	− 871 3731	−1383 1477	− 599 6039
21	·874 604 894	·436 845 358	·189 487 623	844 6728	1396 5575	605 4100
22	·882 917 125	·422 814 723	·183 405 338	817 7354	1409 4900	611 0134
23	·890 958 875	·408 657 146	·177 268 031	790 5798	1421 9463	616 4143
24	·898 728 048	·394 377 375	·171 077 724	763 2222	1433 9292	621 6137
25	−0·906 222 692	+0·379 980 128	+0·164 836 426	− 735 6763	−1445 4422	− 626 6125
26	·913 440 986	·365 470 085	·158 546 139	707 9540	1456 4890	631 4118
27	·920 381 218	·350 851 892	·152 208 853	680 0656	1467 0728	636 0123
28	·927 041 775	·336 130 163	·145 826 552	652 0206	1477 1967	640 4149
29	·933 421 137	·321 309 483	·139 401 212	623 8279	1486 8633	644 6203
Mar. 1	−0·939 517 870	+0·306 394 411	+0·132 934 802	− 595 4960	−1496 0756	− 648 6290
2	·945 330 619	·291 389 476	·126 429 284	567 0326	1504 8363	652 4418
3	·950 858 106	·276 299 179	·119 886 616	538 4447	1513 1485	656 0594
4	·956 099 119	·261 127 990	·113 308 744	509 7386	1521 0153	659 4826
5	·961 052 501	·245 880 347	·106 697 609	480 9193	1528 4398	662 7121
6	−0·965 717 140	+0·230 560 660	+0·100 055 146	− 451 9905	−1535 4245	− 665 7483
7	·970 091 955	·215 173 317	·093 383 285	422 9547	1541 9713	668 5917
8	·974 175 884	·199 722 692	·086 683 956	393 8135	1548 0807	671 2420
9	·977 967 877	·184 213 163	·079 959 092	364 5677	1553 7518	673 6984
10	·981 466 890	·168 649 126	·073 210 638	335 2177	1558 9817	675 9598
11	−0·984 671 887	+0·153 035 016	+0·066 440 553	− 305 7646	−1563 7655	− 678 0241
12	·987 581 844	·137 375 326	·059 650 821	276 2101	1568 0965	679 8888
13	·990 195 762	·121 674 624	·052 843 452	246 5576	1571 9662	681 5509
14	·992 512 687	·105 937 573	·046 020 490	216 8126	1575 3645	683 0069
15	·994 531 734	·090 168 943	·039 184 014	186 9835	1578 2803	684 2530
16	−0·996 252 116	+0·074 373 613	+0·032 336 142	− 157 0819	−1580 7025	− 685 2855
17	·997 673 181	·058 556 572	·025 479 026	127 1231	1582 6209	686 1013
18	·998 794 447	·042 722 901	·018 614 846	97 1253	1584 0275	686 6981
19	0·999 615 625	·026 877 743	·011 745 799	67 1090	1584 9178	687 0746
20	1·000 136 636	+ ·011 026 270	+ ·004 874 088	37 0954	1585 2908	687 2310
21	−1·000 357 609	−0·004 826 359	−0·001 998 092	− 7 1047	−1585 1497	− 687 1687
22	1·000 278 868	·020 675 028	·008 868 564	+ 22 8447	1584 5000	686 8899
23	0·999 900 905	·036 514 690	·015 735 177	52 7372	1583 3495	686 3975
24	·999 224 357	·052 340 375	·022 595 811	82 5596	1581 7062	685 6944
25	·998 249 983	·068 147 199	·029 448 372	112 3009	1579 5785	684 7836
26	−0·996 978 643	−0·083 930 357	−0·036 290 799	+ 141 9514	−1576 9743	− 683 6678
27	·995 411 285	·099 685 122	·043 121 054	171 5028	1573 9009	682 3498
28	·993 548 942	·115 406 836	·049 937 128	200 9474	1570 3654	680 8318
29	·991 392 718	·131 090 912	·056 737 033	230 2777	1566 3746	679 1165
30	·988 943 790	·146 732 833	·063 518 807	259 4873	1561 9353	677 2061
31	−0·986 203 395	−0·162 328 148	−0·070 280 512	+ 288 5701	−1557 0546	− 675 1031
Apr. 1	−0·983 172 828	−0·177 872 477	−0·077 020 235	+ 317 5210	−1551 7394	− 672 8100

$\dot{X}, \dot{Y}, \dot{Z}$ are in units of 10^{-9} au / d.

MATRIX ELEMENTS FOR CONVERSION FROM
MEAN EQUINOX OF J2000·0 TO TRUE EQUINOX OF DATE

Julian Date	$R_{11}-1$	R_{12}	R_{13}	R_{21}	$R_{22}-1$	R_{23}	R_{31}	R_{32}	$R_{33}-1$
245									
0128·5	− 41	+ 83 434	+ 36 260	− 83 435	− 35	+4150	− 36 256	−4180	− 7
0129·5	41	83 336	36 217	83 338	35	4135	36 214	4165	7
0130·5	41	83 252	36 181	83 253	35	4111	36 177	4142	7
0131·5	41	83 189	36 153	83 191	35	4083	36 150	4113	7
0132·5	41	83 152	36 137	83 153	35	4056	36 134	4086	7
0133·5	− 41	+ 83 135	+ 36 130	− 83 137	− 35	+4036	− 36 127	−4066	− 7
0134·5	41	83 130	36 127	83 131	35	4024	36 124	4055	7
0135·5	41	83 124	36 125	83 125	35	4023	36 122	4053	7
0136·5	41	83 109	36 118	83 111	35	4029	36 115	4059	7
0137·5	41	83 081	36 106	83 082	35	4039	36 103	4069	7
0138·5	− 41	+ 83 038	+ 36 087	− 83 039	− 35	+4049	− 36 084	−4079	− 7
0139·5	41	82 983	36 064	82 984	35	4056	36 060	4086	7
0140·5	41	82 919	36 036	82 921	34	4059	36 032	4089	7
0141·5	41	82 852	36 007	82 853	34	4057	36 003	4087	7
0142·5	41	82 786	35 978	82 787	34	4048	35 974	4078	7
0143·5	− 41	+ 82 726	+ 35 952	− 82 727	− 34	+4034	− 35 948	−4064	− 7
0144·5	41	82 676	35 930	82 677	34	4017	35 927	4046	7
0145·5	41	82 638	35 914	82 640	34	3997	35 911	4027	7
0146·5	41	82 615	35 904	82 617	34	3978	35 900	4008	7
0147·5	41	82 605	35 899	82 606	34	3962	35 896	3992	7
0148·5	− 41	+ 82 604	+ 35 899	− 82 605	− 34	+3953	− 35 895	−3982	− 7
0149·5	41	82 606	35 899	82 607	34	3950	35 896	3980	7
0150·5	41	82 604	35 899	82 605	34	3955	35 895	3985	7
0151·5	41	82 591	35 893	82 592	34	3967	35 890	3997	7
0152·5	41	82 561	35 880	82 563	34	3982	35 877	4012	7
0153·5	− 40	+ 82 512	+ 35 858	− 82 513	− 34	+3998	− 35 855	−4028	− 7
0154·5	40	82 445	35 829	82 446	34	4010	35 826	4040	6
0155·5	40	82 366	35 795	82 367	34	4014	35 792	4044	6
0156·5	40	82 284	35 760	82 286	34	4010	35 756	4039	6
0157·5	40	82 211	35 728	82 212	34	3997	35 724	4026	6
0158·5	− 40	+ 82 154	+ 35 703	− 82 156	− 34	+3978	− 35 700	−4007	− 6
0159·5	40	82 120	35 688	82 122	34	3958	35 685	3987	6
0160·5	40	82 107	35 683	82 109	34	3943	35 679	3972	6
0161·5	40	82 108	35 683	82 110	34	3935	35 680	3965	6
0162·5	40	82 113	35 685	82 115	34	3938	35 682	3967	6
0163·5	− 40	+ 82 112	+ 35 684	− 82 113	− 34	+3949	− 35 681	−3978	− 6
0164·5	40	82 098	35 678	82 099	34	3966	35 675	3995	6
0165·5	40	82 068	35 665	82 069	34	3985	35 662	4014	6
0166·5	40	82 023	35 646	82 024	34	4002	35 642	4032	6
0167·5	40	81 967	35 621	81 968	34	4016	35 618	4045	6
0168·5	− 40	+ 81 905	+ 35 594	− 81 906	− 34	+4024	− 35 591	−4053	− 6
0169·5	40	81 842	35 567	81 844	34	4026	35 564	4055	6
0170·5	40	81 784	35 542	81 785	34	4022	35 539	4051	6
0171·5	40	81 734	35 520	81 736	33	4015	35 517	4044	6
0172·5	40	81 696	35 503	81 697	33	4004	35 500	4033	6
0173·5	− 40	+ 81 670	+ 35 492	− 81 672	− 33	+3994	− 35 489	−4023	− 6
0174·5	− 40	+ 81 658	+ 35 487	− 81 659	− 33	+3985	− 35 484	−4014	− 6

Values are in units of 10^{-8}.

ORIGIN AT SOLAR SYSTEM BARYCENTRE

MEAN EQUATOR AND EQUINOX J2000·0

Date 0ʰ TDB	X	Y	Z	$\dot{X}$	$\dot{Y}$	$\dot{Z}$
Apr. 1	−0·983 172 828	−0·177 872 477	−0·077 020 235	+ 317 5210	−1551 7394	− 672 8100
2	·979 853 427	·193 361 512	·083 736 086	346 3364	1545 9969	670 3292
3	·976 246 559	·208 791 011	·090 426 201	375 0140	1539 8334	667 6630
4	·972 353 608	·224 156 795	·097 088 735	403 5531	1533 2545	664 8132
5	·968 175 957	·239 454 729	·103 721 859	431 9542	1526 2641	661 7812
6	−0·963 714 979	−0·254 680 711	−0·110 323 754	+ 460 2186	−1518 8639	− 658 5675
7	·958 972 036	·269 830 640	·116 892 603	488 3474	1511 0532	655 1719
8	·953 948 482	·284 900 395	·123 426 583	516 3408	1502 8285	651 5934
9	·948 645 677	·299 885 813	·129 923 857	544 1969	1494 1847	647 8304
10	·943 065 016	·314 782 670	·136 382 570	571 9112	1485 1151	643 8809
11	−0·937 207 951	−0·329 586 671	−0·142 800 846	+ 599 4764	−1475 6124	− 639 7429
12	·931 076 021	·344 293 451	·149 176 792	626 8820	1465 6697	635 4144
13	·924 670 885	·358 898 579	·155 508 494	654 1151	1455 2813	630 8941
14	·917 994 347	·373 397 578	·161 794 032	681 1599	1444 4433	626 1813
15	·911 048 371	·387 785 941	·168 031 480	707 9995	1433 1543	621 2763
16	−0·903 835 102	−0·402 059 165	−0·174 218 921	+ 734 6155	−1421 4158	− 616 1802
17	·896 356 865	·416 212 775	·180 354 456	760 9903	1409 2325	610 8954
18	·888 616 157	·430 242 357	·186 436 210	787 1069	1396 6117	605 4249
19	·880 615 638	·444 143 582	·192 462 346	812 9504	1383 5629	599 7725
20	·872 358 102	·457 912 225	·198 431 068	838 5082	1370 0971	593 9425
21	−0·863 846 461	−0·471 544 173	−0·204 340 620	+ 863 7698	−1356 2257	− 587 9393
22	·855 083 720	·485 035 427	·210 189 292	888 7270	1341 9604	581 7673
23	·846 072 958	·498 382 104	·215 975 416	913 3730	1327 3121	575 4305
24	·836 817 317	·511 580 428	·221 697 366	937 7020	1312 2916	568 9330
25	·827 319 991	·524 626 728	·227 353 553	961 7093	1296 9088	562 2785
26	−0·817 584 219	−0·537 517 430	−0·232 942 426	+ 985 3905	−1281 1737	− 555 4708
27	·807 613 281	·550 249 059	·238 462 470	1008 7420	1265 0958	548 5135
28	·797 410 489	·562 818 236	·243 912 209	1031 7607	1248 6848	541 4102
29	·786 979 184	·575 221 677	·249 290 200	1054 4445	1231 9503	534 1646
30	·776 322 718	·587 456 196	·254 595 038	1076 7928	1214 9019	526 7801
May 1	−0·765 444 445	−0·599 518 699	−0·259 825 351	+1098 8061	−1197 5486	− 519 2603
2	·754 347 703	·611 406 177	·264 979 802	1120 4871	1179 8982	511 6079
3	·743 035 799	·623 115 692	·270 057 075	1141 8394	1161 9567	503 8253
4	·731 511 994	·634 644 352	·275 055 879	1162 8680	1143 7275	495 9139
5	·719 779 504	·645 989 283	·279 974 925	1183 5770	1125 2106	487 8740
6	−0·707 841 509	−0·657 147 597	−0·284 812 928	+1203 9691	−1106 4033	− 479 7050
7	·695 701 179	·668 116 365	·289 568 592	1224 0438	1087 3006	471 4058
8	·683 361 705	·678 892 604	·294 240 605	1243 7968	1067 8964	462 9748
9	·670 826 340	·689 473 271	·298 827 645	1263 2205	1048 1853	454 4110
10	·658 098 429	·699 855 275	·303 328 381	1282 3038	1028 1635	445 7138
11	−0·645 181 442	−0·710 035 498	−0·307 741 478	+1301 0336	−1007 8293	− 436 8836
12	·632 078 983	·720 010 822	·312 065 613	1319 3955	987 1839	427 9215
13	·618 794 807	·729 778 152	·316 299 476	1337 3747	966 2313	418 8299
14	·605 332 813	·739 334 445	·320 441 788	1354 9569	944 9778	409 6116
15	·591 697 038	·748 676 734	·324 491 299	1372 1286	923 4321	400 2706
16	−0·577 891 649	−0·757 802 148	−0·328 446 804	+1388 8779	− 901 6047	− 390 8110
17	−0·563 920 922	−0·766 707 929	−0·332 307 141	+1405 1946	− 879 5075	− 381 2377

$\dot{X}, \dot{Y}, \dot{Z}$ are in units of 10^{-9} au / d.

MATRIX ELEMENTS FOR CONVERSION FROM
MEAN EQUINOX OF J2000·0 TO TRUE EQUINOX OF DATE

Julian Date	$R_{11}-1$	R_{12}	R_{13}	R_{21}	$R_{22}-1$	R_{23}	R_{31}	R_{32}	$R_{33}-1$
245									
0174·5	− 40	+ 81 658	+ 35 487	− 81 659	− 33	+3985	− 35 484	−4014	− 6
0175·5	40	81 655	35 486	81 656	33	3982	35 482	4011	6
0176·5	40	81 657	35 486	81 658	33	3986	35 483	4015	6
0177·5	40	81 657	35 486	81 658	33	3998	35 483	4027	6
0178·5	40	81 647	35 482	81 649	33	4017	35 479	4046	6
0179·5	− 40	+ 81 620	+ 35 470	− 81 622	− 33	+4041	− 35 467	−4070	− 6
0180·5	40	81 573	35 450	81 574	33	4066	35 446	4095	6
0181·5	39	81 506	35 421	81 507	33	4088	35 417	4117	6
0182·5	39	81 425	35 386	81 427	33	4103	35 382	4132	6
0183·5	39	81 340	35 348	81 341	33	4109	35 345	4138	6
0184·5	− 39	+ 81 260	+ 35 314	− 81 261	− 33	+4106	− 35 310	−4135	− 6
0185·5	39	81 195	35 286	81 197	33	4097	35 282	4125	6
0186·5	39	81 151	35 267	81 153	33	4085	35 263	4114	6
0187·5	39	81 127	35 256	81 129	33	4077	35 253	4106	6
0188·5	39	81 118	35 252	81 119	33	4075	35 249	4104	6
0189·5	− 39	+ 81 115	+ 35 251	− 81 116	− 33	+4082	− 35 247	−4111	− 6
0190·5	39	81 109	35 248	81 110	33	4098	35 245	4126	6
0191·5	39	81 091	35 240	81 093	33	4120	35 237	4149	6
0192·5	39	81 059	35 226	81 060	33	4146	35 223	4175	6
0193·5	39	81 009	35 205	81 011	33	4172	35 201	4201	6
0194·5	− 39	+ 80 946	+ 35 177	− 80 948	− 33	+4194	− 35 174	−4223	− 6
0195·5	39	80 875	35 146	80 876	33	4212	35 143	4240	6
0196·5	39	80 800	35 114	80 802	33	4222	35 110	4251	6
0197·5	39	80 728	35 082	80 729	33	4227	35 079	4255	6
0198·5	39	80 663	35 054	80 664	33	4226	35 051	4255	6
0199·5	− 39	+ 80 608	+ 35 030	− 80 609	− 33	+4223	− 35 027	−4251	− 6
0200·5	39	80 565	35 012	80 567	33	4218	35 008	4246	6
0201·5	39	80 535	34 998	80 537	33	4214	34 995	4242	6
0202·5	39	80 515	34 990	80 517	32	4214	34 987	4242	6
0203·5	39	80 502	34 984	80 504	32	4220	34 981	4248	6
0204·5	− 39	+ 80 490	+ 34 979	− 80 491	− 32	+4234	− 34 975	−4262	− 6
0205·5	38	80 470	34 970	80 471	32	4255	34 967	4283	6
0206·5	38	80 435	34 955	80 436	32	4282	34 951	4310	6
0207·5	38	80 378	34 930	80 380	32	4312	34 927	4340	6
0208·5	38	80 300	34 896	80 301	32	4340	34 893	4368	6
0209·5	− 38	+ 80 204	+ 34 854	− 80 205	− 32	+4361	− 34 851	−4389	− 6
0210·5	38	80 099	34 809	80 101	32	4373	34 805	4401	6
0211·5	38	79 998	34 765	80 000	32	4375	34 762	4403	6
0212·5	38	79 912	34 728	79 914	32	4370	34 724	4397	6
0213·5	38	79 846	34 699	79 848	32	4361	34 695	4388	6
0214·5	− 38	+ 79 801	+ 34 679	− 79 802	− 32	+4353	− 34 676	−4381	− 6
0215·5	38	79 772	34 667	79 774	32	4351	34 663	4379	6
0216·5	38	79 752	34 658	79 753	32	4357	34 655	4385	6
0217·5	38	79 731	34 649	79 732	32	4372	34 645	4400	6
0218·5	38	79 700	34 636	79 702	32	4394	34 632	4421	6
0219·5	− 38	+ 79 656	+ 34 616	− 79 657	− 32	+4419	− 34 613	−4447	− 6
0220·5	− 38	+ 79 595	+ 34 590	− 79 597	− 32	+4446	− 34 586	−4473	− 6

Values are in units of 10^{-8}.

POSITION AND VELOCITY OF THE EARTH, 1996

ORIGIN AT SOLAR SYSTEM BARYCENTRE

MEAN EQUATOR AND EQUINOX J2000·0

Date 0^h TDB	X	Y	Z	$\dot{X}$	$\dot{Y}$	$\dot{Z}$
May 17	−0·563 920 922	−0·766 707 929	−0·332 307 141	+1405 1946	− 879 5075	− 381 2377
18	·549 789 227	·775 391 442	·336 071 197	1421 0703	857 1533	371 5557
19	·535 501 007	·783 850 182	·339 737 910	1436 4987	834 5552	361 7701
20	·521 060 759	·792 081 776	·343 306 270	1451 4752	811 7262	351 8859
21	·506 473 020	·800 083 980	·346 775 315	1465 9966	788 6792	341 9079
22	−0·491 742 352	−0·807 854 673	−0·350 144 131	+1480 0608	− 765 4261	− 331 8408
23	·476 873 332	·815 391 855	·353 411 850	1493 6667	741 9789	321 6892
24	·461 870 549	·822 693 640	·356 577 648	1506 8136	718 3485	311 4573
25	·446 738 589	·829 758 252	·359 640 743	1519 5018	694 5461	301 1494
26	·431 482 039	·836 584 024	·362 600 397	1531 7319	670 5823	290 7697
27	−0·416 105 473	−0·843 169 396	−0·365 455 911	+1543 5055	− 646 4678	− 280 3222
28	·400 613 441	·849 512 913	·368 206 628	1554 8255	622 2130	269 8109
29	·385 010 461	·855 613 220	·370 851 929	1565 6961	597 8275	259 2396
30	·369 300 997	·861 469 057	·373 391 231	1576 1234	573 3201	248 6117
31	·353 489 447	·867 079 238	·375 823 982	1586 1146	548 6972	237 9297
June 1	−0·337 580 131	−0·872 442 628	−0·378 149 650	+1595 6780	− 523 9624	− 227 1953
2	·321 577 288	·877 558 112	·380 367 715	1604 8212	499 1157	216 4089
3	·305 485 090	·882 424 559	·382 477 653	1613 5496	474 1539	205 5700
4	·289 307 672	·887 040 788	·384 478 935	1621 8648	449 0712	194 6772
5	·273 049 180	·891 405 559	·386 371 013	1629 7636	423 8615	183 7292
6	−0·256 713 813	−0·895 517 577	−0·388 153 332	+1637 2384	− 398 5198	− 172 7252
7	·240 305 862	·899 375 508	·389 825 331	1644 2783	373 0440	161 6654
8	·223 829 737	·902 978 016	·391 386 460	1650 8711	347 4358	150 5514
9	·207 289 972	·906 323 797	·392 836 187	1657 0042	321 6998	139 3856
10	·190 691 224	·909 411 611	·394 174 011	1662 6659	295 8437	128 1716
11	−0·174 038 260	−0·912 240 304	−0·395 399 472	+1667 8459	− 269 8773	− 116 9136
12	·157 335 940	·914 808 827	·396 512 152	1672 5357	243 8118	105 6161
13	·140 589 203	·917 116 250	·397 511 680	1676 7284	217 6595	94 2843
14	·123 803 047	·919 161 771	·398 397 740	1680 4188	191 4335	82 9231
15	·106 982 513	·920 944 719	·399 170 062	1683 6033	165 1470	71 5378
16	−0·090 132 673	−0·922 464 554	−0·399 828 434	+1686 2799	− 138 8134	− 60 1337
17	·073 258 610	·923 720 873	·400 372 690	1688 4480	112 4459	48 7157
18	·056 365 407	·924 713 401	·400 802 719	1690 1081	86 0574	37 2890
19	·039 458 135	·925 441 992	·401 118 457	1691 2621	59 6603	25 8582
20	·022 541 844	·925 906 618	·401 319 886	1691 9124	33 2664	14 4281
21	−0·005 621 554	−0·926 107 369	−0·401 407 034	+1692 0624	− 6 8872	− 3 0029
22	+ ·011 297 750	·926 044 448	·401 379 974	1691 7160	+ 19 4664	+ 8 4130
23	·028 211 127	·925 718 162	·401 238 818	1690 8779	45 7838	19 8156
24	·045 113 687	·925 128 925	·400 983 721	1689 5535	72 0550	31 2007
25	·062 000 598	·924 277 249	·400 614 875	1687 7493	98 2701	42 5647
26	+0·078 867 101	−0·923 163 740	−0·400 132 510	+1685 4731	+ 124 4202	+ 53 9039
27	·095 708 518	·921 789 087	·399 536 890	1682 7341	150 4977	65 2153
28	·112 520 274	·920 154 048	·398 828 304	1679 5425	176 4968	76 4965
29	·129 297 897	·918 259 422	·398 007 064	1675 9096	202 4149	87 7462
30	·146 037 028	·916 106 018	·397 073 486	1671 8455	228 2529	98 9641
July 1	+0·162 733 396	−0·913 694 617	−0·396 027 886	+1667 3580	+ 254 0151	+ 110 1510
2	+0·179 382 790	−0·911 025 945	−0·394 870 563	+1662 4507	+ 279 7083	+ 121 3087

$\dot{X}, \dot{Y}, \dot{Z}$ are in units of 10^{-9} au / d.

MATRIX ELEMENTS FOR CONVERSION FROM
MEAN EQUINOX OF J2000·0 TO TRUE EQUINOX OF DATE

Julian Date	$R_{11}-1$		R_{12}	R_{13}	R_{21}	$R_{22}-1$	R_{23}	R_{31}	R_{32}	$R_{33}-1$	
245											
0220·5	−	38	+ 79 595	+ 34 590	− 79 597	− 32	+4446	− 34 586	−4473	−	6
0221·5		38	79 520	34 557	79 521	32	4470	34 553	4497		6
0222·5		38	79 434	34 520	79 435	32	4489	34 516	4516		6
0223·5		37	79 342	34 480	79 344	32	4501	34 476	4529		6
0224·5		37	79 251	34 440	79 253	32	4507	34 437	4534		6
0225·5	−	37	+ 79 166	+ 34 403	− 79 168	− 31	+4507	− 34 400	−4534	−	6
0226·5		37	79 091	34 371	79 092	31	4503	34 367	4530		6
0227·5		37	79 027	34 343	79 029	31	4497	34 340	4524		6
0228·5		37	78 976	34 321	78 978	31	4491	34 317	4518		6
0229·5		37	78 937	34 304	78 939	31	4487	34 300	4514		6
0230·5	−	37	+ 78 906	+ 34 290	− 78 908	− 31	+4488	− 34 287	−4516	−	6
0231·5		37	78 878	34 278	78 879	31	4496	34 275	4523		6
0232·5		37	78 846	34 264	78 847	31	4512	34 261	4539		6
0233·5		37	78 802	34 245	78 803	31	4534	34 241	4561		6
0234·5		37	78 739	34 218	78 741	31	4560	34 214	4587		6
0235·5	−	37	+ 78 654	+ 34 181	− 78 655	− 31	+4586	− 34 177	−4613	−	6
0236·5		37	78 546	34 134	78 548	31	4607	34 130	4634		6
0237·5		37	78 426	34 082	78 427	31	4619	34 078	4646		6
0238·5		36	78 304	34 029	78 305	31	4620	34 025	4646		6
0239·5		36	78 194	33 981	78 196	31	4611	33 978	4637		6
0240·5	−	36	+ 78 105	+ 33 943	− 78 107	− 31	+4597	− 33 939	−4623	−	6
0241·5		36	78 040	33 914	78 042	31	4583	33 911	4609		6
0242·5		36	77 994	33 894	77 996	31	4574	33 891	4600		6
0243·5		36	77 960	33 879	77 962	30	4572	33 876	4598		6
0244·5		36	77 928	33 865	77 929	30	4579	33 862	4605		6
0245·5	−	36	+ 77 888	+ 33 848	− 77 890	− 30	+4593	− 33 845	−4620	−	6
0246·5		36	77 836	33 826	77 838	30	4612	33 822	4638		6
0247·5		36	77 769	33 797	77 771	30	4632	33 793	4659		6
0248·5		36	77 688	33 761	77 689	30	4651	33 757	4677		6
0249·5		36	77 594	33 721	77 596	30	4664	33 717	4691		6
0250·5	−	36	+ 77 495	+ 33 677	− 77 496	− 30	+4672	− 33 674	−4698	−	6
0251·5		36	77 394	33 634	77 396	30	4673	33 630	4699		6
0252·5		36	77 298	33 592	77 300	30	4668	33 588	4694		6
0253·5		35	77 211	33 554	77 213	30	4658	33 551	4684		6
0254·5		35	77 136	33 522	77 138	30	4645	33 518	4671		6
0255·5	−	35	+ 77 074	+ 33 495	− 77 076	− 30	+4631	− 33 491	−4657	−	6
0256·5		35	77 025	33 473	77 026	30	4619	33 470	4645		6
0257·5		35	76 985	33 456	76 987	30	4611	33 452	4637		6
0258·5		35	76 951	33 441	76 952	30	4609	33 437	4635		6
0259·5		35	76 916	33 426	76 917	30	4614	33 422	4639		6
0260·5	−	35	+ 76 872	+ 33 407	− 76 874	− 30	+4625	− 33 403	−4651	−	6
0261·5		35	76 814	33 382	76 816	30	4641	33 378	4667		6
0262·5		35	76 736	33 348	76 737	30	4660	33 344	4685		6
0263·5		35	76 635	33 304	76 637	29	4675	33 300	4701		6
0264·5		35	76 516	33 252	76 518	29	4684	33 249	4709		6
0265·5	−	35	+ 76 390	+ 33 197	− 76 391	− 29	+4681	− 33 194	−4707	−	6
0266·5	−	35	+ 76 269	+ 33 145	− 76 271	− 29	+4668	− 33 141	−4693	−	6

Values are in units of 10^{-8}.

ORIGIN AT SOLAR SYSTEM BARYCENTRE

MEAN EQUATOR AND EQUINOX J2000·0

Date 0^h TDB	X	Y	Z	$\dot{X}$	$\dot{Y}$	$\dot{Z}$
July 1	+0·162 733 396	−0·913 694 617	−0·396 027 886	+1667 3580	+ 254 0151	+ 110 1510
2	·179 382 790	·911 025 945	·394 870 563	1662 4507	279 7083	121 3087
3	·195 981 006	·908 100 658	·393 601 803	1657 1217	305 3394	132 4387
4	·212 523 796	·904 919 347	·392 221 878	1651 3642	330 9135	143 5418
5	·229 006 828	·901 482 575	·390 731 059	1645 1682	356 4317	154 6175
6	+0·245 425 662	−0·897 790 910	−0·389 129 627	+1638 5227	+ 381 8909	+ 165 6637
7	·261 775 749	·893 844 977	·387 417 894	1631 4173	407 2840	176 6772
8	·278 052 446	·889 645 484	·385 596 206	1623 8435	432 6010	187 6537
9	·294 251 036	·885 193 250	·383 664 958	1615 7952	457 8303	198 5886
10	·310 366 755	·880 489 213	·381 624 590	1607 2685	482 9593	209 4768
11	+0·326 394 806	−0·875 534 441	−0·379 475 595	+1598 2615	+ 507 9751	+ 220 3132
12	·342 330 382	·870 330 130	·377 218 514	1588 7736	532 8648	231 0929
13	·358 168 679	·864 877 607	·374 853 942	1578 8060	557 6156	241 8109
14	·373 904 909	·859 178 322	·372 382 519	1568 3607	582 2149	252 4622
15	·389 534 312	·853 233 854	·369 804 936	1557 4411	606 6504	263 0422
16	+0·405 052 165	−0·847 045 900	−0·367 121 928	+1546 0516	+ 630 9101	+ 273 5463
17	·420 453 794	·840 616 276	·364 334 277	1534 1973	654 9826	283 9700
18	·435 734 583	·833 946 910	·361 442 809	1521 8845	678 8567	294 3091
19	·450 889 980	·827 039 838	·358 448 390	1509 1202	702 5220	304 5595
20	·465 915 507	·819 897 198	·355 351 927	1495 9120	725 9688	314 7174
21	+0·480 806 769	−0·812 521 222	−0·352 154 362	+1482 2684	+ 749 1876	+ 324 7792
22	·495 559 455	·804 914 234	·348 856 675	1468 1986	772 1700	334 7414
23	·510 169 352	·797 078 637	·345 459 877	1453 7125	794 9080	344 6010
24	·524 632 353	·789 016 911	·341 965 007	1438 8212	817 3949	354 3551
25	·538 944 465	·780 731 595	·338 373 134	1423 5366	839 6252	364 0015
26	+0·553 101 816	−0·772 225 273	−0·334 685 341	+1407 8714	+ 861 5956	+ 373 5387
27	·567 100 667	·763 500 551	·330 902 726	1391 8385	883 3055	382 9659
28	·580 937 401	·754 560 024	·327 026 388	1375 4499	904 7573	392 2835
29	·594 608 510	·745 406 246	·323 057 416	1358 7147	925 9569	401 4929
30	·608 110 558	·736 041 702	·318 996 883	1341 6381	946 9118	410 5961
31	+0·621 440 133	−0·726 468 798	−0·314 845 842	+1324 2195	+ 967 6301	+ 419 5949
Aug. 1	·634 593 792	·716 689 871	·310 605 329	1306 4539	988 1171	428 4906
2	·647 568 024	·706 707 223	·306 276 376	1288 3325	1008 3741	437 2825
3	·660 359 226	·696 523 168	·301 860 030	1269 8462	1028 3974	445 9689
4	·672 963 705	·686 140 079	·297 357 362	1250 9871	1048 1793	454 5461
5	+0·685 377 706	−0·675 560 423	−0·292 769 485	+1231 7498	+1067 7090	+ 463 0100
6	·697 597 433	·664 786 781	·288 097 555	1212 1321	1086 9742	471 3558
7	·709 619 082	·653 821 862	·283 342 778	1192 1344	1105 9624	479 5787
8	·721 438 862	·642 668 498	·278 506 406	1171 7590	1124 6613	487 6740
9	·733 053 016	·631 329 640	·273 589 739	1151 0099	1143 0590	495 6371
10	+0·744 457 832	−0·619 808 358	−0·268 594 118	+1129 8923	+1161 1443	+ 503 4639
11	·755 649 653	·608 107 832	·263 520 928	1108 4122	1178 9062	511 1502
12	·766 624 890	·596 231 346	·258 371 595	1086 5766	1196 3344	518 6921
13	·777 380 025	·584 182 290	·253 147 581	1064 3931	1213 4187	526 0857
14	·787 911 621	·571 964 150	·247 850 388	1041 8703	1230 1496	533 3273
15	+0·798 216 332	−0·559 580 508	−0·242 481 553	+1019 0178	+1246 5177	+ 540 4136
16	+0·808 290 912	−0·547 035 033	−0·237 042 645	+ 995 8457	+1262 5147	+ 547 3412

$\dot{X}$, $\dot{Y}$, $\dot{Z}$ are in units of 10^{-9} au / d.

MATRIX ELEMENTS FOR CONVERSION FROM
MEAN EQUINOX OF J2000·0 TO TRUE EQUINOX OF DATE

Julian Date	$R_{11}-1$	R_{12}	R_{13}	R_{21}	$R_{22}-1$	R_{23}	R_{31}	R_{32}	$R_{33}-1$
245									
0265·5	− 35	+ 76 390	+ 33 197	− 76 391	− 29	+4681	− 33 194	−4707	− 6
0266·5	35	76 269	33 145	76 271	29	4668	33 141	4693	6
0267·5	34	76 167	33 101	76 169	29	4646	33 097	4671	6
0268·5	34	76 091	33 068	76 093	29	4622	33 064	4647	6
0269·5	34	76 039	33 045	76 040	29	4602	33 041	4627	6
0270·5	− 34	+ 76 002	+ 33 029	− 76 004	− 29	+4589	− 33 025	−4614	− 6
0271·5	34	75 971	33 015	75 972	29	4586	33 012	4611	6
0272·5	34	75 936	33 000	75 937	29	4590	32 997	4615	6
0273·5	34	75 890	32 980	75 891	29	4600	32 976	4625	6
0274·5	34	75 829	32 954	75 831	29	4612	32 950	4637	6
0275·5	− 34	+ 75 754	+ 32 921	− 75 756	− 29	+4623	− 32 918	−4648	− 6
0276·5	34	75 668	32 884	75 669	29	4630	32 880	4655	6
0277·5	34	75 574	32 843	75 576	29	4632	32 839	4657	5
0278·5	34	75 479	32 802	75 480	29	4627	32 798	4652	5
0279·5	34	75 387	32 762	75 388	29	4616	32 758	4640	5
0280·5	− 34	+ 75 303	+ 32 725	− 75 305	− 28	+4599	− 32 722	−4624	− 5
0281·5	34	75 231	32 694	75 233	28	4579	32 691	4604	5
0282·5	34	75 173	32 669	75 174	28	4558	32 665	4583	5
0283·5	34	75 128	32 649	75 129	28	4538	32 646	4563	5
0284·5	34	75 094	32 634	75 095	28	4522	32 631	4547	5
0285·5	− 34	+ 75 067	+ 32 622	− 75 068	− 28	+4511	− 32 619	−4535	− 5
0286·5	33	75 041	32 611	75 043	28	4506	32 608	4531	5
0287·5	33	75 011	32 598	75 013	28	4508	32 595	4532	5
0288·5	33	74 969	32 580	74 971	28	4515	32 577	4540	5
0289·5	33	74 911	32 555	74 912	28	4526	32 551	4550	5
0290·5	− 33	+ 74 832	+ 32 520	− 74 833	− 28	+4536	− 32 517	−4560	− 5
0291·5	33	74 734	32 478	74 735	28	4541	32 474	4566	5
0292·5	33	74 623	32 430	74 625	28	4538	32 426	4562	5
0293·5	33	74 511	32 381	74 513	28	4523	32 378	4548	5
0294·5	33	74 412	32 338	74 413	28	4499	32 335	4523	5
0295·5	− 33	+ 74 335	+ 32 305	− 74 337	− 28	+4470	− 32 301	−4494	− 5
0296·5	33	74 285	32 283	74 287	28	4442	32 280	4466	5
0297·5	33	74 257	32 270	74 258	28	4420	32 267	4444	5
0298·5	33	74 238	32 263	74 240	28	4408	32 259	4432	5
0299·5	33	74 220	32 254	74 221	28	4405	32 251	4429	5
0300·5	− 33	+ 74 191	+ 32 242	− 74 193	− 28	+4410	− 32 239	−4434	− 5
0301·5	33	74 149	32 224	74 150	28	4418	32 220	4442	5
0302·5	33	74 092	32 199	74 094	28	4426	32 196	4450	5
0303·5	33	74 023	32 169	74 024	27	4430	32 166	4454	5
0304·5	32	73 946	32 135	73 947	27	4430	32 132	4454	5
0305·5	− 32	+ 73 866	+ 32 101	− 73 867	− 27	+4424	− 32 097	−4448	− 5
0306·5	32	73 788	32 067	73 790	27	4411	32 064	4435	5
0307·5	32	73 718	32 037	73 720	27	4394	32 033	4417	5
0308·5	32	73 659	32 011	73 661	27	4372	32 008	4396	5
0309·5	32	73 614	31 991	73 615	27	4349	31 988	4373	5
0310·5	− 32	+ 73 582	+ 31 977	− 73 583	− 27	+4327	− 31 974	−4350	− 5
0311·5	− 32	+ 73 561	+ 31 968	− 73 563	− 27	+4308	− 31 965	−4331	− 5

Values are in units of 10^{-8}.

POSITION AND VELOCITY OF THE EARTH, 1996

ORIGIN AT SOLAR SYSTEM BARYCENTRE
MEAN EQUATOR AND EQUINOX J2000·0

Date 0ʰ TDB	X	Y	Z	$\dot{X}$	$\dot{Y}$	$\dot{Z}$
Aug. 16	+0·808 290 912	−0·547 035 033	−0·237 042 645	+ 995 8457	+1262 5147	+ 547 3412
17	·818 132 219	·534 331 478	·231 535 267	972 3653	1278 1326	554 1072
18	·827 737 230	·521 473 667	·225 961 049	948 5885	1293 3646	560 7089
19	·837 103 043	·508 465 492	·220 321 646	924 5279	1308 2047	567 1439
20	·846 226 885	·495 310 897	·214 618 733	900 1967	1322 6480	573 4104
21	+0·855 106 120	−0·482 013 866	−0·208 854 005	+ 875 6087	+1336 6913	+ 579 5068
22	·863 738 250	·468 578 411	·203 029 168	850 7780	1350 3327	585 4322
23	·872 120 919	·455 008 552	·197 145 932	825 7190	1363 5723	591 1864
24	·880 251 914	·441 308 295	·191 206 010	800 4453	1376 4129	596 7698
25	·888 129 151	·427 481 608	·185 211 100	774 9693	1388 8594	602 1840
26	+0·895 750 658	−0·413 532 395	−0·179 162 888	+ 749 3005	+1400 9195	+ 607 4308
27	·903 114 539	·399 464 477	·173 063 033	723 4446	1412 6020	612 5130
28	·910 218 930	·385 281 586	·166 913 170	697 4025	1423 9154	617 4327
29	·917 061 956	·370 987 377	·160 714 915	671 1706	1434 8661	622 1916
30	·923 641 688	·356 585 465	·154 469 874	644 7425	1445 4560	626 7896
31	+0·929 956 129	−0·342 079 468	−0·148 179 663	+ 618 1114	+1455 6823	+ 631 2254
Sept. 1	·936 003 220	·327 473 053	·141 845 916	591 2718	1465 5382	635 4961
2	·941 780 863	·312 769 973	·135 470 304	564 2215	1475 0136	639 5979
3	·947 286 950	·297 974 085	·129 054 534	536 9613	1484 0977	643 5268
4	·952 519 401	·283 089 362	·122 600 358	509 4950	1492 7791	647 2787
5	+0·957 476 184	−0·268 119 880	−0·116 109 563	+ 481 8288	+1501 0475	+ 650 8498
6	·962 155 335	·253 069 821	·109 583 977	453 9701	1508 8931	654 2366
7	·966 554 972	·237 943 456	·103 025 457	425 9275	1516 3073	657 4359
8	·970 673 303	·222 745 141	·096 435 893	397 7104	1523 2819	660 4449
9	·974 508 631	·207 479 309	·089 817 202	369 3285	1529 8093	663 2608
10	+0·978 059 359	−0·192 150 468	−0·083 171 328	+ 340 7924	+1535 8826	+ 665 8811
11	·981 324 001	·176 763 194	·076 500 240	312 1132	1541 4950	668 3033
12	·984 301 187	·161 322 127	·069 805 929	283 3031	1546 6401	670 5253
13	·986 989 670	·145 831 967	·063 090 408	254 3749	1551 3125	672 5450
14	·989 388 338	·130 297 469	·056 355 709	225 3426	1555 5074	674 3607
15	+0·991 496 224	−0·114 723 424	−0·049 603 879	+ 196 2210	+1559 2212	+ 675 9712
16	·993 312 510	·099 114 655	·042 836 973	167 0253	1562 4518	677 3756
17	·994 836 535	·083 476 000	·036 057 053	137 7713	1565 1987	678 5739
18	·996 067 794	·067 812 289	·029 266 182	108 4748	1567 4631	679 5661
19	·997 005 941	·052 128 335	·022 466 414	79 1513	1569 2481	680 3535
20	+0·997 650 778	−0·036 428 908	−0·015 659 790	+ 49 8153	+1570 5588	+ 680 9375
21	·998 002 250	·020 718 718	·008 848 333	+ 20 4802	1571 4021	681 3205
22	·998 060 423	− ·005 002 396	− ·002 034 041	− 8 8429	1571 7867	681 5051
23	·997 825 462	+ ·010 715 521	+ ·004 781 119	38 1454	1571 7228	681 4947
24	·997 297 600	·026 430 599	·011 595 213	67 4225	1571 2206	681 2924
25	+0·996 477 100	+0·042 138 505	+0·018 406 338	− 96 6731	+1570 2898	+ 680 9013
26	·995 364 219	·057 834 990	·025 212 617	125 8994	1568 9374	680 3235
27	·993 959 179	·073 515 859	·032 012 188	155 1057	1567 1667	679 5598
28	·992 262 157	·089 176 929	·038 803 192	184 2966	1564 9772	678 6099
29	·990 273 289	·104 813 990	·045 583 759	213 4751	1562 3641	677 4720
30	+0·987 992 695	+0·120 422 775	+0·052 351 997	− 242 6414	+1559 3204	+ 676 1437
Oct. 1	+0·985 420 511	+0·135 998 935	+0·059 105 988	− 271 7925	+1555 8378	+ 674 6221

$\dot{X}, \dot{Y}, \dot{Z}$ are in units of 10^{-9} au / d.

MATRIX ELEMENTS FOR CONVERSION FROM
MEAN EQUINOX OF J2000·0 TO TRUE EQUINOX OF DATE

Julian Date	$R_{11}-1$	R_{12}	R_{13}	R_{21}	$R_{22}-1$	R_{23}	R_{31}	R_{32}	$R_{33}-1$
245									
0311·5	− 32	+ 73 561	+ 31 968	− 73 563	− 27	+4308	− 31 965	−4331	− 5
0312·5	32	73 550	31 963	73 551	27	4294	31 960	4317	5
0313·5	32	73 541	31 959	73 542	27	4286	31 956	4310	5
0314·5	32	73 529	31 954	73 531	27	4285	31 951	4309	5
0315·5	32	73 509	31 945	73 510	27	4290	31 942	4314	5
0316·5	− 32	+ 73 473	+ 31 930	− 73 474	− 27	+4299	− 31 926	−4323	− 5
0317·5	32	73 419	31 906	73 420	27	4309	31 903	4332	5
0318·5	32	73 347	31 875	73 349	27	4316	31 872	4339	5
0319·5	32	73 261	31 838	73 263	27	4316	31 834	4339	5
0320·5	32	73 170	31 798	73 171	27	4306	31 795	4330	5
0321·5	− 32	+ 73 084	+ 31 761	− 73 085	− 27	+4288	− 31 757	−4311	− 5
0322·5	32	73 015	31 731	73 016	27	4262	31 727	4285	5
0323·5	32	72 970	31 711	72 971	27	4234	31 708	4257	5
0324·5	32	72 949	31 702	72 950	27	4211	31 699	4234	5
0325·5	32	72 944	31 700	72 945	27	4196	31 697	4219	5
0326·5	− 32	+ 72 943	+ 31 699	− 72 944	− 27	+4192	− 31 696	−4215	− 5
0327·5	32	72 935	31 696	72 937	27	4197	31 693	4220	5
0328·5	32	72 913	31 686	72 915	27	4208	31 683	4231	5
0329·5	32	72 876	31 670	72 877	27	4220	31 667	4243	5
0330·5	32	72 824	31 647	72 825	27	4230	31 644	4253	5
0331·5	− 31	+ 72 763	+ 31 621	− 72 764	− 27	+4235	− 31 618	−4258	− 5
0332·5	31	72 697	31 592	72 698	27	4234	31 589	4257	5
0333·5	31	72 632	31 564	72 634	26	4228	31 561	4250	5
0334·5	31	72 574	31 539	72 575	26	4215	31 536	4238	5
0335·5	31	72 525	31 518	72 527	26	4199	31 515	4222	5
0336·5	− 31	+ 72 490	+ 31 502	− 72 491	− 26	+4181	− 31 499	−4204	− 5
0337·5	31	72 467	31 492	72 468	26	4164	31 489	4187	5
0338·5	31	72 457	31 488	72 458	26	4149	31 485	4172	5
0339·5	31	72 455	31 487	72 457	26	4139	31 484	4162	5
0340·5	31	72 458	31 488	72 460	26	4136	31 485	4159	5
0341·5	− 31	+ 72 460	+ 31 489	− 72 461	− 26	+4139	− 31 486	−4162	− 5
0342·5	31	72 453	31 486	72 454	26	4149	31 483	4172	5
0343·5	31	72 432	31 477	72 433	26	4163	31 474	4186	5
0344·5	31	72 394	31 460	72 395	26	4179	31 457	4202	5
0345·5	31	72 337	31 436	72 339	26	4193	31 432	4216	5
0346·5	− 31	+ 72 267	+ 31 405	− 72 268	− 26	+4202	− 31 402	−4225	− 5
0347·5	31	72 188	31 371	72 190	26	4202	31 368	4225	5
0348·5	31	72 112	31 338	72 113	26	4194	31 335	4217	5
0349·5	31	72 048	31 310	72 049	26	4178	31 307	4201	5
0350·5	31	72 003	31 290	72 004	26	4159	31 287	4182	5
0351·5	− 31	+ 71 981	+ 31 281	− 71 982	− 26	+4142	− 31 278	−4164	− 5
0352·5	31	71 977	31 279	71 978	26	4131	31 276	4154	5
0353·5	31	71 981	31 281	71 983	26	4130	31 278	4153	5
0354·5	31	71 983	31 281	71 984	26	4140	31 278	4162	5
0355·5	31	71 972	31 277	71 974	26	4157	31 274	4179	5
0356·5	− 31	+ 71 944	+ 31 264	− 71 946	− 26	+4177	− 31 261	−4200	− 5
0357·5	− 31	+ 71 900	+ 31 245	− 71 901	− 26	+4197	− 31 242	−4220	− 5

Values are in units of 10^{-8}.

ORIGIN AT SOLAR SYSTEM BARYCENTRE
MEAN EQUATOR AND EQUINOX J2000·0

Date 0ʰ TDB	X	Y	Z	$\dot{X}$	$\dot{Y}$	$\dot{Z}$
Oct. 1	+0·985 420 511	+0·135 998 935	+0·059 105 988	− 271 7925	+1555 8378	+ 674 6221
2	·982 556 916	·151 538 041	·065 843 787	300 9224	1551 9082	672 9047
3	·979 402 160	·167 035 585	·072 563 422	330 0230	1547 5242	670 9891
4	·975 956 586	·182 486 990	·079 262 901	359 0844	1542 6795	668 8731
5	·972 220 638	·197 887 623	·085 940 212	388 0962	1537 3690	666 5553
6	+0·968 194 866	+0·213 232 802	+0·092 593 329	− 417 0471	+1531 5882	+ 664 0343
7	·963 879 937	·228 517 808	·099 220 217	445 9256	1525 3338	661 3091
8	·959 276 635	·243 737 888	·105 818 828	474 7198	1518 6024	658 3789
9	·954 385 863	·258 888 258	·112 387 109	503 4172	1511 3915	655 2428
10	·949 208 657	·273 964 111	·118 922 997	532 0045	1503 6986	651 9005
11	+0·943 746 187	+0·288 960 619	+0·125 424 429	− 560 4676	+1495 5222	+ 648 3514
12	·937 999 770	·303 872 941	·131 889 337	588 7913	1486 8616	644 5958
13	·931 970 880	·318 696 239	·138 315 658	616 9595	1477 7175	640 6341
14	·925 661 154	·333 425 688	·144 701 336	644 9556	1468 0925	636 4674
15	·919 072 398	·348 056 500	·151 044 329	672 7626	1457 9911	632 0977
16	+0·912 206 585	+0·362 583 944	+0·157 342 621	− 700 3645	+1447 4202	+ 627 5275
17	·905 065 844	·377 003 370	·163 594 221	727 7459	1436 3890	622 7600
18	·897 652 445	·391 310 226	·169 797 177	754 8939	1424 9083	617 7993
19	·889 968 782	·405 500 077	·175 949 578	781 7974	1412 9903	612 6497
20	·882 017 340	·419 568 617	·182 049 557	808 4483	1400 6481	607 3157
21	+0·873 800 676	+0·433 511 669	+0·188 095 294	− 834 8414	+1387 8947	+ 601 8019
22	·865 321 380	·447 325 183	·194 085 011	860 9744	1374 7425	596 1127
23	·856 582 053	·461 005 225	·200 016 974	886 8478	1361 2020	590 2516
24	·847 585 280	·474 547 955	·205 889 480	912 4641	1347 2813	584 2216
25	·838 333 616	·487 949 601	·211 700 850	937 8267	1332 9856	578 0246
26	+0·828 829 580	+0·501 206 422	+0·217 449 418	− 962 9391	+1318 3165	+ 571 6614
27	·819 075 663	·514 314 682	·223 133 524	987 8029	1303 2728	565 1319
28	·809 074 352	·527 270 620	·228 751 499	1012 4176	1287 8514	558 4353
29	·798 828 152	·540 070 437	·234 301 670	1036 7798	1272 0480	551 5707
30	·788 339 617	·552 710 294	·239 782 350	1060 8835	1255 8587	544 5371
31	+0·777 611 371	+0·565 186 312	+0·245 191 846	−1084 7205	+1239 2800	+ 537 3339
Nov. 1	·766 646 127	·577 494 588	·250 528 461	1108 2813	1222 3098	529 9608
2	·755 446 699	·589 631 199	·255 790 497	1131 5556	1204 9471	522 4182
3	·744 016 007	·601 592 221	·260 976 261	1154 5324	1187 1919	514 7065
4	·732 357 080	·613 373 731	·266 084 066	1177 2007	1169 0450	506 8265
5	+0·720 473 059	+0·624 971 820	+0·271 112 234	−1199 5492	+1150 5078	+ 498 7793
6	·708 367 200	·636 382 591	·276 059 098	1221 5664	1131 5819	490 5660
7	·696 042 877	·647 602 170	·280 923 005	1243 2399	1112 2696	482 1880
8	·683 503 591	·658 626 704	·285 702 314	1264 5567	1092 5736	473 6468
9	·670 752 978	·669 452 374	·290 395 403	1285 5029	1072 4976	464 9443
10	+0·657 794 819	+0·680 075 406	+0·295 000 670	−1306 0634	+1052 0467	+ 456 0829
11	·644 633 048	·690 492 083	·299 516 541	1326 2225	1031 2283	447 0656
12	·631 271 758	·700 698 779	·303 941 476	1345 9647	1010 0522	437 8965
13	·617 715 192	·710 691 976	·308 273 981	1365 2755	988 5308	428 5804
14	·603 967 728	·720 468 294	·312 512 613	1384 1424	966 6792	419 1230
15	+0·590 033 856	+0·730 024 516	+0·316 655 990	−1402 5558	+ 944 5143	+ 409 5305
16	+0·575 918 143	+0·739 357 594	+0·320 702 794	−1420 5099	+ 922 0535	+ 399 8094

$\dot{X}, \dot{Y}, \dot{Z}$ are in units of 10^{-9} au / d.

MATRIX ELEMENTS FOR CONVERSION FROM
MEAN EQUINOX OF J2000·0 TO TRUE EQUINOX OF DATE

Julian Date	$R_{11}-1$	R_{12}	R_{13}	R_{21}	$R_{22}-1$	R_{23}	R_{31}	R_{32}	$R_{33}-1$
245									
0357·5	− 31	+ 71 900	+ 31 245	− 71 901	− 26	+4197	− 31 242	−4220	− 5
0358·5	31	71 843	31 220	71 844	26	4213	31 217	4236	5
0359·5	31	71 778	31 192	71 780	26	4223	31 189	4246	5
0360·5	31	71 713	31 164	71 715	26	4227	31 161	4249	5
0361·5	31	71 653	31 138	71 654	26	4224	31 135	4247	5
0362·5	− 30	+ 71 601	+ 31 115	− 71 602	− 26	+4218	− 31 112	−4240	− 5
0363·5	30	71 561	31 098	71 562	26	4208	31 095	4231	·5
0364·5	30	71 533	31 086	71 534	26	4199	31 083	4221	5
0365·5	30	71 518	31 079	71 519	26	4192	31 076	4214	5
0366·5	30	71 512	31 076	71 513	26	4188	31 073	4211	5
0367·5	− 30	+ 71 512	+ 31 076	− 71 513	− 26	+4191	− 31 073	−4214	− 5
0368·5	30	71 511	31 076	71 512	26	4202	31 073	4224	5
0369·5	30	71 503	31 072	71 504	26	4219	31 069	4241	5
0370·5	30	71 481	31 063	71 483	26	4241	31 060	4263	5
0371·5	30	71 442	31 046	71 443	26	4265	31 043	4287	5
0372·5	− 30	+ 71 383	+ 31 020	− 71 385	− 26	+4288	− 31 017	−4310	− 5
0373·5	30	71 309	30 988	71 310	26	4306	30 985	4329	5
0374·5	30	71 225	30 951	71 227	25	4317	30 948	4339	5
0375·5	30	71 141	30 915	71 143	25	4319	30 912	4341	5
0376·5	30	71 067	30 883	71 068	25	4313	30 880	4335	5
0377·5	− 30	+ 71 010	+ 30 858	− 71 011	− 25	+4303	− 30 855	−4324	− 5
0378·5	30	70 973	30 842	70 974	25	4292	30 839	4314	5
0379·5	30	70 954	30 834	70 956	25	4287	30 831	4309	5
0380·5	30	70 947	30 830	70 948	25	4290	30 827	4312	5
0381·5	30	70 940	30 827	70 941	25	4303	30 824	4325	5
0382·5	− 30	+ 70 924	+ 30 820	− 70 925	− 25	+4324	− 30 817	−4346	− 5
0383·5	30	70 891	30 806	70 893	25	4351	30 803	4372	5
0384·5	30	70 841	30 784	70 842	25	4378	30 781	4400	5
0385·5	30	70 774	30 755	70 776	25	4403	30 752	4424	5
0386·5	30	70 697	30 722	70 699	25	4422	30 719	4443	5
0387·5	− 30	+ 70 616	+ 30 687	− 70 618	− 25	+4434	− 30 684	−4455	− 5
0388·5	30	70 538	30 653	70 539	25	4439	30 650	4461	5
0389·5	30	70 467	30 622	70 468	25	4439	30 619	4461	5
0390·5	29	70 407	30 596	70 408	25	4436	30 593	4457	5
0391·5	29	70 359	30 575	70 361	25	4431	30 572	4453	5
0392·5	− 29	+ 70 324	+ 30 560	− 70 325	− 25	+4428	− 30 556	−4449	− 5
0393·5	29	70 299	30 549	70 300	25	4427	30 546	4449	5
0394·5	29	70 280	30 541	70 282	25	4432	30 538	4454	5
0395·5	29	70 263	30 533	70 265	25	4444	30 530	4465	5
0396·5	29	70 241	30 524	70 243	25	4463	30 520	4484	5
0397·5	− 29	+ 70 207	+ 30 509	− 70 208	− 25	+4487	− 30 506	−4509	− 5
0398·5	29	70 155	30 486	70 157	25	4515	30 483	4537	5
0399·5	29	70 083	30 455	70 084	25	4543	30 451	4564	5
0400·5	29	69 992	30 415	69 993	25	4566	30 412	4587	5
0401·5	29	69 888	30 370	69 889	25	4581	30 367	4602	5
0402·5	− 29	+ 69 782	+ 30 324	− 69 783	− 24	+4587	− 30 321	−4608	− 5
0403·5	− 29	+ 69 684	+ 30 282	− 69 686	− 24	+4584	− 30 278	−4605	− 5

Values are in units of 10^{-8}.

POSITION AND VELOCITY OF THE EARTH, 1996

ORIGIN AT SOLAR SYSTEM BARYCENTRE

MEAN EQUATOR AND EQUINOX J2000·0

Date 0ʰ TDB	X	Y	Z	$\dot{X}$	$\dot{Y}$	$\dot{Z}$
Nov. 16	+0·575 918 143	+0·739 357 594	+0·320 702 794	−1420 5099	+ 922 0535	+ 399 8094
17	·561 625 198	·748 464 657	·324 651 770	1438 0021	899 3139	389 9659
18	·547 159 640	·757 342 995	·328 501 723	1455 0327	876 3111	380 0059
19	·532 526 072	·765 990 048	·332 251 516	1471 6047	853 0590	369 9345
20	·517 729 061	·774 403 382	·335 900 056	1487 7222	829 5689	359 7561
21	+0·502 773 126	+0·782 580 661	+0·339 446 292	−1503 3903	+ 805 8493	+ 349 4741
22	·487 662 736	·790 519 623	·342 889 201	1518 6140	781 9063	339 0912
23	·472 402 314	·798 218 055	·346 227 785	1533 3973	757 7437	328 6092
24	·456 996 250	·805 673 771	·349 461 060	1547 7427	733 3633	318 0295
25	·441 448 917	·812 884 596	·352 588 053	1561 6509	708 7653	307 3529
26	+0·425 764 694	+0·819 848 352	+0·355 607 798	−1575 1203	+ 683 9497	+ 296 5801
27	·409 947 985	·826 562 863	·358 519 336	1588 1472	658 9163	285 7118
28	·394 003 243	·833 025 954	·361 321 719	1600 7260	633 6657	274 7490
29	·377 934 980	·839 235 458	·364 014 006	1612 8502	608 1994	263 6931
30	·361 747 779	·845 189 231	·366 595 277	1624 5123	582 5200	252 5458
Dec. 1	+0·345 446 302	+0·850 885 158	+0·369 064 625	−1635 7042	+ 556 6310	+ 241 3092
2	·329 035 289	·856 321 167	·371 421 171	1646 4180	530 5369	229 9856
3	·312 519 562	·861 495 229	·373 664 055	1656 6456	504 2427	218 5775
4	·295 904 025	·866 405 371	·375 792 447	1666 3786	477 7537	207 0876
5	·279 193 668	·871 049 673	·377 805 543	1675 6082	451 0758	195 5187
6	+0·262 393 571	+0·875 426 279	+0·379 702 569	−1684 3251	+ 424 2155	+ 183 8740
7	·245 508 909	·879 533 398	·381 482 781	1692 5192	397 1798	172 1566
8	·228 544 967	·883 369 318	·383 145 472	1700 1792	369 9773	160 3704
9	·211 507 144	·886 932 423	·384 689 975	1707 2934	342 6187	148 5199
10	·194 400 957	·890 221 217	·386 115 674	1713 8501	315 1175	136 6105
11	+0·177 232 035	+0·893 234 353	+0·387 422 009	−1719 8390	+ 287 4902	+ 124 6485
12	·160 006 097	·895 970 664	·388 608 493	1725 2522	259 7560	112 6413
13	·142 728 922	·898 429 186	·389 674 712	1730 0862	231 9360	100 5969
14	·125 406 301	·900 609 168	·390 620 333	1734 3420	204 0513	88 5231
15	·108 043 994	·902 510 061	·391 445 101	1738 0245	176 1215	76 4272
16	+0·090 647 694	+0·904 131 503	+0·392 148 826	−1741 1421	+ 148 1633	+ 64 3157
17	·073 223 003	·905 473 279	·392 731 380	1743 7045	120 1903	52 1938
18	·055 775 421	·906 535 294	·393 192 682	1745 7218	92 2126	40 0659
19	·038 310 351	·907 317 540	·393 532 688	1747 2037	64 2377	27 9351
20	·020 833 104	·907 820 075	·393 751 383	1748 1584	36 2709	15 8041
21	+0·003 348 918	+0·908 042 998	+0·393 848 777	−1748 5927	+ 8 3161	+ 3 6752
22	− ·014 137 033	·907 986 445	·393 824 900	1748 5119	− 19 6241	− 8 4500
23	·031 619 615	·907 650 572	·393 679 796	1747 9194	47 5475	20 5697
24	·049 093 722	·907 035 556	·393 413 528	1746 8173	75 4523	32 6825
25	·066 554 262	·906 141 594	·393 026 174	1745 2057	103 3364	44 7868
26	−0·083 996 135	+0·904 968 906	+0·392 517 827	−1743 0838	− 131 1972	− 56 8806
27	·101 414 231	·903 517 740	·391 888 603	1740 4497	159 0314	68 9620
28	·118 803 412	·901 788 381	·391 138 636	1737 3006	186 8349	81 0287
29	·136 158 515	·899 781 161	·390 268 088	1733 6334	214 6027	93 0779
30	·153 474 342	·897 496 464	·389 277 145	1729 4448	242 3292	105 1069
31	−0·170 745 661	+0·894 934 737	+0·388 166 027	−1724 7314	− 270 0078	− 117 1127
32	−0·187 967 209	+0·892 096 490	+0·386 934 981	−1719 4897	− 297 6318	− 129 0918

$\dot{X}$, $\dot{Y}$, $\dot{Z}$ are in units of 10^{-9} au / d.

MATRIX ELEMENTS FOR CONVERSION FROM
MEAN EQUINOX OF J2000·0 TO TRUE EQUINOX OF DATE

Julian Date	$R_{11}-1$	R_{12}	R_{13}	R_{21}	$R_{22}-1$	R_{23}	R_{31}	R_{32}	$R_{33}-1$
245									
0403·5	− 29	+ 69 684	+ 30 282	− 69 686	− 24	+4584	− 30 278	−4605	− 5
0404·5	29	69 603	30 246	69 604	24	4576	30 243	4597	5
0405·5	29	69 542	30 220	69 544	24	4566	30 217	4587	5
0406·5	29	69 500	30 202	69 502	24	4560	30 199	4581	5
0407·5	29	69 471	30 189	69 473	24	4562	30 186	4583	5
0408·5	− 29	+ 69 446	+ 30 178	− 69 447	− 24	+4572	− 30 175	−4593	− 5
0409·5	29	69 414	30 164	69 415	24	4590	30 161	4611	5
0410·5	29	69 368	30 144	69 370	24	4614	30 141	4635	5
0411·5	29	69 305	30 117	69 307	24	4641	30 114	4662	5
0412·5	28	69 226	30 082	69 227	24	4665	30 079	4686	5
0413·5	− 28	+ 69 133	+ 30 042	− 69 134	− 24	+4685	− 30 039	−4706	− 5
0414·5	28	69 033	29 999	69 034	24	4698	29 995	4719	5
0415·5	28	68 933	29 955	68 934	24	4704	29 952	4725	5
0416·5	28	68 839	29 914	68 840	24	4704	29 911	4724	5
0417·5	28	68 755	29 878	68 757	24	4699	29 875	4719	5
0418·5	− 28	+ 68 684	+ 29 847	− 68 686	− 24	+4691	− 29 844	−4712	− 5
0419·5	28	68 626	29 822	68 627	24	4683	29 819	4704	5
0420·5	28	68 579	29 801	68 581	24	4678	29 798	4699	5
0421·5	28	68 541	29 785	68 542	24	4677	29 782	4697	5
0422·5	28	68 506	29 770	68 508	24	4682	29 767	4702	5
0423·5	− 28	+ 68 470	+ 29 754	− 68 471	− 24	+4693	− 29 751	−4713	− 5
0424·5	28	68 424	29 734	68 426	24	4710	29 731	4731	5
0425·5	28	68 364	29 708	68 365	23	4732	29 704	4752	5
0426·5	28	68 283	29 673	68 284	23	4755	29 669	4775	5
0427·5	28	68 182	29 629	68 183	23	4775	29 625	4796	5
0428·5	− 28	+ 68 064	+ 29 577	− 68 065	− 23	+4789	− 29 574	−4809	− 4
0429·5	27	67 939	29 523	67 940	23	4792	29 520	4812	4
0430·5	27	67 818	29 471	67 820	23	4785	29 468	4805	4
0431·5	27	67 714	29 426	67 716	23	4770	29 423	4790	4
0432·5	27	67 632	29 390	67 634	23	4753	29 387	4773	4
0433·5	− 27	+ 67 573	+ 29 364	− 67 574	− 23	+4738	− 29 361	−4758	− 4
0434·5	27	67 528	29 345	67 530	23	4729	29 342	4749	4
0435·5	27	67 491	29 329	67 492	23	4729	29 325	4749	4
0436·5	27	67 450	29 311	67 451	23	4738	29 308	4758	4
0437·5	27	67 398	29 288	67 399	23	4753	29 285	4772	4
0438·5	− 27	+ 67 331	+ 29 259	− 67 332	− 23	+4770	− 29 256	−4790	− 4
0439·5	27	67 247	29 223	67 248	23	4787	29 219	4807	4
0440·5	27	67 150	29 180	67 151	23	4800	29 177	4820	4
0441·5	27	67 044	29 135	67 046	23	4807	29 131	4826	4
0442·5	27	66 937	29 088	66 938	23	4807	29 085	4826	4
0443·5	− 27	+ 66 833	+ 29 043	− 66 835	− 22	+4799	− 29 040	−4819	− 4
0444·5	26	66 739	29 002	66 741	22	4786	28 999	4806	4
0445·5	26	66 658	28 967	66 659	22	4770	28 964	4790	4
0446·5	26	66 590	28 938	66 592	22	4753	28 934	4773	4
0447·5	26	66 536	28 914	66 537	22	4738	28 911	4757	4
0448·5	− 26	+ 66 492	+ 28 895	− 66 493	− 22	+4726	− 28 892	−4745	− 4
0449·5	− 26	+ 66 454	+ 28 878	− 66 455	− 22	+4719	− 28 875	−4738	− 4

Values are in units of 10^{-8}.

Reduction for polar motion

The rotation of the Earth is represented by a diurnal rotation around a reference axis whose motion with respect to the inertial reference frame is represented by the theories of precession and nutation. This reference axis does not coincide with the axis of figure (maximum moment of inertia) of the Earth, but moves slowly (in a terrestrial reference frame) in a quasi-circular path around it. The reference axis is the celestial ephemeris pole (normal to the true equator) and its motion with respect to the terrestrial reference frame is known as polar motion. The maximum amplitude of the polar motion is typically about 0″3 (corresponding to a displacement of about 9 m on the surface of the Earth) and the principal periods are about 365 and 428 days. The motion is affected by unpredictable geophysical forces and is determined from observations of stars, of radio sources and of appropriate satellites of the Earth.

The pole and zero (Greenwich) meridian of the terrestrial reference frame are defined implicitly by the adoption of a set of coordinates for the instruments that are used to determine UT and polar motion from astronomical and satellite observations. (This frame is known as the IERS Terrestrial Reference Frame (ITRF), and is a continuation of the BIH Terrestrial System (BTS), and before that the Conventional International Origin (CIO)). The position of the terrestrial reference frame with respect to the true equator and equinox of date is defined by successive rotations through two small angles x, y and the Greenwich apparent sidereal time θ. The angles x, y correspond to the coordinates of the celestial ephemeris pole with respect to the terrestrial pole measured along the meridians at longitudes $0°$ and $270°$ ($90°$ west). Current values of the coordinates of the pole for use in the reduction of observations are published by the Central Bureau of IERS. Previous values from 1970 January 1 onwards are given on page K10 at 3-monthly intervals. For precise work the values at 5-day intervals from the BIH tables should be used. Values before 1988 were published by the International Polar Motion Service. The coordinates x and y are usually measured in seconds of arc.

Polar motion causes variations in the zenith distance and azimuth of the celestial ephemeris pole and hence in the values of terrestrial latitude (ϕ) and longitude (λ) that are determined from direct astronomical observations of latitude and time. To first order, the departures from the mean values ϕ_m, λ_m are given by:

$$\Delta\phi = x\cos\lambda_m - y\sin\lambda_m \quad \text{and} \quad \Delta\lambda = (x\sin\lambda_m + y\cos\lambda_m)\tan\phi_m$$

The variation in longitude must be taken into account in the determination of GMST, and hence of UT, from observations.

The rigorous transformation of a vector $\mathbf{p}_3$ with respect to the celestial frame of the true equator and equinox of date to the corresponding vector $\mathbf{p}_4$ with respect to the terrestrial frame is given by the formula:

$$\mathbf{p}_4 = \mathbf{R}_2(-x)\,\mathbf{R}_1(-y)\,\mathbf{R}_3(\theta)\,\mathbf{p}_3$$

and conversely,

$$\mathbf{p}_3 = \mathbf{R}_3(-\theta)\,\mathbf{R}_1(y)\,\mathbf{R}_2(x)\,\mathbf{p}_4$$

where $\mathbf{R}_1(\alpha)$, $\mathbf{R}_2(\alpha)$, $\mathbf{R}_3(\alpha)$ are, respectively, the matrices:

$$\begin{bmatrix} 1 & 0 & 0 \\ 0 & \cos\alpha & \sin\alpha \\ 0 & -\sin\alpha & \cos\alpha \end{bmatrix} \quad \begin{bmatrix} \cos\alpha & 0 & -\sin\alpha \\ 0 & 1 & 0 \\ \sin\alpha & 0 & \cos\alpha \end{bmatrix} \quad \begin{bmatrix} \cos\alpha & \sin\alpha & 0 \\ -\sin\alpha & \cos\alpha & 0 \\ 0 & 0 & 1 \end{bmatrix}$$

corresponding to rotations α about the x, y and z axes. The vector $\mathbf{p}$ could represent, for example, the coordinates of a point on the Earth's surface or of a satellite in orbit around the Earth.

Reduction for diurnal parallax and diurnal aberration

The computation of diurnal parallax and aberration due to the displacement of the observer from the centre of the Earth requires a knowledge of the geocentric coordinates (ρ, geocentric distance in units of the Earth's equatorial radius, and ϕ', geocentric latitude, see page K5) of the place of observation and the local sidereal time (θ_0) of the observation (see page B6).

For bodies whose equatorial horizontal parallax (π) normally amounts to only a few seconds of arc the corrections for diurnal parallax in right ascension and declination (in the sense geocentric place *minus* topocentric place) are given by:

$$\Delta\alpha = \pi(\rho\cos\phi'\sin h\sec\delta)$$
$$\Delta\delta = \pi(\rho\sin\phi'\cos\delta - \rho\cos\phi'\cos h\sin\delta)$$

where h is the local hour angle ($\theta_0 - \alpha$) and π may be calculated from $8''\!\cdot\!794$ divided by the geocentric distance of the body (in au). For the Moon (and other very close bodies) more precise formulae are required (see page D3).

The corrections for diurnal aberration in right ascension and declination (in the sense apparent place *minus* mean place) are given by:

$$\Delta\alpha = 0^s\!\cdot\!0213\,\rho\cos\phi'\cos h\sec\delta \qquad \Delta\delta = 0''\!\cdot\!319\,\rho\cos\phi'\sin h\sin\delta$$

For a body at transit the local hour angle (h) is zero and so $\Delta\delta$ is zero, but

$$\Delta\alpha = \pm0^s\!\cdot\!0213\,\rho\cos\phi'\sec\delta$$

where the plus and minus signs are used for the upper and lower transits, respectively; this may be regarded as a correction to the time of transit.

Alternatively, the effects may be computed in rectangular coordinates using the following expressions for the geocentric coordinates and velocity components of the observer with respect to the celestial equatorial reference frame:

$$\text{position:} \quad (a\rho\cos\phi'\cos\theta_0,\ a\rho\cos\phi'\sin\theta_0,\ a\rho\sin\phi')$$
$$\text{velocity:} \quad (-a\omega\rho\cos\phi'\sin\theta_0,\ a\omega\rho\cos\phi'\cos\theta_0,\ 0)$$

where θ_0 is the local sidereal time (mean or apparent as appropriate), a is the equatorial radius of the Earth and ω the angular velocity of the Earth.

$\theta_0 = $ Greenwich sidereal time + east longitude

$a\omega = 0\!\cdot\!464\,\text{km/s} = 0\!\cdot\!268 \times 10^{-3}\,\text{au/d} \qquad c = 2\!\cdot\!998 \times 10^5\,\text{km/s} = 173\!\cdot\!14\,\text{au/d}$

$a\omega/c = 1\!\cdot\!55 \times 10^{-6}\,\text{rad} = 0''\!\cdot\!319 = 0^s\!\cdot\!0213$

These geocentric position and velocity vectors of the observer are added to the barycentric position and velocity of the Earth's centre, respectively, to obtain the corresponding barycentric vectors of the observer.

Conversion to altitude and azimuth

It is convenient to use the local hour angle (h) as an intermediary in the conversion from the apparent right ascension (α) and declination (δ) to the azimuth (A) and altitude (a). The local apparent sidereal time (θ_0) corresponding to the UT of the observation must be determined first (see page B6). The formulae are:

$$\theta_0 = \text{GMST} + \lambda + \text{equation of equinoxes}$$
$$h = \theta_0 - \alpha$$
$$\cos a\sin A = -\cos\delta\sin h$$
$$\cos a\cos A = \ \ \sin\delta\cos\phi - \cos\delta\cos h\sin\phi$$
$$\sin a = \ \ \sin\delta\sin\phi + \cos\delta\cos h\cos\phi$$

where azimuth (A) is measured from the north through east in the plane of the horizon, altitude (a) is measured perpendicular to the horizon, and λ, ϕ are the astronomical values of the east longitude and latitude of the place of observation. The plane of the

Conversion to altitude and azimuth (continued)

horizon is defined to be perpendicular to the apparent direction of gravity. Zenith distance is given by $z = 90° - a$.

For most purposes the values of the geodetic longitude and latitude may be used but in some cases the effects of local gravity anomalies and polar motion must be included. For full precision, the values of α, δ must be corrected for diurnal parallax and diurnal aberration. The inverse formulae are:

$$\cos \delta \sin h = -\cos a \sin A$$
$$\cos \delta \cos h = \sin a \cos \phi - \cos a \cos A \sin \phi$$
$$\sin \delta = \sin a \sin \phi + \cos a \cos A \cos \phi$$

Correction for refraction

For most astronomical purposes the effect of refraction in the Earth's atmosphere is to decrease the zenith distance (computed by the formulae of the previous section) by an amount R that depends on the zenith distance and on the meteorological conditions at the site. A simple expression for R for zenith distances less than 75° (altitudes greater than 15°) is:

$$R = 0°\!004\ 52\ P \tan z / (273 + T)$$
$$= 0°\!004\ 52\ P / ((273 + T) \tan a)$$

where T is the temperature (°C) and P is the barometric pressure (millibars). This formula is usually accurate to about $0°\!1$ for altitudes above 15°, but the error increases rapidly at lower altitudes, especially in abnormal meteorological conditions. For observed apparent altitudes below 15° use the approximate formula:

$$R = P(0·1594 + 0·0196a + 0·000\ 02a^2) / [(273 + T)(1 + 0·505a + 0·0845a^2)]$$

where the altitude a is in degrees.

DETERMINATION OF LATITUDE AND AZIMUTH

Use of the Polaris Table

The table on pages B64–B67 gives data for obtaining latitude from an observed altitude of Polaris (suitably corrected for instrumental errors and refraction) and the azimuth of this star (measured from north, positive to the east and negative to the west), for all hour angles and northern latitudes. The six tabulated quantities, each given to a precision of $0°\!1$, are a_0, a_1, a_2, referring to the correction to altitude, and b_0, b_1, b_2, to the azimuth.

$$\text{latitude} = \text{corrected observed altitude} + a_0 + a_1 + a_2$$
$$\text{azimuth} = (b_0 + b_1 + b_2) / \cos(\text{latitude})$$

The table is to be entered with the local sidereal time of observation (LST), and gives the values of a_0, b_0 directly; interpolation, with maximum differences of $0°\!7$, can be done mentally. In the same vertical column, the values of a_1, b_1 are found with the latitude, and those of a_2, b_2 with the date, as argument. Thus all six quantities can, if desired, be extracted together. The errors due to the adoption of a mean value of the local sidereal time for each of the subsidiary tables have been reduced to a minimum, and the total error is not likely to exceed $0°\!2$. Interpolation between columns should not be attempted.

The observed altitude must be corrected for refraction before being used to determine the astronomical latitude of the place of observation. Both the latitude and the azimuth so obtained are affected by local gravity anomalies.

Pole Star formulae

The formulae below provide a method for obtaining latitude from the observed altitude of one of the pole stars, *Polaris* or σ Octantis, and an assumed *east* longitude of the observer λ. In addition, the azimuth of a pole star may be calculated from an assumed *east* longitude λ and the observed altitude a, or from λ and an assumed latitude ϕ. An error of $0°002$ in a or $0°1$ in λ will produce an error of about $0°002$ in the calculated latitude. Likewise an error of $0°03$ in λ, a or ϕ will produce an error of about $0°002$ in the calculated azimuth for latitudes below $70°$.

Step 1. Calculate the Greenwich hour angle GHA and polar distance p, in degrees, from expressions of the form:

$$GHA = a_0 + a_1 L + a_2 \sin L + a_3 \cos L + 15\,t$$
$$p = a_0 + a_1 L + a_2 \sin L + a_3 \cos L$$

where $\qquad L = 0°985\,65\,d$

$\qquad\qquad\qquad d = $ day of year (from pages B2–B3) $+\,t/24$

and where the coefficients a_0, a_1, a_2, a_3 are given in the table below, t is the universal time in hours, d is the interval in days from 1996 January 0 at 0^h UT to the time of observation, and the quantity L is in degrees. In the above formulae d is required to two decimals of a day, L to two decimals of a degree and t to three decimals of an hour.

Step 2. Calculate the local hour angle LHA from:

$$LHA = GHA + \lambda \quad \text{(add or subtract multiples of } 360°)$$

where λ is the assumed longitude measured east from the Greenwich meridian.

Form the quantities: $\qquad S = p \sin(LHA) \qquad C = p \cos(LHA)$

Step 3. The latitude of the place of observation, in degrees, is given by:

$$\text{latitude} = a - C + 0·0087\,S^2 \tan a$$

where a is the observed altitude of the pole star after correction for instrument error and atmospheric refraction.

Step 4. The azimuth of the pole star, in degrees, is given by:

$$\text{azimuth of } Polaris = -S/\cos a$$
$$\text{azimuth of } \sigma \text{ Octantis} = 180° + S/\cos a$$

where azimuth is measured eastwards around the horizon from north.

In step 4, if a has not been observed, use the quantity:

$$a = \phi + C - 0·0087\,S^2 \tan \phi$$

where ϕ is an assumed latitude, taken to be positive in either hemisphere.

POLE STAR COEFFICIENTS FOR 1996

	Polaris		σ Octantis	
	GHA	p	GHA	p
	°	°	°	°
a_0	61·92	0·7542	142·72	1·0296
a_1	0·999 27	−0·0000 092	0·999 48	0·0000 093
a_2	0·35	−0·0022	0·18	0·0041
a_3	−0·21	−0·0050	0·25	−0·0035

POLARIS TABLE, 1996

LST	0ʰ		1ʰ		2ʰ		3ʰ		4ʰ		5ʰ	
	a_0	b_0	a_0	b_0	a_0	b_0	a_0	b_0	a_0	b_0	a_0	b_0
m	′	′	′	′	′	′	′	′	′	′	′	′
0	−35·8	+27·6	−41·7	+17·3	−44·7	+ 5·7	−44·7	− 6·2	−41·5	−17·7	−35·5	−28·0
3	36·2	27·1	41·9	16·7	44·8	5·1	44·6	6·8	41·3	18·3	35·1	28·5
6	36·5	26·6	42·2	16·2	44·9	4·5	44·5	7·4	41·0	18·8	34·7	28·9
9	36·9	26·2	42·4	15·6	44·9	3·9	44·4	8·0	40·8	19·4	34·4	29·4
12	37·2	25·7	42·6	15·0	45·0	3·3	44·3	8·6	40·5	19·9	34·0	29·8
15	−37·5	+25·2	−42·8	+14·5	−45·0	+ 2·7	−44·2	− 9·2	−40·3	−20·5	−33·6	−30·3
18	37·9	24·7	42·9	13·9	45·0	2·1	44·0	9·8	40·0	21·0	33·2	30·7
21	38·2	24·2	43·1	13·3	45·1	1·5	43·9	10·4	39·7	21·5	32·8	31·2
24	38·5	23·7	43·3	12·8	45·1	0·9	43·8	10·9	39·4	22·0	32·4	31·6
27	38·8	23·2	43·4	12·2	45·1	0·3	43·6	11·5	39·1	22·6	32·0	32·0
30	−39·1	+22·6	−43·6	+11·6	−45·1	− 0·3	−43·5	−12·1	−38·8	−23·1	−31·5	−32·4
33	39·4	22·1	43·8	11·0	45·1	0·9	43·3	12·7	38·5	23·6	31·1	32·8
36	39·7	21·6	43·9	10·4	45·1	1·5	43·1	13·2	38·2	24·1	30·7	33·2
39	40·0	21·1	44·0	9·9	45·1	2·1	43·0	13·8	37·9	24·6	30·2	33·6
42	40·2	20·5	44·2	9·3	45·0	2·7	42·8	14·4	37·6	25·1	29·8	34·0
45	−40·5	+20·0	−44·3	+ 8·7	−45·0	− 3·3	−42·6	−15·0	−37·2	−25·6	−29·3	−34·4
48	40·8	19·5	44·4	8·1	44·9	3·8	42·4	15·5	36·9	26·1	28·9	34·8
51	41·0	18·9	44·5	7·5	44·9	4·4	42·2	16·1	36·6	26·6	28·4	35·2
54	41·2	18·4	44·6	6·9	44·8	5·0	42·0	16·6	36·2	27·0	28·0	35·6
57	41·5	17·8	44·7	6·3	44·8	5·6	41·7	17·2	35·9	27·5	27·5	35·9
60	−41·7	+17·3	−44·7	+ 5·7	−44·7	− 6·2	−41·5	−17·7	−35·5	−28·0	−27·0	−36·3

Lat.	a_1	b_1	a_1	b_1	a_1	b_1	a_1	b_1	a_1	b_1	a_1	b_1
°												
0	−·1	−·3	·0	−·2	·0	·0	·0	+·2	−·1	+·3	−·2	+·4
10	−·1	−·3	·0	−·1	·0	·0	·0	+·2	−·1	+·3	−·2	+·3
20	−·1	−·2	·0	−·1	·0	·0	·0	+·1	−·1	+·2	−·1	+·2
30	·0	−·2	·0	−·1	·0	·0	·0	+·1	·0	+·2	−·1	+·2
40	·0	−·1	·0	−·1	·0	·0	·0	+·1	·0	+·1	−·1	+·1
45	·0	·0	·0	·0	·0	·0	·0	·0	·0	·0	·0	+·1
50	·0	·0	·0	·0	·0	·0	·0	·0	·0	·0	·0	·0
55	·0	+·1	·0	·0	·0	·0	·0	·0	·0	−·1	·0	−·1
60	·0	+·1	·0	+·1	·0	·0	·0	−·1	·0	−·1	+·1	−·2
62	·0	+·2	·0	+·1	·0	·0	·0	−·1	+·1	−·2	+·1	−·2
64	+·1	+·2	·0	+·1	·0	·0	·0	−·1	+·1	−·2	+·1	−·3
66	+·1	+·3	·0	+·2	·0	·0	·0	−·2	+·1	−·3	+·2	−·3

Month	a_2	b_2	a_2	b_2	a_2	b_2	a_2	b_2	a_2	b_2	a_2	b_2
Jan.	+·1	−·1	+·2	−·1	+·2	·0	+·2	·0	+·2	+·1	+·1	+·1
Feb.	+·1	−·2	+·1	−·2	+·2	−·2	+·2	−·1	+·2	−·1	+·2	·0
Mar.	−·1	−·3	·0	−·3	+·1	−·3	+·2	−·3	+·2	−·2	+·3	−·1
Apr.	−·2	−·3	−·1	−·3	·0	−·4	·0	−·4	+·1	−·3	+·2	−·3
May	−·3	−·2	−·3	−·3	−·2	−·3	−·1	−·4	·0	−·4	+·1	−·4
June	−·4	·0	−·4	−·1	−·3	−·2	−·2	−·3	−·2	−·4	−·1	−·4
July	−·3	+·1	−·4	·0	−·4	−·1	−·3	−·2	−·3	−·2	−·2	−·3
Aug.	−·2	+·2	−·3	+·2	−·3	+·1	−·3	·0	−·3	−·1	−·3	−·2
Sept.	−·1	+·3	−·1	+·3	−·2	+·2	−·3	+·2	−·3	+·1	−·3	·0
Oct.	+·1	+·3	·0	+·3	·0	+·3	−·1	+·3	−·2	+·3	−·3	+·2
Nov.	+·3	+·3	+·2	+·3	+·1	+·4	·0	+·4	−·1	+·4	−·2	+·4
Dec.	+·4	+·1	+·4	+·2	+·3	+·3	+·2	+·4	+·1	+·4	·0	+·4

Latitude = Corrected observed altitude of *Polaris* + a_0 + a_1 + a_2

Azimuth of *Polaris* = $(b_0 + b_1 + b_2)$ / cos (latitude)

LST	6^h a_0	b_0	7^h a_0	b_0	8^h a_0	b_0	9^h a_0	b_0	10^h a_0	b_0	11^h a_0	b_0
m	′	′	′	′	′	′	′	′	′	′	′	′
0	−27·0	−36·3	−16·7	−42·0	− 5·3	−44·8	+ 6·5	−44·6	+17·8	−41·3	+27·9	−35·3
3	26·6	36·6	16·2	42·2	4·7	44·9	7·1	44·5	18·3	41·1	28·3	34·9
6	26·1	37·0	15·6	42·4	4·1	44·9	7·6	44·4	18·9	40·8	28·8	34·5
9	25·6	37·3	15·1	42·6	3·5	45·0	8·2	44·3	19·4	40·6	29·2	34·2
12	25·1	37·6	14·5	42·8	2·9	45·0	8·8	44·2	19·9	40·3	29·7	33·8
15	−24·6	−38·0	−13·9	−43·0	− 2·3	−45·1	+ 9·4	−44·0	+20·5	−40·1	+30·1	−33·4
18	24·1	38·3	13·4	43·2	1·8	45·1	10·0	43·9	21·0	39·8	30·6	33·0
21	23·6	38·6	12·8	43·3	1·2	45·1	10·5	43·8	21·5	39·5	31·0	32·6
24	23·1	38·9	12·2	43·5	− 0·6	45·1	11·1	43·6	22·0	39·2	31·4	32·2
27	22·6	39·2	11·7	43·7	0·0	45·1	11·7	43·5	22·5	38·9	31·8	31·8
30	−22·1	−39·5	−11·1	−43·8	+ 0·6	−45·1	+12·2	−43·3	+23·0	−38·6	+32·2	−31·4
33	21·5	39·8	10·5	43·9	1·2	45·1	12·8	43·2	23·5	38·3	32·7	30·9
36	21·0	40·0	9·9	44·1	1·8	45·1	13·4	43·0	24·0	38·0	33·1	30·5
39	20·5	40·3	9·4	44·2	2·4	45·0	13·9	42·8	24·5	37·7	33·4	30·1
42	20·0	40·6	8·8	44·3	3·0	45·0	14·5	42·6	25·0	37·4	33·8	29·6
45	−19·4	−40·8	− 8·2	−44·4	+ 3·6	−44·9	+15·1	−42·4	+25·5	−37·0	+34·2	−29·2
48	18·9	41·1	7·6	44·5	4·1	44·9	15·6	42·2	26·0	36·7	34·6	28·8
51	18·4	41·3	7·0	44·6	4·7	44·8	16·2	42·0	26·5	36·4	35·0	28·3
54	17·8	41·6	6·5	44·7	5·3	44·7	16·7	41·8	26·9	36·0	35·3	27·8
57	17·3	41·8	5·9	44·8	5·9	44·7	17·2	41·5	27·4	35·6	35·7	27·4
60	−16·7	−42·0	− 5·3	−44·8	+ 6·5	−44·6	+17·8	−41·3	+27·9	−35·3	+36·1	−26·9

Lat.	a_1	b_1	a_1	b_1	a_1	b_1	a_1	b_1	a_1	b_1	a_1	b_1
°												
0	− ·3	+ ·3	− ·3	+ ·2	− ·4	·0	− ·3	− ·2	− ·3	− ·3	− ·2	− ·4
10	− ·2	+ ·3	− ·3	+ ·1	− ·3	·0	− ·3	− ·2	− ·2	− ·3	− ·1	− ·3
20	− ·2	+ ·2	− ·2	+ ·1	− ·2	·0	− ·2	− ·1	− ·2	− ·2	− ·1	− ·2
30	− ·1	+ ·2	− ·2	+ ·1	− ·2	·0	− ·2	− ·1	− ·1	− ·2	− ·1	− ·2
40	− ·1	+ ·1	− ·1	+ ·1	− ·1	·0	− ·1	− ·1	− ·1	− ·1	− ·1	− ·1
45	·0	·0	− ·1	·0	− ·1	·0	− ·1	·0	·0	·0	·0	− ·1
50	·0	·0	·0	·0	·0	·0	·0	·0	·0	·0	·0	·0
55	+ ·1	− ·1	+ ·1	·0	+ ·1	·0	+ ·1	·0	+ ·1	+ ·1	·0	+ ·1
60	+ ·1	− ·1	+ ·1	− ·1	+ ·2	·0	+ ·1	+ ·1	+ ·1	+ ·1	+ ·1	+ ·2
62	+ ·2	− ·2	+ ·2	− ·1	+ ·2	·0	+ ·2	+ ·1	+ ·2	+ ·2	+ ·1	+ ·2
64	+ ·2	− ·2	+ ·2	− ·1	+ ·3	·0	+ ·2	+ ·1	+ ·2	+ ·2	+ ·1	+ ·3
66	+ ·2	− ·3	+ ·3	− ·2	+ ·3	·0	+ ·3	+ ·2	+ ·2	+ ·3	+ ·2	+ ·3

Month	a_2	b_2	a_2	b_2	a_2	b_2	a_2	b_2	a_2	b_2	a_2	b_2
Jan.	+ ·1	+ ·1	+ ·1	+ ·2	·0	+ ·2	·0	+ ·2	− ·1	+ ·2	− ·1	+ ·1
Feb.	+ ·2	+ ·1	+ ·2	+ ·1	+ ·2	+ ·2	+ ·1	+ ·2	+ ·1	+ ·2	·0	+ ·2
Mar.	+ ·3	− ·1	+ ·3	·0	+ ·3	+ ·1	+ ·3	+ ·2	+ ·2	+ ·2	+ ·1	+ ·3
Apr.	+ ·3	− ·2	+ ·3	− ·1	+ ·4	·0	+ ·4	·0	+ ·3	+ ·1	+ ·3	+ ·2
May	+ ·2	− ·3	+ ·3	− ·3	+ ·3	− ·2	+ ·4	− ·1	+ ·4	·0	+ ·4	+ ·1
June	·0	− ·4	+ ·1	− ·4	+ ·2	− ·3	+ ·3	− ·2	+ ·4	− ·2	+ ·4	− ·1
July	− ·1	− ·3	·0	− ·4	+ ·1	− ·4	+ ·2	− ·3	+ ·2	− ·3	+ ·3	− ·2
Aug.	− ·2	− ·2	− ·2	− ·3	− ·1	− ·3	·0	− ·3	+ ·1	− ·3	+ ·2	− ·3
Sept.	− ·3	− ·1	− ·3	− ·1	− ·2	− ·2	− ·2	− ·3	− ·1	− ·3	·0	− ·3
Oct.	− ·3	+ ·1	− ·3	·0	− ·3	·0	− ·3	− ·1	− ·3	− ·2	− ·2	− ·3
Nov.	− ·3	+ ·3	− ·3	+ ·2	− ·4	+ ·1	− ·4	·0	− ·4	− ·1	− ·4	− ·2
Dec.	− ·1	+ ·4	− ·2	+ ·4	− ·3	+ ·3	− ·4	+ ·2	− ·4	+ ·1	− ·4	·0

Latitude = Corrected observed altitude of *Polaris* + $a_0 + a_1 + a_2$

Azimuth of *Polaris* = $(b_0 + b_1 + b_2) /$ cos (latitude)

POLARIS TABLE, 1996

LST	12^h a_0	b_0	13^h a_0	b_0	14^h a_0	b_0	15^h a_0	b_0	16^h a_0	b_0	17^h a_0	b_0
m												
0	+36·1	−26·9	+41·8	−16·8	+44·8	−5·5	+44·7	+6·0	+41·6	+17·2	+35·8	+27·3
3	36·4	26·4	42·0	16·2	44·8	5·0	44·6	6·6	41·4	17·8	35·4	27·8
6	36·8	26·0	42·2	15·7	44·9	4·4	44·5	7·2	41·2	18·3	35·0	28·2
9	37·1	25·5	42·4	15·1	44·9	3·8	44·4	7·8	40·9	18·8	34·7	28·7
12	37·4	25·0	42·6	14·6	45·0	3·2	44·3	8·3	40·7	19·4	34·3	29·1
15	+37·7	−24·5	+42·8	−14·0	+45·0	−2·7	+44·2	+8·9	+40·4	+19·9	+33·9	+29·6
18	38·1	24·0	43·0	13·5	45·1	2·1	44·1	9·5	40·1	20·4	33·5	30·0
21	38·4	23·5	43·2	12·9	45·1	1·5	43·9	10·0	39·9	20·9	33·1	30·4
24	38·7	23·0	43·3	12·4	45·1	0·9	43·8	10·6	39·6	21·4	32·7	30·9
27	39·0	22·5	43·5	11·8	45·1	0·3	43·7	11·2	39·3	22·0	32·3	31·3
30	+39·3	−22·0	+43·7	−11·3	+45·1	+0·2	+43·5	+11·7	+39·0	+22·5	+31·9	+31·7
33	39·6	21·5	43·8	10·7	45·1	0·8	43·4	12·3	38·7	23·0	31·5	32·1
36	39·8	21·0	43·9	10·1	45·1	1·4	43·2	12·9	38·4	23·5	31·0	32·5
39	40·1	20·5	44·1	9·6	45·1	2·0	43·0	13·4	38·1	24·0	30·6	32·9
42	40·4	20·0	44·2	9·0	45·0	2·6	42·8	14·0	37·8	24·5	30·2	33·3
45	+40·6	−19·4	+44·3	−8·4	+45·0	+3·2	+42·7	+14·5	+37·5	+24·9	+29·7	+33·7
48	40·9	18·9	44·4	7·8	44·9	3·7	42·5	15·1	37·1	25·4	29·3	34·1
51	41·1	18·4	44·5	7·3	44·9	4·3	42·3	15·6	36·8	25·9	28·9	34·5
54	41·4	17·9	44·6	6·7	44·8	4·9	42·1	16·2	36·5	26·4	28·4	34·9
57	41·6	17·3	44·7	6·1	44·8	5·5	41·8	16·7	36·1	26·8	27·9	35·2
60	+41·8	−16·8	+44·8	−5·5	+44·7	+6·0	+41·6	+17·2	+35·8	+27·3	+27·5	+35·6

Lat.	a_1	b_1	a_1	b_1	a_1	b_1	a_1	b_1	a_1	b_1	a_1	b_1
°												
0	−·1	−·3	·0	−·2	·0	·0	·0	+·2	−·1	+·3	−·2	+·4
10	−·1	−·3	·0	−·1	·0	·0	·0	+·2	−·1	+·3	−·2	+·3
20	−·1	−·2	·0	−·1	·0	·0	·0	+·1	−·1	+·2	−·1	+·2
30	·0	−·2	·0	−·1	·0	·0	·0	+·1	·0	+·2	−·1	+·2
40	·0	−·1	·0	−·1	·0	·0	·0	+·1	·0	+·1	−·1	+·1
45	·0	·0	·0	·0	·0	·0	·0	·0	·0	·0	·0	+·1
50	·0	·0	·0	·0	·0	·0	·0	·0	·0	·0	·0	·0
55	·0	+·1	·0	·0	·0	·0	·0	·0	·0	−·1	·0	−·1
60	·0	+·1	·0	+·1	·0	·0	·0	−·1	·0	−·1	+·1	−·2
62	·0	+·2	·0	+·1	·0	·0	·0	−·1	+·1	−·2	+·1	−·2
64	+·1	+·2	·0	+·1	·0	·0	·0	−·1	+·1	−·2	+·1	−·3
66	+·1	+·3	·0	+·2	·0	·0	·0	−·2	+·1	−·3	+·2	−·3

Month	a_2	b_2	a_2	b_2	a_2	b_2	a_2	b_2	a_2	b_2	a_2	b_2
Jan.	−·1	+·1	−·2	+·1	−·2	·0	−·2	·0	−·2	−·1	−·1	−·1
Feb.	−·1	+·2	−·1	+·2	−·2	+·2	−·2	+·1	−·2	+·1	−·2	·0
Mar.	+·1	+·3	·0	+·3	−·1	+·3	−·2	+·3	−·2	+·2	−·3	+·1
Apr.	+·2	+·3	+·1	+·3	·0	+·4	·0	+·4	−·1	+·3	−·2	+·3
May	+·3	+·2	+·3	+·3	+·2	+·3	+·1	+·4	·0	+·4	−·1	+·4
June	+·4	·0	+·4	+·1	+·3	+·2	+·2	+·3	+·2	+·4	+·1	+·4
July	+·3	−·1	+·4	·0	+·4	+·1	+·3	+·2	+·3	+·2	+·2	+·3
Aug.	+·2	−·2	+·3	−·2	+·3	−·1	+·3	·0	+·3	+·1	+·3	+·2
Sept.	+·1	−·3	+·1	−·3	+·2	−·2	+·3	−·2	+·3	−·1	+·3	·0
Oct.	−·1	−·3	·0	−·3	·0	−·3	+·1	−·3	+·2	−·3	+·3	−·2
Nov.	−·3	−·3	−·2	−·3	−·1	−·4	·0	−·4	+·1	−·4	+·2	−·4
Dec.	−·4	−·1	−·4	−·2	−·3	−·3	−·2	−·4	−·1	−·4	·0	−·4

Latitude = Corrected observed altitude of *Polaris* + a_0 + a_1 + a_2

Azimuth of *Polaris* = $(b_0 + b_1 + b_2) / \cos(\text{latitude})$

LST	18^h		19^h		20^h		21^h		22^h		23^h	
	a_0	b_0	a_0	b_0	a_0	b_0	a_0	b_0	a_0	b_0	a_0	b_0
m	′	′	′	′	′	′	′	′	′	′	′	′
0	+27·5	+35·6	+17·3	+41·5	+ 6·0	+44·7	− 5·8	+44·8	−17·2	+41·8	−27·4	+36·0
3	27·0	35·9	16·8	41·7	5·4	44·7	6·4	44·7	17·7	41·6	27·9	35·6
6	26·5	36·3	16·2	42·0	4·8	44·8	7·0	44·6	18·3	41·4	28·4	35·2
9	26·1	36·6	15·7	42·2	4·2	44·9	7·5	44·5	18·8	41·1	28·8	34·9
12	25·6	37·0	15·1	42·4	3·6	44·9	8·1	44·4	19·4	40·9	29·3	34·5
15	+25·1	+37·3	+14·6	+42·6	+ 3·0	+45·0	− 8·7	+44·3	−19·9	+40·6	−29·7	+34·1
18	24·6	37·6	14·0	42·8	2·5	45·0	9·3	44·2	20·4	40·4	30·2	33·7
21	24·1	38·0	13·5	42·9	1·9	45·1	9·9	44·1	20·9	40·1	30·6	33·3
24	23·6	38·3	12·9	43·1	1·3	45·1	10·4	44·0	21·5	39·8	31·0	32·9
27	23·1	38·6	12·3	43·3	0·7	45·1	11·0	43·8	22·0	39·5	31·5	32·5
30	+22·6	+38·9	+11·8	+43·5	+ 0·1	+45·1	−11·6	+43·7	−22·5	+39·2	−31·9	+32·1
33	22·1	39·2	11·2	43·6	− 0·5	45·1	12·2	43·5	23·0	38·9	32·3	31·6
36	21·6	39·5	10·6	43·8	1·1	45·1	12·7	43·4	23·5	38·6	32·7	31·2
39	21·1	39·7	10·0	43·9	1·7	45·1	13·3	43·2	24·0	38·3	33·1	30·8
42	20·5	40·0	9·5	44·0	2·3	45·1	13·9	43·0	24·5	38·0	33·5	30·3
45	+20·0	+40·3	+ 8·9	+44·2	− 2·9	+45·0	−14·4	+42·8	−25·0	+37·7	−33·9	+29·9
48	19·5	40·5	8·3	44·3	3·4	45·0	15·0	42·7	25·5	37·4	34·3	29·4
51	18·9	40·8	7·7	44·4	4·0	45·0	15·5	42·5	26·0	37·0	34·7	29·0
54	18·4	41·0	7·2	44·5	4·6	44·9	16·1	42·3	26·5	36·7	35·1	28·5
57	17·9	41·3	6·6	44·6	5·2	44·8	16·6	42·0	27·0	36·3	35·4	28·1
60	+17·3	+41·5	+ 6·0	+44·7	− 5·8	+44·8	−17·2	+41·8	−27·4	+36·0	−35·8	+27·6

Lat.	a_1	b_1	a_1	b_1	a_1	b_1	a_1	b_1	a_1	b_1	a_1	b_1
°												
0	− ·3	+ ·3	− ·3	+ ·2	− ·4	·0	− ·3	− ·2	− ·3	− ·3	− ·2	− ·4
10	− ·2	+ ·3	− ·3	+ ·1	− ·3	·0	− ·3	− ·2	− ·2	− ·3	− ·1	− ·3
20	− ·2	+ ·2	− ·2	+ ·1	− ·2	·0	− ·2	− ·1	− ·2	− ·2	− ·1	− ·2
30	− ·1	+ ·2	− ·2	+ ·1	− ·2	·0	− ·2	− ·1	− ·1	− ·2	− ·1	− ·2
40	− ·1	+ ·1	− ·1	+ ·1	− ·1	·0	− ·1	− ·1	− ·1	− ·1	− ·1	− ·1
45	·0	·0	− ·1	·0	− ·1	·0	− ·1	·0	·0	·0	·0	− ·1
50	·0	·0	·0	·0	·0	·0	·0	·0	·0	·0	·0	·0
55	+ ·1	− ·1	+ ·1	·0	+ ·1	·0	+ ·1	·0	+ ·1	+ ·1	·0	+ ·1
60	+ ·1	− ·1	+ ·1	− ·1	+ ·2	·0	+ ·1	+ ·1	+ ·1	+ ·1	+ ·1	+ ·2
62	+ ·2	− ·2	+ ·2	− ·1	+ ·2	·0	+ ·2	+ ·1	+ ·2	+ ·2	+ ·1	+ ·2
64	+ ·2	− ·2	+ ·2	− ·1	+ ·3	·0	+ ·2	+ ·1	+ ·2	+ ·2	+ ·1	+ ·3
66	+ ·2	− ·3	+ ·3	− ·2	+ ·3	·0	+ ·3	+ ·2	+ ·2	+ ·3	+ ·2	+ ·3

Month	a_2	b_2	a_2	b_2	a_2	b_2	a_2	b_2	a_2	b_2	a_2	b_2
Jan.	− ·1	− ·1	− ·1	− ·2	·0	− ·2	·0	− ·2	+ ·1	− ·2	+ ·1	− ·1
Feb.	− ·2	− ·1	− ·2	− ·1	− ·2	− ·2	− ·1	− ·2	− ·1	− ·2	·0	− ·2
Mar.	− ·3	+ ·1	− ·3	·0	− ·3	− ·1	− ·3	− ·2	− ·2	− ·2	− ·1	− ·3
Apr.	− ·3	+ ·2	− ·3	+ ·1	− ·4	·0	− ·4	·0	− ·3	− ·1	− ·3	− ·2
May	− ·2	+ ·3	− ·3	+ ·3	− ·3	+ ·2	− ·4	+ ·1	− ·4	·0	− ·4	− ·1
June	·0	+ ·4	− ·1	+ ·4	− ·2	+ ·3	− ·3	+ ·2	− ·4	+ ·2	− ·4	+ ·1
July	+ ·1	+ ·3	·0	+ ·4	− ·1	+ ·4	− ·2	+ ·3	− ·2	+ ·3	− ·3	+ ·2
Aug.	+ ·2	+ ·2	+ ·2	+ ·3	+ ·1	+ ·3	·0	+ ·3	− ·1	+ ·3	− ·2	+ ·3
Sept.	+ ·3	+ ·1	+ ·3	+ ·1	+ ·2	+ ·2	+ ·2	+ ·3	+ ·1	+ ·3	·0	+ ·3
Oct.	+ ·3	− ·1	+ ·3	·0	+ ·3	·0	+ ·3	+ ·1	+ ·3	+ ·2	+ ·2	+ ·3
Nov.	+ ·3	− ·3	+ ·3	− ·2	+ ·4	− ·1	+ ·4	·0	+ ·4	+ ·1	+ ·4	+ ·2
Dec.	+ ·1	− ·4	+ ·2	− ·4	+ ·3	− ·3	+ ·4	− ·2	+ ·4	− ·1	+ ·4	·0

Latitude = Corrected observed altitude of *Polaris* + a_0 + a_1 + a_2

Azimuth of *Polaris* = (b_0 + b_1 + b_2) / cos (latitude)

CONTENTS OF SECTION C

NOTES AND FORMULAS

Mean orbital elements of the Sun

Mean elements of the orbit of the Sun, referred to the mean equinox and ecliptic of date, are given by the following expressions. The time argument d is the interval in days from 1996 January 0, 0^h TDT. These expressions are intended for use only during the year of this volume.

d = JD − 245 0082.5 = day of year (from B2–B3) + fraction of day from 0^h TDT.

Geometric mean longitude: $278°.956\ 807 + 0.985\ 647\ 36\ d$

Mean longitude of perigee: $282°.869\ 498 + 0.000\ 047\ 08\ d$

Mean anomaly: $356°.087\ 309 + 0.985\ 600\ 28\ d$

Eccentricity: $0.016\ 710\ 01 − 0.000\ 000\ 0012\ d$

Mean obliquity of the ecliptic with respect to the mean equator of date:
$$23°.439\ 812 − 0.000\ 000\ 36\ d$$

The position of the ecliptic of date with respect to the ecliptic of the standard epoch is given by formulas on page B18.

Accurate osculating elements of the Earth/Moon barycenter are given on pages E3 and E4.

Lengths of principal years

The lengths of the principal years at 1996.0 as derived from the Sun's mean motion are:

		d	d	h	m	s
tropical year	(equinox to equinox)	365.242 190	365	05	48	45.2
sidereal year	(fixed star to fixed star)	365.256 363	365	06	09	09.8
anomalistic year	(perigee to perigee)	365.259 635	365	06	13	52.5
eclipse year	(node to node)	346.620 074	346	14	52	54.4

NOTES AND FORMULAS

Apparent ecliptic coordinates of the Sun

The apparent longitude may be computed from the geometric longitude tabulated on pages C4–C18 using:

apparent longitude = tabulated longitude + nutation in longitude $(\Delta\psi)$ – $20''.496/R$

where $\Delta\psi$ is tabulated on pages B24–B31 and R is the true distance; the tabulated longitude is the geometric longitude with respect to the mean equinox of date. The apparent latitude is equal to the geometric latitude to the precision of tabulation.

Time of transit of the Sun

The quantity tabulated as "Ephemeris Transit" on pages C5–C19 is the TDT of transit of the Sun over the ephemeris meridian, which is at the longitude $1.002\ 738\ \Delta T$ east of the prime (Greenwich) meridian; in this expression ΔT is the difference TDT – UT. The TDT of transit of the Sun over a local meridian is obtained by interpolation where the first differences are about 24 hours. The interpolation factor p is given by:

$$p = -\lambda + 1.002\ 738\ \Delta T$$

where λ is the east longitude and the right-hand side is expressed in days. (Divide longitude in degrees by 360 and ΔT in seconds by 86 400). During 1996 it is expected that ΔT will be about 58 seconds, so that the second term is about +0.000 66 days.

The UT of transit is obtained by subtracting ΔT from the TDT of transit obtained by interpolation.

Equation of time

The equation of time is defined so that:

local mean solar time = local apparent solar – equation of time.

To obtain the equation of time to a precision of about 1 second it is sufficient to use:

equation of time at 12^h UT = 12^h – tabulated value of TDT of ephemeris transit.

Alternatively it may be calculated for any instant during 1996 in seconds of time to a precision of about 3 seconds directly from the expression:

$$\text{equation of time} = -106.8 \sin L + 596.1 \sin 2L + 4.4 \sin 3L - 12.7 \sin 4L$$
$$- 428.7 \cos L - 2.1 \cos 2L + 19.3 \cos 3L$$

where L is the mean longitude of the Sun, given by:

$$L = 278°.957 + 0.985\ 647\ d$$

and where d is the interval in days from 1996 January 0 at 0^h UT, given by:

$$d = \text{day of year (from B2–B3)} + \text{fraction of day from } 0^h \text{ UT}$$

Geocentric rectangular coordinates of the Sun

The geocentric equatorial rectangular coordinates of the Sun are given, in au, on pages C20–C23 and are referred to the mean equator and equinox of J2000.0. The x-axis is directed towards the equinox, the y-axis towards the point on the equator at right ascension 6^h, and the z-axis towards the north pole of the equator.

These geocentric rectangular coordinates (x, y, z) may be used to convert an object's heliocentric rectangular coordinates (x_0, y_0, z_0) to the corresponding geometric geocentric rectangular coordinates (ξ_0, η_0, ζ_0) by means of the formulas:

$$\xi_0 = x_0 + x \qquad\qquad \eta_0 = y_0 + y \qquad\qquad \zeta_0 = z_0 + z$$

See pages B36–B39 for a rigorous method of forming an apparent place of an object in the solar system.

NOTES AND FORMULAS

Elements of the rotation of Sun

The mean elements of the rotation of the Sun during 1996 are given by:

Longitude of the ascending node of the solar equator:

        on the ecliptic of date, 75°.70   on the mean equator of date, 16°.12

Inclination of the solar equator:

        on the ecliptic of date, 7°.25   on the mean equator of date, 26°.14

The mean position of the pole of the solar equator is at:

        right ascension, 286°.12   declination, 63°.86

Sidereal period of rotation of the prime meridian is 25.38 days.

Mean synodic period of rotation of the prime meridian is 27.2753 days.

These data are derived from elements given by R. C. Carrington (*Observations of the Spots on the Sun*, p. 244, 1863).

Heliographic coordinates

The values of P (position angle of the northern extremity of the axis of rotation, measured eastwards from the north point of the disk), B_0 and L_0 (the heliographic latitude and longitude of the central point of the disk) are for 0^h UT; they may be interpolated linearly. The horizontal parallax and semidiameter are given for 0^h TDT, but may be regarded as being for 0^h UT.

If ρ_1, θ are the observed angular distance and position angle of a sunspot from the center of the disk of the Sun as seen from the Earth, and ρ is the heliocentric angular distance of the spot on the solar surface from the center of the Sun's disk, then

$$\sin(\rho + \rho_1) = \rho_1 / S$$

where S is the semidiameter of the Sun. The position angle is measured from the north point of the disk towards the east.

The formulas for the computation of the heliographic coordinates (L, B) of a sunspot (or other feature on the surface of the Sun) from (ρ, θ) are as follows:

$$\sin B = \sin B_0 \cos \rho + \cos B_0 \sin \rho \cos (P - \theta)$$
$$\cos B \sin (L - L_0) = \sin \rho \sin (P - \theta)$$
$$\cos B \cos (L - L_0) = \cos \rho \cos B_0 - \sin B_0 \sin \rho \cos (P - \theta)$$

where B is measured positive to the north of the solar equator and L is measured from 0° to 360° in the direction of rotation of the Sun, i.e., westwards on the apparent disk as seen from the Earth.

SYNODIC ROTATION NUMBERS, 1996

Number	Date of Commencement			Number	Date of Commencement			Number	Date of Commencement		
1904	1995	Dec.	20.72	1909	1996	May	5.28	1914	1996	Sept.	18.39
1905	1996	Jan.	17.06	1910		June	1.50	1915		Oct.	15.67
1906		Feb.	13.40	1911		June	28.70	1916		Nov.	11.97
1907		Mar.	11.73	1912		July	25.90	1917	1996	Dec.	9.28
1908		Apr.	8.03	1913		Aug.	22.13	1918	1997	Jan.	5.61

At the date of commencement of each synodic rotation period the value of L_0 is zero; that is, the prime meridian passes through the central point of the disk.

SUN, 1996

FOR 0ʰ DYNAMICAL TIME

Date		Julian Date	Ecliptic Long. for Mean Equinox of Date	Ecliptic Lat.	Apparent Right Ascension	Apparent Declination	True Geocentric Distance
		244	° ′ ″	″	h m s	° ′ ″	
Jan.	0	0082.5	278 49 26.18	+0.02	18 38 23.77	−23 08 38.0	0.983 2800
	1	0083.5	279 50 35.04	−0.10	18 42 49.05	23 04 20.8	.983 2568
	2	0084.5	280 51 43.79	−0.21	18 47 14.02	22 59 36.1	.983 2395
	3	0085.5	281 52 52.45	−0.30	18 51 38.67	22 54 23.8	.983 2282
	4	0086.5	282 54 01.00	−0.37	18 56 02.95	22 48 44.2	.983 2231
	5	0087.5	283 55 09.46	−0.42	19 00 26.85	−22 42 37.4	0.983 2243
	6	0088.5	284 56 17.83	−0.44	19 04 50.33	22 36 03.5	.983 2318
	7	0089.5	285 57 26.13	−0.44	19 09 13.37	22 29 02.9	.983 2457
	8	0090.5	286 58 34.37	−0.41	19 13 35.95	22 21 35.6	.983 2659
	9	0091.5	287 59 42.57	−0.35	19 17 58.04	22 13 41.9	.983 2924
	10	0092.5	289 00 50.71	−0.27	19 22 19.62	−22 05 22.0	0.983 3250
	11	0093.5	290 01 58.82	−0.17	19 26 40.67	21 56 36.1	.983 3636
	12	0094.5	291 03 06.89	−0.05	19 31 01.16	21 47 24.4	.983 4080
	13	0095.5	292 04 14.92	+0.08	19 35 21.09	21 37 47.3	.983 4580
	14	0096.5	293 05 22.89	+0.21	19 39 40.42	21 27 45.0	.983 5133
	15	0097.5	294 06 30.78	+0.35	19 43 59.14	−21 17 17.8	0.983 5736
	16	0098.5	295 07 38.55	+0.47	19 48 17.23	21 06 25.9	.983 6387
	17	0099.5	296 08 46.15	+0.58	19 52 34.67	20 55 09.8	.983 7080
	18	0100.5	297 09 53.51	+0.66	19 56 51.44	20 43 29.6	.983 7814
	19	0101.5	298 11 00.54	+0.71	20 01 07.53	20 31 25.8	.983 8584
	20	0102.5	299 12 07.13	+0.73	20 05 22.90	−20 18 58.8	0.983 9390
	21	0103.5	300 13 13.16	+0.72	20 09 37.53	20 06 08.8	.984 0228
	22	0104.5	301 14 18.51	+0.67	20 13 51.41	19 52 56.3	.984 1099
	23	0105.5	302 15 23.06	+0.59	20 18 04.51	19 39 21.5	.984 2004
	24	0106.5	303 16 26.70	+0.49	20 22 16.83	19 25 24.9	.984 2944
	25	0107.5	304 17 29.36	+0.37	20 26 28.35	−19 11 06.9	0.984 3923
	26	0108.5	305 18 30.97	+0.24	20 30 39.06	18 56 27.7	.984 4942
	27	0109.5	306 19 31.47	+0.11	20 34 48.95	18 41 27.8	.984 6005
	28	0110.5	307 20 30.83	−0.01	20 38 58.03	18 26 07.5	.984 7113
	29	0111.5	308 21 29.02	−0.12	20 43 06.28	18 10 27.3	.984 8270
	30	0112.5	309 22 26.03	−0.22	20 47 13.70	−17 54 27.6	0.984 9476
	31	0113.5	310 23 21.85	−0.29	20 51 20.29	17 38 08.6	.985 0734
Feb.	1	0114.5	311 24 16.48	−0.34	20 55 26.06	17 21 30.9	.985 2045
	2	0115.5	312 25 09.91	−0.36	20 59 30.99	17 04 34.8	.985 3411
	3	0116.5	313 26 02.16	−0.36	21 03 35.09	16 47 20.7	.985 4832
	4	0117.5	314 26 53.23	−0.33	21 07 38.38	−16 29 49.0	0.985 6308
	5	0118.5	315 27 43.16	−0.28	21 11 40.84	16 12 00.1	.985 7840
	6	0119.5	316 28 31.95	−0.20	21 15 42.49	15 53 54.4	.985 9427
	7	0120.5	317 29 19.62	−0.10	21 19 43.33	15 35 32.3	.986 1069
	8	0121.5	318 30 06.21	+0.02	21 23 43.38	15 16 54.2	.986 2765
	9	0122.5	319 30 51.72	+0.15	21 27 42.65	−14 58 00.5	0.986 4512
	10	0123.5	320 31 36.17	+0.28	21 31 41.13	14 38 51.5	.986 6310
	11	0124.5	321 32 19.58	+0.42	21 35 38.86	14 19 27.8	.986 8154
	12	0125.5	322 33 01.94	+0.54	21 39 35.83	13 59 49.6	.987 0042
	13	0126.5	323 33 43.25	+0.65	21 43 32.05	13 39 57.4	.987 1971
	14	0127.5	324 34 23.49	+0.73	21 47 27.55	−13 19 51.7	0.987 3936
	15	0128.5	325 35 02.61	+0.79	21 51 22.32	−12 59 32.9	0.987 5934

FOR 0ʰ DYNAMICAL TIME

Date		Position Angle of Axis P	Heliographic		H. P.	Semi-Diameter	Ephemeris Transit
			Latitude B_0	Longitude L_0			
		°	°	°	″	′ ″	h m s
Jan.	0	+ 2.86	− 2.83	224.65	8.94	16 15.96	12 02 49.48
	1	2.37	2.95	211.48	8.94	16 15.99	12 03 18.06
	2	1.89	3.07	198.31	8.94	16 16.00	12 03 46.32
	3	1.40	3.18	185.14	8.94	16 16.01	12 04 14.23
	4	0.92	3.30	171.97	8.94	16 16.02	12 04 41.77
	5	+ 0.43	− 3.41	158.80	8.94	16 16.02	12 05 08.91
	6	− 0.05	3.52	145.63	8.94	16 16.01	12 05 35.62
	7	0.54	3.63	132.46	8.94	16 16.00	12 06 01.88
	8	1.02	3.75	119.29	8.94	16 15.98	12 06 27.67
	9	1.50	3.85	106.12	8.94	16 15.95	12 06 52.96
	10	− 1.98	− 3.96	92.95	8.94	16 15.92	12 07 17.72
	11	2.46	4.07	79.78	8.94	16 15.88	12 07 41.95
	12	2.94	4.18	66.61	8.94	16 15.84	12 08 05.61
	13	3.41	4.28	53.44	8.94	16 15.79	12 08 28.69
	14	3.89	4.38	40.28	8.94	16 15.73	12 08 51.17
	15	− 4.36	− 4.48	27.11	8.94	16 15.67	12 09 13.03
	16	4.83	4.58	13.94	8.94	16 15.61	12 09 34.24
	17	5.29	4.68	0.77	8.94	16 15.54	12 09 54.79
	18	5.76	4.78	347.61	8.94	16 15.47	12 10 14.66
	19	6.22	4.88	334.44	8.94	16 15.39	12 10 33.82
	20	− 6.68	− 4.97	321.27	8.94	16 15.31	12 10 52.26
	21	7.13	5.06	308.11	8.94	16 15.23	12 11 09.95
	22	7.59	5.15	294.94	8.94	16 15.14	12 11 26.89
	23	8.04	5.24	281.77	8.94	16 15.05	12 11 43.04
	24	8.48	5.33	268.61	8.93	16 14.96	12 11 58.41
	25	− 8.92	− 5.42	255.44	8.93	16 14.86	12 12 12.97
	26	9.36	5.50	242.28	8.93	16 14.76	12 12 26.72
	27	9.80	5.58	229.11	8.93	16 14.65	12 12 39.65
	28	10.23	5.67	215.94	8.93	16 14.54	12 12 51.75
	29	10.65	5.74	202.78	8.93	16 14.43	12 13 03.02
	30	− 11.07	− 5.82	189.61	8.93	16 14.31	12 13 13.47
	31	11.49	5.90	176.44	8.93	16 14.19	12 13 23.08
Feb.	1	11.90	5.97	163.28	8.93	16 14.06	12 13 31.86
	2	12.31	6.04	150.11	8.92	16 13.92	12 13 39.81
	3	12.72	6.11	136.94	8.92	16 13.78	12 13 46.94
	4	− 13.12	− 6.18	123.78	8.92	16 13.64	12 13 53.25
	5	13.51	6.24	110.61	8.92	16 13.48	12 13 58.74
	6	13.90	6.31	97.44	8.92	16 13.33	12 14 03.43
	7	14.28	6.37	84.28	8.92	16 13.17	12 14 07.32
	8	14.66	6.43	71.11	8.92	16 13.00	12 14 10.42
	9	− 15.04	− 6.49	57.94	8.91	16 12.83	12 14 12.74
	10	15.41	6.54	44.78	8.91	16 12.65	12 14 14.28
	11	15.77	6.60	31.61	8.91	16 12.47	12 14 15.07
	12	16.13	6.65	18.44	8.91	16 12.28	12 14 15.11
	13	16.48	6.70	5.27	8.91	16 12.09	12 14 14.40
	14	− 16.83	− 6.75	352.11	8.91	16 11.90	12 14 12.97
	15	− 17.17	− 6.79	338.94	8.90	16 11.70	12 14 10.81

SUN, 1996

FOR 0ʰ DYNAMICAL TIME

Date		Julian Date	Ecliptic Long. for Mean Equinox of Date	Ecliptic Lat.	Apparent Right Ascension	Apparent Declination	True Geocentric Distance
		244	° ′ ″	″	h m s	° ′ ″	
Feb.	15	0128.5	325 35 02.61	+0.79	21 51 22.32	− 12 59 32.9	0.987 5934
	16	0129.5	326 35 40.56	+0.81	21 55 16.37	12 39 01.3	.987 7960
	17	0130.5	327 36 17.27	+0.80	21 59 09.71	12 18 17.6	.988 0011
	18	0131.5	328 36 52.63	+0.76	22 03 02.35	11 57 21.9	.988 2085
	19	0132.5	329 37 26.56	+0.68	22 06 54.29	11 36 14.9	.988 4178
	20	0133.5	330 37 58.94	+0.58	22 10 45.55	− 11 14 57.0	0.988 6290
	21	0134.5	331 38 29.66	+0.46	22 14 36.12	10 53 28.5	.988 8422
	22	0135.5	332 38 58.65	+0.33	22 18 26.03	10 31 49.9	.989 0574
	23	0136.5	333 39 25.82	+0.20	22 22 15.29	10 10 01.6	.989 2747
	24	0137.5	334 39 51.12	+0.07	22 26 03.91	9 48 04.1	.989 4944
	25	0138.5	335 40 14.49	−0.05	22 29 51.90	− 9 25 57.7	0.989 7167
	26	0139.5	336 40 35.91	−0.15	22 33 39.28	9 03 42.8	.989 9417
	27	0140.5	337 40 55.35	−0.23	22 37 26.08	8 41 19.9	.990 1696
	28	0141.5	338 41 12.81	−0.29	22 41 12.29	8 18 49.4	.990 4006
	29	0142.5	339 41 28.27	−0.32	22 44 57.94	7 56 11.6	.990 6349
Mar.	1	0143.5	340 41 41.75	−0.33	22 48 43.06	− 7 33 27.0	0.990 8725
	2	0144.5	341 41 53.25	−0.30	22 52 27.65	7 10 35.9	.991 1137
	3	0145.5	342 42 02.78	−0.25	22 56 11.75	6 47 38.8	.991 3584
	4	0146.5	343 42 10.38	−0.17	22 59 55.36	6 24 35.9	.991 6068
	5	0147.5	344 42 16.07	−0.07	23 03 38.52	6 01 27.8	.991 8588
	6	0148.5	345 42 19.89	+0.05	23 07 21.24	− 5 38 14.7	0.992 1145
	7	0149.5	346 42 21.88	+0.17	23 11 03.55	5 14 57.0	.992 3738
	8	0150.5	347 42 22.08	+0.31	23 14 45.47	4 51 35.0	.992 6367
	9	0151.5	348 42 20.54	+0.45	23 18 27.03	4 28 09.3	.992 9028
	10	0152.5	349 42 17.30	+0.57	23 22 08.25	4 04 40.0	.993 1721
	11	0153.5	350 42 12.38	+0.68	23 25 49.16	− 3 41 07.6	0.993 4441
	12	0154.5	351 42 05.82	+0.77	23 29 29.77	3 17 32.5	.993 7186
	13	0155.5	352 41 57.62	+0.84	23 33 10.12	2 53 54.9	.993 9951
	14	0156.5	353 41 47.78	+0.87	23 36 50.20	2 30 15.4	.994 2732
	15	0157.5	354 41 36.28	+0.86	23 40 30.06	2 06 34.3	.994 5526
	16	0158.5	355 41 23.09	+0.83	23 44 09.70	− 1 42 51.9	0.994 8328
	17	0159.5	356 41 08.14	+0.76	23 47 49.13	1 19 08.7	.995 1133
	18	0160.5	357 40 51.37	+0.66	23 51 28.39	0 55 25.1	.995 3940
	19	0161.5	358 40 32.71	+0.54	23 55 07.48	0 31 41.4	.995 6745
	20	0162.5	359 40 12.07	+0.41	23 58 46.42	− 0 07 58.0	.995 9547
	21	0163.5	0 39 49.37	+0.27	0 02 25.22	+ 0 15 44.6	0.996 2346
	22	0164.5	1 39 24.55	+0.14	0 06 03.92	0 39 26.2	.996 5143
	23	0165.5	2 38 57.54	+0.01	0 09 42.51	1 03 06.4	.996 7937
	24	0166.5	3 38 28.29	−0.10	0 13 21.03	1 26 44.7	.997 0730
	25	0167.5	4 37 56.78	−0.20	0 16 59.48	1 50 20.9	.997 3523
	26	0168.5	5 37 22.97	−0.26	0 20 37.89	+ 2 13 54.4	0.997 6319
	27	0169.5	6 36 46.86	−0.30	0 24 16.28	2 37 25.1	.997 9119
	28	0170.5	7 36 08.44	−0.32	0 27 54.65	3 00 52.5	.998 1924
	29	0171.5	8 35 27.72	−0.30	0 31 33.05	3 24 16.3	.998 4735
	30	0172.5	9 34 44.70	−0.26	0 35 11.47	3 47 36.2	.998 7555
	31	0173.5	10 33 59.41	−0.19	0 38 49.95	+ 4 10 51.7	0.999 0384
Apr.	1	0174.5	11 33 11.87	−0.10	0 42 28.50	+ 4 34 02.5	0.999 3224

FOR 0ʰ DYNAMICAL TIME

Date	Position Angle of Axis P	Heliographic Latitude B_0	Heliographic Longitude L_0	H. P.	Semi-Diameter	Ephemeris Transit
	°	°	°	"	′ "	h m s
Feb. 15	−17.17	−6.79	338.94	8.90	16 11.70	12 14 10.81
16	17.51	6.83	325.77	8.90	16 11.50	12 14 07.94
17	17.84	6.87	312.60	8.90	16 11.30	12 14 04.36
18	18.17	6.91	299.44	8.90	16 11.10	12 14 00.09
19	18.49	6.95	286.27	8.90	16 10.89	12 13 55.13
20	−18.80	−6.98	273.10	8.90	16 10.68	12 13 49.49
21	19.11	7.02	259.93	8.89	16 10.47	12 13 43.17
22	19.41	7.05	246.76	8.89	16 10.26	12 13 36.20
23	19.71	7.07	233.59	8.89	16 10.05	12 13 28.58
24	20.00	7.10	220.42	8.89	16 09.83	12 13 20.33
25	−20.28	−7.12	207.25	8.89	16 09.62	12 13 11.46
26	20.56	7.14	194.08	8.88	16 09.40	12 13 01.99
27	20.83	7.16	180.91	8.88	16 09.17	12 12 51.93
28	21.10	7.18	167.74	8.88	16 08.95	12 12 41.30
29	21.36	7.19	154.57	8.88	16 08.72	12 12 30.12
Mar. 1	−21.61	−7.21	141.39	8.88	16 08.48	12 12 18.42
2	21.86	7.22	128.22	8.87	16 08.25	12 12 06.20
3	22.10	7.22	115.05	8.87	16 08.01	12 11 53.50
4	22.33	7.23	101.87	8.87	16 07.77	12 11 40.33
5	22.56	7.23	88.70	8.87	16 07.52	12 11 26.71
6	−22.78	−7.24	75.52	8.86	16 07.27	12 11 12.68
7	23.00	7.23	62.35	8.86	16 07.02	12 10 58.25
8	23.21	7.23	49.17	8.86	16 06.76	12 10 43.44
9	23.41	7.23	35.99	8.86	16 06.50	12 10 28.28
10	23.60	7.22	22.81	8.85	16 06.24	12 10 12.79
11	−23.79	−7.21	9.64	8.85	16 05.98	12 09 56.99
12	23.97	7.20	356.46	8.85	16 05.71	12 09 40.91
13	24.15	7.18	343.28	8.85	16 05.44	12 09 24.57
14	24.32	7.17	330.10	8.84	16 05.17	12 09 07.98
15	24.48	7.15	316.92	8.84	16 04.90	12 08 51.17
16	−24.64	−7.13	303.74	8.84	16 04.63	12 08 34.15
17	24.78	7.10	290.56	8.84	16 04.36	12 08 16.95
18	24.93	7.08	277.38	8.83	16 04.09	12 07 59.57
19	25.06	7.05	264.19	8.83	16 03.81	12 07 42.04
20	25.19	7.02	251.01	8.83	16 03.54	12 07 24.37
21	−25.31	−6.99	237.83	8.83	16 03.27	12 07 06.57
22	25.42	6.96	224.64	8.82	16 03.00	12 06 48.67
23	25.53	6.92	211.46	8.82	16 02.73	12 06 30.67
24	25.63	6.88	198.27	8.82	16 02.46	12 06 12.61
25	25.72	6.84	185.08	8.82	16 02.19	12 05 54.48
26	−25.81	−6.80	171.90	8.82	16 01.92	12 05 36.33
27	25.89	6.76	158.71	8.81	16 01.65	12 05 18.15
28	25.96	6.71	145.52	8.81	16 01.38	12 04 59.99
29	26.03	6.66	132.33	8.81	16 01.11	12 04 41.84
30	26.08	6.61	119.14	8.81	16 00.84	12 04 23.74
31	−26.13	−6.56	105.95	8.80	16 00.57	12 04 05.71
Apr. 1	−26.18	−6.51	92.75	8.80	16 00.30	12 03 47.77

SUN, 1996

FOR 0ʰ DYNAMICAL TIME

Date		Julian Date	Ecliptic Long. for Mean Equinox of Date	Ecliptic Lat.	Apparent Right Ascension	Apparent Declination	True Geocentric Distance
		244	° ′ ″	″	h m s	° ′ ″	
Apr.	1	0174.5	11 33 11.87	−0.10	0 42 28.50	+ 4 34 02.5	0.999 3224
	2	0175.5	12 32 22.13	+0.02	0 46 07.16	4 57 08.4	.999 6075
	3	0176.5	13 31 30.22	+0.14	0 49 45.93	5 20 08.9	0.999 8939
	4	0177.5	14 30 36.21	+0.28	0 53 24.84	5 43 03.8	1.000 1815
	5	0178.5	15 29 40.15	+0.41	0 57 03.93	6 05 52.7	.000 4704
	6	0179.5	16 28 42.12	+0.54	1 00 43.20	+ 6 28 35.3	1.000 7605
	7	0180.5	17 27 42.18	+0.66	1 04 22.68	6 51 11.3	.001 0515
	8	0181.5	18 26 40.40	+0.76	1 08 02.40	7 13 40.4	.001 3433
	9	0182.5	19 25 36.83	+0.82	1 11 42.38	7 36 02.2	.001 6356
	10	0183.5	20 24 31.53	+0.86	1 15 22.63	7 58 16.4	.001 9280
	11	0184.5	21 23 24.52	+0.87	1 19 03.17	+ 8 20 22.6	1.002 2201
	12	0185.5	22 22 15.82	+0.84	1 22 44.02	8 42 20.6	.002 5114
	13	0186.5	23 21 05.42	+0.78	1 26 25.19	9 04 09.9	.002 8015
	14	0187.5	24 19 53.32	+0.69	1 30 06.70	9 25 50.2	.003 0901
	15	0188.5	25 18 39.47	+0.58	1 33 48.56	9 47 21.1	.003 3767
	16	0189.5	26 17 23.83	+0.45	1 37 30.79	+10 08 42.4	1.003 6611
	17	0190.5	27 16 06.34	+0.31	1 41 13.39	10 29 53.6	.003 9430
	18	0191.5	28 14 46.97	+0.17	1 44 56.39	10 50 54.5	.004 2222
	19	0192.5	29 13 25.64	+0.04	1 48 39.78	11 11 44.6	.004 4988
	20	0193.5	30 12 02.31	−0.08	1 52 23.58	11 32 23.7	.004 7726
	21	0194.5	31 10 36.94	−0.18	1 56 07.79	+11 52 51.3	1.005 0437
	22	0195.5	32 09 09.49	−0.25	1 59 52.44	12 13 07.2	.005 3122
	23	0196.5	33 07 39.95	−0.31	2 03 37.52	12 33 11.0	.005 5783
	24	0197.5	34 06 08.30	−0.33	2 07 23.05	12 53 02.3	.005 8420
	25	0198.5	35 04 34.53	−0.33	2 11 09.03	13 12 40.9	.006 1035
	26	0199.5	36 02 58.64	−0.30	2 14 55.48	+13 32 06.3	1.006 3629
	27	0200.5	37 01 20.65	−0.24	2 18 42.41	13 51 18.4	.006 6204
	28	0201.5	37 59 40.57	−0.16	2 22 29.81	14 10 16.7	.006 8762
	29	0202.5	38 57 58.44	−0.05	2 26 17.71	14 29 00.9	.007 1304
	30	0203.5	39 56 14.28	+0.07	2 30 06.12	14 47 30.7	.007 3832
May	1	0204.5	40 54 28.15	+0.19	2 33 55.04	+15 05 45.8	1.007 6347
	2	0205.5	41 52 40.10	+0.33	2 37 44.49	15 23 45.9	.007 8852
	3	0206.5	42 50 50.20	+0.46	2 41 34.48	15 41 30.7	.008 1346
	4	0207.5	43 48 58.55	+0.58	2 45 25.02	15 58 59.9	.008 3830
	5	0208.5	44 47 05.22	+0.68	2 49 16.12	16 16 13.2	.008 6305
	6	0209.5	45 45 10.31	+0.75	2 53 07.79	+16 33 10.3	1.008 8767
	7	0210.5	46 43 13.91	+0.80	2 57 00.04	16 49 51.0	.009 1217
	8	0211.5	47 41 16.10	+0.81	3 00 52.87	17 06 14.9	.009 3649
	9	0212.5	48 39 16.93	+0.79	3 04 46.28	17 22 21.7	.009 6062
	10	0213.5	49 37 16.46	+0.73	3 08 40.28	17 38 11.2	.009 8450
	11	0214.5	50 35 14.71	+0.65	3 12 34.88	+17 53 42.9	1.010 0809
	12	0215.5	51 33 11.70	+0.54	3 16 30.06	18 08 56.7	.010 3136
	13	0216.5	52 31 07.43	+0.42	3 20 25.84	18 23 52.3	.010 5427
	14	0217.5	53 29 01.87	+0.29	3 24 22.20	18 38 29.2	.010 7679
	15	0218.5	54 26 55.01	+0.15	3 28 19.15	18 52 47.4	.010 9888
	16	0219.5	55 24 46.82	+0.02	3 32 16.68	+19 06 46.4	1.011 2052
	17	0220.5	56 22 37.25	−0.10	3 36 14.78	+19 20 26.0	1.011 4171

FOR 0ʰ DYNAMICAL TIME

Date		Position Angle of Axis P	Heliographic		H. P.	Semi-Diameter	Ephemeris Transit
			Latitude B_0	Longitude L_0			
		°	°	°	ʺ	′ ʺ	h m s
Apr.	1	−26.18	−6.51	92.75	8.80	16 00.30	12 03 47.77
	2	26.21	6.45	79.56	8.80	16 00.02	12 03 29.93
	3	26.24	6.40	66.37	8.80	15 59.75	12 03 12.23
	4	26.26	6.34	53.17	8.79	15 59.47	12 02 54.68
	5	26.28	6.28	39.97	8.79	15 59.19	12 02 37.31
	6	−26.29	−6.21	26.78	8.79	15 58.92	12 02 20.14
	7	26.29	6.15	13.58	8.78	15 58.64	12 02 03.19
	8	26.28	6.08	0.38	8.78	15 58.36	12 01 46.49
	9	26.26	6.02	347.18	8.78	15 58.08	12 01 30.04
	10	26.24	5.95	333.98	8.78	15 57.80	12 01 13.88
	11	−26.21	−5.87	320.78	8.77	15 57.52	12 00 58.02
	12	26.18	5.80	307.58	8.77	15 57.24	12 00 42.47
	13	26.13	5.73	294.38	8.77	15 56.96	12 00 27.26
	14	26.08	5.65	281.18	8.77	15 56.69	12 00 12.40
	15	26.02	5.57	267.97	8.76	15 56.42	11 59 57.90
	16	−25.96	−5.49	254.77	8.76	15 56.14	11 59 43.76
	17	25.88	5.41	241.57	8.76	15 55.88	11 59 30.01
	18	25.80	5.33	228.36	8.76	15 55.61	11 59 16.66
	19	25.72	5.24	215.15	8.75	15 55.35	11 59 03.70
	20	25.62	5.16	201.95	8.75	15 55.09	11 58 51.16
	21	−25.52	−5.07	188.74	8.75	15 54.83	11 58 39.03
	22	25.41	4.98	175.53	8.75	15 54.57	11 58 27.34
	23	25.29	4.89	162.32	8.75	15 54.32	11 58 16.09
	24	25.17	4.80	149.11	8.74	15 54.07	11 58 05.29
	25	25.03	4.71	135.90	8.74	15 53.82	11 57 54.95
	26	−24.90	−4.61	122.68	8.74	15 53.58	11 57 45.08
	27	24.75	4.52	109.47	8.74	15 53.33	11 57 35.69
	28	24.59	4.42	96.26	8.73	15 53.09	11 57 26.79
	29	24.43	4.32	83.04	8.73	15 52.85	11 57 18.39
	30	24.27	4.22	69.83	8.73	15 52.61	11 57 10.51
May	1	−24.09	−4.12	56.61	8.73	15 52.37	11 57 03.14
	2	23.91	4.02	43.39	8.73	15 52.14	11 56 56.31
	3	23.72	3.92	30.17	8.72	15 51.90	11 56 50.02
	4	23.52	3.82	16.96	8.72	15 51.67	11 56 44.29
	5	23.32	3.71	3.74	8.72	15 51.43	11 56 39.11
	6	−23.10	−3.61	350.52	8.72	15 51.20	11 56 34.51
	7	22.89	3.50	337.30	8.71	15 50.97	11 56 30.48
	8	22.66	3.40	324.07	8.71	15 50.74	11 56 27.04
	9	22.43	3.29	310.85	8.71	15 50.51	11 56 24.19
	10	22.19	3.18	297.63	8.71	15 50.29	11 56 21.93
	11	−21.94	−3.07	284.41	8.71	15 50.07	11 56 20.26
	12	21.69	2.96	271.18	8.70	15 49.85	11 56 19.19
	13	21.43	2.85	257.96	8.70	15 49.63	11 56 18.71
	14	21.17	2.73	244.73	8.70	15 49.42	11 56 18.82
	15	20.89	2.62	231.51	8.70	15 49.21	11 56 19.50
	16	−20.61	−2.51	218.28	8.70	15 49.01	11 56 20.76
	17	−20.33	−2.39	205.06	8.69	15 48.81	11 56 22.59

SUN, 1996

FOR 0ʰ DYNAMICAL TIME

Date	Julian Date	Ecliptic Long. for Mean Equinox of Date	Ecliptic Lat.	Apparent Right Ascension	Apparent Declination	True Geocentric Distance
	244	° ′ ″	″	h m s	° ′ ″	
May 17	0220.5	56 22 37.25	−0.10	3 36 14.78	+19 20 26.0	1.011 4171
18	0221.5	57 20 26.28	−0.21	3 40 13.44	19 33 46.0	.011 6243
19	0222.5	58 18 13.87	−0.29	3 44 12.65	19 46 46.0	.011 8269
20	0223.5	59 15 59.99	−0.35	3 48 12.41	19 59 25.8	.012 0247
21	0224.5	60 13 44.63	−0.38	3 52 12.69	20 11 45.1	.012 2179
22	0225.5	61 11 27.78	−0.39	3 56 13.50	+20 23 43.7	1.012 4066
23	0226.5	62 09 09.41	−0.37	4 00 14.81	20 35 21.3	.012 5909
24	0227.5	63 06 49.53	−0.32	4 04 16.63	20 46 37.7	.012 7709
25	0228.5	64 04 28.15	−0.25	4 08 18.92	20 57 32.6	.012 9468
26	0229.5	65 02 05.27	−0.16	4 12 21.69	21 08 05.8	.013 1188
27	0230.5	65 59 40.92	−0.05	4 16 24.92	+21 18 17.1	1.013 2871
28	0231.5	66 57 15.13	+0.07	4 20 28.60	21 28 06.2	.013 4519
29	0232.5	67 54 47.94	+0.19	4 24 32.73	21 37 33.0	.013 6134
30	0233.5	68 52 19.40	+0.31	4 28 37.27	21 46 37.3	.013 7718
31	0234.5	69 49 49.58	+0.43	4 32 42.24	21 55 18.8	.013 9273
June 1	0235.5	70 47 18.55	+0.53	4 36 47.62	+22 03 37.5	1.014 0802
2	0236.5	71 44 46.42	+0.61	4 40 53.38	22 11 33.1	.014 2305
3	0237.5	72 42 13.29	+0.66	4 44 59.53	22 19 05.4	.014 3782
4	0238.5	73 39 39.27	+0.67	4 49 06.05	22 26 14.4	.014 5233
5	0239.5	74 37 04.46	+0.66	4 53 12.93	22 32 59.9	.014 6656
6	0240.5	75 34 28.95	+0.61	4 57 20.14	+22 39 21.7	1.014 8048
7	0241.5	76 31 52.82	+0.53	5 01 27.67	22 45 19.6	.014 9405
8	0242.5	77 29 16.12	+0.43	5 05 35.51	22 50 53.6	.015 0724
9	0243.5	78 26 38.90	+0.31	5 09 43.63	22 56 03.5	.015 2001
10	0244.5	79 24 01.18	+0.17	5 13 52.02	23 00 49.2	.015 3232
11	0245.5	80 21 22.95	+0.04	5 18 00.66	+23 05 10.6	1.015 4415
12	0246.5	81 18 44.23	−0.09	5 22 09.52	23 09 07.6	.015 5546
13	0247.5	82 16 05.00	−0.21	5 26 18.57	23 12 40.1	.015 6622
14	0248.5	83 13 25.24	−0.32	5 30 27.80	23 15 48.1	.015 7643
15	0249.5	84 10 44.94	−0.40	5 34 37.17	23 18 31.5	.015 8606
16	0250.5	85 08 04.06	−0.47	5 38 46.66	+23 20 50.3	1.015 9512
17	0251.5	86 05 22.60	−0.50	5 42 56.24	23 22 44.3	.016 0358
18	0252.5	87 02 40.54	−0.52	5 47 05.89	23 24 13.7	.016 1147
19	0253.5	87 59 57.84	−0.50	5 51 15.56	23 25 18.2	.016 1878
20	0254.5	88 57 14.52	−0.46	5 55 25.24	23 25 58.0	.016 2552
21	0255.5	89 54 30.55	−0.40	5 59 34.90	+23 26 13.0	1.016 3171
22	0256.5	90 51 45.94	−0.31	6 03 44.52	23 26 03.2	.016 3735
23	0257.5	91 49 00.69	−0.21	6 07 54.06	23 25 28.6	.016 4247
24	0258.5	92 46 14.81	−0.10	6 12 03.51	23 24 29.3	.016 4709
25	0259.5	93 43 28.32	+0.02	6 16 12.84	23 23 05.2	.016 5123
26	0260.5	94 40 41.24	+0.14	6 20 22.02	+23 21 16.4	1.016 5491
27	0261.5	95 37 53.61	+0.26	6 24 31.05	23 19 03.1	.016 5817
28	0262.5	96 35 05.49	+0.36	6 28 39.89	23 16 25.1	.016 6104
29	0263.5	97 32 16.94	+0.44	6 32 48.52	23 13 22.6	.016 6354
30	0264.5	98 29 28.05	+0.49	6 36 56.93	23 09 55.8	.016 6569
July 1	0265.5	99 26 38.91	+0.51	6 41 05.10	+23 06 04.6	1.016 6753
2	0266.5	100 23 49.65	+0.50	6 45 13.01	+23 01 49.2	1.016 6904

FOR 0ʰ DYNAMICAL TIME

Date		Position Angle of Axis P	Heliographic		H. P.	Semi-Diameter	Ephemeris Transit
			Latitude B_0	Longitude L_0			
		°	°	°	″	′ ″	h m s
May	17	−20.33	−2.39	205.06	8.69	15 48.81	11 56 22.59
	18	20.04	2.28	191.83	8.69	15 48.62	11 56 24.97
	19	19.74	2.16	178.60	8.69	15 48.43	11 56 27.89
	20	19.43	2.05	165.37	8.69	15 48.24	11 56 31.35
	21	19.12	1.93	152.15	8.69	15 48.06	11 56 35.34
	22	−18.80	−1.81	138.92	8.69	15 47.88	11 56 39.84
	23	18.48	1.70	125.69	8.68	15 47.71	11 56 44.85
	24	18.15	1.58	112.46	8.68	15 47.54	11 56 50.35
	25	17.82	1.46	99.23	8.68	15 47.38	11 56 56.33
	26	17.48	1.34	85.99	8.68	15 47.22	11 57 02.78
	27	−17.13	−1.22	72.76	8.68	15 47.06	11 57 09.68
	28	16.78	1.10	59.53	8.68	15, 46.91	11 57 17.03
	29	16.43	0.98	46.30	8.68	15 46.76	11 57 24.82
	30	16.06	0.86	33.06	8.67	15 46.61	11 57 33.03
	31	15.70	0.74	19.83	8.67	15 46.46	11 57 41.64
June	1	−15.33	−0.62	6.60	8.67	15 46.32	11 57 50.66
	2	14.95	0.50	353.36	8.67	15 46.18	11 58 00.06
	3	14.57	0.38	340.13	8.67	15 46.04	11 58 09.83
	4	14.18	0.26	326.89	8.67	15 45.91	11 58 19.96
	5	13.79	0.14	313.66	8.67	15 45.77	11 58 30.45
	6	−13.40	−0.02	300.42	8.67	15 45.64	11 58 41.26
	7	13.00	+0.10	287.19	8.66	15 45.52	11 58 52.40
	8	12.60	0.22	273.95	8.66	15 45.40	11 59 03.83
	9	12.19	0.34	260.72	8.66	15 45.28	11 59 15.54
	10	11.78	0.46	247.48	8.66	15 45.16	11 59 27.50
	11	−11.37	+0.58	234.25	8.66	15 45.05	11 59 39.70
	12	10.95	0.70	221.01	8.66	15 44.95	11 59 52.11
	13	10.53	0.82	207.77	8.66	15 44.85	12 00 04.70
	14	10.10	0.94	194.54	8.66	15 44.75	12 00 17.45
	15	9.67	1.06	181.30	8.66	15 44.66	12 00 30.33
	16	− 9.24	+1.18	168.06	8.66	15 44.58	12 00 43.31
	17	8.81	1.30	154.83	8.66	15 44.50	12 00 56.36
	18	8.38	1.41	141.59	8.65	15 44.43	12 01 09.47
	19	7.94	1.53	128.35	8.65	15 44.36	12 01 22.59
	20	7.50	1.65	115.12	8.65	15 44.30	12 01 35.71
	21	− 7.06	+1.77	101.88	8.65	15 44.24	12 01 48.80
	22	6.61	1.88	88.64	8.65	15 44.19	12 02 01.83
	23	6.17	2.00	75.41	8.65	15 44.14	12 02 14.78
	24	5.72	2.11	62.17	8.65	15 44.09	12 02 27.62
	25	5.27	2.23	48.93	8.65	15 44.06	12 02 40.33
	26	− 4.82	+2.34	35.70	8.65	15 44.02	12 02 52.88
	27	4.37	2.46	22.46	8.65	15 43.99	12 03 05.26
	28	3.92	2.57	9.22	8.65	15 43.97	12 03 17.45
	29	3.47	2.68	355.99	8.65	15 43.94	12 03 29.41
	30	3.01	2.79	342.75	8.65	15 43.92	12 03 41.14
July	1	− 2.56	+2.90	329.51	8.65	15 43.90	12 03 52.62
	2	− 2.11	+3.01	316.28	8.65	15 43.89	12 04 03.83

SUN, 1996

FOR 0ʰ DYNAMICAL TIME

Date		Julian Date	Ecliptic Long. for Mean Equinox of Date	Ecliptic Lat.	Apparent Right Ascension	Apparent Declination	True Geocentric Distance
		244	° ′ ″	″	h m s	° ′ ″	
July	1	0265.5	99 26 38.91	+0.51	6 41 05.10	+23 06 04.6	1.016 6753
	2	0266.5	100 23 49.65	+0.50	6 45 13.01	23 01 49.2	.016 6904
	3	0267.5	101 21 00.38	+0.46	6 49 20.64	22 57 09.7	.016 7024
	4	0268.5	102 18 11.21	+0.38	6 53 27.98	22 52 06.2	.016 7110
	5	0269.5	103 15 22.23	+0.29	6 57 35.01	22 46 38.7	.016 7161
	6	0270.5	104 12 33.53	+0.17	7 01 41.72	+22 40 47.5	1.016 7172
	7	0271.5	105 09 45.17	+0.04	7 05 48.09	22 34 32.6	.016 7142
	8	0272.5	106 06 57.18	−0.09	7 09 54.10	22 27 54.2	.016 7066
	9	0273.5	107 04 09.61	−0.22	7 13 59.74	22 20 52.5	.016 6942
	10	0274.5	108 01 22.45	−0.34	7 18 04.98	22 13 27.6	.016 6767
	11	0275.5	108 58 35.72	−0.45	7 22 09.82	+22 05 39.7	1.016 6537
	12	0276.5	109 55 49.41	−0.53	7 26 14.22	21 57 29.0	.016 6253
	13	0277.5	110 53 03.51	−0.60	7 30 18.18	21 48 55.8	.016 5910
	14	0278.5	111 50 18.02	−0.63	7 34 21.67	21 40 00.2	.016 5510
	15	0279.5	112 47 32.91	−0.64	7 38 24.68	21 30 42.4	.016 5050
	16	0280.5	113 44 48.17	−0.63	7 42 27.18	+21 21 02.7	1.016 4531
	17	0281.5	114 42 03.79	−0.59	7 46 29.17	21 11 01.2	.016 3952
	18	0282.5	115 39 19.74	−0.52	7 50 30.62	21 00 38.2	.016 3315
	19	0283.5	116 36 36.01	−0.44	7 54 31.52	20 49 54.0	.016 2620
	20	0284.5	117 33 52.59	−0.34	7 58 31.86	20 38 48.7	.016 1868
	21	0285.5	118 31 09.48	−0.22	8 02 31.63	+20 27 22.6	1.016 1061
	22	0286.5	119 28 26.67	−0.10	8 06 30.82	20 15 36.0	.016 0201
	23	0287.5	120 25 44.15	+0.02	8 10 29.41	20 03 29.1	.015 9291
	24	0288.5	121 23 01.95	+0.13	8 14 27.41	19 51 02.1	.015 8333
	25	0289.5	122 20 20.07	+0.24	8 18 24.80	19 38 15.3	.015 7330
	26	0290.5	123 17 38.56	+0.32	8 22 21.59	+19 25 09.1	1.015 6285
	27	0291.5	124 14 57.45	+0.38	8 26 17.76	19 11 43.6	.015 5203
	28	0292.5	125 12 16.82	+0.41	8 30 13.31	18 57 59.1	.015 4086
	29	0293.5	126 09 36.73	+0.41	8 34 08.25	18 43 55.9	.015 2938
	30	0294.5	127 06 57.30	+0.37	8 38 02.57	18 29 34.2	.015 1761
	31	0295.5	128 04 18.63	+0.30	8 41 56.29	+18 14 54.4	1.015 0556
Aug.	1	0296.5	129 01 40.85	+0.21	8 45 49.39	17 59 56.7	.014 9324
	2	0297.5	129 59 04.05	+0.09	8 49 41.89	17 44 41.3	.014 8065
	3	0298.5	130 56 28.33	−0.04	8 53 33.80	17 29 08.6	.014 6775
	4	0299.5	131 53 53.78	−0.18	8 57 25.11	17 13 18.7	.014 5452
	5	0300.5	132 51 20.45	−0.31	9 01 15.85	+16 57 12.0	1.014 4094
	6	0301.5	133 48 48.39	−0.43	9 05 06.01	16 40 48.8	.014 2699
	7	0302.5	134 46 17.62	−0.54	9 08 55.59	16 24 09.4	.014 1262
	8	0303.5	135 43 48.16	−0.63	9 12 44.61	16 07 14.1	.013 9783
	9	0304.5	136 41 20.01	−0.70	9 16 33.06	15 50 03.2	.013 8258
	10	0305.5	137 38 53.18	−0.73	9 20 20.94	+15 32 37.0	1.013 6687
	11	0306.5	138 36 27.66	−0.75	9 24 08.27	15 14 55.9	.013 5067
	12	0307.5	139 34 03.43	−0.73	9 27 55.04	14 57 00.1	.013 3399
	13	0308.5	140 31 40.49	−0.69	9 31 41.25	14 38 50.0	.013 1681
	14	0309.5	141 29 18.81	−0.63	9 35 26.92	14 20 25.9	.012 9912
	15	0310.5	142 26 58.38	−0.54	9 39 12.05	+14 01 48.2	1.012 8094
	16	0311.5	143 24 39.16	−0.44	9 42 56.64	+13 42 57.1	1.012 6226

FOR 0^h DYNAMICAL TIME

Date		Position Angle of Axis P	Heliographic		H. P.	Semi-Diameter	Ephemeris Transit
			Latitude B_0	Longitude L_0			
		°	°	°	″	′　″	h　m　s
July	1	− 2.56	+2.90	329.51	8.65	15 43.90	12 03 52.62
	2	2.11	3.01	316.28	8.65	15 43.89	12 04 03.83
	3	1.65	3.12	303.04	8.65	15 43.88	12 04 14.76
	4	1.20	3.23	289.80	8.65	15 43.87	12 04 25.39
	5	0.75	3.34	276.57	8.65	15 43.87	12 04 35.70
	6	− 0.29	+3.44	263.33	8.65	15 43.87	12 04 45.69
	7	+ 0.16	3.55	250.10	8.65	15 43.87	12 04 55.33
	8	0.61	3.65	236.86	8.65	15 43.88	12 05 04.61
	9	1.06	3.75	223.63	8.65	15 43.89	12 05 13.50
	10	1.51	3.86	210.39	8.65	15 43.90	12 05 21.98
	11	+ 1.96	+3.96	197.16	8.65	15 43.92	12 05 30.05
	12	2.41	4.06	183.93	8.65	15 43.95	12 05 37.67
	13	2.86	4.16	170.69	8.65	15 43.98	12 05 44.84
	14	3.30	4.26	157.46	8.65	15 44.02	12 05 51.53
	15	3.75	4.35	144.23	8.65	15 44.06	12 05 57.72
	16	+ 4.19	+4.45	130.99	8.65	15 44.11	12 06 03.41
	17	4.63	4.54	117.76	8.65	15 44.16	12 06 08.57
	18	5.07	4.64	104.53	8.65	15 44.22	12 06 13.19
	19	5.51	4.73	91.30	8.65	15 44.29	12 06 17.26
	20	5.94	4.82	78.07	8.65	15 44.36	12 06 20.76
	21	+ 6.37	+4.91	64.84	8.65	15 44.43	12 06 23.69
	22	6.80	4.99	51.61	8.66	15 44.51	12 06 26.03
	23	7.23	5.08	38.38	8.66	15 44.60	12 06 27.77
	24	7.65	5.17	25.15	8.66	15 44.69	12 06 28.91
	25	8.07	5.25	11.92	8.66	15 44.78	12 06 29.44
	26	+ 8.49	+5.33	358.69	8.66	15 44.88	12 06 29.36
	27	8.90	5.41	345.46	8.66	15 44.98	12 06 28.66
	28	9.32	5.49	332.23	8.66	15 45.08	12 06 27.34
	29	9.72	5.57	319.01	8.66	15 45.19	12 06 25.41
	30	10.13	5.65	305.78	8.66	15 45.30	12 06 22.86
	31	+10.53	+5.72	292.55	8.66	15 45.41	12 06 19.71
Aug.	1	10.93	5.79	279.33	8.66	15 45.53	12 06 15.95
	2	11.32	5.87	266.10	8.67	15 45.64	12 06 11.60
	3	11.71	5.94	252.88	8.67	15 45.76	12 06 06.66
	4	12.10	6.00	239.65	8.67	15 45.89	12 06 01.13
	5	+12.49	+6.07	226.43	8.67	15 46.01	12 05 55.03
	6	12.87	6.14	213.20	8.67	15 46.14	12 05 48.35
	7	13.24	6.20	199.98	8.67	15 46.28	12 05 41.09
	8	13.61	6.26	186.76	8.67	15 46.42	12 05 33.26
	9	13.98	6.32	173.54	8.67	15 46.56	12 05 24.87
	10	+14.34	+6.38	160.32	8.68	15 46.70	12 05 15.92
	11	14.70	6.44	147.10	8.68	15 46.86	12 05 06.40
	12	15.06	6.49	133.88	8.68	15 47.01	12 04 56.34
	13	15.41	6.54	120.66	8.68	15 47.17	12 04 45.73
	14	15.75	6.59	107.44	8.68	15 47.34	12 04 34.57
	15	+16.09	+6.64	94.22	8.68	15 47.51	12 04 22.88
	16	+16.43	+6.69	81.00	8.68	15 47.68	12 04 10.66

SUN, 1996

FOR 0ʰ DYNAMICAL TIME

Date		Julian Date	Ecliptic Long. for Mean Equinox of Date	Ecliptic Lat.	Apparent Right Ascension	Apparent Declination	True Geocentric Distance
		244	° ′ ″	″	h m s	° ′ ″	
Aug.	16	0311.5	143 24 39.16	−0.44	9 42 56.64	+13 42 57.1	1.012 6226
	17	0312.5	144 22 21.14	−0.32	9 46 40.71	13 23 53.0	.012 4309
	18	0313.5	145 20 04.29	−0.20	9 50 24.26	13 04 36.2	.012 2345
	19	0314.5	146 17 48.60	−0.07	9 54 07.29	12 45 07.0	.012 0336
	20	0315.5	147 15 34.04	+0.05	9 57 49.83	12 25 25.7	.011 8283
	21	0316.5	148 13 20.61	+0.16	10 01 31.88	+12 05 32.7	1.011 6190
	22	0317.5	149 11 08.29	+0.25	10 05 13.44	11 45 28.3	.011 4059
	23	0318.5	150 08 57.11	+0.31	10 08 54.55	11 25 12.8	.011 1894
	24	0319.5	151 06 47.08	+0.35	10 12 35.20	11 04 46.5	.010 9699
	25	0320.5	152 04 38.23	+0.36	10 16 15.40	10 44 09.8	.010 7478
	26	0321.5	153 02 30.61	+0.33	10 19 55.19	+10 23 23.0	1.010 5235
	27	0322.5	154 00 24.31	+0.27	10 23 34.56	10 02 26.4	.010 2973
	28	0323.5	154 58 19.41	+0.18	10 27 13.54	9 41 20.2	.010 0695
	29	0324.5	155 56 16.01	+0.06	10 30 52.16	9 20 04.8	.009 8403
	30	0325.5	156 54 14.22	−0.07	10 34 30.42	8 58 40.5	.009 6098
	31	0326.5	157 52 14.12	−0.21	10 38 08.37	+ 8 37 07.6	1.009 3780
Sept.	1	0327.5	158 50 15.83	−0.35	10 41 46.00	8 15 26.3	.009 1447
	2	0328.5	159 48 19.39	−0.49	10 45 23.36	7 53 37.0	.008 9098
	3	0329.5	160 46 24.87	−0.60	10 49 00.46	7 31 39.9	.008 6729
	4	0330.5	161 44 32.31	−0.70	10 52 37.31	7 09 35.4	.008 4340
	5	0331.5	162 42 41.72	−0.77	10 56 13.94	+ 6 47 23.9	1.008 1927
	6	0332.5	163 40 53.13	−0.82	10 59 50.36	6 25 05.6	.007 9490
	7	0333.5	164 39 06.54	−0.84	11 03 26.59	6 02 41.0	.007 7025
	8	0334.5	165 37 21.95	−0.83	11 07 02.64	5 40 10.2	.007 4533
	9	0335.5	166 35 39.34	−0.79	11 10 38.53	5 17 33.7	.007 2010
	10	0336.5	167 33 58.70	−0.73	11 14 14.28	+ 4 54 51.8	1.006 9458
	11	0337.5	168 32 20.01	−0.64	11 17 49.91	4 32 04.9	.006 6873
	12	0338.5	169 30 43.25	−0.54	11 21 25.42	4 09 13.2	.006 4257
	13	0339.5	170 29 08.37	−0.42	11 25 00.84	3 46 17.1	.006 1610
	14	0340.5	171 27 35.34	−0.29	11 28 36.18	3 23 17.1	.005 8930
	15	0341.5	172 26 04.13	−0.16	11 32 11.47	+ 3 00 13.3	1.005 6221
	16	0342.5	173 24 34.70	−0.04	11 35 46.71	2 37 06.1	.005 3481
	17	0343.5	174 23 07.00	+0.08	11 39 21.93	2 13 55.9	.005 0715
	18	0344.5	175 21 41.00	+0.17	11 42 57.14	1 50 43.1	.004 7923
	19	0345.5	176 20 16.66	+0.25	11 46 32.36	1 27 28.0	.004 5109
	20	0346.5	177 18 53.98	+0.30	11 50 07.61	+ 1 04 10.8	1.004 2277
	21	0347.5	178 17 32.93	+0.31	11 53 42.90	0 40 52.1	.003 9429
	22	0348.5	179 16 13.53	+0.30	11 57 18.26	+ 0 17 32.0	.003 6571
	23	0349.5	180 14 55.78	+0.24	12 00 53.71	− 0 05 49.0	.003 3707
	24	0350.5	181 13 39.74	+0.16	12 04 29.26	0 29 10.6	.003 0840
	25	0351.5	182 12 25.46	+0.05	12 08 04.93	− 0 52 32.4	1.002 7975
	26	0352.5	183 11 13.00	−0.08	12 11 40.77	1 15 54.2	.002 5115
	27	0353.5	184 10 02.46	−0.22	12 15 16.78	1 39 15.7	.002 2261
	28	0354.5	185 08 53.91	−0.36	12 18 53.00	2 02 36.5	.001 9415
	29	0355.5	186 07 47.44	−0.50	12 22 29.45	2 25 56.3	.001 6578
	30	0356.5	187 06 43.12	−0.63	12 26 06.16	− 2 49 14.7	1.001 3748
Oct.	1	0357.5	188 05 41.01	−0.73	12 29 43.16	− 3 12 31.5	1.001 0924

FOR 0^h DYNAMICAL TIME

Date		Position Angle of Axis P	Heliographic		H. P.	Semi-Diameter	Ephemeris Transit
			Latitude B_0	Longitude L_0			
		°	°	°	"	′ "	h m s
Aug.	16	+16.43	+6.69	81.00	8.68	15 47.68	12 04 10.66
	17	16.76	6.74	67.78	8.69	15 47.86	12 03 57.92
	18	17.09	6.78	54.57	8.69	15 48.05	12 03 44.66
	19	17.41	6.82	41.35	8.69	15 48.23	12 03 30.90
	20	17.73	6.86	28.14	8.69	15 48.43	12 03 16.64
	21	+18.04	+6.90	14.92	8.69	15 48.62	12 03 01.89
	22	18.35	6.93	1.71	8.69	15 48.82	12 02 46.67
	23	18.65	6.97	348.49	8.70	15 49.03	12 02 30.99
	24	18.95	7.00	335.28	8.70	15 49.23	12 02 14.86
	25	19.24	7.03	322.06	8.70	15 49.44	12 01 58.30
	26	+19.53	+7.06	308.85	8.70	15 49.65	12 01 41.32
	27	19.81	7.08	295.64	8.70	15 49.86	12 01 23.94
	28	20.09	7.11	282.43	8.71	15 50.08	12 01 06.19
	29	20.36	7.13	269.22	8.71	15 50.29	12 00 48.08
	30	20.62	7.15	256.00	8.71	15 50.51	12 00 29.64
	31	+20.88	+7.17	242.79	8.71	15 50.73	12 00 10.88
Sept.	1	21.14	7.18	229.58	8.71	15 50.95	11 59 51.83
	2	21.39	7.20	216.37	8.72	15 51.17	11 59 32.51
	3	21.63	7.21	203.17	8.72	15 51.39	11 59 12.94
	4	21.87	7.22	189.96	8.72	15 51.62	11 58 53.13
	5	+22.10	+7.23	176.75	8.72	15 51.85	11 58 33.10
	6	22.33	7.23	163.54	8.72	15 52.08	11 58 12.87
	7	22.55	7.23	150.34	8.73	15 52.31	11 57 52.46
	8	22.76	7.24	137.13	8.73	15 52.55	11 57 31.88
	9	22.97	7.23	123.93	8.73	15 52.78	11 57 11.15
	10	+23.18	+7.23	110.72	8.73	15 53.03	11 56 50.28
	11	23.37	7.23	97.52	8.74	15 53.27	11 56 29.31
	12	23.57	7.22	84.31	8.74	15 53.52	11 56 08.23
	13	23.75	7.21	71.11	8.74	15 53.77	11 55 47.06
	14	23.93	7.20	57.91	8.74	15 54.02	11 55 25.84
	15	+24.10	+7.19	44.71	8.74	15 54.28	11 55 04.56
	16	24.27	7.17	31.51	8.75	15 54.54	11 54 43.24
	17	24.43	7.15	18.30	8.75	15 54.80	11 54 21.91
	18	24.58	7.13	5.10	8.75	15 55.07	11 54 00.58
	19	24.73	7.11	351.90	8.75	15 55.34	11 53 39.26
	20	+24.87	+7.09	338.70	8.76	15 55.60	11 53 17.98
	21	25.01	7.06	325.50	8.76	15 55.88	11 52 56.75
	22	25.14	7.03	312.30	8.76	15 56.15	11 52 35.60
	23	25.26	7.00	299.10	8.76	15 56.42	11 52 14.54
	24	25.37	6.97	285.91	8.77	15 56.69	11 51 53.60
	25	+25.48	+6.94	272.71	8.77	15 56.97	11 51 32.81
	26	25.58	6.90	259.51	8.77	15 57.24	11 51 12.18
	27	25.68	6.86	246.31	8.77	15 57.51	11 50 51.75
	28	25.77	6.82	233.11	8.78	15 57.79	11 50 31.54
	29	25.85	6.78	219.92	8.78	15 58.06	11 50 11.57
	30	+25.92	+6.74	206.72	8.78	15 58.33	11 49 51.88
Oct.	1	+25.99	+6.69	193.52	8.78	15 58.60	11 49 32.47

SUN, 1996

FOR 0ʰ DYNAMICAL TIME

Date		Julian Date	Ecliptic Long. for Mean Equinox of Date	Ecliptic Lat.	Apparent Right Ascension	Apparent Declination	True Geocentric Distance
		244	° ′ ″	″	h m s	° ′ ″	
Oct.	1	0357.5	188 05 41.01	−0.73	12 29 43.16	− 3 12 31.5	1.001 0924
	2	0358.5	189 04 41.14	−0.82	12 33 20.46	3 35 46.4	.000 8106
	3	0359.5	190 03 43.56	−0.87	12 36 58.09	3 58 58.8	.000 5290
	4	0360.5	191 02 48.27	−0.90	12 40 36.06	4 22 08.6	1.000 2475
	5	0361.5	192 01 55.30	−0.90	12 44 14.40	4 45 15.3	0.999 9660
	6	0362.5	193 01 04.62	−0.87	12 47 53.12	− 5 08 18.5	0.999 6842
	7	0363.5	194 00 16.25	−0.81	12 51 32.25	5 31 18.0	.999 4022
	8	0364.5	194 59 30.15	−0.73	12 55 11.81	5 54 13.3	.999 1196
	9	0365.5	195 58 46.31	−0.63	12 58 51.80	6 17 04.0	.998 8365
	10	0366.5	196 58 04.69	−0.51	13 02 32.25	6 39 49.8	.998 5527
	11	0367.5	197 57 25.25	−0.39	13 06 13.18	− 7 02 30.3	0.998 2681
	12	0368.5	198 56 47.95	−0.25	13 09 54.60	7 25 05.1	.997 9828
	13	0369.5	199 56 12.72	−0.12	13 13 36.53	7 47 33.9	.997 6966
	14	0370.5	200 55 39.52	+0.00	13 17 18.98	8 09 56.2	.997 4097
	15	0371.5	201 55 08.27	+0.10	13 21 01.97	8 32 11.6	.997 1221
	16	0372.5	202 54 38.92	+0.19	13 24 45.52	− 8 54 19.8	0.996 8341
	17	0373.5	203 54 11.40	+0.25	13 28 29.63	9 16 20.4	.996 5459
	18	0374.5	204 53 45.65	+0.27	13 32 14.32	9 38 12.9	.996 2578
	19	0375.5	205 53 21.65	+0.27	13 35 59.61	9 59 57.0	.995 9702
	20	0376.5	206 52 59.34	+0.23	13 39 45.50	10 21 32.2	.995 6834
	21	0377.5	207 52 38.73	+0.16	13 43 32.01	−10 42 58.2	0.995 3979
	22	0378.5	208 52 19.82	+0.06	13 47 19.16	11 04 14.6	.995 1141
	23	0379.5	209 52 02.61	−0.06	13 51 06.97	11 25 20.9	.994 8324
	24	0380.5	210 51 47.15	−0.20	13 54 55.44	11 46 16.8	.994 5533
	25	0381.5	211 51 33.49	−0.34	13 58 44.61	12 07 02.0	.994 2770
	26	0382.5	212 51 21.69	−0.48	14 02 34.50	−12 27 35.9	0.994 0036
	27	0383.5	213 51 11.80	−0.61	14 06 25.11	12 47 58.4	.993 7335
	28	0384.5	214 51 03.88	−0.72	14 10 16.47	13 08 08.9	.993 4666
	29	0385.5	215 50 57.99	−0.81	14 14 08.60	13 28 07.2	.993 2029
	30	0386.5	216 50 54.16	−0.87	14 18 01.51	13 47 52.7	.992 9423
	31	0387.5	217 50 52.42	−0.91	14 21 55.21	−14 07 25.2	0.992 6848
Nov.	1	0388.5	218 50 52.80	−0.92	14 25 49.71	14 26 44.2	.992 4301
	2	0389.5	219 50 55.30	−0.89	14 29 45.02	14 45 49.3	.992 1782
	3	0390.5	220 50 59.92	−0.84	14 33 41.16	15 04 40.1	.991 9288
	4	0391.5	221 51 06.66	−0.77	14 37 38.13	15 23 16.2	.991 6819
	5	0392.5	222 51 15.49	−0.67	14 41 35.94	−15 41 37.2	0.991 4373
	6	0393.5	223 51 26.39	−0.56	14 45 34.60	15 59 42.7	.991 1948
	7	0394.5	224 51 39.33	−0.44	14 49 34.10	16 17 32.2	.990 9543
	8	0395.5	225 51 54.26	−0.30	14 53 34.46	16 35 05.4	.990 7156
	9	0396.5	226 52 11.14	−0.17	14 57 35.68	16 52 21.9	.990 4786
	10	0397.5	227 52 29.88	−0.05	15 01 37.75	−17 09 21.2	0.990 2433
	11	0398.5	228 52 50.43	+0.07	15 05 40.68	17 26 02.9	.990 0095
	12	0399.5	229 53 12.70	+0.16	15 09 44.46	17 42 26.7	.989 7773
	13	0400.5	230 53 36.59	+0.22	15 13 49.09	17 58 32.1	.989 5466
	14	0401.5	231 54 02.03	+0.26	15 17 54.57	18 14 18.7	.989 3178
	15	0402.5	232 54 28.91	+0.26	15 22 00.88	−18 29 46.2	0.989 0909
	16	0403.5	233 54 57.18	+0.23	15 26 08.01	−18 44 54.0	0.988 8663

FOR 0ʰ DYNAMICAL TIME

Date		Position Angle of Axis P	Heliographic		H. P.	Semi-Diameter	Ephemeris Transit
			Latitude B_0	Longitude L_0			
		°	°	°	″	′ ″	h m s
Oct.	1	+25.99	+6.69	193.52	8.78	15 58.60	11 49 32.47
	2	26.05	6.64	180.33	8.79	15 58.87	11 49 13.38
	3	26.11	6.59	167.13	8.79	15 59.14	11 48 54.62
	4	26.15	6.54	153.94	8.79	15 59.41	11 48 36.22
	5	26.19	6.48	140.74	8.79	15 59.68	11 48 18.20
	6	+26.23	+6.43	127.55	8.80	15 59.95	11 48 00.57
	7	26.25	6.37	114.36	8.80	16 00.22	11 47 43.36
	8	26.27	6.31	101.16	8.80	16 00.49	11 47 26.58
	9	26.28	6.25	87.97	8.80	16 00.76	11 47 10.25
	10	26.29	6.18	74.78	8.81	16 01.04	11 46 54.38
	11	+26.28	+6.12	61.59	8.81	16 01.31	11 46 39.01
	12	26.27	6.05	48.40	8.81	16 01.58	11 46 24.13
	13	26.25	5.98	35.21	8.81	16 01.86	11 46 09.77
	14	26.23	5.91	22.01	8.82	16 02.14	11 45 55.94
	15	26.19	5.83	8.82	8.82	16 02.41	11 45 42.65
	16	+26.15	+5.76	355.63	8.82	16 02.69	11 45 29.92
	17	26.10	5.68	342.44	8.82	16 02.97	11 45 17.76
	18	26.05	5.60	329.25	8.83	16 03.25	11 45 06.18
	19	25.99	5.52	316.06	8.83	16 03.53	11 44 55.20
	20	25.91	5.44	302.87	8.83	16 03.81	11 44 44.84
	21	+25.83	+5.36	289.68	8.83	16 04.08	11 44 35.11
	22	25.75	5.27	276.50	8.84	16 04.36	11 44 26.03
	23	25.65	5.19	263.31	8.84	16 04.63	11 44 17.61
	24	25.55	5.10	250.12	8.84	16 04.90	11 44 09.88
	25	25.44	5.01	236.93	8.84	16 05.17	11 44 02.84
	26	+25.32	+4.92	223.74	8.85	16 05.43	11 43 56.53
	27	25.20	4.82	210.55	8.85	16 05.70	11 43 50.96
	28	25.07	4.73	197.37	8.85	16 05.96	11 43 46.14
	29	24.92	4.63	184.18	8.85	16 06.21	11 43 42.09
	30	24.77	4.54	170.99	8.86	16 06.47	11 43 38.83
	31	+24.62	+4.44	157.80	8.86	16 06.72	11 43 36.36
Nov.	1	24.45	4.34	144.62	8.86	16 06.96	11 43 34.70
	2	24.28	4.23	131.43	8.86	16 07.21	11 43 33.86
	3	24.10	4.13	118.25	8.87	16 07.45	11 43 33.85
	4	23.91	4.03	105.06	8.87	16 07.69	11 43 34.67
	5	+23.72	+3.92	91.88	8.87	16 07.93	11 43 36.34
	6	23.51	3.81	78.69	8.87	16 08.17	11 43 38.86
	7	23.30	3.71	65.51	8.87	16 08.40	11 43 42.23
	8	23.08	3.60	52.32	8.88	16 08.64	11 43 46.46
	9	22.85	3.49	39.14	8.88	16 08.87	11 43 51.55
	10	+22.62	+3.38	25.95	8.88	16 09.10	11 43 57.49
	11	22.37	3.26	12.77	8.88	16 09.33	11 44 04.28
	12	22.12	3.15	359.59	8.88	16 09.56	11 44 11.92
	13	21.86	3.03	346.41	8.89	16 09.78	11 44 20.41
	14	21.60	2.92	333.22	8.89	16 10.01	11 44 29.73
	15	+21.33	+2.80	320.04	8.89	16 10.23	11 44 39.89
	16	+21.04	+2.68	306.86	8.89	16 10.45	11 44 50.86

SUN, 1996

FOR 0ʰ DYNAMICAL TIME

Date	Julian Date	Ecliptic Long. for Mean Equinox of Date	Ecliptic Lat.	Apparent Right Ascension	Apparent Declination	True Geocentric Distance
	244	° ′ ″	″	h m s	° ′ ″	
Nov. 16	0403.5	233 54 57.18	+0.23	15 26 08.01	−18 44 54.0	0.988 8663
17	0404.5	234 55 26.75	+0.17	15 30 15.96	18 59 41.9	.988 6443
18	0405.5	235 55 57.58	+0.08	15 34 24.73	19 14 09.4	.988 4254
19	0406.5	236 56 29.63	−0.03	15 38 34.29	19 28 16.1	.988 2099
20	0407.5	237 57 02.90	−0.16	15 42 44.65	19 42 01.7	.987 9983
21	0408.5	238 57 37.38	−0.29	15 46 55.81	−19 55 25.7	0.987 7909
22	0409.5	239 58 13.09	−0.42	15 51 07.75	20 08 27.9	.987 5880
23	0410.5	240 58 50.04	−0.55	15 55 20.48	20 21 07.9	.987 3900
24	0411.5	241 59 28.28	−0.66	15 59 33.98	20 33 25.4	.987 1971
25	0412.5	243 00 07.84	−0.75	16 03 48.24	20 45 20.0	.987 0094
26	0413.5	244 00 48.75	−0.82	16 08 03.26	−20 56 51.4	0.986 8269
27	0414.5	245 01 31.04	−0.86	16 12 19.02	21 07 59.4	.986 6497
28	0415.5	246 02 14.74	−0.87	16 16 35.51	21 18 43.4	.986 4777
29	0416.5	247 02 59.87	−0.85	16 20 52.71	21 29 03.4	.986 3108
30	0417.5	248 03 46.44	−0.81	16 25 10.61	21 38 58.9	.986 1490
Dec. 1	0418.5	249 04 34.43	−0.74	16 29 29.19	−21 48 29.7	0.985 9921
2	0419.5	250 05 23.86	−0.64	16 33 48.43	21 57 35.4	.985 8399
3	0420.5	251 06 14.70	−0.54	16 38 08.31	22 06 15.9	.985 6923
4	0421.5	252 07 06.93	−0.41	16 42 28.81	22 14 30.7	.985 5490
5	0422.5	253 08 00.53	−0.28	16 46 49.90	22 22 19.7	.985 4100
6	0423.5	254 08 55.44	−0.15	16 51 11.56	−22 29 42.7	0.985 2750
7	0424.5	255 09 51.63	−0.03	16 55 33.77	22 36 39.3	.985 1438
8	0425.5	256 10 49.03	+0.09	16 59 56.50	22 43 09.4	.985 0161
9	0426.5	257 11 47.57	+0.18	17 04 19.71	22 49 12.8	.984 8919
10	0427.5	258 12 47.15	+0.26	17 08 43.38	22 54 49.2	.984 7710
11	0428.5	259 13 47.68	+0.30	17 13 07.46	−22 59 58.6	0.984 6532
12	0429.5	260 14 49.05	+0.31	17 17 31.93	23 04 40.6	.984 5386
13	0430.5	261 15 51.14	+0.29	17 21 56.75	23 08 55.2	.984 4272
14	0431.5	262 16 53.85	+0.23	17 26 21.87	23 12 42.2	.984 3193
15	0432.5	263 17 57.08	+0.15	17 30 47.26	23 16 01.5	.984 2150
16	0433.5	264 19 00.76	+0.04	17 35 12.88	−23 18 52.9	0.984 1148
17	0434.5	265 20 04.80	−0.08	17 39 38.71	23 21 16.3	.984 0190
18	0435.5	266 21 09.17	−0.21	17 44 04.70	23 23 11.7	.983 9279
19	0436.5	267 22 13.85	−0.34	17 48 30.82	23 24 38.9	.983 8419
20	0437.5	268 23 18.80	−0.46	17 52 57.05	23 25 37.9	.983 7614
21	0438.5	269 24 24.05	−0.57	17 57 23.35	−23 26 08.7	0.983 6866
22	0439.5	270 25 29.58	−0.66	18 01 49.70	23 26 11.2	.983 6177
23	0440.5	271 26 35.43	−0.73	18 06 16.06	23 25 45.5	.983 5550
24	0441.5	272 27 41.59	−0.76	18 10 42.39	23 24 51.6	.983 4985
25	0442.5	273 28 48.10	−0.77	18 15 08.68	23 23 29.4	.983 4484
26	0443.5	274 29 54.96	−0.76	18 19 34.88	−23 21 39.0	0.983 4045
27	0444.5	275 31 02.20	−0.71	18 24 00.97	23 19 20.4	.983 3670
28	0445.5	276 32 09.82	−0.64	18 28 26.92	23 16 33.8	.983 3357
29	0446.5	277 33 17.84	−0.55	18 32 52.69	23 13 19.1	.983 3104
30	0447.5	278 34 26.24	−0.44	18 37 18.26	23 09 36.5	.983 2912
31	0448.5	279 35 35.02	−0.32	18 41 43.59	−23 05 26.1	0.983 2777
32	0449.5	280 36 44.17	−0.19	18 46 08.66	−23 00 47.9	0.983 2699

FOR 0ʰ DYNAMICAL TIME

Date	Position Angle of Axis P	Heliographic Latitude B_0	Heliographic Longitude L_0	H. P.	Semi-Diameter	Ephemeris Transit
	°	°	°	″	′ ″	h m s
Nov. 16	+21.04	+2.68	306.86	8.89	16 10.45	11 44 50.86
17	20.76	2.57	293.68	8.90	16 10.67	11 45 02.66
18	20.46	2.45	280.49	8.90	16 10.88	11 45 15.26
19	20.16	2.33	267.31	8.90	16 11.09	11 45 28.67
20	19.85	2.21	254.13	8.90	16 11.30	11 45 42.87
21	+19.53	+2.08	240.95	8.90	16 11.51	11 45 57.87
22	19.21	1.96	227.77	8.90	16 11.71	11 46 13.64
23	18.87	1.84	214.59	8.91	16 11.90	11 46 30.20
24	18.54	1.72	201.41	8.91	16 12.09	11 46 47.52
25	18.19	1.59	188.22	8.91	16 12.28	11 47 05.60
26	+17.84	+1.47	175.04	8.91	16 12.46	11 47 24.43
27	17.48	1.34	161.86	8.91	16 12.63	11 47 43.99
28	17.12	1.22	148.68	8.91	16 12.80	11 48 04.28
29	16.75	1.09	135.50	8.92	16 12.96	11 48 25.27
30	16.37	0.96	122.33	8.92	16 13.12	11 48 46.96
Dec. 1	+15.99	+0.84	109.15	8.92	16 13.28	11 49 09.31
2	15.60	0.71	95.97	8.92	16 13.43	11 49 32.32
3	15.20	0.58	82.79	8.92	16 13.57	11 49 55.96
4	14.80	0.46	69.61	8.92	16 13.72	11 50 20.21
5	14.40	0.33	56.43	8.92	16 13.85	11 50 45.05
6	+13.99	+0.20	43.26	8.93	16 13.99	11 51 10.44
7	13.57	+0.07	30.08	8.93	16 14.12	11 51 36.36
8	13.15	−0.05	16.90	8.93	16 14.24	11 52 02.78
9	12.72	0.18	3.73	8.93	16 14.37	11 52 29.67
10	12.29	0.31	350.55	8.93	16 14.49	11 52 57.00
11	+11.85	−0.44	337.38	8.93	16 14.60	11 53 24.73
12	11.41	0.57	324.20	8.93	16 14.72	11 53 52.82
13	10.97	0.69	311.02	8.93	16 14.83	11 54 21.24
14	10.52	0.82	297.85	8.93	16 14.93	11 54 49.94
15	10.07	0.95	284.68	8.94	16 15.04	11 55 18.91
16	+ 9.61	−1.08	271.50	8.94	16 15.14	11 55 48.09
17	9.15	1.20	258.33	8.94	16 15.23	11 56 17.45
18	8.69	1.33	245.15	8.94	16 15.32	11 56 46.97
19	8.23	1.45	231.98	8.94	16 15.41	11 57 16.61
20	7.76	1.58	218.80	8.94	16 15.49	11 57 46.34
21	+ 7.29	−1.70	205.63	8.94	16 15.56	11 58 16.12
22	6.82	1.83	192.46	8.94	16 15.63	11 58 45.93
23	6.34	1.95	179.28	8.94	16 15.69	11 59 15.73
24	5.87	2.08	166.11	8.94	16 15.75	11 59 45.49
25	5.39	2.20	152.94	8.94	16 15.80	12 00 15.19
26	+ 4.91	−2.32	139.77	8.94	16 15.84	12 00 44.79
27	4.43	2.44	126.59	8.94	16 15.88	12 01 14.26
28	3.94	2.56	113.42	8.94	16 15.91	12 01 43.58
29	3.46	2.68	100.25	8.94	16 15.93	12 02 12.70
30	2.98	2.80	87.08	8.94	16 15.95	12 02 41.61
31	+ 2.49	−2.92	73.91	8.94	16 15.97	12 03 10.27
32	+ 2.01	−3.04	60.74	8.94	16 15.97	12 03 38.65

SUN, 1996

GEOCENTRIC RECTANGULAR COORDINATES
MEAN EQUATOR AND EQUINOX OF J2000.0

Date 0ʰTDT	x	y	z	Date 0ʰTDT	x	y	z
Jan. 0	+0.151 7824	−0.891 3254	−0.386 4462	Feb. 15	+0.815 2488	−0.511 4169	−0.221 7269
1	0.169 0329	0.888 6865	0.385 3027	16	0.825 1216	0.498 2486	0.216 0175
2	0.186 2298	0.885 7719	0.384 0396	17	0.834 7407	0.484 9256	0.210 2411
3	0.203 3680	0.882 5828	0.382 6574	18	0.844 1027	0.471 4523	0.204 3998
4	0.220 4423	0.879 1203	0.381 1565	19	0.853 2046	0.457 8332	0.198 4955
5	+0.237 4478	−0.875 3856	−0.379 5375	20	+0.862 0434	−0.444 0729	−0.192 5300
6	0.254 3795	0.871 3797	0.377 8008	21	0.870 6165	0.430 1761	0.186 5055
7	0.271 2325	0.867 1038	0.375 9469	22	0.878 9214	0.416 1476	0.180 4239
8	0.288 0017	0.862 5593	0.373 9764	23	0.886 9558	0.401 9922	0.174 2874
9	0.304 6822	0.857 7474	0.371 8898	24	0.894 7177	0.387 7146	0.168 0978
10	+0.32! 2691	−0.852 6694	−0.369 6877	25	+0.902 2050	−0.373 3196	−0.161 8572
11	0.337 7574	0.847 3267	0.367 3708	26	0.909 4159	0.358 8117	0.155 5677
12	0.354 1421	0.841 7207	0.364 9396	27	0.916 3488	0.344 1957	0.149 2311
13	0.370 4182	0.835 8529	0.362 3948	28	0.923 0021	0.329 4762	0.142 8496
14	0.386 5806	0.829 7247	0.359 7371	29	0.929 3741	0.314 6577	0.136 4250
15	+0.402 6243	−0.823 3378	−0.356 9673	Mar. 1	+0.935 4635	−0.299 7448	−0.129 9593
16	0.418 5442	0.816 6939	0.354 0860	2	0.941 2689	0.284 7421	0.123 4545
17	0.434 3350	0.809 7947	0.351 0942	3	0.946 7891	0.269 6541	0.116 9126
18	0.449 9915	0.802 6422	0.347 9927	4	0.952 0228	0.254 4851	0.110 3355
19	0.465 5085	0.795 2385	0.344 7825	5	0.956 9688	0.239 2397	0.103 7251
20	+0.480 8806	−0.787 5860	−0.341 4645	6	+0.961 6261	−0.223 9223	−0.097 0835
21	0.496 1027	0.779 6871	0.338 0399	7	0.965 9936	0.208 5372	0.090 4124
22	0.511 1695	0.771 5447	0.334 5098	8	0.970 0702	0.193 0889	0.083 7138
23	0.526 0762	0.763 1616	0.330 8756	9	0.973 8549	0.177 5816	0.076 9897
24	0.540 8179	0.754 5409	0.327 1385	10	0.977 3466	0.162 0199	0.070 2421
25	+0.555 3901	−0.745 6858	−0.323 2999	11	+0.980 5443	−0.146 4081	−0.063 4728
26	0.569 7883	0.736 5995	0.319 3610	12	0.983 4469	0.130 7507	0.056 6838
27	0.584 0082	0.727 2852	0.315 3233	13	0.986 0535	0.115 0523	0.049 8772
28	0.598 0457	0.717 7463	0.311 1882	14	0.988 3631	0.099 3176	0.043 0551
29	0.611 8967	0.707 9859	0.306 9570	15	0.990 3748	0.083 5513	0.036 2194
30	+0.625 5573	−0.698 0073	−0.302 6312	16	+0.992 0879	−0.067 7583	−0.029 3723
31	0.639 0236	0.687 8140	0.298 2121	17	0.993 5016	0.051 9436	0.022 5160
Feb. 1	0.652 2918	0.677 4091	0.293 7011	18	0.994 6155	0.036 1123	0.015 6527
2	0.665 3582	0.666 7959	0.289 0998	19	0.995 4294	0.020 2695	0.008 7844
3	0.678 2192	0.655 9779	0.284 4095	20	0.995 9431	−0.004 4204	−0.001 9135
4	+0.690 8711	−0.644 9584	−0.279 6316	21	+0.996 1567	+0.011 4298	+0.004 9578
5	0.703 3104	0.633 7407	0.274 7677	22	0.996 0707	0.027 2761	0.011 8275
6	0.715 5336	0.622 3282	0.269 8192	23	0.995 6854	0.043 1134	0.018 6933
7	0.727 5371	0.610 7242	0.264 7876	24	0.995 0015	0.058 9367	0.025 5531
8	0.739 3177	0.598 9322	0.259 6744	25	0.994 0198	0.074 7411	0.032 4048
9	+0.750 8718	−0.586 9556	−0.254 4811	26	+0.992 7412	+0.090 5218	+0.039 2464
10	0.762 1960	0.574 7979	0.249 2093	27	0.991 1665	0.106 2741	0.046 0758
11	0.773 2870	0.562 4624	0.243 8604	28	0.989 2968	0.121 9934	0.052 8910
12	0.784 1411	0.549 9530	0.238 4361	29	0.987 1333	0.137 6750	0.059 6900
13	0.794 7551	0.537 2730	0.232 9379	30	0.984 6770	0.153 3145	0.066 4710
14	+0.805 1255	−0.524 4264	−0.227 3676	31	+0.981 9293	+0.168 9073	+0.073 2318
15	+0.815 2488	−0.511 4169	−0.221 7269	Apr. 1	+0.978 8914	+0.184 4492	+0.079 9707

GEOCENTRIC RECTANGULAR COORDINATES
MEAN EQUATOR AND EQUINOX OF J2000.0

Date 0ʰTDT	x	y	z	Date 0ʰTDT	x	y	z
Apr. 1	+0.978 8914	+0.184 4492	+0.079 9707	May 17	+0.559 3028	+0.773 1603	+0.335 2135
2	0.975 5647	0.199 9357	0.086 6857	18	0.545 1638	0.781 8409	0.338 9765
3	0.971 9505	0.215 3627	0.093 3749	19	0.530 8682	0.790 2967	0.342 6421
4	0.968 0502	0.230 7260	0.100 0366	20	0.516 4207	0.798 5253	0.346 2094
5	0.963 8653	0.246 0214	0.106 6688	21	0.501 8256	0.806 5246	0.349 6774
6	+0.959 3970	+0.261 2449	+0.113 2698	22	+0.487 0876	+0.814 2923	+0.353 0451
7	0.954 6467	0.276 3923	0.119 8378	23	0.472 2113	0.821 8264	0.356 3118
8	0.949 6158	0.291 4595	0.126 3709	24	0.457 2012	0.829 1252	0.359 4765
9	0.944 3057	0.306 4423	0.132 8672	25	0.442 0620	0.836 1868	0.362 5385
10	0.938 7177	0.321 3366	0.139 3251	26	0.426 7981	0.843 0095	0.365 4970
11	+0.932 8534	+0.336 1381	+0.145 7424	27	+0.411 4142	+0.849 5919	+0.368 3514
12	0.926 7141	0.350 8423	0.152 1175	28	0.395 9149	0.855 9323	0.371 1010
13	0.920 3016	0.365 4448	0.158 4483	29	0.380 3046	0.862 0296	0.373 7452
14	0.913 6178	0.379 9412	0.164 7329	30	0.364 5879	0.867 8823	0.376 2834
15	0.906 6645	0.394 3270	0.170 9694	31	0.348 7690	0.873 4894	0.378 7150
16	+0.899 4439	+0.408 5976	+0.177 1559	June 1	+0.332 8524	+0.878 8497	+0.381 0396
17	0.891 9584	0.422 7486	0.183 2905	2	0.316 8423	0.883 9621	0.383 2565
18	0.884 2103	0.436 7755	0.189 3714	3	0.300 7428	0.888 8254	0.385 3653
19	0.876 2025	0.450 6741	0.195 3966	4	0.284 5581	0.893 4385	0.387 3654
20	0.867 9376	0.464 4401	0.201 3644	5	0.268 2923	0.897 8001	0.389 2564
21	+0.859 4187	+0.478 0694	+0.207 2730	6	+0.251 9496	+0.901 9090	+0.391 0375
22	0.850 6486	0.491 5580	0.213 1207	7	0.235 5344	0.905 7637	0.392 7084
23	0.841 6305	0.504 9020	0.218 9059	8	0.219 0510	0.909 3630	0.394 2683
24	0.832 3676	0.518 0976	0.224 6269	9	0.202 5040	0.912 7056	0.395 7169
25	0.822 8629	0.531 1412	0.230 2821	10	0.185 8979	0.915 7902	0.397 0535
26	+0.813 1198	+0.544 0292	+0.235 8700	11	+0.169 2377	+0.918 6157	+0.398 2778
27	0.803 1416	0.556 7581	0.241 3891	12	0.152 5281	0.921 1810	0.399 3893
28	0.792 9314	0.569 3245	0.246 8379	13	0.135 7741	0.923 4852	0.400 3876
29	0.782 4928	0.581 7252	0.252 2149	14	0.118 9807	0.925 5274	0.401 2725
30	0.771 8290	0.593 9570	0.257 5187	15	0.102 1529	0.927 3071	0.402 0436
May 1	+0.760 9434	+0.606 0167	+0.262 7481	16	+0.085 2958	+0.928 8237	+0.402 7008
2	0.749 8394	0.617 9015	0.267 9015	17	0.068 4145	0.930 0767	0.403 2438
3	0.738 5201	0.629 6082	0.272 9778	18	0.051 5140	0.931 0659	0.403 6726
4	0.726 9890	0.641 1341	0.277 9756	19	0.034 5995	0.931 7912	0.403 9872
5	0.715 2492	0.652 4762	0.282 8937	20	0.017 6760	0.932 2525	0.404 1874
6	+0.703 3039	+0.663 6317	+0.287 7307	21	+0.000 7484	+0.932 4499	+0.404 2733
7	0.691 1562	0.674 5976	0.292 4853	22	−0.016 1781	0.932 3837	0.404 2450
8	0.678 8094	0.685 3710	0.297 1563	23	0.033 0987	0.932 0540	0.404 1026
9	0.666 2667	0.695 9489	0.301 7423	24	0.050 0085	0.931 4614	0.403 8462
10	0.653 5315	0.706 3280	0.306 2420	25	0.066 9026	0.930 6064	0.403 4761
11	+0.640 6072	+0.716 5054	+0.310 6541	26	−0.083 7764	+0.929 4895	+0.402 9925
12	0.627 4974	0.726 4778	0.314 9772	27	0.100 6250	0.928 1114	0.402 3956
13	0.614 2059	0.736 2422	0.319 2100	28	0.117 4440	0.926 4730	0.401 6858
14	0.600 7366	0.745 7956	0.323 3513	29	0.134 2288	0.924 5749	0.400 8633
15	0.587 0935	0.755 1350	0.327 3998	30	0.150 9751	0.922 4181	0.399 9284
16	+0.573 2808	+0.764 2575	+0.331 3542	July 1	−0.167 6787	+0.920 0032	+0.398 8815
17	+0.559 3028	+0.773 1603	+0.335 2135	2	−0.184 3353	+0.917 3311	+0.397 7229

SUN, 1996

GEOCENTRIC RECTANGULAR COORDINATES
MEAN EQUATOR AND EQUINOX OF J2000.0

Date 0^{h}TDT	x	y	z	Date 0^{h}TDT	x	y	z
July 1	−0.167 6787	+0.920 0032	+0.398 8815	Aug. 16	−0.813 5624	+0.553 1737	+0.239 8323
2	0.184 3353	0.917 3311	0.397 7229	17	0.823 4107	0.540 4662	0.234 3234
3	0.200 9407	0.914 4024	0.396 4529	18	0.833 0227	0.527 6045	0.228 7477
4	0.217 4907	0.911 2176	0.395 0716	19	0.842 3955	0.514 5923	0.223 1067
5	0.233 9809	0.907 7773	0.393 5795	20	0.851 5263	0.501 4338	0.217 4023
6	−0.250 4069	+0.904 0821	+0.391 9768	21	−0.860 4124	+0.488 1328	+0.211 6361
7	0.266 7642	0.900 1327	0.390 2637	22	0.869 0515	0.474 6933	0.205 8097
8	0.283 0480	0.895 9297	0.388 4407	23	0.877 4411	0.461 1195	0.199 9250
9	0.299 2538	0.891 4739	0.386 5082	24	0.885 5790	0.447 4152	0.193 9835
10	0.315 3767	0.886 7663	0.384 4665	25	0.893 4632	0.433 5845	0.187 9871
11	−0.331 4119	+0.881 8080	+0.382 3162	26	−0.901 0916	+0.419 6313	+0.181 9373
12	0.347 3546	0.876 6001	0.380 0577	27	0.908 4624	0.405 5593	0.175 8359
13	0.363 2001	0.871 1440	0.377 6918	28	0.915 5737	0.391 3724	0.169 6845
14	0.378 9434	0.865 4412	0.375 2191	29	0.922 4236	0.377 0742	0.163 4847
15	0.394 5800	0.859 4931	0.372 6401	30	0.929 0102	0.362 6682	0.157 2381
16	−0.410 1050	+0.853 3015	+0.369 9558	31	−0.935 3315	+0.348 1581	+0.150 9463
17	0.425 5137	0.846 8683	0.367 1668	Sept. 1	0.941 3855	0.333 5476	0.144 6110
18	0.440 8016	0.840 1953	0.364 2739	2	0.947 1700	0.318 8405	0.138 2338
19	0.455 9642	0.833 2846	0.361 2781	3	0.952 6830	0.304 0405	0.131 8165
20	0.470 9968	0.826 1383	0.358 1803	4	0.957 9223	0.289 1517	0.125 3607
21	−0.485 8952	+0.818 7587	+0.354 9814	5	−0.962 8859	+0.274 1781	+0.118 8684
22	0.500 6550	0.811 1480	0.351 6823	6	0.967 5719	0.259 1239	0.112 3412
23	0.515 2720	0.803 3087	0.348 2841	7	0.971 9784	0.243 9934	0.105 7811
24	0.529 7421	0.795 2433	0.344 7879	8	0.976 1036	0.228 7909	0.099 1899
25	0.544 0613	0.786 9543	0.341 1946	9	0.979 9457	0.213 5210	0.092 5697
26	−0.558 2257	+0.778 4443	+0.337 5054	10	−0.983 5033	+0.198 1880	+0.085 9222
27	0.572 2316	0.769 7158	0.333 7214	11	0.986 7747	0.182 7965	0.079 2495
28	0.586 0755	0.760 7716	0.329 8436	12	0.989 7587	0.167 3513	0.072 5536
29	0.599 7536	0.751 6140	0.325 8732	13	0.992 4540	0.151 8570	0.065 8364
30	0.613 2628	0.742 2457	0.321 8113	14	0.994 8594	0.136 3183	0.059 1001
31	−0.626 5994	+0.732 6691	+0.317 6588	15	−0.996 9741	+0.120 7400	+0.052 3467
Aug. 1	0.639 7601	0.722 8864	0.313 4169	16	0.998 7972	0.105 1271	0.045 5782
2	0.652 7414	0.712 8999	0.309 0865	17	1.000 3280	0.089 4842	0.038 7966
3	0.665 5396	0.702 7121	0.304 6687	18	1.001 5660	0.073 8163	0.032 0041
4	0.678 1512	0.692 3252	0.300 1646	19	1.002 5109	0.058 1281	0.025 2027
5	−0.690 5722	+0.681 7417	+0.295 5753	20	−1.003 1625	+0.042 4244	+0.018 3945
6	0.702 7990	0.670 9643	0.290 9019	21	1.003 5207	0.026 7100	0.011 5814
7	0.714 8276	0.659 9955	0.286 1457	22	1.003 5857	+0.010 9894	+0.004 7654
8	0.726 6544	0.648 8383	0.281 3078	23	1.003 3574	−0.004 7328	−0.002 0514
9	0.738 2756	0.637 4956	0.276 3897	24	1.002 8363	0.020 4521	0.008 8671
10	−0.749 6874	+0.625 9704	+0.271 3926	25	−1.002 0225	−0.036 1643	−0.015 6799
11	0.760 8863	0.614 2660	0.266 3180	26	1.000 9164	0.051 8651	0.022 4878
12	0.771 8685	0.602 3857	0.261 1672	27	0.999 5180	0.067 5502	0.029 2891
13	0.782 6306	0.590 3327	0.255 9417	28	0.997 8277	0.083 2156	0.036 0817
14	0.793 1692	0.578 1107	0.250 6430	29	0.995 8455	0.098 8570	0.042 8640
15	−0.803 4809	+0.565 7231	+0.245 2727	30	−0.993 5716	−0.114 4701	−0.049 6339
16	−0.813 5624	+0.553 1737	+0.239 8323	Oct. 1	−0.991 0061	−0.130 0505	−0.056 3895

GEOCENTRIC RECTANGULAR COORDINATES
MEAN EQUATOR AND EQUINOX OF J2000.0

Date 0hTDT	x	y	z	Date 0hTDT	x	y	z
Oct. 1	−0.991 0061	−0.130 0505	−0.056 3895	Nov. 16	−0.581 8058	−0.733 6158	−0.318 0667
2	0.988 1492	0.145 5940	0.063 1290	17	0.567 5193	0.742 7275	0.322 0175
3	0.985 0011	0.161 0958	0.069 8503	18	0.553 0602	0.751 6105	0.325 8693
4	0.981 5622	0.176 5516	0.076 5515	19	0.538 4331	0.760 2622	0.329 6209
5	0.977 8330	0.191 9566	0.083 2305	20	0.523 6425	0.768 6803	0.333 2713
6	−0.973 8138	−0.207 3061	−0.089 8853	21	−0.508 6930	−0.776 8622	−0.336 8194
7	0.969 5056	0.222 5955	0.096 5139	22	0.493 5890	0.784 8059	0.340 2641
8	0.964 9089	0.237 8199	0.103 1142	23	0.478 3350	0.792 5090	0.343 6046
9	0.960 0248	0.252 9747	0.109 6842	24	0.462 9354	0.799 9695	0.346 8397
10	0.954 8542	0.268 0549	0.116 2217	25	0.447 3945	0.807 1850	0.349 9685
11	−0.949 3984	−0.283 0558	−0.122 7249	26	−0.431 7167	−0.814 1535	−0.352 9901
12	0.943 6586	0.297 9725	0.129 1915	27	0.415 9064	0.820 8728	0.355 9035
13	0.937 6363	0.312 8002	0.135 6195	28	0.399 9680	0.827 3406	0.358 7078
14	0.931 3332	0.327 5341	0.142 0069	29	0.383 9062	0.833 5549	0.361 4019
15	0.924 7510	0.342 1693	0.148 3516	30	0.367 7254	0.839 5134	0.363 9851
16	−0.917 8918	−0.356 7012	−0.154 6516	Dec. 1	−0.351 4303	−0.845 2142	−0.366 4563
17	0.910 7577	0.371 1250	0.160 9050	2	0.335 0257	0.850 6549	0.368 8147
18	0.903 3509	0.385 4363	0.167 1096	3	0.318 5163	0.855 8338	0.371 0595
19	0.895 6738	0.399 6306	0.173 2638	4	0.301 9072	0.860 7487	0.373 1898
20	0.887 7290	0.413 7036	0.179 3655	5	0.285 2032	0.865 3979	0.375 2047
21	−0.879 5189	−0.427 6512	−0.185 4130	6	−0.268 4094	−0.869 7793	−0.377 1037
22	0.871 0462	0.441 4691	0.191 4044	7	0.251 5311	0.873 8912	0.378 8858
23	0.862 3134	0.455 1537	0.197 3381	8	0.234 5736	0.877 7320	0.380 5503
24	0.853 3232	0.468 7009	0.203 2124	9	0.217 5421	0.881 2999	0.382 0968
25	0.844 0781	0.482 1070	0.209 0255	10	0.200 4423	0.884 5936	0.383 5244
26	−0.834 5806	−0.495 3683	−0.214 7758	11	−0.183 2797	−0.887 6116	−0.384 8326
27	0.824 8333	0.508 4811	0.220 4617	12	0.166 0601	0.890 3528	0.386 0210
28	0.814 8385	0.521 4416	0.226 0814	13	0.148 7892	0.892 8162	0.387 0891
29	0.804 5988	0.534 2459	0.231 6333	14	0.131 4729	0.895 0010	0.388 0367
30	0.794 1168	0.546 8903	0.237 1158	15	0.114 1170	0.896 9068	0.388 8634
31	−0.783 3951	−0.559 3708	−0.242 5270	16	−0.096 7270	−0.898 5331	−0.389 5690
Nov. 1	0.772 4364	0.571 6837	0.247 8654	17	0.079 3086	0.899 8798	0.390 1535
2	0.761 2435	0.583 8248	0.253 1292	18	0.061 8673	0.900 9468	0.390 6167
3	0.749 8193	0.595 7904	0.258 3168	19	0.044 4086	0.901 7339	0.390 9587
4	0.738 1669	0.607 5765	0.263 4264	20	0.026 9376	0.902 2414	0.391 1793
5	−0.726 2894	−0.619 1791	−0.268 4563	21	−0.009 4597	−0.902 4693	−0.391 2787
6	0.714 1900	0.630 5945	0.273 4050	22	+0.008 0199	0.902 4177	0.391 2567
7	0.701 8722	0.641 8187	0.278 2707	23	0.025 4962	0.902 0868	0.391 1136
8	0.689 3394	0.652 8478	0.283 0518	24	0.042 9641	0.901 4767	0.390 8493
9	0.676 5953	0.663 6781	0.287 7467	25	0.060 4183	0.900 5877	0.390 4639
10	−0.663 6436	−0.674 3057	−0.292 3537	26	+0.077 8539	−0.899 4200	−0.389 9575
11	0.650 4883	0.684 7270	0.296 8714	27	0.095 2657	0.897 9738	0.389 3302
12	0.637 1335	0.694 9383	0.301 2981	28	0.112 6487	0.896 2495	0.388 5822
13	0.623 5834	0.704 9362	0.305 6325	29	0.129 9975	0.894 2473	0.387 7137
14	0.609 8424	0.714 7171	0.309 8729	30	0.147 3071	0.891 9676	0.386 7247
15	−0.595 9150	−0.724 2780	−0.314 0181	31	+0.164 5722	−0.889 4109	−0.385 6156
16	−0.581 8058	−0.733 6158	−0.318 0667	32	+0.181 7875	−0.886 5777	−0.384 3865

NOTES AND FORMULAS

Low precision formulas for the Sun's coordinates and the equation of time

The following formulas give the apparent coordinates of the Sun to a precision of $0°.01$ and the equation of time to a precision of $0^m.1$ between 1950 and 2050; on this page the time argument n is the number of days from J2000.0.

$n =$ JD $- 2451545.0 = -1462.5 +$ day of year (B2–B3) + fraction of day from 0^h UT

Mean longitude of Sun, corrected for aberration: $L = 280°.461 + 0°.985\ 6474\ n$

Mean anomaly: $g = 357°.528 + 0°.985\ 6003\ n$

Put L and g in the range $0°$ to $360°$ by adding multiples of $360°$.

Ecliptic longitude: $\lambda = L + 1°.915 \sin g + 0°.020 \sin 2g$

Ecliptic latitude: $\beta = 0°$

Obliquity of ecliptic: $\varepsilon = 23°.439 - 0°.000\ 0004\ n$

Right ascension (in same quadrant as λ): $\alpha = \tan^{-1}(\cos \varepsilon \tan \lambda)$

Alternatively, α may be calculated directly from
$$\alpha = \lambda - ft \sin 2\lambda + (f/2)\ t^2 \sin 4\lambda$$
$$\text{where }\ f = 180/\pi \quad \text{and} \quad t = \tan^2 \varepsilon/2$$

Declination: $\delta = \sin^{-1}(\sin \varepsilon \sin \lambda)$

Distance of Sun from Earth, in au: $R = 1.000\ 14 - 0.016\ 71 \cos g - 0.000\ 14 \cos 2g$

Equatorial rectangular coordinates of the Sun, in au:
$$x = R \cos \lambda, \qquad\qquad y = R \cos \varepsilon \sin \lambda, \qquad\qquad z = R \sin \varepsilon \sin \lambda$$

Equation of time (apparent time minus mean time):
$$E, \text{ in minutes of time} = (L - \alpha), \text{ in degrees, multiplied by 4.}$$

Horizontal parallax: $0°.0024$

Semidiameter: $0°.2666 / R$

Light time: $0^d.0058$

CONTENTS OF SECTION D

PHASES OF THE MOON

Lunation	New Moon			First Quarter			Full Moon			Last Quarter		
	d	h	m	d	h	m	d	h	m	d	h	m
903							Jan. 5	20	51	Jan. 13	20	45
904	Jan. 20	12	50	Jan. 27	11	14	Feb. 4	15	58	Feb. 12	08	37
905	Feb. 18	23	30	Feb. 26	05	52	Mar. 5	09	23	Mar. 12	17	15
906	Mar. 19	10	45	Mar. 27	01	31	Apr. 4	00	07	Apr. 10	23	36
907	Apr. 17	22	49	Apr. 25	20	40	May 3	11	48	May 10	05	04
908	May 17	11	46	May 25	14	13	June 1	20	47	June 8	11	05
909	June 16	01	36	June 24	05	23	July 1	03	58	July 7	18	55
910	July 15	16	15	July 23	17	49	July 30	10	35	Aug. 6	05	25
911	Aug. 14	07	34	Aug. 22	03	36	Aug. 28	17	52	Sept. 4	19	06
912	Sept. 12	23	07	Sept. 20	11	23	Sept. 27	02	51	Oct. 4	12	04
913	Oct. 12	14	14	Oct. 19	18	09	Oct. 26	14	11	Nov. 3	07	50
914	Nov. 11	04	16	Nov. 18	01	09	Nov. 25	04	10	Dec. 3	05	06
915	Dec. 10	16	56	Dec. 17	09	31	Dec. 24	20	41			

MOON AT PERIGEE

	d	h		d	h		d	h
Jan.	19	23	June	3	16	Oct.	22	09
Feb.	17	09	July	1	22	Nov.	16	05
Mar.	16	06	July	30	08	Dec.	13	04
Apr.	11	03	Aug.	27	17			
May	6	22	Sept.	24	22			

MOON AT APOGEE

	d	h		d	h		d	h
Jan.	5	12	May	22	16	Oct.	6	18
Feb.	1	16	June	19	06	Nov.	3	14
Feb.	29	07	July	16	14	Dec.	1	11
Mar.	28	03	Aug.	12	16	Dec.	29	05
Apr.	24	22	Sept.	9	02			

NOTES AND FORMULAE

Mean elements of the orbit of the Moon

The following expressions for the mean elements of the Moon are based on the fundamental arguments used in the IAU (1980) Theory of Nutation which are given in *The Astronomical Almanac 1984* on page S26. The angular elements are referred to the mean equinox and ecliptic of date. The time argument (d) is the interval in days from 1996 January 0 at 0^h TDT. These expressions are intended for use during 1996 only.

$$d = JD - 245\ 0082 \cdot 5 = \text{day of year (from B2–B3)} + \text{fraction of day from } 0^h \text{ TDT}$$

Mean longitude of the Moon, measured in the ecliptic to the mean ascending node and then along the mean orbit:

$$L' = 27°836\ 584 + 13 \cdot 176\ 396\ 48\ d$$

Mean longitude of the lunar perigee, measured as for L':

$$\Gamma' = 280°425\ 774 + 0 \cdot 111\ 403\ 55\ d$$

Mean longitude of the mean ascending node of the lunar orbit on the ecliptic:

$$\Omega = 202°489\ 407 - 0 \cdot 052\ 953\ 77\ d$$

Mean elongation of the Moon from the Sun:

$$D = L' - L = 108°879\ 777 + 12 \cdot 190\ 749\ 12\ d$$

Mean inclination of the lunar orbit to the ecliptic: $5°145\ 3964$.

Mean elements of the rotation of the Moon

The following expressions give the mean elements of the mean equator of the Moon, referred to the true equator of the Earth, during 1996 to a precision of about $0°001$; the time-argument d is as defined above for the orbital elements.

Inclination of the mean equator of the Moon to the true equator of the Earth:

$$i = 24°8690 + 0 \cdot 000\ 519\ d - 0 \cdot 000\ 000\ 608\ d^2$$

Arc of the mean equator of the Moon from its ascending node on the true equator of the Earth to its ascending node on the ecliptic of date:

$$\Delta = 21°2104 - 0 \cdot 050\ 045\ d + 0 \cdot 000\ 000\ 260\ d^2$$

Arc of the true equator of the Earth from the true equinox of date to the ascending node of the mean equator of the Moon:

$$\Omega' = +1°4040 - 0 \cdot 003\ 191\ d - 0 \cdot 000\ 000\ 290\ d^2$$

The inclination (I) of the mean lunar equator to the ecliptic: $1° 32' 32''7$

The ascending node of the mean lunar equator on the ecliptic is at the descending node of the mean lunar orbit on the ecliptic, that is at longitude $\Omega + 180°$.

Lengths of mean months

The lengths of the mean months at 1996·0, as derived from the mean orbital elements are:

		d	d	h	m	s
synodic month	(new moon to new moon)	29·530 589	29	12	44	02·9
tropical month	(equinox to equinox)	27·321 582	27	07	43	04·7
sidereal month	(fixed star to fixed star)	27·321 662	27	07	43	11·6
anomalistic month	(perigee to perigee)	27·554 550	27	13	18	33·1
draconic month	(node to node)	27·212 221	27	05	05	35·9

NOTES AND FORMULAE

Geocentric coordinates

The apparent longitude (λ) and latitude (β) of the Moon given on pages D6–D20 are referred to the ecliptic of date: the apparent right ascension (α) and declination (δ) are referred to the true equator of date. These coordinates are primarily intended for planning purposes. The true distance (r) is expressed in Earth-radii and is derived, as is the semi-diameter (s), from the horizontal parallax (π).

The maximum errors which may result if Bessel's second-order interpolation formula is used are as follows:

λ	β	α	δ	r	π	s
$\pm 0°.02$	$\pm 0°.02$	$\pm 2^s.4$	$\pm 24''$	± 0.002	$\pm 0''.07$	$\pm 0''.02$

More precise values of right ascension, declination and horizontal parallax may be obtained by using the polynomial coefficients given on pages D23–D45. Precise values of true distance and semi-diameter may be obtained from the parallax using:

$$r = 6\,378 \cdot 137 / \sin \pi \text{ km} \qquad \sin s = 0 \cdot 272\,493 \sin \pi$$

The tabulated values are all referred to the centre of the Earth, and may differ from the topocentric values by up to about 1 degree in angle and 2 per cent in distance.

Time of transit of the Moon

The TDT of upper (or lower) transit of the Moon over a local meridian may be obtained by interpolation in the tabulation of the time of upper (or lower) transit over the ephemeris meridian given on pages D6–D20, where the first differences are about 25 hours. The interpolation factor p is given by:

$$p = -\lambda + 1 \cdot 002\,738\,\Delta T$$

where λ is the *east* longitude and the right-hand side is expressed in days. (Divide longitude in degrees by 360 and ΔT in seconds by 86 400). During 1996 it is expected that ΔT will be about 62 seconds, so that the second term is about $+0 \cdot 000\,72$ days. In general, second-order differences are sufficient to give times to a few seconds, but higher-order differences must be taken into account if a precision of better than 1 second is required. The UT of transit is obtained by subtracting ΔT from the TDT of transit, which is obtained by interpolation.

Topocentric coordinates

The topocentric equatorial rectangular coordinates of the Moon (x', y', z'), referred to the true equinox of date, are equal to the geocentric equatorial rectangular coordinates of the Moon *minus* the geocentric equatorial rectangular coordinates of the observer. Hence, the topocentric right ascension (α'), declination (δ') and distance (r') of the Moon may be calculated from the formulae:

$$x' = r' \cos \delta' \cos \alpha' = r \cos \delta \cos \alpha - \rho \cos \phi' \cos \theta_0$$
$$y' = r' \cos \delta' \sin \alpha' = r \cos \delta \sin \alpha - \rho \cos \phi' \sin \theta_0$$
$$z' = r' \sin \delta' \qquad\quad = r \sin \delta \qquad - \rho \sin \phi'$$

where θ_0 is the local apparent sidereal time (see pages B6, B7) and ρ and ϕ' are the geocentric distance and latitude of the observer.

Then $\qquad r'^2 = x'^2 + y'^2 + z'^2, \quad \alpha' = \tan^{-1}(y'/x'), \quad \delta' = \sin^{-1}(z'/r')$

The topocentric hour angle (h') may be calculated from $h' = \theta_0 - \alpha'$.

Physical ephemeris

See page D4 for notes on the physical ephemeris of the Moon on pages D7–D21.

NOTES AND FORMULAE

Appearance of the Moon

The quantities tabulated in the ephemeris for physical observations of the Moon on odd pages D7–D21 represent the geocentric aspect and illumination of the Moon's disk. For most purposes it is sufficient to regard the instant of tabulation as 0^h universal time. The age is the number of days elapsed since the previous new Moon; the fraction illuminated (or phase) is the ratio of the illuminated area to the total area of the lunar disk; it is also the fraction of the diameter illuminated perpendicular to the line of cusps. These quantities indicate the general aspect of the Moon, while the precise times of the four principal phases are given on pages A1 and D1; they are the times when the apparent longitudes of the Moon and Sun differ by 0°, 90°, 180° and 270°.

The position angle of the bright limb is measured anticlockwise around the disk from the north point (of the hour circle through the centre of the apparent disk) to the midpoint of the bright limb. Before full moon the morning terminator is visible and the position angle of the northern cusp is 90° greater than the position angle of the bright limb; after full moon the evening terminator is visible and the position angle of the northern cusp is 90° less than the position angle of the bright limb.

The brightness of the Moon is determined largely by the fraction illuminated, but it also depends on the distance of the Moon, on the nature of the part of the lunar surface that is illuminated, and on other factors. The integrated visual magnitude of the full Moon at mean distance is about −12·7. The crescent Moon is not normally visible to the naked eye when the phase is less than 0·01, but much depends on the conditions of observation.

Selenographic coordinates

The positions of points on the Moon's surface are specified by a system of selenographic coordinates, in which latitude is measured positively to the north from the equator of the pole of rotation, and longitude is measured positively to the east on the selenocentric celestial sphere from the lunar meridian through the mean centre of the apparent disk. Selenographic longitudes are measured positive to the west (towards Mare Crisium) on the apparent disk; this sign convention implies that the longitudes of the Sun and of the terminators are decreasing functions of time, and so for some purposes it is convenient to use colongitude which is 90° (or 450°) minus longitude.

The tabulated values of the Earth's selenographic longitude and latitude specify the sub-terrestrial point on the Moon's surface (that is, the centre of the apparent disk). The position angle of the axis of rotation is measured anticlockwise from the north point, and specifies the orientation of the lunar meridian through the sub-terrestrial point, which is the pole of the great circle that corresponds to the limb of the Moon.

The tabulated values of the Sun's selenographic colongitude and latitude specify the sub-solar point of the Moon's surface (that is at the pole of the great circle that bounds the illuminated hemisphere). The following relations hold approximately:

longitude of morning terminator = 360° − colongitude of Sun
longitude of evening terminator = 180° (or 540°) − colongitude of Sun

The altitude (a) of the Sun above the lunar horizon at a point at selenographic longitude and latitude (l, b) may be calculated from:

$$\sin a = \sin b_0 \sin b + \cos b_0 \cos b \sin (c_0 + l)$$

where (c_0, b_0) are the Sun's colongitude and latitude at the time.

NOTES AND FORMULAE

Librations of the Moon

On average the same hemisphere of the Moon is always turned to the Earth but there is a periodic oscillation or libration of the apparent position of the lunar surface that allows about 59 per cent of the surface to be seen from the Earth. The libration is due partly to a physical libration, which is an oscillation of the actual rotational motion about its mean rotation, but mainly to the much larger geocentric optical libration, which results from the non-uniformity of the revolution of the Moon around the centre of the Earth. Both of these effects are taken into account in the computation of the Earth's selenographic longitude (l) and latitude (b) and of the position angle (C) of the axis of rotation. The contributions due to the physical libration are tabulated separately. There is a further contribution to the optical libration due to the difference between the viewpoints of the observer on the surface of the Earth and of the hypothetical observer at the centre of the Earth. These topocentric optical librations may be as much as 1° and have important effects on the apparent contour of the limb.

When the libration in longitude, that is the selenographic longitude of the Earth, is positive the mean centre of the disk is displaced eastwards on the celestial sphere, exposing to view a region on the west limb. When the libration in latitude, or selenographic latitude of the Earth, is positive the mean centre of the disk is displaced towards the south, and a region on the north limb is exposed to view. In a similar way the selenographic coordinates of the Sun show which regions of the lunar surface are illuminated.

Differential corrections to be applied to the tabular geocentric librations to form the topocentric librations may be computed from the following formulae:

$$\Delta l = -\pi' \sin(Q - C) \sec b$$
$$\Delta b = +\pi' \cos(Q - C)$$
$$\Delta C = +\sin(b + \Delta b)\,\Delta l - \pi' \sin Q \tan \delta$$

where Q is the geocentric parallactic angle of the Moon and π' is the topocentric horizontal parallax. The latter is obtained from the geocentric horizontal parallax (π), which is tabulated on even pages D6–D20 by using:

$$\pi' = \pi(\sin z + 0.0084 \sin 2z)$$

where z is the geocentric zenith distance of the Moon. The values of z and Q may be calculated from the geocentric right ascension (α) and declination (δ) of the Moon by using:

$$\sin z \sin Q = \cos \phi \sin h$$
$$\sin z \cos Q = \cos \delta \sin \phi - \sin \delta \cos \phi \cos h$$
$$\cos z = \sin \delta \sin \phi + \cos \delta \cos \phi \cos h$$

where ϕ is the geocentric latitude of the observer and h is the local hour angle of the Moon, given by:

$$h = \text{local apparent sidereal time} - \alpha$$

Second differences must be taken into account in the interpolation of the tabular geocentric librations to the time of observation.

MOON, 1996

FOR 0ʰ DYNAMICAL TIME

Date 0ʰ TDT	Apparent Long.	Apparent Lat.	Apparent R.A.	Apparent Dec.	True Dist.	Horiz. Parallax	Semi-diameter	Ephemeris Transit for date Upper	Lower
	°	°	h m s	° ′ ″		′ ″	′ ″	h	h
Jan. 0	34·45	−0·96	2 10 05·1	+12 05 56	62·027	55 25·56	15 06·16	20·2049	07·8159
1	46·68	−1·99	2 59 13·3	+14 54 45	62·621	54 54·01	14 57·56	20·9884	08·5957
2	58·75	−2·91	3 48 44·9	+17 02 04	63·081	54 29·96	14 51·01	21·7794	09·3831
3	70·71	−3·70	4 38 40·4	+18 23 16	63·413	54 12·86	14 46·35	22·5747	10·1768
4	82·61	−4·31	5 28 48·6	+18 55 22	63·624	54 02·05	14 43·40	23·3685	10·9722
5	94·48	−4·74	6 18 50·5	+18 37 24	63·726	53 56·90	14 42·00	. . .	11·7627
6	106·35	−4·96	7 08 25·4	+17 30 42	63·724	53 56·99	14 42·02	00·1541	12·5421
7	118·25	−4·96	7 57 16·8	+15 38 43	63·622	54 02·16	14 43·43	00·9264	13·3068
8	130·19	−4·75	8 45 17·6	+13 06 42	63·419	54 12·53	14 46·26	01·6833	14·0563
9	142·19	−4·32	9 32 32·2	+10 01 08	63·110	54 28·49	14 50·61	02·4264	14·7943
10	154·30	−3·70	10 19 17·0	+ 6 29 13	62·686	54 50·59	14 56·63	03·1611	15·5279
11	166·54	−2·89	11 05 58·6	+ 2 38 36	62·143	55 19·35	15 04·47	03·8961	16·2672
12	178·99	−1·94	11 53 12·0	− 1 22 34	61·480	55 55·14	15 14·22	04·6428	17·0245
13	191·69	−0·87	12 41 38·4	− 5 25 17	60·708	56 37·83	15 25·85	05·4142	17·8137
14	204·73	+0·28	13 32 01·6	− 9 19 08	59·849	57 26·58	15 39·13	06·2245	18·6483
15	218·16	+1·44	14 25 03·0	−12 51 40	58·944	58 19·50	15 53·55	07·0862	19·5393
16	232·03	+2·56	15 21 12·1	−15 48 10	58·049	59 13·44	16 08·24	08·0076	20·4907
17	246·37	+3·55	16 20 34·2	−17 52 23	57·236	60 03·97	16 22·01	08·9872	21·4949
18	261·14	+4·33	17 22 38·2	−18 48 57	56·580	60 45·76	16 33·40	10·0107	22·5308
19	276·24	+4·84	18 26 14·2	−18 27 25	56·154	61 13·41	16 40·93	11·0513	23·5682
20	291·54	+5·00	19 29 49·1	−16 46 10	56·012	61 22·70	16 43·46	12·0780	. . .
21	306·83	+4·81	20 31 54·9	−13 54 02	56·179	61 11·79	16 40·49	13·0663	00·5780
22	321·93	+4·29	21 31 34·8	−10 08 06	56·641	60 41·84	16 32·33	14·0046	01·5419
23	336·68	+3·48	22 28 30·3	− 5 49 18	57·351	59 56·70	16 20·03	14·8932	02·4547
24	350·97	+2·48	23 22 54·3	− 1 18 05	58·239	59 01·86	16·05·09	15·7405	03·3213
25	4·75	+1·36	0 15 17·3	+ 3 08 10	59·221	58 03·12	15 49·09	16·5579	04·1522
26	18·05	+0·20	1 06 16·0	+ 7 15 53	60·215	57 05·60	15 33·41	17·3570	04·9591
27	30·90	−0·93	1 56 25·4	+10 54 56	61·151	56 13·20	15 19·14	18·1476	05·7528
28	43·40	−1·99	2 46 13·9	+13 57 52	61·973	55 28·45	15 06·94	18·9364	06·5419
29	55·61	−2·93	3 36 00·8	+16 19 08	62·645	54 52·72	14 57·21	19·7272	07·3315
30	67·63	−3·72	4 25 54·8	+17 54 40	63·149	54 26·44	14 50·05	20·5199	08·1234
31	79·53	−4·34	5 15 54·3	+18 41 49	63·482	54 09·33	14 45·39	21·3119	08·9162
Feb. 1	91·39	−4·77	6 05 49·7	+18 39 30	63·651	54 00·70	14 43·04	22·0989	09·7063
2	103·24	−5·00	6 55 27·3	+17 48 19	63·673	53 59·59	14 42·73	22·8767	10·4892
3	115·13	−5·01	7 44 33·7	+16 10 45	63·568	54 04·92	14 44·19	23·6425	11·2611
4	127·10	−4·80	8 33 00·6	+13 51 07	63·357	54 15·72	14 47·13	. . .	12·0207
5	139·16	−4·37	9 20 47·9	+10 55 13	63·058	54 31·15	14 51·33	00·3962	12·7693
6	151·33	−3·74	10 08 04·6	+ 7 30 11	62·685	54 50·64	14 56·64	01·1407	13·5112
7	163·63	−2·93	10 55 09·1	+ 3 44 02	62·245	55 13·90	15 02·98	01·8818	14·2536
8	176·07	−1·96	11 42 27·4	− 0 14 27	61·742	55 40·88	15 10·33	02·6278	15·0058
9	188·69	−0·89	12 30 31·5	− 4 15 44	61·178	56 11·68	15 18·72	03·3889	15·7787
10	201·52	+0·25	13 19 56·9	− 8 09 28	60·556	56 46·34	15 28·17	04·1764	16·5835
11	214·61	+1·40	14 11 18·3	−11 44 11	59·883	57 24·60	15 38·59	05·0013	17·4306
12	228·01	+2·51	15 05 04·6	−14 47 15	59·178	58 05·66	15 49·78	05·8721	18·3262
13	241·75	+3·49	16 01 30·2	−17 05 11	58·470	58 47·88	16 01·28	06·7924	19·2699
14	255·85	+4·30	17 00 26·2	−18 24 45	57·802	59 28·64	16 12·38	07·7571	20·2520
15	270·30	+4·85	18 01 15·5	−18 35 16	57·229	60 04·38	16 22·12	08·7517	21·2536

EPHEMERIS FOR PHYSICAL OBSERVATIONS
FOR 0ʰ DYNAMICAL TIME

Date 0ʰ TDT		Age	The Earth's Selenographic		Physical Libration			The Sun's Selenographic		Position Angle		Fraction Illum.
			Long.	Lat.	Lg.	Lt.	P.A.	Colong.	Lat.	Axis	Bright Limb	
		d	°	°	(0°.001)			°	°	°	°	
Jan.	0	8·9	+6·592	+1·339	+ 6	+58	+ 8	19·16	+1·52	338·901	249·94	0·72
	1	9·9	5·617	2·682	5	58	8	31·30	1·54	342·198	252·11	0·80
	2	10·9	4·488	3·886	4	58	6	43·44	1·56	346·298	254·32	0·87
	3	11·9	3·265	4·909	2	58	5	55·57	1·57	351·016	255·95	0·93
	4	12·9	1·995	5·712	+ 1	58	+ 2	67·70	1·59	356·133	255·40	0·97
	5	13·9	+0·712	+6·267	− 1	+58	0	79·83	+1·60	1·405	245·44	0·99
	6	14·9	−0·563	6·552	3	57	− 3	91·96	1·60	6·584	170·76	1·00
	7	15·9	1·812	6·554	5	57	5	104·09	1·60	11·435	122·92	0·99
	8	16·9	3·022	6·271	7	57	8	116·22	1·60	15·755	116·20	0·96
	9	17·9	4·173	5·711	8	56	10	128·36	1·59	19·378	114·94	0·91
	10	18·9	−5·237	+4·892	−10	+56	−13	140·49	+1·58	22·173	114·80	0·85
	11	19·9	6·172	3·841	11	56	14	152·63	1·57	24·029	114·70	0·78
	12	20·9	6·924	2·593	12	55	16	164·78	1·55	24·847	114·23	0·69
	13	21·9	7·426	+1·193	12	55	17	176·93	1·54	24·534	113·19	0·59
	14	22·9	7·603	−0·302	12	55	17	189·09	1·52	23·000	111·48	0·49
	15	23·9	−7·383	−1·822	−12	+55	−16	201·25	+1·51	20·176	109·07	0·38
	16	24·9	6·709	3·281	11	55	15	213·42	1·49	16·051	106·03	0·27
	17	25·9	5·557	4·579	11	55	13	225·60	1·48	10·729	102·64	0·18
	18	26·9	3·955	5·609	10	55	10	237·78	1·47	4·486	99·65	0·10
	19	27·9	−1·996	6·271	9	56	7	249·97	1·47	357·787	99·21	0·04
	20	28·9	+0·162	−6·491	− 9	+56	− 4	262·16	+1·46	351·221	114·19	0·01
	21	0·5	2·320	6·244	9	57	0	274·35	1·46	345·367	219·89	0·01
	22	1·5	4·273	5·557	8	57	+ 3	286·54	1·45	340·666	240·26	0·03
	23	2·5	5·853	4·507	8	57	6	298·73	1·46	337·364	243·40	0·09
	24	3·5	6·954	3·198	8	57	8	310·91	1·46	335·538	244·61	0·16
	25	4·5	+7·537	−1·737	− 7	+57	+10	323·09	+1·46	335·141	245·84	0·25
	26	5·5	7·622	−0·227	7	58	11	335·26	1·47	336·060	247·53	0·35
	27	6·5	7·267	+1·251	8	58	11	347·43	1·48	338·152	249·75	0·45
	28	7·5	6·555	2·630	8	58	10	359·59	1·48	341·257	252·46	0·55
	29	8·5	5·574	3·859	9	58	9	11·75	1·49	345·201	255·55	0·65
	30	9·5	+4·412	+4·899	−10	+58	+ 7	23·90	+1·50	349·793	258·85	0·74
	31	10·5	3·146	5·716	11	58	5	36·05	1·50	354·825	262·10	0·82
Feb.	1	11·5	1·840	6·284	13	57	+ 3	48·19	1·50	0·069	264·92	0·88
	2	12·5	+0·544	6·584	15	57	0	60·33	1·50	5·287	266·62	0·94
	3	13·5	−0·706	6·601	17	57	− 2	72·46	1·49	10·249	265·35	0·97
	4	14·5	−1·887	+6·332	−18	+57	− 5	84·60	+1·48	14·742	251·33	0·99
	5	15·5	2·981	5·780	20	57	8	96·73	1·47	18·580	157·49	1·00
	6	16·5	3·979	4·962	21	56	10	108·87	1·45	21·612	124·42	0·98
	7	17·5	4·864	3·908	22	56	12	121·00	1·43	23·710	118·42	0·95
	8	18·5	5·615	2·656	23	56	13	133·14	1·40	24·773	115·93	0·90
	9	19·5	−6·201	+1·257	−24	+56	−14	145·28	+1·37	24·718	113·99	0·83
	10	20·5	6·579	−0·228	24	56	14	157·43	1·35	23·478	111·81	0·74
	11	21·5	6·699	1·729	24	56	14	169·59	1·32	21·013	109·11	0·65
	12	22·5	6·507	3·168	24	56	13	181·75	1·29	17·328	105·78	0·54
	13	23·5	5·958	4·460	23	56	12	193·91	1·26	12·506	101·86	0·43
	14	24·5	−5·027	−5·515	−23	+56	−10	206·09	+1·23	6·746	97·55	0·32
	15	25·5	−3·727	−6·244	−22	+56	− 7	218·27	+1·20	0·392	93·23	0·22

MOON, 1996

FOR 0ʰ DYNAMICAL TIME

Date 0ʰ TDT	Apparent Long.	Lat.	Apparent R.A.	Dec.	True Dist.	Horiz. Parallax	Semi-diameter	Ephemeris Transit for date Upper	Lower
	°	°	h m s	° ′ ″		′ ″	′ ″	h	h
Feb. 15	270·30	+4·85	18 01 15·5	−18 35 16	57·229	60 04·38	16 22·12	08·7517	21·2536
16	285·05	+5·10	19 02 56·5	−17 31 24	56·809	60 31·01	16 29·38	09·7545	22·2517
17	299·99	+5·00	20 04 18·5	−15 15 29	56·598	60 44·56	16 33·07	10·7430	23·2265
18	315·00	+4·57	21 04 22·2	−11 57 59	56·634	60 42·23	16 32·44	11·7011	. . .
19	329·90	+3·82	22 02 32·7	− 7 55 35	56·932	60 23·17	16 27·24	12·6218	00·1662
20	344·55	+2·83	22 58 42·1	− 3 28 01	57·476	59 48·91	16 17·91	13·5063	01·0683
21	358·84	+1·69	23 53 02·5	+ 1 05 10	58·221	59 02·99	16 05·40	14·3610	01·9369
22	12·69	+0·47	0 45 57·1	+ 5 26 51	59·101	58 10·19	15 51·01	15·1939	02·7797
23	26·09	−0·73	1 37 51·3	+ 9 23 26	60·042	57 15·52	15 36·12	16·0128	03·6047
24	39·06	−1·87	2 29 07·3	+12 44 49	60·966	56 23·42	15 21·92	16·8235	04·4189
25	51·65	−2·87	3 20 01·3	+15 24 01	61·807	55 37·37	15 09·37	17·6294	05·2270
26	63·94	−3·72	4 10 41·3	+17 16 35	62·512	54 59·74	14 59·12	18·4314	06·0310
27	76·00	−4·39	5 01 08·2	+18 20 02	63·045	54 31·87	14 51·53	19·2284	06·8307
28	87·93	−4·86	5 51 17·2	+18 33 39	63·386	54 14·26	14 46·73	20·0181	07·6243
29	99·79	−5·12	6 41 00·8	+17 58 13	63·533	54 06·70	14 44·67	20·7982	08·4094
Mar. 1	111·66	−5·16	7 30 12·3	+16 35 58	63·499	54 08·47	14 45·15	21·5676	09·1842
2	123·59	−4·98	8 18 48·4	+14 30 28	63·304	54 18·44	14 47·87	22·3268	09·9483
3	135·64	−4·57	9 06 52·0	+11 46 37	62·980	54 35·23	14 52·44	23·0789	10·7035
4	147·83	−3·95	9 54 32·9	+ 8 30 36	62·559	54 57·28	14 58·45	23·8288	11·4538
5	160·20	−3·14	10 42 07·3	+ 4 49 51	62·073	55 23·06	15 05·47	. . .	12·2051
6	172·75	−2·17	11 29 57·6	+ 0 53 02	61·553	55 51·14	15 13·13	00·5835	12·9652
7	185·50	−1·07	12 18 30·2	− 3 09 55	61·021	56 20·37	15 21·09	01·3513	13·7430
8	198·45	+0·11	13 08 13·7	− 7 07 55	60·492	56 49·93	15 29·14	02·1413	14·5473
9	211·60	+1·30	13 59 35·1	−10 48 47	59·976	57 19·31	15 37·15	02·9620	15·3860
10	224·96	+2·43	14 52 55·3	−13 59 42	59·476	57 48·21	15 45·02	03·8198	16·2635
11	238·54	+3·46	15 48 23·1	−16 27 41	58·997	58 16·37	15 52·69	04·7170	17·1795
12	252·35	+4·29	16 45 49·7	−18 00 49	58·546	58 43·27	16 00·02	05·6498	18·1264
13	266·37	+4·89	17 44 45·6	−18 29 46	58·139	59 07·99	16 06·76	06·6074	19·0906
14	280·61	+5·20	18 44 24·7	−17 49 36	57·796	59 29·00	16 12·48	07·5740	20·0554
15	295·01	+5·19	19 43 55·0	−16 01 06	57·550	59 44·28	16 16·65	08·5330	21·0055
16	309·52	+4·85	20 42 31·9	−13 11 12	57·434	59 51·53	16 18·62	09·4717	21·9313
17	324·05	+4·20	21 39 48·3	− 9 32 11	57·479	59 48·69	16 17·85	10·3838	22·8297
18	338·51	+3·28	22 35 36·7	− 5 19 55	57·707	59 34·53	16 13·99	11·2693	23·7033
19	352·79	+2·17	23 30 05·6	− 0 51 58	58·121	59 09·06	16 07·05	12·1325	. . .
20	6·82	+0·94	0 23 32·3	+ 3 34 21	58·705	58 33·78	15 57·44	12·9796	00·5577
21	20·52	−0·31	1 16 16·2	+ 7 43 25	59·420	57 51·46	15 45·91	13·8163	01·3989
22	33·86	−1·52	2 08 33·2	+11 22 20	60·215	57 05·65	15 33·43	14·6468	02·2322
23	46·84	−2·62	3 00 33·0	+14 21 19	61·026	56 20·09	15 21·01	15·4725	03·0602
24	59·48	−3·56	3 52 17·1	+16 33 46	61·791	55 38·24	15 09·61	16·2925	03·8833
25	71·83	−4·31	4 43 40·3	+17 56 06	62·452	55 02·90	14 59·98	17·1043	04·6996
26	83·95	−4·85	5 34 33·5	+18 27 14	62·962	54 36·15	14 52·70	17·9047	05·5061
27	95·91	−5·18	6 24 47·1	+18 08 07	63·288	54 19·28	14 48·10	18·6915	06·2999
28	107·80	−5·28	7 14 14·8	+17 01 17	63·413	54 12·87	14 46·35	19·4639	07·0794
29	119·69	−5·15	8 02 56·4	+15 10 25	63·336	54 16·83	14 47·43	20·2238	07·8452
30	131·65	−4·81	8 50 58·5	+12 40 06	63·071	54 30·52	14 51·16	20·9752	08·6002
31	143·75	−4·24	9 38 35·5	+ 9 35 42	62·646	54 52·70	14 57·20	21·7243	09·3496
Apr. 1	156·04	−3·48	10 26 07·9	+ 6 03 36	62·099	55 21·69	15 05·10	22·4791	10·1005

EPHEMERIS FOR PHYSICAL OBSERVATIONS
FOR 0^h DYNAMICAL TIME

Date 0^h TDT	Age	The Earth's Selenographic Long.	Lat.	Physical Libration Lg.	Lt.	P.A.	The Sun's Selenographic Colong.	Lat.	Position Angle Axis	Bright Limb	Fraction Illum.
	d	°	°	(0°.001)			°	°	°	°	
Feb. 15	25·5	−3·727	−6·244	−22	+56	− 7	218·27	+1·20	0·392	93·23	0·22
16	26·5	2·117	6·576	22	57	4	230·46	1·18	353·913	89·51	0·13
17	27·5	−0·307	6·464	22	57	− 1	242·65	1·16	347·835	87·57	0·06
18	28·5	+1·552	5·906	21	57	+ 3	254·85	1·14	342·638	91·49	0·02
19	0·0	3·294	4·945	21	57	6	267·05	1·12	338·680	163·81	0·00
20	1·0	+4·766	−3·666	−20	+57	+ 8	279·25	+1·10	336·160	236·13	0·02
21	2·0	5·854	2·181	20	57	11	291·45	1·09	335·132	243·28	0·06
22	3·0	6·498	−0·603	19	57	12	303·64	1·08	335·539	246·50	0·12
23	4·0	6·686	+0·964	19	57	13	315·84	1·07	337·252	249·34	0·20
24	5·0	6·447	2·436	19	57	12	328·02	1·06	340·097	252·43	0·29
25	6·0	+5·842	+3·749	−19	+57	+12	340·21	+1·05	343·872	255·89	0·38
26	7·0	4·946	4·860	20	57	10	352·38	1·05	348·362	259·63	0·48
27	8·0	3·840	5·735	21	57	8	4·55	1·04	353·338	263·54	0·57
28	9·0	2·605	6·353	22	56	6	16·72	1·04	358·569	267·44	0·67
29	10·0	1·316	6·697	23	56	+ 3	28·88	1·03	3·822	271·12	0·75
Mar. 1	11·0	+0·038	+6·756	−25	+56	0	41·04	+1·01	8·875	274·35	0·83
2	12·0	−1·174	6·525	26	56	− 3	53·19	1·00	13·521	276·83	0·89
3	13·0	2·279	6·007	28	56	5	65·34	0·98	17·573	278·02	0·94
4	14·0	3·247	5·212	29	56	7	77·49	0·96	20·865	276·27	0·98
5	15·0	4·057	4·166	30	56	9	89·63	0·93	23·254	257·19	1·00
6	16·0	−4·696	+2·905	−30	+56	−11	101·78	+0·91	24·617	130·24	1·00
7	17·0	5·154	+1·481	31	56	12	113·93	0·87	24·850	116·49	0·97
8	18·0	5·420	−0·039	31	56	12	126·08	0·84	23·880	112·17	0·93
9	19·0	5·482	1·580	31	56	12	138·23	0·80	21·669	108·78	0·87
10	20·0	5·325	3·057	31	56	11	150·39	0·76	18·237	105·17	0·79
11	21·0	−4·935	−4·386	−30	+56	−10	162·55	+0·73	13·680	101·10	0·69
12	22·0	4·302	5·480	30	56	8	174·72	0·69	8·197	96·58	0·58
13	23·0	3·428	6·264	30	57	6	186·90	0·65	2·102	91·83	0·47
14	24·0	2·336	6·674	29	57	− 3	199·09	0·61	355·801	87·17	0·36
15	25·0	−1·069	6·668	29	57	0	211·28	0·58	349·749	82·95	0·25
16	26·0	+0·299	−6·234	−28	+57	+ 3	223·48	+0·55	344·378	79·58	0·16
17	27·0	1·677	5·397	28	57	6	235·68	0·51	340·047	77·47	0·08
18	28·0	2·961	4·215	27	57	8	247·89	0·48	337·001	77·54	0·03
19	29·0	4·053	2·777	27	57	11	260·11	0·46	335·373	86·95	0·00
20	0·6	4·869	−1·192	26	57	12	272·32	0·43	335·190	239·21	0·00
21	1·6	+5·355	+0·431	−25	+57	+13	284·54	+0·41	336·390	248·78	0·03
22	2·6	5·484	1·993	25	56	14	296·75	0·39	338·839	252·72	0·08
23	3·6	5·261	3·413	25	56	13	308·96	0·37	342·347	256·38	0·14
24	4·6	4·713	4·631	25	56	12	321·16	0·35	346·685	260·24	0·22
25	5·6	3·889	5·607	26	56	10	333·37	0·34	351·603	264·32	0·31
26	6·6	+2·851	+6·314	−26	+55	+ 8	345·56	+0·33	356·843	268·47	0·40
27	7·6	1·666	6·739	27	55	6	357·75	0·31	2·154	272·53	0·50
28	8·6	+0·410	6·874	28	55	+ 3	9·94	0·30	7·307	276·36	0·59
29	9·6	−0·848	6·717	30	55	0	22·12	0·28	12·097	279·79	0·68
30	10·6	2·037	6·270	31	55	− 3	34·30	0·27	16·345	282·71	0·77
31	11·6	−3·097	+5·543	−32	+54	− 5	46·47	+0·25	19·891	285·01	0·84
Apr. 1	12·6	−3·976	+4·554	−32	+54	− 8	58·63	+0·22	22·590	286·58	0·91

MOON, 1996

FOR 0ʰ DYNAMICAL TIME

Date 0ʰ TDT	Apparent Long.	Lat.	Apparent R.A.	Dec.	True Dist.	Horiz. Parallax	Semi-diameter	Ephemeris Transit for date Upper	Lower
	°	°	h m s	° ′ ″		′ ″	′ ″	h	h
Apr. 1	156·04	−3·48	10 26 07·9	+ 6 03 36	62·099	55 21·69	15 05·10	22·4791	10·1005
2	168·57	−2·53	11 14 01·1	+ 2 11 22	61·476	55 55·37	15 14·28	23·2484	10·8613
3	181·37	−1·44	12 02 44·2	− 1 51 54	60·823	56 31·36	15 24·09	. . .	11·6415
4	194·44	−0·25	12 52 46·5	− 5 55 17	60·187	57 07·24	15 33·86	00·0417	12·4501
5	207·77	+0·98	13 44 34·7	− 9 46 03	59·604	57 40·77	15 43·00	00·8675	13·2945
6	221·35	+2·17	14 38 27·0	−13 10 07	59·101	58 10·20	15 51·01	01·7316	14·1786
7	235·15	+3·26	15 34 27·3	−15 53 03	58·694	58 34·41	15 57·61	02·6352	15·1003
8	249·11	+4·17	16 32 19·5	−17 41 42	58·386	58 52·97	16 02·67	03·5725	16·0501
9	263·20	+4·83	17 31 26·2	−18 26 13	58·172	59 05·95	16 06·20	04·5309	17·0127
10	277·38	+5·21	18 30 55·7	−18 01 53	58·045	59 13·73	16 08·32	05·4931	17·9703
11	291·60	+5·27	19 29 54·4	−16 30 00	57·997	59 16·65	16 09·12	06·4424	18·9082
12	305·82	+5·01	20 27 41·2	−13 57 31	58·027	59 14·82	16 08·62	07·3669	19·8182
13	320·00	+4·44	21 23 55·7	−10 35 41	58·138	59 08·05	16 06·77	08·2622	20·6993
14	334·09	+3·61	22 18 38·2	− 6 38 25	58·338	58 55·89	16 03·46	09·1303	21·5560
15	348·07	+2·57	23 12 04·8	− 2 20 54	58·635	58 37·92	15 58·57	09·9776	22·3959
16	1·87	+1·40	0 04 39·1	+ 2 01 33	59·036	58 14·03	15 52·06	10·8120	23·2268
17	15·48	+0·16	0 56 46·1	+ 6 14 12	59·537	57 44·66	15 44·05	11·6411	. . .
18	28·84	−1·07	1 48 45·5	+10 03 40	60·122	57 10·96	15 34·87	12·4698	00·0553
19	41·94	−2·21	2 40 48·5	+13 18 33	60·763	56 34·75	15 25·01	13·3002	00·8848
20	54·77	−3·22	3 32 55·4	+15 50 01	61·422	55 58·33	15 15·09	14·1303	01·7155
21	67·34	−4·05	4 24 56·3	+17 32 16	62·052	55 24·18	15 05·78	14·9557	02·5440
22	79·67	−4·67	5 16 34·5	+18 22 34	62·607	54 54·73	14 57·76	15·7706	03·3649
23	91·79	−5·07	6 07 31·8	+18 21 03	63·040	54 32·09	14 51·59	16·5700	04·1725
24	103·77	−5·25	6 57 34·1	+17 30 08	63·313	54 17·97	14 47·74	17·3509	04·9628
25	115·67	−5·20	7 46 35·4	+15 53 47	63·400	54 13·54	14 46·54	18·1138	05·7344
26	127·55	−4·92	8 34 40·2	+13 36 56	63·285	54 19·45	14 48·14	18·8626	06·4896
27	139·51	−4·44	9 22 03·0	+10 44 59	62·970	54 35·72	14 52·58	19·6040	07·2338
28	151·61	−3·75	10 09 07·0	+ 7 23 49	62·474	55 01·76	14 59·67	20·3471	07·9747
29	163·94	−2·87	10 56 22·3	+ 3 39 54	61·828	55 36·28	15 09·08	21·1024	08·7225
30	176·55	−1·84	11 44 23·5	− 0 19 07	61·078	56 17·24	15 20·24	21·8816	09·4883
May 1	189·49	−0·69	12 33 47·1	− 4 23 52	60·280	57 01·91	15 32·41	22·6959	10·2837
2	202·80	+0·52	13 25 08·2	− 8 22 45	59·497	57 46·96	15 44·68	23·5543	11·1192
3	216·46	+1·74	14 18 53·9	−12 01 42	58·788	58 28·81	15 56·09	. . .	12·0017
4	230·46	+2·88	15 15 15·6	−15 04 55	58·203	59 04·05	16 05·69	00·4610	12·9316
5	244·72	+3·87	16 14 00·5	−17 16 36	57·780	59 30·00	16 12·76	01·4120	13·9001
6	259·16	+4·61	17 14 26·4	−18 23 42	57·536	59 45·17	16 16·89	02·3935	14·8891
7	273·69	+5·07	18 15 28·0	−18 18 55	57·467	59 49·42	16 18·05	03·3839	15·8751
8	288·19	+5·21	19 15 53·8	−17 02 29	57·557	59 43·82	16 16·52	04·3602	16·8372
9	302·59	+5·01	20 14 46·4	−14 41 47	57·777	59 30·20	16 12·81	05·3050	17·7628
10	316·83	+4·51	21 11 35·7	−11 29 14	58·095	59 10·66	16 07·49	06·2108	18·6492
11	330·87	+3·74	22 06 20·7	− 7 39 41	58·483	58 47·07	16 01·06	07·0791	19·5015
12	344·70	+2·77	22 59 21·2	− 3 28 19	58·921	58 20·87	15 53·92	07·9179	20·3294
13	358·30	+1·65	23 51 08·7	+ 0 50 22	59·394	57 52·98	15 46·32	08·7377	21·1438
14	11·69	+0·46	0 42 17·2	+ 5 02 55	59·895	57 23·95	15 38·41	09·5490	21·9543
15	24·88	−0·73	1 33 16·6	+ 8 57 01	60·418	56 54·14	15 30·29	10·3605	22·7681
16	37·86	−1·87	2 24 27·7	+12 21 38	60·956	56 23·96	15 22·07	11·1773	23·5880
17	50·64	−2·89	3 15 59·3	+15 07 22	61·500	55 54·04	15 13·92	12·0001	. . .

EPHEMERIS FOR PHYSICAL OBSERVATIONS
FOR 0ʰ DYNAMICAL TIME

Date 0ʰ TDT	Age	The Earth's Selenographic Long.	Lat.	Physical Libration Lg.	Lt.	P.A.	The Sun's Selenographic Colong.	Lat.	Position Angle Axis	Bright Limb	Fraction Illum.
	d	°	°	(0°.001)			°	°	°	°	
Apr. 1	12·6	− 3·976	+ 4·554	− 32	+ 54	− 8	58·63	+ 0·22	22·590	286·58	0·91
2	13·6	4·633	3·332	33	54	9	70·80	0·20	24·306	287·29	0·96
3	14·6	5·040	1·922	33	54	10	82·96	0·17	24·916	286·79	0·99
4	15·6	5·182	+ 0·385	33	54	11	95·12	0·13	24·313	217·96	1·00
5	16·6	5·061	− 1·201	32	55	11	107·28	0·10	22·429	106·44	0·99
6	17·6	− 4·688	− 2·744	− 32	+ 55	− 10	119·45	+ 0·06	19·257	103·18	0·95
7	18·6	4·090	4·150	31	55	9	131·61	+ 0·02	14·883	99·46	0·90
8	19·6	3·301	5·324	31	56	7	143·78	− 0·02	9·511	95·15	0·82
9	20·6	2·365	6·185	30	56	5	155·96	0·05	3·470	90·47	0·72
10	21·6	1·330	6·671	30	57	− 2	168·14	0·09	357·181	85·72	0·61
11	22·6	− 0·247	− 6·749	− 29	+ 57	+ 1	180·33	− 0·13	351·095	81·24	0·50
12	23·6	+ 0·833	6·410	29	57	3	192·53	0·17	345·626	77·32	0·39
13	24·6	1·860	5·677	28	58	6	204·74	0·21	341·105	74·17	0·28
14	25·6	2·788	4·602	27	58	9	216·95	0·24	337·762	71·89	0·18
15	26·6	3·573	3·258	27	58	11	229·17	0·27	335·735	70·46	0·10
16	27·6	+ 4·176	− 1·736	− 26	+ 58	+ 13	241·40	− 0·31	335·082	69·63	0·05
17	28·6	4·566	− 0·134	25	57	14	253·62	0·34	335·790	68·07	0·01
18	0·0	4·718	+ 1·450	25	57	14	265·85	0·36	337·783	310·06	0·00
19	1·0	4·615	2·929	24	57	14	278·08	0·39	340·919	262·01	0·01
20	2·0	4·254	4·230	24	56	14	290·31	0·41	345·002	263·21	0·05
21	3·0	+ 3·644	+ 5·300	− 24	+ 56	+ 12	302·54	− 0·43	349·786	266·27	0·10
22	4·0	2·808	6·104	25	56	10	314·77	0·45	355·000	269·96	0·16
23	5·0	1·781	6·622	26	55	8	326·99	0·46	0·367	273·83	0·24
24	6·0	+ 0·614	6·845	26	55	5	339·20	0·48	5·632	277·64	0·33
25	7·0	− 0·635	6·775	27	55	+ 3	351·41	0·49	10·573	281·18	0·42
26	8·0	− 1·896	+ 6·416	− 28	+ 54	0	3·62	− 0·50	15·006	284·31	0·51
27	9·0	3·098	5·780	29	54	− 3	15·82	0·52	18·779	286·95	0·61
28	10·0	4·165	4·883	30	54	5	28·01	0·53	21·759	289·02	0·70
29	11·0	5·025	3·749	30	54	7	40·20	0·55	23·820	290·51	0·79
30	12·0	5·613	2·412	30	54	9	52·39	0·57	24·838	291·44	0·86
May 1	13·0	− 5·876	+ 0·923	− 30	+ 54	− 10	64·57	− 0·59	24·693	292·03	0·93
2	14·0	5·783	− 0·653	29	54	10	76·75	0·62	23·276	293·27	0·97
3	15·0	5·325	2·228	28	54	9	88·92	0·65	20·526	304·30	1·00
4	16·0	4·528	3·703	27	54	8	101·10	0·68	16·467	81·86	1·00
5	17·0	3·447	4·973	27	55	6	113·27	0·71	11·257	89·72	0·97
6	18·0	− 2·166	− 5·938	− 26	+ 55	− 4	125·45	− 0·74	5·210	87·57	0·92
7	19·0	− 0·789	6·525	25	56	− 1	137·63	0·77	358·779	83·74	0·84
8	20·0	+ 0·579	6·690	24	56	+ 2	149·82	0·80	352·472	79·60	0·75
9	21·0	1·845	6·429	23	57	5	162·02	0·84	346·754	75·76	0·64
10	22·0	2·937	5·769	22	57	7	174·22	0·87	341·983	72·56	0·53
11	23·0	+ 3·812	− 4·767	− 22	+ 57	+ 10	186·43	− 0·90	338·386	70·16	0·41
12	24·0	4·451	3·497	21	58	12	198·65	0·93	336·081	68·58	0·30
13	25·0	4·856	2·046	20	58	14	210·87	0·96	335·109	67·76	0·21
14	26·0	5·037	− 0·501	19	58	15	223·10	0·99	335·458	67·50	0·13
15	27·0	5·009	+ 1·047	19	58	15	235·34	1·02	337·069	67·28	0·07
16	28·0	+ 4·783	+ 2·519	− 18	+ 58	+ 16	247·58	− 1·04	339·838	65·36	0·02
17	29·0	+ 4·369	+ 3·841	− 18	+ 57	+ 15	259·82	− 1·06	343·609	48·19	0·00

MOON, 1996

FOR 0ʰ DYNAMICAL TIME

Date 0ʰ TDT	Apparent Long.	Lat.	Apparent R.A.	Dec.	True Dist.	Horiz. Parallax	Semi-diameter	Ephemeris Transit for date Upper	Lower
	°	°	h m s	° ′ ″		′ ″	′ ″	h	h
May 17	50·64	−2·89	3 15 59·3	+15 07 22	61·500	55 54·04	15 13·92	12·0001	. . .
18	63·23	−3·75	4 07 46·4	+17 06 59	62·031	55 25·34	15 06·10	12·8255	00·4128
19	75·62	−4·42	4 59 32·5	+18 15 57	62·525	54 59·08	14 58·94	13·6468	01·2371
20	87·84	−4·88	5 50 54·4	+18 32 42	62·951	54 36·74	14 52·85	14·4566	02·0536
21	99·90	−5·11	6 41 29·1	+17 58 32	63·277	54 19·86	14 48·26	15·2486	02·8551
22	111·84	−5·11	7 31 00·4	+16 37 04	63·469	54 09·97	14 45·56	16·0199	03·6369
23	123·72	−4·90	8 19 23·4	+14 33 22	63·500	54 08·39	14 45·13	16·7715	04·3979
24	135·58	−4·47	9 06 45·7	+11 53 21	63·349	54 16·15	14 47·24	17·5083	05·1413
25	147·51	−3·85	9 53 26·7	+ 8 43 07	63·006	54 33·88	14 52·08	18·2389	05·8738
26	159·57	−3·05	10 39 55·4	+ 5 09 01	62·476	55 01·67	14 59·65	18·9738	06·6050
27	171·86	−2·10	11 26 47·9	+ 1 17 47	61·778	55 38·93	15 09·80	19·7258	07·3468
28	184·46	−1·02	12 14 45·2	− 2 42 49	60·952	56 24·23	15 22·14	20·5084	08·1124
29	197·44	+0·13	13 04 30·3	− 6 43 17	60·047	57 15·19	15 36·03	21·3346	08·9153
30	210·84	+1·32	13 56 43·1	−10 31 38	59·132	58 08·39	15 50·52	22·2147	09·7675
31	224·68	+2·46	14 51 52·8	−13 53 07	58·277	58 59·56	16 04·46	23·1520	10·6763
June 1	238·96	+3·49	15 50 06·7	−16 30 59	57·555	59 43·95	16 16·56	. . .	11·6403
2	253·58	+4·31	16 50 59·0	−18 08 50	57·027	60 17·14	16 25·60	00·1392	12·6457
3	268·44	+4·86	17 53 27·5	−18 34 17	56·734	60 35·85	16 30·70	01·1564	13·6675
4	283·40	+5·07	18 56 05·7	−17 42 44	56·689	60 38·71	16 31·48	02·1753	14·6766
5	298·30	+4·95	19 57 29·1	−15 38 59	56·880	60 26·49	16 28·15	03·1687	15·6499
6	313·01	+4·50	20 56 39·8	−12 35 38	57·271	60 01·76	16 21·41	04·1191	16·5763
7	327·43	+3·76	21 53 16·8	− 8 49 29	57·810	59 28·13	16 12·25	05·0218	17·4565
8	341·52	+2·82	22 47 30·9	− 4 38 06	58·445	58 49·36	16 01·68	05·8818	18·2992
9	355·27	+1·73	23 39 53·0	− 0 17 36	59·126	58 08·75	15 50·62	06·7102	19·1164
10	8·69	+0·57	0 31 01·7	+ 3 58 01	59·811	57 28·76	15 39·72	07·5193	19·9204
11	21·82	−0·60	1 21 34·7	+ 7 56 52	60·474	56 50·97	15 29·43	08·3208	20·7215
12	34·70	−1·71	2 12 02·8	+11 28 41	61·096	56 16·23	15 19·96	09·1232	21·5265
13	47·37	−2·71	3 02 46·0	+14 24 42	61·668	55 44·91	15 11·43	09·9315	22·3381
14	59·85	−3·57	3 53 50·3	+16 37 44	62·185	55 17·12	15 03·86	10·7458	23·1541
15	72·19	−4·25	4 45 08·3	+18 02 32	62·641	54 52·95	14 57·27	11·5621	23·9688
16	84·38	−4·72	5 36 21·1	+18 36 16	63·030	54 32·64	14 51·74	12·3733	. . .
17	96·45	−4·97	6 27 04·9	+18 18 50	63·339	54 16·63	14 47·38	13·1718	00·7745
18	108·42	−5·00	7 16 57·3	+17 12 41	63·554	54 05·62	14 44·38	13·9518	01·5644
19	120·31	−4·82	8 05 44·1	+15 22 24	63·655	54 00·48	14 42·98	14·7110	02·3340
20	132·15	−4·42	8 53 23·1	+12 53 53	63·621	54 02·22	14 43·45	15·4511	03·0832
21	144·00	−3·84	9 40 04·8	+ 9 53 42	63·433	54 11·82	14 46·07	16·1776	03·8155
22	155·90	−3·08	10 26 11·0	+ 6 28 36	63·078	54 30·13	14 51·06	16·8996	04·5385
23	167·94	−2·18	11 12 13·1	+ 2 45 27	62·551	54 57·70	14 58·57	17·6283	05·2623
24	180·19	−1·17	11 58 49·6	− 1 08 34	61·859	55 34·56	15 08·61	18·3771	05·9993
25	192·73	−0·07	12 46 43·6	− 5 05 22	61·027	56 20·05	15 21·00	19·1601	06·7634
26	205·65	+1·07	13 36 40·2	− 8 55 15	60·093	57 12·57	15 35·31	19·9910	07·5687
27	219·01	+2·18	14 29 20·8	−12 26 08	59·116	58 09·35	15 50·78	20·8803	08·4279
28	232·87	+3·20	15 25 14·0	−15 23 19	58·165	59 06·38	16 06·32	21·8310	09·3482
29	247·21	+4·06	16 24 23·7	−17 30 23	57·321	59 58·62	16 20·55	22·8342	10·3272
30	261·98	+4·68	17 26 16·6	−18 31 39	56·660	60 40·56	16 31·98	23·8675	11·3490
July 1	277·07	+4·98	18 29 41·1	−18 16 26	56·248	61 07·26	16 39·25	. . .	12·3860
2	292·32	+4·94	19 33 03·6	−16 42 50	56·122	61 15·48	16 41·50	00·9004	13·4074

EPHEMERIS FOR PHYSICAL OBSERVATIONS
FOR 0ʰ DYNAMICAL TIME

Date 0ʰ TDT	Age	The Earth's Selenographic Long.	Lat.	Physical Libration Lg.	Lt.	P.A.	The Sun's Selenographic Colong.	Lat.	Position Angle Axis	Bright Limb	Fraction Illum.
	d	°	°	(0°.001)			°	°	°	°	
May 17	29·0	+4·369	+3·841	−18	+57	+15	259·82	−1·06	343·609	48·19	0·00
18	0·5	3·773	4·955	18	57	14	272·07	1·08	348·174	291·58	0·00
19	1·5	3·001	5·819	18	57	12	284·31	1·10	353·279	277·91	0·02
20	2·5	2·064	6·405	19	56	10	296·55	1·12	358·644	277·96	0·06
21	3·5	+0·980	6·698	20	56	8	308·79	1·13	3·993	280·25	0·12
22	4·5	−0·221	+6·698	−20	+55	+ 5	321·03	−1·14	9·076	283·06	0·19
23	5·5	1·495	6·410	21	55	+ 2	333·26	1·15	13·689	285·83	0·26
24	6·5	2·787	5·851	22	55	0	345·48	1·15	17·669	288·29	0·35
25	7·5	4·028	5·037	23	54	− 3	357·71	1·16	20·888	290·28	0·44
26	8·5	5·141	3·993	23	54	5	9·92	1·17	23·237	291·74	0·54
27	9·5	−6·043	+2·751	−23	+54	− 7	22·13	−1·17	24·610	292·60	0·64
28	10·5	6·651	+1·349	23	54	8	34·34	1·18	24·900	292·86	0·73
29	11·5	6·888	−0·158	22	53	9	46·53	1·20	23·995	292·57	0·82
30	12·5	6·698	1·699	22	54	9	58·73	1·21	21·798	292·01	0·89
31	13·5	6·052	3·187	21	54	8	70·91	1·22	18·263	292·17	0·95
June 1	14·5	−4·967	−4·518	−20	+54	− 6	83·10	−1·24	13·450	298·56	0·99
2	15·5	3·509	5·582	18	55	4	95·28	1·26	7·583	29·93	1·00
3	16·5	−1·794	6·286	17	55	− 1	107·47	1·27	1·075	73·94	0·98
4	17·5	+0·026	6·562	16	56	+ 2	119·66	1·29	354·472	75·65	0·93
5	18·5	1·788	6·389	15	56	5	131·85	1·31	348·335	73·55	0·86
6	19·5	+3·351	−5·790	−14	+56	+ 8	144·04	−1·33	343·120	70·99	0·77
7	20·5	4·613	4·829	13	57	11	156·25	1·35	339·120	68·87	0·66
8	21·5	5·522	3·589	12	57	14	168·46	1·37	336·471	67·47	0·55
9	22·5	6·070	2·165	11	57	15	180·67	1·39	335·200	66·85	0·44
10	23·5	6·282	−0·651	10	57	17	192·90	1·41	335·269	66·99	0·34
11	24·5	+6·201	+0·867	− 9	+57	+17	205·13	−1·43	336·599	67·74	0·24
12	25·5	5·874	2·314	8	58	17	217·37	1·45	339·083	68·89	0·16
13	26·5	5·346	3·622	8	57	17	229·61	1·47	342·581	69·97	0·09
14	27·5	4·650	4·738	8	57	16	241·86	1·48	346·912	69·77	0·04
15	28·5	3·813	5·617	8	57	15	254·11	1·50	351·853	63·43	0·01
16	29·5	+2·849	+6·230	− 9	+57	+13	266·36	−1·51	357·146	6·70	0·00
17	0·9	1·773	6·559	9	56	10	278·61	1·52	2·516	298·05	0·01
18	1·9	+0·596	6·597	10	56	8	290·86	1·52	7·701	290·12	0·04
19	2·9	−0·662	6·350	11	56	5	303·11	1·52	12·470	289·58	0·08
20	3·9	1·973	5·832	12	56	+ 2	315·35	1·52	16·641	290·59	0·14
21	4·9	−3·293	+5·064	−13	+55	0	327·59	−1·52	20·073	291·84	0·21
22	5·9	4·566	4·075	14	55	− 2	339·83	1·52	22·659	292·87	0·29
23	6·9	5·722	2·895	14	55	4	352·06	1·51	24·310	293·46	0·38
24	7·9	6·677	1·566	14	54	6	4·28	1·51	24·940	293·49	0·48
25	8·9	7·344	+0·132	14	54	7	16·50	1·51	24·459	292·91	0·58
26	9·9	−7·634	−1·347	−13	+54	− 7	28·72	−1·50	22·780	291·69	0·68
27	10·9	7·472	2·799	13	54	7	40·92	1·50	19·831	289·88	0·78
28	11·9	6·809	4·136	12	54	5	53·12	1·50	15·601	287·76	0·86
29	12·9	5·641	5·258	10	54	3	65·31	1·50	10·198	286·20	0·93
30	13·9	4·021	6·062	9	55	− 1	77·51	1·50	3·906	288·74	0·98
July 1	14·9	−2·070	−6·461	− 8	+55	+ 2	89·69	−1·50	357·201	331·58	1·00
2	15·9	+0·040	−6·405	− 7	+55	+ 6	101·88	−1·50	350·675	58·74	0·99

MOON, 1996

FOR 0ʰ DYNAMICAL TIME

Date 0ʰ TDT	Apparent Long.	Lat.	Apparent R.A.	Dec.	True Dist.	Horiz. Parallax	Semi-diameter	Ephemeris Transit for date Upper	Lower
	°	°	h m s	° ′ ″		′ ″	′ ″	h	h
July 1	277·07	+4·98	18 29 41·1	−18 16 26	56·248	61 07·26	16 39·25	. . .	12·3860
2	292·32	+4·94	19 33 03·6	−16 42 50	56·122	61 15·48	16 41·50	00·9004	13·4074
3	307·53	+4·55	20 34 57·6	−13 59 10	56·289	61 04·61	16 38·53	01·9046	14·3902
4	322·54	+3·85	21 34 28·6	−10 21 37	56·721	60 36·70	16 30·93	02·8633	15·3240
5	337·21	+2·90	22 31 20·9	− 6 09 58	57·364	59 55·88	16 19·81	03·7728	16·2107
6	351·47	+1·80	23 25 50·0	− 1 43 41	58·152	59 07·18	16 06·54	04·6392	17·0598
7	5·30	+0·62	0 18 28·5	+ 2 40 25	59·012	58 15·48	15 52·45	05·4738	17·8830
8	18·71	−0·56	1 09 54·5	+ 6 48 41	59·880	57 24·77	15 38·64	06·2888	18·6923
9	31·75	−1·68	2 00 43·1	+10 30 21	60·707	56 37·87	15 25·86	07·0947	19·4968
10	44·49	−2·69	2 51 21·6	+13 36 57	61·456	55 56·48	15 14·58	07·8993	20·3024
11	56·97	−3·54	3 42 05·4	+16 01 48	62·105	55 21·37	15 05·01	08·7062	21·1106
12	69·26	−4·22	4 32 57·7	+17 40 01	62·646	54 52·68	14 57·20	09·5151	21·9191
13	81·40	−4·69	5 23 49·5	+18 28 33	63·077	54 30·20	14 51·07	10·3220	22·7228
14	93·43	−4·95	6 14 23·6	+18 26 33	63·400	54 13·54	14 46·54	11·1208	23·5153
15	105·37	−4·99	7 04 20·3	+17 35 27	63·618	54 02·40	14 43·50	11·9056	. . .
16	117·26	−4·81	7 53 22·9	+15 58 51	63·731	53 56·61	14 41·92	12·6723	00·2913
17	129·11	−4·43	8 41 23·2	+13 42 01	63·738	53 56·26	14 41·83	13·4199	01·0484
18	140·96	−3·85	9 28 23·6	+10 51 26	63·632	54 01·68	14 43·30	14·1512	01·7873
19	152·83	−3·10	10 14 37·6	+ 7 34 09	63·402	54 13·42	14 46·50	14·8723	02·5126
20	164·77	−2·21	11 00 28·4	+ 3 57 30	63·040	54 32·09	14 51·59	15·5920	03·2317
21	176·83	−1·21	11 46 27·1	+ 0 08 57	62·539	54 58·30	14 58·73	16·3212	03·9546
22	189·09	−0·14	12 33 11·2	− 3 43 37	61·899	55 32·41	15 08·02	17·0727	04·6934
23	201·61	+0·97	13 21 21·7	− 7 31 27	61·130	56 14·34	15 19·45	17·8598	05·4610
24	214·48	+2·06	14 11 40·2	−11 04 28	60·256	57 03·28	15 32·78	18·6947	06·2705
25	227·76	+3·07	15 04 43·3	−14 10 40	59·318	57 57·43	15 47·53	19·5863	07·1331
26	241·51	+3·94	16 00 53·4	−16 36 05	58·373	58 53·75	16 02·88	20·5360	08·0542
27	255·74	+4·60	17 00 07·5	−18 05 57	57·491	59 47·94	16 17·65	21·5340	09·0301
28	270·43	+4·98	18 01 48·7	−18 27 10	56·751	60 34·72	16 30·39	22·5589	10·0448
29	285·49	+5·04	19 04 47·3	−17 32 01	56·228	61 08·55	16 39·61	23·5832	11·0729
30	300·76	+4·74	20 07 38·7	−15 21 31	55·980	61 24·82	16 44·04	. . .	12·0870
31	316·07	+4·10	21 09 08·5	−12 06 15	56·037	61 21·09	16 43·02	00·5822	13·0672
Aug. 1	331·24	+3·17	22 08 32·0	− 8 04 05	56·393	60 57·80	16 36·68	01·5415	14·0050
2	346·09	+2·04	23 05 37·9	− 3 36 02	57·011	60 18·16	16 25·88	02·4581	14·9018
3	0·54	+0·81	0 00 40·4	+ 0 57 34	57·825	59 27·25	16 12·01	03·3372	15·7654
4	14·51	−0·43	0 54 06·8	+ 5 19 24	58·756	58 30·70	15 56·60	04·1879	16·6057
5	28·03	−1·61	1 46 27·7	+ 9 15 59	59·726	57 33·68	15 41·06	05·0199	17·4316
6	41·12	−2·67	2 38 09·6	+12 37 21	60·665	56 40·21	15 26·50	05·8414	18·2499
7	53·84	−3·57	3 29 30·9	+15 16 28	61·519	55 53·04	15 13·64	06·6575	19·0642
8	66·27	−4·27	4 20 40·2	+17 08 40	62·249	55 13·71	15 02·93	07·4700	19·8746
9	78·47	−4·77	5 11 35·9	+18 11 16	62·834	54 42·82	14 54·51	08·2777	20·6788
10	90·51	−5·04	6 02 09·2	+18 23 35	63·268	54 20·30	14 48·38	09·0772	21·4726
11	102·45	−5·10	6 52 07·0	+17 46 43	63·554	54 05·64	14 44·38	09·8644	22·2523
12	114·32	−4·93	7 41 17·5	+16 23 38	63·702	53 58·11	14 42·33	10·6359	23·0153
13	126·17	−4·55	8 29 33·4	+14 18 51	63·724	53 56·97	14 42·02	11·3906	23·7619
14	138·03	−3·98	9 16 55·0	+11 38 12	63·634	54 01·54	14 43·26	12·1297	. . .
15	149·93	−3·22	10 03 31·3	+ 8 28 28	63·442	54 11·36	14 45·94	12·8574	00·4946
16	161·90	−2·32	10 49 39·5	+ 4 57 03	63·154	54 26·21	14 49·99	13·5802	01·2189

EPHEMERIS FOR PHYSICAL OBSERVATIONS
FOR 0ʰ DYNAMICAL TIME

Date 0ʰ TDT	Age	The Earth's Selenographic Long.	Lat.	Physical Libration Lg.	Lt.	P.A.	The Sun's Selenographic Colong.	Lat.	Position Angle Axis	Bright Limb	Fraction Illum.
	d	°	°	(0°.001)			°	°	°	°	
July 1	14·9	−2·070	−6·461	− 8	+55	+ 2	89·69	−1·50	357·201	331·58	1·00
2	15·9	+0·040	6·405	7	55	6	101·88	1·50	350·675	58·74	0·99
3	16·9	2·111	5·892	6	55	9	114·07	1·50	344·899	66·38	0·95
4	17·9	3·963	4·973	4	55	12	126·26	1·50	340·299	66·75	0·88
5	18·9	5·458	3·739	3	55	15	138·46	1·50	337·111	66·25	0·79
6	19·9	+6·523	−2·297	− 1	+56	+17	150·67	−1·51	335·403	66·07	0·69
7	20·9	7·142	−0·756	0	56	19	162·88	1·51	335·130	66·53	0·59
8	21·9	7·341	+0·786	+ 1	56	20	175·09	1·52	336·190	67·68	0·48
9	22·9	7·176	2·247	2	56	20	187·32	1·53	338·444	69·44	0·37
10	23·9	6·711	3·562	3	56	20	199·55	1·53	341·736	71·69	0·28
11	24·9	+6·010	+4·682	+ 3	+56	+19	211·79	−1·54	345·881	74·20	0·19
12	25·9	5·129	5·567	3	56	17	224·03	1·55	350·672	76·61	0·12
13	26·9	4·112	6·189	2	56	15	236·28	1·55	355·869	78·17	0·07
14	27·9	2·993	6·532	1	56	13	248·53	1·56	1·214	76·90	0·03
15	28·9	1·795	6·587	+ 1	56	10	260·78	1·56	6·451	62·58	0·01
16	0·3	+0·536	+6·358	− 1	+55	+ 8	273·03	−1·55	11·340	334·69	0·00
17	1·3	−0·765	5·855	2	55	5	285·28	1·55	15·681	301·68	0·02
18	2·3	2·085	5·102	3	55	+ 3	297·53	1·54	19·312	296·41	0·05
19	3·3	3·393	4·127	4	55	0	309·78	1·53	22·115	295·14	0·10
20	4·3	4·645	2·966	4	55	− 2	322·02	1·52	23·999	294·67	0·16
21	5·3	−5·782	+1·661	− 5	+55	− 3	334·26	−1·50	24·887	294·15	0·24
22	6·3	6·734	+0·260	⟍ 5	54	4	346·49	1·48	24·714	293·23	0·33
23	7·3	7·422	−1·182	5	54	5	358·72	1·47	23·415	291·75	0·42
24	8·3	7·761	2·602	4	54	5	10·94	1·45	20·936	289·63	0·53
25	9·3	7·674	3·925	4	54	4	23·15	1·43	17·252	286·85	0·63
26	10·3	−7·103	−5·066	− 3	+54	− 2	35·36	−1·42	12·412	283·53	0·74
27	11·3	6·028	5·936	2	54	0	47·56	1·40	6·587	279·97	0·83
28	12·3	4·481	6·444	− 1	54	+ 2	59·75	1·38	0·116	276·95	0·91
29	13·3	2·559	6·521	0	54	6	71·94	1·36	353·498	276·71	0·97
30	14·3	−0·421	6·135	+ 1	54	9	84·13	1·35	347·312	294·40	1·00
31	15·3	+1·740	−5·306	+ 3	+54	+12	96·31	−1·33	342·090	46·05	0·99
Aug. 1	16·3	3·731	4·105	4	54	15	108·50	1·31	338·210	61·67	0·96
2	17·3	5·395	2·642	6	54	18	120·69	1·30	335·860	64·44	0·90
3	18·3	6·629	−1·041	8	54	20	132·88	1·29	335·064	65·87	0·82
4	19·3	7·394	+0·579	9	54	22	145·08	1·28	335·732	67·47	0·73
5	20·3	+7·699	+2·118	+10	+54	+22	157·28	−1·27	337·708	69·59	0·63
6	21·3	7·589	3·500	11	54	22	169·49	1·26	340·805	72·24	0·52
7	22·3	7·128	4·671	12	54	22	181·71	1·26	344·810	75·35	0·42
8	23·3	6·385	5·595	12	54	20	193·94	1·25	349·499	78·76	0·33
9	24·3	5·430	6·247	11	54	18	206·16	1·25	354·631	82·25	0·24
10	25·3	+4·322	+6·615	+11	+54	+16	218·40	−1·24	359·957	85·55	0·16
11	26·3	3·111	6·693	10	53	13	230·64	1·24	5·228	88·23	0·10
12	27·3	1·840	6·483	9	53	11	242·88	1·23	10·211	89·50	0·05
13	28·3	+0·539	5·996	8	53	8	255·12	1·22	14·701	86·79	0·02
14	29·3	−0·763	5·251	6	53	6	267·37	1·21	18·524	58·58	0·00
15	0·7	−2·042	+4·278	+ 5	+53	+ 3	279·62	−1·19	21·546	313·53	0·01
16	1·7	−3·269	+3·111	+ 4	+53	+ 1	291·86	−1·17	23·660	299·21	0·03

MOON, 1996

FOR 0ʰ DYNAMICAL TIME

Date 0ʰ TDT	Apparent Long.	Lat.	Apparent R.A.	Dec.	True Dist.	Horiz. Parallax	Semi- diameter	Ephemeris Transit for date Upper	Lower
	°	°	h m s	° ′ ″	′	′ ″	′ ″	h	h
Aug. 16	161·90	−2·32	10 49 39·5	+ 4 57 03	63·154	54 26·21	14 49·99	13·5802	01·2189
17	173·96	−1·31	11 35 43·8	+ 1 11 51	62·771	54 46·12	14 55·41	14·3068	01·9424
18	186·15	−0·22	12 22 14·1	− 2 38 49	62·294	55 11·30	15 02·27	15·0474	02·6747
19	198·53	+0·89	13 09 44·0	− 6 26 04	61·722	55 41·99	15 10·63	15·8128	03·4263
20	211·14	+1·99	13 58 48·6	−10 00 14	61·058	56 18·30	15 20·53	16·6139	04·2083
21	224·04	+3·01	14 50 00·5	−13 10 36	60·315	56 59·97	15 31·88	17·4598	05·0308
22	237·29	+3·90	15 43 44·1	−15 45 18	59·513	57 46·07	15 44·44	18·3551	05·9012
23	250·94	+4·60	16 40 08·5	−17 31 48	58·689	58 34·73	15 57·70	19·2977	06·8210
24	264·99	+5·04	17 38 59·3	−18 18 12	57·894	59 23·00	16 10·85	20·2765	07·7836
25	279·46	+5·19	18 39 36·4	−17 55 34	57·190	60 06·85	16 22·80	21·2730	08·7738
26	294·26	+4·99	19 40 59·9	−16 20 30	56·645	60 41·57	16 32·26	22·2663	09·7712
27	309·30	+4·46	20 42 06·4	−13 37 19	56·321	61 02·51	16 37·96	23·2394	10·7561
28	324·44	+3·61	21 42 05·5	− 9 58 04	56·264	61 06·24	16 38·98	. . .	11·7153
29	339·51	+2·51	22 40 30·4	− 5 40 36	56·491	60 51·46	16 34·95	00·1833	12·6437
30	354·36	+1·25	23 37 17·1	− 1 05 25	56·989	60 19·54	16 26·25	01·0968	13·5432
31	8·86	−0·06	0 32 37·9	+ 3 27 29	57·713	59 34·14	16 13·88	01·9838	14·4193
Sept. 1	22·94	−1·33	1 26 51·7	+ 7 40 54	58·595	58 40·33	15 59·22	02·8505	15·2782
2	36·57	−2·49	2 20 16·9	+11 21 25	59·557	57 43·48	15 43·73	03·7029	16·1249
3	49·76	−3·47	3 13 06·4	+14 19 39	60·521	56 48·33	15 28·71	04·5446	16·9621
4	62·56	−4·26	4 05 25·9	+16 29 42	61·418	55 58·55	15 15·14	05·3772	17·7898
5	75·02	−4·81	4 57 13·6	+17 48 40	62·194	55 16·60	15 03·72	06·1996	18·6062
6	87·23	−5·14	5 48 22·3	+18 16 04	62·814	54 43·88	14 54·80	07·0093	19·4086
7	99·25	−5·24	6 38 43·5	+17 53 22	63·258	54 20·84	14 48·52	07·8037	20·1946
8	111·15	−5·11	7 28 10·0	+16 43 37	63·521	54 07·32	14 44·84	08·5810	20·9631
9	123·00	−4·76	8 16 39·4	+14 51 04	63·613	54 02·63	14 43·56	09·3411	21·7152
10	134·86	−4·21	9 04 15·8	+12 21 02	63·551	54 05·79	14 44·42	10·0860	22·4540
11	146·77	−3·47	9 51 09·7	+ 9 19 38	63·359	54 15·64	14 47·11	10·8200	23·1847
12	158·76	−2·57	10 37 38·1	+ 5 53 49	63·061	54 31·02	14 51·30	11·5491	23·9141
13	170·88	−1·55	11 24 03·3	+ 2 11 15	62·681	54 50·83	14 56·69	12·2809	. . .
14	183·15	−0·44	12 10 51·4	− 1 39 35	62·240	55 14·19	15 03·06	13·0241	00·6505
15	195·59	+0·70	12 58 30·9	− 5 29 21	61·750	55 40·47	15 10·22	13·7878	01·4028
16	208·22	+1·83	13 47 30·6	− 9 07 53	61·222	56 09·30	15 18·07	14·5806	02·1800
17	221·07	+2·89	14 38 15·9	−12 24 13	60·660	56 40·49	15 26·57	15·4096	02·9902
18	234·17	+3·81	15 31 05·4	−15 06 50	60·071	57 13·85	15 35·66	16·2786	03·8391
19	247·54	+4·56	16 26 04·8	−17 04 12	59·462	57 49·02	15 45·24	17·1861	04·7279
20	261·19	+5·06	17 23 03·1	−18 05 53	58·849	58 25·17	15 55·09	18·1245	05·6521
21	275·13	+5·28	18 21 30·8	−18 03 55	58·257	59 00·78	16 04·80	19·0810	06·6014
22	289·36	+5·18	19 20 45·2	−16 54 35	57·723	59 33·56	16 13·73	20·0405	07·5612
23	303·84	+4·76	20 20 00·2	−14 39 44	57·291	60 00·50	16 21·07	20·9901	08·5171
24	318·49	+4·02	21 18 38·1	−11 27 08	57·010	60 18·25	16 25·90	21·9219	09·4585
25	333·24	+3·02	22 16 17·3	− 7 29 58	56·922	60 23·79	16 27·41	22·8341	10·3804
26	347·96	+1·82	23 12 53·3	− 3 05 09	57·058	60 15·16	16 25·06	23·7290	11·2835
27	2·55	+0·50	0 08 34·3	+ 1 28 35	57·424	59 52·12	16 18·78	. . .	12·1714
28	16·90	−0·82	1 03 33·9	+ 5 52 50	58·002	59 16·36	16 09·04	00·6111	13·0486
29	30·92	−2·07	1 58 04·7	+ 9 51 20	58·747	58 31·23	15 56·74	01·4843	13·9183
30	44·56	−3·16	2 52 13·2	+13 11 12	59·600	57 40·98	15 43·05	02·3507	14·7811
Oct. 1	57·81	−4·05	3 45 57·4	+15 43 30	60·490	56 50·05	15 29·18	03·2093	15·6347

EPHEMERIS FOR PHYSICAL OBSERVATIONS
FOR 0ʰ DYNAMICAL TIME

Date 0ʰ TDT		Age	The Earth's Selenographic Long.	Lat.	Physical Libration Lg.	Lt.	P.A.	The Sun's Selenographic Colong.	Lat.	Position Angle Axis	Bright Limb	Fraction Illum.
		d	°	°	(0°.001)			°	°	°	°	
Aug.	16	1·7	−3·269	+3·111	+ 4	+53	+ 1	291·86	−1·17	23·660	299·21	0·03
	17	2·7	4·410	1·797	4	53	− 1	304·10	1·15	24·785	295·61	0·07
	18	3·7	5·424	+0·386	3	53	2	316·34	1·13	24·857	293·58	0·12
	19	4·7	6·258	−1·063	3	53	3	328·57	1·10	23·828	291·61	0·19
	20	5·7	6·854	2·487	3	53	3	340·80	1·08	21·663	289·25	0·28
	21	6·7	−7·147	−3·817	+ 3	+53	− 2	353·03	−1·05	18·356	286·32	0·38
	22	7·7	7·077	4·977	3	53	− 1	5·24	1·02	13·954	282·78	0·48
	23	8·7	6·597	5·890	4	54	+ 1	17·45	0·99	8·584	278·71	0·59
	24	9·7	5·685	6·479	4	54	3	29·65	0·96	2·498	274·32	0·70
	25	10·7	4·361	6·675	5	54	6	41·84	0·93	356·079	270·01	0·80
	26	11·7	−2·691	−6·434	+ 6	+54	+ 9	54·03	−0·90	349·816	266·38	0·89
	27	12·7	−0·793	5·747	7	54	12	66·21	0·87	344·223	264·57	0·95
	28	13·7	+1·180	4·651	9	53	15	78·39	0·84	339·746	269·53	0·99
	29	14·7	3·062	3·231	10	53	18	90·56	0·81	336·694	32·99	1·00
	30	15·7	4·703	−1·607	12	53	20	102·74	0·78	335·210	62·70	0·98
	31	16·7	+5·990	+0·090	+13	+52	+22	114·92	−0·75	335·294	66·91	0·93
Sept.	1	17·7	6·856	1·739	15	52	23	127·10	0·73	336·830	69·68	0·86
	2	18·7	7·282	3·240	16	52	24	139·29	0·71	339·632	72·61	0·77
	3	19·7	7·286	4·523	17	51	24	151·48	0·69	343·466	75·95	0·68
	4	20·7	6·911	5·541	17	51	23	163·68	0·67	348·073	79·67	0·58
	5	21·7	+6·218	+6·271	+17	+51	+21	175·88	−0·66	353·185	83·61	0·48
	6	22·7	5·275	6·701	17	51	19	188·09	0·64	358·535	87·60	0·38
	7	23·7	4·151	6·831	16	51	16	200·31	0·63	3·869	91·46	0·29
	8	24·7	2·910	6·666	15	51	14	212·53	0·62	8·956	94·98	0·21
	9	25·7	1·611	6·219	14	51	11	224·75	0·60	13·592	97·97	0·14
	10	26·7	+0·306	+5·506	+13	+51	+ 8	236·98	−0·59	17·606	100·17	0·08
	11	27·7	−0·961	4·555	11	51	6	249·21	0·57	20·855	101·09	0·04
	12	28·7	2·151	3·397	10	51	4	261·44	0·55	23·222	98·57	0·01
	13	0·0	3·233	2·077	9	51	+ 2	273·68	0·53	24·611	8·59	0·00
	14	1·0	4·175	+0·647	9	51	0	285·91	0·51	24·946	295·55	0·01
	15	2·0	−4·949	−0·832	+ 8	+51	0	298·14	−0·48	24·168	291·00	0·04
	16	3·0	5·524	2·293	8	51	− 1	310·37	0·46	22·245	288·16	0·09
	17	4·0	5·869	3·661	8	51	0	322·59	0·43	19·183	285·16	0·16
	18	5·0	5·956	4·863	8	52	0	334·81	0·39	15·040	281·65	0·24
	19	6·0	5·757	5·824	8	52	+ 2	347·02	0·36	9·948	277·60	0·34
	20	7·0	−5·256	−6·477	+ 8	+52	+ 4	359·23	−0·33	4·141	273·13	0·45
	21	8·0	4·449	6·764	8	52	6	11·42	0·29	357·950	268·49	0·56
	22	9·0	3·357	6·642	9	53	9	23·61	0·25	351·791	263·97	0·67
	23	10·0	2·025	6·098	10	53	11	35·79	0·21	346·110	259·92	0·78
	24	11·0	−0·528	5·149	11	53	14	47·97	0·17	341·322	256·65	0·87
	25	12·0	+1·039	−3·851	+12	+53	+17	60·14	−0·13	337·761	254·45	0·94
	26	13·0	2·566	2·296	13	52	20	72·30	0·09	335·643	253·71	0·98
	27	14·0	3·943	−0·601	15	52	22	84·47	0·06	335·066	263·91	1·00
	28	15·0	5·073	+1·109	16	51	23	96·63	−0·02	336·005	71·45	0·99
	29	16·0	5·883	2·715	17	51	24	108·79	+0·01	338·338	74·20	0·95
	30	17·0	+6·330	+4·126	+18	+50	+25	120·96	+0·04	341·861	77·19	0·90
Oct.	1	18·0	+6·400	+5·275	+19	+50	+24	133·13	+0·07	346·309	80·71	0·82

MOON, 1996

FOR 0ʰ DYNAMICAL TIME

Date 0ʰ TDT		Apparent Long.	Lat.	Apparent R.A.	Dec.	True Dist.	Horiz. Parallax	Semi-diameter	Ephemeris Transit for date Upper	Lower
		°	°	h m s	° ′ ″		′ ″	′ ″	h	h
Oct.	1	57·81	−4·05	3 45 57·4	+15 43 30	60·490	56 50·05	15 29·18	03·2093	15·6347
	2	70·68	−4·70	4 39 07·7	+17 23 18	61·348	56 02·38	15 16·19	04·0569	16·4752
	3	83·20	−5·12	5 31 30·1	+18 09 12	62·110	55 21·10	15 04·94	04·8890	17·2979
	4	95·45	−5·29	6 22 50·8	+18 02 39	62·728	54 48·38	14 56·03	05·7015	18·0996
	5	107·49	−5·22	7 13 00·9	+17 07 04	63·168	54 25·49	14 49·79	06·4920	18·8789
	6	119·40	−4·93	8 01 58·6	+15 27 08	63·412	54 12·91	14 46·36	07·2607	19·6377
	7	131·25	−4·43	8 49 50·9	+13 08 18	63·459	54 10·48	14 45·70	08·0106	20·3800
	8	143·13	−3·74	9 36 52·6	+10 16 25	63·323	54 17·46	14 47·60	08·7470	21·1124
	9	155·08	−2·88	10 23 25·0	+ 6 57 50	63·029	54 32·67	14 51·75	09·4773	21·8427
	10	167·18	−1·89	11 09 53·9	+ 3 19 26	62·610	54 54·58	14 57·72	10·2099	22·5800
	11	179·47	−0·79	11 56 48·6	− 0 30 54	62·104	55 21·41	15 05·03	10·9543	23·3338
	12	191·98	+0·36	12 44 39·0	− 4 24 11	61·550	55 51·30	15 13·17	11·7197	. . .
	13	204·74	+1·52	13 33 54·0	− 8 09 59	60·983	56 22·48	15 21·66	12·5149	00·1131
	14	217·73	+2·62	14 24 57·5	−11 36 39	60·431	56 53·40	15 30·09	13·3461	00·9257
	15	230·97	+3·60	15 18 04·0	−14 31 37	59·913	57 22·93	15 38·13	14·2158	01·7762
	16	244·43	+4·39	16 13 13·3	−16 42 28	59·439	57 50·36	15 45·61	15·1210	02·6644
	17	258·10	+4·95	17 10 07·3	−17 58 19	59·014	58 15·34	15 52·41	16·0522	03·5841
	18	271·95	+5·23	18 08 10·7	−18 11 24	58·639	58 37·70	15 58·51	16·9958	04·5234
	19	285·95	+5·21	19 06 38·2	−17 18 35	58·316	58 57·21	16 03·82	17·9369	05·4675
	20	300·08	+4·87	20 04 45·8	−15 21 59	58·051	59 13·34	16 08·22	18·8640	06·4027
	21	314·30	+4·24	21 02 02·2	−12 28 43	57·859	59 25·13	16 11·43	19·7716	07·3204
	22	328·58	+3·34	21 58 14·2	− 8 49 59	57·760	59 31·24	16 13·09	20·6599	08·2179
	23	342·87	+2·23	22 53 25·8	− 4 39 51	57·778	59 30·12	16 12·79	21·5337	09·0982
	24	357·13	+0·99	23 47 53·4	− 0 14 04	57·935	59 20·43	16 10·15	22·3998	09·9673
	25	11·28	−0·31	0 41 57·9	+ 4 10 55	58·245	59 01·50	16 04·99	23·2642	10·8319
	26	25·27	−1·56	1 35 58·1	+ 8 19 07	58·707	58 33·65	15 57·40	. . .	11·6970
	27	39·03	−2·71	2 30 04·6	+11 56 09	59·303	57 58·35	15 47·78	00·1304	12·5643
	28	52·50	−3·68	3 24 16·1	+14 50 19	59·998	57 18·02	15 36·80	00·9981	13·4313
	29	65·67	−4·42	4 18 18·9	+16 53 36	60·745	56 35·75	15 25·28	01·8629	14·2920
	30	78·52	−4·93	5 11 50·5	+18 01 59	61·487	55 54·76	15 14·11	02·7175	15·1385
	31	91·06	−5·18	6 04 25·9	+18 15 20	62·167	55 18·05	15 04·11	03·5539	15·9633
Nov.	1	103·33	−5·19	6 55 44·5	+17 36 35	62·732	54 48·17	14 55·97	04·3661	16·7621
	2	115·38	−4·96	7 45 36·1	+16 10 46	63·139	54 26·98	14 50·20	05·1514	17·5344
	3	127·29	−4·53	8 34 02·6	+14 03 56	63·357	54 15·74	14 47·13	05·9114	18·2834
	4	139·14	−3·90	9 21 17·9	+11 22 26	63·371	54 15·01	14 46·93	06·6512	19·0159
	5	151·01	−3·11	10 07 45·0	+ 8 12 37	63·182	54 24·74	14 49·59	07·3787	19·7410
	6	162·98	−2·17	10 53 54·1	+ 4 40 58	62·807	54 44·24	14 54·90	08·1039	20·4691
	7	175·13	−1·12	11 40 19·9	+ 0 54 19	62·277	55 12·22	15 02·52	08·8379	21·2118
	8	187·53	0·00	12 27 38·9	− 2 59 28	61·634	55 46·76	15 11·93	09·5922	21·9805
	9	200·23	+1·14	13 16 27·5	− 6 51 03	60·930	56 25·41	15 22·46	10·3780	22·7857
	10	213·26	+2·25	14 07 17·3	−10 29 08	60·220	57 05·33	15 33·34	11·2043	23·6345
	11	226·63	+3·26	15 00 30·1	−13 40 38	59·555	57 43·58	15 43·76	12·0761	. . .
	12	240·31	+4·11	15 56 10·2	−16 11 27	58·979	58 17·43	15 52·99	12·9915	00·5288
	13	254·25	+4·73	16 53 58·3	−17 48 16	58·521	58 44·82	16 00·45	13·9402	01·4627
	14	268·38	+5·08	17 53 10·9	−18 20 59	58·195	59 04·53	16 05·82	14·9047	02·4218
	15	282·61	+5·11	18 52 47·8	−17 44 58	58·002	59 16·36	16 09·04	15·8649	03·3865
	16	296·88	+4·83	19 51 49·1	−16 02 11	57·928	59 20·89	16 10·28	16·8042	04·3379

EPHEMERIS FOR PHYSICAL OBSERVATIONS
FOR 0ʰ DYNAMICAL TIME

Date 0ʰ TDT	Age	The Earth's Selenographic Long.	Lat.	Physical Libration Lg.	Lt.	P.A.	The Sun's Selenographic Colong.	Lat.	Position Angle Axis	Bright Limb	Fraction Illum.
	d	°	°		(0°.001)		°	°	°	°	
Oct. 1	18·0	+6·400	+5·275	+19	+50	+24	133·13	+0·07	346·309	80·71	0·82
2	19·0	6·106	6·124	19	49	23	145·30	0·09	351·386	84·61	0·74
3	20·0	5·484	6·657	19	49	21	157·48	0·11	356·790	88·71	0·65
4	21·0	4·589	6·875	18	49	19	169·67	0·13	2·235	92·79	0·55
5	22·0	3·486	6·786	17	48	16	181·86	0·15	7·467	96·69	0·45
6	23·0	+2·246	+6·408	+16	+48	+14	194·06	+0·16	12·277	100·24	0·36
7	24·0	+0·940	5·759	15	48	11	206·26	0·18	16·494	103·35	0·27
8	25·0	−0·359	4·865	13	48	8	218·46	0·19	19·980	105·94	0·19
9	26·0	1·587	3·755	12	48	6	230·67	0·21	22·620	107·99	0·12
10	27·0	2·684	2·468	11	48	4	242·89	0·22	24·313	109·57	0·07
11	28·0	−3·603	+1·050	+11	+48	+ 2	255·10	+0·24	24·968	111·08	0·03
12	29·0	4·304	−0·439	10	48	1	267·32	0·26	24·508	115·94	0·00
13	0·4	4·763	1·932	9	48	1	279·54	0·28	22·878	273·90	0·00
14	1·4	4·967	3·350	9	49	1	291·75	0·31	20·064	280·14	0·02
15	2·4	4·916	4·613	9	49	2	303·97	0·34	16·114	278·56	0·06
16	3·4	−4·622	−5·640	+ 9	+50	+ 3	316·18	+0·37	11·164	275·38	0·13
17	4·4	4·107	6·360	9	50	5	328·38	0·40	5·455	271·38	0·21
18	5·4	3·399	6·719	9	50	7	340·58	0·43	359·328	266·97	0·31
19	6·4	2·535	6·683	9	51	9	352·77	0·47	353·192	262·51	0·42
20	7·4	1·550	6·240	10	51	12	4·96	0·50	347·470	258·34	0·53
21	8·4	−0·483	−5·411	+10	+51	+14	17·13	+0·54	342·543	254·72	0·64
22	9·4	+0·622	4·241	11	51	17	29·30	0·58	338·712	251·81	0·75
23	10·4	1·723	2·804	12	51	19	41·46	0·62	336·188	249·66	0·84
24	11·4	2·769	−1·194	13	51	21	53·62	0·66	335·093	248·07	0·92
25	12·4	3·707	+0·480	14	51	22	65·77	0·70	335·462	246·16	0·97
26	13·4	+4·481	+2·107	+15	+51	+24	77·92	+0·73	337·245	237·10	1·00
27	14·4	5·038	3·586	16	50	24	90·06	0·77	340·310	99·13	1·00
28	15·4	5·333	4·834	17	49	24	102·21	0·80	344·444	86·88	0·98
29	16·4	5·333	5·796	17	49	24	114·36	0·82	349·370	87·80	0·93
30	17·4	5·025	6·441	17	48	22	126·51	0·85	354·769	90·73	0·87
31	18·4	+4·420	+6·761	+16	+48	+21	138·67	+0·87	0·320	94·30	0·80
Nov. 1	19·4	3·546	6·763	15	47	18	150·83	0·88	5·728	97·99	0·72
2	20·4	2·455	6·466	14	47	16	163·00	0·90	10·750	101·50	0·63
3	21·4	+1·211	5·893	13	47	13	175·17	0·91	15·199	104·67	0·53
4	22·4	−0·110	5·073	11	47	11	187·34	0·92	18·936	107·37	0·44
5	23·4	−1·425	+4·037	+10	+46	+ 8	199·52	+0·93	21·853	109·56	0·35
6	24·4	2·650	2·818	9	46	6	211·71	0·94	23·859	111·22	0·26
7	25·4	3·703	1·459	8	46	4	223·90	0·95	24·870	112·40	0·18
8	26·4	4·513	+0·007	7	46	3	236·10	0·96	24·802	113·25	0·11
9	27·4	5·022	−1·474	7	46	2	248·30	0·97	23·576	114·35	0·05
10	28·4	−5·193	−2·913	+ 6	+47	+ 2	260·50	+0·98	21·141	118·33	0·02
11	29·4	5·016	4·225	6	47	3	272·70	1·00	17·497	161·81	0·00
12	0·8	4·511	5·322	6	47	4	284·90	1·02	12·738	260·55	0·01
13	1·8	3·729	6·123	6	48	6	297·10	1·04	7·083	265·69	0·04
14	2·8	2·746	6·560	6	48	8	309·30	1·06	0·884	263·86	0·10
15	3·8	−1·647	−6·594	+ 6	+48	+10	321·49	+1·08	354·588	260·45	0·18
16	4·8	−0·518	−6·217	+ 6	+49	+13	333·68	+1·11	348·662	256·76	0·27

MOON, 1996

FOR 0ʰ DYNAMICAL TIME

Date 0ʰ TDT	Apparent Long.	Lat.	Apparent R.A.	Dec.	True Dist.	Horiz. Parallax	Semi-diameter	Ephemeris Transit for date Upper	Lower
	°	°	h m s	° ′ ″		′ ″	′ ″	h	h
Nov. 16	296·88	+4·83	19 51 49·1	−16 02 11	57·928	59 20·89	16 10·28	16·8042	04·3379
17	311·12	+4·25	20 49 31·4	−13 20 35	57·956	59 19·16	16 09·80	17·7140	05·2630
18	325·29	+3·41	21 45 36·0	− 9 52 15	58·068	59 12·28	16 07·93	18·5943	06·1576
19	339·36	+2·38	22 40 08·7	− 5 51 23	58·252	59 01·10	16 04·88	19·4513	07·0252
20	353·31	+1·21	23 33 31·9	− 1 32 49	58·499	58 46·12	16 00·80	20·2944	07·8740
21	7·14	−0·02	0 26 16·1	+ 2 48 42	58·811	58 27·44	15 55·71	21·1335	08·7139
22	20·83	−1·24	1 18 51·7	+ 6 59 01	59·189	58 05·01	15 49·60	21·9764	09·5542
23	34·37	−2·37	2 11 42·0	+10 44 48	59·636	57 38·88	15 42·48	22·8271	10·4008
24	47·74	−3·35	3 04 57·9	+13 54 11	60·148	57 09·42	15 34·45	23·6845	11·2552
25	60·90	−4·13	3 58 35·1	+16 17 31	60·713	56 37·52	15 25·76	. . .	12·1140
26	73·84	−4·69	4 52 14·2	+17 48 20	61·308	56 04·57	15 16·79	00·5426	12·9690
27	86·53	−5·00	5 45 26·0	+18 23 50	61·899	55 32·42	15 08·02	01·3920	13·8104
28	98·98	−5·06	6 37 39·7	+18 05 02	62·448	55 03·11	15 00·04	02·2230	14·6292
29	111·20	−4·89	7 28 31·2	+16 56 01	62·912	54 38·75	14 53·40	03·0283	15·4203
30	123·23	−4·50	8 17 49·6	+15 02 53	63·250	54 21·25	14 48·63	03·8051	16·1831
Dec. 1	135·13	−3·92	9 05 38·6	+12 32 37	63·425	54 12·23	14 46·18	04·5551	16·9219
2	146·95	−3·18	9 52 15·3	+ 9 32 18	63·413	54 12·88	14 46·35	05·2846	17·6444
3	158·78	−2·30	10 38 07·5	+ 6 08 45	63·199	54 23·89	14 49·35	06·0027	18·3610
4	170·72	−1·31	11 23 50·4	+ 2 28 35	62·785	54 45·38	14 55·21	06·7209	19·0841
5	182·85	−0·24	12 10 04·2	− 1 21 17	62·191	55 16·79	15 03·77	07·4521	19·8268
6	195·26	+0·86	12 57 31·3	− 5 13 05	61·450	55 56·75	15 14·66	08·2098	20·6026
7	208·02	+1·94	13 46 53·9	− 8 57 22	60·615	56 43·05	15 27·27	09·0067	21·4234
8	221·19	+2·95	14 38 48·1	−12 22 32	59·746	57 32·54	15 40·75	09·8535	22·2974
9	234·79	+3·83	15 33 36·4	−15 14 43	58·913	58 21·33	15 54·05	10·7550	23·2254
10	248·81	+4·51	16 31 17·8	−17 18 52	58·185	59 05·16	16 05·99	11·7070	. . .
11	263·17	+4·91	17 31 19·3	−18 21 09	57·619	59 39·97	16 15·47	12·6940	00·1975
12	277·78	+5·01	18 32 37·5	−18 12 19	57·256	60 02·70	16 21·66	13·6922	01·1934
13	292·49	+4·78	19 33 53·2	−16 50 37	57·110	60 11·87	16 24·16	14·6761	02·1873
14	307·19	+4·23	20 33 55·4	−14 22 37	57·174	60 07·83	16 23·06	15·6276	03·1566
15	321·75	+3·41	21 32 00·6	−11 01 20	57·419	59 52·47	16 18·88	16·5394	04·0884
16	336·10	+2·39	22 27 58·1	− 7 03 09	57·802	59 28·65	16 12·39	17·4144	04·9810
17	350·21	+1·23	23 22 03·8	− 2 44 56	58·280	58 59·40	16 04·42	18·2617	05·8408
18	4·05	+0·02	0 14 49·3	+ 1 37 37	58·811	58 27·40	15 55·70	19·0928	06·6785
19	17·64	−1·17	1 06 51·2	+ 5 50 35	59·366	57 54·62	15 46·77	19·9189	07·5059
20	31·01	−2·27	1 58 42·8	+ 9 41 39	59·923	57 22·31	15 37·97	20·7481	08·3327
21	44·18	−3·23	2 50 48·1	+13 00 06	60·472	56 51·09	15 29·46	21·5846	09·1654
22	57·16	−4·01	3 43 17·3	+15 36 50	61·006	56 21·20	15 21·32	22·4271	10·0054
23	69·96	−4·57	4 36 05·1	+17 24 55	61·523	55 52·78	15 13·57	23·2697	10·8489
24	82·59	−4·90	5 28 51·7	+18 20 03	62·018	55 26·05	15 06·29	. . .	11·6884
25	95·04	−4·99	6 21 08·7	+18 21 14	62·479	55 01·50	14 59·60	00·1035	12·5142
26	107·31	−4·84	7 12 27·0	+17 30 39	62·890	54 39·92	14 53·72	00·9193	13·3182
27	119·42	−4·48	8 02 25·2	+15 53 14	63·228	54 22·37	14 48·94	01·7103	14·0956
28	131·38	−3·92	8 50 54·6	+13 35 38	63·466	54 10·12	14 45·60	02·4742	14·8465
29	143·23	−3·19	9 38 00·5	+10 45 21	63·576	54 04·52	14 44·08	03·2131	15·5750
30	155·03	−2·33	10 24 01·4	+ 7 29 55	63·530	54 06·86	14 44·71	03·9332	16·2890
31	166·83	−1·36	11 09 25·6	+ 3 56 34	63·309	54 18·22	14 47·81	04·6439	16·9992
32	178·73	−0·33	11 54 48·9	+ 0 12 17	62·901	54 39·35	14 53·57	05·3566	17·7178

EPHEMERIS FOR PHYSICAL OBSERVATIONS
FOR 0^h DYNAMICAL TIME

Date 0^h TDT	Age	The Earth's Selenographic Long.	The Earth's Selenographic Lat.	Physical Libration Lg.	Physical Libration Lt.	Physical Libration P.A.	The Sun's Selenographic Colong.	The Sun's Selenographic Lat.	Position Angle Axis	Position Angle Bright Limb	Fraction Illum.
	d	°	°	(0°.001)			°	°	°	°	
Nov. 16	4·8	−0·518	−6·217	+ 6	+49	+13	333·68	+1·11	348·662	256·76	0·27
17	5·8	+0·570	5·454	7	49	15	345·86	1·13	343·516	253·36	0·38
18	6·8	1·566	4·358	8	49	17	358·03	1·16	339·451	250·58	0·50
19	7·8	2·444	3·002	8	50	19	10·19	1·19	336·658	248·55	0·61
20	8·8	3·192	−1·476	9	50	21	22·35	1·22	335·234	247·29	0·72
21	9·8	+3·808	+0·126	+10	+50	+23	34·50	+1·25	335·207	246·71	0·81
22	10·8	4·289	1·705	11	50	24	46·64	1·29	336·544	246·48	0·89
23	11·8	4·626	3·170	11	50	24	58·78	1·32	339·156	245·76	0·95
24	12·8	4·803	4·442	12	49	24	70·92	1·34	342·892	241·05	0·98
25	13·8	4·793	5·457	11	49	24	83·06	1·37	347·529	195·29	1·00
26	14·8	+4·572	+6·173	+11	+48	+23	95·19	+1·39	352·786	108·57	0·99
27	15·8	4·119	6·569	10	48	21	107·33	1·40	358·342	101·01	0·96
28	16·8	3·426	6·646	9	47	19	119·46	1·42	3·877	101·49	0·92
29	17·8	2·502	6·415	8	47	17	131·60	1·43	9·105	103·67	0·86
30	18·8	1·379	5·904	7	46	15	143·75	1·43	13·800	106·17	0·79
Dec. 1	19·8	+0·105	+5·143	+ 5	+46	+13	155·90	+1·43	17·801	108·52	0·70
2	20·8	−1·251	4·167	4	46	10	168·05	1·43	20·992	110·50	0·61
3	21·8	2·608	3·013	2	46	8	180·21	1·43	23·295	111·99	0·52
4	22·8	3·875	1·720	+ 1	46	6	192·38	1·43	24·640	112·94	0·43
5	23·8	4·956	+0·332	0	46	5	204·55	1·43	24·960	113·33	0·33
6	24·8	−5·759	−1·099	− 1	+45	+ 4	216·72	+1·43	24·183	113·18	0·24
7	25·8	6·202	2·512	1	46	4	228·90	1·42	22·239	112·62	0·16
8	26·8	6·225	3·832	2	46	4	241·09	1·42	19·085	112·06	0·09
9	27·8	5·800	4·976	2	46	5	253·28	1·42	14·738	112·96	0·04
10	28·8	4·946	5·853	2	46	6	265·47	1·43	9·333	124·05	0·01
11	0·3	−3·730	−6·383	− 2	+46	+ 8	277·66	+1·43	3·160	221·71	0·00
12	1·3	2·263	6·505	2	46	11	289·85	1·44	356·665	251·30	0·03
13	2·3	−0·686	6·196	2	47	13	302·04	1·45	350·376	253·03	0·07
14	3·3	+0·859	5·475	− 1	47	16	314·23	1·45	344·799	251·40	0·15
15	4·3	2·253	4·401	0	47	18	326·41	1·47	340·317	249·35	0·24
16	5·3	+3·418	−3·057	+ 1	+47	+21	338·58	+1·48	337·159	247·72	0·35
17	6·3	4·315	−1·546	1	47	22	350·74	1·50	335·419	246·79	0·46
18	7·3	4·945	+0·034	2	48	24	2·90	1·51	335·096	246·62	0·57
19	8·3	5·327	1·586	3	48	25	15·05	1·53	336·130	247·17	0·67
20	9·3	5·492	3·026	3	48	25	27·20	1·55	338·420	248·31	0·77
21	10·3	+5·468	+4·283	+ 4	+48	+25	39·34	+1·56	341·826	249·77	0·85
22	11·3	5·274	5·299	3	47	25	51·47	1·58	346·162	250·97	0·92
23	12·3	4·917	6·035	3	47	24	63·60	1·59	351·191	250·33	0·96
24	13·3	4·395	6·464	2	47	22	75·73	1·60	356·630	240·74	0·99
25	14·3	3·701	6·579	+ 1	46	21	87·86	1·60	2·172	164·71	1·00
26	15·3	+2·830	+6·387	− 1	+46	+19	99·99	+1·60	7·521	117·49	0·99
27	16·3	1·784	5·910	2	46	16	112·12	1·60	12·418	111·71	0·96
28	17·3	+0·582	5·177	4	46	14	124·25	1·60	16·664	111·30	0·91
29	18·3	−0·742	4·227	6	45	12	136·39	1·59	20·121	112·04	0·85
30	19·3	2·136	3·100	8	45	10	148·53	1·57	22·698	112·87	0·78
31	20·3	−3·532	+1·839	− 9	+45	+ 8	160·67	+1·56	24·332	113·41	0·69
32	21·3	−4·845	+0·489	−10	+45	+ 7	172·82	+1·55	24·976	113·50	0·60

NOTES AND FORMULAE

Use of the polynomial coefficients for the lunar coordinates

On pages D23–D45 for each day of the year, the apparent right ascension (α) and declination (δ) of the Moon are represented by economised polynomials of the fifth degree, and the horizontal parallax (π) is represented by an economised polynomial of the fourth degree. The formulae to be evaluated are of the form:

$$a_0 + a_1 p + a_2 p^2 + a_3 p^3 + a_4 p^4 + a_5 p^5$$

where a_5 is zero for the parallax.

The time-interval from 0^h TDT is expressed as a fraction of a day to form the interpolation factor p, where $0 \le p < 1$, and the polynomial is evaluated directly, or by re-expressing it in the nested form:

$$((((a_5 p + a_4)p + a_3)p + a_2)p + a_1)p + a_0$$

to avoid the separate formation of the powers of p. Alternatively this nested form for α and δ may be written as:

$$b_{n+1} = b_n p + a_{5-n}, \text{ for } n = 1 \text{ to } 5,$$

where $b_1 = a_5$ and b_6 is the required value. For the parallax a_5 is zero, so that:

$$b_{n+1} = b_n p + a_{4-n}, \text{ for } n = 1 \text{ to } 4,$$

where $b_1 = a_4$ and b_5 is the required value.

The polynomial coefficients are expressed in decimals of a degree, even for α, and the signs are given on the right-hand sides of the coefficients to facilitate their use with small calculators. Subtract $360°$ from α if it exceeds $360°$. In order to obtain the full precision of the polynomial ephemeris the interpolating factor p must be evaluated to 8 decimal places (10^{-3} s); estimates of the precision of unrounded interpolated values are:

RA	Dec	HP
$\pm 0^s\!0003$	$\pm 0''\!003$	$\pm 0''\!0003$

Particular care must be taken to ensure that the coefficients are entered with the correct signs.

Example. To calculate the apparent right ascension (α) the declination (δ) and the horizontal parallax (π) for the Moon on 1996 January 21^d 13^h 23^m $48^s\!32$ UT, using an assumed value of $\Delta T = 62^s$.

$$\text{TDT} = 13^h\ 24^m\ 50^s\!62, \text{ hence } p = 0.558\ 919\ 21$$

	right ascension	declination	horizontal parallax
	°	°	°
b_1	$-0.000\ 3478$	$+0.000\ 6437$	$+0.000\ 026\ 72$
b_2	$+0.007\ 2607$	$-0.002\ 1588$	$+0.000\ 145\ 80$
b_3	$-0.021\ 8808$	$-0.057\ 4959$	$-0.002\ 597\ 38$
b_4	$-0.323\ 4897$	$+0.418\ 8543$	$-0.007\ 250\ 51$
b_5	$+15.065\ 3225$	$+3.606\ 8334$	$\pi = +1.015\ 889\ 23$
b_6	$\alpha = 316.399\ 2502$	$\delta = -11.884\ 7449$	
	$= 21^h\ 05^m\ 35^s\!820$	$= -11°\ 53'\ 05''\!08$	$= 1°\ 00'\ 57''\!201$

DAILY POLYNOMIAL COEFFICIENTS

January 0

	Apparent Right Ascension	Apparent Declination	Horizontal Parallax
a_0	32·5211 219+	12·0989 288+	0·9237 6701+
a_1	12·2495 624+	3·1287 544+	0·0098 3457−
a_2	230 142+	2980 959−	10 7551+
a_3	138 345+	177 136−	86+
a_4	21 867−	7 115+	553−
a_5	312−	180+	

January 1

	Apparent Right Ascension	Apparent Declination	Horizontal Parallax
a_0	44·8053 152+	14·9126 031+	0·9150 0328+
a_1	12·3281 925+	2·4823 579+	0·0077 0309−
a_2	510 818+	3467 872−	10 4581+
a_3	48 184+	146 657−	2109−
a_4	23 626−	8 101+	263−
a_5	432+	575+	

January 2

	Apparent Right Ascension	Apparent Declination	Horizontal Parallax
a_0	57·1870 885+	17·0343 759+	0·9083 2228+
a_1	12·4355 782+	1·7483 149−	0·0056 8526−
a_2	517 915+	3853 461−	9 6749+
a_3	41 447−	108 454−	3144−
a_4	21 556−	11 118+	26−
a_5	1 393+	655+	

January 3

	Apparent Right Ascension	Apparent Declination	Horizontal Parallax
a_0	69·6682 973+	18·3876 766+	0·9035 7282+
a_1	12·5188 021+	0·9498 609+	0·0038 4563−
a_2	278 175+	4105 548−	8 7216+
a_3	113 291−	57 593−	3231−
a_4	14 486−	14 521+	156+
a_5	2 177+	376+	

January 4

	Apparent Right Ascension	Apparent Declination	Horizontal Parallax
a_0	82·2023 570+	18·9227 131+	0·9005 6860+
a_1	12·5357 443+	0·1174 692+	0·0021 9199−
a_2	126 812−	4187 436−	7 8499+
a_3	149 355−	3 960+	2587−
a_4	3 358−	16 445+	281+
a_5	2 336+	131−	

January 5

	Apparent Right Ascension	Apparent Declination	Horizontal Parallax
a_0	94·7103 825+	18·6234 660+	0·8991 3854+
a_1	12·4653 998+	0·7123 183−	0·0006 8837−
a_2	571 641−	4078 210−	7 2443+
a_3	139 720−	68 151+	1442−
a_4	8 510+	15 725+	342+
a_5	1 770+	608−	

January 6

	Apparent Right Ascension	Apparent Declination	Horizontal Parallax
a_0	107·1056 742+	17·5116 535+	0·8991 6360+
a_1	12·3134 435+	1·5015 291−	0·0007 3092+
a_2	922 047−	3785 502−	7 0167+
a_3	88 498−	124 841+	51−
a_4	17 358+	12 562+	334+
a_5	823+	831−	

January 7

	Apparent Right Ascension	Apparent Declination	Horizontal Parallax
a_0	119·3198 812+	15·6452 314+	0·9005 9901+
a_1	12·1098 384+	2·2165 678−	0·0021 4610+
a_2	1075 196−	3343 931−	7 1994+
a_3	11 318−	166 832+	1308+
a_4	21 303+	8 297+	256+
a_5	23−	736−	

January 8

	Apparent Right Ascension	Apparent Declination	Horizontal Parallax
a_0	131·3231 962+	13·1117 098+	0·9034 8070+
a_1	11·8999 129+	2·8323 532−	0·0036 3550+
a_2	981 603−	2801 017−	7 7412+
a_3	73 373+	192 855+	2355+
a_4	20 974+	4 561+	111+
a_5	514−	401−	

January 9

	Apparent Right Ascension	Apparent Declination	Horizontal Parallax
a_0	143·1343 320+	10·0189 564+	0·9079 1497+
a_1	11·7337 364+	3·3330 756−	0·0052 5883+
a_2	640 812−	2199 091−	8 5078+
a_3	152 012+	207 352+	2819+
a_4	18 255+	2 553+	97−
a_5	691−	47+	

January 10

	Apparent Right Ascension	Apparent Declination	Horizontal Parallax
a_0	154·8209 448+	6·4869 669+	0·9140 5181+
a_1	11·6581 340+	3·7096 432−	0·0070 4113+
a_2	82 171−	1561 244−	9 2873+
a_3	218 065+	218 291+	2451+
a_4	14 752+	2 825+	364−
a_5	776−	497+	

January 11

	Apparent Right Ascension	Apparent Declination	Horizontal Parallax
a_0	166·4940 658+	2·6433 605+	0·9220 4254+
a_1	11·7126 315+	3·9550 258−	0·0089 5758+
a_2	652 773+	884 435−	9 7944+
a_3	269 149+	234 765+	1011+
a_4	10 940+	5 394+	684−
a_5	1 046−	852+	

January 12

	Apparent Right Ascension	Apparent Declination	Horizontal Parallax
a_0	178·2998 789+	1·3760 077−	0·9319 8283+
a_1	11·9277 829+	4·0588 996−	0·0109 1945+
a_2	1515 415+	139 227−	9 6766+
a_3	302 031+	264 915+	1718−
a_4	5 875+	9 822+	1037−
a_5	1 761−	956+	

January 13

	Apparent Right Ascension	Apparent Declination	Horizontal Parallax
a_0	190·4098 179+	5·4212 607−	0·9438 4240+
a_1	12·3229 432+	4·0028 644−	0·0127 6174+
a_2	2439 160+	724 056+	8 5287+
a_3	307 170+	313 496+	5888−
a_4	2 771−	14 916+	1369−
a_5	3 062−	523+	

January 14

	Apparent Right Ascension	Apparent Declination	Horizontal Parallax
a_0	203·0068 108+	9·3188 260−	0·9573 8444+
a_1	12·9002 854+	3·7577 780−	0·0142 3605+
a_2	3313 396+	1759 342+	5 9353+
a_3	264 613+	377 582+	1 1436−
a_4	18 238−	18 005+	1560−
a_5	4 594−	850−	

January 15

	Apparent Right Ascension	Apparent Declination	Horizontal Parallax
a_0	216·2626 139+	12·8611 961+	0·9720 8406+
a_1	13·6327 560+	3·2858 608−	0·0150 1756+
a_2	3951 705+	2991 679+	1 5734+
a_3	145 605+	439 679+	1 7819+
a_4	42 238−	14 154+	1416−
a_5	4 908−	3 326−	

Formula: Quantity in degrees $= a_0 + a_1 p + a_2 p^2 + a_3 p^3 + a_4 p^4 + a_5 p^5$

where p is the fraction of a day from 0^h TDT.

MOON, 1996

DAILY POLYNOMIAL COEFFICIENTS

January 16

	Apparent Right Ascension	Apparent Declination	Horizontal Parallax
a_0	230·3003 863+	15·8028 385−	0·9870 6660+
a_1	14·4474 331+	2·5516 259−	0·0147 4090+
a_2	4085 719+	4362 330+	4 6005−
a_3	70 483−	461 550+	2 3684−
a_4	68 723−	2 796−	729−
a_5	1 620−	5 981−	

January 17

	Apparent Right Ascension	Apparent Declination	Horizontal Parallax
a_0	245·1423 085+	17·8729 541−	1·0011 0333+
a_1	15·2151 406+	1·5448 042−	0·0130 8100+
a_2	3445 565+	5670 179+	12 1035−
a_3	357 495−	390 401+	2 6774−
a_4	77 895−	34 195−	562+
a_5	5 630+	6 360−	

January 18

	Apparent Right Ascension	Apparent Declination	Horizontal Parallax
a_0	260·6590 296+	18·8157 558−	1·0127 1188+
a_1	15·7686 686+	0·3105 019−	0·0098 7957+
a_2	1962 297+	6572 374+	19 7494−
a_3	609 518−	192 189+	2 4533−
a_4	47 664−	67 648−	2161+
a_5	11 570+	2 557−	

January 19

	Apparent Right Ascension	Apparent Declination	Horizontal Parallax
a_0	276·5593 668+	18·4568 220−	1·0203 9280+
a_1	15·9649 904+	1·0332 983+	0·0052 8027+
a_2	36 059−	6717 485+	25 7752−
a_3	685 394−	100 631−	1 5651−
a_4	13 606+	80 377−	3397+
a_5	9 889+	3 408+	

January 20

	Apparent Right Ascension	Apparent Declination	Horizontal Parallax
a_0	292·4545 615+	16·7695 352−	1·0229 7302+
a_1	15·7625 394+	2·3161 633+	0·0002 0819−
a_2	1911 612−	5967 650+	28 4255−
a_3	536 175−	386 004−	1669−
a_4	63 795+	61 663−	3610+
a_5	2 503+	7 003+	

January 21

	Apparent Right Ascension	Apparent Declination	Horizontal Parallax
a_0	307·9789 520+	13·9006 734−	1·0199 4168+
a_1	15·2461 271+	3·3727 277+	0·0057 9879−
a_2	3112 601−	4509 899+	26 7887−
a_3	259 389−	562 893−	1 3087+
a_4	74 551+	25 186−	2672+
a_5	3 478−	6 437+	

January 22

	Apparent Right Ascension	Apparent Declination	Horizontal Parallax
a_0	322·8949 874+	10·1351 201−	1·0116 2161+
a_1	14·5738 695+	4·0989 804+	0·0106 5698−
a_2	3478 495−	2734 521+	21 3071−
a_3	3 026+	600 864−	2 3855+
a_4	55 496+	7 342+	1105+
a_5	5 121−	3 586+	

January 23

	Apparent Right Ascension	Apparent Declination	Horizontal Parallax
a_0	337·1263 475+	5·8216 812−	0·9990 8351+
a_1	13·8987 171+	4·4703 521+	0·0141 5860−
a_2	3187 755−	1011 784+	13 5325−
a_3	174 331+	537 208−	2 8147+
a_4	29 268+	24 883+	360−
a_5	4 130−	842+	

January 24

	Apparent Right Ascension	Apparent Declination	Horizontal Parallax
a_0	350·7262 360+	1·3012 989−	0·9838 4952+
a_1	13·3231 092+	4·5219 189+	0·0160 3518−
a_2	2530 464−	442 204−	5 3327−
a_3	250 956−	430 188−	2 6505+
a_4	8 627+	28 562+	1275−
a_5	2 644−	750−	

January 25

	Apparent Right Ascension	Apparent Declination	Horizontal Parallax
a_0	3·8219 927+	3·1361 621+	0·9675 3337+
a_1	12·8944 333+	4·3154 714+	0·0163 5765−
a_2	1752 262−	1568 947−	1 8435+
a_3	259 657+	323 732−	2 1239+
a_4	4 448−	24 428+	1598−
a_5	1 559+	1 241−	

January 26

	Apparent Right Ascension	Apparent Declination	Horizontal Parallax
a_0	16·5665 648+	7·2646 843+	0·9515 5647+
a_1	12·6193 201+	3·9137 134+	0·0154 1577−
a_2	1015 571−	2406 015−	7 2584+
a_3	226 657+	238 331−	1 4753+
a_4	12 182−	18 018+	1516−
a_5	908−	1 057−	

January 27

	Apparent Right Ascension	Apparent Declination	Horizontal Parallax
a_0	29·1056 845+	10·9156 592+	0·9369 9891+
a_1	12·4788 767+	3·3676 904+	0·0135 8218−
a_2	417 791−	3023 480−	10 7827+
a_3	169 127+	176 560−	8655+
a_4	16 773−	12 664+	1245−
a_5	436−	588−	

January 28

	Apparent Right Ascension	Apparent Declination	Horizontal Parallax
a_0	41·5579 740+	13·9645 533+	0·9245 6910+
a_1	12·4391 305+	2·7147 987+	0·0112 1578−
a_2	15 427−	3483 053−	12 6420+
a_3	97 993+	131 502−	3677+
a_4	19 068−	9 744+	930−
a_5	95+	101−	

January 29

	Apparent Right Ascension	Apparent Declination	Horizontal Parallax
a_0	54·0034 638+	16·3188 610+	0·9146 4498+
a_1	12·4578 642+	1·9825 855+	0·0086 1430−
a_2	165 072+	3820 088−	13 1957+
a_3	23 055+	93 338−	32−
a_4	18 693−	9 318+	642−
a_5	757+	235+	

January 30

	Apparent Right Ascension	Apparent Declination	Horizontal Parallax
a_0	66·4783 471+	17·9110 591+	0·9073 4352+
a_1	12·4906 971+	1·1944 114+	0·0060 0178−
a_2	129 639+	4041 828−	12 8086+
a_3	43 777−	53 660−	2586−
a_4	14 915−	10 593+	397−
a_5	1 405+	329+	

January 31

	Apparent Right Ascension	Apparent Declination	Horizontal Parallax
a_0	78·9762 794+	18·6970 139+	0·9025 9276+
a_1	12·4982 288+	0·3743 492+	0·0035 3353−
a_2	77 122−	4135 948−	11 8009+
a_3	89 179−	8 078−	4165−
a_4	7 781−	12 319+	191−
a_5	1 764+	187+	

Formula: Quantity in degrees $= a_0 + a_1 p + a_2 p^2 + a_3 p^3 + a_4 p^4 + a_5 p^5$
where p is the fraction of a day from 0^h TDT.

DAILY POLYNOMIAL COEFFICIENTS

	Apparent Right Ascension	Apparent Declination	Horizontal Parallax	Apparent Right Ascension	Apparent Declination	Horizontal Parallax
	February 1			**February 9**		
a_0	91·4572 764+	18·6582 111+	0·9001 9576+	187·6314 315+	4·2622 172−	0·9365 7834+
a_1	12·4538 202+	0·4502 430−	0·0013 0593−	12·1612 485+	3·9886 513−	0·0090 9311+
a_2	373 694−	4084 393−	10 4425+.	1691 818+	622 526+	5 3849+
a_3	102 731−	42 912+	4920−	251 943+	301 397+	25−
a_4	1 176+	13 281+	12−	274+	7 704+	491−
a_5	1 643+	87−		1 958−	246+	
	February 2			**February 10**		
a_0	103·8637 361+	17·8051 393+	0·8998 8476+	199·9868 878+	8·1576 812−	0·9462 0478+
a_1	12·3495 533+	1·2489 796−	0·0006 3448+	12·5743 248+	3·7705 229−	0·0101 4969+
a_2	658 405−	3876 848−	8 9639+	2429 697+	1575 443+	5 0726+
a_3	81 907−	95 014+	4960−	232 949+	334 335+	1993−
a_4	9 453+	12 815+	140+	9 564−	9 186+	819−
a_5	1 107+	347−		2 875−	325−	
	February 3			**February 11**		
a_0	116·1403 142+	16·1792 231+	0·9013 6743+	212·8262 333+	11·7363 400−	0·9568 3360+
a_1	12·1976 344+	1·9908 928−	0·0022 8407+	13·1248 853+	3·3516 228−	0·0110 7163+
a_2	836 355−	3518 395−	7 5637+	3042 337+	2630 363+	3 9749+
a_3	33 422−	142 729+	4386−	165 677+	367 134+	5302−
a_4	14 926+	11 024+	260+	24 374+	7 841+	1092−
a_5	432+	478−		3 389−	1 532−	
	February 4			**February 12**		
a_0	128·2525 067+	13·8518 182+	0·9043 6662+	226·2691 435+	14·7875 822−	0·9682 3879+
a_1	12·0265 227+	2·6475 829−	0·0036 7563+	13·7716 128+	2·7130 412−	0·0116 6387+
a_2	842 776−	3028 857−	6 4058+	3359 076+	3763 507+	1 7265+
a_3	30 263+	182 060+	3328−	34 947+	382 246+	9744−
a_4	16 943+	8 579+	329+	42 309−	249+	1196−
a_5	123−	447−		2 309−	3 178−	
	February 5			**February 13**		
a_0	140·1994 602+	10·9203 688+	0·9086 5283+	240·3756 967+	17·0863 409−	0·9799 6591+
a_1	11·8737 621+	3·1955 281−	0·0048 7012+	14·4358 377+	1·8471 566−	0·0116 6893+
a_2	651 583−	2435 678−	5 6047+	3186 807+	4879 890+	1 9077−
a_3	96 592+	212 003+	1987−	155 335−	350 825+	1 4653−
a_4	16 187+	6 313+	329+	54 899−	16 116−	986−
a_5	455−	284−		1 249+	4 335−	
	February 6			**February 14**		
a_0	152·0192 963+	7·5030 761+	0·9140 6684+	255·1093 166+	18·4124 711−	0·9912 8768+
a_1	11·7786 700+	3·6166 791−	0·0059 4462+	15·0052 687+	0·7745 440−	0·0108 0828+
a_2	269 262−	1764 624−	5 2033+	2403 915+	5792 181+	6 8750−
a_3	156 657+	234 562+	643−	359 832−	243 436+	1 8745−
a_4	13 812+	4 898+	245+	48 488+	38 759−	340−
a_5	639−	45−		5 887+	3 637−	
	February 7			**February 15**		
a_0	163·7880 232+	3·7338 763+	0·9205 2782+	270·3147 337+	18·5876 931−	1·0012 1763+
a_1	11·7770 198+	3·8972 978−	0·0069 7584+	15·3616 528+	0·4396 041+	0·0088 5731+
a_2	277 178+	1031 983−	5 1524+	1092 604+	6253 462+	12 6696−
a_3	205 388+	253 851+	366+	493 811−	53 697+	2 0207−
a_4	10 590+	4 714+	73+	17 309−	57 662−	716−
a_5	843−	200+		7 851+	714−	
	February 8			**February 16**		
a_0	175·6142 742+	0·2407 434−	0·9280 2328+	285·7353 200+	17·5232 107−	1·0086 1308+
a_1	11·8978 856+	4·0255 536−	0·0080 2023+	15·4290 293+	1·6829 878+	0·0057 4584+
a_2	948 448+	240 134−	5 2982+	413 954−	6061 473+	18 2657−
a_3	239 090+	274 784+	681+	485 994−	182 066−	1 7311−
a_4	6 422+	5 800+	180−	23 526+	61 009−	1900+
a_5	1 243−	348+		5 187+	2 849+	

Formula: Quantity in degrees = $a_0 + a_1 p + a_2 p^2 + a_3 p^3 + a_4 p^4 + a_5 p^5$

where p is the fraction of a day from 0^h TDT.

MOON, 1996

DAILY POLYNOMIAL COEFFICIENTS

	Apparent Right Ascension	Apparent Declination	Horizontal Parallax	Apparent Right Ascension	Apparent Declination	Horizontal Parallax
	February 17			**February 25**		
a_0	301·0772 259+	15·2580 982−	1·0123 7825+	50·0053 188+	15·4003 990+	0·9270 4658+
a_1	15·2124 389+	2·8176 859+	0·0016 4947+	12·6928 079+	2·2740 878+	0·0117 0736−
a_2	1678 934−	5177 841+	22 2941−	276 811−	3901 693−	11 8155+
a_3	342 674−	396 417−	9514−	29 524+	93 253−	8350+
a_4	49 367+	45 875−	2720+	13 598−	13 722+	1101−
a_5	451+	4 912+		662+	430−	
	February 18			**February 26**		
a_0	316·0924 857+	11·9663 662−	1·0117 3038+	62·6721 044+	17·2763 213+	0·9165 9325+
a_1	14·7938 186+	3·7184 349+	0·0029 8581−	12·6411 951+	1·4710 470+	0·0091 3783−
a_2	2406 411−	3762 573+	23 5148−	263 218−	4103 421−	13 6661+
a_3	142 551−	530 854−	1650+	18 017−	42 553−	3944+
a_4	50 511+	20 524−	2763+	10 282−	11 600+	889−
a_5	2 779−	4 766+		1 068+	229−	
	February 19			**February 27**		
a_0	330·6361 813+	7·9263 351−	1·0064 3721+	75·2842 547+	18·3339 080+	0·9088 5257+
a_1	14·2885 852+	4·3058 652+	0·0075 2862−	12·5795 680+	0·6421 224+	0·0063 2186−
a_2	2558 928−	2094 574+	21 3850−	368 281−	4163 767−	14 3217+
a_3	31 224+	566 173−	1 2919+	48 367−	1 618+	396+
a_4	35 704+	3 622+	2001+	4 891−	10 488+	694−
a_5	3 553−	3 195+		1 241+	124−	
	February 20			**February 28**		
a_0	344·6752 112+	3·4669 479−	0·9969 1928+	87·8217 929+	18·5608 520+	0·9039 5990+
a_1	13·7986 727+	4·5579 728+	0·0113 3798−	12·4900 658+	0·1860 121−	0·0034 7342−
a_2	2286 625−	449 726+	16 3450−	530 318−	4097 218−	14 0290+
a_3	138 854+	520 796−	2 0974+	55 590−	42 355+	2372−
a_4	17 565+	19 499+	817+	1 367+	9 889+	530−
a_5	2 900−	1 344+		1 121+	88−	
	February 21			**February 29**		
a_0	358·2605 732+	1·0860 022+	0·9841 6470+	100·2535 168+	17·9703 337+	0·9018 6035+
a_1	13·3885 810+	4·5001 494+	0·0139 4514−	12·3684 323+	0·9888 377−	0·0007 5999−
a_2	1793 694−	982 270−	9 5968−	677 681−	3911 698−	13 0039+
a_3	180 664+	430 162−	2 4149+	39 110−	81 039+	4488−
a_4	2 996+	25 925+	288−	6 977+	9 455+	386−
a_5	1 921−	39−		772+	75−	
	February 22			**March 1**		
a_0	11·4879 586+	5·4474 970+	0·9694 9848+	112·5510 449+	16·5993 682+	0·9023 5201+
a_1	13·0842 800+	4·1849 963+	0·0151 5164−	12·2243 394+	1·7431 208−	0·0016 9071+
a_2	1252 948−	2117 646−	2 5474−	745 447−	3612 595−	11 4303+
a_3	173 921+	327 264−	2 2851+	3 732−	118 124+	6034−
a_4	6 597−	25 434+	1005−	10 777+	9 085+	245−
a_5	1 089−	733−		338+	54−	
	February 23			**March 2**		
a_0	24·4635 673+	9·3904 724+	0·9543 1056+	124·7015 780+	14·5077 033+	0·9051 2295+
a_1	12·8826 843+	3·6730 947+	0·0150 1585−	12·0786 101+	2·4265 955−	0·0037 8593+
a_2	781 666−	2954 197−	3 6958+	688 619−	3204 246−	9 4777+
a_3	137 032+	232 942−	1 8708+	42 532+	153 946+	7020−
a_4	12 050−	21 573+	1292−	12 376+	8 827+	92−
a_5	432−	864−		42−	25−	
	February 24			**March 3**		
a_0	37·2805 401+	12·7469 241+	0·9398 3845+	136·7168 128+	11·7769 580+	0·9097 8553+
a_1	12·7624 257+	3·0205 701+	0·0137 6717−	11·9585 751+	3·0177 427−	0·0054 6718+
a_2	447 202−	3532 239−	8 5335+	487 210−	2689 693−	7 3216+
a_3	84 848+	155 192−	1 3468+	91 441+	189 015+	7391−
a_4	14 255−	17 166+	1273−	12 063+	8 724+	75+
a_5	139+	687−		317−	8−	

Formula: Quantity in degrees $= a_0 + a_1 p + a_2 p^2 + a_3 p^3 + a_4 p^4 + a_5 p^5$
where p is the fraction of a day from 0^h TDT.

DAILY POLYNOMIAL COEFFICIENTS

	Apparent Right Ascension	Apparent Declination	Horizontal Parallax
	March 4		
a_0	148·6369 856+	8·5100 191+	0·9159 1171+
a_1	11·8932 320+	3·4954 912−	0·0067 1278+
a_2	143 697+	2070 374−	5 1544+
a_3	136 393+	223 830+	7085−
a_4	10 399+	8 719+	238+
a_5	529−	17−	
	March 5		
a_0	160·5304 743+	4·8307 437+	0·9230 7146+
a_1	11·9093 056+	3·8389 377−	0·0075 4062+
a_2	322 576+	1346 728−	3 1753+
a_3	172 562+	258 510+	6115−
a_4	7 723+	8 674+	362+
a_5	767−	65−	
	March 6		
a_0	172·4899 892+	0·8838 451+	0·9308 7209+
a_1	12·0282 945+	4·0272 934−	0·0080 0676+
a_2	878 921+	519 796+	1 5596+
a_3	195 576+	292 485+	4634−
a_4	3 890+	8 400+	407+
a_5	1 124−	177−	
	March 7		
a_0	184·6260 100+	3·1653 570−	0·9389 9254+
a_1	12·2637 448+	4·0402 357−	0·0081 9596+
a_2	1477 734+	406 305+	4115+
a_3	199 597+	324 180+	2968−
a_4	1 741−	7 596+	340+
a_5	1 630−	407−	
	March 8		
a_0	197·0571 508+	7·1318 254−	0·9472 0336+
a_1	12·6176 589+	3·8588 865−	0·0082 0282+
a_2	2049 751+	1420 368+	2808−
a_3	176 038+	350 241+	1574−
a_4	10 017−	5 676+	157+
a_5	2 136−	842−	
	March 9		
a_0	209·8961 733+	10·8131 675−	0·9553 6393+
a_1	13·0753 459+	3·4678 918−	0·0081 0573+
a_2	2496 342+	2496 750+	6671−
a_3	114 581+	364 144+	926−
a_4	21 072−	1 574+	111−
a_5	2 203−	1 518−	
	March 10		
a_0	223·2302 840+	13·9949 643−	0·9633 9257+
a_1	13·5994 598+	2·8594 290−	0·0079 4007+
a_2	2691 523+	3583 442+	1 0208−
a_3	8 872+	354 831+	1377−
a_4	32 729−	6 040−	403−
a_5	1 166−	2 278−	
	March 11		
a_0	237·0963 939+	16·4613 979−	0·9712 1277+
a_1	14·1267 544+	2·0398 471−	0·0076 7848+
a_2	2510 017+	4588 870+	1 6826−
a_3	132 316−	307 683+	3024−
a_4	39 116−	17 701−	632−
a_5	1 253+	2 654−	
	March 12		
a_0	251·4571 321+	18·0136 252−	0·9786 8642+
a_1	14·5740 462+	1·0381 746−	0·0072 2590+
a_2	1890 914+	5379 114+	2 9713−
a_3	274 672−	210 669+	5619−
a_4	32 691−	31 413−	702−
a_5	4 057+	2 101−	
	March 13		
a_0	266·1899 391+	18·4961 729−	0·9855 5198+
a_1	14·8587 808+	0·0872 352+	0·0064 3495+
a_2	911 452+	5801 594+	5 0725−
a_3	364 215−	64 886+	8514−
a_4	11 437−	42 217−	526−
a_5	5 218+	573−	
	March 14		
a_0	281·1028 217+	17·8265 686−	0·9913 8927+
a_1	14·9298 391+	1·2498 487+	0·0051 4394+
a_2	197 516−	5737 230+	7 9281−
a_3	358 624−	108 679−	1 0704−
a_4	15 564+	45 009−	70−
a_5	3 704+	1 233+	
	March 15		
a_0	295·9789 736+	16·0182 424−	0·9956 3266+
a_1	14·7908 229+	2·3473 054+	0·0032 3437+
a_2	1142 968−	5153 515+	11 1608−
a_3	260 991−	275 655−	1 1028−
a_4	34 148+	38 520−	596−
a_5	754+	2 489+	
	March 16		
a_0	310·6328 908+	13·1867 541−	0·9976 4664+
a_1	14·4979 658+	3·2811 488+	0·0006 9525+
a_2	1713 604−	4120 359+	14 0904−
a_3	118 228−	404 598−	8605−
a_4	37 328+	25 772−	1278+
a_5	1 630−	2 907+	
	March 17		
a_0	324·9512 431+	9·5363 156−	0·9968 5959+
a_1	14·1338 914+	3·9749 857+	0·0023 2979−
a_2	1860 727−	2781 025+	15 8918−
a_3	14 198+	478 743−	3373−
a_4	28 543+	11 058−	1711+
a_5	2 596−	2 684+	
	March 18		
a_0	338·9030 763+	5·3319 390−	0·9929 2400+
a_1	13·7761 247+	4·3844 860+	0·0055 4081−
a_2	1672 902−	1305 296−	15 8772−
a_3	102 458+	496 475−	3626+
a_4	15 182+	2 441+	1703+
a_5	2 476−	2 098+	
	March 19		
a_0	352·5234 271+	0·8661 171−	0·9858 4875+
a_1	13·4771 171+	4·4986 271+	0·0085 3931−
a_2	1299 232−	148 507−	13 7815−
a_3	138 767+	466 163−	1 0554+
a_4	2 630+	12 935+	1256+
a_5	1 875−	1 353+	

Formula: Quantity in degrees $= a_0 + a_1 p + a_2 p^2 + a_3 p^3 + a_4 p^4 + a_5 p^5$

where p is the fraction of a day from 0^h TDT.

DAILY POLYNOMIAL COEFFICIENTS

March 20

	Apparent Right Ascension	Apparent Declination	Horizontal Parallax
	°	°	°
a_0	5·8845 733+	3·5724 718+	0·9760 4939+
a_1	13·2590 161+	4·3349 261+	0·0109 2873−
a_2	885 926−	1455 873−	9 8831−
a_3	130 960+	401 320−	1 5612+
a_4	6 836−	19 641+	565+
a_5	1 144−	620+	

March 21

	Apparent Right Ascension	Apparent Declination	Horizontal Parallax
a_0	19·0672 948+	7·7237 046+	0·9642 9411+
a_1	13·1178 137+	3·9315 208+	0·0124 1439−
a_2	545 518−	2535 810−	4 8811−
a_3	92 622+	316 906−	1 7834+
a_4	12 625+	22 645+	112−
a_5	381−	31+	

March 22

	Apparent Right Ascension	Apparent Declination	Horizontal Parallax
a_0	32·1385 184+	11·3722 213+	0·9515 6882+
a_1	13·0312 574+	3·3383 598+	0·0128 6013−
a_2	347 224−	3350 368−	3865+
a_3	38 751+	226 255−	1 7309+
a_4	14 579−	22 704+	600−
a_5	377+	365−	

March 23

	Apparent Right Ascension	Apparent Declination	Horizontal Parallax
a_0	45·1375 084+	14·3551 528+	0·9389 1443+
a_1	12·9677 960+	2·6093 085+	0·0122 8760−
a_2	314 677−	3896 573−	5 2112+
a_3	15 419−	139 228−	1 4836+
a_4	12 683−	20 806+	852−
a_5	1 021+	596−	

March 24

	Apparent Right Ascension	Apparent Declination	Horizontal Parallax
a_0	58·0711 286+	16·5629 022+	0·9272 8778+
a_1	12·8956 726+	1·7962 498+	0·0108 3439−
a_2	426 819−	4195 389−	9 1487+
a_3	55 730−	62 024−	1 1380+
a_4	7 498−	17 774+	915−
a_5	1 378+	703−	

March 25

	Apparent Right Ascension	Apparent Declination	Horizontal Parallax
a_0	70·9179 343+	17·9351 178+	0·9174 7291+
a_1	12·7912 793+	0·9453 227+	0·0086 9987−
a_2	625 217−	4281 859−	12 0149+
a_3	71 961−	2 039+	7698+
a_4	509−	14 208+	871−
a_5	1 339+	703−	

March 26

	Apparent Right Ascension	Apparent Declination	Horizontal Parallax
a_0	83·6395 788+	18·4538 090+	0·9100 4279+
a_1	12·6451 133+	0·0948 945+	0·0061 0079−
a_2	830 763−	4197 529−	13 8042+
a_3	60 816−	51 908+	4211+
a_4	6 228+	10 648+	789−
a_5	963+	589−	

March 27

	Apparent Right Ascension	Apparent Declination	Horizontal Parallax
a_0	96·1962 533+	18·1351 472+	0·9053 5665+
a_1	12·4636 880+	0·7250 742+	0·0032 4518−
a_2	966 229−	3983 815−	14 5963+
a_3	26 568−	88 730+	1059+
a_4	10 990+	7 669+	714−
a_5	447+	372−	

March 28

	Apparent Right Ascension	Apparent Declination	Horizontal Parallax
	°	°	°
a_0	108·5618 053+	17·0212 943+	0·9035 7456+
a_1	12·2670 907+	1·4923 363−	0·0003 2268−
a_2	975 551−	3675 332−	14 4877+
a_3	21 598+	115 844+	1790−
a_4	13 106+	5 802+	656−
a_5	7−	93−	

March 29

	Apparent Right Ascension	Apparent Declination	Horizontal Parallax
a_0	120·7348 107+	15·1735 799+	0·9046 7617+
a_1	12·0836 985+	2·1903 753−	0·0024 9489+
a_2	832 220−	3293 918−	13 5585+
a_3	73 775+	138 279+	4416−
a_4	12 942+	5 360+	606−
a_5	303−	185+	

March 30

	Apparent Right Ascension	Apparent Declination	Horizontal Parallax
a_0	132·7439 285+	12·6681 952+	0·9084 7669+
a_1	11·9444 119+	2·8054 385−	0·0050 4984+
a_2	536 298−	2845 060−	11 8720+
a_3	122 411+	161 694+	6854−
a_4	11 328+	6 341+	537−
a_5	468−	398+	

March 31

	Apparent Right Ascension	Apparent Declination	Horizontal Parallax
a_0	144·6480 376+	9·5950 939+	0·9146 3984+
a_1	11·8781 724+	3·3232 070−	0·0071 9716+
a_2	105 798−	2317 939−	9 4978+
a_3	162 954+	191 088+	9023−
a_4	8 941+	8 410+	413−
a_5	605−	485+	

April 1

	Apparent Right Ascension	Apparent Declination	Horizontal Parallax
a_0	156·5327 592+	6·0600 913+	0·9226 9243+
a_1	11·9091 727+	3·7258 622−	0·0088 0952+
a_2	430 650+	1689 350−	6 5497+
a_3	192 527+	229 521+	1 0702−
a_4	5 916+	10 938+	207−
a_5	829−	387+	

April 2

	Apparent Right Ascension	Apparent Declination	Horizontal Parallax
a_0	168·5047 584+	2·1893 787+	0·9320 4783+
a_1	12·0550 124+	3·9903 076−	0·0097 9011+
a_2	1035 431+	931 267−	3 2238+
a_3	207 657+	276 953+	1 1553−
a_4	1 787+	13 001+	79+
a_5	1 235−	55+	

April 3

	Apparent Right Ascension	Apparent Declination	Horizontal Parallax
a_0	180·6841 347+	1·8650 547−	0·9420 4559+
a_1	12·3244 922+	4·0882 481−	0·0100 9145+
a_2	1656 760+	21 833−	1845−
a_3	202 115+	329 157+	1 1236−
a_4	4 403+	13 405+	403+
a_5	1 809−	548−	

April 4

	Apparent Right Ascension	Apparent Declination	Horizontal Parallax
a_0	193·1938 930+	5·9212 848−	0·9520 1027+
a_1	12·7138 122+	3·9887 810−	0·0097 3362+
a_2	2218 554+	1040 601+	3 3048−
a_3	166 116+	376 805+	9592−
a_4	13 637−	10 767+	681+
a_5	2 309−	1 402−	

Formula: Quantity in degrees = $a_0 + a_1 p + a_2 p^2 + a_3 p^3 + a_4 p^4 + a_5 p^5$
where p is the fraction of a day from 0^h TDT.

DAILY POLYNOMIAL COEFFICIENTS

	Apparent Right Ascension	Apparent Declination	Horizontal Parallax	Apparent Right Ascension	Apparent Declination	Horizontal Parallax
	April 5			**April 13**		
a_0	206·1445 777+	9·7673 887−	0·9613 2429+	320·9820 642+	10·5945 950−	0·9855 6848+
a_1	13·2007 491+	3·6640 147−	0·0088 1215+	13·8621 029+	3·7002 092+	0·0026 0726−
a_2	2611 911+	2221 598+	5 7700−	1942 520−	2960 233+	7 4685−
a_3	88 582+	405 313+	6811−	69 353+	412 651−	2481−
a_4	25 679−	3 753+	815+	27 439+	7 818−	174+
a_5	2 156−	2 346−		2 763−	1 429+	
	April 6			**April 14**		
a_0	219·6125 925+	13·1685 716−	0·9694 9949+	334·6593 180+	6·6402 666−	0·9821 9129+
a_1	13·7383 579+	3·0977 736−	0·0074 8647+	13·5039 992+	4·1660 472+	0·0041 6843−
a_2	2701 905+	3436 567+	7 3263−	1597 509−	1689 638+	8 0972−
a_3	34 802−	396 512+	3484−	151 612+	429 843−	1770−
a_4	37 191−	8 197−	748+	13 348+	813−	536+
a_5	632−	2 981−		2 503−	1 069+	
	April 7			**April 15**		
a_0	233·6138 785+	15·8841 552−	0·9762 2598+	348·0198 120+	2·3482 143−	0·9772 0080+
a_1	14·2531 093+	2·2962 758−	0·0059 4667+	13·2340 691+	4·3752 309+	0·0058 1952−
a_2	2367 959+	4547 045+	7 9301−	1087 645−	405 901+	8 2989−
a_3	188 230−	334 061+	441−	180 275+	422 473−	426+
a_4	40 794−	23 550−	495+	725+	4 432+	792+
a_5	2 275+	2 743−		1 979−	959+	
	April 8			**April 16**		
a_0	248·0811 087+	17·6949 497−	0·9813 8018+	1·1630 186+	2·0258 985+	0·9705 6355+
a_1	14·6550 546+	1·2974 383−	0·0043 6725+	13·0699 236+	4·3319 215+	0·0074 3484−
a_2	1581 307+	5380 440+	7 7759−	562 283−	825 341−	7 6945−
a_3	327 129−	213 225+	1553+	163 730+	395 164−	3662+
a_4	28 942−	37 681+	144+	9 257−	9 206+	850+
a_5	5 012+	1 361−		1 399−	945+	
	April 9			**April 17**		
a_0	262·8591 881+	18·4369 257−	0·9849 8681+	14·1920 212+	6·2367 846+	0·9624 0438+
a_1	14·8641 069+	0·1731 336−	0·0028 6440+	13·0021 843+	4·0524 588+	0·0088 2983−
a_2	476 544+	5780 413+	7 2336−	140 660−	1946 146−	6 0903−
a_3	392 565−	50 007+	2102+	113 119+	348 942−	7124+
a_4	2 713−	44 508−	183−	16 394−	13 967+	699+
a_5	5 395+	608+		698−	863+	
	April 10			**April 18**		
a_0	277·7319 610+	18·0314 073−	0·9871 4704+	27·1897 422+	10·0612 175+	0·9530 4375+
a_1	14·8432 556+	0·9804 537+	0·0014 7340+	13·0010 824+	3·5645 648+	0·0098 0620−
a_2	663 386+	5669 524+	6 7187−	93 319+	2900 539−	3 5430−
a_3	350 777−	121 099−	1313+	41 086+	284 598−	9950+
a_4	25 011+	41 073−	375−	20 036−	18 342+	401+
a_5	3 054+	2 078+		211+	609+	
	April 11			**April 19**		
a_0	292·4766 069+	16·5000 106−	0·9879 5794+	40·2022 826+	13·3091 637+	0·9429 8676+
a_1	14·6168 735+	2·0626 393+	0·0001 5400+	13·0241 643+	2·9067 184+	0·0102 0026−
a_2	1535 149−	5080 635+	6 5498−	98 455+	3638 185−	3280−
a_3	221 979−	264 380−	256−	36 369−	205 393−	1 1552+
a_4	40 056+	30 248−	370−	19 032−	21 439+	60+
a_5	102−	2 447+		1 219+	170+	
	April 12			**April 20**		
a_0	306·9217 631+	13·9585 259−	0·9874 5071+	53·2308 743+	15·8336 852+	0·9328 6982+
a_1	14·2592 192+	2·9885 762+	0·0011 7845−	13·0259 425+	2·1261 237+	0·0099 1690−
a_2	1961 880−	4130 502+	6 8421−	112 641−	4124 028−	3 1646+
a_3	63 974−	361 135−	1792−	99 870−	118 242−	1 1769+
a_4	38 839+	17 836−	165−	12 813−	22 289+	235−
a_5	2 166−	2 016+		1 967+	368−	

Formula: Quantity in degrees $= a_0 + a_1 p + a_2 p^2 + a_3 p^3 + a_4 p^4 + a_5 p^5$
where p is the fraction of a day from 0^{h} TDT.

MOON, 1996

DAILY POLYNOMIAL COEFFICIENTS

	Apparent Right Ascension	Apparent Declination	Horizontal Parallax
April 21			
a_0	66·2344 811+	17·5377 740+	0·9233 8472+
a_1	12·9693 118+	1·2745 763+	0·0089 4033−
a_2	469 433−	4348 716−	6 5478+
a_3	131 372−	33 036−	1 0799+
a_4	2 744−	20 371+	441−
a_5	2 090+	833−	
April 22			
a_0	79·1436 470+	18·3761 288+	0·9152 0274+
a_1	12·8359 602+	0·4026 540+	0·0073 2448−
a_2	859 104+	4333 946−	9 5188+
a_3	121 757−	39 994+	9009+
a_4	7 867+	16 078+	561−
a_5	1 547+	1 048−	
April 23			
a_0	91·8824 626+	18·3508 906+	0·9089 1462+
a_1	12·6315 318+	0·4462 297−	0·0051 7289−
a_2	1161 711−	4127 993−	11 8830+
a_3	75 314−	93 882+	6753+
a_4	15 579+	10 716+	622−
a_5	676+	946−	
April 24			
a_0	104·3919 173+	17·5022 268+	0·9049 9134+
a_1	12·3831 640+	1·2398 496−	0·0026 1859−
a_2	1287 454+	3791 515−	13 5343+
a_3	6 683−	127 491+	4262+
a_4	18 787+	5 919+	662−
a_5	93−	594−	
April 25			
a_0	116·6475 371+	15·8965 072+	0·9037 6218+
a_1	12·1311 362+	1·9578 342−	0·0001 8965+
a_2	1195 751−	3379 467−	14 4142+
a_3	67 273+	145 497+	1618+
a_4	18 116+	2 942+	708−
a_5	536−	128−	
April 26			
a_0	128·6675 834+	13·6155 575+	0·9054 0235+
a_1	11·9191 461+	2·5889 651−	0·0030 9271+
a_2	890 626+	2926 597−	14 4730+
a_3	134 284+	156 248+	1208−
a_4	15 288+	2 336+	770−
a_5	686−	328+	
April 27			
a_0	140·5125 555+	10·7498 239+	0·9099 2257+
a_1	11·7870 782+	3·1263 113−	0·0059 2026+
a_2	402 925−	2440 545−	13 6464+
a_3	188 548+	169 083+	4292−
a_4	11 790+	4 043+	836−
a_5	720−	691+	
April 28			
a_0	152·2793 030+	7·3968 398+	0·9171 5619+
a_1	11·7674 133+	3·5617 323−	0·0084 8731+
a_2	226 250+	1902 105−	11 8561+
a_3	228 433+	192 283+	7658−
a_4	8 200+	7 605+	866−
a_5	844−	891+	

	Apparent Right Ascension	Apparent Declination	Horizontal Parallax
April 29			
a_0	164·0929 202+	3·6649 750+	0·9267 4387+
a_1	11·8840 507+	3·8809 808−	0·0105 9412+
a_2	952 308+	1270 687−	9 0412+
a_3	252 567+	231 567+	1 1168−
a_4	4 052+	12 221+	796−
a_5	1 233−	820+	
April 30			
a_0	176·0977 404+	0·3186 137−	0·9381 2248+
a_1	12·1512 860+	4·0603 504−	0·0120 3547+
a_2	1721 996+	494 427−	5 2212+
a_3	256 026+	288 345+	1 4416−
a_4	2 035+	16 553+	552−
a_5	1 974−	315+	
May 1			
a_0	188·4464 277+	4·3978 854−	0·9505 3040+
a_1	12·5706 908+	4·0659 548−	0·0126 2514+
a_2	2458 100+	473 120+	5797+
a_3	227 623+	357 060+	1 6691−
a_4	11 983−	18 409+	94−
a_5	2 912−	785−	
May 2			
a_0	201·2842 012+	8·3790 598−	0·9630 4566+
a_1	13·1243 477+	3·8572 437−	0·0122 3655+
a_2	3039 864+	1646 930+	4 4649−
a_3	150 350+	421 883+	1 7103−
a_4	27 035−	14 666+	531+
a_5	3 363−	2 445−	
May 3			
a_0	214·7245 306+	12·0282 001−	0·9746 7001+
a_1	13·7649 318+	3·3966 504−	0·0108 5174+
a_2	3294 912+	2976 104+	9 2579−
a_3	9 373+	455 165+	1 4947−
a_4	44 895−	·2 250+	1164+
a_5	2 049−	4 105−	
May 4			
a_0	228·8151 964+	15·0819 091−	0·9844 5812+
a_1	14·4077 478+	2·6660 330−	0·0085 9835+
a_2	3033 010+	4313 943+	13 0311−
a_3	188 489−	422 882+	1 0186−
a_4	56 165−	19 027−	1576+
a_5	1 824+	4 567−	
May 5			
a_0	243·5019 622+	17·2766 190−	0·9916 6727+
a_1	14·9362 543+	1·6862 722−	0·0057 4969+
a_2	2148 833+	5422 622+	15 1404−
a_3	392 289−	302 130+	3740−
a_4	46 696−	42 806−	1594+
a_5	6 520+	2 792−	
May 6			
a_0	258·6098 532+	18·3949 756−	0·9958 8146+
a_1	15·2329 173+	0·5296 227−	0·0026 7323+
a_2	757 249+	6044 228+	15 3179−
a_3	513 015−	104 914+	2745−
a_4	12 192−	57 024−	1209+
a_5	8 096+	607+	

Formula: Quantity in degrees $= a_0 + a_1 p + a_2 p^2 + a_3 p^3 + a_4 p^4 + a_5 p^5$

where p is the fraction of a day from 0^h TDT.

DAILY POLYNOMIAL COEFFICIENTS

	Apparent Right Ascension	Apparent Declination	Horizontal Parallax	Apparent Right Ascension	Apparent Declination	Horizontal Parallax
	May 7			**May 15**		
a_0	273·8667 844+	18·3153 259−	0·9970 6244+	23·3190 383+	8·9501 735+	0·9483 7087+
a_1	15·2296 306+	0·6881 939+	0·0002 5962−	12·7613 929+	3·6845 556+	0·0083 5489−
a_2	773 781−	6022 994+	13 7880−	267 391+	2467 692−	5354−
a_3	482 577−	115 528−	7617+	106 866+	286 896−	2208+
a_4	29 781+	53 278−	590+	22 465−	10 936+	338+
a_5	4 948+	3 397+		453−	794+	
	May 8			**May 16**		
a_0	288·9742 522+	17·0413 735−	0·9955 0608+	36·1155 651+	12·3604 433+	0·9399 8790+
a_1	14·9444 824+	1·8385 223+	0·0027 6513−	12·8377 197+	3·1097 197+	0·0083 8218−
a_2	1993 393−	5390 844+	11 1678−	448 634+	3254 810−	3313+
a_3	316 727−	294 296−	9941+	13 116+	235 195−	3597+
a_4	54 255+	35 369−	24−	24 933−	15 033+	383+
a_5	69+	4 007+		611+	822+	
	May 9			**May 17**		
a_0	303·6931 549+	14·6963 327−	0·9917 2333+	48·9970 275+	15·1227 478+	0·9316 7865+
a_1	14·4725 185+	2·8162 569+	0·0047 0147−	12·9217 147+	2·3946 226+	0·0081 9268−
a_2	2617 534−	4335 871+	8 2133−	344 478+	3861 964−	1 6383+
a_3	100 813−	396 315−	9766+	79 803−	167 048−	5158+
a_4	53 437+	14 921−	451−	21 898−	19 286+	322+
a_5	3 021−	2 888+		1 809+	466+	
	May 10			**May 18**		
a_0	317·8988 802+	11·4873 235−	0·9862 9369+	61·9432 008+	17·1164 444+	0·9237 0459+
a_1	13·9386 311+	3·5600 105+	0·0060 6923−	12·9588 153+	1·5800 620+	0·0076 9740−
a_2	2629 700−	3086 261+	5 5593−	8 208−	4242 725−	3 3747+
a_3	82 307+	427 976−	7879+	148 859+	85 615−	6462+
a_4	37 465+	584−	620−	12 613−	21 681+	189+
a_5	3 673−	1 388+		2 588+	183−	
	May 11			**May 19**		
a_0	331·5861 513+	7·6614 041+	0·9797 4112+	74·8853 069+	18·2658 222+	0·9164 1117+
a_1	13·4505 334+	4·0493 290+	0·0069 6953−	12·9087 650+	0·7144 127+	0·0068 2104−
a_2	2194 775−	1812 661+	3 5655−	504 539−	4371 326−	5 4218+
a_3	195 761+	417 019−	5338+	173 491−	1 096−	7223+
a_4	18 789+	6 061+	557−	661+	20 693+	27+
a_5	3 067−	379+		2 483+	836−	
	May 12			**May 20**		
a_0	344·8383 556+	3·4718 670+	0·9724 6285+	87·7265 834+	18·5449 785+	0·9102 0479+
a_1	13·0762 900+	4·2893 687+	0·0075 4478−	12·7573 152+	0·1523 223−	0·0055 1895−
a_2	1525 436−	601 714+	2 2916−	996 196−	4258 837−	7 5995+
a_3	240 702+	389 199−	3077+	146 530−	73 118+	7325+
a_4	3 441+	7 691+	341−	13 238+	16 346+	134−
a_5	2 277−	29+		1 577+	1 182−	
	May 13			**May 21**		
a_0	357·7862 886+	0·8395 251+	0·9647 1628+	100·3711 074+	17·9756 006+	0·9055 1770+
a_1	12·8436 518+	4·2960 425+	0·0079 2442−	12·5201 991+	0·9762 070−	0·0037 8468−
a_2	805 467−	519 479−	1 5646−	1340 617−	3953 251−	9 7119+
a_3	232 039+	358 084−	1708+	78 466−	126 724+	6782+
a_4	7 932−	7 672+	68+	21 021+	10 274+	278−
a_5	1 681−	157+		431+	1 101−	
	May 14			**May 22**		
a_0	10·5716 362+	5·0485 940+	0·9566 5181+	112·7515 433+	16·6176 581+	0·9027 6926+
a_1	12·7481 576+	4·0878 687+	0·0081 8879−	12·2371 586+	1·7252 807+	0·0016 4995−
a_2	173 772−	1546 148−	1 0851−	1445 628−	3522 461−	11 5755+
a_3	183 810+	325 641−	1458+	9 437+	157 037+	5667+
a_4	16 428−	8 399+	179+	22 927+	4 681+	410−
a_5	1 166−	498+		409−	695−	

Formula: Quantity in degrees $= a_0 + a_1 p + a_2 p^2 + a_3 p^3 + a_4 p^4 + a_5 p^5$

where p is the fraction of a day from 0^h TDT.

DAILY POLYNOMIAL COEFFICIENTS

	Apparent Right Ascension	Apparent Declination	Horizontal Parallax	Apparent Right Ascension	Apparent Declination	Horizontal Parallax
	May 23			**May 31**		
a_0	124·8473 347+	14·5562 336+	0·9023 2943+	222·9699 698+	13·8852 100−	0·9832 0985+
a_1	11·9598 304+	2·3811 364−	0·0008 1878+	14·1793 846+	3·0425 167−	0·0134 9253+
a_2	1283 883−	3030 215−	13 0257+	3896 199+	3634 718+	9 4126−
a_3	96 840+	169 121+	4032+	46 399−	482 292+	2 2704−
a_4	20 641+	1 198+	543−	61 896−	854+	836+
a_5	772−	153−		1 875−	5 602−	
	May 24			**June 1**		
a_0	136·6904 477+	11·8890 923+	0·9044 8568+	237·5279 574+	16·5165 006−	0·9955 4244+
a_1	11·7399 761+	2·9360 400−	0·0035 2320+	14·9190 163+	2·1733 455−	0·0109 6234+
a_2	877 270−	2517 191−	13 9051+	3366 706+	5030 504+	15 6903−
a_3	171 652+	172 686+	1869+	309 206−	429 572+	1 9305−
a_4	16 636+	471+	695−	72 426−	28 473−	1886+
a_5	808−	377+		4 372+	5 888−	
	May 25			**June 2**		
a_0	148·3614 448+	8·7186 866+	0·9094 1113+	252·7459 184+	18·1472 745−	1·0047 6156+
a_1	11·6222 680+	3·3872 947+	0·0063 3251+	15·4728 179+	1·0527 023−	0·0073 2068+
a_2	270 593−	1992 521−	14 0435+	2048 453+	6089 305+	20 3303−
a_3	230 123+	178 597+	902−	551 969−	258 698+	1 1565−
a_4	12 565+	2 422+	872−	49 103−	59 310−	2536+
a_5	781−	817+		10 239+	2 567−	
	May 26			**June 3**		
a_0	159·9808 442+	5·1503 234+	0·9171 3025+	268·3644 983+	18·5713 642−	1·0099 5892+
a_1	11·6418 216+	3·7308 421−	0·0090 7927+	15·7023 956+	0·2177 664+	0·0030 0923+
a_2	487 358+	1434 007−	13 2440+	200 745+	6483 880+	22 2803−
a_3	272 470+	196 621+	4394−	646 251−	1 325−	1173−
a_4	8 729+	6 609+	1057−	5 184+	72 078−	2469+
a_5	952−	1 103+		9 816+	2 569+	
	May 27			**June 4**		
a_0	171·6994 262+	1·2965 139+	0·9274 7941+	284·0238 432+	17·7122 932−	1·0107 5306+
a_1	11·8240 489+	3·9554 619−	0·0115 5395+	15·5556 437+	1·4866 020−	0·0013 8319−
a_2	1347 633+	793 427−	11 2874+	1608 594−	6073 337+	21 1737−
a_3	297 523+	234 082+	8652−	530 856−	262 172−	8874−
a_4	4 112+	12 305+	1193−	55 414+	57 800−	1725+
a_5	1 543−	1 103+		3 542+	5 666+	
	May 28			**June 5**		
a_0	183·6882 477+	2·7135 417−	0·9400 6364+	299·3714 375+	15·6497 880−	1·0073 5848+
a_1	12·1837 045+	4·0384 498−	0·0135 0408+	15·0985 981+	2·6023 307+	0·0052 8270−
a_2	2249 455+	6 273−	7 9764+	2833 456+	4996 862+	17 5091−
a_3	297 900+	293 999+	1 3496−	277 220−	436 902−	1 5800+
a_4	3 466−	18 130+	1176−	71 795+	28 245−	667+
a_5	2 667−	557+		2 478−	5 242+	
	May 29			**June 6**		
a_0	196·1260 744+	6·7213 501−	0·9542 1865+	314·1658 997+	12·5937 616+	1·0004 8953+
a_1	12·7202 441+	3·9439 758−	0·0146 4738+	14·4762 172+	3·4619 529+	0·0082 8390−
a_2	3095 662+	990 140+	3 2318+	3259 372−	3569 142+	12 3984−
a_3	256 605+	371 251+	1 8312−	16 187−	498 741−	1 8377+
a_4	16 917−	21 342+	869−	57 784+	1 782−	281−
a_5	4 036−	867−		4 743−	2 957+	
	May 30			**June 7**		
a_0	209·1794 499+	10·5271 393+	0·9689 9741+	328·3198 651+	8·8246 511−	0·9911 4674+
a_1	13·4075 728+	3·6264 718+	0·0147 0956+	13·8402 292+	4·0269 223+	0·0102 2358−
a_2	3723 478+	2223 323+	2 7618−	3008 781−	2091 745+	7 0721−
a_3	148 385+	446 594+	2 1915−	167 753+	477 521−	1 7123+
a_4	37 934−	17 318+	179−	33 329+	12 658+	868−
a_5	4 458−	3 225−		4 245−	831+	

Formula: Quantity in degrees $= a_0 + a_1 p + a_2 p^2 + a_3 p^3 + a_4 p^4 + a_5 p^5$

where p is the fraction of a day from 0^h TDT.

DAILY POLYNOMIAL COEFFICIENTS

	Apparent Right Ascension	Apparent Declination	Horizontal Parallax	Apparent Right Ascension	Apparent Declination	Horizontal Parallax
	June 8			**June 16**		
a_0	341·8788 999+	4·6349 576+	0·9803 7849+	84·0880 772+	18·6044 923+	0·9090 6710+
a_1	13·3000 093+	4·3074 922+	0·0111 5911−	12·7600 977+	0·1323 534+	0·0050 7081−
a_2	2348 022−	743 374+	2 4624−	609 926−	4283 427−	5 9475+
a_3	259 324+	419 258+	1 3538+	173 767−	34 823+	2676+
a_4	12 026+	16 379+	1065−	3 694+	18 871+	269+
a_5	2 993−	327−		2 357+	766−	
	June 9			**June 17**		
a_0	354·9709 428+	0·2934 485−	0·9690 9788+	96·7704 107+	18·3137 957+	0·9046 2048+
a_1	12·9115 174+	4·3367 775+	0·0112 8808−	12·5886 373+	0·7067 202−	0·0037 9028−
a_2	1527 814+	419 442−	9626+	1085 488−	4073 417−	6 9091+
a_3	278 071+	357 179−	9206+	135 995−	102 450+	3768+
a_4	2 825−	14 432+	974−	15 583+	14 884+	189+
a_5	2 011−	601−		1 332+	1 104−	
	June 10			**June 18**		
a_0	7·7570 022+	3·9670 500+	0·9579 8838+	109·2385 911+	17·2113 568+	0·9015 6069+
a_1	12·6872 407+	4·1512 080+	0·0108 5835−	12·3376 387+	1·4852 672−	0·0022 8783−
a_2	730 672−	1410 426−	3 1478+	1386 692−	3687 830−	8 1494+
a_3	247 013+	305 317−	5279+	60 980−	150 976+	4536+
a_4	12 839−	11 254+	724−	22 095+	9 211+	68+
a_5	1 410−	335−		221+	1 036−	
	June 11			**June 19**		
a_0	20·3944 521+	7·9477 757+	0·9474 9037+	121·4336 941+	15·3732 217+	0·9001 3384+
a_1	12·6093 702+	3·7818 627+	0·0100 9939−	12·0509 535+	2·1743 737−	0·0005 1916−
a_2	80 792−	2262 208−	4 3063+	1434 906−	3190 009−	9 5462+
a_3	181 863+	263 369−	2378+	29 184+	177 670+	4815+
a_4	19 992−	9 530+	422−	22 934+	3 950+	81−
a_5	899−	153+		508−	659−	
	June 12			**June 20**		
a_0	33·0118 402+	11·4780 490+	0·9378 4117+	133·3463 179+	12·8979 432+	0·9006 1663+
a_1	12·6393 250+	3·2542 993+	0·0091 8366−	11·7816 468+	2·7578 234−	0·0015 3128+
a_2	335 809+	2993 601−	4 7753+	1214 869−	2639 888−	10 9366+
a_3	93 340+	223 475−	704+	115 685+	187 174+	4498+
a_4	24 697−	10 352+	138−	20 173+	648+	253−
a_5	145−	587+		770−	149−	
	June 13			**June 21**		
a_0	45·6915 958+	14·4117 347+	0·9291 4069+	145·0199 867+	9·8948 983+	0·9032 8402+
a_1	12·7245 386+	2·5929 713+	0·0082 1300−	11·5810 630+	3·2294 632−	0·0038 4346+
a_2	466 162+	3596 022−	4 9107+	754 499−	2075 956−	12 1284+
a_3	6 262−	176 114−	176+	188 677+	188 574+	3498+
a_4	25 602−	13 431+	87+	16 209+	61−	452−
a_5	958+	733+		756−	358+	
	June 14			**June 22**		
a_0	58·4596 600+	16·6289 087+	0·9214 2139+	156·5460 128+	6·4767 266+	0·9083 7079+
a_1	12·8061 317+	1·8266 709+	0·0072 2211−	11·4928 719+	3·5879 270−	0·0063 5603+
a_2	303 335+	4036 432−	5 0199+	98 785−	1507 008−	12 8996+
a_3	98 439−	115 222−	550+	245 951+	192 162+	1705+
a_4	20 786−	17 254+	231+	12 422+	1 788+	686−
a_5	2 095+	460+		741−	790+	
	June 15			**June 23**		
a_0	71·2844 122+	18·0421 856+	0·9147 0908+	168·0547 695+	2·7575 728+	0·9160 2695+
a_1	12·8300 008+	0·9919 488+	0·0061 9238−	11·5514 986+	3·8305 694−	0·0089 5963+
a_2	95 716−	4273 964−	5 3252+	706 201+	911 874−	12 9907+
a_3	160 290−	41 949−	1499+	288 085+	207 387+	1031−
a_4	10 037−	19 632+	289+	8 815+	5 834+	957−
a_5	2 685+	140−		986−	1 086+	

Formula: Quantity in degrees $= a_0 + a_1 p + a_2 p^2 + a_3 p^3 + a_4 p^4 + a_5 p^5$
where p is the fraction of a day from 0^h TDT.

DAILY POLYNOMIAL COEFFICIENTS

	Apparent Right Ascension	Apparent Declination	Horizontal Parallax	Apparent Right Ascension	Apparent Declination	Horizontal Parallax
	June 24			**July 2**		
a_0	179·7064 794+	1·1427 531+	0·9262 6577+	293·2651 190+	16·7140 089−	1·0209 6784+
a_1	11·7821 960+	3·9478 511+	0·0114 8855+	15·7107 418+	2·1800 153+	0·0004 0404−
a_2	1613 496+	243 815−	12 0984+	1903 461+	5897 113+	26 8741−
a_3	313 045+	241 591+	4866−	521 734−	366 689−	4016+
a_4	4 060+	11 444+	1237−	65 874+	58 371−	2980+
a_5	1 725−	1 105+		2 173+	6 786+	
	June 25			**July 3**		
a_0	191·6815 632+	5·0895 717−	0·9389 0312+	308·7401 461+	13·9861 097−	1·0179 4635+
a_1	12·1995 691+	3·9190 075−	0·0137 1273+	15·2009 595+	3·2294 746+	0·0055 3908−
a_2	2559 761+	560 721+	9 8899+	3051 949−	4514 865+	23 9181−
a_3	311 269+	298 084+	9857−	239 869−	532 789−	1 6114+
a_4	4 404−	17 300+	1447−	74 953+	23 122−	1777+
a_5	3 057−	552+		3 667−	5 866+	
	June 26			**July 4**		
a_0	204·1674 892+	8·9209 135−	0·9534 9181+	323·6190 524+	10·3601 530−	1·0101 9437+
a_1	12·8016 105+	3·7102 439−	0·0153 3709+	14·5467 548+	3·9662 923+	0·0097 6819−
a_2	3436 538+	1564 367+	6 0654+	3358 756−	2836 456+	18 0612−
a_3	262 225+	371 911+	1 5744−	22 304+	568 198−	2 3192+
a_4	19 875−	20 545+	1437−	54 999+	6 399+	350+
a_5	4 582−	976−		5 194−	3 058+	
	June 27			**July 5**		
a_0	217·3365 303+	12·4355 727−	0·9692 6364+	337·8371 425+	6·1660 893−	0·9988 5546+
a_1	13·5573 445+	3·2780 702−	0·0160 2028+	13·9010 986+	4·3672 095+	0·0126 7077−
a_2	4057 972+	2793 662+	4932+	3013 885−	1200 765+	10 9278−
a_3	136 841+	442 833+	2 1655−	190 879+	513 437−	2 4432+
a_4	43 866−	16 027+	1016−	28 441+	21 246+	753−
a_5	4 790−	3 584−		4 201−	613+	
	June 28			**July 6**		
a_0	231·3084 906+	15·3887 490−	0·9851 0654+	351·4583 646+	1·7279 612−	0·9853 2869+
a_1	14·3900 541+	2·5818 718−	0·0154 2854+	13·3648 629+	4·4621 345+	0·0141 5359−
a_2	4157 106+	4182 423+	6 5831−	2312 619−	206 021−	4 0678−
a_3	84 471+	469 648+	2 5895−	263 446+	423 077−	2 1245+
a_4	69 779−	2 314−	55−	7 450+	23 806+	1316−
a_5	1 306−	6 197−		2 780−	663−	
	June 29			**July 7**		
a_0	246·0986 997+	17·5062 648−	0·9996 1728+	4·6187 772+	2·6735 778+	0·9709 6761+
a_1	15·1675 776+	1·6085 169−	0·0133 3283+	12·9829 642+	4·3031 977+	0·0143 8251−
a_2	3471 811+	5515 286+	14 3419−	1505 370−	1339 101−	1 5130+
a_3	372 522−	398 433+	2 6197−	266 050+	334 656−	1 5859+
a_4	77 276−	34 877−	1333+	6 321−	20 148+	1409−
a_5	6 023+	6 279−		1 755−	937−	
	June 30			**July 8**		
a_0	261·5690 810+	18·5275 254−	1·0112 6729+	17·4770 017+	6·8113 210−	0·9568 8091+
a_1	15·7222 905+	0·4030 152−	0·0097 3191+	12·7583 001+	3·9425 719+	0·0136 6052−
a_2	1951 124+	6438 313+	21 3602−	762 701−	2231 577−	5 4311+
a_3	618 276−	198 464+	2 0750−	223 609+	263 268−	1 0161+
a_4	44 943−	67 830−	2680+	15 071−	15 293+	1217−
a_5	11 710+	2 179−		1 097−	636−	
	July 1			**July 9**		
a_0	277·4213 331+	18·2738 637−	1·0186 8248+	30·1797 758+	10·5058 741−	0·9438 5294+
a_1	15·9149 082+	0·9159 718+	0·0049 4474+	12·6662 665+	3·4230 759+	0·0123 1815−
a_2	55 788−	6604 977+	25 9566−	193 295−	2935 994−	7 7589+
a_3	682 075−	91 363−	9722−	152 710+	208 175−	5275+
a_4	16 983+	78 454−	3351+	20 660−	12 076+	904−
a_5	9 658+	3 670+		494−	134−	

Formula: Quantity in degrees $= a_0 + a_1 p + a_2 p^2 + a_3 p^3 + a_4 p^4 + a_5 p^5$

where p is the fraction of a day from 0^h TDT.

DAILY POLYNOMIAL COEFFICIENTS

July 10

	Apparent Right Ascension	Apparent Declination	Horizontal Parallax
a_0	42·8398 684+	13·6157 272+	0·9323 5439+
a_1	12·6649 103+	2·7781 881+	0·0106 4430−
a_2	135 898+	3489 403−	8 8090+
a_3	65 583+	160 978−	1662+
a_4	23 295−	11 469+	575−
a_5	301+	288+	

July 18

	Apparent Right Ascension	Apparent Declination	Horizontal Parallax
a_0	142·0983 853+	10·8573 209+	0·9004 6775+
a_1	11·6420 960+	3·0856 198−	0·0023 5467+
a_2	984 590−	2226 636−	8 7434+
a_3	130 119+	201 321+	2913+
a_4	17 139+	1 257+	50+
a_5	637−	114−	

July 11

	Apparent Right Ascension	Apparent Declination	Horizontal Parallax
a_0	55·5226 273+	16·0300 530+	0·9226 0186+
a_1	12·7025 982+	2·0367 460+	0·0088 5562−
a_2	195 861+	3900 625+	8 9720+
a_3	24 039−	112 139−	621−
a_4	21 881−	13 038+	279−
a_5	1 265+	435+	

July 19

	Apparent Right Ascension	Apparent Declination	Horizontal Parallax
a_0	153·6566 844+	7·5692 838+	0·9037 2639+
a_1	11·4907 508+	3·4701 048−	0·0041 9276+
a_2	497 787−	1616 270−	9 6416+
a_3	192 303+	205 436+	3131+
a_4	13 876+	713+	141−
a_5	643−	288+	

July 12

	Apparent Right Ascension	Apparent Declination	Horizontal Parallax
a_0	68·2403 462+	17·6668 698+	0·9146 3445+
a_1	12·7264 400+	1·2284 115+	0·0070 9099−
a_2	5 118+	4154 451−	8 6260+
a_3	98 454−	55 755−	1717−
a_4	15 457−	15 338+	37−
a_5	2 062+	235+	

July 20

	Apparent Right Ascension	Apparent Declination	Horizontal Parallax
a_0	165·1182 101+	3·9581 956+	0·9089 1321+
a_1	12·4541 130+	3·7312 983−	0·0062 0937+
a_2	155 939+	992 791−	10 4888+
a_3	241 336+	211 369+	2584+
a_4	10 668+	2 208+	381−
a_5	714−	637+	

July 13

	Apparent Right Ascension	Apparent Declination	Horizontal Parallax
a_0	80·9561 130+	18·4758 180+	0·9083 8854+
a_1	12·6927 756+	0·3870 471+	0·0054 1874−
a_2	362 345+	4227 329−	8 0946+
a_3	139 541−	7 700+	1842−
a_4	4 919−	16 567+	143+
a_5	2 275+	201−	

July 21

	Apparent Right Ascension	Apparent Declination	Horizontal Parallax
a_0	176·6130 461+	0·1490 396+	0·9161 9349+
a_1	11·5616 116+	3·8652 441−	0·0083 6941+
a_2	936 824+	339 054−	11 0262+
a_3	276 672+	226 688+	1074+
a_4	7 195+	5 485+	671−
a_5	1 062−	855+	

July 14

	Apparent Right Ascension	Apparent Declination	Horizontal Parallax
a_0	93·5984 355+	18·4425 387+	0·9037 6227+
a_1	12·5776 133+	0·4495 832−	0·0038 4935−
a_2	787 717−	4106 849−	7 6311+
a_3	136 741−	71 701+	1249−
a_4	6 638+	15 510+	255+
a_5	1 775+	638−	

July 22

	Apparent Right Ascension	Apparent Declination	Horizontal Parallax
a_0	188·2966 206+	3·7268 070−	0·9256 6955+
a_1	11·8343 243+	3·8624 268−	0·0105 8004+
a_2	1799 406+	382 503+	10 9358+
a_3	294 374+	257 138+	1601−
a_4	2 033+	9 938+	997−
a_5	1 859−	795+	

July 15

	Apparent Right Ascension	Apparent Declination	Horizontal Parallax
a_0	106·0844 443+	17·5909 279+	0·9006 6608+
a_1	12·3825 890+	1·2435 581−	0·0023 5040−
a_2	1140 373−	3805 084−	7 4108+
a_3	92 946−	127 229+	207−
a_4	15 521+	12 209+	299+
a_5	873+	859−	

July 23

	Apparent Right Ascension	Apparent Declination	Horizontal Parallax
a_0	200·3403 404+	7·5241 963−	0·9373 1718+
a_1	12·2824 001+	3·7044 127−	0·0126 7927+
a_2	2676 138+	1221 543+	9 8474+
a_3	283 208+	304 474+	5603−
a_4	7 196−	14 222+	1317−
a_5	3 098−	183+	

July 16

	Apparent Right Ascension	Apparent Declination	Horizontal Parallax
a_0	118·3453 408+	15·9807 192+	0·8990 5768+
a_1	12·1332 745+	1·9619 523−	0·0008 6248−
a_2	1317 390−	3358 750−	7 5274+
a_3	22 613+	167 507+	1010+
a_4	19 715+	7 813+	276+
a_5	32+	793−	

July 24

	Apparent Right Ascension	Apparent Declination	Horizontal Parallax
a_0	212·9176 457+	11·0745 667−	0·9509 1200+
a_1	12·8981 615+	3·3629 832−	0·0144 2796+
a_2	3451 545+	2222 191+	7 3702+
a_3	222 823+	362 331+	1 0929−
a_4	23 028+	15 551+	1526−
a_5	4 224−	1 295−	

July 17

	Apparent Right Ascension	Apparent Declination	Horizontal Parallax
a_0	130·3465 897+	13·7003 445+	0·8989 6081+
a_1	11·8709 140+	2·5807 216−	0·0006 8437+
a_2	1266 657−	2817 293−	7 9934+
a_3	56 284+	190 986+	2133+
a_4	19 659+	3 793+	191+
a_5	471−	506−	

July 25

	Apparent Right Ascension	Apparent Declination	Horizontal Parallax
a_0	226·1805 188+	14·1776 722−	0·9659 5243+
a_1	13·6439 950+	2·8042 757−	0·0155 1303+
a_2	3939 431+	3389 570+	3 1787+
a_3	88 815+	410 260+	1 7159−
a_4	45 286−	9 307+	1448−
a_5	3 730−	3 603−	

Formula: Quantity in degrees $= a_0 + a_1 p + a_2 p^2 + a_3 p^3 + a_4 p^4 + a_5 p^5$

where p is the fraction of a day from 0^h TDT.

DAILY POLYNOMIAL COEFFICIENTS

July 26

	Apparent Right Ascension	Apparent Declination	Horizontal Parallax
a_0	240·2224 368+	16·6013 944−	0·9815 9726+
a_1	14·4385 510+	2·0013 644−	0·0155 7599+
a_2	3896 622+	4640 094+	2 8195−
a_3	127 377−	410 333+	2 3138−
a_4	65 540−	9 203−	873−
a_5	139+	5 640−	

August 3

	Apparent Right Ascension	Apparent Declination	Horizontal Parallax
a_0	0·1681 982+	0·9593 549+	0·9909 0257+
a_1	13·5389 031+	4·5047 896+	0·0151 8296−
a_2	2005 569−	1006 914−	7 7708−
a_3	216 450+	428 637−	2 6362+
a_4	3 620+	28 114+	1094−
a_5	2 371−	541−	

July 27

	Apparent Right Ascension	Apparent Declination	Horizontal Parallax
a_0	255·0313 721+	18·0992 004−	0·9966 5120+
a_1	15·1535 227+	0·9567 463−	0·0142 8295+
a_2	3122 587+	5759 274+	10 2482−
a_3	384 577−	317 375+	2 6808−
a_4	65 149−	38 797−	297+
a_5	6 501+	5 270−	

August 4

	Apparent Right Ascension	Apparent Declination	Horizontal Parallax
a_0	13·5283 144+	5·3233 466+	0·9751 9520+
a_1	13·2029 881+	4·1857 900+	0·0159 9013−
a_2	1358 209−	2129 610−	5323−
a_3	207 798+	321 861−	2 1810+
a_4	8 180−	25 056+	1521−
a_5	1 389−	981−	

July 28

	Apparent Right Ascension	Apparent Declination	Horizontal Parallax
a_0	270·4528 311+	18·4526 885−	1·0096 4422+
a_1	15·6398 620+	0·2721 716+	0·0114 4090+
a_2	1643 282+	6425 744+	18 0653−
a_3	578 098−	111 668+	2 5666−
a_4	30 420−	66 363−	1843+
a_5	10 225+	1 434−	

August 5

	Apparent Right Ascension	Apparent Declination	Horizontal Parallax
a_0	26·6153 045+	9·2663 971+	0·9593 5473+
a_1	12·9897 201+	3·6728 422+	0·0155 0320−
a_2	797 799−	2954 688−	5 0982+
a_3	161 631+	231 356−	1 5618+
a_4	15 137−	19 977+	1506−
a_5	637−	818−	

July 29

	Apparent Right Ascension	Apparent Declination	Horizontal Parallax
a_0	286·1971 920+	17·5335 553−	1·0190 4038+
a_1	15·7880 300+	1·5635 642+	0·0071 3170+
a_2	170 938−	6348 268−	24 6188−
a_3	599 070−	165 265−	1 8104−
a_4	23 201+	73 248−	3169+
a_5	7 381+	3 638+	

August 6

	Apparent Right Ascension	Apparent Declination	Horizontal Parallax
a_0	39·5398 304+	12·6225 507+	0·9445 0248+
a_1	12·8722 770+	3·0200 796+	0·0140 7526−
a_2	410 122−	3537 089−	8 8878+
a_3	95 124+	159 422−	9552+
a_4	18 398−	15 848+	1258−
a_5	68+	441−	

July 30

	Apparent Right Ascension	Apparent Declination	Horizontal Parallax
a_0	301·9112 794+	15·3586 518−	1·0235 6085+
a_1	15·5870 850+	2·7561 611+	0·0017 9178+
a_2	1755 127−	5449 566+	28 1356−
a_3	436 001−	420 295−	5061−
a_4	60 199+	53 636−	3595+
a_5	981+	6 381+	

August 7

	Apparent Right Ascension	Apparent Declination	Horizontal Parallax
a_0	52·3787 745+	15·2745 199+	0·9313 9893+
a_1	12·8114 654+	2·2709 544+	0·0120 6149−
a_2	234 476−	3924 669−	11 0082+
a_3	22 634+	100 258−	4513+
a_4	18 119−	13 695+	938−
a_5	796+	124−	

July 31

	Apparent Right Ascension	Apparent Declination	Horizontal Parallax
a_0	317·2853 695+	12·1042 891−	1·0225 2440+
a_1	15·1298 242+	3·7017 210+	0·0038 4321−
a_2	2692 354−	3930 837+	27 5190−
a_3	187 964−	571 363−	9654+
a_4	63 579+	20 574−	2876+
a_5	3 508−	5 722+	

August 8

	Apparent Right Ascension	Apparent Declination	Horizontal Parallax
a_0	65·1673 235+	17·1443 386+	0·9204 7401+
a_1	12·7645 114+	1·4613 590+	0·0097 6198−
a_2	267 339−	4144 506−	11 8088+
a_3	41 531−	46 653−	771+
a_4	14 118−	13 158+	628−
a_5	1 416+	7−	

August 1

	Apparent Right Ascension	Apparent Declination	Horizontal Parallax
a_0	332·1331 689+	8·0681 059−	1·0160 5459+
a_1	14·5586 401+	4·3111 082+	0·0089 4225−
a_2	2910 052−	2150 563+	22 9414−
a_3	30 629+	597 829−	2 1286+
a_4	44 780+	8 309+	1417+
a_5	4 521−	3 251+	

August 9

	Apparent Right Ascension	Apparent Declination	Horizontal Parallax
a_0	77·8996 776+	18·1878 968+	0·9118 9435+
a_1	12·6936 451+	0·6237 216+	0·0074 0221−
a_2	462 478−	4205 575−	11 6715+
a_3	83 683−	5 864+	1728−
a_4	6 928−	13 190+	360−
a_5	1 694+	93−	

August 2

	Apparent Right Ascension	Apparent Declination	Horizontal Parallax
a_0	346·4078 926+	3·6005 683−	1·0050 4521+
a_1	14·0014 708+	4·5668 185+	0·0128 3533−
a_2	2594 775−	439 391+	15 7514−
a_3	165 019+	533 453−	2 6860+
a_4	21 720+	24 242+	76−
a_5	3 616−	867+	

August 10

	Apparent Right Ascension	Apparent Declination	Horizontal Parallax
a_0	90·5381 831+	18·3929 571+	0·9056 3840+
a_1	12·5741 202+	0·2104 047−	0·0051 3415−
a_2	738 143−	4109 767−	10 9441+
a_3	94 551−	57 588+	3154−
a_4	1 667+	12 743+	136−
a_5	1 506+	283−	

Formula: Quantity in degrees $= a_0 + a_1 p + a_2 p^2 + a_3 p^3 + a_4 p^4 + a_5 p^5$
where p is the fraction of a day from 0^h TDT.

DAILY POLYNOMIAL COEFFICIENTS

	Apparent Right Ascension	Apparent Declination	Horizontal Parallax	Apparent Right Ascension	Apparent Declination	Horizontal Parallax
	August 11			**August 19**		
a_0	103·0293 513+	17·7785 805+	0·9015 6576+	197·4335 234+	6·4344 230−	0·9283 2953+
a_1	12·3995 457+	1·0101 264−	0·0030 4539−	12·0476 848+	3·7067 640−	0·0093 0752+
a_2	996 734−	3863 383+	9 9220+	1975 543+	1082 787+	7 8541+
a_3	73 125−	105 630+	3685+	242 745+	281 673+	74+
a_4	9 232+	11 298+	46+	3 110−	7 738+	597−
a_5	961+	449−		1 961−	184+	
	August 12			**August 20**		
a_0	115·3229 305+	16·3937 636+	0·8994 7618+	209·7025 300+	10·0039 487−	0·9384 1723+
a_1	12·1824 342+	1·7468 194−	0·0011 6969−	12·5133 917+	3·4025 182−	0·0108 5667+
a_2	1151 125−	3483 200−	8 8483+	2665 479+	1976 113+	7 5077+
a_3	26 944−	146 300+	3487−	210 255+	314 056+	2315−
a_4	13 956+	9 009+	185+	13 053−	8 901+	928−
a_5	332+	504−		2 748−	512−	
	August 13			**August 21**		
a_0	127·3889 866+	14·3141 047+	0·8991 5830+	222·5019 150+	13·1766 110−	0·9499 9224+
a_1	11·9498 739+	2·3962 178−	0·0005 0275+	13·1029 687+	2·9097 757−	0·0122 5162+
a_2	1144 933−	2995 292−	7 9157+	3190 358+	2966 603+	6 2475+
a_3	31 925+	177 331+	2732−	130 504+	343 810+	6055−
a_4	15 457+	6 456+	274+	27 324−	6 570+	1217−
a_5	151−	434−		2 902−	1 776−	
	August 14			**August 22**		
a_0	139·2290 902+	11·6366 930+	0·9004 2803+	235·9339 472+	15·7548 660−	0·9627 9589+
a_1	11·7365 714+	2·9397 111−	0·0020 1490+	13·7678 125+	2·2115 737−	0·0132 7074+
a_2	957 960−	2428 899−	7 2615+	3388 753+	4019 691+	3 6968+
a_3	92 104+	198 908+	1615−	6 901−	351 464+	1 0998−
a_4	14 552+	4 275+	304+	42 786−	2 337−	1348−
a_5	410−	268−		1 364−	3 303−	
	August 15			**August 23**		
a_0	150·8804 902+	8·4743 835+	0·9031 5598+	250·0355 300+	17·5298 882−	0·9763 1285+
a_1	11·5782 260+	3·3642 423+	0·0034 3095+	14·4257 007+	1·3047 836−	0·0136 2616+
a_2	598 463−	1809 203−	6 9584+	3097 582+	5026 951+	4053−
a_3	146 159+	213 448+	375−	189 631−	308 629+	1 6524−
a_4	12 408+	2 938+	265+	50 336−	19 389−	1155−
a_5	512−	50−		2 224+	4 138−	
	August 16			**August 24**		
a_0	162·4146 754+	4·9508 546+	0·9072 8167+	264·7472 147+	18·3034 666−	0·9897 2169+
a_1	11·5070 882+	3·6608 981−	0·0048 2198+	14·9693 098+	0·2166 284−	0·0130 0309+
a_2	90 672−	1151 729−	7 0013+	2248 979+	5794 991+	6 0343−
a_3	190 624+	224 826+	709+	366 623−	190 276+	2 1312−
a_4	9 819+	2 706+	152+	38 695−	40 968−	480−
a_5	587−	175+		5 997+	3 139−	
	August 17			**August 25**		
a_0	173·9326 822+	1·1975 542+	0·9128 1237+	279·9014 903+	17·9259 790−	1·0019 0344+
a_1	11·5497 755+	3·8226 263−	0·0062 4957+	15·2966 401+	0·9814 990+	0·0111 3760+
a_2	534 245+	459 258−	7 2991+	977 134−	6088 535+	12 6799−
a_3	223 913+	237 504+	1339+	461 018−	3 352−	2 3361−
a_4	6 903+	3 632+	35−	7 072−	57 216−	683+
a_5	786−	358+		6 760+	254−	
	August 18			**August 26**		
a_0	185·5588 851+	2·6468 485−	0·9198 0489+	295·2497 108+	16·3417 087−	1·0115 4628+
a_1	11·7261 657+	3·8415 950−	0·0077 4817+	15·3543 093+	2·1751 909+	0·0079 2812+
a_2	1239 535+	278 640+	7 6718+	380 607−	5732 682+	19 2370−
a_3	243 397+	255 637+	1219+	423 411−	232 917−	2 0612−
a_4	3 027+	5 518+	289−	27 820+	58 218−	2038+
a_5	1 234+	410+		3 728+	2 983+	

Formula: Quantity in degrees $= a_0 + a_1 p + a_2 p^2 + a_3 p^3 + a_4 p^4 + a_5 p^5$

where p is the fraction of a day from 0^h TDT.

MOON, 1996

DAILY POLYNOMIAL COEFFICIENTS

August 27

	Apparent Right Ascension	Apparent Declination	Horizontal Parallax
a_0	310·5267 731+	13·6220 647−	1·0173 6498+
a_1	15·1641 521+	3·2300 588+	0·0035 4403+
a_2	1446 700−	4714 566−	24 1674−
a_3	277 203−	434 913−	1 2241−
a_4	46 112+	42 517−	3024+
a_5	404−	4 800+	

August 28

	Apparent Right Ascension	Apparent Declination	Horizontal Parallax
a_0	325·5231 058+	9·9678 123−	1·0184 0009+
a_1	14·8098 913+	4·0278 915+	0·0015 3557−
a_2	2005 832−	3202 830+	26 0223−
a_3	98 250−	557 045−	181+
a_4	43 086+	17 810−	3129+
a_5	2 899+	4 654+	

August 29

	Apparent Right Ascension	Apparent Declination	Horizontal Parallax
a_0	340·1266 077+	5·6766 579+	1·0142 9537+
a_1	14·3950 345+	4·4965 452+	0·0066 0933−
a_2	2071 173−	1471 412+	24 1164−
a_3	44 825+	582 579−	1 2950+
a_4	27 839+	5 763+	2290+
a_5	3 331−	3 188+	

August 30

	Apparent Right Ascension	Apparent Declination	Horizontal Parallax
a_0	354·3214 581+	1·0903 342−	1·0054 2679+
a_1	14·0037 181+	4·6199 515+	0·0109 5247−
a_2	1803 034−	209 874−	18 8983−
a_3	123 250+	528 663−	2 2173+
a_4	10 865+	21 628−	948+
a_5	2 636−	1 409+	

August 31

	Apparent Right Ascension	Apparent Declination	Horizontal Parallax
a_0	8·1580 206+	3·4580 675+	0·9928 1569+
a_1	13·6831 155+	4·4287 323+	0·0140 2909−
a_2	1394 475−	1652 044−	11 7165−
a_3	140 917+	428 851−	2 5858+
a_4	2 403−	28 398+	308−
a_5	1 648−	45+	

September 1

	Apparent Right Ascension	Apparent Declination	Horizontal Parallax
a_0	21·7153 752+	7·6815 546+	0·9778 7045+
a_1	13·4447 114+	3·9810 492+	0·0156 0905−
a_2	1002 636−	2767 801−	4 1689−
a_3	115 375+	315 227−	2 4458+
a_4	10 674+	28 344+	1111−
a_5	710−	666−	

September 2

	Apparent Right Ascension	Apparent Declination	Horizontal Parallax
a_0	35·0702 221+	11·3570 689+	0·9620 7796+
a_1	13·2741 733+	3·3439 256+	0·0157 5364−
a_2	727 663−	3550 102−	2 4918+
a_3	66 070+	208 624−	1 9871+
a_4	14 240−	24 840+	1418−
a_5	123+	853−	

September 3

	Apparent Right Ascension	Apparent Declination	Horizontal Parallax
a_0	48·2768 244+	14·3275 206+	0·9467 5803+
a_1	13·1428 278+	2·5808 276+	0·0147 1592−
a_2	613 676−	4035 477−	7 6032+
a_3	10 733+	117 757+	1 4116+
a_4	13 619+	20 504+	1376−
a_5	808+	778−	

September 4

	Apparent Right Ascension	Apparent Declination	Horizontal Parallax
a_0	61·3580 768+	16·4949 974+	0·9329 2983+
a_1	13·0182 696+	1·7462 179−	0·0128 2686−
a_2	655 108−	4273 503−	11 0189+
a_3	35 408−	43 441−	8581+
a_4	9 516−	16 608+	1162−
a_5	1 241+	643−	

September 5

	Apparent Right Ascension	Apparent Declination	Horizontal Parallax
a_0	74·3064 672+	17·8111 174+	0·9212 7906+
a_1	12·8734 396+	0·8848 067+	0·0104 1211−
a_2	806 019−	4310 610−	12 9043+
a_3	61 020−	16 624+	3933+
a_4	3 223−	13 400+	902−
a_5	1 318+	532−	

September 6

	Apparent Right Ascension	Apparent Declination	Horizontal Parallax
a_0	87·0930 125+	18·2678 123+	0·9121 8769+
a_1	12·6932 995+	0·0327 659+	0·0077 4934−
a_2	995 235−	4185 660−	13 5506+
a_3	60 882+	64 956+	335+
a_4	3 422+	10 739+	660−
a_5	1 054+	440−	

September 7

	Apparent Right Ascension	Apparent Declination	Horizontal Parallax
a_0	99·6811 479+	17·8895 376+	0·9057 9016+
a_1	12·4778 831+	0·7808 038−	0·0050 5555−
a_2	1146 824−	3930 761−	13 2618+
a_3	36 918−	103 568+	2293−
a_4	8 662+	8 534+	452−
a_5	597+	339−	

September 8

	Apparent Right Ascension	Apparent Declination	Horizontal Parallax
a_0	112·0415 827+	16·7268 341+	0·9020 3335+
a_1	12·2412 058+	1·5326 413−	0·0024 9004−
a_2	1199 657−	3572 241−	12 3085+
a_3	3 441+	134 382+	4093−
a_4	11 547+	6 843+	272−
a_5	141+	220−	

September 9

	Apparent Right Ascension	Apparent Declination	Horizontal Parallax
a_0	124·1643 357+	14·8510 691+	0·9007 3051+
a_1	12·0069 959+	2·2041 478−	0·0001 6203−
a_2	1118 664−	3130 236−	10 9223+
a_3	50 859+	159 617+	5178−
a_4	12 128+	5 758+	109−
a_5	184−	102−	

September 10

	Apparent Right Ascension	Apparent Declination	Horizontal Parallax
a_0	136·0657 455+	12·3504 250+	0·9016 0785+
a_1	11·8032 799+	2·7800 576−	0·0018 6275+
a_2	895 184−	2617 851−	9 3084+
a_3	97 427+	181 683+	5610−
a_4	11 101+	5 273+	43+
a_5	360−	8−	

September 11

	Apparent Right Ascension	Apparent Declination	Horizontal Parallax
a_0	147·7903 238+	9·3272 772+	0·9043 4577+
a_1	11·6577 313+	3·2470 176−	0·0035 5787+
a_2	539 919−	2041 239−	7 6557+
a_3	138 172+	202 726+	5428−
a_4	9 225+	5 263+	179+
a_5	445+	46+	

Formula: Quantity in degrees $= a_0 + a_1 p + a_2 p^2 + a_3 p^3 + a_4 p^4 + a_5 p^5$
where p is the fraction of a day from 0^h TDT.

DAILY POLYNOMIAL COEFFICIENTS

	Apparent Right Ascension	Apparent Declination	Horizontal Parallax		Apparent Right Ascension	Apparent Declination	Horizontal Parallax
	September 12				**September 20**		
a_0	159·4087 584+	5·8969 392+	0·9086 1672+		260·7627 503+	18·0979 200−	0·9736 5784+
a_1	11·5946 668+	3·5923 192−	0·0049 3334+		14·4553 766+	0·5146 346−	0·0100 5393+
a_2	74 513−	1401 011−	6 1379+		1889 150+	5332 545+	6456−
a_3	170 570+	224 252+	4696−		263 986−	173 560+	8791−
a_4	6 958+	5 531+	280+		26 388−	30 137−	948−
a_5	533−	62+			3 901+	2 010−	
	September 13				**September 21**		
a_0	171·0136 735+	2·1875 035+	0·9141 1969+		275·3783 948+	18·0651 587−	0·9835 4982+
a_1	11·6334 517+	3·8030 024−	0·0060 3126+		14·7454 073+	0·5908 843+	0·0096 2312+
a_2	473 605+	694 441−	4 8985+		977 996+	5652 265+	3 8436−
a_3	192 974+	246 974+	3551−		330 190−	33 677+	1 2691−
a_4	4 277+	5 883+	321+		6 016−	40 453−	702−
a_5	715−	34+			4 500+	674−	
	September 14				**September 22**		
a_0	182·7141 393+	1·6596 539+	0·9206 0849+		290·1884 310+	16·9097 929−	0·9926 5465+
a_1	11·7874 180+	3·8654 283+	0·0069 1729+		14·8417 912+	1·7149 242+	0·0084 4551+
a_2	1071 036+	82 132+	4 0245+		3 582−	5503 840+	8 0534−
a_3	202 760+	270 782+	2237−		310 172−	133 939−	1 5615−
a_4	707+	6 112+	278+		17 175+	43 804−	98−
a_5	1 047−	64−			2 877+	961+	
	September 15				**September 23**		
a_0	194·6289 029+	5·4891 861+	0·9279 0864+		305·0008 520+	14·6621 629−	1·0001 3770+
a_1	12·0622 121+	3·7653 548+	0·0076 6621+		14·7563 287+	2·7584 709+	0·0063 6244+
a_2	1673 079+	930 527+	3 5159+		802 295+	4848 836+	12 7690−
a_3	194 872+	294 450+	1094−		214 206−	298 798−	1 6068−
a_4	4 555−	5 881+	139+		31 523+	38 788−	796+
a_5	1 503−	296−			247+	2 260+	
	September 16				**September 24**		
a_0	206·8773 042+	9·1314 846−	0·9359 1689+		319·6587 076+	11·4523 411−	1·0050 7053+
a_1	12·4527 152+	3·4887 103−	0·0083 4215+		14·5443 383+	3·6242 143+	0·0033 5848+
a_2	2215 297+	1846 226+	3 2640+		1253 393−	3742 346+	17 0834−
a_3	161 409+	314 754+	513−		86 825−	430 952−	1 2833−
a_4	12 229−	4 518+	89−		32 217+	27 249−	1717+
a_5	1 890−	742−			1 784−	2 946+	
	September 17				**September 25**		
a_0	219·5662 781+	12·4037 194−	0·9445 7943+		334·0720 673+	7·4994 177−	1·0066 0951+
a_1	12·9383 609+	3·0236 038−	0·0089 7602+		14·2796 057+	4·2339 711+	0·0003 7441−
a_2	2607 186−	2810 185+	3 0478+		1338 502−	2315 480+	19 8855−
a_3	93 681+	325 010+	857−		23 721+	510 442−	5793−
a_4	22 062−	897+	378−		22 731+	12 314−	2287+
a_5	1 767−	1 421−			2 598−	3 022+	
	September 18				**September 26**		
a_0	232·7723 427+	15·1138 561−	0·9538 4787+		348·2222 081+	3·0858 720−	1·0042 1150+
a_1	13·4781 952+	2·3644 165−	0·0095 4475+		14·0268 149+	4·5405 195+	0·0044 3367−
a_2	2738 090+	3776 381+	2 5548+		1156 999−	740 515+	20 2527−
a_3	11 561+	313 974+	2377−		88 753+	529 725−	3574+
a_4	31 468−	6 247−	675−		9 375+	2 964+	2230+
a_5	604−	2 151−			2 448−	2 576+	
	September 19				**September 27**		
a_0	246·5199 837+	17·0700 770−	0·9636 1758+		2·1428 912+	1·4762 806+	0·9978 1059+
a_1	14·0094 586+	1·5185 231−	0·0099 5740+		13·8245 677+	4·5321 781+	0·0082 8771−
a_2	2508 498+	4659 271+	1 4300+		859 015−	805 100−	17 8627−
a_3	142 185−	267 286+	5114−		102 170+	492 569−	1 2649+
a_4	34 875−	17 257−	900−		3 082−	15 933+	1570+
a_5	1 643+	2 498−			1 762−	1 763+	

Formula: Quantity in degrees $= a_0 + a_1 p + a_2 p^2 + a_3 p^3 + a_4 p^4 + a_5 p^5$

where p is the fraction of a day from 0^h TDT.

DAILY POLYNOMIAL COEFFICIENTS

September 28

	Apparent Right Ascension	Apparent Declination	Horizontal Parallax
a_0	15·8912 899+	5·8804 614+	0·9878 7879+
a_1	13·6813 028+	4·2306 409+	0·0114 1798−
a_2	588 652−	2169 590−	13 1555−
a_3	72 774+	411 759−	1 8960+
a_4	12 038+	24 728+	614+
a_5	794−	821+	

September 29

	Apparent Right Ascension	Apparent Declination	Horizontal Parallax
a_0	29·5197 217+	9·8555 223+	0·9753 4099+
a_1	13·5801 938+	3·6834 960+	0·0134 5576−
a_2	450 518−	3248 305−	7 1262−
a_3	17 301+	305 134−	2 1345+
a_4	16 087−	28 741+	266−
a_5	289+	26−	

September 30

	Apparent Right Ascension	Apparent Declination	Horizontal Parallax
a_0	43·0550 142+	13·1865 459+	0·9613 8339+
a_1	13·4889 918+	2·9537 774+	0·0142 5136−
a_2	492 244−	3991 543−	9005−
a_3	43 602−	190 803−	2 0169+
a_4	14 602−	28 494+	847−
a_5	1 240+	661−	

October 1

	Apparent Right Ascension	Apparent Declination	Horizontal Parallax
a_0	56·4890 852+	15·7248 719+	0·9472 3520+
a_1	13·3722 422+	2·1092 944+	0·0138 6032−
a_2	698 245−	4399 617−	4 6342+
a_3	89 303−	83 661−	1 6686+
a_4	8 235−	25 075+	1096−
a_5	1 744+	1 050−	

October 2

	Apparent Right Ascension	Apparent Declination	Horizontal Parallax
a_0	69·7819 236+	17·3882 411+	0·9339 9420+
a_1	13·2033 804+	1·2137 777+	0·0124 7677−
a_2	998 101−	4510 663−	8 9821+
a_3	104 849−	6 069+	1 2245+
a_4	674+	19 718+	1104−
a_5	1 632+	1 181−	

October 3

	Apparent Right Ascension	Apparent Declination	Horizontal Parallax
a_0	82·8752 396+	18·1534 131+	0·9225 2704+
a_1	12·9733 907+	0·3207 627+	0·0103 5720−
a_2	1292 278−	4385 970−	11 9964+
a_3	86 163−	73 198+	7805+
a_4	8 906+	13 721+	988−
a_5	1 039+	1 066−	

October 4

	Apparent Right Ascension	Apparent Declination	Horizontal Parallax
a_0	95·7117 809+	18·0441 641+	0·9134 3765+
a_1	12·6931 678+	0·5295 162+	0·0077 6330−
a_2	1486 955−	4094 718−	13 7497+
a_3	40 561−	117 595+	3851+
a_4	14 018+	8 336+	836−
a_5	311+	764−	

October 5

	Apparent Right Ascension	Apparent Declination	Horizontal Parallax
a_0	108·2536 301+	17·1176 927+	0·9070 7947+
a_1	12·3893 710+	1·3102 285−	0·0049 3128−
a_2	1521 448−	3699 556−	14 4076+
a_3	18 303+	143 522+	513+
a_4	15 403−	4 511+	696−
a_5	246−	378−	

October 6

	Apparent Right Ascension	Apparent Declination	Horizontal Parallax
a_0	120·4942 023+	15·4522 740+	0·9035 8712+
a_1	12·0966 103+	2·0054 675−	0·0020 6220−
a_2	1376 611−	3245 699−	14 1478+
a_3	77 296+	157 999+	2263−
a_4	14 004+	2 657+	577−
a_5	525−	9−	

October 7

	Apparent Right Ascension	Apparent Declination	Horizontal Parallax
a_0	132·4622 290+	13·1383 014+	0·9029 1129+
a_1	11·8498 156+	2·6061 488−	0·0006 7638+
a_2	1065 978−	2755 836−	13 1260+
a_3	128 020+	168 702+	4571−
a_4	11 259+	2 672+	470−
a_5	592−	271+	

October 8

	Apparent Right Ascension	Apparent Declination	Horizontal Parallax
a_0	144·2193 154+	10·2737 335+	0·9048 4986+
a_1	11·6792 334+	3·1055 009−	0·0031 4564+
a_2	620 306−	2230 975−	11 4764+
a_3	167 139+	182 188−	6458−
a_4	8 233+	4 100+	352−
a_5	583−	425+	

October 9

	Apparent Right Ascension	Apparent Declination	Horizontal Parallax
a_0	155·8539 971+	6·9638 064+	0·9090 7505+
a_1	11·6083 155+	3·4951 870−	0·0052 3310+
a_2	75 333−	1655 548−	9 3326+
a_3	194 214+	202 838+	7877−
a_4	5 304+	6 302+	202−
a_5	628−	433+	

October 10

	Apparent Right Ascension	Apparent Declination	Horizontal Parallax
a_0	167·4746 684+	3·3240 218+	0·9151 6062+
a_1	11·6533 208+	3·7627 081−	0·0068 5523+
a_2	532 851+	1004 877−	6 8543+
a_3	209 042+	232 283+	8696−
a_4	2 178+	8 554+	12−
a_5	813−	275+	

October 11

	Apparent Right Ascension	Apparent Declination	Horizontal Parallax
a_0	179·2023 150+	0·5150 628+	0·9226 1420+
a_1	11·8230 680+	3·8904 398−	0·0079 6473+
a_2	1164 907+	253 933−	4 2449+
a_3	209 411+	269 054+	8747−
a_4	1 883−	10 029+	200+
a_5	1 175−	66−	

October 12

	Apparent Right Ascension	Apparent Declination	Horizontal Parallax
a_0	191·1625 090+	4·4029 941−	0·9309 1796+
a_1	12·1175 312+	3·8565 320−	0·0085 5932+
a_2	1770 068+	612 764+	1 7469+
a_3	189 864+	308 199+	7931−
a_4	7 825−	9 798+	393+
a_5	1 628−	606−	

October 13

	Apparent Right Ascension	Apparent Declination	Horizontal Parallax
a_0	203·4750 880+	8·1665 106−	0·9395 7660+
a_1	12·5245 594+	3·6379 041−	0·0086 8655+
a_2	2276 380+	1590 102+	3927−
a_3	142 148+	340 923+	6323−
a_4	16 210−	6 839+	509+
a_5	1 886−	1 311−	

Formula: Quantity in degrees $= a_0 + a_1 p + a_2 p^2 + a_3 p^3 + a_4 p^4 + a_5 p^5$
where p is the fraction of a day from 0^h TDT.

DAILY POLYNOMIAL COEFFICIENTS

	Apparent Right Ascension	Apparent Declination	Horizontal Parallax		Apparent Right Ascension	Apparent Declination	Horizontal Parallax
	October 14				**October 22**		
a_0	216·2396 907+	11·6107 594−	0·9481 6574+		329·5590 516+	8·8331 645−	0·9920 1042+
a_1	13·0150 534+	3·2155 275−	0·0084 3872+		13·9160 935+	3·9493 656+	0·0007 6268+
a_2	2586 627+	2640 793+	1 9845−		1277 091−	2629 303+	10 0528−
a_3	58 739+	354 753+	4241−		82 744+	422 028−	7409−
a_4	26 114−	254+	497+		21 440+	11 760−	497+
a_5	1 437−	2 031−			2 619−	1 452+	
	October 15				**October 23**		
a_0	229·5165 256+	14·5269 101−	0·9563 6858+		343·3575 925+	4·6641 022−	0·9916 9870+
a_1	13·5388 384+	2·5818 573−	0·0079 3451+		13·6927 650+	4·3446 399+	0·0014 5025−
a_2	2591 704+	3686 240+	2 9632−		926 458−	1307 165+	11 9612−
a_3	59 143−	335 234+	2209−		142 369+	454 521−	5385−
a_4	33 849−	10 103−	342+		8 101+	4 594−	1016+
a_5	163+	2 435−			2 518−	1 492+	
	October 16				**October 24**		
a_0	243·3052 514+	16·7078 739−	0·9639 8811+		356·9725 068+	0·2345 082−	0·9890 0864+
a_1	14·0259 808+	1·7492 978−	0·0072 8932+		13·5521 659+	4·4686 250+	0·0039 6335−
a_2	2212 773+	4606 921+	3 4286−		475 962−	69 049−	12 9574−
a_3	191 526−	270 652+	815−		149 847+	457 901−	1229−
a_4	33 218−	22 623−	77+		4 666−	2 848+	1332+
a_5	2 592+	2 126−			2 086−	1 631+	
	October 17				**October 25**		
a_0	257·5302 943+	17·9718 893−	0·9709 2719+		10·4913 861+	4·1818 697+	0·9837 5058+
a_1	14·3990 884+	0·7568 292−	0·0065 8225+		13·4990 191+	4·3193 997+	0·0065 3836−
a_2	1464 874+	5261 836+	3 6359−		75 319−	1409 343−	12 5274−
a_3	297 450−	159 538+	510−		110 768+	430 192−	4213+
a_4	19 724−	33 525−	223−		15 321−	11 079+	1316+
a_5	4 426+	1 006−			1 347−	1 640+	
	October 18				**October 26**		
a_0	272·0445 952+	18·1900 341−	0·9771 3852+		23·9922 832+	8·3185 878−	0·9760 1477+
a_1	14·5971 512+	0·3294 884+	0·0058 3083+		13·5103 847+	3·9137 248−	0·0088 6476−
a_2	498 555+	5529 248+	3 9299−		151 539−	2617 025−	10 4844−
a_3	332 208−	16 201+	1438−		36 696+	369 650−	9562+
a_4	3 291+	38 528−	461−		22 303−	19 414+	977+
a_5	4 214+	435+			202−	1 327+	
	October 19				**October 27**		
a_0	286·6591 316+	17·3098 101−	0·9825 5737+		37·5192 409+	11·9357 192+	0·9662 0696+
a_1	14·6006 206+	1·4250 058+	0·0049 8324+		13·5426 807+	3·2878 531+	0·0106 3566−
a_2	436 133−	5351 071+	4 6403−		125 765+	3596 203−	7 0453−
a_3	278 107−	132 974−	3345−		53 696−	279 114−	1 3501+
a_4	24 800+	36 077−	543−		23 412−	26 175+	457+
a_5	2 080+	1 457+			1 228+	639+	
	October 20				**October 28**		
a_0	301·1910 163+	15·3664 565−	0·9870 3770+		51·0669 100+	14·8387 221+	0·9550 0634+
a_1	14·4409 193+	2·4416 259+	0·0039 3308+		13·5429 751+	2·4956 671+	0·0116 2144−
a_2	1100 896−	4750 295+	5 9650−		163 503−	4270 097−	2 7371−
a_3	159 537−	262 527−	5593−		134 383−	168 546−	1 5303+
a_4	34 944+	28 533−	401−		17 093−	29 402+	65−
a_5	438−	1 753+			2 414+	281−	
	October 21				**October 29**		
a_0	315·5093 429+	12·4787 317−	0·9903 1435+		64·5786 287+	16·8934 371−	0·9432 6357+
a_1	14·1866 355+	3·3023 904+	0·0025 5621+		13·4643 300+	1·6027 036+	0·0117 1241−
a_2	1374 317−	3809 060+	7 8720−		645 023−	4602 146−	1 8024+
a_3	25 087−	359 195−	7265−		178 437−	54 227−	1 4990+
a_4	32 201+	19 701−	29−		4 644−	27 886+	459−
a_5	2 065−	1 605+			2 718+	1 122−	

Formula: Quantity in degrees $= a_0 + a_1 p + a_2 p^2 + a_3 p^3 + a_4 p^4 + a_5 p^5$

where p is the fraction of a day from 0^h TDT.

DAILY POLYNOMIAL COEFFICIENTS

October 30

	Apparent Right Ascension	Apparent Declination	Horizontal Parallax
a_0	77·9604 201+	18·0331 798+	0·9318 7671+
a_1	13·2812 951+	0·6765 990+	0·0109 2062−
a_2	1180 982−	4608 766−	6 0168+
a_3	170 239−	45 837+	1 3101+
a_4	9 237+	22 064+	684−
a_5	1 997+	1 564−	

October 31

	Apparent Right Ascension	Apparent Declination	Horizontal Parallax
a_0	91·1077 166+	18·2555 358+	0·9216 8192+
a_1	12·9987 191+	0·2233 597−	0·0093 5164−
a_2	1616 315−	4354 542−	9 5337+
a_3	114 029−	118 491+	1 0328+
a_4	19 214+	14 046+	769−
a_5	761+	1 487−	

November 1

	Apparent Right Ascension	Apparent Declination	Horizontal Parallax
a_0	103·9353 987+	17·6098 268+	0·9133 7924+
a_1	12·6493 121+	1·0538 456−	0·0071 6583−
a_2	1835 556−	3929 681−	12 1706+
a_3	30 185−	160 062+	7235+
a_4	22 775+	6 507+	771−
a_5	302−	1 027−	

November 2

	Apparent Right Ascension	Apparent Declination	Horizontal Parallax
a_0	116·4003 840+	16·1795 674+	0·9074 9512+
a_1	12·2821 035+	1·7896 733−	0·0045 4548−
a_2	1792 537−	3420 724−	13 8795+
a_3	57 565+	176 161+	4150+
a_4	20 977+	1 369+	744−
a_5	847−	428−	

November 3

	Apparent Right Ascension	Apparent Declination	Horizontal Parallax
a_0	128·5110 032+	14·0655 319+	0·9043 7165+
a_1	11·9488 326+	2·4206 354−	0·0016 7484−
a_2	1502 491−	2888 294−	14 6786+
a_3	132 938+	177 677+	1178+
a_4	16 540+	713−	724−
a_5	939−	121+	

November 4

	Apparent Right Ascension	Apparent Declination	Horizontal Parallax
a_0	140·3244 406+	11·3737 756+	0·9041 6921+
a_1	11·6943 623+	2·9452 153−	0·0012 6724+
a_2	1013 853−	2358 318−	14 5974+
a_3	189 765+	176 272+	1715−
a_4	11 752+	30−	721−
a_5	825−	531+	

November 5

	Apparent Right Ascension	Apparent Declination	Horizontal Parallax
a_0	151·9374 869+	8·2104 057+	0·9068 7183+
a_1	11·5528 096+	3·3637 437−	0·0041 0643+
a_2	382 306−	1824 359−	13 6503+
a_3	228 568+	181 601+	4603−
a_4	7 618+	2 714+	720−
a_5	744−	776+	

November 6

	Apparent Right Ascension	Apparent Declination	Horizontal Parallax
a_0	163·4756 101+	4·6827 354+	0·9122 9006+
a_1	11·5475 938+	3·6726 612−	0·0066 6958+
a_2	341 664+	1255 489−	11 8384+
a_3	251 530+	200 245+	7502−
a_4	3 946+	6 705+	687−
a_5	865−	826+	

November 7

	Apparent Right Ascension	Apparent Declination	Horizontal Parallax
a_0	175·0828 315+	0·9053 028+	0·9200 6160+
a_1	11·6925 313+	3·8605 911−	0·0087 8473+
a_2	1111 285+	606 244−	9 1796+
a_3	258 421+	235 187+	1 0283−
a_4	304−	10 982+	571−
a_5	1 283−	602+	

November 8

	Apparent Right Ascension	Apparent Declination	Horizontal Parallax
a_0	186·9121 747+	2·9912 355−	0·9296 5575+
a_1	11·9915 508+	3·9065 906−	0·0102 8931+
a_2	1871 889+	171 261+	5 7599+
a_3	243 972+	284 775+	1 2611−
a_4	6 699−	14 192+	328−
a_5	1 972−	15−	

November 9

	Apparent Right Ascension	Apparent Declination	Horizontal Parallax
a_0	199·1144 444+	6·8508 048−	0·9403 9166+
a_1	12·4354 538+	3·7812 377−	0·0110 4980+
a_2	2543 851+	1110 624+	1 7914+
a_3	197 080+	340 766+	1 3963−
a_4	16 755−	14 326+	51+
a_5	2 634−	1 103−	

November 10

	Apparent Right Ascension	Apparent Declination	Horizontal Parallax
a_0	211·8220 525+	10·4855 811−	0·9514 8149+
a_1	12·9953 294+	3·4517 056−	0·0109 9124+
a_2	3008 126+	2207 864+	2 3526−
a_3	103 818+	386 237+	1 3768−
a_4	30 521−	8 880+	513+
a_5	2 518−	2 511−	

November 11

	Apparent Right Ascension	Apparent Declination	Horizontal Parallax
a_0	225·1252 722+	13·6772 398−	0·9621 0492+
a_1	13·6146 344+	2·8919 668−	0·0101 2823+
a_2	3111 126+	3394 698+	6 1622−
a_3	42 352−	396 010+	1 1677−
a_4	44 027−	3 966−	933+
a_5	656−	3 636−	

November 12

	Apparent Right Ascension	Apparent Declination	Horizontal Parallax
a_0	239·0423 157+	16·1908 960−	0·9715 0948+
a_1	14·2062 192+	2·0976 284−	0·0085 8281+
a_2	2713 259+	4522 476+	9 0989−
a_3	222 960−	343 871+	7864−
a_4	47 838−	22 822−	1160+
a_5	2 976+	3 518−	

November 13

	Apparent Right Ascension	Apparent Declination	Horizontal Parallax
a_0	253·4930 786+	17·8045 237−	0·9791 1536+
a_1	14·6643 395+	1·1008 576−	0·0065 7356+
a_2	1787 206+	5381 884+	10 7640−
a_3	382 723+	218 456+	3127−
a_4	32 234−	41 048−	1099+
a_5	6 260+	1 670−	

November 14

	Apparent Right Ascension	Apparent Declination	Horizontal Parallax
a_0	268·2952 690+	18·3496 191−	0·9845 9223+
a_1	14·8972 005+	0·0238 047+	0·0043 7093+
a_2	508 448+	5774 264+	11 0529−
a_3	449 001−	39 089+	1339+
a_4	612+	49 393−	769+
a_5	6 367+	1 023+	

Formula: Quantity in degrees $= a_0 + a_1 p + a_2 p^2 + a_3 p^3 + a_4 p^4 + a_5 p^5$

where p is the fraction of a day from 0^h TDT.

DAILY POLYNOMIAL COEFFICIENTS

November 15

	Apparent Right Ascension	Apparent Declination	Horizontal Parallax
a_0	283·1991 121+	17·7493 160−	0·9878 7895+
a_1	14·8676 142+	1·1711 407+	0·0022 3130+
a_2	771 111−	5605 492+	10 2042−
a_3	384 680−	147 202−	4433+
a_4	33 263+	43 650−	298+
a_5	3 149+	2 862+	

November 16

	Apparent Right Ascension	Apparent Declination	Horizontal Parallax
a_0	297·9547 884+	16·0364 251−	0·9891 3713+
a_1	14·6128 637+	2·2320 498+	0·0003 3533+
a_2	1694 152−	4930 695+	8 7094−
a_3	222 291−	293 071−	5590+
a_4	48 561+	28 706−	146−
a_5	658−	3 023+	

November 17

	Apparent Right Ascension	Apparent Declination	Horizontal Parallax
a_0	312·3807 981+	13·3431 811−	0·9886 5596+
a_1	14·2264 389+	3·1202 955+	0·0012 4473−
a_2	2076 379−	3909 504+	7 1288−
a_3	35 890−	378 192−	4939+
a_4	44 371+	13 373−	429−
a_5	2 818−	2 075+	

November 18

	Apparent Right Ascension	Apparent Declination	Horizontal Parallax
a_0	326·4001 653+	9·8708 842+	0·9867 4345+
a_1	13·8167 347+	3·7844 258+	0·0025 3949−
a_2	1946 107−	2715 417+	5 9060−
a_3	113 136+	411 539−	3153+
a_4	29 677+	3 135−	490−
a_5	3 238−	1 015+	

November 19

	Apparent Right Ascension	Apparent Declination	Horizontal Parallax
a_0	340·0362 468+	5·8562 825−	0·9836 3999+
a_1	13·4717 061+	4·2033 005+	0·0036 4573−
a_2	1461 063−	1472 102+	5 2495−
a_3	199 667+	414 266−	1136+
a_4	13 273+	1 680+	343−
a_5	2 853−	429+	

November 20

	Apparent Right Ascension	Apparent Declination	Horizontal Parallax
a_0	353·3828 553+	1·5469 874−	0·9794 7726+
a_1	13·2432 769+	4·3743 279+	0·0046 7525−
a_2	810 971−	243 643+	5 1053−
a_3	224 516+	403 269−	264−
a_4	1 039−	3 601+	56−
a_5	2 358−	408+	

November 21

	Apparent Right Ascension	Apparent Declination	Horizontal Parallax
a_0	6·5671 470+	2·8117 788+	0·9742 8828+
a_1	13·1468 433+	4·3037 206+	0·0057 0648−
a_2	167 265−	940 499−	5 2083−
a_3	197 067+	384 586−	484−
a_4	12 931−	5 520+	268+
a_5	1 878−	764+	

November 22

	Apparent Right Ascension	Apparent Declination	Horizontal Parallax
a_0	19·7154 897+	6·9836 194+	0·9680 5880+
a_1	13·1664 002+	4·0028 357+	0·0067 5194−
a_2	327 532+	2053 493−	5 1848−
a_3	127 010+	354 620−	625+
a_4	22 563−	9 362+	526+
a_5	1 149−	1 191+	

November 23

	Apparent Right Ascension	Apparent Declination	Horizontal Parallax
a_0	32·9249 728+	10·7466 991+	0·9607 9989+
a_1	13·2604 111+	3·4900 916+	0·0077 4910−
a_2	561 638+	3049 249−	4 6785−
a_3	26 009+	305 179−	2781+
a_4	28 610−	15 481+	639+
a_5	115+	1 340+	

November 24

	Apparent Right Ascension	Apparent Declination	Horizontal Parallax
a_0	46·2412 990+	13·9030 301+	0·9526 1714+
a_1	13·3691 564+	2·7955 504+	0·0085 7577−
a_2	469 122+	3858 463−	3 4622−
a_3	86 326−	230 077−	5389+
a_4	28 161−	22 413+	586+
a_5	1 782+	950−	

November 25

	Apparent Right Ascension	Apparent Declination	Horizontal Parallax
a_0	59·6460 972+	16·2920 627+	0·9437 5489+
a_1	13·4267 114+	1·9642 737+	0·0090 8308−
a_2	59 032+	4404 698−	1 4996−
a_3	180 380−	131 444−	7765+
a_4	18 988−	27 307+	400+
a_5	3 112+	42+	

November 26

	Apparent Right Ascension	Apparent Declination	Horizontal Parallax
a_0	73·0590 863+	17·8054 571+	0·9346 0351+
a_1	13·3783 650+	1·0548 436+	0·0091 3404−
a_2	564 848−	4634 777−	1 0621+
a_3	225 110−	22 384−	9372+
a_4	2 913−	27 452+	150+
a_5	3 271+	992−	

November 27

	Apparent Right Ascension	Apparent Declination	Horizontal Parallax
a_0	86·3584 914+	18·3972 307+	0·9256 7089+
a_1	13·1983 317+	0·1316 573+	0·0086 3447−
a_2	1224 906−	4547 166−	3 9560+
a_3	204 672−	77 139+	9961+
a_4	13 776+	22 254+	95−
a_5	2 174+	1 636−	

November 28

	Apparent Right Ascension	Apparent Declination	Horizontal Parallax
a_0	99·4154 602+	18·0839 472+	0·9175 3068+
a_1	12·8985 442+	0·7465 502+	0·0075 4825−
a_2	1734 550−	4198 614−	6 8811+
a_3	128 729−	149 790+	9562+
a_4	24 563+	13 826+	292−
a_5	591+	1 643−	

November 29

	Apparent Right Ascension	Apparent Declination	Horizontal Parallax
a_0	112·1301 920+	16·9337 328+	0·9107 6325+
a_1	12·5231 348+	1·5366 268−	0·0058 9685−
a_2	1967 507−	3682 742−	9 5700+
a_3	25 252−	188 934+	8377+
a_4	27 185+	5 476+	433−
a_5	606−	1 156−	

November 30

	Apparent Right Ascension	Apparent Declination	Horizontal Parallax
a_0	124·4567 087+	15·0481 572+	0·9059 0283+
a_1	12·1326 279+	2·2148 817−	0·0037 4888−
a_2	1886 276−	3094 640−	11 8199+
a_3	77 132+	199 668+	6635+
a_4	23 823+	308−	534−
a_5	1 097−	482−	

Formula: Quantity in degrees = $a_0 + a_1 p + a_2 p^2 + a_3 p^3 + a_4 p^4 + a_5 p^5$

where p is the fraction of a day from 0^h TDT.

MOON, 1996

DAILY POLYNOMIAL COEFFICIENTS

December 1

	Apparent Right Ascension	Apparent Declination	Horizontal Parallax
	°	°	°
a_0	136·4106 948+	12·5436 994+	0·9033 9695+
a_1	11·7874 930+	2·7742 725+	0·0012 0721−
a_2	1522 950−	2502 290−	13 4873+
a_3	161 460+	193 979+	4499+
a_4	18 136+	2 655−	622−
a_5	1 068−	141+	

December 9

	Apparent Right Ascension	Apparent Declination	Horizontal Parallax
	°	°	°
a_0	233·4018 643+	15·2453 747−	0·9725 9260+
a_1	14·0729 677+	2·5112 927−	0·0130 6301+
a_2	3661 740+	4010 353−	6 9160−
a_3	107 411−	422 527+	2 0495−
a_4	60 447−	6 402−	693+
a_5	57−	5 127−	

December 2

	Apparent Right Ascension	Apparent Declination	Horizontal Parallax
a_0	148·0637 456+	9·5383 444+	0·9035 7723+
a_1	11·5380 620+	3·2175 279+	0·0016 0034+
a_2	940 445−	1934 862−	14 4605+
a_3	223 442+	185 046+	2017+
a_4	12 732+	1 871−	723−
a_5	864−	621+	

December 10

	Apparent Right Ascension	Apparent Declination	Horizontal Parallax
a_0	247·8242 145+	17·3145 323−	0·9847 6601+
a_1	14·7488 914+	1·5875 876−	0·0110 9273+
a_2	2976 189+	5188 079+	12 6214−
a_3	346 583−	345 977+	1 7676−
a_4	61 134−	33 243−	1572+
a_5	5 612+	4 607−	

December 3

	Apparent Right Ascension	Apparent Declination	Horizontal Parallax
a_0	159·5312 940+	6·1457 099+	0·9066 3656+
a_1	11·4216 661+	3·5494 241−	0·0045 2405+
a_2	202 376−	1384 728−	14 6283+
a_3	265 775+	183 955+	867−
a_4	8 443+	1 316+	845−
a_5	773−	942+	

December 11

	Apparent Right Ascension	Apparent Declination	Horizontal Parallax
a_0	262·8305 143+	18·3524 994−	0·9944 3556+
a_1	15·2185 112+	0·4617 757−	0·0081 0113+
a_2	1626 010+	5980 346+	16 9637−
a_3	532 927−	168 844+	1 1230−
a_4	31 273−	57 216−	2133+
a_5	9 378+	1 234−	

December 4

	Apparent Right Ascension	Apparent Declination	Horizontal Parallax
a_0	170·9600 671+	2·4764 344+	0·9126 0632+
a_1	11·4639 140+	3·7701 855−	0·0073 8988+
a_2	637 883+	815 526−	13 8570+
a_3	291 683+	198 713+	4251−
a_4	4 678+	6 137+	977−
a_5	997−	1 075+	

December 12

	Apparent Right Ascension	Apparent Declination	Horizontal Parallax
a_0	278·1561 443+	18·2052 012−	1·0007 4934+
a_1	15·3760 124+	0·7614 478+	0·0044 5690+
a_2	66 313−	6131 291+	19 0538−
a_3	565 329−	70 027−	2497−
a_4	17 935+	63 026−	2113+
a_5	7 417+	2 909+	

December 5

	Apparent Right Ascension	Apparent Declination	Horizontal Parallax
a_0	182·5173 057+	1·3547 112+	0·9213 2962+
a_1	11·6803 672+	3·8706 846+	0·0099 9465+
a_2	1531 037+	171 785+	11 9928+
a_3	300 031+	233 901+	8184−
a_4	173−	11 695+	1067−
a_5	1 667−	898+	

December 13

	Apparent Right Ascension	Apparent Declination	Horizontal Parallax
a_0	293·4715 277+	16·8436 387−	1·0032 9700+
a_1	15·2040 274+	1·9429 441+	0·0006 5581+
a_2	1580 473−	5572 313+	18 5532−
a_3	422 587−	291 881−	6104+
a_4	55 394+	47 271−	1526+
a_5	1 740+	4 921+	

December 6

	Apparent Right Ascension	Apparent Declination	Horizontal Parallax
a_0	194·3805 957+	5·2179 248−	0·9324 3104+
a_1	12·0756 802+	3·8297 450−	0·0121 0498+
a_2	2413 426+	609 115+	8 8989+
a_3	282 050+	289 238+	1 2510−
a_4	8 447−	16 480+	1027−
a_5	2 748−	180−	

December 14

	Apparent Right Ascension	Apparent Declination	Horizontal Parallax
a_0	308·4809 624+	14·3768 864−	1·0021 7378+
a_1	14·7841 789+	2·9533 937+	0·0028 1067−
a_2	2498 667−	4462 378+	15 8336−
a_3	186 214−	432 128−	1 2242+
a_4	62 828+	21 803−	647+
a_5	2 778−	4 202+	

December 7

	Apparent Right Ascension	Apparent Declination	Horizontal Parallax
a_0	206·7247 039+	8·9561 685−	0·9452 9054+
a_1	12·6382 261+	3·6144 704−	0·0134 6833+
a_2	3181 354+	1577 560+	4 5384+
a_3	220 216+	356 088+	1 6712−
a_4	22 480−	17 729+	748−
a_5	3 746−	1 315−	

December 15

	Apparent Right Ascension	Apparent Declination	Horizontal Parallax
a_0	323·0026 582+	11·0222 277−	0·9979 0863+
a_1	14·2523 216+	3·7096 087+	0·0055 8429−
a_2	2708 311+	3077 213+	11 7982−
a_3	36 429+	478 410−	1 4765+
a_4	47 726+	685−	175−
a_5	4 220−	2 264+	

December 8

	Apparent Right Ascension	Apparent Declination	Horizontal Parallax
a_0	219·7004 643+	12·3756 327−	0·9590 3812+
a_1	13·3296 970+	3·1857 002−	0·0138 4468+
a_2	3669 503+	2739 073+	9056−
a_3	93 088+	412 649+	1 9807−
a_4	42 195+	11 297+	158−
a_5	3 364−	3 438−	

December 16

	Apparent Right Ascension	Apparent Declination	Horizontal Parallax
a_0	336·9921 421+	7·0525 809−	0·9912 9041+
a_1	13·7385 688+	4·1823 842+	0·0075 0806−
a_2	2354 955−	1660 460+	7 4907−
a_3	185 376−	459 470−	1 3954+
a_4	26 125+	10 316+	712−
a_5	3 728−	604+	

Formula: Quantity in degrees $= a_0 + a_1 p + a_2 p^2 + a_3 p^3 + a_4 p^4 + a_5 p^5$

where p is the fraction of a day from 0^h TDT.

DAILY POLYNOMIAL COEFFICIENTS

	Apparent Right Ascension	Apparent Declination	Horizontal Parallax
December 17			
a_0	350·5159 927+	2·7490 058−	0·9831 6570+
a_1	13·3317 779+	4·3810 623+	0·0086 1612−
a_2	1679 369−	349 925+	3 7380−
a_3	253 123+	412 648+	1 1003+
a_4	7 443+	12 961+	908−
a_5	2 803−	214−	
December 18			
a_0	3·7056 100+	1·6270 589+	0·9742 7673+
a_1	13·0734 174+	4·3323 300+	0·0090 6999−
a_2	903 378−	812 440−	9798−
a_3	255 275+	362 989−	7298+
a_4	6 528−	11 614+	831−
a_5	2 097−	273−	
December 19			
a_0	16·7133 546+	5·8429 801+	0·9651 7344+
a_1	12·9656 655+	4·0654 549+	0·0090 8026−
a_2	197 708−	1834 476−	7184+
a_3	208 525+	319 035−	3938+
a_4	17 082−	10 108+	588−
a_5	1 543−	132+	
December 20			
a_0	29·6782 392+	9·6941 080+	0·9561 9852+
a_1	12·9810 780+	3·6069 592+	0·0088 4196−
a_2	309 901+	2729 612−	1 5565+
a_3	125 218+	276 980−	1580+
a_4	25 027−	10 773+	281−
a_5	775−	664+	
December 21			
a_0	42·7002 489+	13·0015 517+	0·9475 2520+
a_1	13·0702 270+	2·9825 841+	0·0084 9451−
a_2	527 598+	3489 260−	1 8708+
a_3	18 088+	227 082−	471+
a_4	29 175−	14 233+	10+
a_5	474+	971+	
December 22			
a_0	55·8221 744+	15·6140 220+	0·9392 2258+
a_1	13·1697 418+	2·2227 860+	0·0081 0582−
a_2	411 537+	4075 367−	2 0248+
a_3	92 992−	160 552−	539+
a_4	26 864−	19 309+	230+
a_5	2 003+	780+	
December 23			
a_0	69·0212 846+	17·4152 249+	0·9313 2694+
a_1	13·2144 090+	1·3676 596+	0·0076 7545−
a_2	8 556−	4433 350−	2 3285+
a_3	179 804−	75 920−	1495+
a_4	16 554−	23 366+	350+
a_5	3 087+	77+	
December 24			
a_0	82·2155 110+	18·3343 017+	0·9239 0278+
a_1	13·1536 786+	0·4675 975+	0·0071 5089−
a_2	616 363−	4520 147−	2 9874+
a_3	215 185−	17 813+	2927+
a_4	658−	23 723+	365+
a_5	3 033+	805−	

	Apparent Right Ascension	Apparent Declination	Horizontal Parallax
December 25			
a_0	95·2862 722+	18·3539 577+	0·9170 8355+
a_1	12·9671 023+	0·4220 017−	0·0064 5099−
a_2	1235 515−	4332 442−	4 0824+
a_3	188 137−	104 318+	4411+
a_4	14 747+	19 508+	294+
a_5	1 896+	1 399−	
December 26			
a_0	108·1126 737+	17·5109 546+	0·9110 8785+
a_1	12·6704 035+	1·2500 908−	0·0054 9042−
a_2	1692 508−	3916 455−	5 5781+
a_3	111 013−	168 326−	5600+
a_4	24 103+	12 300+	167+
a_5	433+	1 456−	
December 27			
a_0	120·6051 788+	15·8871 354+	0·9062 1291+
a_1	12·3084 549+	1·9786 912−	0·0042 0014−
a_2	1876 647−	3352 247−	7 3532+
a_3	10 858−	203 190+	6270+
a_4	25 954+	4 899+	13+
a_5	606−	1 066−	
December 28			
a_0	132·7274 181+	13·5939 218+	0·9028 1092+
a_1	11·9399 462+	2·5867 563−	0·0025 4087−
a_2	1759 610−	2723 941−	9 2372+
a_3	86 665+	212 463+	6323+
a_4	22 623+	444−	146−
a_5	999−	482−	
December 29			
a_0	144·5022 323+	10·7559 251+	0·9012 5554+
a_1	11·6225 739+	3·0682 234−	0·0005 0960−
a_2	1373 895−	2094 026−	11 0412+
a_3	167 195+	206 197+	5739+
a_4	17 455+	2 806−	308−
a_5	946−	88+	
December 30			
a_0	156·0057 872+	7·4986 470+	0·9019 0437+
a_1	11·4044 629+	3·4262 475−	0·0018 5848+
a_2	777 053−	1491 380−	12 5725+
a_3	227 656+	196 123+	4512+
a_4	12 674+	2 298−	481−
a_5	764−	552+	
December 31			
a_0	167·3565 015+	3·9426 992+	0·9050 6041+
a_1	11·3220 369+	3·6663 292−	0·0044 8910+
a_2	25 681−	911 263−	13 6311+
a_3	270 736+	192 648+	2598+
a_4	8 899+	536+	681−
a_5	720−	888+	
December 32			
a_0	178·7038 617+	0·2046 509+	0·9109 3180+
a_1	11·4013 206+	3·7901 290−	0·0072 6604+
a_2	832 728+	321 208−	13 9947+
a_3	298 954+	203 768+	114−
a_4	5 415+	5 077+	916−
a_5	1 016−	1 059+	

Formula: Quantity in degrees $= a_0 + a_1 p + a_2 p^2 + a_3 p^3 + a_4 p^4 + a_5 p^5$

where p is the fraction of a day from 0^h TDT.

NOTES AND FORMULAE

Low-precision formulae for geocentric coordinates of the Moon

The following formulae give approximate geocentric coordinates of the Moon. The errors will rarely exceed $0°3$ in ecliptic longitude (λ), $0°2$ in ecliptic latitude (β), $0°003$ in horizontal parallax (π), $0°001$ in semidiameter (SD), $0·2$ Earth radii in distance (r), $0°3$ in right ascension (α) and $0°2$ in declination (δ).

On this page the time argument T is the number of Julian centuries from J2000·0.

$$T = (\text{JD} - 245\ 1545·0)/36\ 525 = (-1462·5 + \text{day of year} + \text{UT}/24)/36\ 525$$

where day of year is given on pages B2–B3 and UT is the universal time in hours.

$$\lambda = 218°32 + 481\ 267°883\ T$$
$$+ 6°29 \sin(134°9 + 477\ 198°85\ T) - 1°27 \sin(259°2 - 413\ 335°38\ T)$$
$$+ 0°66 \sin(235°7 + 890\ 534°23\ T) + 0°21 \sin(269°9 + 954\ 397°70\ T)$$
$$- 0°19 \sin(357°5 + 35\ 999°05\ T) - 0°11 \sin(186°6 + 966\ 404°05\ T)$$
$$\beta = + 5°13 \sin(93°3 + 483\ 202°03\ T) + 0°28 \sin(228°2 + 960\ 400°87\ T)$$
$$- 0°28 \sin(318°3 + 6\ 003°18\ T) - 0°17 \sin(217°6 - 407\ 332°20\ T)$$
$$\pi = + 0°9508$$
$$+ 0°0518 \cos(134°9 + 477\ 198°85\ T) + 0°0095 \cos(259°2 - 413\ 335°38\ T)$$
$$+ 0°0078 \cos(235°7 + 890\ 534°23\ T) + 0°0028 \cos(269°9 + 954\ 397°70\ T)$$
$$SD = 0·2725\ \pi$$
$$r = 1/\sin\pi$$

Form the geocentric direction cosines (l, m, n) from:
$$l = \cos\beta \cos\lambda$$
$$m = +0·9175 \cos\beta \sin\lambda - 0·3978 \sin\beta$$
$$n = +0·3978 \cos\beta \sin\lambda + 0·9175 \sin\beta$$

where $l = \cos\delta \cos\alpha \qquad m = \cos\delta \sin\alpha \qquad n = \sin\delta$

Then $\alpha = \tan^{-1}(m/l)$ and $\delta = \sin^{-1}(n)$

where the quadrant of α is determined by the signs of l and m, and where α, δ are referred to the mean equator and equinox of date.

Low-precision formulae for topocentric coordinates of the Moon

The following formulae give approximate topocentric values of right ascension (α'), declination (δ'), distance (r'), parallax (π') and semi-diameter (SD').

Form the geocentric rectangular coordinates (x, y, z) from:
$$x = rl = r \cos\delta \cos\alpha$$
$$y = rm = r \cos\delta \sin\alpha$$
$$z = rn = r \sin\delta$$

Form the topocentric rectangular coordinates (x', y', z') from:
$$x' = x - \cos\phi' \cos\theta_0$$
$$y' = y - \cos\phi' \sin\theta_0$$
$$z' = z - \sin\phi'$$

where ϕ' is the observer's geocentric latitude and θ_0 is the local sidereal time.

$$\theta_0 = 100°46 + 36\ 000°77\ T + \lambda' + 15\ \text{UT}$$

where λ' is the observer's east longitude.

Then $\qquad r' = (x'^2 + y'^2 + z'^2)^{1/2} \qquad \alpha' = \tan^{-1}(y'/x') \quad \delta' = \sin^{-1}(z'/r')$
$$\pi' = \sin^{-1}(1/r') \qquad\qquad SD' = 0·2725\pi'$$

CONTENTS OF SECTION E

NOTES

NOTES AND FORMULAS

Orbital elements

The heliocentric osculating orbital elements for the Earth given on pages E3–E4 refer to the Earth/Moon barycenter. In ecliptic rectangular coordinates, the correction from the Earth/Moon barycenter to the Earth's center is given by:

(Earth's center) = (Earth/Moon barycenter) − (0.000 0312 cos L, 0.000 0312 sin L, 0.0)

where $L = 218° + 481\ 268°\ T$, with T in Julian centuries from JD 245 1545.0 to 5 decimal places; the coordinates are in au and are referred to the mean equinox and ecliptic of date.

Linear interpolation of the heliocentric osculating orbital elements usually leads to errors of about $1''$ or $2''$ in the geocentric positions of the Sun and planets: the errors may, however, reach about $7''$ for Venus at inferior conjunction and about $3''$ for Mars at opposition.

Heliocentric coordinates

The heliocentric ecliptic coordinates of the Earth may be obtained from the geocentric ecliptic coordinates of the Sun given on pages C4–C18 by adding $\pm180°$ to the longitude, and reversing the sign of the latitude.

Geocentric coordinates

Precise values of apparent semidiameter and horizontal parallax may be computed from the formulas and values given on page E43. Values of apparent diameter are tabulated in the ephemerides for physical observations on pages E52 onwards.

Times of transit, rising and setting

Formulas for obtaining the universal times of transit, rising and setting of the planets are given on page E43.

Ephemerides for physical observations

Full descriptions of the quantities tabulated in the ephemerides for physical observations of the planets are given in the Explanation (Section L).

Invariable plane of the solar system

Approximate coordinates of the north pole of the invariable plane for J2000.0 are:

$$\alpha_0 = 273°.85 \qquad \delta_0 = 66°.99$$

HELIOCENTRIC OSCULATING ORBITAL ELEMENTS
REFERRED TO THE MEAN ECLIPTIC AND EQUINOX OF J2000.0

Julian Date 245	Inclin- ation i	Longitude Asc. Node Ω	Longitude Perihelion ϖ	Mean Distance a	Daily Motion n	Eccen- tricity e	Mean Longitude L
MERCURY	°	°	°		°		°
0120.5	7.005 19	48.3362	77.4503	0.387 0985	4.092 342	0.205 6337	182.712 99
0320.5	7.005 13	48.3356	77.4537	0.387 0975	4.092 358	0.205 6430	281.180 17
VENUS							
0120.5	3.394 80	76.6916	131.470	0.723 3257	1.602 152	0.006 7574	59.746 17
0320.5	3.394 77	76.6900	131.814	0.723 3235	1.602 159	0.006 7974	20.170 02
EARTH*							
0120.5	0.000 51	345.4	102.8913	1.000 0082	0.985 597 0	0.016 7549	136.463 59
0320.5	0.000 47	346.4	102.8837	1.000 0108	0.985 593 1	0.016 7206	333.586 00
MARS							
0120.5	1.849 97	49.5709	336.0217	1.523 6253	0.524 067 1	0.093 2886	328.961 95
0320.5	1.849 91	49.5705	336.0635	1.523 7131	0.524 021 8	0.093 3046	73.773 36
JUPITER							
0120.5	1.304 61	100.4708	15.7513	5.202 289	0.083 103 55	0.048 4146	276.019 30
0320.5	1.304 60	100.4707	15.7225	5.202 427	0.083 100 24	0.048 4362	292.642 51
SATURN							
0120.5	2.485 34	113.6415	90.5489	9.555 375	0.033 372 95	0.052 3713	2.227 88
0320.5	2.485 25	113.6365	89.8160	9.561 943	0.033 338 57	0.052 5151	8.913 24
URANUS							
0120.5	0.773 37	74.0909	176.6862	19.297 67	0.011 626 69	0.044 4402	296.480 52
0320.5	0.773 45	74.0971	176.6634	19.304 25	0.011 620 75	0.043 7359	298.874 91
NEPTUNE							
0120.5	1.769 69	131.7789	2.445	30.266 05	0.005 919 454	0.008 4404	296.318 79
0320.5	1.769 02	131.7851	2.167	30.277 50	0.005 916 098	0.009 2486	297.584 72
PLUTO							
0120.5	17.119 42	110.3902	224.7317	39.770 30	0.003 929 758	0.253 8350	233.440 89
0320.5	17.118 29	110.3949	224.8114	39.713 20	0.003 938 236	0.252 6847	234.285 91

HELIOCENTRIC COORDINATES AND VELOCITY COMPONENTS
REFERRED TO THE MEAN EQUATORY AND EQUINOX OF J2000.0

	x	y	z	$\dot{x}$	$\dot{y}$	$\dot{z}$
MERCURY						
0120.5	− 0.385 7365	− 0.163 9517	− 0.047 5646	+0.005 497 64	−0.021 514 16	−0.012 062 10
0320.5	+ 0.026 6640	− 0.405 6922	− 0.219 4675	+0.022 444 68	+0.003 543 50	−0.000 435 27
VENUS						
0120.5	+ 0.371 2951	+ 0.572 9661	+ 0.234 2605	−0.017 408 66	+0.009 009 40	+0.005 154 93
0320.5	+ 0.682 7481	+ 0.236 1149	+ 0.063 0089	−0.006 818 26	+0.017 150 97	+0.008 147 31
EARTH*						
0120.5	− 0.727 5681	+ 0.610 7332	+ 0.264 7897	−0.011 894 40	−0.011 704 92	−0.005 074 85
0320.5	+ 0.893 4680	− 0.433 6123	− 0.187 9962	+0.007 763 99	+0.013 894 06	+0.006 023 96
MARS						
0120.5	+ 1.165 4028	− 0.664 0779	− 0.336 1055	+0.008 056 91	+0.011 892 69	+0.005 236 87
0320.5	+ 0.158 9360	+ 1.408 0993	+ 0.641 5465	−0.013 389 28	+0.002 247 96	+0.001 393 14
JUPITER						
0120.5	+ 0.056 618	− 4.830 622	− 2.072 002	+0.007 452 809	+0.000 464 097	+0.000 017 346
0320.5	+ 1.524 270	− 4.540 715	− 1.983 494	+0.007 119 287	+0.002 428 548	+0.000 867 527
SATURN						
0120.5	+ 9.538 874	− 0.433 794	− 0.589 470	+0.000 072 742	+0.005 138 641	+0.002 119 286
0320.5	+ 9.488 527	+ 0.594 708	− 0.162 499	−0.000 577 854	+0.005 134 743	+0.002 145 685
URANUS						
0120.5	+10.105 57	−15.492 04	− 6.928 05	+0.003 357 478	+0.001 695 406	+0.000 694 931
0320.5	+10.769 11	−15.140 96	− 6.783 69	+0.003 276 897	+0.001 814 991	+0.000 748 438
NEPTUNE						
0120.5	+12.956 17	−25.095 61	−10.594 49	+0.002 821 829	+0.001 292 370	+0.000 458 749
0320.5	+13.517 68	−24.831 55	−10.500 38	+0.002 792 799	+0.001 348 305	+0.000 482 409
PLUTO						
0120.5	−14.076 58	−26.070 59	− 3.894 43	+0.002 854 335	−0.001 553 801	−0.001 342 638
0320.5	−13.502 65	−26.375 36	− 4.162 00	+0.002 884 496	−0.001 493 693	−0.001 332 851

*Values labelled for the Earth are actually for the Earth/Moon barycenter (see note on page E2).
Distances are in astronomical units. Velocity components are in astronomical units per day.

INNER PLANETS, 1996

HELIOCENTRIC OSCULATING ORBITAL ELEMENTS
REFERRED TO THE MEAN ECLIPTIC AND EQUINOX OF DATE

Date	Julian Date 245	Inclin- ation i	Longitude Asc. Node Ω	Longitude Perihelion ϖ	Mean Distance a	Daily Motion n	Eccen- tricity e	Mean Longitude L
		°	°	°		°		°
MERCURY								
Jan. −2	10080.5	7.0049	48.284	77.394	0.387 099	4.092 33	0.205 635	18.9635
Feb. 7	10120.5	7.0049	48.285	77.396	0.387 099	4.092 34	0.205 634	182.6585
Mar. 18	10160.5	7.0049	48.286	77.398	0.387 099	4.092 33	0.205 631	346.3530
Apr. 27	10200.5	7.0049	48.288	77.400	0.387 099	4.092 33	0.205 632	150.0479
June 6	10240.5	7.0049	48.289	77.404	0.387 098	4.092 35	0.205 640	313.7417
July 16	10280.5	7.0049	48.290	77.406	0.387 098	4.092 35	0.205 643	117.4375
Aug. 25	10320.5	7.0049	48.292	77.407	0.387 097	4.092 36	0.205 643	281.1333
Oct. 4	10360.5	7.0049	48.293	77.408	0.387 098	4.092 36	0.205 643	84.8290
Nov. 13	10400.5	7.0049	48.294	77.409	0.387 097	4.092 36	0.205 641	248.5250
Dec. 23	10440.5	7.0049	48.295	77.412	0.387 097	4.092 36	0.205 638	52.2205
Dec. 63	10480.5	7.0049	48.297	77.412	0.387 097	4.092 36	0.205 638	215.9164
VENUS								
Jan. −2	10080.5	3.3947	76.644	131.44	0.723 324	1.602 16	0.006 756	355.6038
Feb. 7	10120.5	3.3947	76.646	131.42	0.723 326	1.602 15	0.006 757	59.6917
Mar. 18	10160.5	3.3947	76.647	131.39	0.723 326	1.602 15	0.006 756	123.7788
Apr. 27	10200.5	3.3947	76.648	131.41	0.723 327	1.602 15	0.006 756	187.8665
June 6	10240.5	3.3947	76.649	131.61	0.723 343	1.602 09	0.006 761	251.9522
July 16	10280.5	3.3947	76.650	131.71	0.723 333	1.602 13	0.006 784	316.0357
Aug. 25	10320.5	3.3947	76.651	131.77	0.723 324	1.602 16	0.006 797	20.1232
Oct. 4	10360.5	3.3947	76.652	131.73	0.723 327	1.602 15	0.006 801	84.2111
Nov. 13	10400.5	3.3947	76.653	131.69	0.723 327	1.602 15	0.006 800	148.2980
Dec. 23	10440.5	3.3947	76.654	131.67	0.723 325	1.602 16	0.006 796	212.3857
Dec. 63	10480.5	3.3947	76.655	131.76	0.723 332	1.602 13	0.006 792	276.4729
EARTH*								
Jan. −2	10080.5	0.0	—	102.850	1.000 010	0.985 594	0.016 756	96.9842
Feb. 7	10120.5	0.0	—	102.837	1.000 008	0.985 597	0.016 755	136.4091
Mar. 18	10160.5	0.0	—	102.826	1.000 001	0.985 607	0.016 748	175.8351
Apr. 27	10200.5	0.0	—	102.832	1.000 004	0.985 604	0.016 739	215.2619
June 6	10240.5	0.0	—	102.820	1.000 010	0.985 595	0.016 726	254.6888
July 16	10280.5	0.0	—	102.811	1.000 021	0.985 578	0.016 713	294.1144
Aug. 25	10320.5	0.0	—	102.837	1.000 011	0.985 593	0.016 721	333.5392
Oct. 4	10360.5	0.0	—	102.872	0.999 998	0.985 612	0.016 731	12.9656
Nov. 13	10400.5	0.0	—	102.880	0.999 997	0.985 613	0.016 736	52.3921
Dec. 23	10440.5	0.0	—	102.861	1.000 004	0.985 603	0.016 740	91.8176
Dec. 63	10480.5	0.0	—	102.834	1.000 002	0.985 606	0.016 740	131.2424
MARS								
Jan. −2	10080.5	1.8497	49.529	335.959	1.523 685	0.524 036	0.093 323	307.9440
Feb. 7	10120.5	1.8497	49.529	335.967	1.523 625	0.524 067	0.093 289	328.9075
Mar. 18	10160.5	1.8497	49.530	335.970	1.523 596	0.524 082	0.093 271	349.8724
Apr. 27	10200.5	1.8497	49.531	335.973	1.523 597	0.524 082	0.093 271	10.8374
June 6	10240.5	1.8497	49.533	335.983	1.523 629	0.524 065	0.093 286	31.8015
July 16	10280.5	1.8497	49.534	335.999	1.523 673	0.524 042	0.093 299	52.7646
Aug. 25	10320.5	1.8497	49.535	336.017	1.523 713	0.524 022	0.093 305	73.7265
Oct. 4	10360.5	1.8497	49.535	336.030	1.523 742	0.524 007	0.093 303	94.6878
Nov. 13	10400.5	1.8496	49.536	336.035	1.523 747	0.524 004	0.093 304	115.6490
Dec. 23	10440.5	1.8497	49.536	336.038	1.523 735	0.524 011	0.093 316	136.6100
Dec. 63	10480.5	1.8497	49.536	336.041	1.523 705	0.524 026	0.093 338	157.5716

*Values labelled for the Earth are actually for the Earth/Moon barycenter (see note on page E2).

FORMULAS

Mean anomaly, $\quad M = L - \varpi$

Argument of perihelion, measured from node, $\omega = \varpi - \Omega$

True anomaly, $\quad v = M + (2e - e^3/4) \sin M + (5e^2/4) \sin 2M + (13e^3/12) \sin 3M + \ldots$ in radians.

True distance, $\quad r = a(1 - e^2)/(1 + e \cos v)$

Heliocentric rectangular coordinates, referred to the ecliptic of date, may be computed from these elements by:
$$x = r \{\cos (v + \omega) \cos \Omega - \sin (v + \omega) \cos i \sin \Omega\}$$
$$y = r \{\cos (v + \omega) \sin \Omega + \sin (v + \omega) \cos i \cos \Omega\}$$
$$z = r \sin (v + \omega) \sin i$$

HELIOCENTRIC OSCULATING ORBITAL ELEMENTS
REFERRED TO THE MEAN ECLIPTIC AND EQUINOX OF DATE

Date	Julian Date 245	Inclination i	Longitude Asc. Node Ω	Longitude Perihelion ϖ	Mean Distance a	Daily Motion n	Eccentricity e	Mean Longitude L
JUPITER		°	°	°		°		°
Jan. −2	10080.5	1.3048	100.437	15.682	5.202 34	0.083 102 2	0.048 418	272.6399
Feb. 7	10120.5	1.3047	100.438	15.697	5.202 29	0.083 103 6	0.048 415	275.9648
Mar. 18	10160.5	1.3047	100.439	15.693	5.202 32	0.083 102 9	0.048 408	279.2898
Apr. 27	10200.5	1.3047	100.440	15.673	5.202 41	0.083 100 6	0.048 404	282.6153
June 6	10240.5	1.3047	100.441	15.653	5.202 51	0.083 098 3	0.048 413	285.9420
July 16	10280.5	1.3047	100.441	15.657	5.202 50	0.083 098 5	0.048 426	289.2690
Aug. 25	10320.5	1.3047	100.442	15.676	5.202 43	0.083 100 2	0.048 436	292.5957
Oct. 4	10360.5	1.3047	100.443	15.704	5.202 31	0.083 103 0	0.048 436	295.9215
Nov. 13	10400.5	1.3047	100.444	15.711	5.202 28	0.083 103 8	0.048 429	299.2465
Dec. 23	10440.5	1.3047	100.445	15.705	5.202 31	0.083 103 1	0.048 428	302.5719
Dec. 63	10480.5	1.3047	100.446	15.693	5.202 37	0.083 101 5	0.048 432	305.8976
SATURN								
Jan. −2	10080.5	2.4856	113.597	90.609	9.554 36	0.033 378 3	0.052 353	0.8342
Feb. 7	10120.5	2.4856	113.597	90.494	9.555 37	0.033 372 9	0.052 371	2.1734
Mar. 18	10160.5	2.4856	113.598	90.377	9.556 42	0.033 367 5	0.052 384	3.5115
Apr. 27	10200.5	2.4855	113.598	90.246	9.557 59	0.033 361 4	0.052 395	4.8488
June 6	10240.5	2.4855	113.598	90.082	9.559 05	0.033 353 7	0.052 415	6.1865
July 16	10280.5	2.4855	113.598	89.917	9.560 56	0.033 345 8	0.052 458	7.5260
Aug. 25	10320.5	2.4855	113.599	89.769	9.561 94	0.033 338 6	0.052 515	8.8664
Oct. 4	10360.5	2.4854	113.600	89.654	9.563 06	0.033 332 7	0.052 578	10.2073
Nov. 13	10400.5	2.4854	113.601	89.556	9.564 03	0.033 327 7	0.052 633	11.5468
Dec. 23	10440.5	2.4854	113.602	89.448	9.565 10	0.033 322 0	0.052 688	12.8857
Dec. 63	10480.5	2.4854	113.603	89.331	9.566 27	0.033 315 9	0.052 749	14.2246
URANUS								
Jan. −2	10080.5	0.7733	74.072	176.633	19.296 6	0.011 627 6	0.044 555	295.9480
Feb. 7	10120.5	0.7733	74.074	176.632	19.297 7	0.011 626 7	0.044 440	296.4260
Mar. 18	10160.5	0.7733	74.075	176.655	19.299 1	0.011 625 4	0.044 317	296.9036
Apr. 27	10200.5	0.7733	74.079	176.694	19.300 9	0.011 623 8	0.044 179	297.3818
June 6	10240.5	0.7734	74.082	176.723	19.302 8	0.011 622 0	0.044 016	297.8628
July 16	10280.5	0.7734	74.082	176.691	19.303 9	0.011 621 1	0.043 865	298.3455
Aug. 25	10320.5	0.7734	74.082	176.617	19.304 2	0.011 620 8	0.043 736	298.8281
Oct. 4	10360.5	0.7734	74.082	176.513	19.304 0	0.011 621 0	0.043 639	299.3092
Nov. 13	10400.5	0.7734	74.085	176.435	19.304 0	0.011 621 0	0.043 546	299.7884
Dec. 23	10440.5	0.7734	74.087	176.367	19.304 2	0.011 620 8	0.043 441	300.2683
Dec. 63	10480.5	0.7734	74.088	176.295	19.304 5	0.011 620 5	0.043 329	300.7491
NEPTUNE								
Jan. −2	10080.5	1.7702	131.733	2.46	30.264 2	0.005 920 01	0.008 309	296.0126
Feb. 7	10120.5	1.7701	131.736	2.39	30.266 1	0.005 919 45	0.008 440	296.2643
Mar. 18	10160.5	1.7699	131.738	2.16	30.268 7	0.005 918 66	0.008 579	296.5156
Apr. 27	10200.5	1.7698	131.740	1.82	30.272 1	0.005 917 67	0.008 735	296.7677
June 6	10240.5	1.7697	131.743	1.56	30.275 6	0.005 916 64	0.008 921	297.0233
July 16	10280.5	1.7695	131.745	1.71	30.277 3	0.005 916 15	0.009 096	297.2807
Aug. 25	10320.5	1.7693	131.748	2.12	30.277 5	0.005 916 10	0.009 249	297.5379
Oct. 4	10360.5	1.7692	131.750	2.71	30.276 4	0.005 916 42	0.009 367	297.7929
Nov. 13	10400.5	1.7692	131.752	3.12	30.276 0	0.005 916 55	0.009 478	298.0458
Dec. 23	10440.5	1.7691	131.754	3.47	30.276 0	0.005 916 54	0.009 601	298.2995
Dec. 63	10480.5	1.7689	131.756	3.82	30.276 0	0.005 916 54	0.009 733	298.5543
PLUTO								
Jan. −2	10080.5	17.1199	110.335	224.662	39.779 4	0.003 928 41	0.254 018	233.2180
Feb. 7	10120.5	17.1196	110.337	224.677	39.770 3	0.003 929 76	0.253 835	233.3863
Mar. 18	10160.5	17.1193	110.340	224.696	39.762 3	0.003 930 94	0.253 671	233.5556
Apr. 27	10200.5	17.1189	110.343	224.717	39.754 3	0.003 932 13	0.253 503	233.7264
June 6	10240.5	17.1185	110.346	224.740	39.743 3	0.003 933 77	0.253 276	233.8992
July 16	10280.5	17.1184	110.348	224.756	39.728 8	0.003 935 92	0.252 989	234.0702
Aug. 25	10320.5	17.1185	110.349	224.765	39.713 2	0.003 938 24	0.252 685	234.2390
Oct. 4	10360.5	17.1188	110.350	224.767	39.698 3	0.003 940 46	0.252 398	234.4050
Nov. 13	10400.5	17.1190	110.350	224.771	39.685 9	0.003 942 30	0.252 157	234.5709
Dec. 23	10440.5	17.1191	110.351	224.778	39.673 2	0.003 944 20	0.251 909	234.7380
Dec. 63	10480.5	17.1193	110.352	224.784	39.659 5	0.003 946 23	0.251 642	234.9057

MERCURY, 1996

HELIOCENTRIC POSITIONS FOR 0ʰ DYNAMICAL TIME

MEAN EQUINOX AND ECLIPTIC OF DATE

Date		Longitude	Latitude	Radius Vector	Date		Longitude	Latitude	Radius Vector
		° ′ ″	° ′ ″				° ′ ″	° ′ ″	
Jan.	0	6 12 56.4	− 4 42 22.6	0.347 9027	Feb.	15	228 30 37.5	− 0 01 39.6	0.452 1388
	1	11 14 44.6	4 13 58.1	.342 4848		16	231 24 24.2	0 23 00.0	.454 8141
	2	16 25 40.0	3 42 37.5	.337 2752		17	234 16 15.8	0 44 02.7	.457 2250
	3	21 45 42.5	3 08 25.8	.332 3237		18	237 06 26.7	1 04 46.4	.459 3681
	4	27 14 45.5	2 31 32.2	.327 6820		19	239 55 11.0	1 25 09.9	.461 2407
	5	32 52 33.9	− 1 52 11.2	0.323 4022		20	242 42 42.2	− 1 45 12.0	0.462 8404
	6	38 38 43.8	1 10 42.8	.319 5364		21	245 29 13.7	2 04 51.8	.464 1652
	7	44 32 41.0	− 0 27 32.8	.316 1346		22	248 14 58.3	2 24 08.1	.465 2136
	8	50 33 41.1	+ 0 16 47.1	.313 2438		23	251 00 08.6	2 42 59.9	.465 9843
	9	56 40 48.7	1 01 40.2	.310 9058		24	253 44 57.2	3 01 26.2	.466 4765
	10	62 52 58.5	+ 1 46 25.9	0.309 1563		25	256 29 36.4	− 3 19 25.9	0.466 6896
	11	69 08 55.7	2 30 20.8	.308 0226		26	259 14 18.5	3 36 57.9	.466 6234
	12	75 27 17.6	3 12 41.0	.307 5230		27	261 59 15.5	3 54 00.9	.466 2779
	13	81 46 36.5	3 52 44.2	.307 6656		28	264 44 39.7	4 10 33.8	.465 6535
	14	88 05 21.6	4 29 51.3	.308 4482		29	267 30 43.5	4 26 35.0	.464 7510
	15	94 22 02.0	+ 5 03 29.0	0.309 8579	Mar.	1	270 17 39.1	− 4 42 03.1	0.463 5714
	16	100 35 10.3	5 33 10.4	.311 8724		2	273 05 39.2	4 56 56.4	.462 1160
	17	106 43 24.8	5 58 36.9	.314 4605		3	275 54 56.4	5 11 13.1	.460 3866
	18	112 45 32.1	6 19 37.2	.317 5835		4	278 45 43.9	5 24 51.1	.458 3854
	19	118 40 28.8	6 36 08.3	.321 1972		5	281 38 14.9	5 37 48.3	.456 1150
	20	124 27 22.7	+ 6 48 13.7	0.325 2530		6	284 32 43.2	− 5 50 02.1	0.453 5783
	21	130 05 33.2	6 56 02.8	.329 6998		7	287 29 22.9	6 01 30.0	.450 7789
	22	135 34 31.1	6 59 49.7	.334 4854		8	290 28 28.5	6 12 08.8	.447 7210
	23	140 53 58.0	6 59 51.6	.339 5577		9	293 30 15.2	6 21 55.3	.444 4093
	24	146 03 45.3	6 56 27.9	.344 8658		10	296 34 58.6	6 30 45.9	.440 8493
	25	151 03 52.8	+ 6 49 58.8	0.350 3606		11	299 42 55.0	− 6 38 36.5	0.437 0472
	26	155 54 27.2	6 40 45.1	.355 9959		12	302 54 21.3	6 45 22.9	.433 0101
	27	160 35 41.5	6 29 06.6	.361 7281		13	306 09 34.9	6 51 00.3	.428 7461
	28	165 07 52.7	6 15 22.5	.367 5168		14	309 28 54.3	6 55 23.3	.424 2644
	29	169 31 21.7	5 59 50.5	.373 3250		15	312 52 38.2	6 58 26.4	.419 5754
	30	173 46 31.3	+ 5 42 46.9	0.379 1187		16	316 21 06.6	− 7 00 03.3	0.414 6908
	31	177 53 46.4	5 24 26.7	.384 8670		17	319 54 39.6	7 00 07.5	.409 6240
Feb.	1	181 53 32.4	5 05 02.9	.390 5422		18	323 33 38.4	6 58 31.8	.404 3898
	2	185 46 15.3	4 44 47.5	.396 1192		19	327 18 24.5	6 55 08.7	.399 0052
	3	189 32 21.0	4 23 50.8	.401 5755		20	331 09 20.1	6 49 50.2	.393 4891
	4	193 12 14.9	+ 4 02 21.9	0.406 8911		21	335 06 47.6	− 6 42 27.9	0.387 8627
	5	196 46 21.9	3 40 28.7	.412 0479		22	339 11 09.5	6 32 53.4	.382 1496
	6	200 15 06.2	3 18 18.1	.417 0302		23	343 22 48.2	6 20 57.9	.376 3762
	7	203 38 51.1	2 55 56.1	.421 8236		24	347 42 05.7	6 06 33.0	.370 5717
	8	206 57 58.9	2 33 27.8	.426 4158		25	352 09 22.7	5 49 30.7	.364 7685
	9	210 12 50.9	+ 2 10 57.8	0.430 7956		26	356 44 58.8	− 5 29 43.7	0.359 0018
	10	213 23 47.7	1 48 29.7	.434 9531		27	1 29 11.4	5 07 05.8	.353 3104
	11	216 31 08.9	1 26 07.0	.438 8797		28	6 22 14.7	4 41 32.9	.347 7362
	12	219 35 13.0	1 03 52.4	.442 5679		29	11 24 19.4	4 13 02.9	.342 3240
	13	222 36 17.9	0 41 48.4	.446 0109		30	16 35 31.3	3 41 37.1	.337 1215
	14	225 34 40.6	+ 0 19 57.1	0.449 2029		31	21 55 50.4	− 3 07 20.3	0.332 1788
	15	228 30 37.5	− 0 01 39.6	0.452 1388	Apr.	1	27 25 09.5	− 2 30 22.0	0.327 5473

HELIOCENTRIC POSITIONS FOR 0ʰ DYNAMICAL TIME
MEAN EQUINOX AND ECLIPTIC OF DATE

Date	Longitude	Latitude	Radius Vector	Date	Longitude	Latitude	Radius Vector
	° ′ ″	° ′ ″			° ′ ″	° ′ ″	
Apr. 1	27 25 09.5	− 2 30 22.0	0.327 5473	May 17	240 00 31.9	− 1 25 47.2	0.461 2943
2	33 03 13.4	1 50 56.7	.323 2795	18	242 48 01.1	1 45 48.7	.462 8858
3	38 49 37.9	1 09 24.8	.319 4271	19	245 34 30.9	2 05 27.7	.464 2024
4	44 43 48.5	− 0 26 12.3	.316 0402	20	248 20 14.2	2 24 43.3	.465 2426
5	50 45 00.5	+ 0 18 09.2	.313 1656	21	251 05 23.6	2 43 34.3	.466 0050
6	56 52 18.2	+ 1 03 02.7	0.310 8450	22	253 50 11.7	− 3 01 59.8	0.466 4889
7	63 04 35.9	1 47 47.4	.309 1138	23	256 34 50.7	3 19 58.7	.466 6937
8	69 20 38.5	2 31 40.1	.307 9992	24	259 19 32.9	3 37 29.8	.466 6192
9	75 39 03.4	3 13 56.7	.307 5190	25	262 04 30.5	3 54 31.9	.466 2654
10	81 58 22.5	3 53 55.0	.307 6811	26	264 49 55.6	4 11 03.8	.465 6327
11	88 17 04.9	+ 4 30 56.2	0.308 4829	27	267 36 00.6	− 4 27 04.0	0.464 7219
12	94 33 40.0	5 04 27.0	.309 9113	28	270 22 57.9	4 42 31.0	.463 5340
13	100 46 40.5	5 34 00.9	.311 9437	29	273 11 00.0	4 57 23.2	.462 0704
14	106 54 44.8	5 59 19.3	.314 5485	30	276 00 19.6	5 11 38.7	.460 3329
15	112 56 39.7	6 20 11.5	.317 6871	31	278 51 09.9	5 25 15.5	.458 3236
16	118 51 22.4	+ 6 36 34.3	0.321 3148	June 1	281 43 44.1	− 5 38 11.4	0.456 0451
17	124 38 00.8	6 48 31.7	.325 3831	2	284 38 15.9	5 50 23.9	.453 5005
18	130 15 54.9	6 56 13.2	.329 8409	3	287 34 59.6	6 01 50.2	.450 6933
19	135 44 35.6	6 59 53.0	.334 6358	4	290 34 09.7	6 12 27.5	.447 6277
20	141 03 45.1	6 59 48.3	.339 7159	5	293 36 01.4	6 22 12.3	.444 3084
21	146 13 14.7	+ 6 56 18.6	0.345 0303	6	296 40 50.2	− 6 31 01.1	0.440 7410
22	151 13 04.6	6 49 44.3	.350 5300	7	299 48 52.5	6 38 49.9	.436 9317
23	156 03 21.9	6 40 25.8	.356 1687	8	303 00 25.1	6 45 34.2	.432 8876
24	160 44 19.4	6 28 43.2	.361 9031	9	306 15 45.7	6 51 09.4	.428 6168
25	165 16 14.5	6 14 55.5	.367 6929	10	309 35 12.6	6 55 30.1	.424 1286
26	169 39 27.9	+ 5 59 20.4	0.373 5010	11	312 59 04.6	− 6 58 30.6	0.419 4334
27	173 54 22.9	5 42 14.3	.379 2937	12	316 27 41.6	7 00 04.8	.414 5430
28	178 01 24.0	5 23 51.9	.385 0401	13	320 01 24.0	7 00 06.1	.409 4707
29	182 00 56.8	5 04 26.4	.390 7127	14	323 40 32.7	6 58 27.3	.404 2316
30	185 53 27.3	4 44 09.6	.396 2863	15	327 25 29.5	6 55 00.8	.398 8426
May 1	189 39 21.4	+ 4 23 11.7	0.401 7386	16	331 16 36.4	− 6 49 38.6	0.393 3226
2	193 19 04.4	4 01 41.9	.407 0496	17	335 14 15.9	6 42 12.5	.387 6930
3	196 53 01.4	3 39 48.1	.412 2014	18	339 18 50.5	6 32 33.8	.381 9774
4	200 21 36.3	3 17 37.0	.417 1781	19	343 30 42.6	6 20 33.9	.376 2023
5	203 45 12.5	2 55 14.8	.421 9657	20	347 50 14.0	6 06 04.4	.370 3971
6	207 04 12.2	+ 2 32 46.4	0.426 5516	21	352 17 45.7	− 5 48 57.2	0.364 5940
7	210 18 56.9	2 10 16.3	.430 9248	22	356 53 37.1	5 29 05.1	.358 8287
8	213 29 46.9	1 47 48.4	.435 0755	23	1 38 05.4	5 06 22.0	.353 1398
9	216 37 01.8	1 25 25.8	.438 9951	24	6 31 24.9	4 40 43.8	.347 5694
10	219 41 00.2	1 03 11.5	.442 6761	25	11 33 46.1	4 12 08.5	.342 1624
11	222 41 59.9	+ 0 41 07.8	0.446 1117	26	16 45 14.7	− 3 40 37.4	0.336 9666
12	225 40 18.0	+ 0 19 17.0	.449 2961	27	22 05 50.3	3 06 15.5	.332 0321
13	228 36 10.7	− 0 02 19.2	.452 2242	28	27 35 25.7	2 29 12.5	.327 4104
14	231 29 53.7	0 23 39.1	.454 8917	29	33 13 45.4	1 49 43.1	.323 1539
15	234 21 42.0	0 44 41.3	.457 2946	30	39 00 24.8	1 08 07.7	.319 3144
16	237 11 50.0	− 1 05 24.4	0.459 4298	July 1	44 54 49.3	− 0 24 52.5	0.315 9419
17	240 00 31.9	− 1 25 47.2	0.461 2943	2	50 56 13.6	+ 0 19 30.6	0.313 0830

MERCURY, 1996

HELIOCENTRIC POSITIONS FOR 0ʰ DYNAMICAL TIME
MEAN EQUINOX AND ECLIPTIC OF DATE

Date		Longitude	Latitude	Radius Vector	Date		Longitude	Latitude	Radius Vector
		° ′ ″	° ′ ″				° ′ ″	° ′ ″	
July	1	44 54 49.3	− 0 24 52.5	0.315 9419	Aug.	16	248 25 35.2	− 2 25 19.1	0.465 2703
	2	50 56 13.6	+ 0 19 30.6	.313 0830		17	251 10 43.8	2 44 09.3	.466 0242
	3	57 03 42.0	1 04 24.5	.310 7794		18	253 55 31.3	3 02 34.0	.466 4995
	4	63 16 08.2	1 49 08.3	.309 0661		19	256 40 10.2	3 20 32.0	.466 6956
	5	69 32 17.0	2 32 58.8	.307 9701		20	259 24 52.7	3 38 02.2	.466 6124
	6	75 50 45.5	+ 3 15 11.9	0.307 5091		21	262 09 50.9	− 3 55 03.4	0.466 2500
	7	82 10 05.5	3 55 05.4	.307 6905		22	264 55 17.1	4 11 34.3	.465 6087
	8	88 28 46.2	4 32 00.7	.308 5113		23	267 41 23.5	4 27 33.5	.464 6893
	9	94 45 16.9	5 05 24.7	.309 9583		24	270 28 22.5	4 42 59.5	.463 4928
	10	100 58 10.3	5 34 51.1	.312 0085		25	273 16 26.8	4 57 50.5	.462 0207
	11	107 06 05.1	+ 6 00 01.6	0.314 6302		26	276 05 49.0	− 5 12 04.9	0.460 2747
	12	113 07 48.6	6 20 45.5	.317 7843		27	278 56 42.3	5 25 40.4	.458 2570
	13	119 02 18.0	6 37 00.2	.321 4263		28	281 49 19.9	5 38 35.0	.455 9701
	14	124 48 41.7	6 48 49.6	.325 5073		29	284 43 55.6	5 50 46.0	.453 4173
	15	130 26 19.9	6 56 23.5	.329 9763		30	287 40 43.6	6 02 10.9	.450 6020
	16	135 54 44.1	+ 6 59 56.0	0.334 7810		31	290 39 58.5	− 6 12 46.6	0.447 5284
	17	141 13 36.5	6 59 44.8	.339 8692	Sept.	1	293 41 55.4	6 22 29.7	.444 2013
	18	146 22 48.9	6 56 09.0	.345 1902		2	296 46 50.0	6 31 16.7	.440 6262
	19	151 22 21.7	6 49 29.3	.350 6952		3	299 54 58.5	6 39 03.5	.436 8094
	20	156 12 22.0	6 40 06.0	.356 3378		4	303 06 38.0	6 45 45.8	.432 7581
	21	160 53 03.1	+ 6 28 19.2	0.362 0748		5	306 22 06.0	− 6 51 18.7	0.428 4804
	22	165 24 42.2	6 14 27.9	.367 8660		6	309 41 40.8	6 55 36.9	.423 9855
	23	169 47 40.4	5 58 49.8	.373 6745		7	313 05 41.4	6 58 34.9	.419 2840
	24	174 02 20.7	5 41 41.1	.379 4666		8	316 34 27.6	7 00 06.3	.414 3877
	25	178 09 07.9	5 23 16.5	.385 2115		9	320 08 19.8	7 00 04.6	.409 3100
	26	182 08 27.6	+ 5 03 49.2	0.390 8817		10	323 47 39.0	− 6 58 22.5	0.404 0659
	27	186 00 45.7	4 43 30.9	.396 4523		11	327 32 47.0	6 54 52.5	.398 6725
	28	189 46 28.1	4 22 31.9	.401 9009		12	331 24 05.8	6 49 26.6	.393 1487
	29	193 26 00.3	4 01 01.2	.407 2076		13	335 21 57.8	6 41 56.5	.387 5160
	30	196 59 47.1	3 39 06.7	.412 3546		14	339 26 45.7	6 32 13.5	.381 7981
	31	200 28 12.5	+ 3 16 55.2	0.417 3260		15	343 38 51.8	− 6 20 09.1	0.376 0216
Aug.	1	203 51 39.9	2 54 32.7	.422 1079		16	347 58 37.9	6 05 34.8	.370 2159
	2	207 10 31.5	2 32 04.2	.426 6877		17	352 26 25.0	5 48 22.6	.364 4135
	3	210 25 08.7	2 09 34.1	.431 0544		18	357 02 32.2	5 28 25.2	.358 6499
	4	213 35 51.8	1 47 06.2	.435 1984		19	1 47 16.9	5 05 36.7	.352 9641
	5	216 43 00.4	+ 1 24 43.9	0.439 1110		20	6 40 53.1	− 4 39 52.9	0.347 3980
	6	219 46 53.0	1 02 29.9	.442 7847		21	11 43 31.4	4 11 12.1	.341 9969
	7	222 47 47.5	0 40 26.6	.446 2128		22	16 55 17.0	3 39 35.6	.336 8085
	8	225 46 00.8	+ 0 18 36.2	.449 3895		23	22 16 09.6	3 05 08.5	.331 8829
	9	228 41 49.3	− 0 02 59.6	.452 3099		24	27 46 01.6	2 28 00.7	.327 2718
	10	231 35 28.5	− 0 24 18.9	0.454 9694		25	33 24 37.4	− 1 48 27.0	0.323 0275
	11	234 27 13.4	0 45 20.5	.457 3642		26	39 11 31.9	1 06 48.0	.319 2018
	12	237 17 18.6	1 06 03.0	.459 4911		27	45 06 10.2	− 0 23 30.2	.315 8446
	13	240 05 57.9	1 26 25.2	.461 3473		28	51 07 46.8	+ 0 20 54.4	.313 0024
	14	242 53 25.0	1 46 26.0	.462 9305		29	57 15 25.5	1 05 48.6	.310 7168
	15	245 39 53.2	− 2 06 04.3	0.464 2386		30	63 27 59.9	+ 1 50 31.5	0.309 0224
	16	248 25 35.2	− 2 25 19.1	0.465 2703	Oct.	1	69 44 14.3	+ 2 34 19.5	0.307 9460

HELIOCENTRIC POSITIONS FOR 0ʰ DYNAMICAL TIME
MEAN EQUINOX AND ECLIPTIC OF DATE

Date		Longitude	Latitude	Radius Vector	Date		Longitude	Latitude	Radius Vector
		° ′ ″	° ′ ″				° ′ ″	° ′ ″	
Oct.	1	69 44 14.3	+ 2 34 19.5	0.307 9460	Nov.	16	259 30 12.4	− 3 38 34.6	0.466 6045
	2	76 02 45.8	3 16 28.9	.307 5049		17	262 15 11.4	3 55 34.9	.466 2334
	3	82 22 06.0	3 56 17.5	.307 7063		18	265 00 38.6	4 12 04.8	.465 5834
	4	88 40 44.0	4 33 06.6	.308 5470		19	267 46 46.6	4 28 03.0	.464 6553
	5	94 57 09.2	5 06 23.6	.310 0132		20	270 33 47.5	4 43 27.9	.463 4502
	6	101 09 54.5	+ 5 35 42.2	0.312 0818		21	273 21 54.1	− 4 58 17.9	0.461 9695
	7	107 17 38.8	6 00 44.5	.314 7206		22	276 11 19.0	5 12 31.0	.460 2150
	8	113 19 09.7	6 21 20.0	.317 8907		23	279 02 15.3	5 26 05.3	.458 1888
	9	119 13 24.6	6 37 26.3	.321 5471		24	281 54 56.5	5 38 58.5	.455 8937
	10	124 59 32.5	6 49 07.6	.325 6411		25	284 49 36.2	5 51 08.2	.453 3326
	11	130 36 53.8	+ 6 56 33.7	0.330 1214		26	287 46 28.6	− 6 02 31.6	0.450 5092
	12	136 05 00.3	6 59 59.0	.334 9357		27	290 45 48.3	6 13 05.7	.447 4276
	13	141 23 34.7	6 59 41.0	.340 0319		28	293 47 50.6	6 22 47.1	.444 0928
	14	146 32 29.0	6 55 59.2	.345 3594		29	296 52 51.0	6 31 32.3	.440 5101
	15	151 31 43.7	6 49 14.1	.350 8693		30	300 01 05.9	6 39 17.1	.436 6859
	16	156 21 26.4	+ 6 39 46.0	0.356 5155	Dec.	1	303 12 52.3	− 6 45 57.3	0.432 6275
	17	161 01 50.3	6 27 55.1	.362 2548		2	306 28 27.7	6 51 27.9	.428 3429
	18	165 33 12.8	6 14 00.2	.368 0471		3	309 48 10.6	6 55 43.8	.423 8415
	19	169 55 55.1	5 58 19.0	.373 8556		4	313 12 19.8	6 58 39.1	.419 1338
	20	174 10 20.3	5 41 07.7	.379 6466		5	316 41 15.3	7 00 07.7	.414 2317
	21	178 16 53.1	+ 5 22 40.9	0.385 3896		6	320 15 17.4	− 7 00 02.9	0.409 1486
	22	182 15 59.3	5 03 11.9	.391 0570		7	323 54 47.2	6 58 17.6	.403 8997
	23	186 08 04.7	4 42 52.2	.396 6241		8	327 40 06.4	6 54 44.1	.398 5020
	24	189 53 35.1	4 21 52.0	.402 0685		9	331 31 37.2	6 49 14.4	.392 9746
	25	193 32 56.2	4 00 20.5	.407 3704		10	335 29 41.9	6 41 40.2	.387 3390
	26	197 06 32.6	+ 3 38 25.3	0.412 5121		11	339 34 43.1	− 6 31 53.0	0.381 6190
	27	200 34 48.4	3 16 13.4	.417 4778		12	343 47 03.2	6 19 44.0	.375 8412
	28	203 58 06.9	2 53 50.6	.422 2535		13	348 07 04.0	6 05 04.9	.370 0353
	29	207 16 50.2	2 31 22.0	.426 8268		14	352 35 06.3	5 47 47.6	.364 2336
	30	210 31 19.8	2 08 51.9	.431 1867		15	357 11 29.4	5 27 45.0	.358 4719
	31	213 41 56.0	+ 1 46 24.2	0.435 3236		16	1 56 30.4	− 5 04 51.1	0.352 7893
Nov.	1	216 48 58.2	1 24 02.1	.439 2288		17	6 50 23.4	4 39 01.8	.347 2278
	2	219 52 45.0	1 01 48.3	.442 8949		18	11 53 18.5	4 10 15.4	.341 8327
	3	222 53 34.2	0 39 45.4	.446 3152		19	17 05 21.1	3 38 33.5	.336 6518
	4	225 51 42.8	+ 0 17 55.4	.449 4840		20	22 26 30.6	3 04 01.2	.331 7353
	5	228 47 27.0	− 0 03 39.8	0.452 3962		21	27 56 39.1	− 2 26 48.6	0.327 1350
	6	231 41 02.5	0 24 58.6	.455 0475		22	33 35 30.7	1 47 10.7	.322 9031
	7	234 32 44.1	0 45 59.6	.457 4340		23	39 22 40.1	1 05 28.2	.319 0913
	8	237 22 46.4	1 06 41.5	.459 5525		24	45 17 32.0	− 0 22 07.8	.315 7496
	9	240 11 23.3	1 27 03.1	.461 4002		25	51 19 20.5	+ 0 22 18.2	.312 9243
	10	242 58 48.5	− 1 47 03.2	0.462 9747		26	57 27 09.3	+ 1 07 12.7	0.310 6566
	11	245 45 15.0	2 06 40.8	.464 2743		27	63 39 51.4	1 51 54.5	.308 9811
	12	248 30 55.8	2 25 54.8	.465 2972		28	69 56 11.3	2 35 40.1	.307 9243
	13	251 16 03.6	2 44 44.3	.466 0424		29	76 14 45.4	3 17 45.7	.307 5032
	14	254 00 50.7	3 03 08.1	.466 5090		30	82 34 05.4	3 57 29.2	.307 7246
	15	256 45 29.6	− 3 21 05.3	0.466 6964		31	88 52 40.4	+ 4 34 12.2	0.308 5849
	16	259 30 12.4	− 3 38 34.6	0.466 6045		32	95 08 59.8	+ 5 07 22.0	0.310 0703

VENUS, 1996

HELIOCENTRIC POSITIONS FOR 0ʰ DYNAMICAL TIME
MEAN EQUINOX AND ECLIPTIC OF DATE

Date		Longitude	Latitude	Radius Vector	Date		Longitude	Latitude	Radius Vector
		° ′ ″	° ′ ″				° ′ ″	° ′ ″	
Jan.	0	358 15 41.9	− 3 19 31.2	0.726 6519	Apr.	1	146 22 35.1	+ 3 11 05.7	0.718 6045
	2	1 26 33.2	3 16 56.6	.726 4475		3	149 37 37.8	3 14 46.9	.718 6827
	4	4 37 30.0	3 13 45.5	.726 2334		5	152 52 39.0	3 17 50.6	.718 7757
	6	7 48 32.4	3 09 58.4	.726 0102		7	156 07 38.0	3 20 16.1	.718 8830
	8	10 59 40.5	3 05 36.1	.725 7786		9	159 22 34.1	3 22 03.0	.719 0044
	10	14 10 54.3	− 3 00 39.2	0.725 5393		11	162 37 26.7	+ 3 23 11.0	0.719 1395
	12	17 22 14.0	2 55 08.7	.725 2930		13	165 52 14.9	3 23 39.9	.719 2877
	14	20 33 39.7	2 49 05.4	.725 0405		15	169 06 58.2	3 23 29.7	.719 4487
	16	23 45 11.3	2 42 30.4	.724 7826		17	172 21 35.9	3 22 40.5	.719 6219
	18	26 56 49.0	2 35 24.9	.724 5200		19	175 36 07.3	3 21 12.4	.719 8067
	20	30 08 33.0	− 2 27 50.1	0.724 2536		21	178 50 31.8	+ 3 19 05.9	0.720 0026
	22	33 20 23.1	2 19 47.4	.723 9843		23	182 04 48.8	3 16 21.4	.720 2090
	24	36 32 19.7	2 11 18.3	.723 7127		25	185 18 57.9	3 12 59.4	.720 4250
	26	39 44 22.7	2 02 24.2	.723 4398		27	188 32 58.4	3 09 00.8	.720 6502
	28	42 56 32.2	1 53 06.8	.723 1665		29	191 46 49.9	3 04 26.4	.720 8837
	30	46 08 48.3	− 1 43 27.8	0.722 8936	May	1	195 00 32.0	+ 2 59 17.0	0.721 1248
Feb.	1	49 21 11.2	1 33 28.9	.722 6219		3	198 14 04.3	2 53 33.8	.721 3728
	3	52 33 40.8	1 23 12.0	.722 3523		5	201 27 26.4	2 47 18.0	.721 6268
	5	55 46 17.4	1 12 39.0	.722 0857		7	204 40 38.2	2 40 30.7	.721 8861
	7	58 59 00.9	1 01 51.8	.721 8228		9	207 53 39.4	2 33 13.5	.722 1499
	9	62 11 51.4	− 0 50 52.5	0.721 5646		11	211 06 29.8	+ 2 25 27.6	0.722 4172
	11	65 24 49.0	0 39 43.1	.721 3119		13	214 19 09.3	2 17 14.7	.722 6873
	13	68 37 53.8	0 28 25.8	.721 0654		15	217 31 38.0	2 08 36.4	.722 9593
	15	71 51 05.8	0 17 02.6	.720 8259		17	220 43 55.7	1 59 34.4	.723 2324
	17	75 04 24.9	− 0 05 35.7	.720 5943		19	223 56 02.5	1 50 10.4	.723 5057
	19	78 17 51.3	+ 0 05 52.6	0.720 3711		21	227 07 58.6	+ 1 40 26.1	0.723 7784
	21	81 31 24.9	0 17 20.3	.720 1573		23	230 19 44.1	1 30 23.6	.724 0496
	23	84 45 05.5	0 28 45.1	.719 9534		25	233 31 19.3	1 20 04.7	.724 3186
	25	87 58 53.3	0 40 04.7	.719 7600		27	236 42 44.3	1 09 31.4	.724 5844
	27	91 12 47.9	0 51 17.1	.719 5779		29	239 53 59.6	0 58 45.6	.724 8462
	29	94 26 49.4	+ 1 02 20.0	0.719 4077		31	243 05 05.4	+ 0 47 49.4	0.725 1033
Mar.	2	97 40 57.6	1 13 11.3	.719 2497	June	2	246 16 02.1	0 36 44.7	.725 3549
	4	100 55 12.2	1 23 48.9	.719 1047		4	249 26 50.2	0 25 33.8	.725 6001
	6	104 09 33.1	1 34 10.6	.718 9729		6	252 37 30.2	0 14 18.6	.725 8383
	8	107 23 59.9	1 44 14.6	.718 8550		8	255 48 02.5	+ 0 03 01.1	.726 0687
	10	110 38 32.3	+ 1 53 58.7	0.718 7512		10	258 58 27.5	− 0 08 16.4	0.726 2907
	12	113 53 10.1	2 03 21.0	.718 6618		12	262 08 45.9	0 19 32.1	.726 5035
	14	117 07 52.7	2 12 19.8	.718 5873		14	265 18 58.2	0 30 43.7	.726 7065
	16	120 22 39.8	2 20 53.2	.718 5277		16	268 29 05.0	0 41 49.4	.726 8990
	18	123 37 30.9	2 28 59.6	.718 4834		18	271 39 06.8	0 52 47.1	.727 0806
	20	126 52 25.5	+ 2 36 37.4	0.718 4544		20	274 49 04.1	− 1 03 34.7	0.727 2506
	22	130 07 23.1	2 43 45.0	.718 4408		22	277 58 57.7	1 14 10.5	.727 4086
	24	133 22 23.2	2 50 21.1	.718 4428		24	281 08 47.9	1 24 32.4	.727 5539
	26	136 37 25.0	2 56 24.3	.718 4602		26	284 18 35.5	1 34 38.6	.727 6863
	28	139 52 28.0	3 01 53.5	.718 4930		28	287 28 21.0	1 44 27.3	.727 8053
	30	143 07 31.6	+ 3 06 47.6	0.718 5412		30	290 38 04.9	− 1 53 56.8	0.727 9105
Apr.	1	146 22 35.1	+ 3 11 05.7	0.718 6045	July	2	293 47 47.7	− 2 03 05.3	0.728 0016

HELIOCENTRIC POSITIONS FOR 0ʰ DYNAMICAL TIME
MEAN EQUINOX AND ECLIPTIC OF DATE

Date	Longitude	Latitude	Radius Vector	Date	Longitude	Latitude	Radius Vector
	° ′ ″	° ′ ″			° ′ ″	° ′ ″	
July 2	293 47 47.7	− 2 03 05.3	0.728 0016	Oct. 2	80 23 37.3	+ 0 13 18.5	0.720 2332
4	296 57 30.1	2 11 51.2	.728 0784	4	83 37 15.4	0 24 44.5	.720 0234
6	300 07 12.4	2 20 13.0	.728 1405	6	86 51 00.7	0 36 06.2	.719 8240
8	303 16 55.2	2 28 09.1	.728 1879	8	90 04 53.1	0 47 21.4	.719 6355
10	306 26 39.0	2 35 38.1	.728 2203	10	93 18 52.5	0 58 27.9	.719 4587
12	309 36 24.2	− 2 42 38.7	0.728 2377	12	96 32 58.6	+ 1 09 23.6	0.719 2941
14	312 46 11.1	2 49 09.6	.728 2399	14	99 47 11.3	1 20 06.2	.719 1422
16	315 56 00.3	2 55 09.6	.728 2271	16	103 01 30.5	1 30 33.8	.719 0035
18	319 05 52.0	3 00 37.7	.728 1991	18	106 15 55.7	1 40 44.2	.718 8785
20	322 15 46.7	3 05 32.8	.728 1562	20	109 30 26.8	1 50 35.5	.718 7676
22	325 25 44.5	− 3 09 54.0	0.728 0984	22	112 45 03.3	+ 2 00 05.8	0.718 6711
24	328 35 45.9	3 13 40.6	.728 0258	24	115 59 45.0	2 09 13.1	.718 5893
26	331 45 51.1	3 16 51.7	.727 9388	26	119 14 31.3	2 17 55.7	.718 5226
28	334 56 00.4	3 19 26.9	.727 8375	28	122 29 21.9	2 26 11.8	.718 4711
30	338 06 13.9	3 21 25.5	.727 7223	30	125 44 16.3	2 33 59.8	.718 4350
Aug. 1	341 16 31.8	− 3 22 47.3	0.727 5935	Nov. 1	128 59 13.9	+ 2 41 18.2	0.718 4144
3	344 26 54.5	3 23 31.9	.727 4515	3	132 14 14.1	2 48 05.5	.718 4094
5	347 37 21.9	3 23 39.2	.727 2967	5	135 29 16.4	2 54 20.5	.718 4200
7	350 47 54.4	3 23 09.0	.727 1296	7	138 44 20.2	3 00 01.8	.718 4461
9	353 58 32.0	3 22 01.4	.726 9507	9	141 59 24.8	3 05 08.4	.718 4878
11	357 09 14.8	− 3 20 16.6	0.726 7605	11	145 14 29.5	+ 3 09 39.2	0.718 5448
13	0 20 02.9	3 17 54.8	.726 5596	13	148 29 33.8	3 13 33.5	.718 6169
15	3 30 56.6	3 14 56.4	.726 3486	15	151 44 36.8	3 16 50.4	.718 7039
17	6 41 55.8	3 11 22.0	.726 1281	17	154 59 37.9	3 19 29.3	.718 8056
19	9 53 00.7	3 07 11.9	.725 8989	19	158 14 36.4	3 21 29.8	.718 9216
21	13 04 11.3	− 3 02 27.1	0.725 6616	21	161 29 31.5	+ 3 22 51.5	0.719 0515
23	16 15 27.7	2 57 08.3	.725 4170	23	164 44 22.6	3 23 34.1	.719 1949
25	19 26 50.1	2 51 16.4	.725 1657	25	167 59 09.0	3 23 37.6	.719 3514
27	22 38 18.5	2 44 52.5	.724 9087	27	171 13 50.0	3 23 02.0	.719 5204
29	25 49 53.0	2 37 57.6	.724 6466	29	174 28 24.9	3 21 47.5	.719 7013
31	29 01 33.6	− 2 30 33.0	0.724 3802	Dec. 1	177 42 53.2	+ 3 19 54.4	0.719 8937
Sept. 2	32 13 20.6	2 22 40.0	.724 1105	3	180 57 14.2	3 17 23.1	.720 0968
4	35 25 13.9	2 14 20.0	.723 8382	5	184 11 27.3	3 14 14.1	.720 3101
6	38 37 13.7	2 05 34.5	.723 5642	7	187 25 32.0	3 10 28.2	.720 5328
8	41 49 20.0	1 56 25.2	.723 2893	9	190 39 27.9	3 06 06.2	.720 7642
10	45 01 33.0	− 1 46 53.6	0.723 0144	11	193 53 14.5	+ 3 01 08.9	0.721 0037
12	48 13 52.7	1 37 01.6	.722 7404	13	197 06 51.4	2 55 37.3	.721 2503
14	51 26 19.2	1 26 50.8	.722 4681	15	200 20 18.2	2 49 32.7	.721 5034
16	54 38 52.6	1 16 23.3	.722 1984	17	203 33 34.7	2 42 56.3	.721 7621
18	57 51 33.1	1 05 40.9	.721 9321	19	206 46 40.5	2 35 49.3	.722 0256
20	61 04 20.6	− 0 54 45.7	0.721 6701	21	209 59 35.7	+ 2 28 13.2	0.722 2931
22	64 17 15.3	0 43 39.7	.721 4132	23	213 12 19.9	2 20 09.6	.722 5637
24	67 30 17.2	0 32 24.9	.721 1622	25	216 24 53.2	2 11 39.9	.722 8366
26	70 43 26.3	0 21 03.5	.720 9180	27	219 37 15.5	2 02 45.9	.723 1109
28	73 56 42.7	0 09 37.7	.720 6812	29	222 49 26.8	1 53 29.3	.723 3858
30	77 10 06.3	+ 0 01 50.4	0.720 4527	31	226 01 27.3	+ 1 43 51.9	0.723 6603
Oct. 2	80 23 37.3	+ 0 13 18.5	0.720 2332	33	229 13 17.1	+ 1 33 55.5	0.723 9338

MARS, 1996

HELIOCENTRIC POSITIONS FOR 0ʰ DYNAMICAL TIME
MEAN EQUINOX AND ECLIPTIC OF DATE

Date	Longitude	Latitude	Radius Vector	Date	Longitude	Latitude	Radius Vector
	° ′ ″	° ′ ″			° ′ ″	° ′ ″	
Jan. −2	302 20 52.5	− 1 46 01.9	1.401 4808	July 4	56 53 53.7	+ 0 14 13.9	1.488 4542
2	304 49 15.5	1 47 20.8	.398 6839	8	59 04 36.1	0 18 24.3	.493 6265
6	307 18 13.1	1 48 27.9	.396 0803	12	61 14 24.4	0 22 31.5	.498 8227
10	309 47 43.0	1 49 23.0	.393 6756	16	63 23 18.9	0 26 35.0	.504 0352
14	312 17 42.7	1 50 05.9	.391 4750	20	65 31 20.1	0 30 34.7	.509 2566
18	314 48 09.7	− 1 50 36.2	1.389 4834	24	67 38 28.5	+ 0 34 30.2	1.514 4797
22	317 19 01.2	1 50 53.9	.387 7052	28	69 44 44.6	0 38 21.2	.519 6973
26	319 50 14.6	1 50 58.7	.386 1443	Aug. 1	71 50 09.2	0 42 07.6	.524 9025
30	322 21 46.9	1 50 50.7	.384 8042	5	73 54 42.9	0 45 49.2	.530 0884
Feb. 3	324 53 35.4	1 50 29.7	.383 6879	9	75 58 26.4	0 49 25.7	.535 2483
7	327 25 37.0	− 1 49 55.7	1.382 7980	13	78 01 20.6	+ 0 52 56.9	1.540 3759
11	329 57 48.6	1 49 08.8	.382 1364	17	80 03 26.2	0 56 22.7	.545 4647
15	332 30 07.4	1 48 09.0	.381 7048	21	82 04 44.2	0 59 43.0	.550 5087
19	335 02 30.1	1 46 56.4	.381 5040	25	84 05 15.5	1 02 57.5	.555 5019
23	337 34 53.8	1 45 31.3	.381 5345	29	86 05 01.1	1 06 06.2	.560 4384
27	340 07 15.2	− 1 43 53.7	1.381 7962	Sept. 2	88 04 01.9	+ 1 09 09.0	1.565 3127
Mar. 2	342 39 31.4	1 42 04.0	.382 2886	6	90 02 18.9	1 12 05.7	.570 1194
6	345 11 39.2	1 40 02.3	.383 0105	10	91 59 53.1	1 14 56.3	.574 8531
10	347 43 35.7	1 37 49.1	.383 9602	14	93 56 45.7	1 17 40.6	.579 5088
14	350 15 17.8	1 35 24.7	.385 1356	18	95 52 57.7	1 20 18.7	.584 0817
18	352 46 42.7	− 1 32 49.4	1.386 5340	22	97 48 30.1	+ 1 22 50.4	1.588 5669
22	355 17 47.4	1 30 03.7	.388 1523	26	99 43 24.2	1 25 15.6	.592 9599
26	357 48 29.3	1 27 08.0	.389 9867	30	101 37 41.0	1 27 34.5	.597 2563
30	0 18 45.5	1 24 02.8	.392 0333	Oct. 4	103 31 21.7	1 29 46.8	.601 4520
Apr. 3	2 48 33.5	1 20 48.6	.394 2875	8	105 24 27.4	1 31 52.6	.605 5428
7	5 17 50.7	− 1 17 25.9	1.396 7444	12	107 16 59.3	+ 1 33 51.9	1.609 5249
11	7 46 34.9	1 13 55.3	.399 3986	16	109 08 58.6	1 35 44.6	.613 3946
15	10 14 43.6	1 10 17.2	.402 2444	20	111 00 26.3	1 37 30.7	.617 1482
19	12 42 14.8	1 06 32.2	.405 2758	24	112 51 23.8	1 39 10.2	.620 7825
23	15 09 06.4	1 02 41.0	.408 4865	28	114 41 52.2	1 40 43.2	.624 2942
27	17 35 16.4	− 0 58 44.0	1.411 8697	Nov. 1	116 31 52.6	+ 1 42 09.5	1.627 6802
May 1	20 00 43.2	0 54 41.8	.415 4185	5	118 21 26.3	1 43 29.3	.630 9376
5	22 25 25.0	0 50 35.1	.419 1259	9	120 10 34.5	1 44 42.5	.634 0635
9	24 49 20.3	0 46 24.3	.422 9844	13	121 59 18.4	1 45 49.1	.637 0554
13	27 12 27.8	0 42 10.1	.426 9864	17	123 47 39.1	1 46 49.2	.639 9107
17	29 34 46.2	− 0 37 53.0	1.431 1243	21	125 35 37.8	+ 1 47 42.7	1.642 6272
21	31 56 14.4	0 33 33.5	.435 3901	25	127 23 15.9	1 48 29.7	.645 2025
25	34 16 51.3	0 29 12.2	.439 7760	29	129 10 34.4	1 49 10.3	.647 6346
29	36 36 36.2	0 24 49.6	.444 2739	Dec. 3	130 57 34.5	1 49 44.3	.649 9216
June 2	38 55 28.3	0 20 26.2	.448 8757	7	132 44 17.5	1 50 12.0	.652 0616
6	41 13 26.9	− 0 16 02.6	1.453 5732	11	134 30 44.5	+ 1 50 33.2	1.654 0530
10	43 30 31.7	0 11 39.1	.458 3583	15	136 16 56.8	1 50 48.0	.655 8943
14	45 46 42.1	0 07 16.2	.463 2229	19	138 02 55.6	1 50 56.5	.657 5840
18	48 01 57.9	− 0 02 54.4	.468 1587	23	139 48 41.9	1 50 58.7	.659 1207
22	50 16 19.0	+ 0 01 25.9	.473 1578	27	141 34 17.2	1 50 54.5	.660 5034
26	52 29 45.3	+ 0 05 44.3	1.478 2120	31	143 19 42.4	+ 1 50 44.2	1.661 7310
30	54 42 16.8	+ 0 10 00.4	1.483 3134	35	145 04 58.9	+ 1 50 27.6	1.662 8026

HELIOCENTRIC POSITIONS FOR 0ʰ DYNAMICAL TIME
MEAN EQUINOX AND ECLIPTIC OF DATE

JUPITER / SATURN

Date	Longitude	Latitude	Radius Vector	Date	Longitude	Latitude	Radius Vector
Jan. −2	267 19 06.7	+ 0 17 46.2	5.270 557	Jan. −2	354 49 17.8	− 2 10 44.4	9.578 538
8	268 07 40.6	0 16 41.5	.267 077	8	355 09 14.0	2 11 09.2	.575 634
18	268 56 18.4	0 15 36.5	.263 582	18	355 29 11.1	2 11 33.7	.572 728
28	269 45 00.1	0 14 31.2	.260 073	28	355 49 08.8	2 11 58.0	.569 820
Feb. 7	270 33 45.6	0 13 25.7	.256 549	Feb. 7	356 09 07.4	2 12 22.1	.566 910
17	271 22 35.1	+ 0 12 19.9	5.253 012	17	356 29 06.7	− 2 12 45.9	9.563 999
27	272 11 28.5	0 11 13.9	.249 462	27	356 49 06.7	2 13 09.4	.561 086
Mar. 8	273 00 25.9	0 10 07.6	.245 900	Mar. 8	357 09 07.5	2 13 32.7	.558 172
18	273 49 27.3	0 09 01.1	.242 327	18	357 29 09.1	2 13 55.7	.555 257
28	274 38 32.7	0 07 54.5	.238 743	28	357 49 11.4	2 14 18.5	.552 341
Apr. 7	275 27 42.1	+ 0 06 47.6	5.235 149	Apr. 7	358 09 14.5	− 2 14 41.0	9.549 424
17	276 16 55.6	0 05 40.6	.231 546	17	358 29 18.3	2 15 03.3	.546 506
27	277 06 13.2	0 04 33.4	.227 934	27	358 49 22.9	2 15 25.3	.543 587
May 7	277 55 34.9	0 03 26.0	.224 314	May 7	359 09 28.3	2 15 47.0	.540 668
17	278 45 00.7	0 02 18.5	.220 688	17	359 29 34.5	2 16 08.5	.537 748
27	279 34 30.6	+ 0 01 10.9	5.217 054	27	359 49 41.4	− 2 16 29.7	9.534 828
June 6	280 24 04.7	+ 0 00 03.2	.213 415	June 6	0 09 49.1	2 16 50.6	.531 907
16	281 13 42.9	− 0 01 04.6	.209 771	16	0 29 57.5	2 17 11.3	.528 986
26	282 03 25.3	0 02 12.5	.206 122	26	0 50 06.8	2 17 31.6	.526 065
July 6	282 53 11.9	0 03 20.4	.202 470	July 6	1 10 16.8	2 17 51.8	.523 144
16	283 43 02.7	− 0 04 28.5	5.198 815	16	1 30 27.6	− 2 18 11.6	9.520 222
26	284 32 57.7	0 05 36.5	.195 158	26	1 50 39.1	2 18 31.2	.517 300
Aug. 5	285 22 56.9	0 06 44.6	.191 499	Aug. 5	2 10 51.4	2 18 50.5	.514 378
15	286 13 00.3	0 07 52.7	.187 841	15	2 31 04.6	2 19 09.5	.511 457
25	287 03 07.9	0 09 00.7	.184 182	25	2 51 18.4	2 19 28.3	.508 535
Sept. 4	287 53 19.9	− 0 10 08.8	5.180 525	Sept. 4	3 11 33.1	− 2 19 46.8	9.505 614
14	288 43 36.0	0 11 16.8	.176 870	14	3 31 48.5	2 20 05.0	.502 692
24	289 33 56.4	0 12 24.8	.173 217	24	3 52 04.7	2 20 22.9	.499 772
Oct. 4	290 24 21.1	0 13 32.7	.169 568	Oct. 4	4 12 21.7	2 20 40.5	.496 851
14	291 14 50.0	0 14 40.6	.165 924	14	4 32 39.4	2 20 57.9	.493 932
24	292 05 23.3	− 0 15 48.3	5.162 285	24	4 52 57.9	− 2 21 14.9	9.491 013
Nov. 3	292 56 00.8	0 16 55.9	.158 652	Nov. 3	5 13 17.2	2 21 31.7	.488 095
13	293 46 42.6	0 18 03.4	.155 026	13	5 33 37.3	2 21 48.2	.485 179
23	294 37 28.6	0 19 10.8	.151 408	23	5 53 58.1	2 22 04.4	.482 264
Dec. 3	295 28 19.0	0 20 18.0	.147 798	Dec. 3	6 14 19.7	2 22 20.4	.479 350
13	296 19 13.6	− 0 21 25.0	5.144 197	13	6 34 42.1	− 2 22 36.0	9.476 437
23	297 10 12.6	0 22 31.9	.140 606	23	6 55 05.2	2 22 51.3	.473 526
Jan. 2	298 01 15.8	0 23 38.5	.137 027	Jan. 2	7 15 29.1	2 23 06.4	.470 617
12	298 52 23.3	− 0 24 45.0	5.133 458	12	7 35 53.8	− 2 23 21.2	9.467 710

URANUS / NEPTUNE

Date	Longitude	Latitude	Radius Vector	Date	Longitude	Latitude	Radius Vector
Jan. −2	300 16 29.1	− 0 33 29.3	19.745 76	Jan. −2	295 08 37.3	+ 0 30 20.0	30.165 44
Feb. 7	300 43 11.7	0 33 44.2	19.751 55	Feb. 7	295 23 00.6	0 29 54.6	30.164 47
Mar. 18	301 09 53.3	0 33 59.0	19.757 30	Mar. 18	295 37 23.9	0 29 29.1	30.163 50
Apr. 27	301 36 34.2	0 34 13.6	19.763 00	Apr. 27	295 51 47.3	0 29 03.5	30.162 50
June 6	302 03 14.2	0 34 28.2	19.768 66	June 6	296 06 10.9	0 28 38.0	30.161 50
July 16	302 29 53.4	− 0 34 42.5	19.774 26	July 16	296 20 34.5	+ 0 28 12.4	30.160 47
Aug. 25	302 56 31.7	0 34 56.8	19.779 81	Aug. 25	296 34 58.2	0 27 46.8	30.159 43
Oct. 4	303 23 09.2	0 35 10.9	19.785 31	Oct. 4	296 49 21.9	0 27 21.1	30.158 37
Nov. 13	303 49 45.7	0 35 24.9	19.790 75	Nov. 13	297 03 45.7	0 26 55.5	30.157 29
Dec. 23	304 16 21.4	0 35 38.7	19.796 15	Dec. 23	297 18 09.6	0 26 29.8	30.156 20
Dec. 63	304 42 56.3	− 0 35 52.4	19.801 50	Dec. 63	297 32 33.5	+ 0 26 04.0	30.155 10

GEOCENTRIC COORDINATES FOR 0ʰ DYNAMICAL TIME

Date	Apparent Right Ascension	Apparent Declination	True Geocentric Distance	Date	Apparent Right Ascension	Apparent Declination	True Geocentric Distance
	h m s	° ′ ″			h m s	° ′ ″	
Jan. 0	20 01 26.971	−22 05 16.45	1.057 7834	Feb. 15	20 08 11.394	−20 11 13.44	1.034 3087
1	20 06 23.226	21 42 02.70	.033 2707	16	20 13 07.226	20 05 25.61	.049 4532
2	20 10 59.059	21 18 14.58	1.008 1291	17	20 18 10.558	19 58 23.87	.064 2678
3	20 15 11.719	20 54 04.85	0.982 4499	18	20 23 20.736	19 50 07.62	.078 7487
4	20 18 58.217	20 29 48.10	.956 3482	19	20 28 37.169	19 40 36.31	.092 8936
5	20 22 15.353	−20 05 40.74	0.929 9657	20	20 33 59.324	−19 29 49.49	1.106 7012
6	20 24 59.770	19 42 00.89	.903 4727	21	20 39 26.723	19 17 46.79	.120 1712
7	20 27 08.041	19 19 08.14	.877 0695	22	20 44 58.936	19 04 27.92	.133 3039
8	20 28 36.795	18 57 23.13	.850 9870	23	20 50 35.577	18 49 52.64	.146 1000
9	20 29 22.891	18 37 06.98	.825 4846	24	20 56 16.302	18 34 00.78	.158 5605
10	20 29 23.637	−18 18 40.43	0.800 8471	25	21 02 00.799	−18 16 52.21	1.170 6862
11	20 28 37.062	18 02 22.87	.777 3784	26	21 07 48.794	17 58 26.86	.182 4782
12	20 27 02.213	17 48 31.18	.755 3932	27	21 13 40.041	17 38 44.67	.193 9371
13	20 24 39.465	17 37 18.55	.735 2053	28	21 19 34.325	17 17 45.64	.205 0633
14	20 21 30.798	17 28 53.46	.717 1146	29	21 25 31.457	16 55 29.80	.215 8566
15	20 17 39.991	−17 23 18.83	0.701 3923	Mar. 1	21 31 31.272	−16 31 57.19	1.226 3164
16	20 13 12.677	17 20 31.77	.688 2661	2	21 37 33.632	16 07 07.89	.236 4415
17	20 08 16.219	17 20 23.77	.677 9068	3	21 43 38.418	15 41 02.01	.246 2298
18	20 02 59.385	17 22 41.52	.670 4187	4	21 49 45.534	15 13 39.65	.255 6784
19	19 57 31.844	17 27 08.18	.665 8339	5	21 55 54.906	14 45 00.97	.264 7834
20	19 52 03.549	−17 33 24.83	0.664 1126	6	22 02 06.475	−14 15 06.14	1.273 5398
21	19 46 44.089	17 41 11.93	.665 1485	7	22 08 20.205	13 43 55.33	.281 9415
22	19 41 42.124	17 50 10.52	.668 7792	8	22 14 36.074	13 11 28.77	.289 9808
23	19 37 04.953	18 00 03.05	.674 7986	9	22 20 54.079	12 37 46.72	.297 6489
24	19 32 58.275	18 10 33.80	.682 9720	10	22 27 14.230	12 02 49.45	.304 9350
25	19 29 26.138	−18 21 28.96	0.693 0495	11	22 33 36.552	−11 26 37.29	1.311 8267
26	19 26 31.023	18 32 36.53	.704 7779	12	22 40 01.084	10 49 10.63	.318 3098
27	19 24 14.048	18 43 46.10	.717 9106	13	22 46 27.874	10 10 29.92	.324 3679
28	19 22 35.213	18 54 48.56	.732 2149	14	22 52 56.985	9 30 35.65	.329 9824
29	19 21 33.654	19 05 35.88	.747 4758	15	22 59 28.488	8 49 28.44	.335 1324
30	19 21 07.895	−19 16 00.96	0.763 4992	16	23 06 02.465	− 8 07 08.97	1.339 7943
31	19 21 16.045	19 25 57.41	.780 1125	17	23 12 39.005	7 23 38.05	.343 9419
Feb. 1	19 21 55.974	19 35 19.52	.797 1641	18	23 19 18.206	6 38 56.63	.347 5461
2	19 23 05.444	19 44 02.14	.814 5226	19	23 26 00.171	5 53 05.81	.350 5748
3	19 24 42.198	19 52 00.64	.832 0748	20	23 32 45.006	5 06 06.90	.352 9926
4	19 26 44.033	−19 59 10.85	0.849 7244	21	23 39 32.815	− 4 18 01.45	1.354 7607
5	19 29 08.843	20 05 29.03	.867 3897	22	23 46 23.701	3 28 51.30	.355 8373
6	19 31 54.644	20 10 51.86	.885 0022	23	23 53 17.754	2 38 38.61	.356 1767
7	19 34 59.587	20 15 16.36	.902 5045	24	0 00 15.053	1 47 25.95	.355 7302
8	19 38 21.967	20 18 39.89	.919 8488	25	0 07 15.657	0 55 16.35	.354 4456
9	19 42 00.219	−20 21 00.11	0.936 9960	26	0 14 19.597	− 0 02 13.36	1.352 2682
10	19 45 52.913	20 22 14.97	.953 9139	27	0 21 26.869	+ 0 51 38.84	.349 1407
11	19 49 58.746	20 22 22.67	.970 5762	28	0 28 37.427	1 46 15.40	.345 0045
12	19 54 16.535	20 21 21.64	0.986 9618	29	0 35 51.171	2 41 30.80	.339 8002
13	19 58 45.207	20 19 10.52	1.003 0541	30	0 43 07.924	3 37 18.50	.333 4696
14	20 03 23.788	−20 15 48.12	1.018 8398	31	0 50 27.448	+ 4 33 31.11	1.325 9566
15	20 08 11.394	−20 11 13.44	1.034 3087	Apr. 1	0 57 49.413	+ 5 30 00.33	1.317 2096

GEOCENTRIC COORDINATES FOR 0ʰ DYNAMICAL TIME

Date	Apparent Right Ascension	Apparent Declination	True Geocentric Distance	Date	Apparent Right Ascension	Apparent Declination	True Geocentric Distance
	h m s	° ′ ″			h m s	° ′ ″	
Apr. 1	0 57 49.413	+ 5 30 00.33	1.317 2096	May 17	3 25 04.822	+17 27 07.60	0.552 0861
2	1 05 13.387	6 26 36.87	.307 1837	18	3 23 03.874	17 02 12.75	.552 9957
3	1 12 38.833	7 23 10.46	.295 8430	19	3 21 09.062	16 38 07.08	.555 0386
4	1 20 05.098	8 19 29.94	.283 1630	20	3 19 22.326	16 15 07.34	.558 1849
5	1 27 31.413	9 15 23.31	.269 1334	21	3 17 45.413	15 53 28.84	.562 4016
6	1 34 56.891	+10 10 37.95	1.253 7600	22	3 16 19.857	+15 33 25.20	0.567 6525
7	1 42 20.533	11 05 00.75	.237 0666	23	3 15 06.978	15 15 08.18	.573 8997
8	1 49 41.241	11 58 18.44	.219 0960	24	3 14 07.877	14 58 47.53	.581 1039
9	1 56 57.833	12 50 17.82	.199 9103	25	3 13 23.447	14 44 31.01	.589 2250
10	2 04 09.063	13 40 46.05	.179 5901	26	3 12 54.387	14 32 24.41	.598 2227
11	2 11 13.645	+14 29 30.99	1.158 2331	27	3 12 41.217	+14 22 31.65	0.608 0575
12	2 18 10.274	15 16 21.41	.135 9511	28	3 12 44.301	14 14 54.94	.618 6905
13	2 24 57.654	16 01 07.21	.112 8676	29	3 13 03.863	14 09 34.94	.630 0838
14	2 31 34.518	16 43 39.59	.089 1140	30	3 13 40.014	14 06 30.94	.642 2013
15	2 37 59.640	17 23 51.11	.064 8260	31	3 14 32.770	14 05 41.04	.655 0083
16	2 44 11.854	+18 01 35.70	1.040 1403	June 1	3 15 42.071	+14 07 02.35	0.668 4716
17	2 50 10.056	18 36 48.61	1.015 1918	2	3 17 07.797	14 10 31.15	.682 5599
18	2 55 53.214	19 09 26.31	0.990 1107	3	3 18 49.789	14 16 02.99	.697 2434
19	3 01 20.362	19 39 26.38	.965 0211	4	3 20 47.856	14 23 32.92	.712 4936
20	3 06 30.607	20 06 47.30	.940 0392	5	3 23 01.792	14 32 55.50	.728 2835
21	3 11 23.117	+20 31 28.34	0.915 2732	6	3 25 31.387	+14 44 04.96	0.744 5874
22	3 15 57.129	20 53 29.38	.890 8223	7	3 28 16.433	14 56 55.28	.761 3802
23	3 20 11.938	21 12 50.77	.866 7775	8	3 31 16.738	15 11 20.23	.778 6380
24	3 24 06.902	21 29 33.19	.843 2215	9	3 34 32.123	15 27 13.43	.796 3371
25	3 27 41.440	21 43 37.56	.820 2296	10	3 38 02.435	15 44 28.38	.814 4541
26	3 30 55.038	+21 55 04.96	0.797 8702	11	3 41 47.548	+16 02 58.47	0.832 9653
27	3 33 47.255	22 03 56.56	.776 2058	12	3 45 47.362	16 22 36.98	.851 8464
28	3 36 17.730	22 10 13.62	.755 2937	13	3 50 01.808	16 43 17.10	.871 0723
29	3 38 26.196	22 13 57.51	.735 1866	14	3 54 30.848	17 04 51.88	.890 6161
30	3 40 12.494	22 15 09.70	.715 9332	15	3 59 14.473	17 27 14.23	.910 4492
May 1	3 41 36.591	+22 13 51.90	0.697 5790	16	4 04 12.703	+17 50 16.87	0.930 5403
2	3 42 38.595	22 10 06.12	.680 1665	17	4 09 25.582	18 13 52.33	.950 8549
3	3 43 18.779	22 03 54.82	.663 7356	18	4 14 53.174	18 37 52.87	.971 3551
4	3 43 37.598	21 55 21.10	.648 3236	19	4 20 35.562	19 02 10.46	0.991 9984
5	3 43 35.706	21 44 28.81	.633 9653	20	4 26 32.833	19 26 36.73	1.012 7373
6	3 43 13.969	+21 31 22.85	0.620 6930	21	4 32 45.076	+19 51 02.95	1.033 5191
7	3 42 33.480	21 16 09.27	.608 5360	22	4 39 12.368	20 15 19.95	.054 2845
8	3 41 35.563	20 58 55.50	.597 5208	23	4 45 54.758	20 39 18.12	.074 9677
9	3 40 21.765	20 39 50.51	.587 6701	24	4 52 52.260	21 02 47.37	.095 4959
10	3 38 53.854	20 19 04.92	.579 0029	25	5 00 04.828	21 25 37.16	.115 7889
11	3 37 13.795	+19 56 51.01	0.571 5340	26	5 07 32.341	+21 47 36.47	1.135 7593
12	3 35 23.723	19 33 22.75	.565 2734	27	5 15 14.583	22 08 33.89	.155 3128
13	3 33 25.908	19 08 55.63	.560 2262	28	5 23 11.220	22 28 17.67	.174 3488
14	3 31 22.712	18 43 46.45	.556 3921	29	5 31 21.782	22 46 35.87	.192 7615
15	3 29 16.540	18 18 13.03	.553 7656	30	5 39 45.641	23 03 16.49	.210 4420
16	3 27 09.794	+17 52 33.85	0.552 3357	July 1	5 48 22.000	+23 18 07.70	1.227 2798
17	3 25 04.822	+17 27 07.60	0.552 0861	2	5 57 09.884	+23 30 58.07	1.243 1658

MERCURY, 1996

GEOCENTRIC COORDINATES FOR 0ʰ DYNAMICAL TIME

Date	Apparent Right Ascension	Apparent Declination	True Geocentric Distance	Date	Apparent Right Ascension	Apparent Declination	True Geocentric Distance
	h m s	° ′ ″			h m s	° ′ ″	
July 1	5 48 22.000	+23 18 07.70	1.227 2798	Aug.16	11 21 54.360	+ 2 52 38.68	0.998 9846
2	5 57 09.884	23 30 58.07	.243 1658	17	11 25 55.288	2 16 03.78	.984 7165
3	6 06 08.138	23 41 36.85	.257 9953	18	11 29 47.655	1 40 13.29	.970 3497
4	6 15 15.434	23 49 54.27	.271 6713	19	11 33 31.204	1 05 11.40	.955 8918
5	6 24 30.293	23 55 41.79	.284 1073	20	11 37 05.631	+ 0 31 02.51	.941 3514
6	6 33 51.109	+23 58 52.45	1.295 2309	21	11 40 30.586	− 0 02 08.68	0.926 7384
7	6 43 16.185	23 59 20.98	.304 9859	22	11 43 45.666	0 34 17.15	.912 0642
8	6 52 43.773	23 57 04.02	.313 3341	23	11 46 50.418	1 05 17.53	.897 3422
9	7 02 12.123	23 52 00.15	.320 2563	24	11 49 44.334	1 35 04.02	.882 5877
10	7 11 39.525	23 44 09.89	.325 7521	25	11 52 26.847	2 03 30.36	.867 8190
11	7 21 04.353	+23 33 35.58	1.329 8387	26	11 54 57.336	− 2 30 29.82	0.853 0570
12	7 30 25.094	23 20 21.10	.332 5496	27	11 57 15.121	2 55 55.07	.838 3260
13	7 39 40.377	23 04 31.93	.333 9319	28	11 59 19.470	3 19 38.24	.823 6544
14	7 48 48.999	22 46 14.69	.334 0439	29	12 01 09.596	3 41 30.81	.809 0746
15	7 57 49.927	22 25 36.85	.332 9523	30	12 02 44.668	4 01 23.61	.794 6240
16	8 06 42.297	+22 02 46.60	1.330 7293	31	12 04 03.812	− 4 19 06.78	0.780 3456
17	8 15 25.414	21 37 52.51	.327 4503	Sept. 1	12 05 06.125	4 34 29.77	.766 2885
18	8 23 58.739	21 11 03.40	.323 1919	2	12 05 50.690	4 47 21.42	.752 5088
19	8 32 21.872	20 42 28.12	.318 0300	3	12 06 16.597	4 57 29.95	.739 0702
20	8 40 34.542	20 12 15.42	.312 0381	4	12 06 22.975	5 04 43.19	.726 0450
21	8 48 36.586	+19 40 33.84	1.305 2869	5	12 06 09.025	− 5 08 48.74	0.713 5144
22	8 56 27.933	19 07 31.64	.297 8429	6	12 05 34.074	5 09 34.32	.701 5696
23	9 04 08.590	18 33 16.73	.289 7682	7	12 04 37.627	5 06 48.16	.690 3119
24	9 11 38.626	17 57 56.63	.281 1206	8	12 03 19.436	5 00 19.65	.679 8527
25	9 18 58.158	17 21 38.50	.271 9528	9	12 01 39.573	4 49 59.96	.670 3138
26	9 26 07.343	+16 44 29.09	1.262 3130	10	11 59 38.513	− 4 35 42.95	0.661 8263
27	9 33 06.362	16 06 34.75	.252 2449	11	11 57 17.210	4 17 26.12	.654 5295
28	9 39 55.416	15 28 01.47	.241 7880	12	11 54 37.179	3 55 11.67	.648 5688
29	9 46 34.718	14 48 54.89	.230 9776	13	11 51 40.550	3 29 07.49	.644 0929
30	9 53 04.485	14 09 20.29	.219 8452	14	11 48 30.109	2 59 28.09	.641 2505
31	9 59 24.936	+13 29 22.67	1.208 4188	15	11 45 09.299	− 2 26 35.21	0.640 1856
Aug. 1	10 05 36.288	12 49 06.71	.196 7231	16	11 41 42.179	1 50 58.04	.641 0324
2	10 11 38.747	12 08 36.85	.184 7798	17	11 38 13.338	1 13 12.95	.643 9104
3	10 17 32.514	11 27 57.30	.172 6081	18	11 34 47.756	− 0 34 02.53	.648 9184
4	10 23 17.770	10 47 12.09	.160 2245	19	11 31 30.634	+ 0 05 45.79	.656 1299
5	10 28 54.682	+10 06 25.07	1.147 6436	20	11 28 27.189	+ 0 45 21.74	0.665 5883
6	10 34 23.395	9 25 39.95	.134 8780	21	11 25 42.442	1 23 54.33	.677 3041
7	10 39 44.033	8 45 00.32	.121 9388	22	11 23 21.020	2 00 34.13	.691 2525
8	10 44 56.699	8 04 29.71	.108 8357	23	11 21 26.974	2 34 35.26	.707 3727
9	10 50 01.467	7 24 11.55	.095 5773	24	11 20 03.651	3 05 17.06	.725 5690
10	10 54 58.389	+ 6 44 09.23	1.082 1712	25	11 19 13.602	+ 3 32 05.27	0.745 7121
11	10 59 47.488	6 04 26.12	.068 6241	26	11 18 58.544	3 54 32.68	.767 6424
12	11 04 28.759	5 25 05.62	.054 9424	27	11 19 19.364	4 12 19.35	.791 1736
13	11 09 02.167	4 46 11.11	.041 1319	28	11 20 16.162	4 25 12.41	.816 0973
14	11 13 27.643	4 07 46.08	.027 1983	29	11 21 48.328	4 33 05.66	.842 1882
15	11 17 45.087	+ 3 29 54.05	1.013 1473	30	11 23 54.630	+ 4 35 58.91	0.869 2092
16	11 21 54.360	+ 2 52 38.68	0.998 9846	Oct. 1	11 26 33.323	+ 4 33 57.21	0.896 9180

GEOCENTRIC COORDINATES FOR 0ʰ DYNAMICAL TIME

Date	Apparent Right Ascension	Apparent Declination	True Geocentric Distance	Date	Apparent Right Ascension	Apparent Declination	True Geocentric Distance
	h m s	° ′ ″			h m s	° ′ ″	
Oct. 1	11 26 33.323	+ 4 33 57.21	0.896 9180	Nov.16	15 58 43.115	−21 44 01.49	1.423 4497
2	11 29 42.265	4 27 10.12	.925 0725	17	16 05 10.238	22 07 51.63	.418 3973
3	11 33 19.029	4 15 50.89	.953 4371	18	16 11 38.508	22 30 36.01	.412 7889
4	11 37 21.010	4 00 15.63	0.981 7874	19	16 18 07.897	22 52 13.27	.406 6216
5	11 41 45.526	3 40 42.61	1.009 9158	20	16 24 38.365	23 12 42.03	.399 8917
6	11 46 29.903	+ 3 17 31.53	1.037 6345	21	16 31 09.851	−23 32 00.92	1.392 5943
7	11 51 31.548	2 51 02.87	.064 7782	22	16 37 42.277	23 50 08.56	.384 7238
8	11 56 48.008	2 21 37.35	.091 2059	23	16 44 15.544	24 07 03.58	.376 2734
9	12 02 17.006	1 49 35.41	.116 8010	24	16 50 49.526	24 22 44.60	.367 2357
10	12 07 56.473	1 15 16.83	.141 4707	25	16 57 24.074	24 37 10.26	.357 6023
11	12 13 44.557	+ 0 39 00.44	1.165 1443	26	17 03 59.009	−24 50 19.20	1.347 3639
12	12 19 39.631	+ 0 01 03.92	.187 7717	27	17 10 34.119	25 02 10.09	.336 5104
13	12 25 40.281	− 0 38 16.35	.209 3203	28	17 17 09.157	25 12 41.63	.325 0313
14	12 31 45.300	1 18 45.38	.229 7730	29	17 23 43.838	25 21 52.56	.312 9152
15	12 37 53.670	2 00 09.49	.249 1258	30	17 30 17.834	25 29 41.68	.300 1502
16	12 44 04.542	− 2 42 16.39	1.267 3845	Dec. 1	17 36 50.768	−25 36 07.88	1.286 7242
17	12 50 17.221	3 24 55.03	.284 5637	2	17 43 22.211	25 41 10.14	.272 6250
18	12 56 31.143	4 07 55.55	.300 6840	3	17 49 51.671	25 44 47.57	.257 8401
19	13 02 45.863	4 51 09.18	.315 7705	4	17 56 18.592	25 46 59.43	.242 3578
20	13 09 01.033	5 34 28.17	.329 8517	5	18 02 42.340	25 47 45.15	.226 1666
21	13 15 16.393	− 6 17 45.62	1.342 9580	6	18 09 02.193	−25 47 04.43	1.209 2563
22	13 21 31.753	7 00 55.47	.355 1206	7	18 15 17.336	25 44 57.19	.191 6183
23	13 27 46.986	7 43 52.35	.366 3714	8	18 21 26.841	25 41 23.71	.173 2461
24	13 34 02.013	8 26 31.51	.376 7415	9	18 27 29.656	25 36 24.63	.154 1362
25	13 40 16.800	9 08 48.75	.386 2616	10	18 33 24.586	25 30 01.05	.134 2892
26	13 46 31.342	− 9 50 40.35	1.394 9610	11	18 39 10.280	−25 22 14.60	1.113 7104
27	13 52 45.665	10 32 02.96	.402 8675	12	18 44 45.206	25 13 07.50	.092 4120
28	13 58 59.811	11 12 53.62	.410 0078	13	18 50 07.636	25 02 42.67	.070 4139
29	14 05 13.841	11 53 09.64	.416 4066	14	18 55 15.624	24 51 03.80	.047 7462
30	14 11 27.827	12 32 48.58	.422 0869	15	19 00 06.986	24 38 15.50	.024 4510
31	14 17 41.850	−13 11 48.21	1.427 0703	16	19 04 39.286	−24 24 23.34	1.000 5849
Nov. 1	14 23 55.997	13 50 06.47	.431 3765	17	19 08 49.825	24 09 33.94	0.976 2220
2	14 30 10.382	14 27 41.31	.435 0235	18	19 12 35.632	23 53 55.11	.951 4564
3	14 36 25.066	15 04 31.90	.438 0278	19	19 15 53.483	23 37 35.76	.926 4056
4	14 42 40.146	15 40 35.48	.440 4043	20	19 18 39.926	23 20 45.99	.901 2136
5	14 48 55.733	−16 15 50.85	1.442 1664	21	19 20 51.350	−23 03 36.89	0.876 0531
6	14 55 11.916	16 50 16.56	.443 3260	22	19 22 24.082	22 46 20.41	.851 1281
7	15 01 28.785	17 23 51.18	.443 8935	23	19 23 14.544	22 29 09.05	.826 6748
8	15 07 46.424	17 56 33.31	.443 8780	24	19 23 19.465	22 12 15.41	.802 9606
9	15 14 04.912	18 28 21.61	.443 2874	25	19 22 36.161	21 55 51.75	.780 2812
10	15 20 24.323	−18 59 14.73	1.442 1280	26	19 21 02.871	−21 40 09.40	0.758 9550
11	15 26 44.721	19 29 11.38	.440 4054	27	19 18 39.138	21 25 18.27	.739 3131
12	15 33 06.163	19 58 10.23	.438 1235	28	19 15 26.187	21 11 26.52	.721 6871
13	15 39 28.694	20 26 09.98	.435 2854	29	19 11 27.248	20 58 40.39	.706 3930
14	15 45 52.349	20 53 09.33	.431 8933	30	19 06 47.737	20 47 04.41	.693 7129
15	15 52 17.152	−21 19 06.94	1.427 9481	31	19 01 35.233	−20 36 41.88	0.683 8767
16	15 58 43.115	−21 44 01.49	1.423 4497	32	18 55 59.186	−20 27 35.50	0.677 0459

VENUS, 1996

GEOCENTRIC COORDINATES FOR 0ʰ DYNAMICAL TIME

Date	Apparent Right Ascension	Apparent Declination	True Geocentric Distance	Date	Apparent Right Ascension	Apparent Declination	True Geocentric Distance
	h m s	° ′ ″			h m s	° ′ ″	
Jan. 0	20 57 30.837	− 19 06 46.44	1.325 2791	Feb. 15	0 25 50.147	+ 2 34 43.69	1.046 9508
1	21 02 30.026	18 45 46.98	.319 9032	16	0 30 02.774	3 06 03.89	.040 2028
2	21 07 27.763	18 24 16.64	.314 4973	17	0 34 15.098	3 37 20.26	.033 4257
3	21 12 24.044	18 02 16.20	.309 0613	18	0 38 27.144	4 08 32.08	.026 6191
4	21 17 18.870	17 39 46.42	.303 5956	19	0 42 38.938	4 39 38.65	.019 7830
5	21 22 12.242	− 17 16 48.07	1.298 1004	20	0 46 50.502	+ 5 10 39.27	1.012 9170
6	21 27 04.164	16 53 21.93	.292 5757	21	0 51 01.862	5 41 33.25	1.006 0213
7	21 31 54.643	16 29 28.77	.287 0218	22	0 55 13.038	6 12 19.88	0.999 0959
8	21 36 43.689	16 05 09.37	.281 4386	23	0 59 24.050	6 42 58.50	.992 1410
9	21 41 31.314	15 40 24.51	.275 8264	24	1 03 34.918	7 13 28.39	.985 1568
10	21 46 17.531	− 15 15 14.97	1.270 1851	25	1 07 45.661	+ 7 43 48.89	0.978 1436
11	21 51 02.357	14 49 41.53	.264 5147	26	1 11 56.293	8 13 59.30	.971 1019
12	21 55 45.811	14 23 44.97	.258 8151	27	1 16 06.832	8 43 58.96	.964 0319
13	22 00 27.914	13 57 26.06	.253 0864	28	1 20 17.291	9 13 47.18	.956 9342
14	22 05 08.687	13 30 45.59	.247 3283	29	1 24 27.685	9 43 23.29	.949 8091
15	22 09 48.154	− 13 03 44.34	1.241 5407	Mar. 1	1 28 38.025	+ 10 12 46.64	0.942 6571
16	22 14 26.340	12 36 23.09	.235 7233	2	1 32 48.324	10 41 56.56	.935 4788
17	22 19 03.269	12 08 42.63	.229 8759	3	1 36 58.593	11 10 52.40	.928 2746
18	22 23 38.967	11 40 43.76	.223 9980	4	1 41 08.841	11 39 33.50	.921 0451
19	22 28 13.456	11 12 27.29	.218 0893	5	1 45 19.077	12 07 59.24	.913 7908
20	22 32 46.759	− 10 43 54.01	1.212 1495	6	1 49 29.309	+ 12 36 08.98	0.906 5122
21	22 37 18.900	10 15 04.73	.206 1782	7	1 53 39.545	13 04 02.10	.899 2099
22	22 41 49.901	9 46 00.25	.200 1753	8	1 57 49.791	13 31 37.98	.891 8843
23	22 46 19.789	9 16 41.37	.194 1405	9	2 02 00.051	13 58 56.02	.884 5361
24	22 50 48.589	8 47 08.87	.188 0739	10	2 06 10.330	14 25 55.63	.877 1655
25	22 55 16.330	− 8 17 23.53	1.181 9755	11	2 10 20.626	+ 14 52 36.22	0.869 7731
26	22 59 43.041	7 47 26.12	.175 8456	12	2 14 30.940	15 18 57.20	.862 3592
27	23 04 08.751	7 17 17.41	.169 6842	13	2 18 41.264	15 44 58.00	.854 9240
28	23 08 33.491	6 46 58.18	.163 4916	14	2 22 51.592	16 10 38.03	.847 4679
29	23 12 57.291	6 16 29.18	.157 2681	15	2 27 01.910	16 35 56.72	.839 9910
30	23 17 20.182	− 5 45 51.17	1.151 0138	16	2 31 12.205	+ 17 00 53.50	0.832 4935
31	23 21 42.196	5 15 04.91	.144 7291	17	2 35 22.455	17 25 27.80	.824 9755
Feb. 1	23 26 03.365	4 44 11.15	.138 4142	18	2 39 32.641	17 49 39.08	.817 4373
2	23 30 23.722	4 13 10.63	.132 0694	19	2 43 42.734	18 13 26.79	.809 8790
3	23 34 43.300	3 42 04.09	.125 6949	20	2 47 52.704	18 36 50.39	.802 3009
4	23 39 02.132	− 3 10 52.26	1.119 2909	21	2 52 02.518	+ 18 59 49.36	0.794 7034
5	23 43 20.252	2 39 35.86	.112 8577	22	2 56 12.135	19 22 23.20	.787 0870
6	23 47 37.696	2 08 15.62	.106 3955	23	3 00 21.510	19 44 31.40	.779 4523
7	23 51 54.499	1 36 52.24	.099 9045	24	3 04 30.598	20 06 13.47	.771 7999
8	23 56 10.696	1 05 26.44	.093 3848	25	3 08 39.344	20 27 28.95	.764 1306
9	0 00 26.324	− 0 33 58.91	1.086 8367	26	3 12 47.694	+ 20 48 17.36	0.756 4453
10	0 04 41.419	− 0 02 30.36	.080 2601	27	3 16 55.589	21 08 38.26	.748 7448
11	0 08 56.018	+ 0 28 58.54	.073 6451	28	3 21 02.967	21 28 31.23	.741 0300
12	0 13 10.156	1 00 27.08	.067 0218	29	3 25 09.761	21 47 55.85	.733 3020
13	0 17 23.869	1 31 54.59	.060 3601	30	3 29 15.901	22 06 51.73	.725 5617
14	0 21 37.188	+ 2 03 20.35	1.053 6698	31	3 33 21.316	+ 22 25 18.49	0.717 8104
15	0 25 50.147	+ 2 34 43.69	1.046 9508	Apr. 1	3 37 25.928	+ 22 43 15.79	0.710 0492

GEOCENTRIC COORDINATES FOR 0^h DYNAMICAL TIME

Date	Apparent Right Ascension	Apparent Declination	True Geocentric Distance	Date	Apparent Right Ascension	Apparent Declination	True Geocentric Distance
	h m s	° ′ ″			h m s	° ′ ″	
Apr. 1	3 37 25.928	+22 43 15.79	0.710 0492	May 17	5 51 26.351	+27 18 13.65	0.371 6229
2	3 41 29.658	23 00 43.30	.702 2792	18	5 51 55.099	27 12 51.47	.365 7837
3	3 45 32.423	23 17 40.70	.694 5017	19	5 52 13.726	27 07 00.47	.360 0888
4	3 49 34.137	23 34 07.73	.686 7181	20	5 52 22.036	27 00 40.14	.354 5461
5	3 53 34.711	23 50 04.12	.678 9296	21	5 52 19.863	26 53 49.94	.349 1638
6	3 57 34.053	+24 05 29.64	0.671 1377	22	5 52 07.074	+26 46 29.27	0.343 9506
7	4 01 32.067	24 20 24.11	.663 3436	23	5 51 43.574	26 38 37.48	.338 9154
8	4 05 28.651	24 34 47.34	.655 5487	24	5 51 09.316	26 30 13.91	.334 0674
9	4 09 23.701	24 48 39.20	.647 7542	25	5 50 24.304	26 21 17.90	.329 4157
10	4 13 17.104	25 01 59.54	.639 9614	26	5 49 28.597	26 11 48.81	.324 9701
11	4 17 08.747	+25 14 48.27	0.632 1716	27	5 48 22.321	+26 01 46.06	0.320 7400
12	4 20 58.506	25 27 05.31	.624 3860	28	5 47 05.671	25 51 09.16	.316 7353
13	4 24 46.254	25 38 50.60	.616 6058	29	5 45 38.915	25 39 57.77	.312 9655
14	4 28 31.858	25 50 04.11	.608 8322	30	5 44 02.405	25 28 11.73	.309 4404
15	4 32 15.177	26 00 45.84	.601 0664	31	5 42 16.573	25 15 51.07	.306 1692
16	4 35 56.065	+26 10 55.82	0.593 3099	June 1	5 40 21.940	+25 02 56.15	0.303 1611
17	4 39 34.366	26 20 34.09	.585 5641	2	5 38 19.112	24 49 27.61	.300 4247
18	4 43 09.918	26 29 40.75	.577 8306	3	5 36 08.778	24 35 26.49	.297 9681
19	4 46 42.549	26 38 15.88	.570 1110	4	5 33 51.708	24 20 54.19	.295 7985
20	4 50 12.080	26 46 19.61	.562 4072	5	5 31 28.740	24 05 52.57	.293 9226
21	4 53 38.326	+26 53 52.09	0.554 7213	6	5 29 00.777	+23 50 23.91	0.292 3459
22	4 57 01.093	27 00 53.47	.547 0553	7	5 26 28.773	23 34 30.95	.291 0732
23	5 00 20.182	27 07 23.93	.539 4117	8	5 23 53.720	23 18 16.86	.290 1081
24	5 03 35.387	27 13 23.66	.531 7929	9	5 21 16.639	23 01 45.21	.289 4533
25	5 06 46.497	27 18 52.87	.524 2015	10	5 18 38.563	22 44 59.98	.289 1105
26	5 09 53.293	+27 23 51.78	0.516 6404	11	5 16 00.525	+22 28 05.44	0.289 0803
27	5 12 55.552	27 28 20.61	.509 1125	12	5 13 23.547	22 11 06.12	.289 3624
28	5 15 53.046	27 32 19.62	.501 6209	13	5 10 48.626	21 54 06.77	.289 9554
29	5 18 45.539	27 35 49.04	.494 1689	14	5 08 16.725	21 37 12.20	.290 8570
30	5 21 32.791	27 38 49.12	.486 7600	15	5 05 48.760	21 20 27.28	.292 0640
May 1	5 24 14.559	+27 41 20.12	0.479 3979	16	5 03 25.593	+21 03 56.83	0.293 5720
2	5 26 50.594	27 43 22.29	.472 0865	17	5 01 08.025	20 47 45.51	.295 3763
3	5 29 20.645	27 44 55.86	.464 8298	18	4 58 56.790	20 31 57.81	.297 4710
4	5 31 44.456	27 46 01.08	.457 6321	19	4 56 52.549	20 16 37.94	.299 8496
5	5 34 01.770	27 46 38.17	.450 4977	20	4 54 55.892	20 01 49.80	.302 5052
6	5 36 12.328	+27 46 47.33	0.443 4312	21	4 53 07.330	+19 47 36.93	0.305 4302
7	5 38 15.866	27 46 28.77	.436 4373	22	4 51 27.303	19 34 02.45	.308 6166
8	5 40 12.120	27 45 42.63	.429 5207	23	4 49 56.177	19 21 09.10	.312 0560
9	5 42 00.822	27 44 29.03	.422 6863	24	4 48 34.249	19 08 59.16	.315 7398
10	5 43 41.704	27 42 48.08	.415 9391	25	4 47 21.748	18 57 34.49	.319 6590
11	5 45 14.496	+27 40 39.82	0.409 2845	26	4 46 18.845	+18 46 56.54	0.323 8049
12	5 46 38.928	27 38 04.25	.402 7278	27	4 45 25.652	18 37 06.33	.328 1683
13	5 47 54.730	27 35 01.35	.396 2748	28	4 44 42.231	18 28 04.51	.332 7401
14	5 49 01.634	27 31 31.02	.389 9314	29	4 44 08.597	18 19 51.34	.337 5114
15	5 49 59.376	27 27 33.11	.383 7038	30	4 43 44.725	18 12 26.77	.342 4731
16	5 50 47.698	+27 23 07.41	0.377 5987	July 1	4 43 30.548	+18 05 50.42	0.347 6162
17	5 51 26.351	+27 18 13.65	0.371 6229	2	4 43 25.969	+18 00 01.60	0.352 9317

VENUS, 1996

GEOCENTRIC COORDINATES FOR 0ʰ DYNAMICAL TIME

Date	Apparent Right Ascension	Apparent Declination	True Geocentric Distance	Date	Apparent Right Ascension	Apparent Declination	True Geocentric Distance
	h m s	° ′ ″			h m s	° ′ ″	
July 1	4 43 30.548	+18 05 50.42	0.347 6162	Aug. 16	6 32 51.153	+19 45 13.87	0.675 5241
2	4 43 25.969	18 00 01.60	.352 9317	17	6 36 48.694	19 46 14.95	.683 3229
3	4 43 30.859	17 54 59.39	.358 4109	18	6 40 48.368	19 46 54.47	.691 1197
4	4 43 45.061	17 50 42.62	.364 0451	19	6 44 50.091	19 47 11.74	.698 9138
5	4 44 08.396	17 47 09.92	.369 8257	20	6 48 53.783	19 47 06.08	.706 7046
6	4 44 40.666	+17 44 19.78	0.375 7446	21	6 52 59.364	+19 46 36.84	0.714 4913
7	4 45 21.657	17 42 10.54	.381 7939	22	6 57 06.757	19 45 43.44	.722 2733
8	4 46 11.141	17 40 40.43	.387 9660	23	7 01 15.887	19 44 25.30	.730 0500
9	4 47 08.885	17 39 47.60	.394 2539	24	7 05 26.681	19 42 41.89	.737 8208
10	4 48 14.650	17 39 30.13	.400 6507	25	7 09 39.067	19 40 32.69	.745 5851
11	4 49 28.194	+17 39 46.07	0.407 1500	26	7 13 52.976	+19 37 57.22	0.753 3422
12	4 50 49.277	17 40 33.40	.413 7457	27	7 18 08.339	19 34 55.04	.761 0915
13	4 52 17.658	17 41 50.11	.420 4321	28	7 22 25.088	19 31 25.71	.768 8320
14	4 53 53.103	17 43 34.18	.427 2038	29	7 26 43.160	19 27 28.83	.776 5630
15	4 55 35.381	17 45 43.58	.434 0557	30	7 31 02.490	19 23 04.04	.784 2833
16	4 57 24.267	+17 48 16.32	0.440 9831	31	7 35 23.014	+19 18 11.01	0.791 9921
17	4 59 19.543	17 51 10.40	.447 9814	Sept. 1	7 39 44.666	19 12 49.47	.799 6883
18	5 01 20.997	17 54 23.86	.455 0463	2	7 44 07.381	19 06 59.17	.807 3710
19	5 03 28.426	17 57 54.78	.462 1740	3	7 48 31.093	19 00 39.90	.815 0392
20	5 05 41.634	18 01 41.25	.469 3605	4	7 52 55.734	18 53 51.49	.822 6920
21	5 08 00.431	+18 05 41.43	0.476 6023	5	7 57 21.238	+18 46 33.79	0.830 3287
22	5 10 24.636	18 09 53.50	.483 8961	6	8 01 47.541	18 38 46.69	.837 9486
23	5 12 54.077	18 14 15.68	.491 2388	7	8 06 14.578	18 30 30.11	.845 5510
24	5 15 28.586	18 18 46.26	.498 6272	8	8 10 42.287	18 21 43.98	.853 1353
25	5 18 08.005	18 23 23.54	.506 0586	9	8 15 10.609	18 12 28.29	.860 7009
26	5 20 52.182	+18 28 05.90	0.513 5302	10	8 19 39.485	+18 02 43.02	0.868 2474
27	5 23 40.970	18 32 51.73	.521 0395	11	8 24 08.860	17 52 28.20	.875 7742
28	5 26 34.228	18 37 39.49	.528 5837	12	8 28 38.678	17 41 43.88	.883 2810
29	5 29 31.821	18 42 27.65	.536 1605	13	8 33 08.888	17 30 30.15	.890 7674
30	5 32 33.618	18 47 14.74	.543 7673	14	8 37 39.443	17 18 47.09	.898 2331
31	5 35 39.491	+18 51 59.32	0.551 4015	15	8 42 10.293	+17 06 34.84	0.905 6779
Aug. 1	5 38 49.314	18 56 39.96	.559 0607	16	8 46 41.397	16 53 53.55	.913 1014
2	5 42 02.966	19 01 15.32	.566 7424	17	8 51 12.711	16 40 43.39	.920 5036
3	5 45 20.325	19 05 44.06	.574 4441	18	8 55 44.197	16 27 04.57	.927 8843
4	5 48 41.272	19 10 04.92	.582 1636	19	9 00 15.817	16 12 57.29	.935 2433
5	5 52 05.687	+19 14 16.66	0.589 8986	20	9 04 47.538	+15 58 21.81	0.942 5807
6	5 55 33.453	19 18 18.11	.597 6472	21	9 09 19.326	15 43 18.39	.949 8962
7	5 59 04.454	19 22 08.12	.605 4075	22	9 13 51.151	15 27 47.29	.957 1898
8	6 02 38.577	19 25 45.60	.613 1777	23	9 18 22.987	15 11 48.83	.964 4613
9	6 06 15.709	19 29 09.47	.620 9562	24	9 22 54.809	14 55 23.29	.971 7104
10	6 09 55.743	+19 32 18.70	0.628 7415	25	9 27 26.596	+14 38 31.00	0.978 9369
11	6 13 38.573	19 35 12.31	.636 5322	26	9 31 58.330	14 21 12.30	.986 1404
12	6 17 24.095	19 37 49.35	.644 3270	27	9 36 29.994	14 03 27.53	0.993 3204
13	6 21 12.211	19 40 08.88	.652 1247	28	9 41 01.574	13 45 17.08	1.000 4764
14	6 25 02.822	19 42 10.04	.659 9241	29	9 45 33.057	13 26 41.33	.007 6076
15	6 28 55.833	+19 43 51.97	0.667 7242	30	9 50 04.428	+13 07 40.73	1.014 7135
16	6 32 51.153	+19 45 13.87	0.675 5241	Oct. 1	9 54 35.673	+12 48 15.71	1.021 7935

GEOCENTRIC COORDINATES FOR 0ʰ DYNAMICAL TIME

Date	Apparent Right Ascension	Apparent Declination	True Geocentric Distance	Date	Apparent Right Ascension	Apparent Declination	True Geocentric Distance
	h m s	° ′ ″			h m s	° ′ ″	
Oct. 1	9 54 35.673	+12 48 15.71	1.021 7935	Nov.16	13 21 28.497	− 6 38 01.98	1.314 3581
2	9 59 06.780	12 28 26.76	.028 8470	17	13 26 04.255	7 05 11.25	.319 9199
3	10 03 37.735	12 08 14.35	.035 8733	18	13 30 40.698	7 32 13.49	.325 4460
4	10 08 08.528	11 47 38.98	.042 8719	19	13 35 17.858	7 59 07.94	.330 9366
5	10 12 39.148	11 26 41.17	.049 8424	20	13 39 55.768	8 25 53.84	.336 3918
6	10 17 09.589	+11 05 21.44	1.056 7843	21	13 44 34.461	− 8 52 30.42	1.341 8117
7	10 21 39.843	10 43 40.33	.063 6972	22	13 49 13.971	9 18 56.93	.347 1963
8	10 26 09.907	10 21 38.39	.070 5806	23	13 53 54.329	9 45 12.61	.352 5457
9	10 30 39.779	9 59 16.16	.077 4344	24	13 58 35.568	10 11 16.67	.357 8595
10	10 35 09.458	9 36 34.23	.084 2581	25	14 03 17.717	10 37 08.36	.363 1379
11	10 39 38.945	+ 9 13 33.15	1.091 0514	26	14 08 00.805	−11 02 46.87	1.368 3804
12	10 44 08.244	8 50 13.53	.097 8142	27	14 12 44.857	11 28 11.44	.373 5868
13	10 48 37.360	8 26 35.95	.104 5464	28	14 17 29.900	11 53 21.25	.378 7570
14	10 53 06.299	8 02 41.01	.111 2477	29	14 22 15.956	12 18 15.52	.383 8905
15	10 57 35.069	7 38 29.32	.117 9181	30	14 27 03.048	12 42 53.43	.388 9871
16	11 02 03.681	+ 7 14 01.49	1.124 5577	Dec. 1	14 31 51.198	−13 07 14.19	1.394 0466
17	11 06 32.145	6 49 18.16	.131 1665	2	14 36 40.426	13 31 16.99	.399 0685
18	11 11 00.473	6 24 19.96	.137 7445	3	14 41 30.749	13 55 01.03	.404 0528
19	11 15 28.682	5 59 07.50	.144 2917	4	14 46 22.187	14 18 25.50	.408 9991
20	11 19 56.786	5 33 41.44	.150 8084	5	14 51 14.753	14 41 29.60	.413 9071
21	11 24 24.804	+ 5 08 02.41	1.157 2945	6	14 56 08.462	−15 04 12.54	1.418 7768
22	11 28 52.758	4 42 11.05	.163 7501	7	15 01 03.326	15 26 33.51	.423 6077
23	11 33 20.671	4 16 07.99	.170 1751	8	15 05 59.356	15 48 31.71	.428 3998
24	11 37 48.568	3 49 53.87	.176 5693	9	15 10 56.557	16 10 06.37	.433 1530
25	11 42 16.476	3 23 29.32	.182 9326	10	15 15 54.936	16 31 16.69	.437 8671
26	11 46 44.423	+ 2 56 55.01	1.189 2647	11	15 20 54.493	−16 52 01.88	1.442 5421
27	11 51 12.436	2 30 11.58	.195 5653	12	15 25 55.228	17 12 21.17	.447 1782
28	11 55 40.544	2 03 19.71	.201 8338	13	15 30 57.137	17 32 13.76	.451 7755
29	12 00 08.772	1 36 20.08	.208 0699	14	15 36 00.216	17 51 38.88	.456 3344
30	12 04 37.147	1 09 13.39	.214 2731	15	15 41 04.460	18 10 35.77	.460 8550
31	12 09 05.695	+ 0 42 00.33	1.220 4431	16	15 46 09.864	−18 29 03.67	1.465 3377
Nov. 1	12 13 34.442	+ 0 14 41.63	.226 5792	17	15 51 16.421	18 47 01.84	.469 7829
2	12 18 03.415	− 0 12 42.02	.232 6812	18	15 56 24.125	19 04 29.55	.474 1909
3	12 22 32.640	0 40 09.89	.238 7486	19	16 01 32.967	19 21 26.10	.478 5619
4	12 27 02.146	1 07 41.25	.244 7811	20	16 06 42.936	19 37 50.79	.482 8962
5	12 31 31.960	− 1 35 15.39	1.250 7783	21	16 11 54.018	−19 53 42.96	1.487 1938
6	12 36 02.110	2 02 51.56	.256 7399	22	16 17 06.196	20 09 01.92	.491 4550
7	12 40 32.627	2 30 29.04	.262 6657	23	16 22 19.452	20 23 47.03	.495 6798
8	12 45 03.537	2 58 07.08	.268 5553	24	16 27 33.762	20 37 57.66	.499 8680
9	12 49 34.871	3 25 44.95	.274 4086	25	16 32 49.101	20 51 33.16	.504 0198
10	12 54 06.658	− 3 53 21.90	1.280 2254	26	16 38 05.442	−21 04 32.95	1.508 1349
11	12 58 38.927	4 20 57.18	.286 0055	27	16 43 22.754	21 16 56.41	.512 2134
12	13 03 11.706	4 48 30.04	.291 7490	28	16 48 41.005	21 28 42.98	.516 2549
13	13 07 45.025	5 15 59.72	.297 4559	29	16 54 00.159	21 39 52.11	.520 2594
14	13 12 18.910	5 43 25.45	.303 1263	30	16 59 20.179	21 50 23.27	.524 2266
15	13 16 53.392	− 6 10 46.46	1.308 7602	31	17 04 41.024	−22 00 15.96	1.528 1565
16	13 21 28.497	− 6 38 01.98	1.314 3581	32	17 10 02.654	−22 09 29.68	1.532 0487

MARS, 1996

GEOCENTRIC COORDINATES FOR 0ʰ DYNAMICAL TIME

Date	Apparent Right Ascension	Apparent Declination	True Geocentric Distance	Date	Apparent Right Ascension	Apparent Declination	True Geocentric Distance
	h m s	° ′ ″			h m s	° ′ ″	
Jan. 0	19 41 44.828	−22 27 52.10	2.329 3782	Feb. 15	22 08 22.520	−12 35 38.88	2.364 8179
1	19 45 04.153	22 19 53.41	.330 3871	16	22 11 24.139	12 18 44.19	.365 3929
2	19 48 23.229	22 11 39.48	.331 3828	17	22 14 25.366	12 01 42.40	.365 9598
3	19 51 42.045	22 03 10.43	.332 3655	18	22 17 26.199	11 44 33.73	.366 5184
4	19 55 00.589	21 54 26.37	.333 3358	19	22 20 26.642	11 27 18.39	.367 0686
5	19 58 18.850	−21 45 27.43	2.334 2940	20	22 23 26.698	−11 09 56.61	2.367 6104
6	20 01 36.818	21 36 13.71	.335 2405	21	22 26 26.371	10 52 28.58	.368 1437
7	20 04 54.482	21 26 45.35	.336 1755	22	22 29 25.666	10 34 54.53	.368 6688
8	20 08 11.835	21 17 02.47	.337 0993	23	22 32 24.589	10 17 14.67	.369 1860
9	20 11 28.866	21 07 05.21	.338 0121	24	22 35 23.143	9 59 29.19	.369 6954
10	20 14 45.568	−20 56 53.68	2.338 9142	25	22 38 21.336	− 9 41 38.33	2.370 1974
11	20 18 01.935	20 46 28.03	.339 8055	26	22 41 19.172	9 23 42.30	.370 6922
12	20 21 17.958	20 35 48.40	.340 6862	27	22 44 16.657	9 05 41.30	.371 1800
13	20 24 33.633	20 24 54.93	.341 5563	28	22 47 13.797	8 47 35.55	.371 6612
14	20 27 48.954	20 13 47.76	.342 4158	29	22 50 10.598	8 29 25.27	.372 1360
15	20 31 03.915	−20 02 27.06	2.343 2645	Mar. 1	22 53 07.066	− 8 11 10.65	2.372 6044
16	20 34 18.511	19 50 52.99	.344 1024	2	22 56 03.208	7 52 51.91	.373 0668
17	20 37 32.735	19 39 05.72	.344 9292	3	22 58 59.031	7 34 29.25	.373 5232
18	20 40 46.581	19 27 05.43	.345 7449	4	23 01 54.543	7 16 02.85	.373 9737
19	20 44 00.039	19 14 52.31	.346 5492	5	23 04 49.753	6 57 32.91	.374 4185
20	20 47 13.101	−19 02 26.55	2.347 3420	6	23 07 44.670	− 6 38 59.60	2.374 8574
21	20 50 25.757	18 49 48.33	.348 1234	7	23 10 39.306	6 20 23.12	.375 2905
22	20 53 37.999	18 36 57.85	.348 8934	8	23 13 33.671	6 01 43.67	.375 7178
23	20 56 49.821	18 23 55.27	.349 6523	9	23 16 27.775	5 43 01.46	.376 1389
24	21 00 01.218	18 10 40.77	.350 4003	10	23 19 21.628	5 24 16.68	.376 5536
25	21 03 12.186	−17 57 14.55	2.351 1380	11	23 22 15.239	− 5 05 29.52	2.376 9617
26	21 06 22.723	17 43 36.79	.351 8656	12	23 25 08.616	4 46 40.19	.377 3628
27	21 09 32.826	17 29 47.67	.352 5837	13	23 28 01.767	4 27 48.89	.377 7564
28	21 12 42.495	17 15 47.39	.353 2927	14	23 30 54.699	4 08 55.83	.378 1421
29	21 15 51.727	17 01 36.15	.353 9930	15	23 33 47.419	3 50 01.21	.378 5194
30	21 19 00.520	−16 47 14.15	2.354 6851	16	23 36 39.931	− 3 31 05.26	2.378 8878
31	21 22 08.875	16 32 41.58	.355 3692	17	23 39 32.241	3 12 08.17	.379 2470
Feb. 1	21 25 16.790	16 17 58.63	.356 0458	18	23 42 24.358	2 53 10.15	.379 5967
2	21 28 24.266	16 03 05.51	.356 7150	19	23 45 16.287	2 34 11.39	.379 9364
3	21 31 31.303	15 48 02.42	.357 3773	20	23 48 08.035	2 15 12.11	.380 2661
4	21 34 37.902	−15 32 49.55	2.358 0329	21	23 50 59.612	− 1 56 12.48	2.380 5857
5	21 37 44.065	15 17 27.10	.358 6819	22	23 53 51.023	1 37 12.70	.380 8952
6	21 40 49.794	15 01 55.26	.359 3245	23	23 56 42.276	1 18 12.97	.381 1946
7	21 43 55.093	14 46 14.24	.359 9608	24	23 59 33.378	0 59 13.49	.381 4840
8	21 46 59.965	14 30 24.21	.360 5908	25	0 02 24.336	0 40 14.45	.381 7635
9	21 50 04.415	−14 14 25.38	2.361 2146	26	0 05 15.156	− 0 21 16.05	2.382 0333
10	21 53 08.449	13 58 17.95	.361 8321	27	0 08 05.847	− 0 02 18.48	.382 2933
11	21 56 12.070	13 42 02.11	.362 4430	28	0 10 56.414	+ 0 16 38.08	.382 5437
12	21 59 15.283	13 25 38.07	.363 0474	29	0 13 46.867	0 35 33.42	.382 7845
13	22 02 18.094	13 09 06.04	.363 6448	30	0 16 37.213	0 54 27.38	.383 0159
14	22 05 20.505	−12 52 26.24	2.364 2351	31	0 19 27.461	+ 1 13 19.77	2.383 2378
15	22 08 22.520	−12 35 38.88	2.364 8179	Apr. 1	0 22 17.619	+ 1 32 10.40	2.383 4502

GEOCENTRIC COORDINATES FOR 0ʰ DYNAMICAL TIME

Date	Apparent Right Ascension	Apparent Declination	True Geocentric Distance	Date	Apparent Right Ascension	Apparent Declination	True Geocentric Distance
	h m s	° ′ ″			h m s	° ′ ″	
Apr. 1	0 22 17.619	+ 1 32 10.40	2.383 4502	May 17	2 33 18.960	+14 38 53.43	2.378 0143
2	0 25 07.698	1 50 59.11	.383 6532	18	2 36 12.702	14 53 15.95	.377 4522
3	0 27 57.707	2 09 45.72	.383 8466	19	2 39 06.618	15 07 29.23	.376 8651
4	0 30 47.656	2 28 30.06	.384 0304	20	2 42 00.710	15 21 33.14	.376 2527
5	0 33 37.557	2 47 11.98	.384 2044	21	2 44 54.975	15 35 27.55	.375 6149
6	0 36 27.419	+ 3 05 51.30	2.384 3683	22	2 47 49.412	+15 49 12.33	2.374 9516
7	0 39 17.253	3 24 27.86	.384 5219	23	2 50 44.021	16 02 47.35	.374 2627
8	0 42 07.068	3 43 01.50	.384 6646	24	2 53 38.801	16 16 12.49	.373 5479
9	0 44 56.871	4 01 32.03	.384 7960	25	2 56 33.752	16 29 27.63	.372 8074
10	0 47 46.671	4 19 59.28	.384 9155	26	2 59 28.874	16 42 32.65	.372 0409
11	0 50 36.473	+ 4 38 23.08	2.385 0226	27	3 02 24.168	+16 55 27.45	2.371 2484
12	0 53 26.284	4 56 43.23	.385 1167	28	3 05 19.634	17 08 11.90	.370 4297
13	0 56 16.109	5 14 59.55	.385 1971	29	3 08 15.274	17 20 45.92	.369 5849
14	0 59 05.955	5 33 11.88	.385 2634	30	3 11 11.088	17 33 09.39	.368 7137
15	1 01 55.829	5 51 20.03	.385 3149	31	3 14 07.078	17 45 22.23	.367 8160
16	1 04 45.736	+ 6 09 23.83	2.385 3512	June 1	3 17 03.245	+17 57 24.34	2.366 8915
17	1 07 35.683	6 27 23.13	.385 3720	2	3 19 59.589	18 09 15.64	.365 9400
18	1 10 25.676	6 45 17.74	.385 3770	3	3 22 56.109	18 20 56.03	.364 9611
19	1 13 15.721	7 03 07.50	.385 3660	4	3 25 52.802	18 32 25.43	.363 9542
20	1 16 05.822	7 20 52.25	.385 3388	5	3 28 49.667	18 43 43.73	.362 9186
21	1 18 55.984	+ 7 38 31.81	2.385 2954	6	3 31 46.700	+18 54 50.82	2.361 8537
22	1 21 46.211	7 56 06.02	.385 2356	7	3 34 43.899	19 05 46.62	.360 7588
23	1 24 36.508	8 13 34.70	.385 1595	8	3 37 41.262	19 16 31.04	.359 6330
24	1 27 26.879	8 30 57.70	.385 0669	9	3 40 38.785	19 27 03.97	.358 4757
25	1 30 17.329	8 48 14.86	.384 9579	10	3 43 36.465	19 37 25.34	.357 2863
26	1 33 07.863	+ 9 05 25.99	2.384 8324	11	3 46 34.299	+19 47 35.08	2.356 0641
27	1 35 58.487	9 22 30.97	.384 6904	12	3 49 32.280	19 57 33.11	.354 8085
28	1 38 49.207	9 39 29.61	.384 5318	13	3 52 30.404	20 07 19.35	.353 5192
29	1 41 40.028	9 56 21.78	.384 3565	14	3 55 28.664	20 16 53.73	.352 1956
30	1 44 30.957	10 13 07.33	.384 1646	15	3 58 27.052	20 26 16.18	.350 8375
May 1	1 47 22.002	+10 29 46.11	2.383 9558	16	4 01 25.561	+20 35 26.63	2.349 4445
2	1 50 13.169	10 46 17.99	.383 7302	17	4 04 24.183	20 44 25.01	.348 0164
3	1 53 04.466	11 02 42.83	.383 4874	18	4 07 22.909	20 53 11.25	.346 5529
4	1 55 55.900	11 19 00.49	.383 2272	19	4 10 21.732	21 01 45.27	.345 0539
5	1 58 47.478	11 35 10.85	.382 9492	20	4 13 20.645	21 10 07.03	.343 5192
6	2 01 39.205	+11 51 13.76	2.382 6531	21	4 16 19.639	+21 18 16.44	2.341 9487
7	2 04 31.086	12 07 09.09	.382 3381	22	4 19 18.709	21 26 13.47	.340 3424
8	2 07 23.122	12 22 56.69	.382 0038	23	4 22 17.847	21 33 58.04	.338 7000
9	2 10 15.319	12 38 36.41	.381 6495	24	4 25 17.048	21 41 30.12	.337 0215
10	2 13 07.677	12 54 08.10	.381 2743	25	4 28 16.305	21 48 49.66	.335 3069
11	2 16 00.201	+13 09 31.62	2.380 8777	26	4 31 15.613	+21 55 56.61	2.333 5561
12	2 18 52.894	13 24 46.82	.380 4590	27	4 34 14.966	22 02 50.95	.331 7690
13	2 21 45.757	13 39 53.58	.380 0175	28	4 37 14.359	22 09 32.65	.329 9455
14	2 24 38.794	13 54 51.75	.379 5528	29	4 40 13.786	22 16 01.69	.328 0854
15	2 27 32.006	14 09 41.20	.379 0643	30	4 43 13.241	22 22 18.03	.326 1886
16	2 30 25.395	+14 24 21.80	2.378 5516	July 1	4 46 12.717	+22 28 21.67	2.324 2548
17	2 33 18.960	+14 38 53.43	2.378 0143	2	4 49 12.206	+22 34 12.58	2.322 2834

MARS, 1996

GEOCENTRIC COORDINATES FOR 0ʰ DYNAMICAL TIME

Date	Apparent Right Ascension	Apparent Declination	True Geocentric Distance	Date	Apparent Right Ascension	Apparent Declination	True Geocentric Distance
	h m s	° ′ ″			h m s	° ′ ″	
July 1	4 46 12.717	+22 28 21.67	2.324 2548	Aug.16	7 01 30.728	+23 20 27.75	2.188 0427
2	4 49 12.206	22 34 12.58	.322 2834	17	7 04 20.684	23 16 56.49	.183 9451
3	4 52 11.699	22 39 50.72	.320 2740	18	7 07 10.218	23 13 14.55	.179 7954
4	4 55 11.189	22 45 16.08	.318 2259	19	7 09 59.322	23 09 22.04	.175 5934
5	4 58 10.670	22 50 28.63	.316 1384	20	7 12 47.990	23 05 19.07	.171 3393
6	5 01 10.133	+22 55 28.34	2.314 0108	21	7 15 36.217	+23 01 05.73	2.167 0332
7	5 04 09.571	23 00 15.22	.311 8423	22	7 18 23.997	22 56 42.15	.162 6753
8	5 07 08.977	23 04 49.26	.309 6323	23	7 21 11.325	22 52 08.43	.158 2657
9	5 10 08.341	23 09 10.46	.307 3802	24	7 23 58.195	22 47 24.68	.153 8045
10	5 13 07.652	23 13 18.83	.305 0855	25	7 26 44.602	22 42 31.02	.149 2918
11	5 16 06.900	+23 17 14.38	2.302 7476	26	7 29 30.540	+22 37 27.58	2.144 7276
12	5 19 06.074	23 20 57.11	.300 3662	27	7 32 16.007	22 32 14.44	.140 1118
13	5 22 05.160	23 24 27.04	.297 9409	28	7 35 00.996	22 26 51.72	.135 4442
14	5 25 04.148	23 27 44.18	.295 4713	29	7 37 45.507	22 21 19.52	.130 7245
15	5 28 03.024	23 30 48.54	.292 9573	30	7 40 29.536	22 15 37.94	.125 9522
16	5 31 01.777	+23 33 40.13	2.290 3985	31	7 43 13.083	+22 09 47.11	2.121 1270
17	5 34 00.395	23 36 18.97	.287 7948	Sept. 1	7 45 56.146	22 03 47.13	.116 2483
18	5 36 58.867	23 38 45.08	.285 1461	2	7 48 38.721	21 57 38.14	.111 3156
19	5 39 57.181	23 40 58.48	.282 4523	3	7 51 20.804	21 51 20.27	.106 3285
20	5 42 55.328	23 42 59.20	.279 7133	4	7 54 02.389	21 44 53.65	.101 2866
21	5 45 53.298	+23 44 47.26	2.276 9290	5	7 56 43.470	+21 38 18.43	2.096 1895
22	5 48 51.081	23 46 22.69	.274 0994	6	7 59 24.041	21 31 34.74	.091 0370
23	5 51 48.669	23 47 45.55	.271 2246	7	8 02 04.096	21 24 42.70	.085 8288
24	5 54 46.054	23 48 55.85	.268 3044	8	8 04 43.628	21 17 42.46	.080 5649
25	5 57 43.226	23 49 53.66	.265 3390	9	8 07 22.632	21 10 34.15	.075 2450
26	6 00 40.179	+23 50 39.02	2.262 3283	10	8 10 01.101	+21 03 17.91	2.069 8692
27	6 03 36.904	23 51 12.00	.259 2722	11	8 12 39.032	20 55 53.85	.064 4374
28	6 06 33.392	23 51 32.64	.256 1708	12	8 15 16.419	20 48 22.12	.058 9496
29	6 09 29.635	23 51 41.01	.253 0238	13	8 17 53.257	20 40 42.84	.053 4060
30	6 12 25.624	23 51 37.16	.249 8309	14	8 20 29.544	20 32 56.15	.047 8067
31	6 15 21.351	+23 51 21.14	2.246 5918	15	8 23 05.276	+20 25 02.18	2.042 1519
Aug. 1	6 18 16.809	23 50 53.00	.243 3059	16	8 25 40.451	20 17 01.07	.036 4419
2	6 21 11.990	23 50 12.81	.239 9727	17	8 28 15.066	20 08 52.94	.030 6768
3	6 24 06.888	23 49 20.61	.236 5914	18	8 30 49.120	20 00 37.93	.024 8570
4	6 27 01.496	23 48 16.48	.233 1615	19	8 33 22.610	19 52 16.19	.018 9829
5	6 29 55.808	+23 47 00.51	2.229 6824	20	8 35 55.535	+19 43 47.84	2.013 0547
6	6 32 49.812	23 45 32.77	.226 1534	21	8 38 27.893	19 35 13.04	.007 0729
7	6 35 43.501	23 43 53.35	.222 5741	22	8 40 59.683	19 26 31.91	2.001 0376
8	6 38 36.863	23 42 02.34	.218 9440	23	8 43 30.903	19 17 44.59	1.994 9490
9	6 41 29.888	23 39 59.83	.215 2628	24	8 46 01.553	19 08 51.20	.988 8075
10	6 44 22.564	+23 37 45.90	2.211 5302	25	8 48 31.635	+18 59 51.87	1.982 6129
11	6 47 14.882	23 35 20.66	.207 7459	26	8 51 01.149	18 50 46.71	.976 3652
12	6 50 06.830	23 32 44.18	.203 9096	27	8 53 30.099	18 41 35.85	.970 0643
13	6 52 58.398	23 29 56.55	.200 0213	28	8 55 58.486	18 32 19.42	.963 7099
14	6 55 49.576	23 26 57.88	.196 0807	29	8 58 26.313	18 22 57.54	.957 3019
15	6 58 40.356	+23 23 48.25	2.192 0879	30	9 00 53.580	+18 13 30.37	1.950 8398
16	7 01 30.728	+23 20 27.75	2.188 0427	Oct. 1	9 03 20.286	+18 03 58.05	1.944 3234

GEOCENTRIC COORDINATES FOR 0ʰ DYNAMICAL TIME

Date	Apparent Right Ascension	Apparent Declination	True Geocentric Distance	Date	Apparent Right Ascension	Apparent Declination	True Geocentric Distance
	h m s	o ′ ″			h m s	o ′ ″	
Oct. 1	9 03 20.286	+18 03 58.05	1.944 3234	Nov.16	10 45 07.561	+ 9 53 52.12	1.589 4103
2	9 05 46.428	17 54 20.72	.937 7526	17	10 47 05.605	9 42 59.71	.580 6305
3	9 08 12.004	17 44 38.55	.931 1271	18	10 49 02.957	9 32 09.09	.571 8150
4	9 10 37.011	17 34 51.69	.924 4470	19	10 50 59.616	9 21 20.39	.562 9645
5	9 13 01.445	17 25 00.27	.917 7120	20	10 52 55.579	9 10 33.73	.554 0798
6	9 15 25.303	+17 15 04.45	1.910 9223	21	10 54 50.843	+ 8 59 49.25	1.545 1614
7	9 17 48.581	17 05 04.37	.904 0779	22	10 56 45.407	8 49 07.07	.536 2100
8	9 20 11.278	16 55 00.18	.897 1789	23	10 58 39.266	8 38 27.34	.527 2261
9	9 22 33.390	16 44 52.03	.890 2255	24	11 00 32.417	8 27 50.19	.518 2102
10	9 24 54.914	16 34 40.05	.883 2179	25	11 02 24.853	8 17 15.77	.509 1626
11	9 27 15.849	+16 24 24.39	1.876 1564	26	11 04 16.567	+ 8 06 44.24	1.500 0839
12	9 29 36.192	16 14 05.19	.869 0413	27	11 06 07.549	7 56 15.77	.490 9745
13	9 31 55.941	16 03 42.60	.861 8731	28	11 07 57.789	7 45 50.52	.481 8348
14	9 34 15.096	15 53 16.75	.854 6522	29	11 09 47.277	7 35 28.65	.472 6655
15	9 36 33.655	15 42 47.79	.847 3791	30	11 11 36.001	7 25 10.33	.463 4672
16	9 38 51.616	+15 32 15.86	1.840 0544	Dec. 1	11 13 23.950	+ 7 14 55.73	1.454 2405
17	9 41 08.978	15 21 41.11	.832 6788	2	11 15 11.110	7 04 45.02	.444 9861
18	9 43 25.739	15 11 03.69	.825 2527	3	11 16 57.470	6 54 38.37	.435 7048
19	9 45 41.899	15 00 23.73	.817 7768	4	11 18 43.016	6 44 35.94	.426 3975
20	9 47 57.457	14 49 41.37	.810 2517	5	11 20 27.735	6 34 37.91	.417 0650
21	9 50 12.411	+14 38 56.75	1.802 6778	6	11 22 11.612	+ 6 24 44.45	1.407 7083
22	9 52 26.764	14 28 09.99	.795 0556	7	11 23 54.634	6 14 55.73	.398 3285
23	9 54 40.516	14 17 21.22	.787 3854	8	11 25 36.785	6 05 11.92	.388 9266
24	9 56 53.671	14 06 30.56	.779 6675	9	11 27 18.050	5 55 33.19	.379 5040
25	9 59 06.230	13 55 38.12	.771 9020	10	11 28 58.412	5 45 59.74	.370 0620
26	10 01 18.197	+13 44 44.05	1.764 0891	11	11 30 37.854	+ 5 36 31.72	1.360 6019
27	10 03 29.572	13 33 48.47	.756 2287	12	11 32 16.360	5 27 09.33	.351 1253
28	10 05 40.356	13 22 51.52	.748 3210	13	11 33 53.911	5 17 52.75	.341 6336
29	10 07 50.546	13 11 53.36	.740 3659	14	11 35 30.492	5 08 42.14	.332 1284
30	10 10 00.140	13 00 54.14	.732 3636	15	11 37 06.086	4 59 37.67	.322 6113
31	10 12 09.134	+12 49 54.00	1.724 3140	16	11 38 40.681	+ 4 50 39.50	1.313 0835
Nov. 1	10 14 17.524	12 38 53.11	.716 2175	17	11 40 14.261	4 41 47.78	.303 5466
2	10 16 25.305	12 27 51.62	.708 0741	18	11 41 46.815	4 33 02.65	.294 0017
3	10 18 32.472	12 16 49.68	.699 8842	19	11 43 18.328	4 24 24.28	.284 4500
4	10 20 39.022	12 05 47.45	.691 6480	20	11 44 48.785	4 15 52.82	.274 8928
5	10 22 44.948	+11 54 45.06	1.683 3661	21	11 46 18.170	+ 4 07 28.43	1.265 3311
6	10 24 50.246	11 43 42.68	.675 0387	22	11 47 46.465	3 59 11.30	.255 7660
7	10 26 54.912	11 32 40.45	.666 6665	23	11 49 13.651	3 51 01.60	.246 1985
8	10 28 58.939	11 21 38.53	.658 2498	24	11 50 39.705	3 42 59.51	.236 6299
9	10 31 02.324	11 10 37.06	.649 7895	25	11 52 04.605	3 35 05.25	.227 0611
10	10 33 05.060	+10 59 36.19	1.641 2861	26	11 53 28.327	+ 3 27 18.99	1.217 4932
11	10 35 07.143	10 48 36.07	.632 7405	27	11 54 50.845	3 19 40.96	.207 9277
12	10 37 08.568	10 37 36.86	.624 1535	28	11 56 12.133	3 12 11.34	.198 3655
13	10 39 09.328	10 26 38.71	.615 5260	29	11 57 32.162	3 04 50.36	.188 8082
14	10 41 09.418	10 15 41.77	.606 8590	30	11 58 50.906	2 57 38.21	.179 2571
15	10 43 08.830	+10 04 46.19	1.598 1534	31	12 00 08.335	+ 2 50 35.12	1.169 7137
16	10 45 07.561	+ 9 53 52.12	1.589 4103	32	12 01 24.419	+ 2 43 41.30	1.160 1795

JUPITER, 1996

GEOCENTRIC COORDINATES FOR 0ʰ DYNAMICAL TIME

Date	Apparent Right Ascension	Apparent Declination	True Geocentric Distance	Date	Apparent Right Ascension	Apparent Declination	True Geocentric Distance
	h m s	° ′ ″			h m s	° ′ ″	
Jan. 0	17 56 44.471	−23 11 16.40	6.236 9225	Feb. 15	18 39 20.353	−22 56 31.68	5.884 0428
1	17 57 43.663	23 11 25.38	.233 7669	16	18 40 09.775	22 55 49.31	.872 1281
2	17 58 42.788	23 11 32.94	.230 3981	17	18 40 58.824	22 55 06.37	.860 0595
3	17 59 41.839	23 11 39.08	.226 8167	18	18 41 47.493	22 54 22.86	.847 8393
4	18 00 40.810	23 11 43.83	.223 0235	19	18 42 35.771	22 53 38.82	.835 4700
5	18 01 39.696	−23 11 47.18	6.219 0190	20	18 43 23.653	−22 52 54.26	5.822 9543
6	18 02 38.488	23 11 49.14	.214 8038	21	18 44 11.131	22 52 09.20	.810 2948
7	18 03 37.180	23 11 49.72	.210 3786	22	18 44 58.201	22 51 23.68	.797 4943
8	18 04 35.768	23 11 48.91	.205 7439	23	18 45 44.858	22 50 37.71	.784 5558
9	18 05 34.243	23 11 46.74	.200 9003	24	18 46 31.094	22 49 51.35	.771 4819
10	18 06 32.601	−23 11 43.19	6.195 8484	25	18 47 16.905	−22 49 04.63	5.758 2754
11	18 07 30.835	23 11 38.27	.190 5887	26	18 48 02.283	22 48 17.57	.744 9392
12	18 08 28.942	23 11 32.00	.185 1218	27	18 48 47.221	22 47 30.23	.731 4760
13	18 09 26.914	23 11 24.37	.179 4482	28	18 49 31.713	22 46 42.63	.717 8884
14	18 10 24.748	23 11 15.41	.173 5686	29	18 50 15.751	22 45 54.81	.704 1793
15	18 11 22.438	−23 11 05.13	6.167 4835	Mar. 1	18 50 59.329	−22 45 06.79	5.690 3511
16	18 12 19.978	23 10 53.55	.161 1935	2	18 51 42.439	22 44 18.61	.676 4068
17	18 13 17.360	23 10 40.68	.154 6995	3	18 52 25.076	22 43 30.30	.662 3488
18	18 14 14.579	23 10 26.57	.148 0021	4	18 53 07.231	22 42 41.89	.648 1798
19	18 15 11.623	23 10 11.23	.141 1023	5	18 53 48.901	22 41 53.39	.633 9025
20	18 16 08.483	−23 09 54.68	6.134 0012	6	18 54 30.077	−22 41 04.85	5.619 5193
21	18 17 05.150	23 09 36.92	.126 7001	7	18 55 10.756	22 40 16.29	.605 0330
22	18 18 01.615	23 09 17.97	.119 2003	8	18 55 50.931	22 39 27.75	.590 4460
23	18 18 57.870	23 08 57.83	.111 5036	9	18 56 30.597	22 38 39.25	.575 7610
24	18 19 53.909	23 08 36.51	.103 6114	10	18 57 09.748	22 37 50.84	.560 9805
25	18 20 49.728	−23 08 14.02	6.095 5257	11	18 57 48.377	−22 37 02.57	5.546 1072
26	18 21 45.322	23 07 50.38	.087 2482	12	18 58 26.476	22 36 14.47	.531 1438
27	18 22 40.685	23 07 25.61	.078 7806	13	18 59 04.038	22 35 26.60	.516 0931
28	18 23 35.812	23 06 59.74	.070 1248	14	18 59 41.051	22 34 38.99	.500 9581
29	18 24 30.695	23 06 32.80	.061 2824	15	19 00 17.507	22 33 51.68	.485 7416
30	18 25 25.330	−23 06 04.80	6.052 2552	16	19 00 53.397	−22 33 04.71	5.470 4471
31	18 26 19.709	23 05 35.78	.043 0449	17	19 01 28.710	22 32 18.10	.455 0776
Feb. 1	18 27 13.826	23 05 05.75	.033 6532	18	19 02 03.440	22 31 31.89	.439 6369
2	18 28 07.673	23 04 34.74	.024 0818	19	19 02 37.580	22 30 46.08	.424 1283
3	18 29 01.245	23 04 02.76	.014 3323	20	19 03 11.124	22 30 00.73	.408 5557
4	18 29 54.534	−23 03 29.84	6.004 4063	21	19 03 44.067	−22 29 15.85	5.392 9228
5	18 30 47.534	23 02 56.00	5.994 3056	22	19 04 16.402	22 28 31.49	.377 2333
6	18 31 40.238	23 02 21.26	.984 0318	23	19 04 48.125	22 27 47.68	.361 4911
7	18 32 32.642	23 01 45.62	.973 5864	24	19 05 19.228	22 27 04.46	.345 6997
8	18 33 24.740	23 01 09.12	.962 9711	25	19 05 49.705	22 26 21.88	.329 8630
9	18 34 16.525	−23 00 31.78	5.952 1875	26	19 06 19.550	−22 25 39.97	5.313 9846
10	18 35 07.993	22 59 53.62	.941 2371	27	19 06 48.755	22 24 58.76	.298 0681
11	18 35 59.137	22 59 14.67	.930 1216	28	19 07 17.315	22 24 18.29	.282 1172
12	18 36 49.953	22 58 34.97	.918 8427	29	19 07 45.222	22 23 38.58	.266 1354
13	18 37 40.433	22 57 54.54	.907 4021	30	19 08 12.471	22 22 59.67	.250 1264
14	18 38 30.569	−22 57 13.43	5.895 8015	31	19 08 39.056	−22 22 21.58	5.234 0937
15	18 39 20.353	−22 56 31.68	5.884 0428	Apr. 1	19 09 04.971	−22 21 44.34	5.218 0409

GEOCENTRIC COORDINATES FOR 0^h DYNAMICAL TIME

Date	Apparent Right Ascension	Apparent Declination	True Geocentric Distance	Date	Apparent Right Ascension	Apparent Declination	True Geocentric Distance
	h m s	° ′ ″			h m s	° ′ ″	
Apr. 1	19 09 04.971	−22 21 44.34	5.218 0409	May 17	19 15 28.591	−22 15 33.31	4.525 1178
2	19 09 30.211	22 21 07.97	.201 9713	18	19 15 18.341	22 15 59.17	.512 6174
3	19 09 54.771	22 20 32.50	.185 8885	19	19 15 07.310	22 16 26.43	.500 2954
4	19 10 18.647	22 19 57.95	.169 7960	20	19 14 55.505	22 16 55.09	.488 1563
5	19 10 41.834	22 19 24.37	.153 6972	21	19 14 42.931	22 17 25.11	.476 2042
6	19 11 04.327	−22 18 51.77	5.137 5955	22	19 14 29.594	−22 17 56.48	4.464 4433
7	19 11 26.122	22 18 20.21	.121 4943	23	19 14 15.501	22 18 29.16	.452 8776
8	19 11 47.212	22 17 49.71	.105 3972	24	19 14 00.661	22 19 03.13	.441 5111
9	19 12 07.588	22 17 20.32	.089 3079	25	19 13 45.081	22 19 38.35	.430 3476
10	19 12 27.245	22 16 52.07	.073 2299	26	19 13 28.772	22 20 14.79	.419 3908
11	19 12 46.172	−22 16 25.00	5.057 1671	27	19 13 11.742	−22 20 52.40	4.408 6444
12	19 13 04.362	22 15 59.14	.041 1235	28	19 12 54.003	22 21 31.17	.398 1120
13	19 13 21.807	22 15 34.49	.025 1032	29	19 12 35.566	22 22 11.04	.387 7970
14	19 13 38.502	22 15 11.09	5.009 1104	30	19 12 16.443	22 22 51.98	.377 7027
15	19 13 54.441	22 14 48.94	4.993 1494	31	19 11 56.645	22 23 33.97	.367 8324
16	19 14 09.619	−22 14 28.07	4.977 2246	June 1	19 11 36.185	−22 24 16.97	4.358 1893
17	19 14 24.034	22 14 08.49	.961 3405	2	19 11 15.073	22 25 00.98	.348 7765
18	19 14 37.681	22 13 50.22	.945 5017	3	19 10 53.320	22 25 45.94	.339 5972
19	19 14 50.558	22 13 33.29	.929 7126	4	19 10 30.934	22 26 31.85	.330 6545
20	19 15 02.660	22 13 17.73	.913 9778	5	19 10 07.926	22 27 18.67	.321 9516
21	19 15 13.984	−22 13 03.55	4.898 3018	6	19 09 44.305	−22 28 06.34	4.313 4920
22	19 15 24.527	22 12 50.78	.882 6888	7	19 09 20.085	22 28 54.82	.305 2789
23	19 15 34.283	22 12 39.44	.867 1434	8	19 08 55.278	22 29 44.06	.297 3157
24	19 15 43.251	22 12 29.53	.851 6699	9	19 08 29.902	22 30 34.00	.289 6057
25	19 15 51.426	22 12 21.08	.836 2724	10	19 08 03.973	22 31 24.60	.282 1524
26	19 15 58.807	−22 12 14.09	4.820 9554	11	19 07 37.507	−22 32 15.81	4.274 9590
27	19 16 05.390	22 12 08.58	.805 7229	12	19 07 10.524	22 33 07.58	.268 0285
28	19 16 11.175	22 12 04.53	.790 5791	13	19 06 43.041	22 33 59.88	.261 3640
29	19 16 16.161	22 12 01.96	.775 5282	14	19 06 15.077	22 34 52.66	.254 9684
30	19 16 20.345	22 12 00.88	.760 5742	15	19 05 46.650	22 35 45.88	.248 8444
May 1	19 16 23.730	−22 12 01.27	4.745 7212	16	19 05 17.778	−22 36 39.50	4.242 9946
2	19 16 26.314	22 12 03.16	.730 9730	17	19 04 48.482	22 37 33.47	.237 4214
3	19 16 28.098	22 12 06.53	.716 3337	18	19 04 18.781	22 38 27.73	.232 1270
4	19 16 29.082	22 12 11.42	.701 8072	19	19 03 48.695	22 39 22.25	.227 1135
5	19 16 29.266	22 12 17.81	.687 3973	20	19 03 18.246	22 40 16.97	.222 3827
6	19 16 28.648	−22 12 25.74	4.673 1081	21	19 02 47.454	−22 41 11.84	4.217 9365
7	19 16 27.225	22 12 35.22	.658 9436	22	19 02 16.341	22 42 06.81	.213 7762
8	19 16 24.995	22 12 46.23	.644 9079	23	19 01 44.932	22 43 01.83	.209 9035
9	19 16 21.955	22 12 58.80	.631 0054	24	19 01 13.247	22 43 56.84	.206 3194
10	19 16 18.104	22 13 12.90	.617 2403	25	19 00 41.312	22 44 51.81	.203 0250
11	19 16 13.442	−22 13 28.52	4.603 6172	26	19 00 09.150	−22 45 46.68	4.200 0213
12	19 16 07.971	22 13 45.64	.590 1407	27	18 59 36.784	22 46 41.43	.197 3090
13	19 16 01.693	22 14 04.25	.576 8153	28	18 59 04.238	22 47 36.00	.194 8887
14	19 15 54.611	22 14 24.34	.563 6457	29	18 58 31.535	22 48 30.38	.192 7610
15	19 15 46.731	22 14 45.89	.550 6365	30	18 57 58.696	22 49 24.54	.190 9261
16	19 15 38.056	−22 15 08.88	4.537 7924	July 1	18 57 25.741	−22 50 18.45	4.189 3846
17	19 15 28.591	−22 15 33.31	4.525 1178	2	18 56 52.691	−22 51 12.08	4.188 1367

JUPITER, 1996

GEOCENTRIC COORDINATES FOR 0ʰ DYNAMICAL TIME

Date	Apparent Right Ascension	Apparent Declination	True Geocentric Distance	Date	Apparent Right Ascension	Apparent Declination	True Geocentric Distance
	h m s	° ′ ″			h m s	° ′ ″	
July 1	18 57 25.741	−22 50 18.45	4.189 3846	Aug.16	18 36 26.953	−23 19 45.76	4.422 3472
2	18 56 52.691	22 51 12.08	.188 1367	17	18 36 12.352	23 20 04.98	.433 1992
3	18 56 19.565	22 52 05.38	.187 1829	18	18 35 58.520	23 20 23.38	.444 2451
4	18 55 46.382	22 52 58.33	.186 5235	19	18 35 45.466	23 20 40.96	.455 4803
5	18 55 13.167	22 53 50.86	.186 1590	20	18 35 33.197	23 20 57.75	.466 9005
6	18 54 39.943	−22 54 42.94	4.186 0898	21	18 35 21.721	−23 21 13.74	4.478 5013
7	18 54 06.734	22 55 34.52	.186 3161	22	18 35 11.045	23 21 28.95	.490 2780
8	18 53 33.566	22 56 25.58	.186 8382	23	18 35 01.172	23 21 43.40	.502 2264
9	18 53 00.464	22 57 16.08	.187 6559	24	18 34 52.107	23 21 57.10	.514 3418
10	18 52 27.453	22 58 06.00	.188 7693	25	18 34 43.852	23 22 10.07	.526 6198
11	18 51 54.556	−22 58 55.31	4.190 1780	26	18 34 36.408	−23 22 22.32	4.539 0562
12	18 51 21.798	22 59 44.01	.191 8814	27	18 34 29.774	23 22 33.84	.551 6468
13	18 50 49.203	23 00 32.05	.193 8788	28	18 34 23.952	23 22 44.63	.564 3873
14	18 50 16.794	23 01 19.42	.196 1695	29	18 34 18.943	23 22 54.69	.577 2739
15	18 49 44.595	23 02 06.10	.198 7523	30	18 34 14.751	23 23 04.00	.590 3026
16	18 49 12.628	−23 02 52.07	4.201 6259	31	18 34 11.377	−23 23 12.56	4.603 4696
17	18 48 40.916	23 03 37.29	.204 7889	Sept. 1	18 34 08.828	23 23 20.37	.616 7710
18	18 48 09.484	23 04 21.76	.208 2398	2	18 34 07.103	23 23 27.45	.630 2030
19	18 47 38.353	23 05 05.44	.211 9767	3	18 34 06.207	23 23 33.79	.643 7614
20	18 47 07.547	23 05 48.32	.215 9977	4	18 34 06.140	23 23 39.40	.657 4424
21	18 46 37.089	−23 06 30.38	4.220 3007	5	18 34 06.902	−23 23 44.29	4.671 2417
22	18 46 07.001	23 07 11.61	.224 8834	6	18 34 08.494	23 23 48.46	.685 1551
23	18 45 37.305	23 07 51.99	.229 7435	7	18 34 10.914	23 23 51.92	.699 1783
24	18 45 08.023	23 08 31.52	.234 8784	8	18 34 14.163	23 23 54.64	.713 3071
25	18 44 39.175	23 09 10.20	.240 2855	9	18 34 18.239	23 23 56.65	.727 5371
26	18 44 10.781	−23 09 48.03	4.245 9620	10	18 34 23.141	−23 23 57.92	4.741 8637
27	18 43 42.860	23 10 25.01	.251 9052	11	18 34 28.868	23 23 58.44	.756 2827
28	18 43 15.428	23 11 01.15	.258 1122	12	18 34 35.419	23 23 58.23	.770 7893
29	18 42 48.499	23 11 36.46	.264 5801	13	18 34 42.792	23 23 57.25	.785 3792
30	18 42 22.089	23 12 10.93	.271 3062	14	18 34 50.986	23 23 55.51	.800 0478
31	18 41 56.210	−23 12 44.56	4.278 2876	15	18 34 59.999	−23 23 53.01	4.814 7904
Aug. 1	18 41 30.877	23 13 17.33	.285 5218	16	18 35 09.830	23 23 49.73	.829 6025
2	18 41 06.107	23 13 49.23	.293 0059	17	18 35 20.474	23 23 45.68	.844 4796
3	18 40 41.916	23 14 20.26	.300 7374	18	18 35 31.929	23 23 40.85	.859 4170
4	18 40 18.322	23 14 50.40	.308 7136	19	18 35 44.190	23 23 35.26	.874 4103
5	18 39 55.341	−23 15 19.67	4.316 9315	20	18 35 57.252	−23 23 28.90	4.889 4550
6	18 39 32.988	23 15 48.08	.325 3882	21	18 36 11.108	23 23 21.77	.904 5468
7	18 39 11.279	23 16 15.62	.334 0807	22	18 36 25.751	23 23 13.86	.919 6815
8	18 38 50.227	23 16 42.31	.343 0057	23	18 36 41.173	23 23 05.18	.934 8549
9	18 38 29.846	23 17 08.15	.352 1599	24	18 36 57.366	23 22 55.70	.950 0631
10	18 38 10.148	−23 17 33.16	4.361 5397	25	18 37 14.324	−23 22 45.40	4.965 3022
11	18 37 51.145	23 17 57.33	.371 1416	26	18 37 32.041	23 22 34.27	.980 5685
12	18 37 32.850	23 18 20.67	.380 9618	27	18 37 50.513	23 22 22.28	4.995 8584
13	18 37 15.272	23 18 43.18	.390 9964	28	18 38 09.736	23 22 09.42	5.011 1684
14	18 36 58.423	23 19 04.87	.401 2416	29	18 38 29.705	23 21 55.68	.026 4949
15	18 36 42.313	−23 19 25.73	4.411 6932	30	18 38 50.417	−23 21 41.05	5.041 8345
16	18 36 26.953	−23 19 45.76	4.422 3472	Oct. 1	18 39 11.865	−23 21 25.53	5.057 1834

GEOCENTRIC COORDINATES FOR 0ʰ DYNAMICAL TIME

Date	Apparent Right Ascension	Apparent Declination	True Geocentric Distance	Date	Apparent Right Ascension	Apparent Declination	True Geocentric Distance
	h m s	° ′ ″			h m s	° ′ ″	
Oct. 1	18 39 11.865	−23 21 25.53	5.057 1834	Nov.16	19 06 56.757	−22 49 26.00	5.711 3487
2	18 39 34.045	23 21 09.11	.072 5380	17	19 07 44.921	22 48 12.75	.723 2503
3	18 39 56.949	23 20 51.79	.087 8947	18	19 08 33.468	22 46 57.96	.735 0082
4	18 40 20.571	23 20 33.54	.103 2498	19	19 09 22.389	22 45 41.63	.746 6205
5	18 40 44.906	23 20 14.37	.118 5993	20	19 10 11.677	22 44 23.74	.758 0851
6	18 41 09.946	−23 19 54.24	5.133 9396	21	19 11 01.327	−22 43 04.27	5.769 4002
7	18 41 35.686	23 19 33.14	.149 2668	22	19 11 51.332	22 41 43.21	.780 5640
8	18 42 02.118	23 19 11.07	.164 5770	23	19 12 41.685	22 40 20.56	.791 5748
9	18 42 29.238	23 18 47.98	.179 8664	24	19 13 32.381	22 38 56.31	.802 4308
10	18 42 57.039	23 18 23.88	.195 1311	25	19 14 23.413	22 37 30.46	.813 1302
11	18 43 25.515	−23 17 58.73	5.210 3672	26	19 15 14.773	−22 36 03.01	5.823 6713
12	18 43 54.660	23 17 32.52	.225 5708	27	19 16 06.454	22 34 33.96	.834 0524
13	18 44 24.470	23 17 05.24	.240 7380	28	19 16 58.449	22 33 03.30	.844 2715
14	18 44 54.936	23 16 36.88	.255 8650	29	19 17 50.751	22 31 31.03	.854 3268
15	18 45 26.053	23 16 07.43	.270 9479	30	19 18 43.351	22 29 57.14	.864 2165
16	18 45 57.813	−23 15 36.87	5.285 9829	Dec. 1	19 19 36.244	−22 28 21.62	5.873 9385
17	18 46 30.207	23 15 05.22	.300 9663	2	19 20 29.422	22 26 44.47	.883 4910
18	18 47 03.227	23 14 32.45	.315 8945	3	19 21 22.880	22 25 05.66	.892 8721
19	18 47 36.862	23 13 58.56	.330 7640	4	19 22 16.611	22 23 25.20	.902 0798
20	18 48 11.102	23 13 23.54	.345 5714	5	19 23 10.610	22 21 43.07	.911 1122
21	18 48 45.937	−23 12 47.36	5.360 3135	6	19 24 04.871	−22 19 59.28	5.919 9674
22	18 49 21.358	23 12 10.00	.374 9872	7	19 24 59.389	22 18 13.82	.928 6434
23	18 49 57.357	23 11 31.44	.389 5895	8	19 25 54.156	22 16 26.69	.937 1382
24	18 50 33.927	23 10 51.66	.404 1177	9	19 26 49.168	22 14 37.89	.945 4501
25	18 51 11.061	23 10 10.63	.418 5688	10	19 27 44.417	22 12 47.44	.953 5770
26	18 51 48.754	−23 09 28.33	5.432 9403	11	19 28 39.895	−22 10 55.34	5.961 5172
27	18 52 27.000	23 08 44.76	.447 2294	12	19 29 35.593	22 09 01.61	.969 2690
28	18 53 05.791	23 07 59.91	.461 4334	13	19 30 31.502	22 07 06.26	.976 8309
29	18 53 45.120	23 07 13.76	.475 5496	14	19 31 27.611	22 05 09.28	.984 2013
30	18 54 24.980	23 06 26.32	.489 5753	15	19 32 23.912	22 03 10.68	.991 3790
31	18 55 05.364	−23 05 37.56	5.503 5075	16	19 33 20.397	−22 01 10.45	5.998 3630
Nov. 1	18 55 46.262	23 04 47.47	.517 3435	17	19 34 17.060	21 59 08.59	6.005 1522
2	18 56 27.668	23 03 56.04	.531 0804	18	19 35 13.894	21 57 05.08	.011 7458
3	18 57 09.575	23 03 03.25	.544 7152	19	19 36 10.894	21 54 59.94	.018 1429
4	18 57 51.974	23 02 09.08	.558 2450	20	19 37 08.056	21 52 53.17	.024 3428
5	18 58 34.860	−23 01 13.51	5.571 6669	21	19 38 05.372	−21 50 44.77	6.030 3448
6	18 59 18.224	23 00 16.52	.584 9780	22	19 39 02.838	21 48 34.76	.036 1481
7	19 00 02.062	22 59 18.10	.598 1753	23	19 40 00.446	21 46 23.14	.041 7520
8	19 00 46.366	22 58 18.23	.611 2558	24	19 40 58.191	21 44 09.94	.047 1558
9	19 01 31.131	22 57 16.90	.624 2167	25	19 41 56.065	21 41 55.16	.052 3586
10	19 02 16.349	−22 56 14.09	5.637 0549	26	19 42 54.061	−21 39 38.80	6.057 3597
11	19 03 02.014	22 55 09.79	.649 7675	27	19 43 52.174	21 37 20.88	.062 1583
12	19 03 48.119	22 54 04.01	.662 3517	28	19 44 50.396	21 35 01.40	.066 7534
13	19 04 34.656	22 52 56.75	.674 8045	29	19 45 48.723	21 32 40.36	.071 1443
14	19 05 21.614	22 51 47.99	.687 1234	30	19 46 47.148	21 30 17.77	.075 3300
15	19 06 08.985	−22 50 37.75	5.699 3056	31	19 47 45.667	−21 27 53.63	6.079 3097
16	19 06 56.757	−22 49 26.00	5.711 3487	32	19 48 44.273	−21 25 27.95	6.083 0824

SATURN, 1996

GEOCENTRIC COORDINATES FOR 0ʰ DYNAMICAL TIME

Date	Apparent Right Ascension	Apparent Declination	True Geocentric Distance	Date	Apparent Right Ascension	Apparent Declination	True Geocentric Distance
	h m s	° ′ ″			h m s	° ′ ″	
Jan. 0	23 24 06.238	− 6 10 18.45	9.860 8889	Feb. 15	23 39 49.324	− 4 23 34.50	10.424 2973
1	23 24 20.766	6 08 35.08	.876 4829	16	23 40 14.581	4 20 47.61	.431 9856
2	23 24 35.618	6 06 49.73	.891 9797	17	23 40 39.971	4 17 59.99	.439 4423
3	23 24 50.789	6 05 02.43	.907 3755	18	23 41 05.489	4 15 11.70	.446 6655
4	23 25 06.276	6 03 13.21	.922 6664	19	23 41 31.129	4 12 22.75	.453 6534
5	23 25 22.073	− 6 01 22.10	9.937 8487	20	23 41 56.888	− 4 09 33.19	10.460 4042
6	23 25 38.177	5 59 29.12	.952 9188	21	23 42 22.762	4 06 43.02	.466 9164
7	23 25 54.583	5 57 34.31	.967 8729	22	23 42 48.747	4 03 52.28	.473 1889
8	23 26 11.288	5 55 37.69	.982 7075	23	23 43 14.840	4 01 00.98	.479 2204
9	23 26 28.287	5 53 39.28	9.997 4189	24	23 43 41.037	3 58 09.15	.485 0099
10	23 26 45.576	− 5 51 39.11	10.012 0035	25	23 44 07.334	− 3 55 16.82	10.490 5566
11	23 27 03.154	5 49 37.20	.026 4577	26	23 44 33.725	3 52 24.03	.495 8596
12	23 27 21.016	5 47 33.56	.040 7779	27	23 45 00.206	3 49 30.80	.500 9183
13	23 27 39.161	5 45 28.22	.054 9605	28	23 45 26.772	3 46 37.17	.505 7318
14	23 27 57.585	5 43 21.19	.069 0017	29	23 45 53.418	3 43 43.17	.510 2997
15	23 28 16.286	− 5 41 12.49	10.082 8981	Mar. 1	23 46 20.138	− 3 40 48.83	10.514 6214
16	23 28 35.262	5 39 02.14	.096 6458	2	23 46 46.929	3 37 54.19	.518 6964
17	23 28 54.508	5 36 50.16	.110 2412	3	23 47 13.786	3 34 59.26	.522 5241
18	23 29 14.021	5 34 36.59	.123 6804	4	23 47 40.704	3 32 04.09	.526 1041
19	23 29 33.795	5 32 21.47	.136 9597	5	23 48 07.681	3 29 08.69	.529 4360
20	23 29 53.825	− 5 30 04.83	10.150 0755	6	23 48 34.712	− 3 26 13.09	10.532 5193
21	23 30 14.103	5 27 46.72	.163 0239	7	23 49 01.794	3 23 17.31	.535 3537
22	23 30 34.624	5 25 27.16	.175 8014	8	23 49 28.926	3 20 21.37	.537 9386
23	23 30 55.384	5 23 06.19	.188 4048	9	23 49 56.103	3 17 25.28	.540 2737
24	23 31 16.380	5 20 43.84	.200 8308	10	23 50 23.324	3 14 29.07	.542 3584
25	23 31 37.606	− 5 18 20.11	10.213 0765	11	23 50 50.585	− 3 11 32.77	10.544 1923
26	23 31 59.061	5 15 55.03	.225 1389	12	23 51 17.881	3 08 36.40	.545 7747
27	23 32 20.741	5 13 28.62	.237 0156	13	23 51 45.209	3 05 40.00	.547 1051
28	23 32 42.641	5 11 00.93	.248 7037	14	23 52 12.563	3 02 43.60	.548 1831
29	23 33 04.757	5 08 31.96	.260 2010	15	23 52 39.937	2 59 47.26	.549 0081
30	23 33 27.083	− 5 06 01.76	10.271 5049	16	23 53 07.326	− 2 56 51.01	10.549 5797
31	23 33 49.616	5 03 30.36	.282 6132	17	23 53 34.722	2 53 54.89	.549 8976
Feb. 1	23 34 12.350	5 00 57.79	.293 5235	18	23 54 02.119	2 50 58.89	.549 9616
2	23 34 35.280	4 58 24.08	.304 2337	19	23 54 29.518	2 48 03.00	.549 7716
3	23 34 58.401	4 55 49.26	.314 7416	20	23 54 56.917	2 45 07.25	.549 3279
4	23 35 21.709	− 4 53 13.36	10.325 0450	21	23 55 24.313	− 2 42 11.71	10.548 6307
5	23 35 45.199	4 50 36.42	.335 1419	22	23 55 51.702	2 39 16.41	.547 6804
6	23 36 08.866	4 47 58.45	.345 0301	23	23 56 19.078	2 36 21.38	.546 4777
7	23 36 32.708	4 45 19.49	.354 7078	24	23 56 46.437	2 33 26.63	.545 0232
8	23 36 56.720	4 42 39.55	.364 1727	25	23 57 13.774	2 30 32.20	.543 3177
9	23 37 20.900	− 4 39 58.66	10.373 4228	26	23 57 41.085	− 2 27 38.12	10.541 3620
10	23 37 45.245	4 37 16.83	.382 4562	27	23 58 08.365	2 24 44.42	.539 1571
11	23 38 09.752	4 34 34.09	.391 2706	28	23 58 35.608	2 21 51.13	.536 7038
12	23 38 34.417	4 31 50.46	.399 8641	29	23 59 02.811	2 18 58.27	.534 0030
13	23 38 59.237	4 29 05.96	.408 2344	30	23 59 29.969	2 16 05.89	.531 0558
14	23 39 24.208	− 4 26 20.63	10.416 3795	31	23 59 57.078	− 2 13 14.00	10.527 8633
15	23 39 49.324	− 4 23 34.50	10.424 2973	Apr. 1	0 00 24.135	− 2 10 22.62	10.524 4264

GEOCENTRIC COORDINATES FOR 0ʰ DYNAMICAL TIME

Date	Apparent Right Ascension	Apparent Declination	True Geocentric Distance	Date	Apparent Right Ascension	Apparent Declination	True Geocentric Distance
	h m s	° ′ ″			h m s	° ′ ″	
Apr. 1	0 00 24.135	− 2 10 22.62	10.524 4264	May 17	0 19 08.640	− 0 15 22.91	10.125 4097
2	0 00 51.136	2 07 31.79	.520 7461	18	0 19 29.050	0 13 23.51	.112 2235
3	0 01 18.078	2 04 41.52	.516 8237	19	0 19 49.228	0 11 25.79	.098 8844
4	0 01 44.959	2 01 51.83	.512 6600	20	0 20 09.171	0 09 29.77	.085 3959
5	0 02 11.777	1 59 02.73	.508 2561	21	0 20 28.874	0 07 35.47	.071 7611
6	0 02 38.528	− 1 56 14.25	10.503 6129	22	0 20 48.333	− 0 05 42.93	10.057 9834
7	0 03 05.210	1 53 26.40	.498 7314	23	0 21 07.544	0 03 52.15	.044 0662
8	0 03 31.820	1 50 39.21	.493 6125	24	0 21 26.502	0 02 03.18	.030 0130
9	0 03 58.352	1 47 52.71	.488 2570	25	0 21 45.205	− 0 00 16.02	.015 8270
10	0 04 24.802	1 45 06.93	.482 6658	26	0 22 03.650	+ 0 01 29.31	10.001 5118
11	0 04 51.165	− 1 42 21.92	10.476 8398	27	0 22 21.834	+ 0 03 12.78	9.987 0708
12	0 05 17.435	1 39 37.70	.470 7799	28	0 22 39.755	0 04 54.39	.972 5074
13	0 05 43.607	1 36 54.30	.464 4871	29	0 22 57.410	0 06 34.13	.957 8249
14	0 06 09.678	1 34 11.76	.457 9627	30	0 23 14.799	0 08 11.98	.943 0268
15	0 06 35.643	1 31 30.10	.451 2078	31	0 23 31.918	0 09 47.93	.928 1162
16	0 07 01.500	− 1 28 49.33	10.444 2239	June 1	0 23 48.766	+ 0 11 21.98	9.913 0966
17	0 07 27.245	1 26 09.49	.437 0126	2	0 24 05.340	0 12 54.10	.897 9709
18	0 07 52.876	1 23 30.58	.429 5756	3	0 24 21.636	0 14 24.27	.882 7424
19	0 08 18.388	1 20 52.63	.421 9147	4	0 24 37.649	0 15 52.47	.867 4141
20	0 08 43.777	1 18 15.67	.414 0319	5	0 24 53.374	0 17 18.66	.851 9890
21	0 09 09.040	− 1 15 39.73	10.405 9293	6	0 25 08.807	+ 0 18 42.81	9.836 4704
22	0 09 34.171	1 13 04.83	.397 6089	7	0 25 23.944	0 20 04.91	.820 8614
23	0 09 59.165	1 10 31.00	.389 0730	8	0 25 38.781	0 21 24.93	.805 1654
24	0 10 24.019	1 07 58.28	.380 3237	9	0 25 53.317	0 22 42.87	.789 3859
25	0 10 48.727	1 05 26.69	.371 3633	10	0 26 07.549	0 23 58.71	.773 5265
26	0 11 13.286	− 1 02 56.26	10.362 1941	11	0 26 21.475	+ 0 25 12.43	9.757 5910
27	0 11 37.691	1 00 27.02	.352 8183	12	0 26 35.092	0 26 24.04	.741 5832
28	0 12 01.939	0 57 58.98	.343 2384	13	0 26 48.397	0 27 33.51	.725 5072
29	0 12 26.027	0 55 32.17	.333 4565	14	0 27 01.387	0 28 40.83	.709 3669
30	0 12 49.952	0 53 06.61	.323 4751	15	0 27 14.059	0 29 45.97	.693 1666
May 1	0 13 13.711	− 0 50 42.31	10.313 2964	16	0 27 26.408	+ 0 30 48.93	9.676 9105
2	0 13 37.303	0 48 19.29	.302 9228	17	0 27 38.431	0 31 49.67	.660 6027
3	0 14 00.724	0 45 57.56	.292 3565	18	0 27 50.125	0 32 48.19	.644 2476
4	0 14 23.973	0 43 37.15	.281 5996	19	0 28 01.486	0 33 44.47	.627 8494
5	0 14 47.047	0 41 18.06	.270 6544	20	0 28 12.512	0 34 38.48	.611 4125
6	0 15 09.941	− 0 39 00.32	10.259 5229	21	0 28 23.199	+ 0 35 30.22	9.594 9412
7	0 15 32.651	0 36 43.98	.248 2071	22	0 28 33.546	0 36 19.67	.578 4397
8	0 15 55.172	0 34 29.05	.236 7091	23	0 28 43.551	0 37 06.84	.561 9124
9	0 16 17.498	0 32 15.57	.225 0310	24	0 28 53.213	0 37 51.70	.545 3637
10	0 16 39.624	0 30 03.57	.213 1750	25	0 29 02.530	0 38 34.26	.528 7976
11	0 17 01.548	− 0 27 53.08	10.201 1434	26	0 29 11.502	+ 0 39 14.53	9.512 2185
12	0 17 23.264	0 25 44.13	.188 9385	27	0 29 20.128	0 39 52.48	.495 6306
13	0 17 44.771	0 23 36.72	.176 5630	28	0 29 28.408	0 40 28.13	.479 0378
14	0 18 06.065	0 21 30.87	.164 0195	29	0 29 36.339	0 41 01.48	.462 4444
15	0 18 27.143	0 19 26.61	.151 3107	30	0 29 43.920	0 41 32.50	.445 8542
16	0 18 48.003	− 0 17 23.95	10.138 4398	July 1	0 29 51.149	+ 0 42 01.19	9.429 2710
17	0 19 08.640	− 0 15 22.91	10.125 4097	2	0 29 58.020	+ 0 42 27.53	9.412 6988

SATURN, 1996

GEOCENTRIC COORDINATES FOR 0ʰ DYNAMICAL TIME

Date	Apparent Right Ascension	Apparent Declination	True Geocentric Distance	Date	Apparent Right Ascension	Apparent Declination	True Geocentric Distance
	h m s	° ′ ″			h m s	° ′ ″	
July 1	0 29 51.149	+ 0 42 01.19	9.429 2710	Aug. 16	0 28 46.350	+ 0 21 45.20	8.749 8571
2	0 29 58.020	0 42 27.53	.412 6988	17	0 28 36.608	0 20 27.67	.738 5690
3	0 30 04.532	0 42 51.50	.396 1413	18	0 28 26.552	0 19 08.32	.727 4982
4	0 30 10.680	0 43 13.09	.379 6025	19	0 28 16.190	0 17 47.20	.716 6485
5	0 30 16.464	0 43 32.28	.363 0864	20	0 28 05.526	0 16 24.36	.706 0237
6	0 30 21.882	+ 0 43 49.07	9.346 5970	21	0 27 54.568	+ 0 14 59.83	8.695 6274
7	0 30 26.934	0 44 03.47	.330 1387	22	0 27 43.321	0 13 33.66	.685 4630
8	0 30 31.620	0 44 15.48	.313 7158	23	0 27 31.791	0 12 05.90	.675 5340
9	0 30 35.938	0 44 25.09	.297 3329	24	0 27 19.983	0 10 36.58	.665 8434
10	0 30 39.887	0 44 32.32	.280 9946	25	0 27 07.902	0 09 05.74	.656 3945
11	0 30 43.467	+ 0 44 37.15	9.264 7055	26	0 26 55.553	+ 0 07 33.41	8.647 1900
12	0 30 46.675	0 44 39.59	.248 4703	27	0 26 42.939	0 05 59.63	.638 2329
13	0 30 49.509	0 44 39.62	.232 2939	28	0 26 30.066	0 04 24.42	.629 5260
14	0 30 51.969	0 44 37.24	.216 1810	29	0 26 16.939	0 02 47.84	.621 0720
15	0 30 54.052	0 44 32.46	.200 1364	30	0 26 03.565	+ 0 01 09.92	.612 8737
16	0 30 55.758	+ 0 44 25.27	9.184 1650	31	0 25 49.952	− 0 00 29.28	8.604 9341
17	0 30 57.086	0 44 15.66	.168 2714	Sept. 1	0 25 36.107	0 02 09.69	.597 2561
18	0 30 58.035	0 44 03.64	.152 4606	2	0 25 22.038	0 03 51.28	.589 8427
19	0 30 58.606	0 43 49.22	.136 7374	3	0 25 07.750	0 05 33.99	.582 6969
20	0 30 58.799	0 43 32.41	.121 1063	4	0 24 53.251	0 07 17.77	.575 8216
21	0 30 58.616	+ 0 43 13.21	9.105 5721	5	0 24 38.547	− 0 09 02.57	8.569 2198
22	0 30 58.057	0 42 51.64	.090 1395	6	0 24 23.644	0 10 48.35	.562 8943
23	0 30 57.125	0 42 27.72	.074 8130	7	0 24 08.550	0 12 35.06	.556 8478
24	0 30 55.821	0 42 01.46	.059 5971	8	0 23 53.270	0 14 22.64	.551 0831
25	0 30 54.147	0 41 32.89	.044 4963	9	0 23 37.813	0 16 11.06	.545 6026
26	0 30 52.106	+ 0 41 02.01	9.029 5148	10	0 23 22.186	− 0 18 00.25	8.540 4089
27	0 30 49.698	0 40 28.84	9.014 6570	11	0 23 06.398	0 19 50.16	.535 5041
28	0 30 46.924	0 39 53.39	8.999 9268	12	0 22 50.457	0 21 40.72	.530 8905
29	0 30 43.783	0 39 15.67	.985 3284	13	0 22 34.372	0 23 31.89	.526 5702
30	0 30 40.276	0 38 35.68	.970 8658	14	0 22 18.153	0 25 23.58	.522 5449
31	0 30 36.402	+ 0 37 53.41	8.956 5428	15	0 22 01.809	− 0 27 15.75	8.518 8165
Aug. 1	0 30 32.162	0 37 08.89	.942 3635	16	0 21 45.352	0 29 08.31	.515 3864
2	0 30 27.559	0 36 22.13	.928 3319	17	0 21 28.789	0 31 01.21	.512 2561
3	0 30 22.594	0 35 33.14	.914 4522	18	0 21 12.132	0 32 54.38	.509 4266
4	0 30 17.271	0 34 41.97	.900 7287	19	0 20 55.390	0 34 47.75	.506 8990
5	0 30 11.592	+ 0 33 48.62	8.887 1659	20	0 20 38.572	− 0 36 41.27	8.504 6742
6	0 30 05.561	0 32 53.14	.873 7681	21	0 20 21.685	0 38 34.88	.502 7526
7	0 29 59.179	0 31 55.53	.860 5399	22	0 20 04.738	0 40 28.52	.501 1348
8	0 29 52.448	0 30 55.82	.847 4859	23	0 19 47.739	0 42 22.16	.499 8211
9	0 29 45.371	0 29 54.03	.834 6104	24	0 19 30.696	0 44 15.73	.498 8118
10	0 29 37.950	+ 0 28 50.18	8.821 9181	25	0 19 13.616	− 0 46 09.18	8.498 1069
11	0 29 30.186	0 27 44.29	.809 4134	26	0 18 56.509	0 48 02.45	.497 7067
12	0 29 22.083	0 26 36.39	.797 1007	27	0 18 39.385	0 49 55.47	.497 6113
13	0 29 13.644	0 25 26.50	.784 9844	28	0 18 22.255	0 51 48.18	.497 8207
14	0 29 04.873	0 24 14.65	.773 0689	29	0 18 05.127	0 53 40.52	.498 3353
15	0 28 55.773	+ 0 23 00.87	8.761 3584	30	0 17 48.012	− 0 55 32.41	8.499 1551
16	0 28 46.350	+ 0 21 45.20	8.749 8571	Oct. 1	0 17 30.918	− 0 57 23.80	8.500 2802

GEOCENTRIC COORDINATES FOR 0ʰ DYNAMICAL TIME

Date	Apparent Right Ascension	Apparent Declination	True Geocentric Distance	Date	Apparent Right Ascension	Apparent Declination	True Geocentric Distance
	h m s	° ′ ″			h m s	° ′ ″	
Oct. 1	0 17 30.918	− 0 57 23.80	8.500 2802	Nov.16	0 07 15.771	− 1 58 23.24	8.857 2699
2	0 17 13.854	0 59 14.63	.501 7107	17	0 07 08.888	1 58 54.62	.870 6234
3	0 16 56.828	1 01 04.85	.503 4466	18	0 07 02.369	1 59 23.50	.884 1523
4	0 16 39.847	1 02 54.40	.505 4876	19	0 06 56.216	1 59 49.84	.897 8515
5	0 16 22.922	1 04 43.23	.507 8336	20	0 06 50.432	2 00 13.64	.911 7163
6	0 16 06.060	− 1 06 31.29	8.510 4840	21	0 06 45.021	− 2 00 34.88	8.925 7417
7	0 15 49.271	1 08 18.51	.513 4384	22	0 06 39.987	2 00 53.53	.939 9232
8	0 15 32.563	1 10 04.84	.516 6959	23	0 06 35.333	2 01 09.59	.954 2559
9	0 15 15.947	1 11 50.22	.520 2559	24	0 06 31.061	2 01 23.04	.968 7352
10	0 14 59.432	1 13 34.58	.524 1171	25	0 06 27.174	2 01 33.88	.983 3566
11	0 14 43.028	− 1 15 17.87	8.528 2785	26	0 06 23.671	− 2 01 42.11	8.998 1155
12	0 14 26.746	1 17 00.02	.532 7388	27	0 06 20.556	2 01 47.71	9.013 0074
13	0 14 10.595	1 18 40.96	.537 4963	28	0 06 17.827	2 01 50.70	.028 0275
14	0 13 54.586	1 20 20.64	.542 5493	29	0 06 15.487	2 01 51.07	.043 1714
15	0 13 38.730	1 21 58.99	.547 8960	30	0 06 13.536	2 01 48.83	.058 4342
16	0 13 23.034	− 1 23 35.95	8.553 5342	Dec. 1	0 06 11.975	− 2 01 43.97	9.073 8114
17	0 13 07.508	1 25 11.48	.559 4617	2	0 06 10.806	2 01 36.50	.089 2980
18	0 12 52.160	1 26 45.53	.565 6759	3	0 06 10.029	2 01 26.40	.104 8893
19	0 12 36.996	1 28 18.05	.572 1742	4	0 06 09.648	2 01 13.67	.120 5803
20	0 12 22.024	1 29 49.01	.578 9539	5	0 06 09.663	2 00 58.31	.136 3661
21	0 12 07.250	− 1 31 18.36	8.586 0122	6	0 06 10.076	− 2 00 40.32	9.152 2416
22	0 11 52.682	1 32 46.07	.593 3462	7	0 06 10.889	2 00 19.69	.168 2018
23	0 11 38.327	1 34 12.08	.600 9529	8	0 06 12.104	1 59 56.42	.184 2416
24	0 11 24.193	1 35 36.35	.608 8295	9	0 06 13.721	1 59 30.50	.200 3555
25	0 11 10.289	1 36 58.82	.616 9730	10	0 06 15.741	1 59 01.94	.216 5384
26	0 10 56.623	− 1 38 19.46	8.625 3806	11	0 06 18.164	− 1 58 30.75	9.232 7847
27	0 10 43.203	1 39 38.21	.634 0494	12	0 06 20.989	1 57 56.95	.249 0890
28	0 10 30.034	1 40 55.03	.642 9765	13	0 06 24.212	1 57 20.55	.265 4457
29	0 10 17.125	1 42 09.88	.652 1591	14	0 06 27.832	1 56 41.58	.281 8493
30	0 10 04.480	1 43 22.73	.661 5942	15	0 06 31.847	1 56 00.06	.298 2943
31	0 09 52.105	− 1 44 33.55	8.671 2788	16	0 06 36.255	− 1 55 15.99	9.314 7754
Nov. 1	0 09 40.007	1 45 42.30	.681 2097	17	0 06 41.055	1 54 29.39	.331 2872
2	0 09 28.190	1 46 48.96	.691 3838	18	0 06 46.248	1 53 40.27	.347 8248
3	0 09 16.660	1 47 53.49	.701 7976	19	0 06 51.832	1 52 48.64	.364 3831
4	0 09 05.425	1 48 55.85	.712 4479	20	0 06 57.807	1 51 54.50	.380 9571
5	0 08 54.489	− 1 49 56.02	8.723 3310	21	0 07 04.172	− 1 50 57.86	9.397 5422
6	0 08 43.860	1 50 53.96	.734 4433	22	0 07 10.924	1 49 58.75	.414 1335
7	0 08 33.543	1 51 49.63	.745 7809	23	0 07 18.060	1 48 57.18	.430 7265
8	0 08 23.545	1 52 42.99	.757 3400	24	0 07 25.579	1 47 53.18	.447 3166
9	0 08 13.874	1 53 34.02	.769 1165	25	0 07 33.477	1 46 46.76	.463 8993
10	0 08 04.534	− 1 54 22.67	8.781 1062	26	0 07 41.752	− 1 45 37.96	9.480 4700
11	0 07 55.533	1 55 08.92	.793 3048	27	0 07 50.400	1 44 26.78	.497 0242
12	0 07 46.877	1 55 52.73	.805 7079	28	0 07 59.419	1 43 13.27	.513 5574
13	0 07 38.569	1 56 34.08	.818 3107	29	0 08 08.808	1 41 57.43	.530 0651
14	0 07 30.613	1 57 12.95	.831 1086	30	0 08 18.562	1 40 39.28	.546 5427
15	0 07 23.013	− 1 57 49.34	8.844 0966	31	0 08 28.682	− 1 39 18.83	9.562 9858
16	0 07 15.771	− 1 58 23.24	8.857 2699	32	0 08 39.165	− 1 37 56.12	9.579 3897

URANUS, 1996

GEOCENTRIC COORDINATES FOR 0ʰ DYNAMICAL TIME

Date	Apparent Right Ascension	Apparent Declination	True Geocentric Distance	Date	Apparent Right Ascension	Apparent Declination	True Geocentric Distance
	h m s	° ′ ″			h m s	° ′ ″	
Jan. 0	20 06 15.317	−20 49 06.83	20.664 172	Feb. 15	20 17 20.761	−20 14 54.29	20.653 504
1	20 06 29.427	20 48 24.46	.670 210	16	20 17 34.497	20 14 10.79	.646 797
2	20 06 43.599	20 47 41.86	.675 979	17	20 17 48.152	20 13 27.53	.639 831
3	20 06 57.831	20 46 59.03	.681 478	18	20 18 01.722	20 12 44.51	.632 607
4	20 07 12.118	20 46 15.99	.686 705	19	20 18 15.202	20 12 01.74	.625 128
5	20 07 26.458	−20 45 32.75	20.691 660	20	20 18 28.590	−20 11 19.21	20.617 396
6	20 07 40.846	20 44 49.33	.696 342	21	20 18 41.885	20 10 36.93	.609 413
7	20 07 55.279	20 44 05.72	.700 749	22	20 18 55.085	20 09 54.91	.601 183
8	20 08 09.752	20 43 21.94	.704 881	23	20 19 08.188	20 09 13.14	.592 707
9	20 08 24.264	20 42 37.99	.708 735	24	20 19 21.194	20 08 31.65	.583 990
10	20 08 38.811	−20 41 53.87	20.712 312	25	20 19 34.098	−20 07 50.44	20.575 033
11	20 08 53.390	20 41 09.59	.715 610	26	20 19 46.900	20 07 09.55	.565 839
12	20 09 07.999	20 40 25.16	.718 629	27	20 19 59.595	20 06 28.97	.556 412
13	20 09 22.636	20 39 40.57	.721 366	28	20 20 12.180	20 05 48.73	.546 755
14	20 09 37.300	20 38 55.82	.723 822	29	20 20 24.652	20 05 08.83	.536 869
15	20 09 51.988	−20 38 10.94	20.725 996	Mar. 1	20 20 37.008	−20 04 29.30	20.526 759
16	20 10 06.699	20 37 25.93	.727 885	2	20 20 49.244	20 03 50.12	.516 427
17	20 10 21.430	20 36 40.81	.729 491	3	20 21 01.359	20 03 11.33	.505 876
18	20 10 36.177	20 35 55.61	.730 812	4	20 21 13.349	20 02 32.91	.495 110
19	20 10 50.936	20 35 10.34	.731 847	5	20 21 25.213	20 01 54.87	.484 130
20	20 11 05.706	−20 34 25.07	20.732 596	6	20 21 36.948	−20 01 17.22	20.472 941
21	20 11 20.478	20 33 40.20	.733 058	7	20 21 48.553	20 00 39.96	.461 545
22	20 11 35.175	20 32 54.65	.733 234	8	20 22 00.027	20 00 03.10	.449 945
23	20 11 49.929	20 32 08.93	.733 125	9	20 22 11.369	19 59 26.63	.438 143
24	20 12 04.670	20 31 23.39	.732 729	10	20 22 22.578	19 58 50.59	.426 144
25	20 12 19.397	−20 30 37.86	20.732 049	11	20 22 33.652	−19 58 14.97	20.413 950
26	20 12 34.108	20 29 52.31	.731 083	12	20 22 44.588	19 57 39.79	.401 563
27	20 12 48.802	20 29 06.76	.729 835	13	20 22 55.383	19 57 05.08	.388 988
28	20 13 03.478	20 28 21.20	.728 303	14	20 23 06.033	19 56 30.85	.376 227
29	20 13 18.131	20 27 35.66	.726 489	15	20 23 16.535	19 55 57.12	.363 284
30	20 13 32.760	−20 26 50.15	20.724 394	16	20 23 26.884	−19 55 23.89	20.350 162
31	20 13 47.359	20 26 04.69	.722 019	17	20 23 37.077	19 54 51.18	.336 865
Feb. 1	20 14 01.927	20 25 19.28	.719 365	18	20 23 47.111	19 54 18.97	.323 397
2	20 14 16.458	20 24 33.94	.716 433	19	20 23 56.986	19 53 47.28	.309 762
3	20 14 30.950	20 23 48.68	.713 224	20	20 24 06.700	19 53 16.09	.295 964
4	20 14 45.399	−20 23 03.51	20.709 738	21	20 24 16.253	−19 52 45.42	20.282 007
5	20 14 59.801	20 22 18.43	.705 978	22	20 24 25.643	19 52 15.28	.267 896
6	20 15 14.154	20 21 33.46	.701 944	23	20 24 34.871	19 51 45.67	.253 634
7	20 15 28.456	20 20 48.59	.697 637	24	20 24 43.932	19 51 16.61	.239 227
8	20 15 42.703	20 20 03.83	.693 058	25	20 24 52.827	19 50 48.12	.224 678
9	20 15 56.895	−20 19 19.18	20.688 209	26	20 25 01.551	−19 50 20.20	20.209 993
10	20 16 11.029	20 18 34.66	.683 091	27	20 25 10.103	19 49 52.87	.195 175
11	20 16 25.104	20 17 50.26	.677 704	28	20 25 18.479	19 49 26.14	.180 228
12	20 16 39.117	20 17 06.01	.672 051	29	20 25 26.679	19 49 00.00	.165 157
13	20 16 53.066	20 16 21.92	.666 132	30	20 25 34.700	19 48 34.48	.149 967
14	20 17 06.949	−20 15 38.00	20.659 950	31	20 25 42.540	−19 48 09.56	20.134 662
15	20 17 20.761	−20 14 54.29	20.653 504	Apr. 1	20 25 50.198	−19 47 45.25	20.119 245

GEOCENTRIC COORDINATES FOR 0ʰ DYNAMICAL TIME

Date	Apparent Right Ascension	Apparent Declination	True Geocentric Distance	Date	Apparent Right Ascension	Apparent Declination	True Geocentric Distance
	h m s	° ′ ″			h m s	° ′ ″	
Apr. 1	20 25 50.198	−19 47 45.25	20.119 245	May 17	20 28 10.156	−19 41 18.76	19.367 566
2	20 25 57.672	19 47 21.56	.103 721	18	20 28 08.425	19 41 26.88	.352 072
3	20 26 04.963	19 46 58.47	.088 094	19	20 28 06.496	19 41 35.70	.336 690
4	20 26 12.070	19 46 36.00	.072 369	20	20 28 04.369	19 41 45.20	.321 426
5	20 26 18.994	19 46 14.14	.056 549	21	20 28 02.046	19 41 55.39	.306 283
6	20 26 25.733	−19 45 52.90	20.040 639	22	20 27 59.525	−19 42 06.26	19.291 267
7	20 26 32.287	19 45 32.30	.024 643	23	20 27 56.809	19 42 17.80	.276 382
8	20 26 38.656	19 45 12.33	20.008 564	24	20 27 53.898	19 42 30.00	.261 632
9	20 26 44.836	19 44 53.03	19.992 408	25	20 27 50.794	19 42 42.86	.247 023
10	20 26 50.826	19 44 34.40	.976 177	26	20 27 47.498	19 42 56.37	.232 557
11	20 26 56.621	−19 44 16.46	19.959 877	27	20 27 44.012	−19 43 10.51	19.218 239
12	20 27 02.220	19 43 59.21	.943 512	28	20 27 40.340	19 43 25.26	.204 074
13	20 27 07.619	19 43 42.65	.927 087	29	20 27 36.483	19 43 40.62	.190 065
14	20 27 12.818	19 43 26.78	.910 606	30	20 27 32.444	19 43 56.58	.176 217
15	20 27 17.816	19 43 11.60	.894 074	31	20 27 28.228	19 44 13.13	.162 532
16	20 27 22.613	−19 42 57.10	19.877 497	June 1	20 27 23.836	−19 44 30.26	19.149 015
17	20 27 27.209	19 42 43.27	.860 878	2	20 27 19.270	19 44 47.99	.135 669
18	20 27 31.605	19 42 30.14	.844 224	3	20 27 14.530	19 45 06.30	.122 499
19	20 27 35.801	19 42 17.69	.827 539	4	20 27 09.617	19 45 25.21	.109 506
20	20 27 39.796	19 42 05.93	.810 828	5	20 27 04.531	19 45 44.72	.096 696
21	20 27 43.589	−19 41 54.89	19.794 097	6	20 26 59.270	−19 46 04.80	19.084 072
22	20 27 47.179	19 41 44.55	.777 351	7	20 26 53.838	19 46 25.45	.071 638
23	20 27 50.566	19 41 34.94	.760 594	8	20 26 48.235	19 46 46.66	.059 398
24	20 27 53.747	19 41 26.05	.743 832	9	20 26 42.466	19 47 08.39	.047 355
25	20 27 56.721	19 41 17.89	.727 070	10	20 26 36.533	19 47 30.64	.035 514
26	20 27 59.489	−19 41 10.45	19.710 312	11	20 26 30.441	−19 47 53.39	19.023 879
27	20 28 02.049	19 41 03.73	.693 563	12	20 26 24.193	19 48 16.63	.012 454
28	20 28 04.401	19 40 57.74	.676 828	13	20 26 17.791	19 48 40.36	19.001 242
29	20 28 06.546	19 40 52.46	.660 111	14	20 26 11.239	19 49 04.57	18.990 248
30	20 28 08.484	19 40 47.89	.643 418	15	20 26 04.538	19 49 29.26	.979 475
May 1	20 28 10.216	−19 40 44.02	19.626 753	16	20 25 57.692	−19 49 54.42	18.968 926
2	20 28 11.743	19 40 40.85	.610 120	17	20 25 50.701	19 50 20.04	.958 605
3	20 28 13.067	19 40 38.38	.593 525	18	20 25 43.568	19 50 46.11	.948 516
4	20 28 14.189	19 40 36.61	.576 970	19	20 25 36.295	19 51 12.63	.938 662
5	20 28 15.109	19 40 35.55	.560 461	20	20 25 28.885	19 51 39.57	.929 045
6	20 28 15.827	−19 40 35.20	19.544 002	21	20 25 21.341	−19 52 06.92	18.919 670
7	20 28 16.342	19 40 35.57	.527 597	22	20 25 13.667	19 52 34.66	.910 538
8	20 28 16.651	19 40 36.68	.511 251	23	20 25 05.865	19 53 02.78	.901 653
9	20 28 16.753	19 40 38.52	.494 968	24	20 24 57.940	19 53 31.26	.893 016
10	20 28 16.647	19 40 41.09	.478 754	25	20 24 49.896	19 54 00.08	.884 631
11	20 28 16.333	−19 40 44.39	19.462 612	26	20 24 41.738	−19 54 29.23	18.876 501
12	20 28 15.812	19 40 48.39	.446 548	27	20 24 33.470	19 54 58.68	.868 626
13	20 28 15.085	19 40 53.09	.430 566	28	20 24 25.096	19 55 28.44	.861 010
14	20 28 14.154	19 40 58.48	.414 672	29	20 24 16.621	19 55 58.49	.853 654
15	20 28 13.021	19 41 04.55	.398 871	30	20 24 08.046	19 56 28.83	.846 560
16	20 28 11.688	−19 41 11.31	19.383 167	July 1	20 23 59.374	−19 56 59.47	18.839 731
17	20 28 10.156	−19 41 18.76	19.367 566	2	20 23 50.606	−19 57 30.39	18.833 167

URANUS, 1996

GEOCENTRIC COORDINATES FOR 0ʰ DYNAMICAL TIME

Date	Apparent Right Ascension	Apparent Declination	True Geocentric Distance	Date	Apparent Right Ascension	Apparent Declination	True Geocentric Distance
	h m s	° ′ ″			h m s	° ′ ″	
July 1	20 23 59.374	−19 56 59.47	18.839 731	Aug. 16	20 16 38.104	−20 21 38.44	18.833 906
2	20 23 50.606	19 57 30.39	.833 167	17	20 16 29.099	20 22 07.07	.840 555
3	20 23 41.743	19 58 01.59	.826 871	18	20 16 20.182	20 22 35.34	.847 478
4	20 23 32.787	19 58 33.05	.820 846	19	20 16 11.359	20 23 03.22	.854 672
5	20 23 23.742	19 59 04.74	.815 092	20	20 16 02.636	20 23 30.72	.862 136
6	20 23 14.611	−19 59 36.65	18.809 613	21	20 15 54.015	−20 23 57.82	18.869 867
7	20 23 05.399	20 00 08.75	.804 410	22	20 15 45.503	20 24 24.52	.877 861
8	20 22 56.113	20 00 41.02	.799 486	23	20 15 37.102	20 24 50.80	.886 117
9	20 22 46.756	20 01 13.45	.794 842	24	20 15 28.815	20 25 16.68	.894 631
10	20 22 37.333	20 01 46.03	.790 480	25	20 15 20.644	20 25 42.15	.903 401
11	20 22 27.849	−20 02 18.76	18.786 402	26	20 15 12.592	−20 26 07.21	18.912 424
12	20 22 18.305	20 02 51.62	.782 610	27	20 15 04.658	20 26 31.84	.921 697
13	20 22 08.707	20 03 24.60	.779 106	28	20 14 56.844	20 26 56.05	.931 217
14	20 21 59.057	20 03 57.69	.775 890	29	20 14 49.155	20 27 19.81	.940 982
15	20 21 49.359	20 04 30.89	.772 965	30	20 14 41.593	20 27 43.09	.950 988
16	20 21 39.615	−20 05 04.18	18.770 331	31	20 14 34.163	−20 28 05.89	18.961 234
17	20 21 29.830	20 05 37.53	.767 989	Sept. 1	20 14 26.870	20 28 28.19	.971 717
18	20 21 20.008	20 06 10.94	.765 940	2	20 14 19.718	20 28 49.98	.982 433
19	20 21 10.152	20 06 44.39	.764 185	3	20 14 12.711	20 29 11.26	18.993 381
20	20 21 00.267	20 07 17.85	.762 724	4	20 14 05.851	20 29 32.04	19.004 557
21	20 20 50.359	−20 07 51.31	18.761 558	5	20 13 59.142	−20 29 52.31	19.015 958
22	20 20 40.432	20 08 24.74	.760 687	6	20 13 52.585	20 30 12.06	.027 581
23	20 20 30.491	20 08 58.14	.760 111	7	20 13 46.182	20 30 31.29	.039 423
24	20 20 20.541	20 09 31.48	.759 830	8	20 13 39.936	20 30 50.00	.051 480
25	20 20 10.588	20 10 04.76	.759 845	9	20 13 33.849	20 31 08.17	.063 750
26	20 20 00.637	−20 10 37.96	18.760 154	10	20 13 27.924	−20 31 25.80	19.076 227
27	20 19 50.691	20 11 11.07	.760 757	11	20 13 22.162	20 31 42.87	.088 909
28	20 19 40.754	20 11 44.11	.761 655	12	20 13 16.567	20 31 59.38	.101 791
29	20 19 30.827	20 12 17.05	.762 846	13	20 13 11.142	20 32 15.32	.114 871
30	20 19 20.912	20 12 49.90	.764 329	14	20 13 05.890	20 32 30.66	.128 142
31	20 19 11.012	−20 13 22.65	18.766 106	15	20 13 00.814	−20 32 45.41	19.141 602
Aug. 1	20 19 01.128	20 13 55.26	.768 174	16	20 12 55.919	20 32 59.55	.155 245
2	20 18 51.267	20 14 27.73	.770 535	17	20 12 51.207	20 33 13.08	.169 069
3	20 18 41.432	20 15 00.01	.773 187	18	20 12 46.680	20 33 26.00	.183 067
4	20 18 31.630	20 15 32.10	.776 130	19	20 12 42.342	20 33 38.31	.197 235
5	20 18 21.865	−20 16 03.98	18.779 364	20	20 12 38.193	−20 33 50.01	19.211 570
6	20 18 12.144	20 16 35.64	.782 888	21	20 12 34.234	20 34 01.11	.226 066
7	20 18 02.469	20 17 07.08	.786 703	22	20 12 30.466	20 34 11.61	.240 718
8	20 17 52.846	20 17 38.29	.790 806	23	20 12 26.888	20 34 21.51	.255 523
9	20 17 43.276	20 18 09.26	.795 198	24	20 12 23.501	20 34 30.80	.270 476
10	20 17 33.765	−20 18 39.98	18.799 877	25	20 12 20.304	−20 34 39.48	19.285 572
11	20 17 24.315	20 19 10.45	.804 842	26	20 12 17.300	20 34 47.52	.300 807
12	20 17 14.929	20 19 40.64	.810 091	27	20 12 14.492	20 34 54.92	.316 176
13	20 17 05.611	20 20 10.55	.815 624	28	20 12 11.881	20 35 01.67	.331 677
14	20 16 56.365	20 20 40.17	.821 439	29	20 12 09.473	20 35 07.76	.347 304
15	20 16 47.195	−20 21 09.47	18.827 533	30	20 12 07.267	−20 35 13.20	19.363 053
16	20 16 38.104	−20 21 38.44	18.833 906	Oct. 1	20 12 05.266	−20 35 17.98	19.378 921

GEOCENTRIC COORDINATES FOR 0ʰ DYNAMICAL TIME

Date	Apparent Right Ascension	Apparent Declination	True Geocentric Distance	Date	Apparent Right Ascension	Apparent Declination	True Geocentric Distance
	h m s	° ′ ″			h m s	° ′ ″	
Oct. 1	20 12 05.266	−20 35 17.98	19.378 921	Nov.16	20 14 19.520	−20 27 07.30	20.151 640
2	20 12 03.471	20 35 22.12	.394 902	17	20 14 27.210	20 26 41.61	.167 505
3	20 12 01.881	20 35 25.61	.410 992	18	20 14 35.081	20 26 15.34	.183 252
4	20 12 00.498	20 35 28.46	.427 187	19	20 14 43.130	20 25 48.49	.198 876
5	20 11 59.320	20 35 30.67	.443 482	20	20 14 51.358	20 25 21.05	.214 374
6	20 11 58.350	−20 35 32.23	19.459 872	21	20 14 59.763	−20 24 53.02	20.229 741
7	20 11 57.587	20 35 33.14	.476 353	22	20 15 08.344	20 24 24.40	.244 973
8	20 11 57.032	20 35 33.40	.492 919	23	20 15 17.100	20 23 55.19	.260 067
9	20 11 56.685	20 35 32.99	.509 566	24	20 15 26.031	20 23 25.42	.275 019
10	20 11 56.549	20 35 31.91	.526 288	25	20 15 35.134	20 22 55.08	.289 824
11	20 11 56.624	−20 35 30.16	19.543 081	26	20 15 44.407	−20 22 24.19	20.304 479
12	20 11 56.912	20 35 27.73	.559 939	27	20 15 53.847	20 21 52.75	.318 979
13	20 11 57.414	20 35 24.61	.576 857	28	20 16 03.451	20 21 20.79	.333 322
14	20 11 58.132	20 35 20.81	.593 830	29	20 16 13.216	20 20 48.31	.347 504
15	20 11 59.067	20 35 16.32	.610 852	30	20 16 23.140	20 20 15.30	.361 519
16	20 12 00.219	−20 35 11.16	19.627 918	Dec. 1	20 16 33.219	−20 19 41.78	20.375 365
17	20 12 01.588	20 35 05.33	.645 022	2	20 16 43.452	20 19 07.74	.389 038
18	20 12 03.173	20 34 58.85	.662 160	3	20 16 53.836	20 18 33.19	.402 533
19	20 12 04.972	20 34 51.71	.679 326	4	20 17 04.370	20 17 58.12	.415 847
20	20 12 06.983	20 34 43.92	.696 515	5	20 17 15.052	20 17 22.54	.428 976
21	20 12 09.205	−20 34 35.48	19.713 721	6	20 17 25.882	−20 16 46.45	20.441 915
22	20 12 11.636	20 34 26.40	.730 940	7	20 17 36.856	20 16 09.85	.454 662
23	20 12 14.276	20 34 16.65	.748 167	8	20 17 47.975	20 15 32.75	.467 211
24	20 12 17.125	20 34 06.23	.765 397	9	20 17 59.237	20 14 55.16	.479 560
25	20 12 20.184	20 33 55.14	.782 625	10	20 18 10.638	20 14 17.09	.491 704
26	20 12 23.455	−20 33 43.37	19.799 847	11	20 18 22.177	−20 13 38.57	20.503 640
27	20 12 26.937	20 33 30.93	.817 059	12	20 18 33.848	20 12 59.60	.515 365
28	20 12 30.631	20 33 17.83	.834 255	13	20 18 45.648	20 12 20.20	.526 873
29	20 12 34.536	20 33 04.07	.851 431	14	20 18 57.570	20 11 40.39	.538 164
30	20 12 38.650	20 32 49.66	.868 582	15	20 19 09.611	20 11 00.16	.549 232
31	20 12 42.972	−20 32 34.61	19.885 704	16	20 19 21.769	−20 10 19.51	20.560 075
Nov. 1	20 12 47.501	20 32 18.92	.902 792	17	20 19 34.040	20 09 38.45	.570 691
2	20 12 52.234	20 32 02.60	.919 840	18	20 19 46.423	20 08 56.97	.581 077
3	20 12 57.170	20 31 45.64	.936 845	19	20 19 58.917	20 08 15.08	.591 231
4	20 13 02.309	20 31 28.05	.953 801	20	20 20 11.520	20 07 32.77	.601 149
5	20 13 07.649	−20 31 09.82	19.970 703	21	20 20 24.231	−20 06 50.08	20.610 830
6	20 13 13.190	20 30 50.95	19.987 547	22	20 20 37.045	20 06 07.00	.620 272
7	20 13 18.931	20 30 31.43	20.004 327	23	20 20 49.961	20 05 23.55	.629 472
8	20 13 24.872	20 30 11.27	.021 038	24	20 21 02.975	20 04 39.75	.638 428
9	20 13 31.013	20 29 50.47	.037 675	25	20 21 16.083	20 03 55.61	.647 137
10	20 13 37.353	−20 29 29.02	20.054 233	26	20 21 29.281	−20 03 11.13	20.655 599
11	20 13 43.893	20 29 06.93	.070 707	27	20 21 42.566	20 02 26.34	.663 810
12	20 13 50.631	20 28 44.22	.087 092	28	20 21 55.935	20 01 41.23	.671 768
13	20 13 57.565	20 28 20.88	.103 383	29	20 22 09.385	20 00 55.81	.679 472
14	20 14 04.694	20 27 56.95	.119 574	30	20 22 22.912	20 00 10.08	.686 919
15	20 14 12.013	−20 27 32.42	20.135 662	31	20 22 36.515	−19 59 24.04	20.694 107
16	20 14 19.520	−20 27 07.30	20.151 640	32	20 22 50.191	−19 58 37.71	20.701 033

NEPTUNE, 1996

GEOCENTRIC COORDINATES FOR 0ʰ DYNAMICAL TIME

Date	Apparent Right Ascension	Apparent Declination	True Geocentric Distance	Date	Apparent Right Ascension	Apparent Declination	True Geocentric Distance
	h m s	° ′ ″			h m s	° ′ ″	
Jan. 0	19 45 52.898	−20 42 41.93	31.110 189	Feb. 15	19 53 02.086	−20 24 25.47	31.022 177
1	19 46 02.218	20 42 19.22	.114 740	16	19 53 10.646	20 24 02.56	.013 743
2	19 46 11.572	20 41 56.38	.119 007	17	19 53 19.138	20 23 39.81	31.005 056
3	19 46 20.958	20 41 33.42	.122 991	18	19 53 27.558	20 23 17.22	30.996 117
4	19 46 30.374	20 41 10.34	.126 691	19	19 53 35.903	20 22 54.79	.986 930
5	19 46 39.816	−20 40 47.15	31.130 105	20	19 53 44.171	−20 22 32.51	30.977 498
6	19 46 49.282	20 40 23.86	.133 233	21	19 53 52.363	20 22 10.39	.967 824
7	19 46 58.769	20 40 00.47	.136 074	22	19 54 00.478	20 21 48.42	.957 912
8	19 47 08.274	20 39 37.00	.138 627	23	19 54 08.515	20 21 26.60	.947 763
9	19 47 17.795	20 39 13.43	.140 891	24	19 54 16.473	20 21 04.96	.937 383
10	19 47 27.330	−20 38 49.77	31.142 867	25	19 54 24.351	−20 20 43.49	30.926 773
11	19 47 36.876	20 38 26.01	.144 552	26	19 54 32.146	20 20 22.22	.915 939
12	19 47 46.433	20 38 02.16	.145 946	27	19 54 39.858	20 20 01.14	.904 882
13	19 47 56.000	20 37 38.22	.147 050	28	19 54 47.482	20 19 40.28	.893 607
14	19 48 05.577	20 37 14.17	.147 861	29	19 54 55.018	20 19 19.64	.882 117
15	19 48 15.165	−20 36 49.94	31.148 380	Mar. 1	19 55 02.461	−20 18 59.23	30.870 415
16	19 48 24.733	20 36 25.07	.148 607	2	19 55 09.811	20 18 39.05	.858 506
17	19 48 34.287	20 36 01.61	.148 539	3	19 55 17.066	20 18 19.09	.846 392
18	19 48 43.892	20 35 37.47	.148 179	4	19 55 24.223	20 17 59.38	.834 077
19	19 48 53.486	20 35 13.20	.147 524	5	19 55 31.281	20 17 39.89	.821 564
20	19 49 03.069	−20 34 48.91	31.146 576	6	19 55 38.239	−20 17 20.64	30.808 857
21	19 49 12.639	20 34 24.60	.145 334	7	19 55 45.097	20 17 01.62	.795 960
22	19 49 22.192	20 34 00.29	.143 799	8	19 55 51.855	20 16 42.84	.782 875
23	19 49 31.727	20 33 35.97	.141 972	9	19 55 58.512	20 16 24.29	.769 607
24	19 49 41.242	20 33 11.63	.139 853	10	19 56 05.067	20 16 05.99	.756 158
25	19 49 50.737	−20 32 47.27	31.137 443	11	19 56 11.520	−20 15 47.94	30.742 533
26	19 50 00.211	20 32 22.91	.134 745	12	19 56 17.869	20 15 30.17	.728 734
27	19 50 09.663	20 31 58.53	.131 758	13	19 56 24.112	20 15 12.67	.714 767
28	19 50 19.092	20 31 34.17	.128 484	14	19 56 30.246	20 14 55.48	.700 633
29	19 50 28.495	20 31 09.82	.124 924	15	19 56 36.267	20 14 38.59	.686 338
30	19 50 37.869	−20 30 45.51	31.121 081	16	19 56 42.173	−20 14 22.01	30.671 885
31	19 50 47.213	20 30 21.23	.116 954	17	19 56 47.961	20 14 05.73	.657 279
Feb. 1	19 50 56.523	20 29 57.00	.112 547	18	19 56 53.630	20 13 49.76	.642 524
2	19 51 05.797	20 29 32.83	.107 859	19	19 56 59.180	20 13 34.09	.627 624
3	19 51 15.031	20 29 08.73	.102 893	20	19 57 04.610	20 13 18.71	.612 585
4	19 51 24.224	−20 28 44.69	31.097 651	21	19 57 09.921	−20 13 03.63	30.597 410
5	19 51 33.372	20 28 20.72	.092 133	22	19 57 15.113	20 12 48.86	.582 105
6	19 51 42.474	20 27 56.83	.086 341	23	19 57 20.185	20 12 34.39	.566 675
7	19 51 51.527	20 27 33.01	.080 278	24	19 57 25.137	20 12 20.25	.551 123
8	19 52 00.532	20 27 09.26	.073 944	25	19 57 29.966	20 12 06.44	.535 456
9	19 52 09.485	−20 26 45.58	31.067 341	26	19 57 34.672	−20 11 52.97	30.519 678
10	19 52 18.388	20 26 21.99	.060 471	27	19 57 39.252	20 11 39.85	.503 794
11	19 52 27.238	20 25 58.47	.053 336	28	19 57 43.705	20 11 27.08	.487 807
12	19 52 36.035	20 25 35.05	.045 937	29	19 57 48.030	20 11 14.66	.471 724
13	19 52 44.777	20 25 11.73	.038 277	30	19 57 52.224	20 11 02.60	.455 549
14	19 52 53.461	−20 24 48.54	31.030 356	31	19 57 56.288	−20 10 50.89	30.439 286
15	19 53 02.086	−20 24 25.47	31.022 177	Apr. 1	19 58 00.221	−20 10 39.54	30.422 939

GEOCENTRIC COORDINATES FOR 0ʰ DYNAMICAL TIME

Date	Apparent Right Ascension	Apparent Declination	True Geocentric Distance	Date	Apparent Right Ascension	Apparent Declination	True Geocentric Distance
	h m s	° ′ ″			h m s	° ′ ″	
Apr. 1	19 58 00.221	−20 10 39.54	30.422 939	May 17	19 58 35.049	−20 08 45.37	29.663 136
2	19 58 04.021	20 10 28.54	.406 515	18	19 58 32.666	20 08 51.82	.648 252
3	19 58 07.690	20 10 17.88	.390 016	19	19 58 30.160	20 08 58.64	.633 512
4	19 58 11.228	20 10 07.57	.373 448	20	19 58 27.532	20 09 05.81	.618 922
5	19 58 14.636	20 09 57.60	.356 815	21	19 58 24.781	20 09 13.36	.604 485
6	19 58 17.913	−20 09 47.98	30.340 121	22	19 58 21.908	−20 09 21.26	29.590 206
7	19 58 21.061	20 09 38.72	.323 370	23	19 58 18.913	20 09 29.52	.576 089
8	19 58 24.078	20 09 29.82	.306 568	24	19 58 15.798	20 09 38.12	.562 139
9	19 58 26.964	20 09 21.31	.289 719	25	19 58 12.565	20 09 47.07	.548 358
10	19 58 29.715	20 09 13.18	.272 827	26	19 58 09.213	20 09 56.35	.534 752
11	19 58 32.331	−20 09 05.45	30.255 897	27	19 58 05.746	−20 10 05.95	29.521 323
12	19 58 34.808	20 08 58.12	.238 933	28	19 58 02.166	20 10 15.86	.508 076
13	19 58 37.145	20 08 51.18	.221 941	29	19 57 58.475	20 10 26.08	.495 014
14	19 58 39.342	20 08 44.64	.204 925	30	19 57 54.676	20 10 36.59	.482 141
15	19 58 41.398	20 08 38.47	.187 892	31	19 57 50.772	20 10 47.40	.469 460
16	19 58 43.316	−20 08 32.68	30.170 845	June 1	19 57 46.765	−20 10 58.50	29.456 974
17	19 58 45.095	20 08 27.27	.153 790	2	19 57 42.657	20 11 09.91	.444 686
18	19 58 46.737	20 08 22.22	.136 733	3	19 57 38.447	20 11 21.62	.432 600
19	19 58 48.242	20 08 17.56	.119 678	4	19 57 34.135	20 11 33.64	.420 720
20	19 58 49.611	20 08 13.28	.102 632	5	19 57 29.721	20 11 45.98	.409 047
21	19 58 50.844	−20 08 09.40	30.085 598	6	19 57 25.205	−20 11 58.62	29.397 586
22	19 58 51.938	20 08 05.91	.068 584	7	19 57 20.588	20 12 11.54	.386 340
23	19 58 52.895	20 08 02.82	.051 592	8	19 57 15.871	20 12 24.74	.375 312
24	19 58 53.713	20 08 00.14	.034 630	9	19 57 11.057	20 12 38.21	.364 507
25	19 58 54.392	20 07 57.87	.017 700	10	19 57 06.150	20 12 51.92	.353 927
26	19 58 54.931	−20 07 55.99	30.000 810	11	19 57 01.153	−20 13 05.87	29.343 577
27	19 58 55.330	20 07 54.52	29.983 963	12	19 56 56.069	20 13 20.07	.333 459
28	19 58 55.590	20 07 53.44	.967 163	13	19 56 50.900	20 13 34.50	.323 577
29	19 58 55.711	20 07 52.75	.950 417	14	19 56 45.647	20 13 49.17	.313 934
30	19 58 55.694	20 07 52.44	.933 728	15	19 56 40.314	20 14 04.08	.304 533
May 1	19 58 55.540	−20 07 52.51	29.917 102	16	19 56 34.900	−20 14 19.23	29.295 377
2	19 58 55.252	20 07 52.94	.900 541	17	19 56 29.408	20 14 34.60	.286 470
3	19 58 54.831	20 07 53.75	.884 052	18	19 56 23.839	20 14 50.21	.277 813
4	19 58 54.278	20 07 54.93	.867 638	19	19 56 18.194	20 15 06.04	.269 410
5	19 58 53.594	20 07 56.49	.851 303	20	19 56 12.475	20 15 22.08	.261 264
6	19 58 52.780	−20 07 58.44	29.835 053	21	19 56 06.684	−20 15 38.33	29.253 375
7	19 58 51.833	20 08 00.78	.818 891	22	19 56 00.823	20 15 54.77	.245 747
8	19 58 50.753	20 08 03.53	.802 821	23	19 55 54.895	20 16 11.38	.238 383
9	19 58 49.538	20 08 06.68	.786 849	24	19 55 48.904	20 16 28.17	.231 282
10	19 58 48.188	20 08 10.22	.770 978	25	19 55 42.852	20 16 45.11	.224 449
11	19 58 46.703	−20 08 14.15	29.755 214	26	19 55 36.742	−20 17 02.20	29.217 884
12	19 58 45.083	20 08 18.46	.739 561	27	19 55 30.579	20 17 19.43	.211 589
13	19 58 43.332	20 08 23.13	.724 025	28	19 55 24.366	20 17 36.79	.205 566
14	19 58 41.452	20 08 28.16	.708 609	29	19 55 18.105	20 17 54.30	.199 815
15	19 58 39.443	20 08 33.54	.693 319	30	19 55 11.798	20 18 11.94	.194 339
16	19 58 37.308	−20 08 39.28	29.678 160	July 1	19 55 05.446	−20 18 29.74	29.189 138
17	19 58 35.049	−20 08 45.37	29.663 136	2	19 54 59.048	−20 18 47.68	29.184 214

NEPTUNE, 1996

GEOCENTRIC COORDINATES FOR 0ʰ DYNAMICAL TIME

Date	Apparent Right Ascension	Apparent Declination	True Geocentric Distance	Date	Apparent Right Ascension	Apparent Declination	True Geocentric Distance
	h m s	° ′ ″			h m s	° ′ ″	
July 1	19 55 05.446	−20 18 29.74	29.189 138	Aug. 16	19 50 04.501	−20 32 33.68	29.260 083
2	19 54 59.048	20 18 47.68	.184 214	17	19 49 58.715	20 32 50.05	.268 224
3	19 54 52.605	20 19 05.76	.179 568	18	19 49 53.001	20 33 06.21	.276 623
4	19 54 46.118	20 19 23.97	.175 202	19	19 49 47.361	20 33 22.18	.285 278
5	19 54 39.589	20 19 42.29	.171 118	20	19 49 41.799	20 33 37.93	.294 185
6	19 54 33.022	−20 20 00.71	29.167 315	21	19 49 36.318	−20 33 53.46	29.303 342
7	19 54 26.419	20 20 19.20	.163 798	22	19 49 30.920	20 34 08.78	.312 746
8	19 54 19.787	20 20 37.76	.160 566	23	19 49 25.608	20 34 23.88	.322 393
9	19 54 13.127	20 20 56.38	.157 620	24	19 49 20.383	20 34 38.77	.332 281
10	19 54 06.443	20 21 15.07	.154 964	25	19 49 15.246	20 34 53.46	.342 406
11	19 53 59.738	−20 21 33.82	29.152 597	26	19 49 10.197	−20 35 07.93	29.352 764
12	19 53 53.013	20 21 52.62	.150 520	27	19 49 05.235	20 35 22.20	.363 354
13	19 53 46.272	20 22 11.48	.148 735	28	19 49 00.362	20 35 36.24	.374 171
14	19 53 39.515	20 22 30.39	.147 243	29	19 48 55.578	20 35 50.05	.385 213
15	19 53 32.745	20 22 49.36	.146 043	30	19 48 50.888	20 36 03.60	.396 477
16	19 53 25.963	−20 23 08.36	29.145 136	31	19 48 46.293	−20 36 16.88	29.407 960
17	19 53 19.172	20 23 27.39	.144 524	Sept. 1	19 48 41.798	20 36 29.90	.419 659
18	19 53 12.374	20 23 46.44	.144 205	2	19 48 37.406	20 36 42.64	.431 571
19	19 53 05.571	20 24 05.50	.144 180	3	19 48 33.118	20 36 55.11	.443 693
20	19 52 58.767	20 24 24.56	.144 449	4	19 48 28.937	20 37 07.31	.456 022
21	19 52 51.965	−20 24 43.61	29.145 012	5	19 48 24.864	−20 37 19.24	29.468 554
22	19 52 45.168	20 25 02.62	.145 868	6	19 48 20.900	20 37 30.91	.481 286
23	19 52 38.380	20 25 21.60	.147 017	7	19 48 17.044	20 37 42.31	.494 214
24	19 52 31.606	20 25 40.53	.148 458	8	19 48 13.300	20 37 53.43	.507 335
25	19 52 24.847	20 25 59.42	.150 190	9	19 48 09.667	20 38 04.28	.520 644
26	19 52 18.108	−20 26 18.25	29.152 213	10	19 48 06.146	−20 38 14.85	29.534 139
27	19 52 11.390	20 26 37.03	.154 526	11	19 48 02.740	20 38 25.13	.547 814
28	19 52 04.696	20 26 55.77	.157 128	12	19 47 59.449	20 38 35.10	.561 666
29	19 51 58.026	20 27 14.47	.160 017	13	19 47 56.277	20 38 44.77	.575 690
30	19 51 51.380	20 27 33.12	.163 193	14	19 47 53.224	20 38 54.12	.589 882
31	19 51 44.758	−20 27 51.72	29.166 654	15	19 47 50.294	−20 39 03.14	29.604 238
Aug. 1	19 51 38.163	20 28 10.25	.170 401	16	19 47 47.488	20 39 11.84	.618 753
2	19 51 31.597	20 28 28.68	.174 431	17	19 47 44.810	20 39 20.20	.633 422
3	19 51 25.064	20 28 47.02	.178 745	18	19 47 42.260	20 39 28.24	.648 241
4	19 51 18.568	20 29 05.23	.183 341	19	19 47 39.840	20 39 35.95	.663 205
5	19 51 12.113	−20 29 23.32	29.188 219	20	19 47 37.551	−20 39 43.35	29.678 309
6	19 51 05.703	20 29 41.29	.193 378	21	19 47 35.392	20 39 50.42	.693 549
7	19 50 59.339	20 29 59.14	.198 816	22	19 47 33.363	20 39 57.19	.708 919
8	19 50 53.025	20 30 16.86	.204 532	23	19 47 31.463	20 40 03.64	.724 416
9	19 50 46.761	20 30 34.45	.210 525	24	19 47 29.692	20 40 09.78	.740 034
10	19 50 40.551	−20 30 51.92	29.216 794	25	19 47 28.049	−20 40 15.59	29.755 769
11	19 50 34.395	20 31 09.25	.223 336	26	19 47 26.536	20 40 21.06	.771 616
12	19 50 28.296	20 31 26.45	.230 149	27	19 47 25.155	20 40 26.17	.787 572
13	19 50 22.254	20 31 43.50	.237 233	28	19 47 23.908	20 40 30.93	.803 632
14	19 50 16.273	20 32 00.40	.244 585	29	19 47 22.798	20 40 35.32	.819 792
15	19 50 10.354	−20 32 17.13	29.252 202	30	19 47 21.826	−20 40 39.35	29.836 047
16	19 50 04.501	−20 32 33.68	29.260 083	Oct. 1	19 47 20.993	−20 40 43.04	29.852 393

GEOCENTRIC COORDINATES FOR 0ʰ DYNAMICAL TIME

Date	Apparent Right Ascension	Apparent Declination	True Geocentric Distance	Date	Apparent Right Ascension	Apparent Declination	True Geocentric Distance
	h m s	° ′ ″			h m s	° ′ ″	
Oct. 1	19 47 20.993	−20 40 43.04	29.852 393	Nov.16	19 49 12.836	−20 37 05.05	30.616 316
2	19 47 20.298	20 40 46.38	.868 825	17	19 49 18.392	20 36 52.02	.631 310
3	19 47 19.743	20 40 49.37	.885 339	18	19 49 24.063	20 36 38.67	.646 158
4	19 47 19.326	20 40 52.03	.901 931	19	19 49 29.849	20 36 25.00	.660 856
5	19 47 19.047	20 40 54.34	.918 594	20	19 49 35.748	20 36 11.00	.675 399
6	19 47 18.907	−20 40 56.31	29.935 325	21	19 49 41.760	−20 35 56.66	30.689 783
7	19 47 18.904	20 40 57.93	.952 119	22	19 49 47.885	20 35 41.99	.704 005
8	19 47 19.040	20 40 59.19	.968 969	23	19 49 54.123	20 35 26.98	.718 060
9	19 47 19.315	20 41 00.10	29.985 873	24	19 50 00.473	20 35 11.65	.731 946
10	19 47 19.730	20 41 00.64	30.002 823	25	19 50 06.935	20 34 56.00	.745 657
11	19 47 20.285	−20 41 00.81	30.019 816	26	19 50 13.505	−20 34 40.05	30.759 192
12	19 47 20.982	20 41 00.61	.036 845	27	19 50 20.181	20 34 23.80	.772 545
13	19 47 21.822	20 41 00.02	.053 906	28	19 50 26.962	20 34 07.27	.785 713
14	19 47 22.806	20 40 59.05	.070 992	29	19 50 33.845	20 33 50.45	.798 692
15	19 47 23.935	20 40 57.71	.088 100	30	19 50 40.826	20 33 33.34	.811 479
16	19 47 25.209	−20 40 56.00	30.105 222	Dec. 1	19 50 47.906	−20 33 15.95	30.824 070
17	19 47 26.628	20 40 53.93	.122 354	2	19 50 55.081	20 32 58.28	.836 460
18	19 47 28.191	20 40 51.50	.139 490	3	19 51 02.350	20 32 40.32	.848 647
19	19 47 29.895	20 40 48.72	.156 626	4	19 51 09.713	20 32 22.07	.860 626
20	19 47 31.739	20 40 45.60	.173 755	5	19 51 17.168	20 32 03.53	.872 394
21	19 47 33.721	−20 40 42.12	30.190 873	6	19 51 24.715	−20 31 44.70	30.883 947
22	19 47 35.840	20 40 38.30	.207 975	7	19 51 32.352	20 31 25.59	.895 281
23	19 47 38.095	20 40 34.10	.225 055	8	19 51 40.080	20 31 06.19	.906 393
24	19 47 40.488	20 40 29.54	.242 110	9	19 51 47.897	20 30 46.52	.917 279
25	19 47 43.020	20 40 24.59	.259 135	10	19 51 55.801	20 30 26.58	.927 935
26	19 47 45.691	−20 40 19.27	30.276 124	11	19 52 03.791	−20 30 06.39	30.938 358
27	19 47 48.502	20 40 13.57	.293 073	12	19 52 11.862	20 29 45.97	.948 545
28	19 47 51.453	20 40 07.49	.309 978	13	19 52 20.010	20 29 25.32	.958 492
29	19 47 54.544	20 40 01.06	.326 834	14	19 52 28.232	20 29 04.45	.968 196
30	19 47 57.772	20 39 54.27	.343 637	15	19 52 36.524	20 28 43.36	.977 655
31	19 48 01.137	−20 39 47.13	30.360 381	16	19 52 44.884	−20 28 22.05	30.986 866
Nov. 1	19 48 04.638	20 39 39.65	.377 062	17	19 52 53.310	20 28 00.50	30.995 826
2	19 48 08.272	20 39 31.82	.393 674	18	19 53 01.803	20 27 38.71	31.004 534
3	19 48 12.038	20 39 23.64	.410 214	19	19 53 10.361	20 27 16.69	.012 987
4	19 48 15.936	20 39 15.12	.426 676	20	19 53 18.984	20 26 54.45	.021 183
5	19 48 19.965	−20 39 06.24	30.443 054	21	19 53 27.670	−20 26 31.98	31.029 120
6	19 48 24.124	20 38 57.00	.459 345	22	19 53 36.417	20 26 09.31	.036 796
7	19 48 28.414	20 38 47.40	.475 543	23	19 53 45.224	20 25 46.43	.044 209
8	19 48 32.833	20 38 37.44	.491 643	24	19 53 54.087	20 25 23.37	.051 358
9	19 48 37.383	20 38 27.12	.507 641	25	19 54 03.003	20 25 00.14	.058 240
10	19 48 42.063	−20 38 16.43	30.523 530	26	19 54 11.970	−20 24 36.73	31.064 853
11	19 48 46.874	20 38 05.38	.539 306	27	19 54 20.984	20 24 13.16	.071 197
12	19 48 51.814	20 37 53.98	.554 964	28	19 54 30.044	20 23 49.43	.077 268
13	19 48 56.883	20 37 42.23	.570 499	29	19 54 39.146	20 23 25.53	.083 066
14	19 49 02.078	20 37 30.16	.585 905	30	19 54 48.289	20 23 01.47	.088 587
15	19 49 07.397	−20 37 17.76	30.601 179	31	19 54 57.472	−20 22 37.25	31.093 832
16	19 49 12.836	−20 37 05.05	30.616 316	32	19 55 06.692	−20 22 12.87	31.098 797

PLUTO, 1996

GEOCENTRIC POSITIONS FOR 0ʰ DYNAMICAL TIME

Date	Astrometric Right Ascension J2000.0	Astrometric Declination J2000.0	True Geocentric Distance	Date	Astrometric Right Ascension J2000.0	Astrometric Declination J2000.0	True Geocentric Distance
	h m s	° ′ ″			h m s	° ′ ″	
Jan. −2	16 09 32.358	− 7 55 44.44	30.655700	July 1	16 05 37.794	− 7 16 34.13	29.131168
3	16 10 11.616	7 56 38.76	.605130	6	16 05 14.624	7 17 21.59	.185814
8	16 10 48.940	7 57 18.20	.549097	11	16 04 53.706	7 18 23.82	.245585
13	16 11 24.116	7 57 42.76	.487990	16	16 04 35.252	7 19 40.69	.310068
18	16 11 56.930	7 57 52.53	.422219	21	16 04 19.454	7 21 11.89	.378780
23	16 12 27.167	− 7 57 47.69	30.352258	26	16 04 06.470	− 7 22 56.97	29.451194
28	16 12 54.633	7 57 28.60	.278664	31	16 03 56.416	7 24 55.36	.526770
Feb. 2	16 13 19.177	7 56 55.77	.202020	Aug. 5	16 03 49.387	7 27 06.44	.605001
7	16 13 40.672	7 56 09.75	.122894	10	16 03 45.476	7 29 29.59	.685374
12	16 13 59.005	7 55 11.19	30.041850	15	16 03 44.767	7 32 04.07	.767324
17	16 14 14.067	− 7 54 00.76	29.959472	20	16 03 47.308	− 7 34 49.01	29.850248
22	16 14 25.763	7 52 39.29	.876399	25	16 03 53.112	7 37 43.45	29.933535
27	16 14 34.048	7 51 07.77	.793308	30	16 04 02.155	7 40 46.39	30.016608
Mar. 3	16 14 38.916	7 49 27.25	.710843	Sept. 4	16 04 14.407	7 43 56.82	.098932
8	16 14 40.385	7 47 38.82	.629608	9	16 04 29.839	7 47 13.75	.179959
13	16 14 38.483	− 7 45 43.56	29.550188	14	16 04 48.397	− 7 50 36.07	30.259105
18	16 14 33.251	7 43 42.65	.473180	19	16 05 09.995	7 54 02.62	.335787
23	16 14 24.764	7 41 37.37	.399208	24	16 05 34.511	7 57 32.19	.409452
28	16 14 13.150	7 39 29.08	.328867	29	16 06 01.807	8 01 03.60	.479614
Apr. 2	16 13 58.564	7 37 19.12	.262682	Oct. 4	16 06 31.748	8 04 35.75	.545825
7	16 13 41.177	− 7 35 08.81	29.201121	9	16 07 04.196	− 8 08 07.48	30.607615
12	16 13 21.164	7 32 59.42	.144621	14	16 07 38.983	8 11 37.61	.664519
17	16 12 58.717	7 30 52.30	.093627	19	16 08 15.914	8 15 04.93	.716100
22	16 12 34.071	7 28 48.83	.048561	24	16 08 54.768	8 18 28.28	.761997
27	16 12 07.494	7 26 50.34	29.009767	29	16 09 35.329	8 21 46.59	.801919
May 2	16 11 39.265	− 7 24 58.09	28.977506	Nov. 3	16 10 17.387	− 8 24 58.84	30.835597
7	16 11 09.659	7 23 13.23	.951976	8	16 11 00.722	8 28 04.01	.862761
12	16 10 38.945	7 21 36.86	.933354	13	16 11 45.089	8 31 01.07	.883172
17	16 10 07.416	7 20 10.08	.921808	18	16 12 30.221	8 33 49.05	.896655
22	16 09 35.390	7 18 53.95	.917441	23	16 13 15.846	8 36 27.10	.903133
27	16 09 03.191	− 7 17 49.40	28.920262	28	16 14 01.710	− 8 38 54.45	30.902584
June 1	16 08 31.131	7 16 57.18	.930202	Dec. 3	16 14 47.567	8 41 10.42	.894993
6	16 07 59.499	7 16 17.95	.947150	8	16 15 33.154	8 43 14.34	.880373
11	16 07 28.575	7 15 52.29	28.970992	13	16 16 18.197	8 45 05.58	.858786
16	16 06 58.656	7 15 40.75	29.001583	18	16 17 02.409	8 46 43.64	.830385
21	16 06 30.040	− 7 15 43.75	29.038690	23	16 17 45.527	− 8 48 08.15	30.795409
26	16 06 03.004	7 16 01.51	.082005	28	16 18 27.308	8 49 18.88	.754123
July 1	16 05 37.794	− 7 16 34.13	29.131168	33	16 19 07.515	− 8 50 15.61	30.706799

HELIOCENTRIC POSITIONS FOR 0ʰ DYNAMICAL TIME

MEAN EQUINOX AND ECLIPTIC OF DATE

Date	Longitude	Latitude	Radius Vector	Date	Longitude	Latitude	Radius Vector
	° ′ ″	° ′ ″			° ′ ″	° ′ ″	
Jan. −2	240 44 33.5	+13 11 58.8	29.87560	July 16	242 06 19.2	+12 56 21.7	29.91366
Feb. 7	241 00 56.6	13 08 53.2	.88298	Aug. 25	242 22 37.4	12 53 11.6	.92162
Mar. 18	241 17 18.7	13 05 46.6	.89048	Oct. 4	242 38 54.5	12 50 00.7	.92970
Apr. 27	241 33 39.9	13 02 39.2	.89809	Nov. 13	242 55 10.5	12 46 48.8	.93789
June 6	241 50 00.1	12 59 30.9	.90582	Dec. 23	243 11 25.5	12 43 36.1	.94620
July 16	242 06 19.2	+12 56 21.7	29.91366	Dec. 63	243 27 39.5	+12 40 22.6	29.95463

NOTES AND FORMULAS

Semidiameter and parallax

The apparent angular semidiameter of a planet is given by:

apparent S.D. = S.D. at unit distance / true distance

where the true distance is given in the daily geocentric ephemeris and the adopted semidiameter at unit distance is given by:

	"			"			"
Mercury	3.36	Jupiter: equatorial	98.44		Uranus	35.02
Venus	8.34	polar	92.06		Neptune	33.50
Mars	4.68	Saturn: equatorial	82.73		Pluto	2.07
		polar	73.82			

The difference in transit times of the limb and center of a planet in seconds of time is given approximately by:

difference in transit time = (apparent S.D. in seconds of arc) / 15 cos δ

where the sidereal motion of the planet is ignored.

The equatorial horizontal parallax of a planet is given by $8''.794\,148$ divided by its true geocentric distance; formulas for the corrections for diurnal parallax are given on page B61.

Time of transit of a planet

The transit times that are tabulated on pages E44–E51 are expressed in dynamical time (TDT) and refer to the transits over the ephemeris meridian; for most purposes this may be regarded as giving the universal time (UT) of transit over the Greenwich meridian.

The UT of transit over a local meridian is given by:

time of ephemeris transit − $(\lambda/24)$ * first difference

with an error that is usually less than 1 second, where λ is the *east* longitude in hours and the first difference is about 24 hours.

Times of rising and setting

Approximate times of the rising and setting of a planet at a place with latitude φ may be obtained from the time of transit by applying the value of the hour angle h of the point on the horizon at the same declination as the planet; h is given by:

$$\cos h = -\tan \varphi \tan \delta$$

This ignores the sidereal motion of the planet during the interval between transit and rising or setting. Similarly, the time at which a planet reaches a zenith distance z may be obtained by determining the corresponding hour angle h from:

$$\cos h = -\tan \varphi \tan \delta + \sec \varphi \sec \delta \cos z$$

and applying h to the time of transit.

Date	Mercury	Venus	Mars	Jupiter	Saturn	Uranus	Neptune	Pluto
	h m s	h m s	h m s	h m s	h m s	h m s	h m s	h m
Jan. 0	13 26 14	14 22 20	13 05 36	11 19 32	16 45 42	13 28 22	13 08 00	9 32
1	13 27 03	14 23 22	13 04 58	11 16 35	16 42 01	13 24 40	13 04 13	9 28
2	13 27 29	14 24 22	13 04 21	11 13 38	16 38 20	13 20 58	13 00 27	9 25
3	13 27 31	14 25 21	13 03 43	11 10 41	16 34 40	13 17 16	12 56 40	9 21
4	13 27 05	14 26 18	13 03 05	11 07 43	16 30 59	13 13 35	12 52 53	9 17
5	13 26 08	14 27 14	13 02 26	11 04 46	16 27 19	13 09 53	12 49 07	9 13
6	13 24 36	14 28 09	13 01 48	11 01 49	16 23 40	13 06 11	12 45 20	9 09
7	13 22 26	14 29 02	13 01 09	10 58 51	16 20 00	13 02 30	12 41 34	9 06
8	13 19 35	14 29 53	13 00 29	10 55 53	16 16 21	12 58 48	12 37 48	9 02
9	13 16 00	14 30 44	12 59 50	10 52 56	16 12 42	12 55 07	12 34 01	8 58
10	13 11 40	14 31 33	12 59 10	10 49 58	16 09 04	12 51 26	12 30 15	8 54
11	13 06 31	14 32 20	12 58 29	10 47 00	16 05 26	12 47 44	12 26 28	8 50
12	13 00 35	14 33 06	12 57 48	10 44 02	16 01 48	12 44 03	12 22 42	8 47
13	12 53 52	14 33 51	12 57 07	10 41 03	15 58 10	12 40 21	12 18 56	8 43
14	12 46 26	14 34 34	12 56 26	10 38 05	15 54 33	12 36 40	12 15 09	8 39
15	12 38 22	14 35 17	12 55 44	10 35 06	15 50 55	12 32 59	12 11 23	8 35
16	12 29 45	14 35 57	12 55 02	10 32 08	15 47 19	12 29 18	12 07 36	8 31
17	12 20 43	14 36 37	12 54 20	10 29 09	15 43 42	12 25 36	12 03 50	8 27
18	12 11 27	14 37 15	12 53 37	10 26 10	15 40 06	12 21 55	12 00 04	8 24
19	12 02 05	14 37 53	12 52 53	10 23 11	15 36 30	12 18 14	11 56 17	8 20
20	11 52 47	14 38 29	12 52 10	10 20 11	15 32 54	12 14 33	11 52 31	8 16
21	11 43 42	14 39 04	12 51 26	10 17 12	15 29 18	12 10 51	11 48 44	8 12
22	11 34 58	14 39 37	12 50 41	10 14 12	15 25 43	12 07 10	11 44 58	8 08
23	11 26 41	14 40 10	12 49 56	10 11 12	15 22 08	12 03 29	11 41 12	8 04
24	11 18 56	14 40 42	12 49 11	10 08 11	15 18 33	11 59 48	11 37 25	8 01
25	11 11 47	14 41 12	12 48 25	10 05 11	15 14 58	11 56 06	11 33 39	7 57
26	11 05 14	14 41 42	12 47 39	10 02 10	15 11 24	11 52 25	11 29 52	7 53
27	10 59 20	14 42 10	12 46 52	9 59 09	15 07 50	11 48 44	11 26 06	7 49
28	10 54 03	14 42 38	12 46 05	9 56 08	15 04 16	11 45 02	11 22 19	7 45
29	10 49 22	14 43 05	12 45 18	9 53 07	15 00 42	11 41 21	11 18 33	7 41
30	10 45 16	14 43 30	12 44 30	9 50 05	14 57 08	11 37 40	11 14 46	7 38
31	10 41 43	14 43 55	12 43 41	9 47 03	14 53 35	11 33 58	11 10 59	7 34
Feb. 1	10 38 40	14 44 20	12 42 52	9 44 01	14 50 02	11 30 17	11 07 13	7 30
2	10 36 05	14 44 43	12 42 03	9 40 59	14 46 29	11 26 35	11 03 26	7 26
3	10 33 57	14 45 05	12 41 13	9 37 56	14 42 56	11 22 54	10 59 39	7 22
4	10 32 13	14 45 27	12 40 23	9 34 53	14 39 23	11 19 12	10 55 52	7 18
5	10 30 51	14 45 48	12 39 33	9 31 50	14 35 51	11 15 31	10 52 06	7 14
6	10 29 48	14 46 09	12 38 42	9 28 46	14 32 19	11 11 49	10 48 19	7 11
7	10 29 05	14 46 29	12 37 50	9 25 42	14 28 47	11 08 07	10 44 32	7 07
8	10 28 38	14 46 48	12 36 58	9 22 38	14 25 15	11 04 26	10 40 45	7 03
9	10 28 26	14 47 07	12 36 06	9 19 34	14 21 43	11 00 44	10 36 58	6 59
10	10 28 28	14 47 25	12 35 13	9 16 29	14 18 11	10 57 02	10 33 11	6 55
11	10 28 43	14 47 43	12 34 20	9 13 24	14 14 40	10 53 20	10 29 24	6 51
12	10 29 09	14 48 00	12 33 27	9 10 18	14 11 09	10 49 38	10 25 36	6 47
13	10 29 45	14 48 17	12 32 33	9 07 12	14 07 37	10 45 56	10 21 49	6 43
14	10 30 31	14 48 34	12 31 38	9 04 06	14 04 06	10 42 14	10 18 02	6 40
15	10 31 26	14 48 50	12 30 44	9 01 00	14 00 36	10 38 32	10 14 15	6 36

Date	Mercury	Venus	Mars	Jupiter	Saturn	Uranus	Neptune	Pluto
	h m s	h m s	h m s	h m s	h m s	h m s	h m s	h m
Feb. 15	10 31 26	14 48 50	12 30 44	9 01 00	14 00 36	10 38 32	10 14 15	6 36
16	10 32 29	14 49 06	12 29 48	8 57 53	13 57 05	10 34 49	10 10 27	6 32
17	10 33 39	14 49 21	12 28 53	8 54 46	13 53 34	10 31 07	10 06 40	6 28
18	10 34 55	14 49 37	12 27 57	8 51 38	13 50 04	10 27 25	10 02 52	6 24
19	10 36 18	14 49 52	12 27 01	8 48 30	13 46 34	10 23 42	9 59 04	6 20
20	10 37 46	14 50 07	12 26 04	8 45 22	13 43 03	10 19 59	9 55 17	6 16
21	10 39 19	14 50 21	12 25 07	8 42 13	13 39 33	10 16 17	9 51 29	6 12
22	10 40 57	14 50 36	12 24 10	8 39 04	13 36 03	10 12 34	9 47 41	6 08
23	10 42 39	14 50 50	12 23 12	8 35 54	13 32 33	10 08 51	9 43 53	6 05
24	10 44 25	14 51 04	12 22 14	8 32 44	13 29 04	10 05 08	9 40 05	6 01
25	10 46 15	14 51 19	12 21 15	8 29 33	13 25 34	10 01 25	9 36 17	5 57
26	10 48 08	14 51 33	12 20 16	8 26 23	13 22 04	9 57 42	9 32 29	5 53
27	10 50 04	14 51 46	12 19 17	8 23 11	13 18 35	9 53 58	9 28 41	5 49
28	10 52 03	14 52 00	12 18 18	8 19 59	13 15 05	9 50 15	9 24 52	5 45
29	10 54 05	14 52 14	12 17 18	8 16 47	13 11 36	9 46 31	9 21 04	5 41
Mar. 1	10 56 10	14 52 28	12 16 18	8 13 34	13 08 07	9 42 48	9 17 15	5 37
2	10 58 17	14 52 42	12 15 17	8 10 21	13 04 37	9 39 04	9 13 27	5 33
3	11 00 26	14 52 55	12 14 16	8 07 08	13 01 08	9 35 20	9 09 38	5 29
4	11 02 38	14 53 09	12 13 15	8 03 54	12 57 39	9 31 36	9 05 49	5 25
5	11 04 52	14 53 23	12 12 14	8 00 39	12 54 10	9 27 52	9 02 00	5 22
6	11 07 08	14 53 36	12 11 12	7 57 24	12 50 41	9 24 07	8 58 11	5 18
7	11 09 27	14 53 50	12 10 10	7 54 08	12 47 12	9 20 23	8 54 22	5 14
8	11 11 47	14 54 04	12 09 08	7 50 52	12 43 43	9 16 39	8 50 33	5 10
9	11 14 10	14 54 18	12 08 05	7 47 36	12 40 15	9 12 54	8 46 43	5 06
10	11 16 35	14 54 31	12 07 02	7 44 18	12 36 46	9 09 09	8 42 54	5 02
11	11 19 02	14 54 45	12 05 59	7 41 01	12 33 17	9 05 24	8 39 04	4 58
12	11 21 31	14 54 59	12 04 56	7 37 43	12 29 48	9 01 39	8 35 15	4 54
13	11 24 03	14 55 13	12 03 53	7 34 24	12 26 20	8 57 54	8 31 25	4 50
14	11 26 37	14 55 26	12 02 49	7 31 05	12 22 51	8 54 08	8 27 35	4 46
15	11 29 13	14 55 40	12 01 45	7 27 45	12 19 22	8 50 23	8 23 45	4 42
16	11 31 52	14 55 54	12 00 41	7 24 24	12 15 54	8 46 37	8 19 55	4 38
17	11 34 34	14 56 07	11 59 37	7 21 03	12 12 25	8 42 51	8 16 05	4 34
18	11 37 18	14 56 21	11 58 32	7 17 42	12 08 56	8 39 05	8 12 15	4 30
19	11 40 05	14 56 35	11 57 27	7 14 20	12 05 28	8 35 19	8 08 24	4 26
20	11 42 55	14 56 48	11 56 23	7 10 57	12 01 59	8 31 33	8 04 34	4 22
21	11 45 48	14 57 01	11 55 18	7 07 34	11 58 30	8 27 47	8 00 43	4 18
22	11 48 44	14 57 14	11 54 12	7 04 10	11 55 02	8 24 00	7 56 52	4 14
23	11 51 44	14 57 27	11 53 07	7 00 45	11 51 33	8 20 13	7 53 01	4 10
24	11 54 47	14 57 39	11 52 02	6 57 20	11 48 04	8 16 26	7 49 10	4 07
25	11 57 53	14 57 51	11 50 56	6 53 54	11 44 36	8 12 39	7 45 19	4 03
26	12 01 02	14 58 02	11 49 50	6 50 28	11 41 07	8 08 52	7 41 28	3 59
27	12 04 15	14 58 13	11 48 44	6 47 01	11 37 38	8 05 04	7 37 37	3 55
28	12 07 31	14 58 24	11 47 38	6 43 33	11 34 09	8 01 17	7 33 45	3 51
29	12 10 50	14 58 34	11 46 32	6 40 05	11 30 40	7 57 29	7 29 53	3 47
30	12 14 12	14 58 43	11 45 26	6 36 36	11 27 11	7 53 41	7 26 02	3 43
31	12 17 37	14 58 51	11 44 20	6 33 06	11 23 42	7 49 53	7 22 10	3 39
Apr. 1	12 21 04	14 58 59	11 43 13	6 29 36	11 20 13	7 46 04	7 18 18	3 35

Date	Mercury	Venus	Mars	Jupiter	Saturn	Uranus	Neptune	Pluto
	h m s	h m s	h m s	h m s	h m s	h m s	h m s	h m
Apr. 1	12 21 04	14 58 59	11 43 13	6 29 36	11 20 13	7 46 04	7 18 18	3 35
2	12 24 33	14 59 05	11 42 07	6 26 05	11 16 44	7 42 16	7 14 26	3 31
3	12 28 03	14 59 11	11 41 00	6 22 34	11 13 15	7 38 27	7 10 33	3 27
4	12 31 33	14 59 15	11 39 54	6 19 01	11 09 46	7 34 38	7 06 41	3 23
5	12 35 03	14 59 19	11 38 47	6 15 28	11 06 17	7 30 49	7 02 48	3 19
6	12 38 32	14 59 21	11 37 41	6 11 54	11 02 47	7 27 00	6 58 56	3 15
7	12 41 58	14 59 21	11 36 34	6 08 20	10 59 18	7 23 10	6 55 03	3 11
8	12 45 21	14 59 20	11 35 27	6 04 45	10 55 49	7 19 21	6 51 10	3 07
9	12 48 38	14 59 18	11 34 21	6 01 09	10 52 19	7 15 31	6 47 17	3 03
10	12 51 50	14 59 14	11 33 14	5 57 33	10 48 49	7 11 41	6 43 24	2 59
11	12 54 54	14 59 07	11 32 07	5 53 55	10 45 20	7 07 51	6 39 30	2 55
12	12 57 50	14 58 59	11 31 00	5 50 17	10 41 50	7 04 00	6 35 37	2 51
13	13 00 36	14 58 49	11 29 54	5 46 39	10 38 20	7 00 10	6 31 43	2 47
14	13 03 10	14 58 37	11 28 47	5 42 59	10 34 50	6 56 19	6 27 49	2 43
15	13 05 32	14 58 22	11 27 41	5 39 19	10 31 20	6 52 28	6 23 55	2 39
16	13 07 40	14 58 05	11 26 34	5 35 38	10 27 50	6 48 37	6 20 01	2 35
17	13 09 34	14 57 45	11 25 27	5 31 56	10 24 19	6 44 45	6 16 07	2 31
18	13 11 12	14 57 22	11 24 21	5 28 14	10 20 49	6 40 54	6 12 13	2 27
19	13 12 33	14 56 56	11 23 15	5 24 30	10 17 18	6 37 02	6 08 18	2 23
20	13 13 37	14 56 27	11 22 08	5 20 46	10 13 48	6 33 10	6 04 24	2 19
21	13 14 23	14 55 55	11 21 02	5 17 02	10 10 17	6 29 18	6 00 29	2 15
22	13 14 50	14 55 19	11 19 56	5 13 16	10 06 46	6 25 25	5 56 34	2 11
23	13 14 58	14 54 39	11 18 49	5 09 30	10 03 15	6 21 33	5 52 39	2 07
24	13 14 45	14 53 55	11 17 43	5 05 42	9 59 43	6 17 40	5 48 44	2 03
25	13 14 11	14 53 07	11 16 37	5 01 54	9 56 12	6 13 47	5 44 49	1 59
26	13 13 17	14 52 15	11 15 31	4 58 06	9 52 40	6 09 54	5 40 53	1 55
27	13 12 01	14 51 17	11 14 26	4 54 16	9 49 09	6 06 00	5 36 58	1 51
28	13 10 22	14 50 15	11 13 20	4 50 26	9 45 37	6 02 07	5 33 02	1 47
29	13 08 22	14 49 08	11 12 14	4 46 35	9 42 05	5 58 13	5 29 06	1 43
30	13 06 00	14 47 56	11 11 09	4 42 43	9 38 33	5 54 19	5 25 11	1 39
May 1	13 03 16	14 46 37	11 10 03	4 38 50	9 35 00	5 50 25	5 21 14	1 35
2	13 00 10	14 45 13	11 08 58	4 34 57	9 31 28	5 46 30	5 17 18	1 30
3	12 56 43	14 43 43	11 07 53	4 31 02	9 27 55	5 42 36	5 13 22	1 26
4	12 52 54	14 42 06	11 06 48	4 27 07	9 24 22	5 38 41	5 09 25	1 22
5	12 48 46	14 40 23	11 05 43	4 23 11	9 20 49	5 34 46	5 05 29	1 18
6	12 44 18	14 38 33	11 04 38	4 19 15	9 17 16	5 30 51	5 01 32	1 14
7	12 39 33	14 36 36	11 03 34	4 15 17	9 13 43	5 26 55	4 57 35	1 10
8	12 34 31	14 34 31	11 02 29	4 11 19	9 10 09	5 22 59	4 53 38	1 06
9	12 29 14	14 32 19	11 01 25	4 07 20	9 06 35	5 19 04	4 49 41	1 02
10	12 23 44	14 29 59	11 00 21	4 03 20	9 03 01	5 15 08	4 45 44	0 58
11	12 18 03	14 27 30	10 59 17	3 59 19	8 59 27	5 11 11	4 41 46	0 54
12	12 12 14	14 24 53	10 58 13	3 55 18	8 55 53	5 07 15	4 37 49	0 50
13	12 06 18	14 22 07	10 57 10	3 51 16	8 52 18	5 03 18	4 33 51	0 46
14	12 00 18	14 19 13	10 56 06	3 47 13	8 48 43	4 59 21	4 29 53	0 42
15	11 54 16	14 16 09	10 55 03	3 43 09	8 45 08	4 55 24	4 25 55	0 38
16	11 48 15	14 12 55	10 54 00	3 39 04	8 41 33	4 51 27	4 21 57	0 34
17	11 42 17	14 09 32	10 52 57	3 34 59	8 37 58	4 47 29	4 17 59	0 30

Date	Mercury	Venus	Mars	Jupiter	Saturn	Uranus	Neptune	Pluto
	h m s	h m s	h m s	h m s	h m s	h m s	h m s	h m
May 17	11 42 17	14 09 32	10 52 57	3 34 59	8 37 58	4 47 29	4 17 59	0 30
18	11 36 23	14 05 59	10 51 55	3 30 52	8 34 22	4 43 32	4 14 01	0 26
19	11 30 37	14 02 15	10 50 52	3 26 45	8 30 46	4 39 34	4 10 02	0 22
20	11 25 00	13 58 21	10 49 50	3 22 38	8 27 10	4 35 36	4 06 04	0 18
21	11 19 33	13 54 17	10 48 48	3 18 29	8 23 34	4 31 38	4 02 05	0 14
22	11 14 17	13 50 03	10 47 46	3 14 20	8 19 57	4 27 39	3 58 06	0 10
23	11 09 15	13 45 37	10 46 44	3 10 10	8 16 20	4 23 40	3 54 07	0 06
24	11 04 27	13 41 01	10 45 42	3 05 59	8 12 43	4 19 42	3 50 08	0 02
25	10 59 54	13 36 14	10 44 41	3 01 48	8 09 06	4 15 43	3 46 09	23 54
26	10 55 37	13 31 17	10 43 39	2 57 35	8 05 28	4 11 43	3 42 10	23 50
27	10 51 35	13 26 10	10 42 38	2 53 22	8 01 50	4 07 44	3 38 11	23 46
28	10 47 49	13 20 52	10 41 37	2 49 09	7 58 12	4 03 44	3 34 11	23 42
29	10 44 20	13 15 24	10 40 36	2 44 54	7 54 33	3 59 45	3 30 12	23 37
30	10 41 08	13 09 47	10 39 36	2 40 39	7 50 55	3 55 45	3 26 12	23 33
31	10 38 12	13 04 01	10 38 35	2 36 24	7 47 16	3 51 45	3 22 12	23 29
June 1	10 35 32	12 58 07	10 37 35	2 32 07	7 43 36	3 47 44	3 18 12	23 25
2	10 33 09	12 52 05	10 36 35	2 27 51	7 39 57	3 43 44	3 14 12	23 21
3	10 31 01	12 45 56	10 35 35	2 23 33	7 36 17	3 39 43	3 10 12	23 17
4	10 29 10	12 39 41	10 34 35	2 19 15	7 32 37	3 35 42	3 06 12	23 13
5	10 27 34	12 33 20	10 33 36	2 14 56	7 28 57	3 31 41	3 02 11	23 09
6	10 26 14	12 26 55	10 32 36	2 10 36	7 25 16	3 27 40	2 58 11	23 05
7	10 25 09	12 20 27	10 31 37	2 06 16	7 21 35	3 23 39	2 54 11	23 01
8	10 24 20	12 13 56	10 30 38	2 01 56	7 17 54	3 19 37	2 50 10	22 57
9	10 23 45	12 07 23	10 29 39	1 57 35	7 14 12	3 15 36	2 46 09	22 53
10	10 23 25	12 00 50	10 28 40	1 53 13	7 10 30	3 11 34	2 42 08	22 49
11	10 23 20	11 54 18	10 27 42	1 48 51	7 06 48	3 07 32	2 38 08	22 45
12	10 23 30	11 47 47	10 26 43	1 44 28	7 03 06	3 03 30	2 34 07	22 41
13	10 23 54	11 41 19	10 25 45	1 40 04	6 59 23	2 59 27	2 30 06	22 37
14	10 24 33	11 34 54	10 24 47	1 35 41	6 55 40	2 55 25	2 26 04	22 33
15	10 25 26	11 28 33	10 23 49	1 31 17	6 51 57	2 51 22	2 22 03	22 29
16	10 26 34	11 22 18	10 22 51	1 26 52	6 48 13	2 47 20	2 18 02	22 25
17	10 27 57	11 16 08	10 21 53	1 22 27	6 44 29	2 43 17	2 14 00	22 21
18	10 29 35	11 10 05	10 20 55	1 18 01	6 40 45	2 39 14	2 09 59	22 17
19	10 31 27	11 04 09	10 19 57	1 13 36	6 37 00	2 35 10	2 05 57	22 13
20	10 33 35	10 58 21	10 19 00	1 09 09	6 33 15	2 31 07	2 01 56	22 09
21	10 35 57	10 52 41	10 18 02	1 04 43	6 29 29	2 27 04	1 57 54	22 05
22	10 38 35	10 47 10	10 17 05	1 00 16	6 25 44	2 23 00	1 53 52	22 01
23	10 41 28	10 41 47	10 16 08	0 55 49	6 21 58	2 18 57	1 49 51	21 57
24	10 44 36	10 36 34	10 15 10	0 51 21	6 18 11	2 14 53	1 45 49	21 53
25	10 47 59	10 31 30	10 14 13	0 46 54	6 14 25	2 10 49	1 41 47	21 49
26	10 51 37	10 26 36	10 13 16	0 42 26	6 10 37	2 06 45	1 37 45	21 45
27	10 55 30	10 21 52	10 12 19	0 37 58	6 06 50	2 02 41	1 33 43	21 41
28	10 59 37	10 17 17	10 11 22	0 33 29	6 03 02	1 58 36	1 29 41	21 37
29	11 03 58	10 12 51	10 10 24	0 29 01	5 59 14	1 54 32	1 25 39	21 33
30	11 08 32	10 08 36	10 09 27	0 24 32	5 55 26	1 50 28	1 21 36	21 29
July 1	11 13 19	10 04 30	10 08 30	0 20 04	5 51 37	1 46 23	1 17 34	21 25
2	11 18 16	10 00 33	10 07 33	0 15 35	5 47 48	1 42 18	1 13 32	21 21

Second transit: Pluto, May 24^{d}23^{h}58^{d}00^s.

TIMES OF EPHEMERIS TRANSIT, 1996

Date	Mercury	Venus	Mars	Jupiter	Saturn	Uranus	Neptune	Pluto
	h m s	h m s	h m s	h m s	h m s	h m s	h m s	h m
July 1	11 13 19	10 04 30	10 08 30	0 20 04	5 51 37	1 46 23	1 17 34	21 25
2	11 18 16	10 00 33	10 07 33	0 15 35	5 47 48	1 42 18	1 13 32	21 21
3	11 23 23	9 56 46	10 06 36	0 11 06	5 43 58	1 38 14	1 09 30	21 17
4	11 28 39	9 53 08	10 05 39	0 06 37	5 40 08	1 34 09	1 05 27	21 13
5	11 34 01	9 49 39	10 04 42	0 02 08	5 36 18	1 30 04	1 01 25	21 09
6	11 39 29	9 46 19	10 03 45	23 53 10	5 32 27	1 25 59	0 57 22	21 05
7	11 45 00	9 43 07	10 02 48	23 48 42	5 28 36	1 21 54	0 53 20	21 01
8	11 50 33	9 40 04	10 01 51	23 44 13	5 24 45	1 17 49	0 49 17	20 57
9	11 56 06	9 37 09	10 00 54	23 39 44	5 20 53	1 13 43	0 45 15	20 53
10	12 01 37	9 34 21	9 59 57	23 35 15	5 17 01	1 09 38	0 41 12	20 49
11	12 07 05	9 31 42	9 58 59	23 30 47	5 13 09	1 05 33	0 37 10	20 45
12	12 12 28	9 29 10	9 58 02	23 26 19	5 09 16	1 01 27	0 33 07	20 41
13	12 17 44	9 26 44	9 57 04	23 21 50	5 05 23	0 57 22	0 29 04	20 37
14	12 22 54	9 24 26	9 56 07	23 17 23	5 01 29	0 53 16	0 25 02	20 33
15	12 27 55	9 22 15	9 55 09	23 12 55	4 57 36	0 49 11	0 20 59	20 29
16	12 32 47	9 20 10	9 54 11	23 08 27	4 53 41	0 45 05	0 16 57	20 25
17	12 37 29	9 18 11	9 53 13	23 04 00	4 49 47	0 41 00	0 12 54	20 21
18	12 42 01	9 16 18	9 52 15	22 59 33	4 45 52	0 36 54	0 08 51	20 17
19	12 46 23	9 14 32	9 51 17	22 55 07	4 41 56	0 32 48	0 04 49	20 13
20	12 50 34	9 12 51	9 50 19	22 50 41	4 38 00	0 28 43	0 00 46	20 09
21	12 54 35	9 11 15	9 49 20	22 46 15	4 34 04	0 24 37	23 52 41	20 05
22	12 58 25	9 09 45	9 48 21	22 41 49	4 30 08	0 20 31	23 48 38	20 01
23	13 02 03	9 08 20	9 47 22	22 37 24	4 26 11	0 16 25	23 44 35	19 57
24	13 05 32	9 07 00	9 46 23	22 33 00	4 22 13	0 12 19	23 40 33	19 53
25	13 08 49	9 05 44	9 45 23	22 28 35	4 18 16	0 08 14	23 36 30	19 49
26	13 11 57	9 04 34	9 44 24	22 24 12	4 14 18	0 04 08	23 32 27	19 45
27	13 14 54	9 03 28	9 43 24	22 19 49	4 10 19	0 00 02	23 28 25	19 41
28	13 17 42	9 02 26	9 42 24	22 15 26	4 06 21	23 51 50	23 24 22	19 37
29	13 20 19	9 01 29	9 41 23	22 11 04	4 02 22	23 47 45	23 20 20	19 33
30	13 22 47	9 00 36	9 40 23	22 06 42	3 58 22	23 43 39	23 16 17	19 29
31	13 25 06	8 59 47	9 39 22	22 02 21	3 54 22	23 39 33	23 12 15	19 25
Aug. 1	13 27 16	8 59 01	9 38 21	21 58 00	3 50 22	23 35 27	23 08 12	19 21
2	13 29 18	8 58 20	9 37 19	21 53 40	3 46 22	23 31 22	23 04 10	19 17
3	13 31 10	8 57 42	9 36 18	21 49 21	3 42 21	23 27 16	23 00 08	19 13
4	13 32 54	8 57 08	9 35 16	21 45 02	3 38 19	23 23 10	22 56 05	19 09
5	13 34 30	8 56 37	9 34 13	21 40 44	3 34 18	23 19 05	22 52 03	19 05
6	13 35 58	8 56 09	9 33 11	21 36 26	3 30 16	23 14 59	22 48 01	19 01
7	13 37 17	8 55 45	9 32 08	21 32 09	3 26 14	23 10 54	22 43 59	18 57
8	13 38 29	8 55 24	9 31 04	21 27 53	3 22 11	23 06 48	22 39 56	18 53
9	13 39 33	8 55 05	9 30 01	21 23 37	3 18 08	23 02 43	22 35 54	18 49
10	13 40 29	8 54 50	9 28 57	21 19 23	3 14 05	22 58 38	22 31 52	18 45
11	13 41 17	8 54 37	9 27 52	21 15 08	3 10 01	22 54 33	22 27 50	18 42
12	13 41 57	8 54 27	9 26 48	21 10 55	3 05 57	22 50 27	22 23 48	18 38
13	13 42 30	8 54 20	9 25 43	21 06 42	3 01 53	22 46 22	22 19 46	18 34
14	13 42 54	8 54 15	9 24 37	21 02 30	2 57 48	22 42 17	22 15 45	18 30
15	13 43 10	8 54 12	9 23 31	20 58 19	2 53 43	22 38 12	22 11 43	18 26
16	13 43 18	8 54 11	9 22 25	20 54 08	2 49 38	22 34 07	22 07 41	18 22

Second transits: Jupiter, July 5^{d}23^{h}57^{d}39^s, Uranus, July 27^{d}23^{h}55^{d}56^s, Neptune, July 20^{d}23^{h}56^{d}43^s.

Date	Mercury	Venus	Mars	Jupiter	Saturn	Uranus	Neptune	Pluto
	h m s	h m s	h m s	h m s	h m s	h m s	h m s	h m
Aug. 16	13 43 18	8 54 11	9 22 25	20 54 08	2 49 38	22 34 07	22 07 41	18 22
17	13 43 18	8 54 13	9 21 18	20 49 59	2 45 32	22 30 03	22 03 40	18 18
18	13 43 08	8 54 17	9 20 11	20 45 50	2 41 26	22 25 58	21 59 38	18 14
19	13 42 50	8 54 23	9 19 04	20 41 41	2 37 20	22 21 53	21 55 37	18 10
20	13 42 23	8 54 31	9 17 56	20 37 34	2 33 13	22 17 49	21 51 35	18 06
21	13 41 46	8 54 41	9 16 47	20 33 27	2 29 06	22 13 45	21 47 34	18 02
22	13 40 58	8 54 52	9 15 38	20 29 22	2 24 59	22 09 40	21 43 33	17 58
23	13 40 00	8 55 05	9 14 29	20 25 16	2 20 52	22 05 36	21 39 32	17 54
24	13 38 51	8 55 20	9 13 19	20 21 12	2 16 44	22 01 32	21 35 31	17 51
25	13 37 31	8 55 37	9 12 09	20 17 09	2 12 36	21 57 28	21 31 30	17 47
26	13 35 58	8 55 55	9 10 58	20 13 06	2 08 28	21 53 24	21 27 29	17 43
27	13 34 12	8 56 14	9 09 47	20 09 04	2 04 20	21 49 21	21 23 28	17 39
28	13 32 12	8 56 35	9 08 35	20 05 03	2 00 11	21 45 17	21 19 28	17 35
29	13 29 57	8 56 57	9 07 23	20 01 03	1 56 02	21 41 14	21 15 27	17 31
30	13 27 27	8 57 20	9 06 10	19 57 04	1 51 53	21 37 10	21 11 26	17 27
31	13 24 41	8 57 44	9 04 57	19 53 05	1 47 43	21 33 07	21 07 26	17 23
Sept. 1	13 21 37	8 58 10	9 03 44	19 49 07	1 43 33	21 29 04	21 03 26	17 19
2	13 18 15	8 58 36	9 02 30	19 45 10	1 39 24	21 25 01	20 59 26	17 15
3	13 14 34	8 59 04	9 01 15	19 41 14	1 35 13	21 20 58	20 55 26	17 12
4	13 10 34	8 59 32	9 00 00	19 37 19	1 31 03	21 16 56	20 51 26	17 08
5	13 06 13	9 00 01	8 58 44	19 33 25	1 26 53	21 12 53	20 47 26	17 04
6	13 01 30	9 00 32	8 57 28	19 29 31	1 22 42	21 08 51	20 43 26	17 00
7	12 56 27	9 01 02	8 56 12	19 25 38	1 18 31	21 04 49	20 39 26	16 56
8	12 51 01	9 01 34	8 54 54	19 21 46	1 14 20	21 00 47	20 35 27	16 52
9	12 45 15	9 02 06	8 53 37	19 17 55	1 10 08	20 56 45	20 31 27	16 48
10	12 39 08	9 02 38	8 52 19	19 14 04	1 05 57	20 52 44	20 27 28	16 44
11	12 32 42	9 03 11	8 51 00	19 10 15	1 01 45	20 48 42	20 23 29	16 41
12	12 25 58	9 03 45	8 49 40	19 06 26	0 57 34	20 44 41	20 19 30	16 37
13	12 19 00	9 04 18	8 48 21	19 02 38	0 53 22	20 40 40	20 15 31	16 33
14	12 11 49	9 04 53	8 47 00	18 58 51	0 49 10	20 36 39	20 11 32	16 29
15	12 04 30	9 05 27	8 45 39	18 55 05	0 44 58	20 32 38	20 07 33	16 25
16	11 57 07	9 06 02	8 44 18	18 51 19	0 40 45	20 28 37	20 03 35	16 21
17	11 49 45	9 06 37	8 42 56	18 47 35	0 36 33	20 24 37	19 59 36	16 17
18	11 42 29	9 07 12	8 41 33	18 43 51	0 32 20	20 20 36	19 55 38	16 14
19	11 35 23	9 07 47	8 40 10	18 40 08	0 28 08	20 16 36	19 51 40	16 10
20	11 28 34	9 08 22	8 38 46	18 36 25	0 23 55	20 12 37	19 47 42	16 06
21	11 22 05	9 08 57	8 37 22	18 32 44	0 19 43	20 08 37	19 43 44	16 02
22	11 16 01	9 09 32	8 35 57	18 29 03	0 15 30	20 04 37	19 39 46	15 58
23	11 10 25	9 10 08	8 34 32	18 25 23	0 11 17	20 00 38	19 35 48	15 54
24	11 05 22	9 10 43	8 33 05	18 21 44	0 07 04	19 56 39	19 31 51	15 50
25	11 00 52	9 11 18	8 31 39	18 18 06	0 02 51	19 52 40	19 27 53	15 47
26	10 56 57	9 11 53	8 30 12	18 14 28	23 54 25	19 48 41	19 23 56	15 43
27	10 53 38	9 12 28	8 28 44	18 10 51	23 50 12	19 44 43	19 19 59	15 39
28	10 50 55	9 13 03	8 27 16	18 07 15	23 46 00	19 40 44	19 16 02	15 35
29	10 48 46	9 13 38	8 25 47	18 03 39	23 41 47	19 36 46	19 12 05	15 31
30	10 47 11	9 14 13	8 24 18	18 00 04	23 37 34	19 32 48	19 08 08	15 27
Oct. 1	10 46 07	9 14 48	8 22 48	17 56 30	23 33 21	19 28 51	19 04 11	15 24

Second transit: Saturn, Sept. 25^{d}23^{h}58^{d}38^{s}.

Date	Mercury	Venus	Mars	Jupiter	Saturn	Uranus	Neptune	Pluto
	h m s	h m s	h m s	h m s	h m s	h m s	h m s	h m
Oct. 1	10 46 07	9 14 48	8 22 48	17 56 30	23 33 21	19 28 51	19 04 11	15 24
2	10 45 32	9 15 22	8 21 17	17 52 57	23 29 08	19 24 53	19 00 15	15 20
3	10 45 24	9 15 57	8 19 46	17 49 24	23 24 55	19 20 56	18 56 18	15 16
4	10 45 40	9 16 31	8 18 14	17 45 53	23 20 42	19 16 59	18 52 22	15 12
5	10 46 17	9 17 05	8 16 42	17 42 21	23 16 30	19 13 02	18 48 26	15 08
6	10 47 13	9 17 39	8 15 09	17 38 51	23 12 17	19 09 05	18 44 30	15 04
7	10 48 25	9 18 12	8 13 36	17 35 21	23 08 05	19 05 09	18 40 34	15 01
8	10 49 51	9 18 46	8 12 02	17 31 52	23 03 52	19 01 12	18 36 39	14 57
9	10 51 29	9 19 19	8 10 28	17 28 24	22 59 40	18 57 16	18 32 43	14 53
10	10 53 16	9 19 52	8 08 52	17 24 56	22 55 28	18 53 20	18 28 48	14 49
11	10 55 11	9 20 25	8 07 17	17 21 29	22 51 16	18 49 25	18 24 53	14 45
12	10 57 12	9 20 58	8 05 40	17 18 02	22 47 04	18 45 29	18 20 58	14 41
13	10 59 19	9 21 30	8 04 03	17 14 37	22 42 52	18 41 34	18 17 03	14 38
14	11 01 29	9 22 03	8 02 26	17 11 11	22 38 40	18 37 39	18 13 08	14 34
15	11 03 42	9 22 35	8 00 48	17 07 47	22 34 29	18 33 44	18 09 13	14 30
16	11 05 58	9 23 07	7 59 09	17 04 23	22 30 17	18 29 50	18 05 19	14 26
17	11 08 15	9 23 39	7 57 30	17 01 00	22 26 06	18 25 55	18 01 24	14 22
18	11 10 33	9 24 10	7 55 50	16 57 37	22 21 55	18 22 01	17 57 30	14 19
19	11 12 51	9 24 42	7 54 10	16 54 15	22 17 44	18 18 07	17 53 36	14 15
20	11 15 10	9 25 13	7 52 29	16 50 54	22 13 34	18 14 13	17 49 42	14 11
21	11 17 29	9 25 45	7 50 47	16 47 33	22 09 23	18 10 20	17 45 48	14 07
22	11 19 48	9 26 16	7 49 05	16 44 13	22 05 13	18 06 26	17 41 54	14 03
23	11 22 07	9 26 48	7 47 22	16 40 53	22 01 03	18 02 33	17 38 01	14 00
24	11 24 26	9 27 19	7 45 38	16 37 34	21 56 53	17 58 40	17 34 07	13 56
25	11 26 44	9 27 50	7 43 54	16 34 15	21 52 44	17 54 48	17 30 14	13 52
26	11 29 02	9 28 22	7 42 10	16 30 57	21 48 34	17 50 55	17 26 21	13 48
27	11 31 20	9 28 53	7 40 24	16 27 40	21 44 25	17 47 03	17 22 28	13 44
28	11 33 38	9 29 25	7 38 38	16 24 23	21 40 17	17 43 11	17 18 35	13 41
29	11 35 56	9 29 57	7 36 52	16 21 06	21 36 08	17 39 19	17 14 42	13 37
30	11 38 13	9 30 29	7 35 05	16 17 51	21 32 00	17 35 27	17 10 50	13 33
31	11 40 31	9 31 01	7 33 17	16 14 35	21 27 52	17 31 36	17 06 57	13 29
Nov. 1	11 42 49	9 31 33	7 31 29	16 11 20	21 23 44	17 27 45	17 03 05	13 25
2	11 45 07	9 32 06	7 29 40	16 08 06	21 19 37	17 23 53	16 59 13	13 22
3	11 47 26	9 32 38	7 27 51	16 04 52	21 15 30	17 20 03	16 55 21	13 18
4	11 49 45	9 33 11	7 26 01	16 01 39	21 11 23	17 16 12	16 51 29	13 14
5	11 52 04	9 33 45	7 24 10	15 58 26	21 07 16	17 12 21	16 47 37	13 10
6	11 54 24	9 34 19	7 22 19	15 55 13	21 03 10	17 08 31	16 43 45	13 07
7	11 56 45	9 34 53	7 20 27	15 52 01	20 59 04	17 04 41	16 39 54	13 03
8	11 59 07	9 35 27	7 18 34	15 48 50	20 54 59	17 00 51	16 36 02	12 59
9	12 01 30	9 36 02	7 16 41	15 45 39	20 50 54	16 57 02	16 32 11	12 55
10	12 03 53	9 36 38	7 14 47	15 42 28	20 46 49	16 53 12	16 28 20	12 51
11	12 06 18	9 37 14	7 12 53	15 39 18	20 42 44	16 49 23	16 24 29	12 48
12	12 08 44	9 37 50	7 10 58	15 36 08	20 38 40	16 45 34	16 20 38	12 44
13	12 11 10	9 38 27	7 09 02	15 32 59	20 34 36	16 41 45	16 16 47	12 40
14	12 13 38	9 39 05	7 07 05	15 29 50	20 30 32	16 37 56	16 12 56	12 36
15	12 16 07	9 39 43	7 05 08	15 26 41	20 26 29	16 34 08	16 09 06	12 32
16	12 18 38	9 40 22	7 03 10	15 23 33	20 22 26	16 30 19	16 05 15	12 29

Date	Mercury	Venus	Mars	Jupiter	Saturn	Uranus	Neptune	Pluto
	h m s	h m s	h m s	h m s	h m s	h m s	h m s	h m
Nov. 16	12 18 38	9 40 22	7 03 10	15 23 33	20 22 26	16 30 19	16 05 15	12 29
17	12 21 09	9 41 01	7 01 12	15 20 26	20 18 24	16 26 31	16 01 25	12 25
18	12 23 42	9 41 41	6 59 12	15 17 18	20 14 22	16 22 43	15 57 35	12 21
19	12 26 15	9 42 22	6 57 12	15 14 11	20 10 20	16 18 56	15 53 45	12 17
20	12 28 50	9 43 04	6 55 12	15 11 05	20 06 19	16 15 08	15 49 55	12 14
21	12 31 26	9 43 46	6 53 11	15 07 58	20 02 18	16 11 21	15 46 05	12 10
22	12 34 02	9 44 30	6 51 09	15 04 52	19 58 17	16 07 33	15 42 15	12 06
23	12 36 40	9 45 14	6 49 06	15 01 47	19 54 17	16 03 46	15 38 26	12 02
24	12 39 18	9 45 59	6 47 02	14 58 42	19 50 17	15 59 59	15 34 36	11 58
25	12 41 56	9 46 45	6 44 58	14 55 37	19 46 18	15 56 13	15 30 47	11 55
26	12 44 35	9 47 32	6 42 53	14 52 32	19 42 19	15 52 26	15 26 57	11 51
27	12 47 14	9 48 20	6 40 48	14 49 28	19 38 20	15 48 40	15 23 08	11 47
28	12 49 52	9 49 09	6 38 41	14 46 24	19 34 22	15 44 53	15 19 19	11 43
29	12 52 31	9 49 59	6 36 34	14 43 20	19 30 24	15 41 07	15 15 30	11 40
30	12 55 08	9 50 50	6 34 26	14 40 17	19 26 26	15 37 21	15 11 41	11 36
Dec. 1	12 57 44	9 51 42	6 32 18	14 37 14	19 22 29	15 33 36	15 07 52	11 32
2	13 00 18	9 52 35	6 30 08	14 34 11	19 18 32	15 29 50	15 04 04	11 28
3	13 02 50	9 53 29	6 27 58	14 31 08	19 14 36	15 26 04	15 00 15	11 24
4	13 05 19	9 54 25	6 25 47	14 28 06	19 10 40	15 22 19	14 56 26	11 21
5	13 07 44	9 55 21	6 23 35	14 25 04	19 06 44	15 18 34	14 52 38	11 17
6	13 10 05	9 56 19	6 21 23	14 22 02	19 02 49	15 14 49	14 48 50	11 13
7	13 12 21	9 57 18	6 19 09	14 19 01	18 58 54	15 11 04	14 45 01	11 09
8	13 14 31	9 58 18	6 16 55	14 15 59	18 55 00	15 07 19	14 41 13	11 05
9	13 16 33	9 59 19	6 14 39	14 12 58	18 51 06	15 03 35	14 37 25	11 02
10	13 18 26	10 00 21	6 12 23	14 09 58	18 47 12	14 59 50	14 33 37	10 58
11	13 20 10	10 01 25	6 10 06	14 06 57	18 43 19	14 56 06	14 29 49	10 54
12	13 21 42	10 02 29	6 07 48	14 03 57	18 39 26	14 52 21	14 26 01	10 50
13	13 23 00	10 03 35	6 05 29	14 00 56	18 35 34	14 48 37	14 22 14	10 47
14	13 24 02	10 04 42	6 03 09	13 57 56	18 31 42	14 44 53	14 18 26	10 43
15	13 24 47	10 05 51	6 00 48	13 54 57	18 27 50	14 41 10	14 14 38	10 39
16	13 25 11	10 07 00	5 58 26	13 51 57	18 23 59	14 37 26	14 10 51	10 35
17	13 25 11	10 08 10	5 56 03	13 48 58	18 20 08	14 33 42	14 07 03	10 31
18	13 24 45	10 09 22	5 53 39	13 45 58	18 16 18	14 29 59	14 03 16	10 28
19	13 23 49	10 10 35	5 51 14	13 42 59	18 12 28	14 26 15	13 59 28	10 24
20	13 22 20	10 11 49	5 48 48	13 40 00	18 08 38	14 22 32	13 55 41	10 20
21	13 20 14	10 13 04	5 46 21	13 37 02	18 04 49	14 18 49	13 51 54	10 16
22	13 17 28	10 14 20	5 43 52	13 34 03	18 01 00	14 15 06	13 48 07	10 13
23	13 13 57	10 15 37	5 41 23	13 31 05	17 57 11	14 11 23	13 44 20	10 09
24	13 09 40	10 16 56	5 38 52	13 28 06	17 53 23	14 07 40	13 40 33	10 05
25	13 04 34	10 18 15	5 36 21	13 25 08	17 49 36	14 03 57	13 36 46	10 01
26	12 58 39	10 19 35	5 33 48	13 22 10	17 45 48	14 00 14	13 32 59	9 57
27	12 51 53	10 20 56	5 31 14	13 19 12	17 42 01	13 56 31	13 29 12	9 54
28	12 44 21	10 22 19	5 28 39	13 16 14	17 38 14	13 52 49	13 25 25	9 50
29	12 36 06	10 23 42	5 26 02	13 13 16	17 34 28	13 49 06	13 21 38	9 46
30	12 27 15	10 25 06	5 23 24	13 10 18	17 30 42	13 45 24	13 17 51	9 42
31	12 17 56	10 26 30	5 20 45	13 07 21	17 26 57	13 41 42	13 14 04	9 38
32	12 08 20	10 27 56	5 18 05	13 04 23	17 23 11	13 37 59	13 10 18	9 35

MERCURY, 1996

EPHEMERIS FOR PHYSICAL OBSERVATIONS
FOR 0ʰ DYNAMICAL TIME

Date		Light-time	Magnitude	Surface Brightness	Diameter	Phase	Phase Angle	Defect of Illumination
		m			"		°	"
Jan.	0	8.80	− 0.6	+2.7	6.36	0.686	68.2	2.00
	2	8.39	0.6	2.8	6.67	0.620	76.1	2.53
	4	7.96	0.5	2.9	7.03	0.544	84.9	3.20
	6	7.52	− 0.3	3.0	7.44	0.458	94.8	4.03
	8	7.08	+ 0.0	3.2	7.90	0.365	105.7	5.02
	10	6.66	+ 0.5	+3.4	8.40	0.268	117.6	6.15
	12	6.28	1.2	3.8	8.90	0.175	130.5	7.34
	14	5.96	2.1	4.1	9.38	0.096	144.0	8.48
	16	5.72	3.3	4.4	9.77	0.038	157.5	9.40
	18	5.58	4.5	4.2	10.03	0.010	168.6	9.93
	20	5.52	+ 4.3	+4.3	10.13	0.012	167.2	10.00
	22	5.56	3.2	4.5	10.06	0.042	156.2	9.63
	24	5.68	2.3	4.4	9.85	0.093	144.5	8.93
	26	5.86	1.5	4.2	9.54	0.155	133.6	8.06
	28	6.09	1.0	4.0	9.19	0.223	123.7	7.14
	30	6.35	+ 0.7	+3.8	8.81	0.290	114.9	6.26
Feb.	1	6.63	0.4	3.7	8.44	0.353	107.1	5.46
	3	6.92	0.3	3.6	8.08	0.412	100.2	4.75
	5	7.21	0.2	3.5	7.76	0.465	94.0	4.15
	7	7.50	0.1	3.5	7.45	0.513	88.5	3.63
	9	7.79	+ 0.0	+3.4	7.18	0.556	83.6	3.19
	11	8.07	+ 0.0	3.4	6.93	0.594	79.1	2.81
	13	8.34	− 0.0	3.4	6.71	0.629	75.1	2.49
	15	8.60	0.0	3.3	6.50	0.660	71.4	2.21
	17	8.85	0.0	3.3	6.32	0.688	68.0	1.97
	19	9.09	− 0.0	+3.3	6.15	0.713	64.8	1.77
	21	9.32	0.1	3.2	6.00	0.737	61.8	1.58
	23	9.53	0.1	3.2	5.87	0.758	58.9	1.42
	25	9.74	0.1	3.2	5.75	0.778	56.2	1.27
	27	9.93	0.1	3.1	5.63	0.797	53.5	1.14
	29	10.11	− 0.2	+3.1	5.53	0.815	50.9	1.02
Mar.	2	10.28	0.2	3.0	5.44	0.832	48.3	0.91
	4	10.44	0.3	2.9	5.36	0.849	45.7	0.81
	6	10.59	0.3	2.9	5.28	0.865	43.1	0.71
	8	10.73	0.4	2.8	5.21	0.880	40.5	0.62
	10	10.85	− 0.5	+2.7	5.15	0.896	37.7	0.54
	12	10.96	0.6	2.6	5.10	0.911	34.8	0.46
	14	11.06	0.7	2.5	5.06	0.925	31.7	0.38
	16	11.14	0.8	2.4	5.02	0.940	28.4	0.30
	18	11.21	0.9	2.2	4.99	0.953	24.9	0.23
	20	11.25	− 1.1	+2.1	4.97	0.966	21.1	0.17
	22	11.28	1.3	1.9	4.96	0.978	17.0	0.11
	24	11.28	1.5	1.7	4.96	0.988	12.5	0.06
	26	11.25	1.7	1.5	4.97	0.995	7.7	0.02
	28	11.19	1.9	1.3	5.00	0.999	3.6	0.00
	30	11.09	− 1.9	+1.3	5.04	0.997	5.9	0.01
Apr.	1	10.96	− 1.8	+1.4	5.11	0.989	12.1	0.06

EPHEMERIS FOR PHYSICAL OBSERVATIONS
FOR 0ʰ DYNAMICAL TIME

Date		Sub-Earth Point		Sub-Solar Point			North Pole	
		Long.	Lat.	Long.	Dist.	P.A.	Dist.	P.A.
		°	°	°	″	°	″	°
Jan.	0	244.12	− 5.02	176.01	2.95	262.85	− 3.17	350.85
	2	254.07	5.42	178.06	3.24	261.09	3.32	349.76
	4	264.36	5.87	179.47	3.50	259.36	3.50	348.85
	6	275.08	6.37	180.28	−3.71	257.62	3.70	348.17
	8	286.36	6.92	180.55	−3.80	255.78	3.92	347.75
	10	298.32	− 7.51	180.42	−3.72	253.68	− 4.16	347.65
	12	311.05	8.12	180.05	−3.39	250.88	4.41	347.89
	14	324.56	8.71	179.66	−2.76	246.33	4.63	348.49
	16	338.78	9.22	179.44	−1.87	236.38	4.82	349.42
	18	353.50	9.61	179.59	−0.99	203.16	4.95	350.58
	20	8.42	− 9.83	180.23	−1.12	131.74	− 4.99	351.84
	22	23.21	9.88	181.47	−2.03	106.33	4.95	353.06
	24	37.62	9.78	183.34	−2.86	98.07	4.85	354.10
	26	51.48	9.56	185.83	−3.46	94.08	4.71	354.87
	28	64.73	9.27	188.93	−3.82	91.58	4.53	355.35
	30	77.38	− 8.94	192.60	−4.00	89.70	− 4.35	355.53
Feb.	1	89.49	8.61	196.77	−4.03	88.08	4.17	355.44
	3	101.13	8.28	201.39	−3.98	86.59	4.00	355.11
	5	112.38	7.96	206.41	−3.87	85.13	3.84	354.58
	7	123.29	7.66	211.79	3.73	83.68	3.69	353.90
	9	133.93	− 7.38	217.46	3.57	82.22	− 3.56	353.07
	11	144.34	7.11	223.39	3.40	80.76	3.44	352.14
	13	154.56	6.87	229.54	3.24	79.28	3.33	351.13
	15	164.61	6.64	235.86	3.08	77.79	3.23	350.05
	17	174.53	6.42	242.33	2.93	76.30	3.14	348.93
	19	184.33	− 6.21	248.92	2.78	74.81	− 3.06	347.77
	21	194.02	6.02	255.59	2.64	73.33	2.99	346.59
	23	203.61	5.83	262.32	2.51	71.86	2.92	345.40
	25	213.12	5.65	269.08	2.39	70.40	2.86	344.22
	27	222.54	5.48	275.85	2.26	68.96	2.80	343.04
	29	231.89	− 5.32	282.59	2.15	67.54	− 2.75	341.89
Mar.	2	241.16	5.16	289.28	2.03	66.14	2.71	340.76
	4	250.36	5.00	295.89	1.92	64.76	2.67	339.66
	6	259.49	4.85	302.40	1.81	63.41	2.63	338.60
	8	268.54	4.70	308.77	1.69	62.06	2.60	337.59
	10	277.52	− 4.56	314.97	1.58	60.72	− 2.57	336.64
	12	286.43	4.41	320.96	1.46	59.37	2.54	335.74
	14	295.26	4.27	326.70	1.33	57.97	2.52	334.91
	16	304.01	4.14	332.16	1.20	56.48	2.50	334.15
	18	312.67	4.01	337.29	1.05	54.82	2.49	333.47
	20	321.26	− 3.88	342.02	0.89	52.79	− 2.48	332.87
	22	329.76	3.75	346.32	0.72	49.99	2.48	332.36
	24	338.18	3.63	350.13	0.54	45.36	2.48	331.95
	26	346.52	3.51	353.38	0.33	34.77	2.48	331.65
	28	354.79	3.40	356.05	0.16	351.86	2.50	331.46
	30	2.99	− 3.29	358.08	0.26	275.01	− 2.52	331.40
Apr.	1	11.15	− 3.19	359.49	0.53	256.46	− 2.55	331.46

MERCURY, 1996

EPHEMERIS FOR PHYSICAL OBSERVATIONS
FOR 0ʰ DYNAMICAL TIME

Date		Light-time	Magnitude	Surface Brightness	Diameter	Phase	Phase Angle	Defect of Illumination
		m			"		°	"
Apr.	1	10.96	− 1.8	+1.4	5.11	0.989	12.1	0.06
	3	10.78	1.7	1.6	5.19	0.972	19.2	0.14
	5	10.56	1.6	1.7	5.30	0.945	27.0	0.29
	7	10.29	1.4	1.9	5.44	0.908	35.3	0.50
	9	9.98	1.3	2.0	5.60	0.860	43.9	0.78
	11	9.63	− 1.1	+2.2	5.81	0.803	52.7	1.15
	13	9.26	0.9	2.4	6.04	0.738	61.6	1.58
	15	8.86	0.8	2.5	6.32	0.669	70.3	2.09
	17	8.44	0.5	2.7	6.62	0.598	78.7	2.67
	19	8.03	0.3	2.9	6.97	0.527	86.9	3.30
	21	7.61	− 0.1	+3.2	7.35	0.458	94.8	3.98
	23	7.21	+ 0.2	3.4	7.76	0.392	102.4	4.71
	25	6.82	0.5	3.6	8.20	0.331	109.8	5.49
	27	6.46	0.8	3.9	8.66	0.274	116.9	6.29
	29	6.12	1.2	4.1	9.15	0.221	124.0	7.13
May	1	5.80	+ 1.6	+4.4	9.64	0.172	130.9	7.98
	3	5.52	2.1	4.6	10.13	0.129	137.9	8.82
	5	5.27	2.6	4.8	10.61	0.091	144.8	9.64
	7	5.06	3.1	5.0	11.05	0.059	151.8	10.40
	9	4.89	3.8	5.2	11.44	0.034	158.8	11.06
	11	4.75	+ 4.5	+5.1	11.77	0.015	165.9	11.59
	13	4.66	5.3	4.4	12.01	0.004	172.9	11.96
	15	4.61	6.1	1.6	12.15	0.000	178.6	12.14
	17	4.59	5.4	4.5	12.18	0.004	172.9	12.14
	19	4.62	4.6	5.1	12.12	0.015	166.1	11.94
	21	4.68	+ 3.9	+5.3	11.96	0.031	159.6	11.58
	23	4.77	3.3	5.2	11.72	0.054	153.2	11.09
	25	4.90	2.8	5.1	11.42	0.080	147.1	10.50
	27	5.06	2.4	5.0	11.06	0.110	141.3	9.85
	29	5.24	2.0	4.8	10.68	0.142	135.7	9.16
	31	5.45	+ 1.7	+4.6	10.27	0.176	130.4	8.46
June	2	5.68	1.4	4.5	9.85	0.211	125.2	7.77
	4	5.92	1.2	4.3	9.44	0.248	120.3	7.10
	6	6.19	1.0	4.1	9.03	0.286	115.4	6.45
	8	6.47	0.8	4.0	8.64	0.324	110.6	5.84
	10	6.77	+ 0.6	+3.8	8.26	0.364	105.8	5.25
	12	7.08	0.4	3.7	7.90	0.405	100.9	4.70
	14	7.41	0.3	3.5	7.55	0.448	96.0	4.17
	16	7.74	+ 0.1	3.4	7.23	0.492	90.9	3.67
	18	8.08	− 0.1	3.2	6.93	0.538	85.6	3.20
	20	8.42	− 0.2	+3.0	6.64	0.586	80.0	2.75
	22	8.77	0.4	2.9	6.38	0.637	74.1	2.32
	24	9.11	0.6	2.7	6.14	0.689	67.8	1.91
	26	9.44	0.7	2.5	5.92	0.742	61.1	1.53
	28	9.77	0.9	2.4	5.73	0.794	54.0	1.18
	30	10.07	− 1.1	+2.2	5.56	0.845	46.4	0.86
July	2	10.34	− 1.3	+2.0	5.41	0.892	38.5	0.59

EPHEMERIS FOR PHYSICAL OBSERVATIONS
FOR 0ʰ DYNAMICAL TIME

Date		Sub-Earth Point		Sub-Solar Point			North Pole	
		Long.	Lat.	Long.	Dist.	P.A.	Dist.	P.A.
		°	°	°	″	°	″	°
Apr.	1	11.15	− 3.19	359.49	0.53	256.46	− 2.55	331.46
	3	19.29	3.09	0.28	0.86	250.50	2.59	331.65
	5	27.43	3.00	0.55	1.20	247.83	2.65	331.97
	7	35.63	2.91	0.42	1.57	246.51	2.71	332.41
	9	43.92	2.83	0.05	1.94	245.90	2.80	332.97
	11	52.35	− 2.75	359.66	2.31	245.71	− 2.90	333.62
	13	60.98	2.67	359.44	2.66	245.80	3.02	334.35
	15	69.85	2.59	359.59	2.97	246.06	3.15	335.13
	17	78.98	2.49	0.25	3.25	246.44	3.31	335.94
	19	88.42	2.39	1.49	3.48	246.87	3.48	336.73
	21	98.19	− 2.27	3.37	−3.66	247.31	− 3.67	337.49
	23	108.30	2.13	5.88	−3.79	247.74	3.88	338.19
	25	118.77	1.97	8.99	−3.86	248.12	4.10	338.81
	27	129.61	1.78	12.66	−3.86	248.45	4.33	339.34
	29	140.82	1.56	16.83	−3.79	248.71	4.57	339.74
May	1	152.41	− 1.31	21.47	−3.64	248.91	− 4.82	340.03
	3	164.37	1.02	26.50	−3.40	249.08	5.07	340.18
	5	176.70	0.69	31.88	−3.06	249.25	5.30	340.21
	7	189.36	− 0.33	37.55	−2.61	249.53	− 5.53	340.12
	9	202.33	+ 0.06	43.49	−2.07	250.13	+ 5.72	339.92
	11	215.54	+ 0.48	49.64	−1.43	251.62	+ 5.88	339.64
	13	228.94	0.92	55.97	−0.74	256.82	6.00	339.31
	15	242.44	1.36	62.44	−0.15	338.57	6.07	338.95
	17	255.95	1.79	69.03	−0.76	54.08	6.09	338.60
	19	269.40	2.20	75.71	−1.45	59.26	6.05	338.27
	21	282.71	+ 2.59	82.44	−2.09	60.99	+ 5.97	337.99
	23	295.82	2.94	89.20	−2.64	61.91	5.85	337.77
	25	308.68	3.26	95.96	−3.10	62.56	5.70	337.63
	27	321.25	3.53	102.70	−3.46	63.14	5.52	337.57
	29	333.53	3.76	109.39	−3.73	63.71	5.33	337.59
	31	345.49	+ 3.96	116.00	−3.91	64.32	+ 5.12	337.70
June	2	357.16	4.12	122.51	−4.02	64.98	4.91	337.90
	4	8.53	4.25	128.87	−4.08	65.71	4.71	338.20
	6	19.61	4.36	135.07	−4.08	66.51	4.50	338.58
	8	30.42	4.44	141.06	−4.04	67.40	4.31	339.07
	10	40.97	+ 4.49	146.80	−3.97	68.38	+ 4.12	339.65
	12	51.28	4.53	152.25	−3.88	69.47	3.94	340.34
	14	61.34	4.56	157.37	−3.76	70.67	3.76	341.14
	16	71.18	4.57	162.10	−3.61	72.00	3.60	342.07
	18	80.79	4.57	166.39	3.45	73.48	3.45	343.11
	20	90.18	+ 4.56	170.19	3.27	75.11	+ 3.31	344.29
	22	99.36	4.55	173.43	3.07	76.93	3.18	345.62
	24	108.33	4.54	176.09	2.84	78.95	3.06	347.08
	26	117.10	4.52	178.11	2.59	81.22	2.95	348.70
	28	125.68	4.51	179.51	2.32	83.78	2.86	350.47
	30	134.08	+ 4.51	180.29	2.01	86.70	+ 2.77	352.37
July	2	142.32	+ 4.51	180.55	1.68	90.13	+ 2.70	354.41

MERCURY, 1996

EPHEMERIS FOR PHYSICAL OBSERVATIONS
FOR 0ʰ DYNAMICAL TIME

Date		Light-time	Magnitude	Surface Brightness	Diameter	Phase	Phase Angle	Defect of Illumination
		m			″		°	″
July	2	10.34	− 1.3	+2.0	5.41	0.892	38.5	0.59
	4	10.58	1.5	1.8	5.29	0.932	30.3	0.36
	6	10.77	1.7	1.6	5.19	0.963	22.1	0.19
	8	10.92	1.9	1.4	5.12	0.985	14.0	0.08
	10	11.03	2.1	1.2	5.07	0.996	6.9	0.02
	12	11.08	− 2.1	+1.2	5.05	0.998	5.4	0.01
	14	11.09	1.8	1.4	5.04	0.991	11.1	0.05
	16	11.07	1.6	1.6	5.05	0.977	17.5	0.12
	18	11.01	1.4	1.9	5.08	0.958	23.6	0.21
	20	10.91	1.1	2.1	5.13	0.936	29.2	0.33
	22	10.79	− 1.0	+2.3	5.18	0.912	34.4	0.45
	24	10.66	0.8	2.4	5.25	0.888	39.2	0.59
	26	10.50	0.7	2.6	5.33	0.862	43.6	0.73
	28	10.33	0.5	2.7	5.42	0.837	47.6	0.88
	30	10.15	0.4	2.8	5.51	0.812	51.4	1.04
Aug.	1	9.95	− 0.3	+2.9	5.62	0.787	54.9	1.20
	3	9.75	0.2	3.0	5.74	0.763	58.3	1.36
	5	9.55	0.1	3.1	5.86	0.739	61.5	1.53
	7	9.33	0.1	3.2	5.99	0.715	64.6	1.71
	9	9.11	− 0.0	3.3	6.14	0.690	67.6	1.90
	11	8.89	+ 0.1	+3.3	6.29	0.666	70.6	2.10
	13	8.66	0.1	3.4	6.46	0.641	73.6	2.32
	15	8.43	0.2	3.5	6.64	0.615	76.7	2.56
	17	8.19	0.2	3.5	6.83	0.588	79.8	2.81
	19	7.95	0.2	3.6	7.04	0.560	83.1	3.09
	21	7.71	+ 0.3	+3.6	7.26	0.531	86.5	3.41
	23	7.46	0.4	3.7	7.49	0.499	90.1	3.75
	25	7.22	0.4	3.8	7.75	0.466	93.9	4.14
	27	6.97	0.5	3.8	8.02	0.430	98.1	4.57
	29	6.73	0.6	3.9	8.31	0.391	102.5	5.06
	31	6.49	+ 0.7	+4.0	8.62	0.350	107.4	5.60
Sept.	2	6.26	0.9	4.1	8.94	0.306	112.8	6.20
	4	6.04	1.1	4.2	9.26	0.259	118.8	6.86
	6	5.84	1.4	4.3	9.59	0.211	125.3	7.56
	8	5.65	1.7	4.5	9.89	0.162	132.5	8.29
	10	5.50	+ 2.2	+4.6	10.16	0.114	140.5	9.00
	12	5.39	2.8	4.8	10.37	0.071	149.1	9.63
	14	5.33	3.6	4.8	10.49	0.036	158.2	10.11
	16	5.33	4.5	4.6	10.49	0.013	167.1	10.36
	18	5.40	4.9	4.2	10.36	0.006	171.1	10.30
	20	5.54	+ 4.1	+4.6	10.11	0.019	164.1	9.91
	22	5.75	3.0	4.5	9.73	0.053	153.3	9.21
	24	6.03	2.1	4.2	9.27	0.108	141.7	8.27
	26	6.38	1.2	3.8	8.76	0.180	129.9	7.19
	28	6.79	0.6	3.5	8.24	0.265	118.0	6.06
	30	7.23	+ 0.1	+3.2	7.74	0.358	106.4	4.96
Oct.	2	7.69	− 0.3	+2.9	7.27	0.455	95.2	3.97

EPHEMERIS FOR PHYSICAL OBSERVATIONS
FOR 0ʰ DYNAMICAL TIME

Date		Sub-Earth Point		Sub-Solar Point			North Pole	
		Long.	Lat.	Long.	Dist.	P.A.	Dist.	P.A.
		°	°	°	″	°	″	°
July	2	142.32	+ 4.51	180.55	1.68	90.13	+ 2.70	354.41
	4	150.43	4.52	180.41	1.33	94.36	2.64	356.56
	6	158.44	4.54	180.05	0.98	100.12	2.59	358.78
	8	166.39	4.58	179.65	0.62	109.78	2.55	1.04
	10	174.32	4.63	179.44	0.31	135.32	2.53	3.31
	12	182.26	+ 4.70	179.60	0.24	215.14	+ 2.52	5.53
	14	190.26	4.77	180.26	0.48	252.43	2.51	7.69
	16	198.32	4.86	181.52	0.76	264.09	2.52	9.75
	18	206.48	4.96	183.40	1.02	270.24	2.53	11.69
	20	214.74	5.07	185.91	1.25	274.41	2.55	13.51
	22	223.11	+ 5.19	189.03	1.46	277.60	+ 2.58	15.20
	24	231.60	5.32	192.71	1.66	280.22	2.61	16.75
	26	240.19	5.45	196.89	1.84	282.45	2.65	18.18
	28	248.91	5.58	201.53	2.00	284.38	2.70	19.48
	30	257.73	5.72	206.57	2.15	286.09	2.74	20.66
Aug.	1	266.67	+ 5.87	211.95	2.30	287.61	+ 2.80	21.72
	3	275.72	6.02	217.63	2.44	288.97	2.85	22.69
	5	284.88	6.17	223.57	2.57	290.20	2.91	23.55
	7	294.15	6.33	229.72	2.71	291.32	2.98	24.32
	9	303.53	6.49	236.06	2.84	292.34	3.05	25.01
	11	313.03	+ 6.65	242.53	2.97	293.27	+ 3.13	25.61
	13	322.65	6.82	249.13	3.10	294.14	3.21	26.14
	15	332.40	7.00	255.80	3.23	294.95	3.29	26.60
	17	342.28	7.18	262.53	3.36	295.72	3.39	27.00
	19	352.31	7.36	269.29	3.49	296.45	3.49	27.34
	21	2.51	+ 7.55	276.06	3.62	297.17	+ 3.60	27.63
	23	12.88	7.74	282.80	− 3.75	297.88	3.71	27.86
	25	23.45	7.94	289.49	− 3.87	298.61	3.84	28.06
	27	34.24	8.15	296.10	− 3.97	299.38	3.97	28.21
	29	45.29	8.36	302.60	− 4.06	300.21	4.11	28.34
	31	56.62	+ 8.56	308.97	− 4.11	301.14	+ 4.26	28.42
Sept.	2	68.28	8.76	315.16	− 4.12	302.20	4.42	28.48
	4	80.29	8.96	321.15	− 4.06	303.47	4.57	28.51
	6	92.71	9.12	326.89	− 3.91	305.03	4.73	28.51
	8	105.56	9.25	332.34	− 3.64	307.05	4.88	28.46
	10	118.86	+ 9.33	337.45	− 3.23	309.85	+ 5.01	28.38
	12	132.58	9.33	342.17	− 2.66	314.15	5.12	28.24
	14	146.66	9.23	346.45	− 1.94	322.03	5.18	28.04
	16	161.00	9.02	350.24	− 1.17	341.66	5.18	27.78
	18	175.43	8.68	353.48	− 0.80	40.20	5.12	27.49
	20	189.74	+ 8.23	356.12	− 1.38	86.65	+ 5.00	27.19
	22	203.74	7.70	358.14	− 2.18	101.33	4.82	26.92
	24	217.25	7.11	359.52	− 2.87	107.66	4.60	26.72
	26	230.14	6.49	0.30	− 3.36	111.20	4.35	26.63
	28	242.35	5.89	0.55	− 3.64	113.53	4.10	26.66
	30	253.89	+ 5.32	0.41	− 3.71	115.24	+ 3.85	26.81
Oct.	2	264.81	+ 4.80	0.04	− 3.62	116.61	+ 3.62	27.04

MERCURY, 1996

EPHEMERIS FOR PHYSICAL OBSERVATIONS
FOR 0ʰ DYNAMICAL TIME

Date		Light-time	Magnitude	Surface Brightness	Diameter	Phase	Phase Angle	Defect of Illumination
		m			″		°	″
Oct.	2	7.69	− 0.3	+2.9	7.27	0.455	95.2	3.97
	4	8.16	0.5	2.7	6.85	0.548	84.5	3.10
	6	8.63	0.7	2.6	6.48	0.635	74.4	2.37
	8	9.07	0.9	2.5	6.16	0.711	65.0	1.78
	10	9.49	0.9	2.4	5.89	0.777	56.4	1.32
	12	9.88	− 1.0	+2.3	5.66	0.831	48.6	0.96
	14	10.23	1.0	2.3	5.47	0.875	41.5	0.69
	16	10.54	1.1	2.2	5.31	0.909	35.1	0.48
	18	10.82	1.1	2.1	5.17	0.936	29.4	0.33
	20	11.06	1.1	2.1	5.06	0.956	24.2	0.22
	22	11.27	− 1.1	+2.0	4.96	0.971	19.5	0.14
	24	11.45	1.2	2.0	4.89	0.982	15.3	0.09
	26	11.60	1.2	1.9	4.82	0.990	11.5	0.05
	28	11.73	1.3	1.9	4.77	0.995	7.9	0.02
	30	11.83	1.3	1.8	4.73	0.998	4.7	0.01
Nov.	1	11.90	− 1.4	+1.7	4.70	1.000	1.7	0.00
	3	11.96	1.3	1.8	4.68	1.000	1.5	0.00
	5	11.99	1.2	1.9	4.66	0.999	4.1	0.01
	7	12.01	1.1	2.0	4.66	0.997	6.6	0.02
	9	12.00	1.0	2.1	4.66	0.994	9.1	0.03
	11	11.98	− 0.9	+2.2	4.67	0.990	11.6	0.05
	13	11.94	0.8	2.3	4.69	0.985	14.0	0.07
	15	11.88	0.7	2.3	4.71	0.980	16.4	0.10
	17	11.80	0.7	2.4	4.74	0.973	18.8	0.13
	19	11.70	0.6	2.5	4.78	0.966	21.3	0.16
	21	11.58	− 0.6	+2.5	4.83	0.957	23.8	0.21
	23	11.45	0.6	2.6	4.89	0.948	26.4	0.26
	25	11.29	0.5	2.6	4.95	0.937	29.2	0.31
	27	11.12	0.5	2.6	5.03	0.924	32.1	0.38
	29	10.92	0.5	2.7	5.12	0.909	35.2	0.47
Dec.	1	10.70	− 0.5	+2.7	5.23	0.891	38.5	0.57
	3	10.46	0.5	2.7	5.35	0.871	42.2	0.69
	5	10.20	0.5	2.7	5.48	0.847	46.1	0.84
	7	9.91	0.5	2.7	5.64	0.818	50.5	1.03
	9	9.60	0.5	2.8	5.83	0.785	55.3	1.25
	11	9.26	− 0.5	+2.8	6.04	0.745	60.6	1.54
	13	8.90	0.5	2.8	6.28	0.698	66.7	1.90
	15	8.52	0.5	2.9	6.56	0.643	73.4	2.35
	17	8.12	0.4	2.9	6.89	0.578	81.0	2.91
	19	7.71	0.3	3.0	7.26	0.503	89.6	3.61
	21	7.29	− 0.1	+3.1	7.68	0.419	99.3	4.46
	23	6.88	+ 0.2	3.3	8.13	0.328	110.2	5.47
	25	6.49	0.7	3.6	8.62	0.234	122.2	6.60
	27	6.15	1.5	3.9	9.10	0.145	135.3	7.78
	29	5.88	2.5	4.3	9.52	0.070	149.2	8.85
	31	5.69	+ 3.8	+4.4	9.83	0.022	163.1	9.62
	33	5.60	+ 4.8	+3.8	9.99	0.005	171.8	9.94

EPHEMERIS FOR PHYSICAL OBSERVATIONS
FOR 0ʰ DYNAMICAL TIME

Date		Sub-Earth Point		Sub-Solar Point			North Pole	
		Long.	Lat.	Long.	Dist.	P.A.	Dist.	P.A.
		°	°	°	"	°	"	°
Oct.	2	264.81	+ 4.80	0.04	− 3.62	116.61	+ 3.62	27.04
	4	275.18	4.33	359.64	3.41	117.76	3.42	27.33
	6	285.09	3.91	359.44	3.12	118.74	3.23	27.65
	8	294.65	3.53	359.60	2.79	119.60	3.08	27.95
	10	303.95	3.20	0.27	2.45	120.33	2.94	28.21
	12	313.05	+ 2.90	1.54	2.12	120.96	+ 2.83	28.41
	14	322.03	2.62	3.43	1.81	121.49	2.73	28.54
	16	330.93	2.37	5.96	1.53	121.94	2.65	28.58
	18	339.80	2.14	9.08	1.27	122.31	2.58	28.53
	20	348.65	1.93	12.77	1.04	122.64	2.53	28.38
	22	357.50	+ 1.72	16.96	0.83	122.97	+ 2.48	28.15
	24	6.37	1.53	21.60	0.64	123.36	2.44	27.82
	26	15.27	1.34	26.64	0.48	123.97	2.41	27.41
	28	24.19	1.16	32.03	0.33	125.17	2.38	26.92
	30	33.14	0.98	37.72	0.19	128.26	2.36	26.34
Nov.	1	42.12	+ 0.81	43.66	0.07	143.09	+ 2.35	25.68
	3	51.14	0.64	49.81	0.06	269.71	2.34	24.94
	5	60.18	0.47	56.15	0.17	287.69	2.33	24.12
	7	69.25	0.30	62.63	0.27	290.76	2.33	23.24
	9	78.35	+ 0.13	69.22	0.37	291.53	+ 2.33	22.28
	11	87.47	− 0.04	75.89	0.47	291.48	− 2.33	21.25
	13	96.61	0.21	82.63	0.57	291.02	2.34	20.16
	15	105.78	0.38	89.39	0.66	290.31	2.35	19.00
	17	114.96	0.55	96.15	0.76	289.42	2.37	17.78
	19	124.16	0.73	102.89	0.87	288.39	2.39	16.51
	21	133.37	− 0.91	109.58	0.97	287.25	− 2.41	15.18
	23	142.61	1.09	116.19	1.09	286.01	2.44	13.80
	25	151.85	1.28	122.69	1.21	284.68	2.48	12.39
	27	161.12	1.48	129.05	1.34	283.28	2.52	10.93
	29	170.41	1.68	135.24	1.48	281.83	2.56	9.45
Dec.	1	179.72	− 1.89	141.23	1.63	280.31	− 2.61	7.94
	3	189.07	2.12	146.96	1.79	278.76	2.67	6.43
	5	198.47	2.35	152.41	1.98	277.18	2.74	4.92
	7	207.92	2.61	157.51	2.18	275.57	2.82	3.43
	9	217.46	2.88	162.23	2.39	273.96	2.91	1.98
	11	227.10	− 3.17	166.51	2.63	272.36	− 3.01	0.58
	13	236.90	3.50	170.29	2.88	270.77	3.14	359.27
	15	246.90	3.85	173.52	3.15	269.21	3.27	358.08
	17	257.17	4.24	176.15	3.40	267.69	3.43	357.03
	19	267.80	4.68	178.16	3.63	266.20	3.62	356.19
	21	278.90	− 5.16	179.53	− 3.79	264.73	− 3.82	355.60
	23	290.58	5.69	180.31	− 3.82	263.20	4.05	355.31
	25	302.96	6.26	180.55	− 3.65	261.41	4.28	355.38
	27	316.12	6.84	180.40	− 3.20	258.87	4.52	355.85
	29	330.06	7.39	180.03	− 2.44	254.11	4.72	356.70
	31	344.64	− 7.86	179.64	− 1.43	240.81	− 4.87	357.89
	33	359.61	− 8.21	179.44	− 0.71	178.05	− 4.94	359.26

VENUS, 1996

EPHEMERIS FOR PHYSICAL OBSERVATIONS
FOR 0ʰ DYNAMICAL TIME

Date		Light-time	Magnitude	Surface Brightness	Diameter	Phase	Phase Angle	Defect of Illumination
		m			″		°	″
Jan.	−2	11.11	− 4.0	+1.1	12.49	0.847	46.1	1.92
	2	10.93	4.0	1.1	12.69	0.837	47.5	2.06
	6	10.75	4.0	1.1	12.91	0.828	49.0	2.22
	10	10.56	4.0	1.1	13.14	0.818	50.5	2.39
	14	10.37	4.0	1.1	13.38	0.808	52.0	2.57
	18	10.18	− 4.0	+1.1	13.63	0.798	53.5	2.76
	22	9.98	4.0	1.2	13.90	0.787	55.0	2.97
	26	9.78	4.1	1.2	14.19	0.775	56.6	3.19
	30	9.57	4.1	1.2	14.50	0.764	58.2	3.43
Feb.	3	9.36	4.1	1.2	14.82	0.751	59.8	3.68
	7	9.15	− 4.1	+1.2	15.17	0.739	61.5	3.96
	11	8.93	4.1	1.2	15.54	0.726	63.2	4.26
	15	8.71	4.1	1.3	15.94	0.712	64.9	4.59
	19	8.48	4.1	1.3	16.36	0.698	66.7	4.94
	23	8.25	4.2	1.3	16.82	0.683	68.5	5.32
	27	8.02	− 4.2	+1.3	17.31	0.668	70.3	5.74
Mar.	2	7.78	4.2	1.3	17.84	0.652	72.2	6.20
	6	7.54	4.2	1.4	18.40	0.636	74.2	6.70
	10	7.30	4.2	1.4	19.02	0.619	76.2	7.25
	14	7.05	4.3	1.4	19.69	0.601	78.3	7.85
	18	6.80	− 4.3	+1.4	20.41	0.582	80.5	8.52
	22	6.55	4.3	1.5	21.20	0.563	82.7	9.26
	26	6.29	4.3	1.5	22.06	0.543	85.1	10.08
	30	6.04	4.3	1.5	22.99	0.522	87.5	11.00
Apr.	3	5.78	4.4	1.5	24.02	0.500	90.0	12.02
	7	5.52	− 4.4	+1.5	25.15	0.476	92.7	13.17
	11	5.26	4.4	1.6	26.39	0.452	95.5	14.47
	15	5.00	4.4	1.6	27.76	0.426	98.5	15.93
	19	4.74	4.5	1.6	29.26	0.399	101.7	17.59
	23	4.49	4.5	1.6	30.93	0.370	105.0	19.47
	27	4.23	− 4.5	+1.7	32.77	0.340	108.7	21.63
May	1	3.99	4.5	1.7	34.80	0.308	112.6	24.08
	5	3.75	4.5	1.7	37.04	0.274	116.8	26.88
	9	3.52	4.5	1.7	39.47	0.239	121.5	30.05
	13	3.30	4.5	1.6	42.10	0.202	126.6	33.62
	17	3.09	− 4.5	+1.6	44.90	0.164	132.3	37.56
	21	2.90	4.4	1.5	47.79	0.125	138.5	41.80
	25	2.74	4.3	1.3	50.65	0.088	145.4	46.17
	29	2.60	4.2	1.0	53.31	0.055	152.9	50.40
June	2	2.50	4.1	+0.5	55.54	0.027	161.1	54.04
	6	2.43	− 3.9	−0.6	57.08	0.008	169.7	56.61
	10	2.40	3.7	4.5	57.72	0.000	178.4	57.70
	14	2.42	3.8	−1.2	57.37	0.004	172.5	57.12
	18	2.47	4.0	+0.2	56.10	0.020	163.8	54.98
	22	2.57	4.2	0.9	54.07	0.045	155.5	51.64
	26	2.69	− 4.3	+1.2	51.53	0.077	147.9	47.59
	30	2.85	− 4.4	+1.4	48.73	0.112	140.8	43.25

EPHEMERIS FOR PHYSICAL OBSERVATIONS
FOR 0ʰ DYNAMICAL TIME

Date		L_s	Sub-Earth Point		Sub-Solar Point				North Pole	
			Long.	Lat.	Long.	Lat.	Dist.	P.A.	Dist.	P.A.
		°	°	°	°	°	″	°	″	°
Jan.	−2	118.33	317.01	+ 1.68	3.15	+ 2.34	4.50	257.50	+ 6.24	345.86
	2	124.68	327.86	1.55	15.43	2.19	4.68	255.91	6.34	344.36
	6	131.04	338.69	1.41	27.71	2.01	4.87	254.43	6.45	343.00
	10	137.40	349.52	1.25	40.01	1.80	5.07	253.09	6.57	341.79
	14	143.77	0.33	1.07	52.30	1.57	5.27	251.87	6.69	340.71
	18	150.16	11.12	+ 0.87	64.61	+ 1.32	5.48	250.79	+ 6.81	339.79
	22	156.55	21.90	0.65	76.92	1.06	5.70	249.84	6.95	339.01
	26	162.95	32.66	0.42	89.25	0.78	5.92	249.02	7.09	338.37
	30	169.36	43.40	+ 0.17	101.58	0.49	6.16	248.34	+ 7.25	337.87
Feb.	3	175.78	54.12	− 0.09	113.92	+ 0.20	6.41	247.80	− 7.41	337.52
	7	182.22	64.81	− 0.37	126.27	− 0.10	6.66	247.38	− 7.58	337.30
	11	188.66	75.47	0.66	138.63	0.40	6.93	247.10	7.77	337.21
	15	195.10	86.10	0.95	151.00	0.69	7.22	246.94	7.97	337.26
	19	201.56	96.70	1.26	163.37	0.98	7.51	246.91	8.18	337.44
	23	208.03	107.26	1.57	175.76	1.25	7.82	247.01	8.41	337.74
	27	214.50	117.78	− 1.88	188.16	− 1.51	8.15	247.23	− 8.65	338.16
Mar.	2	220.98	128.26	2.20	200.56	1.75	8.49	247.57	8.91	338.70
	6	227.46	138.69	2.51	212.97	1.96	8.86	248.03	9.19	339.36
	10	233.95	149.05	2.83	225.38	2.15	9.24	248.60	9.50	340.13
	14	240.44	159.36	3.13	237.80	2.32	9.64	249.28	9.83	341.00
	18	246.94	169.60	− 3.43	250.23	− 2.45	10.07	250.06	−10.19	341.98
	22	253.43	179.76	3.72	262.66	2.55	10.51	250.94	10.58	343.04
	26	259.93	189.84	3.99	275.09	2.62	10.99	251.90	11.00	344.19
	30	266.42	199.82	4.25	287.51	2.66	11.49	252.92	11.47	345.40
Apr.	3	272.92	209.68	4.49	299.94	2.66	−12.01	254.00	11.97	346.67
	7	279.41	219.42	− 4.71	312.36	− 2.63	−12.56	255.12	−12.53	347.98
	11	285.89	229.01	4.90	324.78	2.56	13.13	256.26	13.15	349.31
	15	292.37	238.43	5.06	337.19	2.46	13.73	257.39	13.82	350.65
	19	298.85	247.67	5.19	349.60	2.33	14.33	258.49	14.57	351.95
	23	305.32	256.68	5.28	1.99	2.17	14.94	259.53	15.40	353.21
	27	311.78	265.44	− 5.32	14.38	− 1.99	−15.52	260.49	−16.31	354.39
May	1	318.23	273.89	5.31	26.76	1.77	16.07	261.32	17.33	355.47
	5	324.67	282.00	5.25	39.13	1.54	16.52	262.01	18.44	356.41
	9	331.11	289.69	5.11	51.49	1.29	16.83	262.52	19.66	357.18
	13	337.53	296.92	4.90	63.83	1.02	16.89	262.82	20.97	357.75
	17	343.95	303.62	− 4.59	76.17	− 0.74	−16.60	262.90	−22.38	358.09
	21	350.35	309.73	4.18	88.49	0.45	15.82	262.76	23.83	358.18
	25	356.75	315.21	3.65	100.81	− 0.15	14.37	262.42	25.27	357.99
	29	3.14	320.04	3.00	113.11	+ 0.15	−12.13	261.96	26.62	357.54
June	2	9.51	324.26	2.25	125.41	0.44	− 9.01	261.63	27.75	356.83
	6	15.88	328.01	− 1.40	137.70	+ 0.73	− 5.12	262.34	−28.53	355.94
	10	22.24	331.48	− 0.50	149.98	1.01	− 0.80	283.71	−28.86	354.96
	14	28.60	334.91	+ 0.39	162.25	1.27	− 3.76	71.18	+28.68	353.98
	18	34.94	338.54	1.23	174.52	1.52	− 7.83	73.37	28.04	353.11
	22	41.28	342.60	1.97	186.78	1.76	−11.19	73.82	27.02	352.42
	26	47.61	347.22	+ 2.58	199.04	+ 1.97	−13.71	74.11	+25.74	351.94
	30	53.94	352.46	+ 3.06	211.30	+ 2.15	−15.39	74.52	+24.33	351.70

VENUS, 1996

EPHEMERIS FOR PHYSICAL OBSERVATIONS
FOR 0ʰ DYNAMICAL TIME

Date		Light-time	Magnitude	Surface Brightness	Diameter	Phase	Phase Angle	Defect of Illumination
		m			″		°	″
July	4	3.03	− 4.4	+1.6	45.84	0.150	134.4	38.97
	8	3.23	4.5	1.6	43.01	0.188	128.7	34.94
	12	3.44	4.5	1.7	40.33	0.224	123.4	31.28
	16	3.67	4.5	1.7	37.84	0.260	118.7	28.01
	20	3.90	4.5	1.7	35.55	0.294	114.4	25.12
	24	4.15	− 4.5	+1.7	33.47	0.326	110.4	22.57
	28	4.40	4.4	1.7	31.57	0.356	106.8	20.34
Aug.	1	4.65	4.4	1.6	29.85	0.384	103.4	18.38
	5	4.91	4.4	1.6	28.29	0.411	100.2	16.65
	9	5.16	4.4	1.6	26.87	0.437	97.2	15.13
	13	5.42	− 4.4	+1.6	25.59	0.461	94.4	13.79
	17	5.68	4.3	1.6	24.42	0.484	91.8	12.59
	21	5.94	4.3	1.5	23.36	0.507	89.2	11.53
	25	6.20	4.3	1.5	22.38	0.528	86.8	10.57
	29	6.46	4.3	1.5	21.49	0.548	84.5	9.71
Sept.	2	6.71	− 4.2	+1.5	20.67	0.568	82.2	8.94
	6	6.97	4.2	1.4	19.92	0.586	80.0	8.24
	10	7.22	4.2	1.4	19.22	0.605	77.9	7.60
	14	7.47	4.2	1.4	18.58	0.622	75.9	7.02
	18	7.72	4.2	1.4	17.99	0.639	73.9	6.49
	22	7.96	− 4.1	+1.3	17.43	0.655	71.9	6.01
	26	8.20	4.1	1.3	16.92	0.671	70.0	5.56
	30	8.44	4.1	1.3	16.45	0.687	68.1	5.15
Oct.	4	8.67	4.1	1.3	16.00	0.702	66.2	4.78
	8	8.90	4.1	1.2	15.59	0.716	64.4	4.43
	12	9.13	− 4.1	+1.2	15.20	0.730	62.6	4.10
	16	9.35	4.1	1.2	14.84	0.744	60.8	3.81
	20	9.57	4.1	1.2	14.50	0.757	59.1	3.53
	24	9.78	4.0	1.2	14.18	0.769	57.4	3.27
	28	9.99	4.0	1.1	13.89	0.782	55.7	3.03
Nov.	1	10.20	− 4.0	+1.1	13.61	0.794	54.0	2.81
	5	10.40	4.0	1.1	13.34	0.805	52.4	2.60
	9	10.60	4.0	1.1	13.09	0.816	50.7	2.40
	13	10.79	4.0	1.1	12.86	0.827	49.1	2.22
	17	10.98	4.0	1.1	12.64	0.838	47.5	2.05
	21	11.16	− 4.0	+1.0	12.44	0.848	46.0	1.90
	25	11.34	4.0	1.0	12.24	0.857	44.4	1.75
	29	11.51	4.0	1.0	12.06	0.867	42.9	1.61
Dec.	3	11.68	4.0	1.0	11.89	0.875	41.3	1.48
	7	11.84	4.0	1.0	11.72	0.884	39.8	1.36
	11	12.00	− 4.0	+1.0	11.57	0.892	38.4	1.25
	15	12.15	4.0	1.0	11.42	0.900	36.9	1.14
	19	12.30	4.0	0.9	11.29	0.907	35.4	1.05
	23	12.44	4.0	0.9	11.16	0.914	34.0	0.95
	27	12.58	3.9	0.9	11.03	0.921	32.6	0.87
	31	12.71	− 3.9	+0.9	10.92	0.928	31.2	0.79
	35	12.84	− 3.9	+0.9	10.81	0.934	29.8	0.72

EPHEMERIS FOR PHYSICAL OBSERVATIONS
FOR 0ʰ DYNAMICAL TIME

Date		L_s	Sub-Earth Point		Sub-Solar Point				North Pole	
			Long.	Lat.	Long.	Lat.	Dist.	P.A.	Dist.	P.A.
		°	°	°	°	°	″	°	″	°
July	4	60.27	358.33	+ 3.42	223.56	+ 2.31	− 16.36	75.09	+22.88	351.70
	8	66.60	4.81	3.67	235.81	2.44	16.79	75.84	21.46	351.92
	12	72.92	11.83	3.82	248.06	2.54	16.83	76.75	20.12	352.35
	16	79.24	19.33	3.89	260.32	2.62	16.60	77.82	18.88	352.95
	20	85.56	27.24	3.90	272.57	2.65	16.19	79.03	17.74	353.73
	24	91.89	35.51	+ 3.85	284.83	+ 2.66	− 15.68	80.36	+16.70	354.65
	28	98.21	44.09	3.76	297.09	2.63	15.11	81.81	15.75	355.70
Aug.	1	104.55	52.94	3.63	309.35	2.58	14.52	83.36	14.90	356.88
	5	110.88	62.01	3.47	321.62	2.49	13.92	85.00	14.12	358.16
	9	117.22	71.29	3.29	333.89	2.37	13.33	86.72	13.42	359.53
	13	123.57	80.74	+ 3.10	346.16	+ 2.22	− 12.76	88.51	+12.78	0.98
	17	129.93	90.34	2.88	358.45	2.04	− 12.21	90.35	12.20	2.49
	21	136.29	100.07	2.66	10.73	1.84	11.68	92.23	11.67	4.04
	25	142.66	109.91	2.43	23.03	1.61	11.17	94.14	11.18	5.62
	29	149.04	119.86	2.20	35.33	1.37	10.70	96.05	10.74	7.21
Sept.	2	155.43	129.90	+ 1.96	47.64	+ 1.11	10.24	97.95	+10.33	8.80
	6	161.83	140.03	1.73	59.96	0.83	9.81	99.83	9.95	10.37
	10	168.24	150.23	1.50	72.29	0.54	9.40	101.66	9.61	11.89
	14	174.66	160.50	1.28	84.63	+ 0.25	9.01	103.43	9.29	13.37
	18	181.08	170.83	1.06	96.98	− 0.05	8.64	105.13	8.99	14.77
	22	187.52	181.22	+ 0.86	109.33	− 0.35	8.29	106.74	+ 8.72	16.09
	26	193.97	191.66	0.66	121.70	0.64	7.95	108.24	8.46	17.32
	30	200.42	202.14	0.48	134.07	0.93	7.63	109.63	8.22	18.44
Oct.	4	206.89	212.67	0.31	146.46	1.20	7.32	110.89	8.00	19.44
	8	213.36	223.24	0.15	158.85	1.46	7.03	112.02	7.79	20.33
	12	219.84	233.85	+ 0.01	171.25	− 1.71	6.75	113.01	+ 7.60	21.08
	16	226.32	244.49	− 0.12	183.66	1.92	6.48	113.84	− 7.42	21.71
	20	232.81	255.16	0.23	196.07	2.12	6.22	114.52	7.25	22.19
	24	239.30	265.86	0.32	208.49	2.29	5.97	115.04	7.09	22.53
	28	245.79	276.59	0.40	220.92	2.43	5.73	115.40	6.94	22.73
Nov.	1	252.29	287.34	− 0.46	233.34	− 2.54	5.50	115.58	− 6.80	22.78
	5	258.78	298.12	0.51	245.77	2.61	5.28	115.60	6.67	22.69
	9	265.28	308.91	0.54	258.20	2.65	5.07	115.43	6.55	22.45
	13	271.77	319.72	0.56	270.62	2.66	4.86	115.10	6.43	22.06
	17	278.26	330.55	0.56	283.05	2.63	4.66	114.58	6.32	21.52
	21	284.75	341.40	− 0.54	295.47	− 2.57	4.47	113.88	− 6.22	20.83
	25	291.23	352.25	0.52	307.88	2.48	4.28	113.00	6.12	19.99
	29	297.71	3.12	0.48	320.29	2.36	4.10	111.95	6.03	19.00
Dec.	3	304.18	14.00	0.44	332.68	2.20	3.93	110.71	5.94	17.87
	7	310.64	24.89	0.38	345.07	2.02	3.76	109.29	5.86	16.59
	11	317.09	35.79	− 0.31	357.45	− 1.81	3.59	107.70	− 5.78	15.18
	15	323.54	46.70	0.24	9.82	1.58	3.43	105.95	5.71	13.64
	19	329.98	57.61	0.17	22.18	1.33	3.27	104.03	5.64	11.97
	23	336.40	68.53	0.09	34.53	1.07	3.12	101.97	5.58	10.19
	27	342.82	79.46	0.01	46.87	0.79	2.97	99.77	5.52	8.32
	31	349.23	90.38	+ 0.08	59.19	− 0.50	2.83	97.44	+ 5.46	6.35
	35	355.62	101.31	+ 0.16	71.51	− 0.20	2.69	95.01	+ 5.41	4.32

MARS, 1996

EPHEMERIS FOR PHYSICAL OBSERVATIONS
FOR 0^h DYNAMICAL TIME

Date		Light-time	Magnitude	Surface Brightness	Diameter		Phase	Phase Angle	Defect of Illumination
					Eq.	Pol.			
		m			$''$	$''$		°	$''$
Jan.	−2	19.36	+ 1.2	+4.0	4.02	4.00	0.992	10.5	0.03
	2	19.39	1.2	3.9	4.01	3.99	0.993	9.9	0.03
	6	19.42	1.2	3.9	4.01	3.99	0.994	9.2	0.03
	10	19.45	1.2	3.9	4.00	3.98	0.994	8.6	0.02
	14	19.48	1.2	3.9	3.99	3.98	0.995	8.0	0.02
	18	19.51	+ 1.2	+3.9	3.99	3.97	0.996	7.3	0.02
	22	19.54	1.2	3.9	3.98	3.97	0.997	6.7	0.01
	26	19.56	1.1	3.9	3.98	3.96	0.997	6.1	0.01
	30	19.58	1.1	3.9	3.97	3.96	0.998	5.4	0.01
Feb.	3	19.61	1.1	3.8	3.97	3.95	0.998	4.8	0.01
	7	19.63	+ 1.1	+3.8	3.97	3.95	0.999	4.2	0.01
	11	19.65	1.1	3.8	3.96	3.94	0.999	3.6	0.00
	15	19.67	1.1	3.8	3.96	3.94	0.999	3.0	0.00
	19	19.69	1.1	3.8	3.95	3.94	1.000	2.4	0.00
	23	19.70	1.1	3.8	3.95	3.93	1.000	1.8	0.00
	27	19.72	+ 1.1	+3.8	3.95	3.93	1.000	1.2	0.00
Mar.	2	19.74	1.1	3.8	3.94	3.93	1.000	0.8	0.00
	6	19.75	1.1	3.8	3.94	3.92	1.000	0.7	0.00
	10	19.77	1.1	3.8	3.94	3.92	1.000	1.1	0.00
	14	19.78	1.1	3.8	3.93	3.92	1.000	1.6	0.00
	18	19.79	+ 1.1	+3.8	3.93	3.92	1.000	2.2	0.00
	22	19.80	1.1	3.8	3.93	3.91	0.999	2.7	0.00
	26	19.81	1.1	3.8	3.93	3.91	0.999	3.3	0.00
	30	19.82	1.1	3.8	3.93	3.91	0.999	3.9	0.00
Apr.	3	19.83	1.2	3.9	3.93	3.91	0.998	4.5	0.01
	7	19.83	+ 1.2	+3.9	3.92	3.91	0.998	5.1	0.01
	11	19.84	1.2	3.9	3.92	3.91	0.998	5.7	0.01
	15	19.84	1.2	3.9	3.92	3.91	0.997	6.3	0.01
	19	19.84	1.2	3.9	3.92	3.91	0.996	6.9	0.01
	23	19.84	1.2	3.9	3.92	3.91	0.996	7.5	0.02
	27	19.83	+ 1.2	+3.9	3.92	3.91	0.995	8.1	0.02
May	1	19.83	1.3	4.0	3.93	3.91	0.994	8.7	0.02
	5	19.82	1.3	4.0	3.93	3.91	0.993	9.3	0.03
	9	19.81	1.3	4.0	3.93	3.91	0.993	9.9	0.03
	13	19.79	1.3	4.0	3.93	3.91	0.992	10.5	0.03
	17	19.78	+ 1.3	+4.0	3.94	3.92	0.991	11.1	0.04
	21	19.76	1.3	4.0	3.94	3.92	0.990	11.7	0.04
	25	19.73	1.3	4.0	3.94	3.92	0.989	12.3	0.04
	29	19.71	1.4	4.1	3.95	3.93	0.987	12.8	0.05
June	2	19.68	1.4	4.1	3.96	3.94	0.986	13.4	0.05
	6	19.64	+ 1.4	+4.1	3.96	3.94	0.985	14.0	0.06
	10	19.60	1.4	4.1	3.97	3.95	0.984	14.6	0.06
	14	19.56	1.4	4.1	3.98	3.96	0.982	15.2	0.07
	18	19.52	1.4	4.1	3.99	3.97	0.981	15.8	0.08
	22	19.46	1.4	4.1	4.00	3.98	0.980	16.4	0.08
	26	19.41	+ 1.4	+4.2	4.01	3.99	0.978	17.0	0.09
	30	19.35	+ 1.5	+4.2	4.02	4.00	0.977	17.6	0.09

EPHEMERIS FOR PHYSICAL OBSERVATIONS
FOR 0ʰ DYNAMICAL TIME

Date	L_s	Sub-Earth Point		Sub-Solar Point				North Pole	
		Long.	Lat.	Long.	Lat.	Dist.	P.A.	Dist.	P.A.
	°	°	°	°	°	″	°	″	°
Jan. −2	217.34	303.01	−11.72	292.75	−15.11	0.37	264.72	− 1.96	14.44
2	219.81	263.63	12.96	253.91	15.97	0.34	263.83	1.95	12.55
6	222.29	224.23	14.17	215.03	16.81	0.32	263.00	1.93	10.63
10	224.78	184.78	15.34	176.13	17.62	0.30	262.26	1.92	8.68
14	227.28	145.30	16.47	137.19	18.40	0.28	261.62	1.91	6.70
18	229.79	105.77	−17.56	98.23	−19.15	0.25	261.09	− 1.89	4.71
22	232.30	66.20	18.60	59.24	19.87	0.23	260.69	1.88	2.70
26	234.82	26.59	19.58	20.22	20.55	0.21	260.46	1.87	0.68
30	237.35	346.94	20.51	341.17	21.20	0.19	260.42	1.85	358.65
Feb. 3	239.87	307.25	21.38	302.10	21.81	0.17	260.64	1.84	356.62
7	242.41	267.53	−22.18	263.00	−22.37	0.15	261.20	− 1.83	354.59
11	244.94	227.76	22.92	223.88	22.89	0.12	262.25	1.82	352.57
15	247.48	187.96	23.58	184.73	23.37	0.10	264.04	1.81	350.56
19	250.02	148.13	24.17	145.57	23.80	0.08	267.09	1.80	348.57
23	252.56	108.28	24.69	106.39	24.18	0.06	272.53	1.79	346.60
27	255.09	68.40	−25.12	67.20	−24.51	0.04	283.37	− 1.78	344.67
Mar. 2	257.63	28.50	25.47	27.99	24.79	0.03	308.29	1.77	342.77
6	260.17	348.59	25.74	348.78	25.02	0.03	354.52	1.77	340.91
10	262.70	308.67	25.92	309.56	25.20	0.04	27.57	1.76	339.10
14	265.22	268.75	26.02	270.34	25.33	0.05	42.01	1.76	337.34
18	267.75	228.84	−26.03	231.12	−25.40	0.07	49.14	− 1.76	335.65
22	270.26	188.93	25.96	191.90	25.42	0.09	53.30	1.76	334.03
26	272.78	149.04	25.81	152.69	25.39	0.11	56.05	1.76	332.49
30	275.28	109.17	25.58	113.49	25.31	0.13	58.04	1.77	331.02
Apr. 3	277.78	69.33	25.26	74.31	25.17	0.15	59.59	1.77	329.65
7	280.26	29.52	−24.87	35.14	−24.99	0.17	60.87	− 1.77	328.37
11	282.74	349.74	24.40	355.99	24.76	0.19	61.99	1.78	327.18
15	285.21	310.01	23.86	316.87	24.47	0.22	63.02	1.79	326.10
19	287.67	270.31	23.26	277.76	24.15	0.24	63.98	1.80	325.13
23	290.12	230.65	22.59	238.69	23.78	0.26	64.90	1.80	324.26
27	292.56	191.05	−21.85	199.64	−23.36	0.28	65.81	− 1.81	323.50
May 1	294.98	151.48	21.06	160.62	22.91	0.30	66.72	1.82	322.86
5	297.39	111.97	20.22	121.64	22.41	0.32	67.63	1.84	322.33
9	299.79	72.51	19.32	82.69	21.88	0.34	68.56	1.85	321.91
13	302.18	33.09	18.38	43.77	21.32	0.36	69.50	1.86	321.61
17	304.55	353.72	−17.40	4.88	−20.72	0.38	70.47	− 1.87	321.42
21	306.91	314.39	16.38	326.03	20.09	0.40	71.47	1.88	321.34
25	309.25	275.11	15.33	287.21	19.43	0.42	72.48	1.89	321.38
29	311.58	235.87	14.24	248.43	18.75	0.44	73.53	1.91	321.52
June 2	313.90	196.68	13.13	209.69	18.04	0.46	74.59	1.92	321.76
6	316.20	157.52	−12.00	170.97	−17.30	0.48	75.69	− 1.93	322.11
10	318.49	118.41	10.84	132.29	16.55	0.50	76.81	1.94	322.56
14	320.76	79.32	9.67	93.65	15.78	0.52	77.95	1.95	323.10
18	323.01	40.27	8.48	55.04	14.99	0.54	79.11	1.96	323.74
22	325.25	1.25	7.29	16.45	14.18	0.56	80.30	1.97	324.46
26	327.48	322.26	− 6.08	337.90	−13.36	0.59	81.49	− 1.98	325.27
30	329.69	283.30	− 4.87	299.38	−12.53	0.61	82.70	− 1.99	326.16

MARS, 1996

EPHEMERIS FOR PHYSICAL OBSERVATIONS
FOR 0ʰ DYNAMICAL TIME

Date		Light-time	Magnitude	Surface Brightness	Diameter		Phase	Phase Angle	Defect of Illumination
					Eq.	Pol.			
		m			″	″		°	″
July	4	19.28	+ 1.5	+4.2	4.04	4.02	0.975	18.2	0.10
	8	19.21	1.5	4.2	4.05	4.03	0.973	18.8	0.11
	12	19.13	1.5	4.2	4.07	4.05	0.972	19.4	0.12
	16	19.05	1.5	4.2	4.09	4.06	0.970	20.0	0.12
	20	18.96	1.5	4.3	4.10	4.08	0.968	20.6	0.13
	24	18.86	+ 1.5	+4.3	4.13	4.10	0.966	21.2	0.14
	28	18.76	1.5	4.3	4.15	4.13	0.964	21.8	0.15
Aug.	1	18.66	1.5	4.3	4.17	4.15	0.962	22.4	0.16
	5	18.54	1.5	4.3	4.20	4.18	0.960	22.9	0.17
	9	18.42	1.5	4.3	4.22	4.20	0.958	23.5	0.18
	13	18.30	+ 1.5	+4.3	4.25	4.23	0.956	24.1	0.19
	17	18.16	1.5	4.4	4.28	4.26	0.954	24.7	0.20
	21	18.02	1.5	4.4	4.32	4.30	0.952	25.3	0.21
	25	17.87	1.5	4.4	4.35	4.33	0.950	25.9	0.22
	29	17.72	1.5	4.4	4.39	4.37	0.948	26.4	0.23
Sept.	2	17.56	+ 1.5	+4.4	4.43	4.41	0.946	27.0	0.24
	6	17.39	1.5	4.4	4.48	4.45	0.943	27.6	0.25
	10	17.21	1.5	4.4	4.52	4.50	0.941	28.1	0.27
	14	17.03	1.5	4.5	4.57	4.55	0.939	28.7	0.28
	18	16.84	1.5	4.5	4.62	4.60	0.936	29.2	0.29
	22	16.64	+ 1.5	+4.5	4.68	4.65	0.934	29.7	0.31
	26	16.44	1.5	4.5	4.73	4.71	0.932	30.3	0.32
	30	16.22	1.4	4.5	4.80	4.77	0.930	30.8	0.34
Oct.	4	16.00	1.4	4.5	4.86	4.84	0.927	31.3	0.35
	8	15.78	1.4	4.5	4.93	4.91	0.925	31.8	0.37
	12	15.54	+ 1.4	+4.5	5.01	4.98	0.923	32.3	0.39
	16	15.30	1.4	4.5	5.09	5.06	0.921	32.7	0.40
	20	15.05	1.3	4.6	5.17	5.15	0.919	33.2	0.42
	24	14.80	1.3	4.6	5.26	5.23	0.916	33.6	0.44
	28	14.54	1.3	4.6	5.35	5.33	0.914	34.0	0.46
Nov.	1	14.27	+ 1.3	+4.6	5.45	5.43	0.913	34.4	0.48
	5	14.00	1.2	4.6	5.56	5.53	0.911	34.8	0.50
	9	13.72	1.2	4.6	5.67	5.65	0.909	35.1	0.52
	13	13.44	1.2	4.6	5.79	5.77	0.907	35.4	0.54
	17	13.15	1.1	4.6	5.92	5.89	0.906	35.7	0.56
	21	12.85	+ 1.1	+4.6	6.06	6.03	0.905	35.9	0.58
	25	12.55	1.0	4.6	6.20	6.17	0.904	36.1	0.60
	29	12.25	1.0	4.6	6.35	6.33	0.903	36.3	0.62
Dec.	3	11.94	0.9	4.6	6.52	6.49	0.902	36.4	0.64
	7	11.63	0.9	4.6	6.69	6.66	0.902	36.5	0.66
	11	11.32	+ 0.8	+4.6	6.88	6.85	0.902	36.5	0.67
	15	11.00	0.8	4.6	7.08	7.04	0.902	36.5	0.69
	19	10.68	0.7	4.6	7.29	7.25	0.903	36.4	0.71
	23	10.36	0.6	4.6	7.51	7.48	0.904	36.2	0.72
	27	10.05	0.6	4.6	7.75	7.71	0.905	35.9	0.74
	31	9.73	+ 0.5	+4.6	8.00	7.97	0.907	35.6	0.75
	35	9.41	+ 0.4	+4.6	8.27	8.23	0.909	35.1	0.75

EPHEMERIS FOR PHYSICAL OBSERVATIONS
FOR 0^h DYNAMICAL TIME

Date		L_s	Sub-Earth Point		Sub-Solar Point				North Pole	
			Long.	Lat.	Long.	Lat.	Dist.	P.A.	Dist.	P.A.
		°	°	°	°	°	"	°	"	°
July	4	331.88	244.36	− 3.66	260.89	−11.69	0.63	83.93	− 2.00	327.12
	8	334.06	205.44	2.45	222.43	10.84	0.65	85.16	2.01	328.15
	12	336.23	166.54	1.24	183.99	9.98	0.68	86.39	2.02	329.25
	16	338.38	127.66	− 0.03	145.58	9.12	0.70	87.62	− 2.03	330.41
	20	340.51	88.79	+ 1.16	107.19	8.25	0.72	88.86	+ 2.04	331.63
	24	342.63	49.93	+ 2.35	68.83	− 7.38	0.74	90.08	+ 2.05	332.89
	28	344.74	11.09	3.52	30.49	6.50	0.77	91.30	2.06	334.21
Aug.	1	346.83	332.26	4.68	352.17	5.62	0.79	92.50	2.07	335.57
	5	348.90	293.43	5.83	313.87	4.75	0.82	93.69	2.08	336.96
	9	350.97	254.61	6.95	275.59	3.87	0.84	94.86	2.09	338.39
	13	353.01	215.79	+ 8.05	237.33	− 3.00	0.87	96.01	+ 2.10	339.85
	17	355.05	176.97	9.14	199.09	2.13	0.90	97.13	2.10	341.34
	21	357.07	138.16	10.19	160.86	1.26	0.92	98.23	2.11	342.85
	25	359.08	99.35	11.23	122.64	− 0.40	0.95	99.29	2.13	344.37
	29	1.08	60.54	12.23	84.44	+ 0.46	0.98	100.33	2.14	345.92
Sept.	2	3.06	21.72	+13.20	46.26	+ 1.32	1.01	101.33	+ 2.15	347.47
	6	5.03	342.91	14.14	8.08	2.16	1.04	102.29	2.16	349.03
	10	6.99	304.09	15.05	329.91	3.00	1.07	103.22	2.17	350.60
	14	8.94	265.27	15.93	291.76	3.83	1.10	104.10	2.19	352.18
	18	10.88	226.46	16.77	253.61	4.65	1.13	104.95	2.20	353.75
	22	12.80	187.64	+17.57	215.47	+ 5.47	1.16	105.76	+ 2.22	355.32
	26	14.72	148.82	18.33	177.34	6.27	1.19	106.53	2.24	356.89
	30	16.62	110.00	19.05	139.21	7.07	1.23	107.25	2.26	358.45
Oct.	4	18.52	71.18	19.73	101.09	7.85	1.26	107.93	2.28	360.00
	8	20.40	32.36	20.37	62.97	8.62	1.30	108.57	2.30	1.54
	12	22.28	353.55	+20.97	24.86	+ 9.38	1.34	109.17	+ 2.33	3.06
	16	24.14	314.75	21.52	346.75	10.13	1.37	109.73	2.36	4.56
	20	26.00	275.96	22.03	308.64	10.86	1.41	110.24	2.39	6.05
	24	27.85	237.18	22.49	270.53	11.59	1.45	110.71	2.42	7.51
	28	29.69	198.41	22.91	232.42	12.29	1.50	111.14	2.46	8.95
Nov.	1	31.52	159.67	+23.28	194.32	+12.99	1.54	111.53	+ 2.50	10.36
	5	33.35	120.94	23.61	156.21	13.67	1.58	111.88	2.54	11.74
	9	35.16	82.24	23.89	118.10	14.33	1.63	112.19	2.58	13.09
	13	36.98	43.58	24.13	79.99	14.98	1.68	112.46	2.63	14.40
	17	38.78	4.94	24.33	41.87	15.62	1.73	112.69	2.69	15.67
	21	40.58	326.35	+24.48	3.76	+16.23	1.78	112.88	+ 2.75	16.90
	25	42.37	287.80	24.60	325.63	16.83	1.83	113.04	2.81	18.09
	29	44.16	249.30	24.67	287.51	17.42	1.88	113.16	2.88	19.23
Dec.	3	45.94	210.85	24.71	249.38	17.99	1.93	113.25	2.95	20.32
	7	47.72	172.46	24.72	211.24	18.54	1.99	113.30	3.03	21.36
	11	49.49	134.14	+24.69	173.10	+19.07	2.05	113.32	+ 3.11	22.35
	15	51.26	95.89	24.63	134.95	19.58	2.10	113.31	3.20	23.28
	19	53.03	57.72	24.55	96.79	20.07	2.16	113.27	3.30	24.16
	23	54.79	19.64	24.44	58.63	20.55	2.21	113.20	3.41	24.97
	27	56.55	341.66	24.31	20.46	21.00	2.27	113.10	3.52	25.73
	31	58.30	303.77	+24.16	342.28	+21.44	2.32	112.97	+ 3.64	26.42
	35	60.06	265.99	+24.00	304.09	+21.85	2.38	112.81	+ 3.76	27.06

JUPITER, 1996

EPHEMERIS FOR PHYSICAL OBSERVATIONS
FOR 0ʰ DYNAMICAL TIME

Date		Light-time	Magnitude	Surface Brightness	Diameter		Phase Angle	Defect of Illumination
					Eq.	Pol.		
		m			"	"	°	"
Jan.	−2	51.92	− 1.8	5.4	31.54	29.50	1.5	0.01
	2	51.82	1.8	5.4	31.60	29.56	2.1	0.01
	6	51.69	1.8	5.4	31.68	29.63	2.6	0.02
	10	51.53	1.8	5.4	31.78	29.72	3.2	0.03
	14	51.34	1.8	5.4	31.89	29.83	3.8	0.03
	18	51.13	− 1.8	5.4	32.02	29.95	4.3	0.05
	22	50.89	1.8	5.4	32.18	30.09	4.9	0.06
	26	50.63	1.8	5.4	32.34	30.25	5.4	0.07
	30	50.33	1.9	5.4	32.53	30.43	5.9	0.09
Feb.	3	50.02	1.9	5.4	32.74	30.62	6.4	0.10
	7	49.68	− 1.9	5.4	32.96	30.83	6.9	0.12
	11	49.32	1.9	5.4	33.20	31.05	7.4	0.14
	15	48.94	1.9	5.4	33.46	31.30	7.8	0.16
	19	48.53	1.9	5.4	33.74	31.56	8.3	0.18
	23	48.11	1.9	5.4	34.04	31.83	8.7	0.19
	27	47.67	− 2.0	5.4	34.35	32.13	9.0	0.21
Mar.	2	47.21	2.0	5.4	34.69	32.44	9.4	0.23
	6	46.74	2.0	5.4	35.04	32.77	9.7	0.25
	10	46.25	2.0	5.4	35.41	33.11	10.0	0.27
	14	45.75	2.0	5.4	35.79	33.47	10.3	0.29
	18	45.24	− 2.1	5.4	36.19	33.85	10.5	0.30
	22	44.72	2.1	5.4	36.62	34.24	10.7	0.32
	26	44.19	2.1	5.4	37.05	34.65	10.8	0.33
	30	43.66	2.1	5.4	37.50	35.07	10.9	0.34
Apr.	3	43.13	2.2	5.4	37.97	35.51	11.0	0.35
	7	42.59	− 2.2	5.4	38.44	35.95	11.0	0.35
	11	42.06	2.2	5.4	38.93	36.41	11.0	0.36
	15	41.53	2.3	5.4	39.43	36.88	10.9	0.36
	19	41.00	2.3	5.4	39.94	37.35	10.8	0.36
	23	40.48	2.3	5.4	40.45	37.83	10.7	0.35
	27	39.97	− 2.3	5.4	40.97	38.32	10.5	0.34
May	1	39.47	2.4	5.4	41.49	38.80	10.2	0.33
	5	38.98	2.4	5.4	42.00	39.28	9.9	0.31
	9	38.51	2.4	5.4	42.52	39.76	9.5	0.29
	13	38.06	2.5	5.4	43.02	40.23	9.1	0.27
	17	37.63	− 2.5	5.4	43.51	40.69	8.7	0.25
	21	37.23	2.5	5.4	43.99	41.14	8.2	0.22
	25	36.85	2.5	5.4	44.44	41.56	7.6	0.20
	29	36.49	2.6	5.4	44.87	41.97	7.0	0.17
June	2	36.17	2.6	5.4	45.27	42.34	6.4	0.14
	6	35.87	− 2.6	5.3	45.64	42.69	5.7	0.11
	10	35.61	2.6	5.3	45.98	43.00	4.9	0.09
	14	35.39	2.7	5.3	46.27	43.28	4.2	0.06
	18	35.20	2.7	5.3	46.52	43.51	3.4	0.04
	22	35.04	2.7	5.3	46.72	43.70	2.6	0.02
	26	34.93	− 2.7	5.3	46.88	43.84	1.8	0.01
	30	34.85	− 2.7	5.3	46.98	43.94	0.9	0.00

EPHEMERIS FOR PHYSICAL OBSERVATIONS
FOR 0ʰ DYNAMICAL TIME

Date		L_s	Sub-Earth Point		Sub-Solar Point				North Pole	
			Long.	Lat.	Long.	Lat.	Dist.	P.A.	Dist.	P.A.
		°	°	°	°	°	″	°	″	°
Jan.	−2	310.12	22.94	− 2.65	24.43	− 2.73	0.41	92.30	−14.74	359.72
	2	310.45	264.24	2.63	266.31	2.72	0.57	91.37	14.76	359.30
	6	310.77	145.56	2.61	148.21	2.70	0.73	90.67	14.80	358.87
	10	311.10	26.90	2.59	30.12	2.69	0.89	90.09	14.85	358.45
	14	311.42	268.27	2.57	272.05	2.68	1.05	89.57	14.90	358.04
	18	311.74	149.66	− 2.54	154.00	− 2.66	1.21	89.08	−14.96	357.63
	22	312.07	31.08	2.52	35.97	2.65	1.37	88.63	15.03	357.22
	26	312.39	272.53	2.50	277.95	2.64	1.53	88.20	15.11	356.82
	30	312.72	154.00	2.48	159.94	2.62	1.68	87.79	15.20	356.43
Feb.	3	313.04	35.51	2.45	41.95	2.61	1.84	87.39	15.30	356.05
	7	313.37	277.05	− 2.43	283.98	− 2.60	1.99	87.01	−15.40	355.67
	11	313.69	158.62	2.41	166.01	2.58	2.14	86.64	15.51	355.30
	15	314.02	40.22	2.38	48.06	2.57	2.28	86.28	15.64	354.95
	19	314.34	281.85	2.36	290.13	2.55	2.43	85.94	15.77	354.61
	23	314.67	163.53	2.34	172.20	2.54	2.56	85.61	15.91	354.27
	27	315.00	45.24	− 2.31	54.28	− 2.52	2.70	85.29	−16.05	353.95
Mar.	2	315.32	286.98	2.29	296.38	2.51	2.83	84.99	16.21	353.65
	6	315.65	168.77	2.27	178.48	2.50	2.96	84.70	16.37	353.36
	10	315.98	50.59	2.25	60.59	2.48	3.07	84.43	16.55	353.08
	14	316.30	292.45	2.23	302.71	2.47	3.19	84.18	16.73	352.82
	18	316.63	174.35	− 2.20	184.84	− 2.45	3.29	83.94	−16.91	352.57
	22	316.96	56.30	2.18	66.97	2.44	3.39	83.71	17.11	352.34
	26	317.28	298.28	2.17	309.10	2.42	3.48	83.50	17.32	352.13
	30	317.61	180.31	2.15	191.24	2.41	3.55	83.32	17.53	351.94
Apr.	3	317.94	62.38	2.13	73.38	2.39	3.62	83.14	17.74	351.76
	7	318.27	304.50	− 2.11	315.52	− 2.38	3.68	82.99	−17.97	351.60
	11	318.59	186.65	2.10	197.66	2.36	3.72	82.86	18.20	351.47
	15	318.92	68.86	2.08	79.80	2.35	3.74	82.74	18.43	351.35
	19	319.25	311.10	2.07	321.93	2.33	3.75	82.65	18.67	351.26
	23	319.58	193.39	2.06	204.06	2.31	3.74	82.58	18.91	351.18
	27	319.91	75.72	− 2.04	86.19	− 2.30	3.72	82.52	−19.15	351.13
May	1	320.24	318.10	2.03	328.30	2.28	3.67	82.49	19.39	351.10
	5	320.57	200.52	2.02	210.41	2.27	3.61	82.48	19.63	351.09
	9	320.90	82.98	2.02	92.51	2.25	3.52	82.49	19.87	351.10
	13	321.23	325.47	2.01	334.60	2.24	3.41	82.52	20.11	351.14
	17	321.55	208.01	− 2.00	216.67	− 2.22	3.28	82.57	−20.34	351.19
	21	321.88	90.58	2.00	98.73	2.20	3.12	82.65	20.56	351.27
	25	322.21	333.18	2.00	340.78	2.19	2.94	82.75	20.77	351.37
	29	322.54	215.81	1.99	222.81	2.17	2.73	82.86	20.97	351.49
June	2	322.88	98.46	1.99	104.82	2.15	2.50	83.00	21.16	351.63
	6	323.21	341.14	− 1.99	346.81	− 2.14	2.25	83.16	−21.33	351.78
	10	323.54	223.83	1.99	228.78	2.12	1.98	83.33	21.49	351.95
	14	323.87	106.53	1.99	110.73	2.10	1.69	83.53	21.63	352.14
	18	324.20	349.24	2.00	352.66	2.09	1.38	83.76	21.74	352.34
	22	324.53	231.96	2.00	234.56	2.07	1.06	84.03	21.84	352.55
	26	324.86	114.66	− 2.00	116.44	− 2.05	0.73	84.36	−21.91	352.77
	30	325.19	357.36	− 2.00	358.30	− 2.04	0.39	84.94	−21.96	353.00

JUPITER, 1996

EPHEMERIS FOR PHYSICAL OBSERVATIONS
FOR 0ʰ DYNAMICAL TIME

Date		Light-time	Magnitude	Surface Brightness	Diameter		Phase Angle	Defect of Illumination
					Eq.	Pol.		
		m			"	"	°	"
July	4	34.82	− 2.7	5.3	47.03	43.98	0.1	0.00
	8	34.82	2.7	5.3	47.02	43.98	0.7	0.00
	12	34.86	2.7	5.3	46.97	43.93	1.6	0.01
	16	34.94	2.7	5.3	46.86	43.83	2.4	0.02
	20	35.06	2.7	5.3	46.70	43.68	3.2	0.04
	24	35.22	− 2.7	5.3	46.49	43.48	4.0	0.06
	28	35.41	2.7	5.3	46.24	43.24	4.8	0.08
Aug.	1	35.64	2.6	5.3	45.94	42.97	5.5	0.11
	5	35.90	2.6	5.3	45.61	42.65	6.2	0.13
	9	36.20	2.6	5.3	45.24	42.31	6.9	0.16
	13	36.52	− 2.6	5.3	44.84	41.94	7.5	0.19
	17	36.87	2.6	5.3	44.41	41.54	8.1	0.22
	21	37.25	2.5	5.3	43.96	41.12	8.6	0.25
	25	37.65	2.5	5.3	43.49	40.68	9.1	0.27
	29	38.07	2.5	5.3	43.01	40.23	9.5	0.30
Sept.	2	38.51	− 2.5	5.3	42.52	39.77	9.9	0.32
	6	38.97	2.4	5.4	42.02	39.30	10.2	0.33
	10	39.44	2.4	5.4	41.52	38.83	10.5	0.35
	14	39.92	2.4	5.4	41.02	38.36	10.7	0.36
	18	40.41	2.3	5.4	40.52	37.89	10.9	0.37
	22	40.92	− 2.3	5.4	40.02	37.43	11.0	0.37
	26	41.42	2.3	5.3	39.53	36.97	11.1	0.37
	30	41.93	2.3	5.3	39.05	36.52	11.2	0.37
Oct.	4	42.44	2.2	5.3	38.58	36.08	11.2	0.36
	8	42.95	2.2	5.3	38.12	35.65	11.1	0.36
	12	43.46	− 2.2	5.3	37.68	35.24	11.0	0.35
	16	43.96	2.2	5.3	37.25	34.83	10.9	0.33
	20	44.46	2.1	5.3	36.83	34.45	10.7	0.32
	24	44.95	2.1	5.3	36.43	34.07	10.5	0.30
	28	45.42	2.1	5.3	36.05	33.72	10.2	0.29
Nov.	1	45.89	− 2.1	5.3	35.68	33.37	10.0	0.27
	5	46.34	2.1	5.3	35.34	33.05	9.6	0.25
	9	46.78	2.0	5.3	35.01	32.74	9.3	0.23
	13	47.20	2.0	5.3	34.69	32.45	8.9	0.21
	17	47.60	2.0	5.3	34.40	32.17	8.5	0.19
	21	47.98	− 2.0	5.3	34.13	31.92	8.1	0.17
	25	48.35	2.0	5.3	33.87	31.68	7.7	0.15
	29	48.69	2.0	5.3	33.63	31.45	7.2	0.13
Dec.	3	49.01	2.0	5.3	33.41	31.25	6.7	0.11
	7	49.31	1.9	5.3	33.21	31.06	6.2	0.10
	11	49.58	− 1.9	5.3	33.03	30.89	5.7	0.08
	15	49.83	1.9	5.3	32.86	30.73	5.2	0.07
	19	50.05	1.9	5.3	32.72	30.60	4.6	0.05
	23	50.25	1.9	5.3	32.59	30.48	4.1	0.04
	27	50.42	1.9	5.3	32.48	30.37	3.5	0.03
	31	50.56	− 1.9	5.3	32.39	30.29	2.9	0.02
	35	50.68	− 1.9	5.3	32.31	30.22	2.3	0.01

EPHEMERIS FOR PHYSICAL OBSERVATIONS
FOR 0^h DYNAMICAL TIME

Date		L_s	Sub-Earth Point		Sub-Solar Point				North Pole	
			Long.	Lat.	Long.	Lat.	Dist.	P.A.	Dist.	P.A.
		°	°	°	°	°	″	°	″	°
July	4	325.52	240.03	− 2.00	240.13	− 2.02	0.04	91.60	−21.98	353.23
	8	325.86	122.69	2.01	121.95	2.00	0.31	263.61	21.98	353.46
	12	326.19	5.32	2.01	3.73	1.99	0.65	264.35	21.95	353.69
	16	326.52	247.91	2.01	245.50	1.97	0.99	264.72	21.90	353.91
	20	326.85	130.46	2.01	127.23	1.95	1.32	265.01	21.83	354.13
	24	327.19	12.97	− 2.01	8.95	− 1.93	1.63	265.25	−21.73	354.34
	28	327.52	255.44	2.01	250.65	1.92	1.93	265.47	21.61	354.54
Aug.	1	327.85	137.84	2.01	132.32	1.90	2.21	265.67	21.47	354.72
	5	328.19	20.20	2.01	13.97	1.88	2.47	265.85	21.32	354.89
	9	328.52	262.49	2.01	255.61	1.86	2.71	266.00	21.14	355.04
	13	328.85	144.73	− 2.01	137.22	− 1.85	2.93	266.14	−20.96	355.18
	17	329.19	26.90	2.01	18.82	1.83	3.12	266.26	20.76	355.29
	21	329.52	269.01	2.00	260.40	1.81	3.29	266.36	20.55	355.38
	25	329.86	151.06	2.00	141.97	1.79	3.44	266.43	20.33	355.44
	29	330.19	33.05	1.99	23.52	1.77	3.56	266.49	20.10	355.49
Sept.	2	330.52	274.97	− 1.99	265.07	− 1.76	3.66	266.52	−19.87	355.51
	6	330.86	156.83	1.98	146.60	1.74	3.73	266.53	19.64	355.50
	10	331.19	38.63	1.97	28.13	1.72	3.79	266.52	19.41	355.48
	14	331.53	280.38	1.96	269.64	1.70	3.82	266.49	19.17	355.43
	18	331.86	162.07	1.95	151.15	1.68	3.84	266.43	18.94	355.36
	22	332.20	43.70	− 1.94	32.66	− 1.66	3.83	266.36	−18.70	355.26
	26	332.54	285.29	1.93	274.16	1.65	3.81	266.26	18.48	355.14
	30	332.87	166.82	1.92	155.66	1.63	3.78	266.15	18.25	355.01
Oct.	4	333.21	48.31	1.90	37.16	1.61	3.73	266.01	18.03	354.85
	8	333.54	289.76	1.89	278.66	1.59	3.67	265.86	17.82	354.67
	12	333.88	171.16	− 1.87	160.16	− 1.57	3.60	265.69	−17.61	354.47
	16	334.22	52.53	1.86	41.66	1.55	3.51	265.51	17.41	354.25
	20	334.55	293.86	1.84	283.17	1.53	3.42	265.31	17.22	354.02
	24	334.89	175.16	1.82	164.69	1.51	3.31	265.09	17.03	353.77
	28	335.23	56.44	1.80	46.20	1.50	3.20	264.87	16.85	353.50
Nov.	1	335.57	297.68	− 1.78	287.73	− 1.48	3.08	264.63	−16.68	353.22
	5	335.90	178.90	1.76	169.26	1.46	2.96	264.38	16.52	352.93
	9	336.24	60.10	1.74	50.81	1.44	2.83	264.12	16.36	352.63
	13	336.58	301.29	1.71	292.36	1.42	2.69	263.85	16.22	352.31
	17	336.92	182.45	1.69	173.92	1.40	2.55	263.57	16.08	351.98
	21	337.26	63.60	− 1.66	55.49	− 1.38	2.41	263.29	−15.95	351.65
	25	337.60	304.75	1.63	297.08	1.36	2.26	263.01	15.83	351.30
	29	337.93	185.88	1.61	178.68	1.34	2.11	262.72	15.72	350.95
Dec.	3	338.27	67.00	1.58	60.29	1.32	1.95	262.43	15.62	350.59
	7	338.61	308.13	1.55	301.92	1.30	1.80	262.15	15.52	350.23
	11	338.95	189.25	− 1.52	183.56	− 1.28	1.64	261.87	−15.44	349.86
	15	339.29	70.37	1.49	65.21	1.26	1.48	261.60	15.36	349.49
	19	339.63	311.49	1.45	306.88	1.24	1.32	261.35	15.29	349.12
	23	339.97	192.62	1.42	188.57	1.22	1.15	261.12	15.23	348.74
	27	340.31	73.75	1.38	70.27	1.20	0.99	260.94	15.18	348.36
	31	340.65	314.89	− 1.35	311.99	− 1.18	0.82	260.82	−15.14	347.99
	35	340.99	196.04	− 1.31	193.72	− 1.16	0.65	260.82	−15.11	347.61

SATURN, 1996

EPHEMERIS FOR PHYSICAL OBSERVATIONS
FOR 0ʰ DYNAMICAL TIME

Date		Light-time	Magnitude	Surface Brightness	Diameter		Phase Angle	Defect of Illumination
					Eq.	Pol.		
		m			″	″	°	″
Jan.	−2	81.75	+ 1.1	7.0	16.83	15.02	5.6	0.04
	2	82.27	1.2	7.0	16.73	14.93	5.5	0.04
	6	82.78	1.2	7.0	16.62	14.84	5.3	0.04
	10	83.27	1.2	7.0	16.53	14.75	5.2	0.03
	14	83.74	1.2	6.9	16.43	14.66	5.0	0.03
	18	84.20	+ 1.2	6.9	16.34	14.59	4.7	0.03
	22	84.63	1.2	6.9	16.26	14.51	4.5	0.02
	26	85.04	1.2	6.9	16.18	14.44	4.3	0.02
	30	85.43	1.2	6.9	16.11	14.37	4.0	0.02
Feb.	3	85.79	1.2	6.9	16.04	14.31	3.7	0.02
	7	86.12	+ 1.2	6.9	15.98	14.26	3.4	0.01
	11	86.42	1.2	6.9	15.92	14.21	3.1	0.01
	15	86.70	1.2	6.9	15.87	14.16	2.8	0.01
	19	86.94	1.2	6.8	15.83	14.12	2.5	0.01
	23	87.15	1.2	6.8	15.79	14.09	2.1	0.01
	27	87.33	+ 1.2	6.8	15.76	14.06	1.8	0.00
Mar.	2	87.48	1.1	6.8	15.73	14.04	1.4	0.00
	6	87.60	1.1	6.8	15.71	14.02	1.1	0.00
	10	87.68	1.1	6.8	15.69	14.01	0.7	0.00
	14	87.73	1.1	6.7	15.69	14.00	0.4	0.00
	18	87.74	+ 1.1	6.7	15.68	14.00	0.2	0.00
	22	87.72	1.1	6.7	15.69	14.00	0.4	0.00
	26	87.67	1.1	6.8	15.70	14.01	0.8	0.00
	30	87.58	1.1	6.8	15.71	14.02	1.1	0.00
Apr.	3	87.47	1.1	6.8	15.73	14.04	1.5	0.00
	7	87.32	+ 1.1	6.8	15.76	14.07	1.8	0.00
	11	87.13	1.1	6.8	15.79	14.10	2.2	0.01
	15	86.92	1.1	6.8	15.83	14.13	2.5	0.01
	19	86.68	1.1	6.8	15.88	14.17	2.8	0.01
	23	86.40	1.1	6.9	15.93	14.22	3.1	0.01
	27	86.10	+ 1.1	6.9	15.98	14.27	3.5	0.01
May	1	85.77	1.1	6.9	16.04	14.33	3.7	0.02
	5	85.42	1.1	6.9	16.11	14.39	4.0	0.02
	9	85.04	1.0	6.9	16.18	14.45	4.3	0.02
	13	84.64	1.0	6.9	16.26	14.52	4.6	0.03
	17	84.21	+ 1.0	6.9	16.34	14.60	4.8	0.03
	21	83.76	1.0	6.9	16.43	14.67	5.0	0.03
	25	83.30	1.0	6.9	16.52	14.76	5.2	0.03
	29	82.82	1.0	7.0	16.62	14.84	5.4	0.04
June	2	82.32	1.0	7.0	16.72	14.93	5.6	0.04
	6	81.81	+ 1.0	7.0	16.82	15.03	5.7	0.04
	10	81.28	1.0	7.0	16.93	15.13	5.9	0.04
	14	80.75	1.0	7.0	17.04	15.23	6.0	0.04
	18	80.21	0.9	7.0	17.16	15.33	6.0	0.05
	22	79.66	0.9	7.0	17.27	15.44	6.1	0.05
	26	79.11	+ 0.9	7.0	17.39	15.54	6.1	0.05
	30	78.56	+ 0.9	7.0	17.52	15.65	6.1	0.05

EPHEMERIS FOR PHYSICAL OBSERVATIONS
FOR 0ʰ DYNAMICAL TIME

Date	L_s	Sub-Earth Point		Sub-Solar Point				North Pole	
		Long.	Lat.	Long.	Lat.	Dist.	P.A.	Dist.	P.A.
	°	°	°	°	°	″	°	″	°
Jan. −2	181.31	184.55	+ 2.51	179.57	− 0.74	0.82	247.53	+ 7.51	4.94
2	181.45	187.21	2.34	182.33	0.82	0.80	247.67	7.46	4.93
6	181.58	189.85	2.16	185.10	0.89	0.77	247.81	7.41	4.91
10	181.71	192.48	1.97	187.88	0.97	0.74	247.96	7.37	4.89
14	181.85	195.10	1.76	190.67	1.04	0.71	248.12	7.33	4.86
18	181.98	197.72	+ 1.55	193.47	− 1.12	0.68	248.30	+ 7.29	4.84
22	182.11	200.33	1.32	196.29	1.19	0.64	248.49	7.25	4.81
26	182.24	202.94	1.08	199.11	1.27	0.60	248.70	7.22	4.79
30	182.38	205.55	0.84	201.95	1.34	0.56	248.95	7.19	4.76
Feb. 3	182.51	208.16	0.59	204.81	1.42	0.52	249.23	7.16	4.73
7	182.64	210.77	+ 0.33	207.68	− 1.49	0.48	249.56	+ 7.13	4.70
11	182.78	213.38	+ 0.06	210.56	1.57	0.43	249.96	+ 7.10	4.66
15	182.91	216.01	− 0.21	213.46	1.64	0.39	250.45	− 7.08	4.63
19	183.04	218.64	0.49	216.38	1.72	0.34	251.07	7.06	4.60
23	183.18	221.28	0.77	219.32	1.79	0.29	251.89	7.04	4.56
27	183.31	223.93	− 1.05	222.28	− 1.87	0.25	253.03	− 7.03	4.53
Mar. 2	183.44	226.60	1.34	225.25	1.94	0.20	254.73	7.02	4.49
6	183.57	229.28	1.62	228.24	2.02	0.15	257.53	7.01	4.46
10	183.71	231.97	1.91	231.25	2.09	0.10	263.02	7.00	4.42
14	183.84	234.68	2.20	234.28	2.17	0.06	277.93	7.00	4.38
18	183.97	237.41	− 2.49	237.33	− 2.24	0.03	341.60	− 6.99	4.34
22	184.11	240.16	2.78	240.40	2.32	0.06	37.63	6.99	4.30
26	184.24	242.92	3.06	243.48	2.39	0.11	50.76	7.00	4.27
30	184.37	245.71	3.34	246.59	2.47	0.15	55.81	7.00	4.23
Apr. 3	184.51	248.51	3.62	249.71	2.54	0.20	58.47	7.01	4.19
7	184.64	251.34	− 3.90	252.85	− 2.62	0.25	60.10	− 7.02	4.15
11	184.77	254.19	4.17	256.01	2.70	0.30	61.22	7.03	4.11
15	184.91	257.07	4.43	259.18	2.77	0.34	62.04	7.05	4.08
19	185.04	259.97	4.69	262.38	2.85	0.39	62.67	7.07	4.04
23	185.18	262.89	4.95	265.59	2.92	0.44	63.17	7.09	4.00
27	185.31	265.83	− 5.19	268.81	− 3.00	0.48	63.58	− 7.11	3.97
May 1	185.44	268.81	5.43	272.05	3.07	0.52	63.93	7.14	3.93
5	185.58	271.80	5.66	275.31	3.15	0.57	64.24	7.17	3.90
9	185.71	274.83	5.88	278.58	3.22	0.61	64.51	7.20	3.87
13	185.84	277.87	6.09	281.86	3.30	0.65	64.75	7.23	3.83
17	185.98	280.95	− 6.29	285.16	− 3.37	0.68	64.97	− 7.26	3.80
21	186.11	284.05	6.48	288.47	3.45	0.72	65.17	7.30	3.77
25	186.25	287.18	6.65	291.78	3.52	0.75	65.36	7.34	3.74
29	186.38	290.33	6.82	295.11	3.60	0.78	65.54	7.38	3.72
June 2	186.51	293.51	6.97	298.45	3.67	0.81	65.71	7.42	3.69
6	186.65	296.72	− 7.12	301.79	− 3.75	0.84	65.88	− 7.47	3.67
10	186.78	299.95	7.24	305.14	3.82	0.86	66.04	7.52	3.64
14	186.92	303.20	7.36	308.50	3.90	0.88	66.19	7.56	3.62
18	187.05	306.48	7.46	311.86	3.97	0.90	66.35	7.61	3.60
22	187.18	309.79	7.55	315.22	4.05	0.92	66.50	7.66	3.59
26	187.32	313.12	− 7.62	318.59	− 4.12	0.93	66.65	− 7.72	3.57
30	187.45	316.48	− 7.68	321.95	− 4.20	0.93	66.81	− 7.77	3.56

SATURN, 1996

EPHEMERIS FOR PHYSICAL OBSERVATIONS
FOR 0ʰ DYNAMICAL TIME

Date		Light-time	Magnitude	Surface Brightness	Diameter		Phase Angle	Defect of Illumination
					Eq.	Pol.		
		m			″	″	°	″
July	4	78.01	+ 0.9	7.0	17.64	15.76	6.1	0.05
	8	77.46	0.9	7.0	17.76	15.88	6.1	0.05
	12	76.92	0.8	7.0	17.89	15.99	6.0	0.05
	16	76.38	0.8	7.0	18.02	16.10	5.9	0.05
	20	75.86	0.8	7.0	18.14	16.21	5.8	0.04
	24	75.35	+ 0.8	7.0	18.26	16.32	5.6	0.04
	28	74.85	0.8	7.0	18.38	16.43	5.4	0.04
Aug.	1	74.37	0.7	6.9	18.50	16.53	5.2	0.04
	5	73.91	0.7	6.9	18.62	16.64	5.0	0.03
	9	73.48	0.7	6.9	18.73	16.73	4.7	0.03
	13	73.06	+ 0.7	6.9	18.83	16.83	4.4	0.03
	17	72.68	0.6	6.9	18.93	16.92	4.1	0.02
	21	72.32	0.6	6.9	19.03	17.00	3.8	0.02
	25	71.99	0.6	6.9	19.11	17.08	3.4	0.02
	29	71.70	0.6	6.8	19.19	17.14	3.1	0.01
Sept.	2	71.44	+ 0.6	6.8	19.26	17.21	2.7	0.01
	6	71.22	0.5	6.8	19.32	17.26	2.3	0.01
	10	71.03	0.5	6.8	19.37	17.30	1.9	0.01
	14	70.88	0.5	6.8	19.41	17.34	1.4	0.00
	18	70.77	0.5	6.8	19.44	17.37	1.0	0.00
	22	70.70	+ 0.5	6.7	19.46	17.38	0.6	0.00
	26	70.67	0.5	6.7	19.47	17.39	0.3	0.00
	30	70.69	0.5	6.7	19.47	17.38	0.5	0.00
Oct.	4	70.74	0.5	6.8	19.45	17.37	0.8	0.00
	8	70.83	0.5	6.8	19.43	17.35	1.3	0.00
	12	70.96	+ 0.6	6.8	19.39	17.31	1.7	0.00
	16	71.14	0.6	6.8	19.34	17.27	2.1	0.01
	20	71.35	0.6	6.8	19.29	17.22	2.5	0.01
	24	71.60	0.7	6.8	19.22	17.16	2.9	0.01
	28	71.88	0.7	6.9	19.14	17.09	3.3	0.02
Nov.	1	72.20	+ 0.7	6.9	19.06	17.01	3.6	0.02
	5	72.55	0.7	6.9	18.97	16.93	4.0	0.02
	9	72.93	0.8	6.9	18.87	16.84	4.3	0.03
	13	73.34	0.8	6.9	18.76	16.75	4.6	0.03
	17	73.78	0.8	6.9	18.65	16.65	4.8	0.03
	21	74.23	+ 0.8	6.9	18.54	16.55	5.1	0.04
	25	74.71	0.9	6.9	18.42	16.44	5.3	0.04
	29	75.21	0.9	6.9	18.30	16.33	5.5	0.04
Dec.	3	75.72	0.9	7.0	18.17	16.22	5.6	0.04
	7	76.25	0.9	7.0	18.05	16.11	5.7	0.04
	11	76.79	+ 0.9	7.0	17.92	16.00	5.8	0.05
	15	77.33	1.0	7.0	17.79	15.88	5.9	0.05
	19	77.88	1.0	7.0	17.67	15.77	5.9	0.05
	23	78.43	1.0	7.0	17.54	15.66	6.0	0.05
	27	78.98	1.0	7.0	17.42	15.55	5.9	0.05
	31	79.53	+ 1.0	7.0	17.30	15.45	5.9	0.04
	35	80.08	+ 1.0	7.0	17.18	15.34	5.8	0.04

EPHEMERIS FOR PHYSICAL OBSERVATIONS
FOR 0^h DYNAMICAL TIME

Date		L_s	Sub-Earth Point		Sub-Solar Point				North Pole	
			Long.	Lat.	Long.	Lat.	Dist.	P.A.	Dist.	P.A.
		°	°	°	°	°	″	°	″	°
July	4	187.59	319.85	− 7.72	325.32	− 4.27	0.94	66.96	− 7.83	3.55
	8	187.72	323.25	7.75	328.68	4.35	0.94	67.13	7.88	3.54
	12	187.85	326.67	7.76	332.04	4.42	0.93	67.29	7.94	3.54
	16	187.99	330.11	7.76	335.40	4.50	0.92	67.47	7.99	3.53
	20	188.12	333.57	7.74	338.75	4.58	0.91	67.65	8.05	3.53
	24	188.26	337.04	− 7.71	342.09	− 4.65	0.89	67.85	− 8.10	3.53
	28	188.39	340.53	7.66	345.43	4.73	0.87	68.06	8.16	3.54
Aug.	1	188.53	344.04	7.60	348.75	4.80	0.84	68.28	8.21	3.54
	5	188.66	347.55	7.52	352.06	4.88	0.81	68.53	8.26	3.55
	9	188.80	351.08	7.43	355.37	4.95	0.77	68.82	8.31	3.56
	13	188.93	354.62	− 7.33	358.65	− 5.03	0.73	69.13	− 8.36	3.57
	17	189.07	358.16	7.21	1.92	5.10	0.68	69.50	8.41	3.59
	21	189.20	1.71	7.09	5.18	5.18	0.63	69.94	8.45	3.60
	25	189.33	5.25	6.95	8.42	5.25	0.57	70.46	8.49	3.62
	29	189.47	8.80	6.80	11.64	5.33	0.51	71.12	8.52	3.64
Sept.	2	189.60	12.35	− 6.65	14.84	− 5.40	0.45	71.96	− 8.56	3.66
	6	189.74	15.88	6.48	18.02	5.48	0.38	73.10	8.59	3.68
	10	189.87	19.41	6.31	21.18	5.55	0.31	74.76	8.61	3.70
	14	190.01	22.93	6.14	24.32	5.63	0.24	77.38	8.63	3.73
	18	190.14	26.44	5.96	27.43	5.70	0.17	82.21	8.65	3.75
	22	190.28	29.93	− 5.78	30.53	− 5.78	0.10	93.87	− 8.66	3.78
	26	190.41	33.39	5.59	33.60	5.85	0.05	138.91	8.66	3.80
	30	190.55	36.84	5.41	36.65	5.93	0.08	209.07	8.66	3.83
Oct.	4	190.68	40.26	5.24	39.67	6.00	0.14	227.81	8.66	3.86
	8	190.82	43.66	5.06	42.67	6.08	0.22	234.37	8.65	3.88
	12	190.95	47.02	− 4.90	45.65	− 6.15	0.29	237.64	− 8.63	3.90
	16	191.09	50.36	4.74	48.61	6.23	0.36	239.60	8.61	3.93
	20	191.22	53.66	4.59	51.54	6.30	0.42	240.92	8.59	3.95
	24	191.36	56.93	4.44	54.46	6.38	0.49	241.88	8.56	3.97
	28	191.49	60.17	4.31	57.35	6.45	0.55	242.60	8.53	3.99
Nov.	1	191.63	63.37	− 4.20	60.23	− 6.53	0.61	243.19	− 8.49	4.01
	5	191.76	66.53	4.09	63.08	6.60	0.66	243.66	8.45	4.03
	9	191.90	69.65	4.00	65.92	6.68	0.71	244.07	8.41	4.04
	13	192.03	72.74	3.93	68.74	6.75	0.75	244.41	8.36	4.05
	17	192.17	75.79	3.87	71.55	6.82	0.79	244.72	8.31	4.06
	21	192.31	78.81	− 3.82	74.35	− 6.90	0.82	244.99	− 8.26	4.07
	25	192.44	81.79	3.80	77.13	6.97	0.85	245.24	8.21	4.08
	29	192.58	84.73	3.79	79.91	7.05	0.87	245.46	8.15	4.08
Dec.	3	192.71	87.64	3.79	82.67	7.12	0.89	245.67	8.10	4.09
	7	192.85	90.52	3.82	85.43	7.20	0.90	245.87	8.04	4.09
	11	192.98	93.36	− 3.86	88.18	− 7.27	0.91	246.06	− 7.98	4.08
	15	193.12	96.18	3.91	90.92	7.35	0.92	246.24	7.93	4.08
	19	193.25	98.96	3.99	93.67	7.42	0.91	246.41	7.87	4.07
	23	193.39	101.72	4.08	96.41	7.50	0.91	246.57	7.82	4.06
	27	193.53	104.46	4.18	99.15	7.57	0.90	246.74	7.76	4.05
	31	193.66	107.17	− 4.31	101.90	− 7.65	0.89	246.90	− 7.71	4.04
	35	193.80	109.87	− 4.44	104.64	− 7.72	0.87	247.07	− 7.65	4.02

URANUS, 1996

EPHEMERIS FOR PHYSICAL OBSERVATIONS
FOR 0^h DYNAMICAL TIME

Date		Light-time	Magnitude	Equatorial Diameter	Phase Angle	L_s	Sub-Earth Lat.	North Pole	
								Dist.	P.A.
		m		″	°	°	°	″	°
Jan.	−2	171.75	+ 5.9	3.39	1.1	312.68	−49.54	− 1.10	270.29
	8	172.20	5.9	3.38	0.6	312.79	48.99	1.11	269.95
	18	172.41	5.9	3.38	0.2	312.90	48.42	1.12	269.60
	28	172.39	5.9	3.38	0.3	313.01	47.85	1.14	269.26
Feb.	7	172.14	5.9	3.38	0.8	313.12	47.28	1.15	268.93
	17	171.66	+ 5.9	3.39	1.2	313.23	−46.74	− 1.16	268.62
	27	170.96	5.9	3.41	1.7	313.34	46.22	1.18	268.33
Mar.	8	170.08	5.8	3.43	2.0	313.45	45.75	1.19	268.06
	18	169.02	5.8	3.45	2.3	313.57	45.33	1.21	267.84
	28	167.83	5.8	3.47	2.6	313.68	44.97	1.23	267.64
Apr.	7	166.54	+ 5.8	3.50	2.8	313.79	−44.67	− 1.24	267.49
	17	165.18	5.8	3.53	2.9	313.90	44.46	1.26	267.38
	27	163.79	5.8	3.56	2.9	314.01	44.32	1.27	267.31
May	7	162.41	5.7	3.59	2.9	314.12	44.27	1.28	267.29
	17	161.07	5.7	3.62	2.7	314.23	44.29	1.29	267.31
	27	159.83	+ 5.7	3.64	2.5	314.34	−44.40	− 1.30	267.37
June	6	158.72	5.7	3.67	2.2	314.45	44.58	1.31	267.47
	16	157.76	5.7	3.69	1.8	314.56	44.82	1.31	267.61
	26	156.99	5.7	3.71	1.4	314.67	45.12	1.31	267.77
July	6	156.43	5.7	3.72	1.0	314.78	45.47	1.31	267.97
	16	156.11	+ 5.7	3.73	0.5	314.89	−45.84	− 1.30	268.18
	26	156.02	5.7	3.73	0.0	315.01	46.23	1.29	268.40
Aug.	5	156.18	5.7	3.73	0.5	315.12	46.62	1.28	268.62
	15	156.58	5.7	3.72	1.0	315.23	46.99	1.27	268.84
	25	157.21	5.7	3.71	1.5	315.34	47.33	1.26	269.03
Sept.	4	158.06	+ 5.7	3.69	1.9	315.45	−47.62	− 1.24	269.20
	14	159.08	5.7	3.66	2.3	315.56	47.86	1.23	269.34
	24	160.27	5.7	3.63	2.5	315.67	48.02	1.22	269.43
Oct.	4	161.57	5.7	3.61	2.7	315.78	48.11	1.21	269.48
	14	162.96	5.8	3.57	2.8	315.89	48.12	1.20	269.48
	24	164.38	+ 5.8	3.54	2.9	316.00	−48.04	− 1.19	269.43
Nov.	3	165.81	5.8	3.51	2.8	316.11	47.89	1.18	269.33
	13	167.19	5.8	3.48	2.7	316.22	47.65	1.18	269.19
	23	168.50	5.8	3.46	2.5	316.33	47.34	1.17	269.00
Dec.	3	169.68	5.8	3.43	2.2	316.44	46.96	1.17	268.78
	13	170.72	+ 5.9	3.41	1.9	316.55	−46.52	− 1.17	268.52
	23	171.57	5.9	3.40	1.5	316.66	46.03	1.18	268.24
	33	172.22	5.9	3.38	1.1	316.77	45.51	1.18	267.95
	43	172.65	+ 5.9	3.37	0.6	316.88	−44.95	− 1.19	267.64

EPHEMERIS FOR PHYSICAL OBSERVATIONS
FOR 0ʰ DYNAMICAL TIME

Date		Light-time	Magnitude	Equatorial Diameter	Phase Angle	L_s	Sub-Earth Lat.	North Pole	
								Dist.	P.A.
		m		″	°	°	°	″	°
Jan.	−2	258.65	+ 8.0	2.15	0.6	257.05	−29.91	− 0.92	359.05
	8	258.97	8.0	2.15	0.3	257.11	29.97	0.92	358.71
	18	259.05	8.0	2.15	0.1	257.17	30.03	0.92	358.37
	28	258.89	8.0	2.15	0.4	257.23	30.08	0.92	358.02
Feb.	7	258.49	8.0	2.16	0.7	257.29	30.14	0.92	357.69
	17	257.86	+ 8.0	2.16	1.0	257.35	−30.19	− 0.92	357.37
	27	257.03	8.0	2.17	1.2	257.41	30.24	0.92	357.08
Mar.	8	256.01	8.0	2.18	1.5	257.47	30.28	0.93	356.82
	18	254.85	8.0	2.19	1.6	257.53	30.31	0.93	356.60
	28	253.56	7.9	2.20	1.8	257.59	30.34	0.94	356.42
Apr.	7	252.19	+ 7.9	2.21	1.9	257.65	−30.36	− 0.94	356.28
	17	250.78	7.9	2.22	1.9	257.71	30.38	0.95	356.20
	27	249.37	7.9	2.23	1.9	257.77	30.38	0.95	356.16
May	7	248.00	7.9	2.25	1.8	257.83	30.38	0.96	356.17
	17	246.70	7.9	2.26	1.7	257.89	30.37	0.96	356.23
	27	245.52	+ 7.9	2.27	1.5	257.95	−30.36	− 0.97	356.34
June	6	244.49	7.9	2.28	1.3	258.01	30.33	0.97	356.49
	16	243.64	7.9	2.29	1.0	258.07	30.31	0.97	356.67
	26	243.00	7.9	2.29	0.7	258.12	30.27	0.98	356.89
July	6	242.58	7.9	2.30	0.4	258.18	30.24	0.98	357.12
	16	242.39	+ 7.9	2.30	0.1	258.24	−30.19	− 0.98	357.36
	26	242.45	7.9	2.30	0.2	258.30	30.15	0.98	357.61
Aug.	5	242.75	7.9	2.30	0.6	258.36	30.11	0.98	357.85
	15	243.28	7.9	2.29	0.9	258.42	30.07	0.98	358.07
	25	244.03	7.9	2.28	1.1	258.48	30.03	0.98	358.27
Sept.	4	244.98	+ 7.9	2.27	1.4	258.54	−30.00	− 0.97	358.44
	14	246.09	7.9	2.26	1.6	258.60	29.97	0.97	358.56
	24	247.34	7.9	2.25	1.7	258.66	29.95	0.96	358.65
Oct.	4	248.69	7.9	2.24	1.8	258.72	29.94	0.96	358.69
	14	250.09	7.9	2.23	1.9	258.78	29.94	0.95	358.67
	24	251.52	+ 7.9	2.22	1.9	258.84	−29.95	− 0.95	358.61
Nov.	3	252.91	7.9	2.20	1.8	258.90	29.96	0.94	358.49
	13	254.25	8.0	2.19	1.7	258.96	29.99	0.94	358.33
	23	255.47	8.0	2.18	1.5	259.02	30.02	0.93	358.12
Dec.	3	256.56	8.0	2.17	1.3	259.08	30.06	0.93	357.88
	13	257.47	+ 8.0	2.16	1.1	259.14	−30.10	− 0.92	357.59
	23	258.19	8.0	2.16	0.8	259.20	30.15	0.92	357.29
	33	258.68	8.0	2.15	0.5	259.26	30.20	0.92	356.96
	43	258.94	+ 8.0	2.15	0.2	259.32	−30.25	− 0.92	356.62

PLUTO, 1996

EPHEMERIS FOR PHYSICAL OBSERVATIONS
FOR 0ʰ DYNAMICAL TIME

Date		Light-time	Magnitude	Phase Angle	L_s	Sub-Earth Point		North Pole P.A.
						Long.	Lat.	
		m		°	°	°	°	°
Jan.	−2	254.96	+13.8	1.1	201.51	2.28	−19.88	82.62
	8	254.07	13.8	1.4	201.57	206.02	20.19	82.56
	18	253.01	13.8	1.6	201.64	49.75	20.47	82.50
	28	251.82	13.8	1.7	201.71	253.47	20.70	82.46
Feb.	7	250.52	13.8	1.8	201.77	97.16	20.90	82.43
	17	249.16	+13.8	1.9	201.84	300.83	−21.04	82.42
	27	247.78	13.7	1.9	201.91	144.49	21.12	82.42
Mar.	8	246.42	13.7	1.8	201.98	348.12	21.16	82.44
	18	245.12	13.7	1.7	202.04	191.74	21.14	82.47
	28	243.92	13.7	1.6	202.11	35.34	21.06	82.51
Apr.	7	242.86	+13.7	1.4	202.18	238.93	−20.94	82.56
	17	241.96	13.7	1.2	202.25	82.50	20.78	82.62
	27	241.27	13.7	0.9	202.31	286.07	20.58	82.68
May	7	240.79	13.7	0.7	202.38	129.63	20.35	82.75
	17	240.54	13.7	0.5	202.45	333.19	20.10	82.81
	27	240.52	+13.7	0.5	202.51	176.76	−19.84	82.87
June	6	240.75	13.7	0.6	202.58	20.33	19.58	82.92
	16	241.20	13.7	0.9	202.65	223.91	19.33	82.97
	26	241.87	13.7	1.1	202.72	67.50	19.11	83.01
July	6	242.73	13.7	1.4	202.78	271.10	18.90	83.03
	16	243.76	+13.7	1.6	202.85	114.72	−18.74	83.05
	26	244.94	13.7	1.7	202.92	318.36	18.61	83.05
Aug.	5	246.22	13.7	1.9	202.98	162.01	18.53	83.04
	15	247.57	13.7	1.9	203.05	5.68	18.51	83.01
	25	248.95	13.8	1.9	203.12	209.37	18.53	82.98
Sept.	4	250.33	+13.8	1.9	203.19	53.08	−18.60	82.93
	14	251.66	13.8	1.8	203.25	256.80	18.73	82.86
	24	252.91	13.8	1.7	203.32	100.54	18.90	82.79
Oct.	4	254.04	13.8	1.5	203.39	304.29	19.12	82.71
	14	255.03	13.8	1.3	203.45	148.05	19.38	82.61
	24	255.84	+13.8	1.0	203.52	351.82	−19.68	82.51
Nov.	3	256.45	13.8	0.8	203.59	195.60	20.00	82.41
	13	256.85	13.8	0.6	203.66	39.38	20.35	82.30
	23	257.01	13.8	0.4	203.72	243.16	20.70	82.19
Dec.	3	256.95	13.8	0.5	203.79	86.94	21.07	82.09
	13	256.64	+13.8	0.7	203.86	290.72	−21.43	81.98
	23	256.12	13.8	0.9	203.92	134.49	21.78	81.89
	33	255.38	13.8	1.2	203.99	338.25	22.11	81.80
	43	254.45	+13.8	1.4	204.06	181.99	−22.41	81.73

FOR 0ʰ DYNAMICAL TIME

Date		Mars	Jupiter			Saturn	
			System I	System II	System III	System I	System III
Jan.	0	283.32	135.62	111.00	323.59	149.61	5.88
	1	273.48	293.31	261.06	113.91	273.77	96.54
	2	263.63	91.00	51.12	264.24	37.94	187.21
	3	253.79	248.69	201.18	54.57	162.10	277.87
	4	243.93	46.39	351.24	204.90	286.27	8.53
	5	234.08	204.08	141.31	355.23	50.43	99.19
	6	224.23	1.78	291.37	145.56	174.59	189.85
	7	214.37	159.48	81.44	295.89	298.75	280.51
	8	204.51	317.17	231.51	86.23	62.92	11.16
	9	194.65	114.88	21.58	236.56	187.08	101.82
	10	184.78	272.58	171.65	26.90	311.24	192.48
	11	174.91	70.28	321.72	177.24	75.40	283.14
	12	165.04	227.99	111.80	327.58	199.56	13.79
	13	155.17	25.69	261.88	117.92	323.71	104.45
	14	145.30	183.40	51.95	268.27	87.87	195.10
	15	135.42	341.11	202.03	58.61	212.03	285.76
	16	125.54	138.82	352.11	208.96	336.19	16.41
	17	115.65	296.54	142.20	359.31	100.35	107.06
	18	105.77	94.25	292.28	149.66	224.50	197.72
	19	95.88	251.97	82.37	300.01	348.66	288.37
	20	85.99	49.68	232.46	90.37	112.82	19.02
	21	76.10	207.40	22.54	240.72	236.97	109.68
	22	66.20	5.13	172.64	31.08	1.13	200.33
	23	56.30	162.85	322.73	181.44	125.28	290.98
	24	46.40	320.57	112.82	331.80	249.44	21.63
	25	36.50	118.30	262.92	122.16	13.60	112.29
	26	26.59	276.03	53.02	272.53	137.75	202.94
	27	16.68	73.76	203.12	62.89	261.91	293.59
	28	6.77	231.49	353.22	213.26	26.06	24.24
	29	356.86	29.23	143.33	3.63	150.22	114.89
	30	346.94	186.96	293.43	154.00	274.38	205.55
	31	337.02	344.70	83.54	304.38	38.53	296.20
Feb.	1	327.10	142.44	233.65	94.75	162.69	26.85
	2	317.18	300.18	23.76	245.13	286.84	117.50
	3	307.25	97.93	173.87	35.51	51.00	208.16
	4	297.33	255.67	323.99	185.89	175.16	298.81
	5	287.39	53.42	114.11	336.27	299.31	29.46
	6	277.46	211.17	264.23	126.66	63.47	120.11
	7	267.53	8.92	54.35	277.05	187.63	210.77
	8	257.59	166.68	204.47	67.44	311.79	301.42
	9	247.65	324.43	354.60	217.83	75.95	32.08
	10	237.71	122.19	144.72	8.22	200.11	122.73
	11	227.76	279.95	294.85	158.62	324.26	213.38
	12	217.82	77.71	84.98	309.01	88.42	304.04
	13	207.87	235.48	235.12	99.41	212.58	34.70
	14	197.92	33.24	25.25	249.81	336.74	125.35
	15	187.96	191.01	175.39	40.22	100.91	216.01

FOR 0ʰ DYNAMICAL TIME

Date		Mars	Jupiter			Saturn	
			System I	System II	System III	System I	System III
Feb.	15	187.96	191.01	175.39	40.22	100.91	216.01
	16	178.01	348.78	325.53	190.62	225.07	306.67
	17	168.05	146.55	115.67	341.03	349.23	37.32
	18	158.09	304.33	265.82	131.44	113.39	127.98
	19	148.13	102.11	55.96	281.85	237.56	218.64
	20	138.17	259.89	206.11	72.27	1.72	309.30
	21	128.21	57.67	356.26	222.69	125.89	39.96
	22	118.24	215.45	146.42	13.11	250.05	130.62
	23	108.28	13.24	296.57	163.53	14.22	221.28
	24	98.31	171.03	86.73	313.95	138.38	311.94
	25	88.34	328.82	236.89	104.38	262.55	42.61
	26	78.37	126.61	27.05	254.81	26.72	133.27
	27	68.40	284.40	177.22	45.24	150.89	223.93
	28	58.42	82.20	327.38	195.67	275.06	314.60
	29	48.45	240.00	117.55	346.10	39.23	45.26
Mar.	1	38.47	37.80	267.72	136.54	163.40	135.93
	2	28.50	195.61	57.90	286.98	287.58	226.60
	3	18.52	353.42	208.07	77.42	51.75	317.27
	4	8.55	151.22	358.25	227.87	175.92	47.94
	5	358.57	309.04	148.43	18.32	300.10	138.61
	6	348.59	106.85	298.62	168.77	64.28	229.28
	7	338.61	264.67	88.80	319.22	188.45	319.95
	8	328.63	62.49	238.99	109.67	312.63	50.62
	9	318.65	220.31	29.18	260.13	76.81	141.30
	10	308.67	18.13	179.38	50.59	200.99	231.97
	11	298.69	175.96	329.57	201.05	325.17	322.65
	12	288.71	333.79	119.77	351.51	89.36	53.33
	13	278.73	131.62	269.97	141.98	213.54	144.00
	14	268.75	289.45	60.17	292.45	337.73	234.68
	15	258.77	87.29	210.38	82.92	101.91	325.36
	16	248.80	245.13	0.59	233.40	226.10	56.04
	17	238.82	42.97	150.80	23.87	350.29	146.73
	18	228.84	200.81	301.01	174.35	114.48	237.41
	19	218.86	358.66	91.23	324.83	238.67	328.09
	20	208.88	156.51	241.45	115.32	2.86	58.78
	21	198.91	314.36	31.67	265.81	127.05	149.47
	22	188.93	112.22	181.89	56.30	251.25	240.16
	23	178.96	270.07	332.12	206.79	15.44	330.85
	24	168.99	67.93	122.35	357.28	139.64	61.54
	25	159.01	225.79	272.58	147.78	263.84	152.23
	26	149.04	23.66	62.81	298.28	28.04	242.92
	27	139.07	181.53	213.05	88.78	152.24	333.62
	28	129.11	339.40	3.29	239.29	276.44	64.31
	29	119.14	137.27	153.53	29.80	40.65	155.01
	30	109.17	295.15	303.78	180.31	164.85	245.71
	31	99.21	93.03	94.03	330.82	289.06	336.41
Apr.	1	89.25	250.91	244.28	121.34	53.27	67.11

FOR 0ʰ DYNAMICAL TIME

Date		Mars	Jupiter			Saturn	
			System I	System II	System III	System I	System III
Apr.	1	89.25	250.91	244.28	121.34	53.27	67.11
	2	79.29	48.79	34.53	271.86	177.48	157.81
	3	69.33	206.68	184.79	62.38	301.69	248.51
	4	59.38	4.57	335.04	212.91	65.90	339.22
	5	49.42	162.46	125.30	3.43	190.11	69.93
	6	39.47	320.35	275.57	153.96	314.33	160.63
	7	29.52	118.25	65.84	304.50	78.54	251.34
	8	19.57	276.15	216.10	95.03	202.76	342.05
	9	9.63	74.05	6.38	245.57	326.98	72.77
	10	359.69	231.96	156.65	36.11	91.20	163.48
	11	349.74	29.87	306.93	186.65	215.42	254.19
	12	339.81	187.78	97.21	337.20	339.65	344.91
	13	329.87	345.69	247.49	127.75	103.87	75.63
	14	319.94	143.61	37.78	278.30	228.10	166.35
	15	310.01	301.53	188.07	68.86	352.33	257.07
	16	300.08	99.45	338.36	219.41	116.56	347.79
	17	290.15	257.37	128.65	9.97	240.79	78.51
	18	280.23	55.30	278.95	160.54	5.02	169.24
	19	270.31	213.23	69.25	311.10	129.25	259.97
	20	260.39	11.16	219.55	101.67	253.49	350.69
	21	250.47	169.10	9.86	252.24	17.73	81.42
	22	240.56	327.04	160.16	42.81	141.97	172.15
	23	230.65	124.98	310.47	193.39	266.21	262.89
	24	220.75	282.92	100.79	343.97	30.45	353.62
	25	210.84	80.87	251.10	134.55	154.69	84.36
	26	200.94	238.82	41.42	285.14	278.94	175.10
	27	191.05	36.77	191.74	75.72	43.18	265.83
	28	181.15	194.73	342.07	226.31	167.43	356.57
	29	171.26	352.68	132.39	16.91	291.68	87.32
	30	161.37	150.64	282.72	167.50	55.94	178.06
May	1	151.48	308.61	73.06	318.10	180.19	268.81
	2	141.60	106.57	223.39	108.70	304.44	359.55
	3	131.72	264.54	13.73	259.30	68.70	90.30
	4	121.84	62.51	164.07	49.91	192.96	181.05
	5	111.97	220.48	314.41	200.52	317.22	271.80
	6	102.10	18.46	104.75	351.13	81.48	2.56
	7	92.23	176.44	255.10	141.74	205.74	93.31
	8	82.37	334.42	45.45	292.36	330.01	184.07
	9	72.51	132.40	195.80	82.98	94.27	274.83
	10	62.65	290.38	346.16	233.60	218.54	5.59
	11	52.79	88.37	136.51	24.22	342.81	96.35
	12	42.94	246.36	286.87	174.84	107.08	187.11
	13	33.09	44.35	77.24	325.47	231.36	277.87
	14	23.24	202.35	227.60	116.10	355.63	8.64
	15	13.40	0.35	17.97	266.74	119.91	99.41
	16	3.55	158.34	168.33	57.37	244.19	190.18
	17	353.72	316.35	318.71	208.01	8.47	280.95

FOR 0ʰ DYNAMICAL TIME

Date		Mars	Jupiter			Saturn	
			System I	System II	System III	System I	System III
May	17	353.72	316.35	318.71	208.01	8.47	280.95
	18	343.88	114.35	109.08	358.65	132.75	11.72
	19	334.05	272.36	259.45	149.29	257.03	102.50
	20	324.22	70.36	49.83	299.93	21.31	193.27
	21	314.39	228.37	200.21	90.58	145.60	284.05
	22	304.57	26.39	350.59	241.22	269.89	14.83
	23	294.74	184.40	140.98	31.87	34.18	105.61
	24	284.93	342.42	291.36	182.52	158.47	196.39
	25	275.11	140.43	81.75	333.18	282.76	287.18
	26	265.30	298.45	232.14	123.83	47.06	17.96
	27	255.49	96.47	22.53	274.49	171.35	108.75
	28	245.68	254.50	172.92	65.15	295.65	199.54
	29	235.87	52.52	323.31	215.81	59.95	290.33
	30	226.07	210.55	113.71	6.47	184.25	21.12
	31	216.27	8.57	264.11	157.13	308.56	111.92
June	1	206.47	166.60	54.50	307.80	72.86	202.71
	2	196.68	324.63	204.90	98.46	197.17	293.51
	3	186.89	122.66	355.30	249.13	321.48	24.31
	4	177.10	280.70	145.71	39.80	85.79	115.11
	5	167.31	78.73	296.11	190.47	210.10	205.91
	6	157.52	236.77	86.52	341.14	334.41	296.72
	7	147.74	34.80	236.92	131.81	98.72	27.52
	8	137.96	192.84	27.33	282.48	223.04	118.33
	9	128.18	350.88	177.74	73.15	347.36	209.14
	10	118.41	148.91	328.14	223.83	111.68	299.95
	11	108.63	306.95	118.55	14.50	236.00	30.76
	12	98.86	104.99	268.96	165.18	0.32	121.57
	13	89.09	263.03	59.37	315.86	124.64	212.39
	14	79.32	61.08	209.78	106.53	248.97	303.20
	15	69.56	219.12	0.19	257.21	13.30	34.02
	16	59.79	17.16	150.61	47.89	137.63	124.84
	17	50.03	175.20	301.02	198.57	261.96	215.66
	18	40.27	333.24	91.43	349.24	26.29	306.48
	19	30.51	131.29	241.84	139.92	150.62	37.31
	20	20.76	289.33	32.25	290.60	274.96	128.13
	21	11.00	87.37	182.67	81.28	39.29	218.96
	22	1.25	245.41	333.08	231.96	163.63	309.79
	23	351.50	43.45	123.49	22.63	287.97	40.62
	24	341.75	201.49	273.90	173.31	52.31	131.45
	25	332.01	359.53	64.31	323.99	176.66	222.29
	26	322.26	157.57	214.72	114.66	301.00	313.12
	27	312.52	315.61	5.13	265.34	65.35	43.96
	28	302.78	113.65	155.54	56.01	189.69	134.80
	29	293.04	271.69	305.94	206.68	314.04	225.63
	30	283.30	69.73	96.35	357.36	78.39	316.48
July	1	273.56	227.76	246.76	148.03	202.74	47.32
	2	263.83	25.80	37.16	298.70	327.10	138.16

FOR 0ʰ DYNAMICAL TIME

Date		Mars	Jupiter			Saturn	
			System I	System II	System III	System I	System III
		°	°	°	°	°	°
July	1	273.56	227.76	246.76	148.03	202.74	47.32
	2	263.83	25.80	37.16	298.70	327.10	138.16
	3	254.09	183.83	187.56	89.37	91.45	229.01
	4	244.36	341.86	337.96	240.03	215.80	319.85
	5	234.63	139.89	128.37	30.70	340.16	50.70
	6	224.90	297.92	278.76	181.37	104.52	141.55
	7	215.17	95.95	69.16	332.03	228.88	232.40
	8	205.44	253.97	219.56	122.69	353.24	323.25
	9	195.71	52.00	9.95	273.35	117.60	54.10
	10	185.99	210.02	160.34	64.01	241.97	144.96
	11	176.26	8.04	310.73	214.66	6.33	235.81
	12	166.54	166.06	101.12	5.32	130.70	326.67
	13	156.82	324.07	251.51	155.97	255.06	57.53
	14	147.10	122.08	41.89	306.62	19.43	148.39
	15	137.38	280.10	192.27	97.27	143.80	239.25
	16	127.66	78.10	342.65	247.91	268.17	330.11
	17	117.94	236.11	133.03	38.55	32.54	60.97
	18	108.22	34.11	283.40	189.19	156.92	151.83
	19	98.50	192.12	73.77	339.83	281.29	242.70
	20	88.79	350.11	224.14	130.46	45.67	333.57
	21	79.07	148.11	14.51	281.10	170.04	64.43
	22	69.36	306.10	164.87	71.73	294.42	155.30
	23	59.65	104.09	315.23	222.35	58.80	246.17
	24	49.93	262.08	105.58	12.97	183.18	337.04
	25	40.22	60.06	255.94	163.59	307.56	67.91
	26	30.51	218.04	46.29	314.21	71.94	158.78
	27	20.80	16.02	196.64	104.82	196.32	249.66
	28	11.09	173.99	346.98	255.44	320.70	340.53
	29	1.38	331.96	137.32	46.04	85.09	71.41
	30	351.67	129.93	287.66	196.65	209.47	162.28
	31	341.96	287.90	78.00	347.25	333.86	253.16
Aug.	1	332.26	85.86	228.33	137.84	98.24	344.04
	2	322.55	243.81	18.65	288.44	222.63	74.91
	3	312.84	41.77	168.98	79.03	347.02	165.79
	4	303.13	199.72	319.30	229.61	111.41	256.67
	5	293.43	357.67	109.62	20.20	235.80	347.55
	6	283.72	155.61	259.93	170.78	0.19	78.43
	7	274.02	313.55	50.24	321.35	124.58	169.31
	8	264.31	111.48	200.55	111.92	248.97	260.20
	9	254.61	269.42	350.85	262.49	13.36	351.08
	10	244.90	67.34	141.15	53.06	137.75	81.96
	11	235.20	225.27	291.44	203.62	262.14	172.85
	12	225.49	23.19	81.73	354.18	26.54	263.73
	13	215.79	181.11	232.02	144.73	150.93	354.62
	14	206.08	339.02	22.30	295.28	275.32	85.50
	15	196.38	136.93	172.58	85.82	39.72	176.39
	16	186.68	294.83	322.86	236.36	164.11	267.27

FOR 0ʰ DYNAMICAL TIME

Date		Mars	Jupiter			Saturn	
			System I	System II	System III	System I	System III
		°	°	°	°	°	°
Aug.	16	186.68	294.83	322.86	236.36	164.11	267.27
	17	176.97	92.73	113.13	26.90	288.50	358.16
	18	167.27	250.63	263.40	177.44	52.90	89.05
	19	157.57	48.52	53.66	327.96	177.29	179.93
	20	147.86	206.41	203.92	118.49	301.69	270.82
	21	138.16	4.30	354.18	269.01	66.08	1.71
	22	128.46	162.18	144.43	59.53	190.48	92.59
	23	118.76	320.06	294.67	210.04	314.87	183.48
	24	109.05	117.93	84.92	0.55	79.27	274.37
	25	99.35	275.80	235.16	151.06	203.66	5.25
	26	89.65	73.66	25.40	301.56	328.06	96.14
	27	79.94	231.53	175.63	92.06	92.45	187.03
	28	70.24	29.38	325.86	242.55	216.85	277.92
	29	60.54	187.24	116.08	33.05	341.24	8.80
	30	50.83	345.09	266.30	183.53	105.64	99.69
	31	41.13	142.93	56.52	334.01	230.03	190.57
Sept.	1	31.43	300.78	206.73	124.49	354.43	281.46
	2	21.72	98.62	356.94	274.97	118.82	12.35
	3	12.02	256.45	147.14	65.44	243.21	103.23
	4	2.32	54.28	297.35	215.91	7.60	194.12
	5	352.61	212.11	87.54	6.37	132.00	285.00
	6	342.91	9.93	237.74	156.83	256.39	15.88
	7	333.21	167.75	27.93	307.29	20.78	106.77
	8	323.50	325.57	178.12	97.74	145.17	197.65
	9	313.80	123.38	328.30	248.19	269.56	288.53
	10	304.09	281.19	118.48	38.63	33.95	19.41
	11	294.39	78.99	268.65	189.08	158.33	110.30
	12	284.68	236.79	58.83	339.51	282.72	201.18
	13	274.98	34.59	208.99	129.95	47.11	292.05
	14	265.27	192.39	359.16	280.38	171.49	22.93
	15	255.57	350.18	149.32	70.81	295.88	113.81
	16	245.87	147.96	299.48	221.23	60.26	204.69
	17	236.16	305.75	89.63	11.65	184.64	295.56
	18	226.46	103.53	239.78	162.07	309.02	26.44
	19	216.75	261.31	29.93	312.48	73.40	117.31
	20	207.05	59.08	180.08	102.89	197.78	208.18
	21	197.34	216.85	330.22	253.30	322.16	299.05
	22	187.64	14.62	120.35	43.70	86.54	29.93
	23	177.93	172.38	270.49	194.10	210.91	120.79
	24	168.23	330.14	60.62	344.50	335.29	211.66
	25	158.52	127.90	210.75	134.90	99.66	302.53
	26	148.82	285.65	0.87	285.29	224.03	33.39
	27	139.11	83.41	151.00	75.67	348.40	124.26
	28	129.41	241.16	301.12	226.06	112.77	215.12
	29	119.70	38.90	91.23	16.44	237.13	305.98
	30	110.00	196.64	241.35	166.82	1.50	36.84
Oct.	1	100.29	354.38	31.46	317.20	125.86	127.70

FOR 0ʰ DYNAMICAL TIME

Date		Mars	Jupiter			Saturn	
			System I	System II	System III	System I	System III
		°	°	°	°	°	°
Oct.	1	100.29	354.38	31.46	317.20	125.86	127.70
	2	90.59	152.12	181.56	107.57	250.23	218.55
	3	80.88	309.86	331.67	257.94	14.59	309.41
	4	71.18	107.59	121.77	48.31	138.94	40.26
	5	61.47	265.32	271.87	198.68	263.30	131.11
	6	51.77	63.04	61.97	349.04	27.66	221.96
	7	42.07	220.77	212.06	139.40	152.01	312.81
	8	32.36	18.49	2.15	289.76	276.36	43.66
	9	22.66	176.20	152.24	80.11	40.71	134.50
	10	12.96	333.92	302.33	230.47	165.06	225.34
	11	3.25	131.63	92.41	20.82	289.41	316.18
	12	353.55	289.35	242.50	171.16	53.75	47.02
	13	343.85	87.05	32.57	321.51	178.09	137.86
	14	334.15	244.76	182.65	111.85	302.43	228.70
	15	324.45	42.46	332.73	262.19	66.77	319.53
	16	314.75	200.17	122.80	52.53	191.11	50.36
	17	305.05	357.87	272.87	202.87	315.44	141.19
	18	295.35	155.56	62.94	353.20	79.77	232.02
	19	285.66	313.26	213.00	143.53	204.10	322.84
	20	275.96	110.95	3.07	293.86	328.43	53.66
	21	266.26	268.64	153.13	84.19	92.75	144.48
	22	256.57	66.33	303.19	234.52	217.08	235.30
	23	246.87	224.02	93.25	24.84	341.40	326.12
	24	237.18	21.71	243.30	175.16	105.72	56.93
	25	227.49	179.39	33.36	325.49	230.03	147.74
	26	217.79	337.07	183.41	115.80	354.35	238.55
	27	208.10	134.75	333.46	266.12	118.66	329.36
	28	198.41	292.43	123.51	56.44	242.97	60.17
	29	188.73	90.11	273.56	206.75	7.28	150.97
	30	179.04	247.78	63.61	357.06	131.58	241.77
	31	169.35	45.46	213.65	147.37	255.89	332.57
Nov.	1	159.67	203.13	3.69	297.68	20.19	63.37
	2	149.98	0.80	153.74	87.99	144.48	154.16
	3	140.30	158.47	303.78	238.30	268.78	244.95
	4	130.62	316.14	93.81	28.60	33.07	335.74
	5	120.94	113.81	243.85	178.90	157.37	66.53
	6	111.27	271.47	33.89	329.21	281.65	157.31
	7	101.59	69.14	183.92	119.51	45.94	248.10
	8	91.92	226.80	333.96	269.81	170.23	338.88
	9	82.24	24.46	123.99	60.10	294.51	69.65
	10	72.57	182.12	274.02	210.40	58.79	160.43
	11	62.91	339.78	64.05	0.70	183.06	251.20
	12	53.24	137.44	214.08	150.99	307.34	341.97
	13	43.58	295.10	4.11	301.29	71.61	72.74
	14	33.91	92.75	154.13	91.58	195.88	163.51
	15	24.25	250.41	304.16	241.87	320.15	254.27
	16	14.60	48.06	94.18	32.16	84.41	345.04

FOR 0ʰ DYNAMICAL TIME

Date		Mars	Jupiter			Saturn	
			System I	System II	System III	System I	System III
Nov.	16	14.60	48.06	94.18	32.16	84.41	345.04
	17	4.94	205.72	244.21	182.45	208.68	75.79
	18	355.29	3.37	34.23	332.74	332.94	166.55
	19	345.64	161.02	184.25	123.03	97.19	257.31
	20	335.99	318.67	334.28	273.32	221.45	348.06
	21	326.35	116.32	124.30	63.60	345.70	78.81
	22	316.71	273.97	274.32	213.89	109.96	169.56
	23	307.07	71.62	64.34	4.18	234.20	260.30
	24	297.43	229.27	214.36	154.46	358.45	351.05
	25	287.80	26.92	4.37	304.75	122.70	81.79
	26	278.17	184.57	154.39	95.03	246.94	172.53
	27	268.54	342.21	304.41	245.31	11.18	263.26
	28	258.92	139.86	94.43	35.60	135.42	354.00
	29	249.30	297.51	244.44	185.88	259.65	84.73
	30	239.68	95.15	34.46	336.16	23.89	175.46
Dec.	1	230.07	252.80	184.48	126.44	148.12	266.19
	2	220.45	50.44	334.49	276.72	272.35	356.92
	3	210.85	208.09	124.51	67.00	36.57	87.64
	4	201.25	5.73	274.52	217.29	160.80	178.36
	5	191.65	163.37	64.54	7.57	285.02	269.08
	6	182.05	321.02	214.55	157.85	49.24	359.80
	7	172.46	118.66	4.56	308.13	173.46	90.52
	8	162.87	276.31	154.58	98.41	297.68	181.23
	9	153.29	73.95	304.59	248.69	61.90	271.94
	10	143.71	231.59	94.61	38.97	186.11	2.65
	11	134.14	29.24	244.62	189.25	310.32	93.36
	12	124.57	186.88	34.63	339.53	74.53	184.07
	13	115.01	344.52	184.65	129.81	198.74	274.77
	14	105.45	142.17	334.66	280.09	322.94	5.48
	15	95.89	299.81	124.68	70.37	87.15	96.18
	16	86.34	97.46	274.69	220.65	211.35	186.88
	17	76.80	255.10	64.70	10.93	335.55	277.57
	18	67.26	52.74	214.72	161.21	99.75	8.27
	19	57.72	210.39	4.73	311.49	223.94	98.96
	20	48.20	8.03	154.75	101.77	348.14	189.66
	21	38.67	165.68	304.76	252.05	112.33	280.35
	22	29.16	323.32	94.78	42.33	236.53	11.04
	23	19.64	120.97	244.80	192.62	0.72	101.72
	24	10.14	278.62	34.81	342.90	124.91	192.41
	25	0.64	76.26	184.83	133.18	249.09	283.09
	26	351.14	233.91	334.85	283.46	13.28	13.78
	27	341.66	31.56	124.86	73.75	137.46	104.46
	28	332.17	189.21	274.88	224.03	261.65	195.14
	29	322.70	346.85	64.90	14.32	25.83	285.82
	30	313.23	144.50	214.92	164.60	150.01	16.50
	31	303.77	302.15	4.94	314.89	274.19	107.17
	32	294.31	99.80	154.96	105.17	38.37	197.85

ROTATION ELEMENTS FOR MEAN EQUINOX AND EQUATOR OF DATE
1996 JANUARY 0, 0^h TDT

		North Pole Right Ascension	Declin- ation	Argument of Prime Meridian at epoch	var./day	Longitude of Central Meridian	Inclination of Equator to Orbit
		α_1	δ_1	W_0	$\dot{W}$	λ_e	
		°	°	°	°	°	°
Mercury		281.00	61.45	352.15	6.1385025	244.15	0.00
Venus		272.75	67.16	166.72	− 1.4813675	322.16	177.36
Mars		317.65	52.87	357.34	350.8919830	283.57	25.19
Jupiter	I	268.05	64.49	33.35	887.900	270.32	3.13
	II	268.05	64.49	233.42	870.270	111.03	3.13
	III	268.05	64.49	86.05	870.536	323.64	3.13
Saturn	III	40.36	85.12	92.82	810.7939024	5.68	25.61
Uranus		257.37	−15.10	190.45	−501.1600928	275.23	97.86
Neptune		299.27	42.94	335.67	536.3128492	152.24	28.31
Pluto		312.97	9.07	226.66	− 56.3623195	134.75	122.52

These data were derived from the "Report of the IAU/IAG/COSPAR Working Group on Cartographic Coordinates and Rotational Elements of the Planets and Satellites: 1991" (M. E. Davies *et al.*, *Celest. Mech.*, **53**, 377–397, 1992).

DEFINITIONS AND FORMULAS

α_1, δ_1 right ascension and declination of the north pole of the planet; variations during one year are negligible.

W_0 the angle measured from the planet's equator in the positive sense with respect to the planet's north pole from the ascending node of the planet's equator on the Earth's mean equator of date to the prime meridian of the planet.

$\dot{W}$ the daily rate of change of W_0. Sidereal periods of rotation are given on page E88.

α, δ, Δ apparent right ascension, declination and true distance of the planet at the time of observation (pages E14–E42).

W_1 argument of the prime meridian at the time of observation antedated by the light-time from the planet to the Earth.

$$W_1 = W_0 + \dot{W}(d - 0.005\ 7755\ \Delta)$$

where d is the interval in days from Jan. 0 at 0^h TDT.

β_e planetocentric declination of the Earth, positive in the planet's northern hemisphere:

$$\sin \beta_e = -\sin \delta_1 \sin \delta - \cos \delta_1 \cos \delta \cos (\alpha_1 - \alpha), \text{ where } -90° < \beta_e < 90°.$$

p_n position angle of the central meridian, also called the position angle of the axis, measured eastwards from the north point:

$$\cos \beta_e \sin p_n = \cos \delta_1 \sin(\alpha_1 - \alpha)$$
$$\cos \beta_e \cos p_n = \sin \delta_1 \cos \delta - \cos \delta_1 \sin \delta \cos (\alpha_1 - \alpha), \text{ where } \cos \beta_e > 0.$$

λ_e planetographic longitude of the central meridian measured in the direction opposite to the direction of rotation:

$$\lambda_e = W_1 - K, \text{ if } \dot{W} \text{ is positive}$$
$$\lambda_e = K - W_1, \text{ if } \dot{W} \text{ is negative}$$

where K is given by

$$\cos \beta_e \sin K = -\cos \delta_1 \sin \delta + \sin \delta_1 \cos \delta \cos (\alpha_1 - \alpha)$$
$$\cos \beta_e \cos K = \cos \delta \sin (\alpha_1 - \alpha), \text{ where } \cos \beta_e > 0.$$

λ, φ planetographic longitude (measured in the direction opposite to the rotation) and latitude (measured positive to the planet's north) of a feature on the planet's surface.

s apparent semidiameter of the planet (see page E43).

$\Delta\alpha, \Delta\delta$ displacements in right ascension and declination of the feature (λ, φ) from the center of the planet:

$$\Delta\alpha \cos \delta = X \cos p_n + Y \sin p_n$$
$$\Delta\delta = -X \sin p_n + Y \cos p_n$$

where $X = s \cos \varphi \sin (\lambda - \lambda_e)$, if $\dot{W} > 0$; $X = -s \cos \varphi \sin (\lambda - \lambda_e)$, if $\dot{W} < 0$;
$Y = s (\sin \varphi \cos \beta_e - \cos \varphi \sin \beta_e \cos (\lambda - \lambda_e))$.

PHYSICAL AND PHOTOMETRIC DATA

Planet	Mass[1] ($\times 10^{24}$ kg)	Mean Equatorial Radius	Maximum Angular Diameter[2]	Minimum Geocentric Distance[3]	Flattening[4] (geometric)	$10^3 J_2$	$10^6 J_3$	$10^8 J_4$
		km	″	au				
Mercury	0.330 22	2 439.7	11.0	0.613	0	—	—	—
Venus	4.869 0	6 051.8	60.2	0.277	0	0.027	—	—
Earth	5.974 2	6 378.14	—	—	0.003 353 64	1.082 63	− 2.54	− 1.61
(Moon)	0.073 483	1 737.4	1 864.2	0.002 57	0	0.202 7	—	—
Mars	0.641 91	3 397	17.9	0.524	0.006 476	1.964	36	—
Jupiter	1 898.8	71 492	46.9	4.203	0.064 874	14.75	—	− 580
Saturn	568.50	60 268	19.5	8.539	0.097 962	16.45	—	− 1 000
Uranus	86.625	25 559	3.9	18.182	0.022 927	12	—	—
Neptune	102.78	24 764	2.3	29.06	0.017 081	4	—	—
Pluto	0.015	1 151	0.08	38.44	0	—	—	—

Planet	Sidereal Period of Rotation[5]	Mean Density	Geometric Albedo[6]	$V(1,0)$	V_0	$B - V$	$U - B$
	d	g/cm³					
Mercury	58.646 2	5.43	0.106	− 0.42	—	0.93	0.41
Venus	− 243.018 7	5.24	0.65	− 4.40	—	0.82	0.50
Earth	0.997 269 68	5.515	0.367	− 3.86	—	—	—
(Moon)	27.321 66	3.34	0.12	+ 0.21	− 12.74	0.92	0.46
Mars	1.025 956 75	3.94	0.150	− 1.52	− 2.01	1.36	0.58
Jupiter	0.413 54 (System III)	1.33	0.52	− 9.40	− 2.70	0.83	0.48
Saturn	0.444 01 (System III)	0.70	0.47	− 8.88	+ 0.67	1.04	0.58
Uranus	− 0.718 33	1.30	0.51	− 7.19	+ 5.52	0.56	0.28
Neptune	0.671 25	1.76	0.41	− 6.87	+ 7.84	0.41	0.21
Pluto	− 6.387 2	1.1	0.3:	− 1.0	+ 15.12	0.80	0.31

[1] Values for the masses include the atmospheres but exclude satellites.

[2] The tabulated Maximum Angular Diameter is based on the equatorial diameter when the planet is at the tabulated Minimum Geocentric Distance.

[3] For Mercury and Venus the tabulated Minimum Geocentric Distance is the mean distance of the planet at inferior conjunction; for the outer planets it is the mean distance at opposition.

[4] The Flattening is the ratio of the difference of the equatorial and polar radii to the equatorial radius.

[5] Sidereal Period of Rotation is the rotation at the equator with respect to a fixed frame of reference. A negative sign indicates that the rotation is retrograde with respect to the pole that lies north of the invariable plane of the solar system. The period is measured in days of 86 400 SI seconds. Rotation elements are tabulated on page E87.

[6] The Geometric Albedo is the ratio of the illumination of the planet at zero phase angle to the illumination produced by a plane, absolutely white Lambert surface of the same radius and position as the planet.

[7] $V(1,0)$ is the visual magnitude of the planet reduced to a distance of 1 au from both the Sun and Earth and with phase angle zero. V_0 is the mean opposition magnitude. For Saturn the photometric quantities refer to the disk only.

Data for the Mean Equatorial Radius, Flattening and Sidereal Period of Rotation are based on the "Report of the IAU/IAG/Cospar Working Group on Cartographic Coordinates and Rotational Elements of the Planets and Satellites: 1991" (M. E. Davies *et al.*, *Celest. Mech.*, **53**, 377–397, 1992). The data on this page are the best values available at the time of publication. They are not necessarily those used in preparing the ephemerides. The constants used in preparing the ephemerides are given on pages K6 and K7.

CONTENTS OF SECTION F

The satellite ephemerides were calculated using $\Delta T = 62$ seconds.

SATELLITES: ORBITAL DATA

Satellite			Orbital Period[1] (R = Retrograde)	Max. Elong. at Mean Opposition	Semimajor Axis	Orbital Eccentricity	Inclination of Orbit to Planet's Equator	Motion of Node on Fixed Plane[4]
			d	° ′ ″	×10³ km		°	°/yr
Earth		Moon	27.321 661		384.400	0.054 900 489	18.28–28.58	19.34[6]
Mars	I	Phobos	0.318 910 23	25	9.378	0.015	1.0	158.8
	II	Deimos	1.262 440 7	1 02	23.459	0.000 5	0.9–2.7	6.614
Jupiter	I	Io	1.769 137 786	2 18	422	0.004	0.04	48.6
	II	Europa	3.551 181 041	3 40	671	0.009	0.47	12.0
	III	Ganymede	7.154 552 96	5 51	1 070	0.002	0.21	2.63
	IV	Callisto	16.689 018 4	10 18	1 883	0.007	0.51	0.643
	V	Amalthea	0.498 179 05	59	181	0.003	0.40	914.6
	VI	Himalia	250.566 2	1 02 46	11 480	0.157 98	27.63	
	VII	Elara	259.652 8	1 04 10	11 737	0.207 19	24.77	
	VIII	Pasiphae	735 R	2 08 26	23 500	0.378	145	
	IX	Sinope	758 R	2 09 31	23 700	0.275	153	
	X	Lysithea	259.22	1 04 04	11 720	0.107	29.02	
	XI	Carme	692 R	2 03 31	22 600	0.206 78	164	
	XII	Ananke	631 R	1 55 52	21 200	0.168 70	147	
	XIII	Leda	238.72	1 00 39	11 094	0.147 62	26.07	
	XIV	Thebe	0.674 5	1 13	222	0.015	0.8	
	XV	Adrastea	0.298 26	42	129			
	XVI	Metis	0.294 780	42	128			
Saturn	I	Mimas	0.942 421 813	30	185.52	0.020 2	1.53	365.0
	II	Enceladus	1.370 217 855	38	238.02	0.004 52	0.00	156.2[5]
	III	Tethys	1.887 802 160	48	294.66	0.000 00	1.86	72.25
	IV	Dione	2.736 914 742	1 01	377.40	0.002 230	0.02	30.85[5]
	V	Rhea	4.517 500 436	1 25	527.04	0.001 00	0.35	10.16
	VI	Titan	15.945 420 68	3 17	1 221.83	0.029 192	0.33	0.5213[5]
	VII	Hyperion	21.276 608 8	3 59	1 481.1	0.104	0.43	
	VIII	Iapetus	79.330 182 5	9 35	3 561.3	0.028 28	14.72	
	IX	Phoebe	550.48 R	34 51	12 952	0.163 26	177[2]	
	X	Janus	0.694 5	24	151.472	0.007	0.14	
	XI	Epimetheus	0.694 2	24	151.422	0.009	0.34	
	XII	Helene	2.736 9	1 01	377.40	0.005	0.0	
	XIII	Telesto	1.887 8	48	294.66			
	XIV	Calypso	1.887 8	48	294.66			
	XV	Atlas	0.601 9	22	137.670	0.000	0.3	
	XVI	Prometheus	0.613 0	23	139.353	0.003	0.0	
	XVII	Pandora	0.628 5	23	141.700	0.004	0.0	
	XVIII	Pan	0.575 0	21	133.583			
Uranus	I	Ariel	2.520 379 35	14	191.02	0.003 4	0.3	6.8
	II	Umbriel	4.144 177 2	20	266.30	0.005 0	0.36	3.6
	III	Titania	8.705 871 7	33	435.91	0.002 2	0.14	2.0
	IV	Oberon	13.463 238 9	44	583.52	0.000 8	0.10	1.4
	V	Miranda	1.413 479 25	10	129.39	0.002 7	4.2	19.8
	VI	Cordelia	0.335 033	4	49.77	<0.001	0.1	550
	VII	Ophelia	0.376 409	4	53.79	0.010	0.1	419
	VIII	Bianca	0.434 577	4	59.17	<0.001	0.2	229
	IX	Cressida	0.463 570	5	61.78	<0.001	0.0	257
	X	Desdemona	0.473 651	5	62.68	<0.001	0.2	245
	XI	Juliet	0.493 066	5	64.35	<0.001	0.1	223
	XII	Portia	0.513 196	5	66.09	<0.001	0.1	203
	XIII	Rosalind	0.558 459	5	69.94	<0.001	0.3	129
	XIV	Belinda	0.623 525	6	75.26	<0.001	0.0	167
	XV	Puck	0.761 832	7	86.01	<0.001	0.31	81
Neptune	I	Triton	5.876 854 1 R	17	354.76	0.000 016	157.345	0.5232
	II	Nereid	360.136 19	4 21	5 513.4	0.751 2	27.6[3]	0.039
	III	Naiad	0.294 396	2	48.23	<0.001	4.74	626
	IV	Thalassa	0.311 485	2	50.07	<0.001	0.21	551
	V	Despina	0.334 655	2	52.53	<0.001	0.07	466
	VI	Galatea	0.428 745	3	61.95	<0.001	0.05	261
	VII	Larissa	0.554 654	3	73.55	0.001 4	0.20	143
	VIII	Proteus	1.122 315	6	117.65	<0.001	0.55	0.5232
Pluto	I	Charon	6.387 25	<1	19.6	<0.001	99[3]	

[1] Sidereal periods, except that tropical periods are given for satellites of Saturn.
[2] Relative to ecliptic plane.
[3] Referred to equator of 1950.0.
[4] Rate of decrease (or increase) in the longitude of the ascending node.
[5] Rate of increase in the longitude of the apse.
[6] On the ecliptic plane.

Satellite		Mass (1/Planet)	Radius	Sidereal Period of Rotation[7]	Geometric Albedo (V)[9]	V(1,0)	V_0	B − V	U − B
			km	d					
	Moon	0.01230002	1738	S	0.12	+ 0.21	− 12.74	0.92	0.46
I	Phobos	1.5×10^{-8}	$13.5 \times 10.8 \times 9.4$	S	0.06	+11.8	11.3	0.6	
II	Deimos	3×10^{-9}	$7.5 \times 6.1 \times 5.5$	S	0.07	+12.89	12.40	0.65	0.18
I	Io	4.68×10^{-5}	1815	S	0.61	− 1.68	5.02	1.17	1.30
II	Europa	2.52×10^{-5}	1569	S	0.64	− 1.41	5.29	0.87	0.52
III	Ganymede	7.80×10^{-5}	2631	S	0.42	− 2.09	4.61	0.83	0.50
IV	Callisto	5.66×10^{-5}	2400	S	0.20	− 1.05	5.65	0.86	0.55
V	Amalthea	38×10^{-10}	$135 \times 83 \times 75$	S	0.05	+ 7.4	14.1	1.50	
VI	Himalia	50×10^{-10}	93	0.4	0.03	+ 8.14	14.84	0.67	0.30
VII	Elara	4×10^{-10}	38	0.5	0.03	+10.07	16.77	0.69	0.28
VIII	Pasiphae	1×10^{-10}	25			+10.33	17.03	0.63	0.34
IX	Sinope	0.4×10^{-10}	18			+11.6	18.3	0.7	
X	Lysithea	0.4×10^{-10}	18			+11.7	18.4	0.7	
XI	Carme	0.5×10^{-10}	20			+11.3	18.0	0.7	
XII	Ananke	0.2×10^{-10}	15			+12.2	18.9	0.7	
XIII	Leda	0.03×10^{-10}	8			+13.5	20.2	0.7	
XIV	Thebe	4×10^{-10}	55×45	S	0.05	+ 9.0	15.7	1.3	
XV	Adrastea	0.1×10^{-10}	$12.5 \times 10 \times 7.5$		0.05	+12.4	19.1		
XVI	Metis	0.5×10^{-10}	20		0.05	+10.8	17.5		
I	Mimas	8.0×10^{-8}	196	S	0.5	+ 3.3	12.9		
II	Enceladus	1.3×10^{-7}	250	S	1.0	+ 2.1	11.7	0.70	0.28
III	Tethys	1.3×10^{-6}	530	S	0.9	+ 0.6	10.2	0.73	0.30
IV	Dione	1.85×10^{-6}	560	S	0.7	+ 0.8	10.4	0.71	0.31
V	Rhea	4.4×10^{-6}	765	S	0.7	+ 0.1	9.7	0.78	0.38
VI	Titan	2.38×10^{-4}	2575	S	0.21	− 1.28	8.28	1.28	0.75
VII	Hyperion	3×10^{-8}	$205 \times 130 \times 110$		0.3	+ 4.63	14.19	0.78	0.33
VIII	Iapetus	3.3×10^{-6}	730	S	0.2[8]	+ 1.5	11.1	0.72	0.30
IX	Phoebe	7×10^{-10}	110	0.4	0.06	+ 6.89	16.45	0.70	0.34
X	Janus		$110 \times 100 \times 80$	S	0.8	+ 4.4 :	14 :		
XI	Epimetheus		$70 \times 60 \times 50$	S	0.8	+ 5.4 :	15 :		
XII	Helene		$18 \times 16 \times 15$		0.7	+ 8.4 :	18 :		
XIII	Telesto		$17 \times 14 \times 13$		0.5	+ 8.9 :	18.5 :		
XIV	Calypso		$17 \times 11 \times 11$		0.6	+ 9.1 :	18.7 :		
XV	Atlas		20×10		0.9	+ 8.4 :	18 :		
XVI	Prometheus		$70 \times 50 \times 40$		0.6	+ 6.4 :	16 :		
XVII	Pandora		$55 \times 45 \times 35$		0.9	+ 6.4 :	16 :		
XVIII	Pan		10		0.5				
I	Ariel	1.56×10^{-5}	579	S	0.34	+ 1.45	14.16	0.65	
II	Umbriel	1.35×10^{-5}	586	S	0.18	+ 2.10	14.81	0.68	
III	Titania	4.06×10^{-5}	790	S	0.27	+ 1.02	13.73	0.70	0.28
IV	Oberon	3.47×10^{-5}	762	S	0.24	+ 1.23	13.94	0.68	0.20
V	Miranda	0.08×10^{-5}	240	S	0.27	+ 3.6	16.3		
VI	Cordelia		13		0.07 :	+11.4	24.1		
VII	Ophelia		15		0.07 :	+11.1	23.8		
VIII	Bianca		21		0.07 :	+10.3	23.0		
IX	Cressida		31		0.07 :	+ 9.5	22.2		
X	Desdemona		27		0.07 :	+ 9.8	22.5		
XI	Juliet		42		0.07 :	+ 8.8	21.5		
XII	Portia		54		0.07 :	+ 8.3	21.0		
XIII	Rosalind		27		0.07 :	+ 9.8	22.5		
XIV	Belinda		33		0.07 :	+ 9.4	22.1		
XV	Puck		77		0.07 :	+ 7.5	20.2		
I	Triton	2.09×10^{-4}	1353	S	0.7	− 1.24	13.47	0.72	0.29
II	Nereid	2×10^{-7}	170		0.4	+ 4.0	18.7	0.65	
III	Naiad		29:		0.06 :	+10.0 :	24.7		
IV	Thalassa		40:		0.06 :	+ 9.1 :	23.8		
V	Despina		74		0.06	+ 7.9	22.6		
VI	Galatea		79		0.06	+ 7.6 :	22.3		
VII	Larissa		104×89		0.06	+ 7.3	22.0		
VIII	Proteus		$218 \times 208 \times 201$		0.06	+ 5.6	20.3		
I	Charon	0.22	593	S	0.5	+ 0.9	16.8		

[7] S = Synchronous, rotation period same as orbital period.
[8] Bright side, 0.5; faint side, 0.05.
[9] $V(\text{Sun}) = -26.8$

SATELLITES OF MARS, 1996
APPARENT ORBITS OF THE SATELLITES ON JULY 1

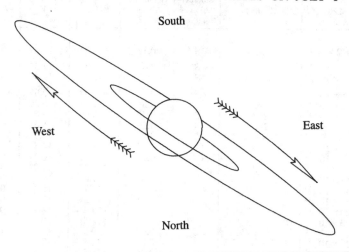

South

West

East

North

NAME	SIDEREAL PERIOD h m s
I Phobos	7 39 13.85
II Deimos	30 17 54.87

DEIMOS

UNIVERSAL TIME OF GREATEST EASTERN ELONGATION

Jan.	Feb.	Mar.	Apr.	May	June	July	Aug.	Sept.	Oct.	Nov.	Dec.
d h	d h	d h	d h	d h	d h	d h	d h	d h	d h	d h	d h
0 21.2	1 12.7	1 15.6	1 01.0	1 10.2	2 01.8	1 04.2	1 19.4	1 04.0	1 12.7	2 03.7	1 05.9
2 03.6	2 19.1	2 22.0	2 07.4	2 16.7	3 08.1	2 10.7	3 01.7	2 10.4	2 19.1	3 10.1	2 12.3
3 10.0	4 01.5	4 04.4	3 13.8	3 23.0	4 14.5	3 17.0	4 08.1	3 16.8	4 01.4	4 16.4	3 18.6
4 16.4	5 07.9	5 10.8	4 20.2	5 05.4	5 20.9	4 23.4	5 14.5	4 23.1	5 07.8	5 22.8	5 01.0
5 22.7	6 14.3	6 17.2	6 02.5	6 11.8	7 03.3	6 05.7	6 20.8	6 05.5	6 14.1	7 05.2	6 07.3
7 05.1	7 20.6	7 23.6	7 08.9	7 18.2	8 09.7	7 12.1	8 03.2	7 11.8	7 20.5	8 11.5	7 13.7
8 11.5	9 03.0	9 05.9	8 15.4	9 00.6	9 16.0	8 18.5	9 09.5	8 18.2	9 02.9	9 17.9	8 20.0
9 17.9	10 09.4	10 12.4	9 21.7	10 06.9	10 22.4	10 00.8	10 15.9	10 00.6	10 09.2	11 00.2	10 02.4
11 00.2	11 15.8	11 18.7	11 04.1	11 13.3	12 04.7	11 07.2	11 22.3	11 06.9	11 15.6	12 06.6	11 08.7
12 06.6	12 22.2	13 01.1	12 10.5	12 19.7	13 11.1	12 13.6	13 04.6	12 13.3	12 22.0	13 12.9	12 15.1
13 13.0	14 04.5	14 07.5	13 16.9	14 02.1	14 17.5	13 19.9	14 10.9	13 19.7	14 04.3	14 19.3	13 21.4
14 19.4	15 11.0	15 13.9	14 23.3	15 08.4	15 23.9	15 02.3	15 17.3	15 02.0	15 10.7	16 01.7	15 03.8
16 01.7	16 17.3	16 20.3	16 05.6	16 14.9	17 06.2	16 08.6	16 23.7	16 08.4	16 17.1	17 08.0	16 10.1
17 08.2	17 23.7	18 02.7	17 12.0	17 21.2	18 12.6	17 15.0	18 06.0	17 14.8	17 23.4	18 14.4	17 16.4
18 14.5	19 06.1	19 09.1	18 18.4	19 03.6	19 19.0	18 21.4	19 12.4	18 21.1	19 05.8	19 20.7	18 22.8
19 20.9	20 12.5	20 15.5	20 00.8	20 10.1	21 01.3	20 03.7	20 18.8	20 03.4	20 12.1	21 03.1	20 05.1
21 03.2	21 18.9	21 21.9	21 07.2	21 16.4	22 07.7	21 10.1	22 01.1	21 09.8	21 18.5	22 09.4	21 11.5
22 09.7	23 01.3	23 04.2	22 13.6	22 22.8	23 14.1	22 16.5	23 07.5	22 16.2	23 00.8	23 15.8	22 17.8
23 16.0	24 07.6	24 10.7	23 20.0	24 05.1	24 20.4	23 22.8	24 13.9	23 22.5	24 07.2	24 22.2	24 00.2
24 22.4	25 14.1	25 17.1	25 02.3	25 11.6	26 02.8	25 05.2	25 20.2	25 04.9	25 13.5	26 04.5	25 06.5
26 04.8	26 20.4	26 23.4	26 08.7	26 17.9	27 09.1	26 11.5	27 02.6	26 11.2	26 19.9	27 10.8	26 12.8
27 11.2	28 02.8	28 05.8	27 15.1	28 00.3	28 15.5	27 17.9	28 08.9	27 17.6	28 02.3	28 17.2	27 19.2
28 17.6	29 09.3	29 12.2	28 21.5	29 06.6	29 21.9	29 00.3	29 15.3	29 00.0	29 08.6	29 23.6	29 01.5
29 23.9		30 18.6	30 03.9	30 13.1		30 06.6	30 21.7	30 06.3	30 15.0		30 07.9
31 06.3				31 19.4		31 13.0			31 21.4		31 14.2
											32 20.5

PHOBOS

UNIVERSAL TIME OF EVERY THIRD GREATEST EASTERN ELONGATION

Jan.	Feb.	Mar.	Apr.	May	June	July	Aug.	Sept.	Oct.	Nov.	Dec.
d h	d h	d h	d h	d h	d h	d h	d h	d h	d h	d h	d h
0 02.7	1 15.9	1 09.3	1 00.6	1 15.9	1 07.2	1 22.4	1 13.5	1 04.7	1 19.8	1 10.9	1 03.1
1 01.7	2 14.9	2 08.3	1 23.6	2 14.9	2 06.2	2 21.3	2 12.5	2 03.7	2 18.8	2 09.9	2 02.0
2 00.7	3 13.9	3 07.3	2 22.6	3 13.9	3 05.1	3 20.3	3 11.5	3 02.6	3 17.8	3 08.9	3 01.0
2 23.6	4 12.9	4 06.2	3 21.6	4 12.9	4 04.1	4 19.3	4 10.5	4 01.6	4 16.7	4 07.9	4 00.0
3 22.6	5 11.9	5 05.2	4 20.5	5 11.8	5 03.1	5 18.3	5 09.4	5 00.6	5 15.7	5 06.8	4 22.9
4 21.6	6 10.8	6 04.2	5 19.5	6 10.8	6 02.1	6 17.2	6 08.4	5 23.5	6 14.7	6 05.8	5 21.9
5 20.6	7 09.8	7 03.2	6 18.5	7 09.8	7 01.0	7 16.2	7 07.4	6 22.5	7 13.6	7 04.8	6 20.9
6 19.5	8 08.8	8 02.2	7 17.5	8 08.8	8 00.0	8 15.2	8 06.3	7 21.5	8 12.6	8 03.8	7 19.9
7 18.5	9 07.8	9 01.1	8 16.5	9 07.8	8 23.0	9 14.2	9 05.3	8 20.5	9 11.6	9 02.7	8 18.8
8 17.5	10 06.7	10 00.1	9 15.4	10 06.7	9 22.0	10 13.1	10 04.3	9 19.4	10 10.6	10 01.7	9 17.8
9 16.5	11 05.7	10 23.1	10 14.4	11 05.7	10 20.9	11 12.1	11 03.3	10 18.4	11 09.5	11 00.7	10 16.8
10 15.5	12 04.7	11 22.1	11 13.4	12 04.7	11 19.9	12 11.1	12 02.2	11 17.4	12 08.5	11 23.6	11 15.7
11 14.4	13 03.7	12 21.0	12 12.4	13 03.7	12 18.9	13 10.1	13 01.2	12 16.3	13 07.5	12 22.6	12 14.7
12 13.4	14 02.7	13 20.0	13 11.4	14 02.6	13 17.9	14 09.0	14 00.2	13 15.3	14 06.5	13 21.6	13 13.7
13 12.4	15 01.6	14 19.0	14 10.3	15 01.6	14 16.8	15 08.0	14 23.2	14 14.3	15 05.4	14 20.5	14 12.7
14 11.4	16 00.6	15 18.0	15 09.3	16 00.6	15 15.8	16 07.0	15 22.1	15 13.3	16 04.4	15 19.5	15 11.6
15 10.3	16 23.6	16 17.0	16 08.3	16 23.6	16 14.8	17 06.0	16 21.1	16 12.2	17 03.4	16 18.5	16 10.6
16 09.3	17 22.6	17 15.9	17 07.3	17 22.5	17 13.8	18 04.9	17 20.1	17 11.2	18 02.4	17 17.5	17 09.6
17 08.3	18 21.5	18 14.9	18 06.2	18 21.5	18 12.7	19 03.9	18 19.0	18 10.2	19 01.3	18 16.4	18 08.5
18 07.3	19 20.5	19 13.9	19 05.2	19 20.5	19 11.7	20 02.9	19 18.0	19 09.2	20 00.3	19 15.4	19 07.5
19 06.3	20 19.5	20 12.9	20 04.2	20 19.5	20 10.7	21 01.9	20 17.0	20 08.1	20 23.3	20 14.4	20 06.5
20 05.2	21 18.5	21 11.9	21 03.2	21 18.4	21 09.7	22 00.8	21 16.0	21 07.1	21 22.2	21 13.4	21 05.4
21 04.2	22 17.5	22 10.8	22 02.2	22 17.4	22 08.6	22 23.8	22 14.9	22 06.1	22 21.2	22 12.3	22 04.4
22 03.2	23 16.4	23 09.8	23 01.1	23 16.4	23 07.6	23 22.8	23 13.9	23 05.1	23 20.2	23 11.3	23 03.4
23 02.2	24 15.4	24 08.8	24 00.1	24 15.4	24 06.6	24 21.7	24 12.9	24 04.0	24 19.2	24 10.3	24 02.4
24 01.1	25 14.4	25 07.8	24 23.1	25 14.3	25 05.6	25 20.7	25 11.9	25 03.0	25 18.1	25 09.2	25 01.3
25 00.1	26 13.4	26 06.8	25 22.1	26 13.3	26 04.5	26 19.7	26 10.8	26 02.0	26 17.1	26 08.2	26 00.3
25 23.1	27 12.4	27 05.7	26 21.0	27 12.3	27 03.5	27 18.7	27 09.8	27 01.0	27 16.1	27 07.2	26 23.3
26 22.1	28 11.3	28 04.7	27 20.0	28 11.3	28 02.5	28 17.6	28 08.8	27 23.9	28 15.0	28 06.2	27 22.2
27 21.0	29 10.3	29 03.7	28 19.0	29 10.3	29 01.5	29 16.6	29 07.8	28 22.9	29 14.0	29 05.1	28 21.2
28 20.0		30 02.7	29 18.0	30 09.2	30 00.4	30 15.6	30 06.7	29 21.9	30 13.0	30 04.1	29 20.2
29 19.0		31 01.7	30 17.0	31 08.2	30 23.4	31 14.6	31 05.7	30 20.8	31 12.0		30 19.1
30 18.0											31 18.1
31 17.0											32 17.1

SATELLITES OF MARS, 1996

PHOBOS

APPARENT DISTANCE AND POSITION ANGLE

Day (0ʰ UT)	Jan. a/Δ	Jan. p_2	Feb. a/Δ	Feb. p_2	Mar. a/Δ	Mar. p_2	Apr. a/Δ	Apr. p_2	May a/Δ	May p_2	June a/Δ	June p_2
	″	°	″	°	″	°	″	°	″	°	″	°
1	5.55	+45.4	5.49	+30.6	5.45	+17.0	5.43	+ 4.6	5.43	− 2.9	5.47	− 4.5
2	5.55	44.9	5.49	30.1	5.45	16.5	5.43	4.2	5.43	3.0	5.47	4.4
3	5.55	44.5	5.49	29.7	5.45	16.1	5.43	3.9	5.43	3.2	5.47	4.4
4	5.54	44.0	5.49	29.2	5.45	15.6	5.43	3.6	5.43	3.3	5.47	4.3
5	5.54	43.5	5.49	28.7	5.45	15.2	5.43	3.3	5.43	3.4	5.48	4.2
6	5.54	+43.1	5.48	+28.2	5.45	+14.7	5.43	+ 3.0	5.43	− 3.6	5.48	− 4.2
7	5.54	42.6	5.48	27.7	5.45	14.3	5.43	2.7	5.43	3.7	5.48	4.1
8	5.54	42.1	5.48	27.3	5.45	13.9	5.43	2.4	5.43	3.8	5.48	4.0
9	5.53	41.7	5.48	26.8	5.44	13.4	5.43	2.1	5.43	3.9	5.49	3.9
10	5.53	41.2	5.48	26.3	5.44	13.0	5.42	1.8	5.43	4.0	5.49	3.8
11	5.53	+40.7	5.48	+25.8	5.44	+12.6	5.42	+ 1.5	5.43	− 4.1	5.49	− 3.7
12	5.53	40.3	5.48	25.3	5.44	12.2	5.42	1.2	5.44	4.2	5.49	3.6
13	5.53	39.8	5.47	24.9	5.44	11.8	5.42	0.9	5.44	4.3	5.50	3.4
14	5.52	39.3	5.47	24.4	5.44	11.3	5.42	0.7	5.44	4.3	5.50	3.3
15	5.52	38.8	5.47	23.9	5.44	10.9	5.42	0.4	5.44	4.4	5.50	3.2
16	5.52	+38.3	5.47	+23.4	5.44	+10.5	5.42	+ 0.2	5.44	− 4.5	5.51	− 3.0
17	5.52	37.9	5.47	23.0	5.44	10.1	5.42	− 0.1	5.44	4.5	5.51	2.9
18	5.52	37.4	5.47	22.5	5.44	9.7	5.42	0.3	5.44	4.5	5.51	2.8
19	5.51	36.9	5.47	22.0	5.44	9.3	5.42	0.6	5.44	4.6	5.52	2.6
20	5.51	36.4	5.46	21.6	5.44	8.9	5.42	0.8	5.44	4.6	5.52	2.4
21	5.51	+35.9	5.46	+21.1	5.43	+ 8.6	5.42	− 1.0	5.45	− 4.6	5.52	− 2.3
22	5.51	35.5	5.46	20.6	5.43	8.2	5.42	1.2	5.45	4.7	5.53	2.1
23	5.51	35.0	5.46	20.2	5.43	7.8	5.42	1.4	5.45	4.7	5.53	1.9
24	5.50	34.5	5.46	19.7	5.43	7.4	5.42	1.6	5.45	4.7	5.54	1.8
25	5.50	34.0	5.46	19.2	5.43	7.0	5.42	1.8	5.45	4.7	5.54	1.6
26	5.50	+33.5	5.46	+18.8	5.43	+ 6.7	5.43	− 2.0	5.45	− 4.7	5.54	− 1.4
27	5.50	33.0	5.46	18.3	5.43	6.3	5.43	2.2	5.46	4.7	5.55	1.2
28	5.50	32.6	5.46	17.9	5.43	6.0	5.43	2.4	5.46	4.6	5.55	1.0
29	5.50	32.1	5.45	+17.4	5.43	5.6	5.43	2.6	5.46	4.6	5.56	0.8
30	5.49	31.6			5.43	5.3	5.43	− 2.7	5.46	4.6	5.56	− 0.6
31	5.49	+31.1			5.43	+ 4.9			5.46	− 4.5		

Time from Eastern Elongation	F	p_1	Time from Eastern Elongation	F	p_1	Time from Eastern Elongation	F	p_1	Time from Eastern Elongation	F	p_1
h m		°	h m		°	h m		°	h m		°
0 00	1.000	57.0	2 00	0.122	291.5	4 00	0.990	236.2	6 00	0.233	81.8
0 10	0.991	56.2	2 10	0.228	262.3	4 10	0.962	235.4	6 10	0.355	72.3
0 20	0.963	55.4	2 20	0.351	252.6	4 20	0.916	234.5	6 20	0.476	67.7
0 30	0.918	54.5	2 30	0.471	247.8	4 30	0.853	233.5	6 30	0.590	64.9
0 40	0.856	53.5	2 40	0.585	245.0	4 40	0.774	232.3	6 40	0.693	63.0
0 50	0.778	52.3	2 50	0.689	243.1	4 50	0.682	230.8	6 50	0.784	61.6
1 00	0.685	50.9	3 00	0.781	241.6	5 00	0.577	228.8	7 00	0.861	60.4
1 10	0.581	48.9	3 10	0.858	240.4	5 10	0.462	225.9	7 10	0.922	59.4
1 20	0.467	46.0	3 20	0.920	239.5	5 20	0.341	220.9	7 20	0.966	58.5
1 30	0.346	41.2	3 30	0.965	238.6	5 30	0.219	210.4	7 30	0.992	57.7
1 40	0.224	31.1	3 40	0.991	237.8	5 40	0.117	178.2	7 40	1.000	56.9
1 50	0.119	0.4	3 50	1.000	237.0	5 50	0.125	109.6			

PHOBOS

APPARENT DISTANCE AND POSITION ANGLE

Day (0ʰ UT)	July a/Δ	p_2	Aug. a/Δ	p_2	Sept. a/Δ	p_2	Oct. a/Δ	p_2	Nov. a/Δ	p_2	Dec. a/Δ	p_2
	"	°	"	°	"	°	"	°	"	°	"	°
1	5.57	− 0.4	5.77	+ 8.2	6.11	+19.2	6.65	+30.6	7.54	+42.2	8.90	+51.9
2	5.57	− 0.2	5.78	8.5	6.13	19.5	6.68	31.0	7.57	42.5	8.95	52.2
3	5.58	+ 0.1	5.78	8.8	6.14	19.9	6.70	31.4	7.61	42.9	9.01	52.5
4	5.58	0.3	5.79	9.2	6.16	20.3	6.72	31.8	7.65	43.2	9.07	52.8
5	5.59	0.5	5.80	9.5	6.17	20.7	6.75	32.2	7.69	43.6	9.13	53.0
6	5.59	+ 0.8	5.81	+ 9.8	6.19	+21.1	6.77	+32.5	7.72	+43.9	9.19	+53.3
7	5.60	1.0	5.82	10.2	6.20	21.4	6.79	32.9	7.76	44.3	9.25	53.6
8	5.60	1.2	5.83	10.5	6.22	21.8	6.82	33.3	7.80	44.6	9.32	53.9
9	5.61	1.5	5.84	10.9	6.23	22.2	6.84	33.7	7.84	45.0	9.38	54.1
10	5.61	1.7	5.85	11.2	6.25	22.6	6.87	34.1	7.88	45.3	9.44	54.4
11	5.62	+ 2.0	5.86	+11.5	6.27	+23.0	6.90	+34.4	7.92	+45.6	9.51	+54.6
12	5.62	2.3	5.87	11.9	6.28	23.3	6.92	34.8	7.97	46.0	9.58	54.9
13	5.63	2.5	5.88	12.2	6.30	23.7	6.95	35.2	8.01	46.3	9.64	55.1
14	5.64	2.8	5.89	12.6	6.32	24.1	6.98	35.6	8.05	46.6	9.71	55.4
15	5.64	3.1	5.90	12.9	6.34	24.5	7.00	36.0	8.10	47.0	9.78	55.6
16	5.65	+ 3.3	5.91	+13.3	6.35	+24.9	7.03	+36.3	8.14	+47.3	9.85	+55.9
17	5.66	3.6	5.92	13.7	6.37	25.3	7.06	36.7	8.19	47.6	9.93	56.1
18	5.66	3.9	5.94	14.0	6.39	25.6	7.09	37.1	8.23	48.0	10.00	56.3
19	5.67	4.2	5.95	14.4	6.41	26.0	7.12	37.4	8.28	48.3	10.07	56.6
20	5.68	4.5	5.96	14.7	6.43	26.4	7.15	37.8	8.33	48.6	10.15	56.8
21	5.68	+ 4.8	5.97	+15.1	6.45	+26.8	7.18	+38.2	8.37	+48.9	10.22	+57.0
22	5.69	5.1	5.98	15.5	6.47	27.2	7.21	38.6	8.42	49.2	10.30	57.2
23	5.70	5.4	5.99	15.8	6.49	27.6	7.24	38.9	8.47	49.5	10.38	57.4
24	5.70	5.7	6.01	16.2	6.51	27.9	7.27	39.3	8.52	49.8	10.46	57.7
25	5.71	6.0	6.02	16.6	6.53	28.3	7.30	39.7	8.57	50.1	10.54	57.9
26	5.72	+ 6.3	6.03	+16.9	6.55	+28.7	7.33	+40.0	8.62	+50.4	10.63	+58.1
27	5.73	6.6	6.05	17.3	6.57	29.1	7.37	40.4	8.68	50.7	10.71	58.3
28	5.73	6.9	6.06	17.7	6.59	29.5	7.40	40.7	8.73	51.0	10.80	58.5
29	5.74	7.2	6.07	18.0	6.61	29.9	7.43	41.1	8.79	51.3	10.88	58.7
30	5.75	7.5	6.09	18.4	6.63	+30.2	7.47	41.5	8.84	+51.6	10.97	58.8
31	5.76	+ 7.9	6.10	+18.8			7.50	+41.8			11.06	+59.0

Apparent distance of satellite: $s = Fa/\Delta$

Position angle of satellite: $p = p_1 + p_2$

The differences of right ascension and declination, in the sense "satellite minus primary," are approximately

$$\Delta\alpha = s \sin p \, \sec (\delta + \Delta\delta)$$

$$\Delta\delta = s \cos p$$

SATELLITES OF MARS, 1996

DEIMOS

APPARENT DISTANCE AND POSITION ANGLE

Day (0h UT)	Jan. a/Δ	Jan. p_2	Feb. a/Δ	Feb. p_2	Mar. a/Δ	Mar. p_2	Apr. a/Δ	Apr. p_2	May a/Δ	May p_2	June a/Δ	June p_2
	"	°	"	°	"	°	"	°	"	°	"	°
1	13.89	+46.8	13.74	+32.0	13.64	+18.1	13.58	+ 5.2	13.58	− 2.6	13.68	− 4.4
2	13.89	46.3	13.74	31.5	13.64	17.6	13.58	4.9	13.58	2.8	13.68	4.4
3	13.88	45.9	13.73	31.1	13.64	17.2	13.58	4.5	13.58	3.0	13.69	4.3
4	13.87	45.4	13.73	30.6	13.64	16.7	13.58	4.2	13.58	3.1	13.69	4.2
5	13.87	44.9	13.73	30.1	13.63	16.2	13.58	3.9	13.59	3.2	13.70	4.2
6	13.86	+44.5	13.72	+29.6	13.63	+15.8	13.58	+ 3.5	13.59	− 3.4	13.71	− 4.1
7	13.86	44.0	13.72	29.1	13.63	15.3	13.58	3.2	13.59	3.5	13.71	4.0
8	13.85	43.6	13.71	28.6	13.63	14.9	13.58	2.9	13.59	3.6	13.72	3.9
9	13.85	43.1	13.71	28.1	13.62	14.5	13.57	2.6	13.59	3.7	13.73	3.8
10	13.84	42.6	13.71	27.6	13.62	14.0	13.57	2.3	13.59	3.8	13.73	3.7
11	13.84	+42.2	13.70	+27.2	13.62	+13.6	13.57	+ 2.0	13.60	− 3.9	13.74	− 3.6
12	13.83	41.7	13.70	26.7	13.62	13.1	13.57	1.7	13.60	4.0	13.75	3.5
13	13.83	41.2	13.70	26.2	13.61	12.7	13.57	1.4	13.60	4.1	13.76	3.4
14	13.82	40.7	13.69	25.7	13.61	12.3	13.57	1.1	13.60	4.2	13.76	3.3
15	13.82	40.3	13.69	25.2	13.61	11.8	13.57	0.9	13.61	4.3	13.77	3.1
16	13.81	+39.8	13.69	+24.7	13.61	+11.4	13.57	+ 0.6	13.61	− 4.3	13.78	− 3.0
17	13.81	39.3	13.68	24.2	13.61	11.0	13.57	0.3	13.61	4.4	13.79	2.8
18	13.80	38.8	13.68	23.8	13.60	10.6	13.57	+ 0.1	13.62	4.4	13.80	2.7
19	13.80	38.3	13.68	23.3	13.60	10.2	13.57	− 0.2	13.62	4.5	13.80	2.5
20	13.79	37.9	13.67	22.8	13.60	9.8	13.57	0.4	13.62	4.5	13.81	2.4
21	13.79	+37.4	13.67	+22.3	13.60	+ 9.4	13.57	− 0.7	13.63	− 4.5	13.82	− 2.2
22	13.78	36.9	13.67	21.8	13.60	9.0	13.57	0.9	13.63	4.6	13.83	2.1
23	13.78	36.4	13.66	21.4	13.60	8.6	13.57	1.1	13.63	4.6	13.84	1.9
24	13.77	35.9	13.66	20.9	13.59	8.2	13.57	1.3	13.64	4.6	13.85	1.7
25	13.77	35.4	13.66	20.4	13.59	7.8	13.57	1.5	13.64	4.6	13.86	1.5
26	13.76	+35.0	13.66	+20.0	13.59	+ 7.4	13.57	− 1.7	13.65	− 4.6	13.87	− 1.3
27	13.76	34.5	13.65	19.5	13.59	7.0	13.58	1.9	13.65	4.6	13.88	1.1
28	13.76	34.0	13.65	19.0	13.59	6.7	13.58	2.1	13.66	4.5	13.89	0.9
29	13.75	33.5	13.65	+18.5	13.59	6.3	13.58	2.3	13.66	4.5	13.91	0.7
30	13.75	33.0			13.58	5.9	13.58	− 2.5	13.67	4.5	13.92	− 0.5
31	13.74	+32.5			13.58	+ 5.6			13.67	− 4.4		

Time from Eastern Elongation	F	p_1	Time from Eastern Elongation	F	p_1	Time from Eastern Elongation	F	p_1	Time from Eastern Elongation	F	p_1
h m		°	h m		°	h m		°	h m		°
0 00	1.000	57.0	8 00	0.139	287.7	16 00	0.985	235.9	24 00	0.282	78.8
0 40	0.991	56.1	8 40	0.248	262.1	16 40	0.951	235.0	24 40	0.404	71.2
1 20	0.962	55.2	9 20	0.371	252.8	17 20	0.900	234.0	25 20	0.523	67.2
2 00	0.916	54.3	10 00	0.491	248.1	18 00	0.832	232.8	26 00	0.634	64.6
2 40	0.853	53.2	10 40	0.604	245.2	18 40	0.749	231.5	26 40	0.733	62.8
3 20	0.774	51.9	11 20	0.707	243.2	19 20	0.652	229.7	27 20	0.819	61.4
4 00	0.680	50.3	12 00	0.797	241.7	20 00	0.543	227.3	28 00	0.890	60.2
4 40	0.574	48.1	12 40	0.872	240.5	20 40	0.425	223.6	28 40	0.944	59.2
5 20	0.459	44.8	13 20	0.931	239.4	21 20	0.303	217.0	29 20	0.980	58.3
6 00	0.337	39.3	14 00	0.972	238.5	22 00	0.184	201.4	30 00	0.998	57.4
6 40	0.215	27.4	14 40	0.995	237.6	22 40	0.109	153.3	30 40	0.997	56.5
7 20	0.119	351.9	15 20	0.999	236.8	23 20	0.165	97.4			

DEIMOS

APPARENT DISTANCE AND POSITION ANGLE

Day (0h UT)	July a/Δ	July p_2	Aug. a/Δ	Aug. p_2	Sept. a/Δ	Sept. p_2	Oct. a/Δ	Oct. p_2	Nov. a/Δ	Nov. p_2	Dec. a/Δ	Dec. p_2
	"	°	"	°	"	°	"	°	"	°	"	°
1	13.93	− 0.3	14.43	+ 8.3	15.30	+19.3	16.65	+30.5	18.86	+41.7	22.26	+51.0
2	13.94	− 0.1	14.45	8.6	15.33	19.6	16.71	30.9	18.95	42.0	22.40	51.2
3	13.95	+ 0.1	14.47	9.0	15.37	20.0	16.76	31.3	19.04	42.4	22.55	51.5
4	13.96	0.4	14.50	9.3	15.41	20.4	16.82	31.7	19.14	42.7	22.70	51.8
5	13.98	0.6	14.52	9.6	15.44	20.8	16.88	32.0	19.23	43.1	22.85	52.0
6	13.99	+ 0.8	14.54	+10.0	15.48	+21.1	16.94	+32.4	19.33	+43.4	23.00	+52.3
7	14.00	1.1	14.57	10.3	15.52	21.5	17.00	32.8	19.42	43.7	23.15	52.5
8	14.02	1.3	14.59	10.6	15.56	21.9	17.06	33.1	19.52	44.0	23.31	52.8
9	14.03	1.6	14.61	11.0	15.60	22.3	17.13	33.5	19.62	44.4	23.47	53.0
10	14.04	1.8	14.64	11.3	15.64	22.6	17.19	33.9	19.72	44.7	23.63	53.3
11	14.06	+ 2.1	14.66	+11.7	15.68	+23.0	17.25	+34.2	19.83	+45.0	23.79	+53.5
12	14.07	2.4	14.69	12.0	15.72	23.4	17.32	34.6	19.93	45.3	23.96	53.8
13	14.09	2.6	14.71	12.4	15.77	23.8	17.39	35.0	20.04	45.7	24.13	54.0
14	14.10	2.9	14.74	12.7	15.81	24.1	17.46	35.3	20.15	46.0	24.30	54.2
15	14.12	3.2	14.77	13.1	15.85	24.5	17.52	35.7	20.26	46.3	24.48	54.5
16	14.13	+ 3.4	14.80	+13.4	15.90	+24.9	17.59	+36.1	20.37	+46.6	24.65	+54.7
17	14.15	3.7	14.82	13.8	15.94	25.3	17.66	36.4	20.48	46.9	24.83	54.9
18	14.17	4.0	14.85	14.1	15.99	25.7	17.74	36.8	20.60	47.2	25.02	55.1
19	14.18	4.3	14.88	14.5	16.03	26.0	17.81	37.2	20.71	47.5	25.20	55.3
20	14.20	4.6	14.91	14.9	16.08	26.4	17.88	37.5	20.83	47.8	25.39	55.5
21	14.22	+ 4.9	14.94	+15.2	16.13	+26.8	17.96	+37.9	20.95	+48.1	25.58	+55.8
22	14.24	5.2	14.97	15.6	16.18	27.2	18.03	38.2	21.07	48.4	25.78	56.0
23	14.25	5.5	15.00	15.9	16.23	27.5	18.11	38.6	21.20	48.7	25.98	56.2
24	14.27	5.8	15.03	16.3	16.28	27.9	18.19	38.9	21.32	49.0	26.18	56.4
25	14.29	6.1	15.06	16.7	16.33	28.3	18.27	39.3	21.45	49.3	26.38	56.5
26	14.31	+ 6.4	15.09	+17.0	16.38	+28.7	18.35	+39.6	21.58	+49.6	26.59	+56.7
27	14.33	6.7	15.13	17.4	16.43	29.0	18.43	40.0	21.71	49.9	26.80	56.9
28	14.35	7.0	15.16	17.8	16.49	29.4	18.52	40.3	21.85	50.1	27.01	57.1
29	14.37	7.3	15.19	18.1	16.54	29.8	18.60	40.7	21.98	50.4	27.23	57.3
30	14.39	7.6	15.23	18.5	16.59	+30.2	18.69	41.0	22.12	+50.7	27.45	57.5
31	14.41	+ 8.0	15.26	+18.9			18.77	+41.4			27.68	+57.6

Apparent distance of satellite: $s = Fa/\Delta$

Position angle of satellite: $p = p_1 + p_2$

The differences of right ascension and declination, in the sense "satellite minus primary," are approximately

$$\Delta\alpha = s \sin p \ \sec (\delta + \Delta\delta)$$
$$\Delta\delta = s \cos p$$

SATELLITES OF JUPITER, 1996

APPARENT ORBITS OF SATELLITES I-V AT OPPOSITION, JULY 4

South

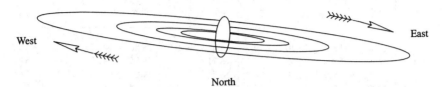

North

Orbits elongated in ratio of 3 to 1 in direction of minor axes.

	NAME	MEAN SYNODIC PERIOD			NAME	SIDEREAL PERIOD
		d h m s	d			d
V	Amalthea	0 11 57 27.619 =	0.498 236 33	XIII	Leda	238.72
I	Io	1 18 28 35.946 =	1.769 860 49	X	Lysithea	259.22
II	Europa	3 13 17 53.736 =	3.554 094 17	XII	Ananke	631
III	Ganymede	7 03 59 35.856 =	7.166 387 22	XI	Carme	692
IV	Callisto	16 18 05 06.916 =	16.753 552 27	VIII	Pasiphae	735
VI	Himalia		266.00	IX	Sinope	758
VII	Elara		276.67			

SATELLITE V

UNIVERSAL TIME OF EVERY TWENTIETH GREATEST EASTERN ELONGATION

	d h		d h		d h		d h		d h
Jan.	0 19.2	Mar.	20 12.6	June	8 05.5	Aug.	26 22.3	Nov.	14 15.7
	10 18.4		30 11.8		18 04.6	Sept.	5 21.4		24 14.9
	20 17.6	Apr.	9 10.9		28 03.7		15 20.6	Dec.	4 14.1
	30 16.8		19 10.0	July	8 02.8		25 19.8		14 13.3
Feb.	9 16.0		29 09.1		18 01.9	Oct.	5 18.9		24 12.5
	19 15.2	May	9 08.3		28 01.0		15 18.1		34 11.7
	29 14.3		19 07.4	Aug.	7 00.1		25 17.3		
Mar.	10 13.5		29 06.4		16 23.2	Nov.	4 16.5		

MULTIPLES OF THE MEAN SYNODIC PERIOD

	d h		d h		d h		d h		d h
1............	0 12.0	6............	2 23.7	11............	5 11.5	16............	7 23.3		
2............	0 23.9	7............	3 11.7	12............	5 23.5	17............	8 11.3		
3............	1 11.9	8............	3 23.7	13............	6 11.4	18............	8 23.2		
4............	1 23.8	9............	4 11.6	14............	6 23.4	19............	9 11.2		
5............	2 11.8	10............	4 23.6	15............	7 11.4	20............	9 23.2		

DIFFERENTIAL COORDINATES FOR 0ʰ U.T.

Date		Satellite VI		Satellite VII		Date		Satellite VI		Satellite VII	
		Δα	Δδ	Δα	Δδ			Δα	Δδ	Δα	Δδ
		m s	,	m s	,			m s	,	m s	,
Jan.	-2	- 2 54	+ 23.8	+ 2 53	- 24.1	July	4	+ 1 36	+ 7.3	- 1 00	+ 12.4
	2	2 59	23.3	2 52	24.4		8	1 09	10.1	- 0 29	9.8
	6	3 02	22.7	2 49	24.5		12	0 40	12.8	+ 0 03	7.1
	10	3 05	21.9	2 47	24.6		16	+ 0 12	15.3	0 35	4.1
	14	3 07	21.0	2 43	24.5		20	- 0 17	17.7	1 06	+ 1.1
	18	- 3 09	+ 20.0	+ 2 39	- 24.3		24	- 0 45	+ 19.9	+ 1 35	- 2.0
	22	3 09	18.8	2 35	23.9		28	1 13	21.9	2 02	5.0
	26	3 09	17.4	2 30	23.5	Aug.	1	1 38	23.7	2 27	8.0
	30	3 07	16.0	2 25	23.0		5	2 02	25.2	2 49	10.9
Feb.	3	3 05	14.5	2 19	22.4		9	2 24	26.4	3 08	13.6
	7	- 3 02	+ 12.8	+ 2 12	- 21.7		13	- 2 44	+ 27.4	+ 3 24	- 16.1
	11	2 58	11.1	2 05	20.9		17	3 01	28.1	3 38	18.4
	15	2 53	9.3	1 57	20.0		21	3 17	28.5	3 48	20.4
	19	2 47	7.5	1 49	19.0		25	3 30	28.7	3 56	22.3
	23	2 40	5.5	1 40	18.0		29	3 40	28.6	4 01	23.8
	27	- 2 32	+ 3.6	+ 1 30	- 16.9	Sept.	2	- 3 49	+ 28.2	+ 4 04	- 25.1
Mar.	2	2 22	+ 1.6	1 20	15.7		6	3 55	27.6	4 05	26.1
	6	2 12	- 0.4	1 09	14.4		10	4 00	26.9	4 04	26.9
	10	2 00	2.4	0 58	13.1		14	4 03	25.9	4 01	27.4
	14	1 47	4.4	0 45	11.6		18	4 04	24.7	3 57	27.8
	18	- 1 33	- 6.4	+ 0 32	- 10.2		22	- 4 03	+ 23.3	+ 3 51	- 27.9
	22	1 18	8.3	0 19	8.6		26	4 01	21.8	3 44	27.8
	26	1 01	10.2	+ 0 05	7.0		30	3 57	20.2	3 37	27.5
	30	0 44	12.0	- 0 11	5.4	Oct.	4	3 53	18.5	3 28	27.0
Apr.	3	0 25	13.6	0 26	3.7		8	3 47	16.6	3 19	26.4
	7	- 0 06	- 15.2	- 0 42	- 1.9		12	- 3 39	+ 14.7	+ 3 10	- 25.7
	11	+ 0 15	16.6	0 58	- 0.2		16	3 31	12.7	3 00	24.8
	15	0 35	17.9	1 15	+ 1.6		20	3 22	10.7	2 49	23.8
	19	0 57	18.9	1 32	3.5		24	3 13	8.6	2 38	22.7
	23	1 18	19.8	1 49	5.3		28	3 02	6.6	2 27	21.5
	27	+ 1 39	- 20.4	- 2 05	+ 7.1	Nov.	1	- 2 50	+ 4.5	+ 2 16	- 20.2
May	1	2 00	20.8	2 21	8.9		5	2 38	2.4	2 04	18.9
	5	2 19	20.9	2 36	10.7		9	2 26	+ 0.4	1 53	17.5
	9	2 38	20.7	2 50	12.4		13	2 12	- 1.5	1 41	16.0
	13	2 54	20.2	3 03	14.0		17	1 58	3.4	1 29	14.5
	17	+ 3 09	- 19.5	- 3 14	+ 15.6		21	- 1 44	- 5.3	+ 1 18	- 13.0
	21	3 21	18.4	3 22	16.9		25	1 29	7.0	1 06	11.5
	25	3 29	17.1	3 27	18.1		29	1 14	8.6	0 54	9.9
	29	3 35	15.4	3 30	19.0	Dec.	3	0 58	10.0	0 42	8.3
June	2	3 37	13.6	3 29	19.7		7	0 42	11.4	0 30	6.8
	6	+ 3 34	- 11.4	- 3 24	+ 20.1		11	- 0 26	- 12.5	+ 0 18	- 5.2
	10	3 28	9.1	3 15	20.2		15	- 0 09	13.5	+ 0 06	3.7
	14	3 18	6.6	3 01	19.8		19	+ 0 07	14.3	- 0 06	2.2
	18	3 04	3.9	2 44	19.1		23	0 23	14.9	0 18	- 0.7
	22	2 46	- 1.2	2 23	18.0		27	0 39	15.3	0 30	+ 0.7
	26	+ 2 26	+ 1.6	- 1 58	+ 16.5		31	+ 0 55	- 15.4	- 0 41	+ 2.1
	30	+ 2 02	+ 4.5	- 1 30	+ 14.6		35	+ 1 10	- 15.3	- 0 53	+ 3.4

Differential coordinates are given in the sense "satellite minus planet."

SATELLITES OF JUPITER, 1996

DIFFERENTIAL COORDINATES FOR 0ʰ U.T.

Date		Satellite VIII		Satellite IX		Satellite X	
		$\Delta\alpha$	$\Delta\delta$	$\Delta\alpha$	$\Delta\delta$	$\Delta\alpha$	$\Delta\delta$
		m s	′	m s	′	m s	′
Jan.	−2	− 0 49	+ 33.1	− 5 36	+ 18.3	− 3 03	+ 10.0
	8	1 30	34.3	5 06	14.7	3 16	5.2
	18	2 08	34.8	4 34	11.4	3 21	+ 0.0
	28	2 43	34.8	4 00	8.2	3 19	− 5.2
Feb.	7	3 14	34.0	3 23	5.3	3 10	10.3
	17	− 3 39	+ 32.7	− 2 44	+ 2.6	− 2 55	− 15.0
	27	3 57	30.6	2 04	+ 0.1	2 32	19.1
Mar.	8	4 07	27.8	1 22	− 2.2	2 04	22.5
	18	4 08	24.3	− 0 39	4.4	1 29	24.8
	28	4 00	20.1	+ 0 05	6.5	0 48	26.0
Apr.	7	− 3 42	+ 15.2	+ 0 49	− 8.7	− 0 03	− 25.8
	17	3 16	9.7	1 32	10.9	+ 0 46	24.3
	27	2 41	+ 3.6	2 15	13.2	1 36	21.2
May	7	2 01	− 2.9	2 56	15.6	2 26	16.8
	17	1 15	9.8	3 36	18.3	3 11	11.1
	27	− 0 27	− 16.9	+ 4 12	− 21.1	+ 3 46	− 4.4
June	6	+ 0 22	24.0	4 46	23.9	4 07	+ 2.7
	16	1 10	31.1	5 15	26.8	4 07	9.8
	26	1 56	37.9	5 41	29.4	3 45	16.1
July	6	2 40	44.1	6 02	31.8	3 00	21.3
	16	+ 3 20	− 49.6	+ 6 19	− 33.7	+ 1 57	+ 24.7
	26	3 57	54.3	6 31	34.9	+ 0 42	26.1
Aug.	5	4 30	58.0	6 40	35.4	− 0 35	25.5
	15	5 01	60.6	6 44	35.2	1 45	23.0
	25	5 29	62.3	6 44	34.3	2 43	19.1
Sept.	4	+ 5 54	− 63.0	+ 6 40	− 32.7	− 3 26	+ 14.0
	14	6 16	62.9	6 30	30.5	3 52	8.3
	24	6 36	62.0	6 17	27.9	4 04	+ 2.3
Oct.	4	6 54	60.6	5 58	24.9	4 03	− 3.5
	14	7 08	58.6	5 34	21.7	3 52	9.0
	24	+ 7 20	− 56.3	+ 5 05	− 18.3	− 3 32	− 13.8
Nov.	3	7 29	53.7	4 31	15.0	3 06	17.9
	13	7 35	50.9	3 53	11.8	2 35	20.9
	23	7 38	47.9	3 11	8.9	2 02	22.9
Dec.	3	7 38	44.9	2 26	6.2	1 26	23.8
	13	+ 7 34	− 42.0	+ 1 39	− 3.9	− 0 49	− 23.5
	23	7 28	39.2	0 50	2.0	0 12	22.0
	33	+ 7 20	− 36.5	+ 0 01	− 0.4	+ 0 24	− 19.3

Differential coordinates are given in the sense "satellite minus planet."

DIFFERENTIAL COORDINATES FOR 0ʰ U.T.

Date		Satellite XI		Satellite XII		Satellite XIII	
		$\Delta\alpha$	$\Delta\delta$	$\Delta\alpha$	$\Delta\delta$	$\Delta\alpha$	$\Delta\delta$
		m s	′	m s	′	m s	′
Jan.	−2	− 4 32	− 17.4	− 4 13	− 38.0	+ 2 32	+ 21.1
	8	5 01	19.4	3 39	41.6	2 47	20.5
	18	5 28	21.5	3 02	44.8	2 58	19.2
	28	5 52	23.7	2 22	47.8	3 03	16.9
Feb.	7	6 13	26.0	1 41	50.3	3 03	13.8
	17	− 6 31	− 28.3	− 0 58	− 52.4	+ 2 56	+ 9.6
	27	6 45	30.5	− 0 14	54.3	2 38	+ 4.4
Mar.	8	6 56	32.6	+ 0 31	55.8	2 09	− 1.5
	18	7 04	34.4	1 17	56.9	1 28	7.9
	28	7 08	35.9	2 02	57.8	+ 0 34	13.9
Apr.	7	− 7 08	− 37.1	+ 2 47	− 58.3	− 0 28	− 18.8
	17	7 05	37.8	3 30	58.6	1 31	21.6
	27	6 59	37.9	4 12	58.7	2 27	21.8
May	7	6 48	37.4	4 52	58.5	3 11	19.4
	17	6 34	36.4	5 29	58.0	3 37	14.8
	27	− 6 16	− 34.6	+ 6 02	− 57.2	− 3 45	− 8.5
June	6	5 54	32.2	6 32	56.0	3 33	− 1.1
	16	5 27	29.2	6 56	54.4	3 04	+ 6.6
	26	4 55	25.7	7 16	52.2	2 21	14.1
July	6	4 18	21.8	7 31	49.5	1 27	20.8
	16	− 3 37	− 17.6	+ 7 42	− 46.1	− 0 28	+ 26.2
	26	2 51	13.3	7 48	42.1	+ 0 32	30.1
Aug.	5	2 02	9.1	7 50	37.6	1 28	32.3
	15	1 11	5.0	7 49	32.6	2 16	32.9
	25	− 0 19	− 1.1	7 45	27.2	2 55	32.0
Sept.	4	+ 0 34	+ 2.6	+ 7 37	− 21.6	+ 3 23	+ 29.8
	14	1 24	6.2	7 26	15.8	3 39	26.4
	24	2 12	9.5	7 12	10.1	3 44	22.2
Oct.	4	2 55	12.7	6 53	− 4.4	3 38	17.1
	14	3 33	15.7	6 31	+ 1.1	3 22	11.5
	24	+ 4 06	+ 18.6	+ 6 04	+ 6.4	+ 2 56	+ 5.5
Nov.	3	4 32	21.3	5 32	11.3	2 20	− 0.7
	13	4 51	23.9	4 56	15.7	1 36	6.6
	23	5 04	26.2	4 15	19.6	+ 0 46	11.8
Dec.	3	5 10	28.2	3 30	22.8	− 0 07	15.6
	13	+ 5 10	+ 29.9	+ 2 41	+ 25.2	− 0 57	− 17.6
	23	5 04	31.3	1 48	26.8	1 40	17.7
	33	+ 4 52	+ 32.2	+ 0 54	+ 27.4	− 2 12	− 16.1

Differential coordinates are given in the sense "satellite minus planet."

DYNAMICAL TIME OF SUPERIOR GEOCENTRIC CONJUNCTION

SATELLITE I

	d h m		d h m		d h m		d h m
Jan.	.. .. ..	Apr.	10 14 46	July	8 01 02	Oct.	4 11 44
	14 20 45		12 09 14		9 19 28		6 06 13
	16 15 15		14 03 42		11 13 54		8 00 42
	18 09 45		15 22 10		13 08 19		9 19 11
	20 04 15		17 16 38		15 02 45		11 13 40
	21 22 46		19 11 06		16 21 11		13 08 09
	23 17 16		21 05 34		18 15 37		15 02 38
	25 11 46		23 00 01		20 10 04		16 21 08
	27 06 16		24 18 29		22 04 30		18 15 37
	29 00 46		26 12 57		23 22 56		20 10 06
	30 19 16		28 07 24		25 17 22		22 04 36
Feb.	1 13 46		30 01 52		27 11 48		23 23 05
	3 08 16	May	1 20 19		29 06 15		25 17 35
	5 02 46		3 14 47		31 00 41		27 12 05
	6 21 16		5 09 14	Aug.	1 19 07		29 06 34
	8 15 46		7 03 41		3 13 34		31 01 04
	10 10 16		8 22 08		5 08 00	Nov.	1 19 34
	12 04 46		10 16 35		7 02 27		3 14 03
	13 23 16		12 11 02		8 20 53		5 08 33
	15 17 46		14 05 29		10 15 20		7 03 03
	17 12 15		15 23 56		12 09 47		8 21 33
	19 06 45		17 18 23		14 04 14		10 16 03
	21 01 15		19 12 50		15 22 41		12 10 33
	22 19 44		21 07 16		17 17 08		14 05 03
	24 14 14		23 01 43		19 11 35		15 23 33
	26 08 43		24 20 10		21 06 02		17 18 03
	28 03 13		26 14 36		23 00 29		19 12 33
	29 21 42		28 09 03		24 18 56		21 07 04
Mar.	2 16 12		30 03 29		26 13 24		23 01 34
	4 10 41		31 21 56		28 07 51		24 20 04
	6 05 11	June	2 16 22		30 02 19		26 14 34
	7 23 40		4 10 48		31 20 46		28 09 05
	9 18 09		6 05 14	Sept.	2 15 14		30 03 35
	11 12 38		7 23 40		4 09 41	Dec.	1 22 05
	13 07 07		9 18 07		6 04 09		3 16 36
	15 01 36		11 12 33		7 22 37		5 11 06
	16 20 05		13 06 59		9 17 05		7 05 36
	18 14 34		15 01 25		11 11 33		9 00 07
	20 09 03		16 19 51		13 06 01		10 18 37
	22 03 32		18 14 17		15 00 29		12 13 08
	23 22 01		20 08 43		16 18 57		14 07 38
	25 16 30		22 03 09		18 13 26		16 02 09
	27 10 58		23 21 35		20 07 54		17 20 39
	29 05 27		25 16 00		22 02 23		19 15 10
	30 23 56		27 10 26		23 20 51		21 09 40
Apr.	1 18 24		29 04 52		25 15 20		23 04 11
	3 12 53		30 23 18		27 09 48		24 22 41
	5 07 21	July	2 17 44		29 04 17		.. .. ..
	7 01 49		4 12 10		30 22 46		
	8 20 18		6 06 36	Oct.	2 17 15		

DYNAMICAL TIME OF SUPERIOR GEOCENTRIC CONJUNCTION

SATELLITE II

	d h m		d h m		d h m		d h m
Jan.	.. .. ..	Apr.	8 14 20	July	6 08 12	Oct.	3 02 24
	14 05 39		12 03 38		9 21 19		6 15 44
	17 19 03		15 16 55		13 10 27		10 05 03
	21 08 27		19 06 12		16 23 35		13 18 23
	24 21 51		22 19 27		20 12 44		17 07 43
	28 11 15		26 08 43		24 01 52		20 21 04
Feb.	1 00 39		29 21 57		27 15 01		24 10 25
	4 14 02	May	3 11 12		31 04 10		27 23 47
	8 03 25		7 00 25	Aug.	3 17 20		31 13 08
	11 16 48		10 13 39		7 06 30	Nov.	4 02 31
	15 06 12		14 02 51		10 19 41		7 15 53
	18 19 34		17 16 04		14 08 52		11 05 16
	22 08 57		21 05 15		17 22 04		14 18 38
	25 22 19		24 18 27		21 11 15		18 08 02
	29 11 41		28 07 37		25 00 28		21 21 25
Mar.	4 01 03		31 20 47		28 13 41		25 10 48
	7 14 24	June	4 09 57	Sept.	1 02 55		29 00 12
	11 03 45		7 23 06		4 16 10	Dec.	2 13 36
	14 17 06		11 12 15		8 05 25		6 03 00
	18 06 26		15 01 24		11 18 40		9 16 24
	21 19 47		18 14 32		15 07 56		13 05 48
	25 09 06		22 03 40		18 21 13		16 19 13
	28 22 26		25 16 48		22 10 30		20 08 37
Apr.	1 11 44		29 05 56		25 23 48		23 22 02
	5 01 03	July	2 19 03		29 13 06		.. .. ..

SATELLITE III

	d h m		d h m		d h m		d h m
Jan.	.. .. ..	Apr.	13 11 54	July	15 09 19	Oct.	16 09 17
	18 09 03		20 15 46		22 12 37		23 13 28
	25 13 30		27 19 33		29 15 58		30 17 42
Feb.	1 17 55	May	4 23 17	Aug.	5 19 21	Nov.	6 21 58
	8 22 19		12 02 57		12 22 48		14 02 17
	16 02 41		19 06 31		20 02 21		21 06 39
	23 07 00		26 10 02		27 05 57		28 11 03
Mar.	1 11 17	June	2 13 28	Sept.	3 09 38	Dec.	5 15 29
	8 15 31		9 16 51		10 13 24		12 19 57
	15 19 42		16 20 10		17 17 13		20 00 25
	22 23 51		23 23 28		24 21 08		.. .. ..
	30 03 56	July	1 02 45	Oct.	2 01 06		
Apr.	6 07 57		8 06 02		9 05 10		

SATELLITE IV

	d h m		d h m		d h m		d h m
Jan.	.. .. ..	Apr.	12 16 41	July	21 12 51	Oct.	29 18 15
	19 15 28		29 09 58	Aug.	7 03 34	Nov.	15 13 59
Feb.	5 11 55	May	16 02 17		23 19 03	Dec.	2 10 12
	22 08 00	June	1 17 41	Sept.	9 11 28		19 06 47
Mar.	10 03 35		18 08 21		26 04 52		
	26 22 31	July	4 22 36	Oct.	12 23 10		

SATELLITES OF JUPITER, 1996

DYNAMICAL TIME OF GEOCENTRIC PHENOMENA

JANUARY

d	h m		d	h m		d	h m		d	h m	
0	1 23	II.Oc.R.	8	14 26	I.Sh.I.	16	1 09	II.Sh.E.	24	14 55	I.Sh.E.
	7 36	III.Sh.I.		14 47	I.Tr.I.		2 08	II.Tr.E.		15 31	I.Tr.E.
	8 26	III.Tr.I.		16 39	I.Sh.E.		13 39	I.Ec.D.		19 16	II.Ec.D.
	10 18	III.Sh.E.		17 00	I.Tr.E.		16 22	I.Oc.R.		23 13	II.Oc.R.
	11 13	III.Tr.E.		19 50	II.Sh.I.	17	10 48	I.Sh.I.	25	9 33	III.Ec.D.
	15 21	I.Ec.D.		20 34	II.Tr.I.		11 18	I.Tr.I.		10 01	I.Ec.D.
	17 49	I.Oc.R.		22 33	II.Sh.E.		13 01	I.Sh.E.		12 53	I.Oc.R.
1	12 32	I.Sh.I.		23 18	II.Tr.E.		13 31	I.Tr.E.		14 56	III.Oc.R.
	12 46	I.Tr.I.	9	11 44	I.Ec.D.		16 42	II.Ec.D.	26	7 10	I.Sh.I.
	14 45	I.Sh.E.		14 21	I.Oc.R.		20 25	II.Oc.R.		7 48	I.Tr.I.
	14 59	I.Tr.E.	10	8 54	I.Sh.I.	18	5 35	III.Ec.D.		9 23	I.Sh.E.
	17 14	II.Sh.I.		9 17	I.Tr.I.		8 07	I.Ec.D.		10 02	I.Tr.E.
	17 43	II.Tr.I.		11 07	I.Sh.E.		10 29	III.Oc.R.		14 21	II.Sh.I.
	19 56	II.Sh.E.		11 30	I.Tr.E.		10 52	I.Oc.R.		15 39	II.Tr.I.
	20 26	II.Tr.E.		14 08	II.Ec.D.	19	5 16	I.Sh.I.		17 04	II.Sh.E.
2	9 50	I.Ec.D.		17 36	II.Oc.R.		5 48	I.Tr.I.		18 23	II.Tr.E.
	12 19	I.Oc.R.	11	1 37	III.Ec.D.		7 29	I.Sh.E.	27	4 30	I.Ec.D.
3	7 00	I.Sh.I.		6 01	III.Oc.R.		8 01	I.Tr.E.		7 23	I.Oc.R.
	7 16	I.Tr.I.		6 13	I.Ec.D.		11 45	II.Sh.I.	28	1 39	I.Sh.I.
	9 13	I.Sh.E.		8 51	I.Oc.R.		12 49	II.Tr.I.		2 18	I.Tr.I.
	9 29	I.Tr.E.	12	3 23	I.Sh.I.		14 28	II.Sh.E.		3 51	I.Sh.E.
	11 34	II.Ec.D.		3 47	I.Tr.I.		15 34	II.Tr.E.		4 32	I.Tr.E.
	14 47	II.Oc.R.		5 36	I.Sh.E.	20	2 36	I.Ec.D.		8 33	II.Ec.D.
	21 39	III.Ec.D.		6 01	I.Tr.E.		5 23	I.Oc.R.		12 37	II.Oc.R.
4	1 32	III.Oc.R.		9 09	II.Sh.I.		23 45	I.Sh.I.		22 58	I.Ec.D.
	4 19	I.Ec.D.		9 59	II.Tr.I.	21	0 18	I.Tr.I.		23 30	III.Sh.I.
	6 50	I.Oc.R.		11 51	II.Sh.E.		1 58	I.Sh.E.	29	1 53	I.Oc.R.
5	1 29	I.Sh.I.		12 43	II.Tr.E.		2 31	I.Tr.E.		2 14	III.Tr.I.
	1 46	I.Tr.I.	13	0 41	I.Ec.D.		5 59	II.Ec.D.		2 16	III.Sh.E.
	3 42	I.Sh.E.		3 22	I.Oc.R.		9 49	II.Oc.R.		5 06	III.Tr.E.
	4 00	I.Tr.E.		21 51	I.Sh.I.		19 32	III.Sh.I.		20 07	I.Sh.I.
	6 33	II.Sh.I.		22 17	I.Tr.I.		21 04	I.Ec.D.		20 48	I.Tr.I.
	7 09	II.Tr.I.	14	0 04	I.Sh.E.		21 49	III.Tr.I.		22 20	I.Sh.E.
	9 15	II.Sh.E.		0 31	I.Tr.E.		22 17	III.Sh.E.		23 02	I.Tr.E.
	9 52	II.Tr.E.		3 25	II.Ec.D.		23 53	I.Oc.R.	30	3 39	II.Sh.I.
	22 47	I.Ec.D.		7 01	II.Oc.R.	22	0 40	III.Tr.E.		5 03	II.Tr.I.
6	1 20	I.Oc.R.		15 33	III.Sh.I.		18 13	I.Sh.I.		6 21	II.Sh.E.
	19 57	I.Sh.I.		17 22	III.Tr.I.		18 48	I.Tr.I.		7 47	II.Tr.E.
	20 17	I.Tr.I.		18 17	III.Sh.E.		20 26	I.Sh.E.		17 27	I.Ec.D.
	22 10	I.Sh.E.		19 10	I.Ec.D.		21 01	I.Tr.E.		20 24	I.Oc.R.
	22 30	I.Tr.E.		20 11	III.Tr.E.	23	1 03	II.Sh.I.	31	14 35	I.Sh.I.
7	0 51	II.Ec.D.		21 52	I.Oc.R.		2 14	II.Tr.I.		15 18	I.Tr.I.
	4 12	II.Oc.R.	15	16 20	I.Sh.I.		3 46	II.Sh.E.		16 48	I.Sh.E.
	11 35	III.Sh.I.		16 47	I.Tr.I.		4 58	II.Tr.E.		17 32	I.Tr.E.
	12 55	III.Tr.I.		18 32	I.Sh.E.		15 33	I.Ec.D.		21 50	II.Ec.D.
	14 18	III.Sh.E.		19 01	I.Tr.E.		18 23	I.Oc.R.			
	15 43	III.Tr.E.		22 27	II.Sh.I.	24	12 42	I.Sh.I.			
	17 16	I.Ec.D.		23 24	II.Tr.I.		13 18	I.Tr.I.			
	19 50	I.Oc.R.									

I. Jan. 16	II. Jan. 14	III. Jan. 18	IV. Jan.
$x_1 = -1.4$, $y_1 = -0.2$	$x_1 = -1.5$, $y_1 = -0.3$	$x_1 = -1.9$, $y_1 = -0.6$	No Eclipse

NOTE.—I. denotes ingress; E., egress; D., disappearance; R., reappearance; Ec., eclipse; Oc., occultation; Tr., transit of the satellite; Sh., transit of the shadow.

CONFIGURATIONS OF SATELLITES I–IV FOR JANUARY

UNIVERSAL TIME

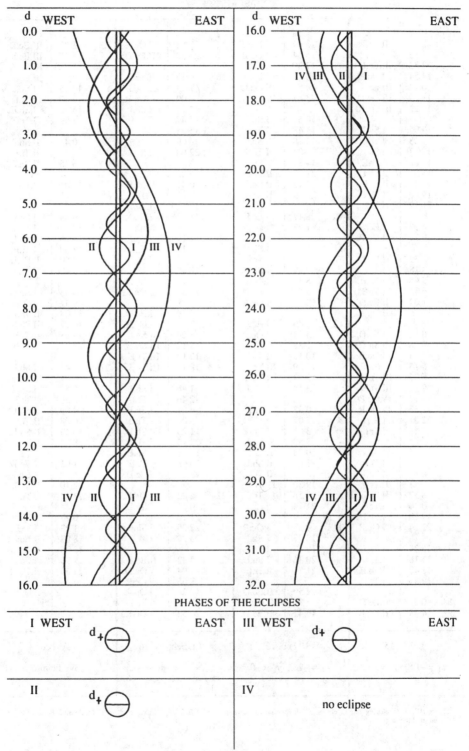

PHASES OF THE ECLIPSES

SATELLITES OF JUPITER, 1996

DYNAMICAL TIME OF GEOCENTRIC PHENOMENA

FEBRUARY

d	h m		d	h m		d	h m		d	h m	
1	2 01	II.Oc.R.	8	13 49	I.Ec.D.	15	18 53	I.Oc.R.	23	1 27	III.Ec.D.
	11 55	I.Ec.D.		16 54	I.Oc.R.		21 29	III.Ec.D.		4 17	III.Ec.R.
	13 32	III.Ec.D.		17 30	III.Ec.D.	16	0 18	III.Ec.R.		5 32	III.Oc.D.
	14 54	I.Oc.R.		20 19	III.Ec.R.		1 13	III.Oc.D.		8 29	III.Oc.R.
	16 19	III.Ec.R.		20 52	III.Oc.D.		4 09	III.Oc.R.		14 45	I.Sh.I.
	16 29	III.Oc.D.		23 47	III.Oc.R.		12 51	I.Sh.I.		15 45	I.Tr.I.
	19 22	III.Oc.R.	9	10 57	I.Sh.I.		13 47	I.Tr.I.		16 58	I.Sh.E.
2	9 04	I.Sh.I.		11 48	I.Tr.I.		15 04	I.Sh.E.		17 59	I.Tr.E.
	9 48	I.Tr.I.		13 10	I.Sh.E.		16 00	I.Tr.E.	24	0 43	II.Sh.I.
	11 17	I.Sh.E.		14 01	I.Tr.E.		22 08	II.Sh.I.		2 46	II.Tr.I.
	12 02	I.Tr.E.		19 32	II.Sh.I.	17	0 01	II.Tr.I.		3 26	II.Sh.E.
	16 57	II.Sh.I.		21 15	II.Tr.I.		0 51	II.Sh.E.		5 31	II.Tr.E.
	18 27	II.Tr.I.		22 15	II.Sh.E.		2 46	II.Tr.E.		12 04	I.Ec.D.
	19 40	II.Sh.E.		23 59	II.Tr.E.		10 11	I.Ec.D.		15 21	I.Oc.R.
	21 12	II.Tr.E.	10	8 17	I.Ec.D.		13 23	I.Oc.R.	25	9 13	I.Sh.I.
3	6 23	I.Ec.D.		11 23	I.Oc.R.	18	7 19	I.Sh.I.		10 15	I.Tr.I.
	9 24	I.Oc.R.	11	5 26	I.Sh.I.		8 16	I.Tr.I.		11 26	I.Sh.E.
4	3 32	I.Sh.I.		6 17	I.Tr.I.		9 32	I.Sh.E.		12 29	I.Tr.E.
	4 18	I.Tr.I.		7 39	I.Sh.E.		10 30	I.Tr.E.		18 50	II.Ec.D.
	5 45	I.Sh.E.		8 31	I.Tr.E.		16 16	II.Ec.D.		23 42	II.Oc.R.
	6 32	I.Tr.E.		13 41	II.Ec.D.		20 57	II.Oc.R.	26	6 33	I.Ec.D.
	11 07	II.Ec.D.		18 11	II.Oc.R.	19	4 39	I.Ec.D.		9 51	I.Oc.R.
	15 25	II.Oc.R.	12	2 46	I.Ec.D.		7 52	I.Oc.R.		15 23	III.Sh.I.
5	0 52	I.Ec.D.		5 53	I.Oc.R.		11 24	III.Sh.I.		18 12	III.Sh.E.
	3 28	III.Sh.I.		7 26	III.Sh.I.		14 12	III.Sh.E.		19 38	III.Tr.I.
	3 54	I.Oc.R.		10 13	III.Sh.E.		15 19	III.Tr.I.		22 34	III.Tr.E.
	6 15	III.Sh.E.		10 59	III.Tr.I.		18 15	III.Tr.E.	27	3 41	I.Sh.I.
	6 37	III.Tr.I.		13 53	III.Tr.E.	20	1 48	I.Sh.I.		4 44	I.Tr.I.
	9 31	III.Tr.E.		23 54	I.Sh.I.		2 46	I.Tr.I.		5 54	I.Sh.E.
	11 17	IV.Oc.D.	13	0 47	I.Tr.I.		4 01	I.Sh.E.		6 58	I.Tr.E.
	12 33	IV.Oc.R.		2 07	I.Sh.E.		5 00	I.Tr.E.		14 00	II.Sh.I.
	22 01	I.Sh.I.		3 01	I.Tr.E.		11 25	II.Sh.I.		16 08	II.Tr.I.
	22 48	I.Tr.I.		8 50	II.Sh.I.		13 23	II.Tr.I.		16 43	II.Sh.E.
6	0 14	I.Sh.E.		10 38	II.Tr.I.		14 08	II.Sh.E.		18 53	II.Tr.E.
	1 01	I.Tr.E.		11 33	II.Sh.E.		16 08	II.Tr.E.	28	1 01	I.Ec.D.
	6 14	II.Sh.I.		13 22	II.Tr.E.		23 08	I.Ec.D.		4 20	I.Oc.R.
	7 51	II.Tr.I.		19 30	IV.Tr.I.	21	2 22	I.Oc.R.		22 10	I.Sh.I.
	8 57	II.Sh.E.		20 56	IV.Tr.E.		20 16	I.Sh.I.		23 14	I.Tr.I.
	10 36	II.Tr.E.		21 14	I.Ec.D.		21 16	I.Tr.I.	29	0 23	I.Sh.E.
	19 20	I.Ec.D.	14	0 23	I.Oc.R.		22 29	I.Sh.E.		1 28	I.Tr.E.
	22 24	I.Oc.R.		18 23	I.Sh.I.		23 29	I.Tr.E.		8 07	II.Ec.D.
7	16 29	I.Sh.I.		19 17	I.Tr.I.	22	5 33	II.Ec.D.		13 05	II.Oc.R.
	17 18	I.Tr.I.		20 36	I.Sh.E.		7 04	IV.Oc.D.		19 30	I.Ec.D.
	18 42	I.Sh.E.		21 31	I.Tr.E.		8 55	IV.Oc.R.		22 50	I.Oc.R.
	19 31	I.Tr.E.	15	2 59	II.Ec.D.		10 20	II.Oc.R.			
8	0 24	II.Ec.D.		7 35	II.Oc.R.		17 36	I.Ec.D.			
	4 48	II.Oc.R.		15 42	I.Ec.D.		20 52	I.Oc.R.			

I. Feb. 15	II. Feb. 15	III. Feb. 15–16	IV. Feb.
$x_1 = -1.8,\ y_1 = -0.2$	$x_1 = -2.2,\ y_1 = -0.3$	$x_1 = -2.8,\ y_1 = -0.5$ $x_2 = -1.3,\ y_2 = -0.6$	No Eclipse

NOTE.—I. denotes ingress; E., egress; D., disappearance; R., reappearance; Ec., eclipse; Oc., occultation; Tr., transit of the satellite; Sh., transit of the shadow.

CONFIGURATIONS OF SATELLITES I–IV FOR FEBRUARY

UNIVERSAL TIME

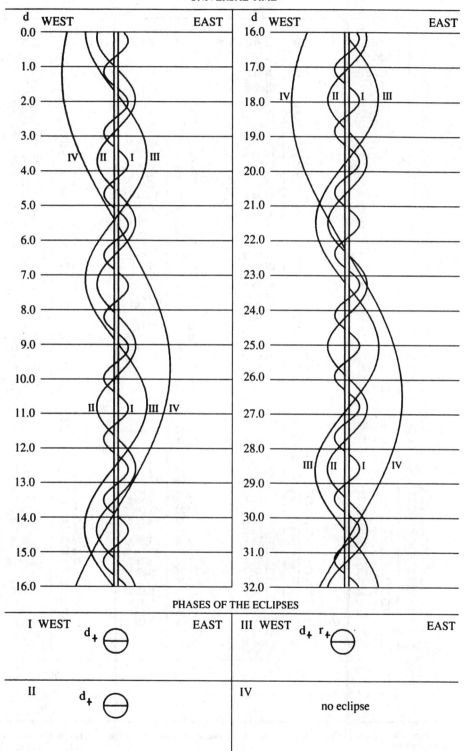

PHASES OF THE ECLIPSES

SATELLITES OF JUPITER, 1996

DYNAMICAL TIME OF GEOCENTRIC PHENOMENA

MARCH

d	h m		d	h m		d	h m		d	h m	
1	5 24	III.Ec.D.	8	21 54	I.Tr.E.	16	13 37	II.Tr.E.	24	18 02	I.Tr.I.
	8 16	III.Ec.R.	9	5 53	II.Sh.I.		17 45	I.Ec.D.		19 00	I.Sh.E.
	9 48	III.Oc.D.		8 11	II.Tr.I.		21 13	I.Oc.R.		20 16	I.Tr.E.
	12 47	III.Oc.R.		8 35	II.Sh.E.	17	14 54	I.Sh.I.	25	5 09	II.Ec.D.
	15 08	IV.Tr.I.		10 56	II.Tr.E.		16 06	I.Tr.I.		10 30	II.Oc.R.
	16 38	I.Sh.I.		15 51	I.Ec.D.		17 07	I.Sh.E.		14 06	I.Ec.D.
	17 04	IV.Tr.E.		15 59	IV.Ec.D.		18 20	I.Tr.E.		17 37	I.Oc.R.
	17 43	I.Tr.I.		16 55	IV.Ec.R.		23 07	IV.Sh.I.	26	7 15	III.Sh.I.
	18 51	I.Sh.E.		19 16	I.Oc.R.	18	0 08	IV.Sh.E.		9 45	IV.Ec.D.
	19 57	I.Tr.E.	10	2 28	IV.Oc.D.		2 34	II.Ec.D.		10 08	III.Sh.E.
2	3 18	II.Sh.I.		4 42	IV.Oc.R.		7 50	II.Oc.R.		11 11	IV.Ec.R.
	5 29	II.Tr.I.		13 00	I.Sh.I.		10 16	IV.Tr.I.		11 15	I.Sh.I.
	6 01	II.Sh.E.		14 10	I.Tr.I.		12 13	I.Ec.D.		12 21	III.Tr.I.
	8 14	II.Tr.E.		15 13	I.Sh.E.		12 33	IV.Tr.E.		12 31	I.Tr.I.
	13 58	I.Ec.D.		16 24	I.Tr.E.		15 42	I.Oc.R.		13 29	I.Sh.E.
	17 19	I.Oc.R.		23 59	II.Ec.D.	19	3 17	III.Sh.I.		14 45	I.Tr.E.
3	11 07	I.Sh.I.	11	5 09	II.Oc.R.		6 09	III.Sh.E.		15 22	III.Tr.E.
	12 13	I.Tr.I.		10 20	I.Ec.D.		8 15	III.Tr.I.		21 15	IV.Oc.D.
	13 19	I.Sh.E.		13 46	I.Oc.R.		9 22	I.Sh.I.		23 47	IV.Oc.R.
	14 26	I.Tr.E.		23 19	III.Sh.I.		10 35	I.Tr.I.	27	0 18	II.Sh.I.
	21 25	II.Ec.D.	12	2 11	III.Sh.E.		11 15	III.Tr.E.		2 49	II.Tr.I.
4	2 26	II.Oc.R.		4 06	III.Tr.I.		11 35	I.Sh.E.		3 01	II.Sh.E.
	8 26	I.Ec.D.		7 05	III.Tr.E.		12 49	I.Tr.E.		5 34	II.Tr.E.
	11 49	I.Oc.R.		7 28	I.Sh.I.		21 44	II.Sh.I.		8 35	I.Ec.D.
	19 21	III.Sh.I.		8 39	I.Tr.I.	20	0 11	II.Tr.I.		12 06	I.Oc.R.
	22 11	III.Sh.E.		9 41	I.Sh.E.		0 27	II.Sh.E.	28	5 44	I.Sh.I.
	23 53	III.Tr.I.		10 53	I.Tr.E.		2 56	II.Tr.E.		6 59	I.Tr.I.
5	2 51	III.Tr.E.		19 10	II.Sh.I.		6 42	I.Ec.D.		7 57	I.Sh.E.
	5 35	I.Sh.I.		21 32	II.Tr.I.		10 11	I.Oc.R.		9 13	I.Tr.E.
	6 42	I.Tr.I.		21 53	II.Sh.E.	21	3 50	I.Sh.I.		18 27	II.Ec.D.
	7 48	I.Sh.E.	13	0 17	II.Tr.E.		5 04	I.Tr.I.		23 50	II.Oc.R.
	8 56	I.Tr.E.		4 48	I.Ec.D.		6 03	I.Sh.E.	29	3 03	I.Ec.D.
	16 35	II.Sh.I.		8 15	I.Oc.R.		7 18	I.Tr.E.		6 35	I.Oc.R.
	18 50	II.Tr.I.	14	1 57	I.Sh.I.		15 52	II.Ec.D.		21 16	III.Ec.D.
	19 18	II.Sh.E.		3 08	I.Tr.I.		21 11	II.Oc.R.	30	0 11	III.Ec.R.
	21 35	II.Tr.E.		4 10	I.Sh.E.	22	1 10	I.Ec.D.		0 12	I.Sh.I.
6	2 55	I.Ec.D.		5 22	I.Tr.E.		4 40	I.Oc.R.		1 28	I.Tr.I.
	6 18	I.Oc.R.		13 17	II.Ec.D.		17 18	III.Ec.D.		2 24	III.Oc.D.
7	0 03	I.Sh.I.		18 30	II.Oc.R.		20 12	III.Ec.R.		2 25	I.Sh.E.
	1 11	I.Tr.I.		23 16	I.Ec.D.		22 19	I.Sh.I.		3 42	I.Tr.E.
	2 16	I.Sh.E.	15	2 44	I.Oc.R.		22 20	III.Oc.D.		5 28	III.Oc.R.
	3 25	I.Tr.E.		13 19	III.Ec.D.		23 33	I.Tr.I.		13 36	II.Sh.I.
	10 42	II.Ec.D.		16 13	III.Ec.R.	23	0 32	I.Sh.E.		16 07	II.Tr.I.
	15 48	II.Oc.R.		18 12	III.Oc.D.		1 22	III.Oc.R.		16 19	II.Sh.E.
	21 23	I.Ec.D.		20 25	I.Sh.I.		1 47	I.Tr.E.		18 52	II.Tr.E.
8	0 47	I.Oc.R.		21 13	III.Oc.R.		11 01	II.Sh.I.		21 31	I.Ec.D.
	9 22	III.Ec.D.		21 37	I.Tr.I.		13 30	II.Tr.I.	31	1 03	I.Oc.R.
	12 14	III.Ec.R.		22 38	I.Sh.E.		13 44	II.Sh.E.		18 41	I.Sh.I.
	14 01	III.Oc.D.		23 51	I.Tr.E.		16 15	II.Tr.E.		19 57	I.Tr.I.
	17 01	III.Oc.R.	16	8 27	II.Sh.I.		19 38	I.Ec.D.		20 54	I.Sh.E.
	18 32	I.Sh.I.		10 52	II.Tr.I.		23 08	I.Oc.R.		22 11	I.Tr.E.
	19 41	I.Tr.I.		11 10	II.Sh.E.	24	16 47	I.Sh.I.			
	20 45	I.Sh.E.									

I. Mar. 16	II. Mar. 14	III. Mar. 15	IV. Mar. 9
$x_1 = -2.0,\ y_1 = -0.2$	$x_1 = -2.6,\ y_1 = -0.3$	$x_1 = -3.5,\ y_1 = -0.5$	$x_1 = -4.8,\ y_1 = -0.8$
		$x_2 = -1.9,\ y_2 = -0.5$	$x_2 = -4.4,\ y_2 = -0.8$

NOTE.—I. denotes ingress; E., egress; D., disappearance; R., reappearance; Ec., eclipse; Oc., occultation; Tr., transit of the satellite; Sh., transit of the shadow.

CONFIGURATIONS OF SATELLITES I–IV FOR MARCH

UNIVERSAL TIME

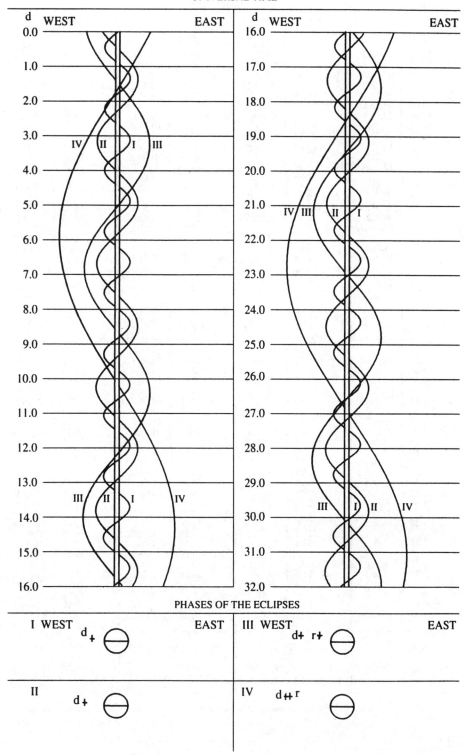

PHASES OF THE ECLIPSES

SATELLITES OF JUPITER, 1996

DYNAMICAL TIME OF GEOCENTRIC PHENOMENA

APRIL

d	h m		d	h m		d	h m		d	h m	
1	7 44	II.Ec.D.	8	17 53	I.Ec.D.	16	16 56	I.Sh.I.	23	21 03	I.Sh.E.
	13 09	II.Oc.R.		21 25	I.Oc.R.		18 12	I.Tr.I.		22 18	I.Tr.E.
	16 00	I.Ec.D.	9	15 02	I.Sh.I.		19 09	III.Sh.I.		23 07	III.Sh.I.
	19 32	I.Oc.R.		15 11	III.Sh.I.		19 09	I.Sh.E.	24	2 04	III.Sh.E.
2	11 13	III.Sh.I.		16 19	I.Tr.I.		20 26	I.Tr.E.		4 08	III.Tr.I.
	13 09	I.Sh.I.		17 16	I.Sh.E.		22 05	III.Sh.E.		7 12	III.Tr.E.
	14 07	III.Sh.E.		18 05	III.Sh.E.	17	0 17	III.Tr.I.		10 34	II.Sh.I.
	14 25	I.Tr.I.		18 33	I.Tr.E.		3 21	III.Tr.E.		13 00	II.Tr.I.
	15 22	I.Sh.E.		20 22	III.Tr.I.		8 00	II.Sh.I.		13 17	II.Sh.E.
	16 23	III.Tr.I.		23 24	III.Tr.E.		10 30	II.Tr.I.		15 45	II.Tr.E.
	16 39	I.Tr.E.	10	5 26	II.Sh.I.		10 43	II.Sh.E.		16 08	I.Ec.D.
	19 25	III.Tr.E.		7 58	II.Tr.I.		13 16	II.Tr.E.		19 37	I.Oc.R.
3	2 52	II.Sh.I.		8 10	II.Sh.E.		14 14	I.Ec.D.	25	13 18	I.Sh.I.
	5 25	II.Tr.I.		10 44	II.Tr.E.		17 45	I.Oc.R.		14 31	I.Tr.I.
	5 36	II.Sh.E.		12 21	I.Ec.D.	18	11 24	I.Sh.I.		15 32	I.Sh.E.
	8 10	II.Tr.E.		15 53	I.Oc.R.		12 40	I.Tr.I.		16 46	I.Tr.E.
	10 28	I.Ec.D.	11	9 31	I.Sh.I.		13 38	I.Sh.E.	26	4 48	II.Ec.D.
	14 00	I.Oc.R.		10 47	I.Tr.I.		14 54	I.Tr.E.		10 08	II.Oc.R.
	16 56	IV.Sh.I.		11 44	I.Sh.E.	19	2 12	II.Ec.D.		10 36	I.Ec.D.
	18 25	IV.Sh.E.		13 02	I.Tr.E.		7 36	II.Oc.R.		14 04	I.Oc.R.
4	4 44	IV.Tr.I.		23 37	II.Ec.D.		8 43	I.Ec.D.	27	7 46	I.Sh.I.
	7 17	IV.Tr.E.	12	3 35	IV.Ec.D.		12 13	I.Oc.R.		8 59	I.Tr.I.
	7 37	I.Sh.I.		5 03	II.Oc.R.	20	5 53	I.Sh.I.		10 00	I.Sh.E.
	8 54	I.Tr.I.		5 22	IV.Ec.R.		7 08	I.Tr.I.		11 14	I.Tr.E.
	9 51	I.Sh.E.		6 50	I.Ec.D.		8 06	I.Sh.E.		13 06	III.Ec.D.
	11 08	I.Tr.E.		10 21	I.Oc.R.		9 09	III.Ec.D.		16 06	III.Ec.R.
	21 02	II.Ec.D.		15 19	IV.Oc.D.		9 22	I.Tr.E.		18 00	III.Oc.D.
5	2 27	II.Oc.R.		18 03	IV.Oc.R.		10 47	IV.Sh.I.		21 07	III.Oc.R.
	4 56	I.Ec.D.	13	3 59	I.Sh.I.		12 07	III.Ec.R.		23 50	II.Sh.I.
	8 28	I.Oc.R.		5 12	III.Ec.D.		12 37	IV.Sh.E.	28	2 14	II.Tr.I.
6	1 14	III.Ec.D.		5 16	I.Tr.I.		14 13	III.Oc.D.		2 34	II.Sh.E.
	2 06	I.Sh.I.		6 13	I.Sh.E.		17 19	III.Oc.R.		4 59	II.Tr.E.
	3 22	I.Tr.I.		7 30	I.Tr.E.		21 17	II.Sh.I.		5 04	I.Ec.D.
	4 10	III.Ec.R.		8 09	III.Ec.R.		22 23	IV.Tr.I.		8 32	I.Oc.R.
	4 19	I.Sh.E.		10 21	III.Oc.D.		23 45	II.Tr.I.		21 28	IV.Ec.D.
	5 36	I.Tr.E.		13 26	III.Oc.R.	21	0 00	II.Sh.E.		23 33	IV.Ec.R.
	6 25	III.Oc.D.		18 43	II.Sh.I.		1 07	IV.Tr.E.	29	2 15	I.Sh.I.
	9 29	III.Oc.R.		21 15	II.Tr.I.		2 31	II.Tr.E.		3 27	I.Tr.I.
	16 09	II.Sh.I.		21 27	II.Sh.E.		3 11	I.Ec.D.		4 28	I.Sh.E.
	18 42	II.Tr.I.	14	0 00	II.Tr.E.		6 41	I.Oc.R.		5 41	I.Tr.E.
	18 53	II.Sh.E.		1 18	I.Ec.D.	22	0 21	I.Sh.I.		8 31	IV.Oc.D.
	21 27	II.Tr.E.		4 50	I.Oc.R.		1 36	I.Tr.I.		11 24	IV.Oc.R.
	23 25	I.Ec.D.		22 28	I.Sh.I.		2 35	I.Sh.E.		18 05	II.Ec.D.
7	2 57	I.Oc.R.		23 44	I.Tr.I.		3 50	I.Tr.E.		23 22	II.Oc.R.
	20 34	I.Sh.I.	15	0 41	I.Sh.E.		15 30	II.Ec.D.		23 32	I.Ec.D.
	21 51	I.Tr.I.		1 58	I.Tr.E.		20 52	II.Oc.R.	30	2 59	I.Oc.R.
	22 47	I.Sh.E.		12 54	II.Ec.D.		21 39	I.Ec.D.		20 43	I.Sh.I.
8	0 05	I.Tr.E.		18 20	II.Oc.R.	23	1 09	I.Oc.R.		21 54	I.Tr.I.
	10 19	II.Ec.D.		19 46	I.Ec.D.		18 49	I.Sh.I.		22 57	I.Sh.E.
	15 45	II.Oc.R.		23 18	I.Oc.R.		20 04	I.Tr.I.			

I. Apr. 15	II. Apr. 15	III. Apr. 13	IV. Apr. 12
$x_1 = -2.1,\ y_1 = -0.2$	$x_1 = -2.7,\ y_1 = -0.2$	$x_1 = -3.6,\ y_1 = -0.5$	$x_1 = -5.4,\ y_1 = -0.8$
		$x_2 = -2.0,\ y_2 = -0.5$	$x_2 = -4.7,\ y_2 = -0.8$

NOTE.—I. denotes ingress; E., egress; D., disappearance; R., reappearance; Ec., eclipse; Oc., occultation; Tr., transit of the satellite; Sh., transit of the shadow.

CONFIGURATIONS OF SATELLITES I–IV FOR APRIL

UNIVERSAL TIME

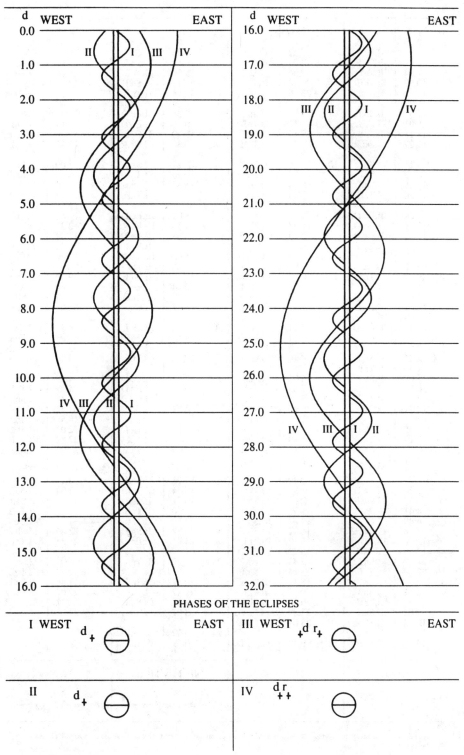

PHASES OF THE ECLIPSES

SATELLITES OF JUPITER, 1996

DYNAMICAL TIME OF GEOCENTRIC PHENOMENA

MAY

d	h m		d	h m		d	h m		d	h m	
1	0 09	I.Tr.E.	8	15 40	II.Sh.I.	16	1 04	I.Oc.R.	24	6 57	IV.Tr.I.
	3 06	III.Sh.I.		17 52	II.Tr.I.		3 46	IV.Oc.R.		9 52	IV.Tr.E.
	6 04	III.Sh.E.		18 25	II.Sh.E.		18 59	I.Sh.I.		15 12	II.Ec.D.
	7 54	III.Tr.I.		19 54	I.Ec.D.		19 59	I.Tr.I.		18 09	I.Ec.D.
	10 59	III.Tr.E.		20 38	II.Tr.E.		21 13	I.Sh.E.		19 52	II.Oc.R.
	13 07	II.Sh.I.		23 16	I.Oc.R.		22 14	I.Tr.E.		21 17	I.Oc.R.
	15 27	II.Tr.I.	9	17 05	I.Sh.I.	17	12 36	II.Ec.D.	25	15 21	I.Sh.I.
	15 51	II.Sh.E.		18 11	I.Tr.I.		16 16	I.Ec.D.		16 14	I.Tr.I.
	18 01	I.Ec.D.		19 19	I.Sh.E.		17 29	II.Oc.R.		17 36	I.Sh.E.
	18 13	II.Tr.E.		20 26	I.Tr.E.		19 30	I.Oc.R.		18 29	I.Tr.E.
	21 27	I.Oc.R.	10	10 00	II.Ec.D.	18	13 27	I.Sh.I.	26	5 00	III.Ec.D.
2	15 11	I.Sh.I.		14 22	I.Ec.D.		14 26	I.Tr.I.		8 03	III.Ec.R.
	16 22	I.Tr.I.		15 04	II.Oc.R.		15 42	I.Sh.E.		8 28	III.Oc.D.
	17 25	I.Sh.E.		17 43	I.Oc.R.		16 41	I.Tr.E.		10 04	II.Sh.I.
	18 36	I.Tr.E.	11	11 33	I.Sh.I.	19	1 01	III.Ec.D.		11 36	III.Oc.R.
3	7 24	II.Ec.D.		12 38	I.Tr.I.		4 03	III.Ec.R.		11 45	II.Tr.I.
	12 29	I.Ec.D.		13 48	I.Sh.E.		4 58	III.Oc.D.		12 37	I.Ec.D.
	12 37	II.Oc.R.		14 53	I.Tr.E.		7 30	II.Sh.I.		12 49	II.Sh.E.
	15 54	I.Oc.R.		21 03	III.Ec.D.		8 05	III.Oc.R.		14 32	II.Tr.E.
4	9 40	I.Sh.I.	12	0 04	III.Ec.R.		9 26	II.Tr.I.		15 44	I.Oc.R.
	10 49	I.Tr.I.		1 23	III.Oc.D.		10 15	II.Sh.E.	27	9 49	I.Sh.I.
	11 54	I.Sh.E.		4 30	III.Oc.R.		10 44	I.Ec.D.		10 40	I.Tr.I.
	13 04	I.Tr.E.		4 57	II.Sh.I.		12 12	II.Tr.E.		12 04	I.Sh.E.
	17 04	III.Ec.D.		7 04	II.Tr.I.		13 57	I.Oc.R.		12 55	I.Tr.E.
	20 04	III.Ec.R.		7 41	II.Sh.E.	20	7 56	I.Sh.I.	28	4 30	II.Ec.D.
	21 43	III.Oc.D.		8 51	I.Ec.D.		8 53	I.Tr.I.		7 06	I.Ec.D.
5	0 50	III.Oc.R.		9 50	II.Tr.E.		10 10	I.Sh.E.		9 02	II.Oc.R.
	2 24	II.Sh.I.		12 10	I.Oc.R.		11 08	I.Tr.E.		10 10	I.Oc.R.
	4 40	II.Tr.I.	13	6 02	I.Sh.I.	21	1 53	II.Ec.D.	29	4 18	I.Sh.I.
	5 08	II.Sh.E.		7 05	I.Tr.I.		5 12	I.Ec.D.		5 07	I.Tr.I.
	6 57	I.Ec.D.		8 16	I.Sh.E.		6 40	II.Oc.R.		6 33	I.Sh.E.
	7 26	II.Tr.E.		9 20	I.Tr.E.		8 24	I.Oc.R.		7 22	I.Tr.E.
	10 21	I.Oc.R.		23 17	II.Ec.D.	22	2 24	I.Sh.I.		18 58	III.Sh.I.
6	4 08	I.Sh.I.	14	3 19	I.Ec.D.		3 20	I.Tr.I.		22 01	III.Sh.E.
	5 17	I.Tr.I.		4 16	II.Oc.R.		4 39	I.Sh.E.		22 12	III.Tr.I.
	6 22	I.Sh.E.		6 37	I.Oc.R.		5 35	I.Tr.E.		23 20	II.Sh.I.
	7 31	I.Tr.E.	15	0 30	I.Sh.I.		15 00	III.Sh.I.	30	0 54	II.Tr.I.
	20 41	II.Ec.D.		1 33	I.Tr.I.		18 01	III.Sh.E.		1 19	III.Tr.E.
7	1 26	I.Ec.D.		2 45	I.Sh.E.		18 44	III.Tr.I.		1 34	I.Ec.D.
	1 50	II.Oc.R.		3 47	I.Tr.E.		20 47	II.Sh.I.		2 06	II.Sh.E.
	4 41	IV.Sh.I.		11 02	III.Sh.I.		21 50	III.Tr.E.		3 41	II.Tr.E.
	4 49	I.Oc.R.		14 02	III.Sh.E.		22 36	II.Tr.I.		4 37	I.Oc.R.
	6 48	IV.Sh.E.		15 12	III.Tr.I.		23 32	II.Sh.E.		22 46	I.Sh.I.
	15 08	IV.Tr.I.		15 22	IV.Ec.D.		23 41	I.Ec.D.		23 33	I.Tr.I.
	17 59	IV.Tr.E.		17 43	IV.Ec.R.	23	1 22	II.Tr.E.	31	1 01	I.Sh.E.
	22 37	I.Sh.I.		18 14	II.Sh.I.		2 51	I.Oc.R.		1 49	I.Tr.E.
	23 44	I.Tr.I.		18 17	III.Tr.E.		20 52	I.Sh.I.		17 48	II.Ec.D.
8	0 51	I.Sh.E.		20 15	II.Tr.I.		21 47	I.Tr.I.		20 02	I.Ec.D.
	1 59	I.Tr.E.		20 58	II.Sh.E.		22 36	IV.Sh.I.		22 12	II.Oc.R.
	7 04	III.Sh.I.		21 47	I.Ec.D.		23 07	I.Sh.E.		23 03	I.Oc.R.
	10 03	III.Sh.E.		23 01	II.Tr.E.	24	0 02	I.Tr.E.			
	11 35	III.Tr.I.	16	0 48	IV.Oc.D.		0 59	IV.Sh.E.			
	14 40	III.Tr.E.									

I. May 15	II. May 13	III. May 11–12	IV. May 15
$x_1 = -1.9,\ y_1 = -0.2$	$x_1 = -2.4,\ y_1 = -0.2$	$x_1 = -3.2,\ y_1 = -0.5$ $x_2 = -1.6,\ y_2 = -0.5$	$x_1 = -4.5,\ y_1 = -0.7$ $x_2 = -3.5,\ y_2 = -0.7$

NOTE.—I. denotes ingress; E., egress; D., disappearance; R., reappearance; Ec., eclipse; Oc., occultation; Tr., transit of the satellite; Sh., transit of the shadow.

CONFIGURATIONS OF SATELLITES I–IV FOR MAY

UNIVERSAL TIME

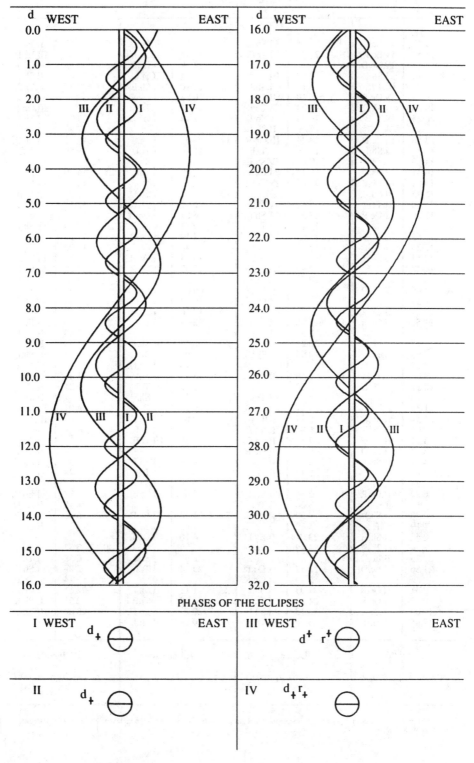

PHASES OF THE ECLIPSES

SATELLITES OF JUPITER, 1996

DYNAMICAL TIME OF GEOCENTRIC PHENOMENA

JUNE

d	h m		d	h m		d	h m		d	h m	
1	9 17	IV.Ec.D.	8	21 24	I.Sh.E.	16	16 54	III.Ec.D.	23	20 48	II.Tr.I.
	11 52	IV.Ec.R.		22 01	I.Tr.E.		17 44	II.Sh.I.		20 52	III.Ec.D.
	16 11	IV.Oc.D.	9	12 55	III.Ec.D.		18 18	I.Ec.D.		22 42	I.Oc.R.
	17 15	I.Sh.I.		15 10	II.Sh.I.		18 34	II.Tr.I.		23 04	II.Sh.E.
	18 00	I.Tr.I.		16 19	II.Tr.I.		20 30	II.Sh.E.		23 35	II.Tr.E.
	19 11	IV.Oc.R.		16 24	I.Ec.D.		20 58	I.Oc.R.	24	1 02	III.Oc.R.
	19 30	I.Sh.E.		16 32	IV.Sh.I.		21 21	II.Tr.E.		17 26	I.Sh.I.
	20 15	I.Tr.E.		17 56	II.Sh.E.		21 44	III.Oc.R.		17 40	I.Tr.I.
2	8 58	III.Ec.D.		18 24	III.Oc.R.	17	15 32	I.Sh.I.		19 42	I.Sh.E.
	12 37	II.Sh.I.		19 06	II.Tr.E.		15 56	I.Tr.I.		19 56	I.Tr.E.
	14 03	II.Tr.I.		19 09	IV.Sh.E.		17 47	I.Sh.E.	25	14 40	I.Ec.D.
	14 31	I.Ec.D.		19 14	I.Oc.R.		18 12	I.Tr.E.		14 56	II.Ec.D.
	15 02	III.Oc.R.		21 56	IV.Tr.I.	18	3 15	IV.Ec.D.		17 08	I.Oc.R.
	15 23	II.Sh.E.	10	0 52	IV.Tr.E.		6 02	IV.Ec.R.		18 13	II.Oc.R.
	16 50	II.Tr.E.		13 37	I.Sh.I.		6 51	IV.Oc.D.	26	10 30	IV.Sh.I.
	17 29	I.Oc.R.		14 11	I.Tr.I.		9 51	IV.Oc.R.		11 55	I.Sh.I.
3	11 43	I.Sh.I.		15 53	I.Sh.E.		12 19	II.Ec.D.		12 06	I.Tr.I.
	12 26	I.Tr.I.		16 27	I.Tr.E.		12 46	I.Ec.D.		12 19	IV.Tr.I.
	13 58	I.Sh.E.	11	9 43	II.Ec.D.		15 24	I.Oc.R.		13 20	IV.Sh.E.
	14 42	I.Tr.E.		10 53	I.Ec.D.		15 57	II.Oc.R.		14 10	I.Sh.E.
4	7 06	II.Ec.D.		13 40	II.Oc.R.	19	10 00	I.Sh.I.		14 22	I.Tr.E.
	8 59	I.Ec.D.		13 40	I.Oc.R.		10 22	I.Tr.I.		15 15	IV.Tr.E.
	11 22	II.Oc.R.	12	8 06	I.Sh.I.		12 16	I.Sh.E.	27	9 09	I.Ec.D.
	11 55	I.Oc.R.		8 38	I.Tr.I.		12 38	I.Tr.E.		9 35	II.Sh.I.
5	6 12	I.Sh.I.		10 21	I.Sh.E.	20	6 55	III.Sh.I.		9 55	II.Tr.I.
	6 53	I.Tr.I.		10 53	I.Tr.E.		7 01	II.Sh.I.		10 54	III.Sh.I.
	8 27	I.Sh.E.	13	2 56	III.Sh.I.		7 15	I.Ec.D.		11 34	I.Oc.R.
	9 08	I.Tr.E.		4 27	II.Sh.I.		7 41	II.Tr.I.		11 36	III.Tr.I.
	22 57	III.Sh.I.		4 59	III.Tr.I.		8 19	III.Tr.I.		12 21	II.Sh.E.
6	1 38	III.Tr.I.		5 21	I.Ec.D.		9 47	II.Sh.E.		12 42	II.Tr.E.
	1 54	II.Sh.I.		5 27	II.Tr.I.		9 50	I.Oc.R.		14 01	III.Sh.E.
	2 01	III.Sh.E.		6 01	III.Sh.E.		10 01	III.Sh.E.		14 43	III.Tr.E.
	3 11	II.Tr.I.		7 13	II.Sh.E.		10 28	II.Tr.E.	28	6 23	I.Sh.I.
	3 27	I.Ec.D.		8 06	I.Oc.R.		11 26	III.Tr.E.		6 32	I.Tr.I.
	4 39	II.Sh.E.		8 06	III.Tr.E.	21	4 29	I.Sh.I.		8 39	I.Sh.E.
	4 45	III.Tr.E.		8 14	II.Tr.E.		4 48	I.Tr.I.		8 48	I.Tr.E.
	5 58	II.Tr.E.	14	2 34	I.Sh.I.		6 44	I.Sh.E.	29	3 37	I.Ec.D.
	6 22	I.Oc.R.		3 04	I.Tr.I.		7 04	I.Tr.E.		4 15	II.Ec.D.
7	0 40	I.Sh.I.		4 50	I.Sh.E.	22	1 38	II.Ec.D.		6 00	I.Oc.R.
	1 19	I.Tr.I.		5 19	I.Tr.E.		1 43	I.Ec.D.		7 21	II.Oc.R.
	2 55	I.Sh.E.		23 01	II.Ec.D.		4 16	I.Oc.R.	30	0 52	I.Sh.I.
	3 34	I.Tr.E.		23 49	I.Ec.D.		5 05	II.Oc.R.		0 58	I.Tr.I.
	20 25	II.Ec.D.	15	2 32	I.Oc.R.		22 57	I.Sh.I.		3 08	I.Sh.E.
	21 56	I.Ec.D.		2 49	II.Oc.R.		23 14	I.Tr.I.		3 14	I.Tr.E.
8	0 31	II.Oc.R.		21 03	I.Sh.I.	23	1 13	I.Sh.E.		22 05	I.Ec.D.
	0 48	I.Oc.R.		21 30	I.Tr.I.		1 30	I.Tr.E.		22 51	II.Sh.I.
	19 09	I.Sh.I.		23 18	I.Sh.E.		20 12	I.Ec.D.		23 02	II.Tr.I.
	19 45	I.Tr.I.		23 46	I.Tr.E.		20 18	II.Sh.I.			

I. June 16	II. June 14	III. June 16	IV. June 18
$x_1 = -1.4,\ y_1 = -0.2$	$x_1 = -1.6,\ y_1 = -0.2$	$x_1 = -1.8,\ y_1 = -0.5$	$x_1 = -2.1,\ y_1 = -0.7$
			$x_2 = -1.0,\ y_2 = -0.7$

NOTE.—I. denotes ingress; E., egress; D., disappearance; R., reappearance; Ec., eclipse; Oc., occultation; Tr., transit of the satellite; Sh., transit of the shadow.

CONFIGURATIONS OF SATELLITES I–IV FOR JUNE

UNIVERSAL TIME

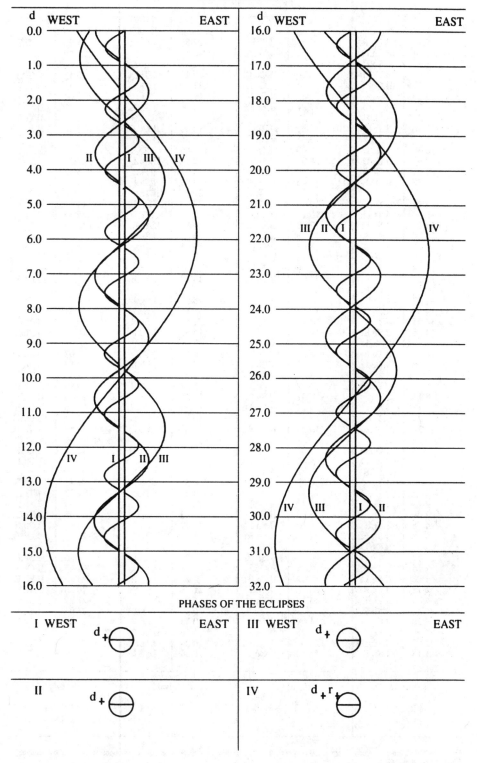

PHASES OF THE ECLIPSES

SATELLITES OF JUPITER, 1996

DYNAMICAL TIME OF GEOCENTRIC PHENOMENA

JULY

d	h m		d	h m		d	h m		d	h m	
1	0 26	I.Oc.R.	8	23 24	I.Tr.E.	16	22 37	I.Ec.R.	24	21 20	I.Tr.E.
	0 51	III.Ec.D.		23 31	I.Sh.E.					21 49	I.Sh.E.
	1 38	II.Sh.E.	9	18 20	I.Oc.D.	17	1 38	II.Ec.R.	25	16 15	I.Oc.D.
	1 48	II.Tr.E.		19 54	II.Oc.D.		17 19	I.Tr.I.		18 51	II.Tr.I.
	4 19	III.Oc.R.		20 43	I.Ec.R.		17 39	I.Sh.I.		19 00	I.Ec.R.
	19 20	I.Sh.I.		23 01	II.Ec.R.		19 35	I.Tr.E.		19 51	II.Sh.I.
	19 24	I.Tr.I.	10	15 35	I.Tr.I.		19 55	I.Sh.E.		21 37	II.Tr.E.
	21 36	I.Sh.E.		15 44	I.Sh.I.	18	14 30	I.Oc.D.		22 39	II.Sh.E.
	21 40	I.Tr.E.		17 50	I.Tr.E.		16 36	II.Tr.I.	26	0 46	III.Tr.I.
2	16 34	I.Ec.D.		18 00	I.Sh.E.		17 06	I.Ec.R.		2 52	III.Sh.I.
	17 33	II.Ec.D.	11	12 46	I.Oc.D.		17 17	II.Sh.I.		3 53	III.Tr.E.
	18 51	I.Oc.R.		14 22	II.Tr.I.		19 22	II.Tr.E.		6 02	III.Sh.E.
	20 28	II.Oc.R.		14 43	II.Sh.I.		20 04	II.Sh.E.		13 30	I.Tr.I.
3	13 49	I.Sh.I.		15 12	I.Ec.R.		21 26	III.Tr.I.		14 02	I.Sh.I.
	13 50	I.Tr.I.		17 08	II.Tr.E.		22 52	III.Sh.I.		15 46	I.Tr.E.
	16 05	I.Sh.E.		17 30	II.Sh.E.	19	0 33	III.Tr.E.		16 18	I.Sh.E.
	16 06	I.Tr.E.		18 08	III.Tr.I.		2 01	III.Sh.E.	27	10 41	I.Oc.D.
4	11 02	I.Oc.D.		18 52	III.Sh.I.		11 45	I.Tr.I.		13 29	I.Ec.R.
	12 08	II.Tr.I.		21 16	III.Tr.E.		12 07	I.Sh.I.		13 36	II.Oc.D.
	12 08	II.Sh.I.		22 01	III.Sh.E.		14 01	I.Tr.E.		17 35	II.Ec.R.
	13 17	I.Ec.R.	12	10 01	I.Tr.I.		14 23	I.Sh.E.	28	7 57	I.Tr.I.
	14 52	III.Tr.I.		10 12	I.Sh.I.	20	8 56	I.Oc.D.		8 31	I.Sh.I.
	14 53	III.Sh.I.		12 16	I.Tr.E.		11 19	II.Oc.D.		10 12	I.Tr.E.
	14 55	II.Tr.E.		12 28	I.Sh.E.		11 34	I.Ec.R.		10 47	I.Sh.E.
	14 55	II.Sh.E.	13	2 30	IV.Tr.I.		14 57	II.Ec.R.	29	5 07	I.Oc.D.
	17 59	III.Tr.E.		4 30	IV.Sh.I.	21	6 11	I.Tr.I.		7 57	I.Ec.R.
	18 01	III.Sh.E.		5 25	IV.Tr.E.		6 36	I.Sh.I.		7 59	II.Tr.I.
	21 06	IV.Oc.D.		7 12	I.Oc.D.		8 27	I.Tr.E.		9 09	II.Sh.I.
5	0 11	IV.Ec.R.		7 31	IV.Sh.E.		8 52	I.Sh.E.		10 45	II.Tr.E.
	8 16	I.Tr.I.		9 02	II.Oc.D.		11 21	IV.Oc.D.		11 56	II.Sh.E.
	8 18	I.Sh.I.		9 40	I.Ec.R.		14 20	IV.Oc.R.		14 24	III.Oc.D.
	10 32	I.Tr.E.		12 20	II.Ec.R.		15 12	IV.Ec.D.		16 54	IV.Tr.I.
	10 34	I.Sh.E.	14	4 27	I.Tr.I.		18 21	IV.Ec.R.		19 49	IV.Tr.E.
6	5 28	I.Oc.D.		4 41	I.Sh.I.	22	3 22	I.Oc.D.		19 59	III.Ec.R.
	6 47	II.Oc.D.		6 42	I.Tr.E.		5 43	II.Tr.I.		22 31	IV.Sh.I.
	7 46	I.Ec.R.		6 57	I.Sh.E.		6 03	I.Ec.R.	30	1 42	IV.Sh.E.
	9 42	II.Ec.R.	15	1 38	I.Oc.D.		6 34	II.Sh.I.		2 23	I.Tr.I.
7	2 42	I.Tr.I.		3 29	II.Tr.I.		8 30	II.Tr.E.		3 00	I.Sh.I.
	2 46	I.Sh.I.		4 00	II.Sh.I.		9 22	II.Sh.E.		4 39	I.Tr.E.
	4 58	I.Tr.E.		4 09	I.Ec.R.		11 03	III.Oc.D.		5 16	I.Sh.E.
	5 02	I.Sh.E.		6 15	II.Tr.E.		15 59	III.Ec.R.		23 33	I.Oc.D.
	23 54	I.Oc.D.		6 47	II.Sh.E.	23	0 38	I.Tr.I.	31	2 26	I.Ec.R.
8	1 15	II.Tr.I.		7 45	III.Oc.D.		1 05	I.Sh.I.		2 45	II.Oc.D.
	1 26	II.Sh.I.		11 59	III.Ec.R.		2 53	I.Tr.E.		6 53	II.Ec.R.
	2 14	I.Ec.R.		22 53	I.Tr.I.		3 21	I.Sh.E.		20 50	I.Tr.I.
	4 02	II.Tr.E.		23 10	I.Sh.I.		21 48	I.Oc.D.		21 29	I.Sh.I.
	4 13	II.Sh.E.	16	1 08	I.Tr.E.	24	0 27	II.Oc.D.		23 05	I.Tr.E.
	4 28	III.Oc.D.		1 26	I.Sh.E.		0 32	I.Ec.R.		23 44	I.Sh.E.
	7 59	III.Ec.R.		20 04	I.Oc.D.		4 16	II.Ec.R.			
	21 08	I.Tr.I.		22 10	II.Oc.D.		19 04	I.Tr.I.			
	21 15	I.Sh.I.					19 34	I.Sh.I.			

I. July 15	II. July 13	III. July 15	IV. July 21
$x_2 = +1.2,\ y_2 = -0.2$	$x_2 = +1.3,\ y_2 = -0.2$	$x_2 = +1.5,\ y_2 = -0.5$	$x_1 = +1.0,\ y_1 = -0.7$
			$x_2 = +2.3,\ y_2 = -0.7$

NOTE.—I. denotes ingress; E., egress; D., disappearance; R., reappearance; Ec., eclipse; Oc., occultation; Tr., transit of the satellite; Sh., transit of the shadow.

CONFIGURATIONS OF SATELLITES I–IV FOR JULY

UNIVERSAL TIME

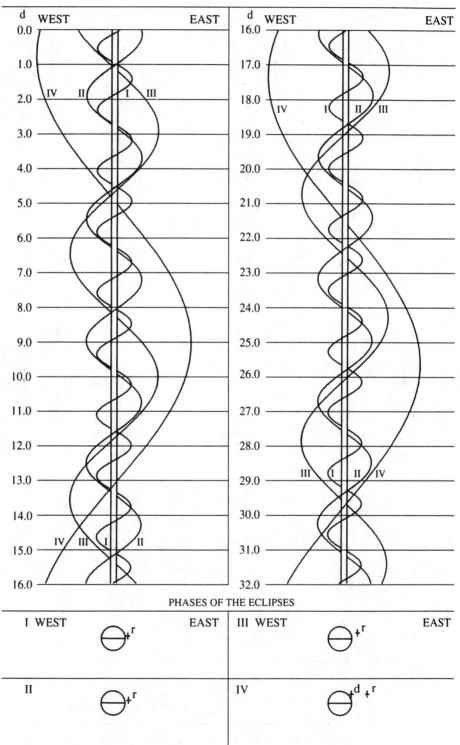

PHASES OF THE ECLIPSES

SATELLITES OF JUPITER, 1996

DYNAMICAL TIME OF GEOCENTRIC PHENOMENA

AUGUST

d	h m		d	h m		d	h m		d	h m	
1	18 00	I.Oc.D.	9	3 49	II.Sh.E.	16	18 04	III.Sh.E.	24	3 15	IV.Ec.D.
	20 55	I.Ec.R.		7 35	III.Tr.I.		18 51	I.Tr.I.		6 43	IV.Ec.R.
	21 07	II.Tr.I.		10 42	III.Tr.E.		19 48	I.Sh.I.		17 49	I.Oc.D.
	22 26	II.Sh.I.		10 52	III.Sh.I.		21 06	I.Tr.E.		21 08	I.Ec.R.
	23 54	II.Tr.E.		14 04	III.Sh.E.		22 03	I.Sh.E.		23 04	II.Oc.D.
2	1 14	II.Sh.E.		17 03	I.Tr.I.	17	16 00	I.Oc.D.	25	4 05	II.Ec.R.
	4 09	III.Tr.I.		17 53	I.Sh.I.		19 13	I.Ec.R.		15 08	I.Tr.I.
	6 52	III.Sh.I.		19 18	I.Tr.E.		20 39	II.Oc.D.		16 12	I.Sh.I.
	7 16	III.Tr.E.		20 08	I.Sh.E.	18	1 27	II.Ec.R.		17 23	I.Tr.E.
	10 03	III.Sh.E.	10	14 13	I.Oc.D.		13 18	I.Tr.I.		18 27	I.Sh.E.
	15 16	I.Tr.I.		17 18	I.Ec.R.		14 17	I.Sh.I.	26	12 16	I.Oc.D.
	15 57	I.Sh.I.		18 16	II.Oc.D.		15 33	I.Tr.E.		15 37	I.Ec.R.
	17 32	I.Tr.E.		22 50	II.Ec.R.		16 32	I.Sh.E.		17 21	II.Tr.I.
	18 13	I.Sh.E.	11	11 30	I.Tr.I.	19	10 27	I.Oc.D.		19 29	II.Sh.I.
3	12 26	I.Oc.D.		12 21	I.Sh.I.		13 42	I.Ec.R.		20 07	II.Tr.E.
	15 23	I.Ec.R.		13 45	I.Tr.E.		14 57	II.Tr.I.		22 17	II.Sh.E.
	15 55	II.Oc.D.		14 37	I.Sh.E.		16 54	II.Sh.I.	27	4 22	III.Oc.D.
	20 12	II.Ec.R.	12	8 39	I.Oc.D.		17 43	II.Tr.E.		7 31	III.Oc.R.
4	9 43	I.Tr.I.		11 47	I.Ec.R.		19 42	II.Sh.E.		8 47	III.Ec.D.
	10 26	I.Sh.I.		12 36	II.Tr.I.	20	0 46	III.Oc.D.		9 35	I.Tr.I.
	11 58	I.Tr.E.		14 19	II.Sh.I.		3 55	III.Oc.R.		10 41	I.Sh.I.
	12 42	I.Sh.E.		15 22	II.Tr.E.		4 47	III.Ec.D.		11 50	I.Tr.E.
5	6 53	I.Oc.D.		17 06	II.Sh.E.		7 46	I.Tr.I.		12 01	III.Ec.R.
	9 52	I.Ec.R.		21 14	III.Oc.D.		8 00	III.Ec.R.		12 56	I.Sh.E.
	10 16	II.Tr.I.	13	0 23	III.Oc.R.		8 45	I.Sh.I.	28	6 44	I.Oc.D.
	11 44	II.Sh.I.		0 46	III.Ec.D.		10 01	I.Tr.E.		10 06	I.Ec.R.
	13 03	II.Tr.E.		3 59	III.Ec.R.		11 01	I.Sh.E.		12 16	II.Oc.D.
	14 31	II.Sh.E.		5 57	I.Tr.I.	21	4 54	I.Oc.D.		17 23	II.Ec.R.
	17 47	III.Oc.D.		6 50	I.Sh.I.		8 11	I.Ec.R.	29	4 03	I.Tr.I.
	23 59	III.Ec.R.		8 12	I.Tr.E.		9 51	II.Oc.D.		5 10	I.Sh.I.
6	4 10	I.Tr.I.		9 06	I.Sh.E.		14 46	II.Ec.R.		6 18	I.Tr.E.
	4 55	I.Sh.I.	14	3 06	I.Oc.D.	22	2 13	I.Tr.I.		7 25	I.Sh.E.
	6 25	I.Tr.E.		6 16	I.Ec.R.		3 14	I.Sh.I.	30	1 11	I.Oc.D.
	7 11	I.Sh.E.		7 27	II.Oc.D.		4 28	I.Tr.E.		4 34	I.Ec.R.
7	1 19	I.Oc.D.		12 08	II.Ec.R.		5 30	I.Sh.E.		6 33	II.Tr.I.
	2 04	IV.Oc.D.	15	0 24	I.Tr.I.		23 22	I.Oc.D.		8 47	II.Sh.I.
	4 21	I.Ec.R.		1 19	I.Sh.I.	23	2 39	I.Ec.R.		9 20	II.Tr.E.
	5 03	IV.Oc.R.		2 39	I.Tr.E.		4 09	II.Tr.I.		11 35	II.Sh.E.
	5 05	II.Oc.D.		3 34	I.Sh.E.		6 12	II.Sh.I.		18 17	III.Tr.I.
	9 13	IV.Ec.D.		7 56	IV.Tr.I.		6 55	II.Tr.E.		21 24	III.Tr.E.
	9 31	II.Ec.R.		10 53	IV.Tr.E.		8 59	II.Sh.E.		22 31	I.Tr.I.
	12 32	IV.Ec.R.		16 33	IV.Sh.I.		14 38	III.Tr.I.		22 52	III.Sh.I.
	22 37	I.Tr.I.		19 54	IV.Sh.E.		17 31	IV.Oc.D.		23 38	I.Sh.I.
	23 24	I.Sh.I.		21 33	I.Oc.D.		17 46	III.Tr.E.	31	0 45	I.Tr.E.
8	0 52	I.Tr.E.	16	0 44	I.Ec.R.		18 52	III.Sh.I.		1 54	I.Sh.E.
	1 39	I.Sh.E.		1 46	II.Tr.I.		20 34	IV.Oc.R.		2 05	III.Sh.E.
	19 46	I.Oc.D.		3 36	II.Sh.I.		20 40	I.Tr.I.		19 39	I.Oc.D.
	22 49	I.Ec.R.		4 32	II.Tr.E.		21 43	I.Sh.I.		23 03	I.Ec.R.
	23 26	II.Tr.I.		6 24	II.Sh.E.		22 04	III.Sh.E.		23 51	IV.Tr.I.
9	1 01	II.Sh.I.		11 05	III.Tr.I.		22 55	I.Tr.E.			
	2 12	II.Tr.E.		14 12	III.Tr.E.		23 58	I.Sh.E.			
				14 52	III.Sh.I.						

I. Aug. 16	II. Aug. 14	III. Aug. 13	IV. Aug. 7
$x_2 = +1.8, \; y_2 = -0.2$	$x_2 = +2.2, \; y_2 = -0.2$	$x_1 = +1.1, \; y_1 = -0.5$	$x_1 = +2.3, \; y_1 = -0.7$
		$x_2 = +2.8, \; y_2 = -0.5$	$x_2 = +3.7, \; y_2 = -0.7$

NOTE.—I. denotes ingress; E., egress; D., disappearance; R., reappearance; Ec., eclipse; Oc., occultation; Tr., transit of the satellite; Sh., transit of the shadow.

CONFIGURATIONS OF SATELLITES I–IV FOR AUGUST

UNIVERSAL TIME

PHASES OF THE ECLIPSES

SATELLITES OF JUPITER, 1996

DYNAMICAL TIME OF GEOCENTRIC PHENOMENA

SEPTEMBER

d	h m		d	h m		d	h m		d	h m	
1	1 31	II.Oc.D.	8	20 03	I.Sh.I.	16	0 13	I.Sh.E.	23	23 18	I.Ec.R.
	2 51	IV.Tr.E.		21 04	I.Tr.E.		17 50	I.Oc.D.	24	3 19	II.Tr.I.
	6 42	II.Ec.R.		22 18	I.Sh.E.		21 22	I.Ec.R.		5 53	II.Sh.I.
	10 37	IV.Sh.I.	9	9 54	IV.Oc.D.	17	0 46	II.Tr.I.		6 05	II.Tr.E.
	14 06	IV.Sh.E.		13 01	IV.Oc.R.		3 17	II.Sh.I.		8 42	II.Sh.E.
	16 58	I.Tr.I.		15 57	I.Oc.D.		3 32	II.Tr.E.		17 05	I.Tr.I.
	18 07	I.Sh.I.		19 27	I.Ec.R.		6 05	II.Sh.E.		18 22	I.Sh.I.
	19 13	I.Tr.E.		21 17	IV.Ec.D.		15 11	I.Tr.I.		19 19	I.Tr.E.
	20 22	I.Sh.E.		22 15	II.Tr.I.		15 38	III.Oc.D.		19 32	III.Oc.D.
2	14 06	I.Oc.D.	10	0 41	II.Sh.I.		16 27	I.Sh.I.		20 37	I.Sh.E.
	17 32	I.Ec.R.		0 54	IV.Ec.R.		16 43	IV.Tr.I.		22 43	III.Oc.R.
	19 47	II.Tr.I.		1 01	II.Tr.E.		17 25	I.Tr.E.	25	0 46	III.Ec.D.
	22 05	II.Sh.I.		3 29	II.Sh.E.		18 42	I.Sh.E.		4 04	III.Ec.R.
	22 33	II.Tr.E.		11 49	III.Oc.D.		18 49	III.Oc.R.		14 12	I.Oc.D.
3	0 53	II.Sh.E.		13 18	I.Tr.I.		19 48	IV.Tr.E.		17 46	I.Ec.R.
	8 04	III.Oc.D.		14 32	I.Sh.I.		20 46	III.Ec.D.		22 23	II.Oc.D.
	11 13	III.Oc.R.		14 59	III.Oc.R.	18	0 03	III.Ec.R.	26	3 15	IV.Oc.D.
	11 26	I.Tr.I.		15 32	I.Tr.E.		4 41	IV.Sh.I.		3 52	II.Ec.R.
	12 36	I.Sh.I.		16 47	I.Sh.E.		8 18	IV.Sh.E.		6 28	IV.Oc.R.
	12 47	III.Ec.D.		16 47	III.Ec.D.		12 18	I.Oc.D.		11 34	I.Tr.I.
	13 41	I.Tr.E.		20 03	III.Ec.R.		15 51	I.Ec.R.		12 51	I.Sh.I.
	14 51	I.Sh.E.	11	10 25	I.Oc.D.		19 48	II.Oc.D.		13 48	I.Tr.E.
	16 02	III.Ec.R.		13 56	I.Ec.R.	19	1 15	II.Ec.R.		15 06	I.Sh.E.
4	8 34	I.Oc.D.		17 15	II.Oc.D.		9 39	I.Tr.I.		15 21	IV.Ec.D.
	12 01	I.Ec.R.		22 38	II.Ec.R.		10 56	I.Sh.I.		19 05	IV.Ec.R.
	14 45	II.Oc.D.	12	7 46	I.Tr.I.		11 54	I.Tr.E.	27	8 41	I.Oc.D.
	20 00	II.Ec.R.		9 00	I.Sh.I.		13 11	I.Sh.E.		12 15	I.Ec.R.
5	5 54	I.Tr.I.		10 01	I.Tr.E.	20	6 46	I.Oc.D.		16 36	II.Tr.I.
	7 05	I.Sh.I.		11 15	I.Sh.E.		10 20	I.Ec.R.		19 11	II.Sh.I.
	8 09	I.Tr.E.	13	4 53	I.Oc.D.		14 02	II.Tr.I.		19 23	II.Tr.E.
	9 20	I.Sh.E.		8 25	I.Ec.R.		16 35	II.Sh.I.		22 00	II.Sh.E.
6	3 02	I.Oc.D.		11 30	II.Tr.I.		16 48	II.Tr.E.	28	6 02	I.Tr.I.
	6 29	I.Ec.R.		13 59	II.Sh.I.		19 24	II.Sh.E.		7 20	I.Sh.I.
	9 00	II.Tr.I.		14 16	II.Tr.E.	21	4 08	I.Tr.I.		8 17	I.Tr.E.
	11 23	II.Sh.I.		16 47	II.Sh.E.		5 25	I.Sh.I.		9 35	I.Sh.E.
	11 47	II.Tr.E.	14	1 48	III.Tr.I.		5 41	III.Tr.I.		9 38	III.Tr.I.
	14 11	II.Sh.E.		2 14	I.Tr.I.		6 22	I.Tr.E.		12 48	III.Tr.E.
	22 00	III.Tr.I.		3 29	I.Sh.I.		7 40	I.Sh.E.		14 54	III.Sh.I.
7	0 22	I.Tr.I.		4 29	I.Tr.E.		8 50	III.Tr.E.		18 10	III.Sh.E.
	1 08	III.Tr.E.		4 57	III.Tr.E.		10 53	III.Sh.I.	29	3 09	I.Oc.D.
	1 34	I.Sh.I.		5 44	I.Sh.E.		14 08	III.Sh.E.		6 44	I.Ec.R.
	2 36	I.Tr.E.		6 53	III.Sh.I.	22	1 15	I.Oc.D.		11 41	II.Oc.D.
	2 52	III.Sh.I.		10 07	III.Sh.E.		4 49	I.Ec.R.		17 11	II.Ec.R.
	3 49	I.Sh.E.		23 22	I.Oc.D.		9 05	II.Oc.D.	30	0 31	I.Tr.I.
	6 06	III.Sh.E.	15	2 53	I.Ec.R.		14 34	II.Ec.R.		1 49	I.Sh.I.
	21 30	I.Oc.D.		6 32	II.Oc.D.		22 36	I.Tr.I.		2 46	I.Tr.E.
8	0 58	I.Ec.R.		11 57	II.Ec.R.		23 53	I.Sh.I.		4 04	I.Sh.E.
	4 00	II.Oc.D.		20 43	I.Tr.I.	23	0 51	I.Tr.E.		21 38	I.Oc.D.
	9 19	II.Ec.R.		21 58	I.Sh.I.		2 08	I.Sh.E.			
	18 50	I.Tr.I.		22 57	I.Tr.E.		19 43	I.Oc.D.			

I. Sept. 15	II. Sept. 15	III. Sept. 17–18	IV. Sept. 9–10
$x_2 = +2.1,\ y_2 = -0.2$	$x_2 = +2.7,\ y_2 = -0.2$	$x_1 = +1.9,\ y_1 = -0.5$	$x_1 = +4.1,\ y_1 = -0.7$
		$x_2 = +3.7,\ y_2 = -0.5$	$x_2 = +5.5,\ y_2 = -0.7$

NOTE.—I. denotes ingress; E., egress; D., disappearance; R., reappearance; Ec., eclipse; Oc., occultation; Tr., transit of the satellite; Sh., transit of the shadow.

CONFIGURATIONS OF SATELLITES I–IV FOR SEPTEMBER

UNIVERSAL TIME

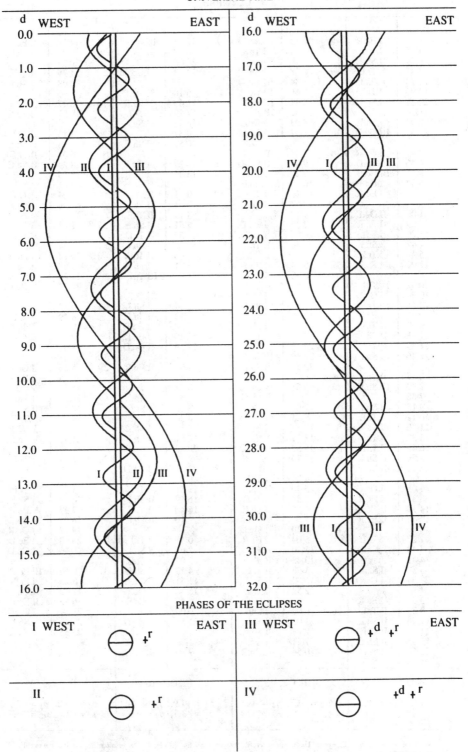

PHASES OF THE ECLIPSES

SATELLITES OF JUPITER, 1996

DYNAMICAL TIME OF GEOCENTRIC PHENOMENA

OCTOBER

d	h m		d	h m		d	h m		d	h m	
1	1 13	I.Ec.R.	8	22 13	I.Sh.I.	16	12 48	III.Ec.D.	24	14 19	II.Ec.R.
	5 54	II.Tr.I.		23 11	I.Tr.E.		16 08	III.Ec.R.		19 20	I.Tr.I.
	8 29	II.Sh.I.	9	0 28	I.Sh.E.		20 00	I.Oc.D.		20 32	I.Sh.I.
	8 41	II.Tr.E.		3 34	III.Oc.D.		23 33	I.Ec.R.		21 35	I.Tr.E.
	11 18	II.Sh.E.		6 46	III.Oc.R.	17	6 18	II.Oc.D.		22 48	I.Sh.E.
	19 00	I.Tr.I.		8 47	III.Ec.D.		11 43	II.Ec.R.	25	16 27	I.Oc.D.
	20 18	I.Sh.I.		12 07	III.Ec.R.		17 22	I.Tr.I.		19 57	I.Ec.R.
	21 14	I.Tr.E.		18 03	I.Oc.D.		18 37	I.Sh.I.	26	3 13	II.Tr.I.
	22 33	I.Sh.E.		21 37	I.Ec.R.		19 37	I.Tr.E.		5 38	II.Sh.I.
	23 31	III.Oc.D.	10	3 38	II.Oc.D.		20 52	I.Sh.E.		6 01	II.Tr.E.
2	2 42	III.Oc.R.		9 06	II.Ec.R.	18	14 29	I.Oc.D.		8 29	II.Sh.E.
	4 46	III.Ec.D.		15 25	I.Tr.I.		18 01	I.Ec.R.		13 50	I.Tr.I.
	8 05	III.Ec.R.		16 42	I.Sh.I.	19	0 31	II.Tr.I.		15 01	I.Sh.I.
	16 07	I.Oc.D.		17 40	I.Tr.E.		3 01	II.Sh.I.		16 04	I.Tr.E.
	19 42	I.Ec.R.		18 57	I.Sh.E.		3 19	II.Tr.E.		17 16	I.Sh.E.
3	1 00	II.Oc.D.	11	12 32	I.Oc.D.		5 51	II.Sh.E.	27	2 03	III.Tr.I.
	6 29	II.Ec.R.		16 06	I.Ec.R.		11 52	I.Tr.I.		5 16	III.Tr.E.
	13 29	I.Tr.I.		21 50	II.Tr.I.		13 06	I.Sh.I.		6 54	III.Sh.I.
	14 47	I.Sh.I.	12	0 24	II.Sh.I.		14 06	I.Tr.E.		10 13	III.Sh.E.
	15 43	I.Tr.E.		0 38	II.Tr.E.		15 21	I.Sh.E.		10 57	I.Oc.D.
	17 02	I.Sh.E.		3 14	II.Sh.E.		21 51	III.Tr.I.		14 26	I.Ec.R.
4	10 32	IV.Tr.I.		9 54	I.Tr.I.	20	1 03	III.Tr.E.		22 22	II.Oc.D.
	10 36	I.Oc.D.		11 11	I.Sh.I.		2 54	III.Sh.I.	28	3 37	II.Ec.R.
	13 44	IV.Tr.E.		12 09	I.Tr.E.		6 12	III.Sh.E.		8 19	I.Tr.I.
	14 11	I.Ec.R.		13 26	I.Sh.E.		8 58	I.Oc.D.		9 30	I.Sh.I.
	19 12	II.Tr.I.		17 43	III.Tr.I.		12 30	I.Ec.R.		10 34	I.Tr.E.
	21 48	II.Sh.I.		20 54	III.Tr.E.		19 39	II.Oc.D.		11 45	I.Sh.E.
	21 59	II.Tr.E.		21 30	IV.Oc.D.	21	1 01	II.Ec.R.	29	5 26	I.Oc.D.
	22 46	IV.Sh.I.		22 54	III.Sh.I.		5 11	IV.Tr.I.		8 55	I.Ec.R.
5	0 37	II.Sh.E.	13	0 51	IV.Oc.R.		6 21	I.Tr.I.		16 30	IV.Oc.D.
	2 30	IV.Sh.E.		2 11	III.Sh.E.		7 35	I.Sh.I.		16 34	II.Tr.I.
	7 58	I.Tr.I.		7 01	I.Oc.D.		8 33	IV.Tr.E.		18 56	II.Sh.I.
	9 15	I.Sh.I.		9 25	IV.Ec.D.		8 36	I.Tr.E.		19 23	II.Tr.E.
	10 12	I.Tr.E.		10 35	I.Ec.R.		9 50	I.Sh.E.		20 00	IV.Oc.R.
	11 30	I.Sh.E.		13 17	IV.Ec.R.		16 51	IV.Sh.I.		21 47	II.Sh.E.
	13 39	III.Tr.I.		16 58	II.Oc.D.		20 43	IV.Sh.E.	30	2 49	I.Tr.I.
	16 49	III.Tr.E.		22 24	II.Ec.R.	22	3 28	I.Oc.D.		3 29	IV.Ec.D.
	18 54	III.Sh.I.	14	4 24	I.Tr.I.		6 59	I.Ec.R.		3 59	I.Sh.I.
	22 11	III.Sh.E.		5 40	I.Sh.I.		13 51	II.Tr.I.		5 04	I.Tr.E.
6	5 05	I.Oc.D.		6 38	I.Tr.E.		16 19	II.Sh.I.		6 14	I.Sh.E.
	8 39	I.Ec.R.		7 55	I.Sh.E.		16 40	II.Tr.E.		7 27	IV.Ec.R.
	14 19	II.Oc.D.	15	1 30	I.Oc.D.		19 10	II.Sh.E.		16 04	III.Oc.D.
	19 48	II.Ec.R.		5 04	I.Ec.R.	23	0 50	I.Tr.I.		19 19	III.Oc.R.
7	2 27	I.Tr.I.		11 10	II.Tr.I.		2 04	I.Sh.I.		20 48	III.Ec.D.
	3 44	I.Sh.I.		13 43	II.Sh.I.		3 05	I.Tr.E.		23 56	I.Oc.D.
	4 41	I.Tr.E.		13 58	II.Tr.E.		4 19	I.Sh.E.	31	0 10	III.Ec.R.
	5 59	I.Sh.E.		16 32	II.Sh.E.		11 51	III.Oc.D.		3 23	I.Ec.R.
	23 34	I.Oc.D.		22 53	I.Tr.I.		15 06	III.Oc.R.		11 43	II.Oc.D.
8	3 08	I.Ec.R.	16	0 08	I.Sh.I.		16 48	III.Ec.D.		16 55	II.Ec.R.
	8 31	II.Tr.I.		1 07	I.Tr.E.		20 09	III.Ec.R.		21 19	I.Tr.I.
	11 06	II.Sh.I.		2 23	I.Sh.E.		21 57	I.Oc.D.		22 28	I.Sh.I.
	11 18	II.Tr.E.		7 41	III.Oc.D.	24	1 28	I.Ec.R.		23 33	I.Tr.E.
	13 55	II.Sh.E.		10 54	III.Oc.R.		9 00	II.Oc.D.			
	20 56	I.Tr.I.									

I. Oct. 15	II. Oct. 13	III. Oct. 16	IV. Oct. 13
$x_2 = +2.1,\ y_2 = -0.2$	$x_2 = +2.7,\ y_2 = -0.2$	$x_1 = +1.9,\ y_1 = -0.4$ $x_2 = +3.7,\ y_2 = -0.4$	$x_1 = +4.2,\ y_1 = -0.7$ $x_2 = +5.8,\ y_2 = -0.7$

NOTE.—I. denotes ingress; E., egress; D., disappearance; R., reappearance; Ec., eclipse; Oc., occultation; Tr., transit of the satellite; Sh., transit of the shadow.

CONFIGURATIONS OF SATELLITES I–IV FOR OCTOBER

UNIVERSAL TIME

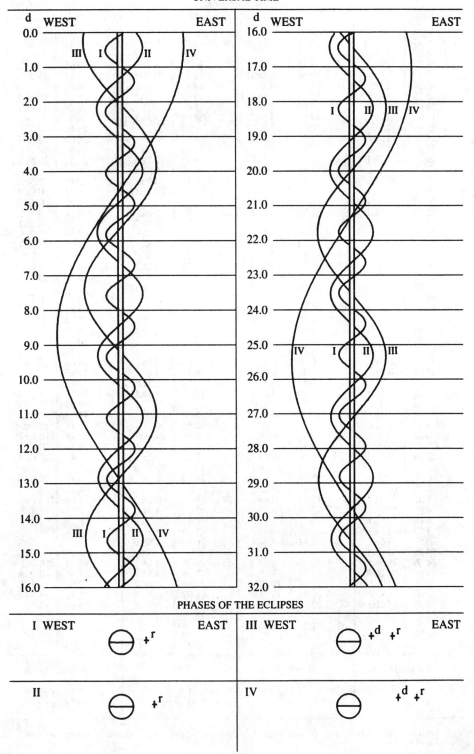

PHASES OF THE ECLIPSES

SATELLITES OF JUPITER, 1996

DYNAMICAL TIME OF GEOCENTRIC PHENOMENA

NOVEMBER

d	h m		d	h m		d	h m		d	h m	
1	0 43	I.Sh.E.	8	23 48	I.Ec.R.	16	11 28	II.Tr.I.	23	22 41	I.Sh.I.
	18 26	I.Oc.D.					13 30	II.Sh.I.	24	0 03	I.Tr.E.
	21 52	I.Ec.R.	9	8 42	II.Tr.I.		14 19	II.Tr.E.		0 13	IV.Tr.E.
				10 52	II.Sh.I.		16 22	II.Sh.E.		0 57	I.Sh.E.
2	5 56	II.Tr.I.		11 31	II.Tr.E.		19 47	I.Tr.I.		5 02	IV.Sh.I.
	8 15	II.Sh.I.		13 44	II.Sh.E.		20 47	I.Sh.I.		9 09	IV.Sh.E.
	8 46	II.Tr.E.		17 47	I.Tr.I.		22 02	I.Tr.E.		18 56	I.Oc.D.
	11 06	II.Sh.E.		18 51	I.Sh.I.		23 02	I.Sh.E.		19 19	III.Tr.I.
	15 48	I.Tr.I.		20 02	I.Tr.E.					22 07	I.Ec.R.
	16 56	I.Sh.I.		21 07	I.Sh.E.	17	14 57	III.Tr.I.		22 36	III.Tr.E.
	18 03	I.Tr.E.					16 55	I.Oc.D.		22 56	III.Sh.I.
	19 12	I.Sh.E.	10	10 36	III.Tr.I.		18 13	III.Tr.E.			
				13 51	III.Tr.E.		18 56	III.Sh.I.	25	2 19	III.Sh.E.
3	6 19	III.Tr.I.		14 55	I.Oc.D.		20 12	I.Ec.R.		9 23	II.Oc.D.
	9 33	III.Tr.E.		14 55	III.Sh.I.		22 18	III.Sh.E.		14 01	II.Ec.R.
	10 55	III.Sh.I.		18 17	III.Sh.E.					16 17	I.Tr.I.
	12 55	I.Oc.D.		18 17	I.Ec.R.	18	6 36	II.Oc.D.		17 10	I.Sh.I.
	14 15	III.Sh.E.					11 25	II.Ec.R.		18 33	I.Tr.E.
	16 21	I.Ec.R.	11	3 51	II.Oc.D.		14 17	I.Tr.I.		19 26	I.Sh.E.
4	1 06	II.Oc.D.		8 50	II.Ec.R.		15 15	I.Sh.I.			
	6 13	II.Ec.R.		12 17	I.Tr.I.		16 32	I.Tr.E.	26	13 26	I.Oc.D.
	10 18	I.Tr.I.		13 20	I.Sh.I.		17 31	I.Sh.E.		16 36	I.Ec.R.
	11 25	I.Sh.I.		14 32	I.Tr.E.						
	12 33	I.Tr.E.		15 36	I.Sh.E.	19	11 25	I.Oc.D.	27	3 40	II.Tr.I.
	13 41	I.Sh.E.	12	9 25	I.Oc.D.		14 41	I.Ec.R.		5 26	II.Sh.I.
5	7 25	I.Oc.D.		12 45	I.Ec.R.	20	0 52	II.Tr.I.		6 32	II.Tr.E.
	10 50	I.Ec.R.		22 05	II.Tr.I.		2 48	II.Sh.I.		8 18	II.Sh.E.
	19 19	II.Tr.I.	13	0 11	II.Sh.I.		3 42	II.Tr.E.		10 48	I.Tr.I.
	21 34	II.Sh.I.		0 55	II.Tr.E.		5 40	II.Sh.E.		11 39	I.Sh.I.
	22 08	II.Tr.E.		3 02	II.Sh.E.		8 47	I.Tr.I.		13 03	I.Tr.E.
6	0 25	II.Sh.E.		6 47	I.Tr.I.		9 44	I.Sh.I.		13 55	I.Sh.E.
	4 48	I.Tr.I.		7 49	I.Sh.I.		11 02	I.Tr.E.			
	5 54	I.Sh.I.		9 02	I.Tr.E.		12 00	I.Sh.E.	28	7 56	I.Oc.D.
	7 03	I.Tr.E.		10 04	I.Sh.E.	21	5 00	III.Oc.D.		9 24	III.Oc.D.
	8 09	I.Sh.E.	14	0 39	III.Oc.D.		5 55	I.Oc.D.		11 05	I.Ec.R.
	20 20	III.Oc.D.		3 55	I.Oc.D.		8 18	III.Oc.R.		12 43	III.Oc.R.
	23 36	III.Oc.R.		3 56	III.Oc.R.		8 48	III.Ec.D.		12 49	III.Ec.D.
7	0 33	IV.Tr.I.		4 48	III.Ec.D.		9 10	I.Ec.R.		16 14	III.Ec.R.
	0 48	III.Ec.D.		7 14	I.Ec.R.		12 12	III.Ec.R.		22 47	II.Oc.D.
	1 55	I.Oc.D.		8 11	III.Ec.R.		20 00	II.Oc.D.	29	3 19	II.Ec.R.
	4 05	IV.Tr.E.		17 13	II.Oc.D.	22	0 43	II.Ec.R.		5 18	I.Tr.I.
	4 10	III.Ec.R.		22 07	II.Ec.R.		3 17	I.Tr.I.		6 08	I.Sh.I.
	5 19	I.Ec.R.	15	1 17	I.Tr.I.		4 13	I.Sh.I.		7 33	I.Tr.E.
	10 57	IV.Sh.I.		2 18	I.Sh.I.		5 33	I.Tr.E.		8 23	I.Sh.E.
	14 28	II.Oc.D.		3 32	I.Tr.E.		6 28	I.Sh.E.	30	2 27	I.Oc.D.
	14 56	IV.Sh.E.		4 33	I.Sh.E.	23	0 26	I.Oc.D.		5 34	I.Ec.R.
	19 31	II.Ec.R.		12 09	IV.Oc.D.		3 39	I.Ec.R.		17 05	II.Tr.I.
	23 18	I.Tr.I.		15 49	IV.Oc.R.		14 16	II.Tr.I.		18 45	II.Sh.I.
8	0 23	I.Sh.I.		21 34	IV.Ec.D.		16 07	II.Sh.I.		19 57	II.Tr.E.
	1 33	I.Tr.E.		22 25	I.Oc.D.		17 07	II.Tr.E.		21 37	II.Sh.E.
	2 38	I.Sh.E.	16	1 39	IV.Ec.R.		18 59	II.Sh.E.		23 48	I.Tr.I.
	20 25	I.Oc.D.		1 43	I.Ec.R.		20 29	IV.Tr.I.			
							21 47	I.Tr.I.			

I. Nov. 16	II. Nov. 14	III. Nov. 14	IV. Nov. 15–16
$x_2 = +1.9, \ y_2 = -0.2$	$x_2 = +2.4, \ y_2 = -0.2$	$x_1 = +1.4, \ y_1 = -0.4$	$x_1 = +3.1, \ y_1 = -0.6$
		$x_2 = +3.2, \ y_2 = -0.4$	$x_2 = +4.8, \ y_2 = -0.6$

NOTE.—I. denotes ingress; E., egress; D., disappearance; R., reappearance; Ec., eclipse; Oc., occultation; Tr., transit of the satellite; Sh., transit of the shadow.

CONFIGURATIONS OF SATELLITES I–IV FOR NOVEMBER

UNIVERSAL TIME

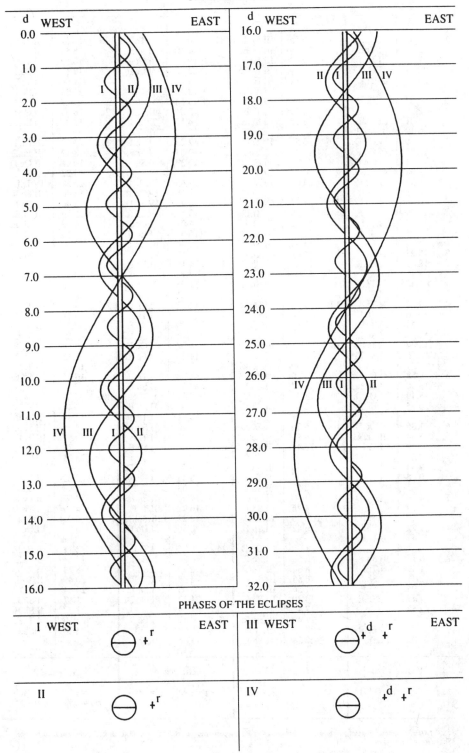

PHASES OF THE ECLIPSES

SATELLITES OF JUPITER, 1996

DYNAMICAL TIME OF GEOCENTRIC PHENOMENA

DECEMBER

d	h m		d	h m		d	h m		d	h m	
1	0 36	I.Sh.I.	9	6 55	III.Sh.I.	17	0 36	I.Tr.E.	25	17 57	II.Tr.E.
	2 03	I.Tr.E.		7 28	III.Tr.E.		1 10	I.Sh.E.		18 50	II.Sh.E.
	2 52	I.Sh.E.		10 20	III.Sh.E.		19 31	I.Oc.D.		18 52	I.Tr.I.
	20 57	I.Oc.D.		14 59	II.Oc.D.		22 22	I.Ec.R.		19 17	I.Sh.I.
	23 42	III.Tr.I.		19 12	II.Ec.R.	18	12 11	II.Tr.I.		21 08	I.Tr.E.
2	0 03	I.Ec.R.		20 19	I.Tr.I.		13 18	II.Sh.I.		21 34	I.Sh.E.
	2 55	III.Sh.I.		21 00	I.Sh.I.		15 04	II.Tr.E.	26	16 03	I.Oc.D.
	3 01	III.Tr.E.		22 35	I.Tr.E.		16 12	II.Sh.E.		18 46	I.Ec.R.
	6 19	III.Sh.E.		23 16	I.Sh.E.		16 51	I.Tr.I.	27	3 12	III.Oc.D.
	8 16	IV.Oc.D.	10	16 51	IV.Tr.I.		17 23	I.Sh.I.		8 17	III.Ec.R.
	12 08	IV.Oc.R.		17 29	I.Oc.D.		19 07	I.Tr.E.		10 01	II.Oc.D.
	12 11	II.Oc.D.		20 27	I.Ec.R.		19 39	I.Sh.E.		13 22	I.Tr.I.
	15 38	IV.Ec.D.		20 47	IV.Tr.E.	19	4 45	IV.Oc.D.		13 31	IV.Tr.I.
	16 37	II.Ec.R.		23 09	IV.Sh.I.		8 48	IV.Oc.R.		13 40	II.Ec.R.
	18 18	I.Tr.I.	11	3 22	IV.Sh.E.		9 43	IV.Ec.D.		13 46	I.Sh.I.
	19 05	I.Sh.I.		9 20	II.Tr.I.		13 59	IV.Ec.R.		15 39	I.Tr.E.
	19 49	IV.Ec.R.		10 41	II.Sh.I.		14 01	I.Oc.D.		16 02	I.Sh.E.
	20 34	I.Tr.E.		12 13	II.Tr.E.		16 51	I.Ec.R.		17 15	IV.Sh.I.
	21 21	I.Sh.E.		13 34	II.Sh.E.		22 44	III.Oc.D.		17 39	IV.Tr.E.
3	15 27	I.Oc.D.		14 49	I.Tr.I.	20	4 16	III.Ec.R.		21 33	IV.Sh.E.
	18 32	I.Ec.R.		15 28	I.Sh.I.		7 12	II.Oc.D.	28	10 34	I.Oc.D.
4	6 30	II.Tr.I.		17 05	I.Tr.E.		11 05	II.Ec.R.		13 15	I.Ec.R.
	8 03	II.Sh.I.		17 44	I.Sh.E.		11 21	I.Tr.I.	29	4 30	II.Tr.I.
	9 22	II.Tr.E.	12	11 59	I.Oc.D.		11 52	I.Sh.I.		5 15	II.Sh.I.
	10 56	II.Sh.E.		14 56	I.Ec.R.		13 37	I.Tr.E.		7 23	II.Tr.E.
	12 48	I.Tr.I.		18 16	III.Oc.D.		14 08	I.Sh.E.		7 53	I.Tr.I.
	13 34	I.Sh.I.	13	0 16	III.Ec.R.	21	8 32	I.Oc.D.		8 09	II.Sh.E.
	15 04	I.Tr.E.		4 23	II.Oc.D.		11 20	I.Ec.R.		8 15	I.Sh.I.
	15 50	I.Sh.E.		8 30	II.Ec.R.	22	1 38	II.Tr.I.		10 09	I.Tr.E.
5	9 58	I.Oc.D.		9 20	I.Tr.I.		2 38	II.Sh.I.		10 31	I.Sh.E.
	13 00	I.Ec.R.		9 57	I.Sh.I.		4 31	II.Tr.E.	30	5 05	I.Oc.D.
	13 49	III.Oc.D.		11 35	I.Tr.E.		5 31	II.Sh.E.		7 44	I.Ec.R.
	20 15	III.Ec.R.		12 13	I.Sh.E.		5 51	I.Tr.I.		17 32	III.Tr.I.
6	1 35	II.Oc.D.	14	6 30	I.Oc.D.		6 20	I.Sh.I.		18 55	III.Sh.I.
	5 54	II.Ec.R.		9 24	I.Ec.R.		8 07	I.Tr.E.		20 57	III.Tr.E.
	7 19	I.Tr.I.		22 46	II.Tr.I.		8 36	I.Sh.E.		22 22	III.Sh.E.
	8 02	I.Sh.I.	15	0 00	II.Sh.I.	23	3 02	I.Oc.D.		23 25	II.Oc.D.
	9 34	I.Tr.E.		1 39	II.Tr.E.		5 48	I.Ec.R.	31	2 23	I.Tr.I.
	10 18	I.Sh.E.		2 53	II.Sh.E.		13 03	III.Tr.I.		2 43	I.Sh.I.
7	4 28	I.Oc.D.		3 50	I.Tr.I.		14 56	III.Sh.I.		2 57	II.Ec.R.
	7 29	I.Ec.R.		4 26	I.Sh.I.		16 27	III.Tr.E.		4 39	I.Tr.E.
	19 55	II.Tr.I.		6 06	I.Tr.E.		18 22	III.Sh.E.		5 00	I.Sh.E.
	21 22	II.Sh.I.		6 42	I.Sh.E.		20 36	II.Oc.D.		23 35	I.Oc.D.
	22 47	II.Tr.E.	16	1 00	I.Oc.D.	24	0 22	I.Tr.I.	32	2 12	I.Ec.R.
8	0 15	II.Sh.E.		3 53	I.Ec.R.		0 22	II.Ec.R.		17 56	II.Tr.I.
	1 49	I.Tr.I.		8 34	III.Tr.I.		0 49	I.Sh.I.		18 34	II.Sh.I.
	2 31	I.Sh.I.		10 55	III.Sh.I.		2 38	I.Tr.E.		20 49	II.Tr.E.
	4 05	I.Tr.E.		11 56	III.Tr.E.		3 05	I.Sh.E.		20 54	I.Tr.I.
	4 47	I.Sh.E.		14 20	III.Sh.E.		21 33	I.Oc.D.		21 12	I.Sh.I.
	22 58	I.Oc.D.		17 47	II.Oc.D.	25	0 17	I.Ec.R.		21 28	II.Sh.E.
9	1 58	I.Ec.R.		21 47	II.Ec.R.		15 03	II.Tr.I.		23 10	I.Tr.E.
	4 08	III.Tr.I.		22 20	I.Tr.I.		15 56	II.Sh.I.		23 28	I.Sh.E.
				22 54	I.Sh.I.						

I. Dec. 16	II. Dec. 13	III. Dec. 13	IV. Dec. 19
$x_2 = +1.5, \; y_2 = -0.1$	$x_2 = +1.9, \; y_2 = -0.1$	$x_2 = +2.3, \; y_2 = -0.4$	$x_1 = +1.2, \; y_1 = -0.5$
			$x_2 = +3.0, \; y_2 = -0.5$

NOTE.—I. denotes ingress; E., egress; D., disappearance; R., reappearance; Ec., eclipse; Oc., occultation; Tr., transit of the satellite; Sh., transit of the shadow.

CONFIGURATIONS OF SATELLITES I–IV FOR DECEMBER

UNIVERSAL TIME

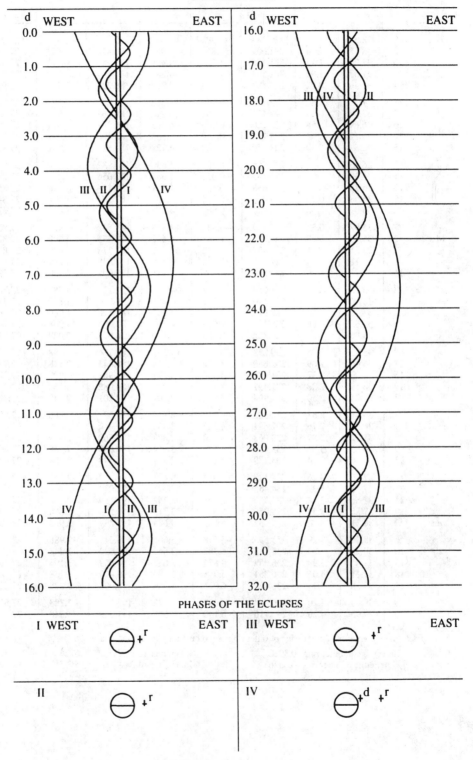

PHASES OF THE ECLIPSES

RINGS OF SATURN, 1996

FOR 0ʰ UNIVERSAL TIME

Date		Axes of outer edge of outer ring		U	B	P	U'	B'	P'
		Major	Minor						
		$''$	$''$	°	°	°	°	°	°
Jan.	−2	38.37	1.34	220.782	+1.998	+4.944	185.751	−0.593	+27.939
	2	38.13	1.24	221.009	1.864	4.926	185.870	0.653	27.933
	6	37.90	1.14	221.256	1.720	4.906	185.988	0.712	27.926
	10	37.67	1.03	221.523	1.566	4.885	186.107	0.772	27.920
	14	37.46	0.92	221.808	1.403	4.862	186.225	0.832	27.913
	18	37.26	0.80	222.111	+1.231	+4.838	186.344	−0.891	+27.906
	22	37.07	0.68	222.431	1.051	4.812	186.462	0.951	27.899
	26	36.89	0.56	222.766	0.863	4.785	186.581	1.011	27.892
	30	36.72	0.43	223.116	0.669	4.756	186.700	1.071	27.885
Feb.	3	36.57	0.30	223.479	0.468	4.727	186.819	1.131	27.877
	7	36.43	0.17	223.855	+0.261	+4.696	186.937	−1.190	+27.870
	11	36.30	0.03	224.241	+0.050	4.664	187.056	1.250	27.862
	15	36.18	0.10	224.638	−0.166	4.631	187.175	1.310	27.854
	19	36.08	0.24	225.044	0.386	4.598	187.294	1.370	27.846
	23	35.99	0.38	225.458	0.609	4.563	187.413	1.430	27.838
	27	35.92	0.52	225.879	−0.835	+4.528	187.532	−1.489	+27.830
Mar.	2	35.86	0.67	226.306	1.063	4.492	187.651	1.549	27.822
	6	35.81	0.81	226.737	1.292	4.455	187.770	1.609	27.813
	10	35.78	0.95	227.172	1.522	4.418	187.889	1.669	27.805
	14	35.76	1.09	227.610	1.752	4.381	188.008	1.729	27.796
	18	35.75	1.24	228.050	−1.982	+4.343	188.127	−1.789	+27.787
	22	35.76	1.38	228.490	2.211	4.305	188.246	1.849	27.778
	26	35.78	1.52	228.929	2.438	4.267	188.366	1.909	27.769
	30	35.82	1.66	229.367	2.664	4.228	188.485	1.968	27.760
Apr.	3	35.86	1.81	229.802	2.886	4.190	188.604	2.028	27.751
	7	35.93	1.95	230.233	−3.106	+4.152	188.724	−2.088	+27.741
	11	36.00	2.09	230.660	3.322	4.114	188.843	2.148	27.731
	15	36.09	2.22	231.082	3.533	4.077	188.962	2.208	27.722
	19	36.19	2.36	231.497	3.740	4.040	189.082	2.268	27.712
	23	36.31	2.50	231.904	3.942	4.003	189.201	2.328	27.702
	27	36.43	2.63	232.302	−4.138	+3.967	189.321	−2.388	+27.691
May	1	36.57	2.76	232.691	4.327	3.932	189.440	2.448	27.681
	5	36.72	2.89	233.068	4.510	3.898	189.560	2.508	27.671
	9	36.89	3.01	233.435	4.686	3.864	189.680	2.568	27.660
	13	37.06	3.14	233.789	4.854	3.832	189.799	2.628	27.649
	17	37.25	3.26	234.129	−5.014	+3.801	189.919	−2.688	+27.639
	21	37.45	3.37	234.455	5.166	3.771	190.039	2.748	27.628
	25	37.66	3.48	234.765	5.308	3.742	190.159	2.808	27.616
	29	37.88	3.59	235.059	5.441	3.715	190.279	2.868	27.605
June	2	38.11	3.70	235.335	5.565	3.689	190.399	2.928	27.594
	6	38.35	3.79	235.593	−5.678	+3.665	190.519	−2.988	+27.582
	10	38.59	3.89	235.833	5.782	3.642	190.639	3.048	27.571
	14	38.85	3.98	236.052	5.874	3.622	190.759	3.108	27.559
	18	39.11	4.06	236.251	5.955	3.603	190.879	3.168	27.547
	22	39.38	4.13	236.429	6.025	3.586	190.999	3.228	27.535
	26	39.65	4.20	236.584	−6.083	+3.572	191.119	−3.288	+27.523
	30	39.93	4.26	236.716	−6.130	+3.559	191.239	−3.348	+27.510

Factor by which axes of outer edge of outer ring are to be multiplied to obtain axes of:

Inner edge of outer ring 0.8932   Inner edge of inner ring 0.6726
Outer edge of inner ring 0.8596   Inner edge of dusky ring 0.5447

FOR 0^h UNIVERSAL TIME

Date		Axes of outer edge of outer ring		U	B	P	U'	B'	P'
		Major	Minor						
		$''$	$''$	$\circ$	$\circ$	$\circ$	$\circ$	$\circ$	$\circ$
July	4	40.21	4.32	236.826	−6.165	+3.549	191.360	−3.408	+27.498
	8	40.50	4.36	236.912	6.187	3.541	191.480	3.468	27.485
	12	40.78	4.40	236.974	6.198	3.535	191.600	3.528	27.472
	16	41.07	4.43	237.012	6.196	3.531	191.721	3.588	27.460
	20	41.35	4.45	237.025	6.182	3.530	191.841	3.648	27.447
	24	41.63	4.46	237.014	−6.156	+3.531	191.962	−3.708	+27.433
	28	41.91	4.47	236.978	6.118	3.534	192.082	3.768	27.420
Aug.	1	42.18	4.46	236.919	6.069	3.540	192.203	3.828	27.407
	5	42.44	4.44	236.836	6.008	3.548	192.323	3.888	27.393
	9	42.69	4.42	236.730	5.936	3.558	192.444	3.948	27.380
	13	42.93	4.38	236.601	−5.854	+3.570	192.565	−4.008	+27.366
	17	43.16	4.33	236.451	5.761	3.584	192.686	4.068	27.352
	21	43.38	4.28	236.281	5.659	3.600	192.807	4.128	27.338
	25	43.57	4.21	236.092	5.549	3.618	192.927	4.188	27.323
	29	43.75	4.14	235.885	5.430	3.637	193.048	4.248	27.309
Sept.	2	43.91	4.06	235.662	−5.305	+3.658	193.169	−4.308	+27.295
	6	44.05	3.97	235.425	5.174	3.680	193.290	4.367	27.280
	10	44.16	3.88	235.176	5.038	3.703	193.411	4.427	27.265
	14	44.26	3.78	234.917	4.897	3.727	193.533	4.487	27.250
	18	44.33	3.67	234.649	4.754	3.752	193.654	4.547	27.235
	22	44.37	3.57	234.376	−4.610	+3.777	193.775	−4.607	+27.220
	26	44.39	3.46	234.099	4.465	3.803	193.896	4.667	27.205
	30	44.38	3.34	233.821	4.322	3.828	194.018	4.727	27.189
Oct.	4	44.35	3.23	233.545	4.180	3.854	194.139	4.787	27.174
	8	44.29	3.12	233.272	4.042	3.879	194.260	4.847	27.158
	12	44.20	3.01	233.006	−3.908	+3.903	194.382	−4.907	+27.142
	16	44.10	2.91	232.747	3.780	3.927	194.503	4.967	27.126
	20	43.97	2.81	232.500	3.659	3.949	194.625	5.027	27.110
	24	43.81	2.71	232.265	3.546	3.970	194.747	5.087	27.094
	28	43.64	2.62	232.046	3.442	3.990	194.868	5.146	27.077
Nov.	1	43.45	2.54	231.842	−3.348	+4.008	194.990	−5.206	+27.061
	5	43.24	2.46	231.658	3.265	4.025	195.112	5.266	27.044
	9	43.01	2.40	231.492	3.192	4.040	195.234	5.326	27.027
	13	42.77	2.34	231.349	3.132	4.053	195.356	5.386	27.010
	17	42.52	2.29	231.227	3.084	4.063	195.478	5.446	26.993
	21	42.26	2.25	231.130	−3.049	+4.072	195.600	−5.506	+26.976
	25	41.99	2.22	231.056	3.027	4.079	195.722	5.565	26.958
	29	41.71	2.20	231.007	3.019	4.083	195.844	5.625	26.941
Dec.	3	41.43	2.19	230.984	3.024	4.085	195.966	5.685	26.923
	7	41.14	2.18	230.985	3.043	4.085	196.088	5.745	26.906
	11	40.85	2.19	231.013	−3.075	+4.082	196.210	−5.805	+26.888
	15	40.56	2.21	231.066	3.121	4.077	196.333	5.864	26.870
	19	40.28	2.23	231.145	3.180	4.070	196.455	5.924	26.851
	23	40.00	2.27	231.249	3.252	4.061	196.578	5.984	26.833
	27	39.72	2.31	231.378	3.336	4.049	196.700	6.043	26.815
	31	39.44	2.36	231.531	−3.432	+4.035	196.823	−6.103	+26.796
	35	39.17	2.42	231.707	−3.541	+4.020	196.945	−6.163	+26.777

Factor by which axes of outer edge of outer ring are to be multiplied to obtain axes of:

Inner edge of outer ring	0.8932	Inner edge of inner ring	0.6726
Outer edge of inner ring	0.8596	Inner edge of dusky ring	0.5447

APPARENT ORBITS OF SATELLITES I–VII AT DATE OF OPPOSITION, SEPTEMBER 26

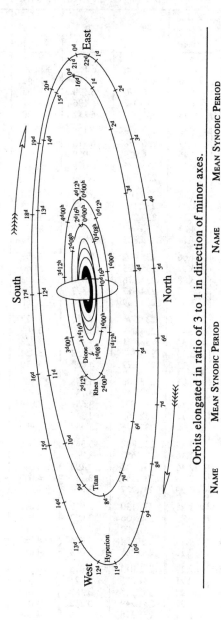

Orbits elongated in ratio of 3 to 1 in direction of minor axes.

	NAME	MEAN SYNODIC PERIOD		NAME	MEAN SYNODIC PERIOD
		d	h			d	h
I	Mimas	0	22.6	VI	Titan	15	23.3
II	Enceladus	1	08.9	VII	Hyperion	21	07.6
III	Tethys	1	21.3	VIII	Iapetus	79	22.1
IV	Dione	2	17.7	IX	Phoebe	523	15.6
V	Rhea	4	12.5				

UNIVERSAL TIME OF GREATEST EASTERN ELONGATION

MIMAS

Jan.	Feb.	Mar.	Apr.	May	June	July	Aug.	Sept.	Oct.	Nov.	Dec.
d h	d h	d h	d h	d h	d h	d h	d h	d h	d h	d h	d h
0 05.3	1 06.5	1 11.9	1 14.5	1 18.5	1 21.0	1 02.2	1 04.5	1 06.8	1 10.5	1 12.8	1 16.6
1 03.9	2 05.1	2 10.5	2 13.1	2 17.1	2 19.6	2 00.8	2 03.1	2 05.4	2 09.1	2 11.4	2 15.2
2 02.5	3 03.7	3 09.1	3 11.7	3 15.7	3 18.2	2 23.4	3 01.8	3 04.0	3 07.7	3 10.0	3 13.8
3 01.1	4 02.4	4 07.8	4 10.4	4 14.3	4 16.8	3 22.0	4 00.4	4 02.6	4 06.3	4 08.6	4 12.4
3 23.8	5 01.0	5 06.4	5 09.0	5 12.9	5 15.5	4 20.6	4 23.0	5 01.3	5 04.9	5 07.2	5 11.0
4 22.4	5 23.6	6 05.0	6 07.6	6 11.6	6 14.1	5 19.3	5 21.6	5 23.9	6 03.5	6 05.9	6 09.7
5 21.0	6 22.2	7 03.6	7 06.2	7 10.2	7 12.7	6 17.9	6 20.2	6 22.5	7 02.1	7 04.5	7 08.3
6 19.6	7 20.9	8 02.3	8 04.9	8 08.8	8 11.3	7 16.5	7 18.8	7 21.1	8 00.8	8 03.1	8 06.9
7 18.2	8 19.5	9 00.9	9 03.5	9 07.4	9 09.9	8 15.1	8 17.4	8 19.7	8 23.4	9 01.7	9 05.5
8 16.9	9 18.1	9 23.5	10 02.1	10 06.1	10 08.6	9 13.7	9 16.1	9 18.3	9 22.0	10 00.3	10 04.2
9 15.5	10 16.7	10 22.1	11 00.7	11 04.7	11 07.2	10 12.3	10 14.7	10 16.9	10 20.6	10 22.9	11 02.8
10 14.1	11 15.4	11 20.8	11 23.4	12 03.3	12 05.8	11 11.0	11 13.3	11 15.6	11 19.2	11 21.6	12 01.4
11 12.7	12 14.0	12 19.4	12 22.0	13 01.9	13 04.4	12 09.6	12 11.9	12 14.2	12 17.8	12 20.2	13 00.0
12 11.4	13 12.6	13 18.0	13 20.6	14 00.5	14 03.0	13 08.2	13 10.5	13 12.8	13 16.5	13 18.8	13 22.6
13 10.0	14 11.2	14 16.6	14 19.2	14 23.2	15 01.7	14 06.8	14 09.1	14 11.4	14 15.1	14 17.4	14 21.3
14 08.6	15 09.9	15 15.3	15 17.9	15 21.8	16 00.3	15 05.4	15 07.7	15 10.0	15 13.7	15 16.0	15 19.9
15 07.2	16 08.5	16 13.9	16 16.5	16 20.4	16 22.9	16 04.0	16 06.4	16 08.6	16 12.3	16 14.7	16 18.5
16 05.9	17 07.1	17 12.5	17 15.1	17 19.0	17 21.5	17 02.7	17 05.0	17 07.2	17 10.9	17 13.3	17 17.1
17 04.5	18 05.8	18 11.1	18 13.7	18 17.7	18 20.1	18 01.3	18 03.6	18 05.9	18 09.5	18 11.9	18 15.7
18 03.1	19 04.4	19 09.8	19 12.4	19 16.3	19 18.7	18 23.9	19 02.2	19 04.5	19 08.1	19 10.5	19 14.4
19 01.7	20 03.0	20 08.4	20 11.0	20 14.9	20 17.4	19 22.5	20 00.8	20 03.1	20 06.8	20 09.1	20 13.0
20 00.4	21 01.6	21 07.0	21 09.6	21 13.5	21 16.0	20 21.1	20 23.4	21 01.7	21 05.4	21 07.8	21 11.6
20 23.0	22 00.3	22 05.6	22 08.2	22 12.1	22 14.6	21 19.7	21 22.0	22 00.3	22 04.0	22 06.4	22 10.2
21 21.6	22 22.9	23 04.3	23 06.9	23 10.8	23 13.2	22 18.4	22 20.7	22 22.9	23 02.6	23 05.0	23 08.9
22 20.2	23 21.5	24 02.9	24 05.5	24 09.4	24 11.8	23 17.0	23 19.3	23 21.5	24 01.2	24 03.6	24 07.5
23 18.9	24 20.1	25 01.5	25 04.1	25 08.0	25 10.5	24 15.6	24 17.9	24 20.2	24 23.8	25 02.2	25 06.1
24 17.5	25 18.7	26 00.1	26 02.7	26 06.6	26 09.1	25 14.2	25 16.5	25 18.8	25 22.5	26 00.8	26 04.7
25 16.1	26 17.4	26 22.8	27 01.3	27 05.2	27 07.7	26 12.8	26 15.1	26 17.4	26 21.1	26 23.5	27 03.3
26 14.7	27 16.0	27 21.4	27 24.0	28 03.9	28 06.3	27 11.4	27 13.7	27 16.0	27 19.7	27 22.1	28 02.0
27 13.4	28 14.6	28 20.0	28 22.6	29 02.5	29 04.9	28 10.1	28 12.4	28 14.6	28 18.3	28 20.7	29 00.6
28 12.0	29 13.3	29 18.6	29 21.2	30 01.1	30 03.6	29 08.7	29 11.0	29 13.2	29 16.9	29 19.3	29 23.2
29 10.6		30 17.3	30 19.8	30 23.7		30 07.3	30 09.6	30 11.8	30 15.5	30 17.9	30 21.8
30 09.2		31 15.9		31 22.4		31 05.9	31 08.2		31 14.2		31 20.5
31 07.9											32 19.1

ENCELADUS

Jan.	Feb.	Mar.	Apr.	May	June	July	Aug.	Sept.	Oct.	Nov.	Dec.
d h	d h	d h	d h	d h	d h	d h	d h	d h	d h	d h	d h
-1 15.7	1 13.2	1 08.1	1 20.8	2 00.5	1 04.1	1 07.7	1 20.0	2 08.2	1 02.6	1 14.8	1 18.2
1 00.6	2 22.1	2 17.0	3 05.7	3 09.4	2 13.0	2 16.5	3 04.8	3 17.0	2 11.4	2 23.6	3 03.1
2 09.5	4 07.0	4 01.9	4 14.5	4 18.3	3 21.9	4 01.4	4 13.7	5 01.9	3 20.3	4 08.5	4 12.0
3 18.4	5 15.9	5 10.8	5 23.5	6 03.2	5 06.8	5 10.3	5 22.6	6 10.8	5 05.2	5 17.4	5 20.9
5 03.3	7 00.8	6 19.7	7 08.3	7 12.1	6 15.7	6 19.2	7 07.5	7 19.7	6 14.1	7 02.3	7 05.8
6 12.1	8 09.7	8 04.6	8 17.2	8 20.9	8 00.6	8 04.1	8 16.4	9 04.5	7 22.9	8 11.2	8 14.7
7 21.1	9 18.6	9 13.5	10 02.1	10 05.8	9 09.5	9 13.0	10 01.2	10 13.4	9 07.8	9 20.1	9 23.6
9 05.9	11 03.5	10 22.4	11 11.0	11 14.7	10 18.4	10 21.9	11 10.1	11 22.3	10 16.7	11 04.9	11 08.4
10 14.8	12 12.4	12 07.3	12 19.9	12 23.6	12 03.2	12 06.7	12 19.0	13 07.2	12 01.6	12 13.8	12 17.3
11 23.7	13 21.3	13 16.2	14 04.8	14 08.5	13 12.1	13 15.6	14 03.9	14 16.0	13 10.5	13 22.7	14 02.2
13 08.6	15 06.2	15 01.1	15 13.7	15 17.4	14 21.0	15 00.5	15 12.8	16 00.9	14 19.3	15 07.6	15 11.1
14 17.5	16 15.1	16 10.0	16 22.6	17 02.3	16 05.9	16 09.4	16 21.6	17 09.8	16 04.2	16 16.5	16 20.0
16 02.4	17 24.0	17 18.9	18 07.5	18 11.2	17 14.8	17 18.3	18 06.5	18 18.7	17 13.1	18 01.4	18 04.9
17 11.3	19 08.9	19 03.8	19 16.4	19 20.1	18 23.7	19 03.1	19 15.4	20 03.5	18 22.0	19 10.2	19 13.8
18 20.2	20 17.8	20 12.7	21 01.3	21 05.0	20 08.6	20 12.0	21 00.3	21 12.4	20 06.8	20 19.1	20 22.7
20 05.1	22 02.7	21 21.6	22 10.2	22 13.9	21 17.5	21 20.9	22 09.1	22 21.3	21 15.7	22 04.0	22 07.6
21 14.0	23 11.6	23 06.5	23 19.1	23 22.8	23 02.3	23 05.8	23 18.0	24 06.2	23 00.6	23 12.9	23 16.5
22 22.9	24 20.5	24 15.4	25 04.0	25 07.7	24 11.2	24 14.7	25 02.9	25 15.1	24 09.5	24 21.8	25 01.4
24 07.8	26 05.4	26 00.3	26 12.9	26 16.6	25 20.1	25 23.6	26 11.8	26 23.9	25 18.4	26 06.7	26 10.2
25 16.7	27 14.3	27 09.2	27 21.8	28 01.5	27 05.0	27 08.4	27 20.6	28 08.8	27 03.2	27 15.6	27 19.1
27 01.6	28 23.2	28 18.1	29 06.7	29 10.3	28 13.9	28 17.3	29 05.5	29 17.7	28 12.1	29 00.4	29 04.0
28 10.5		30 03.0	30 15.6	30 19.2	29 22.8	30 02.2	30 14.4		29 21.0	30 09.3	30 12.9
29 19.4		31 11.9				31 11.1	31 23.3		31 05.9		31 21.8
31 04.3											33 06.7

SATELLITES OF SATURN, 1996

UNIVERSAL TIME OF GREATEST EASTERN ELONGATION

TETHYS

Jan.		Feb.		Mar.		Apr.		May		June		July		Aug.		Sept.		Oct.		Nov.		Dec.	
d	h	d	h	d	h	d	h	d	h	d	h	d	h	d	h	d	h	d	h	d	h	d	h
0	03.9	1	06.4	2	11.8	1	17.1	1	22.4	1	03.5	1	08.6	2	10.7	1	15.5	1	20.1	1	00.8	1	05.7
2	01.2	3	03.8	4	09.1	3	14.4	3	19.7	3	00.9	3	05.9	4	08.0	3	12.8	3	17.4	2	22.1	3	03.0
3	22.5	5	01.1	6	06.4	5	11.8	5	17.0	4	22.2	5	03.2	6	05.3	5	10.0	5	14.7	4	19.4	5	00.3
5	19.8	6	22.4	8	03.8	7	09.1	7	14.4	6	19.5	7	00.5	8	02.6	7	07.3	7	12.0	6	16.7	6	21.6
7	17.1	8	19.8	10	01.1	9	06.4	9	11.7	8	16.8	8	21.8	9	23.9	9	04.6	9	09.3	8	14.0	8	18.9
9	14.5	10	17.1	11	22.4	11	03.8	11	09.0	10	14.1	10	19.1	11	21.2	11	01.9	11	06.6	10	11.3	10	16.3
11	11.8	12	14.4	13	19.8	13	01.1	13	06.3	12	11.5	12	16.4	13	18.5	12	23.2	13	03.9	12	08.6	12	13.6
13	09.1	14	11.8	15	17.1	14	22.4	15	03.7	14	08.8	14	13.7	15	15.8	14	20.5	15	01.2	14	05.9	14	10.9
15	06.5	16	09.1	17	14.4	16	19.7	17	01.0	16	06.1	16	11.0	17	13.1	16	17.8	16	22.5	16	03.2	16	08.2
17	03.8	18	06.4	19	11.8	18	17.1	18	22.3	18	03.4	18	08.3	19	10.4	18	15.1	18	19.8	18	00.5	18	05.5
19	01.1	20	03.8	21	09.1	20	14.4	20	19.6	20	00.7	20	05.6	21	07.7	20	12.4	20	17.0	19	21.8	20	02.8
20	22.5	22	01.1	23	06.4	22	11.7	22	16.9	21	22.0	22	02.9	23	05.0	22	09.7	22	14.3	21	19.1	22	00.2
22	19.8	23	22.4	25	03.8	24	09.1	24	14.3	23	19.3	24	00.2	25	02.3	24	06.9	24	11.6	23	16.5	23	21.5
24	17.1	25	19.8	27	01.1	26	06.4	26	11.6	25	16.6	25	21.5	26	23.6	26	04.2	26	08.9	25	13.8	25	18.8
26	14.4	27	17.1	28	22.4	28	03.7	28	08.9	27	14.0	27	18.8	28	20.9	28	01.5	28	06.2	27	11.1	27	16.1
28	11.8	29	14.4	30	19.8	30	01.1	30	06.2	29	11.3	29	16.1	30	18.2	29	22.8	30	03.5	29	08.4	29	13.4
30	09.1											31	13.4									31	10.7
																						33	08.1

DIONE

Jan.		Feb.		Mar.		Apr.		May		June		July		Aug.		Sept.		Oct.		Nov.		Dec.	
d	h	d	h	d	h	d	h	d	h	d	h	d	h	d	h	d	h	d	h	d	h	d	h
−1	07.7	1	04.5	2	07.6	1	10.8	1	13.9	3	10.5	3	13.2	2	15.7	1	18.0	1	20.2	3	16.1	1	00.9
2	01.5	3	22.2	5	01.4	4	04.5	4	07.6	6	04.2	6	06.9	5	09.4	4	11.7	4	13.8	6	09.8	3	18.6
4	19.2	6	16.0	7	19.1	6	22.3	7	01.3	8	21.9	9	00.6	8	03.1	7	05.3	7	07.5	9	03.4	6	12.3
7	12.9	9	09.7	10	12.8	9	16.0	9	19.0	11	15.6	11	18.3	10	20.7	9	23.0	10	01.1	11	21.1	9	05.9
10	06.6	12	03.4	13	06.6	12	09.7	12	12.8	14	09.3	14	12.0	13	14.4	12	16.6	12	18.8	14	14.8	11	23.6
13	00.4	14	21.2	16	00.3	15	03.5	15	06.5	17	03.1	17	05.7	16	08.1	15	10.3	15	12.5	17	08.4	14	17.3
15	18.1	17	14.9	18	18.1	17	21.2	18	00.2	19	20.8	19	23.4	19	01.7	18	03.9	18	06.1	20	02.1	17	11.0
18	11.8	20	08.7	21	11.8	20	14.9	20	17.9	22	14.5	22	17.0	21	19.4	20	21.6	20	23.8	22	19.8	20	04.8
21	05.6	23	02.4	24	05.6	23	08.7	23	11.6	25	08.2	25	10.7	24	13.0	23	15.2	23	17.4	25	13.5	22	22.5
23	23.3	25	20.2	26	23.3	26	02.4	26	05.4	28	01.9	28	04.4	27	06.7	26	08.9	26	11.1	28	07.2	25	16.2
26	17.0	28	13.9	29	17.0	28	20.1	28	23.1	30	19.5	30	22.1	30	00.3	29	02.5	29	04.7			28	09.9
29	10.8							31	16.8									31	22.4			31	03.6
																						33	21.3

RHEA

Jan.		Feb.		Mar.		Apr.		May		June		July		Aug.		Sept.		Oct.		Nov.		Dec.	
d	h	d	h	d	h	d	h	d	h	d	h	d	h	d	h	d	h	d	h	d	h	d	h
−3	14.7	2	18.9	5	10.8	1	14.3	3	06.1	3	21.8	1	00.6	1	15.5	2	06.0	3	20.3	4	10.8	1	13.1
2	03.2	7	07.5	9	23.4	6	02.8	7	18.7	8	10.3	5	13.1	6	03.9	6	18.4	8	08.7	8	23.1	6	01.6
6	15.7	11	20.0	14	12.0	10	15.4	12	07.2	12	22.8	10	01.5	10	16.3	11	06.7	12	21.0	13	11.5	10	14.0
11	04.2	16	08.6	19	00.6	15	03.9	16	19.8	17	11.2	14	13.9	15	04.7	15	19.0	17	09.3	17	23.9	15	02.4
15	16.7	20	21.2	23	13.1	19	16.5	21	08.3	21	23.7	19	02.3	19	17.0	20	07.4	21	21.7	22	12.3	19	14.9
20	05.3	25	09.7	28	01.7	24	05.1	25	20.8	26	12.2	23	14.8	24	05.4	24	19.7	26	10.0	27	00.7	24	03.4
24	17.8	29	22.3			28	17.6	30	09.3			28	03.1	28	17.7	29	08.0	30	22.4			28	15.9
29	06.3																					33	04.3

UNIVERSAL TIME OF CONJUNCTIONS AND ELONGATIONS

TITAN

Eastern Elongation		Inferior Conjunction		Western Elongation		Superior Conjunction	
	d h		d h		d h		d h
		Jan.	− 3 02.1	Jan.	1 04.1	Jan.	4 23.7
Jan.	8 21.4		13 01.9		17 04.0		20 23.6
	24 21.5		29 02.1	Feb.	2 04.1	Feb.	5 23.7
Feb.	9 21.8	Feb.	14 02.5		18 04.4		22 00.0
	25 22.2	Mar.	1 03.1	Mar.	5 04.9	Mar.	9 00.4
Mar.	12 22.8		17 03.7		21 05.4		25 00.9
	28 23.4	Apr.	2 04.4	Apr.	6 05.9	Apr.	10 01.3
Apr.	13 24.0		18 04.9		22 06.3		26 01.7
	30 00.4	May	4 05.4	May	8 06.6	May	12 01.9
May	16 00.7		20 05.6		24 06.6		28 01.8
June	1 00.7	June	5 05.5	June	9 06.4	June	13 01.5
	17 00.4		21 05.1		25 05.8		29 00.9
July	2 23.7	July	7 04.4	July	11 04.9	July	14 23.9
	18 22.6		23 03.2		27 03.6		30 22.5
Aug.	3 21.1	Aug.	8 01.5	Aug.	12 01.9	Aug.	15 20.7
	19 19.2		23 23.5		27 23.9		31 18.6
Sept.	4 16.9	Sept.	8 21.2	Sept.	12 21.6	Sept.	16 16.3
	20 14.5		24 18.7		28 19.1	Oct.	2 13.9
Oct.	6 12.0	Oct.	10 16.1	Oct.	14 16.7		18 11.5
	22 09.6		26 13.8		30 14.5	Nov.	3 09.3
Nov.	7 07.4	Nov.	11 11.7	Nov.	15 12.5		19 07.5
	23 05.6		27 10.0	Dec.	1 11.0	Dec.	5 06.0
Dec.	9 04.2	Dec.	13 08.7		17 09.8		21 05.0
	25 03.3		29 07.9		33 09.1		

HYPERION

Eastern Elongation		Inferior Conjunction		Western Elongation		Superior Conjunction	
	d h		d h		d h		d h
		Jan.	0 09.8	Jan.	6 12.5	Jan.	12 06.1
Jan.	16 19.1		21 16.0		27 19.7	Feb.	2 12.4
Feb.	7 01.1	Feb.	11 22.9	Feb.	18 03.8		23 19.5
	28 07.7	Mar.	4 06.7	Mar.	10 12.5	Mar.	16 03.1
Mar.	20 14.8		25 15.0		31 09.4	Apr.	6 10.9
Apr.	10 22.1	Apr.	15 23.5	Apr.	22 07.1		27 19.1
May	2 05.8	May	7 08.5	May	13 16.7	May	19 03.5
	23 13.8		28 17.4	June	4 02.2	June	9 11.7
June	13 21.6	June	19 02.1		25 11.2		30 19.8
July	5 05.4	July	10 10.5	July	16 19.8	July	22 03.7
	26 12.9		31 18.3	Aug.	7 03.7	Aug.	12 11.1
Aug.	16 20.1	Aug.	22 01.4		28 11.0	Sept.	2 18.3
Sept.	7 02.9	Sept.	12 08.2	Sept.	18 18.0		24 01.6
	28 10.0	Oct.	3 15.0	Oct.	10 01.1	Oct.	15 08.7
Oct.	19 17.1		24 22.0		31 08.5	Nov.	5 16.5
Nov.	10 00.8	Nov.	15 06.0	Nov.	21 16.9		27 01.1
Dec.	1 09.5	Dec.	6 15.1	Dec.	13 02.4	Dec.	18 10.2
	22 18.8		28 01.1		34 12.8		

IAPETUS

Eastern Elongation		Inferior Conjunction		Western Elongation		Superior Conjunction	
	d h		d h		d h		d h
						Jan.	−16 06.3
Jan.	3 09.7	Jan.	24 00.9	Feb.	14 06.6	Mar.	5 02.4
Mar.	24 14.1	Apr.	14 13.1	May	5 17.2	May	25 07.3
June	13 15.9	July	4 08.5	July	24 23.4	Aug.	13 00.7
Aug.	31 21.4	Sept.	21 01.0	Oct.	11 07.7	Oct.	30 06.6
Nov.	18 03.1	Dec.	8 12.0	Dec.	29 06.8	Dec.	48 18.3

SATELLITES OF SATURN, 1996

APPARENT DISTANCE AND POSITION ANGLE

Time from Eastern Elongation	MIMAS		Time from Eastern Elongation	ENCELADUS		TETHYS		Time from Eastern Elongation	DIONE	
	F	p_1		F	p_1	F	p_1		F	p_1
h		°	d h		°		°	d h		°
0.0	1.000	93.0	0 00	1.000	94.0	1.000	94.0	0 00	1.000	94.0
0.5	0.990	92.3	0 01	0.982	93.1	0.990	93.5	0 02	0.982	93.1
1.0	0.962	91.5	0 02	0.928	92.2	0.962	93.0	0 04	0.928	92.2
1.5	0.915	90.6	0 03	0.841	91.1	0.915	92.5	0 06	0.841	91.1
2.0	0.851	89.7	0 04	0.724	89.7	0.851	91.9	0 08	0.723	89.7
2.5	0.771	88.6	0 05	0.581	87.7	0.770	91.2	0 10	0.580	87.7
3.0	0.676	87.1	0 06	0.418	84.2	0.675	90.3	0 12	0.417	84.1
3.5	0.569	85.2	0 07	0.243	75.9	0.567	89.1	0 14	0.242	75.6
4.0	0.451	82.3	0 08	0.088	32.6	0.448	87.2	0 16	0.088	31.3
4.5	0.327	77.3	0 09	0.167	301.4	0.322	84.0	0 18	0.169	301.2
5.0	0.203	66.1	0 10	0.341	286.4	0.192	76.4	0 20	0.344	286.4
5.5	0.102	27.8	0 11	0.511	281.5	0.074	41.5	0 22	0.513	281.5
6.0	0.133	317.0	0 12	0.663	279.0	0.110	306.3	1 00	0.666	279.0
6.5	0.250	294.3	0 13	0.793	277.4	0.237	288.0	1 02	0.795	277.4
7.0	0.375	286.4	0 14	0.894	276.2	0.366	282.6	1 04	0.895	276.2
7.5	0.497	282.4	0 15	0.962	275.3	0.490	280.0	1 06	0.963	275.3
8.0	0.611	280.0	0 16	0.996	274.4	0.605	278.5	1 08	0.997	274.4
8.5	0.714	278.3	0 17	0.994	273.5	0.709	277.4	1 10	0.994	273.5
9.0	0.803	277.0	0 18	0.956	272.6	0.800	276.5	1 12	0.955	272.6
9.5	0.878	275.9	0 19	0.884	271.6	0.875	275.9	1 14	0.882	271.6
10.0	0.935	275.0	0 20	0.779	270.4	0.933	275.3	1 16	0.776	270.3
10.5	0.975	274.2	0 21	0.647	268.7	0.974	274.8	1 18	0.643	268.6
11.0	0.996	273.5	0 22	0.492	266.1	0.996	274.3	1 20	0.487	265.9
11.5	0.999	272.7	0 23	0.321	260.7	0.999	273.8	1 22	0.316	260.4
12.0	0.982	272.0	1 00	0.148	242.6	0.983	273.4	2 00	0.144	241.2
12.5	0.946	271.2	1 01	0.101	144.4	0.948	272.9	2 02	0.105	142.0
13.0	0.893	270.3	1 02	0.263	110.6	0.895	272.3	2 04	0.270	110.3
13.5	0.822	269.3	1 03	0.437	103.2	0.824	271.7	2 06	0.443	103.1
14.0	0.736	268.1	1 04	0.598	100.0	0.739	270.9	2 08	0.604	99.9
14.5	0.636	266.5	1 05	0.739	98.1	0.639	269.9	2 10	0.744	98.0
15.0	0.525	264.3	1 06	0.853	96.7	0.527	268.5	2 12	0.857	96.7
15.5	0.405	260.8	1 07	0.936	95.7	0.405	266.3	2 14	0.939	95.6
16.0	0.279	254.2	1 08	0.986	94.8	0.277	262.2	2 16	0.987	94.7
16.5	0.158	237.3	1 09	1.000	93.9	0.148	250.6	2 18	1.000	93.9
17.0	0.094	176.8	1 10	0.978	93.0	0.059	181.4	2 20	0.976	93.0
17.5	0.175	124.8	1 11			0.153	116.5			
18.0	0.298	110.5	1 12			0.282	105.6			
18.5	0.423	104.6	1 13			0.410	101.6			
19.0	0.542	101.3	1 14			0.531	99.4			
19.5	0.652	99.2	1 15			0.643	98.0			
20.0	0.750	97.7	1 16			0.742	97.1			
20.5	0.833	96.6	1 17			0.828	96.3			
21.0	0.902	95.6	1 18			0.897	95.7			
21.5	0.953	94.7	1 19			0.949	95.1			
22.0	0.985	93.9	1 20			0.984	94.6			
22.5	0.999	93.2	1 21			0.999	94.1			
23.0	0.994	92.4	1 22			0.995	93.7			

Apparent distance of satellite is Fa/Δ

Position angle of satellite is $p_1 + p_2$

APPARENT DISTANCE AND POSITION ANGLE

Time from Eastern Elongation	RHEA		Time from Eastern Elongation	TITAN		HYPERION		Time from Eastern Elongation	IAPETUS	
	F	p_1		F	p_1	F	p_1		F	p_1
d h		°	d h		°		°	d		°
0 00	1.000	94.0	0 00	1.014	93.0	0.915	93.0	0	0.996	79.0
0 03	0.985	93.2	0 10	1.005	92.3	0.915	92.3	2	0.988	77.5
0 06	0.941	92.3	0 20	0.970	91.5	0.898	91.6	4	0.957	75.9
0 09	0.868	91.3	1 06	0.912	90.7	0.864	90.9	6	0.902	74.2
0 12	0.770	90.1	1 16	0.830	89.7	0.816	90.1	8	0.826	72.1
0 15	0.648	88.4	2 02	0.729	88.5	0.754	89.1	10	0.732	69.7
0 18	0.508	86.0	2 12	0.609	86.9	0.679	88.0	12	0.622	66.4
0 21	0.355	81.5	2 22	0.476	84.3	0.595	86.6	14	0.501	61.6
1 00	0.196	69.7	3 08	0.332	79.7	0.502	84.7	16	0.373	53.5
1 03	0.082	8.2	3 18	0.186	67.7	0.403	81.8	18	0.252	37.4
1 06	0.186	299.9	4 04	0.081	9.0	0.300	77.1	20	0.174	0.8
1 09	0.344	287.0	4 14	0.171	300.7	0.197	67.3	22	0.207	314.1
1 12	0.498	282.3	5 00	0.316	286.9	0.108	39.2	24	0.315	290.4
1 15	0.639	279.7	5 10	0.460	281.9	0.102	333.3	26	0.442	279.6
1 18	0.762	278.0	5 20	0.595	279.2	0.186	301.3	28	0.568	273.7
1 21	0.862	276.8	6 06	0.714	277.5	0.289	290.5	30	0.684	269.8
2 00	0.936	275.8	6 16	0.815	276.2	0.393	285.4	32	0.786	267.0
2 03	0.983	274.9	7 02	0.895	275.2	0.495	282.5	34	0.871	264.8
2 06	1.000	274.1	7 12	0.951	274.4	0.592	280.5	36	0.937	263.0
2 09	0.987	273.2	7 22	0.981	273.6	0.683	279.1	38	0.980	261.3
2 12	0.945	272.4	8 08	0.983	272.8	0.766	278.0	40	1.001	259.8
2 15	0.874	271.4	8 18	0.958	272.0	0.842	277.1	42	0.998	258.3
2 18	0.777	270.2	9 04	0.906	271.2	0.908	276.3	44	0.970	256.8
2 21	0.658	268.6	9 14	0.828	270.2	0.964	275.7	46	0.918	255.1
3 00	0.519	266.2	10 00	0.726	269.0	1.010	275.1	48	0.844	253.1
3 03	0.366	261.9	10 10	0.604	267.3	1.044	274.5	50	0.749	250.8
3 06	0.207	251.1	10 20	0.464	264.7	1.067	274.0	52	0.636	247.6
3 09	0.084	196.5	11 06	0.313	259.7	1.077	273.5	54	0.509	243.0
3 12	0.175	121.7	11 16	0.160	244.8	1.075	273.0	56	0.374	235.1
3 15	0.333	107.5	12 02	0.081	163.6	1.059	272.5	58	0.243	218.4
3 18	0.488	102.5	12 12	0.208	114.2	1.031	272.0	60	0.163	177.1
3 21	0.630	99.8	12 22	0.363	104.4	0.990	271.4	62	0.212	127.8
4 00	0.754	98.1	13 08	0.511	100.4	0.936	270.8	64	0.335	106.2
4 03	0.856	96.9	13 18	0.647	98.2	0.869	270.1	66	0.471	96.7
4 06	0.932	95.8	14 04	0.765	96.7	0.790	269.3	68	0.601	91.4
4 09	0.981	94.9	14 14	0.863	95.6	0.700	268.2	70	0.718	87.9
4 12	1.000	94.1	15 00	0.937	94.7	0.599	266.9	72	0.818	85.4
4 15	0.989	93.3	15 10	0.987	93.9	0.489	264.9	74	0.898	83.4
			15 20	1.012	93.2	0.373	261.7	76	0.955	81.6
			16 06	1.010	92.5	0.251	255.6	78	0.988	80.0
			16 16			0.134	238.3	80	0.996	78.5
			17 02			0.079	167.0	82	0.980	77.0
			17 12			0.170	118.8			
			17 22			0.291	107.1			
			18 08			0.410	102.3			
			18 18			0.523	99.6			
			19 04			0.625	97.8			
			19 14			0.715	96.6			
			20 00			0.789	95.5			
			20 10			0.848	94.7			
			20 20			0.889	93.9			
			21 06			0.912	93.2			
			21 16			0.917	92.5			

Apparent distance of satellite is Fa/Δ
Position angle of satellite is $p_1 + p_2$

APPARENT DISTANCE AND POSITION ANGLE

Date (0ʰ UT)	MIMAS a/Δ	p_2	ENCELADUS a/Δ	p_2	TETHYS a/Δ	p_2	DIONE a/Δ	p_2
	"	°	"	°	"	°	"	°
Jan. −2	26.0	+0.8	33.4	+0.9	41.3	0.0	53.0	+1.0
2	25.9	0.8	33.2	0.9	41.1	0.0	52.6	0.9
6	25.7	0.9	33.0	0.9	40.8	0.0	52.3	0.9
10	25.6	1.0	32.8	0.9	40.6	0.0	52.0	0.9
14	25.4	1.0	32.6	0.8	40.4	0.0	51.7	0.9
18	25.3	+1.1	32.4	+0.8	40.1	0.0	51.4	+0.9
22	25.1	1.2	32.3	0.8	39.9	0.0	51.2	0.8
26	25.0	1.3	32.1	0.8	39.7	−0.1	50.9	0.8
30	24.9	1.3	32.0	0.7	39.6	0.1	50.7	0.8
Feb. 3	24.8	1.4	31.8	0.7	39.4	0.1	50.5	0.7
7	24.7	+1.5	31.7	+0.7	39.2	−0.1	50.3	+0.7
11	24.6	1.6	31.6	0.7	39.1	0.1	50.1	0.7
15	24.5	1.7	31.5	0.6	39.0	0.1	49.9	0.6
19	24.5	1.7	31.4	0.6	38.9	0.2	49.8	0.6
23	24.4	1.8	31.3	0.6	38.8	0.2	49.7	0.6
27	24.4	+1.9	31.3	+0.5	38.7	−0.2	49.6	+0.5
Mar. 2	24.3	2.0	31.2	0.5	38.6	0.2	49.5	0.5
6	24.3	2.1	31.2	0.4	38.6	0.2	49.4	0.5
10	24.3	2.1	31.1	0.4	38.5	0.2	49.4	0.4
14	24.3	2.2	31.1	0.4	38.5	0.3	49.3	0.4
18	24.3	+2.2	31.1	+0.3	38.5	−0.3	49.3	+0.4
22	24.3	2.3	31.1	0.3	38.5	0.3	49.3	0.3
26	24.3	2.3	31.1	0.3	38.6	0.3	49.4	0.3
30	24.3	2.4	31.2	0.2	38.6	0.3	49.4	0.2
Apr. 3	24.3	2.4	31.2	0.2	38.6	0.4	49.5	0.2
7	24.4	+2.5	31.3	+0.2	38.7	−0.4	49.6	+0.2
11	24.4	2.5	31.3	0.1	38.8	0.4	49.7	0.1
15	24.5	2.5	31.4	+0.1	38.9	0.4	49.8	0.1
19	24.6	2.5	31.5	0.0	39.0	0.4	49.9	+0.1
23	24.6	2.5	31.6	0.0	39.1	0.4	50.1	0.0
27	24.7	+2.5	31.7	0.0	39.3	−0.5	50.3	0.0
May 1	24.8	2.4	31.8	−0.1	39.4	0.5	50.5	−0.1
5	24.9	2.4	32.0	0.1	39.6	0.5	50.7	0.1
9	25.0	2.4	32.1	0.1	39.7	0.5	50.9	0.1
13	25.1	2.3	32.3	0.2	39.9	0.5	51.1	0.2
17	25.3	+2.3	32.4	−0.2	40.1	−0.5	51.4	−0.2
21	25.4	2.2	32.6	0.2	40.4	0.5	51.7	0.2
25	25.5	2.2	32.8	0.2	40.6	0.5	52.0	0.2
29	25.7	2.1	33.0	0.3	40.8	0.5	52.3	0.3
June 2	25.9	2.0	33.2	0.3	41.1	0.6	52.6	0.3
6	26.0	+1.9	33.4	−0.3	41.3	−0.6	52.9	−0.3
10	26.2	1.8	33.6	0.3	41.6	0.6	53.3	0.3
14	26.4	1.7	33.8	0.4	41.9	0.6	53.6	0.4
18	26.5	1.6	34.0	0.4	42.1	0.6	54.0	0.4
22	26.7	1.5	34.3	0.4	42.4	0.6	54.3	0.4
26	26.9	+1.4	34.5	−0.4	42.7	−0.6	54.7	−0.4
30	27.1	+1.3	34.8	−0.4	43.0	−0.6	55.1	−0.4

APPARENT DISTANCE AND POSITION ANGLE

Date (0ʰ UT)		MIMAS a/Δ	p_2	ENCELADUS a/Δ	p_2	TETHYS a/Δ	p_2	DIONE a/Δ	p_2
		"	°	"	°	"	°	"	°
July	4	27.3	+1.2	35.0	−0.4	43.3	−0.5	55.5	−0.4
	8	27.5	1.1	35.2	0.4	43.6	0.5	55.9	0.5
	12	27.7	1.0	35.5	0.4	43.9	0.5	56.3	0.5
	16	27.9	0.9	35.7	0.5	44.3	0.5	56.7	0.5
	20	28.1	0.8	36.0	0.5	44.6	0.5	57.1	0.5
	24	28.2	+0.7	36.2	−0.5	44.9	−0.5	57.5	−0.5
	28	28.4	0.6	36.5	0.4	45.2	0.5	57.8	0.5
Aug.	1	28.6	0.5	36.7	0.4	45.4	0.4	58.2	0.5
	5	28.8	0.4	36.9	0.4	45.7	0.4	58.6	0.4
	9	29.0	0.3	37.2	0.4	46.0	0.4	58.9	0.4
	13	29.1	+0.2	37.4	−0.4	46.3	−0.4	59.2	−0.4
	17	29.3	0.1	37.6	0.4	46.5	0.3	59.6	0.4
	21	29.4	+0.1	37.8	0.4	46.7	0.3	59.9	0.4
	25	29.6	0.0	37.9	0.4	46.9	0.3	60.1	0.4
	29	29.7	−0.1	38.1	0.3	47.1	0.3	60.4	0.4
Sept.	2	29.8	−0.2	38.2	−0.3	47.3	−0.2	60.6	−0.3
	6	29.9	0.2	38.3	0.3	47.5	0.2	60.8	0.3
	10	30.0	0.3	38.4	0.3	47.6	0.2	60.9	0.3
	14	30.0	0.3	38.5	0.3	47.7	0.1	61.1	0.3
	18	30.1	0.4	38.6	0.2	47.8	0.1	61.2	0.2
	22	30.1	−0.4	38.6	−0.2	47.8	−0.1	61.2	−0.2
	26	30.1	0.4	38.6	0.2	47.8	0.0	61.3	0.2
	30	30.1	0.5	38.6	0.1	47.8	0.0	61.2	0.2
Oct.	4	30.1	0.5	38.6	0.1	47.8	0.0	61.2	0.1
	8	30.0	0.5	38.5	0.1	47.7	+0.1	61.1	0.1
	12	30.0	−0.5	38.5	−0.1	47.6	+0.1	61.0	−0.1
	16	29.9	0.5	38.4	−0.1	47.5	0.1	60.9	−0.1
	20	29.8	0.5	38.3	0.0	47.4	0.2	60.7	0.0
	24	29.7	0.5	38.1	0.0	47.2	0.2	60.5	0.0
	28	29.6	0.5	38.0	0.0	47.0	0.2	60.2	0.0
Nov.	1	29.5	−0.5	37.8	0.0	46.8	+0.3	60.0	0.0
	5	29.3	0.5	37.6	0.0	46.6	0.3	59.7	0.0
	9	29.2	0.5	37.4	+0.1	46.3	0.3	59.4	0.0
	13	29.0	0.4	37.2	0.1	46.1	0.4	59.0	+0.1
	17	28.8	0.4	37.0	0.1	45.8	0.4	58.7	0.1
	21	28.7	−0.4	36.8	+0.1	45.5	+0.4	58.3	+0.1
	25	28.5	0.3	36.5	0.1	45.2	0.4	57.9	0.1
	29	28.3	0.3	36.3	0.1	44.9	0.4	57.6	0.1
Dec.	3	28.1	0.2	36.1	0.1	44.6	0.4	57.2	0.1
	7	27.9	0.2	35.8	0.1	44.3	0.5	56.8	0.1
	11	27.7	−0.1	35.6	+0.1	44.0	+0.5	56.4	+0.1
	15	27.5	−0.1	35.3	0.1	43.7	0.5	56.0	0.1
	19	27.3	0.0	35.1	0.1	43.4	0.5	55.6	0.1
	23	27.1	+0.1	34.8	0.1	43.1	0.5	55.2	0.1
	27	26.9	0.2	34.6	0.1	42.8	0.5	54.8	+0.1
	31	26.8	+0.2	34.3	+0.1	42.5	+0.5	54.4	0.0
	35	26.6	+0.3	34.1	0.0	42.2	+0.5	54.1	0.0

APPARENT DISTANCE AND POSITION ANGLE

Date (0ʰ UT)	RHEA a/Δ	p_2	TITAN a/Δ	p_2	HYPERION a/Δ	p_2	IAPETUS a/Δ	p_2
	"	°	"	°	"	°	"	°
Jan. −2	74.0	+1.2	171	+1.6	207	+1.1	499	+3.1
2	73.5	1.2	170	1.6	206	1.1	496	3.0
6	73.0	1.2	169	1.6	205	1.1	493	3.0
10	72.6	1.2	168	1.5	203	1.0	490	2.9
14	72.2	1.1	167	1.5	202	1.0	487	2.8
18	71.8	+1.1	166	+1.5	201	+1.0	485	+2.8
22	71.4	1.1	166	1.5	200	1.0	482	2.7
26	71.1	1.1	165	1.4	199	0.9	480	2.6
30	70.8	1.0	164	1.4	198	0.9	478	2.5
Feb. 3	70.5	1.0	163	1.4	198	0.9	476	2.4
7	70.2	+1.0	163	+1.4	197	+0.8	474	+2.4
11	70.0	0.9	162	1.3	196	0.8	472	2.3
15	69.7	0.9	162	1.3	196	0.8	471	2.2
19	69.5	0.9	161	1.3	195	0.7	470	2.1
23	69.4	0.8	161	1.2	195	0.7	468	2.0
27	69.2	+0.8	160	+1.2	194	+0.6	467	+1.9
Mar. 2	69.1	0.7	160	1.1	194	0.6	467	1.8
6	69.0	0.7	160	1.1	194	0.6	466	1.7
10	68.9	0.7	160	1.1	193	0.5	466	1.6
14	68.9	0.6	160	1.0	193	0.5	465	1.5
18	68.9	+0.6	160	+1.0	193	+0.4	465	+1.4
22	68.9	0.6	160	1.0	193	0.4	465	1.3
26	69.0	0.5	160	0.9	193	0.4	466	1.2
30	69.0	0.5	160	0.9	194	0.3	466	1.1
Apr. 3	69.1	0.4	160	0.8	194	0.3	467	1.0
7	69.2	+0.4	160	+0.8	194	+0.2	468	+0.9
11	69.4	0.4	161	0.8	195	0.2	469	0.8
15	69.6	0.3	161	0.7	195	0.2	470	0.8
19	69.7	0.3	162	0.7	196	0.1	471	0.7
23	70.0	0.2	162	0.7	196	+0.1	472	0.6
27	70.2	+0.2	163	+0.6	197	0.0	474	+0.5
May 1	70.5	0.2	163	0.6	198	0.0	476	0.4
5	70.8	0.1	164	0.5	199	0.0	478	0.4
9	71.1	0.1	165	0.5	200	−0.1	480	0.3
13	71.4	+0.1	166	0.5	201	0.1	482	0.2
17	71.8	0.0	166	+0.4	202	−0.1	485	+0.1
21	72.2	0.0	167	0.4	203	0.2	487	+0.1
25	72.6	0.0	168	0.4	204	0.2	490	0.0
29	73.0	−0.1	169	0.4	205	0.2	493	0.0
June 2	73.4	0.1	170	0.3	206	0.3	496	−0.1
6	73.9	−0.1	171	+0.3	208	−0.3	499	−0.1
10	74.4	0.1	172	0.3	209	0.3	502	0.2
14	74.9	0.2	173	0.3	211	0.3	506	0.2
18	75.4	0.2	175	0.2	212	0.3	509	0.3
22	75.9	0.2	176	0.2	214	0.4	512	0.3
26	76.4	−0.2	177	+0.2	215	−0.4	516	−0.3
30	77.0	−0.2	178	+0.2	217	−0.4	520	−0.4

APPARENT DISTANCE AND POSITION ANGLE

Date (0ʰ UT)	RHEA a/Δ	p_2	TITAN a/Δ	p_2	HYPERION a/Δ	p_2	IAPETUS a/Δ	p_2
	$''$	$\circ$	$''$	$\circ$	$''$	$\circ$	$''$	$\circ$
July 4	77.5	−0.2	180	+0.2	218	−0.4	523	−0.4
8	78.0	0.3	181	0.2	220	0.4	527	0.4
12	78.6	0.3	182	0.2	221	0.4	531	0.4
16	79.1	0.3	183	0.2	223	0.4	534	0.4
20	79.7	0.3	185	0.2	224	0.4	538	0.4
24	80.2	−0.3	186	+0.2	226	−0.4	542	−0.4
28	80.8	0.3	187	0.2	228	0.4	545	0.4
Aug. 1	81.3	0.3	188	0.2	229	0.4	549	0.4
5	81.8	0.3	190	0.2	230	0.4	552	0.4
9	82.3	0.2	191	0.2	232	0.4	556	0.3
13	82.7	−0.2	192	+0.2	233	−0.4	559	−0.3
17	83.2	0.2	193	0.2	234	0.4	562	0.3
21	83.6	0.2	194	0.2	236	0.4	564	0.3
25	84.0	0.2	195	0.3	237	0.3	567	0.2
29	84.3	0.2	195	0.3	238	0.3	569	0.2
Sept. 2	84.6	−0.1	196	+0.3	239	−0.3	571	−0.1
6	84.9	0.1	197	0.3	239	0.3	573	−0.1
10	85.1	0.1	197	0.3	240	0.2	575	0.0
14	85.3	−0.1	198	0.4	241	0.2	576	0.0
18	85.4	0.0	198	0.4	241	0.2	577	+0.1
22	85.5	0.0	198	+0.4	241	−0.2	577	+0.1
26	85.5	0.0	198	0.4	241	0.1	578	0.2
30	85.5	0.0	198	0.5	241	0.1	578	0.2
Oct. 4	85.5	+0.1	198	0.5	241	0.1	577	0.3
8	85.3	0.1	198	0.5	241	−0.1	576	0.3
12	85.2	+0.1	197	+0.5	240	0.0	575	+0.4
16	85.0	0.1	197	0.6	240	0.0	574	0.4
20	84.7	0.2	196	0.6	239	0.0	572	0.5
24	84.4	0.2	196	0.6	238	0.0	570	0.5
28	84.1	0.2	195	0.6	237	+0.1	568	0.6
Nov. 1	83.7	+0.2	194	+0.7	236	+0.1	565	+0.6
5	83.3	0.2	193	0.7	235	0.1	563	0.7
9	82.9	0.2	192	0.7	234	0.1	560	0.7
13	82.4	0.3	191	0.7	233	0.1	557	0.7
17	81.9	0.3	190	0.7	231	0.1	553	0.7
21	81.4	+0.3	189	+0.7	230	+0.1	550	+0.8
25	80.9	0.3	187	0.7	228	0.2	546	0.8
29	80.4	0.3	186	0.7	227	0.2	543	0.8
Dec. 3	79.8	0.3	185	0.7	225	0.2	539	0.8
7	79.3	0.3	184	0.7	224	0.2	535	0.8
11	78.7	+0.3	182	+0.7	222	+0.2	532	+0.8
15	78.2	0.3	181	0.7	221	0.2	528	0.8
19	77.6	0.3	180	0.7	219	0.1	524	0.7
23	77.1	0.3	179	0.7	217	0.1	520	0.7
27	76.5	0.3	177	0.7	216	0.1	517	0.7
31	76.0	+0.2	176	+0.7	214	+0.1	513	+0.7
35	75.5	+0.2	175	+0.7	213	+0.1	510	+0.6

SATELLITES OF SATURN, 1996

ORBITAL POSITIONS FOR 0ʰ UNIVERSAL TIME

Date		MIMAS			ENCELADUS		TETHYS		DIONE	
		L	M	θ	L	M	L	θ	L	M
		°	°	°	°	°	°	°	°	°
Jan.	−2	204.733	84.4	181.4	251.399	217.3	269.696	188.9	144.290	58.0
	2	292.691	168.4	177.4	222.331	186.9	312.488	188.1	310.429	223.8
	6	20.649	252.4	173.4	193.263	156.5	355.280	187.3	116.568	29.6
	10	108.607	336.3	169.4	164.195	126.1	38.073	186.5	282.707	195.4
	14	196.565	60.3	165.4	135.127	95.7	80.865	185.7	88.846	1.2
	18	284.523	144.2	161.4	106.059	65.3	123.657	184.9	254.985	167.0
	22	12.481	228.2	157.4	76.991	34.8	166.449	184.1	61.124	332.8
	26	100.438	312.1	153.4	47.923	4.4	209.241	183.3	227.263	138.7
	30	188.396	36.1	149.4	18.855	334.0	252.034	182.5	33.402	304.5
Feb.	3	276.354	120.0	145.4	349.787	303.6	294.826	181.7	199.542	110.3
	7	4.312	204.0	141.4	320.719	273.2	337.618	180.9	5.681	276.1
	11	92.269	287.9	137.4	291.651	242.7	20.410	180.2	171.820	81.9
	15	180.227	11.9	133.4	262.583	212.3	63.202	179.4	337.959	247.7
	19	268.184	95.9	129.4	233.515	181.9	105.995	178.6	144.098	53.5
	23	356.142	179.8	125.4	204.447	151.5	148.787	177.8	310.237	219.3
	27	84.099	263.8	121.4	175.379	121.1	191.579	177.0	116.376	25.1
Mar.	2	172.057	347.7	117.4	146.311	90.6	234.371	176.2	282.515	190.9
	6	260.014	71.7	113.4	117.243	60.2	277.163	175.4	88.654	356.7
	10	347.972	155.6	109.4	88.176	29.8	319.956	174.6	254.793	162.5
	14	75.929	239.6	105.4	59.108	359.4	2.748	173.8	60.932	328.3
	18	163.886	323.5	101.4	30.040	329.0	45.540	173.0	227.071	134.1
	22	251.844	47.5	97.4	0.972	298.5	88.332	172.2	33.210	299.9
	26	339.801	131.4	93.4	331.904	268.1	131.125	171.4	199.349	105.7
	30	67.758	215.4	89.4	302.837	237.7	173.917	170.7	5.489	271.5
Apr.	3	155.715	299.3	85.4	273.769	207.3	216.709	169.9	171.628	77.3
	7	243.673	23.3	81.4	244.701	176.9	259.501	169.1	337.767	243.1
	11	331.630	107.3	77.4	215.633	146.5	302.294	168.3	143.906	48.9
	15	59.587	191.2	73.4	186.566	116.0	345.086	167.5	310.045	214.7
	19	147.544	275.2	69.4	157.498	85.6	27.878	166.7	116.184	20.5
	23	235.501	359.1	65.4	128.430	55.2	70.670	165.9	282.323	186.3
	27	323.458	83.1	61.4	99.362	24.8	113.462	165.1	88.462	352.1
May	1	51.415	167.0	57.4	70.294	354.4	156.255	164.3	254.601	157.9
	5	139.372	251.0	53.4	41.227	323.9	199.047	163.5	60.740	323.7
	9	227.328	334.9	49.4	12.159	293.5	241.839	162.7	226.879	129.5
	13	315.285	58.9	45.4	343.091	263.1	284.631	161.9	33.018	295.3
	17	43.242	142.8	41.4	314.023	232.7	327.424	161.2	199.157	101.1
	21	131.199	226.8	37.4	284.955	202.3	10.216	160.4	5.296	266.9
	25	219.155	310.7	33.4	255.887	171.8	53.008	159.6	171.435	72.7
	29	307.112	34.7	29.4	226.820	141.4	95.800	158.8	337.575	238.5
June	2	35.069	118.6	25.4	197.752	111.0	138.593	158.0	143.714	44.3
	6	123.025	202.6	21.4	168.684	80.6	181.385	157.2	309.853	210.1
	10	210.982	286.6	17.4	139.616	50.2	224.177	156.4	115.992	15.9
	14	298.938	10.5	13.4	110.548	19.7	266.969	155.6	282.131	181.8
	18	26.895	94.5	9.4	81.480	349.3	309.762	154.8	88.270	347.6
	22	114.851	178.4	5.4	52.412	318.9	352.554	154.0	254.409	153.4
	26	202.808	262.4	1.4	23.344	288.5	35.346	153.2	60.548	319.2
	30	290.764	346.3	357.4	354.276	258.1	78.139	152.4	226.687	125.0
4ᵈ motion		1527.957	1524.0	−4.0	1050.932	1049.6	762.792	−0.8	526.139	525.8

ORBITAL POSITIONS FOR 0ʰ UNIVERSAL TIME

Date		MIMAS			ENCELADUS		TETHYS		DIONE	
		L	*M*	*θ*	*L*	*M*	*L*	*θ*	*L*	*M*
		°	°	°	°	°	°	°	°	°
July	4	18.721	70.3	353.4	325.208	227.6	120.931	151.6	32.826	290.8
	8	106.677	154.2	349.4	296.140	197.2	163.723	150.9	198.965	96.6
	12	194.633	238.2	345.4	267.072	166.8	206.515	150.1	5.104	262.4
	16	282.589	322.1	341.4	238.004	136.4	249.308	149.3	171.244	68.2
	20	10.546	46.1	337.4	208.936	106.0	292.100	148.5	337.383	234.0
	24	98.502	130.0	333.4	179.867	75.6	334.892	147.7	143.522	39.8
	28	186.458	214.0	329.4	150.799	45.1	17.684	146.9	309.661	205.6
Aug.	1	274.414	297.9	325.4	121.731	14.7	60.477	146.1	115.800	11.4
	5	2.370	21.9	321.4	92.663	344.3	103.269	145.3	281.939	177.2
	9	90.326	105.8	317.4	63.594	313.9	146.061	144.5	88.078	343.0
	13	178.282	189.8	313.4	34.526	283.5	188.854	143.7	254.217	148.8
	17	266.238	273.8	309.4	5.458	253.0	231.646	142.9	60.356	314.6
	21	354.194	357.7	305.4	336.389	222.6	274.438	142.1	226.495	120.4
	25	82.150	81.7	301.4	307.321	192.2	317.230	141.4	32.635	286.2
	29	170.106	165.6	297.4	278.252	161.8	0.023	140.6	198.774	92.0
Sept.	2	258.061	249.6	293.4	249.184	131.4	42.815	139.8	4.913	257.8
	6	346.017	333.5	289.4	220.115	100.9	85.607	139.0	171.052	63.6
	10	73.973	57.5	285.4	191.046	70.5	128.400	138.2	337.191	229.4
	14	161.929	141.4	281.4	161.978	40.1	171.192	137.4	143.330	35.2
	18	249.884	225.4	277.4	132.909	9.7	213.984	136.6	309.469	201.0
	22	337.840	309.3	273.4	103.840	339.3	256.777	135.8	115.608	6.8
	26	65.795	33.3	269.4	74.771	308.8	299.569	135.0	281.748	172.6
	30	153.751	117.2	265.4	45.702	278.4	342.361	134.2	87.887	338.4
Oct.	4	241.707	201.2	261.4	16.633	248.0	25.153	133.4	254.026	144.2
	8	329.662	285.1	257.4	347.564	217.6	67.946	132.6	60.165	310.0
	12	57.617	9.1	253.4	318.495	187.2	110.738	131.9	226.304	115.8
	16	145.573	93.0	249.4	289.426	156.7	153.530	131.1	32.443	281.6
	20	233.528	177.0	245.4	260.357	126.3	196.323	130.3	198.582	87.4
	24	321.484	260.9	241.4	231.288	95.9	239.115	129.5	4.722	253.2
	28	49.439	344.9	237.4	202.219	65.5	281.907	128.7	170.861	59.0
Nov.	1	137.394	68.8	233.4	173.149	35.1	324.700	127.9	337.000	224.9
	5	225.349	152.8	229.4	144.080	4.6	7.492	127.1	143.139	30.7
	9	313.305	236.7	225.4	115.010	334.2	50.284	126.3	309.278	196.5
	13	41.260	320.7	221.4	85.941	303.8	93.077	125.5	115.417	2.3
	17	129.215	44.7	217.4	56.871	273.4	135.869	124.7	281.557	168.1
	21	217.170	128.6	213.4	27.802	242.9	178.661	123.9	87.696	333.9
	25	305.125	212.6	209.4	358.732	212.5	221.454	123.1	253.835	139.7
	29	33.080	296.5	205.4	329.662	182.1	264.246	122.4	59.974	305.5
Dec.	3	121.035	20.5	201.4	300.593	151.7	307.038	121.6	226.113	111.3
	7	208.990	104.4	197.4	271.523	121.3	349.831	120.8	32.253	277.1
	11	296.945	188.4	193.4	242.453	90.8	32.623	120.0	198.392	82.9
	15	24.900	272.3	189.4	213.383	60.4	75.415	119.2	4.531	248.7
	19	112.854	356.3	185.4	184.313	30.0	118.208	118.4	i70.670	54.5
	23	200.809	80.2	181.4	155.243	359.6	161.000	117.6	336.809	220.3
	27	288.764	164.2	177.4	126.172	329.2	203.792	116.8	142.949	26.1
	31	16.719	248.1	173.4	97.102	298.7	246.585	116.0	309.088	191.9
	35	104.673	332.1	169.4	68.032	268.3	289.377	115.2	115.227	357.7
4ᵈ motion		1527.955	1524.0	−4.0	1050.931	1049.6	762.792	−0.8	526.139	525.8

SATELLITES OF SATURN, 1996

ORBITAL POSITIONS FOR 0ʰ UNIVERSAL TIME

Date		RHEA				TITAN			
		L	M	θ	γ	L	M	θ	γ
		°	°	°	°	°	°	°	°
Jan.	−2	346.315	135.3	11.6	0.318	63.694	221.46	239.09	0.354
	2	305.075	94.0	11.5	0.319	154.001	311.76	239.08	0.354
	6	263.835	52.7	11.3	0.319	244.309	42.06	239.07	0.354
	10	222.595	11.4	11.2	0.319	334.616	132.36	239.07	0.354
	14	181.355	330.2	11.1	0.319	64.924	222.66	239.06	0.354
	18	140.114	288.9	11.0	0.319	155.231	312.97	239.05	0.354
	22	98.874	247.6	10.8	0.319	245.539	43.27	239.05	0.354
	26	57.634	206.3	10.7	0.319	335.846	133.57	239.04	0.354
	30	16.394	165.1	10.6	0.319	66.154	223.87	239.03	0.354
Feb.	3	335.154	123.8	10.5	0.319	156.461	314.17	239.03	0.354
	7	293.914	82.5	10.4	0.319	246.769	44.47	239.02	0.354
	11	252.674	41.2	10.2	0.319	337.076	134.78	239.01	0.354
	15	211.433	360.0	10.1	0.319	67.384	225.08	239.01	0.354
	19	170.193	318.7	10.0	0.319	157.691	315.38	239.00	0.354
	23	128.953	277.4	9.9	0.319	247.999	45.68	238.99	0.354
	27	87.713	236.1	9.8	0.319	338.306	135.98	238.99	0.354
Mar.	2	46.473	194.9	9.6	0.319	68.614	226.29	238.98	0.354
	6	5.233	153.6	9.5	0.319	158.921	316.59	238.97	0.354
	10	323.992	112.3	9.4	0.319	249.229	46.89	238.97	0.354
	14	282.752	71.1	9.3	0.319	339.537	137.19	238.96	0.354
	18	241.512	29.8	9.2	0.319	69.844	227.49	238.95	0.354
	22	200.272	348.5	9.0	0.319	160.152	317.80	238.95	0.355
	26	159.032	307.2	8.9	0.319	250.459	48.10	238.94	0.355
	30	117.792	266.0	8.8	0.320	340.767	138.40	238.93	0.355
Apr.	3	76.552	224.7	8.7	0.320	71.074	228.70	238.93	0.355
	7	35.311	183.4	8.6	0.320	161.382	319.00	238.92	0.355
	11	354.071	142.1	8.4	0.320	251.689	49.31	238.91	0.355
	15	312.831	100.9	8.3	0.320	341.997	139.61	238.91	0.355
	19	271.591	59.6	8.2	0.320	72.304	229.91	238.90	0.355
	23	230.351	18.3	8.1	0.320	162.612	320.21	238.89	0.355
	27	189.111	337.0	8.0	0.320	252.919	50.51	238.89	0.355
May	1	147.870	295.8	7.8	0.320	343.227	140.82	238.88	0.355
	5	106.630	254.5	7.7	0.320	73.534	231.12	238.87	0.355
	9	65.390	213.2	7.6	0.320	163.842	321.42	238.87	0.355
	13	24.150	171.9	7.5	0.320	254.149	51.72	238.86	0.355
	17	342.910	130.7	7.3	0.320	344.457	142.02	238.86	0.355
	21	301.670	89.4	7.2	0.320	74.764	232.32	238.85	0.355
	25	260.430	48.1	7.1	0.320	165.072	322.63	238.84	0.355
	29	219.189	6.9	7.0	0.320	255.379	52.93	238.84	0.355
June	2	177.949	325.6	6.9	0.320	345.687	143.23	238.83	0.355
	6	136.709	284.3	6.7	0.320	75.994	233.53	238.82	0.355
	10	95.469	243.0	6.6	0.320	166.302	323.83	238.82	0.355
	14	54.229	201.8	6.5	0.320	256.609	54.14	238.81	0.355
	18	12.989	160.5	6.4	0.320	346.917	144.44	238.80	0.355
	22	331.749	119.2	6.3	0.321	77.224	234.74	238.80	0.355
	26	290.508	77.9	6.1	0.321	167.532	325.04	238.79	0.355
	30	249.268	36.7	6.0	0.321	257.839	55.34	238.78	0.355
4ᵈ motion		318.760	318.7	. . .	. . . .	90.307	90.30	. . . . .	. . . .

ORBITAL POSITIONS FOR 0ʰ UNIVERSAL TIME

Date		RHEA				TITAN			
		L	M	θ	γ	L	M	θ	γ
		°	°	°	°	°	°	°	°
July	4	208.028	355.4	5.9	0.321	348.147	145.65	238.78	0.355
	8	166.788	314.1	5.8	0.321	78.454	235.95	238.77	0.355
	12	125.548	272.8	5.7	0.321	168.762	326.25	238.77	0.355
	16	84.308	231.6	5.5	0.321	259.069	56.55	238.76	0.355
	20	43.067	190.3	5.4	0.321	349.377	146.85	238.75	0.355
	24	1.827	149.0	5.3	0.321	79.684	237.16	238.75	0.355
	28	320.587	107.8	5.2	0.321	169.992	327.46	238.74	0.355
Aug.	1	279.347	66.5	5.1	0.321	260.299	57.76	238.73	0.355
	5	238.107	25.2	4.9	0.321	350.607	148.06	238.73	0.355
	9	196.867	343.9	4.8	0.321	80.914	238.36	238.72	0.355
	13	155.627	302.7	4.7	0.321	171.222	328.67	238.71	0.356
	17	114.386	261.4	4.6	0.321	261.529	58.97	238.71	0.356
	21	73.146	220.1	4.5	0.321	351.837	149.27	238.70	0.356
	25	31.906	178.8	4.3	0.321	82.144	239.57	238.70	0.356
	29	350.666	137.6	4.2	0.321	172.452	329.88	238.69	0.356
Sept.	2	309.426	96.3	4.1	0.321	262.759	60.18	238.68	0.356
	6	268.186	55.0	4.0	0.321	353.067	150.48	238.68	0.356
	10	226.946	13.8	3.9	0.321	83.374	240.78	238.67	0.356
	14	185.705	332.5	3.7	0.322	173.682	331.08	238.66	0.356
	18	144.465	291.2	3.6	0.322	263.989	61.39	238.66	0.356
	22	103.225	249.9	3.5	0.322	354.297	151.69	238.65	0.356
	26	61.985	208.7	3.4	0.322	84.604	241.99	238.65	0.356
	30	20.745	167.4	3.3	0.322	174.912	332.29	238.64	0.356
Oct.	4	339.505	126.1	3.2	0.322	265.219	62.59	238.63	0.356
	8	298.264	84.9	3.0	0.322	355.527	152.90	238.63	0.356
	12	257.024	43.6	2.9	0.322	85.834	243.20	238.62	0.356
	16	215.784	2.3	2.8	0.322	176.142	333.50	238.62	0.356
	20	174.544	321.0	2.7	0.322	266.449	63.80	238.61	0.356
	24	133.304	279.8	2.6	0.322	356.757	154.10	238.60	0.356
	28	92.064	238.5	2.4	0.322	87.064	244.41	238.60	0.356
Nov.	1	50.824	197.2	2.3	0.322	177.372	334.71	238.59	0.356
	5	9.583	155.9	2.2	0.322	267.679	65.01	238.59	0.356
	9	328.343	114.7	2.1	0.322	357.987	155.31	238.58	0.356
	13	287.103	73.4	2.0	0.322	88.294	245.61	238.57	0.356
	17	245.863	32.1	1.8	0.322	178.602	335.92	238.57	0.356
	21	204.623	350.9	1.7	0.322	268.909	66.22	238.56	0.356
	25	163.383	309.6	1.6	0.322	359.217	156.52	238.56	0.356
	29	122.143	268.3	1.5	0.322	89.524	246.82	238.55	0.357
Dec.	3	80.902	227.0	1.4	0.323	179.832	337.12	238.54	0.357
	7	39.662	185.8	1.2	0.323	270.139	67.43	238.54	0.357
	11	358.422	144.5	1.1	0.323	0.447	157.73	238.53	0.357
	15	317.182	103.2	1.0	0.323	90.754	248.03	238.53	0.357
	19	275.942	62.0	0.9	0.323	181.062	338.33	238.52	0.357
	23	234.702	20.7	0.8	0.323	271.369	68.64	238.52	0.357
	27	193.461	339.4	0.6	0.323	1.677	158.94	238.51	0.357
	31	152.221	298.1	0.5	0.323	91.984	249.24	238.50	0.357
	35	110.981	256.9	0.4	0.323	182.292	339.54	238.50	0.357
4ᵈ motion		318.760	318.7	. . .	. . . .	90.307	90.30	. . . . .	. . . .

SATELLITES OF SATURN, 1996

ORBITAL POSITIONS FOR 0ʰ UNIVERSAL TIME

Date		HYPERION L	M	θ	γ	e	a	IAPETUS L	M	γ
		°	°	°	°		ʺ	°	°	°
Jan.	−2	350.353	54.03	251.31	0.971	0.09455	2037.3	284.351	42.33	15.377
	2	58.389	122.30	251.30	0.971	0.09464	2037.3	302.503	60.48	15.377
	6	126.425	190.57	251.28	0.971	0.09473	2037.3	320.654	78.63	15.378
	10	194.459	258.84	251.27	0.972	0.09484	2037.3	338.806	96.79	15.378
	14	262.491	327.10	251.25	0.972	0.09495	2037.4	356.957	114.94	15.378
	18	330.521	35.36	251.24	0.972	0.09506	2037.4	15.109	133.09	15.378
	22	38.548	103.62	251.23	0.972	0.09518	2037.5	33.260	151.24	15.378
	26	106.572	171.87	251.21	0.972	0.09531	2037.5	51.412	169.39	15.378
	30	174.591	240.12	251.20	0.972	0.09545	2037.6	69.563	187.54	15.379
Feb.	3	242.606	308.37	251.19	0.972	0.09559	2037.7	87.715	205.69	15.379
	7	310.616	16.61	251.17	0.972	0.09573	2037.8	105.866	223.84	15.379
	11	18.621	84.84	251.16	0.972	0.09588	2037.9	124.018	241.99	15.379
	15	86.619	153.07	251.14	0.972	0.09604	2038.0	142.169	260.14	15.379
	19	154.610	221.29	251.13	0.972	0.09620	2038.1	160.321	278.29	15.379
	23	222.595	289.50	251.12	0.972	0.09637	2038.2	178.472	296.44	15.379
	27	290.572	357.70	251.10	0.973	0.09654	2038.4	196.624	314.59	15.380
Mar.	2	358.541	65.90	251.09	0.973	0.09672	2038.5	214.775	332.74	15.380
	6	66.502	134.09	251.07	0.973	0.09691	2038.7	232.927	350.89	15.380
	10	134.454	202.26	251.06	0.973	0.09710	2038.9	251.078	9.04	15.380
	14	202.396	270.43	251.05	0.973	0.09729	2039.1	269.230	27.19	15.380
	18	270.329	338.59	251.03	0.973	0.09749	2039.2	287.381	45.34	15.380
	22	338.252	46.73	251.02	0.973	0.09769	2039.4	305.533	63.49	15.381
	26	46.164	114.87	251.01	0.973	0.09790	2039.6	323.684	81.64	15.381
	30	114.066	182.99	250.99	0.973	0.09811	2039.9	341.836	99.80	15.381
Apr.	3	181.956	251.10	250.98	0.973	0.09832	2040.1	359.987	117.95	15.381
	7	249.835	319.20	250.96	0.973	0.09854	2040.3	18.139	136.10	15.381
	11	317.702	27.29	250.95	0.973	0.09876	2040.5	36.290	154.25	15.381
	15	25.557	95.36	250.94	0.974	0.09899	2040.8	54.442	172.40	15.381
	19	93.400	163.42	250.92	0.974	0.09922	2041.0	72.593	190.55	15.382
	23	161.230	231.47	250.91	0.974	0.09945	2041.3	90.745	208.70	15.382
	27	229.047	299.50	250.89	0.974	0.09968	2041.5	108.896	226.85	15.382
May	1	296.851	7.52	250.88	0.974	0.09992	2041.8	127.048	245.00	15.382
	5	4.642	75.52	250.87	0.974	0.10016	2042.0	145.199	263.15	15.382
	9	72.419	143.52	250.85	0.974	0.10040	2042.3	163.350	281.30	15.382
	13	140.183	211.49	250.84	0.974	0.10064	2042.6	181.502	299.45	15.382
	17	207.934	279.45	250.82	0.974	0.10089	2042.8	199.653	317.60	15.383
	21	275.670	347.40	250.81	0.974	0.10113	2043.1	217.805	335.75	15.383
	25	343.393	55.33	250.80	0.974	0.10138	2043.4	235.956	353.90	15.383
	29	51.101	123.25	250.78	0.974	0.10163	2043.6	254.108	12.05	15.383
June	2	118.796	191.15	250.77	0.975	0.10188	2043.9	272.259	30.20	15.383
	6	186.477	259.04	250.76	0.975	0.10213	2044.2	290.411	48.35	15.383
	10	254.143	326.91	250.74	0.975	0.10237	2044.5	308.562	66.50	15.384
	14	321.796	34.77	250.73	0.975	0.10262	2044.8	326.714	84.66	15.384
	18	29.435	102.61	250.71	0.975	0.10287	2045.0	344.865	102.81	15.384
	22	97.059	170.44	250.70	0.975	0.10312	2045.3	3.017	120.96	15.384
	26	164.670	238.26	250.69	0.975	0.10337	2045.6	21.168	139.11	15.384
	30	232.268	306.05	250.67	0.975	0.10361	2045.9	39.320	157.26	15.384

ORBITAL POSITIONS FOR 0ʰ UNIVERSAL TIME

Date		HYPERION						IAPETUS		
		L	M	θ	γ	e	a	L	M	γ
		°	°	°	°		ʺ	°	°	°
July	4	299.851	13.84	250.66	0.975	0.10386	2046.1	57.471	175.41	15.384
	8	7.422	81.61	250.64	0.975	0.10410	2046.4	75.623	193.56	15.385
	12	74.979	149.36	250.63	0.975	0.10434	2046.7	93.774	211.71	15.385
	16	142.523	217.11	250.62	0.975	0.10458	2046.9	111.926	229.86	15.385
	20	210.054	284.83	250.60	0.976	0.10482	2047.2	130.077	248.01	15.385
	24	277.572	352.55	250.59	0.976	0.10505	2047.4	148.229	266.16	15.385
	28	345.078	60.25	250.58	0.976	0.10528	2047.7	166.380	284.31	15.385
Aug.	1	52.572	127.94	250.56	0.976	0.10551	2047.9	184.532	302.46	15.386
	5	120.054	195.61	250.55	0.976	0.10574	2048.2	202.683	320.61	15.386
	9	187.525	263.28	250.53	0.976	0.10596	2048.4	220.835	338.76	15.386
	13	254.984	330.93	250.52	0.976	0.10618	2048.6	238.986	356.91	15.386
	17	322.432	38.57	250.51	0.976	0.10639	2048.9	257.138	15.06	15.386
	21	29.870	106.20	250.49	0.976	0.10660	2049.1	275.289	33.21	15.386
	25	97.298	173.82	250.48	0.976	0.10681	2049.3	293.441	51.36	15.386
	29	164.716	241.42	250.46	0.976	0.10701	2049.5	311.592	69.51	15.387
Sept.	2	232.125	309.02	250.45	0.976	0.10721	2049.7	329.744	87.67	15.387
	6	299.525	16.61	250.44	0.977	0.10740	2049.8	347.895	105.82	15.387
	10	6.916	84.19	250.42	0.977	0.10759	2050.0	6.047	123.97	15.387
	14	74.299	151.76	250.41	0.977	0.10778	2050.2	24.198	142.12	15.387
	18	141.675	219.32	250.40	0.977	0.10795	2050.3	42.350	160.27	15.387
	22	209.043	286.87	250.38	0.977	0.10813	2050.5	60.501	178.42	15.388
	26	276.405	354.42	250.37	0.977	0.10830	2050.6	78.653	196.57	15.388
	30	343.761	61.96	250.35	0.977	0.10846	2050.8	96.804	214.72	15.388
Oct.	4	51.111	129.49	250.34	0.977	0.10862	2050.9	114.956	232.87	15.388
	8	118.456	197.02	250.33	0.977	0.10877	2051.0	133.107	251.02	15.388
	12	185.796	264.54	250.31	0.977	0.10891	2051.1	151.259	269.17	15.388
	16	253.132	332.06	250.30	0.977	0.10905	2051.2	169.410	287.32	15.388
	20	320.465	39.57	250.28	0.977	0.10918	2051.3	187.562	305.47	15.389
	24	27.794	107.09	250.27	0.978	0.10931	2051.3	205.713	323.62	15.389
	28	95.121	174.59	250.26	0.978	0.10943	2051.4	223.865	341.77	15.389
Nov.	1	162.446	242.10	250.24	0.978	0.10955	2051.4	242.016	359.92	15.389
	5	229.770	309.60	250.23	0.978	0.10966	2051.5	260.168	18.07	15.389
	9	297.092	17.11	250.22	0.978	0.10976	2051.5	278.319	36.22	15.389
	13	4.415	84.61	250.20	0.978	0.10986	2051.5	296.471	54.37	15.389
	17	71.737	152.11	250.19	0.978	0.10995	2051.5	314.622	72.52	15.390
	21	139.061	219.61	250.17	0.978	0.11003	2051.5	332.774	90.68	15.390
	25	206.385	287.12	250.16	0.978	0.11011	2051.5	350.925	108.83	15.390
	29	273.712	354.62	250.15	0.978	0.11018	2051.4	9.077	126.98	15.390
Dec.	3	341.041	62.13	250.13	0.978	0.11024	2051.4	27.228	145.13	15.390
	7	48.373	129.64	250.12	0.978	0.11030	2051.3	45.380	163.28	15.390
	11	115.708	197.16	250.10	0.979	0.11036	2051.3	63.531	181.43	15.391
	15	183.047	264.68	250.09	0.979	0.11040	2051.2	81.683	199.58	15.391
	19	250.391	332.20	250.08	0.979	0.11044	2051.1	99.834	217.73	15.391
	23	317.740	39.73	250.06	0.979	0.11048	2051.0	117.986	235.88	15.391
	27	25.094	107.26	250.05	0.979	0.11051	2050.9	136.137	254.03	15.391
	31	92.455	174.80	250.04	0.979	0.11053	2050.8	154.289	272.18	15.391
	35	159.822	242.35	250.02	0.979	0.11055	2050.7	172.440	290.33	15.391

SATELLITES OF SATURN, 1996

DIFFERENTIAL COORDINATES OF HYPERION FOR 0ʰ U.T.

Date		Δα (s)	Δδ (′)	Date		Δα (s)	Δδ (′)	Date		Δα (s)	Δδ (′)
Jan.	0	+ 1	− 0.1	May	1	+ 11	− 0.2	Sept.	2	− 4	− 0.3
	2	− 6	0.0		3	+ 12	− 0.1		4	+ 6	− 0.4
	4	− 12	+ 0.2		5	+ 8	+ 0.1		6	+ 13	− 0.3
	6	− 15	+ 0.3		7	+ 1	+ 0.3		8	+ 14	− 0.1
	8	− 14	+ 0.3		9	− 6	+ 0.4		10	+ 9	+ 0.2
	10	− 8	+ 0.2		11	− 12	+ 0.3		12	+ 1	+ 0.4
	12	− 1	+ 0.1		13	− 14	+ 0.2		14	− 7	+ 0.4
	14	+ 7	− 0.1		15	− 13	+ 0.1		16	− 14	+ 0.4
	16	+ 12	− 0.2		17	− 8	− 0.1		18	− 17	+ 0.3
	18	+ 11	− 0.2		19	0	− 0.3		20	− 16	+ 0.1
	20	+ 6	− 0.1		21	+ 7	− 0.3		22	− 10	− 0.1
	22	− 2	0.0		23	+ 12	− 0.2		24	0	− 0.3
	24	− 9	+ 0.1		25	+ 11	0.0		26	+ 9	− 0.3
	26	− 13	+ 0.2		27	+ 6	+ 0.2		28	+ 14	− 0.2
	28	− 14	+ 0.2		29	− 1	+ 0.4		30	+ 13	0.0
	30	− 12	+ 0.2		31	− 8	+ 0.4	Oct.	2	+ 7	+ 0.2
Feb.	1	− 6	+ 0.1	June	2	− 13	+ 0.3		4	− 2	+ 0.4
	3	+ 2	0.0		4	− 15	+ 0.2		6	− 10	+ 0.4
	5	+ 9	− 0.2		6	− 12	0.0		8	− 16	+ 0.4
	7	+ 12	− 0.2		8	− 6	− 0.2		10	− 17	+ 0.2
	9	+ 10	− 0.1		10	+ 2	− 0.4		12	− 14	0.0
	11	+ 3	0.0		12	+ 10	− 0.3		14	− 7	− 0.2
	13	− 4	+ 0.1		14	+ 13	− 0.1		16	+ 3	− 0.3
	15	− 10	+ 0.2		16	+ 10	+ 0.1		18	+ 12	− 0.3
	17	− 14	+ 0.2		18	+ 4	+ 0.3		20	+ 15	− 0.2
	19	− 14	+ 0.2		20	− 4	+ 0.4		22	+ 11	0.0
	21	− 10	+ 0.1		22	− 10	+ 0.4		24	+ 4	+ 0.2
	23	− 3	0.0		24	− 15	+ 0.3		26	− 5	+ 0.3
	25	+ 5	− 0.1		26	− 15	+ 0.1		28	− 12	+ 0.4
	27	+ 11	− 0.2		28	− 11	− 0.1		30	− 16	+ 0.3
	29	+ 12	− 0.2		30	− 4	− 0.3	Nov.	1	− 16	+ 0.2
Mar.	2	+ 8	− 0.1	July	2	+ 5	− 0.4		3	− 12	0.0
	4	+ 1	+ 0.1		4	+ 12	− 0.3		5	− 3	− 0.2
	6	− 6	+ 0.2		6	+ 13	0.0		7	+ 6	− 0.3
	8	− 12	+ 0.2		8	+ 9	+ 0.2		9	+ 13	− 0.3
	10	− 14	+ 0.2		10	+ 2	+ 0.4		11	+ 14	− 0.1
	12	− 13	+ 0.1		12	− 6	+ 0.5		13	+ 9	+ 0.1
	14	− 8	0.0		14	− 13	+ 0.4		15	+ 1	+ 0.2
	16	0	− 0.1		16	− 16	+ 0.3		17	− 7	+ 0.3
	18	+ 7	− 0.2		18	− 15	0.0		19	− 14	+ 0.3
	20	+ 11	− 0.2		20	− 9	− 0.2		21	− 16	+ 0.3
	22	+ 11	− 0.1		22	− 1	− 0.4		23	− 15	+ 0.1
	24	+ 6	+ 0.1		24	+ 8	− 0.4		25	− 9	0.0
	26	− 2	+ 0.2		26	+ 14	− 0.2		27	0	− 0.2
	28	− 8	+ 0.3		28	+ 13	+ 0.1		29	+ 9	− 0.3
	30	− 13	+ 0.3		30	+ 7	+ 0.3	Dec.	1	+ 14	− 0.2
Apr.	1	− 14	+ 0.2	Aug.	1	− 1	+ 0.5		3	+ 12	− 0.1
	3	− 11	+ 0.1		3	− 9	+ 0.5		5	+ 6	+ 0.1
	5	− 5	− 0.1		5	− 15	+ 0.4		7	− 2	+ 0.3
	7	+ 2	− 0.2		7	− 17	+ 0.2		9	− 9	+ 0.3
	9	+ 9	− 0.2		9	− 14	0.0		11	− 14	+ 0.3
	11	+ 12	− 0.2		11	− 7	− 0.3		13	− 16	+ 0.2
	13	+ 9	0.0		13	+ 3	− 0.4		15	− 13	+ 0.1
	15	+ 3	+ 0.2		15	+ 11	− 0.3		17	− 6	− 0.1
	17	− 4	+ 0.3		17	+ 14	− 0.1		19	+ 3	− 0.2
	19	− 10	+ 0.3		19	+ 11	+ 0.1		21	+ 10	− 0.3
	21	− 14	+ 0.3		21	+ 4	+ 0.4		23	+ 13	− 0.2
	23	− 14	+ 0.1		23	− 4	+ 0.5		25	+ 10	0.0
	25	− 10	0.0		25	− 12	+ 0.5		27	+ 4	+ 0.2
	27	− 3	− 0.2		27	− 16	+ 0.3		29	− 4	+ 0.3
	29	+ 5	− 0.3		29	− 17	+ 0.1		31	− 11	+ 0.3
May	1	+ 11	− 0.2		31	− 12	− 0.1		33	− 15	+ 0.3

Differential coordinates are given in the sense "satellite minus planet."

DIFFERENTIAL COORDINATES OF IAPETUS FOR 0ʰ U.T.

Date		Δα	Δδ	Date		Δα	Δδ	Date		Δα	Δδ
		s	′			s	′			s	′
Jan.	0	+ 31	+ 0.8	May	1	− 30	− 0.9	Sept.	2	+ 37	+ 2.0
	2	32	1.0		3	31	1.2		4	36	2.2
	4	32	1.2		5	31	1.4		6	34	2.4
	6	32	1.3		7	31	1.6		8	31	2.4
	8	30	1.4		9	30	1.8		10	28	2.5
	10	28	1.5		11	28	1.9		12	24	2.5
	12	+ 25	+ 1.5		13	− 26	− 2.0		14	+ 19	+ 2.4
	14	22	1.5		15	22	2.0		16	13	2.2
	16	18	1.5		17	19	2.0		18	8	2.0
	18	14	1.4		19	14	1.9		20	+ 2	1.8
	20	9	1.3		21	10	1.8		22	− 4	1.5
	22	+ 4	1.2		23	− 5	1.6		24	10	1.2
	24	− 1	+ 1.0		25	0	− 1.4		26	− 16	+ 0.8
	26	5	0.8		27	+ 6	1.2		28	21	0.4
	28	10	0.6		29	11	0.9		30	26	+ 0.1
	30	14	0.4		31	15	0.5	Oct.	2	30	− 0.3
Feb.	1	19	+ 0.2	June	2	20	− 0.2		4	33	0.7
	3	22	0.0		4	24	+ 0.1		6	36	1.0
	5	− 25	− 0.3		6	+ 27	+ 0.5		8	− 37	− 1.3
	7	28	0.5		8	30	0.8		10	38	1.6
	9	30	0.7		10	31	1.1		12	38	1.9
	11	31	0.9		12	33	1.4		14	36	2.0
	13	31	1.1		14	33	1.7		16	34	2.2
	15	31	1.3		16	32	1.9		18	31	2.2
	17	− 30	− 1.4		18	+ 31	+ 2.1		20	− 27	− 2.3
	19	29	1.5		20	29	2.2		22	23	2.2
	21	26	1.6		22	26	2.3		24	17	2.1
	23	23	1.6		24	23	2.3		26	12	1.9
	25	20	1.6		26	19	2.3		28	− 6	1.7
	27	16	1.5		28	15	2.2		30	0	1.4
	29	− 11	− 1.4		30	+ 10	+ 2.1	Nov.	1	+ 6	− 1.1
Mar.	2	7	1.3	July	2	+ 5	1.9		3	12	0.8
	4	− 2	1.2		4	− 1	1.6		5	18	0.5
	6	+ 3	1.0		6	6	1.4		7	23	− 0.1
	8	8	0.8		8	11	1.1		9	27	+ 0.3
	10	12	0.5		10	16	0.7		11	31	0.6
	12	+ 17	− 0.3		12	− 20	+ 0.4		13	+ 33	+ 0.9
	14	20	0.0		14	25	0.0		15	35	1.2
	16	24	+ 0.3		16	28	− 0.3		17	36	1.5
	18	26	0.5		18	31	0.7		19	36	1.7
	20	28	0.8		20	33	1.1		21	35	1.9
	22	30	1.0		22	35	1.4		23	33	2.0
	24	+ 30	+ 1.3		24	− 36	− 1.7		25	+ 30	+ 2.1
	26	30	1.4		26	35	1.9		27	27	2.2
	28	29	1.6		28	34	2.1		29	23	2.1
	30	28	1.7		30	32	2.3	Dec.	1	18	2.1
Apr.	1	26	1.8	Aug.	1	29	2.4		3	14	1.9
	3	23	1.8		3	25	2.4		5	8	1.8
	5	+ 19	+ 1.8		5	− 21	− 2.3		7	+ 3	+ 1.6
	7	16	1.8		7	16	2.2		9	− 3	1.3
	9	11	1.7		9	10	2.1		11	8	1.1
	11	7	1.6		11	− 5	1.8		13	13	0.8
	13	+ 3	1.4		13	+ 1	1.6		15	18	0.5
	15	− 2	1.2		15	7	1.3		17	22	+ 0.2
	17	− 7	+ 1.0		17	+ 13	− 0.9		19	− 26	− 0.2
	19	11	0.8		19	19	0.5		21	29	0.5
	21	15	0.5		21	24	− 0.1		23	31	0.8
	23	19	+ 0.2		23	28	+ 0.3		25	33	1.0
	25	23	− 0.1		25	32	0.7		27	34	1.3
	27	26	0.4		27	34	1.1		29	34	1.5
	29	− 28	− 0.6		29	+ 36	+ 1.4		31	− 33	− 1.7
May	1	− 30	− 0.9		31	+ 37	+ 1.7		33	− 32	− 1.8

Differential coordinates are given in the sense "satellite minus planet."

SATELLITES OF SATURN, 1996

DIFFERENTIAL COORDINATES OF PHOEBE FOR 0^h U.T.

Date		Δα	Δδ	Date		Δα	Δδ	Date		Δα	Δδ
		m s	′			m s	′			m s	′
Jan.	0	+ 2 09	+13.8	May	1	+ 0 57	+ 4.0	Sept.	2	− 1 34	−11.7
	2	2 10	13.8		3	0 55	3.7		4	1 35	11.8
	4	2 10	13.8		5	0 52	3.4		6	1 36	11.8
	6	2 10	13.7		7	0 50	3.1		8	1 38	11.9
	8	2 10	13.7		9	0 48	2.8		10	1 39	12.0
	10	2 09	13.6		11	0 45	2.5		12	1 40	12.0
	12	+ 2 09	+13.6		13	+ 0 43	+ 2.2		14	− 1 41	−12.0
	14	2 09	13.5		15	0 40	1.9		16	1 42	12.0
	16	2 09	13.4		17	0 38	1.6		18	1 42	12.1
	18	2 09	13.4		19	0 35	1.3		20	1 43	12.1
	20	2 08	13.3		21	0 32	1.0		22	1 44	12.0
	22	2 08	13.2		23	0 30	0.7		24	1 44	12.0
	24	+ 2 08	+13.2		25	+ 0 27	+ 0.4		26	− 1 45	−12.0
	26	2 07	13.1		27	0 25	+ 0.1		28	1 45	11.9
	28	2 07	13.0		29	0 22	− 0.2		30	1 45	11.9
	30	2 06	12.9		31	0 19	0.5	Oct.	2	1 45	11.8
Feb.	1	2 06	12.8	June	2	0 17	0.8		4	1 45	11.7
	3	2 05	12.7		4	0 14	1.1		6	1 45	11.6
	5	+ 2 04	+12.6		6	+ 0 11	− 1.4		8	− 1 45	−11.5
	7	2 04	12.5		8	0 09	1.7		10	1 45	11.4
	9	2 03	12.4		10	0 06	2.0		12	1 44	11.3
	11	2 02	12.2		12	+ 0 03	2.3		14	1 44	11.2
	13	2 01	12.1		14	0 00	2.6		16	1 44	11.0
	15	2 00	12.0		16	− 0 02	2.9		18	1 43	10.9
	17	+ 1 59	+11.9		18	− 0 05	− 3.2		20	− 1 42	−10.7
	19	1 58	11.7		20	0 08	3.5		22	1 41	10.6
	21	1 57	11.6		22	0 11	3.8		24	1 40	10.4
	23	1 56	11.4		24	0 13	4.1		26	1 39	10.2
	25	1 55	11.3		26	0 16	4.4		28	1 38	10.0
	27	1 54	11.1		28	0 19	4.7		30	1 37	9.8
	29	+ 1 53	+11.0		30	− 0 22	− 5.0	Nov.	1	− 1 36	− 9.6
Mar.	2	1 52	10.8	July	2	0 24	5.3		3	1 35	9.4
	4	1 50	10.6		4	0 27	5.5		5	1 33	9.1
	6	1 49	10.5		6	0 30	5.8		7	1 32	8.9
	8	1 48	10.3		8	0 32	6.1		9	1 30	8.6
	10	1 46	10.1		10	0 35	6.4		11	1 28	8.4
	12	+ 1 45	+ 9.9		12	− 0 38	− 6.7		13	− 1 27	− 8.1
	14	1 43	9.7		14	0 40	6.9		15	1 25	7.9
	16	1 42	9.5		16	0 43	7.2		17	1 23	7.6
	18	1 40	9.3		18	0 46	7.5		19	1 21	7.3
	20	1 39	9.1		20	0 48	7.7		21	1 19	7.0
	22	1 37	8.9		22	0 51	8.0		23	1 17	6.7
	24	+ 1 35	+ 8.7		24	− 0 53	− 8.2		25	− 1 15	− 6.4
	26	1 34	8.5		26	0 56	8.5		27	1 13	6.1
	28	1 32	8.3		28	0 58	8.7		29	1 10	5.8
	30	1 30	8.0		30	1 01	8.9	Dec.	1	1 08	5.5
Apr.	1	1 28	7.8	Aug.	1	1 03	9.1		3	1 06	5.2
	3	1 27	7.6		3	1 05	9.4		5	1 03	4.9
	5	+ 1 25	+ 7.3		5	− 1 08	− 9.6		7	− 1 01	− 4.6
	7	1 23	7.1		7	1 10	9.8		9	0 58	4.3
	9	1 21	6.8		9	1 12	10.0		11	0 56	3.9
	11	1 19	6.6		11	1 14	10.2		13	0 53	3.6
	13	1 17	6.4		13	1 16	10.3		15	0 50	3.3
	15	1 15	6.1		15	1 18	10.5		17	0 48	3.0
	17	+ 1 13	+ 5.8		17	− 1 20	−10.7		19	− 0 45	− 2.6
	19	1 11	5.6		19	1 22	10.8		21	0 42	2.3
	21	1 08	5.3		21	1 24	11.0		23	0 39	2.0
	23	1 06	5.0		23	1 26	11.1		25	0 37	1.6
	25	1 04	4.8		25	1 28	11.3		27	0 34	1.3
	27	1 02	4.5		27	1 29	11.4		29	0 31	1.0
	29	+ 0 59	+ 4.2		29	− 1 31	−11.5		31	− 0 28	− 0.6
May	1	+ 0 57	+ 4.0		31	− 1 32	−11.6		33	− 0 25	− 0.3

Differential coordinates are given in the sense "satellite minus planet."

TRUE ORBITAL LONGITUDE AND RADIUS VECTOR

The formulae and constants for obtaining the true orbital longitude u and the radius vector r of Satellites I–VIII (where γ is the inclination) follow. Quantities that change during the year are tabulated separately.

Mimas

$r/a = 1.0002 - 0.0201 \cos M - 0.0002 \cos 2M$ $a = 255''.9$ $\gamma = 1°31'.0$

$u = L + 2°.303 \sin M + 0°.029 \sin 2M$

Enceladus

$r/a = 1 - 0.0044 \cos M$ $a = 328''.3$ $\gamma = 1'.4$

$u = L + 0°.509 \sin M$ $u - \theta = 36° + 263.15 \, (\text{JD} - 243\ 6000.5)$

Tethys

$r/a = 1$ $u = L$ $a = 406''.4$ $\gamma = 1°05'.56$

Dione

$r/a = 1 - 0.0022 \cos M$ $a = 520''.5$ $\gamma = 1'.4$

$u = L + 0°.253 \sin M$ $u - \theta = 214° + 131.62 \, (\text{JD} - 243\ 6000.5)$

Rhea, Titan, Hyperion

$r/a = 1 + e^2/2 - e \cos M - e^2/2 \cos 2M - \ldots$

$u = L + 2e \sin M + \ldots$

Rhea

$a = 726''.9$ e = 0.00125   January 0 – March 18

     = 0.00124   March 19 – August 13

     = 0.00123   August 14 – December 23

     = 0.00122   December 24 – December 32

Titan

$a = 1684''.4$ e = 0.02884   January 0 – March 22

     = 0.02883   March 23 – July 12

     = 0.02882   July 13 – October 24

     = 0.02881   October 25 – December 32

Iapetus

$r/a = 1.0004 - 0.0283 \cos M - 0.0004 \cos 2M$ $a = 4908''.6$

$u = L + 3°.240 \sin M + 0°.057 \sin 2M + 0°.001 \sin 3M$

     θ = 254.20   January 0 – March 14

     = 254.19   March 15 – June 10

     = 254.18   June 11 – September 6

     = 254.17   September 7 – November 29

     = 254.16   November 30 – December 32

SATURNICENTRIC RECTANGULAR COORDINATES

Apparent rectangular coordinates, with the x-axis in the plane of the rings, positive toward the east, and the y-axis positive toward the north pole of Saturn, are given by

$$x = \xi / (1 + \zeta) \qquad\qquad y = \eta / (1 + \zeta)$$

$$\xi = (a/\Delta)\,(r/a)\,[\cos b \sin (l - U)]$$

$$\eta = (a/\Delta)\,(r/a)\,[\cos b \sin B \cos (l - U) + \sin b \cos B]$$

$$\zeta = (a/\Delta)\,(r/a)\,[\cos b \cos B \cos (l - U) - \sin b \sin B]$$

$$\sin b = \sin (u - \theta) \sin \gamma$$

$$\cos b \sin (l - \theta) = \sin (u - \theta) \cos \gamma$$

$$\cos b \cos (l - \theta) = \cos (u - \theta)$$

For Satellites I–V, apparent rectangular coordinates may be obtained with sufficient accuracy from

$$x = (a/\Delta)\,(r/a)\,[1/(1 + \zeta)] \sin (u - U) = s \sin (p - P)$$

$$y = (a/\Delta)\,(r/a)\,[1/(1 + \zeta)] [\sin B \cos (u - U) + \cos B \sin \gamma \sin (u - \theta)]$$

$$= s \cos (p - P)$$

and the tables given below. In critical cases ascend.

Mimas

$u - U$	$\dfrac{1}{1+\zeta}$	$u - U$
0.0°	0.9999	360.0°
67.3	1.0000	292.7
112.6	1.0001	247.4
247.3		112.7

Enceladus

$u - U$	$\dfrac{1}{1+\zeta}$	$u - U$
0.0°	0.9998	360.0°
25.9	0.9999	334.1
72.5	1.0000	287.5
107.4	1.0001	252.6
154.0	1.0002	206.0
205.9		154.1

Tethys

$u - U$	$\dfrac{1}{1+\zeta}$	$u - U$
0.0°	0.9998	360.0°
43.4	0.9999	316.6
75.9	1.0000	284.1
104.0	1.0001	256.0
136.5	1.0002	223.5
223.4		136.6

Dione

$u - U$	$\dfrac{1}{1+\zeta}$	$u - U$
0.0°	0.9997	360.0°
19.0	0.9998	341.0
55.4	0.9999	304.6
79.1	1.0000	280.9
100.8	1.0001	259.2
124.5	1.0002	235.5
160.9	1.0003	199.1
199.0		161.0

Rhea

$u - U$	$\dfrac{1}{1+\zeta}$	$u - U$
0.0°	0.9996	360.0°
18.6	0.9997	341.4
47.4	0.9998	312.6
66.0	0.9999	294.0
82.2	1.0000	277.8
97.7	1.0001	262.3
113.9	1.0002	246.1
132.5	1.0003	227.5
161.3	1.0004	198.7
198.6		161.4

APPARENT ORBITS OF SATELLITES I–IV AT DATE OF OPPOSITION, JULY 25

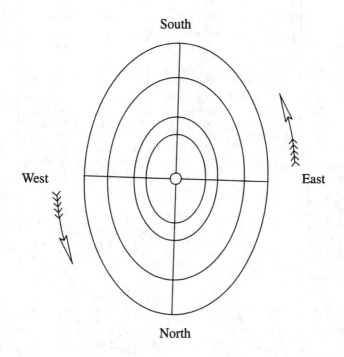

	NAME	SIDEREAL PERIOD	
		d	h
V	Miranda	1.4	
I	Ariel	2	12.489
II	Umbriel	4	03.460
III	Titania	8	16.941
IV	Oberon	13	11.118

RINGS OF URANUS

Ring	Semimajor Axis	Eccentricity	Azimuth of Periapse	Precession Rate
	km		°	°/d
6	41870	0.0014	236	2.77
5	42270	0.0018	182	2.66
4	42600	0.0012	120	2.60
α	44750	0.0007	331	2.18
β	45700	0.0005	231	2.03
η	47210	— —	—	—
γ	47660	— —	—	—
δ	48330	0.0005	140	—
ε	51180	0.0079	216	1.36

Epoch: 1977 March 10, 20^h UT (JD 244 3213.33)

SATELLITES OF URANUS, 1996

APPARENT DISTANCE AND POSITION ANGLE

Time from Northern Elongation	Miranda F	Miranda p_1	Time from Northern Elongation	Ariel F	Ariel p_1	Umbriel F	Umbriel p_1	Time from Northern Elongation	Titania F	Titania p_1	Time from Northern Elongation	Oberon F	Oberon p_1
d h		°	d h		°		°	d h		°	d h		°
0 00	1.000	358.0	0 00	1.000	358.0	1.000	358.0	0 00	1.000	358.0	0 00	1.000	358.0
0 01	0.991	5.4	0 02	0.989	6.4	0.996	3.1	0 05	0.994	4.0	0 08	0.994	4.2
0 02	0.966	13.2	0 04	0.957	15.1	0.984	8.2	0 10	0.977	10.2	0 16	0.976	10.6
0 03	0.926	21.4	0 06	0.908	24.6	0.964	13.5	0 15	0.950	16.7	1 00	0.947	17.4
0 04	0.876	30.5	0 08	0.849	35.4	0.938	19.1	0 20	0.914	23.6	1 08	0.909	24.6
0 05	0.820	40.9	0 10	0.787	47.8	0.906	25.1	1 01	0.872	31.1	1 16	0.865	32.5
0 06	0.767	52.6	0 12	0.734	62.3	0.870	31.5	1 06	0.827	39.5	2 00	0.818	41.3
0 07	0.724	66.0	0 14	0.703	78.5	0.833	38.4	1 11	0.783	48.7	2 08	0.773	51.1
0 08	0.701	80.7	0 16	0.701	95.4	0.795	46.1	1 16	0.744	59.1	2 16	0.735	62.1
0 09	0.701	95.8	0 18	0.729	111.8	0.760	54.4	1 21	0.715	70.4	3 00	0.709	74.1
0 10	0.726	110.4	0 20	0.780	126.5	0.731	63.5	2 02	0.700	82.5	3 08	0.698	86.7
0 11	0.769	123.8	0 22	0.841	139.2	0.710	73.3	2 07	0.700	94.8	3 16	0.705	99.4
0 12	0.822	135.5	1 00	0.901	150.1	0.699	83.5	2 12	0.717	106.8	4 00	0.728	111.5
0 13	0.877	145.8	1 02	0.952	159.8	0.700	93.9	2 17	0.748	118.0	4 08	0.764	122.7
0 14	0.927	154.9	1 04	0.986	168.6	0.712	104.0	2 22	0.787	128.3	4 16	0.808	132.8
0 15	0.967	163.1	1 06	1.000	177.0	0.734	113.7	3 03	0.832	137.4	5 00	0.855	141.8
0 16	0.992	170.8	1 08	0.992	185.3	0.764	122.7	3 08	0.877	145.7	5 08	0.900	149.9
0 17	1.000	178.2	1 10	0.962	194.0	0.800	131.0	3 13	0.918	153.1	5 16	0.940	157.2
0 18	0.991	185.7	1 12	0.915	203.4	0.838	138.5	3 18	0.953	160.0	6 00	0.971	164.0
0 19	0.965	193.4	1 14	0.856	214.0	0.875	145.4	3 23	0.979	166.4	6 08	0.991	170.5
0 20	0.924	201.7	1 16	0.794	226.2	0.911	151.8	4 04	0.995	172.6	6 16	1.000	176.7
0 21	0.874	210.9	1 18	0.740	240.4	0.942	157.6	4 09	1.000	178.6	7 00	0.996	183.0
0 22	0.818	221.2	1 20	0.705	256.4	0.967	163.2	4 14	0.993	184.7	7 08	0.980	189.3
0 23	0.765	233.0	1 22	0.700	273.3	0.986	168.5	4 19	0.975	190.9	7 16	0.953	195.9
1 00	0.723	246.5	2 00	0.724	289.8	0.997	173.6	5 00	0.947	197.4	8 00	0.917	203.0
1 01	0.701	261.2	2 02	0.772	304.8	1.000	178.7	5 05	0.910	204.3	8 08	0.874	210.8
1 02	0.702	276.3	2 04	0.833	317.7	0.995	183.7	5 10	0.868	211.9	8 16	0.828	219.4
1 03	0.727	290.9	2 06	0.894	328.8	0.982	188.9	5 15	0.823	220.4	9 00	0.782	229.0
1 04	0.770	304.2	2 08	0.947	338.6	0.961	194.3	5 20	0.779	229.8	9 08	0.742	239.7
1 05	0.824	315.9	2 10	0.983	347.5	0.934	199.9	6 01	0.740	240.2	9 16	0.713	251.5
1 06	0.879	326.1	2 12	0.999	355.9	0.902	205.9	6 06	0.713	251.6	10 00	0.699	264.1
1 07	0.929	335.1	2 14	0.994	4.3	0.865	212.3	6 11	0.699	263.7	10 08	0.702	276.8
1 08	0.968	343.4	2 16			0.827	219.4	6 16	0.702	276.1	10 16	0.722	289.1
1 09	0.992	351.0	2 18			0.790	227.1	6 21	0.720	288.0	11 00	0.756	300.5
1 10	1.000	358.5	2 20			0.756	235.6	7 02	0.751	299.1	11 08	0.799	310.8
1 11	0.990	5.9	2 22			0.728	244.8	7 07	0.792	309.3	11 16	0.846	320.0
			3 00			0.708	254.6	7 12	0.837	318.3	12 00	0.891	328.3
			3 02			0.698	264.9	7 17	0.881	326.5	12 08	0.932	335.7
			3 04			0.701	275.2	7 22	0.922	333.9	12 16	0.965	342.6
			3 06			0.714	285.3	8 03	0.956	340.7	13 00	0.988	349.2
			3 08			0.738	295.0	8 08	0.982	347.1	13 08	0.999	355.4
			3 10			0.769	303.9	8 13	0.996	353.2	13 16	0.998	1.7
			3 12			0.805	312.0	8 18	1.000	359.2			
			3 14			0.843	319.5						
			3 16			0.880	326.3						
			3 18			0.915	332.6						
			3 20			0.946	338.4						
			3 22			0.970	343.9						
			4 00			0.988	349.2						
			4 02			0.998	354.3						
			4 04			1.000	359.3						

Apparent distance of satellite is Fa/Δ

Position angle of satellite is $p_1 + p_2$

APPARENT DISTANCE AND POSITION ANGLE

Date (0h UT)	Miranda (″)	Ariel (″)	Umbriel (″)	Titania (″)	Oberon (″)	p_2 (°)
Jan. −2	8.7	12.7	17.8	29.1	39.0	+ 2.3
8	8.6	12.7	17.7	29.1	38.9	2.0
18	8.6	12.7	17.7	29.0	38.8	1.7
28	8.6	12.7	17.7	29.0	38.8	1.3
Feb. 7	8.7	12.7	17.7	29.1	38.9	1.0
17	8.7	12.8	17.8	29.1	39.0	+ 0.7
27	8.7	12.8	17.8	29.3	39.1	0.5
Mar. 8	8.8	12.9	17.9	29.4	39.4	+ 0.2
18	8.8	13.0	18.0	29.6	39.6	− 0.1
28	8.9	13.0	18.2	29.8	39.9	0.3
Apr. 7	8.9	13.1	18.3	30.0	40.2	− 0.4
17	9.0	13.3	18.5	30.3	40.5	0.6
27	9.1	13.4	18.6	30.5	40.9	0.7
May 7	9.2	13.5	18.8	30.8	41.2	0.7
17	9.2	13.6	18.9	31.1	41.5	0.8
27	9.3	13.7	19.1	31.3	41.9	− 0.7
June 6	9.4	13.8	19.2	31.5	42.2	0.6
16	9.4	13.9	19.3	31.7	42.4	0.5
26	9.5	13.9	19.4	31.9	42.6	0.3
July 6	9.5	14.0	19.5	32.0	42.8	− 0.1
16	9.5	14.0	19.5	32.1	42.9	+ 0.1
26	9.5	14.0	19.6	32.1	42.9	0.4
Aug. 5	9.5	14.0	19.5	32.0	42.8	0.6
15	9.5	14.0	19.5	32.0	42.7	0.9
25	9.5	13.9	19.4	31.8	42.6	+ 1.1
Sept. 4	9.4	13.9	19.3	31.7	42.3	1.3
14	9.4	13.8	19.2	31.4	42.1	1.4
24	9.3	13.7	19.0	31.2	41.7	1.5
Oct. 4	9.2	13.6	18.9	31.0	41.4	1.5
14	9.1	13.4	18.7	30.7	41.1	+ 1.5
24	9.1	13.3	18.6	30.4	40.7	1.4
Nov. 3	9.0	13.2	18.4	30.2	40.4	1.3
13	8.9	13.1	18.2	29.9	40.0	1.1
23	8.8	13.0	18.1	29.7	39.7	0.9
Dec. 3	8.8	12.9	18.0	29.5	39.4	+ 0.7
13	8.7	12.8	17.9	29.3	39.2	0.4
23	8.7	12.8	17.8	29.2	39.0	+ 0.1
33	8.6	12.7	17.7	29.0	38.9	− 0.2

UNIVERSAL TIME OF GREATEST NORTHERN ELONGATION

MIRANDA

Jan. (d h)	Feb. (d h)	Mar. (d h)	Apr. (d h)	May (d h)	June (d h)	July (d h)	Aug. (d h)	Sept. (d h)	Oct. (d h)	Nov. (d h)	Dec. (d h)
0 04.8	1 17.4	2 09.4	1 01.4	2 04.1	2 06.6	1 22.2	2 00.7	2 03.6	1 19.9	1 21.7	1 14.7
1 14.6	3 03.2	3 19.5	2 11.2	3 13.9	3 16.5	3 08.3	3 10.5	3 13.4	3 06.0	3 07.8	3 00.5
3 00.4	4 12.9	5 05.6	3 21.2	4 23.7	5 02.4	4 18.4	4 20.4	4 23.2	4 16.1	4 17.8	4 10.2
4 10.2	5 22.7	6 15.6	5 07.3	6 09.4	6 12.2	6 04.6	6 06.4	6 08.9	6 02.0	6 04.1	5 20.0
5 20.1	7 08.4	8 01.4	6 17.3	7 19.3	7 21.9	7 14.7	7 16.4	7 18.7	7 11.8	7 14.2	7 05.9
7 06.2	8 18.3	9 11.2	8 03.5	9 05.2	9 07.6	9 00.6	9 02.5	9 04.5	8 21.6	9 00.2	8 15.9
8 16.3	10 04.2	10 21.0	9 13.6	10 15.2	10 17.4	10 10.5	10 12.7	10 14.5	10 07.3	10 10.1	10 01.9
10 02.4	11 14.2	12 06.7	10 23.5	12 01.3	12 03.3	11 20.3	11 22.8	12 00.4	11 17.2	11 20.0	11 12.1
11 12.6	13 00.3	13 16.5	12 09.4	13 11.5	13 13.2	13 06.0	13 08.7	13 10.7	13 02.8	13 05.7	12 22.2
12 22.6	14 10.5	15 02.3	13 19.2	14 21.5	14 23.2	14 15.8	14 18.6	14 20.9	14 12.7	14 15.5	14 08.3
14 08.5	15 20.6	16 12.2	15 04.9	16 07.5	16 09.4	16 01.6	16 04.4	16 07.0	15 22.6	16 01.3	15 18.3
15 18.3	17 06.6	17 22.2	16 14.7	17 17.4	17 19.5	17 11.4	17 14.2	17 17.0	17 08.7	17 11.0	17 04.0
17 04.0	18 16.5	19 08.3	18 00.5	19 03.2	19 05.6	18 21.3	18 23.9	19 02.8	18 18.8	18 20.9	18 13.9
18 13.8	20 02.4	20 18.4	19 10.3	20 13.0	20 15.6	20 07.3	20 09.7	20 12.6	20 05.1	20 06.8	19 23.7
19 23.6	21 12.1	22 04.6	20 20.2	21 22.8	22 01.5	21 17.4	21 19.5	21 22.4	21 15.1	21 16.8	21 09.4
21 09.3	22 21.9	23 14.6	22 06.2	23 08.5	23 11.3	23 03.6	23 05.4	23 08.1	23 01.1	23 03.1	22 19.2
22 19.2	24 07.6	25 00.5	23 16.3	24 18.3	24 21.1	24 13.7	24 15.4	24 17.8	24 11.0	24 13.2	24 05.0
24 05.2	25 17.4	26 10.3	25 02.3	26 04.2	26 06.8	25 23.7	26 01.5	26 03.7	25 20.8	25 23.2	25 14.9
25 15.2	27 03.2	27 20.1	26 12.5	27 14.2	27 16.6	27 09.6	27 11.7	27 13.6	27 06.5	27 09.2	27 00.9
27 01.3	28 13.2	29 05.8	27 22.5	29 00.2	29 02.4	28 19.5	28 21.8	28 23.6	28 16.3	28 19.2	28 11.1
28 11.6	29 23.2	30 15.6	29 08.5	30 10.4	30 12.3	30 05.2	30 07.9	30 09.7	30 02.1	30 04.9	29 21.2
29 21.6			30 18.3	31 20.5		31 15.0	31 17.8		31 11.8		31 07.3
31 07.6											32 17.3

SATELLITES OF URANUS, 1996

UNIVERSAL TIME OF GREATEST NORTHERN ELONGATION

Jan.	Feb.	Mar.	Apr.	May	June	July	Aug.	Sept.	Oct.	Nov.	Dec.

ARIEL

d h	d h	d h	d h	d h	d h	d h	d h	d h	d h	d h	d h
0 02.6	1 20.9	3 02.6	2 08.4	2 14.2	1 20.0	2 01.9	1 07.8	3 02.2	3 08.2	2 14.1	2 20.0
2 15.1	4 09.4	5 15.1	4 20.9	5 02.7	4 08.5	4 14.3	3 20.3	5 14.7	5 20.6	5 02.6	5 08.5
5 03.6	6 21.8	8 03.6	7 09.4	7 15.1	6 21.0	7 02.8	6 08.8	8 03.2	8 09.2	7 15.1	7 21.0
7 16.1	9 10.3	10 16.1	9 21.9	10 03.6	9 09.5	9 15.3	8 21.3	10 15.7	10 21.6	10 03.6	10 09.4
10 04.5	11 22.8	13 04.5	12 10.3	12 16.1	11 21.9	12 03.8	11 09.7	13 04.2	13 10.1	12 16.1	12 21.9
12 17.0	14 11.3	15 17.0	14 22.8	15 04.6	14 10.4	14 16.3	13 22.2	15 16.7	15 22.6	15 04.6	15 10.4
15 05.5	16 23.7	18 05.5	17 11.3	17 17.1	16 22.9	17 04.8	16 10.7	18 05.2	18 11.1	17 17.1	17 22.9
17 18.0	19 12.2	20 18.0	19 23.8	20 05.6	19 11.4	19 17.3	18 23.2	20 17.7	20 23.6	20 05.6	20 11.4
20 06.5	22 00.7	23 06.5	22 12.2	22 18.1	21 23.9	22 05.8	21 11.7	23 06.2	23 12.1	22 18.0	22 23.9
22 19.0	24 13.2	25 19.0	25 00.7	25 06.6	24 12.4	24 18.3	24 00.2	25 18.7	26 00.6	25 06.5	25 12.4
25 07.4	27 01.6	28 07.4	27 13.2	27 19.1	27 00.9	27 06.8	26 12.7	28 07.2	28 13.1	27 19.0	28 00.9
27 19.9	29 14.1	30 20.0	30 01.7	30 07.5	29 13.3	29 19.3	29 01.2	30 19.7	31 01.6	30 07.5	30 13.4
30 08.4							31 13.7				33 01.9

UMBRIEL

d h	d h	d h	d h	d h	d h	d h	d h	d h	d h	d h	d h
−2 00.9	4 07.9	4 07.8	2 07.8	1 08.1	3 11.8	2 11.9	4 15.7	2 16.1	1 16.4	3 20.0	2 20.3
2 04.3	8 11.3	8 11.2	6 11.3	5 11.6	7 15.2	6 15.3	8 19.2	6 19.6	5 19.9	7 23.5	6 23.8
6 07.7	12 14.7	12 14.6	10 14.8	9 15.1	11 18.6	10 18.8	12 22.7	10 23.0	9 23.3	12 03.0	11 03.1
10 11.2	16 18.1	16 18.0	14 18.3	13 18.5	15 22.0	14 22.3	17 02.2	15 02.5	14 02.9	16 06.4	15 06.6
14 14.7	20 21.5	20 21.5	18 21.8	17 21.9	20 01.5	19 01.8	21 05.5	19 06.0	18 06.3	20 09.8	19 10.1
18 18.1	25 00.9	25 01.0	23 01.3	22 01.4	24 05.1	23 05.2	25 09.0	23 09.5	22 09.7	24 13.3	23 13.6
22 21.5	29 04.4	29 04.3	27 04.6	26 04.8	28 08.5	27 08.7	29 12.6	27 13.0	26 13.2	28 16.8	27 17.1
27 00.9				30 08.3		31 12.2			30 16.6		31 20.5
31 04.4											36 00.0

TITANIA

d h	d h	d h	d h	d h	d h	d h	d h	d h	d h	d h	d h
−5 18.1	8 06.3	5 08.8	9 04.3	5 07.1	9 02.9	5 05.8	9 01.8	4 04.8	9 00.7	4 03.5	8 23.3
4 11.0	16 23.1	14 01.6	17 21.2	14 00.1	17 20.0	13 22.9	17 18.8	12 21.7	17 17.7	12 20.5	17 16.1
13 03.8	25 15.9	22 18.5	26 14.2	22 17.0	26 12.9	22 15.8	26 11.8	21 14.7	26 10.6	21 13.4	26 09.0
21 20.6		31 11.4		31 10.0		31 08.8		30 07.7		30 06.3	35 01.9
30 13.5											

OBERON

d h	d h	d h	d h	d h	d h	d h	d h	d h	d h	d h	d h
−1 07.3	8 16.1	6 14.2	2 12.0	12 21.2	8 19.4	5 17.7	1 16.5	11 02.2	8 00.7	3 22.8	14 07.7
12 18.2	22 03.0	20 01.2	15 23.0	26 08.2	22 06.6	19 05.0	15 03.7	24 13.3	21 11.7	17 09.9	27 18.8
26 05.1			29 09.9				28 15.0			30 20.7	41 05.7

APPARENT ORBIT OF TRITON AT DATE OF OPPOSITION, JULY 18

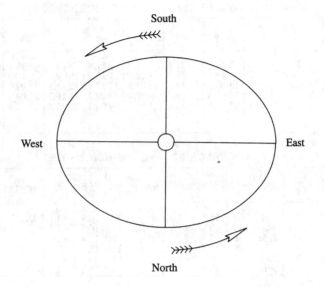

	NAME	SIDEREAL PERIOD
I	Triton	$5^{d}\ 21^{h}.044$
II	Nereid	$360^{d}.2$

DIFFERENTIAL COORDINATES OF NEREID FOR 0^{h} U.T.

Date		$\Delta\alpha\cos\delta$	$\Delta\delta$	Date		$\Delta\alpha\cos\delta$	$\Delta\delta$	Date		$\Delta\alpha\cos\delta$	$\Delta\delta$
		′ ″	″			′ ″	″			′ ″	″
Jan.	−2	+4 02.1	+79.8	May	7	−0 26.1	+01.9	Sept.	14	+5 14.1	+92.2
	8	3 49.2	77.1		17	0 53.6	−08.0		24	5 16.6	93.8
	18	3 35.2	74.0		27	1 15.8	17.0	Oct.	4	5 16.3	94.7
	28	3 20.2	70.4	June	6	1 18.0	21.3		14	5 13.6	94.9
Feb.	7	3 04.1	66.3		16	−0 12.2	−06.4		24	5 08.9	94.6
	17	+2 46.6	+61.8		26	+1 23.0	+20.0	Nov.	3	+5 02.6	+93.9
	27	2 27.8	56.6	July	6	2 31.2	40.0		13	4 54.9	92.8
Mar.	8	2 07.5	50.8		16	3 20.3	54.8		23	4 46.0	91.3
	18	1 45.6	44.3		26	3 56.8	66.0	Dec.	3	4 35.9	89.5
	28	1 22.1	37.2	Aug.	5	4 24.0	74.6		13	4 24.9	87.3
Apr.	7	+0 56.9	+29.3		15	+4 44.2	+81.2		23	+4 12.9	+84.8
	17	0 30.3	20.7		25	4 58.6	86.1		33	3 59.9	81.9
	27	+0 02.4	+11.6	Sept.	4	+5 08.4	+89.7		43	+3 46.0	+78.6

SATELLITES OF NEPTUNE, 1996

TRITON

UNIVERSAL TIME OF GREATEST EASTERN ELONGATION

Jan.	Feb.	Mar.	Apr.	May	June	July	Aug.	Sept.	Oct.	Nov.	Dec.
d h	d h	d h	d h	d h	d h	d h	d h	d h	d h	d h	d h
−5 11.2	5 13.6	5 22.2	4 07.0	3 16.1	2 01.4	1 11.0	5 17.8	4 03.4	3 12.9	1 22.1	1 07.0
1 08.1	11 10.5	11 19.2	10 04.0	9 13.1	7 22.5	7 08.1	11 14.9	10 00.6	9 10.0	7 19.1	7 04.0
7 05.0	17 07.4	17 16.1	16 01.0	15 10.2	13 19.6	13 05.3	17 12.1	15 21.7	15 07.0	13 16.1	13 00.9
13 02.0	23 04.3	23 13.1	21 22.0	21 07.3	19 16.7	19 02.4	23 09.2	21 18.7	21 04.1	19 13.1	18 21.9
18 22.9	29 01.3	29 10.0	27 19.1	27 04.3	25 13.9	24 23.5	29 06.3	27 15.8	27 01.1	25 10.0	24 18.8
24 19.8						30 20.7					30 15.7
30 16.7											36 12.6

APPARENT DISTANCE AND POSITION ANGLE

Date (0h U.T.)		a/Δ	p_2	Date (0h U.T.)		a/Δ	p_2	Date (0h U.T.)		a/Δ	p_2	Date (0h U.T.)		a/Δ	p_2
		"	°			"	°			"	°			"	°
Jan.	−2	15.7	+3.3	Apr.	27	16.3	−1.5	Aug.	25	16.7	+2.1	Dec.	23	15.7	+1.1
	18	15.7	+2.8	May	17	16.5	−1.2	Sept.	14	16.5	+2.5		31	15.7	+0.1
Feb.	7	15.7	+1.2	June	6	16.6	−1.1	Oct.	4	16.4	+2.6				
	27	15.8	+0.0		26	16.7	−0.3		24	16.2	+2.6				
Mar.	18	16.0	−0.9	July	16	16.8	+0.3	Nov.	13	16.0	+2.5				
Apr.	7	16.1	−1.5	Aug.	5	16.8	+1.3	Dec.	3	15.8	+1.8				

Time from Eastern Elongation	F	p_1	Time from Eastern Elongation	F	p_1	Time from Eastern Elongation	F	p_1	Time from Eastern Elongation	F	p_1
d h		°	d h		°	d h		°	d h		°
0 00	1.000	89.0	1 12	0.758	181.5	3 00	0.999	271.9	4 12	0.760	6.4
0 03	0.996	94.8	1 15	0.765	191.5	3 03	0.992	277.7	4 15	0.772	16.3
0 06	0.985	100.7	1 18	0.782	201.2	3 06	0.977	283.7	4 18	0.793	25.8
0 09	0.967	106.8	1 21	0.806	210.4	3 09	0.956	289.9	4 21	0.820	34.8
0 12	0.943	113.2	2 00	0.835	219.1	3 12	0.930	296.4	5 00	0.850	43.1
0 15	0.915	119.9	2 03	0.867	227.1	3 15	0.899	303.4	5 03	0.883	50.8
0 18	0.883	127.1	2 06	0.899	234.5	3 18	0.867	310.8	5 06	0.914	58.0
0 21	0.851	134.8	2 09	0.929	241.5	3 21	0.835	318.8	5 09	0.943	64.7
1 00	0.820	143.1	2 12	0.956	248.0	4 00	0.806	327.4	5 12	0.967	71.1
1 03	0.793	152.0	2 15	0.977	254.2	4 03	0.782	336.6	5 15	0.985	77.2
1 06	0.773	161.5	2 18	0.991	260.2	4 06	0.766	346.3	5 18	0.996	83.1
1 09	0.761	171.4	2 21	0.999	266.1	4 09	0.758	356.4	5 21	1.000	88.9

Apparent distance of satellite is Fa/Δ
Position angle of satellite is $p_1 + p_2$

APPARENT ORBIT OF CHARON AT DATE OF OPPOSITION, MAY 22

South

West   East

North

Sidereal Period: $6^d 09^h.29$

UNIVERSAL TIME OF NORTHERN ELONGATION

	d	h		d	h		d	h
Jan. –	4	01.4	May	2	19.2	Sept.	7	13.2
	2	10.6		9	04.5		13	22.5
	8	19.9		15	13.8		20	07.7
	15	05.2		21	23.2		26	17.0
	21	14.5		28	08.5	Oct.	3	02.3
	27	23.7	June	3	17.8		9	11.5
Feb.	3	09.0		10	03.1		15	20.8
	9	18.3		16	12.4		22	06.0
	16	03.6		22	21.7		28	15.3
	22	12.9		29	07.0	Nov.	4	00.6
	28	22.2	July	5	16.3		10	09.8
Mar.	6	07.4		12	01.6		16	19.1
	12	16.7		18	10.9		23	04.3
	19	02.0		24	20.2		29	13.6
	25	11.3		31	05.5	Dec.	5	22.8
	31	20.7	Aug.	6	14.8		12	08.1
Apr.	7	06.0		13	00.1		18	17.3
	13	15.3		19	09.4		25	02.6
	20	00.6		25	18.6		31	11.9
	26	09.9	Sept.	1	03.9		37	21.1

APPARENT DISTANCE AND POSITION ANGLE

Date (0^h UT)	a/Δ	p_2	Date (0^h UT)	a/Δ	p_2	Date (0^h UT)	a/Δ	p_2	Date (0^h UT)	a/Δ	p_2
	"	°		"	°		"	°		"	°
Jan. – 2	0.9	0.0	Apr. 27	0.9	+0.1	Aug. 25	0.9	+0.3	Dec. 23	0.9	–0.6
18	0.9	–0.1	May 17	0.9	+0.2	Sept. 14	0.9	+0.2	43	0.9	–0.8
Feb. 7	0.9	–0.2	June 6	0.9	+0.3	Oct. 4	0.9	+0.1			
27	0.9	–0.2	26	0.9	+0.4	24	0.9	–0.1			
Mar. 18	0.9	–0.1	July 16	0.9	+0.4	Nov. 13	0.9	–0.3			
Apr. 7	0.9	–0.1	Aug. 5	0.9	+0.4	Dec. 3	0.9	–0.5			

Time from Northern Elongation	F	p_1	Time from Northern Elongation	F	p_1	Time from Northern Elongation	F	p_1	Time from Northern Elongation	F	p_1
d h		°	d h		°	d h		°	d h		°
0 00	1.000	353.0	1 16	0.304	96.1	3 08	0.991	175.4	5 00	0.355	298.2
0 04	0.988	355.8	1 20	0.370	121.6	3 12	0.959	178.3	5 04	0.455	315.6
0 08	0.952	358.8	2 00	0.473	137.7	3 16	0.904	181.5	5 08	0.570	326.4
0 12	0.893	2.0	2 04	0.588	147.7	3 20	0.827	185.2	5 12	0.682	333.5
0 16	0.813	5.9	2 08	0.699	154.5	4 00	0.733	189.8	5 16	0.783	338.7
0 20	0.716	10.6	2 12	0.798	159.4	4 04	0.625	195.9	5 20	0.869	342.8
1 00	0.607	17.0	2 16	0.881	163.4	4 08	0.510	204.6	6 00	0.935	346.2
1 04	0.492	26.4	2 20	0.943	166.7	4 12	0.401	218.3	6 04	0.979	349.3
1 08	0.385	41.2	3 00	0.984	169.7	4 16	0.319	240.6	6 08	0.999	352.1
1 12	0.310	65.2	3 04	1.000	172.5	4 20	0.300	271.1	6 12	0.994	354.9

Apparent distance of satellite is $F a/\Delta$.

Position angle of satellite is $p_1 + p_2$.

Notes

The osculating elements for periodic comets returning to perihelion in 1996 have been supplied by B.G. Marsden, Smithsonian Astrophysical Observatory, and are intended for use in the generation of ephemerides by numerical integration.

The geocentric ephemerides of the four principal minor planets (1 Ceres; 2 Pallas; 3 Juno; 4 Vesta) give, at an interval of 2 days, the astrometric right ascension and declination, referred to the mean equator and equinox of J2000.0, the geometric distance and the time of ephemeris transit. Linear interpolation is sufficient for the distance and ephemeris transit, but for the astrometric right ascension and declination second differences are significant. The tabulations are similar to those for Pluto, and the use of the data is similar to that for major planets.

Opposition dates (in right ascension) and visual magnitudes in 1996, and osculating elements for epoch 1996 November 13·0 TDT (JD 245 0400·5) and ecliptic and equinox J2000·0, for 146 of the larger minor planets are given on pages G10–G12; in these tabulations H is the absolute visual magnitude at zero phase angle and G is the slope parameter which depends on the albedo. The data were supplied by the Institute of Theoretical Astronomy, St. Petersburg.

PERIODIC COMETS, 1996
OSCULATING ELEMENTS FOR ECLIPTIC AND EQUINOX OF J2000·0

Name	Perihelion Time T	Perihelion Distance q	Eccentricity e	Period P	Arg. of Perihelion ω	Long. of Asc. Node Ω	Inclination i	Osc. Epoch
		au		years	°	°	°	
Pons-Winnecke	Jan. 2·453 04	1·255 8917	0·634 4237	6·37	172·312 69	93·428 08	22·301 45	Jan. -2
Churyumov-Gerasimenko	Jan. 17·661 77	1·300 0348	0·630 1925	6·59	11·386 78	51·006 16	7·113 34	Jan. -2
du Toit-Neujmin-Delporte	Mar. 5·610 71	1·719 6280	0·500 7697	6·39	115·191 96	188·990 17	2·845 31	Mar. 18
Mueller 1	Apr. 25·501 11	2·739 5389	0·337 4718	8·41	29·939 19	4·560 44	8·795 61	Apr. 27
West-Hartley	May 12·040 44	2·133 1077	0·447 6300	7·59	102·978 88	46·666 73	15·346 03	Apr. 27
Denning-Fujikawa	May 29·776 33	0·790 1853	0·817 7978	9·03	337·575 79	36·389 22	9·127 11	June 6
Comas Sola	June 10·465 45	1·846 3676	0·567 7900	8·83	45·767 78	60·869 86	12·916 81	June 6
Parker-Hartley	June 25·452 91	3·046 3440	0·290 2282	8·89	181·201 91	244·314 97	5·183 01	June 6
Kopff	July 2·199 80	1·579 5617	0·544 0739	6·45	162·834 87	120·913 29	4·721 43	July 16
Spacewatch	July 16·870 19	1·538 8820	0·509 7504	5·56	87·267 82	153·370 76	9·970 56	July 16
Gunn	July 24·400 90	2·461 9268	0·316 3130	6·83	196·817 30	68·519 03	10·379 93	July 16
Shoemaker-Holt 2	Aug. 20·211 03	2·662 6291	0·337 2233	8·05	5·997 53	99·730 70	17·698 39	Aug. 25
Wild 4	Aug. 31·537 22	1·989 0618	0·407 8317	6·16	170·753 95	22·065 34	3·719 68	Aug. 25
Machholz	Oct. 15·069 62	0·124 7178	0·958 6366	5·24	14·586 08	94·532 00	60·074 15	Oct. 4
IRAS	Oct. 31·651 10	1·702 7555	0·696 6502	13·30	356·886 64	357·701 52	45·962 89	Nov. 13
Helin-Roman-Crockett	Nov. 1·175 85	3·489 8099	0·138 7044	8·16	10·172 26	91·978 14	4·229 89	Nov. 13
Tritton	Nov. 5·012 55	1·436 3618	0·580 6117	6·34	147·585 21	300·713 91	7·049 14	Nov. 13
Mrkos	Nov. 8·976 45	1·412 8926	0·554 2363	5·64	180·522 70	1·652 72	31·470 30	Nov. 13

CERES, 1996

GEOCENTRIC POSITIONS FOR 0ʰ DYNAMICAL TIME

Date	Astrometric J2000·0 R.A.	Dec.	True Distance	Ephemeris Transit	Date	Astrometric J2000·0 R.A.	Dec.	True Distance	Ephemeris Transit
	h m s	o ′ ″		h m		h m s	o ′ ″		h m
Jan. 1	15 24 54·2	−12 16 04	3·213	8 44·0	**Apr.** 2	17 00 17·1	−17 05 35	2·129	4 16·9
3	15 27 56·9	12 28 09	3·194	8 39·2	4	17 00 38·9	17 08 05	2·106	4 09·4
5	15 30 58·4	12 39 57	3·175	8 34·4	6	17 00 54·3	17 10 33	2·084	4 01·8
7	15 33 58·6	12 51 26	3·155	8 29·5	8	17 01 03·3	17 13 00	2·063	3 54·1
9	15 36 57·4	13 02 37	3·135	8 24·6	10	17 01 05·9	17 15 26	2·042	3 46·3
11	15 39 54·9	−13 13 30	3·115	8 19·7	12	17 01 01·9	−17 17 52	2·021	3 38·3
13	15 42 50·8	13 24 05	3·094	8 14·7	14	17 00 51·3	17 20 18	2·001	3 30·3
15	15 45 45·2	13 34 22	3·073	8 09·7	16	17 00 34·0	17 22 44	1·981	3 22·1
17	15 48 38·0	13 44 21	3·052	8 04·7	18	17 00 10·2	17 25 10	1·963	3 13·9
19	15 51 28·9	13 54 01	3·031	7 59·7	20	16 59 39·7	17 27 38	1·944	3 05·5
21	15 54 18·1	−14 03 24	3·009	7 54·6	22	16 59 02·6	−17 30 06	1·927	2 57·0
23	15 57 05·2	14 12 29	2·986	7 49·5	24	16 58 19·1	17 32 36	1·910	2 48·4
25	15 59 50·3	14 21 17	2·964	7 44·4	26	16 57 29·2	17 35 08	1·894	2 39·7
27	16 02 33·3	14 29 47	2·941	7 39·2	28	16 56 33·2	17 37 41	1·879	2 30·9
29	16 05 14·1	14 38 00	2·918	7 34·0	30	16 55 31·0	17 40 16	1·864	2 22·0
31	16 07 52·6	−14 45 56	2·895	7 28·8	**May** 2	16 54 23·0	−17 42 53	1·850	2 13·0
Feb. 2	16 10 28·7	14 53 35	2·871	7 23·5	4	16 53 09·3	17 45 32	1·838	2 03·9
4	16 13 02·3	15 00 58	2·847	7 18·2	6	16 51 50·1	17 48 13	1·826	1 54·8
6	16 15 33·4	15 08 05	2·823	7 12·8	8	16 50 25·8	17 50 56	1·815	1 45·5
8	16 18 01·8	15 14 56	2·799	7 07·4	10	16 48 56·5	17 53 41	1·805	1 36·2
10	16 20 27·4	−15 21 32	2·775	7 02·0	12	16 47 22·6	−17 56 28	1·796	1 26·7
· 12	16 22 50·0	15 27 52	2·750	6 56·5	14	16 45 44·4	17 59 17	1·788	1 17·2
14	16 25 09·7	15 33 57	2·725	6 50·9	16	16 44 02·3	18 02 08	1·781	1 07·7
16	16 27 26·2	15 39 48	2·700	6 45·3	18	16 42 16·9	18 05 01	1·775	0 58·1
18	16 29 39·4	15 45 25	2·675	6 39·7	20	16 40 28·4	18 07 55	1·770	0 48·4
20	16 31 49·2	−15 50 48	2·650	6 33·9	22	16 38 37·5	−18 10 52	1·766	0 38·7
22	16 33 55·5	15 55 57	2·625	6 28·2	24	16 36 44·6	18 13 52	1·764	0 29·0
24	16 35 58·0	16 00 54	2·599	6 22·3	26	16 34 50·2	18 16 53	1·762	0 19·2
26	16 37 56·8	16 05 39	2·574	6 16·4	28	16 32 54·9	18 19 58	1·762	0 09·4
28	16 39 51·7	16 10 11	2·548	6 10·5	30	16 30 59·1	18 23 05	1·762	23 54·8
Mar. 1	16 41 42·5	−16 14 32	2·523	6 04·4	**June** 1	16 29 03·3	−18 26 15	1·764	23 45·0
3	16 43 29·2	16 18 42	2·497	5 58·3	3	16 27 08·1	18 29 28	1·767	23 35·2
5	16 45 11·6	16 22 42	2·472	5 52·1	5	16 25 13·8	18 32 45	1·771	23 25·5
7	16 46 49·6	16 26 32	2·447	5 45·9	7	16 23 21·0	18 36 06	1·776	23 15·8
9	16 48 23·1	16 30 13	2·421	5 39·6	9	16 21 30·2	18 39 31	1·782	23 06·1
11	16 49 51·9	−16 33 45	2·396	5 33·2	11	16 19 41·8	−18 43 00	1·789	22 56·5
13	16 51 15·8	16 37 08	2·371	5 26·7	13	16 17 56·3	18 46 35	1·797	22 46·9
15	16 52 34·8	16 40 24	2·345	5 20·1	15	16 16 14·0	18 50 16	1·807	22 37·3
17	16 53 48·5	16 43 33	2·320	5 13·5	17	16 14 35·5	18 54 02	1·817	22 27·9
19	16 54 57·0	16 46 35	2·296	5 06·7	19	16 13 01·2	18 57 55	1·828	22 18·5
21	16 56 00·0	−16 49 32	2·271	4 59·9	21	16 11 31·2	−19 01 55	1·841	22 09·2
23	16 56 57·5	16 52 22	2·247	4 53·0	23	16 10 06·1	19 06 03	1·854	21 59·9
25	16 57 49·2	16 55 08	2·222	4 46·0	25	16 08 46·1	19 10 19	1·868	21 50·8
27	16 58 35·2	16 57 50	2·199	4 38·9	27	16 07 31·3	19 14 42	1·883	21 41·7
29	16 59 15·2	17 00 28	2·175	4 31·7	29	16 06 22·1	19 19 15	1·899	21 32·7
31	16 59 49·2	−17 03 03	2·152	4 24·4	**July** 1	16 05 18·5	−19 23 56	1·916	21 23·9
Apr. 2	17 00 17·1	−17 05 35	2·129	4 16·9	3	16 04 20·8	−19 28 47	1·933	21 15·1

Second Transit: May 29ᵈ 23ʰ 59ᵐ·7

GEOCENTRIC POSITIONS FOR 0^h DYNAMICAL TIME

Date	Astrometric J2000·0 R.A.	Dec.	True Dist- ance	Ephem- eris Transit	Date	Astrometric J2000·0 R.A.	Dec.	True Dist- ance	Ephem- eris Transit
	h m s	o ′ ″		h m		h m s	o ′ ″		h m
July 1	16 05 18·5	−19 23 56	1·916	21 23·9	Oct. 1	16 54 33·1	−24 52 36	3·104	16 12·6
3	16 04 20·8	19 28 47	1·933	21 15·1	3	16 57 12·4	24 59 26	3·131	16 07·3
5	16 03 28·9	19 33 47	1·952	21 06·4	5	16 59 54·3	25 06 08	3·157	16 02·2
7	16 02 43·0	19 38 56	1·971	20 57·8	7	17 02 38·7	25 12 40	3·182	15 57·1
9	16 02 03·3	19 44 15	1·991	20 49·4	9	17 05 25·5	25 19 02	3·208	15 52·0
11	16 01 29·8	−19 49 44	2·011	20 41·0	11	17 08 14·7	−25 25 13	3·233	15 46·9
13	16 01 02·4	19 55 23	2·032	20 32·7	13	17 11 06·3	25 31 14	3·258	15 41·9
15	16 00 41·4	20 01 11	2·054	20 24·5	15	17 14 00·0	25 37 04	3·282	15 37·0
17	16 00 26·6	20 07 09	2·077	20 16·5	17	17 16 55·9	25 42 43	3·306	15 32·0
19	16 00 18·1	20 13 17	2·100	20 08·5	19	17 19 53·9	25 48 09	3·330	15 27·1
21	16 00 15·8	−20 19 34	2·123	20 00·7	21	17 22 53·9	−25 53 23	3·354	15 22·3
23	16 00 19·7	20 26 01	2·147	19 52·9	23	17 25 55·8	25 58 25	3·377	15 17·4
25	16 00 29·8	20 32 37	2·172	19 45·2	25	17 28 59·6	26 03 13	3·400	15 12·6
27	16 00 45·8	20 39 21	2·197	19 37·7	27	17 32 05·1	26 07 49	3·422	15 07·8
29	16 01 07·8	20 46 15	2·222	19 30·2	29	17 35 12·4	26 12 10	3·444	15 03·1
31	16 01 35·5	−20 53 16	2·247	19 22·9	31	17 38 21·3	−26 16 17	3·465	14 58·4
Aug. 2	16 02 09·0	21 00 24	2·274	19 15·6	Nov. 2	17 41 31·9	26 20 10	3·486	14 53·7
4	16 02 48·1	21 07 40	2·300	19 08·4	4	17 44 44·0	26 23 49	3·507	14 49·0
6	16 03 32·7	21 15 03	2·327	19 01·3	6	17 47 57·6	26 27 12	3·527	14 44·4
8	16 04 22·7	21 22 32	2·353	18 54·3	8	17 51 12·7	26 30 21	3·547	14 39·8
10	16 05 18·1	−21 30 07	2·381	18 47·4	10	17 54 29·2	−26 33 14	3·567	14 35·2
12	16 06 18·6	21 37 48	2·408	18 40·6	12	17 57 47·0	26 35 51	3·586	14 30·6
14	16 07 24·4	21 45 33	2·436	18 33·8	14	18 01 06·1	26 38 13	3·604	14 26·0
16	16 08 35·1	21 53 23	2·463	18 27·2	16	18 04 26·4	26 40 19	3·622	14 21·5
18	16 09 50·8	22 01 17	2·491	18 20·6	18	18 07 47·8	26 42 09	3·639	14 17·0
20	16 11 11·3	−22 09 14	2·519	18 14·1	20	18 11 10·2	−26 43 43	3·656	14 12·5
22	16 12 36·4	22 17 14	2·548	18 07·7	22	18 14 33·6	26 45 00	3·673	14 08·0
24	16 14 06·1	22 25 16	2·576	18 01·3	24	18 17 57·9	26 46 01	3·689	14 03·5
26	16 15 40·2	22 33 20	2·604	17 55·0	26	18 21 23·1	26 46 45	3·704	13 59·1
28	16 17 18·5	22 41 25	2·633	17 48·8	28	18 24 49·2	26 47 12	3·719	13 54·6
30	16 19 01·1	−22 49 31	2·661	17 42·7	30	18 28 16·0	−26 47 23	3·734	13 50·2
Sept. 1	16 20 47·7	22 57 36	2·689	17 36·6	Dec. 2	18 31 43·6	26 47 16	3·747	13 45·8
3	16 22 38·3	23 05 41	2·718	17 30·6	4	18 35 11·8	26 46 53	3·761	13 41·4
5	16 24 32·7	23 13 45	2·746	17 24·7	6	18 38 40·7	26 46 12	3·774	13 37·0
7	16 26 31·0	23 21 46	2·774	17 18·8	8	18 42 10·1	26 45 15	3·786	13 32·6
9	16 28 33·0	−23 29 46	2·803	17 13·0	10	18 45 40·1	−26 44 01	3·798	13 28·2
11	16 30 38·6	23 37 42	2·831	17 07·2	12	18 49 10·6	26 42 29	3·809	13 23·9
13	16 32 47·8	23 45 36	2·859	17 01·5	14	18 52 41·4	26 40 41	3·819	13 19·5
15	16 35 00·3	23 53 25	2·887	16 55·9	16	18 56 12·6	26 38 36	3·829	13 15·1
17	16 37 16·3	24 01 10	2·915	16 50·3	18	18 59 44·0	26 36 14	3·839	13 10·8
19	16 39 35·4	−24 08 50	2·942	16 44·8	20	19 03 15·6	−26 33 36	3·847	13 06·4
21	16 41 57·7	24 16 24	2·970	16 39·3	22	19 06 47·4	26 30 41	3·856	13 02·1
23	16 44 23·1	24 23 53	2·997	16 33·8	24	19 10 19·4	26 27 30	3·863	12 57·7
25	16 46 51·4	24 31 15	3·024	16 28·4	26	19 13 51·4	26 24 02	3·870	12 53·4
27	16 49 22·5	24 38 29	3·051	16 23·1	28	19 17 23·4	26 20 18	3·877	12 49·1
29	16 51 56·5	−24 45 37	3·078	16 17·8	30	19 20 55·5	−26 16 18	3·883	12 44·7
Oct. 1	16 54 33·1	−24 52 36	3·104	16 12·6	32	19 24 27·5	−26 12 02	3·888	12 40·4

PALLAS, 1996

GEOCENTRIC POSITIONS FOR 0ʰ DYNAMICAL TIME

Date	Astrometric J2000·0 R.A.	Dec.	True Dist-ance	Ephem-eris Transit	Date	Astrometric J2000·0 R.A.	Dec.	True Dist-ance	Ephem-eris Transit
	h m s	° ′ ″		h m		h m s	° ′ ″		h m
Jan. 1	13 54 13·2	− 3 51 18	2·485	7 13·5	**Apr. 2**	14 49 39·8	+16 41 40	1·729	2 06·6
3	13 57 07·1	3 43 02	2·463	7 08·5	**4**	14 48 34·5	17 17 43	1·728	1 57·7
5	13 59 58·3	3 34 00	2·442	7 03·5	**6**	14 47 24·3	17 53 01	1·727	1 48·7
7	14 02 46·7	3 24 11	2·420	6 58·4	**8**	14 46 09·5	18 27 26	1·728	1 39·6
9	14 05 32·2	3 13 33	2·399	6 53·3	**10**	14 44 50·4	19 00 53	1·729	1 30·4
11	14 08 14·8	− 3 02 06	2·377	6 48·1	**12**	14 43 27·4	+19 33 17	1·732	1 21·1
13	14 10 54·2	2 49 48	2·355	6 42·9	**14**	14 42 00·9	20 04 32	1·736	1 11·9
15	14 13 30·4	2 36 39	2·334	6 37·6	**16**	14 40 31·4	20 34 32	1·740	1 02·5
17	14 16 03·2	2 22 38	2·312	6 32·3	**18**	14 38 59·3	21 03 14	1·746	0 53·1
19	14 18 32·4	2 07 42	2·290	6 26·9	**20**	14 37 25·0	21 30 32	1·752	0 43·7
21	14 20 58·0	− 1 51 53	2·268	6 21·4	**22**	14 35 49·2	+21 56 23	1·760	0 34·2
23	14 23 19·8	1 35 08	2·246	6 15·9	**24**	14 34 12·4	22 20 45	1·768	0 24·8
25	14 25 37·6	1 17 28	2·225	6 10·3	**26**	14 32 34·9	22 43 34	1·778	0 15·3
27	14 27 51·4	0 58 51	2·203	6 04·7	**28**	14 30 57·4	23 04 48	1·788	0 05·8
29	14 30 01·0	0 39 17	2·182	5 59·0	**30**	14 29 20·3	23 24 27	1·800	23 51·6
31	14 32 06·2	− 0 18 46	2·160	5 53·2	**May 2**	14 27 44·1	+23 42 30	1·812	23 42·2
Feb. 2	14 34 07·0	+ 0 02 42	2·139	5 47·3	**4**	14 26 09·2	23 58 56	1·825	23 32·7
4	14 36 03·2	0 25 09	2·118	5 41·3	**6**	14 24 36·0	24 13 45	1·839	23 23·4
6	14 37 54·7	0 48 34	2·097	5 35·3	**8**	14 23 05·0	24 26 58	1·853	23 14·0
8	14 39 41·2	1 12 57	2·077	5 29·2	**10**	14 21 36·5	24 38 35	1·869	23 04·7
10	14 41 22·8	+ 1 38 18	2·057	5 23·0	**12**	14 20 10·9	+24 48 37	1·885	22 55·4
12	14 42 59·1	2 04 38	2·037	5 16·8	**14**	14 18 48·5	24 57 07	1·902	22 46·2
14	14 44 30·1	2 31 56	2·017	5 10·4	**16**	14 17 29·8	25 04 04	1·920	22 37·1
16	14 45 55·5	3 00 10	1·998	5 03·9	**18**	14 16 15·0	25 09 32	1·938	22 28·0
18	14 47 15·3	3 29 22	1·979	4 57·4	**20**	14 15 04·5	25 13 33	1·957	22 19·0
20	14 48 29·2	+ 3 59 28	1·961	4 50·7	**22**	14 13 58·5	+25 16 09	1·976	22 10·1
22	14 49 37·1	4 30 29	1·943	4 44·0	**24**	14 12 57·1	25 17 24	1·997	22 01·3
24	14 50 39·0	5 02 22	1·925	4 37·2	**26**	14 12 00·7	25 17 21	2·017	21 52·5
26	14 51 34·7	5 35 05	1·909	4 30·2	**28**	14 11 09·2	25 16 02	2·039	21 43·8
28	14 52 24·1	6 08 36	1·892	4 23·1	**30**	14 10 23·0	25 13 31	2·061	21 35·2
Mar. 1	14 53 07·1	+ 6 42 52	1·877	4 16·0	**June 1**	14 09 41·9	+25 09 52	2·083	21 26·7
3	14 53 43·7	7 17 52	1·861	4 08·7	**3**	14 09 06·1	25 05 06	2·106	21 18·3
5	14 54 13·7	7 53 32	1·847	4 01·4	**5**	14 08 35·7	24 59 18	2·129	21 10·0
7	14 54 37·1	8 29 48	1·833	3 53·9	**7**	14 08 10·6	24 52 31	2·152	21 01·7
9	14 54 53·9	9 06 37	1·820	3 46·3	**9**	14 07 50·8	24 44 46	2·176	20 53·6
11	14 55 03·9	+ 9 43 56	1·808	3 38·6	**11**	14 07 36·5	+24 36 08	2·201	20 45·5
13	14 55 07·2	10 21 39	1·796	3 30·8	**13**	14 07 27·5	24 26 38	2·225	20 37·5
15	14 55 03·7	10 59 42	1·786	3 22·8	**15**	14 07 23·8	24 16 20	2·250	20 29·7
17	14 54 53·4	11 38 01	1·776	3 14·8	**17**	14 07 25·5	24 05 17	2·275	20 21·9
19	14 54 36·3	12 16 29	1·767	3 06·6	**19**	14 07 32·5	23 53 31	2·301	20 14·2
21	14 54 12·6	+12 55 00	1·759	2 58·4	**21**	14 07 44·7	+23 41 06	2·327	20 06·5
23	14 53 42·4	13 33 29	1·751	2 50·0	**23**	14 08 02·0	23 28 03	2·353	19 59·0
25	14 53 05·9	14 11 50	1·745	2 41·5	**25**	14 08 24·4	23 14 25	2·379	19 51·5
27	14 52 23·1	14 49 55	1·740	2 33·0	**27**	14 08 51·7	23 00 16	2·405	19 44·1
29	14 51 34·3	15 27 40	1·735	2 24·3	**29**	14 09 23·9	22 45 36	2·432	19 36·8
31	14 50 39·8	+16 04 57	1·732	2 15·5	**July 1**	14 10 00·7	+22 30 29	2·458	19 29·6
Apr. 2	14 49 39·8	+16 41 40	1·729	2 06·6	**3**	14 10 42·1	+22 14 56	2·485	19 22·5

Second Transit: April 29ᵈ 23ʰ 56ᵐ·3

GEOCENTRIC POSITIONS FOR 0ʰ DYNAMICAL TIME

Date	Astrometric J2000·0 R.A.	Dec.	True Dist-ance	Ephem-eris Transit	Date	Astrometric J2000·0 R.A.	Dec.	True Dist-ance	Ephem-eris Transit
	h m s	° ′ ″		h m		h m s	° ′ ″		h m
July 1	14 10 00·7	+22 30 29	2·458	19 29·6	Oct. 1	15 36 25·6	+ 8 58 38	3·596	14 54·6
3	14 10 42·1	22 14 56	2·485	19 22·5	3	15 39 06·8	8 43 47	3·615	14 49·4
5	14 11 28·1	21 58 59	2·512	19 15·4	5	15 41 49·3	8 29 13	3·634	14 44·3
7	14 12 18·4	21 42 40	2·539	19 08·4	7	15 44 33·0	8 14 55	3·652	14 39·1
9	14 13 13·0	21 26 00	2·566	19 01·5	9	15 47 17·8	8 00 53	3·670	14 34·0
11	14 14 11·9	+21 09 02	2·593	18 54·6	11	15 50 03·8	+ 7 47 10	3·687	14 28·9
13	14 15 14·8	20 51 47	2·620	18 47·8	13	15 52 50·9	7 33 44	3·704	14 23·8
15	14 16 21·8	20 34 16	2·647	18 41·1	15	15 55 39·0	7 20 37	3·721	14 18·7
17	14 17 32·7	20 16 31	2·674	18 34·4	17	15 58 28·1	7 07 48	3·737	14 13·7
19	14 18 47·4	19 58 33	2·701	18 27·8	19	16 01 18·1	6 55 19	3·753	14 08·7
21	14 20 05·8	+19 40 24	2·728	18 21·3	21	16 04 09·1	+ 6 43 09	3·768	14 03·6
23	14 21 27·8	19 22 06	2·755	18 14·8	23	16 07 00·9	6 31 18	3·783	13 58·6
25	14 22 53·3	19 03 40	2·783	18 08·4	25	16 09 53·5	6 19 48	3·797	13 53·6
27	14 24 22·1	18 45 07	2·809	18 02·0	27	16 12 46·9	6 08 38	3·811	13 48·6
29	14 25 54·3	18 26 27	2·836	17 55·7	29	16 15 41·0	5 57 49	3·825	13 43·7
31	14 27 29·6	+18 07 43	2·863	17 49·4	31	16 18 35·9	+ 5 47 21	3·838	13 38·7
Aug. 2	14 29 07·9	17 48 55	2·890	17 43·2	Nov. 2	16 21 31·5	5 37 13	3·851	13 33·8
4	14 30 49·3	17 30 04	2·916	17 37·0	4	16 24 27·7	5 27 28	3·863	13 28·8
6	14 32 33·6	17 11 10	2·943	17 30·9	6	16 27 24·5	5 18 04	3·875	13 23·9
8	14 34 20·7	16 52 15	2·969	17 24·9	8	16 30 22·0	5 09 02	3·886	13 19·0
10	14 36 10·7	+16 33 20	2·995	17 18·8	10	16 33 20·0	+ 5 00 22	3·897	13 14·1
12	14 38 03·3	16 14 25	3·022	17 12·9	12	16 36 18·4	4 52 06	3·908	13 09·2
14	14 39 58·5	15 55 32	3·047	17 06·9	14	16 39 17·4	4 44 12	3·917	13 04·3
16	14 41 56·4	15 36 41	3·073	17 01·0	16	16 42 16·7	4 36 42	3·927	12 59·4
18	14 43 56·7	15 17 52	3·099	16 55·2	18	16 45 16·4	4 29 35	3·936	12 54·5
20	14 45 59·4	+14 59 08	3·124	16 49·4	20	16 48 16·4	+ 4 22 52	3·944	12 49·6
22	14 48 04·5	14 40 28	3·149	16 43·6	22	16 51 16·7	4 16 33	3·952	12 44·8
24	14 50 11·8	14 21 54	3·174	16 37·8	24	16 54 17·1	4 10 37	3·960	12 39·9
26	14 52 21·3	14 03 26	3·199	16 32·1	26	16 57 17·8	4 05 06	3·967	12 35·0
28	14 54 32·9	13 45 04	3·223	16 26·5	28	17 00 18·7	3 59 59	3·973	12 30·2
30	14 56 46·6	+13 26 49	3·247	16 20·8	30	17 03 19·6	+ 3 55 17	3·979	12 25·3
Sept. 1	14 59 02·3	13 08 43	3·271	16 15·2	Dec. 2	17 06 20·7	3 50 59	3·984	12 20·5
3	15 01 19·9	12 50 44	3·295	16 09·7	4	17 09 21·8	3 47 05	3·989	12 15·6
5	15 03 39·4	12 32 54	3·319	16 04·1	6	17 12 22·9	3 43 37	3·994	12 10·7
7	15 06 00·8	12 15 13	3·342	15 58·6	8	17 15 24·0	3 40 34	3·998	12 05·9
9	15 08 24·1	+11 57 43	3·365	15 53·1	10	17 18 25·0	+ 3 37 56	4·001	12 01·0
11	15 10 49·1	11 40 23	3·387	15 47·7	12	17 21 25·9	3 35 43	4·004	11 56·2
13	15 13 15·8	11 23 13	3·410	15 42·3	14	17 24 26·6	3 33 56	4·006	11 51·3
15	15 15 44·2	11 06 16	3·432	15 36·9	16	17 27 27·0	3 32 34	4·008	11 46·4
17	15 18 14·3	10 49 31	3·453	15 31·5	18	17 30 27·1	3 31 38	4·009	11 41·5
19	15 20 45·9	+10 32 58	3·475	15 26·2	20	17 33 26·9	+ 3 31 07	4·010	11 36·7
21	15 23 19·0	10 16 39	3·496	15 20·9	22	17 36 26·3	3 31 02	4·010	11 31·8
23	15 25 53·6	10 00 34	3·517	15 15·6	24	17 39 25·2	3 31 22	4·010	11 26·9
25	15 28 29·6	9 44 43	3·537	15 10·3	26	17 42 23·7	3 32 07	4·009	11 22·0
27	15 31 06·9	9 29 06	3·557	15 05·0	28	17 45 21·7	3 33 18	4·008	11 17·1
29	15 33 45·6	+ 9 13 44	3·577	14 59·8	30	17 48 19·2	+ 3 34 54	4·006	11 12·1
Oct. 1	15 36 25·6	+ 8 58 38	3·596	14 54·6	32	17 51 16·0	+ 3 36 56	4·004	11 07·2

JUNO, 1996

GEOCENTRIC POSITIONS FOR 0ʰ DYNAMICAL TIME

Date	Astrometric J2000·0 R.A.	Dec.	True Dist-ance	Ephem-eris Transit	Date	Astrometric J2000·0 R.A.	Dec.	True Dist-ance	Ephem-eris Transit
	h m s	° ′ ″		h m		h m s	° ′ ″		h m
Jan. 1	19 43 09·9	−13 43 27	3·764	13 01·9	**Apr.** 2	22 15 39·2	− 5 12 37	3·295	9 32·0
3	19 46 26·0	13 38 31	3·766	12 57·3	4	22 18 52·2	4 57 10	3·274	9 27·4
5	19 49 42·8	13 33 16	3·768	12 52·7	6	22 22 04·7	4 41 38	3·252	9 22·7
7	19 53 00·1	13 27 41	3·769	12 48·1	8	22 25 16·6	4 26 02	3·230	9 18·0
9	19 56 17·9	13 21 46	3·769	12 43·5	10	22 28 28·1	4 10 23	3·207	9 13·3
11	19 59 36·2	−13 15 31	3·769	12 39·0	12	22 31 39·0	− 3 54 41	3·184	9 08·7
13	20 02 55·0	13 08 57	3·769	12 34·4	14	22 34 49·4	3 38 58	3·161	9 03·9
15	20 06 14·2	13 02 03	3·768	12 29·9	16	22 37 59·2	3 23 13	3·137	8 59·2
17	20 09 33·8	12 54 51	3·766	12 25·3	18	22 41 08·3	3 07 27	3·113	8 54·5
19	20 12 53·7	12 47 19	3·763	12 20·8	20	22 44 16·8	2 51 41	3·089	8 49·8
21	20 16 13·9	−12 39 28	3·760	12 16·2	22	22 47 24·7	− 2 35 56	3·065	8 45·0
23	20 19 34·4	12 31 19	3·757	12 11·7	24	22 50 31·9	2 20 11	3·040	8 40·3
25	20 22 55·1	12 22 52	3·753	12 07·2	26	22 53 38·4	2 04 28	3·015	8 35·5
27	20 26 16·0	12 14 07	3·748	12 02·6	28	22 56 44·2	1 48 47	2·989	8 30·7
29	20 29 37·0	12 05 04	3·743	11 58·1	30	22 59 49·3	1 33 09	2·964	8 25·9
31	20 32 58·1	−11 55 44	3·737	11 53·6	**May** 2	23 02 53·6	− 1 17 35	2·938	8 21·1
Feb. 2	20 36 19·3	11 46 06	3·730	11 49·1	4	23 05 57·3	1 02 04	2·912	8 16·3
4	20 39 40·5	11 36 12	3·723	11 44·5	6	23 09 00·2	0 46 37	2·885	8 11·5
6	20 43 01·8	11 26 01	3·716	11 40·0	8	23 12 02·3	0 31 16	2·859	8 06·6
8	20 46 23·0	11 15 33	3·707	11 35·5	10	23 15 03·7	0 16 01	2·832	8 01·8
10	20 49 44·3	−11 04 50	3·699	11 31·0	12	23 18 04·2	− 0 00 51	2·805	7 56·9
12	20 53 05·5	10 53 51	3·689	11 26·4	14	23 21 03·9	+ 0 14 10	2·777	7 52·0
14	20 56 26·7	10 42 36	3·680	11 21·9	16	23 24 02·7	0 29 04	2·750	7 47·1
16	20 59 47·8	10 31 06	3·669	11 17·4	18	23 27 00·5	0 43 49	2·722	7 42·2
18	21 03 08·8	10 19 22	3·658	11 12·9	20	23 29 57·4	0 58 24	2·695	7 37·3
20	21 06 29·7	−10 07 23	3·647	11 08·3	22	23 32 53·2	+ 1 12 50	2·667	7 32·3
22	21 09 50·4	9 55 10	3·635	11 03·8	24	23 35 48·0	1 27 04	2·639	7 27·4
24	21 13 10·9	9 42 44	3·623	10 59·3	26	23 38 41·7	1 41 06	2·610	7 22·4
26	21 16 31·1	9 30 04	3·610	10 54·7	28	23 41 34·3	1 54 56	2·582	7 17·4
28	21 19 51·1	9 17 12	3·596	10 50·2	30	23 44 25·8	2 08 32	2·553	7 12·3
Mar. 1	21 23 10·8	− 9 04 07	3·582	10 45·6	**June** 1	23 47 16·1	+ 2 21 55	2·525	7 07·3
3	21 26 30·2	8 50 51	3·568	10 41·1	3	23 50 05·2	2 35 02	2·496	7 02·2
5	21 29 49·4	8 37 23	3·553	10 36·5	5	23 52 53·1	2 47 54	2·467	6 57·2
7	21 33 08·2	8 23 44	3·537	10 32·0	7	23 55 39·7	3 00 30	2·438	6 52·1
9	21 36 26·8	8 09 54	3·521	10 27·4	9	23 58 24·9	3 12 48	2·409	6 46·9
11	21 39 45·0	− 7 55 53	3·505	10 22·8	11	0 01 08·6	+ 3 24 47	2·380	6 41·8
13	21 43 02·9	7 41 43	3·488	10 18·2	13	0 03 50·9	3 36 27	2·351	6 36·6
15	21 46 20·5	7 27 23	3·471	10 13·6	15	0 06 31·5	3 47 47	2·322	6 31·4
17	21 49 37·7	7 12 54	3·453	10 09·1	17	0 09 10·5	3 58 44	2·293	6 26·2
19	21 52 54·5	6 58 17	3·435	10 04·5	19	0 11 47·8	4 09 20	2·264	6 20·9
21	21 56 10·8	− 6 43 31	3·416	9 59·8	21	0 14 23·2	+ 4 19 31	2·235	6 15·6
23	21 59 26·7	6 28 38	3·397	9 55·2	23	0 16 56·7	4 29 18	2·206	6 10·3
25	22 02 42·2	6 13 38	3·377	9 50·6	25	0 19 28·3	4 38 40	2·176	6 05·0
27	22 05 57·2	5 58 31	3·357	9 46·0	27	0 21 57·8	4 47 34	2·147	5 59·6
29	22 09 11·7	5 43 19	3·337	9 41·3	29	0 24 25·3	4 56 01	2·118	5 54·2
31	22 12 25·7	− 5 28 01	3·316	9 36·7	**July** 1	0 26 50·5	+ 5 03 59	2·089	5 48·7
Apr. 2	22 15 39·2	− 5 12 37	3·295	9 32·0	3	0 29 13·5	+ 5 11 26	2·060	5 43·2

GEOCENTRIC POSITIONS FOR 0ʰ DYNAMICAL TIME

Date		Astrometric J2000·0 R.A.	Dec.	True Dist- ance	Ephem- eris Transit	Date		Astrometric J2000·0 R.A.	Dec.	True Dist- ance	Ephem- eris Transit
		h m s	° ′ ″		h m			h m s	° ′ ″		h m
July	1	0 26 50·5	+ 5 03 59	2·089	5 48·7	Oct.	1	1 01 26·7	− 2 53 05	1·126	0 21·2
	3	0 29 13·5	5 11 26	2·060	5 43·2		3	1 00 11·3	3 20 15	1·122	0 12·1
	5	0 31 34·0	5 18 23	2·032	5 37·7		5	0 58 53·9	3 47 12	1·118	0 03·0
	7	0 33 52·1	5 24 47	2·003	5 32·1		7	0 57 35·1	4 13 49	1·116	23 49·2
	9	0 36 07·5	5 30 37	1·974	5 26·5		9	0 56 15·6	4 39 58	1·114	23 40·0
	11	0 38 20·1	+ 5 35 51	1·946	5 20·8		11	0 54 55·9	− 5 05 32	1·114	23 30·8
	13	0 40 29·7	5 40 29	1·917	5 15·1		13	0 53 36·7	5 30 24	1·114	23 21·7
	15	0 42 36·3	5 44 28	1·889	5 09·3		15	0 52 18·7	5 54 28	1·116	23 12·5
	17	0 44 39·7	5 47 48	1·861	5 03·5		17	0 51 02·6	6 17 36	1·118	23 03·4
	19	0 46 39·8	5 50 27	1·833	4 57·6		19	0 49 48·9	6 39 44	1·121	22 54·4
	21	0 48 36·3	+ 5 52 23	1·806	4 51·7		21	0 48 38·3	− 7 00 47	1·126	22 45·4
	23	0 50 29·3	5 53 35	1·778	4 45·7		23	0 47 31·3	7 20 40	1·131	22 36·4
	25	0 52 18·4	5 54 02	1·751	4 39·6		25	0 46 28·4	7 39 19	1·137	22 27·5
	27	0 54 03·7	5 53 43	1·724	4 33·5		27	0 45 30·1	7 56 41	1·144	22 18·7
	29	0 55 45·0	5 52 36	1·698	4 27·3		29	0 44 36·8	8 12 44	1·152	22 10·0
	31	0 57 22·1	+ 5 50 39	1·671	4 21·1		31	0 43 48·8	− 8 27 25	1·160	22 01·4
Aug.	2	0 58 54·8	5 47 52	1·645	4 14·7	Nov.	2	0 43 06·5	8 40 43	1·169	21 52·9
	4	1 00 23·0	5 44 11	1·619	4 08·3		4	0 42 30·3	8 52 36	1·180	21 44·5
	6	1 01 46·5	5 39 38	1·594	4 01·8		6	0 42 00·5	9 03 04	1·190	21 36·2
	8	1 03 05·0	5 34 08	1·569	3 55·3		8	0 41 37·2	9 12 07	1·202	21 28·0
	10	1 04 18·4	+ 5 27 42	1·544	3 48·6		10	0 41 20·8	− 9 19 44	1·214	21 19·9
	12	1 05 26·5	5 20 17	1·520	3 41·9		12	0 41 11·5	9 25 56	1·227	21 11·9
	14	1 06 29·1	5 11 53	1·496	3 35·0		14	0 41 09·3	9 30 45	1·240	21 04·1
	16	1 07 26·1	5 02 28	1·473	3 28·1		16	0 41 14·4	9 34 11	1·254	20 56·4
	18	1 08 17·3	4 52 02	1·450	3 21·1		18	0 41 26·9	9 36 16	1·268	20 48·8
	20	1 09 02·6	+ 4 40 34	1·428	3 14·0		20	0 41 46·6	− 9 37 02	1·283	20 41·3
	22	1 09 42·0	4 28 04	1·406	3 06·8		22	0 42 13·6	9 36 31	1·298	20 33·9
	24	1 10 15·2	4 14 30	1·385	2 59·4		24	0 42 47·9	9 34 47	1·314	20 26·7
	26	1 10 42·2	3 59 53	1·365	2 52·0		26	0 43 29·2	9 31 50	1·330	20 19·5
	28	1 11 02·9	3 44 13	1·345	2 44·5		28	0 44 17·6	9 27 43	1·347	20 12·5
	30	1 11 17·3	+ 3 27 31	1·326	2 36·9		30	0 45 12·9	− 9 22 29	1·363	20 05·6
Sept.	1	1 11 25·2	3 09 46	1·307	2 29·1	Dec.	2	0 46 15·0	9 16 10	1·381	19 58·8
	3	1 11 26·6	2 50 59	1·289	2 21·3		4	0 47 23·9	9 08 48	1·398	19 52·2
	5	1 11 21·5	2 31 12	1·272	2 13·3		6	0 48 39·3	9 00 26	1·416	19 45·6
	7	1 11 09·8	2 10 27	1·255	2 05·3		8	0 50 01·2	8 51 05	1·434	19 39·1
	9	1 10 51·7	+ 1 48 45	1·240	1 57·1		10	0 51 29·4	− 8 40 49	1·452	19 32·8
	11	1 10 27·2	1 26 10	1·225	1 48·8		12	0 53 03·9	8 29 39	1·471	19 26·5
	13	1 09 56·5	1 02 43	1·211	1 40·4		14	0 54 44·3	8 17 38	1·490	19 20·3
	15	1 09 19·7	0 38 31	1·198	1 32·0		16	0 56 30·7	8 04 49	1·509	19 14·3
	17	1 08 37·2	+ 0 13 35	1·186	1 23·4		18	0 58 22·8	7 51 13	1·528	19 08·3
	19	1 07 49·2	− 0 11 57	1·174	1 14·7		20	1 00 20·4	− 7 36 54	1·547	19 02·4
	21	1 06 56·0	0 38 03	1·164	1 06·0		22	1 02 23·3	7 21 53	1·567	18 56·7
	23	1 05 58·0	1 04 34	1·154	0 57·2		24	1 04 31·4	7 06 13	1·586	18 50·9
	25	1 04 55·7	1 31 27	1·146	0 48·3		26	1 06 44·5	6 49 56	1·606	18 45·3
	27	1 03 49·4	1 58 34	1·138	0 39·3		28	1 09 02·3	6 33 04	1·625	18 39·8
	29	1 02 39·6	− 2 25 49	1·132	0 30·3		30	1 11 24·9	− 6 15 38	1·645	18 34·3
Oct.	1	1 01 26·7	− 2 53 05	1·126	0 21·2		32	1 13 52·0	− 5 57 40	1·665	18 28·9

Second Transit: October 5ᵈ 23ʰ 58ᵐ4

VESTA, 1996

GEOCENTRIC POSITIONS FOR 0ʰ DYNAMICAL TIME

Date	Astrometric J2000·0 R.A.	Dec.	True Dist- ance	Ephem- eris Transit	Date	Astrometric J2000·0 R.A.	Dec.	True Dist- ance	Ephem- eris Transit
	h m s	° ′ ″		h m		h m s	° ′ ″		h m
Jan. 1	14 09 40·3	− 6 06 20	2·441	7 29·0	**Apr.** 2	15 40 07·0	− 8 33 09	1·349	2 57·0
3	14 12 53·7	6 19 11	2·416	7 24·3	4	15 39 48·7	8 27 11	1·332	2 48·8
5	14 16 05·7	6 31 40	2·391	7 19·6	6	15 39 22·5	8 21 02	1·316	2 40·5
7	14 19 16·1	6 43 46	2·367	7 14·9	8	15 38 48·4	8 14 44	1·300	2 32·1
9	14 22 24·9	6 55 29	2·342	7 10·2	10	15 38 06·6	8 08 19	1·286	2 23·5
11	14 25 32·0	− 7 06 47	2·317	7 05·4	12	15 37 17·1	− 8 01 49	1·272	2 14·8
13	14 28 37·3	7 17 42	2·291	7 00·6	14	15 36 20·1	7 55 16	1·259	2 06·0
15	14 31 40·7	7 28 12	2·266	6 55·8	16	15 35 15·8	7 48 42	1·246	1 57·1
17	14 34 42·0	7 38 16	2·241	6 51·0	18	15 34 04·4	7 42 10	1·235	1 48·0
19	14 37 41·2	7 47 55	2·215	6 46·1	20	15 32 46·3	7 35 43	1·224	1 38·8
21	14 40 38·0	− 7 57 09	2·190	6 41·1	22	15 31 22·0	− 7 29 23	1·214	1 29·6
23	14 43 32·5	8 05 56	2·164	6 36·2	24	15 29 51·8	7 23 13	1·205	1 20·2
25	14 46 24·4	8 14 16	2·139	6 31·1	26	15 28 16·2	7 17 15	1·197	1 10·8
27	14 49 13·7	8 22 11	2·113	6 26·1	28	15 26 35·8	7 11 33	1·190	1 01·2
29	14 52 00·2	8 29 38	2·087	6 21·0	30	15 24 51·0	7 06 09	1·183	0 51·6
31	14 54 43·8	− 8 36 38	2·062	6 15·8	**May** 2	15 23 02·5	− 7 01 06	1·178	0 42·0
Feb. 2	14 57 24·4	8 43 11	2·036	6 10·6	4	15 21 10·9	6 56 26	1·174	0 32·3
4	15 00 01·9	8 49 17	2·010	6 05·4	6	15 19 16·8	6 52 11	1·171	0 22·5
6	15 02 36·0	8 54 55	1·985	6 00·0	8	15 17 20·7	6 48 25	1·168	0 12·7
8	15 05 06·8	9 00 05	1·959	5 54·7	10	15 15 23·4	6 45 08	1·167	0 02·9
10	15 07 33·9	− 9 04 48	1·934	5 49·2	12	15 13 25·4	− 6 42 25	1·166	23 48·2
12	15 09 57·2	9 09 03	1·908	5 43·7	14	15 11 27·7	6 40 16	1·167	23 38·4
14	15 12 16·6	9 12 50	1·883	5 38·2	16	15 09 30·7	6 38 43	1·168	23 28·6
16	15 14 31·8	9 16 08	1·858	5 32·6	18	15 07 35·3	6 37 49	1·171	23 18·8
18	15 16 42·7	9 18 59	1·832	5 26·9	20	15 05 42·1	6 37 35	1·174	23 09·1
20	15 18 49·0	− 9 21 21	1·807	5 21·1	22	15 03 51·9	− 6 38 02	1·178	22 59·5
22	15 20 50·5	9 23 15	1·783	5 15·2	24	15 02 05·2	6 39 12	1·184	22 49·9
24	15 22 47·2	9 24 42	1·758	5 09·3	26	15 00 22·6	6 41 03	1·190	22 40·3
26	15 24 38·7	9 25 41	1·733	5 03·3	28	14 58 44·6	6 43 38	1·197	22 30·9
28	15 26 25·1	9 26 12	1·709	4 57·2	30	14 57 11·7	6 46 57	1·205	22 21·5
Mar. 1	15 28 06·0	− 9 26 17	1·685	4 51·0	**June** 1	14 55 44·4	− 6 50 58	1·213	22 12·3
3	15 29 41·2	9 25 55	1·661	4 44·7	3	14 54 22·9	6 55 42	1·223	22 03·1
5	15 31 10·7	9 25 07	1·638	4 38·3	5	14 53 07·6	7 01 09	1·233	21 54·0
7	15 32 34·2	9 23 52	1·615	4 31·8	7	14 51 58·9	7 07 17	1·244	21 45·1
9	15 33 51·4	9 22 12	1·592	4 25·2	9	14 50 56·9	7 14 07	1·256	21 36·2
11	15 35 02·3	− 9 20 07	1·569	4 18·5	11	14 50 01·9	− 7 21 36	1·268	21 27·5
13	15 36 06·5	9 17 37	1·547	4 11·7	13	14 49 14·1	7 29 46	1·282	21 18·9
15	15 37 03·9	9 14 43	1·525	4 04·8	15	14 48 33·7	7 38 33	1·295	21 10·4
17	15 37 54·3	9 11 26	1·503	3 57·7	17	14 48 00·7	7 47 58	1·310	21 02·1
19	15 38 37·4	9 07 46	1·482	3 50·6	19	14 47 35·4	7 57 59	1·325	20 53·9
21	15 39 13·1	− 9 03 45	1·462	3 43·3	21	14 47 17·7	− 8 08 35	1·340	20 45·8
23	15 39 41·4	8 59 23	1·441	3 35·9	23	14 47 07·6	8 19 43	1·357	20 37·8
25	15 40 02·0	8 54 42	1·422	3 28·4	25	14 47 05·1	8 31 24	1·373	20 29·9
27	15 40 15·0	8 49 42	1·403	3 20·7	27	14 47 10·2	8 43 34	1·390	20 22·2
29	15 40 20·2	8 44 26	1·384	3 12·9	29	14 47 22·7	8 56 13	1·408	20 14·6
31	15 40 17·5	− 8 38 55	1·366	3 05·0	**July** 1	14 47 42·6	− 9 09 19	1·426	20 07·1
Apr. 2	15 40 07·0	− 8 33 09	1·349	2 57·0	3	14 48 09·6	− 9 22 50	1·444	19 59·7

Second Transit: May 10ᵈ 23ʰ 58·ᵐ0

GEOCENTRIC POSITIONS FOR 0^h DYNAMICAL TIME

Date	Astrometric J2000·0 R.A.	Dec.	True Dist-ance	Ephem-eris Transit	Date	Astrometric J2000·0 R.A.	Dec.	True Dist-ance	Ephem-eris Transit
	h m s	° ′ ″		h m		h m s	° ′ ″		h m
July 1	14 47 42·6	− 9 09 19	1·426	20 07·1	Oct. 1	16 39 08·0	−21 11 52	2·422	15 57·6
3	14 48 09·6	9 22 50	1·444	19 59·7	3	16 42 58·1	21 23 51	2·443	15 53·5
5	14 48 43·8	9 36 45	1·463	19 52·5	5	16 46 50·6	21 35 28	2·463	15 49·5
7	14 49 24·9	9 51 02	1·482	19 45·4	7	16 50 45·3	21 46 43	2·484	15 45·6
9	14 50 12·9	10 05 41	1·501	19 38·3	9	16 54 42·1	21 57 34	2·505	15 41·7
11	14 51 07·7	−10 20 39	1·521	19 31·4	11	16 58 41·2	−22 08 01	2·525	15 37·8
13	14 52 09·2	10 35 55	1·541	19 24·6	13	17 02 42·3	22 18 04	2·545	15 33·9
15	14 53 17·1	10 51 28	1·562	19 17·9	15	17 06 45·4	22 27 42	2·565	15 30·1
17	14 54 31·5	11 07 17	1·582	19 11·3	17	17 10 50·5	22 36 54	2·585	15 26·3
19	14 55 52·1	11 23 20	1·603	19 04·9	19	17 14 57·4	22 45 41	2·604	15 22·6
21	14 57 18·8	−11 39 36	1·624	18 58·5	21	17 19 06·0	−22 54 01	2·624	15 18·8
23	14 58 51·5	11 56 03	1·646	18 52·2	23	17 23 16·3	23 01 54	2·643	15 15·1
25	15 00 29·9	12 12 41	1·667	18 46·0	25	17 27 28·3	23 09 20	2·662	15 11·5
27	15 02 14·0	12 29 27	1·689	18 39·9	27	17 31 41·8	23 16 18	2·680	15 07·8
29	15 04 03·5	12 46 21	1·711	18 33·9	29	17 35 56·7	23 22 48	2·699	15 04·2
31	15 05 58·3	−13 03 21	1·732	18 27·9	31	17 40 13·1	−23 28 50	2·717	15 00·6
Aug. 2	15 07 58·2	13 20 26	1·755	18 22·1	Nov. 2	17 44 30·9	23 34 23	2·735	14 57·0
4	15 10 03·1	13 37 35	1·777	18 16·3	4	17 48 50·0	23 39 26	2·753	14 53·5
6	15 12 13·0	13 54 47	1·799	18 10·7	6	17 53 10·3	23 44 00	2·770	14 49·9
8	15 14 27·6	14 12 01	1·821	18 05·1	8	17 57 31·9	23 48 05	2·787	14 46·4
10	15 16 47·0	−14 29 17	1·844	17 59·5	10	18 01 54·6	−23 51 40	2·804	14 42·9
12	15 19 10·9	14 46 31	1·866	17 54·1	12	18 06 18·3	23 54 44	2·821	14 39·4
14	15 21 39·4	15 03 45	1·889	17 48·7	14	18 10 43·0	23 57 19	2·838	14 36·0
16	15 24 12·2	15 20 57	1·911	17 43·4	16	18 15 08·6	23 59 22	2·854	14 32·5
18	15 26 49·2	15 38 06	1·934	17 38·2	18	18 19 35·0	24 00 56	2·870	14 29·1
20	15 29 30·4	−15 55 10	1·957	17 33·0	20	18 24 02·1	−24 01 59	2·885	14 25·6
22	15 32 15·7	16 12 09	1·979	17 27·9	22	18 28 29·9	24 02 31	2·901	14 22·2
24	15 35 04·9	16 29 03	2·002	17 22·9	24	18 32 58·3	24 02 32	2·916	14 18·8
26	15 37 57·8	16 45 49	2·025	17 17·9	26	18 37 27·2	24 02 02	2·930	14 15·4
28	15 40 54·5	17 02 27	2·047	17 13·0	28	18 41 56·5	24 01 02	2·945	14 12·0
30	15 43 54·7	−17 18 57	2·070	17 08·1	30	18 46 26·3	−23 59 31	2·959	14 08·7
Sept. 1	15 46 58·5	17 35 16	2·093	17 03·3	Dec. 2	18 50 56·4	23 57 29	2·973	14 05·3
3	15 50 05·6	17 51 26	2·115	16 58·6	4	18 55 26·9	23 54 56	2·986	14 01·9
5	15 53 16·2	18 07 23	2·138	16 53·9	6	18 59 57·6	23 51 53	2·999	13 58·5
7	15 56 30·1	18 23 09	2·160	16 49·3	8	19 04 28·4	23 48 19	3·012	13 55·2
9	15 59 47·2	−18 38 42	2·182	16 44·7	10	19 08 59·4	−23 44 15	3·025	13 51·8
11	16 03 07·5	18 54 01	2·205	16 40·2	12	19 13 30·4	23 39 41	3·037	13 48·4
13	16 06 30·9	19 09 05	2·227	16 35·7	14	19 18 01·5	23 34 37	3·049	13 45·1
15	16 09 57·4	19 23 55	2·249	16 31·3	16	19 22 32·4	23 29 03	3·060	13 41·7
17	16 13 26·8	19 38 28	2·271	16 26·9	18	19 27 03·1	23 23 00	3·071	13 38·3
19	16 16 59·0	−19 52 45	2·293	16 22·6	20	19 31 33·6	−23 16 28	3·082	13 35·0
21	16 20 34·0	20 06 44	2·315	16 18·3	22	19 36 03·9	23 09 27	3·093	13 31·6
23	16 24 11·8	20 20 25	2·336	16 14·1	24	19 40 33·8	23 01 58	3·103	13 28·2
25	16 27 52·1	20 33 47	2·358	16 09·9	26	19 45 03·3	22 54 01	3·112	13 24·8
27	16 31 34·9	20 46 49	2·379	16 05·7	28	19 49 32·4	22 45 36	3·122	13 21·4
29	16 35 20·3	−20 59 31	2·400	16 01·6	30	19 54 01·1	−22 36 43	3·131	13 18·0
Oct. 1	16 39 08·0	−21 11 52	2·422	15 57·6	32	19 58 29·3	−22 27 24	3·139	13 14·6

MINOR PLANETS, 1996

OPPOSITION DATES, MAGNITUDES AND OSCULATING ELEMENTS
FOR EPOCH 1996 NOVEMBER 13·0 TDT, ECLIPTIC AND EQUINOX J2000·0

Name	No.	Magnitude Parameters H	G	Opposition Date	Mag.	Dia-meter	Inclin-ation i	Long. of Asc. Node Ω	Argument of Peri-helion ω	Mean Distance a	Daily Motion n	Eccen-tricity e	Mean Anomaly M
						km °	°	°	°	°			°
Ceres	1	3·34	0·12	May 30	7·0	1003	10·595	80·656	72·417	2·7700	0·21379	0·0761	122·617
Pallas	2	4·13	0·11	Apr. 29	8·3	608	34·807	173·291	309·724	2·7711	0·21366	0·2336	109·460
Juno	3	5·33	0·32	Oct. 8	7·5	247	12·966	170·187	247·975	2·6687	0·22607	0·2575	341·665
Vesta	4	3·20	0·32	May 11	5·6	538	7·136	103·972	150·283	2·3619	0·27152	0·0902	29·431
Astraea	5	6·85	0·15	May 29	10·4	117	5·359	141·739	356·724	2·5770	0·23824	0·1908	127·811
Flora	8	6·49	0·28	Apr. 28	9·8	151	5·887	111·063	284·986	2·2016	0·30172	0·1567	240·821
Metis	9	6·28	0·17	June 29	9·7	151	5·579	69·039	5·403	2·3877	0·26713	0·1212	245·736
Hygiea	10	5·43	0·15	Oct. 9	10·3	450	3·845	283·685	314·713	3·1350	0·17756	0·1203	135·824
Parthenope	11	6·55	0·15	May 22	9·5	150	4·622	125·668	194·374	2·4532	0·25651	0·1002	336·289
Victoria	12	7·24	0·22	July 16	8·7	126	8·370	235·657	69·269	2·3343	0·27636	0·2194	27·488
Irene	14	6·30	0·15	Jan. 21	9·2	158	9·111	86·814	94·925	2·5863	0·23697	0·1656	24·393
Eunomia	15	5·28	0·23	Mar. 25	9·9	272	11·758	293·557	97·214	2·6422	0·22948	0·1873	204·441
Thetis	17	7·76	0·15	May 10	10·2	109	5·586	125·651	136·072	2·4701	0·25388	0·1364	21·883
Fortuna	19	7·13	0·10	Apr. 29	10·9	215	1·571	211·620	181·767	2·4420	0·25828	0·1592	239·690
Massalia	20	6·50	0·25	Mar. 8	8·8	131	0·703	206·930	254·779	2·4081	0·26374	0·1443	117·843
Lutetia	21	7·35	0·11	Aug. 17	9·3	115	3·066	80·961	249·842	2·4354	0·25934	0·1621	18·013
Kalliope	22	6·45	0·21	Dec. 9	9·9	177	13·720	66·346	357·210	2·9100	0·19855	0·1004	6·950
Thalia	23	6·95	0·15	Aug. 30	11·5	111	10·148	67·277	59·507	2·6274	0·23143	0·2326	238·354
Euterpe	27	7·00	0·15	July 19	10·5	108	1·584	94·817	356·586	2·3477	0·27400	0·1710	247·275
Bellona	28	7·09	0·15	Dec. 29	10·3	126	9·399	144·611	343·192	2·7780	0·21287	0·1500	328·230
Urania	30	7·57	0·15	Aug. 19	10·0	91	2·097	308·015	86·278	2·3655	0·27090	0·1263	328·645
Euphrosyne	31	6·74	0·15	Mar. 1	10·9	370	26·340	31·287	62·682	3·1458	0·17665	0·2275	80·659
Pomona	32	7·56	0·15	Dec. 21	11·2	93	5·531	220·662	338·161	2·5865	0·23693	0·0847	251·306
Circe	34	8·51	0·15	Apr. 21	11·7	111	5·483	184·740	328·396	2·6873	0·22374	0·1062	93·926
Atalante	36	8·46	0·15	Aug. 18	11·8	118	18·419	358·547	47·175	2·7487	0·21627	0·3018	326·372
Fides	37	7·29	0·24	July 9	11·3	95	3·072	7·504	62·541	2·6436	0·22931	0·1753	260·062
Laetitia	39	6·10	0·15	Aug. 20	9·3	163	10·370	157·254	208·039	2·7685	0·21397	0·1117	348·489
Harmonia	40	7·00	0·15	Apr. 11	9·9	100	4·258	94·348	268·930	2·2673	0·28869	0·0471	261·079
Daphne	41	7·12	0·10	Nov. 4	12·3	204	15·772	178·359	46·177	2·7610	0·21484	0·2752	173·688
Isis	42	7·53	0·15	Feb. 8	11·7	97	8·540	84·608	236·121	2·4404	0·25853	0·2243	246·257
Nysa	44	7·03	0·46	Mar. 1	9·1	82	3·703	131·653	341·898	2·4226	0·26138	0·1499	102·346
Eugenia	45	7·46	0·07	May 15	10·8	226	6·606	147·990	87·664	2·7224	0·21942	0·0815	37·940
Hestia	46	8·36	0·06	Feb. 27	12·2	133	2·335	181·261	176·263	2·5242	0·24577	0·1727	217·368
Aglaja	47	7·84	0·16	Jan. 4	12·4	158	4·993	3·434	315·300	2·8816	0·20149	0·1309	197·893
Nemausa	51	7·35	0·08	Jan. 28	10·2	151	9·959	176·251	1·962	2·3655	0·27090	0·0655	35·365
Europa	52	6·31	0·18	July 6	11·1	289	7·465	129·056	340·482	3·1069	0·17997	0·0991	197·833
Alexandra	54	7·66	0·15	June 6	10·5	180	11·832	313·551	345·080	2·7095	0·22099	0·2006	7·177
Melete	56	8·31	0·15	Dec. 11	12·7	146	8·075	193·818	102·767	2·5978	0·23540	0·2347	117·214
Mnemosyne	57	7·03	0·15	Feb. 20	11·7	109	15·213	199·427	215·164	3·1471	0·17654	0·1193	132·925
Echo	60	8·21	0·27	June 7	11·9	51	3·595	191·996	269·845	2·3958	0·26579	0·1818	186·998
Ausonia	63	7·55	0·25	Nov. 2	11·0	91	5·789	338·166	294·827	2·3954	0·26585	0·1253	120·668
Cybele	65	6·62	0·01	Aug. 17	11·1	309	3·547	155·834	107·060	3·4334	0·15492	0·1044	65·413
Maja	66	9·36	0·15	Aug. 2	12·9	85	3·047	7·765	43·794	2·6461	0·22898	0·1717	301·602
Asia	67	8·28	0·15	Mar. 1	12·1	58	6·018	202·958	105·719	2·4202	0·26177	0·1859	294·736
Leto	68	6·78	0·05	June 2	10·6	126	7·957	44·493	303·570	2·7829	0·21231	0·1871	320·927
Panopaea	70	8·11	0·14	Apr. 3	11·9	151	11·581	48·016	255·634	2·6141	0·23320	0·1842	319·144
Frigga	77	8·52	0·16	June 3	12·8	67	2·432	1·461	60·651	2·6710	0·22579	0·1318	231·167
Eurynome	79	7·96	0·25	June 19	11·6	76	4·620	206·912	200·210	2·4460	0·25764	0·1919	275·552
Sappho	80	7·98	0·15	Apr. 29	11·2	83	8·666	218·940	139·064	2·2961	0·28329	0·2006	294·627
Alkmene	82	8·40	0·28	Aug. 21	13·1	65	2·833	25·696	110·618	2·7602	0·21493	0·2234	215·611

OPPOSITION DATES, MAGNITUDES AND OSCULATING ELEMENTS
FOR EPOCH 1996 NOVEMBER 13·0 TDT, ECLIPTIC AND EQUINOX J2000·0

Name	No.	Magnitude Parameters		Opposition Date Mag.		Dia-meter	Inclin-ation	Long. of Asc. Node	Argument of Peri-helion	Mean Distance	Daily Motion	Eccen-tricity	Mean Anomaly
		H	G			km	i	Ω	ω	a	n	e	M
							°	°	°	°	°		°
Beatrix	83	8·66	0·15	Dec. 29	11·8	123	4·972	27·864	166·117	2·4320	0·25988	0·0827	261·520
Klio	84	9·32	0·15	Oct. 31	11·5	90	9·340	327·829	14·559	2·3619	0·27152	0·2369	41·455
Thisbe	88	7·04	0·14	Nov. 30	11·1	210	5·223	276·929	34·837	2·7687	0·21394	0·1620	95·942
Julia	89	6·60	0·15	May 29	10·4	155	16·140	311·719	44·477	2·5516	0·24181	0·1824	314·688
Minerva	93	7·70	0·15	Dec. 11	12·3	168	8·561	4·586	273·291	2·7548	0·21556	0·1408	151·116
Aurora	94	7·57	0·15	Sept. 19	11·7	188	7·983	2·874	56·582	3·1603	0·17543	0·0824	314·557
Arethusa	95	7·84	0·15	Nov. 12	11·5	230	12·984	243·478	154·070	3·0709	0·18315	0·1442	9·967
Klotho	97	7·63	0·15	June 29	12·3	95	11·768	159·844	268·502	2·6717	0·22569	0·2560	258·075
Hera	103	7·66	0·15	June 7	11·1	96	5·422	136·336	188·415	2·7032	0·22177	0·0822	335·724
Artemis	105	8·57	0·10	Oct. 1	11·9	126	21·484	188·515	55·999	2·3725	0·26971	0·1771	117·571
Dione	106	7·41	0·15	May 8	12·5	139	4·622	62·603	330·111	3·1634	0·17517	0·1789	234·282
Camilla	107	7·08	0·08	June 17	12·5	211	9·922	173·753	300·124	3·4961	0·15077	0·0810	169·939
Felicitas	109	8·75	0·04	May 24	13·9	75	7·877	3·403	56·407	2·6976	0·22246	0·2972	228·424
Amalthea	113	8·74	0·35	June 7	11·2	47	5·035	123·632	79·644	2·3767	0·26900	0·0880	88·170
Thyra	115	7·51	0·12	Sept. 3	10·1	93	11·597	309·197	96·323	2·3799	0·26844	0·1912	335·971
Sirona	116	7·82	0·15	Nov. 12	11·8	80	3·573	64·094	93·863	2·7683	0·21398	0·1395	268·096
Lachesis	120	7·75	0·15	Nov. 19	12·5	173	6·956	341·601	234·934	3·1149	0·17928	0·0634	204·134
Brunhild	123	8·89	0·15	Aug. 27	12·5	47	6·428	308·018	125·436	2·6943	0·22286	0·1201	293·383
Alkeste	124	8·11	0·19	Sept. 30	11·7	67	2·949	188·402	61·607	2·6287	0·23125	0·0791	119·729
Antigone	129	7·00	0·37	Aug. 25	10·5	115	12·228	136·483	108·870	2·8655	0·20319	0·2147	78·511
Elektra	130	7·12	0·15	June 8	12·4	173	22·876	145·859	234·226	3·1192	0·17891	0·2155	284·076
Vala	131	10·03	0·15	Dec. 20	13·4	35	4·956	65·842	157·783	2·4321	0·25985	0·0671	221·232
Hertha	135	8·23	0·15	June 25	10·4	78	2·303	344·083	339·471	2·4291	0·26033	0·2049	3·397
Meliboea	137	8·05	0·15	July 10	11·5	150	13·428	202·507	107·422	3·1119	0·17954	0·2233	10·433
Siwa	140	8·34	0·15	Oct. 29	11·8	103	3·190	107·384	195·567	2·7308	0·21840	0·2169	71·034
Vibilia	144	7·91	0·17	May 28	11·7	130	4·812	76·727	292·898	2·6565	0·22763	0·2335	301·069
Lucina	146	8·20	0·11	June 4	11·6	141	13·083	84·339	146·130	2·7208	0·21961	0·0650	55·942
Baucis	172	8·79	0·15	Sept. 28	11·3	67	10·034	332·252	359·087	2·3796	0·26850	0·1138	42·451
Elsa	182	9·12	0·15	July 21	12·4	39	2·003	107·310	309·754	2·4171	0·26228	0·1851	291·968
Phthia	189	9·33	0·15	June 3	12·6	41	5·175	203·786	165·261	2·4515	0·25678	0·0366	289·662
Nausikaa	192	7·13	0·03	Aug. 8	9·0	94	6·824	343·536	29·749	2·4027	0·26464	0·2467	349·162
Philomela	196	6·54	0·15	Aug. 12	10·9	161	7·255	72·685	208·905	3·1123	0·17951	0·0261	51·482
Kallisto	204	8·89	0·15	July 3	11·6	50	8·265	205·375	56·059	2·6713	0·22574	0·1750	44·610
Lacrimosa	208	8·96	0·15	July 20	12·9	42	1·753	4·621	129·299	2·8939	0·20021	0·0112	186·351
Isolda	211	7·89	0·12	Dec. 20	11·3	166	3·883	263·890	175·555	3·0434	0·18564	0·1599	359·739
Thusnelda	219	9·32	0·15	Dec. 24	12·6	39	10·840	201·019	142·150	2·3542	0·27285	0·2239	73·916
Oceana	224	8·59	0·15	Dec. 7	12·4	71	5·841	353·257	280·045	2·6452	0·22910	0·0449	156·202
Athamantis	230	7·35	0·27	Aug. 31	10·2	121	9·436	240·027	139·318	2·3821	0·26808	0·0605	346·137
Hypatia	238	8·18	0·15	Mar. 11	12·5	154	12·405	184·264	208·796	2·9047	0·19909	0·0915	180·546
Germania	241	7·58	0·15	Oct. 8	11·5	200	5·519	271·108	74·248	3·0497	0·18506	0·0977	33·107
Eukrate	247	8·04	0·15	Aug. 23	11·9	142	24·976	0·301	55·096	2·7417	0·21711	0·2428	312·186
Libussa	264	8·42	0·15	Mar. 14	12·8	63	10·432	49·887	339·932	2·7964	0·21077	0·1374	180·008
Unitas	306	8·96	0·15	Feb. 29	12·4	43	7·263	142·091	167·250	2·3574	0·27230	0·1509	290·225
Polyxo	308	8·17	0·21	Apr. 10	11·8	138	4·355	182·043	115·544	2·7492	0·21622	0·0388	313·973
Chaldaea	313	8·90	0·15	May 9	11·9	160	11·620	176·965	315·140	2·3772	0·26890	0·1790	125·150
Tamara	326	9·36	0·15	Dec. 25	13·6	80	23·718	32·395	238·498	2·3183	0·27922	0·1894	174·735
Dembowska	349	5·93	0·37	Aug. 17	9·7	144	8·245	32·663	344·221	2·9248	0·19704	0·0862	330·393
Eleonora	354	6·44	0·37	Jan. 30	9·5	153	18·428	140·705	4·913	2·7962	0·21079	0·1157	48·734
Liguria	356	8·22	0·15	July 30	12·5	150	8·225	354·930	78·819	2·7578	0·21521	0·2381	278·312
Isara	364	9·86	0·15	May 6	13·3	28	6·004	105·709	312·445	2·2211	0·29776	0·1494	219·042

OPPOSITION DATES, MAGNITUDES AND OSCULATING ELEMENTS
FOR EPOCH 1996 NOVEMBER 13·0 TDT, ECLIPTIC AND EQUINOX J2000·0

Name	No.	Magnitude Parameters H	G	Opposition Date	Mag.	Dia-meter	Inclin-ation	Long. of Asc. Node	Argument of Peri-helion	Mean Distance	Daily Motion	Eccen-tricity	Mean Anomaly
		H	G			km	i °	Ω °	ω °	a	n °	e	M °
Corduba	365	9·18	0·15	Mar. 5	13·5	99	12·804	185·551	215·417	2·8008	0·21027	0·1575	162·653
Amicitia	367	10·70	0·15	July 31	13·7	20	2·943	83·576	55·505	2·2193	0·29810	0·0958	197·563
Aquitania	387	7·41	0·15	Dec. 3	12·2	112	18·075	128·531	156·057	2·7386	0·21747	0·2377	120·194
Industria	389	7·88	0·15	June 14	11·3	81	8·144	282·679	265·263	2·6106	0·23367	0·0641	103·960
Lampetia	393	8·39	0·15	Nov. 26	12·6	129	14·878	213·401	89·208	2·7764	0·21305	0·3321	82·010
Vienna	397	9·31	0·15	July 22	12·3	50	12·832	228·451	139·119	2·6362	0·23027	0·2443	344·862
Arsinoe	404	9·01	0·15	Sept. 28	13·4	102	14·125	92·727	121·317	2·5919	0·23619	0·2007	141·672
Chloris	410	8·30	0·15	Mar. 29	11·8	134	10·931	97·323	172·662	2·7278	0·21877	0·2378	350·684
Palatia	415	9·21	0·15	July 5	14·0	93	8·171	127·112	297·203	2·7962	0·21079	0·2996	273·736
Vaticana	416	7·89	0·20	Dec. 15	12·7	76	12·925	58·473	196·853	2·7881	0·21171	0·2208	187·206
Hungaria	434	11·21	0·15	Dec. 11	14·1	11	22·503	175·451	123·736	1·9443	0·36354	0·0736	123·565
Bathilde	441	8·51	0·15	Sept. 10	12·6	66	8·146	253·993	202·517	2·8053	0·20977	0·0807	277·563
Gyptis	444	7·83	0·22	Apr. 16	12·3	165	10·265	195·985	154·342	2·7690	0·21391	0·1767	274·034
Bruchsalia	455	8·86	0·15	Oct. 17	10·9	105	12·035	76·785	272·035	2·6577	0·22748	0·2910	22·562
Hedwig	476	8·55	0·15	Sept. 9	12·2	113	10·952	286·596	359·464	2·6484	0·22867	0·0754	72·938
Iva	497	10·02	0·11	Mar. 20	15·1	31	4·841	6·828	2·852	2·8490	0·20496	0·3016	210·948
Tokio	498	8·95	0·15	May 31	12·2	71	9·528	97·736	239·998	2·6505	0·22841	0·2247	335·096
Davida	511	6·22	0·16	Nov. 23	10·0	323	15·940	107·796	338·963	3·1707	0·17457	0·1821	338·258
Amherstia	516	8·27	0·15	Nov. 25	13·2	63	12·955	329·391	257·418	2·6762	0·22513	0·2774	208·786
Herculina	532	5·81	0·26	Feb. 25	8·8	150	16·346	108·033	74·985	2·7726	0·21349	0·1749	34·472
Pauly	537	8·80	0·15	Oct. 25	12·8	136	9·918	120·720	183·613	3·0618	0·18397	0·2372	61·565
Senta	550	9·37	0·15	Dec. 30	13·6	53	10·100	270·924	44·607	2·5915	0·23625	0·2180	115·617
Carmen	558	9·09	0·15	July 18	13·3	64	8·369	143·968	315·169	2·9094	0·19861	0·0390	222·055
Suleika	563	8·50	0·15	Sept. 2	12·0	51	10·249	85·517	336·794	2·7123	0·22064	0·2350	316·374
Semiramis	584	8·71	0·24	Nov. 6	10·6	55	10·717	282·505	84·472	2·3737	0·26950	0·2337	26·363
Scheila	596	8·90	0·15	Feb. 14	13·4	134	14·633	71·010	176·298	2·9316	0·19636	0·1594	324·721
Marianna	602	8·31	0·15	Oct. 18	11·6	137	15·140	331·988	43·894	3·0956	0·18096	0·2384	13·909
Patroclus	617	8·19	0·15	Apr. 22	15·6	147	22·043	44·406	306·703	5·2322	0·08235	0·1385	246·717
Hektor	624	7·49	0·15	Oct. 3	14·6	179	18·216	342·797	182·982	5·2007	0·08310	0·0224	214·818
Zelinda	654	8·52	0·15	July 4	12·2	128	18·123	278·655	213·944	2·2984	0·28285	0·2305	173·103
Rachele	674	7·42	0·15	May 29	12·1	102	13·520	58·782	40·603	2·9268	0·19684	0·1932	170·216
Pax	679	9·02	0·15	Jan. 9	11·7	73	24·372	112·598	266·313	2·5863	0·23697	0·3122	127·337
Ekard	694	9·17	0·15	Aug. 22	11·3	101	15·842	230·803	110·248	2·6711	0·22577	0·3219	15·828
Interamnia	704	5·94	−0·02	Nov. 20	10·0	350	17·326	280·700	94·149	3·0633	0·18383	0·1457	32·700
Winchester	747	7·69	0·15	Mar. 10	12·4	205	18·179	130·257	275·720	2·9921	0·19043	0·3447	129·790
Montefiore	782	11·50	0·15	Dec. 1	14·0	15	5·261	80·622	81·106	2·1798	0·30626	0·0395	266·726
Pretoria	790	8·00	0·15	Aug. 8	12·5	176	20·552	252·217	41·149	3·4072	0·15671	0·1517	37·424
Hispania	804	7·84	0·18	Feb. 23	12·4	141	15·389	347·936	343·777	2·8373	0·20623	0·1408	234·564
Petropolitana	830	9·10	0·15	Aug. 6	13·5	51	3·828	341·437	75·173	3·2123	0·17119	0·0607	280·559
Alinda	887	13·76	−0·12	Aug. 4	18·6	4	9·304	110·724	350·033	2·4865	0·25137	0·5626	286·548
Laodamia	1011	12·74	0·15	Aug. 7	17·1	7	5·488	132·684	353·427	2·3941	0·26607	0·3489	223·965
Grubba	1058	11·98	0·15	Mar. 14	15·2	13	3·690	222·084	93·835	2·1961	0·30285	0·1876	308·199
Aneas	1172	8·33	0·15	Apr. 26	15·2	130	16·709	247·491	47·545	5·1712	0·08381	0·1033	311·179
Anchises	1173	8·89	0·15	Apr. 16	16·2	92	6·905	283·952	38·951	5·3274	0·08016	0·1365	277·876
Icarus	1566	16·40	0·15	June 19	13·1	20	22·881	88·149	31·225	1·0779	0·88074	0·8269	178·429
Alikoski	1567	9·47	0·15	Nov. 28	14·1	72	17·279	51·790	116·484	3·2118	0·17123	0·0853	267·271

CONTENTS OF SECTION H

Except for the tables of radio sources and pulsars, positions tabulated in Section H are referred to the mean equator and equinox of J1996.5 = 1996 July 2.125 = JD 245 0266.625. Positions of radio sources are referred to J2000.0 = JD 245 1545.0.

Flamsteed/Bayer Designation			HR No.	Right Ascension	Declination	Notes	V	U–B	B–V	Spectral Type
				h m s	° ′ ″					
	θ	Oct	9084	0 01 25.1	−77 05 06	fv	4.78	+1.41	+1.27	K2 III
30	YY	Psc	9089	0 01 46.9	− 6 02 01	fv	4.41	+1.83	+1.63	M3 III
2		Cet	9098	0 03 33.6	−17 21 20	fv	4.55	−0.12	−0.05	B9 IV
33	BC	Psc	3	0 05 09.4	− 5 43 38	fvd6	4.61	+0.89	+1.04	K0 III–IV
21	α	And	15	0 08 12.4	+29 04 16	fvd6	2.06	−0.46	−0.11	B9p Hg Mn
11	β	Cas	21	0 08 59.4	+59 07 50	fsvd6	2.27	+0.11	+0.34	F2 III
	ε	Phe	25	0 09 14.1	−45 46 00	f	3.88	+0.84	+1.03	K0 III
22		And	27	0 10 08.3	+46 03 10	f	5.03	+0.25	+0.40	F0 II
	θ	Scl	35	0 11 33.4	−35 09 10	f	5.25		+0.44	F3/5 V
88	γ	Peg	39	0 13 03.3	+15 09 51	fsvd6	2.83	−0.87	−0.23	B2 IV
89	χ	Peg	45	0 14 25.3	+20 11 14	fsv	4.80	+1.93	+1.57	M2⁺ III
7	AE	Cet	48	0 14 27.8	−18 57 07	v	4.44	+1.99	+1.66	M1 III
25	σ	And	68	0 18 08.6	+36 45 57	fv6	4.52	+0.07	+0.05	A2 Va
8	ι	Cet	74	0 19 15.0	− 8 50 36	fvd	3.56	+1.25	+1.22	K1 IIIb
	ζ	Tuc	77	0 19 53.4	−64 53 43	f	4.23	+0.02	+0.58	F9 V
41		Psc	80	0 20 25.0	+ 8 10 15	fv	5.37	+1.55	+1.34	K3⁻ III Ca 1 CN 0.5
27	ρ	And	82	0 20 56.2	+37 56 57	f	5.18	+0.05	+0.42	F6 IV
	R	And	90	0 23 50.9	+38 33 29	svd	7.39	+1.25	+1.97	S5/4.5e
	β	Hyi	98	0 25 34.3	−77 16 26	fv	2.80	+0.11	+0.62	G1 IV
	κ	Phe	100	0 26 01.9	−43 41 57		3.94	+0.11	+0.17	A5 Vn
	α	Phe	99	0 26 06.7	−42 19 30	fd67	2.39	+0.88	+1.09	K0 IIIb
			118	0 30 12.2	−23 48 25	f6	5.19		+0.12	A5 Vn
	λ¹	Phe	125	0 31 14.9	−48 49 22	fd6	4.77	+0.04	+0.02	A1 Va
	β¹	Tuc	126	0 31 23.3	−62 58 39	d6	4.37	−0.17	−0.07	B9 V
15	κ	Cas	130	0 32 47.9	+62 54 45	fsv6	4.16	−0.80	+0.14	B0.7 Ia
29	π	And	154	0 36 41.6	+33 42 00	fvd6	4.36	−0.55	−0.14	B5 V
17	ζ	Cas	153	0 36 46.5	+53 52 40	fv6	3.66	−0.87	−0.20	B2 IV
			157	0 37 09.9	+35 22 49	s	5.48	+0.48	+0.88	G2 Ib–II
30	ε	And	163	0 38 22.2	+29 17 34	f	4.37	+0.47	+0.87	G6 III Fe–3 CH 1
31	δ	And	165	0 39 08.4	+30 50 31	fsd6	3.27	+1.48	+1.28	K3 III
18	α	Cas	168	0 40 18.4	+56 31 06	fvd	2.23	+1.13	+1.17	K0⁻ IIIa
	μ	Phe	180	0 41 09.7	−46 06 15	f	4.59	+0.72	+0.97	G8 III
	η	Phe	191	0 43 11.8	−57 28 56	fd	4.36	−0.02	0.00	A0.5 IV
16	β	Cet	188	0 43 24.8	−18 00 21	fv	2.04	+0.87	+1.02	G9 III CH–1 CN 0.5 Ca 1
22	ο	Cas	193	0 44 31.7	+48 15 55	fvd6	4.54	−0.51	−0.07	B5 III
34	ζ	And	215	0 47 09.2	+24 14 53	fvd6	4.06	+0.90	+1.12	K0 III
	λ	Hyi	236	0 48 28.2	−74 56 33	f	5.07	+1.68	+1.37	K5 III
63	δ	Psc	224	0 48 30.0	+ 7 33 58	fd	4.43	+1.86	+1.50	K4.5 IIIb
64		Psc	225	0 48 47.6	+16 55 18	fd6	5.07		+0.51	F7 V
24	η	Cas	219	0 48 53.2	+57 47 51	sd6	3.44	+0.03	+0.57	F9 V
35	ν	And	226	0 49 37.2	+41 03 36	f6	4.53	−0.58	−0.15	B5 V
19	φ²	Cet	235	0 49 57.1	−10 39 47	fv	5.19	−0.02	+0.50	F8 V
			233	0 50 30.7	+64 13 43	fcv6	5.39		+0.49	G0 III–IV + B9.5 V
20		Cet	248	0 52 49.8	− 1 09 48	f	4.77	+1.93	+1.57	M0⁻ IIIa
	λ²	Tuc	270	0 54 52.5	−69 32 45	f	5.45	+1.00	+1.09	K2 III
27	γ	Cas	264	0 56 29.7	+60 41 52	fvd6	2.47	−1.08	−0.15	B0 IVnpe (shell)
37	μ	And	269	0 56 33.5	+38 28 49	fd	3.87	+0.15	+0.13	A5 IV–V
38	η	And	271	0 57 01.2	+23 23 56	d6	4.42	+0.69	+0.94	G8⁻ IIIb
	α	Scl	280	0 58 26.3	−29 22 35	fsv6	4.31	−0.56	−0.16	B4 Vp
71	ε	Psc	294	1 02 45.7	+ 7 52 17	fd	4.28	+0.70	+0.96	G9 III Fe–2

Flamsteed/Bayer Designation			HR No.	Right Ascension	Declination	Notes	V	U–B	B–V	Spectral Type
				h m s	° ′ ″					
	β	Phe	322	1 05 55.7	−46 44 14	vd7	3.31	+0.57	+0.89	G8 III
	ι	Tuc	332	1 07 10.4	−61 47 38	f	5.37		+0.88	G5 III
	υ	Phe	331	1 07 38.3	−41 30 20	fd	5.21	+0.09	+0.16	A3 IV/V
30	μ	Cas	321	1 08 02.3	+54 54 12	fvd6	5.17	+0.09	+0.69	G5 Vb
			285	1 08 12.7	+86 14 19	f	4.25	+1.33	+1.21	K2 III
	ζ	Phe	338	1 08 14.3	−55 15 52	vd6	3.92	−0.41	−0.08	B7 V
31	η	Cet	334	1 08 24.8	−10 12 03	fd	3.45	+1.19	+1.16	K2⁻ III CN 0.5
42	φ	And	335	1 09 17.9	+47 13 24	d7	4.25	−0.34	−0.07	B7 III
43	β	And	337	1 09 32.1	+35 36 07	fvd	2.06	+1.96	+1.58	M0⁺ IIIa
33	θ	Cas	343	1 10 53.3	+55 07 53	vd6	4.33	+0.12	+0.17	A7m
84	χ	Psc	351	1 11 15.9	+21 00 58	f	4.66	+0.82	+1.03	G8.5 III
83	τ	Psc	352	1 11 28.0	+30 04 16	f6	4.51	+1.01	+1.09	K0.5 IIIb
86	ζ	Psc	361	1 13 32.9	+ 7 33 25	fd67	4.86	+0.09	+0.32	F0 Vn
	κ	Tuc	377	1 15 39.1	−68 53 40	vd7	4.86	+0.03	+0.47	F6 IV
89		Psc	378	1 17 37.1	+ 3 35 46	f6	5.16	+0.08	+0.07	A3 V
90	υ	Psc	383	1 19 16.4	+27 14 45	f6	4.76	+0.10	+0.03	A2 IV
34	φ	Cas	382	1 19 51.6	+58 12 48	smd6	4.98		+0.68	F0 Ia
46	ξ	And	390	1 22 08.0	+45 30 38	f6	4.88	+0.99	+1.08	K0⁻ IIIb
45	θ	Cet	402	1 23 50.9	− 8 12 05	fd	3.60	+0.93	+1.06	K0 IIIb
37	δ	Cas	403	1 25 35.1	+60 13 02	fsvd6	2.68	+0.12	+0.13	A5 IV
36	ψ	Cas	399	1 25 41.0	+68 06 43	fd	4.74	+0.94	+1.05	K0 III CN 0.5
94		Psc	414	1 26 30.3	+19 13 20	f	5.50	+1.05	+1.11	gK1
48	ω	And	417	1 27 26.7	+45 23 20	fd	4.83	0.00	+0.42	F5 V
	γ	Phe	429	1 28 12.8	−43 20 10	fv6	3.41	+1.85	+1.57	M0⁻ IIIa
48		Cet	433	1 29 26.1	−21 38 50	fd7	5.12	+0.04	+0.02	A1 Va
	δ	Phe	440	1 31 06.4	−49 05 27	f	3.95	+0.70	+0.99	G9 III
99	η	Psc	437	1 31 17.8	+15 19 40	fvd	3.62	+0.75	+0.97	G7 IIIa
50	υ	And	458	1 36 35.4	+41 23 17	fd6	4.09	+0.06	+0.54	F8 V
	α	Eri	472	1 37 35.1	−57 15 16	fv	0.46	−0.66	−0.16	B3 Vnp (shell)
51		And	464	1 37 46.6	+48 36 38	f	3.57	+1.45	+1.28	K3⁻ III
40		Cas	456	1 38 13.8	+73 01 20	fvd	5.28		+0.96	G7 III
106	ν	Psc	489	1 41 15.0	+ 5 28 12	f	4.44	+1.57	+1.36	K3 IIIb
			490	1 41 51.3	+35 13 41	f	5.40	−0.20	−0.09	B9 IV–V
	π	Scl	497	1 41 59.1	−32 20 40	fm	5.26		+1.04	K1 II/III
			500	1 42 32.9	− 3 42 28	f	4.99	+1.58	+1.38	K3 II–III
	φ	Per	496	1 43 26.4	+50 40 16	fv6	4.07	−0.93	−0.04	B2 Vep
52	τ	Cet	509	1 43 54.3	−15 57 21	fd	3.50	+0.21	+0.72	G8 V
110	o	Psc	510	1 45 12.5	+ 9 08 25	fsv	4.26	+0.71	+0.96	G8 III
	ε	Scl	514	1 45 29.0	−25 04 12	fd7	5.31	+0.02	+0.39	F0 V
			513	1 45 48.7	− 5 45 03	s	5.34	+1.88	+1.52	K4 III
53	χ	Cet	531	1 49 24.8	−10 42 13	fd	4.67	+0.03	+0.33	F2 IV–V
55	ζ	Cet	539	1 51 17.3	−10 21 08	fvd6	3.73	+1.07	+1.14	K0 III
2	α	Tri	544	1 52 52.9	+29 33 43	fd6	3.41	+0.06	+0.49	F6 IV
111	ξ	Psc	549	1 53 22.5	+ 3 10 13	fv6	4.62	+0.72	+0.94	G9 IIIb Fe−0.5
	ψ	Phe	555	1 53 30.4	−46 19 11	fv6	4.41	+1.70	+1.59	M4 III
45	ε	Cas	542	1 54 08.4	+63 39 11	fv	3.38	−0.60	−0.15	B3 IV:p (shell)
	φ	Phe	558	1 54 13.3	−42 30 51	f6	5.11	−0.15	−0.06	Ap Hg
6	β	Ari	553	1 54 26.8	+20 47 28	fv6	2.64	+0.10	+0.13	A4 V
	η²	Hyi	570	1 54 50.8	−67 39 52	f	4.69	+0.64	+0.95	G8.5 III
	χ	Eri	566	1 55 49.3	−51 37 34	fvd7	3.70	+0.46	+0.85	G8 III–IV CN−0.5 Hδ 0.5

Flamsteed/Bayer Designation			HR No.	Right Ascension	Declination	Notes	V	U–B	B–V	Spectral Type
				h m s	° ′ ″					
	α	Hyi	591	1 58 39.6	–61 35 12	f	2.86	+0.14	+0.28	F0n III–IV
59	υ	Cet	585	1 59 50.4	–21 05 41	f	4.00	+1.91	+1.57	M0 IIIb
113	α	Psc	596	2 01 51.9	+ 2 44 49	vmd68	3.79	–0.05	+0.03	A0p Si Sr
4		Per	590	2 02 04.0	+54 28 15	f6	5.04	–0.32	–0.08	B8 III
50		Cas	580	2 03 07.8	+72 24 16	f6	3.98	+0.03	–0.01	A1 Va
57	γ¹	And	603	2 03 41.0	+42 18 47	fd6	2.26	+1.58	+1.37	K3⁻ IIb
	ν	For	612	2 04 20.0	–29 18 49	fv	4.69	–0.51	–0.17	B9.5p Si
13	α	Ari	617	2 06 58.5	+23 26 46	fv6	2.00	+1.12	+1.15	K2⁻ IIIab Ca–1
4	β	Tri	622	2 09 20.1	+34 58 15	f6	3.00	+0.10	+0.14	A5 IV
	μ	For	652	2 12 45.2	–30 44 24	f	5.28	–0.06	–0.02	A0 Va⁺nn
65	ξ¹	Cet	649	2 12 48.8	+ 8 49 50	fvd6	4.37	+0.60	+0.89	G7 II–III Fe–1
			645	2 13 22.3	+51 02 59	fvd6	5.31	+0.62	+0.93	G8 III CN 1 CH 0.5 Fe–1
			641	2 13 26.5	+58 32 42	s	6.44	+0.23	+0.60	A3 Iab
	φ	Eri	674	2 16 23.1	–51 31 42	fd	3.56	–0.39	–0.12	B8 V
67		Cet	666	2 16 48.6	– 6 26 17	f	5.51	+0.76	+0.96	G8.5 III
9	γ	Tri	664	2 17 06.3	+33 49 52	f	4.01	+0.02	+0.02	A0 IV–Vn
62		And	670	2 19 03.2	+47 21 50	f	5.30		–0.01	A1 V
68	o	Cet	681	2 19 10.1	– 2 59 36	vd	2–10	+1.09	+1.42	M5.5–9e III + pec
	δ	Hyi	705	2 21 41.2	–68 40 31	f	4.09	+0.05	+0.03	A1 Va
	κ	For	695	2 22 23.0	–23 49 56	f	5.20		+0.60	G0 Va
	κ	Hyi	715	2 22 50.9	–73 39 42	f	5.01	+1.04	+1.09	K1 III
	λ	Hor	714	2 24 48.0	–60 19 39	f	5.35		+0.39	F2 IV–V
72	ρ	Cet	708	2 25 46.9	–12 18 22	f	4.89	–0.07	–0.03	A0 III–IVn
	κ	Eri	721	2 26 51.4	–47 43 10	f6	4.25	–0.50	–0.14	B5 IV
12		Tri	717	2 27 57.6	+29 39 14	fm	5.28			F0 III
1	α	UMi	424	2 27 58.1	+89 14 55	fvd6	2.02	+0.38	+0.60	F5–8 Ib
73	ξ²	Cet	718	2 27 58.4	+ 8 26 40	f6	4.28	–0.12	–0.06	A0 III⁻
	ι	Cas	707	2 28 46.4	+67 23 13	vd	4.52	+0.06	+0.12	A5p Sr
	μ	Hyi	776	2 31 44.5	–79 07 29	f	5.28	+0.73	+0.98	G8 III
14		Tri	736	2 31 53.3	+36 07 55	f	5.15	+1.78	+1.47	K5 III
76	σ	Cet	740	2 31 55.3	–15 15 35	f	4.75	–0.02	+0.45	F4 IV
78	ν	Cet	754	2 35 41.4	+ 5 34 41	fd67	4.86	+0.53	+0.87	G8 III
			753	2 35 53.3	+ 6 52 13	fsd6	5.82	+0.81	+0.98	K3⁻ V
			743	2 37 41.7	+72 48 12	f	5.16	+0.58	+0.88	G8 III
32	ν	Ari	773	2 38 37.0	+21 56 47	f6	5.30	+0.18	+0.16	A7 V
82	δ	Cet	779	2 39 18.2	+ 0 18 49	fv6	4.07	–0.87	–0.22	B2 IV
	ε	Hyi	806	2 39 32.1	–68 16 55	f	4.11	–0.14	–0.06	B9 V
	ι	Eri	794	2 40 31.8	–39 52 13	f	4.11	+0.74	+1.02	K0.5 IIIb Fe–0.5
	ζ	Hor	802	2 40 33.1	–54 33 53	f6	5.21	–0.01	+0.40	F4 IV
86	γ	Cet	804	2 43 07.1	+ 3 13 16	d7	3.47	+0.07	+0.09	A2 Va
35		Ari	801	2 43 14.7	+27 41 33	f6	4.66	–0.62	–0.13	B3 V
14		Per	800	2 43 51.4	+44 16 56	f	5.43	+0.65	+0.90	G0 Ib Ca 1
89	π	Cet	811	2 43 57.4	–13 52 24	f6	4.25	–0.45	–0.14	B7 V
13	θ	Per	799	2 43 57.6	+49 12 50	fvd	4.12	0.00	+0.49	F7 V
87	μ	Cet	813	2 44 45.2	+10 05 58	fvd6	4.27	+0.08	+0.31	F0m F2 V⁺
1	τ¹	Eri	818	2 44 56.4	–18 35 14	6	4.47	0.00	+0.48	F5 V
	β	For	841	2 48 56.6	–32 25 14	fd	4.46	+0.69	+0.99	G8.5 III Fe–0.5
41		Ari	838	2 49 46.6	+27 14 46	fvd6	3.63	–0.37	–0.10	B8 Vn
16		Per	840	2 50 21.7	+38 18 16	vd	4.23	+0.08	+0.34	F1 V⁺
15	η	Per	834	2 50 26.4	+55 52 52	fd6	3.76	+1.89	+1.68	K3⁻ Ib–IIa

Flamsteed/Bayer Designation			HR No.	Right Ascension	Declination	Notes	V	U–B	B–V	Spectral Type
				h m s	o ′ ″					
2	τ^2	Eri	850	2 50 52.8	–21 01 06	fd	4.75	+0.63	+0.91	K0 III
43	σ	Ari	847	2 51 18.0	+15 04 04	f	5.49	–0.43	–0.09	B7 V
	R	Hor	868	2 53 45.9	–49 54 16	vm	4.00			g M6.5e:
18	τ	Per	854	2 54 00.5	+52 44 54	fcvd6	3.95	+0.46	+0.74	G5 III + A4 V
3	η	Eri	874	2 56 15.4	– 8 54 43	fv	3.89	+1.00	+1.11	K1 IIIb
			875	2 56 26.9	– 3 43 35	f6	5.17	+0.05	+0.08	A3 Vn
	θ^1	Eri	897	2 58 07.7	–40 19 07	fvmd68	3.42	+0.12	+0.12	A5 IV
	θ^2	Eri	898	2 58 08.3	–40 19 06	vmd8	4.42	+0.12	+0.12	A1 Va
24		Per	882	2 58 50.6	+35 10 09	f	4.93	+1.29	+1.23	K2 III
91	λ	Cet	896	2 59 31.6	+ 8 53 37	f	4.70	–0.45	–0.12	B6 III
92	α	Cet	911	3 02 05.8	+ 4 04 34	fv	2.53	+1.94	+1.64	M1.5 IIIa
11	τ^3	Eri	919	3 02 14.2	–23 38 17	f	4.09	+0.08	+0.16	A4 V
	θ	Hyi	939	3 02 14.9	–71 54 58	fd7	5.53	–0.51	–0.14	B9 IVp
	μ	Hor	934	3 03 31.8	–59 45 05	f	5.11		+0.34	F0 IV–V
23	γ	Per	915	3 04 32.5	+53 29 35	fcd6	2.93	+0.45	+0.70	G5 III + A2 V
25	ρ	Per	921	3 04 57.1	+38 49 37	fv	3.39	+1.79	+1.65	M4 II
			881	3 05 38.9	+79 24 18	fd6	5.49		+1.57	M2 IIIab
26	β	Per	936	3 07 56.4	+40 56 33	fvd6	2.12	–0.37	–0.05	B8 V + F:
	ι	Per	937	3 08 48.8	+49 36 01	fd	4.05	+0.10	+0.61	G0 V
27	κ	Per	941	3 09 15.5	+44 50 39	vd6	3.80	+0.83	+0.98	K0 III
57	δ	Ari	951	3 11 25.7	+19 42 49	fv	4.35	+0.87	+1.03	K0 III
	α	For	963	3 11 55.3	–29 00 03	vd7	3.87	+0.02	+0.52	F6 V
	TW	Hor	977	3 12 27.8	–57 20 05	fsv	5.74	+2.83	+2.28	C6:,2.5 Ba2 Y4
94		Cet	962	3 12 35.7	– 1 12 32	fd7	5.06	+0.12	+0.57	G0 IV
58	ζ	Ari	972	3 14 42.0	+21 01 54	f	4.89	–0.01	–0.01	A0.5 Va+
13	ζ	Eri	984	3 15 39.8	– 8 49 57	fv6	4.80	+0.09	+0.23	A5m:
29		Per	987	3 18 22.8	+50 12 34	sm6	5.15		–0.05	B3 V
96	κ	Cet	996	3 19 10.7	+ 3 21 27	fsvd	4.83	+0.19	+0.68	G5 V
16	τ^4	Eri	1003	3 19 21.7	–21 46 14	vd	3.69	+1.81	+1.62	M3+ IIIa Ca–1
			1008	3 19 47.3	–43 04 59	f	4.27	+0.22	+0.71	G8 V
			961	3 19 52.4	+77 43 20	fvd	5.45	+0.11	+0.19	A5 III:
			999	3 20 07.7	+29 02 09		4.47	+1.79	+1.55	K3 IIIa Ba 0.5
61	τ	Ari	1005	3 21 01.5	+21 08 05	fd	5.28	–0.52	–0.07	B5 IV
33	α	Per	1017	3 24 04.3	+49 50 56	fsvmd	1.80		+0.48	F5 Ib
			1009	3 24 22.1	+64 34 26	fv	5.23		+2.08	M0 II
1	o	Tau	1030	3 24 37.5	+ 9 01 00	fv6	3.60	+0.61	+0.89	G6 IIIa Fe–1
			1029	3 25 42.4	+49 06 32	sm	6.07		–0.08	B7 V
2	ξ	Tau	1038	3 26 58.8	+ 9 43 14	f6	3.74	–0.33	–0.09	B9 Vn
			1035	3 28 47.0	+59 55 42	fvd	4.21	–0.24	+0.41	B9 Ia
	κ	Ret	1083	3 29 19.0	–62 56 59	fd	4.72	–0.04	+0.40	F5 IV–V
			1040	3 29 38.0	+58 52 01	s6	4.54	–0.11	+0.56	A0 Ia
35	σ	Per	1052	3 30 19.6	+47 59 00	fvm	4.35		+1.37	K3 III
17		Eri	1070	3 30 26.6	– 5 05 13	f	4.73	–0.27	–0.09	B9 Vs
5		Tau	1066	3 30 40.8	+12 55 30	fd6	4.11	+1.02	+1.12	K0− II–III Fe–0.5
18	ε	Eri	1084	3 32 45.9	– 9 28 12	fsd	3.73	+0.59	+0.88	K2 V
19	τ^5	Eri	1088	3 33 38.0	–21 38 40	fm6	4.26		–0.10	B8 V
20	EG	Eri	1100	3 36 07.8	–17 28 43	fv	5.23		–0.13	B9p Si
37	ψ	Per	1087	3 36 14.4	+48 10 53	m	4.23		–0.06	B5 Ve
10		Tau	1101	3 36 41.6	+ 0 23 27	f	4.28	+0.07	+0.58	F9 IV–V
			1106	3 36 58.1	–40 17 10	f	4.58	+0.77	+1.04	K1 III

Flamsteed/Bayer Designation			HR No.	Right Ascension	Declination	Notes	V	U–B	B–V	Spectral Type
				h m s	° ′ ″					
	BD	Cam	1105	3 41 50.9	+63 12 21	fv6	5.10		+1.63	S3.5/2
	δ	For	1134	3 42 06.6	−31 56 58	f6	5.00	−0.60	−0.16	B5 IV
39	δ	Per	1122	3 42 40.5	+47 46 36	fvd6	3.01	−0.51	−0.13	B5 III
23	δ	Eri	1136	3 43 04.8	− 9 46 30	fv	3.54	+0.69	+0.92	K0+ IV
38	o	Per	1131	3 44 05.9	+32 16 39	vd6	3.83	−0.75	+0.05	B1 III
	β	Ret	1175	3 44 09.3	−64 49 05	fd6	3.85	+1.10	+1.13	K2 III
24		Eri	1146	3 44 19.8	− 1 10 26	f6	5.25	−0.39	−0.10	B7 V
17		Tau	1142	3 44 40.0	+24 06 09	fmd6	3.70		−0.11	B6 III
41	ν	Per	1135	3 44 57.3	+42 34 04	fvd	3.77	+0.31	+0.42	F5 II
19		Tau	1145	3 45 00.0	+24 27 23	vmd6	4.30		−0.11	B6 IV
29		Tau	1153	3 45 29.3	+ 6 02 21	fd6	5.35	−0.61	−0.12	B3 V
20		Tau	1149	3 45 37.1	+24 21 25	svmd6	3.88		−0.07	B7 IIIp
26	π	Eri	1162	3 45 58.5	−12 06 45	v	4.42	+2.01	+1.63	M2− IIIab
23	v971	Tau	1156	3 46 07.1	+23 56 16	vmd	4.18		−0.06	B6 IV
27	τ6	Eri	1173	3 46 41.9	−23 15 36	f	4.23	0.00	+0.42	F3 III
25	η	Tau	1165	3 47 16.6	+24 05 40	fmd	2.87		−0.09	B7 HIn
	γ	Hyi	1208	3 47 17.4	−74 14 59	f	3.24	+1.99	+1.62	M2 III
27		Tau	1178	3 48 57.2	+24 02 34	fvmd6	3.63		−0.08	B8 III
	BE	Cam	1155	3 49 11.8	+65 30 56	v	4.47	+2.13	+1.88	M2+ IIab
			1195	3 49 19.4	−36 12 38	f	4.17	+0.69	+0.95	G7 IIIa
	γ	Cam	1148	3 49 59.1	+71 19 19	fd	4.63	+0.07	+0.03	A1 IIIn
44	ζ	Per	1203	3 53 54.7	+31 52 24	fsvd67	2.85	−0.77	+0.12	B1 Ib
45	ε	Per	1220	3 57 37.1	+40 00 01	fsvd67	2.89	−0.99	−0.18	B0.5 IV
34	γ	Eri	1231	3 57 52.0	−13 31 06	fvd	2.95	+1.96	+1.59	M0.5 IIIb Ca−1
	δ	Ret	1247	3 58 41.4	−61 24 36	f	4.56	+1.96	+1.62	M1 III
46	ξ	Per	1228	3 58 44.2	+35 46 52	fv6	4.04	−0.92	+0.01	O7.5 IIIf
35	λ	Tau	1239	4 00 29.2	+12 28 50	fv6	3.47	−0.62	−0.12	B3 V
35		Eri	1244	4 01 21.4	− 1 33 33	f	5.28	−0.55	−0.15	B5 V
38	ν	Tau	1251	4 02 58.2	+ 5 58 47	f	3.91	+0.07	+0.03	A1 Va
37		Tau	1256	4 04 29.3	+22 04 21	fd	4.36	+0.95	+1.07	K0 III
47	λ	Per	1261	4 06 19.3	+50 20 31	f	4.29	−0.04	−0.01	A0 IIIn
			1279	4 07 30.1	+15 09 13	svmd6	6.01		+0.40	F3 V
48	MX	Per	1273	4 08 24.4	+47 42 12	fv	4.04	−0.55	−0.03	B3 Ve
43		Tau	1283	4 08 57.7	+19 36 01	f	5.50		+1.07	K1 III
			1270	4 09 09.7	+59 53 56	s	6.28	+0.92	+1.14	G8 IIa
44	IM	Tau	1287	4 10 37.0	+26 28 19	fv	5.41	+0.06	+0.34	F2 IV–V
38	o1	Eri	1298	4 11 41.7	− 6 50 47	fv	4.04	+0.13	+0.33	F1 IV
	α	Hor	1326	4 13 53.2	−42 18 11	f	3.86	+1.00	+1.10	K2 III
	α	Ret	1336	4 14 22.7	−62 28 57	fd6	3.35	+0.63	+0.91	G8 II–III
51	μ	Per	1303	4 14 38.4	+48 24 03	fvd67	4.14	+0.64	+0.95	G0 Ib
40	o2	Eri	1325	4 15 06.6	− 7 39 29	vd	4.43	+0.45	+0.82	K0.5 V
49	μ	Tau	1320	4 15 20.6	+ 8 53 02	fm6	4.29		−0.05	B3 IV
48		Tau	1319	4 15 34.4	+15 23 31	svmd	6.32		+0.40	F3 V
	γ	Dor	1338	4 15 56.1	−51 29 43	fv	4.25	+0.03	+0.30	F1 V+
	ε	Ret	1355	4 16 25.3	−59 18 37	d	4.44	+1.07	+1.08	K2 IV
41		Eri	1347	4 17 45.7	−33 48 25	vd67	3.56	−0.37	−0.12	B9p Mn
54	γ	Tau	1346	4 19 35.6	+15 37 10	fvm6	3.63		+0.99	G9.5 IIIab CN 0.5
57	v483	Tau	1351	4 19 45.8	+14 01 37	svmd6	5.59		+0.28	F0 IV
54		Per	1343	4 20 11.0	+34 33 31	fd	4.93	+0.69	+0.94	G8 III Fe 0.5
			1327	4 20 20.4	+65 07 56	s	5.27	+0.47	+0.81	G5 IIb

Flamsteed/Bayer Designation			HR No.	Right Ascension	Declination	Notes	V	U–B	B–V	Spectral Type
				h m s	° ′ ″					
	η	Ret	1367	4 20 29.8	–20 38 52	fm	5.38		–0.02	A1 V
	η	Ret	1395	4 21 51.0	–63 23 41	fm	5.23		+0.95	G8 III
61	δ	Tau	1373	4 22 44.0	+17 32 04	fvmd6	3.76		+0.98	G9.5 III CN 0.5
63		Tau	1376	4 23 13.0	+16 46 09	csmd6	5.63		+0.30	F0m
42	ξ	Eri	1383	4 23 30.4	– 3 45 12	fv6	5.17	+0.08	+0.08	A2 V
43		Eri	1393	4 23 54.3	–34 01 29	fm	3.95		+1.49	K3.5⁻ IIIb
65	κ¹	Tau	1387	4 25 09.6	+22 17 10	vmd6	4.22		+0.14	A5 IV–V
68	v776	Tau	1389	4 25 17.2	+17 55 13	vmd6	4.30		+0.05	A2 IV–Vs
69	υ	Tau	1392	4 26 05.9	+22 48 21	vmd6	4.29		+0.26	A9 IV⁻n
71	v777	Tau	1394	4 26 08.8	+15 36 38	vmd6	4.49		+0.25	F0n IV–V
77	θ¹	Tau	1411	4 28 22.5	+15 57 17	d6	3.85	+0.76	+0.96	G9 III Fe–0.5
74	ε	Tau	1409	4 28 24.7	+19 10 22	fd	3.54	+0.88	+1.02	G9.5 III CN 0.5
78	θ²	Tau	1412	4 28 27.7	+15 51 48	svd6	3.42	+0.15	+0.18	A7 III
	δ	Cae	1443	4 30 43.7	–44 57 40	fv	5.07		–0.19	B2 IV–V
1		Cam	1417	4 31 45.1	+53 54 13	fd6	5.77	–0.73	+0.18	B0 IIIn
50	υ¹	Eri	1453	4 33 22.4	–29 46 25	v	4.51	+0.72	+0.98	K0⁺ III Fe–0.5
86	ρ	Tau	1444	4 33 39.0	+14 50 14	fvm6	4.65		+0.24	A9 V
	α	Dor	1465	4 33 55.2	–55 03 08	fvd7	3.27	–0.35	–0.10	A0p Si
52	υ²	Eri	1464	4 35 24.9	–30 34 10	f	3.82	+0.72	+0.98	G8.5 IIIa
88		Tau	1458	4 35 27.7	+10 09 14	vd6	4.25	+0.11	+0.18	A5m
87	α	Tau	1457	4 35 43.2	+16 30 09	fsvd6	0.85	+1.90	+1.54	K5⁺ III
48	ν	Eri	1463	4 36 08.6	– 3 21 34	fvd6	3.93	–0.89	–0.21	B2 III
58		Per	1454	4 36 26.7	+41 15 28	cd6	4.25	+0.82	+0.82	K0 II–III + B9 V
	R	Dor	1492	4 36 43.2	–62 05 03	svd	5.40	+0.86	+1.58	M8e III:
90		Tau	1473	4 37 57.7	+12 30 15	md6	4.27		+0.13	A5 IV–V
53		Eri	1481	4 38 01.2	–14 18 38	fd67	3.87	+1.01	+1.09	K1.5 IIIb
54	DM	Eri	1496	4 40 17.3	–19 40 41	vd	4.32	+1.81	+1.61	M3 II–III
	α	Cae	1502	4 40 26.9	–41 52 13	fvd	4.45	+0.01	+0.34	F1 V
	β	Cae	1503	4 41 56.0	–37 09 04	f	5.05	+0.04	+0.37	F2 V
94	τ	Tau	1497	4 42 02.1	+22 57 02	fd67	4.28	–0.57	–0.13	B3 V
57	μ	Eri	1520	4 45 19.6	– 3 15 39	f6	4.02	–0.60	–0.15	B4 IV
4		Cam	1511	4 47 42.7	+56 45 05	fmd	5.26		+0.25	Am
1	π³	Ori	1543	4 49 39.0	+ 6 57 19	fvd6	3.19	–0.01	+0.45	F6 V
			1533	4 49 40.5	+37 28 57	f	4.88	+1.70	+1.44	K3.5 III
2	π²	Ori	1544	4 50 25.3	+ 8 53 40	6	4.36	0.00	+0.01	A0.5 IVn
3	π⁴	Ori	1552	4 51 01.2	+ 5 35 58	fsv6	3.69	–0.81	–0.17	B2 III
97	v480	Tau	1547	4 51 10.2	+18 50 03	fvd	5.13	+0.12	+0.21	A9 V⁺
4	o¹	Ori	1556	4 52 20.1	+14 14 42	fcv	4.74		+1.84	S3.5/1⁻
61	ω	Eri	1560	4 52 43.3	– 5 27 30	6	4.39	+0.16	+0.25	A9 IV
9	α	Cam	1542	4 53 42.0	+66 20 14	f	4.29	–0.88	+0.03	O9.5 Ia
8	π⁵	Ori	1567	4 54 04.1	+ 2 26 06	fv6	3.72	–0.83	–0.18	B2 III
	η	Men	1629	4 55 17.1	–74 56 33	f	5.47	+1.83	+1.52	K4 III
9	o²	Ori	1580	4 56 10.5	+13 30 33	d	4.07	+1.11	+1.15	K2⁻ III Fe–1
3	ι	Aur	1577	4 56 45.9	+33 09 39	fv	2.69	+1.78	+1.53	K3 II
7		Cam	1568	4 57 00.3	+53 44 49	d67	4.47	–0.01	–0.02	A0m A1 III
10	π⁶	Ori	1601	4 58 22.0	+ 1 42 32	v	4.47	+1.55	+1.40	K2⁻ II
7	ε	Aur	1605	5 01 43.0	+43 49 06	fvd6	2.99	+0.33	+0.54	A9 Ia
8	ζ	Aur	1612	5 02 14.0	+41 04 16	fcv6	3.75	+0.38	+1.22	K5 II + B5 V
102	ι	Tau	1620	5 02 53.2	+21 35 07	fmd	4.64		+0.15	A7 IV
10	β	Cam	1603	5 03 06.3	+60 26 15	fd	4.03	+0.63	+0.92	G1 Ib–IIa

Flamsteed/Bayer Designation			HR No.	Right Ascension	Declination	Notes	V	U–B	B–V	Spectral Type
				h m s	° ′ ″					
11	v1032	Ori	1638	5 04 22.1	+15 23 58	fv	4.68	−0.09	−0.06	A0p Si
	η²	Pic	1663	5 04 52.6	−49 34 57	fv	5.03	+1.88	+1.49	K5 III
2	ε	Lep	1654	5 05 18.8	−22 22 32	fv	3.19	+1.78	+1.46	K4 III
	ζ	Dor	1674	5 05 27.0	−57 28 39	f	4.72	−0.04	+0.52	F7 V
10	η	Aur	1641	5 06 16.1	+41 13 48	fv	3.17	−0.67	−0.18	B3 V
67	β	Eri	1666	5 07 40.6	− 5 05 27	fvd	2.79	+0.10	+0.13	A3 IVn
69	λ	Eri	1679	5 08 58.7	− 8 45 30	fv	4.27	−0.90	−0.19	B2 IVn
16		Ori	1672	5 09 08.1	+ 9 49 31	fvmd6	5.43		+0.24	A9m
3	ι	Lep	1696	5 12 08.1	−11 52 23	d	4.45	−0.40	−0.10	B9 V:
5	μ	Lep	1702	5 12 46.4	−16 12 34	fsv	3.31	−0.39	−0.11	B9p Hg Mn
4	κ	Lep	1705	5 13 04.2	−12 56 44	d7	4.36	−0.37	−0.10	B7 V
17	ρ	Ori	1698	5 13 06.5	+ 2 51 26	vd67	4.46	+1.16	+1.19	K1 III CN 0.5
11	μ	Aur	1689	5 13 11.3	+38 28 50	f	4.86	+0.09	+0.18	A7m
	θ	Dor	1744	5 13 45.6	−67 11 21	f	4.83	+1.39	+1.28	K2.5 IIIa
19	β	Ori	1713	5 14 22.2	− 8 12 20	fsvd6	0.12	−0.66	−0.03	B8 Ia
13	α	Aur	1708	5 16 25.8	+45 59 41	fcvd67	0.08	+0.44	+0.80	G6 III + G2 III
	o	Col	1743	5 17 21.5	−34 53 55	f	4.83	+0.80	+1.00	K0/1 III/IV
20	τ	Ori	1735	5 17 26.2	− 6 50 53	fsd6	3.60	−0.47	−0.11	B5 III
15	λ	Aur	1729	5 18 53.7	+40 05 46	fd	4.71	+0.12	+0.63	G1.5 IV–V Fe−1
	ζ	Pic	1767	5 19 17.0	−50 36 35	f	5.45	+0.01	+0.51	F7 III–IV
6	λ	Lep	1756	5 19 24.8	−13 10 49	f	4.29	−1.03	−0.26	B0.5 IV
22		Ori	1765	5 21 35.0	− 0 23 09	f6	4.73	−0.79	−0.17	B2 IV–V
			1686	5 21 58.6	+79 13 40	fd	5.05		+0.47	F7 Vs
29		Ori	1784	5 23 46.7	− 7 48 40		4.14	+0.69	+0.96	G8 III Fe−0.5
28	η	Ori	1788	5 24 18.1	− 2 24 00	vd6	3.36	−0.92	−0.17	B1 IV + B
24	γ	Ori	1790	5 24 56.6	+ 6 20 48	fvd6	1.64	−0.87	−0.22	B2 III
112	β	Tau	1791	5 26 04.2	+28 36 17	fsd	1.65	−0.49	−0.13	B7 III
115		Tau	1808	5 26 57.8	+17 57 34	fd	5.42	−0.53	−0.10	B5 V
9	β	Lep	1829	5 28 05.7	−20 45 43	fvd	2.84	+0.46	+0.82	G5 II
			1856	5 30 03.7	−47 04 48	fd7	5.46	+0.21	+0.62	G3 IV
32		Ori	1839	5 30 35.8	+ 5 56 44	d7	4.20	−0.55	−0.14	B5 V
	ε	Col	1862	5 31 05.3	−35 28 23		3.87	+1.08	+1.14	K1 II/III
34	δ	Ori	1851	5 31 49.7	− 0 17 13	sd	6.85	−0.71	−0.16	B2 Vh
34	δ	Ori	1852	5 31 49.7	− 0 18 05	fvd6	2.23	−1.05	−0.22	O9.5 II
119	CE	Tau	1845	5 32 00.5	+18 35 31	v	4.38	+2.21	+2.07	M2 Iab–Ib
	γ	Men	1953	5 32 01.2	−76 20 37	fd	5.19	+1.19	+1.13	K2 III
25	χ	Aur	1843	5 32 30.0	+32 11 23	fv6	4.76	−0.46	+0.34	B5 Iab
11	α	Lep	1865	5 32 34.5	−17 49 29	fsvd	2.58	+0.23	+0.21	F0 Ib
	β	Dor	1922	5 33 35.7	−62 29 32	fvm	3.40		+0.80	F7–G2 Ib
37	φ¹	Ori	1876	5 34 37.7	+ 9 29 15	f6	4.41	−0.97	−0.16	B0.5 IV–V
39	λ	Ori	1879	5 34 56.7	+ 9 55 55	vd8	3.66	−1.03	−0.18	O8 IIIf
	v1046	Ori	1890	5 35 11.4	− 4 29 44	svm6	6.55		−0.14	B2 Vh
			1891	5 35 12.1	− 4 25 38	smd	6.25		−0.16	B2.5 V
44	ι	Ori	1899	5 35 15.7	− 5 54 43	fsmd6	2.76		−0.23	O9 III
46	ε	Ori	1903	5 36 02.1	− 1 12 14	fsvd6	1.70	−1.04	−0.19	B0 Ia
40	φ²	Ori	1907	5 36 42.8	+ 9 17 20	s	4.09	+0.64	+0.95	K0 IIIb Fe−2
123	ζ	Tau	1910	5 37 26.1	+21 08 26	fsvd6	3.00	−0.67	−0.19	B2 IIIpe (shell)
48	σ	Ori	1931	5 38 34.2	− 2 36 07	d6	3.81	−1.01	−0.24	O9.5 V
	α	Col	1956	5 39 31.3	−34 04 33	fvd	2.64	−0.46	−0.12	B7 IV
50	ζ	Ori	1948	5 40 34.9	− 1 56 39	vmd68	2.05	−1.07	−0.21	O9.5 Ib

Flamsteed/Bayer Designation			HR No.	Right Ascension	Declination	Notes	V	U–B	B–V	Spectral Type
				h m s	° ′ ″					
50	ζ	Ori	1949	5 40 34.9	− 1 56 41	vmd68	4.21	−1.07	−0.21	B0 III
13	γ	Lep	1983	5 44 19.0	−22 26 58	fd	3.60	0.00	+0.47	F7 V
	δ	Dor	2015	5 44 46.0	−65 44 13	f	4.35	+0.12	+0.21	A7 V⁺n
27	o	Aur	1971	5 45 37.8	+49 49 30	f	5.47	+0.07	+0.03	A0p Cr
14	ζ	Lep	1998	5 46 47.8	−14 49 23	f6	3.55	+0.07	+0.10	A2 Van
	β	Pic	2020	5 47 12.1	−51 04 03		3.85	+0.10	+0.17	A6 V
130		Tau	1990	5 47 13.9	+17 43 41	f	5.49	+0.27	+0.30	F0 III
53	κ	Ori	2004	5 47 35.4	− 9 40 15	fv	2.06	−1.03	−0.17	B0.5 Ia
	γ	Pic	2042	5 49 45.8	−56 10 03	f	4.51	+0.98	+1.10	K1 III
			2049	5 50 48.5	−52 06 35	f	5.17	+0.72	+0.99	G8 III
	β	Col	2040	5 50 50.2	−35 46 10	f	3.12	+1.21	+1.16	K1.5 III
15	δ	Lep	2035	5 51 10.3	−20 52 45	f	3.81	+0.68	+0.99	K0 III Fe−1.5 CH 0.5
32	ν	Aur	2012	5 51 14.8	+39 08 52	fd	3.97	+1.09	+1.13	K0 III CN 0.5
136		Tau	2034	5 53 06.4	+27 36 42	fvd6	4.58	+0.03	−0.02	A0 IV
54	χ¹	Ori	2047	5 54 10.5	+20 16 33	d6	4.41	+0.07	+0.59	G0⁻ V Ca 0.5
30	ξ	Aur	2029	5 54 33.2	+55 42 23	f	4.99	+0.12	+0.05	A1 Va
58	α	Ori	2061	5 54 58.9	+ 7 24 24	fvd6	0.50	+2.06	+1.85	M1–M2 Ia–Iab
16	η	Lep	2085	5 56 14.7	−14 10 05	f	3.71	+0.01	+0.33	F1 V
	γ	Col	2106	5 57 24.8	−35 17 01	fd	4.36	−0.66	−0.18	B2.5 IV
60		Ori	2103	5 58 38.8	+ 0 33 10	fd6	5.22	+0.01	+0.01	A1 Vs
	η	Col	2120	5 59 02.4	−42 48 55	f	3.96	+1.08	+1.14	G8/K1 II
33	δ	Aur	2077	5 59 14.3	+54 17 05	fd	3.72	+0.87	+1.00	K0⁻ III
34	β	Aur	2088	5 59 16.3	+44 56 51	fvd6	1.90	+0.05	+0.03	A1 IV
37	θ	Aur	2095	5 59 29.0	+37 12 45	vd67	2.62	−0.18	−0.08	A0p Si
35	π	Aur	2091	5 59 40.5	+45 56 13	v	4.26	+1.83	+1.72	M3 II
61	μ	Ori	2124	6 02 11.5	+ 9 38 52	vmd6	4.12		+0.15	A5m:
62	χ²	Ori	2135	6 03 42.7	+20 08 19	svd	4.63	−0.68	+0.28	B2 Ia
1		Gem	2134	6 03 54.4	+23 15 50	fd67	4.16	+0.52	+0.82	G5 III–IV
17	SS	Lep	2148	6 04 49.7	−16 29 02	sv6	4.93	+0.12	+0.24	Ap (shell)
67	ν	Ori	2159	6 07 22.3	+14 46 09	f6	4.42	−0.66	−0.17	B3 IV
	ν	Dor	2221	6 08 45.6	−68 50 34	f	5.06	−0.21	−0.08	B8 V
			2180	6 08 49.0	−22 25 36	f	5.50		−0.01	A0 V
	δ	Pic	2212	6 10 13.8	−54 58 04	fv6	4.81	−1.03	−0.23	B0.5 IV
	α	Men	2261	6 10 20.7	−74 45 07	f	5.09	+0.33	+0.72	G5 V
70	ξ	Ori	2199	6 11 44.5	+14 12 35	d6	4.48	−0.65	−0.18	B3 IV
36		Cam	2165	6 12 30.0	+65 43 10	f6	5.32	+1.44	+1.34	K2 II–III
7	η	Gem	2216	6 14 40.0	+22 30 29	vd6	3.28	+1.66	+1.60	M2.5 III
5	γ	Mon	2227	6 14 41.1	− 6 16 25	d	3.98	+1.41	+1.32	K1 III Ba 0.5
44	κ	Aur	2219	6 15 09.3	+29 29 59	fv	4.35	+0.80	+1.02	G9 IIIb
74		Ori	2241	6 16 14.8	+12 16 24	fd	5.04	−0.02	+0.42	F4 IV
	κ	Col	2256	6 16 25.6	−35 08 21	fv	4.37	+0.83	+1.00	K0.5 IIIa
			2209	6 18 27.7	+69 19 17	f6	4.80	0.00	+0.03	A0 IV⁺nn
2	UZ	Lyn	2238	6 19 18.9	+59 00 45	fv	4.48	+0.03	+0.01	A1 Va
7		Mon	2273	6 19 32.7	− 7 49 17	f6	5.27	−0.75	−0.19	B2.5 V
1	ζ	CMa	2282	6 20 10.7	−30 03 42	fd6	3.02	−0.72	−0.19	B2.5 V
	δ	Col	2296	6 21 59.1	−33 26 04	6	3.85	+0.52	+0.88	G7 II
2	β	CMa	2294	6 22 32.7	−17 57 14	fsvd6	1.98	−0.98	−0.23	B1 II–III
13	μ	Gem	2286	6 22 44.9	+22 30 56	fsvd	2.88	+1.85	+1.64	M3 IIIab
8		Mon	2298	6 23 35.0	+ 4 35 41	fmd68	4.44	+0.12	+0.20	A6 IV
	α	Car	2326	6 23 52.5	−52 41 37	f	−0.72	+0.10	+0.15	A9 II

Flamsteed/Bayer Designation			HR No.	Right Ascension	Declination	Notes	V	U–B	B–V	Spectral Type
				h m s	° ′ ″					
			2305	6 24 00.5	–11 31 41	f	5.22		+1.24	K3 III
46	ψ¹	Aur	2289	6 24 37.7	+49 17 24	fv6	4.91	+2.29	+1.97	K5–M0 Iab–Ib
10		Mon	2344	6 27 47.2	– 4 45 35	fmd	5.05		–0.18	B2 V
	λ	CMa	2361	6 28 02.4	–32 34 40		4.48	–0.61	–0.17	B4 V
18	ν	Gem	2343	6 28 45.3	+20 12 52	fd6	4.15	–0.48	–0.13	B6 III
4	ξ¹	CMa	2387	6 31 42.6	–23 24 56	vmd6	4.34		–0.25	B1 III
			2392	6 32 37.1	–11 09 49	sv	6.24	+0.78	+1.11	G9.5 III: Ba 3
13		Mon	2385	6 32 42.9	+ 7 20 09	f	4.50	–0.18	0.00	A0 Ib–II
			2395	6 33 27.2	– 1 13 02	f	5.10	–0.56	–0.14	B5 Vn
			2435	6 34 53.9	–52 58 21		4.39	–0.15	–0.02	A0 II
5	ξ²	CMa	2414	6 34 54.6	–22 57 43	f	4.54	–0.03	–0.05	A0 III
7	ν²	CMa	2429	6 36 31.9	–19 15 11	v	3.95	+1.01	+1.06	K1.5 III–IV Fe 1
24	γ	Gem	2421	6 37 30.6	+16 24 09	fd6	1.93	+0.04	0.00	A1 IVs
	ν	Pup	2451	6 37 39.2	–43 11 34	fv6	3.17	–0.41	–0.11	B8 IIIn
8	ν³	CMa	2443	6 37 44.1	–18 14 03		4.43	+1.04	+1.15	K0.5 III
15	S	Mon	2456	6 40 47.1	+ 9 53 57	svmd6	4.65		–0.25	O7 Vf
27	ε	Gem	2473	6 43 43.0	+25 08 05	fsvd6	2.98	+1.46	+1.40	G8 Ib
30		Gem	2478	6 43 47.5	+13 13 54	d	4.49	+1.16	+1.16	K0.5 III CN 0.5
9	α	CMa	2491	6 44 59.6	–16 42 39	fd6	–1.46	–0.06	0.00	A0m A1 Va
31	ξ	Gem	2484	6 45 05.6	+12 53 58	fv	3.36	+0.06	+0.43	F5 IV
			2513	6 45 21.2	–52 11 50	sm	6.32			G5 Iab
			2401	6 45 38.6	+79 34 09	f6	5.45	–0.02	+0.50	F8 V
56	ψ⁵	Aur	2483	6 46 29.2	+43 34 52	fd	5.25	+0.05	+0.56	G0 V
			2518	6 47 14.2	–37 55 33	fd	5.26	–0.25	–0.08	B8/9 V
57	ψ⁶	Aur	2487	6 47 23.6	+48 47 37	f	5.22	+1.04	+1.12	K0 III
18		Mon	2506	6 47 40.7	+ 2 24 58	f6	4.47	+1.04	+1.11	K0⁺ IIIa
	α	Pic	2550	6 48 09.3	–61 56 15	f	3.27	+0.13	+0.21	A6 Vn
13	κ	CMa	2538	6 49 42.6	–32 30 16	fv	3.96	–0.92	–0.23	B1.5 IVne
	v415	Car	2554	6 49 46.8	–53 37 05	6	4.40	+0.61	+0.92	G4 II
	τ	Pup	2553	6 49 51.0	–50 36 37	f6	2.93	+1.21	+1.20	K1 III
	v592	Mon	2534	6 50 32.2	– 8 02 13	sv	6.29	+0.02	0.00	A2p Sr Cr Eu
	ι	Vol	2602	6 51 29.4	–70 57 33	f	5.40	–0.38	–0.11	B7 IV
34	θ	Gem	2540	6 52 33.5	+33 57 57	fd6	3.60	+0.14	+0.10	A3 III–IV
43		Cam	2511	6 53 19.7	+68 53 34	f	5.12	–0.43	–0.13	B7 III
16	o¹	CMa	2580	6 53 59.2	–24 10 46	svm	3.86		+1.73	K2 Iab
14	θ	CMa	2574	6 54 01.6	–12 02 03	f	4.07	+1.70	+1.43	K4 III
	NP	Pup	2591	6 54 20.1	–42 21 39	sv	6.32	+2.79	+2.24	C5,2.5
20	ι	CMa	2596	6 55 58.8	–17 02 58	vm	4.38		–0.07	B3 II
15		Lyn	2560	6 56 58.4	+58 25 39	d7	4.35	+0.52	+0.85	G5 III–IV
21	ε	CMa	2618	6 58 29.3	–28 58 02	fd	1.50	–0.93	–0.21	B2 II
			2527	6 59 33.6	+76 58 57	f6	4.55	+1.66	+1.36	K4 III
22	σ	CMa	2646	7 01 34.8	–27 55 47	fvmd	3.46		+1.73	K7 Ib
42	ω	Gem	2630	7 02 12.0	+24 13 14	fsv	5.18	+0.68	+0.94	G5 IIa
24	o²	CMa	2653	7 02 52.7	–23 49 41	fsm6	3.03		–0.09	B3 Ia
23	γ	CMa	2657	7 03 36.0	–15 37 40	f	4.11	–0.49	–0.12	B8 II
43	ζ	Gem	2650	7 03 54.1	+20 34 32	fvd6	3.79		+0.79	F9 Ib (var)
			2666	7 03 56.1	–42 19 55	fv6	5.20	+0.15	+0.20	A9m
	v386	Car	2683	7 04 14.4	–56 44 40	fm	5.17		–0.04	Ap Si
25	δ	CMa	2693	7 08 14.9	–26 23 15	fsv6	1.86	+0.57	+0.65	F8 Ia
	β¹	Vol	2735	7 08 44.1	–70 29 30	vmd68	5.67	+0.60	+0.91	F0/3

Flamsteed/Bayer Designation			HR No.	Right Ascension	Declination	Notes	V	U–B	B–V	Spectral Type
				h m s	° ′ ″					
	β²	Vol	2736	7 08 46.7	−70 29 36	fmd8	3.78	+0.60	+0.91	G9 III
20		Mon	2701	7 10 03.3	− 4 13 53	fd	4.92	+0.78	+1.03	K0 III
46	τ	Gem	2697	7 10 55.0	+30 15 04	vd7	4.41	+1.41	+1.26	K2 III
63		Aur	2696	7 11 24.9	+39 19 35	f6	4.90	+1.74	+1.45	K3.5 III
22	δ	Mon	2714	7 11 41.1	− 0 29 12	fd	4.15	+0.02	−0.01	A1 III⁺
48		Gem	2706	7 12 13.6	+24 08 04	s	5.85	+0.09	+0.36	F5 III–IV
	QW	Pup	2740	7 12 27.6	−46 45 12	f	4.49	−0.01	+0.32	F0 IVs
51	BQ	Gem	2717	7 13 10.2	+16 09 54	fvd	5.00	+1.82	+1.66	M4 IIIab
	L₂	Pup	2748	7 13 25.9	−44 38 02	vd	5.10		+1.56	M5 IIIe
27	EW	CMa	2745	7 14 06.6	−26 20 46	vd6	4.66	−0.71	−0.19	B3 IIIep
28	ω	CMa	2749	7 14 40.2	−26 45 59	v	3.85	−0.73	−0.17	B2 IV–Ve
	δ	Vol	2803	7 16 50.0	−67 57 03	f	3.98	+0.45	+0.79	F9 Ib
	π	Pup	2773	7 17 01.1	−37 05 28	fvd	2.70	+1.24	+1.62	K3 Ib
54	λ	Gem	2763	7 17 53.5	+16 32 49	fvd67	3.58	+0.10	+0.11	A4 IV
30	τ	CMa	2782	7 18 33.7	−24 56 52	vmd6	4.39		−0.15	O9 II
55	δ	Gem	2777	7 19 54.8	+21 59 20	fd67	3.53	+0.04	+0.34	F0 V⁺
66		Aur	2805	7 23 54.0	+40 40 46	f6	5.19	+1.24	+1.23	K1 IIIa Fe 1
31	η	CMa	2827	7 23 57.4	−29 17 46	fsmd	2.44		−0.07	B5 Ia
60	ι	Gem	2821	7 25 30.6	+27 48 19	f	3.79	+0.85	+1.03	G9 IIIb
3	β	CMi	2845	7 26 57.7	+ 8 17 48	fvd6	2.90	−0.28	−0.09	B8 V
4	γ	CMi	2854	7 27 58.4	+ 8 55 59	d6	4.32	+1.54	+1.43	K3 III Fe−1
62	ρ	Gem	2852	7 28 53.2	+31 47 30	fd6	4.18	−0.03	+0.32	F0 V⁺
	σ	Pup	2878	7 29 07.2	−43 17 39	fd6	3.25	+1.78	+1.51	K5 III
6		CMi	2864	7 29 36.1	+12 00 50	fv	4.54	+1.37	+1.28	K1 III
			2906	7 33 54.2	−22 17 18	f	4.45	+0.06	+0.51	F6 IV
66	α	Gem	2891	7 34 22.5	+31 53 46	fvmd68	1.99	+0.01	+0.04	A1m A2 Va
66	α	Gem	2890	7 34 22.7	+31 53 48	fmd68	2.85	+0.01	+0.04	A2m A5 V:
			2934	7 35 34.5	−52 31 34	fv6	4.94	+1.63	+1.40	K3 III
69	υ	Gem	2905	7 35 42.4	+26 54 13	fvd	4.06	+1.94	+1.54	M0 III–IIIb
25		Mon	2927	7 37 06.3	− 4 06 11	fvd	5.13	+0.12	+0.44	F6 III
			2937	7 37 14.3	−34 57 38	fd7	4.53	−0.31	−0.09	B8 V
			2948	7 38 40.7	−26 47 37	vmd8	4.50	−0.57	−0.17	B6 V
	OV	Cep	2609	7 38 58.4	+87 01 42	fv	5.07	+1.97	+1.63	M2⁻ IIIab
10	α	CMi	2943	7 39 07.1	+ 5 14 02	fsvd67	0.38	+0.02	+0.42	F5 IV–V
	R	Pup	2974	7 40 44.6	−31 39 09	sv	6.65	+0.85	+1.20	G2 0–Ia
26	α	Mon	2970	7 41 04.8	− 9 32 34	f	3.93	+0.88	+1.02	G9 III Fe−1
	ζ	Vol	3024	7 41 51.9	−72 35 52	fd7	3.95	+0.83	+1.04	G9 III
24		Lyn	2946	7 42 42.7	+58 43 08	fd	4.99	+0.08	+0.08	A2 IVn
75	σ	Gem	2973	7 43 05.6	+28 53 32	vd6	4.28	+0.97	+1.12	K1 III
3		Pup	2996	7 43 40.0	−28 56 47	6	3.96	−0.09	+0.18	A2 Ib
77	κ	Gem	2985	7 44 14.2	+24 24 24	fd7	3.57	+0.69	+0.93	G8 III
78	β	Gem	2990	7 45 06.1	+28 02 05	fvd	1.14	+0.85	+1.00	K0 IIIb
			3017	7 45 07.8	−37 57 36	vm	3.59		+1.72	K5 IIa
4		Pup	3015	7 45 47.2	−14 33 19	f	5.04	+0.09	+0.33	F2 V
81		Gem	3003	7 45 55.3	+18 31 08	fd6	4.88	+1.75	+1.45	K4 III
11		CMi	3008	7 46 04.7	+10 46 37	fv6	5.30	−0.02	+0.01	A0.5 IV⁻nn
			2999	7 46 25.3	+37 31 34	fvm	5.18		+1.58	M2⁺ IIIb
80	π	Gem	3013	7 47 16.8	+33 25 28	fvd7	5.14	+1.95	+1.60	M1⁺ IIIa
			3037	7 47 25.2	−46 35 59	fm6	5.23		−0.14	B1.5 IV
	o	Pup	3034	7 47 56.4	−25 55 42	vd	4.50	−1.02	−0.05	B1 IV:nne

Flamsteed/Bayer Designation			HR No.	Right Ascension	Declination	Notes	V	U–B	B–V	Spectral Type
				h m s	° ′ ″					
			3055	7 49 07.9	–46 21 52	d	4.11	–1.01	–0.18	B0 III
7	ξ	Pup	3045	7 49 08.8	–24 51 03	fd6	3.34	+1.16	+1.24	G6 Iab–Ib
13	ζ	CMi	3059	7 51 31.1	+ 1 46 33	f	5.14	–0.49	–0.12	B8 II
			3080	7 52 05.8	–40 34 00	fc6	3.73	+0.78	+1.04	K1/2 II + A
	QZ	Pup	3084	7 52 31.2	–38 51 14	vd	4.49	–0.69	–0.19	B2.5 V
			3090	7 53 12.0	–48 05 38		4.24	–1.00	–0.14	B0.5 Ib
83	φ	Gem	3067	7 53 17.0	+26 46 30	f6	4.97	+0.10	+0.09	A3 IV–V
	χ	Car	3117	7 56 41.4	–52 58 22	fv	3.47	–0.67	–0.18	B3p Si
11		Pup	3102	7 56 42.5	–22 52 14		4.20	+0.42	+0.72	F8 II
			3113	7 57 31.7	–30 19 30	fv	4.79	+0.18	+0.15	A6 II
	V	Pup	3129	7 58 08.3	–49 14 07	cvd6	4.41	–0.96	–0.17	B1 Vp + B2:
27		Mon	3122	7 59 33.7	– 3 40 12	f	4.93	+1.21	+1.21	K2 III
			3153	7 59 34.1	–60 34 38	sm	5.16		+1.72	M1.5 II
			3131	7 59 42.6	–18 23 22	fm	4.62		+0.08	A2 IVn
			3075	7 59 46.9	+73 55 40	f	5.41	+1.64	+1.42	K3 III
			3145	8 02 05.0	+ 2 20 39	d	4.39	+1.28	+1.25	K2 IIIb Fe–0.5
	χ	Gem	3149	8 03 18.2	+27 48 16	fd6	4.94	+1.09	+1.12	K1 III
	ζ	Pup	3165	8 03 27.7	–39 59 36	fs	2.25	–1.11	–0.26	O5 Iafn
15	ρ	Pup	3185	8 07 23.7	–24 17 39	fvd6	2.81	+0.19	+0.43	F5 (Ib–II)p
	ε	Vol	3223	8 07 55.3	–68 36 25	d67	4.35	–0.46	–0.11	B6 IV
27		Lyn	3173	8 08 11.7	+51 31 01	fd	4.84	0.00	+0.05	A1 Va
29	ζ	Mon	3188	8 08 25.1	– 2 58 24	d	4.38	+0.69	+0.97	G2 Ib
16		Pup	3192	8 08 52.2	–19 14 05	6	4.40	–0.60	–0.15	B5 IV
	γ¹	Vel	3206	8 09 22.8	–47 20 07	vd6	4.27	–0.92	–0.23	B1 IV
	γ²	Vel	3207	8 09 25.5	–47 19 34	fcvmd68	1.82	–0.99	–0.22	WC8 + O9I:
	NS	Pup	3225	8 11 14.0	–39 36 29	v6	4.45	+1.86	+1.62	K4.5 Ib
			3182	8 12 28.1	+68 29 05	f	5.32	+0.81	+1.04	G7 II
20		Pup	3229	8 13 10.3	–15 46 39	f	4.99		+1.07	G5 IIa
			3243	8 13 55.4	–40 20 14	d6	4.44	+1.09	+1.17	K1 II/III
17	β	Cnc	3249	8 16 19.6	+ 9 11 47	fvd	3.52	+1.77	+1.48	K4 III Ba 0.5
			3270	8 18 25.5	–36 38 54	f	4.45	+0.11	+0.22	A7 IV
	α	Cha	3318	8 18 37.4	–76 54 31		4.07	–0.02	+0.39	F4 IV
18	χ	Cnc	3262	8 19 51.1	+27 13 45	f	5.14	–0.06	+0.47	F6 V
	θ	Cha	3340	8 20 45.1	–77 28 24	fd	4.35	+1.20	+1.16	K2 III CN 0.5
			3282	8 21 14.8	–33 02 35	f	4.83	+1.60	+1.45	K2.5 II–III
	ε	Car	3307	8 22 26.5	–59 29 54	fcv	1.86	+0.19	+1.28	K3: III + B2: V
31		Lyn	3275	8 22 35.8	+43 11 59	fv	4.25	+1.90	+1.55	K4.5 III
			3315	8 24 54.7	–24 02 05	fmd6	5.28		+1.48	K4.5 III CN 1
			3314	8 25 29.1	– 3 53 41	f	3.90	–0.02	–0.02	A0 Va
	β	Vol	3347	8 25 42.0	–66 07 31	fv	3.77	+1.14	+1.13	K2 III
1	o	UMa	3323	8 29 58.6	+60 43 49	fsvd	3.36	+0.52	+0.84	G5 III
33	η	Cnc	3366	8 32 30.4	+20 27 12	f	5.33	+1.39	+1.25	K3 III
4	δ	Hya	3410	8 37 28.3	+ 5 42 58	fd6	4.16	+0.01	0.00	A1 IVnn
			3426	8 37 31.3	–42 58 36	f	4.14	+0.16	+0.11	A6 II
5	σ	Hya	3418	8 38 34.5	+ 3 21 14	f	4.44	+1.28	+1.21	K1 III
6		Hya	3431	8 39 51.5	–12 27 46	f	4.98		+1.42	K4 III
	β	Pyx	3438	8 39 58.0	–35 17 44	d6	3.97	+0.65	+0.94	G4 III
	o	Vel	3447	8 40 11.6	–52 54 34	fvm6	3.62		–0.18	B3 IV
			3445	8 40 30.6	–46 38 10	fvd	3.84	+0.30	+0.71	F0 Ia
	v343	Car	3457	8 40 32.4	–59 44 55	vd6	4.33	–0.80	–0.11	B1.5 III

Flamsteed/Bayer Designation			HR No.	Right Ascension	Declination	Notes	V	U–B	B–V	Spectral Type
				h m s	° ′ ″					
34		Lyn	3422	8 40 46.6	+45 50 47	f	5.37	+0.75	+0.99	G8 IV
	η	Cha	3502	8 41 27.1	−78 57 03	f	5.47	−0.35	−0.10	B8 V
7	η	Hya	3454	8 43 02.5	+ 3 24 41	v6	4.30	−0.74	−0.20	B4 V
43	γ	Cnc	3449	8 43 05.0	+21 28 52	fmd6	4.67		+0.01	A1 Va
	α	Pyx	3468	8 43 27.1	−33 10 25	fv	3.68	−0.88	−0.18	B1.5 III
			3477	8 44 16.5	−42 38 11	md	4.05		+0.87	G6 II–III
47	δ	Cnc	3461	8 44 29.2	+18 10 02	fd	3.94	+0.99	+1.08	K0 IIIb
	δ	Vel	3485	8 44 36.5	−54 41 43	d7	1.96	+0.07	+0.04	A1 Va
			3487	8 45 54.6	−46 01 43		3.91	−0.05	0.00	A1 II
12		Hya	3484	8 46 12.6	−13 32 05	d6	4.32	+0.62	+0.90	G8 III Fe−1
48	ι	Cnc	3475	8 46 29.1	+28 46 22	fvd	4.02	+0.78	+1.01	G8 II–III
11	ε	Hya	3482	8 46 35.5	+ 6 25 54	cvd67	3.38	+0.36	+0.68	G5: III + A:
	v344	Car	3498	8 46 37.3	−56 45 24	v	4.49	−0.73	−0.17	B3 Vne
13	ρ	Hya	3492	8 48 14.9	+ 5 51 03	d6	4.36	−0.04	−0.04	A0 Vn
14	KX	Hya	3500	8 49 11.2	− 3 25 48	fv	5.31	−0.35	−0.09	B9p Hg Mn
	γ	Pyx	3518	8 50 23.0	−27 41 48	f	4.01	+1.40	+1.27	K2.5 III
			3571	8 54 58.1	−60 37 52	fd	3.84	−0.45	−0.10	B7 II–III
16	ζ	Hya	3547	8 55 12.5	+ 5 57 32	f	3.11	+0.80	+1.00	G9 IIIa
	v376	Car	3582	8 56 53.3	−59 12 57	fvmd8	5.08	−0.77	−0.19	B2 IV–V
	ζ	Oct	3678	8 57 14.8	−85 38 58	f	5.42	+0.07	+0.31	F0 III
65	α	Cnc	3572	8 58 17.8	+11 52 17	fvd6	4.25	+0.15	+0.14	A5m
9	ι	UMa	3569	8 58 58.1	+48 03 20	fvd6	3.14	+0.07	+0.19	A7 IVn
64	σ³	Cnc	3575	8 59 19.8	+32 25 56	fd	5.20		+0.93	G8 III
			3591	8 59 57.6	−41 14 24	fcv6	4.45	+0.38	+0.65	G8/K1 III + A
			3579	9 00 24.8	+41 47 49	fd67	3.97	+0.05	+0.44	F7 V
8	ρ	UMa	3576	9 02 14.0	+67 38 37	fv	4.76	+1.88	+1.53	M3 IIIb Ca 1
	α	Vol	3615	9 02 23.5	−66 22 56	f6	4.00	+0.13	+0.14	A5m
12	κ	UMa	3594	9 03 23.3	+47 10 14	fvd7	3.60	+0.01	0.00	A0 IIIn
			3614	9 04 02.0	−47 05 01	f	3.75	+1.22	+1.20	K2 III
			3643	9 05 08.8	−72 35 19		4.48	+0.22	+0.61	F8 II
			3612	9 06 18.5	+38 27 59	f	4.56	+0.82	+1.04	G7 Ib–II
76	κ	Cnc	3623	9 07 33.5	+10 40 57	fvd6	5.24	−0.43	−0.11	B8p Hg Mn
	λ	Vel	3634	9 07 52.0	−43 25 06	fvd	2.21	+1.81	+1.66	K4.5 Ib
15		UMa	3619	9 08 37.5	+51 37 08		4.48	+0.12	+0.27	F0m
77	ξ	Cnc	3627	9 09 09.5	+22 03 35	fd6	5.14	+0.80	+0.97	G9 IIIa Fe−0.5 CH−1
13	σ²	UMa	3616	9 10 04.9	+67 08 57	vd7	4.80	+0.02	+0.49	F7 IV–V
	v357	Car	3659	9 10 52.5	−58 57 09	v6	3.44	−0.70	−0.19	B2 IV–V
			3663	9 11 11.9	−62 18 10		3.97	−0.67	−0.18	B3 III
	β	Car	3685	9 13 09.7	−69 42 10	f	1.68	+0.03	0.00	A1 III
36		Lyn	3652	9 13 34.5	+43 13 57	f	5.32	−0.45	−0.14	B8p Mn
22	θ	Hya	3665	9 14 11.0	+ 2 19 45	fvd6	3.88	−0.12	−0.06	B9.5 IV (C II)
			3696	9 16 06.3	−57 31 35	v	4.34	+1.98	+1.63	M0.5 III Ba 0.3
	ι	Car	3699	9 16 59.8	−59 15 38	fv	2.25	+0.16	+0.18	A7 Ib
38		Lyn	3690	9 18 37.7	+36 49 03	d67	3.82	+0.06	+0.06	A2 IV⁻
40	α	Lyn	3705	9 20 50.6	+34 24 27	fv	3.13	+1.94	+1.55	K7 IIIab
	θ	Pyx	3718	9 21 20.3	−25 57 02	f	4.72	+2.02	+1.63	M0.5 III
	κ	Vel	3734	9 22 00.3	−54 59 45	f6	2.50	−0.75	−0.18	B2 IV–V
1	κ	Leo	3731	9 24 27.1	+26 11 51	fvd7	4.46	+1.31	+1.23	K2 III
30	α	Hya	3748	9 27 24.9	− 8 38 36	fvd	1.98	+1.72	+1.44	K3 II–III
	ε	Ant	3765	9 29 06.0	−35 56 10	f6	4.51	+1.68	+1.44	K3 III

Flamsteed/Bayer Designation			HR No.	Right Ascension	Declination	Notes	V	U–B	B–V	Spectral Type
	ψ	Vel	3786	h m s 9 30 33.7	° ′ ″ –40 27 05	vd7	3.60	–0.03	+0.36	F0 V+
			3803	9 31 06.9	–57 01 08	fv	3.13	+1.89	+1.55	K5 III
23		UMa	3757	9 31 15.3	+63 04 38	fvd	3.67	+0.10	+0.33	F0 IV
4	λ	Leo	3773	9 31 31.3	+22 59 01	v	4.31	+1.89	+1.54	K4.5 IIIb
			3821	9 31 34.8	–73 03 56	f	5.47	+1.75	+1.56	K4 III
5	ξ	Leo	3782	9 31 45.4	+11 18 56	fvd	4.97	+0.86	+1.05	G9.5 III
	R	Car	3816	9 32 09.4	–62 46 24	vmd	4.00			g M5e
25	θ	UMa	3775	9 32 37.5	+51 41 36	fdv6	3.17	+0.02	+0.46	F6 IV
			3808	9 33 02.8	–21 06 01	f	5.01		+1.02	K0 III
10	SU	LMi	3800	9 34 00.6	+36 24 48	f	4.55	+0.62	+0.92	G7.5 III Fe–0.5
24	DK	UMa	3771	9 34 10.6	+69 50 45	fv	4.56	+0.34	+0.77	G5 III–IV
			3825	9 34 20.6	–59 12 50		4.08	–0.56	+0.01	B5 II
26		UMa	3799	9 34 35.2	+52 04 02		4.50	+0.04	+0.01	A1 Va
			3751	9 36 36.6	+81 20 32	f	4.29	+1.72	+1.48	K3 IIIa
			3836	9 36 42.2	–49 20 22	d	4.35	+0.13	+0.17	A5 IV–V
			3834	9 38 16.4	+ 4 39 55	f	4.68	+1.46	+1.32	K3 III
35	ι	Hya	3845	9 39 40.6	– 1 07 37	fv	3.91	+1.46	+1.32	K2.5 III
38	κ	Hya	3849	9 40 08.3	–14 18 59	fv	5.06	–0.57	–0.15	B5 V
14	o	Leo	3852	9 40 57.8	+ 9 54 30	fcd6	3.52	+0.21	+0.49	F5 II + A5?
16	ψ	Leo	3866	9 43 32.5	+14 02 16	fvd	5.35		+1.63	M2+ IIIab
	θ	Ant	3871	9 44 02.7	–27 45 12	fcd7	4.79	+0.35	+0.51	F7 II–III + A8 V
	λ	Car	3884	9 45 09.0	–62 29 30	fvm	3.40		+1.20	F9–G5 Ib
17	ε	Leo	3873	9 45 39.2	+23 47 26	fv	2.98	+0.47	+0.80	G1 II
	υ	Car	3890	9 47 00.9	–65 03 20	md8	3.15	+0.13	+0.27	A6 II
	R	Leo	3882	9 47 22.2	+11 26 42	vm	4.40			g M7e
			3881	9 48 21.9	+46 02 15	f	5.09	+0.10	+0.62	G0.5 Va
29	υ	UMa	3888	9 50 44.6	+59 03 19	fvd	3.80	+0.10	+0.29	F0 IV
39	υ1	Hya	3903	9 51 18.6	–14 49 48		4.12	+0.65	+0.92	G8.5 IIIa
24	μ	Leo	3905	9 52 33.9	+26 01 25	fs	3.88	+1.39	+1.22	K2 III CN 1 Ca 1
			3923	9 54 42.3	–18 59 34	f6	4.94	+1.93	+1.57	K5 III
	φ	Vel	3940	9 56 44.4	–54 33 04	fd	3.54	–0.62	–0.08	B5 Ib
19		LMi	3928	9 57 28.3	+41 04 21	f6	5.14	0.00	+0.46	F5 V
	η	Ant	3947	9 58 43.3	–35 52 27	fd	5.23	+0.08	+0.31	F1 III–IV
29	π	Leo	3950	10 00 01.7	+ 8 03 40	fv	4.70	+1.93	+1.60	M2– IIIab
20		LMi	3951	10 00 48.6	+31 56 28	fd	5.36	+0.27	+0.66	G3 Va Hδ 1
40	υ2	Hya	3970	10 04 57.2	–13 02 51	fv6	4.60	–0.27	–0.09	B8 V
30	η	Leo	3975	10 07 08.5	+16 46 47	fsvd	3.52	–0.21	–0.03	A0 Ib
21		LMi	3974	10 07 13.4	+35 15 43	v	4.48	+0.08	+0.18	A7 V
31		Leo	3980	10 07 43.1	+10 00 54	d	4.37	+1.75	+1.45	K3.5 IIIb Fe–1:
15	α	Sex	3981	10 07 45.5	– 0 21 16		4.49	–0.07	–0.04	A0 III
32	α	Leo	3982	10 08 11.2	+11 59 04	fvd6	1.35	–0.36	–0.11	B7 Vn
41	λ	Hya	3994	10 10 25.0	–12 20 12	fd6	3.61	+0.92	+1.01	K0 III CN 0.5
	ω	Car	4037	10 13 39.2	–70 01 14	f	3.32	–0.33	–0.08	B8 IIIn
			4023	10 14 35.3	–42 06 17	f6	3.85	+0.06	+0.05	A2 Va
36	ζ	Leo	4031	10 16 29.8	+23 26 05	fsvd6	3.44	+0.20	+0.31	F0 IIIa
33	λ	UMa	4033	10 16 53.2	+42 55 55	fsm	3.45		+0.03	A1 IV
	v337	Car	4050	10 16 57.9	–61 18 53	fvd	3.40	+1.72	+1.54	K2.5 II
22	ε	Sex	4042	10 17 27.4	– 8 03 05	f	5.24	+0.13	+0.31	F1 IV–
	AG	Ant	4049	10 17 58.0	–28 58 28	fm	5.34		+0.24	A0p Ib–II
41	γ1	Leo	4057	10 19 46.8	+19 51 34	vmd68	2.61	+1.00	+1.15	K1– IIIb Fe–0.5

Flamsteed/Bayer Designation			HR No.	Right Ascension	Declination	Notes	V	U−B	B−V	Spectral Type
				h m s	° ′ ″					
41	γ²	Leo	4058	10 19 47.1	+19 51 30	md8	3.80	+1.00	+1.15	G7 III Fe−1.5
			4074	10 20 47.0	−56 01 32	d7	4.50	−0.58	−0.12	B3 III
34	μ	UMa	4069	10 22 07.3	+41 31 02	fv6	3.05	+1.89	+1.59	M0 III
			4080	10 22 10.6	−41 37 57	fv	4.83	+1.08	+1.12	K1 III
			4086	10 23 20.1	−37 59 32	f	5.33		+0.25	A8 V
			4072	10 23 52.9	+65 35 03	fv6	4.97	−0.13	−0.06	A0p Hg
			4102	10 24 19.5	−74 00 50	fv6	4.00	−0.01	+0.35	F2 V
42	μ	Hya	4094	10 25 55.3	−16 49 06	fm	3.81		+1.48	K4⁺ III
	α	Ant	4104	10 26 59.5	−31 03 00	fv6	4.25	+1.63	+1.45	K4.5 III
31	β	LMi	4100	10 27 40.9	+36 43 31	fd67	4.21	+0.64	+0.90	G9 IIIab
			4114	10 27 45.0	−58 43 18	fv	3.82	+0.24	+0.31	F0 Ib
29	δ	Sex	4116	10 29 18.0	− 2 43 16	f	5.21	−0.12	−0.06	B9.5 V
36		UMa	4112	10 30 24.3	+55 59 55	f	4.84	−0.01	+0.52	F8 V
			4084	10 30 40.4	+82 34 36	fv	5.26	−0.05	+0.37	F4 V
	PP	Car	4140	10 31 53.9	−61 40 02	fv	3.32	−0.72	−0.09	B4 Vne
47	ρ	Leo	4133	10 32 37.6	+ 9 19 29	fvd6	3.85	−0.96	−0.14	B1 Iab
			4143	10 32 48.0	−46 59 07	fd7	5.02	+0.59	+1.04	K1/2 III
44		Hya	4145	10 33 50.9	−23 43 37	fd	5.08		+1.60	K5 III
			4126	10 34 48.1	+75 43 52	f	4.84		+0.96	G8 III
37		UMa	4141	10 34 56.3	+57 06 03	f	5.16	−0.02	+0.34	F1 V
	γ	Cha	4174	10 35 25.7	−78 35 23	fv	4.11	+1.95	+1.58	M0 III
			4159	10 35 27.2	−57 32 22	v6	4.45	+1.79	+1.62	K5 II
			4167	10 37 09.2	−48 12 27	d67	3.84	+0.07	+0.30	F0m
37		LMi	4166	10 38 31.4	+31 59 40	f	4.71	+0.54	+0.81	G2.5 IIa
			4180	10 39 10.0	−55 35 06	fd	4.28	+0.75	+1.04	G2 II
			4181	10 42 49.3	+69 05 41	f	5.00		+1.38	K3 III
	θ	Car	4199	10 42 49.8	−64 22 34	fm6	2.76		−0.23	B0.5 Vp
41		LMi	4192	10 43 13.6	+23 12 24	f	5.08	+0.05	+0.04	A2 IV
			4191	10 43 20.6	+46 13 20	fd6	5.18	+0.01	+0.33	F5 III
	η	Car	4210	10 44 55.5	−59 39 57	vmd	6.22		+0.62	pec
42		LMi	4203	10 45 40.3	+30 42 03	fd6	5.24	−0.14	−0.06	A1 Vn
	δ²	Cha	4234	10 45 45.1	−80 31 18	f	4.45	−0.70	−0.19	B2.5 IV
51		Leo	4208	10 46 13.3	+18 54 36	f	5.49		+1.12	gK3
	μ	Vel	4216	10 46 37.1	−49 24 05	d67	2.69	+0.57	+0.90	G5 III + F8: V
53		Leo	4227	10 49 04.4	+10 33 50	f6	5.25	+0.05	+0.01	A2 V
	ν	Hya	4232	10 49 27.1	−16 10 31	f	3.11	+1.30	+1.25	K1.5 IIIb Hδ−0.5
46		LMi	4247	10 53 07.0	+34 14 02	fv	3.83	+0.91	+1.04	K0⁺ III–IV
			4257	10 53 21.1	−58 50 05	vd6	3.78	+0.65	+0.95	K0 IIIb
54		Leo	4259	10 55 25.5	+24 46 07	md8	4.51	+0.01	+0.02	A1 IIIn + A1 IVn
	ι	Ant	4273	10 56 33.2	−37 07 08	f	4.60	+0.84	+1.03	K0 III
47		UMa	4277	10 59 16.3	+40 26 56	f	5.05	+0.13	+0.61	G1⁻ V Fe−0.5
7	α	Crt	4287	10 59 36.2	−18 16 48	f	4.08	+1.00	+1.09	K0⁺ III
			4293	10 59 59.6	−42 12 26	f	4.39	+0.12	+0.11	A3 IV
58		Leo	4291	11 00 22.8	+ 3 38 11	fd	4.84	+1.12	+1.16	K0.5 III Fe−0.5
48	β	UMa	4295	11 01 37.9	+56 24 04	fv6	2.37	+0.01	−0.02	A0m A1 IV–V
60		Leo	4300	11 02 08.6	+20 11 55		4.42	+0.05	+0.05	A0.5m A3 V
50	α	UMa	4301	11 03 30.8	+61 46 11	fvd6	1.79	+0.92	+1.07	K0⁻ IIIa
63	χ	Leo	4310	11 04 50.2	+ 7 21 18	fvd7	4.63	+0.08	+0.33	F1 IV
	χ¹	Hya	4314	11 05 09.8	−27 16 29	fd7	4.94	+0.04	+0.36	F3 IV
	v382	Car	4337	11 08 26.4	−58 57 22	fcv6	3.91	+0.94	+1.23	G4 0–Ia

Flamsteed/Bayer Designation			HR No.	Right Ascension	Declination	Notes	V	U–B	B–V	Spectral Type
				h m s	o ′ ″					
52	ψ	UMa	4335	11 09 28.1	+44 31 03	f	3.01	+1.11	+1.14	K1 III
11	β	Crt	4343	11 11 29.1	–22 48 24	f6	4.48	+0.06	+0.03	A2 IV
			4350	11 12 23.5	–49 04 55	fd6	5.36		+0.18	A3 IV/V
68	δ	Leo	4357	11 13 55.4	+20 32 34	fvd	2.56	+0.12	+0.12	A4 IV
70	θ	Leo	4359	11 14 03.4	+15 26 55	fv	3.34	+0.06	–0.01	A2 IV (Kvar)
74	φ	Leo	4368	11 16 29.0	– 3 37 57	fd	4.47	+0.14	+0.21	A7 V+n
	SV	Crt	4369	11 16 47.5	– 7 06 58	svd67	6.14	+0.15	+0.20	A8p Sr Cr
53	ξ	UMa	4375	11 17 59.8	+31 32 56	cvmd68	4.41	+0.04	+0.59	F8.5 V + G2 V
54	ν	UMa	4377	11 18 17.4	+33 06 48	fd6	3.48	+1.55	+1.40	K3⁻ III
55		UMa	4380	11 18 56.5	+38 12 17	f6	4.78	+0.03	+0.12	A1 Va
12	δ	Crt	4382	11 19 09.9	–14 45 35	f6	3.56	+0.97	+1.12	G9 IIIb CH 0.2
	π	Cen	4390	11 20 50.8	–54 28 19	fd7	3.89	–0.59	–0.15	B5 Vn˙
77	σ	Leo	4386	11 20 57.4	+ 6 02 55	f6	4.05	–0.12	–0.06	A0 III+
78	ι	Leo	4399	11 23 44.6	+10 32 55	vd67	3.94	+0.07	+0.41	F2 IV
15	γ	Crt	4405	11 24 42.4	–17 39 53	fd	4.08	+0.11	+0.21	A7 V
84	τ	Leo	4418	11 27 45.5	+ 2 52 32	fd	4.95	+0.79	+1.00	G7.5 IIIa
1	λ	Dra	4434	11 31 12.0	+69 21 02	fv	3.84	+1.97	+1.62	M0 III Ca–1
	ξ	Hya	4450	11 32 49.8	–31 50 18	fd	3.54	+0.71	+0.94	G7 III
	λ	Cen	4467	11 35 37.1	–63 00 02	fd	3.13	–0.17	–0.04	B9.5 IIn
			4466	11 35 45.4	–47 37 20	f	5.25	+0.12	+0.25	A7m
21	θ	Crt	4468	11 36 30.3	– 9 46 58	f6	4.70	–0.18	–0.08	B9.5 Vn
91	υ	Leo	4471	11 36 46.2	– 0 48 16	fd	4.30	+0.75	+1.00	G8+ IIIb
	o	Hya	4494	11 40 02.3	–34 43 31	f	4.70	–0.22	–0.07	B9 V
61		UMa	4496	11 40 52.0	+34 13 17	fsvd	5.33	+0.25	+0.72	G8 V
3		Dra	4504	11 42 16.8	+66 45 51	f	5.30		+1.28	K3 III
	v810	Cen	4511	11 43 21.1	–62 28 12	sv	5.05	+0.35	+0.80	G0 0–Ia Fe 1
27	ζ	Crt	4514	11 44 35.1	–18 19 53	f	4.73	+0.74	+0.97	G8 IIIa
	λ	Mus	4520	11 45 26.4	–66 42 34	fd	3.64	+0.15	+0.16	A7 IV
3	ν	Vir	4517	11 45 40.8	+ 6 32 56	fv	4.03	+1.79	+1.51	M1 III
63	χ	UMa	4518	11 45 52.0	+47 47 56	fv	3.71	+1.16	+1.18	K0.5 IIIb
			4522	11 46 20.6	–61 09 32	fvd	4.11	+0.58	+0.90	G3 II
93	DQ	Leo	4527	11 47 48.3	+20 14 18	fcvd6	4.53	+0.28	+0.55	G4 III–IV + A7 V
	II	Hya	4532	11 48 34.5	–26 43 49	fv	5.11	+1.67	+1.60	M4+ III
94	β	Leo	4534	11 48 52.9	+14 35 30	fvd	2.14	+0.07	+0.09	A3 Va
			4537	11 49 30.8	–63 46 09	v	4.32	–0.59	–0.15	B3 V
5	β	Vir	4540	11 50 30.8	+ 1 47 04	fd	3.61	+0.11	+0.55	F9 V
			4546	11 50 58.1	–45 09 15	f	4.46	+1.46	+1.30	K3 III
	β	Hya	4552	11 52 43.9	–33 53 18	vd7	4.28	–0.33	–0.10	Ap Si
64	γ	UMa	4554	11 53 38.9	+53 42 51	fv6	2.44	+0.02	0.00	A0 Van
95		Leo	4564	11 55 29.7	+15 39 59	fd6	5.53	+0.12	+0.11	A3 V
30	η	Crt	4567	11 55 50.2	–17 07 53	fv	5.18	0.00	–0.02	A0 Va
8	π	Vir	4589	12 00 41.6	+ 6 38 02	fd6	4.66	+0.11	+0.13	A5 IV
	θ¹	Cru	4599	12 02 50.8	–63 17 36	d6	4.33	+0.04	+0.27	A8m
			4600	12 03 28.7	–42 24 52	f	5.15	–0.03	+0.41	F6 V
9	o	Vir	4608	12 05 01.8	+ 8 45 09	fs	4.12	+0.63	+0.98	G8 IIIa CN–1 Ba 1 CH 1
	η	Cru	4616	12 06 41.8	–64 35 39	d6	4.15	+0.03	+0.34	F2 V+
			4618	12 07 54.3	–50 38 30	d	4.47	–0.67	–0.15	B2 IIIne
	δ	Cen	4621	12 08 10.6	–50 42 11	fvd	2.60	–0.90	–0.12	B2 IVne
1	α	Crv	4623	12 08 13.9	–24 42 34		4.02	–0.02	+0.32	F0 IV–V
2	ε	Crv	4630	12 09 56.7	–22 36 01	fv	3.00	+1.47	+1.33	K2.5 IIIa

Flamsteed/Bayer Designation			HR No.	Right Ascension	Declination	Notes	V	U–B	B–V	Spectral Type
				h m s	° ′ ″					
	ρ	Cen	4638	12 11 28.1	−52 20 57		3.96	−0.62	−0.15	B3 V
			4646	12 12 02.3	+77 38 08	f6	5.14		+0.33	F2m
	δ	Cru	4656	12 14 57.4	−58 43 46	fv	2.80	−0.91	−0.23	B2 IV
69	δ	UMa	4660	12 15 15.2	+57 03 07	fvd	3.31	+0.07	+0.08	A2 Van
4	γ	Crv	4662	12 15 37.5	−17 31 21	fv6	2.59	−0.34	−0.11	B8p Hg Mn
	ε	Mus	4671	12 17 22.8	−67 56 29	v6	4.11	+1.55	+1.58	M5 III
	β	Cha	4674	12 18 08.0	−79 17 34	fv	4.26	−0.51	−0.12	B5 Vn
	ζ	Cru	4679	12 18 14.7	−63 59 01	d	4.04	−0.69	−0.17	B2.5 V
3		CVn	4690	12 19 38.4	+49 00 13	f	5.29	+1.97	+1.66	M1+ IIIab
15	η	Vir	4689	12 19 43.6	− 0 38 51	fvd6	3.89	+0.06	+0.02	A1 IV+
16		Vir	4695	12 20 10.3	+ 3 19 55	fvd	4.96	+1.15	+1.16	K0.5 IIIb Fe−0.5
	ε	Cru	4700	12 21 10.2	−60 22 55	v	3.59	+1.63	+1.42	K3 III
12		Com	4707	12 22 19.8	+25 51 56	fcvd6	4.79	+0.26	+0.49	G5 III + A5
6		CVn	4728	12 25 40.6	+39 02 17	f	5.02	+0.73	+0.96	G9 III
	α¹	Cru	4730	12 26 24.1	−63 04 47	fcmd68	1.58	−0.96	−0.26	B0.5 IV
	α²	Cru	4731	12 26 24.8	−63 04 48	cmd8	2.09	−0.96	−0.26	B1 Vn
15	γ	Com	4737	12 26 45.8	+28 17 16	m	4.35		+1.13	K1 III Fe 0.5
	σ	Cen	4743	12 27 51.0	−50 12 41	f	3.91	−0.78	−0.19	B2 V
			4748	12 28 11.2	−39 01 19	fm	5.44		−0.08	B8/9 V
7	δ	Crv	4757	12 29 41.0	−16 29 46	fvd7	2.95	−0.09	−0.05	B9.5 IV⁻n
74		UMa	4760	12 29 47.6	+58 25 30	fm	5.32		+0.20	δ Del
	γ	Cru	4763	12 30 58.2	−57 05 37	fvd	1.63	+1.78	+1.59	M3.5 III
8	η	Crv	4775	12 31 53.4	−16 10 36	v6	4.31	+0.01	+0.38	F2 V
	γ	Mus	4773	12 32 15.2	−72 06 49	f	3.87	−0.62	−0.15	B5 V
5	κ	Dra	4787	12 33 20.1	+69 48 27	fv6	3.87	−0.57	−0.13	B6 IIIpe
			4783	12 33 28.6	+33 16 01	f	5.42	+0.83	+1.00	K0 III CN−1
8	β	CVn	4785	12 33 34.6	+41 22 35	fsv6	4.26	+0.05	+0.59	G0 V
9	β	Crv	4786	12 34 12.2	−23 22 39	fv	2.65	+0.60	+0.89	G5 IIb
23		Com	4789	12 34 40.6	+22 38 54	fd6	4.81	−0.01	0.00	A0m A1 IV
24		Com	4792	12 34 57.2	+18 23 47	fvd	5.02	+1.11	+1.15	K2 III
	α	Mus	4798	12 36 58.3	−69 06 59	fvd	2.69	−0.83	−0.20	B2 IV−V
	τ	Cen	4802	12 37 30.6	−48 31 19		3.86	+0.03	+0.05	A1 IVnn
26	χ	Vir	4813	12 39 03.9	− 7 58 35	fd	4.66	+1.39	+1.23	K2 III CN 1.5
	γ	Cen	4819	12 41 19.4	−48 56 26	d67	2.17	−0.01	−0.01	A1 IV
29	γ	Vir	4826	12 41 28.9	− 1 25 49	cvmd8	3.68	−0.03	+0.36	F0m F2 V
29	γ	Vir	4825	12 41 29.0	− 1 25 49	cvmd68	3.65	−0.03	+0.36	F1 V
30	ρ	Vir	4828	12 41 42.4	+10 15 17	fv6	4.88	+0.03	+0.09	A0 Va (λ Boo)
			4839	12 43 49.3	−28 18 17	fm	5.48		+1.34	K3 III
	Y	CVn	4846	12 44 58.0	+45 27 34	fv	4.99	+6.33	+2.54	C5,5
32	FM	Vir	4847	12 45 26.5	+ 7 41 33	fv6	5.22	+0.15	+0.33	F2m
	β	Mus	4844	12 46 03.9	−68 05 21	d7	3.05	−0.74	−0.18	B2 V + B2.5 V
	β	Cru	4853	12 47 30.9	−59 40 11	fvd6	1.25	−1.00	−0.23	B0.5 III
			4874	12 50 29.7	−33 58 49	fd	4.91	−0.11	−0.04	A0 IV
31		Com	4883	12 51 31.7	+27 33 35	fs	4.94	+0.20	+0.67	G0 IIIp
			4888	12 52 54.9	−48 55 27	6	4.33	+1.58	+1.37	K3/4 III
			4889	12 53 14.5	−40 09 36	f	4.27	+0.12	+0.21	A7 V
77	ε	UMa	4905	12 53 52.6	+55 58 44	fv6	1.77	+0.02	−0.02	A0p Cr
40	ψ	Vir	4902	12 54 10.2	− 9 31 12	fvd	4.79	+1.53	+1.60	M3⁻ III Ca−1
	μ¹	Cru	4898	12 54 23.2	−57 09 32	d	4.03	−0.76	−0.17	B2 IV−V
	ι	Oct	4870	12 54 34.7	−85 06 16	fd	5.46	+0.79	+1.02	K0 III

Flamsteed/Bayer Designation			HR No.	Right Ascension	Declination	Notes	V	U–B	B–V	Spectral Type
				h m s	° ′ ″					
8		Dra	4916	12 55 20.2	+65 27 27	f	5.24	+0.02	+0.28	F0 IV–V
43	δ	Vir	4910	12 55 25.6	+ 3 24 59	fvd	3.38	+1.78	+1.58	M3$^+$ III
12	α²	CVn	4915	12 55 51.9	+38 20 14	fvd	2.90	−0.32	−0.12	A0p Si Eu
78		UMa	4931	13 00 34.8	+56 23 07	svd7	4.93	+0.01	+0.36	F2 V
47	ε	Vir	4932	13 02 00.2	+10 58 40	fsvd	2.83	+0.73	+0.94	G8 IIIab
	δ	Mus	4923	13 02 01.5	−71 31 48	f6	3.62	+1.26	+1.18	K2 III
14		CVn	4943	13 05 34.7	+35 49 03	fv	5.25	−0.20	−0.08	B9 V
	ξ²	Cen	4942	13 06 42.3	−49 53 15	fd6	4.27	−0.79	−0.19	B1.5 V
51	θ	Vir	4963	13 09 46.1	− 5 31 13	fd6	4.38	−0.01	−0.01	A1 IV
43	β	Com	4983	13 11 42.6	+27 53 45	fd6	4.26	+0.07	+0.57	F9.5 V
	η	Mus	4993	13 15 00.5	−67 52 34	fvd6	4.80	−0.35	−0.08	B7 V
			5006	13 16 41.4	−31 29 16	fm	5.10		+0.96	K0 III
20	AO	CVn	5017	13 17 23.2	+40 35 28	fsv	4.73	+0.21	+0.30	F2 III (str. met.)
60	σ	Vir	5015	13 17 25.7	+ 5 29 18	fv	4.80	+1.95	+1.67	M1 III
61		Vir	5019	13 18 13.3	−18 17 31	fd	4.74	+0.26	+0.71	G6.5 V
46	γ	Hya	5020	13 18 43.8	−23 09 11	fvd	3.00	+0.66	+0.92	G8 IIIa
	ι	Cen	5028	13 20 24.0	−36 41 38	f	2.75	+0.03	+0.04	A2 Va
			5035	13 22 24.2	−60 58 12	fd	4.53	−0.60	−0.13	B3 V
79	ζ	UMa	5054	13 23 47.1	+54 56 37	fvmd68	2.27	+0.03	+0.02	A1 Va$^+$ (Si)
79	ζ	UMa	5055	13 23 48.0	+54 56 24	vmd6	3.95	+0.09	+0.13	A1m A7 IV–V
67	α	Vir	5056	13 25 00.5	−11 08 35	fvmd6	0.97	−0.93	−0.24	B1 V
80		UMa	5062	13 25 05.1	+55 00 23	v6	4.01	+0.08	+0.16	A5 Vn
68		Vir	5064	13 26 32.1	−12 41 22	fv	5.25	+1.75	+1.52	M0 III
70		Vir	5072	13 28 15.5	+13 47 50	fd	4.98	+0.26	+0.71	G4 V
			5085	13 28 19.4	+59 57 50	fmd	5.40	−0.02	−0.01	A1 Vn
			5089	13 30 50.4	−39 23 22	vd67	3.88	+1.03	+1.17	G8 III
78	CW	Vir	5105	13 33 57.3	+ 3 40 37	fv6	4.94	0.00	+0.03	A1p Cr Eu
79	ζ	Vir	5107	13 34 30.9	− 0 34 41	f	3.37	+0.10	+0.11	A2 IV$^-$
	BH	CVn	5110	13 34 38.4	+37 12 01	fv6	4.98	+0.06	+0.40	F1 V$^+$
	ε	Cen	5132	13 39 39.8	−53 26 55	fvd	2.30	−0.92	−0.22	B1 III
	v744	Cen	5134	13 39 46.6	−49 55 57	svm	6.00	+1.15	+1.50	M6 III
82		Vir	5150	13 41 25.7	− 8 41 08	fv	5.01	+1.95	+1.63	M1.5 III
1		Cen	5168	13 45 29.3	−33 01 34	fv6	4.23	0.00	+0.38	F2 V$^+$
	v766	Cen	5171	13 46 55.9	−62 34 21	svd	6.51	+1.19	+1.98	K0 0–Ia
4	τ	Boo	5185	13 47 05.8	+17 28 27	fvd7	4.50	+0.04	+0.48	F7 V
85	η	UMa	5191	13 47 24.2	+49 19 51	fv6	1.86	−0.67	−0.19	B3 V
2	v806	Cen	5192	13 49 14.5	−34 26 00	v	4.19	+1.45	+1.50	M4.5 III
	v	Cen	5190	13 49 17.6	−41 40 13	v6	3.41	−0.84	−0.22	B2 IV
5	υ	Boo	5200	13 49 18.5	+15 48 55	v	4.06	+1.89	+1.52	K5.5 III
	μ	Cen	5193	13 49 24.3	−42 27 23	fsvd6	3.04	−0.72	−0.17	B2 IV–Vpne (shell)
89		Vir	5196	13 49 40.8	−18 07 01	f	4.97	+0.92	+1.06	K0.5 III
10	CU	Dra	5226	13 51 19.8	+64 44 26	fvd	4.65	+1.89	+1.58	M3.5 III
8	η	Boo	5235	13 54 31.1	+18 24 55	fsd6	2.68	+0.20	+0.58	G0 IV
	ζ	Cen	5231	13 55 19.2	−47 16 17	f6	2.55	−0.92	−0.22	B2.5 IV
			5241	13 57 23.5	−63 40 11	f	4.71	+1.04	+1.11	K1.5 III
	φ	Cen	5248	13 58 03.4	−42 05 02	v	3.83	−0.83	−0.21	B2 IV
47		Hya	5250	13 58 19.3	−24 57 19	f6	5.15	−0.39	−0.10	B8 V
	υ¹	Cen	5249	13 58 27.7	−44 47 12		3.87	−0.80	−0.20	B2 IV–V
93	ρ	Vir	5264	14 01 28.1	+ 1 33 41	fd6	4.26	+0.12	+0.10	A3 IV
	υ²	Cen	5260	14 01 30.3	−45 35 12	6	4.34	+0.27	+0.60	F6 II

Flamsteed/Bayer Designation			HR No.	Right Ascension	Declination	Notes	V	U–B	B–V	Spectral Type
				h m s	° ′ ″					
			5270	14 02 21.5	+ 9 42 11	sv	6.20	+0.38	+0.90	G8: II: Fe–5
	β	Cen	5267	14 03 34.4	–60 21 23	fvmd6	0.61	–0.98	–0.23	B1 III
11	α	Dra	5291	14 04 17.6	+64 23 33	fsv6	3.65	–0.08	–0.05	A0 III
	θ	Aps	5261	14 04 58.8	–76 46 48	fsvm	5.50	+1.05	+1.55	M6.5 III:
	χ	Cen	5285	14 05 49.9	–41 09 47	v	4.36	–0.77	–0.19	B2 V
49	π	Hya	5287	14 06 10.3	–26 39 56	f	3.27	+1.04	+1.12	K2⁻ III Fe–0.5
5	θ	Cen	5288	14 06 28.5	–36 21 11	fd	2.06	+0.87	+1.01	K0⁻ IIIb
	BY	Boo	5299	14 07 47.4	+43 52 16	fv	5.27	+1.66	+1.59	M4.5 III
4		UMi	5321	14 08 51.5	+77 33 50	f6	4.82		+1.36	K3⁻ IIIb Fe–0.5
12		Boo	5304	14 10 14.4	+25 06 29	f6	4.83	+0.07	+0.54	F8 IV
98	κ	Vir	5315	14 12 42.5	–10 15 27	f	4.19	+1.47	+1.33	K2.5 III Fe–0.5
16	α	Boo	5340	14 15 30.1	+19 12 02	fv	0.04	+1.27	+1.23	K1.5 III Fe–0.5
99	ι	Vir	5338	14 15 49.9	– 5 59 02	fv	4.08	+0.04	+0.52	F7 III–IV
21	ι	Boo	5350	14 16 02.5	+51 23 00	fvd6	4.75	+0.06	+0.20	A7 IV
19	λ	Boo	5351	14 16 15.0	+46 06 15	fv	4.18	+0.05	+0.08	A0 Va (λ Boo)
			5361	14 17 50.9	+35 31 32	f6	4.81	+0.92	+1.06	K0 III
100	λ	Vir	5359	14 18 55.2	–13 21 18	fvd6	4.52	+0.12	+0.13	A5m:
18		Boo	5365	14 19 06.1	+13 01 13	fd	5.41	–0.03	+0.38	F3 V
	ι	Lup	5354	14 19 10.7	–46 02 31	v	3.55	–0.72	–0.18	B2.5 IVn
			5358	14 20 04.7	–56 22 14	f	4.33	–0.43	+0.12	B6 Ib
	ψ	Cen	5367	14 20 20.6	–37 52 10	fd	4.05	–0.11	–0.03	A0 III
	v761	Cen	5378	14 22 49.2	–39 29 47	v	4.42	–0.75	–0.18	B7 IIIp (var)
			5392	14 24 00.9	+ 5 50 09	f6	5.10	+0.10	+0.12	A5 V
			5390	14 24 36.6	–24 47 26	fm	5.32		+0.96	K0 III
23	θ	Boo	5404	14 25 04.6	+51 52 01	fvd	4.05	+0.01	+0.50	F7 V
	τ¹	Lup	5395	14 25 54.7	–45 12 21	fvd	4.56	–0.79	–0.15	B2 IV
	τ²	Lup	5396	14 25 57.2	–45 21 49	cd67	4.35	+0.19	+0.43	F4 IV + A7:
22		Boo	5405	14 26 17.6	+19 14 33	f	5.39	+0.23	+0.23	F0m
	δ	Oct	5339	14 26 19.4	–83 39 08	v	4.32	+1.45	+1.31	K2 III
5		UMi	5430	14 27 31.8	+75 42 42	fvd	4.25	+1.70	+1.44	K4⁻ III
52		Hya	5407	14 27 58.1	–29 28 34	fvd	4.97	–0.41	–0.07	B8 IV
105	φ	Vir	5409	14 28 01.3	– 2 12 45	fsvd67	4.81	+0.21	+0.70	G2 V
25	ρ	Boo	5429	14 31 40.7	+30 23 12	fvd	3.58	+1.44	+1.30	K3⁻ III
27	γ	Boo	5435	14 31 56.2	+38 19 24	fvd	3.03	+0.12	+0.19	A7 IV⁺
	σ	Lup	5425	14 32 22.7	–50 26 30		4.42	–0.84	–0.19	B2 III
28	σ	Boo	5447	14 34 31.7	+29 45 37	fvd	4.46	–0.08	+0.36	F2 V
	η	Cen	5440	14 35 17.0	–42 08 34	fvd67	2.31	–0.83	–0.19	B1.5 IVpne (shell)
	ρ	Lup	5453	14 37 39.0	–49 24 38	v	4.05	–0.56	–0.15	B5 V
33		Boo	5468	14 38 42.4	+44 25 10	fm6	5.39	–0.04	0.00	A1 V
	α²	Cen	5460	14 39 20.7	–60 49 23	fmd	1.33	+0.63	+0.88	K1 V
	α¹	Cen	5459	14 39 22.1	–60 49 10	fmd6	0.01	+0.33	+0.71	G2 V
30	ζ	Boo	5477	14 40 58.9	+13 44 35	cvmd8	4.83	+0.05	+0.05	A2 Va
30	ζ	Boo	5478	14 40 58.9	+13 44 36	cvmd68	4.43	+0.05	+0.05	A2 Va
	α	Lup	5469	14 41 41.7	–47 22 24	fvd6	2.30	–0.89	–0.20	B1.5 III
			5471	14 41 44.5	–37 46 43		4.00	–0.70	–0.17	B3 V
	α	Cir	5463	14 42 13.2	–64 57 36	fvd6	3.19	+0.12	+0.24	A7p Sr Eu
107	μ	Vir	5487	14 42 52.5	– 5 38 35	f6	3.88	–0.02	+0.38	F2 V
34	W	Boo	5490	14 43 16.1	+26 32 33	fv	4.81	+1.94	+1.66	M3⁻ III
			5485	14 43 26.5	–35 09 32	f	4.05	+1.53	+1.35	K3 IIIb
36	ε	Boo	5506	14 44 50.1	+27 05 20	md	2.40		+0.96	K0⁻ II–III

Flamsteed/Bayer Designation		HR No.	Right Ascension	Declination	Notes	V	U–B	B–V	Spectral Type
			h m s	° ′ ″					
109	Vir	5511	14 46 04.3	+ 1 54 27	fv	3.72	−0.03	−0.01	A0 IVnn
		5495	14 46 46.5	−52 22 08	fmd	5.21		+0.98	G8 III
	α Aps	5470	14 47 24.8	−79 01 49	f	3.83	+1.68	+1.43	K3 III CN 0.5
56	Hya	5516	14 47 32.5	−26 04 23	f	5.24	+0.65	+0.94	G8/K0 III
58	Hya	5526	14 50 04.9	−27 56 46		4.41	+1.49	+1.40	K2.5 IIIb Fe−1:
8	α¹ Lib	5530	14 50 29.6	−15 58 58	fd	5.15	−0.03	+0.41	F3 V
9	α² Lib	5531	14 50 41.1	−16 01 39	fvd6	2.75	+0.09	+0.15	A3 III–IV
7	β UMi	5563	14 50 42.8	+74 10 11	fvd	2.08	+1.78	+1.47	K4⁻ III
		5552	14 51 21.1	+59 18 29	f	5.46	+1.60	+1.36	K4 III
	o Lup	5528	14 51 24.6	−43 33 40	d67	4.32	−0.61	−0.15	B5 IV
		5558	14 55 31.8	−33 50 30	fmd6	5.34			A0 V
15	ξ² Lib	5564	14 56 34.7	−11 23 45	fm	5.46		+1.49	g K4
16	Lib	5570	14 57 00.0	− 4 19 57		4.49	+0.05	+0.32	F0 IV⁻
	RR UMi	5589	14 57 31.6	+65 56 47	fv6	4.60	+1.59	+1.59	M4.5 III
	β Lup	5571	14 58 18.1	−43 07 12	f6	2.68	−0.87	−0.22	B2 IV
	κ Cen	5576	14 58 56.0	−42 05 25	fvd6	3.13	−0.79	−0.20	B2 V
19	δ Lib	5586	15 00 47.1	− 8 30 19	fvd6	4.92	−0.10	0.00	B9.5 V
42	β Boo	5602	15 01 48.8	+40 24 15	fv	3.50	+0.72	+0.97	G8 IIIa Fe−0.5
110	Vir	5601	15 02 43.4	+ 2 06 17		4.40	+0.88	+1.04	K0⁺ IIIb Fe−0.5
20	σ Lib	5603	15 03 51.9	−25 16 06	fv	3.29	+1.94	+1.70	M2.5 III
43	ψ Boo	5616	15 04 17.7	+26 57 40	f	4.54	+1.33	+1.24	K2 III
		5635	15 06 10.7	+54 34 11	f	5.25	+0.64	+0.96	G8 III Fe−1
45	Boo	5634	15 07 08.8	+24 52 58	fvd	4.93	−0.02	+0.43	F5 V
	λ Lup	5626	15 08 36.4	−45 16 00	d67	4.05	−0.68	−0.18	B3 V
	κ¹ Lup	5646	15 11 41.4	−48 43 29	fd	3.87	−0.13	−0.05	B9.5 IVnn
24	ι Lib	5652	15 12 01.3	−19 46 43	fvd6	4.54	−0.35	−0.08	B9p Si
	ζ Lup	5649	15 12 01.9	−52 05 10	fd	3.41	+0.66	+0.92	G8 III
1	Lup	5660	15 14 24.4	−31 30 23	f	4.91	+0.28	+0.37	F0 Ib–II
		5691	15 14 35.8	+67 21 36	f	5.13	+0.08	+0.53	F8 V
3	Ser	5675	15 15 00.9	+ 4 57 08	f	5.33	+0.91	+1.09	g K0
49	δ Boo	5681	15 15 21.7	+33 19 40	fvd6	3.49	+0.68	+0.95	G8 III Fe−1
27	β Lib	5685	15 16 49.1	− 9 22 13	fv6	2.61	−0.36	−0.11	B8 IIIn
	β Cir	5670	15 17 14.3	−58 47 18	f	4.07	+0.09	+0.09	A3 Vb
2	Lup	5686	15 17 37.0	−30 08 10	v	4.34	+1.07	+1.10	K0⁻ IIIa CH−1
	μ Lup	5683	15 18 17.3	−47 51 45	d7	4.27	−0.37	−0.08	B8 V
	γ TrA	5671	15 18 34.7	−68 40 01	fv	2.89	−0.02	0.00	A1 III
13	γ UMi	5735	15 20 43.9	+71 50 47	fv	3.05	+0.12	+0.05	A3 III
	δ Lup	5695	15 21 08.5	−40 38 07	fv	3.22	−0.89	−0.22	B1.5 IVn
	φ¹ Lup	5705	15 21 35.0	−36 14 56	fd	3.56	+1.88	+1.54	K4 III
	ε Lup	5708	15 22 26.5	−44 40 37	d67	3.37	−0.75	−0.18	B2 IV–V
	φ² Lup	5712	15 22 55.9	−36 50 46	f	4.54	−0.63	−0.15	B4 V
	γ Cir	5704	15 23 05.9	−59 18 30	c7d	4.51	−0.35	+0.19	B5 IV
51	μ¹ Boo	5733	15 24 21.5	+37 23 22	fvd6	4.31	+0.07	+0.31	F0 IV
12	ι Dra	5744	15 24 51.1	+58 58 42	fvd	3.29	+1.22	+1.16	K2 III
9	τ¹ Ser	5739	15 25 37.7	+15 26 25	fv	5.17	+1.95	+1.66	M1 IIIa
3	β CrB	5747	15 27 41.1	+29 07 04	fvd6	3.68	+0.11	+0.28	F0p Cr Eu
52	ν¹ Boo	5763	15 30 48.2	+40 50 42	f	5.02	+1.90	+1.59	K4.5 IIIb Ba 0.5
	κ¹ Aps	5730	15 31 07.5	−73 22 40	fvd	5.49	−0.77	−0.12	B1pne
4	θ CrB	5778	15 32 47.3	+31 22 15	fvd	4.14	−0.54	−0.13	B6 Vnn
37	Lib	5777	15 33 59.2	−10 03 10	f	4.62	+0.86	+1.01	K1 III–IV

Flamsteed/Bayer Designation			HR No.	Right Ascension	Declination	Notes	V	U–B	B–V	Spectral Type
				h m s	° ′ ″					
5	α	CrB	5793	15 34 32.4	+26 43 35	fv6	2.23	−0.02	−0.02	A0 IV
13	δ	Ser	5789	15 34 38.1	+10 33 03	vmd	4.23			F0 III–IV + F0 IIIb
	γ	Lup	5776	15 34 54.4	−41 09 19	d7	2.78	−0.82	−0.20	B2 IVn
38	γ	Lib	5787	15 35 19.8	−14 46 41	fd	3.91	+0.74	+1.01	G8.5 III
			5784	15 35 57.7	−44 23 07	f	5.43		+1.50	K4/5 III
	ε	TrA	5771	15 36 23.8	−66 18 20	fd	4.11	+1.16	+1.17	K1/2 III
39	υ	Lib	5794	15 36 48.7	−28 07 25	fd	3.58	+1.58	+1.38	K3.5 III
54	φ	Boo	5823	15 37 42.1	+40 21 53	f	5.24	+0.53	+0.88	G7 III–IV Fe−2
	ω	Lup	5797	15 37 49.0	−42 33 22	d6	4.33	+1.72	+1.42	K4.5 III
40	τ	Lib	5812	15 38 26.5	−29 46 00	6	3.66	−0.70	−0.17	B2.5 V
			5798	15 38 33.8	−52 21 41	fd	5.44		0.00	B9 V
43	κ	Lib	5838	15 41 44.7	−19 40 04	fvd6	4.74	+1.95	+1.57	M0⁻ IIIb
8	γ	CrB	5849	15 42 35.8	+26 18 23	vd67	3.84	−0.04	0.00	A0 IV comp.?
24	α	Ser	5854	15 44 05.7	+ 6 26 11	fd	2.65	+1.24	+1.17	K2 IIIb CN 1
16	ζ	UMi	5903	15 44 10.7	+77 48 19	fv	4.32	+0.05	+0.04	A2 III–IVn
28	β	Ser	5867	15 46 01.6	+15 25 57	fd	3.67	+0.08	+0.06	A2 IV
27	λ	Ser	5868	15 46 16.4	+ 7 21 50	v6	4.43	+0.11	+0.60	G0⁻ V
			5886	15 46 36.7	+62 36 37	f	5.19		+0.04	A2 IV
35	κ	Ser	5879	15 48 34.9	+18 09 08	fv	4.09	+1.95	+1.62	M0.5 IIIab
32	μ	Ser	5881	15 49 26.3	− 3 25 11	f6	3.54	−0.11	−0.04	A0 III
10	δ	CrB	5889	15 49 26.9	+26 04 44	s	4.63	+0.37	+0.80	G5 III–IV Fe−1
37	ε	Ser	5892	15 50 38.5	+ 4 29 17	f	3.71	+0.11	+0.15	A5m
5	χ	Lup	5883	15 50 44.2	−33 37 00	f6	3.95	−0.13	−0.04	B9p Hg
11	κ	CrB	5901	15 51 06.0	+35 40 05	fsd	4.82	+0.87	+1.00	K1 IVa
1	χ	Her	5914	15 52 33.3	+42 27 40	f	4.62	0.00	+0.56	F8 V Fe−2 Hδ−1
45	λ	Lib	5902	15 53 07.8	−20 09 25	fd6	5.03	−0.56	−0.01	B2.5 V
46	θ	Lib	5908	15 53 37.5	−16 43 10		4.15	+0.81	+1.02	G9 IIIb
	β	TrA	5897	15 54 49.9	−63 25 13	fd	2.85	+0.05	+0.29	F0 IV
41	γ	Ser	5933	15 56 17.5	+15 40 22	fvd	3.85	−0.03	+0.48	F6 V
5	ρ	Sco	5928	15 56 40.1	−29 12 14	d	3.88	−0.82	−0.20	B2 IV–V
13	ε	CrB	5947	15 57 26.6	+26 53 16	fsd	4.15	+1.28	+1.23	K2 IIIab
	CL	Dra	5960	15 57 42.4	+54 45 35	fv6	4.95	+0.05	+0.26	F0 IV
48	FX	Lib	5941	15 57 59.6	−14 16 10	fv6	4.88	−0.20	−0.10	B5 IIIpe (shell)
6	π	Sco	5944	15 58 38.4	−26 06 15	fvd6	2.89	−0.91	−0.19	B1 V + B2 V
			5943	15 59 15.9	−41 44 05	f	4.99		+1.00	K0 II/III
	T	CrB	5958	15 59 21.4	+25 55 48	vmd6	2–11			gM3: + Bep
	η	Lup	5948	15 59 53.3	−38 23 13	d8	3.43	−0.83	−0.22	B2.5 IVn
7	δ	Sco	5953	16 00 07.6	−22 36 43	fd6	2.32	−0.91	−0.12	B0.3 IV
49		Lib	5954	16 00 07.8	−16 31 24	fd6	5.47	+0.03	+0.52	F8 V
13	θ	Dra	5986	16 01 49.4	+58 34 28	f6	4.01	+0.10	+0.52	F8 IV–V
	ξ	Sco	5977	16 04 10.5	−11 21 50	cd7	4.16	+0.03	+0.45	F6 IV
8	β¹	Sco	5984	16 05 14.0	−19 47 46	fvd6	2.62	−0.87	−0.07	B0.5 V
8	β²	Sco	5985	16 05 14.3	−19 47 33	svd	4.92	−0.70	−0.02	B2 V
	δ	Nor	5980	16 06 14.5	−45 09 50	f	4.72	+0.15	+0.23	A7m
	θ	Lup	5987	16 06 21.7	−36 47 35	f	4.23	−0.70	−0.17	B2.5 Vn
9	ω¹	Sco	5993	16 06 36.1	−20 39 36	s	3.96	−0.81	−0.04	B1 V
10	ω²	Sco	5997	16 07 12.0	−20 51 34	v	4.32	+0.50	+0.84	G4 II–III
7	κ	Her	6008	16 07 55.0	+17 03 22	fvd	5.00	+0.61	+0.95	G5 III
11	φ	Her	6023	16 08 39.6	+44 56 38	fv6	4.26	−0.28	−0.07	B9p Hg Mn
16	τ	CrB	6018	16 08 50.6	+36 29 59	fvd6	4.76	+0.86	+1.01	K1⁻ III–IV

Flamsteed/Bayer Designation			HR No.	Right Ascension	Declination	Notes	V	U–B	B–V	Spectral Type
				h m s	° ′ ″					
19		UMi	6079	16 10 55.3	+75 53 11	f	5.48	−0.45	−0.15	B8 V
14	ν	Sco	6027	16 11 47.5	−19 27 06	d6	4.01	−0.65	+0.04	B2 IVp
	κ	Nor	6024	16 13 12.1	−54 37 18	fd	4.94	+0.78	+1.04	G8 III
1	δ	Oph	6056	16 14 09.7	− 3 41 08	fvd	2.74	+1.96	+1.58	M0.5 III
	δ	TrA	6030	16 15 07.0	−63 40 37	fd	3.85	+0.86	+1.11	G2 Ib–IIa
21	η	UMi	6116	16 17 36.3	+75 45 48	fd	4.95	+0.08	+0.37	F5 V
2	ε	Oph	6075	16 18 08.2	− 4 41 03	fd	3.24	+0.75	+0.96	G9.5 IIIb Fe−0.5
			6077	16 19 19.4	−30 53 55	fd6	5.49	−0.01	+0.47	F6 III
	γ²	Nor	6072	16 19 34.7	−50 08 50	fd	4.02	+1.16	+1.08	K1⁺ III
22	τ	Her	6092	16 19 38.1	+46 19 18	fvd	3.89	−0.56	−0.15	B5 IV
	δ¹	Aps	6020	16 19 48.8	−78 41 15	fvd	4.68	+1.69	+1.69	M4 IIIa
20	σ	Sco	6084	16 20 58.5	−25 35 05	fvd6	2.89	−0.70	+0.13	B1 III
20	γ	Her	6095	16 21 45.9	+19 09 40	fvd6	3.75	+0.18	+0.27	A9 IIIbn
50	σ	Ser	6093	16 21 53.7	+ 1 02 13	f	4.82	+0.04	+0.34	F1 IV–V
4	ψ	Oph	6104	16 23 53.9	−20 01 46		4.50	+0.82	+1.01	K0⁻ II–III
14	η	Dra	6132	16 23 56.6	+61 31 20	vd67	2.74	+0.70	+0.91	G8⁻ IIIab
24	ω	Her	6117	16 25 15.3	+14 02 28	fvd	4.57	−0.04	0.00	B9p Cr
7	χ	Oph	6118	16 26 49.2	−18 26 55	v6	4.42	−0.75	+0.28	B1.5 Ve
	ε	Nor	6115	16 26 55.6	−47 32 50	d67	4.47	−0.54	−0.07	B4 V
15		Dra	6161	16 27 59.3	+68 46 33	f	5.00	−0.12	−0.06	B9.5 III
	ζ	TrA	6098	16 28 05.3	−70 04 37	f6	4.91	+0.04	+0.55	F9 V
21	α	Sco	6134	16 29 11.6	−26 25 28	fvd6	0.96	+1.34	+1.83	M1.5 Iab–Ib
27	β	Her	6148	16 30 04.2	+21 29 49	fvd6	2.77	+0.69	+0.94	G7 IIIa Fe−0.5
10	λ	Oph	6149	16 30 44.2	+ 1 59 29	vd67	3.82	+0.01	+0.01	A1 IV
8	φ	Oph	6147	16 30 56.3	−16 36 19	d	4.28	+0.72	+0.92	G8⁺ IIIa
			6143	16 31 09.2	−34 41 49	f6	4.23	−0.80	−0.16	B2 III–IV
9	ω	Oph	6153	16 31 55.7	−21 27 33	v	4.45	+0.13	+0.13	Ap Sr Cr
	γ	Aps	6102	16 32 54.3	−78 53 23	f6	3.89	+0.62	+0.91	G8/K0 III
35	σ	Her	6168	16 33 59.4	+42 26 39	fvd	4.20	−0.10	−0.01	A0 IIIn
23	τ	Sco	6165	16 35 39.9	−28 12 32	fs	2.82	−1.03	−0.25	B0 V
			6166	16 36 08.7	−35 14 55	v	4.16	+1.94	+1.57	K7 III
13	ζ	Oph	6175	16 36 58.0	−10 33 37	fv	2.56	−0.86	+0.02	O9.5 Vn
42		Her	6200	16 38 39.1	+48 56 06	fvd	4.90		+1.55	M3⁻ IIIab
40	ζ	Her	6212	16 41 09.3	+31 36 33	vd67	2.81	+0.21	+0.65	G0 IV
			6196	16 41 22.2	−17 44 08	f	4.96	+0.87	+1.11	G7.5 II–III CN 1 Ba 0.5
	β	Aps	6163	16 42 34.4	−77 30 38	d	4.24	+0.95	+1.06	K0 III
44	η	Her	6220	16 42 46.6	+38 55 44	fvd	3.53	+0.60	+0.92	G7 III Fe−1
			6237	16 45 13.8	+56 47 17	f6	4.85	−0.06	+0.38	F2 V⁺
22	ε	UMi	6322	16 46 19.1	+82 02 36	fvd6	4.23	+0.55	+0.89	G5 III
	α	TrA	6217	16 48 17.5	−69 01 18	f	1.92	+1.56	+1.44	K2 IIb–IIIa
	η	Ara	6229	16 49 28.9	−59 02 08	fd	3.76	+1.94	+1.57	K5 III
20		Oph	6243	16 49 38.4	−10 46 37	f6	4.65	+0.07	+0.47	F7 III
26	ε	Sco	6241	16 49 56.2	−34 17 14	fv	2.29	+1.27	+1.15	K2 III
51		Her	6270	16 51 36.6	+24 39 44	f	5.04	+1.29	+1.25	K0.5 IIIa Ca 0.5
	μ¹	Sco	6247	16 51 38.0	−38 02 30	fv6	3.08	−0.87	−0.20	B1.5 IVn
	μ²	Sco	6252	16 52 05.9	−38 00 43	d	3.57	−0.85	−0.21	B2 IV
53		Her	6279	16 52 50.1	+31 42 26	fd	5.32	−0.02	+0.29	F2 V
25	ι	Oph	6281	16 53 50.5	+10 10 15	fv6	4.38	−0.32	−0.08	B8 V
	ζ²	Sco	6271	16 54 20.2	−42 21 21	v	3.62	+1.65	+1.37	K3.5 IIIb
27	κ	Oph	6299	16 57 30.2	+ 9 22 49	fsv	3.20	+1.18	+1.15	K2 III

Flamsteed/Bayer Designation			HR No.	Right Ascension	Declination	Notes	V	U–B	B–V	Spectral Type
				h m s	° ′ ″					
	ζ	Ara	6285	16 58 19.8	−55 59 06	f	3.13	+1.97	+1.60	K4 III
	ε¹	Ara	6295	16 59 18.3	−53 09 20	f	4.06	+1.71	+1.45	K4 IIIab
58	ε	Her	6324	17 00 09.3	+30 55 53	f6	3.92	−0.10	−0.01	A0 IV⁺
30		Oph	6318	17 00 52.5	− 4 13 03	fvd	4.82	+1.83	+1.48	K4 III
59		Her	6332	17 01 28.6	+33 34 24	f	5.25	+0.02	+0.02	A3 IV–Vs
60		Her	6355	17 05 13.0	+12 44 44	fd	4.91	+0.05	+0.12	A4 IV
22	ζ	Dra	6396	17 08 46.6	+65 43 08	f	3.17	−0.43	−0.12	B6 III
35	η	Oph	6378	17 10 10.6	−15 43 15	d67	2.43	+0.09	+0.06	A2 Va⁺ (Sr)
	η	Sco	6380	17 11 54.1	−43 14 05	f	3.33	+0.09	+0.41	F2 V:p (Cr)
64	α¹	Her	6406	17 14 29.3	+14 23 39	svd	3.08	+1.01	+1.44	M5 Ib–II
65	δ	Her	6410	17 14 53.3	+24 50 35	fvd6	3.14	+0.08	+0.08	A1 Vann
67	π	Her	6418	17 14 55.5	+36 48 47	fv	3.16	+1.66	+1.44	K3 II
	v656	Her	6452	17 20 09.6	+18 03 38	fv	5.00		+1.62	M1⁺ IIIab
72		Her	6458	17 20 31.7	+32 28 20	fvd	5.39	+0.07	+0.62	G0 V
53	v	Ser	6446	17 20 37.8	−12 50 36	d7	4.33	+0.05	+0.03	A1.5 IV
40	ξ	Oph	6445	17 20 47.6	−21 06 34	d7	4.39	−0.05	+0.39	F2 V
	ι	Aps	6411	17 21 42.3	−70 07 12	fvd7	5.41	−0.23	−0.04	B8/9 Vn
42	θ	Oph	6453	17 21 47.7	−24 59 47	fvd6	3.27	−0.86	−0.22	B2 IV
	β	Ara	6461	17 25 00.5	−55 31 37	f	2.85	+1.56	+1.46	K3 Ib–IIa
	γ	Ara	6462	17 25 05.9	−56 22 29	d	3.34	−0.96	−0.13	B1 Ib
44		Oph	6486	17 26 09.4	−24 10 20	fv	4.17	+0.12	+0.28	A9m:
49	σ	Oph	6498	17 26 20.5	+ 4 08 35	fsv	4.34	+1.62	+1.50	K2 II
			6493	17 26 26.7	− 5 05 01	fv6	4.54	−0.03	+0.39	F2 V
45		Oph	6492	17 27 07.9	−29 51 51	f	4.29	+0.09	+0.40	δ Del
23	β	Dra	6536	17 30 21.2	+52 18 14	fsd	2.79	+0.64	+0.98	G2 Ib–IIa
34	υ	Sco	6508	17 30 31.6	−37 17 36	f6	2.69	−0.82	−0.22	B2 IV
76	λ	Her	6526	17 30 35.8	+26 06 47	fv	4.41	+1.68	+1.44	K3.5 III
	δ	Ara	6500	17 30 46.9	−60 40 52	fd	3.62	−0.31	−0.10	B8 Vn
	α	Ara	6510	17 31 34.3	−49 52 25	fvd6	2.95	−0.69	−0.17	B2 Vne
27		Dra	6566	17 31 58.7	+68 08 14	fd6	5.05	+0.92	+1.08	G9 IIIb
24	v¹	Dra	6554	17 32 06.4	+55 11 12	fvd6	4.88	+0.04	+0.26	A7m
25	v²	Dra	6555	17 32 11.9	+55 10 31	fvd6	4.87	+0.06	+0.28	A7m
23	δ	UMi	6789	17 33 19.9	+86 35 19	f	4.36	+0.03	+0.02	A1 Van
35	λ	Sco	6527	17 33 22.3	−37 06 06	fvd6	1.63	−0.89	−0.22	B1.5 IV
55	α	Oph	6556	17 34 46.3	+12 33 45	fvd6	2.08	+0.10	+0.15	A5 Vnn
			6546	17 36 18.3	−38 37 59	v	4.29	+0.90	+1.09	G8/K0 III/IV
28	ω	Dra	6596	17 36 58.3	+68 45 35	fd6	4.80	−0.01	+0.43	F4 V
	θ	Sco	6553	17 37 04.1	−42 59 45	fv	1.87	+0.22	+0.40	F1 III
55	ξ	Ser	6561	17 37 23.2	−15 23 48	fd6	3.54	+0.14	+0.26	F0 IIIb
85	ι	Her	6588	17 39 22.0	+46 00 29	fsvd6	3.80	−0.69	−0.18	B3 IV
56	o	Ser	6581	17 41 13.1	−12 52 25	v6	4.26	+0.10	+0.08	A2 Va
31	ψ	Dra	6636	17 42 00.0	+72 09 02	fd	4.58	+0.01	+0.42	F5 V
	κ	Sco	6580	17 42 14.7	−39 01 43	fv6	2.41	−0.89	−0.22	B1.5 III
84		Her	6608	17 43 12.9	+24 19 45	s	5.71	+0.27	+0.65	G2 IIIb
58		Oph	6595	17 43 13.2	−21 40 54	fd	4.87	−0.03	+0.47	F7 V:
60	β	Oph	6603	17 43 18.0	+ 4 34 07	f	2.77	+1.24	+1.16	K2 III CN 0.5
	μ	Ara	6585	17 43 52.0	−51 49 57	f	5.15		+0.70	G5 V
	η	Pav	6582	17 45 23.3	−64 43 21	f	3.62	+1.17	+1.19	K1 IIIa CN 1
86	μ	Her	6623	17 46 19.3	+27 43 21	fsd	3.42	+0.39	+0.75	G5 IV
	ι¹	Sco	6615	17 47 20.4	−40 07 33	fsd6	3.03	+0.27	+0.51	F2 Ia

Flamsteed/Bayer Designation			HR No.	Right Ascension	Declination	Notes	V	U–B	B–V	Spectral Type
				h m s	o ′ ″					
3	X	Sgr	6616	17 47 20.4	−27 49 47	fvm	4.20		+0.70	F3 II
62	γ	Oph	6629	17 47 43.0	+ 2 42 30	f6	3.75	+0.04	+0.04	A0 Van
35		Dra	6701	17 49 36.4	+76 57 49	f	5.04	+0.08	+0.49	F7 IV
			6630	17 49 37.2	−37 02 33	fd	3.21	+1.19	+1.17	K2 III
32	ξ	Dra	6688	17 53 28.1	+56 52 23	fd	3.75	+1.21	+1.18	K2 III
89	v441	Her	6685	17 55 16.7	+26 03 01	fsv6	5.46	+0.27	+0.34	F2 Ibp
91	θ	Her	6695	17 56 08.0	+37 15 03	fv	3.86	+1.46	+1.35	K1 IIa CN 2
33	γ	Dra	6705	17 56 31.5	+51 29 21	fsd	2.23	+1.87	+1.52	K5 III
92	ξ	Her	6703	17 57 37.7	+29 14 53	fv	3.70	+0.70	+0.94	G8.5 III
94	v	Her	6707	17 58 22.1	+30 11 22	v	4.41	+0.15	+0.39	F2m
64	v	Oph	6698	17 58 50.0	− 9 46 24	f	3.34	+0.88	+0.99	G9 IIIa
93		Her	6713	17 59 54.1	+16 45 03	f	4.67	+1.22	+1.26	K0.5 IIb
67		Oph	6714	18 00 28.2	+ 2 55 53	fsd	3.97	−0.62	+0.02	B5 Ib
68		Oph	6723	18 01 34.6	+ 1 18 18	vd67	4.45	0.00	+0.02	A0.5 Van
	W	Sgr	6742	18 04 47.9	−29 34 50	vmd6	4.30		+0.80	G0 Ib/II
70		Oph	6752	18 05 16.7	+ 2 30 00	d67	4.03	+0.54	+0.86	K0⁻ V
10	γ	Sgr	6746	18 05 35.0	−30 25 28	fv6	2.99	+0.77	+1.00	K0⁺ III
	θ	Ara	6743	18 06 21.5	−50 05 32	f	3.66	−0.85	−0.08	B2 Ib
72		Oph	6771	18 07 11.0	+ 9 33 47	fd6	3.73	+0.10	+0.12	A5 IV–V
			6791	18 07 22.5	+43 27 40	s6	5.00	+0.71	+0.91	G8 III CN–1 CH–3
103	o	Her	6779	18 07 24.4	+28 45 43	fv6	3.83	−0.07	−0.03	A0 II–III
	π	Pav	6745	18 08 14.7	−63 40 08	v6	4.35	+0.18	+0.22	A7p Sr
102		Her	6787	18 08 36.6	+20 48 49	d	4.36	−0.81	−0.16	B2 IV
	ε	Tel	6783	18 10 58.2	−45 57 19	fd	4.53	+0.78	+1.01	K0 III
13	μ	Sgr	6812	18 13 33.3	−21 03 36	fvd6	3.86	−0.49	+0.23	B9 Ia
36		Dra	6850	18 13 52.6	+64 23 46	f	5.03	−0.04	+0.38	F5 V
			6819	18 16 49.8	−56 01 29	f6	5.33	−0.69	−0.05	B3 IIIpe
	η	Sgr	6832	18 17 23.4	−36 45 47	fvd7	3.11	+1.71	+1.56	M3.5 IIIab
1	κ	Lyr	6872	18 19 44.3	+36 03 46	fv	4.33	+1.19	+1.17	K2⁻ IIIab CN 0.5
74		Oph	6866	18 20 41.6	+ 3 22 31	fd	4.86	+0.62	+0.91	G8 III
19	δ	Sgr	6859	18 20 46.2	−29 49 48	fd	2.70	+1.55	+1.38	K2.5 IIIa CN 0.5
43	φ	Dra	6920	18 20 48.5	+71 20 10	vd67	4.22	−0.33	−0.10	A0p Si
44	χ	Dra	6927	18 21 07.2	+72 43 53	fvd6	3.57	−0.06	+0.49	F7 V
58	η	Ser	6869	18 21 07.7	− 2 54 00	fvd	3.26	+0.66	+0.94	K0 III–IV
	ξ	Pav	6855	18 22 54.3	−61 29 45	fvd67	4.36	+1.55	+1.48	K4 III
109		Her	6895	18 23 32.9	+21 46 05	fsvd	3.84	+1.17	+1.18	K2 IIIab
39		Dra	6923	18 23 51.5	+58 47 55	d6	4.98	+0.04	+0.08	A2 Va
20	ε	Sgr	6879	18 23 56.4	−34 23 12	fd	1.85	−0.13	−0.03	A0 II⁻n (shell)
	α	Tel	6897	18 26 42.9	−45 58 14	f	3.51	−0.64	−0.17	B3 IV
22	λ	Sgr	6913	18 27 45.3	−25 25 26	f	2.81	+0.89	+1.04	K1 IIIb
	ζ	Tel	6905	18 28 33.8	−49 04 23		4.13	+0.82	+1.02	G8/K0 III
	γ	Sct	6930	18 28 59.9	−14 34 06	f	4.70	+0.06	+0.06	A2 III⁻
60		Ser	6935	18 29 30.1	− 1 59 16	f6	5.39	+0.76	+0.96	K0 III
	θ	Cra	6951	18 33 15.2	−42 18 55	f	4.64	+0.76	+1.01	G8 III
	α	Sct	6973	18 35 01.0	− 8 14 48	fv	3.85	+1.54	+1.33	K3 III
			6985	18 36 17.8	+ 9 07 10	f	5.39	−0.02	+0.37	F5 IIIs
3	α	Lyr	7001	18 36 49.2	+38 46 49	fsvd	0.03	−0.01	0.00	A0 Va
	δ	Sct	7020	18 42 04.9	− 9 03 22	fvd6	4.72	+0.14	+0.35	F2 III (str. met.)
	ζ	Pav	6982	18 42 37.7	−71 25 54	fd	4.01	+1.02	+1.14	K0 III
	ε	Sct	7032	18 43 19.8	− 8 16 44	fd	4.90	+0.87	+1.12	G8 IIb

Flamsteed/Bayer Designation			HR No.	Right Ascension	Declination	Notes	V	U–B	B–V	Spectral Type
				h m s	° ′ ″					
6	ζ¹	Lyr	7056	18 44 39.1	+37 36 05	vd6	4.36	+0.16	+0.19	A5m
27	φ	Sgr	7039	18 45 26.3	−26 59 41	fd6	3.17	−0.36	−0.11	B8 III
110		Her	7061	18 45 30.7	+20 32 34	fvd	4.19	+0.01	+0.46	F6 V
			7064	18 45 56.0	+26 39 30	f	4.83	+1.23	+1.20	K2 III
50		Dra	7124	18 46 29.1	+75 25 48	fm6	5.35		+0.05	A1 Vn
111		Her	7069	18 46 52.0	+18 10 39	fd6	4.36	+0.07	+0.13	A3 Va⁺
	β	Sct	7063	18 46 59.3	− 4 45 07	f6	4.22	+0.81	+1.10	G4 IIa
	R	Sct	7066	18 47 17.8	− 5 42 33	sv	5.20	+1.64	+1.47	K0 Ib:p Ca−1
	η¹	CrA	7062	18 48 35.4	−43 41 03	f	5.49		+0.13	A2 Vn
10	β	Lyr	7106	18 49 57.0	+33 21 30	fcvd6	3.45	−0.56	0.00	B7 Vpe (shell)
47	o	Dra	7125	18 51 09.0	+59 23 03	fd6	4.66	+1.04	+1.19	G9 III Fe−0.5
	λ	Pav	7074	18 51 53.6	−62 11 31	fvd	4.22	−0.89	−0.14	B2 II–III
	χ	Oct	6721	18 52 47.5	−87 36 37	f	5.28	+1.60	+1.28	K3 III
12	δ²	Lyr	7139	18 54 22.9	+36 53 39	vd	4.30	+1.65	+1.68	M4 II
52	υ	Dra	7180	18 54 26.5	+71 17 33	f6	4.82	+1.10	+1.15	K0 III CN 0.5
34	σ	Sgr	7121	18 55 02.9	−26 18 05	fd	2.02	−0.75	−0.22	B3 IV
13	R	Lyr	7157	18 55 13.7	+43 56 29	fsv6	4.04	+1.41	+1.59	M5 III (var)
63	θ¹	Ser	7141	18 56 02.8	+ 4 11 56	fvd	4.61	+0.10	+0.16	A5 V
	κ	Pav	7107	18 56 35.5	−67 14 18	vm	3.90		+0.60	F5 I–II
37	ξ²	Sgr	7150	18 57 31.3	−21 06 41	f	3.51	+1.13	+1.18	K1 III
	λ	Tel	7134	18 58 11.0	−52 56 37	fm6	5.03			A0 III⁺
14	γ	Lyr	7178	18 58 48.8	+32 41 05	fvd	3.24	−0.09	−0.05	B9 II
13	ε	Aql	7176	18 59 27.8	+15 03 48	fd6	4.02	+1.04	+1.08	K1⁻ III CN 0.5
12		Aql	7193	19 01 29.6	− 5 44 39	v	4.02	+1.04	+1.09	K1 III
38	ζ	Sgr	7194	19 02 23.4	−29 53 08	d67	2.60	+0.06	+0.08	A2 IV–V
39	o	Sgr	7217	19 04 28.4	−21 44 49	vd	3.77	+0.85	+1.01	G9 IIIb
17	ζ	Aql	7235	19 05 15.0	+13 51 29	fvd6	2.99	−0.01	+0.01	A0 Vann
16	λ	Aql	7236	19 06 03.8	− 4 53 17	f	3.44	−0.27	−0.09	A0 IVp (wk 4481)
	γ	CrA	7226	19 06 10.9	−37 04 07	md68	5.01	+0.02	+0.52	F7 IV–V
40	τ	Sgr	7234	19 06 43.3	−27 40 33	f6	3.32	+1.15	+1.19	K1.5 IIIb
18	ι	Lyr	7262	19 07 10.6	+36 05 40	f	5.28	−0.51	−0.11	B6 IV
	α	CrA	7254	19 09 14.1	−37 54 37	f	4.11	+0.08	+0.04	A2 IVn
41	π	Sgr	7264	19 09 33.4	−21 01 46	fvd7	2.89	+0.22	+0.35	F2 II–III
	β	CrA	7259	19 09 47.3	−39 20 48		4.11	+1.07	+1.20	K0 II
20		Aql	7279	19 12 29.3	− 7 56 44	fv	5.34	−0.44	+0.13	B3 V
57	δ	Dra	7310	19 12 33.3	+67 39 19	fd	3.07	+0.78	+1.00	G9 III
20	η	Lyr	7298	19 13 38.4	+39 08 23	vd6	4.39	−0.65	−0.15	B2.5 IV
60	τ	Dra	7352	19 15 37.2	+73 20 57	fv6	4.45	+1.45	+1.25	K2⁺ IIIb CN 1
21	θ	Lyr	7314	19 16 14.8	+38 07 39	fvd	4.36	+1.23	+1.26	K0 II
1	κ	Cyg	7328	19 17 01.3	+53 21 43	fv6	3.77	+0.74	+0.96	G9 III
43		Sgr	7304	19 17 25.8	−18 57 34	fmd	4.96		+1.02	G8 II–III
25	ω¹	Aql	7315	19 17 39.1	+11 35 20	f	5.28	+0.22	+0.20	F0 IV
44	ρ¹	Sgr	7340	19 21 28.2	−17 51 14	vd	3.93	+0.13	+0.22	F0 III–IV
46	υ	Sgr	7342	19 21 31.6	−15 57 43	fvd6	4.61	−0.53	+0.10	Apep
	β¹	Sgr	7337	19 22 23.2	−44 27 57	fd	4.01	−0.39	−0.10	B8 V
	β²	Sgr	7343	19 22 58.0	−44 48 24		4.29	+0.07	+0.34	F0 IV
	α	Sgr	7348	19 23 38.7	−40 37 22	f6	3.97	−0.33	−0.10	B8 V
31		Aql	7373	19 24 48.2	+11 56 12	fvd	5.16	+0.42	+0.77	G7 IV Hδ 1
30	δ	Aql	7377	19 25 19.3	+ 3 06 27	fvd6	3.36	+0.04	+0.32	F2 IV–V
6	α	Vul	7405	19 28 33.6	+24 39 28	fvd	4.44	+1.81	+1.50	M0.5 IIIb

Flamsteed/Bayer Designation			HR No.	Right Ascension	Declination	Notes	V	U–B	B–V	Spectral Type
				h m s	° ′ ″					
10	ι²	Cyg	7420	19 29 37.1	+51 43 20	f	3.79	+0.11	+0.14	A4 V
36		Aql	7414	19 30 28.9	− 2 47 47	fv	5.03	+2.05	+1.75	M1 IIIab
6	β	Cyg	7417	19 30 34.8	+27 57 08	fcvmd8	3.24	+0.62	+1.13	K3 II + B9.5 V
8		Cyg	7426	19 31 38.5	+34 26 43	f	4.74	−0.65	−0.14	B3 IV
61	σ	Dra	7462	19 32 22.1	+69 39 19	svd	4.68	+0.38	+0.79	K0 V
38	μ	Aql	7429	19 33 55.1	+ 7 22 17	fvd	4.45	+1.26	+1.17	K3⁻ IIIb Fe 0.5
	ι	Tel	7424	19 34 57.5	−48 06 25	f	4.90		+1.09	K0 III
13	θ	Cyg	7469	19 36 20.9	+50 12 46	fd	4.48	−0.03	+0.38	F4 V
52		Sgr	7440	19 36 29.7	−24 53 30	fvd	4.60	−0.15	−0.07	B8/9 V
41	ι	Aql	7447	19 36 32.4	− 1 17 40	vd	4.36	−0.44	−0.08	B5 III
39	κ	Aql	7446	19 36 42.2	− 7 02 08	fv	4.95	−0.87	0.00	B0.5 IIIn
5	α	Sge	7479	19 39 56.4	+18 00 20	d	4.37	+0.43	+0.78	G1 II
54		Sgr	7476	19 40 31.4	−16 18 05	fvd	5.30	+1.06	+1.13	K2 III
			7495	19 40 43.8	+45 30 59	svd	5.06	+0.15	+0.40	F5 II–III
6	β	Sge	7488	19 40 53.5	+17 28 04	f	4.37	+0.89	+1.05	G8 IIIa CN 0.5
16		Cyg	7503	19 41 43.3	+50 31 01	sd	5.96	+0.19	+0.64	G1.5 Vb
16		Cyg	7504	19 41 46.4	+50 30 33	sd	6.20	+0.20	+0.66	G3 V
55		Sgr	7489	19 42 19.1	−16 07 57	fd6	5.06	+0.09	+0.33	F0 IVn:
10		Vul	7506	19 43 34.2	+25 45 48	f	5.49	+0.67	+0.93	G8 III
15		Cyg	7517	19 44 09.0	+37 20 45	f	4.89	+0.69	+0.95	G8 III
18	δ	Cyg	7528	19 44 52.0	+45 07 19	vd67	2.87	−0.10	−0.03	B9.5 III
50	γ	Aql	7525	19 46 05.6	+10 36 16	fd	2.72	+1.68	+1.52	K3 II
56		Sgr	7515	19 46 09.5	−19 46 11	fm	4.86		+0.93	K0⁺ III
7	δ	Sge	7536	19 47 13.9	+18 31 32	fcvd6	3.82	+0.96	+1.41	M2 II + A0 V
	ν	Tel	7510	19 47 44.1	−56 22 17	f	5.35		+0.20	A9 Vn
63	ε	Dra	7582	19 48 11.2	+70 15 32	vd67	3.83	+0.52	+0.89	G7 IIIb Fe−1
	χ	Cyg	7564	19 50 25.8	+32 54 19	vd	4.23	+0.96	+1.82	S6+/1e
53	α	Aql	7557	19 50 36.8	+ 8 51 32	fd	0.77	+0.08	+0.22	A7 Vnn
	v3961	Sgr	7552	19 51 36.4	−39 53 01	sv6	5.33	−0.22	−0.06	A0p Si Cr Eu
			7589	19 51 52.7	+47 01 06	sv	5.62	−0.97	−0.07	O9.5 Iab
9		Sge	7574	19 52 12.4	+18 39 46	sv6	6.23	−0.92	+0.01	O8 If
55	η	Aql	7570	19 52 17.7	+ 0 59 47	fv6	3.90	+0.51	+0.89	F6–G1 Ib
	v1291	Aql	7575	19 53 07.8	− 3 07 25	fsv	5.65	+0.10	+0.20	A5p Sr Cr Eu
	ι	Sgr	7581	19 55 01.3	−41 52 40	f	4.13	+0.90	+1.08	G8 III
60	β	Aql	7602	19 55 08.5	+ 6 23 52	fvd	3.71	+0.48	+0.86	G8 IV
21	η	Cyg	7615	19 56 10.5	+35 04 26	fvd	3.89	+0.89	+1.02	K0 III
61		Sgr	7614	19 57 45.1	−15 30 04	fm	5.02		+0.05	A3 Va
12	γ	Sge	7635	19 58 36.1	+19 28 57	fsv	3.47	+1.93	+1.57	M0⁻ III
	θ¹	Sgr	7623	19 59 30.6	−35 17 10	f6	4.37	−0.67	−0.15	B2.5 IV
	ε	Pav	7590	20 00 11.5	−72 55 13	fv	3.96	−0.05	−0.03	A0 Va
15	NT	Vul	7653	20 00 57.4	+27 44 38	fv6	4.64	+0.16	+0.18	A7m
62	v3872	Sgr	7650	20 02 26.6	−27 43 11	fv	4.58	+1.80	+1.65	M4.5 III
	ξ	Tel	7673	20 07 07.2	−52 53 28	fv6	4.94	+1.84	+1.62	M1 IIab
	δ	Pav	7665	20 08 23.2	−66 11 29	fv	3.56	+0.45	+0.76	G6/8 IV
1	κ	Cep	7750	20 09 00.7	+77 42 04	fd7	4.39	−0.11	−0.05	B9 III
28	v1624	Cyg	7708	20 09 17.8	+36 49 45	fv6	4.93	−0.77	−0.13	B2.5 V
65	θ	Aql	7710	20 11 07.5	− 0 49 55	fd6	3.23	−0.14	−0.07	B9.5 III⁺
33		Cyg	7740	20 13 19.0	+56 33 25	fv6	4.30	+0.08	+0.11	A3 IVn
31	o¹	Cyg	7735	20 13 31.3	+46 43 50	fcvd6	3.79	+0.42	+1.28	K2 II + B4 V
67	ρ	Aql	7724	20 14 06.9	+15 11 12	f6	4.95	+0.01	+0.08	A1 Va

Flamsteed/Bayer Designation			HR No.	Right Ascension	Declination	Notes	V	U–B	B–V	Spectral Type
				h m s	° ′ ″					
32	o²	Cyg	7751	20 15 21.8	+47 42 13	cvd6	3.98	+1.03	+1.52	K3 II + B9: V
24		Vul	7753	20 16 38.1	+24 39 37	fm	5.32		+0.95	G8 III
5	α¹	Cap	7747	20 17 27.3	–12 31 09	fd6	4.24	+0.78	+1.07	G3 Ib
34	P	Cyg	7763	20 17 39.4	+38 01 19	sv	4.81	–0.58	+0.42	B1pe
6	α²	Cap	7754	20 17 51.6	–12 33 21	fmd6	3.56		+0.94	G9 III
9	β	Cap	7776	20 20 48.9	–14 47 33	fcd67	3.08	+0.28	+0.79	K0 II: + A5n: V:
37	γ	Cyg	7796	20 22 06.2	+40 14 43	fsvd	2.20	+0.53	+0.68	F8 Ib
			7794	20 23 00.3	+ 5 19 54	f	5.31	+0.77	+0.97	G8 III–IV
39		Cyg	7806	20 23 43.2	+32 10 44	s	4.43	+1.50	+1.33	K2.5 III Fe–0.5
	α	Pav	7790	20 25 22.4	–56 44 48	fvd6	1.94	–0.71	–0.20	B2.5 V
41		Cyg	7834	20 29 15.2	+30 21 24	fv	4.01	+0.27	+0.40	F5 II
69		Aql	7831	20 29 28.0	– 2 53 50	f	4.91	+1.22	+1.15	K2 III
2	θ	Cep	7850	20 29 31.4	+62 58 56	f6	4.22	+0.16	+0.20	A7m
73	AF	Dra	7879	20 31 33.4	+74 56 34	fv6	5.20	+0.11	+0.07	A0p Sr Cr Eu
2	ε	Del	7852	20 33 02.8	+11 17 28	fv	4.03	–0.47	–0.13	B6 III
	α	Ind	7869	20 37 19.4	–47 18 14	fd	3.11	+0.79	+1.00	K0 III CN–1
6	β	Del	7882	20 37 23.1	+14 34 58	d6	3.63	+0.08	+0.44	F5 IV
71		Aql	7884	20 38 09.4	– 1 07 03	vd6	4.32	+0.69	+0.95	G7.5 IIIa
29		Vul	7891	20 38 22.0	+21 11 20	f	4.82	–0.08	–0.02	A0 Va (shell)
7	κ	Del	7896	20 38 57.6	+10 04 25	fd	5.05	+0.24	+0.71	G2 IV
9	α	Del	7906	20 39 28.5	+15 53 58	fvd6	3.77	–0.21	–0.06	B9 IV
15	υ	Cap	7900	20 39 51.0	–18 09 04	f	5.10	+1.99	+1.66	M1 III
49		Cyg	7921	20 40 54.1	+32 17 41	sd6	5.51		+0.88	G8 IIb
50	α	Cyg	7924	20 41 18.8	+45 16 04	fsvd	1.25	–0.24	+0.09	A2 Ia
11	δ	Del	7928	20 43 17.7	+15 03 43	fv6	4.43	+0.10	+0.32	F0m
	η	Ind	7920	20 43 47.0	–51 56 02	f	4.51	+0.09	+0.27	A9 IV
	β	Pav	7913	20 44 38.8	–66 12 58	f	3.42	+0.12	+0.16	A6 IV⁻
3	η	Cep	7957	20 45 13.1	+61 49 30	fd	3.43	+0.62	+0.92	K0 IV
			7955	20 45 15.9	+57 34 02	fd6	4.51	+0.10	+0.54	F8 IV–V
52		Cyg	7942	20 45 31.1	+30 42 25	d	4.22	+0.89	+1.05	K0 IIIa
16	ψ	Cap	7936	20 45 53.3	–25 17 01	f	4.14	+0.02	+0.43	F4 V
53	ε	Cyg	7949	20 46 04.2	+33 57 25	fd6	2.46	+0.87	+1.03	K0 III
12	γ²	Del	7948	20 46 29.8	+16 06 42	fd	4.27	+0.97	+1.04	K1 IV
54	λ	Cyg	7963	20 47 16.3	+36 28 40	d67	4.53	–0.49	–0.11	B6 IV
2	ε	Aqr	7950	20 47 29.2	– 9 30 31	f	3.77	+0.02	0.00	A1 III⁻
3	EN	Aqr	7951	20 47 33.2	– 5 02 26	fv	4.42	+1.92	+1.65	M3 III
	ι	Mic	7943	20 48 15.0	–44 00 05	fd7	5.11	+0.06	+0.35	F1 IV
55	v1661	Cyg	7977	20 48 49.2	+46 06 04	svd	4.84	–0.45	+0.41	B2.5 Ia
18	ω	Cap	7980	20 51 36.8	–26 55 57	fv	4.11	+1.93	+1.64	M0 III Ba 0.5
6	μ	Aqr	7990	20 52 27.9	– 8 59 48	f6	4.73	+0.11	+0.32	F2m
32		Vul	8008	20 54 24.7	+28 02 39	fv	5.01	+1.79	+1.48	K4 III
	β	Ind	7986	20 54 32.3	–58 28 03	fd	3.65	+1.23	+1.25	K1 II
			8023	20 56 27.3	+44 54 41	s6	5.96	–0.85	+0.05	O6 V
58	v	Cyg	8028	20 57 02.6	+41 09 13	f6	3.94	0.00	+0.02	A0.5 IIIn
33		Vul	8032	20 58 07.0	+22 18 44	f	5.31		+1.40	K3.5 III
20	AO	Cap	8033	20 59 24.2	–19 02 56	svm	6.23			B9psi
59	v832	Cyg	8047	20 59 42.4	+47 30 26	fvd6	4.74	–0.94	–0.05	B1.5 Vnne
	γ	Mic	8039	21 01 04.6	–32 16 18	fd	4.67	+0.54	+0.89	G8 III
	ζ	Mic	8048	21 02 44.6	–38 38 43	fm	5.35			F3 V
	α	Oct	8021	21 04 18.2	–77 02 15	fc6	5.15	+0.13	+0.49	G2 III + A7 III

Flamsteed/Bayer Designation			HR No.	Right Ascension	Declination	Notes	V	U–B	B–V	Spectral Type
				h m s	° ′ ″					
62	ξ	Cyg	8079	21 04 48.2	+43 54 50	fsv6	3.72	+1.83	+1.65	K4.5 Ib–II
	σ	Oct	7228	21 05 38.2	–88 58 15	fv	5.47	+0.13	+0.27	F0 III
23	θ	Cap	8075	21 05 45.1	–17 14 49	f6	4.07	+0.01	–0.01	A1 Va+
61	v1803	Cyg	8085	21 06 44.5	+38 43 55	fsvd	5.21	+1.11	+1.18	K5 V
61		Cyg	8086	21 06 45.8	+38 43 29	svd	6.03	+1.23	+1.37	K7 V
24		Cap	8080	21 06 55.4	–25 01 12	fd	4.50	+1.93	+1.61	M1⁻ III
13	ν	Aqr	8093	21 09 24.2	–11 23 10	f	4.51	+0.70	+0.94	G8+ III
5	γ	Equ	8097	21 10 10.3	+10 07 02	fvd	4.69	+0.10	+0.26	F0p Sr Eu
64	ζ	Cyg	8115	21 12 47.2	+30 12 45	fsd6	3.20	+0.76	+0.99	G8+ III–IIIa Ba 0.5
	o	Pav	8092	21 13 01.1	–70 08 27	f6	5.02	+1.56	+1.58	M1/2 III
			8110	21 13 04.9	–27 38 02	f	5.42		+1.42	K5 III
7	δ	Equ	8123	21 14 18.6	+ 9 59 34	d67	4.49	–0.01	+0.50	F8 V
65	τ	Cyg	8130	21 14 39.1	+38 01 50	vd67	3.72	+0.02	+0.39	F2 V
8	α	Equ	8131	21 15 38.9	+ 5 14 00	fcd6	3.92	+0.29	+0.53	G2 II–III + A4 V
67	σ	Cyg	8143	21 17 16.7	+39 22 48	fv6	4.23	–0.39	+0.12	B9 Iab
	ε	Mic	8135	21 17 43.6	–32 11 14	f	4.71	+0.02	+0.06	A1m A2 Va+
66	υ	Cyg	8146	21 17 46.4	+34 52 55	fvd6	4.43	–0.82	–0.11	B2 Ve
5	α	Cep	8162	21 18 29.8	+62 34 14	fvd	2.44	+0.11	+0.22	A7 V+n
	θ	Ind	8140	21 19 37.1	–53 27 52	d7	4.39	+0.12	+0.19	A5 IV–V
	θ¹	Mic	8151	21 20 32.3	–40 49 28	fv	4.82	–0.07	+0.02	Ap Cr Eu
1		Peg	8173	21 21 55.5	+19 47 22	fd6	4.08	+1.06	+1.11	K1 III
32	ι	Cap	8167	21 22 03.1	–16 50 59	f	4.28	+0.58	+0.90	G7 III Fe-1.5
18		Aqr	8187	21 24 00.0	–12 53 36	fvd	5.49		+0.29	F0 V+
69		Cyg	8209	21 25 38.4	+36 39 08	sd	5.94	–0.94	–0.08	B0 Ib
	γ	Pav	8181	21 26 09.5	–65 22 56	fv	4.22	–0.12	+0.49	F6 Vp
34	ζ	Cap	8204	21 26 28.1	–22 25 36	fd6	3.74	+0.59	+1.00	G4 Ib: Ba 2
36		Cap	8213	21 28 31.5	–21 49 21		4.51	+0.60	+0.91	G7 IIIb Fe-1
8	β	Cep	8238	21 28 37.0	+70 32 43	fvd6	3.23	–0.95	–0.22	B1 III
71		Cyg	8228	21 29 19.2	+46 31 30	f	5.24	+0.80	+0.97	K0⁻ III
2		Peg	8225	21 29 47.4	+23 37 24	fd	4.57	+1.93	+1.62	M1+ III
22	β	Aqr	8232	21 31 22.5	– 5 35 12	fsd	2.91	+0.56	+0.83	G0 Ib
73	ρ	Cyg	8252	21 33 50.9	+45 34 35	fv	4.02	+0.56	+0.89	G8 III Fe-0.5
74		Cyg	8266	21 36 48.5	+40 23 52	f	5.01		+0.18	A5 V
23	ξ	Aqr	8264	21 37 34.0	– 7 52 12	fd6	4.69	+0.13	+0.17	A5 Vn
5		Peg	8267	21 37 35.6	+19 18 10	f	5.45	+0.14	+0.30	F0 V+
9	v337	Cep	8279	21 37 49.6	+62 03 58	sv	4.73	–0.53	+0.30	B2 Ib
40	γ	Cap	8278	21 39 53.8	–16 40 42	f6	3.68	+0.20	+0.32	A7m:
75		Cyg	8284	21 40 02.8	+43 15 28	svd	5.11	+1.90	+1.60	M1 IIIab
	ν	Oct	8254	21 41 05.8	–77 24 21	fd6	3.76	+0.89	+1.00	K0 III
11		Cep	8317	21 41 52.3	+71 17 43	f	4.56	+1.10	+1.10	K0.5 III
	μ	Cep	8316	21 43 24.0	+58 45 50	svd	4.08	+2.42	+2.35	M2⁻ Ia
8	ε	Peg	8308	21 44 00.9	+ 9 51 32	fsvd	2.39	+1.70	+1.53	K2 Ib–II
9		Peg	8313	21 44 20.8	+17 20 01	sv	4.34	+1.00	+1.17	G5 Ib
10	κ	Peg	8315	21 44 29.2	+25 37 44	d67	4.13	+0.03	+0.43	F5 IV
9	ι	PsA	8305	21 44 44.4	–33 02 31	fd6	4.34	–0.11	–0.05	A0 IV
10	ν	Cep	8334	21 45 20.9	+61 06 17	fv	4.29	+0.13	+0.52	A2 Ia
81	π²	Cyg	8335	21 46 39.8	+49 17 36	f6	4.23	–0.71	–0.12	B2.5 III
49	δ	Cap	8322	21 46 50.9	–16 08 36	fvd6	2.87	+0.09	+0.29	F2m
14		Peg	8343	21 49 41.4	+30 09 28	f6	5.04	+0.03	–0.03	A1 Vs
	o	Ind	8333	21 50 29.7	–69 38 45	f	5.53	+1.63	+1.37	K2/3 III

Flamsteed/Bayer Designation			HR No.	Right Ascension	Declination	Notes	V	U–B	B–V	Spectral Type
				h m s	° ′ ″					
16		Peg	8356	21 52 54.2	+25 54 31	f6	5.08	−0.67	−0.17	B3 V
51	μ	Cap	8351	21 53 06.4	−13 34 06	f	5.08	−0.01	+0.37	F2 V
	γ	Gru	8353	21 53 43.1	−37 22 53	f	3.01	−0.37	−0.12	B8 IV–Vs
13		Cep	8371	21 54 46.1	+56 35 41	sv	5.80	−0.02	+0.73	B8 Ib
	δ	Ind	8368	21 57 40.9	−55 00 34	fd7	4.40	+0.10	+0.28	F0 III–IVn
	ε	Ind	8387	22 03 05.7	−56 48 02	f	4.69	+0.99	+1.06	K4/5 V
17	ξ	Cep	8417	22 03 41.3	+64 36 39	d6	4.29	+0.09	+0.34	A7m:
20		Cep	8426	22 04 54.1	+62 46 07	fv	5.27	+1.78	+1.41	K4 III
19		Cep	8428	22 05 02.4	+62 15 46	sd	5.11	−0.84	+0.08	O9.5 Ib
34	α	Aqr	8414	22 05 36.3	− 0 20 13	fsd	2.96	+0.74	+0.98	G2 Ib
	λ	Gru	8411	22 05 54.3	−39 33 37	f	4.46	+1.66	+1.37	K3 III
33	ι	Aqr	8418	22 06 14.9	−13 53 12	f6	4.27	−0.29	−0.07	B9 IV–V
24	ι	Peg	8430	22 06 50.9	+25 19 40	fvd6	3.76	−0.04	+0.44	F5 V
	α	Gru	8425	22 08 00.8	−46 58 41	fvd	1.74	−0.47	−0.13	B7 Vn
14	μ	PsA	8431	22 08 10.8	−33 00 21	f	4.50	+0.05	+0.05	A1 IVnn
24		Cep	8468	22 09 44.4	+72 19 26	f	4.79	+0.61	+0.92	G7 II–III
29	π	Peg	8454	22 09 49.9	+33 09 39	f	4.29	+0.18	+0.46	F3 III
26	θ	Peg	8450	22 10 01.4	+ 6 10 50	fv6	3.53	+0.10	+0.08	A2m A1 IV–V
21	ζ	Cep	8465	22 10 44.0	+58 11 02	fv6	3.35	+1.71	+1.57	K1.5 Ib
22	λ	Cep	8469	22 11 23.6	+59 23 50	sv	5.04	−0.74	+0.25	O6 If
			8546	22 13 30.4	+86 05 26	f6	5.27	−0.11	−0.03	B9.5 Vn
			8485	22 13 43.7	+39 41 51	fvd6	4.49	+1.45	+1.39	K2.5 III
16	λ	PsA	8478	22 14 06.9	−27 47 04	f	5.43	−0.55	−0.16	B8 III
23	ε	Cep	8494	22 14 54.2	+57 01 34	vd6	4.19	+0.04	+0.28	A9 IV
1		Lac	8498	22 15 49.0	+37 43 53		4.13	+1.63	+1.46	K3⁻ II–III
43	θ	Aqr	8499	22 16 39.0	− 7 48 03	f	4.16	+0.81	+0.98	G9 III
	α	Tuc	8502	22 18 15.9	−60 16 38	fd6	2.86	+1.54	+1.39	K3 III
	ε	Oct	8481	22 19 38.9	−80 27 27	fv	5.10	+1.09	+1.47	M6 III
31	IN	Peg	8520	22 21 20.7	+12 11 15	fv	5.01	−0.81	−0.13	B2 IV–V
47		Aqr	8516	22 21 24.1	−21 36 57	fm	5.13		+1.07	K0 III
48	γ	Aqr	8518	22 21 28.5	− 1 24 18	fvd6	3.84	−0.12	−0.05	B9.5 III–IV
3	β	Lac	8538	22 23 25.3	+52 12 41	f	4.43	+0.77	+1.02	G9 IIIb Ca 1
52	π	Aqr	8539	22 25 05.9	+ 1 21 34	fv	4.66	−0.98	−0.03	B1 Ve
	δ	Tuc	8540	22 27 05.3	−64 59 04	vd7	4.48	−0.07	−0.03	B9.5 IVn
	ν	Gru	8552	22 28 27.0	−39 08 59	fd	5.47		+0.95	G8 III
55	ζ¹	Aqr	8558	22 28 38.9	− 0 02 18	cmd8	4.59	−0.01	+0.40	F2 V⁺
55	ζ²	Aqr	8559	22 28 39.2	− 0 02 17	cmd8	4.42	−0.01	+0.40	F2.5 IV–V
27	δ	Cep	8571	22 29 02.4	+58 23 50	fvd6	3.75		+0.60	F5–G2 Ib
	δ¹	Gru	8556	22 29 03.7	−43 30 49	fvd	3.97	+0.80	+1.03	G6/8 III
5		Lac	8572	22 29 23.1	+47 41 20	cv6	4.36	+1.11	+1.68	M0 II + B8 V
	δ²	Gru	8560	22 29 33.0	−43 46 02	vd	4.11	+1.71	+1.57	M4.5 IIIa
38		Peg	8574	22 29 52.2	+32 33 17	f	5.47	−0.25	−0.10	B9.5 V
6		Lac	8579	22 30 20.2	+43 06 20	6	4.51	−0.74	−0.09	B2 IV
57	σ	Aqr	8573	22 30 27.7	−10 41 45	f6	4.82	−0.11	−0.06	A0 IV
7	α	Lac	8585	22 31 08.8	+50 15 52	fd	3.77	0.00	+0.01	A1 Va
17	β	PsA	8576	22 31 18.5	−32 21 51	fd7	4.29	+0.02	+0.01	A1 Va
59	υ	Aqr	8592	22 34 30.2	−20 43 34	f	5.20	0.00	+0.44	F5 V
62	η	Aqr	8597	22 35 10.6	− 0 08 08	f	4.02	−0.26	−0.09	B9 IV–V:n
31		Cep	8615	22 35 40.9	+73 37 30	f	5.08	+0.16	+0.39	F3 III–IV
63	κ	Aqr	8610	22 37 34.5	− 4 14 46	fd	5.03	+1.16	+1.14	K1.5 IIIb CN 0.5

Flamsteed/Bayer Designation		HR No.	Right Ascension	Declination	Notes	V	U–B	B–V	Spectral Type
			h m s	° ′ ″					
30	Cep	8627	22 38 31.6	+63 33 58	f6	5.19		+0.06	A3 IV
10	Lac	8622	22 39 06.2	+39 01 55	fd	4.88	−1.04	−0.20	O9 V
		8626	22 39 24.8	+37 34 28	sd	6.03		+0.86	G3 Ib–II: CN–1 CH 2 Fe–1
11	Lac	8632	22 40 21.6	+44 15 29		4.46	+1.36	+1.33	K2.5 III
18	ε PsA	8628	22 40 27.8	−27 03 43	fv	4.17	−0.37	−0.11	B8 Ve
42	ζ Peg	8634	22 41 17.3	+10 48 47	fd	3.40	−0.25	−0.09	B8.5 III
	β Gru	8636	22 42 27.6	−46 54 11	fv	2.11	+1.60	+1.62	M4.5 III
44	η Peg	8650	22 42 50.3	+30 12 10	fcvd6	2.94	+0.55	+0.86	G8 II + F0 V
13	Lac	8656	22 43 56.1	+41 48 03	fd	5.08		+0.96	K0 III
	β Oct	8630	22 45 42.9	−81 24 00	f6	4.15	+0.11	+0.20	A7 III–IV
47	λ Peg	8667	22 46 21.8	+23 32 50	f	3.95	+0.91	+1.07	G8 IIIa CN 0.5
46	ξ Peg	8665	22 46 31.1	+12 09 17	d	4.19	−0.03	+0.50	F6 V
68	Aqr	8670	22 47 21.9	−19 37 54	fm	5.26		+0.94	G8 III
	ε Gru	8675	22 48 20.7	−51 20 07	fv	3.49	+0.10	+0.08	A2 Va
71	τ Aqr	8679	22 49 24.4	−13 36 40	fvd	4.01	+1.95	+1.57	M0 III
32	ι Cep	8694	22 49 33.3	+66 10 55	fs	3.52	+0.90	+1.05	K0⁻ III
48	μ Peg	8684	22 49 50.0	+24 34 59	fs	3.48	+0.68	+0.93	G8⁺ III
		8685	22 50 50.3	−39 10 32	fm	5.42		+1.43	K3 III
22	γ PsA	8695	22 52 19.9	−32 53 39	vd7	4.46	−0.14	−0.04	A0m A1 III–IV
73	λ Aqr	8698	22 52 25.9	− 7 35 54	fv	3.74	+1.74	+1.64	M2.5 III Fe−0.5
		8748	22 54 27.1	+84 19 39	f	4.71	+1.69	+1.43	K4 III
76	δ Aqr	8709	22 54 27.9	−15 50 22	fv	3.27	+0.08	+0.05	A3 IV–V
23	δ PsA	8720	22 55 45.3	−32 33 30	d	4.21	+0.69	+0.97	G8 III
		8726	22 56 16.8	+49 42 53	sv	4.95	+1.96	+1.78	K5 Ib
24	α PsA	8728	22 57 27.5	−29 38 27	fv	1.16	+0.08	+0.09	A3 Va
		8732	22 58 23.4	−35 32 31	s	6.13		+0.58	F8 III–IV
	v509 Cas	8752	22 59 56.2	+56 55 36	sv	5.00	+1.16	+1.42	G4v 0
	ζ Gru	8747	23 00 40.5	−52 46 23	f6	4.12	+0.70	+0.98	G8/K0 III
1	o And	8762	23 01 45.6	+42 18 26	fvd6	3.62	−0.53	−0.09	B6pe (shell)
	π PsA	8767	23 03 18.2	−34 46 06	fv6	5.11	+0.02	+0.29	F0 V:
53	β Peg	8775	23 03 36.3	+28 03 50	fvd	2.42	+1.96	+1.67	M2.5 II–III
4	β Psc	8773	23 03 41.9	+ 3 48 04	fv	4.53	−0.49	−0.12	B6 Ve
54	α Peg	8781	23 04 35.2	+15 11 11	fv6	2.49	−0.05	−0.04	A0 III–IV
86	Aqr	8789	23 06 29.6	−23 45 44	d	4.47	+0.58	+0.90	G6 IIIb
	θ Gru	8787	23 06 41.0	−43 32 22	d7	4.28	+0.16	+0.42	F5 (II–III)m
55	Peg	8795	23 06 49.7	+ 9 23 26	fv	4.52	+1.90	+1.57	M1 IIIab
33	π Cep	8819	23 07 47.2	+75 22 07	d67	4.41	+0.46	+0.80	G2 III
88	Aqr	8812	23 09 15.6	−21 11 29	f	3.66	+1.24	+1.22	K1.5 III
	ι Gru	8820	23 10 09.7	−45 15 57	f6	3.90	+0.86	+1.02	K1 III
59	Peg	8826	23 11 33.6	+ 8 42 04	f	5.16	+0.08	+0.13	A3 Van
90	φ Aqr	8834	23 14 08.5	− 6 04 04	f	4.22	+1.90	+1.56	M1.5 III
91	ψ¹ Aqr	8841	23 15 42.5	− 9 06 25	fd	4.21	+0.99	+1.11	K1⁻ III Fe−0.5
6	γ Psc	8852	23 16 59.1	+ 3 15 47	fs	3.69	+0.58	+0.92	G9 III: Fe−2
	γ Tuc	8848	23 17 13.6	−58 15 18	f	3.99	−0.02	+0.40	F2 V
93	ψ² Aqr	8858	23 17 43.3	− 9 12 06	d	4.39	−0.56	−0.15	B5 Vn
	g Scl	8863	23 18 38.1	−32 33 04	f	4.41	+1.06	+1.13	K1 III
95	ψ³ Aqr	8865	23 18 46.8	− 9 37 48	fvd	4.98		−0.02	A0 Va
62	τ Peg	8880	23 20 27.8	+23 43 16	fv	4.60	+0.10	+0.17	A5 V
98	Aqr	8892	23 22 47.2	−20 07 11	f	3.97	+0.95	+1.10	K1 III
4	Cas	8904	23 24 40.9	+62 15 49	fvmd	4.97		+1.68	M2⁻ IIIab

Flamsteed/Bayer Designation			HR No.	Right Ascension	Declination	Notes	V	U–B	B–V	Spectral Type
				h m s	° ′ ″					
68	υ	Peg	8905	23 25 12.3	+23 23 05	fsm	4.41		+0.61	F8 III
99		Aqr	8906	23 25 51.8	−20 39 40	vm	4.39		+1.48	K4.5 III
8	κ	Psc	8911	23 26 45.2	+ 1 14 11	fvd	4.94	−0.02	+0.03	A0p Cr Sr
	τ	Oct	8862	23 27 37.9	−87 30 06	f	5.49	+1.43	+1.27	K2 III
10	θ	Psc	8916	23 27 47.4	+ 6 21 35	f	4.28	+1.01	+1.07	K0.5 III
70		Peg	8923	23 28 58.7	+12 44 28	f	4.55	+0.73	+0.94	G8 IIIa
			8924	23 29 21.2	− 4 33 07	sv	6.25	+1.16	+1.09	K3⁻ IIIb Fe 2
	β	Scl	8937	23 32 47.0	−37 50 16	fv	4.37	−0.36	−0.09	B9.5p Hg Mn
			8952	23 34 49.9	+71 37 22	s	5.84	+1.73	+1.80	G9 Ib
	ι	Phe	8949	23 34 53.3	−42 38 04	fvd	4.71	+0.07	+0.08	Ap Sr
16	λ	And	8961	23 37 23.5	+46 26 21	fvd6	3.82	+0.69	+1.01	G8 III–IV
			8959	23 37 39.8	−45 30 42	f6	4.74	+0.09	+0.08	A1/2 V
17	ι	And	8965	23 37 57.9	+43 14 55	fv6	4.29	−0.29	−0.10	B8 V
35	γ	Cep	8974	23 39 12.1	+77 36 46	fsv	3.21	+0.94	+1.03	K1 III–IV CN 1
17	ι	Psc	8969	23 39 46.2	+ 5 36 26	fvd	4.13	0.00	+0.51	F7 V
19	κ	And	8976	23 40 14.1	+44 18 52	fd	4.14	−0.26	−0.08	B8 IVn
	μ	Scl	8975	23 40 27.2	−32 05 33	fv	5.31	+0.66	+0.97	K0 III
18	λ	Psc	8984	23 41 52.1	+ 1 45 39	f6	4.50	+0.08	+0.20	A6 IV⁻
105	ω²	Aqr	8988	23 42 32.5	−14 33 51	fd6	4.49	−0.12	−0.04	B9.5 IV
106		Aqr	8998	23 44 01.2	−18 17 47	f	5.24	−0.27	−0.08	B9 Vn
20	ψ	And	9003	23 45 51.6	+46 24 03	fd	4.95	+0.82	+1.11	G3 Ib–II
			9013	23 47 44.6	+67 47 15	f6	5.04		−0.01	A1 Vn
20		Psc	9012	23 47 45.8	− 2 46 52	fd	5.49	+0.70	+0.94	gG8
	δ	Scl	9016	23 48 44.7	−28 08 59	fd	4.57	−0.03	+0.01	A0 Va⁺n
81	φ	Peg	9036	23 52 18.6	+19 06 03	fv	5.08	+1.86	+1.60	M3⁻ IIIb
82	HT	Peg	9039	23 52 26.4	+10 55 40	fvm	5.29			A4 Vn
71	ρ	Cas	9045	23 54 12.5	+57 28 48	fv	4.54	+1.12	+1.22	G2 0 (var)
84	ψ	Peg	9064	23 57 34.8	+25 07 19	fv	4.66	+1.68	+1.59	M3 III
27		Psc	9067	23 58 29.6	− 3 34 31	fvd6	4.86	+0.70	+0.93	G9 III
	π	Phe	9069	23 58 45.0	−52 45 55	fv	5.13	+1.03	+1.13	K0 III
28	ω	Psc	9072	23 59 07.9	+ 6 50 38	fv6	4.01	+0.06	+0.42	F3 V
	ε	Tuc	9076	23 59 44.2	−65 35 48	fv	4.50	−0.28	−0.08	B9 IV

Notes

f　FK4 position and proper motion
s　MK standard
c　composite or combined spectrum
v　variable star
m　magnitude and color from Yale Bright Star Catalogue 3rd ed.
d　double star data given in Yale Bright Star Catalogue 3rd ed.
1　companion is optical
2　visual binary
3　common proper motion components
4　fixed–separation companion
5　two spectra are indicated
6　spectroscopic binary
7　magnitude and colors refer to combined light of two or more stars
8　colors but not magnitudes refer to combined light of two or more stars

BS=HR No.	Name			Right Ascension	Declination	Stand-ards Code	V	U−B	B−V	V−R	V−I	Spectral Type
				h m s	° ′ ″							
21	11	β	Cas	0 08 59.4	+59 07 50		2.27	+0.12	+0.34	+0.31	+0.51	F2 III
39	88	γ	Peg	0 13 03.3	+15 09 51	1	2.84	−0.86	−0.23	−0.10	−0.29	B2 IV
45	89	χ	Peg	0 14 25.3	+20 11 14	1	4.80	+1.93	+1.57	+1.34	+2.47	M2$^+$ III
63	24	θ	And	0 16 54.5	+38 39 44		4.61	+0.05	+0.06	+0.08	+0.09	A2 V
113				0 30 08.1	+59 57 29		5.94	−0.36	+0.01			B9 IIIn
130	15	κ	Cas	0 32 47.9	+62 54 45		4.16	−0.80	+0.14	+0.14	+0.20	B0.7 Ia
321	30	μ	Cas	1 08 02.3	+54 54 12		5.18	+0.09	+0.69	+0.63	+1.04	G5 Vb
437	99	η	Psc	1 31 17.8	+15 19 40		3.62	+0.74	+0.97	+0.72	+1.22	G7 IIIa
493	107		Psc	1 42 18.4	+20 15 06	1	5.24	+0.49	+0.84	+0.69	+1.12	K1 V
553	6	β	Ari	1 54 26.8	+20 47 28		2.65	+0.10	+0.13	+0.14	+0.22	A5 V
617	13	α	Ari	2 06 58.5	+23 26 46	2	2.00	+1.13	+1.15	+0.84	+1.46	K2$^-$ IIIab Ca−1
718	73	ξ^2	Cet	2 27 58.4	+ 8 26 40	1	4.29	−0.11	−0.06	+0.02	−0.03	A0 III$^-$
753				2 35 53.3	+ 6 52 13	1	5.82	+0.79	+0.97	+0.83	+1.36	K3$^-$ V
875				2 56 26.9	− 3 43 35	2	5.17	+0.05	+0.08	+0.11	+0.16	A3 Vn
996	96	κ	Cet	3 19 10.7	+ 3 21 27		4.84	+0.19	+0.68	+0.57	+0.93	G5 V
1034				3 27 48.1	+49 03 03		4.98	−0.55	−0.10	+0.01	−0.09	B3 V
1046				3 29 44.1	+55 26 24		5.10	+0.05	+0.04	+0.09	+0.08	A1 V
1084	18	ε	Eri	3 32 45.9	− 9 28 12	1	3.73	+0.58	+0.88	+0.72	+1.19	K2 V
1131	38	o	Per	3 44 05.9	+32 16 39		3.83	−0.75	+0.05	+0.12	+0.12	B1 III
1144	18		Tau	3 44 57.2	+24 49 42	1	5.65	−0.36	−0.07	+0.03	−0.04	B8 V
1165	25	η	Tau	3 47 16.6	+24 05 40	1	2.87	−0.35	−0.09	+0.03	−0.01	B7 IIIn
1172				3 48 08.4	+23 24 38		5.45	−0.32	−0.07	+0.05	−0.01	B8 V
1228	46	ξ	Per	3 58 44.2	+35 46 52		4.04	−0.93	+0.02	+0.16	+0.15	O7.5 IIIf
1346	54	γ	Tau	4 19 35.6	+15 37 10		3.65	+0.81	+0.99	+0.73	+1.20	G9.5 IIIab CN 0.5
1373	61	δ	Tau	4 22 44.0	+17 32 04		3.76	+0.82	+0.99	+0.73	+1.20	G9.5 III CN 0.5
1411	77	θ^1	Tau	4 28 22.5	+15 57 17	1	3.83	+0.72	+0.95	+0.71	+1.18	G9 III Fe−0.5
1409	74	ε	Tau	4 28 24.7	+19 10 22	1	3.54	+0.87	+1.01	+0.73	+1.23	G9.5 III CN 0.5
1412	78	θ^2	Tau	4 28 27.7	+15 51 48	1	3.39	+0.12	+0.18	+0.18	+0.27	A7 III
1543	1	π^3	Ori	4 49 39.0	+ 6 57 19	1	3.19	−0.01	+0.46	+0.42	+0.68	F6 V
1552	3	π^4	Ori	4 51 01.2	+ 5 35 58		3.68	−0.81	−0.16	−0.05	−0.21	B2 III
1641	10	η	Aur	5 06 16.1	+41 13 48	1	3.18	−0.67	−0.18	−0.05	−0.22	B3 V
1666	67	β	Eri	5 07 40.6	− 5 05 27		2.79	+0.10	+0.13	+0.14	+0.22	A3 IVn
1781				5 23 31.5	− 0 09 46	1	5.70	−0.88	−0.21	−0.08	−0.27	B2 V
1791	112	β	Tau	5 26 04.2	+28 36 17		1.65	−0.49	−0.13	−0.01	−0.11	B7 III
1855	36	υ	Ori	5 31 45.7	− 7 18 14	1	4.62	−1.07	−0.26	−0.12	−0.38	B0 V
1861				5 32 30.7	− 1 35 40	1	5.35	−0.93	−0.19	−0.05	−0.24	B1 V
1938				5 40 22.4	+31 21 24	1	6.04	−0.21	+0.05	+0.11	+0.16	B7 V
2010	134		Tau	5 49 21.1	+12 39 01		4.91	−0.16	−0.07	+0.02	−0.06	B9 IV
2047	54	χ^1	Ori	5 54 10.5	+20 16 33		4.41	+0.08	+0.59	+0.51	+0.82	G0$^-$ V Ca 0.5
2382	12		Mon	6 32 08.1	+ 4 51 31		5.83	+0.78	+1.00	+0.72	+1.25	K0 III
2421	24	γ	Gem	6 37 30.6	+16 24 09		1.92	+0.05	0.00	+0.06	+0.05	A1 IVs
2693	25	δ	CMa	7 08 14.9	−26 23 15		1.84	+0.54	+0.67	+0.51	+0.84	F8 Ia
2763	54	λ	Gem	7 17 53.5	+16 32 49		3.58	+0.09	+0.12	+0.12	+0.17	A4 IV
2787				7 18 10.9	−36 43 39		4.67	−0.79	−0.10	+0.10	+0.05	B3 Ve
2782	30	τ	CMa	7 18 33.7	−24 56 52		4.40	−0.99	−0.15	−0.04	−0.22	O9 II

BS=HR No.			Name	Right Ascension	Declination	Stand-ards Code	V	U−B	B−V	V−R	V−I	Spectral Type
				h m s	° ′ ″							
2852	62	ρ	Gem	7 28 53.2	+31 47 30	1	4.18	−0.02	+0.32	+0.32	+0.51	F0 V⁺
2990	78	β	Gem	7 45 06.1	+28 02 05		1.14	+0.86	+1.00	+0.75	+1.25	K0 IIIb
3249	17	β	Cnc	8 16 19.6	+ 9 11 47	2	3.53	+1.77	+1.48	+1.12	+1.90	K4 III Ba 0.5
3314				8 25 29.1	− 3 53 41		3.90	−0.03	−0.02	+0.03	−0.02	A0 Va
3427	39		Cnc	8 39 54.4	+20 01 13	1	6.39	+0.83	+0.98	+0.72	+1.19	K0 III
3454	7	η	Hya	8 43 02.5	+ 3 24 41	2	4.30	−0.74	−0.20	−0.07	−0.26	B4 V
3569	9	ι	UMa	8 58 58.1	+48 03 20		3.14	+0.07	+0.19	+0.22	+0.29	A7 IVn
3579				9 00 24.8	+41 47 49		3.97	+0.06	+0.43	+0.40	+0.62	F7 V
3815	11		LMi	9 35 27.1	+35 49 34	1	5.41	+0.44	+0.77	+0.62	+0.99	G8 IV−V
3974	21		LMi	10 07 13.4	+35 15 43	1	4.49	+0.07	+0.18	+0.18	+0.25	A7 V
3982	32	α	Leo	10 08 11.2	+11 59 04	1	1.35	−0.36	−0.11	−0.02	−0.12	B7 Vn
4031	36	ζ	Leo	10 16 29.8	+23 26 05		3.44	+0.19	+0.31	+0.31	+0.50	F0 IIIa
4033	33	λ	UMa	10 16 53.2	+42 55 55		3.45	+0.06	+0.03	+0.08	+0.07	A1 IV
4054	40		Leo	10 19 32.7	+19 29 20		4.80	+0.01	+0.45	+0.45	+0.68	F6 IV
4112	36		UMa	10 30 24.3	+55 59 55		4.84	−0.01	+0.52	+0.48	+0.76	F8 V
4133	47	ρ	Leo	10 32 37.6	+ 9 19 29		3.85	−0.95	−0.14	−0.05	−0.21	B1 Iab
4456	90		Leo	11 34 31.6	+16 48 59	1	5.95	−0.65	−0.16	−0.06	−0.24	B3 V
4534	94	β	Leo	11 48 52.9	+14 35 30		2.14	+0.08	+0.08	+0.06	+0.08	A3 Va
4550				11 52 46.7	+37 44 38	1	6.45	+0.17	+0.75	+0.66	+1.11	G8 V P
4554	64	γ	UMa	11 53 38.9	+53 42 51		2.44	+0.03	0.00	0.00	−0.03	A0 Van
4623	1	α	Crv	12 08 13.9	−24 42 34		4.02	−0.02	+0.32	+0.30	+0.48	F0 IV−V
4660	69	δ	UMa	12 15 15.2	+57 03 07		3.31	+0.07	+0.08	+0.06	+0.06	A2 Van
4662	4	γ	Crv	12 15 37.5	−17 31 21	1	2.58	−0.35	−0.11	−0.04	−0.13	B8p Hg Mn
4707	12		Com	12 22 19.8	+25 51 56	1	4.81	+0.27	+0.49	+0.47	+0.80	G5 III + A5
4751				12 28 34.1	+25 55 07	1	6.65	+0.08	+0.22	+0.15	+0.23	A0p
4752	17		Com	12 28 44.2	+25 55 56	1	5.29	−0.10	−0.06	+0.02	−0.06	A0p (Si)
4785	8	β	CVn	12 33 34.6	+41 22 35		4.27	+0.05	+0.59	+0.54	+0.85	G0 V
4983	43	β	Com	13 11 42.6	+27 53 45	1	4.26	+0.08	+0.58	+0.49	+0.79	F9.5 V
5019	61		Vir	13 18 13.3	−18 17 31	1	4.74	+0.26	+0.71	+0.58	+0.94	G6.5 V
5062	80		UMa	13 25 05.1	+55 00 23		4.02	+0.08	+0.16	+0.17	+0.24	A5 Vn
5185	4	τ	Boo	13 47 05.8	+17 28 27		4.50	+0.05	+0.48	+0.41	+0.65	F7 V
5235	8	η	Boo	13 54 31.1	+18 24 55		2.68	+0.20	+0.58	+0.44	+0.73	G0 IV
5264	93	τ	Vir	14 01 28.1	+ 1 33 41		4.26	+0.13	+0.10	+0.15	+0.21	A3 IV
5340	16	α	Boo	14 15 30.1	+19 12 02		−0.05	+1.28	+1.23	+0.97	+1.62	K1.5 III Fe−0.5
5359	100	λ	Vir	14 18 55.2	−13 21 18		4.52	+0.09	+0.13	+0.10	+0.14	A5m:
5447	28	σ	Boo	14 34 31.7	+29 45 37		4.47	−0.08	+0.37	+0.34	+0.53	F2 V
5511	109		Vir	14 46 04.3	+ 1 54 27		3.73	−0.03	−0.01	+0.07	+0.05	A0 IVnn
5570	16		Lib	14 57 00.0	− 4 19 57		4.49	+0.04	+0.32	+0.32	+0.49	F0 IV⁻
5634	45		Boo	15 07 08.8	+24 52 58		4.93	−0.02	+0.43	+0.40	+0.61	F5 V
5685	27	β	Lib	15 16 49.1	− 9 22 13	2	2.61	−0.37	−0.11	−0.04	−0.14	B8 IIIn
5854	24	α	Ser	15 44 05.7	+ 6 26 11	2	2.64	+1.25	+1.17	+0.81	+1.37	K2 IIIb CN 1
5868	27	λ	Ser	15 46 16.4	+ 7 21 50		4.43	+0.10	+0.60	+0.51	+0.83	G0⁻ V
5933	41	γ	Ser	15 56 17.5	+15 40 22		3.86	−0.03	+0.48	+0.49	+0.73	F6 V
5947	13	ε	CrB	15 57 26.6	+26 53 16	2	4.15	+1.28	+1.23	+0.89	+1.51	K2 IIIab
6092	22	τ	Her	16 19 38.1	+46 19 18	2	3.90	−0.57	−0.15	−0.09	−0.26	B5 IV

BS=HR No.	Name			Right Ascension	Declination	Stand-ards Code	V	U−B	B−V	V−R	V−I	Spectral Type
				h m s	° ′ ″							
6175	13	ζ	Oph	16 36 58.0	−10 33 37		2.56	−0.85	+0.02	+0.10	+0.06	O9.5 Vn
6603	60	β	Oph	17 43 18.0	+ 4 34 07	1	2.77	+1.24	+1.17	+0.82	+1.39	K2 III CN 0.5
6629	62	γ	Oph	17 47 43.0	+ 2 42 30	1	3.75	+0.04	+0.04	+0.04	+0.04	A0 Van
6705	33	γ	Dra	17 56 31.5	+51 29 21		2.22	+1.88	+1.52	+1.14	+1.99	K5 III
7178	14	γ	Lyr	18 58 48.8	+32 41 05		3.24	−0.08	−0.05	−0.03	−0.04	B9 II
7235	17	ζ	Aql	19 05 15.0	+13 51 29		2.99	−0.01	+0.01	+0.01	+0.01	A0 Vann
7377	30	δ	Aql	19 25 19.3	+ 3 06 27		3.36	+0.04	+0.32	+0.25	+0.41	F2 IV−V
7446	39	κ	Aql	19 36 42.2	− 7 02 08	1	4.96	−0.87	0.00	+0.06	+0.02	B0.5 IIIn
7602	60	β	Aql	19 55 08.5	+ 6 23 52	1	3.72	+0.49	+0.86	+0.66	+1.15	G8 IV
7906	9	α	Del	20 39 28.5	+15 53 58	1	3.77	−0.21	−0.06	0.00	−0.04	B9 IV
7950	2	ε	Aqr	20 47 29.2	− 9 30 31		3.77	+0.02	0.00	+0.07	+0.07	A1 III⁻
8085†	61	v1803	Cyg A	21 06 45.2	+38 43 43		5.22	+1.11	+1.17	+1.03	+1.68	K5 V
8086†	61		Cyg B	21 06 45.2	+38 43 43		6.03	+1.23	+1.37	+1.17	+2.00	K7 V
8469	22	λ	Cep	22 11 23.6	+59 23 50		5.05	−0.74	+0.24	+0.28	+0.43	O6 If
8622	10		Lac	22 39 06.2	+39 01 55	2	4.88	−1.05	−0.20	−0.09	−0.30	O9 V
8781	54	α	Peg	23 04 35.2	+15 11 11		2.48	−0.06	−0.04	+0.01	−0.02	A0 III−IV
8832				23 13 06.8	+57 08 57	2	5.57	+0.89	+1.00	+0.83	+1.36	K3 V

† Center of gravity position; see Bright Stars list for orbital position.

BS=HR No.	Name			Right Ascension	Declination	Spectral Type	V	$b-y$	m_1	c_1	β	Type
				h m s	° ′ ″							
9088	85		Peg	0 01 59.2	+27 03 49	G2 V	5.75	+0.430	0.187	0.214	2.558	AF
9091		ζ	Scl	0 02 09.2	−29 44 25	B5 V	5.04	−0.063	0.106	0.450	2.712	
9107				0 04 42.6	+34 38 26	G2 V	6.10	+0.412	0.169	0.312		
15	21	α	And	0 08 12.4	+29 04 16	B9p Hg Mn	2.06*	−0.046	0.120	0.520	2.743	
21	11	β	Cas	0 08 59.4	+59 07 50	F2 III	2.27*	+0.216	0.177	0.785		
27	22		And	0 10 08.3	+46 03 10	F0 II	5.04	+0.273	0.123	1.082	2.666	AF
63	24	θ	And	0 16 54.5	+38 39 44	A2 V	4.62	+0.026	0.180	1.049	2.880	AF
100		κ	Phe	0 26 01.9	−43 41 57	A5 Vn	3.95	−0.098	0.194	0.918	2.846	
114	28		And	0 29 56.2	+29 43 57	Am	5.23*	+0.169	0.165	0.869		
184	20	π	Cas	0 43 16.6	+47 00 20	A5 V	4.96	+0.086	0.226	0.901		
193	22	o	Cas	0 44 31.7	+48 15 55	B5 III	4.62*	+0.007	0.076	0.479	2.667	
233				0 50 30.7	+64 13 43	G0 III–IV + B9.5 V	5.39	+0.355	0.127	0.696		
269	37	μ	And	0 56 33.5	+38 28 49	A5 IV–V	3.87	+0.068	0.194	1.056	2.865	AF
343	33	θ	Cas	1 10 53.3	+55 07 53	A7m	4.34*	+0.087	0.213	0.997		
373	39		Cet	1 16 25.6	− 2 31 07	gG5	5.41*	+0.554	0.285	0.335		
413	93	ρ	Psc	1 26 03.9	+19 09 15	F2 V:	5.35	+0.259	0.146	0.481		
458	50	υ	And	1 36 35.4	+41 23 17	F8 V	4.10	+0.344	0.179	0.409	2.629	AF
493	107		Psc	1 42 18.4	+20 15 06	K1 V	5.24	+0.493	0.364	0.298		
531	53	χ	Cet	1 49 24.8	−10 42 13	F2 IV–V	4.66	+0.209	0.188	0.649	2.737	
617	13	α	Ari	2 06 58.5	+23 26 46	K2⁻ IIIab Ca−1	2.00	+0.696	0.526	0.395		
623	14		Ari	2 09 13.4	+25 55 24	F2 III	4.98	+0.210	0.185	0.874	2.723	AF
635	64		Cet	2 11 10.0	+ 8 33 13	G0 IV	5.64	+0.361	0.180	0.469	2.627	
660	8	δ	Tri	2 16 50.4	+34 12 30	G0 V	4.86	+0.390	0.187	0.259		
672				2 17 50.5	+ 1 44 29	G0.5 IVb	5.60	+0.370	0.188	0.405	2.619	
675	10		Tri	2 18 44.8	+28 37 35	A2 V	5.03	+0.011	0.161	1.145		
685	9		Per	2 22 06.6	+55 49 48	A2 IA	5.17*	+0.321	−0.038	0.753		
717	12		Tri	2 27 57.6	+29 39 14	F0 III	5.29	+0.178	0.211	0.780		
773	32	ν	Ari	2 38 37.0	+21 56 47	A7 V	5.30	+0.092	0.182	1.095	2.829	
784				2 40 02.1	− 9 28 04	F6 V	5.79	+0.330	0.168	0.362	2.627	
801	35		Ari	2 43 14.7	+27 41 33	B3 V	4.65	−0.052	0.097	0.333	2.684	B
811	89	π	Cet	2 43 57.4	−13 52 24	B7 V	4.25	−0.052	0.105	0.599	2.718	
813	87	μ	Cet	2 44 45.2	+10 05 58	F0 IV	4.27*	+0.189	0.188	0.756	2.751	
812	38		Ari	2 44 46.1	+12 25 52	A7 IV	5.18*	+0.136	0.186	0.842	2.798	AF
870				2 56 02.5	+ 8 22 04	F0m F2 V⁺	5.97	+0.306	0.175	0.505	2.662	
913				3 01 58.9	− 6 30 30	G0 IV–V	6.20	+0.373	0.205	0.394	2.621	
937		ι	Per	3 08 48.8	+49 36 01	G0 V	4.05	+0.376	0.201	0.376		
962	94		Cet	3 12 35.7	− 1 12 32	G0 IV	5.06	+0.363	0.186	0.425		
1006		ζ¹	Ret	3 17 41.6	−62 35 19	G3–5 V	5.51	+0.403	0.204	0.284		
1010		ζ²	Ret	3 18 08.3	−62 31 11	G2 V	5.23	+0.381	0.183	0.297		
1024				3 23 07.5	− 7 48 23	G2 V	6.20	+0.449	0.198	0.295		
1017	33	α	Per	3 24 04.3	+49 50 56	F5 Ib	1.79	+0.302	0.195	1.074	2.677	AF
1030	1	o	Tau	3 24 37.5	+ 9 01 00	G6 IIIa Fe−1	3.61	+0.547	0.333	0.426		
1089				3 34 38.0	+ 6 24 22	G0	6.49	+0.408	0.183	0.452	2.613	
1140	16		Tau	3 44 35.7	+24 16 43	B7 IV	5.46	+0.005	0.097	0.650	2.750	
1144	18		Tau	3 44 57.2	+24 49 42	B8 V	5.67	−0.021	0.107	0.638	2.750	B

* V magnitude may be or is variable.

BS=HR No.	Name			Right Ascension	Declination	Spectral Type	V	b−y	m_1	c_1	β	Type
				h m s	° ′ ″							
1178	27		Tau	3 48 57.2	+24 02 34	B8 III	3.62	−0.019	0.092	0.708	2.696	B
1201				3 52 58.0	+17 19 01	F4 V	5.97	+0.221	0.166	0.610	2.712	
1269	42	ψ	Tau	4 06 47.5	+28 59 31	F1 V	5.23	+0.226	0.159	0.588		
1292	45		Tau	4 11 09.1	+ 5 30 51	F1 IV–V	5.71	+0.231	0.164	0.597	2.710	
1303	51	μ	Per	4 14 38.4	+48 24 03	G0 Ib	4.15*	+0.614	0.268	0.551		
1321				4 15 14.6	+ 6 11 29	G5 IV	6.94	+0.425	0.240	0.297	2.580	
1322				4 15 18.0	+ 6 10 42	G0 IV	6.32	+0.369	0.185	0.331	2.606	
1329	50	ω	Tau	4 17 03.3	+20 34 13	A3m	4.94	+0.146	0.235	0.745		
1331	51		Tau	4 18 10.7	+21 34 15	A8 V	5.64	+0.171	0.191	0.784		
1341	56		Tau	4 19 24.3	+21 45 55	A0p	5.38	−0.094	0.197	0.536	2.768	
1346	54	γ	Tau	4 19 35.6	+15 37 10	G9.5 IIIab CN 0.5	3.64*	+0.596	0.422	0.385		
1327				4 20 20.4	+65 07 56	G5 IIb	5.26	+0.513	0.286	0.402		
1373	61	δ	Tau	4 22 44.0	+17 32 04	G9.5 III CN 0.5	3.76*	+0.597	0.424	0.405		
1376	63		Tau	4 23 13.0	+16 46 09	F0m	5.63	+0.179	0.244	0.731	2.785	
1387	65	κ	Tau	4 25 09.6	+22 17 10	A5 IV–V	4.22*	+0.070	0.200	1.054	2.864	
1388	67		Tau	4 25 12.5	+22 11 31	A5 N	5.28*	+0.149	0.193	0.840		
1394	71	v777	Tau	4 26 08.8	+15 36 38	F0n IV–V	4.49	+0.153	0.183	0.933		
1411	77	θ¹	Tau	4 28 22.5	+15 57 17	G9 III Fe−0.5	3.85	+0.584	0.394	0.393		
1409	74	ε	Tau	4 28 24.7	+19 10 22	G9.5 III CN 0.5	3.53	+0.616	0.449	0.417		
1412	78	θ²	Tau	4 28 27.7	+15 51 48	A7 III	3.41*	+0.101	0.199	1.014	2.831	AF
1414	79		Tau	4 28 38.4	+13 02 24	A5m	5.02	+0.116	0.225	0.907	2.836	
1430	83		Tau	4 30 25.5	+13 43 01	F0 V N	5.40	+0.154	0.200	0.813		
1444	86	ρ	Tau	4 33 39.0	+14 50 14	A8 Vn	4.65	+0.146	0.199	0.829	2.797	
1457	87	α	Tau	4 35 43.2	+16 30 09	K5⁺ III	0.86*	+0.955	0.814	0.373		
1543	1	π³	Ori	4 49 39.0	+ 6 57 19	F6 V	3.18*	+0.299	0.162	0.416	2.652	AF
1552	3	π⁴	Ori	4 51 01.2	+ 5 35 58	B2 III	3.68	−0.056	0.073	0.135	2.606	B
1577	3	ι	Aur	4 56 45.9	+33 09 39	K3 II	2.69*	+0.937	0.775	0.307		
1620	102	ι	Tau	5 02 53.2	+21 35 07	A7 IV	4.63	+0.078	0.203	1.034	2.847	
1641	10	η	Aur	5 06 16.1	+41 13 48	B3 V	3.16*	−0.085	0.104	0.318	2.685	B
1656	104		Tau	5 07 14.6	+18 38 26	G4 V	4.91	+0.410	0.201	0.328		
1662	13		Ori	5 07 26.8	+ 9 28 04	G1 IV	6.17	+0.398	0.185	0.350	2.590	
1672	16		Ori	5 09 08.1	+ 9 49 31	A9m	5.42	+0.136	0.251	0.835	2.828	
1729	15	λ	Aur	5 18 53.7	+40 05 46	G1.5 IV–V Fe−1	4.71	+0.389	0.206	0.363	2.598	
1861				5 32 30.7	− 1 35 40	B1 V	5.34*	−0.074	0.073	0.002	2.615	B
1865	11	α	Lep	5 32 34.5	−17 49 29	F0 Ib	2.57	+0.142	0.150	1.496		
1905	122		Tau	5 36 51.6	+17 02 18	F0 V	5.53	+0.132	0.203	0.856		
2056	1		Col	5 52 59.2	−33 48 07	B5 V	4.89*	−0.070	0.115	0.413	2.718	
2034	136		Tau	5 53 06.4	+27 36 42	A0 I	4.56	+0.001	0.133	1.152		
2047	54	χ¹	Ori	5 54 10.5	+20 16 33	G0⁻ V Ca 0.5	4.41	+0.378	0.194	0.307	2.599	AF
2106		γ	Col	5 57 24.8	−35 17 01	B2.5 IV	4.36	−0.073	0.093	0.362	2.644	
2143	40		Aur	6 06 20.6	+38 29 00	A4m	5.35*	+0.139	0.222	0.923		
2233				6 15 23.5	− 0 30 39	F6 V	5.62	+0.325	0.154	0.446	2.633	
2236				6 15 43.1	+ 1 10 14	F5 IV:	6.36	+0.299	0.148	0.476	2.645	
2264	45		Aur	6 21 29.1	+53 27 14	F5 III	5.33	+0.285	0.170	0.627		
2313				6 25 05.7	− 0 56 37	F8 V	5.88	+0.361	0.170	0.395	2.613	

* *V* magnitude may be or is variable.

BS=HR No.	Name			Right Ascension	Declination	Spectral Type	V	$b-y$	m_1	c_1	β	Type
				h m s	° ′ ″							
2473	27	ε	Gem	6 43 43.0	+25 08 05	G8 Ib	3.00	+0.868	0.656	0.282		
2484	31	ξ	Gem	6 45 05.6	+12 53 58	F5 IV	3.36*	+0.288	0:167	0.552		
2483	56	ψ⁵	Aur	6 46 29.2	+43 34 52	G0 V	5.25	+0.359	0.184	0.376		
2585	16		Lyn	6 57 21.8	+45 05 57	A2 V	4.91	+0.014	0.159	1.109		
2622				7 00 07.7	− 5 21 43	G0 III−IV	6.29	+0.359	0.192	0.402		
2657	23	γ	CMa	7 03 36.0	−15 37 40	B8 II	4.11	−0.046	0.099	0.556	2.689	
2707	21		Mon	7 11 12.9	− 0 17 45	A8n	5.44*	+0.185	0.184	0.875		
2763	54	λ	Gem	7 17 53.5	+16 32 49	A4 V	3.58*	+0.048	0.198	1.055		
2779				7 19 36.5	+ 7 08 59	F8 V	5.92	+0.339	0.169	0.469	2.628	
2777	55	δ	Gem	7 19 54.8	+21 59 20	F0 V⁺	3.53	+0.221	0.156	0.696	2.712	
2798				7 21 06.8	− 8 52 17	F5	6.55	+0.343	0.174	0.390		
2807				7 22 08.0	− 2 58 20	F5	6.24	+0.432	0.216	0.588		
2845	3	β	CMi	7 26 57.7	+ 8 17 48	B8 V	2.89*	−0.038	0.113	0.799	2.731	B
2852	62	ρ	Gem	7 28 53.2	+31 47 30	F0 V⁺	4.18	+0.214	0.155	0.613	2.713	AF
2857	64		Gem	7 29 07.3	+28 07 32	A6 V	5.05	+0.062	0.202	1.013		
2866				7 29 15.5	− 7 32 38	F8 V	5.86	+0.311	0.155	0.392		
2880	7	δ¹	CMi	7 31 55.0	+ 1 55 27	F0 III	5.25	+0.128	0.173	1.198		
2883				7 31 55.7	− 8 52 23	F5 V	5.93	+0.355	0.124	0.335	2.595	
2886	68		Gem	7 33 24.5	+15 50 04	A1 V	5.28	+0.037	0.143	1.178		
2918				7 36 23.5	+ 5 52 11	G0 V	5.90	+0.375	0.188	0.387	2.610	
2927	25		Mon	7 37 06.3	− 4 06 11	F6 III	5.14	+0.283	0.180	0.643		
2948/9				7 38 40.7	−26 47 37	B6 V	3.83	−0.076	0.121	0.400		
2930	71	o	Gem	7 38 56.3	+34 35 34	F3 III	4.89	+0.270	0.173	0.654		
2961				7 39 19.9	−38 18 00	B2.5 V	4.84	−0.084	0.103	0.303		
2985	77	κ	Gem	7 44 14.2	+24 24 24	G8 III	3.57	+0.573	0.379	0.398		
3003	81		Gem	7 45 55.3	+18 31 08	K4 III	4.85	+0.895	0.735	0.451		
3084		QZ	Pup	7 52 31.2	−38 51 14	B2.5 V	4.50*	−0.083	0.104	0.244		
3131				7 59 42.6	−18 23 22	A2 IVn	4.61	+0.048	0.161	1.122	2.837	
3173	27		Lyn	8 08 11.7	+51 31 01	A1 Va	4.81	+0.017	0.151	1.105		
3249	17	β	Cnc	8 16 19.6	+ 9 11 47	K4 III Ba 0.5	3.52	+0.914	0.758	0.371		
3262	18	χ	Cnc	8 19 51.1	+27 13 45	F6 V	5.14	+0.314	0.146	0.384		
3271				8 20 02.4	− 0 53 54	F9 V	6.17	+0.385	0.193	0.414	2.612	
3297	1		Hya	8 24 24.6	− 3 44 23	F3 V	5.60	+0.311	0.138	0.400	2.631	
3314				8 25 29.1	− 3 53 41	A0 Va	3.90	−0.006	0.156	1.024	2.898	B
3410	4	δ	Hya	8 37 28.3	+ 5 42 58	A1 IVnn	4.15	+0.009	0.152	1.091	2.855	B
3454	7	η	Hya	8 43 02.5	+ 3 24 41	B4 V	4.30*	−0.087	0.093	0.241	2.653	B
3459				8 43 30.1	− 7 13 15	G2 IB	4.63	+0.517	0.294	0.472		
3538				8 54 07.6	− 5 25 16	G3 V	6.01	+0.410	0.239	0.325	2.597	
3555	59	σ²	Cnc	8 56 43.7	+32 55 26	A7 IV	5.45	+0.084	0.205	0.972		
3619	15		UMa	9 08 37.5	+51 37 08	F0m	4.46	+0.165	0.248	0.762		
3624	14	τ	UMa	9 10 37.9	+63 31 41	Am	4.65	+0.214	0.253	0.711		
3657				9 13 25.3	+21 17 52	A2 V	6.48	+0.017	0.164	1.094		
3665	22	θ	Hya	9 14 11.0	+ 2 19 45	B9.5 IV (C II)	3.88	−0.028	0.145	0.944		
3662	18		UMa	9 15 56.4	+54 02 11	A5 V	4.84*	+0.113	0.196	0.892		
3759	31	τ¹	Hya	9 28 58.2	− 2 45 13	F6 V	4.60	+0.295	0.164	0.453		

* *V* magnitude may be or is variable.

BS=HR No.	Name			Right Ascension	Declination	Spectral Type	V	$b-y$	m_1	c_1	β	Type
				h m s	° ′ ″							
3757	23		UMa	9 31 15.3	+63 04 39	F0 IV	3.67*	+0.211	0.180	0.752		
3775	25	θ	UMa	9 32 37.5	+51 41 36	F6 IV	3.18	+0.314	0.153	0.463		
3800	10	SU	LMi	9 34 00.6	+36 24 48	G7.5 III Fe−0.5	4.55	+0.561	0.349	0.375		
3815	11		LMi	9 35 27.1	+35 49 34	G8 IV–V	5.41	+0.473	0.304	0.372		
3856				9 39 15.2	−61 18 44	B9 V	4.51*	−0.034	0.140	0.821		
3849	38	κ	Hya	9 40 08.3	−14 18 59	B5 V	5.07	−0.070	0.110	0.407	2.704	B
3852	14	o	Leo	9 40 57.8	+ 9 54 30	F5 II + A5?	3.52	+0.306	0.234	0.615		
3881				9 48 21.9	+46 02 15	G0.5 Va	5.10	+0.390	0.203	0.382		
3893	4		Sex	9 50 19.2	+ 4 21 36	F7 Vn	6.24	+0.306	0.161	0.419	2.646	
3901				9 51 11.2	− 6 09 55	F8 V	6.43	+0.363	0.185	0.412		
3906	7		Sex	9 52 01.4	+ 2 28 14	A0 Vs	6.03	−0.015	0.136	1.040		
3928	19		LMi	9 57 28.3	+41 04 21	F5 V	5.14	+0.300	0.165	0.457		
3951	20		LMi	10 00 48.6	+31 56 28	G3 Va Hδ 1	5.35	+0.416	0.234	0.388	2.599	
3975	30	η	Leo	10 07 08.5	+16 46 47	A0 Ib	3.53	+0.030	0.068	0.966		
3974	21		LMi	10 07 13.4	+35 15 43	A7 V	4.49*	+0.106	0.201	0.876	2.837	AF
4031	36	ζ	Leo	10 16 29.8	+23 26 05	F0 IIIa	3.44	+0.196	0.169	0.986	2.722	AF
4054	40		Leo	10 19 32.7	+19 29 20	F6 IV	4.79*	+0.299	0.166	0.462		
4057/8	41	γ¹	Leo	10 19 46.8	+19 51 34	K1⁻ IIIb Fe−0.5	1.98*	+0.689	0.457	0.373		
4090	30		LMi	10 25 42.9	+33 48 50	F0 V	4.73	+0.150	0.196	0.959		
4101	45		Leo	10 27 27.9	+ 9 46 50	A0p	6.04	−0.036	0.180	0.956		
4119	30	β	Sex	10 30 06.8	− 0 37 08	B6 V	5.08	−0.061	0.113	0.479	2.730	B
4133	47	ρ	Leo	10 32 37.6	+ 9 19 29	B1 Iab	3.86*	−0.027	0.040	−0.040	2.552	B
4166	37		LMi	10 38 31.4	+31 59 40	G2.5 IIa	4.72	+0.512	0.297	0.477	2.595	AF
4277	47		UMa	10 59 16.3	+40 26 56	G1⁻ V Fe−0.5	5.05	+0.392	0.203	0.337		
4293				10 59 59.6	−42 12 36	A3 IV	4.38	+0.059	0.179	1.116		
4288	49		UMa	11 00 38.7	+39 13 51	F0 M	5.07	+0.142	0.198	1.012		
4300	60		Leo	11 02 08.6	+20 11 55	A0.5m A3 V	4.42	+0.022	0.194	1.019		
4343	11	β	Crt	11 11 29.1	−22 48 24	A2 IV	4.47	+0.011	0.164	1.190	2.877	
4378				11 18 10.1	+12 00 14	A2 V	6.66	+0.024	0.190	1.052		
4386	77	σ	Leo	11 20 57.4	+ 6 02 55	A0 III⁺	4.05	−0.020	0.127	1.014		
4392	56		UMa	11 22 38.1	+43 30 07	G8 II	4.99	+0.610	0.416	0.396		
4405	15	γ	Crt	11 24 42.4	−17 39 53	A7 V	4.07	+0.118	0.195	0.895	2.823	AF
4456	90		Leo	11 34 31.6	+16 48 59	B3 V	5.95	−0.066	0.095	0.323	2.687	B
4501	62		UMa	11 41 23.4	+31 45 55	F4 V	5.74	+0.312	0.118	0.401		
4515	2	ξ	Vir	11 45 06.2	+ 8 16 40	A4 V	4.85	+0.090	0.196	0.928	2.855	
4527	93	DQ	Leo	11 47 48.3	+20 14 18	G4 III–IV + A7 V	4.53*	+0.352	0.186	0.725		
4534	94	β	Leo	11 48 52.9	+14 35 30	A3 Va	2.14*	+0.044	0.210	0.975	2.900	AF
4540	5	β	Vir	11 50 30.8	+ 1 47 04	F9 V	3.60	+0.354	0.186	0.415	2.629	AF
4550				11 52 46.7	+37 44 38	G8 V P	6.43	+0.483	0.225	0.153		
4554	64	γ	UMa	11 53 38.9	+53 42 51	A0 Van	2.44	+0.006	0.153	1.113	2.884	B
4618				12 07 54.3	−50 38 30	B2 IIIne	4.47	−0.076	0.108	0.254	2.682	
4689	15	η	Vir	12 19 43.6	− 0 38 51	A1 IV⁺	3.90*	+0.017	0.163	1.130		
4695	16		Vir	12 20 10.3	+ 3 19 55	K0.5 IIIb Fe−0.5	4.97	+0.717	0.485	0.516		
4705				12 22 00.3	+24 47 35	A0 V	6.20	−0.002	0.169	1.034		
4707	12		Com	12 22 19.8	+25 51 56	G5 III + A5	4.81	+0.322	0.175	0.779	2.701	

* V magnitude may be or is variable.

BS=HR No.	Name			Right Ascension	Declination	Spectral Type	V	$b-y$	m_1	c_1	β	Type
				h m s	° ′ ″							
4753	18		Com	12 29 16.5	+24 07 42	F5 III	5.48	+0.289	0.170	0.609		
4775	8	η	Crv	12 31 53.4	−16 10 36	F2 V	4.30*	+0.245	0.167	0.543	2.700	
4789	23		Com	12 34 40.6	+22 38 54	A0m A1 IV	4.81	+0.008	0.144	1.090		
4802		τ	Cen	12 37 30.6	−48 31 19	A1 IVnn	3.86	+0.026	0.159	1.086	2.870	
4861	28		Com	12 48 03.8	+13 34 20	A1 V	6.56	+0.012	0.167	1.052		
4865	29		Com	12 48 43.7	+14 08 29	A1 V	5.70	+0.020	0.156	1.130		
4869	30		Com	12 49 07.2	+27 34 17	A2 V	5.78	+0.025	0.169	1.074		
4883	31		Com	12 51 31.7	+27 33 35	G0 IIIp	4.93	+0.437	0.186	0.416	2.592	AF
4889				12 53 14.5	−40 09 36	A7 V	4.26	+0.125	0.185	0.971	2.816	
4914	12	α¹	CVn	12 55 50.6	+38 20 01	F0 V	5.60	+0.230	0.152	0.578		
4931	78		UMa	13 00 34.8	+56 23 07	F2 V	4.92*	+0.244	0.170	0.575	2.707	AF
4983	43	β	Com	13 11 42.6	+27 53 45	F9.5 V	4.26	+0.370	0.191	0.337	2.608	AF
5011	59		Vir	13 16 36.1	+ 9 26 33	F8 V	5.19	+0.372	0.191	0.385	2.614	
5017	20	AO	CVn	13 17 23.2	+40 35 28	F3 III (str. met.)	4.72*	+0.174	0.238	0.915		
5062	80		UMa	13 25 05.1	+55 00 23	A5 Vn	4.02*	+0.097	0.192	0.928	2.847	AF
5072	70		Vir	13 28 15.5	+13 47 49	G4 V	4.97	+0.446	0.232	0.350		
5163				13 43 43.3	− 5 28 53	A1 V	6.53	+0.028	0.172	0.980		
5168	1		Cen	13 45 29.3	−33 01 34	F2 V⁺	4.23*	+0.247	0.164	0.548	2.700	
5235	8	η	Boo	13 54 31.1	+18 24 55	G0 IV	2.68	+0.376	0.203	0.476	2.627	AF
5270				14 02 21.5	+ 9 42 11	G8: II: Fe−5	6.21	+0.638	0.087	0.541	2.533	AF
5280				14 02 51.9	+50 59 19	A2 V	6.15	+0.020	0.181	1.016		
5285		χ	Cen	14 05 49.9	−41 09 47	B2 V	4.36*	−0.094	0.102	0.161	2.661	
5304	12		Boo	14 10 14.4	+25 06 29	F8 IV	4.82	+0.347	0.172	0.443		
5414				14 28 22.2	+28 18 17	A1 V	7.62	+0.014	0.168	1.018		
5415				14 28 24.1	+28 18 23	A1 V	7.12	+0.008	0.146	1.020		
5447	28	σ	Boo	14 34 31.7	+29 45 37	F2 V	4.47*	+0.253	0.135	0.484	2.675	AF
5511	109		Vir	14 46 04.3	+ 1 54 27	A0 IVnn	3.74	+0.006	0.137	1.078	2.846	B
5522				14 48 43.3	− 0 50 00	B9 Vp:v	6.16	−0.007	0.132	0.996		
5530	8	α¹	Lib	14 50 29.6	−15 58 58	F3 V	5.16	+0.265	0.156	0.494	2.681	AF
5531	9	α²	Lib	14 50 41.1	−16 01 39	A3 III–IV	2.75	+0.074	0.192	0.996	2.860	AF
5634	45		Boo	15 07 08.8	+24 52 58	F5 V	4.93	+0.287	0.161	0.448		
5633				15 07 10.7	+18 27 18	A3 V	6.02	+0.032	0.190	1.017		
5626		λ	Lup	15 08 36.4	−45 16 00	B3 V	4.06	−0.077	0.105	0.265	2.687	
5660	1		Lup	15 14 24.4	−31 30 23	F0 Ib–II	4.92	+0.246	0.132	1.367	2.741	
5681	49	δ	Boo	15 15 21.7	+33 19 40	G8 III Fe−1	3.49	+0.587	0.346	0.410		
5685	27	β	Lib	15 16 49.1	− 9 22 13	B8 IIIn	2.61	−0.040	0.100	0.750	2.706	B
5717	7		Ser	15 22 13.3	+12 34 47	A0 V	6.28	+0.008	0.136	1.044		
5754				15 27 37.1	+62 17 16	A5 IV	6.40	+0.062	0.210	0.982		
5752				15 28 37.7	+47 12 48	Am	6.15	+0.046	0.194	1.142		
5793	5	α	CrB	15 34 32.4	+26 43 35	A0 IV	2.24*	+0.000	0.144	1.060		
5825				15 40 56.8	−44 38 59	F5 IV–V	4.64	+0.270	0.152	0.458	2.678	
5854	24	α	Ser	15 44 05.7	+ 6 26 11	K2 IIIb CN 1	2.64	+0.715	0.572	0.445		
5868	27	λ	Ser	15 46 16.4	+ 7 21 50	G0⁻ V	4.43	+0.383	0.193	0.366	2.605	
5885	1		Sco	15 50 46.1	−25 44 27	B1.5 V N	4.65	+0.006	0.070	0.122	2.639	
5936	12	λ	CrB	15 55 40.0	+37 57 25	F2	5.44	+0.230	0.161	0.654		

* V magnitude may be or is variable.

BS=HR No.	Name			Right Ascension	Declination	Spectral Type	V	b−y	m_1	c_1	β	Type
				h m s	° ′ ″							
5933	41	γ	Ser	15 56 17.5	+15 40 22	F6 V	3.86	+0.319	0.151	0.401	2.632	AF
5947	13	ε	CrB	15 57 26.6	+26 53 16	K2 IIIab	4.15	+0.751	0.570	0.414		
5968	15	ρ	CrB	16 00 54.7	+33 18 51	G2 V	5.40	+0.396	0.176	0.331		
5993	9	ω¹	Sco	16 06 36.1	−20 39 36	B1 V	3.94	+0.037	0.042	0.009	2.617	B
5997	10	ω²	Sco	16 07 12.0	−20 51 34	G4 II−III	4.32	+0.522	0.285	0.448	2.577	AF
6027	14	ν	Sco	16 11 47.5	−19 27 06	B2 IVp	3.99	+0.080	0.051	0.137	2.663	
6092	22	τ	Her	16 19 38.1	+46 19 18	B5 IV	3.88*	−0.056	0.089	0.440	2.702	B
6141	22		Sco	16 29 59.7	−25 06 28	B2 V	4.79	−0.047	0.092	0.191	2.665	B
6175	13	ζ	Oph	16 36 58.0	−10 33 37	O9.5 Vn	2.56	+0.088	0.014	−0.069	2.583	
6243	20		Oph	16 49 38.4	−10 46 37	F7 III	4.64	+0.311	0.164	0.532	2.647	
6332	59		Her	17 01 28.6	+33 34 24	A3 IV−Vs	5.28	+0.001	0.172	1.102	2.885	
6355	60		Her	17 05 13.0	+12 44 44	A4 IV	4.90	+0.064	0.207	0.992	2.877	AF
6378	35	η	Oph	17 10 10.6	−15 43 15	A2 Va⁺ (Sr)	2.42	+0.029	0.186	1.076	2.894	
6458	72		Her	17 20 31.7	+32 28 20	G0 V	5.39*	+0.405	0.178	0.312	2.588	
6536	23	β	Dra	17 30 21.2	+52 18 14	G2 Ib−IIa	2.78	+0.610	0.323	0.423	2.599	
6588	85	ι	Her	17 39 22.0	+46 00 29	B3 IV	3.80	−0.064	0.078	0.294	2.661	B
6581	56	o	Ser	17 41 13.1	−12 52 25	A2 Va	4.25*	+0.049	0.168	1.108	2.87	4
6595	58		Oph	17 43 13.2	−21 40 54	F7 V:	4.87	+0.304	0.150	0.408	2.645	
6603	60	β	Oph	17 43 18.0	+ 4 34 08	K2 III CN 0.5	2.76	+0.719	0.553	0.451		
6629	62	γ	Oph	17 47 43.0	+ 2 42 30	A0 Van	3.75	+0.024	0.165	1.055	2.905	B
6714	67		Oph	18 00 28.2	+ 2 55 53	B5 Ib	3.97	+0.081	0.020	0.302	2.585	B
6723	68		Oph	18 01 34.6	+ 1 18 18	A0.5 Van	4.44*	+0.029	0.137	1.087	2.842	
6743		θ	Ara	18 06 21.5	−50 05 32	B2 Ib	3.67	+0.007	0.037	0.006	2.582	
6775	99		Her	18 06 53.5	+30 33 41	F7 V	5.06	+0.356	0.136	0.321		
6930		γ	Sct	18 28 59.9	−14 34 06	A2 III⁻	4.69	+0.045	0.147	1.208	2.84	6
7069	111		Her	18 46 52.0	+18 10 39	A3 Va⁺	4.36	+0.061	0.216	0.942	2.895	AF
7119				18 54 31.1	−15 36 27	B5 II	5.09	+0.175	0.026	0.468	2.626	
7152		ε	CrA	18 58 29.3	−37 06 43	F0 V	4.85*	+0.253	0.161	0.617		
7178	14	γ	Lyr	18 58 48.8	+32 41 05	B9 II	3.24	+0.001	0.093	1.219	2.751	B
7235	17	ζ	Aql	19 05 15.0	+13 51 29	A0 Vann	2.99	+0.012	0.147	1.080	2.873	B
7253				19 06 29.4	+28 37 23	F0 III	5.53	+0.176	0.189	0.747	2.756	
7254		α	CrA	19 09 14.1	−37 54 37	A2 IVn	4.11	+0.024	0.181	1.057	2.890	
7328	1	κ	Cyg	19 17 01.3	+53 21 43	G9 III	3.76	+0.579	0.390	0.430		
7340	44	ρ¹	Sgr	19 21 28.2	−17 51 14	F0 III−IV	3.93*	+0.130	0.194	0.950	2.809	
7377	30	δ	Aql	19 25 19.3	+ 3 06 27	F2 IV−V	3.37*	+0.203	0.170	0.711	2.733	AF
7462	61	σ	Dra	19 32 22.1	+69 39 19	K0 V	4.67	+0.472	0.324	0.266		
7469	13	θ	Cyg	19 36 20.9	+50 12 46	F4 V	4.49	+0.262	0.157	0.502	2.689	
7447	41	ι	Aql	19 36 32.4	− 1 17 40	B5 III	4.36	−0.017	0.087	0.574	2.704	B
7446	39	κ	Aql	19 36 42.2	− 7 02 08	B0.5 IIIn	4.95	+0.085	−0.024	−0.031	2.563	B
7479	5	α	Sge	19 39 56.4	+18 00 20	G1 II	4.39	+0.489	0.259	0.471		
7503	16		Cyg	19 41 43.3	+50 31 01	G1.5 Vb	5.98	+0.410	0.212	0.368		
7504				19 41 46.4	+50 30 33	G3 V	6.23	+0.417	0.223	0.349		
7525	50	γ	Aql	19 46 05.6	+10 36 16	K3 II	2.71	+0.936	0.762	0.292		
7534	17		Cyg	19 46 17.6	+33 43 10	F5 V	5.01	+0.312	0.155	0.436		
7557	53	α	Aql	19 50 36.8	+ 8 51 32	A7 Vnn	0.76	+0.137	0.178	0.880		

* *V* magnitude may be or is variable.

BS=HR No.	Name			Right Ascension	Declination	Spectral Type	V	$b-y$	m_1	c_1	β	Type
				h m s	° ′ ″							
7560	54	o	Aql	19 50 51.6	+10 24 24	F8 V	5.13	+0.356	0.182	0.415		
7602	60	β	Aql	19 55 08.5	+ 6 23 52	G8 IV	3.72*	+0.522	0.303	0.345		
7610	61	φ	Aql	19 56 04.3	+11 24 51	A1 V	5.29	−0.006	0.178	1.021		
7773	8	ν	Cap	20 20 28.2	−12 46 14	B9 V	4.76	−0.020	0.135	1.011	2.853	
7796	37	γ	Cyg	20 22 06.2	+40 14 43	F8 Ib	2.23	+0.396	0.296	0.885	2.641	AF
7858	3	η	Del	20 33 47.1	+13 00 54	A2 V	5.40	+0.023	0.207	0.983	2.918	
7906	9	α	Del	20 39 28.5	+15 53 58	B9 IV	3.77	−0.019	0.125	0.893	2.799	B
7936	16	ψ	Cap	20 45 53.3	−25 17 01	F4 V	4.14	+0.278	0.161	0.465	2.673	
7949	53	ε	Cyg	20 46 04.2	+33 57 25	K0–III	2.46	+0.627	0.415	0.425		
7977	55	v1661	Cyg	20 48 49.2	+46 06 04	B2.5 Ia	4.86*	+0.356	−0.067	0.153	2.530	B
7984	56		Cyg	20 49 57.5	+44 02 46	A4m	5.04	+0.108	0.209	0.897	2.844	
8060	22	η	Cap	21 04 12.4	−19 52 08	A5 V	4.86	+0.090	0.191	0.946	2.861	
8085†	61	v1803	Cyg A	21 06 45.2	+38 43 43	K5 V	5.21	+0.656	0.677	0.136		
8086†	61		Cyg B	21 06 45.2	+38 43 43	K7 V	6.04	+0.792	0.673	0.063		
8143	67	σ	Cyg	21 17 16.7	+39 22 48	B9 Iab	4.23	+0.138	0.027	0.571	2.583	B
8162	5	α	Cep	21 18 29.8	+62 34 14	A7 V⁺n	2.45*	+0.125	0.190	0.936	2.808	
8181		γ	Pav	21 26 09.5	−65 22 56	F6 Vp	4.23	+0.333	0.118	0.315	2.613	
8267	5		Peg	21 37 35.6	+19 18 10	F0 V⁺	5.47*	+0.199	0.172	0.890	2.734	
8279	9	v337	Cep	21 37 49.6	+62 03 58	B2 Ib	4.73*	+0.275	−0.051	0.135	2.558	B
8313	9		Peg	21 44 20.8	+17 20 01	G5 Ib	4.34	+0.706	0.479	0.346		
8344	13		Peg	21 49 58.7	+17 16 09	F2 III–IV	5.29*	+0.263	0.156	0.545	2.688	
8353		γ	Gru	21 53 43.1	−37 22 53	B8 III	3.01	−0.045	0.106	0.726		
8425		α	Gru	22 08 00.8	−46 58 41	B7 Vn	1.74	−0.058	0.107	0.568	2.729	
8431	14	μ	PsA	22 08 10.8	−33 00 21	A1 IVnn	4.50	+0.032	0.167	1.070	2.872	
8454	29	π	Peg	22 09 49.9	+33 09 39	F3 III	4.29	+0.304	0.177	0.778		
8494	23	ε	Cep	22 14 54.2	+57 01 34	A9 IV	4.19*	+0.169	0.192	0.787	2.758	AF
8551	35		Peg	22 27 40.9	+ 4 40 41	K0 III–IV	4.79	+0.640	0.420	0.418		
8585	7	α	Lac	22 31 08.8	+50 15 52	A1 Va	3.77	+0.001	0.173	1.030	2.906	B
8613	9		Lac	22 37 13.7	+51 31 37	A7 IV	4.65	+0.149	0.172	0.935	2.784	
8622	10		Lac	22 39 06.2	+39 01 55	O9 V	4.89	−0.066	0.037	−0.117	2.587	B
8634	42	ζ	Peg	22 41 17.3	+10 48 47	B8.5 III	3.40	−0.035	0.114	0.867	2.768	B
8630		β	Oct	22 45 42.9	−81 24 00	A7 III–IV	4.14	+0.124	0.191	0.915	2.817	
8665	46	ξ	Peg	22 46 31.1	+12 09 17	F6 V	4.19	+0.330	0.147	0.407		
8675		ε	Gru	22 48 20.7	−51 20 07	A2 Va	3.49	+0.051	0.161	1.143	2.856	
8709	76	δ	Aqr	22 54 27.9	−15 50 22	A3 IV–V	3.28	+0.036	0.167	1.157	2.890	
8729	51		Peg	22 57 17.6	+20 45 00	G5 V	5.45	+0.415	0.233	0.372		
8728	24	α	PsA	22 57 27.5	−29 38 27	A3 Va	1.16	+0.039	0.208	0.985	2.906	
8781	54	α	Peg	23 04 35.2	+15 11 11	A0 III–IV	2.48	−0.012	0.130	1.128	2.840	B
8826	59		Peg	23 11 33.6	+ 8 42 04	A5 Van	5.16	+0.076	0.164	1.091	2.820	
8830	7		And	23 12 23.4	+49 23 14	F0 V	4.53	+0.188	0.169	0.713		
8848		γ	Tuc	23 17 13.6	−58 15 18	F2 V	3.99	+0.271	0.143	0.564	2.665	
8880	62	τ	Peg	23 20 27.8	+23 43 16	A5 V	4.60*	+0.105	0.166	1.009		
8899				23 23 37.1	+32 30 44	F4 Vw	6.69	+0.321	0.121	0.404		
8954	16		PsC	23 36 12.6	+ 2 04 58	F6 Vbvw	5.69	+0.306	0.122	0.386		
8965	17	ι	And	23 37 57.9	+43 14 55	B8 V	4.29	−0.031	0.100	0.784	2.728	B
8969	17	ι	Psc	23 39 46.2	+ 5 36 26	F7 V	4.13	+0.331	0.161	0.398	2.621	AF
8976	19	κ	And	23 40 14.1	+44 18 52	B8 IVn	4.14	−0.035	0.131	0.831	2.833	B
9072	28	ω	Psc	23 59 07.9	+ 6 50 38	F3 V	4.03	+0.271	0.154	0.631	2.667	
9076		ε	Tuc	23 59 44.2	−65 35 48	B9 IV	4.50	−0.023	0.098	0.881	2.722	

* *V* magnitude may be or is variable.

† Center of gravity position; see Bright Stars list for orbital position

HD No.	BS=HR No.	Name			Right Ascension	Declination	Vis. Mag.	Spectral Type	Radial Velocity
					h m s	° ′ ″			km/sec
693‡	33	6		Cet	0 11 05.2	−15 29 14	4.89	F6 V	+ 14.7 ±0.2
3712	168	18	α	Cas	0 40 18.4	+56 31 06	2.23	K0⁻ IIIa	− 3.9 0.1
3765					0 40 37.6	+40 10 07	7.36	dK5	− 63.0 0.2
4128‡	188	16	β	Cet	0 43 24.8	−18 00 21	2.04	G9 III CH−1 CN 0.5 Ca 1	+ 13.1 0.1
4388					0 46 15.8	+30 55 58	7.51	K3 III	− 28.3 0.6
8779‡	416				1 26 16.5	− 0 25 01	6.41	gK0	− 5.0 ±0.6
9138	434	98	μ	Psc	1 30 00.1	+ 6 07 33	4.84	K4 III	+ 35.4 0.5
12029					1 58 29.8	+29 21 46	7.80	K2 III	+ 38.6 0.5
12929	617	13	α	Ari	2 06 58.5	+23 26 46	2.00	K2⁻ IIIab Ca−1	− 14.3 0.2
18884‡	911	92	α	Cet	3 02 05.8	+ 4 04 34	2.53	M1.5 IIIa	− 25.8 0.1
22484‡	1101	10		Tau	3 36 41.6	+ 0 23 27	4.28	F9 IV−V	+ 27.9 ±0.1
23169					3 43 40.4	+25 42 52	8.75	G2 V	+ 13.3 0.2
26162‡	1283	43		Tau	4 08 57.7	+19 36 01	5.50	K1 III	+ 23.9 0.6
29139‡	1457	87	α	Tau	4 35 43.2	+16 30 09	0.85	K5⁺ III	+ 54.1 0.1
29587					4 41 21.4	+42 06 44	7.29	dG2	+112.4 0.2
32963					5 07 42.7	+26 19 26	7.72	G2 V	− 63.1 ±0.4
36079‡	1829	9	β	Lep	5 28 05.7	−20 45 43	2.84	G5 II	− 13.5 0.1
42397					6 11 21.8	+25 00 39	8.03	G0 IV	+ 37.4 0.4
51250	2593	18	μ	CMa	6 55 57.0	−14 02 20	5.00	K2 III + B9 V:	+ 19.6 0.5
62509	2990	78	β	Gem	7 45 06.1	+28 02 05	1.14	K0 IIIb	+ 3.3 0.1
65583					8 00 19.3	+29 13 24	7.00	dG7	+ 12.5 ±0.4
65934					8 01 58.4	+26 38 53	7.94	G8 III	+ 35.0 0.3
66141‡	3145				8 02 05.0	+ 2 20 39	4.39	K2 IIIb F2−0.5	+ 70.9 0.3
75935					8 53 37.6	+26 55 36	8.63	G8 V	− 18.9 0.3
80170	3694				9 16 49.0	−39 23 12	5.33	K5 III−IV	0.0 0.2
81797‡	3748	30	α	Hya	9 27 24.9	− 8 38 36	1.98	K3 II−III	− 4.4 ±0.2
84441	3873	17	ε	Leo	9 45 39.2	+23 47 26	2.98	G1 II	+ 4.8 0.1
86801					10 01 22.2	+28 35 01	8.88	G0 V	− 14.5 0.4
89449‡	4054	40		Leo	10 19 32.7	+19 29 20	4.79	F6 IV	+ 6.5 0.5
90861					10 29 42.0	+28 35 57	7.20	K2 III	+ 36.3 0.4
92588‡	4182	33		Sex	10 41 13.5	− 1 43 23	6.26	sgK1	+ 42.8 ±0.1
102494					11 47 45.6	+27 21 35	7.44	G8 IV	− 22.9 0.3
102870	4540	5	β	Vir	11 50 30.8	+ 1 47 04	3.61	F9 V	+ 5.0 0.2
103095	4550				11 52 46.7	+37 44 38	6.45	G8 Vp	− 99.1 0.3
107328‡	4695	16		Vir	12 20 10.3	+ 3 19 55	4.96	K0.5 IIIb Fe−0.5	+ 35.7 0.3
108903	4763		γ	Cru	12 30 58.2	−57 05 37	1.63	M3.5 III	+ 21.3 ±0.1
109379	4786	9	β	Crv	12 34 12.2	−23 22 39	2.65	G5 IIb	− 7.0 0.0
112299					12 55 18.2	+25 45 25	8.66	F8 V	+ 3.4 0.5
114762‡					13 12 09.6	+17 32 07	7.31	dF7	+ 49.9 0.5
122693					14 02 42.4	+24 34 42	8.21	F8 V	− 6.3 0.2
123782	5300	13		Boo	14 08 09.4	+49 28 29	5.25	M2 IIIab	− 13.4 ±0.3
124897‡	5340	16	α	Boo	14 15 30.1	+19 12 02	−0.04	K1.5 III Fe−0.5	− 5.3 0.1
126053	5384				14 23 04.5	+ 1 15 28	6.27	G1 V	− 18.5 0.4
132737					14 59 43.5	+27 10 27	8.02	K0 III	− 24.1 0.3
136202‡	5694	5		Ser	15 19 08.1	+ 1 46 43	5.06	F8 IV−V	+ 53.5 0.2

‡ Candidate for inclusion in revised list of primary standard stars currently in preparation by IAU Commission 30; recommended for intensive observation.

HD No.	BS=HR No.	Name			Right Ascension	Declination	Vis. Mag.	Spectral Type	Radial Velocity
					h m s	° ′ ″			km/sec
140913					15 44 58.9	+28 28 52	8.21	G0 V	− 20.8±0.4
144579					16 04 49.5	+39 09 57	6.66	dG8	− 60.0 0.3
145001	6008	7	κ	Her	16 07 55.1	+17 03 22	5.00	G5 III	− 9.5 0.2
146051‡	6056	1	δ	Oph	16 14 09.7	− 3 41 08	2.74	M0.5 III	− 19.8 0.0
149803					16 35 46.1	+29 45 07	8.40	F7 V	− 7.6 0.4
150798	6217		α	TrA	16 48 17.5	−69 01 18	1.92	K2 IIb−IIIa	− 3.7±0.2
154417	6349				17 05 06.2	+ 0 42 27	6.01	G0 V	− 17.4 0.3
157457	6468		κ	Ara	17 25 43.6	−50 37 50	5.23	G8 III	+ 17.4 0.2
161096‡	6603	60	β	Oph	17 43 18.0	+ 4 34 07	2.77	K2 III CN 0.5	− 12.0 0.1
168454	6859	19	δ	Sgr	18 20 46.2	−29 49 48	2.70	K2.5 IIIa CN 0.5	− 20.0 0.0
171232					18 32 27.5	+25 29 11	7.73	G8 III	− 35.9±0.5
171391‡	6970				18 34 50.7	−10 58 49	5.14	G8 III	+ 6.9 0.2
182572‡	7373	31		Aql	19 24 48.2	+11 56 12	5.16	G7 IV Hδ 1	−100.5 0.4
†					19 34 52.0	+29 04 45	9.05	F7 V	− 36.6 0.5
186791	7525	50	γ	Aql	19 46 05.6	+10 36 16	2.72	K3 II	− 2.1 0.2
187691‡	7560	54	o	Aql	19 50 51.6	+10 24 24	5.11	F8 V	+ 0.1±0.3
194071					20 22 28.9	+28 14 06	8.13	G8 III	− 9.8 0.1
203638‡	8183	33		Cap	21 23 57.8	−20 52 01	5.77	K0 III	+ 21.9 0.1
204867‡	8232	22	β	Aqr	21 31 22.5	− 5 35 12	2.91	G0 Ib	+ 6.7 0.1
206778	8308	8	ε	Peg	21 44 00.9	+ 9 51 32	2.39	K2 Ib−II	+ 5.2 0.2
212943‡	8551	35		Peg	22 27 40.9	+ 4 40 41	4.79	K0 III−IV	+ 54.3±0.3
213014‡					22 28 01.3	+17 14 44	7.70	dG8	− 39.7 0.0
213947					22 34 26.7	+26 34 47	7.53	K4 III	+ 16.7 0.3
222368	8969	17	ι	Psc	23 39 46.2	+ 5 36 26	4.13	F7 V	+ 5.3 0.2
223094					23 46 14.8	+28 41 02	7.45	K5 III	+ 19.6 0.3
223311	9014				23 48 21.7	− 6 24 00	6.07	gK4	− 20.4±0.1
223647	9032		γ¹	Oct	23 51 55.1	−82 02 18	5.11	G5 III	+ 13.8 0.4

† BD 28°3402

‡ Candidate for inclusion in revised list of primary standard stars currently in preparation by IAU Commission 30; recommended for intensive observation.

NGC or IC	Right Ascension	Declination	Revised Morphological Type	T	L	Log D_{25}	Log R_{25}	B_T^w	$B-V$	$U-B$	V	V_{3K}
	h m	° ′									km/sec	km/sec
W–L–M	0 01.77	−15 28.2	IB(s)m	+10.0	9.0	2.06	0.46	11.03	0.44	−0.21	− 118	− 447
NGC 7814	0 03.08	+16 07.5	SA(s)ab: sp	+ 2.0		1.74	0.38	11.56	0.99	−0.51	+1053	+ 706
NGC 0045	0 13.90	−23 12.1	SA(s)dm	+ 8.0	7.3	1.93	0.16	11.32	0.71	−0.05	+ 468	+ 163
NGC 0055	0 14.96	−39 14.4	SB(s)m: sp	+ 9.0	5.6	2.51	0.76	8.42	0.55	+0.12	+ 124	− 120
NGC 0134	0 30.20	−33 16.0	SAB(s)bc	+ 4.0	3.7	1.93	0.62	11.23	0.84	+0.23	+1579	+1315
NGC 0147	0 33.00	+48 29.3	E5 pec	− 5.0		2.12	0.23	10.47	0.95		− 160	− 412
NGC 0185	0 38.77	+48 19.1	E3 pec	− 5.0		2.07	0.07	10.10	0.92	+0.39	− 251	− 502
NGC 0205	0 40.19	+41 40.0	E5 pec	− 5.0		2.34	0.30	8.92	0.85	+0.22	− 239	− 514
NGC 0221	0 42.51	+40 50.8	cE2	− 6.0		1.94	0.13	9.03	0.95	+0.48	− 205	− 481
NGC 0224	0 42.55	+41 15.0	SA(s)b	+ 3.0	2.2	3.28	0.49	4.36	0.92	+0.50	− 298	− 574
NGC 0247	0 46.98	−20 46.7	SAB(s)d	+ 7.0	6.8	2.33	0.49	9.67	0.56	−0.09	+ 159	− 136
NGC 0253	0 47.39	−25 18.5	SAB(s)c	+ 5.0	3.3	2.44	0.61	8.04	0.85	+0.38	+ 250	− 32
SMC	0 52.50	−72 49.0	SB(s)m pec	+ 9.0	7.0	3.50	0.23	2.70	0.45	−0.20	+ 175	+ 114
NGC 0300	0 54.73	−37 42.1	SA(s)d	+ 7.0	6.2	2.34	0.15	8.72	0.59	+0.11	+ 141	− 93
IC 1613	1 04.62	+ 2 06.0	IB(s)m	+10.0	9.5	2.21	0.05	9.88	0.67		− 230	− 551
NGC 0488	1 21.60	+ 5 14.3	SA(r)b	+ 3.0	1.1	1.72	0.13	11.15	0.87	+0.35	+2267	+1959
NGC 0578	1 30.31	−22 41.1	SAB(rs)c	+ 5.0	2.4	1.69	0.20	11.44	0.51		+1630	+1368
NGC 0598	1 33.64	+30 38.5	SA(s)cd	+ 6.0	4.3	2.85	0.23	6.27	0.55	−0.10	− 179	− 454
NGC 0613	1 34.14	−29 26.0	SB(rs)bc	+ 4.0	3.0	1.74	0.12	10.73	0.68	+0.06	+1478	+1239
NGC 0628	1 36.51	+15 45.9	SA(s)c	+ 5.0	1.1	2.02	0.04	9.95	0.56		+ 655	+ 363
NGC 0672	1 47.70	+27 24.9	SB(s)cd	+ 6.0	5.4	1.86	0.45	11.47	0.58	−0.10	+ 420	+ 152
NGC 0772	1 59.15	+18 59.3	SA(s)b	+ 3.0	1.2	1.86	0.23	11.09	0.78	+0.26	+2457	+2188
NGC 0891	2 22.35	+42 19.9	SA(s)b? sp	+ 3.0	4.5	2.13	0.73	10.81	0.88	+0.27	+ 528	+ 320
NGC 0908	2 22.93	−21 15.0	SA(s)c	+ 5.0	1.5	1.78	0.36	10.83	0.65	0.00	+1499	+1282
NGC 0925	2 27.08	+33 33.8	SAB(s)d	+ 7.0	4.3	2.02	0.25	10.69	0.57		+ 553	+ 331
NGC 0936	2 27.45	− 1 10.2	SB(rs)0$^+$	− 1.0		1.67	0.06	11.12	0.97	+0.56	+1355	+1115
FORNX	2 39.85	−34 27.8	dE4	− 5.0		2.23:	0.13	9.04			+ 47	− 118
NGC 1023	2 40.20	+39 02.9	SB(rs)0$^-$	− 3.0		1.94	0.47	10.35	1.00	+0.56	+ 632	+ 433
NGC 1055	2 41.58	+ 0 25.6	SBb: sp	+ 3.0	3.9	1.88	0.45	11.40	0.81	+0.19	+ 995	+ 770
NGC 1068	2 42.50	− 0 01.7	(R)SA(rs)b	+ 3.0	2.3	1.85	0.07	9.61	0.74	+0.09	+1135	+ 911
NGC 1073	2 43.49	+ 1 21.7	SB(rs)c	+ 5.0	3.7	1.69	0.04	11.47	0.50	−0.10	+1211	+ 988
NGC 1097	2 46.16	−30 17.2	SB(s)b	+ 3.0	2.2	1.97	0.17	10.23	0.75	+0.23	+1274	+1103
NGC 1232	3 09.60	−20 35.5	SAB(rs)c	+ 5.0	2.0	1.87	0.06	10.52	0.63	0.00	+1683	+1519
NGC 1291	3 17.17	−41 07.2	(R)SB(s)0/a	0.0		1.99	0.08	9.39	0.93	+0.46	+ 836	+ 726
NGC 1313	3 18.21	−66 30.6	SB(s)d	+ 7.0	7.0	1.96	0.12	9.20	0.49	−0.24	+ 456	+ 419
NGC 1300	3 19.52	−19 25.4	SB(rs)bc	+ 4.0	1.1	1.79	0.18	11.11	0.68	+0.11	+1568	+1415
NGC 1316	3 22.56	−37 13.3	SAB(s)0^0 pec	− 2.0		2.08	0.15	9.42	0.89	+0.39	+1793	+1678
NGC 1332	3 26.13	−21 20.8	S(s:)0$^-$ sp	− 3.0		1.67	0.51	11.25	0.96	+0.59	+1524	+1384
NGC 1365	3 33.48	−36 09.1	SB(s)b	+ 3.0	1.3	2.05	0.26	10.32	0.69	+0.16	+1663	+1558
NGC 1380	3 36.33	−34 59.2	SA0	− 2.0		1.68	0.32	10.87	0.94	+0.45	+1841	+1737
NGC 1398	3 38.72	−26 20.9	(R')SB(r)ab	+ 2.0	1.1	1.85	0.12	10.57	0.90	+0.43	+1407	+1290
NGC 1433	3 41.91	−47 14.0	(R')SB(r)ab	+ 2.0	2.7	1.81	0.04	10.70	0.79	+0.21	+1067	+ 997
NGC 1448	3 44.41	−44 39.3	SAcd: sp	+ 6.0	4.4	1.88	0.65	11.40	0.72	+0.01	+1165	+1091
IC 0342	3 46.47	+68 05.2	SAB(rs)cd	+ 6.0	2.0	2.33	0.01	9.10			+ 32	− 53
IC 0356	4 07.42	+69 48.3	SA(s)ab pec	+ 2.0		1.72	0.13	11.39	1.32	+0.76	+ 888	+ 817

NGC or IC	Right Ascension	Declination	Revised Morphological Type	T	L	Log D_{25}	Log R_{25}	B_T^w	$B-V$	$U-B$	V	V_{3K}
	h m	° ′									km/sec	km/sec
NGC 1566	4 19.93	−54 56.8	SAB(s)bc	+ 4.0	1.7	1.92	0.10	10.33	0.60	−0.04	+1492	+1472
NGC 1617	4 31.58	−54 36.5	SB(s)a	+ 1.0		1.63	0.31	11.38	0.94	+0.50	+1000	+1052
NGC 1672	4 45.65	−59 15.3	SB(s)b	+ 3.0	3.1	1.82	0.08	10.28	0.60	+0.01	+1339	+1346
NGC 1808	5 07.59	−37 31.1	(R)SAB(s)a	+ 1.0		1.81	0.22	10.76	0.82	+0.29	+1006	+1017
LMC	5 23.60	−69 46.0	SB(s)m	+ 9.0	5.8	3.81	0.07	0.91	0.51	0.00	+ 313	+ 351
NGC 2146	6 18.15	+78 21.5	SB(s)ab pec	+ 2.0	3.4	1.78	0.25	11.38	0.79	+0.29	+ 890	+ 874
NGC 2217	6 21.52	−27 13.9	(R)SB(rs)0⁺	− 1.0		1.68	0.03	11.71	1.00	+0.54	+1619	+1723
NGC 2336	7 26.48	+80 11.1	SAB(r)bc	+ 4.0	1.1	1.85	0.26	11.05	0.62	+0.06	+2200	+2196
NGC 2366	7 28.54	+69 13.3	IB(s)m	+10.0	8.7	1.91	0.39	11.43	0.58		+ 99	+ 134
NGC 2442	7 36.41	−69 31.3	SAB(s)bc pec	+ 3.7	2.5	1.74	0.05	11.24	0.82	+0.23	+1448	+1554
NGC 2403	7 36.54	+65 36.5	SAB(s)cd	+ 6.0	5.4	2.34	0.25	8.93	0.47		+ 130	+ 181
HLMII	8 18.75	+70 43.5	Im	+10.0	8.0	1.90	0.10	11.10	0.44		+ 157	+ 207
NGC 2613	8 33.23	−22 57.7	SA(s)b	+ 3.0	3.0	1.86	0.61	11.16	0.91	+0.38	+1677	+1940
NGC 2683	8 52.48	+33 25.9	SA(rs)b	+ 3.0	4.0	1.97	0.63	10.64	0.89	+0.27	+ 405	+ 626
NGC 2655	8 55.20	+78 14.3	SAB(s)0/a	0.0		1.69	0.08	10.96	0.86	+0.43	+1404	+1427
NGC 2775	9 10.15	+ 7 03.1	SA(r)ab	+ 2.0		1.63	0.11	11.03	0.90	+0.38	+1354	+1650
NGC 2768	9 11.36	+60 03.3	E6:	− 5.0		1.91	0.28	10.84	0.97	+0.46	+1335	+1455
NGC 2784	9 12.17	−24 10.4	SA(s)0⁰:	− 2.0		1.74	0.39	11.30	1.14	+0.72	+ 691	+ 985
NGC 2841	9 21.80	+50 59.4	SA(r)b:	+ 3.0	0.5	1.91	0.36	10.09	0.87	+0.34	+ 637	+ 807
NGC 2903	9 31.97	+21 30.9	SAB(rs)bc	+ 4.0	2.3	2.10	0.32	9.68	0.67	+0.06	+ 556	+ 841
NGC 2997	9 45.50	−31 10.5	SAB(rs)c	+ 5.0	1.6	1.95	0.12	10.06	0.70	+0.30	+1087	+1388
NGC 2976	9 46.98	+67 55.8	SAc pec	+ 5.0	6.8	1.77	0.34	10.82	0.66	0.00	+ 3	+ 93
NGC 3031	9 55.28	+69 05.0	SA(s)ab	+ 2.0	2.2	2.43	0.28	7.89	0.95	+0.48	− 36	+ 48
NGC 3034	9 55.62	+69 42.0	I0			2.05	0.42	9.30	0.89	+0.31	+ 216	+ 296
NGC 3079	10 01.74	+55 41.7	SB(s)c	+ 7.0	3.0	1.90	0.74	11.54	0.68	+0.03	+1124	+1285
NGC 3077	10 03.08	+68 45.1	I0 pec			1.73	0.08	10.61	0.76	+0.14	+ 13	+ 102
NGC 3115	10 05.07	− 7 42.1	S0⁻	− 3.0		1.86	0.47	9.87	0.97	+0.54	+ 661	+1005
LEO I	10 08.28	+12 19.5	dE3	− 5.0		[1.99]	0.12	11.18			+ 168	+ 494
NGC 3166	10 13.57	+ 3 26.6	SAB(rs)0/a	0.0		1.68	0.31	11.32	0.93	+0.40	+1345	+1686
NGC 3169	10 14.04	+ 3 29.3	SA(s)a pec	+ 1.0		1.64	0.20	11.08	0.85	+0.26	+1233	+1575
NGC 3184	10 18.08	+41 26.5	SAB(rs)cd	+ 6.0	3.5	1.87	0.03	10.36	0.58	−0.03	+ 591	+ 826
NGC 3198	10 19.71	+45 34.1	SB(rs)c	+ 5.0	2.6	1.93	0.41	10.87	0.54	−0.04	+ 663	+ 880
IC 2574	10 28.12	+68 26.0	SAB(s)m	+ 9.0	8.0	2.12	0.39	10.80	0.44		+ 46	+ 141
NGC 3338	10 41.94	+13 46.0	SA(s)c	+ 5.0	2.3	1.77	0.21	11.64	0.59	−0.01	+1300	+1636
NGC 3344	10 43.34	+24 56.5	(R)SAB(r)bc	+ 4.0	1.9	1.85	0.04	10.45	0.59	−0.07	+ 585	+ 891
NGC 3351	10 43.80	+11 43.3	SB(r)b	+ 3.0	3.3	1.87	0.17	10.53	0.80	+0.18	+ 777	+1117
NGC 3359	10 46.40	+63 14.5	SB(rs)c	+ 5.0	3.0	1.86	0.22	11.03	0.46	−0.20	+1012	+1140
NGC 3368	10 46.57	+11 50.4	SAB(rs)ab	+ 2.0	3.4	1.88	0.16	10.11	0.86	+0.31	+ 897	+1238
NGC 3379	10 47.65	+12 36.1	E1	− 5.0		1.73	0.05	10.24	0.96	+0.53	+ 889	+1228
NGC 3384	10 48.11	+12 39.0	SB(s)0⁻:	− 3.0		1.74	0.34	10.85	0.93	+0.44	+ 735	+1074
NGC 3486	11 00.22	+28 59.6	SAB(r)c	+ 5.0	2.6	1.85	0.13	11.05	0.52	−0.16	+ 681	+ 976
NGC 3521	11 05.63	− 0 01.2	SAB(rs)bc	+ 4.0	3.6	2.04	0.33	9.83	0.81	+0.23	+ 804	+1162
NGC 3556	11 11.33	+55 41.4	SB(s)cd	+ 6.0	5.7	1.94	0.59	10.69	0.66	+0.07	+ 694	+ 866
NGC 3623	11 18.75	+13 06.7	SAB(rs)a	+ 1.0	3.3	1.99	0.53	10.25	0.92	+0.45	+ 806	+1147
NGC 3627	11 20.08	+13 00.6	SAB(s)b	+ 3.0	3.0	1.96	0.34	9.65	0.73	+0.20	+ 726	+1067

NGC or IC	Right Ascension	Declination	Revised Morphological Type	T	L	Log D_{25}	Log R_{25}	B_T^w	$B-V$	$U-B$	V	V_{3K}
	h m	° ′									km/sec	km/sec
NGC 3628	11 20.10	+13 36.5	Sb pec sp	+ 3.0	4.5	2.17	0.70	10.28	0.80		+ 846	+1186
NGC 3631	11 20.85	+53 11.4	SA(s)c	+ 5.0	1.8	1.70	0.02	11.01	0.58		+1157	+1343
NGC 3675	11 25.94	+43 36.3	SA(s)b	+ 3.0	3.3	1.77	0.28	11.00			+ 766	+1000
NGC 3718	11 32.42	+53 05.2	SB(s)a pec	+ 1.0		1.91	0.31	11.59	0.81	+0.29	+ 994	+1108
NGC 3726	11 33.17	+47 02.9	SAB(r)c	+ 5.0	2.2	1.79	0.16	10.91	0.49		+ 849	+1066
NGC 3938	11 52.65	+44 08.6	SA(s)c	+ 5.0	1.1	1.73	0.04	10.90	0.52	−0.10	+ 808	+1036
NGC 3945	11 53.07	+60 41.8	(R)SB(rs)0$^+$	− 1.0		1.72	0.18	11.80	0.95	+0.55	+1220	+1361
NGC 3953	11 53.65	+52 20.8	SB(r)bc	+ 4.0	1.8	1.84	0.30	10.84	0.77	+0.20	+1053	+1241
NGC 3992	11 57.43	+53 23.7	SB(rs)bc	+ 4.0	1.1	1.88	0.21	10.60	0.77	+0.20	+1048	+1229
NGC 4036	12 01.27	+61 55.0	S0$^-$	− 3.0		1.63	0.40	11.57	0.91	+0.55	+1382	+1530
NGC 4051	12 02.99	+44 33.1	SAB(rs)bc	+ 4.0	3.3	1.72	0.13	10.83	0.65	−0.04	+ 720	+ 945
NGC 4088	12 05.41	+50 33.7	SAB(rs)bc	+ 4.0	3.9	1.76	0.41	11.15	0.59	−0.05	+ 758	+ 953
NGC 4096	12 05.85	+47 29.9	SAB(rs)c	+ 5.0	4.2	1.82	0.57	11.48	0.63	+0.01	+ 564	+ 774
NGC 4125	12 07.96	+65 11.5	E6 pec	− 5.0		1.76	0.26	10.65	0.93	+0.49	+1356	+1469
NGC 4151	12 10.45	+39 25.5	(R′)SAB(rs)ab:	+ 2.0		1.80	0.15	11.28	0.73	−0.17	+ 992	+1238
NGC 4192	12 13.63	+14 55.2	SAB(s)ab	+ 2.0	2.9	1.99	0.55	10.95	0.81	+0.30	− 141	+ 183
NGC 4214	12 15.49	+36 20.7	IAB(s)m	+10.0	5.8	1.93	0.11	10.24	0.46	−0.31	+ 291	+ 549
NGC 4216	12 15.73	+13 10.1	SAB(s)b:	+ 3.0	3.0	1.91	0.66	10.99	0.98	+0.52	+ 129	+ 458
NGC 4236	12 16.57	+69 29.1	SB(s)dm	+ 8.0	7.6	2.34	0.48	10.05	0.42		0	+ 87
NGC 4244	12 17.33	+37 49.6	SA(s)cd: sp	+ 6.0	7.0	2.22	0.94	10.88	0.50		+ 242	+ 494
NGC 4254	12 18.65	+14 26.3	SA(s)c	+ 5.0	1.5	1.73	0.06	10.44	0.57	+0.01	+2407	+2732
NGC 4258	12 18.80	+47 19.4	SAB(s)bc	+ 4.0	3.5	2.27	0.41	9.10	0.69		+ 449	+ 657
NGC 4274	12 19.68	+29 38.0	(R)SB(r)ab	+ 2.0	4.0	1.83	0.43	11.34	0.93	+0.44	+ 929	+1211
NGC 4293	12 21.04	+18 24.1	(R)SB(s)0/a	0.0		1.75	0.34	11.26	0.90		+ 943	+1258
NGC 4303	12 21.75	+ 4 29.5	SAB(rs)bc	+ 4.0	2.0	1.81	0.05	10.18	0.53	−0.11	+1569	+1909
NGC 4314	12 22.38	+29 54.6	SB(rs)a	+ 1.0		1.62	0.05	11.43	0.85	+0.29	+ 883	+1243
NGC 4321	12 22.75	+15 50.5	SAB(s)bc	+ 4.0	1.1	1.87	0.07	10.05	0.70	−0.01	+1585	+1906
NGC 4365	12 24.29	+ 7 20.2	E3	− 5.0		1.84	0.14	10.52	0.96	+0.50	+1227	+1562
NGC 4374	12 24.89	+12 54.3	E1	− 5.0		1.81	0.06	10.09	0.98	+0.53	+ 951	+1282
NGC 4382	12 25.24	+18 12.6	SA(s)0$^+$ pec	− 1.0		1.85	0.11	10.00	0.89	+0.42	+ 722	+1036
NGC 4395	12 25.64	+33 34.1	SA(s)m:	+ 9.0	7.3	2.12	0.08	10.64	0.46		+ 319	+ 585
NGC 4406	12 26.03	+12 58.0	E3	− 5.0		1.95	0.19	9.83	0.93	+0.49	− 248	+ 76
NGC 4429	12 27.26	+11 07.7	SA(r)0$^+$	− 1.0		1.75	0.34	11.02	0.98	+0.55	+1137	+1465
NGC 4438	12 27.59	+13 01.8	SA(s)0/a pec:	0.0		1.93	0.43	11.02	0.85	+0.35	+ 64	+ 389
NGC 4442	12 27.89	+ 9 49.3	SB(s)0^0	− 2.0		1.66	0.34	11.38	0.94	+0.58	+ 580	+ 860
NGC 4449	12 28.03	+44 06.8	IBm	+10.0	6.7	1.79	0.15	9.99	0.41	−0.35	+ 202	+ 421
NGC 4450	12 28.32	+17 06.3	SA(s)ab	+ 2.0	1.5	1.72	0.13	10.90	0.82		+1956	+2272
NGC 4472	12 29.61	+ 8 01.1	E2	− 5.0		2.01	0.09	9.37	0.96	+0.55	+ 912	+1246
NGC 4473	12 29.63	+13 27.0	E5	− 5.0		1.65	0.25	11.16	0.96	+0.43	+2279	+2560
NGC 4490	12 30.45	+41 39.5	SB(s)d pec	+ 7.0	5.4	1.80	0.31	10.22	0.43	−0.19	+ 578	+ 809
NGC 4486	12 30.65	+12 24.5	E+0−1 pec	− 4.0		1.92	0.10	9.59	0.96	+0.57	+1282	+1606
NGC 4494	12 31.24	+25 47.5	E1−2	− 5.0		1.68	0.13	10.71	0.88	+0.45	+1324	+1614
NGC 4501	12 31.82	+14 26.4	SA(rs)b	+ 3.0	2.4	1.84	0.27	10.36	0.73	+0.24	+2279	+2598
NGC 4517	12 32.59	+ 0 07.9	SA(s)cd: sp	+ 6.0	5.6	2.02	0.83	11.10	0.71		+1121	+1460
NGC 4526	12 33.87	+ 7 43.2	SAB(s)0^0:	− 2.0		1.86	0.48	10.66	0.96	+0.53	+ 460	+ 793

NGC or IC	Right Ascension	Declination	Revised Morphological Type	T	L	Log D_{25}	Log R_{25}	B_T^w	$B-V$	$U-B$	V	V_{3K}
	h m	° ′									km/sec	km/sec
NGC 4527	12 33.98	+ 2 40.4	SAB(s)bc	+ 4.0	3.3	1.79	0.47	11.38	0.86	+0.21	+1733	+2070
NGC 4535	12 34.20	+ 8 13.0	SAB(s)c	+ 5.0	1.6	1.85	0.15	10.59	0.63	−0.01	+1957	+2287
NGC 4536	12 34.28	+ 2 12.4	SAB(rs)bc	+ 4.0	2.0	1.88	0.37	11.16	0.61	−0.02	+1804	+2141
NGC 4548	12 35.26	+14 30.9	SB(rs)b	+ 3.0	2.3	1.73	0.10	10.96	0.81	+0.29	+ 486	+ 803
NGC 4559	12 35.79	+27 58.7	SAB(rs)cd	+ 6.0	4.3	2.03	0.39	10.46	0.45		+ 814	+1095
NGC 4565	12 36.19	+26 00.2	SA(s)b? sp	+ 3.0	1.0	2.20	0.87	10.42	0.84		+1225	+1513
NGC 4569	12 36.67	+13 11.0	SAB(rs)ab	+ 2.0	2.4	1.98	0.34	10.26	0.72	+0.30	− 236	+ 82
NGC 4579	12 37.57	+11 50.4	SAB(rs)b	+ 3.0	3.1	1.77	0.10	10.48	0.82	+0.32	+1521	+1843
NGC 4594	12 39.81	−11 36.2	SA(s)a sp	+ 1.0		1.94	0.39	8.98	0.98	+0.53	+1089	+1425
NGC 4605	12 39.86	+61 37.7	SB(s)c pec	+ 5.0	5.7	1.76	0.42	10.89	0.56	−0.08	+ 143	+ 271
NGC 4621	12 41.87	+11 39.9	E5	− 5.0		1.73	0.16	10.57	0.94	+0.48	+ 430	+ 750
NGC 4631	12 41.97	+32 33.6	SB(s)d	+ 7.0	5.0	2.19	0.76	9.75	0.56		+ 608	+ 871
NGC 4636	12 42.65	+ 2 42.4	E0−1	− 5.0		1.78	0.11	10.43	0.94	+0.44	+1017	+1349
NGC 4649	12 43.49	+11 34.1	E2	− 5.0		1.87	0.09	9.81	0.97	+0.60	+1114	+1433
NGC 4654	12 43.78	+13 08.7	SAB(rs)cd	+ 6.0	3.3	1.69	0.24	11.10	0.60	−0.08	+1035	+1351
NGC 4656	12 43.80	+32 11.3	SB(s)m pec	+ 9.0	7.0	2.18	0.71	10.96	0.44		+ 640	+ 903
NGC 4697	12 48.42	− 5 46.9	E6	− 5.0		1.86	0.19	10.14	0.91	+0.39	+1236	+1568
NGC 4725	12 50.28	+25 31.2	SAB(r)ab pec	+ 2.0	2.4	2.03	0.15	10.11	0.72	+0.34	+1205	+1487
NGC 4736	12 50.73	+41 08.3	(R)SA(r)ab	+ 2.0	3.0	2.05	0.09	8.99	0.75	+0.16	+ 308	+ 531
NGC 4754	12 52.12	+11 19.9	SB(r:)0⁻	− 3.0		1.66	0.27	11.52	0.92	+0.47	+1461	+1710
NGC 4753	12 52.19	− 1 10.9	I0			1.78	0.33	10.85	0.90	+0.41	+1237	+1566
NGC 4762	12 52.77	+11 15.0	SB(r)0⁰? sp	− 2.0		1.94	0.72	11.12	0.86	+0.40	+ 979	+1294
NGC 4826	12 56.57	+21 42.2	(R)SA(rs)ab	+ 2.0	3.5	2.00	0.27	9.36	0.84	+0.32	+ 411	+ 700
NGC 4856	12 59.15	−15 01.3	SB(s)0/a	0.0		1.63	0.56	11.49	0.99		+1353	+1674
NGC 4945	13 05.24	−49 27.1	SB(s)cd: sp	+ 6.0	6.7	2.30	0.72	9.30			+ 560	+ 796
NGC 5005	13 10.79	+37 04.6	SAB(rs)bc	+ 4.0	3.3	1.76	0.32	10.61	0.80	+0.31	+ 948	+1177
NGC 5033	13 13.31	+36 36.8	SA(s)c	+ 5.0	2.2	2.03	0.33	10.75	0.55		+ 877	+1107
NGC 5055	13 15.67	+42 02.9	SA(rs)bc	+ 4.0	3.9	2.10	0.24	9.31	0.72		+ 504	+ 711
NGC 5102	13 21.77	−36 36.7	SA0⁻	− 3.0	·	1.94	0.49	10.35	0.72	+0.23	+ 468	+ 737
NGC 5128	13 25.28	−42 59.9	E1/S0 + S pec			2.41	0.11	7.84	1.00		+ 559	+ 806
NGC 5194	13 29.75	+47 12.9	SA(s)bc pec	+ 4.0	1.8	2.05	0.21	0.96	0.60	−0.06	+ 463	+ 640?
NGC 5195	13 29.84	+47 17.4	I0 pec			1.76	0.10	10.45	0.90	+0.31	+ 484	+ 662
NGC 5236	13 36.79	−29 51.0	SAB(s)c	+ 5.0	2.8	2.11	0.05	8.20	0.66	+0.03	+ 514	+ 788
NGC 5248	13 37.36	+ 8 54.2	SAB(rs)bc	+ 4.0	1.8	1.79	0.14	10.97	0.65	+0.05	+1153	+1437
NGC 5247	13 37.88	−17 52.0	SA(s)bc	+ 4.0	1.8	1.75	0.06	10.50	0.54	−0.11	+1357	+1647
NGC 5322	13 49.15	+60 12.6	E3−4	− 5.0		1.77	0.18	11.14	0.91	+0.47	+1915	+2024
NGC 5364	13 56.03	+ 5 02.0	SA(rs)bc pec	+ 4.0	1.1	1.83	0.19	11.17	0.64	+0.07	+1241	+1512
NGC 5457	14 03.09	+54 21.9	SAB(rs)cd	+ 6.0	1.1	2.46	0.03	8.31	0.45		+ 240	+ 367
NGC 5474	14 04.92	+53 40.8	SA(s)cd pec	+ 6.0	8.0	1.68	0.05	11.28	0.49		+ 277	+ 405
NGC 5585	14 19.70	+56 44.7	SAB(s)d	+ 7.0	7.6	1.76	0.19	11.20	0.46	−0.22	+ 304	+ 412
NGC 5566	14 20.17	+ 3 56.9	SB(r)ab	+ 2.0	3.6	1.82	0.48	11.46	0.91	+0.45	+1505	+1753
NGC 5643	14 32.47	−44 09.5	SAB(rs)c	+ 5.0	4.6	1.66	0.06	10.74	0.74	+0.15	+1197	+1392
NGC 5866	15 06.42	+55 46.6	SA0⁺	− 1.0		1.67	0.38	10.74	0.85	+0.38	+ 769	+ 848
NGC 5907	15 15.81	+56 20.6	SA(s)c: sp	+ 5.0	3.0	2.10	0.96	11.12	0.78	+0.15	+ 666	+ 735
NGC 5921	15 21.77	+ 5 04.9	SB(r)bc	+ 4.0	2.2	1.69	0.09	11.49	0.66	+0.04	+1480	+1648

NGC or IC	Right Ascension	Declination	Revised Morphological Type	T	L	Log D_{25}	Log R_{25}	B_T^w	$B-V$	$U-B$	V	V_{3K}
	h m	o ,									km/sec	km/sec
NGC 6300	17 16.66	−62 49.0	SB(rs)b	+ 3.0	3.1	1.65	0.18	10.98	0.78	+0.13	+1109	+1142
NGC 6384	17 32.24	+ 7 03.7	SAB(r)bc	+ 4.0	1.1	1.79	0.18	11.14	0.72	+0.23	+1667	+1640
NGC 6503	17 49.48	+70 08.7	SA(s)cd	+ 6.0	5.2	1.85	0.47	10.91	0.68	+0.03	+ 43	− 8
NGC 6744	19 09.43	−63 51.7	SAB(r)bc	+ 4.0	3.3	2.30	0.19	9.14			+ 838	+ 797
NGC 6822	19 44.76	−14 48.8	IB(s)m	+10.0	8.5	2.19	0.06	9.31			− 54	− 253
NGC 6946	20 34.80	+60 08.5	SAB(rs)cd	+ 6.0	2.3	2.06	0.07	9.61	0.80		+ 50	− 116
NGC 7331	22 36.93	+34 24.1	SA(s)b	+ 3.0	2.2	2.02	0.45	10.35	0.87	+0.30	+ 821	+ 510
NGC 7410	22 54.81	−39 40.8	SB(s)a	+ 1.0		1.72	0.51	11.24	0.93	+0.45	+1751	+1500
IC 5267	22 57.03	−43 24.9	SA(rs)0/a	0.0		1.72	0.13	11.43	0.89	+0.37	+1713	+1480
NGC 7424	22 57.11	−41 05.3	SAB(rs)cd	+ 6.0	4.0	1.98	0.07	10.96	0.48	−0.15	+ 941	+ 696
NGC 7582	23 18.19	−42 23.3	(R′)SB(s)ab	+ 2.0		1.70	0.38	11.37	0.75	+0.25	+1573	+1334
NGC 7640	23 21.95	+40 49.6	SB(c)c	+ 5.0	3.3	2.02	0.72	11.86	0.54	−0.04	+ 369	+ 74
IC 5332	23 34.27	−36 07.3	SA(s)d	+ 7.0	3.9	1.89	0.10	11.09			+ 706	+ 439
NGC 7793	23 57.65	−32 36.5	SA(s)d	+ 7.0	6.9	1.97	0.17	9.63	0.54	−0.09	+ 228	− 48

W−L−M	= A2359−15	= Wolf−Lundmark−Melotte neb. = DDO 221
SMC	= A0051−73	= Small Magellanic Cloud
FORNX	= A0237−34	= Fornax System
LMC	= A0524−69	= Large Magellanic Cloud
HLMII	= A0813+70	= Holmberg II = DDO 50
LEO I	= A1005+12	= Regulus System = DDO 74

NGC 224	= M31	= Andromeda Nebula
NGC 221	= M32	
NGC 598	= M33	= Triangulum Nebula
NGC 5194	= M51	= Whirlpool Nebula
NGC 5457	= M101	= Pinwheel Nebula
NGC 4594	= M104	= Sombrero Nebula
NGC 5128		= Centaurus A

IAU Desig.	Name	R.A.	Dec.	Ang. Diam.	Dist.	Trumpler Class	Tot. Mag.	Spec-trum	Mag.*	Log age	Log Fe / H	A_V
		h m	° ′	′	pc							
C0001−302	Blanco 1	0 04.1	−29 57	89	240	IV 3 m			8	7.85	+0.03	0.27
C0022+610	NGC 103	0 25.1	+61 19	5	2900	II 1 m	5.8	B3	11	7.46		1.62
C0027+599	NGC 129	0 29.7	+60 12	21	1600	III 2 m	9.8	B3	11	7.67		1.77
C0029+628	King 14	0 31.7	+63 08	7	2800	III 1 p		B2	10	7.61		1.65
C0030+630	NGC 146	0 32.9	+63 16	6	3200	II 2 p	9.6	B3		7.61		2.07
C0036+608	NGC 189	0 39.4	+61 03	3	750	III 1 p	11.1	A0		7.00		1.62
C0040+615	NGC 225	0 43.2	+61 46	12	610	III 1 pn	8.9	A2		8.11		0.84
C0039+850	NGC 188	0 44.0	+85 19	13	1500	I 2 r	9.3	F2	10	9.91	−0.06	0.12
C0112+585	NGC 436	1 15.4	+58 48	5	2100	I 2 m	9.3	B5	10	8.15		0.45
C0115+580	NGC 457	1 18.8	+58 19	13	3100	II 3 r	5.1	B2	6	7.00		1.41
C0126+630	NGC 559	1 29.2	+63 17	4	1100	I 1 m	7.4		9	8.66	−0.76	2.70
C0129+604	NGC 581	1 33.0	+60 41	6	2500	II 2 m	6.9	B2	9	7.46		1.14
C0132+610	Trump 1	1 35.4	+61 16	4	2300	II 2 p	8.9	B2	10	7.61		1.29
C0139+637	NGC 637	1 42.7	+63 59	3	2400	I 2 m	7.3	B0	8	8.34		1.17
C0140+616	NGC 654	1 43.8	+61 52	4	2000	II 2 r	8.2		10			2.58
C0140+604	NGC 659	1 44.0	+60 41	4	2500	I 2 m	7.2		10	7.89		1.74
C0142+610	NGC 663	1 45.8	+61 14	16	2200	II 3 r	6.4	B1	9	7.00		2.34
C0144+717	Coll 463	1 48.1	+71 56	36	660	III 2 m	5.8			7.89		0.57
C0149+615	IC 166	1 52.3	+61 49	4	3100	II 1 r			17	9.38		2.31
C0154+374	NGC 752	1 57.6	+37 40	50	360	II 2 r	6.6	F0	8	9.38	−0.21	0.06
C0155+552	NGC 744	1 58.2	+55 28	11	1400	III 1 p	7.8	B7	10	8.30		1.14
C0211+590	Stock 2	2 14.7	+59 15	60	300	I 2 m		B8		8.23		1.26
C0215+569	NGC 869	2 18.8	+57 08	29	2200	I 3 r	4.3	B1	7	7.26		1.62
C0218+568	NGC 884	2 22.2	+57 06	29	2200	I 3 r	4.4	B1	7			1.62
C0225+604	Mark 6	2 29.4	+60 38	4	510	III 1 p			8			1.56
C0228+612	IC 1805	2 32.4	+61 26	21	2200	II 3 mn	4.8	O6	9	7.00		2.46
C0233+557	Trump 2	2 37.0	+55 58	20	560	II 2 p	9.0	B9		8.30		0.90
C0238+425	NGC 1039	2 41.8	+42 46	35	450	II 3 r	5.8	B8	9	8.03	−0.26	0.12
C0238+613	NGC 1027	2 42.4	+61 32	20	1200	II 3 mn	7.4	B3	9	7.89		0.96
C0247+602	IC 1848	2 50.9	+60 25	12	2300	I 3 pn	7.0	O7		7.00		1.89
C0311+470	NGC 1245	3 14.4	+47 14	10	2200	II 2 r	7.7		12	9.03	+0.14	0.81
C0318+484	Mel 20	3 21.8	+48 36	185	160	III 3 m	2.3	B1	3	7.61	+0.10	0.27
C0328+371	NGC 1342	3 31.4	+37 19	14	540	III 2 m	7.2	A1	8	8.80	−0.13	0.81
C0344+239	Pleiades	3 46.8	+24 07	110	130	I 3 rn	1.5	B5	3	8.11	+0.11	0.15
C0403+622	NGC 1502	4 07.4	+62 19	7	810	I 3 m	4.1	B0	7	7.00		2.13
C0411+511	NGC 1528	4 15.1	+51 14	23	750	II 2 m	6.4	B8	10	8.34	−0.10	0.87
C0417+448	Berk 11	4 20.3	+44 55	5	2200	II 2 m			15	7.00		
C0417+501	NGC 1545	4 20.6	+50 15	18	760	IV 2 p	4.6		9	8.30		1.02
C0424+157	Hyades	4 26.7	+15 51	330	40		0.8	A2	4	8.85	+0.12	0.00
C0443+189	NGC 1647	4 45.8	+19 04	45	520	II 2 r	6.2	B7	9	8.11		1.11
C0445+108	NGC 1662	4 48.3	+10 56	20	380	II 3 m	8.0	A0	9	8.11	−0.20	0.96
C0447+436	NGC 1664	4 50.8	+43 42	18	1100		7.2	A0	10	8.38		0.72
C0504+369	NGC 1778	5 07.8	+37 03	6	1500	III 2 p	8.5			8.11		0.93
C0509+166	NGC 1817	5 11.9	+16 41	15	1800	IV 2 r	7.8		9	8.90	−0.26	0.99
C0518−685	NGC 1901	5 17.8	−68 27	40	420	III 3 m				8.92		0.15

* Magnitude of brightest cluster member

IAU Desig.	Name	R.A.	Dec.	Ang. Diam.	Dist.	Trumpler Class	Tot. Mag.	Spec- trum	Mag.*	Log age	Log Fe/H	A_V
		h m	° ′	′	pc							
C0519+333	NGC 1893	5 22.5	+33 24	11	4000	II 3 rn	7.8			7.00		1.62
C0520+295	Berk 19	5 23.9	+29 36	6	4800	II 1 m			15	9.49	−0.50	
C0524+352	NGC 1907	5 27.8	+35 19	6	1300	I 1 mn	10.2		11	8.11	−0.10	1.35
C0525+358	NGC 1912	5 28.4	+35 50	21	1200	II 2 r	6.8	B5	8	8.19	−0.11	0.69
C0532−054	Trapeziu	5 35.2	− 5 23	47	460					7.61		
C0532+341	NGC 1960	5 35.9	+34 08	12	1200	I 3 r	6.5	B3	9	7.61		0.63
C0546+336	King 8	5 49.2	+33 38	7	3400	II 2 m			15	8.26	−0.50	2.49
C0548+217	Berk 21	5 51.5	+21 47	6	3600	I 2			6	7.00		
C0549+325	NGC 2099	5 52.1	+32 33	23	1300	I 2 r	6.2	B9	11	8.30	+0.01	0.96
C0600+104	NGC 2141	6 02.9	+10 26	10	4200	I 2 r	10.8		15	9.60	−0.46	
C0601+240	IC 2157	6 04.7	+24 00	6	1900	II 1 p	9.1		12	7.85		1.65
C0604+241	NGC 2158	6 07.2	+24 06	4	3900		12.1		15	9.27	−0.60	1.23
C0605+139	NGC 2169	6 08.2	+13 58	6	920	III 3 m	7.0	B1		7.46		0.36
C0605+243	NGC 2168	6 08.7	+24 21	28	850	III 3 r	5.6	B4	8	8.07		0.66
C0606+203	NGC 2175	6 09.6	+20 19	18	2700	III 3 rn	6.8		8	7.00		1.14
C0609+054	NGC 2186	6 12.0	+ 5 27	4	1800	II 2 m	9.2		12	8.30		0.90
C0611+128	NGC 2194	6 13.6	+12 48	10	2700	II 2 r	10.0		13	8.57		
C0613−186	NGC 2204	6 15.5	−18 39	12	4300	II 2 r	9.3		13	9.27	−0.58	
C0618−072	NGC 2215	6 20.9	− 7 17	11	980	II 2 m	8.6		11	8.80		0.93
C0624−047	NGC 2232	6 26.4	− 4 45	29	360	III 2 p	4.2			7.61	−0.20	
C0627−312	NGC 2243	6 29.7	−31 17	4	4100	I 2 r	10.5			9.49	−0.55	
C0629+049	NGC 2244	6 32.2	+ 4 52	23	1500	II 3 rn	5.2	O5	7	7.00		1.35
C0632+084	NGC 2251	6 34.5	+ 8 22	10	1600	III 2 m	8.8			8.66		0.69
C0634+094	Trump 5	6 36.6	+ 9 27	7	980	III 1 rn	10.9		17	9.86		2.01
C0638+099	NGC 2264	6 40.9	+ 9 53	20	790	III 3 mn	4.1	O8	5	7.00	−0.15	0.18
C0644−206	NGC 2287	6 46.9	−20 44	38	640	I 3 r	5.0	B5	8	8.30	+0.09	0.03
C0645+411	NGC 2281	6 49.1	+41 04	14	460	I 3 m	7.2	A0	8	8.72	−0.04	0.24
C0649+005	NGC 2301	6 51.6	+ 0 29	12	760	I 3 r	6.3		8	8.11	+0.04	0.12
C0649−070	NGC 2302	6 51.8	− 7 03	2	1100	III 2 m			12	7.89		0.72
C0649+030	Biur 10	6 52.0	+ 2 57	4	6200	I 1 p			15	7.46		
C0652−245	Coll 121	6 54.0	−24 38	50	630	IV 3 p	5.8			7.61		0.03
C0700−082	NGC 2323	7 03.0	− 8 20	16	1000	II 3 r	7.2	B8	9	7.89		0.90
C0701+011	NGC 2324	7 04.0	+ 1 04	7	3200	II 2 r	7.9		12	7.00	−0.13	0.15
C0704−100	NGC 2335	7 06.4	−10 04	12	1000	III 2 mn	9.3		10	8.03	+0.20	1.14
C0705−105	NGC 2343	7 08.1	−10 38	6	870	II 2 pn	7.5		8	7.89	−0.20	0.57
C0706−130	NGC 2345	7 08.2	−13 09	12	1800	II 3 r	8.1		9	7.89		1.74
C0712−256	NGC 2354	7 14.1	−25 44	20	1800	III 2 r	8.9			8.92		0.39
C0712−310	Coll 132	7 14.3	−31 10	95	410	III 3 p	3.8			7.89		
C0712−102	NGC 2353	7 14.4	−10 18	20	1000	III 3 p	5.2	B0	9	7.89		0.27
C0715−155	NGC 2360	7 17.6	−15 37	12	1100	I 3 r	9.1	B8		9.27	−0.13	0.18
C0716−248	NGC 2362	7 18.6	−24 56	8	1600	I 3 r	3.8	O8	8	7.00		0.33
C0717−130	Haff 6	7 20.0	−13 07	4	1100	IV 2 rn			16	9.03		0.00
C0722−321	Coll 140	7 23.8	−32 11	42	380	III 3 m	4.2			7.73	+0.05	0.09
C0721−131	NGC 2374	7 23.9	−13 15	19	1200	IV 2 p	7.3			8.34		
C0722−209	NGC 2384	7 24.9	−21 02	2	3300	IV 3 p	8.2			7.00		0.90

* Magnitude of brightest cluster member

IAU Desig.	Name	R.A.	Dec.	Ang. Diam.	Dist.	Trumpler Class	Tot. Mag.	Spec- trum	Mag.*	Log age	Log Fe/H	A_V
		h m	° '	'	pc							
C0724−476	Mel 66	7 26.2	−47 44	10	2900	II 1 r	10.7			9.69	−0.36	0.48
C0731−153	NGC 2414	7 33.1	−15 26	4	4200	I 3 m	8.2			7.08		1.59
C0734−205	NGC 2421	7 36.1	−20 36	10	1900	I 2 r	9.0		11	7.61		1.35
C0734−143	NGC 2422	7 36.4	−14 29	29	470	I 3 m	4.3	B3	5	7.89		0.21
C0734−137	NGC 2423	7 36.9	−13 51	19	750	II 2 m	7.0			8.60	−0.04	0.36
C0735−119	Mel 71	7 37.4	−12 03	9	2700	II 2 r	9.0			8.57	−0.29	0.03
C0735+216	NGC 2420	7 38.3	+21 35	10	1900	I 1 r	10.0		11	9.47	−0.61	0.00
C0738−334	Boch 15	7 40.0	−33 33	3	3800	IV 2 pn				7.00		
C0738−315	NGC 2439	7 40.7	−31 39	10	3600	II 3 r	7.1	B1	9	7.61		0.72
C0739−147	NGC 2437	7 41.6	−14 49	27	1600	II 2 r	6.6	B9	10	8.50		0.15
C0742−237	NGC 2447	7 44.5	−23 52	22	1100	I 3 r	6.5	B9	9	8.50	0.00	0.15
C0743−378	NGC 2451	7 45.3	−37 58	45	320	II 2 m	3.7		6	7.61	−0.45	0.12
C0745−271	NGC 2453	7 47.6	−27 14	4	2100	I 3 m	9.0			7.00		1.38
C0746−261	Rup 36	7 48.3	−26 17	4	2100	IV 1 m			12	8.30		
C0750−384	NGC 2477	7 52.2	−38 32	27	1200	I 2 r	5.7		12	9.10	+0.04	0.87
C0752−241	NGC 2482	7 54.8	−24 17	12	750	IV 1 m	8.8			8.66	+0.12	0.09
C0754−299	NGC 2489	7 56.1	−30 03	8	1200	I 2 m	9.3		11	8.50		1.02
C0757−607	NGC 2516	7 58.3	−60 52	29	410	I 3 r	3.3	B3	7	7.85	−0.23	0.27
C0757−284	Rup 44	7 58.9	−28 35	4	4200	IV 2 m			12	7.00		2.01
C0757−106	NGC 2506	8 00.0	−10 47	6	3200	I 2 r	8.9		11	9.36	−0.55	0.27
C0803−280	NGC 2527	8 05.1	−28 09	22	570	II 2 m	8.3			8.77	0.00	0.27
C0805−297	NGC 2533	8 06.9	−29 53	3	1300	II 2 r	10.0			7.89		0.75
C0808−126	NGC 2539	8 10.6	−12 49	21	1200	III 2 m	8.0	A0	9	8.66	−0.20	0.30
C0809−491	NGC 2547	8 10.6	−49 15	20	440	I 3 m	5.0		7	7.61	−0.13	0.06
C0810−374	NGC 2546	8 12.3	−37 37	40	990	III 2 m	5.2	B0	7	8.11	+0.30	0.30
C0811−056	NGC 2548	8 13.6	− 5 47	54	630	I 3 r	5.5	A0	8	8.50	+0.10	0.15
C0816−304	NGC 2567	8 18.5	−30 38	10	1600	II 2 m	8.4		11	8.46	+0.20	0.66
C0816−295	NGC 2571	8 18.8	−29 44	13	1200	II 3 m	7.4			7.08	+0.08	0.90
C0837−460	Pisms 6	8 39.2	−46 12	1	1700	II 3 p			9	7.08		1.14
C0837+201	Praesepe	8 39.9	+20 00	95	160	II 3 m	3.9	A0	6	8.92	+0.07	0.06
C0838−528	IC 2391	8 40.1	−53 03	50	150	II 3 m	2.6	B5	4	7.73	−0.04	0.09
C0838−459	Wtrloo 6	8 40.3	−46 08	2	1800	II 3 p				7.61		
C0839−480	IC 2395	8 41.0	−48 11	7	950	II 3 m	4.6	B5		7.00		0.36
C0839−461	Pisms 8	8 41.4	−46 16	2	1500	II 2 p			10	7.61		2.13
C0840−469	NGC 2660	8 42.1	−47 08	4	2900	I 1 r	10.8		13	9.22	+0.06	1.05
C0843−527	NGC 2669	8 44.8	−52 57	12	1000	III 3 m	6.0			7.61		0.54
C0846−423	Trump 10	8 47.7	−42 28	14	420	II 3 m	5.0	B3		7.61	−0.08	0.12
C0847+120	NGC 2682	8 50.2	+11 50	29	790	II 3 r	7.4	B8	9	9.70	−0.10	0.15
C0922−515	Rup 76	9 24.1	−51 43	5	1300	IV 2 p			13	8.30		
C0925−549	Rup 77	9 27.0	−55 06	2	4900	II 1 m			14	7.54		
C0927−534	Rup 78	9 29.1	−53 39	0	3300	II 2 m			15	7.67		
C0939−536	Rup 79	9 40.9	−53 49	11	2400	III 2 p			11	7.54		2.37
C1001−598	NGC 3114	10 02.6	−60 06	35	910		4.5	B9	9	7.89	+0.01	
C1022−575	Wester 2	10 23.8	−57 44	1	5000	IV 1 pn	11.3			7.00		4.86
C1024−576	NGC 3247	10 25.8	−57 55	6	1400	III 2 p	10.3			8.19		0.90

* Magnitude of brightest cluster member

IAU Desig.	Name	R.A.	Dec.	Ang. Diam.	Dist.	Trumpler Class	Tot. Mag.	Spec-trum	Mag.*	Log age	Log Fe / H	A_V
		h m	° ′	′	pc							
C1025−573	IC 2581	10 27.2	−57 37	7	2300	II 2 pn	5.3	B0		7.08		1.23
C1033−579	NGC 3293	10 35.7	−58 12	5	2500		6.2		8	7.00		0.87
C1035−583	NGC 3324	10 37.2	−58 37	5	3100					7.00		1.29
C1036−538	NGC 3330	10 38.5	−54 08	6	1400	III 2 m	8.4			7.89		0.51
C1040−588	Boch 10	10 42.1	−59 08	20	3200	II 3 mn				7.00		
C1041−597	Coll 228	10 42.9	−60 00	14	2300		4.9			7.00		1.44
C1041−641	IC 2602	10 43.1	−64 23	50	150	I 3 r	1.6	B0	3	7.46	−0.20	0.09
C1041−593	Trump 14	10 43.8	−59 33	4	2900		6.8			7.00		1.50
C1042−591	Trump 15	10 44.6	−59 21	3	2000	III 2 pn	9.0			7.00		1.53
C1043−594	Trump 16	10 45.0	−59 42	10	2600		6.7	O5		7.00		1.41
C1045−598	Boch 11	10 47.1	−60 05	21	3600	IV 3 pn				7.00		
C1055−614	Boch 12	10 57.3	−61 43	10	2200	III 3 p				7.61		0.72
C1057−600	NGC 3496	10 59.7	−60 19	9	1000	II 1 r	9.2			8.50		1.47
C1059−595	Pisms 17	11 00.9	−59 48	0	4100				9	7.00		1.47
C1104−584	NGC 3532	11 06.3	−58 39	55	480	II 3 r	3.4	B5	8	8.46		0.12
C1108−599	NGC 3572	11 10.3	−60 13	6	2800	II 3 mn	4.5		7	7.00		1.44
C1108−601	Hogg 10	11 10.6	−60 21	3	2600					7.26		1.32
C1109−600	Coll 240	11 11.1	−60 16	25	2600	III 2 mn				7.00		
C1109−604	Trump 18	11 11.3	−60 39	12	1300	II 3 m	8.2			7.85		0.99
C1110−605	NGC 3590	11 12.8	−60 46	4	2100	I 2 p	6.8			7.54		1.14
C1110−586	Stock 13	11 12.9	−58 54	3	2700	I 3 pn			10	7.00		0.69
C1112−609	NGC 3603	11 14.9	−61 14	2	5200	II 3 mn	9.2			7.00		3.96
C1115−624	IC 2714	11 17.7	−62 41	12	1100	II 2 r	8.2		10	8.30		1.29
C1117−632	Mel 105	11 19.3	−63 29	4	2000	I 2 r	9.4			8.50		1.08
C1123−429	NGC 3680	11 25.5	−43 13	12	790	I 2 m	8.6		10	9.60	−0.07	0.09
C1133−613	NGC 3766	11 36.0	−61 35	12	1800	I 3 r	4.6	B0	8	7.08		0.51
C1134−627	IC 2944	11 36.5	−63 00	14	1900	III 3 mn	2.8	O6		7.00		0.99
C1141−622	Stock 14	11 43.8	−62 28	4	2700	III 3 p			10	7.00		0.75
C1148−554	NGC 3960	11 50.7	−55 41	6	1700	I 2 m	8.8			9.03	−0.30	
C1154−623	Rup 97	11 57.1	−62 38	3	3100	IV 1 p			12	8.72		0.60
C1204−609	NGC 4103	12 06.5	−61 14	6	1500	I 2 m	7.4		10	7.61		0.81
C1221−616	NGC 4349	12 24.3	−61 52	15	860	II 2 m	8.0	B8	11	8.50		0.69
C1222+263	Coma Ber	12 24.9	+26 08	275	80	III 3 r	2.9	A0	5	8.66	−0.03	0.00
C1225−598	NGC 4439	12 28.2	−60 04	4	1400		8.7			7.79		0.93
C1226−604	Harvd 5	12 28.8	−60 44	5	1000		8.8			7.79		
C1232+365	Upgren 1	12 34.9	+36 20	18	140	IV 2 p		F3				0.25
C1239−627	NGC 4609	12 42.1	−62 57	4	1300	II 2 m	4.5		10	7.61		0.87
C1250−600	k Cru	12 53.4	−60 19	10	1500		5.2	B3	7	7.38		0.90
C1315−623	Stock 16	13 18.8	−62 33	3	1900	III 3 pn			10	7.00		1.53
C1317−646	Rup 107	13 20.3	−64 56	5	2000	III 2 p			12	8.11		
C1324−587	NGC 5138	13 27.1	−58 59	7	1400	II 2 m	9.8			7.89		0.78
C1327−606	NGC 5168	13 31.0	−60 55	4	1300	I 2 m	11.5			7.89		1.02
C1328−625	Trump 21	13 32.0	−62 46	4	1100	I 2 p	9.6			7.89		0.60
C1343−626	NGC 5281	13 46.4	−62 53	4	1300	I 3 m	8.2		10	7.61		0.75
C1350−616	NGC 5316	13 53.7	−61 51	13	1100	II 2 r	8.8	B8	11	8.30	+0.01	0.51

* Magnitude of brightest cluster member

IAU Desig.	Name	R.A.	Dec.	Ang. Diam.	Dist.	Trumpler Class	Tot. Mag.	Spec-trum	Mag.*	Log age	Log Fe/H	A_V
		h m	° '	'	pc							
C1404−480	NGC 5460	14 07.4	−48 18	25	770	I 3 m	6.1		9	8.11		0.39
C1420−611	Lynga 2	14 23.8	−61 23	12	1100	II 3 m				7.61		0.54
C1424−594	NGC 5606	14 27.5	−59 37	3	1900	I 3 p	10.0			7.08		1.32
C1426−605	NGC 5617	14 29.5	−60 42	10	1600	I 3 r	8.5	B3	10	7.98	−0.51	1.47
C1427−609	Trump 22	14 30.9	−61 09	6	1600	III 2 m	9.9	B4	12	7.61		1.59
C1431−563	NGC 5662	14 34.9	−56 32	12	620	II 3 r	7.7		10	7.89		
C1440+697	Ursa Maj	14 40.9	+69 35		30				2	8.30		0.00
C1445−543	NGC 5749	14 48.6	−54 31	7	840	II 2 m	8.8			7.89		1.17
C1501−541	NGC 5822	15 04.9	−54 20	39	730	II 2 r	6.5	B9	10	9.08	−0.07	0.39
C1502−554	NGC 5823	15 05.5	−55 35	10	1100	II 2 r	8.6		13	8.80	−0.13	0.78
C1511−588	Pisms 20	15 15.2	−59 03	4	2500					7.00		3.39
C1559−603	NGC 6025	16 03.4	−60 30	12	770	II 3 r	6.0		7	7.85	+0.23	0.48
C1601−517	Lynga 6	16 04.5	−51 55	4	1600					7.46		2.94
C1603−539	NGC 6031	16 07.3	−54 03	2	1600	I 3 p	12.2			8.07		1.23
C1609−540	NGC 6067	16 13.0	−54 12	12	1700	I 3 r	6.5		10	8.11	−0.05	1.05
C1614−577	NGC 6087	16 18.6	−57 54	12	900	II 2 m	6.0	B5	8	7.85		0.36
C1622−405	NGC 6124	16 25.4	−40 39	29	470	I 3 r	6.3	B8	9	8.30		2.07
C1623−261	Antares	16 25.8	−26 13	505		III 3 p	1.0					
C1624−490	NGC 6134	16 27.5	−49 08	6	650		8.8		11	8.50	+0.25	1.29
C1632−455	NGC 6178	16 35.5	−45 38	4	900	III 3 p	7.2			7.08		
C1637−486	NGC 6193	16 41.0	−48 45	14	1300		5.4	O7		7.00		1.50
C1642−469	NGC 6204	16 46.2	−47 01	4	890	I 3 m	8.4	O6		7.73		1.47
C1645−537	NGC 6208	16 49.2	−53 49	15	990	III 2 r	9.5			9.16		0.51
C1650−417	NGC 6231	16 53.8	−41 48	14	1900		3.4	O9	6	7.00		1.35
C1652−394	NGC 6242	16 55.4	−39 29	9	1100		8.2	B5		7.73		1.11
C1653−405	Trump 24	16 56.7	−40 39	60	1900		8.6			7.00		1.08
C1654−447	NGC 6249	16 57.4	−44 46	6	1000	II 2 m	9.3			7.61		
C1654−457	NGC 6250	16 57.7	−45 56	7	1000	II 3 r	8.0			7.38		
C1657−446	NGC 6259	17 00.5	−44 40	10	1900	II 2 r	8.6		11	8.30	+0.29	1.86
C1714−355	Boch 13	17 17.1	−35 33	14	1600	III 3 m				7.08		
C1714−429	NGC 6322	17 18.2	−42 57	10	1200	I 3 m	6.5	B0		7.00		1.53
C1720−499	IC 4651	17 24.4	−49 57	12	730	II 2 r	8.0		10	9.40	−0.16	0.30
C1731−325	NGC 6383	17 34.5	−32 34	4	1300	II 3 mn	5.4			7.54		0.75
C1732−334	Trump 27	17 36.0	−33 29	6	1400	III 3 m	9.1			7.89		4.05
C1733−324	Trump 28	17 36.5	−32 29	7	1400	III 2 mn	9.4			8.30		2.13
C1734−362	Rup 127	17 37.4	−36 16	8	1500	II 2 p			11	7.08		2.97
C1736−321	NGC 6405	17 39.8	−32 12	14	490	II 3 r	4.6	B5	7	7.89	+0.10	0.48
C1741−323	NGC 6416	17 44.1	−32 21	18	770	III 2 m	8.7			8.50		0.93
C1743+057	IC 4665	17 46.1	+ 5 43	40	340	III 2 m	5.3	B4	6	7.89		0.48
C1747−302	NGC 6451	17 50.5	−30 13	7	560	I 2 rn	8.2		12	9.62		0.21
C1750−348	NGC 6475	17 53.7	−34 49	80	240	I 3 r	3.3	B5	7	8.11		0.09
C1753−190	NGC 6494	17 56.6	−19 01	27	640	II 2 r	5.9	B9	10	8.30		0.78
C1758−237	Boch 14	18 01.7	−23 42	2	1100	III 1 pn				7.00		
C1800−279	NGC 6520	18 03.1	−27 54	6	1600	I 2 rn	7.6		9	8.66		0.90
C1801−225	NGC 6531	18 04.4	−22 30	13	1200	I 3 r	7.2	B0	8	7.61		0.87

* Magnitude of brightest cluster member

IAU Desig.	Name	R.A.	Dec.	Ang. Diam.	Dist.	Trumpler Class	Tot. Mag.	Spec-trum	Mag.*	Log age	Log Fe/H	A_V
		h m	° '	'	pc							
C1801−243	NGC 6530	18 04.6	−24 20	14	1500		5.1	O5	6	7.00		0.90
C1804−233	NGC 6546	18 07.0	−23 20	13	1200	II 1 r	8.2			7.08		
C1815−122	NGC 6604	18 17.9	−12 14	2	2100	I 3 mn	7.5			7.00		2.88
C1816−138	NGC 6611	18 18.6	−13 47	6	2800		6.5	O7	11	7.00		2.13
C1817−171	NGC 6613	18 19.7	−17 08	9	1200	II 3 pn	7.5			7.61		1.26
C1825+065	NGC 6633	18 27.6	+ 6 34	27	310	III 2 m	5.6	B6	8	8.80	−0.11	0.51
C1828−192	IC 4725	18 31.4	−19 15	32	710	I 3 m	6.2	B4	8	7.61	−0.06	1.44
C1830−104	NGC 6649	18 33.3	−10 24	5	1600	I 3 m	10.0		13	8.03		3.48
C1834−082	NGC 6664	18 36.5	− 8 14	16	1400	III 2 m	8.5	B3	9	8.11		1.83
C1836+054	IC 4756	18 38.8	+ 5 27	52	390	II 3 r	5.4		8	8.92	+0.04	0.63
C1840−041	Trump 35	18 42.8	− 4 08	9	1800	I 2 m	10.0			7.89		3.42
C1842−094	NGC 6694	18 45.1	− 9 24	14	1500	II 3 m	9.0	B8	11	7.94		2.13
C1848−052	NGC 6704	18 50.7	− 5 13	5	1900	I 2 m	9.3		12	7.54		3.06
C1848−063	NGC 6705	18 50.9	− 6 17	13	1700		6.1	B8	11	8.30	+0.10	1.08
C1850−204	Coll 394	18 53.3	−20 24	22	640		6.3			7.89		
C1851+368	Steph 1	18 53.4	+36 55	20	320	IV 3 p				7.61	−0.10	
C1851−199	NGC 6716	18 54.3	−19 53	6	610	IV 1 p	7.5			8.03	−0.28	0.36
C1905+041	NGC 6755	19 07.6	+ 4 13	14	1700	II 2 r	8.6		11	7.08		3.42
C1906+046	NGC 6756	19 08.5	+ 4 40	4	1500	I 1 m	10.6		13	7.79		4.26
C1919+377	NGC 6791	19 20.6	+37 50	15	4700	I 2 r			15	0.00	+0.04	0.63
C1936+464	NGC 6811	19 38.1	+46 33	12	1100	III 1 r	9.0	A3	11	8.92		0.42
C1939+400	NGC 6819	19 41.2	+40 11	5	2100		9.5	A0	11	9.36	−0.11	1.35
C1941+231	NGC 6823	19 43.0	+23 18	12	2600	I 3 mn		O7		7.00		2.46
C1948+229	NGC 6830	19 50.9	+23 03	12	1700	II 2 p	8.9		10	7.73		1.68
C1950+292	NGC 6834	19 52.1	+29 24	4	2200	II 2 m	9.7		11	7.61		1.77
C1950+182	Harvd 20	19 53.0	+18 19	6	2700	IV 2 p	9.6			8.11		
C2002+438	NGC 6866	20 03.6	+43 59	6	1300	II 2 r	9.1	A2	10	8.75		0.39
C2002+290	Roslnd 4	20 04.8	+29 12	5	2700	II 3 mn				7.08		
C2004+356	NGC 6871	20 05.7	+35 46	20	1700	II 2 pn	5.8	O9		7.08		1.14
C2007+353	Biur 2	20 09.1	+35 28	12	1500	III 2 p			16	7.00		
C2009+263	NGC 6885	20 11.8	+26 28	7	600	III 2 m	5.7	B8	6	9.16	−0.16	0.21
C2014+374	IC 4996	20 16.3	+37 38	5	1600	II 3 pn	7.1	B0	8	7.00		2.07
C2018+385	Berk 86	20 20.3	+38 41	7	1100	IV 2 mn			13	7.61		
C2019+372	Berk 87	20 21.5	+37 21	12	840	III 2 m			13	7.00		
C2021+406	NGC 6910	20 23.0	+40 46	7	1500	I 3 mn	7.3	B0		7.00		2.79
C2022+383	NGC 6913	20 23.8	+38 31	6	1300	II 3 mn	7.5	B0	9	7.00		2.79
C2030+604	NGC 6939	20 31.3	+60 38	7	1200	II 1 r	10.1			9.20	−0.11	1.44
C2032+281	NGC 6940	20 34.4	+28 18	31	810	III 2 r	7.2	A2	11	9.27	+0.04	0.72
C2109+454	NGC 7039	21 11.1	+45 38	25	810	IV 2 m	6.8			7.54		0.36
C2121+461	NGC 7062	21 23.1	+46 22	6	1700	II 2 m	8.3			8.69		1.29
C2122+478	NGC 7067	21 24.1	+48 00	3	3700	II 1 p	8.3			7.61		2.49
C2122+362	NGC 7063	21 24.3	+36 29	7	630	III 1 p	8.9			8.11		0.21
C2127+468	NGC 7082	21 29.3	+47 04	25	1300					7.89	+0.03	0.81
C2130+482	NGC 7092	21 32.1	+48 25	31	290	III 2 m	5.3	A0	7	8.30		0.15
C2144+655	NGC 7142	21 45.8	+65 47	4	3000	I 2 r	10.0		11	9.49	−0.11	0.54

* Magnitude of brightest cluster member

IAU Desig.	Name	R.A.	Dec.	Ang. Diam.	Dist.	Trumpler Class	Tot. Mag.	Spectrum	Mag.*	Log age	Log Fe/H	A_V
		h m	o '	'	pc							
C2151+470	IC 5146	21 53.3	+47 15	9	960	III 2 pn	8.3	B1		8.30		1.98
C2152+623	NGC 7160	21 53.6	+62 35	7	810	I 3 p	6.4	B2		7.61		1.56
C2203+462	NGC 7209	22 05.1	+46 29	25	900	III 1 m	7.8	A0	9	8.50		0.60
C2208+551	NGC 7226	22 10.4	+55 24	1	2100	I 2 m	13.3			8.34		1.77
C2210+570	NGC 7235	22 12.5	+57 16	4	3200	II 3 m	9.2			7.00		2.82
C2213+496	NGC 7243	22 15.1	+49 52	21	760	II 2 m	6.7	B6	8	8.03		0.54
C2213+540	NGC 7245	22 15.1	+54 19	4	1800	II 2 m				8.19		1.77
C2218+578	NGC 7261	22 20.3	+58 04	5	2100	II 3 m	9.8			7.46	−0.46	2.88
C2227+551	Berk 96	22 29.3	+55 23	2	4900	I 2 p			13	7.00		
C2245+578	NGC 7380	22 46.9	+58 05	12	3000	III 2 mn	8.8	O9	10	7.00		1.86
C2306+602	King 19	23 08.2	+60 30	6	1200	III 2 p			12	7.61		2.37
C2309+603	NGC 7510	23 11.4	+60 33	4	3100	II 3 rn	9.3	B2	10			3.18
C2313+602	Mark 50	23 15.1	+60 27	4	3400	III 1 pn				7.00		2.49
C2322+613	NGC 7654	23 24.1	+61 34	12	1600	II 2 r	8.2	B7	11	8.23		1.80
C2350+616	King 12	23 52.8	+61 57	2	2500	II 1 p			10	7.00		
C2354+611	NGC 7788	23 56.5	+61 23	9	2300	I 2 p	9.4	B1		7.89		0.81
C2354+564	NGC 7789	23 56.9	+56 43	15	1800	II 2 r	7.5	B9	10	9.25	−0.10	0.81
C2355+609	NGC 7790	23 58.3	+61 12	17	3000	II 2 m	7.2		10	7.46		1.83

* Magnitude of brightest cluster member

C0001−302 = ζ Scl Cluster	C0700−082 = M50	C1736−321 = M6
C0129+604 = M103	C0716−248 = τ CMa Cluster	C1750−348 = M7
C0215+569 = h Per	C0734−143 = M47	C1753−190 = M23
C0218+568 = χ Per	C0739−147 = M46	C1801−225 = M21
C0238+425 = M34	C0742−237 = M93	C1816−138 = M16
C0344+239 = M45	C0811−056 = M48	C1817−171 = M18
C0525+358 = M38	C0837+201 = M44 = NGC 2632	C1828−192 = M25
C0532+341 = M36	C0838−528 = o Vel Cluster	C1842−094 = M26
C0549+325 = M37	C0847+120 = M67	C1848−063 = M11
C0605+243 = M35	C1041−641 = θ Car Cluster	C2022+383 = M29
C0629+049 = Rosette Cluster	C1043−594 = η Car Cluster	C2130+482 = M39
C0638+099 = S Mon Cluster	C1239−627 = Coal−Sack Cluster	C2322+613 = M52
C0644−206 = M41	C1250−600 = NGC 4755 = the Jewel Box Cluster	

Berk = Berkeley; Biur = Biurakan; Boch = Bochum; Coll = Collinder; Haff= Haffner; Harvd = Harvard; Mark = Markarian; Mel = Melotte; Pisms = Pismis; Roslnd = Roslund; Rup = Ruprecht; Trump = Trumpler; Steph = Stephenson; vdB−H = van den Bergh−Hagen; Wtrloo = Waterloo; Wester = Westerlund

IAU Desig.	Name	Right Ascension	Decli-nation	V	B-V	U-B	V-I	Type	m/H	E(B-V)	(m-M)V	Do	R	Remarks
		h m	° '										kpc	
C0021-723	NGC 104	00 23.9	-72 06	4.04	0.86	0.34	1.42	G4	-0.75	0.04	13.46	4.6	7.8	47 Tuc (X-ray)
C0050-268	NGC 288	00 52.6	-26 37	8.56	0.66	0.11		((F6))	-1.39	0.00	14.70	8.7	12.2	
C0100-711	NGC 362	01 03.1	-70 52	6.42	0.76	0.13	1.31	F9	-1.39	0.04	14.90	8.9	9.8	D 62
C0310-554	NGC 1261	03 12.2	-55 14	8.64	0.70	0.12		F7	-1.17	0.02	15.70	13.4	15.8	
C0325+794	Pal 1	03 32.9	+79 34						-1.01	0.12	18.7	45.8	51.4	
C0344-718	NGC 1466	03 44.6	-71 41						-2.15	0.07	Wb	39.4	38.4	SL 1
C0354-498	AM 1	03 54.9	-49 37						-1.68	0.00	Wb	39.4	38.4	E 1, ESO 201-SC 10
C0422-213	Erid 1	04 24.6	-21 12						-1.22	0.00	Wb	84.7	90.2	
C0435-590	Reticulum	04 36.2	-58 51						-2.01	0.02	Wb	50.4	51.3	ESO 118-G 31
C0444-840	NGC 1841	04 45.7	-84 00						-1.56	0.07	Wb	40.9	38.3	
C0443+313	Pal 2	04 45.9	+31 22		1.5:				-1.68	1.45:	Wb	13.6	22.2	
C0512-400	NGC 1851	05 14.0	-40 03	6.70	0.77	0.14	1.35	F7	-1.25	0.07	15.40	10.8	15.9	D 508, MX 0513-40
C0522-245	NGC 1904	05 24.0	-24 32	7.84	0.60	0.04	1.19	F5	-1.47	0.00	15.65	13.5	19.8	M 79
C0647-359	NGC 2298	06 48.9	-36 00	9.44	0.74	0.22	1.44	F5	-2.06	0.11	15.80	12.2	17.5	
C0734+390	NGC 2419	07 37.9	+38 53	10.80	0.68	0.11	1.20	(F5.5)	-1.98	0.03	19.94	92.9	100.7	
C0737-337	AM 2	07 39.3	-33 50							0.53	Wb	57.7	61.5	ESO 368-SC 07
C0911-646	NGC 2808	09 12.0	-64 51	6.13	0.91	0.27	1.69	F7	-1.47	0.21	15.52	9.2	11.2	
C0921-770	E 3	09 21.0	-77 16						-0.96	0.30	Wb	8.3	9.7	ESO 037-SC 01
C0923-545	UKS 2	09 25.2	-54 42						-0.37	0.74	Wb	9.0	11.9	
C1003+003	Pal 3	10 05.3	+00 05	14.50	0.6:				-1.68	0.03	20.0	95.5	99.0	Sex C
C1015-461	NGC 3201	10 17.5	-46 24	7.10	0.97	0.38	1.64	F6	-1.60	0.28	14.15	4.4	9.1	D 445
C1117-649		11 19.5	-65 12							0.79	Wb	59.5	56.6	ESO 093-SC?08
C1126+292	Pal 4	11 29.1	+29 00	14.50	0.6:				-1.30	0.00	19.85	93.3	96.1	
C1207+188	NGC 4147	12 09.9	+18 34	10.28	0.62	0.06	1.06	F2/3	-1.68	0.02	16.28	17.5	19.9	
C1223-724	NGC 4372	12 25.5	-72 38	8.00	0.87:	0.28:		F5	-1.77	0.45	14.90	4.8	7.3	
C1235-509	Rup 106	12 38.5	-51 08							0.24	Wb	26.7	5.4	
C1236-264	NGC 4590	12 39.3	-26 43	8.25	0.66	0.03	1.18	F2/3	-1.85	0.03	15.01	9.6	10.0	M 68
C1256-706	NGC 4833	12 59.3	-70 51	7.36	0.96	0.31	1.66	F3	-1.98	0.38	14.90	5.4	7.1	
C1310+184	NGC 5024	13 12.7	+18 11	7.71	0.65	0.06	1.11	F6	-1.89	0.05	16.34	17.2	17.9	M 53
C1313+179	NGC 5053	13 16.3	+17 43	9.98	0.63		1.16	((F3))	-2.02	0.03	16.00	15.1	16.0	
C1323-472	NGC 5139	13 26.6	-47 27	3.65	0.79	0.19	1.36	F5	-1.60	0.11	13.92	5.2	6.7	Omega Cen
C1339+286	NGC 5272	13 42.0	+28 24	6.41	0.69	0.10	1.15	F6	-1.30	0.00	15.00	10.0	12.2	M 3
C1343-511	NGC 5286	13 46.2	-51 21	7.48	0.90	0.29	1.51	F5	-1.60	0.27	15.61	8.8	7.2	D 388
C1353-269	AM 4	13 56.2	-27 09						-2.23	0.06	Wb	30.3	25.6	
C1403+287	NGC 5466	14 05.3	+28 33	9.35	0.75		1.05	((F5))	-1.85	0.05	15.96	14.4	15.1	
C1427-057	NGC 5634	14 29.4	-05 58	9.58	0.68	0.13	1.25	F3/4	-1.77	0.07	16.90	21.6	17.6	
C1436-263	NGC 5694	14 39.4	-26 31	10.17	0.72	0.07	1.27	F4	-1.89	0.08	17.60	29.3	23.5	
C1452-820	IC 4499	14 59.7	-82 12	10.70	0.8:				-1.77	0.24	17.12	18.4	15.3	
C1500-328	NGC 5824	15 03.8	-33 03	8.96	0.76	0.15	1.38	F4	-1.98	0.14	17.32	23.5	17.2	
C1513+000	Pal 5	15 15.9	-00 06	11.6:					-1.43	0.02	17.2	26.7	21.7	
C1514-208	NGC 5897	15 17.2	-21 00	8.59	0.75	0.05:	1.28	F7	-1.47	0.06	15.60	12.0	6.9	
C1516+022	NGC 5904	15 18.4	+02 06	6.03	0.71	0.12	1.19	F7	-1.60	0.07	14.51	7.2	6.4	M 5
C1524-505	NGC 5927	15 27.8	-50 40	7.95	1.31	0.83	2.09	G2	-0.67	0.55	16.10	7.2	4.7	
C1531-504	NGC 5946	15 35.2	-50 39	9.11	1.19	0.43		F7/8	-1.34	0.56	16.7	9.3	5.1	
C1535-499	BH 176	15 38.8	-50 02							0.73	Wb	85.7	78.3	
C1542-376	NGC 5986	15 45.8	-37 46	7.53	0.89	0.30	1.61	F5	-1.72	0.27	15.90	10.0	4.5	D 552
C1608+150	Pal 14	16 10.9	+14 58						-1.34	0.03	Wb	75.3	69.9	Arp 1, AvdB
C1614-228	NGC 6093	16 16.8	-22 58	7.31	0.84	0.20	1.44	F6	-2.15	0.21	15.28	8.3	3.0	M 80
C1620-264	NGC 6121	16 23.4	-26 31	5.96	1.04	0.44	1.84	F8	-1.09	0.31	12.90	2.4	6.3	M 4
C1620-720	NGC 6101	16 25.4	-72 12	8.9:	1.0:			F5:	-1.68	0.08	15.70	12.2	8.6	
C1624-259	NGC 6144	16 27.0	-26 01	9.07	0.94		1.42	F5/6	-1.81	0.36	15.6	7.6	2.6	
C1624-387	NGC 6139	16 27.4	-38 51	8.99	1.38	0.68	2.45	F6/7:	-1.60	0.68	17.0	8.9	2.9	
C1625-352	Ter 3	16 28.4	-35 20							0.32	Wb	27.2	19.0	
C1629-129	NGC 6171	16 32.3	-13 03	8.17	1.13	0.52	1.88	G0:	-0.88	0.37	15.03	5.8	3.9	M 107
C1636-283		16 39.2	-28 23						-1.01	0.31	Wb	10.3	2.8	ESO 452-SC 11

IAU Desig.	Name	Right Ascension	Declination	V	$B-V$	$U-B$	$V-I$	Type	m/H	$E_{(B-V)}$	$(m-M)_V$	D_o	R	Remarks
		h m	° ′										kpc	
C1639+365	NGC 6205	16 41.6	+36 28	5.86	0.69	0.06	1.12	(F5.4)	−1.60	0.02	14.35	7.2	8.7	M 13
C1645+476	NGC 6229	16 46.9	+47 32	9.39	0.74	0.09	1.25	(F7.3)	−1.39	0.01	17.2	27.1	26.6	
C1644−018	NGC 6218	16 47.1	−01 57	6.88	0.86	0.20	1.46	F8	−1.89	0.19	14.30	5.4	4.7	M 12
C1650−220	NGC 6235	16 53.2	−22 10	10.23	0.88			F9:	−1.60	0.38	16.6	11.7	4.0	
C1654−040	NGC 6254	16 57.0	−04 06	6.63	0.92	0.24	1.60	F3	−1.51	0.26	14.05	4.4	5.1	M 10
C1656−370	NGC 6256	16 59.3	−37 07						−1.56	0.88:	Wb	9.1	2.0	
C1657−004	Pal 15	16 59.9	−00 33						−1.26	0.12	Wb	69.7	62.3	
C1658−300	NGC 6266	17 01.0	−30 06	6.53	1.14	0.52	2.10	F9	−1.26	0.46	15.38	5.9	2.8	M 62
C1659−262	NGC 6273	17 02.4	−26 16	6.83	1.00	0.35	1.73	F7	−2.40	0.38	16.35	10.5	2.5	M 19
C1701−246	NGC 6284	17 04.3	−24 46	9.03	0.97	0.36	1.72	F9	−1.34	0.27	16.0	10.5	2.6	
C1702−226	NGC 6287	17 04.9	−22 42	9.44	1.26		2.33	F5	−1.72	0.36	15.8	8.4	1.6	
C1707−265	NGC 6293	17 10.0	−26 35	8.39	0.97	0.27	1.68	F3	−1.85	0.34	15.5	7.5	1.5	
C1708−271	TJ 5	17 11.0	−27 11											
C1711−294	NGC 6304	17 14.3	−29 27	8.38	1.32	0.82	2.26	G3	−0.54	0.58	15.50	5.2	3.4	
C1713−280	NGC 6316	17 16.4	−28 08	9.00	1.30	0.57	2.42	G2	−0.62	0.48	16.7	10.6	2.3	
C1715+432	NGC 6341	17 17.0	+43 08	6.50	0.63	0.02	1.10	(F2.8)	−1.89	0.01	14.50	7.8	9.7	M 92
C1714−237	NGC 6325	17 17.8	−23 46	10.73	1.69		2.82	G0	−2.02	0.80	16.70	6.5	2.3	
C1715−262	TJ 15	17 18.3	−26 18											
C1715−277	TJ 16	17 18.3	−27 46											TBJ 2
C1715−278	TJ 17	17 18.5	−27 50						<−0.07					TBJ 1
C1716−184	NGC 6333	17 19.0	−18 31	7.75	0.96	0.30	1.75	F5/6	−1.77	0.36	15.7	8.0	1.8	M 9
C1718−195	NGC 6342	17 21.0	−19 35	10.10	1.36		1.95	G3/4	−0.75	0.49	17.5	15.0	6.9	
C1720−177	NGC 6356	17 23.4	−17 49	8.28	1.14	0.58	1.85	G3	−1.17	0.21	17.07	18.9	10.7	
C1720−263	NGC 6355	17 23.8	−26 21	9.76	1.58		2.36	G0	−1.34	0.76	16.6	6.6	2.0	
C1721−484	NGC 6352	17 25.2	−48 25	8.40	1.03	0.61		G4	−0.07	0.25	14.47	5.4	3.9	
C1724−307	Ter 2	17 27.3	−30 48						−0.54	1.31	Wb	10.0	1.4	HP 3 (X-ray)
C1725−050	NGC 6366	17 27.6	−05 04	10.09	1.60	0.99			−0.71	0.65	15.4	4.5	4.8	
C1727−315	Ter 4	17 30.4	−31 36						−0.29	1.55	Wb	16.1	7.4	HP 4
C1727−299	HP 1	17 30.9	−29 59		2.0:			((G5):)	−1.68	1.41	Wb	9.5	0.9	
C1726−670	NGC 6362	17 31.6	−67 03					G3	−0.71	0.12	14.65	7.1	5.3	D 225
C1728−338	Grindlay 1	17 31.7	−33 50							3.2:	Wb	11.8	3.2	4U/MXB 1728-34
C1730−333	Liller 1	17 33.2	−33 23						−0.29	2.91	Wb	7.9	1.2	(X-ray)
C1731−390	NGC 6380	17 34.2	−39 04						−1.30	1.38	Wb	4.0	5.0	PISMIS 25, TON 1
C1732−304	Ter 1	17 35.6	−30 29						+0.10	1.52	Wb	10.6	1.9	HP 2 (X-ray)
C1733−390	Pismis 26	17 35.9	−38 33							0.91	Wb	8.7	1.5	Ton 2
C1732−447	NGC 6388	17 36.0	−44 44	6.64	1.16	0.62		G2	−0.62	0.32	16.83	14.3	6.5	
C1735−032	NGC 6402	17 37.4	−03 15	7.49	1.24	0.60	2.10	F4	−2.19	0.58	16.90	9.9	4.3	M 14
C1735−238	NGC 6401	17 38.4	−23 54	9.44	1.32		2.52	F9	−1.01	0.79	16.6	6.3	2.3	
C1736−536	NGC 6397	17 40.4	−53 40	5.90	0.76	0.15		F4	−2.02	0.13	12.30	2.4	6.4	D 366
C1740−247		17 43.4	−24 43											ESO 520-SC?20
C1740−262	Pal 6	17 43.5	−26 13	13.6:	3.4:				+0.22	1.80	18.0	2.6	5.9	
C1742+031	NGC 6426	17 44.7	+03 10	11.48	0.99	0.32	1.66	G1::	−1.94	0.40	17.3	15.7	9.6	
C1741−328	TJ 23	17 44.9	−32 46											
C1745−247	Ter 5	17 48.0	−24 47	13.50	4.00		5.90		−0.71	2.14	Wb	7.1	1.8	XB 1745-25
C1746−203	NGC 6440	17 48.7	−20 22	9.39	1.97	0.97	3.23	G4:	−0.54	1.01	16.4	4.1	4.5	MX 1746-20
C1746−370	NGC 6441	17 50.0	−37 03	7.24	1.25	0.79	2.16	G2	−0.07	0.45	16.50	10.1	2.1	3U 1746-37
C1747−312	Ter 6	17 50.5	−31 17							1.46	Wb	12.8	4.0	HP 5
C1748−346	NGC 6453	17 50.6	−34 36	9.77	1.17		2.53	F8	−1.51	0.61	Wb	10.7	2.1	
C1751−241	UKS 1	17 54.2	−24 09						−1.22	3.07	Wb	10.4	1.8	
C1755−442	NGC 6496	17 58.8	−44 16	8.80	1.1:			G4	−0.71	0.07	14.3	6.5	2.8	
C1758−268	Ter 9	18 01.5	−26 51						−0.45	1.71	Wb	7.0	1.9	
C1759−089	NGC 6517	18 01.6	−08 58	10.29	1.81	0.99	3.04	F8	−1.47	1.14	18.1	7.4	3.0	
C1800−260	Ter 10	18 03.1	−26 04							1.71	Wb	14.6	5.9	
C1800−300	NGC 6522	18 03.3	−30 02	8.75	1.20	0.64	1.95	F7/8	−1.56	0.50	15.64	6.3	2.3	
C1801−003	NGC 6535	18 03.7	−00 18	10.62	0.96	0.34		G0	−1.56	0.36	16.1	9.6	4.7	

IAU Desig.	Name	Right Ascension	Declination	V	B-V	U-B	V-I	Type	m/H	$E_{(B-V)}$	$(m-M)_V$	D_o	R	Remarks
		h m	° ′										kpc	
C1801−300	NGC 6528	18 04.6	−30 03	9.67	1.43	0.95	2.28	G3	−0.96	0.63	16.4	7.3	1.3	
C1802−075	NGC 6539	18 04.6	−07 35	9.62	1.91	1.16	2.39	G4::	−1.05	1.22	15.7	2.2	6.5	
C1804−250	NGC 6544	18 07.1	−25 00	8.30	1.46	0.68	2.50	F9:	−2.15	0.63	15.2	4.2	4.3	
C1804−437	NGC 6541	18 07.8	−43 42	6.91	0.76	0.14		F6	−2.02	0.13	14.60	6.8	2.6	D 473
C1806−259	NGC 6553	18 09.0	−25 54	8.13	1.63	1.06	2.89	G4	−0.41	0.79	16.35	5.6	3.0	
C1807−317	NGC 6558	18 10.1	−31 46					F7	−1.51	0.40	16.1	9.0	1.1	
C1808−072	IC 1276	18 10.5	−07 12						−0.84	0.92	18.5	12.4	5.6	Pal 7
C1809−227	Ter 11	18 12.2	−22 45							1.57	Wb	23.7	15.1	
C1810−318	NGC 6569	18 13.4	−31 50	8.76	1.29	0.54	2.12	G1:	−1.01	0.63	16.5	7.7	1.3	
C1814−522	NGC 6584	18 18.3	−52 13	8.87	0.79	0.17		F6	−1.56	0.11	16.4	16.1	9.1	D 376
C1820−303	NGC 6624	18 23.5	−30 22	8.31	1.10	0.57	1.84	G4/5	−0.84	0.25	15.20	7.5	1.5	4U/MXB 1820−30
C1821−249	NGC 6626	18 24.3	−24 52	6.99	1.09	0.45	1.82	F8	−1.81	0.33	14.9	5.8	3.0	M 28
C1827−255	NGC 6638	18 30.7	−25 30	9.03	1.12	0.54	1.92	G0	−0.92	0.36	16.8	13.3	5.2	
C1828−323	NGC 6637	18 31.1	−32 21	7.79	1.02	0.48	1.68	G2/3	−0.92	0.17	15.7	10.4	2.6	M 69
C1828−235	NGC 6642	18 31.7	−23 29	8.80	1.12	0.47	1.86	F8	−1.30	0.36	14.8	5.3	3.5	
C1832−330	NGC 6652	18 35.5	−33 00	8.93	0.89	0.36	1.44	G3	−0.92	0.11	17.0	21.3	13.0	
C1833−239	NGC 6656	18 36.2	−23 54	5.07	1.00	0.28	1.83	F5	−1.81	0.35	13.55	3.0	5.6	M 22
C1838−198	Pal 8	18 41.3	−19 50						−0.50	0.30	18.4	30.3	22.3	
C1840−323	NGC 6681	18 43.0	−32 18	8.18	0.72	0.14	1.31	F5	−0.92	0.07	15.40	10.8	3.2	M 70
C1850−087	NGC 6712	18 52.9	−08 43	8.13	1.14	0.53	2.00	F5	−1.26	0.35	15.51	7.4	3.7	A 1850−08 (X−ray)
C1851−305	NGC 6715	18 54.8	−30 29	7.61	0.84	0.24	1.44	F7/8	−1.85	0.14	17.11	21.4	13.3	M 54
C1852−227	NGC 6717	18 54.9	−22 42					F6	−2.19	0.18	16.5	15.2	7.5	Pal 9
C1856−367	NGC 6723	18 59.3	−36 38	7.26	0.74	0.26	1.36	F9	−1.09	0.01	14.80	9.0	2.7	D 523
C1902+017	NGC 6749	19 05.0	+01 52	11.07	1.63			((F8))	−0.37	0.96:	Wb	12.8	7.7	
C1906−600	NGC 6752	19 10.5	−59 59	5.76	0.66	0.08		F4/5	−1.64	0.01	13.20	4.3	5.5	D 295
C1908+009	NGC 6760	19 11.0	+01 01	9.08	1.68	0.8:	2.80	G5	−0.84	0.91	15.9	3.8	5.6	
C1914+300	NGC 6779	19 16.4	+30 11	8.21	0.87	0.21	1.48	(F4.6)	−2.32	0.22	15.60	9.4	9.4	M 56
C1914−347	Ter 7	19 17.5	−34 40							0.06	Wb	36.4	28.4	ESO 397−SC14
C1916+184	Pal 10	19 18.0	+18 34							1.20	18.6	8.5	7.5	
C1925−304	Arp 2	19 28.5	−30 22						−1.85	0.11	Wb	28.3	20.4	ESO 460−SC06
C1936−310	NGC 6809	19 39.8	−30 58	6.33	0.69	0.12	1.27	F4	−1.56	0.07	14.00	5.7	4.1	M 55
C1938−341	Ter 8	19 41.5	−34 01							0.12	Wb	48.2	40.4	
C1942−081	Pal 11	19 45.1	−08 02						−0.92	0.15	17.6	26.4	20.0	
C1951+186	NGC 6838	19 53.6	+18 46	8.28	1.12	0.53	1.81	G1	−0.45	0.28	13.90	3.9	7.2	M 71
C2003−220	NGC 6864	20 05.9	−21 56	8.52	0.86	0.28	1.52	F9	−1.68	0.17	16.85	18.1	11.8	M 75
C2031+072	NGC 6934	20 34.0	+07 24	9.03	0.77	0.20	1.24	F7/8	−1.30	0.12	16.22	14.6	11.9	
C2050−127	NGC 6981	20 53.3	−12 33	9.35	0.74	0.11	1.28	F7	−1.56	0.03	16.29	17.3	13.0	M 72
C2059+160	NGC 7006	21 01.3	+16 10	10.67	0.74	0.15	1.22	F6	−1.72	0.13	18.12	34.5	31.9	
C2127+119	NGC 7078	21 29.8	+12 09	6.48	0.68	0.06	1.18	F3/4	−2.06	0.07	15.26	10.1	1.5	M 15, 3U 2131+11
C2130−010	NGC 7089	21 33.3	−00 50	6.50	0.68	0.08	1.17	F4	−1.81	0.06	15.45	11.2	10.3	M 2
C2137−234	NGC 7099	21 40.2	−23 12	7.56	0.60	0.04	1.10	F3	−2.19	0.01	14.60	8.2	7.4	M 30
C2139−472		21 42.5	−47 02											ESO 287−?53
C2143−214	Pal 12	21 46.5	−21 16						−1.13	0.02	19.0	61.2	56.7	
C2304+124	Pal 13	23 06.6	+12 45	14.50	0.7:			((F6))	−0.96	0.05	17.10	24.4	25.5	
C2305−159	NGC 7492	23 08.3	−15 38	11.48	0.40	0.22		((F5))	−1.81	0.00	16.70	21.9	21.3	
C2346−732	AM 3	23 48.8	−72 57											

IAU Desig.	Name	Right Ascension J2000.0	Declination J2000.0	ID	m_v	Z	S 5GHz	Code
		h m s	° ′ ″				Jy	
0003−066		0 06 13.895	− 6 23 35.34	G	19.7		1.5	
0008−264		0 11 01.247	−26 12 33.38	Q	19.0			
0016+731		0 19 45.789	+73 27 30.07	Q	18.0		1.7	
0019−000	4C+00.02	0 22 25.428	+ 0 14 56.14	G	21.1		1.1	
0022−423		0 24 42.993	−42 02 03.58	?	22.0		1.5	
0026+346	OB 343	0 29 14.242	+34 56 32.22	G	20.2		1.2	
0056−001	4C−00.06	0 59 05.514	+ 0 06 51.66	Q	17.7	0.717	1.4	
0104−408		1 06 45.108	−40 34 19.96	Q	18.1			
0106+013	4C 01.02	1 08 38.771	+ 1 35 00.32	Q	18.5	2.107		
0111+021		1 13 43.144	+ 2 22 17.30	G	16.3	0.047		
0112−017	UM 310	1 15 17.095	− 1 27 04.59	Q	17.0	1.365	0.9	
0113−118		1 16 12.522	−11 36 15.44	G	18.5			
0116+319	4C 31.04	1 19 34.998	+32 10 50.04	G	15.7	0.059	1.5	
0119+041	OC 033	1 21 56.860	+ 4 22 24.7	Q	19.5	0.637	1.1	
0133+476	OC 457	1 36 58.595	+47 51 29.10	L	18.0	0.860	2.0	A
0135−247	OC−259	1 37 38.346	−24 30 53.83	Q	16.9	0.831	0.7	
0138−097		1 41 25.832	− 9 28 43.69	L	18.0		1.2	
0146+056	OC 079	1 49 22.374	+ 5 55 53.55	Q?	20.0	2.345	0.9	
0149+218		1 52 18.055	+22 07 07.69	Q	18.0		1.4	
0153+744		1 57 34.976	+74 42 43.26	Q	16.0		1.1	
0202+149	4C 15.05	2 04 50.414	+15 14 11.05	Q	21.9			
0202+319		2 05 04.925	+32 12 30.01	Q	18.0	1.466	1.2	
0202−172		2 04 57.676	−17 01 19.78	Q	18.5	1.740	1.2	
0208−512		2 10 46.199	−51 01 01.94	Q	17.5	1.003		
0212+735		2 17 30.820	+73 49 32.63	L	19.0		2.2	A
0224+671	4C 67.05	2 28 50.052	+67 21 03.03	Q	19.5			
0234+285	CTD20	2 37 52.406	+28 48 08.99	Q	18.5	1.207		A
0235+164	OD 160	2 38 38.930	+16 36 59.28	L	19.0		1.4	A, a
0237−233	PHL 8462	2 40 08.176	−23 09 15.75	Q	17.0	2.224	0.9	A
0256+075	OD 094.7	2 59 27.083	+ 7 47 39.6	Q?	18.0		0.8	
0300+470	4C 47.08	3 03 35.242	+47 16 16.28	L	18.0			A
0316+413	3C84	3 19 48.160	+41 30 42.11	G	15.1			A
0319+121	OE 131	3 21 53.104	+12 21 14.00	Q	19.0		1.1	
0332−403		3 34 13.654	−40 08 25.39	Q	18.5	1.445	1.5	A
0333+321	NRAO 140	3 36 30.108	+32 18 29.35	Q	17.0	1.253	2.4	A
0336−019	CTA26	3 39 30.938	− 1 46 35.80	Q	17.9	0.852	2.6	A
0355+508	NRAO 150	3 59 29.748	+50 57 50.17	EF				
0400+258	OF 200	4 03 05.580	+26 00 01.51	Q	18.0	2.109	1.2	
0402−362		4 03 53.750	−36 05 01.91	Q	16.0	1.417		
0406+121		4 09 22.009	+12 17 39.84	Q	22.0			A
0414−189		4 16 36.546	−18 51 08.3	Q	19.0	1.536	1.3	
0420−014	OF−035	4 23 15.801	− 1 20 33.06	Q	18.0	0.915	3.1	A
0420+417	VR41.04.01	4 23 56.010	+41 50 02.72	Q	19.0			
0428+205	OF 247	4 31 03.755	+20 37 34.25	G	20.0	0.219	2.3	
0434−188		4 37 01.483	−18 44 48.62	Q	20.0			
0438−436		4 40 17.180	−43 33 08.60	Q	19.8	2.852	3.9	
0440−003	NRAO 190	4 42 38.661	− 0 17 43.42	Q	18.5	0.844	1.5	A
0451−282		4 53 14.646	−28 07 37.32	Q	19.0			
0454+844		5 08 42.363	+84 32 04.56	L	16.5		1.6	A
0457+024	OF 097	4 59 52.049	+ 2 29 31.08	Q	18.0	2.370	1.2	

IAU Desig.	Name	Right Ascension J2000.0	Declination J2000.0	ID	m_v	Z	S 5GHz	Code
		h m s	° ′ ″				Jy	
0458–020	4C–02.19	5 01 12.805	– 1 59 13.8	Q	18.4	2.286	1.9	
0500+019		5 03 21.194	+ 2 03 04.55	?	20.0			
0528–250		5 30 07.964	–25 03 29.80	Q	17.0	2.765	0.8	
0528+134	OG 147	5 30 56.417	+13 31 55.15	Q	20.3			A
0529+075	OG 050	5 32 38.997	+ 7 32 43.30	Q	19.0			b
0537–441		5 38 50.361	–44 05 08.94	Q	15.5	0.894		A
0539–057		5 41 38.082	– 5 41 49.50	EF				
0552+398	DA 193	5 55 30.806	+39 48 49.17	Q	18.0	2.365	4.7	A
0605–085		6 07 59.700	– 8 34 49.99	Q	18.0			A, c
0607–157		6 09 40.950	–15 42 40.67	Q	17.0	0.324	2.4	A
0609+607		6 14 23.859	+60 46 21.81	Q	20.0		1.1	
0615+820		6 26 02.917	+82 02 25.64	Q	17.5		1.0	
0637–752		6 35 46.517	–75 16 16.86	Q	15.8	0.651		
0642+449	OH 471	6 46 32.017	+44 51 16.61	Q	19.0	3.400	0.7	
0710+439	OI 417	7 13 38.177	+43 49 17.01	G	19.8		1.6	
0711+356	OI 318	7 14 24.819	+35 34 39.77	Q	19.0	1.620	1.2	
0716+714		7 21 53.448	+71 20 36.44	L	13.2		1.1	
0723–008	OI–039	7 25 50.640	– 0 54 56.54	G	18.0	0.128		A
0727–115		7 30 19.113	–11 41 12.61	EF	(?)		3.0	A
0733–174		7 35 45.814	–17 35 48.39	EF	(?)		1.9	
0735+178	OI 158	7 38 07.394	+17 42 19.00	L	16.5	(0.424)	2.1	A
0736+017	OI 061	7 39 18.032	+ 1 37 04.64	Q	18.0	0.191	2.2	
0738+313	OI 363	7 41 10.704	+31 12 00.22	Q	17.5	0.630	1.6	A
0742+103	DW0742	7 45 33.060	+10 11 12.69	EF			3.6	A
0743–673		7 43 31.518	–67 26 25.96	Q	17.0	1.510		
0748+126	OI 280	7 50 52.046	+12 31 04.83	Q	18.0	0.889	1.5	A
0804+499	OJ 508	8 08 39.665	+49 50 36.55	G	18.4	0.351	1.1	
0814+425	OJ 425	8 18 16.000	+42 22 45.41	Q	18.5		1.6	A
0823+033		8 25 50.338	+ 3 09 24.51	Q	18.0		1.0	A, c
0826–373		8 28 04.785	–37 31 06.19	Q	16.0		1.8	
0827+243	OJ 248	8 30 52.087	+24 10 59.81	Q	17.5	2.046		
0828+493	OJ 448	8 32 23.214	+49 13 21.04	Q	17.5	1.046	1.5	
0831+557	4C 55.16	8 34 54.903	+55 34 21.09	G	18.5	0.242	5.5	d
0833+585		8 37 22.409	+58 25 01.86	Q	18.0	2.101	1.2	
0836+710	4C 71.01	8 41 24.368	+70 53 42.18	Q	16.5		2.5	A
0839+187		8 42 05.095	+18 35 40.98	Q	16.5	0.259	1.0	
0851+202	OJ 287	8 54 48.875	+20 06 30.63	L	14.5	(0.306)	2.8	A
0859–140	OJ–199	9 02 16.832	–14 15 30.90	Q	17.8	1.327	2.1	A
0859+470	OJ 499	9 03 03.991	+46 51 04.13	Q	18.7	1.462		
0906+015	4C 01.24	9 09 10.100	+ 1 21 35.4	Q	17.5	1.012	1.4	
0917+624	OK 630	9 21 36.236	+62 15 52.14	Q	19.5		1.2	
0919–260	OK–232	9 21 29.357	–26 18 43.36	Q	19.0	2.300	2.1	
0923+392	4C 39.25	9 27 03.014	+39 02 20.85	Q	17.8	0.699		A
0941–080		9 43 36.945	– 8 19 30.87	G	19.0		1.0	
0952+179	VR17.09.04	9 54 56.823	+17 43 31.22	Q	18.0	1.472		
0954+658		9 58 47.247	+65 33 54.81	Q	18.0		0.6	
1004+141	OL 108.1	10 07 41.498	+13 56 29.59	Q	18.0	2.707		
1015–314		10 18 09.278	–31 44 14.08	G	21.0		1.3	
1030+415	VR10.41.03	10 33 03.711	+41 16 06.16	Q	18.2	1.120	0.6	
1031+567	OL 553	10 35 07.047	+56 28 46.76	Q	20.3		1.2	

IAU Desig.	Name	Right Ascension J2000.0	Declination J2000.0	ID	m_v	Z	S 5GHz	Code
		h m s	° ′ ″				Jy	
1032–199		10 35 02.156	−20 11 34.35	Q	19.0	2.198	0.9	
1034–293	OL–259	10 37 16.080	−29 34 02.82	L	18.0		1.9	A
1038+064	OL 064.5	10 41 17.162	+ 6 10 16.94	Q	16.5	1.270		
1039+811		10 44 23.086	+80 54 39.45	Q	16.5			c
1040+123	4C 12.37	10 42 44.606	+12 03 31.25	Q	17.3	1.029		
1055+018	4C 01.28	10 58 29.605	+ 1 33 58.81	Q	18.0	0.888		
1104–445		11 07 08.695	−44 49 07.61	Q	18.0	1.598		A
1111+149	OM 118	11 13 58.695	+14 42 26.94	Q	18.0	0.869		
1116+128	4C 12.39	11 18 57.302	+12 34 41.71	Q	19.3	2.118		
1117+146	4C 14.41	11 20 27.803	+14 20 54.95	Q	20.0		1.1	
1123+264	PB2704	11 25 53.712	+26 10 19.97	Q	18.5	2.341		A
1127–145	OM–146	11 30 07.052	−14 49 27.39	Q	16.9	1.187	4.7	A
1128+385		11 30 53.283	+38 15 18.54	Q	19.0			
1130+009		11 33 20.056	+ 0 40 52.83	Q	18.5			
1143–245	OM–272	11 46 08.108	−24 47 32.95	Q	18.5	1.950		c
1144–379		11 47 01.370	−38 12 11.03	Q	16.2			
1145–071		11 47 51.559	− 7 24 41.18	Q	18.5		1.0	
1148–001	4C–00.47	11 50 43.870	− 0 23 54.21	Q	17.6	1.982	1.9	A
1150+812		11 53 12.514	+80 58 29.09	Q	18.6	1.250	1.2	
1155+251		11 58 25.790	+24 50 17.93	G	18.0		0.9	
1213+350	4C 35.28	12 15 55.600	+34 48 15.04	Q	20.0		0.9	
1216+487	ON 428	12 19 06.419	+48 29 56.09	Q	18.5	1.073	1.0	
1219+285	W COM	12 21 31.681	+28 13 58.44	L	15.0			
1222+037	4C 03.23	12 24 52.422	+ 3 30 50.28	Q	19.0	0.957		
1226+023	3C 273	12 29 06.69971*	+ 2 03 08.59	Q	12.86	0.1584	5.8	A
1228+126	3C 274	12 30 49.423	+12 23 28.04	G	9.6	0.004		e
1237–101	ON–162	12 39 43.065	−10 23 28.77	Q	18.2	0.753	1.0	
1243–072	ON–073	12 46 04.235	− 7 30 46.62	Q	18.5	(0.267)	1.4	
1244–255		12 46 46.802	−25 47 49.30	Q	18.0	0.633		
1245–197		12 48 23.900	−19 59 18.66	Q	20.5		2.3	
1252+119	ON 187	12 54 38.253	+11 41 05.83	Q	16.6	0.870	1.0	
1253–055	3C 279	12 56 11.167	− 5 47 21.53	Q	16.8	0.536		
1255–316		12 57 59.071	−31 55 16.90	Q	19.5		1.0	
1302–102	OP–106	13 05 33.016	−10 33 19.6	Q	15.2	0.286	1.0	
1308+326	OP 313	13 10 28.663	+32 20 43.78	L	19.0	0.996	2.5	A
1311+678	4C 67.22	13 13 27.984	+67 35 50.36	EF			0.9	
1313–333	OP–322	13 16 07.986	−33 38 59.18	Q	20.0	2.210		A
1323+321	4C 32.44	13 26 16.512	+31 54 09.40	G	19.0		2.3	A
1328+254	3C 287	13 30 37.691	+25 09 10.85	Q	18.0	1.055	3.2	c
1328+307	3C 286	13 31 08.284	+30 30 32.94	Q	17.0	0.846	7.4	
1334–127		13 37 39.783	−12 57 24.70	Q	18.5		1.9	A
1342+663		13 44 08.679	+66 06 11.64	Q	19.0			
1345+125	4C 12.50	13 47 33.359	+12 17 24.21	G	17.0	0.122	2.7	
1349–439		13 52 56.535	−44 12 40.40	L	18.5	0.053		
1354–152		13 57 11.240	−15 27 28.73	Q	18.5		1.5	
1354+195	4C 19.44	13 57 04.436	+19 19 07.37	Q	16.5	0.720	1.8	A
1404+286	OQ 208	14 07 00.394	+28 27 14.67	G	14.0	0.077	3.0	A
1418+546	OQ 530	14 19 46.598	+54 23 14.78	L	14.5		0.7	A
1430–178	OQ–151	14 32 57.690	−18 01 35.24	Q	19.0	2.331		
1435+638		14 36 45.800	+63 36 37.86	Q	15.0	2.060	0.9	

*Reference for origin of right ascension.

IAU Desig.	Name	Right Ascension J2000.0	Declination J2000.0	ID	m_v	Z	S 5GHz	Code
		h m s	° ' "				Jy	
1442+101	OQ 172	14 45 16.461	+ 9 58 36.05	Q	18.4	3.530	1.1	
1502+106	OR 103	15 04 24.980	+10 29 39.19	Q	18.9	1.833	2.1	A
1504−166		15 07 04.791	−16 52 30.16	Q	18.5	0.876		
1510−089		15 12 50.533	− 9 05 59.84	Q	16.5	0.361		
1511+238	4C 23.41	15 13 40.186	+23 38 35.18	?	20.0		0.8	
1519−273		15 22 37.676	−27 30 10.78	Q	19.0		2.0	A
1546+027	OR 078	15 49 29.435	+ 2 37 01.15	Q	18.0	0.412	1.3	
1547+507		15 49 17.468	+50 38 05.76	Q	18.5		0.7	
1555+001	DW 1555	15 57 51.434	− 0 01 50.42	Q	19.0	1.770	1.2	A, f
1607+268	CTD93	16 09 13.315	+26 41 28.98	Q	19.0		1.7	
1610−771		16 17 49.260	−77 17 18.47	Q	19.0	1.710		
1611+343	DA 406	16 13 41.064	+34 12 47.91	Q	17.5	1.404	2.2	A
1633+382	4C 38.41	16 35 15.493	+38 08 04.50	Q	18.0	1.810	1.9	A
1637+574	OS 562	16 38 13.462	+57 20 23.94	Q	17.0	(0.745)	1.6	
1638+398	NRAO 512	16 40 29.633	+39 46 46.03	L	18.5			A
1641+399	3C 345	16 42 58.810	+39 48 36.99	Q	16.3	0.595		A
1652+398	4C 39.49	16 53 52.227	+39 45 36.45	L	14.0	0.033	1.2	
1656+053	OS 094	16 58 33.447	+ 5 15 16.44	Q	16.5	0.879		
1717+178	OT 129	17 19 13.049	+17 45 06.44	Q	18.5			g
1730−130	NRAO 530	17 33 02.706	−13 04 49.55	Q	18.5	0.902		
1732+389		17 34 20.577	+38 57 51.41	G	19.5		1.3	
1738+476	OT 465	17 39 57.127	+47 37 58.37	Q	17.5			
1739+522	4C 51.37	17 40 36.980	+52 11 43.43	Q	18.5	1.375	1.9	
1741−038		17 43 58.857	− 3 50 04.62	Q	18.5		2.2	A
1748−253		17 51 51.265	−25 23 59.80	Q	18.4		0.5	
1749+701		17 48 32.839	+70 05 50.77	L	16.5	(0.760)	1.2	A
1749+096	OT 081	17 51 32.816	+ 9 39 00.68	L	16.5		1.6	
1751+288		17 53 42.474	+28 48 04.91	Q	20.0		0.8	
1803+784		18 00 45.669	+78 28 04.00	L	16.4		2.5	
1807+698	3C 371	18 06 50.680	+69 49 28.11	G	14.2	0.510		
1821+107		18 24 02.855	+10 44 23.77	Q	16.0	1.036	1.1	A
1908−202		19 11 09.654	−20 06 55.03	?	22.0			
1921−293	OV−236	19 24 51.056	−29 14 30.11	Q	17.0	0.352	6.8	A
1928+738	4C 73.18	19 27 48.490	+73 58 01.55	Q	15.5	0.360	3.0	
1933−400		19 37 16.208	−39 58 00.88	Q	19.0		0.7	A
1934−638		19 39 25.006	−63 42 45.68	G	18.4	0.183		e
1936−155		19 39 26.655	−15 25 43.06	Q	20.5			
1947+079	OV 080	19 50 05.536	+ 8 07 13.93	Q?	21.0		1.2	
1958−179	OV−198	20 00 57.090	−17 48 57.67	Q	18.5	0.650	1.2	A
2007+776		20 05 31.001	+77 52 43.22	L	16.5		1.0	
2008−068		20 11 14.214	− 6 44 03.65	EF				
2021+614	OW 637	20 22 06.681	+61 36 58.82	Q	19.0		2.3	A
2029+121		20 31 54.994	+12 19 41.34	Q	18.5			
2030+547	OW 551	20 31 47.959	+54 55 03.15	?	18.7			
2037+511	3C 418	20 38 37.030	+51 19 12.59	Q	21.0	1.686		
2106−413		21 09 33.184	−41 10 20.48	Q	18.4		2.2	
2113+293		21 15 29.414	+29 33 38.37	Q	19.5		0.8	A
2128+048	3CR 433	21 30 32.874	+ 5 02 17.45	EF			2.1	
2128−123		21 31 35.260	−12 07 04.81	Q	16.0	0.501	2.4	
2131−021	4C−02.81	21 34 10.313	− 1 53 17.28	L	19.0	0.556	1.9	

IAU Desig.	Name	Right Ascension J2000.0	Declination J2000.0	ID	m_v	Z	S 5GHz	Code
		h m s	° ′ ″				Jy	
2134+004	OX 057	21 36 38.586	+ 0 41 54.21	Q	18.0	1.936	10.3	A
2136+141	OX 161	21 39 01.303	+14 23 35.97	Q	18.5	2.427	1.2	
2144+092	OX 074	21 47 10.159	+ 9 29 46.65	Q	18.6	(1.609)	0.7	
2145+067	4C 06.69	21 48 05.459	+ 6 57 38.61	Q	17.5	0.990	2.5	A
2150+173		21 52 24.816	+17 34 37.8	G	21.0		0.7	
2155–152	OX–192	21 58 06.282	–15 01 09.32	L	18.0			
2200+420	BL LAC	22 02 43.291	+42 16 39.98	L	14.0	0.070	2.4	A
2201+315	4C 31.63	22 03 14.968	+31 45 38.29	Q	14.5	0.298		
2203–188	MSH 22–101	22 06 10.413	–18 35 38.77	Q	19.5	0.614	4.1	
2210–257		22 13 02.499	–25 29 30.17	Q	19.5		0.9	
2216–038	4C–03.79	22 18 52.036	– 3 35 36.91	Q	17.0	0.901	3.2	
2227–088		22 29 40.082	– 8 32 54.43	Q	18.0		1.2	
2227–399		22 30 40.276	–39 42 52.02	Q	18.0	0.323	0.6	
2230+114	CTA 102	22 32 36.409	+11 43 50.90	Q	17.3	1.037	3.6	A
2234+282	CTD 135	22 36 22.471	+28 28 57.42	Q	19.0	0.795	1.3	A
2243–123		22 46 18.232	–12 06 51.28	Q	17.0	0.630	2.4	A
2245–328		22 48 38.686	–32 35 52.17	Q	18.6	2.268	1.8	A
2251+158	3C 454.3	22 53 57.748	+16 08 53.56	L	16.1	0.859		A
2253+417	OY 489	22 55 36.708	+42 02 52.54	Q	18.8	1.476		
2254+074	OY 091	22 57 17.304	+ 7 43 12.27	L	16.4		0.5	
2255–282		22 58 05.862	–27 58 23.04	Q	17.0	0.926	1.6	
2318+049	OZ 031	23 20 44.854	+ 5 13 49.94	Q	19.0	0.623	0.8	
2319+272	4C 27.50	23 21 59.859	+27 32 46.42	Q	20.0	1.260	0.8	
2320–035		23 23 31.954	– 3 17 05.02	Q	18.0	1.411		
2326–477		23 29 17.707	–47 30 19.19	Q	17.0	1.299		
2328+107	4C 10.73	23 30 40.849	+11 00 18.68	Q	18.1	1.489	1.1	
2329–162		23 31 38.655	–15 56 56.99	Q	20.0		0.9	
2331–240	OZ–252	23 33 55.275	–23 43 40.74	G	16.5	0.048	1.0	
2337+264		23 40 29.029	+26 41 56.79	Q	20.0		0.8	
2344+092	4C 09.74	23 46 36.839	+ 9 30 45.49	Q	17.5	0.677	1.9	
2345–167	OZ–176	23 48 02.609	–16 31 12.02	Q	18.5	0.600	2.7	A
2351+456	4C 45.51	23 54 21.677	+45 53 04.16	G	19.9		1.2	
2352+495	DA 611	23 55 09.460	+49 50 08.33	G	19.0	0.237		A

Identification: Q=Quasar, G=Galaxy, L=BL Lac object, EF=Empty field, ?=uncertain.
Code: A—source observed by VLA and JPL
    a—nebulous extension
    b—extended HII
    c—optical double
    d—optical multiple
    e—optically diffuse
    f—nebulous (POSS—E)
    g—diffuse (POSS—O)

Source	Right Ascension			Declination			S_{400}	S_{750}	S_{1400}	S_{1665}	S_{2700}	S_{5000}
	h	m	s	°	′	″	Jy	Jy	Jy	Jy	Jy	Jy
3C 48[e]	1	37	41.299	+33	09	35.41	39.4	25.6	15.90	13.90	9.20	5.24
3C 123	4	37	04.4	+29	40	15	119.2	77.7	48.70	42.40	28.50	16.5
3C 147 [e, g]	5	42	36.127	+49	51	07.23	48.2	33.9	22.40	19.80	13.60	7.98
3C 161	6	27	10.0	− 5	53	07	41.2	28.9	19.00	16.80	11.40	6.62
3C 218	9	18	06.0	−12	05	45	134.6	76.0	43.10	36.80	23.70	13.5
3C 227	9	47	46.4	+ 7	25	12	20.3	12.1	7.21	6.25	4.19	2.52
3C 249.1	11	04	11.5	+76	59	01	6.1	4.0	2.48	2.14	1.40	0.77
3C 274[f]	12	30	49.6	+12	23	21	625.0	365.0	214.00	184.00	122.00	71.9
3C 286[e]	13	31	08.284	+30	30	32.94	25.1	19.7	14.80	13.60	10.50	7.30
3C 295	14	11	20.7	+52	12	09	54.1	36.3	22.30	19.20	12.20	6.36
3C 348	16	51	08.3	+ 4	59	26	168.1	86.8	45.00	37.50	22.60	11.8
3C 353	17	20	29.5	− 0	58	52	131.1	88.2	57.30	50.50	35.00	21.2
DR 21	20	39	01.2	+42	19	45	—	—	—	—	—	—
NGC 7027[d]	21	07	01.6	+42	14	10	—	—	1.35	1.65	3.50	5.7

Source	S_{8000}	S_{10700}	S_{15000}	S_{22235}	Spec.	Ident.	Polarization (at 5 GHz)	Angular Size (at 1.4 GHz)
	Jy	Jy	Jy	Jy			%	″
3C 48[e]	3.31	2.46	1.72	1.11	C−	QSS	5	< 1
3C 123	10.60	7.94	5.63	3.71	C−	GAL	2	20
3C 147 [e, g]	5.10	3.80	2.65	1.71	C−	QSS	< 1	< 1
3C 161	4.18	3.09	2.14	—	C−	GAL	5	< 3
3C 218	8.81	6.77	—	—	S	GAL	1	core 25, halo 220
3C 227	1.71	1.34	1.02	0.73	S	GAL	7	180
3C 249.1	0.47	0.34	0.23	—	S	QSS	—	15
3C 274[f]	48.10	37.50	28.10	—	S	GAL	1	halo 400[a]
3C 286[e]	5.38	4.40	3.44	2.55	C−	QSS	11	< 5
3C 295	3.65	2.53	1.61	0.92	C−	GAL	0.1	4
3C 348	7.19	5.30	—	—	S	GAL	8	115[b]
3C 353	14.20	10.90	—	—	C−	GAL	5	150
DR 21	21.60	20.80	20.00	19.00	Th	HII	—	20[c]
NGC 7027[d]	—	6.43	6.16	5.86	Th	PN	< 1	10

a) Halo has steep spectral index, so for $\lambda \leq 6$ cm, more than 90% of the flux is in the core. Spectrum curves positively above 20 GHz.
b) Angular distance between the two components.
c) Angular size at 2 cm, but consists of 5 smaller components.
d) Data up to 5 GHz are the direct measurements, not calculated from fit.
e) Suitable for calibration of interferometers and synthesis telescopes.
f) Virgo A.
g) Indications of time variability above 5 GHz.

Designation Discovery	4U	Right Ascension	Declination	Flux[1]	Mag.[2]	Identified Counterpart	Type
		h m s	° ′ ″				
4U0005+20	0005+20	0 06 08.8	+20 11 02	5	14.0*	Mkn 335	G
Cep XR−1	0022+63	0 25 04	+64 07.3	16		Tycho's SNR	R
		0 29 02.9	+13 14 55		14.8	PG0026+129	Q
3U0026−09	0037−10	0 41 39.8	− 9 18.8	5	15.7	Abell 85	C
2U0022+42	0037+39	0 42 33	+41 15.0	4	4.8	M31=NGC 224	G
		0 48 35.8	+31 56 16		15.5*	Mkn 348	G
		0 53 23.9	+12 40 28		14.3*	I Zw 1	G
		0 59 41.5	+31 48 32		15.0*	Mkn 352	G
		1 03 02	+ 2 20.4		16.0	UMT301	Q
SMC X−1	0115−73	1 16 59.6	−73 27 41	66	13.2	Sanduleak 160	S
		1 21 49.1	− 1 03 31		15.1*	II Zw 1	G
2A0120−591	0106−59	1 23 37.8	−58 49 27	6	13.2	Fairall 9	G
		1 36 12.9	+20 56 23		18.1V	3CR47	Q
		2 14 22.4	− 0 47 06		14.5*	Mkn 590	G
		2 19	+62 38			HB3	R
4U0223+31	0223+31	2 28 02.9	+31 17 49	6	13.9*	NGC 931	G
4U0241+61	0241+61	2 44 40.9	+62 27 14	6	16.4		Q
GX146−15	0253+41	2 54.2	+41 34	9	14.5	NGC 1129	G+C
2U0528+13	0254+13	2 58.8	+13 34		15.6	Abell 401	C
2A0311−227		3 14 03.6	−22 36 28		14.8*V	EF Eri	S
Per XR−1	0316+41	3 19.6	+41 28	86	12.7	NGC 1275	G+C
H0324+28		3 26 22.3	+28 42 15		6.5V	UX Ari	S
4U0336+01	0336+01	3 36 36.5	+ 0 34 35	180	5.7	HR 1099	S
2A0335+096	0344+11	3 37.6	+10 05	3	12.2	Zw0335.1+0956	C
H0349+17		3 50 12	+17 14.8		9.2V	V471 Tau	S
2U0352+30	0352+30	3 55 09.8	+31 02 09	55	6.1V	X Per	S
2U0410+10	0410+10	4 13 13.5	+10 27 41	6	17.4	Abell 478	C
H0405−08		4 15 06.7	− 7 39 29		4.4	40 Eri	S
H0415+38	0407+37?	4 18 07.2	+38 01 05	5	18.0	3C111	G
	0432+05	4 32 59.9	+ 5 20 49	5	14.2	3C120	G
2A0431−136		4 33.5	−13 15		15.3	Abell 496	C
		4 36 12.2	−10 22 59		14.5*	Mkn 618	G
H0457+46		5 00	+46 34			HB 9	R
MX0513−40	0513−40	5 13 59.9	−40 02 58	33	8.1	NGC 1851	A
H0523−00		5 16 00.7	− 0 09 13		14.6*	Akn 120	G
LMC X−2	0520−72	5 20 32.7	−71 57 48	29	17.0		S
		5 25 04	−69 38 40			N132D	R
		5 25 25	−65 59 20			(N49)	R
		5 25 59	−66 05 29			N49	R
2A0526−328		5 29 17.8	−32 49 12		13.5V	TV Col	S
		5 32 03	−71 00 44			N206	R
LMC X−4	0532−66	5 32 49	−66 22 23	7	14.0		S
Tau XR−1	0531+21	5 34 19	+22 00 44	1730	8.4	Crab Nebula	R+P
		5 34 19	−70 33 25			DEM 238	R
		5 35 43	−66 02 15			N63A	R

Designation Discovery	4U	Right Ascension	Declination	Flux[1]	Mag.[2]	Identified Counterpart	Type
		h m s	° ′ ″				
A0538−66		5 35 44.8	−66 50 32		12.8V		S
		5 36 16.8	−70 39 02			DEM 249	R
		5 37 49	−69 10 07			N157B	R
A0535+26	0538+26?	5 38 41.5	+26 18 51	4	9.1	HDE 245770	S
LMC X−3	0538−64	5 38 55.3	−64 05 08	46	16.9		S
		5 40 14.0	−69 19 55			N158A	R
		5 45 52.1	−32 18 28		5.2	m Col	S
		5 47 12	−69 42 28			N135	R
3U0545−32	0543−31	5 50 32.7	−32 16 25	7	16.1	PKS0548−322	G
2S0549−074		5 52 01.3	− 7 27 29		14.0	NGC 2110	G
MX0600+46	0558+46	5 54 38.2	+46 26 24	5	14.5	MCG 8−11−11	G
		6 15 32	+28 34.4		11.3V	KR Aur	S
2U0613+09	0614+09	6 16 55.7	+ 9 08 04	220	18.5V	V1055 Ori	S
2U0601+21	0617+23?	6 17.1	+22 33	6		IC 443	R
A0620−00		6 22 34	− 0 20 37		16.4V	V616 Mon	T
4U0720+55	0720+55	7 21 15	+55 46.7	5	13.6	Abell 576	C
		7 36 39.4	+58 46 49		14.5*	Mkn 9	G
		7 42 21.4	+65 11 12		15.0*	Mkn 78	G
		7 54 53	+22 00.8		8.8V	U Gem	S
		7 55 11.1	+39 11 47		15.5*	Mkn 382	G
	0821−42	8 22 54	−43 01.0	14		Puppis A	R
Vela XR−2	0833−45	8 35 13	−45 09 52	17	20.0	PSR0833−45	R+P
		8 50 40.7	+15 23 02		17.7V	LB8755	Q
Vela XR−1	0900−40	9 01 59	−40 32 27	450	6.7	HD 77581	S
3U0901−09	0900−09	9 08.7	− 9 38	9	15.2	Abell 754	C
		10 31 22.6	+28 48 06		16.6	Ton 524A	G
		10 44 55.5	−59 39 57		6.2V	h Car	S+H
A1044−59	1053−58	10 47	−59 38	5		G287.8−0.5	R
2A1052+606		10 55 30.4	+60 29 18		8.8	SAO 015338	S
		11 03.5	+28 54		15.2	IC 3510	G
A1103+38		11 04 15.7	+38 13 40		13.5*	Mkn 421	G
Cen XR−3	1118−60	11 21 07	−60 36 18	360	13.3V	V779 Cen	S
H1122−59		11 24.3	−59 25			MSH 11−54	R
		11 25 25.0	+54 24 09		16.0*	Mkn 40	G
A1136−37	1136−37	11 38 51.4	−37 43 09	5	12.8*	NGC 3783	G
2U1134−61	1137−65	11 39 19.6	−65 22 42	17	5.2	HD 101379	S
2U1144+19	1143+19	11 44 33	+19 46.2	5	13.5	Abell 1367	G+C
Cen X−5	1145−61	11 47 50	−62 11 14	130	9.2	HD 102567	S
		12 04 31.4	+27 55 22		15.5V	GQ Com	Q
2U1207+39	1206+39	12 10 21	+39 25.4	8	11.2*	NGC 4151	G
H1209−52		12 12.0	−52 58			PKS1209−52	R
		12 18 15.8	+29 49 58		14.0*	Mkn 766	G
		12 21 35.0	+75 19 47		14.5	Mkn 205	Q
		12 24 53	+12 54.4		9.3	M84=NGC 4374	G
		12 25.7	+12 41		12.7*	NGC 4388	G

Designation Discovery	4U	Right Ascension	Declination	Flux[1]	Mag.[2]	Identified Counterpart	Type
		h m s	o ′ ″				
		12 26 01	+12 58.0		9.7	M86=NGC 4406	G
GX301−2	1223−62	12 26 25	−62 45 03	73	10.0V	BP Cru	S
		12 27.0	+ 9 27		12.5	NGC 4424	G
		12 27 35	+13 01.7		11.3*	NGC 4438	G
		12 28 14.4	+31 29 47		15.9	B2 1225+317	Q
		12 28.9	+14 00		12.0	NGC 4459	G
	1226+02	12 28 55.9	+ 2 04 18	5	13.0	3C273	Q
1E1227.0+1403		12 29 23.1	+13 47 36		17.4		Q
		12 29 38	+13 27.0		11.6*	NGC 4473	G
		12 30.0	+13 40		11.5	NGC 4477	G
Vir XR−1	1228+12	12 30 38	+12 24.7	40	9.2	M87=NGC 4486	G+C
		12 34 05	+11 06		15.2	IC 3510	G
		12 35 25.2	−39 53 24		12.9	NGC 4507	G
4U1240−05	1240−05	12 39.4	− 5 19	4	12.0	NGC 4593	G
2U1247−41	1246−41	12 48.7	−41 17	9	12.4*	NGC 4696	G+C
2U1253−28	1249−28	12 52 13	−29 14 26	8	11.5V	EX Hya	S
Coma XR−1	1257+28	12 59.7	+27 56.4	27	10.7	Coma Cluster	C
GX304−1	1258−61	13 01 04.2	−61 34 59	100	14.7		S
MX1313+29		13 16.2	+29 07		12.5*	HZ 43	S
	1322−42	13 25 16	−43 00.0	15	7.2*	Cen A=NGC 5128	G
4U1326+11	1326+11	13 29.2	+11 46	4	14.2	NGC 5171	G+C
2U1348+24	1348+25	13 48 42.5	+26 36.6	8	16.0	Abell 1795	C
2A1347−300		13 49 07.3	−30 17 34		12.8*	IC 4329A	G+C
		13 53 09.6	+63 46 47		14.8	PG1351+640	Q
		14 11 32.9	+52 13 08		20.5	3C295	C
TWX−1	1410−03	14 13.1	− 3 11	3	13.6*	NGC 5506	G
2A1415+255	1414+25	14 17 50.2	+25 09 08	6	13.1*	NGC 5548	G
		14 29 29	−62 39.9		12.4V	Proxima Cen	S
		14 34 45.2	+48 40 41		16.5*	Mkn 474	G
Cen XR−4		14 58 09.2	−31 39 17		19.0		T
	1458−41	15 02 08	−41 43.1	4	19.9	SN 1006	R
GX9+50		15 10.8	+ 5 46		16.0	Abell 2029	C
Cir XR−1	1516−56	15 20 24.6	−57 09 15	1300	22.5*V	BR Cir	S
2A1519+082		15 21 41.2	+ 7 43 08		15.5	NGC 5920	G+C
		15 26 36.0	+ 9 59 50		18.0	4C10.43	Q
A1524−61		15 27 59.0	−61 52 15		19.0	Nova TrA 1974	T
		15 35 48.6	+57 54 53		15.0*	Mkn 290	G
2U1537−52	1538−52	15 42 07.6	−52 22 30	33	14.5V	QV Nor	S
		15 54 58.8	+19 12 16		15.0*	Mkn 291	G
		15 55 55	−37 55 30		12.0	The 12	S
3U1555+27	1556+27	15 58.1	+27 14		16.0	Abell 2142	C
3U1551+15	1601+15	16 02 04.4	+16 01 49	6	13.8	Abell 2147	G+C
		16 04 46.2	+23 55 40		15.0	NGC 6051	G+C
MX1608−52	1608−52	16 12 26.8	−52 24 52	73	21.0V	QX Nor	S
H1615−51		16 17 19.7	−51 01 55			RCW 103	R

Designation Discovery	4U	Right Ascension	Declination	Flux[1]	Mag.[2]	Identified Counterpart	Type
		h m s	° ′ ″				
Sco XR−1	1617−15	16 19 43.0	−15 37 53	31000	12.4V	V818 Sco	S
3Ü1639+40	1627+39	16 28.5	+39 32	7	13.9	Abell 2199	C
2U1626−67	1626−67	16 31 55.1	−67 27 14	33	18.5V	KZ TrA	S
2A1630+057		16 32.6	+ 5 35		17.1	Abell 2204	C
2U1637−53	1636−53	16 40 37.6	−53 24 39	460	17.5V	V801 Ara	S
Ara XR−1	1642−45	16 45 35	−45 37	820		G339.6−0.1	H
4U1651+39	1651+39	16 53 45.3	+39 45 57	4	13.5*	Mkn 501	G
Her X−1	1656+35	16 57 43	+35 20 50	180	13.0V	HZ Her	S
		17 00 59.7	+29 24 49		17.0*	Mkn 504	G
GX339−4	1658−48	17 02 33.4	−48 47 04	630	15.4V	V821 Ara	S
2U1700−37	1700−37	17 03 43	−37 50 21	180	6.7	HD 153919	S
2U1706+78	1707+78	17 04 06.3	+78 38.7	7	15.3	Abell 2256	C
H1705−25		17 08 01.7	−25 05 13		21.0*	Nova Oph 1977	T
		17 22 32.6	+24 36 31		16.4V	V396 Her	Q
		17 22 32.2	+30 52 58		15.5*	Mkn 506	G
4U1722−30	1722−30	17 27 19.4	−30 47 58	13	17.0	Terzan 2	A
		17 30.4	−21 28.9		19.0	Kepler's SNR	R
GX9+9	1728−16	17 31 31.9	−16 57 36	470	16.6		S
GX1+4	1728−24	17 31 49.3	−24 44 35	110	18.7V	V2116 Oph	S
MXB1730−335		17 33 11	−33 23 12		17.5	Liller 1	A
GX346−7	1735−44	17 38 42.6	−44 26 52	380	17.5V	V926 Sco	S
MX1746−20		17 48 40.2	−20 21 31		12.0	NGC 6440	A
		17 48 39.2	+68 42 05		16.0*	Mkn 507	G
L10	1746−37	17 49 58.5	−37 03 00	73	8.4*	NGC 6441	A
2U1808+50	1813+50	18 16 08.1	+49 51 58	10	12.3V	AM Her	S
Sgr XR−4	1820−30	18 23 26.9	−30 21 45	580	8.6*	NGC 6624	A
H1832+32		18 34 55.6	+32 41 37		14.7	3C382	G
Ser XR−1	1837+04	18 39 47.1	+ 5 02 05	510	15.1V	MM Ser	S
2U1828+81	1847+78	18 42 24	+79 46 01	5	15.0	3C390.3	G
A1850−08	1850−08	18 52 52.8	− 8 42 38	16	8.9	NGC 6712	A
4U1849−31	1849−31	18 54 50	−31 10.2	7	14.7V	V1223 Sgr	S
2U1907+02	1901+03?	18 55 58	+ 1 18.7	160		Westerhout 44	R
	1907+09	19 09 28.5	+ 9 49 27	36	16.4		S
Aql XR−1	1908+00	19 11 05.4	+ 0 34 45	360	16.0V	V1333 Aql	S
A1909+04	1908+05	19 11 39.2	+ 4 58 37	7	14.2V	SS433	S
2A1914−589	1924−59	19 20 56.3	−58 40 37	4	14.1	ESO 141−G55	G
2U1926+43	1919+44	19 21 07	+43 55.9	7	15.4	Abell 2319	C
		19 33	+31 16			G65.2+5.7	R
H1938+16		19 42 01	+17 05.3		14.7V	UU Sge	S
Cyg XR−1	1956+35	19 58 13.7	+35 11 31	2100	8.9	HDE 226868	S
3U1956+11	1957+11	19 59 14.1	+11 41 55	32	18.7		S
2U1957+40	1957+40	19 59 21	+40 44	7	16.2	Cyg A	C
1E2014.1+3702		20 15 55.7	+37 11 28			G74.9+1.2	R
Cyg X−3	2030+40	20 32 19	+40 56 45	700		V1521 Cyg	S
2A2040−115		20 43 58.3	−10 44 10		13.0*	Mkn 509	G

Designation Discovery	4U	Right Ascension	Declination	Flux[1]	Mag.[2]	Identified Counterpart	Type
		h m s	° ′ ″				
Vul XR–1?	2046+31?	20 51 41	+31 04	3		Cygnus Loop	R
2U2134+11	2129+12	21 29 48.3	+12 09 05	8	6.0	M15=NGC 7078	A
2U2130+47	2129+47	21 31 18.5	+47 16 28	36	16.2V	V1727 Cyg	S
		21 42 35	+43 34.1		8.2V	SS Cyg	S
Cyg XR–2	2142+38	21 44 33	+38 18 20	1000	15.5V	V1341 Cyg	S
2A2151–316		21 58 39.5	–30 14 32		17.0	PKS2155–304	G
H2208–47		22 09.1	–47 11		11.8	NGC 7213	G
		22 17 01.6	+14 13 27		15.5*	Mkn 304	G
2S2251–178		22 53 54.7	–17 36 02		17.0	MR2251–178	Q
GF2259+586		23 00 59.0	+58 51 38		15.0	G109.1–1.0	R+S
2A2259+085	2300+08	23 03 05.1	+ 8 51 20	5	13.0*	NGC 7469	G
		23 03 52.5	+22 36 16		15.0*	Mkn 315	G
2A2302–088	2305–07	23 04 32.6	– 8 42 16	4	13.9	MCG–2–58–22	G
2A2315–428		23 18 12	–42 23.4		11.8	NGC 7582	G
Cas XR–1	2321+58	23 23 16	+58 47	97	19.6	Cas A	R
3U2346+26	2345+27	23 50 51	+27 08.1	4	13.8	Abell 2666	C
4U2351+06	2351+06	23 55 51.2	+ 7 30 13	7	15.5*	Mkn 541	G

[1] (2–6) kev flux, units are 10^{-11} ergs cm^{-2}s^{-1}.

[2] V magnitude unless followed by *, then B magnitude. V designates variable magnitude.

Type Designation: A – Globular Cluster
C – Cluster of Galaxies
G – Galaxy
H – HII Region
P – Pulsar
Q – Quasi–Stellar Object
R – Supernova Remnant
S – Stellar
T – Transient (Nova-like optically).

VARIABLE STARS, J1996.5

ECLIPSING VARIABLES

Name		H.D.	Right Ascension	Declination	Type	Magnitude Max	Magnitude Min	Mag. Type	Epoch (2400000+)	Period	Spectrum
			h m s	° ′						d	
U	Cep	5679	1 01 59	+81 51.4	EA	6.75	9.2	V	44541.603	2.493	B7Ve + G8III–IV
ζ	Phe	6882	1 08 14	−55 15.9	EA	3.92	4.4	V	41643.689	1.669	B6V + B9V
RZ	Cas	17138	2 48 36	+69 37.2	EA	6.18	7.7	V	43200.306	1.195	A3V
β	Per	19356	3 07 57	+40 56.5	EA	2.12	3.4	V	40953.465	2.867	B8V + G5IV + Am
λ	Tau	25204	4 00 29	+12 28.9	EA	3.3	3.8	p	35089.204	3.952	B3V + A4IV
HU	Tau	29365	4 38 04	+20 40.7	EA	5.92	6.7	V	42412.456	2.056	A8V
ε	Aur	31964	5 01 43	+43 49.1	EA	2.92	3.8	V	35629	9892	A8Ia–F2Iaep
AR	Aur	34364	5 18 05	+33 45.8	EA	6.15	6.8	V	38402.183	4.134	ApHgMn + B9V
TZ	Men	39780	5 30 55	−84 47.3	EA	6.2	6.9	p	38196.370	8.569	B9.5IV–V
WW	Aur	46052	6 32 14	+32 27.4	EA	5.79	6.5	V	41399.305	2.525	A3m: + A3m:
R	CMa	57167	7 19 18	−16 23.2	EA	5.70	6.3	V	44289.361	1.135	F1V
V	Pup	65818	7 58 09	−49 14.1	EB	4.7	5.2	p	28648.304	1.454	B1Vp + B3IV:
TY	Pyx	77137	8 59 35	−27 48.1	E	6.87	7.4	V	43187.230	3.198	G5 + G5
CV	Vel	77464	9 00 31	−51 32.5	EA	6.5	7.3	p	42048.668	6.889	B2V + B2V
S	Ant	82610	9 32 09	−28 36.8	EW	6.4	6.9	V	35139.929	0.648	A9Vn
W	UMa	83950	9 43 31	+55 58.1	EW	7.9	8.6	V	41004.397	0.333	dF8p + F8p
δ	Lib	132742	15 00 47	− 8 30.3	EA	4.92	5.9	V	42937.423	2.327	B9.5V
i	Boo	133640	15 03 42	+47 40.0	EW	6.5	7.1	v	39370.422	0.267	G2V + G2V
GG	Lup	135876	15 18 43	−40 46.7	EB	5.4	6.0	p	34532.325	2.164	B5 + A0
R	Ara	149730	16 39 27	−56 59.2	EA	6.0	6.9	p	25818.028	4.425	B9IV–V
V1010	Oph	151676	16 49 16	−15 39.8	EB	6.1	7.0	v	38937.771	0.661	A5V
V861	Sco	152667	16 56 21	−40 49.1	EB	6.07	6.6	V		7.848	B0.5Iae
U	Oph	156247	17 16 21	+ 1 12.9	EA	5.88	6.5	V	36727.424	1.677	B5Vnn + B5V
u	Her	156633	17 17 12	+33 06.3	EB	4.6	5.3	p	44069.386	2.051	B1.5Vp + B5III
V539	Ara	161783	17 50 11	−53 36.7	EA	5.66	6.1	V	39314.342	3.169	B2V + B3V
RS	Sgr	167647	18 17 22	−34 06.5	EA	6.0	6.9	p	20586.387	2.415	B3V + A
β	Lyr	174639	18 49 57	+33 21.5	EB	3.34	4.3	V	45342.39	12.935	B7Ve + A8p
RS	Vul	180939	19 17 31	+22 26.1	EA	6.9	7.6	p	32808.257	4.477	B5V + A2
U	Sge	181182	19 18 39	+19 36.3	EA	6.58	9.1	V	40774.463	3.380	B8III + K:
V505	Sgr	187949	19 52 55	−14 36.7	EA	6.48	7.5	V	40087.336	1.182	A0V + F8IV
EE	Peg	206155	21 39 52	+ 9 10.1	EA	6.9	7.6	v	40286.432	2.628	A3Vm + F4:
VV	Cep	208816	21 56 33	+63 36.6	EA	4.80	5.3	V	43360	7430	M2Ia–Iabep + B8:Ve
AR	Lac	210334	22 08 32	+45 43.5	E	6.11	6.7	V	39376.495	1.983	G2Iv + K0III

See page H74 for Type codes.

PULSATING VARIABLES

Name		H.D.	Right Ascension	Declination	Type	Magnitude Max	Min	Mag. Type	Epoch (2400000+)	Period	Spectrum
			h m s	° ′						d	
S	Scl	1115	0 15 12	−32 03.9	M	5.5	13.6	v	42343	365.32	M3e−M8e
T	Cet	1760	0 21 36	−20 04.7	SRc	5.0	6.9	v	40562	158.9	M5−M6SIIe
R	And	1967	0 23 54	+38 33.5	M	5.8	14.9	v	43135	409.33	S3,5e−S8,8e(M7e)
TV	Psc	2411	0 27 51	+17 52.4	SR	4.65	5:4	V		70	M3IIIv
KK	Per	13136	2 10 01	+56 32.5	Lc	6.6	7.7	V			M1−M3.5 Iab−Ib
o	Cet	14386	2 19 11	− 2 59.4	M	2.0	10.1	v	44839	331.96	M5e−M9e
U	Cet	15971	2 33 34	−13 09.8	M	6.8	13.4	v	42137	234.76	M2e−M6e
R	Tri	16210	2 36 50	+34 14.9	M	5.4	12.6	v	42014	266.48	M4IIIe
R	Hor	18242	2 53 44	−49 54.3	M	4.7	14.3	v	41490	403.97	M7IIIe
ρ	Per	19058	3 04 56	+38 49.7	SRb	3.30	4.0	V		50:	M4II
R	Dor	29712	4 36 43	−62 05.0	SRb	4.8	6.6	v		338:	M8IIIq:e
R	Cae	29844	4 40 23	−38 14.6	M	6.7	13.7	v	40645	390.95	M6e
R	Pic	30551	4 46 03	−49 15.1	SRa	6.7	10.0	v	38091	164.2	M1IIe−M4IIe
R	Lep	31996	4 59 27	−14 48.7	M	5.5	11.7	v	40800	432.13	C6IIe
RX	Lep	33664	5 11 13	−11 51.3	Lb	5.0	7.0	v			M6III
β	Dor	37350	5 33 35	−62 29.5	δ Cep	3.46	4.0	V	35206.44	9.842	F4Ia−G4Iab
α	Ori	39801	5 54 59	+ 7 24.4	SRc	0.40	1.3	V		2110	M1−M2 Ia−Iab
U	Ori	39816	5 55 37	+20 10.5	M	4.8	12.6	v	42280	372.40	M6.5IIIe
η	Gem	42995	6 14 40	+22 30.4	SRb	3.2	3.9	v	37725	232.9	M3III
T	Mon	44990	6 25 02	+ 7 05.3	δ Cep	5.59	6.6	V	36137.090	27.020	F7Iab−K1Iab
RT	Aur	45412	6 28 20	+30 29.8	δ Cep	5.00	5.8	V	42361.155	3.728	F4Ib−G1Ib
IS	Gem	49380	6 49 28	+32 36.7	SRd	6.6	7.3	p		47:	K3II
ζ	Gem	52973	7 03 54	+20 34.5	δ Cep	3.66	4.1	V	36791.922	10.150	F7Ib−G3Ib
L₂	Pup	56096	7 13 26	−44 38.3	SRb	2.6	6.2	v	40813	140.42	M5IIIe
AK	Hya	73844	8 39 44	−17 17.4	SRb	6.33	6.9	V		112:	M4III
R	Car	82901	9 32 09	−62 46.5	M	3.9	10.5	v	42000	308.71	M4e−M8e
R	Leo	84748	9 47 22	+11 26.7	M	4.4	11.3	v	41688	312.43	M8IIIe
S	Car	88366	10 09 16	−61 31.9	M	4.5	9.9	v	42112	149.49	K5e−M6e
VY	UMa	92839	10 44 49	+67 25.7	Lb	5.89	6.5	V			C5II
VW	UMa	94902	10 58 47	+70 00.5	SR	6.85	7.7	V		125	M2
U	Car	95109	10 57 40	−59 42.8	δ Cep	5.72	7.0	V	37320.055	38.768	F6−G7Iab
S	Mus	106111	12 12 36	−70 07.9	δ Cep	5.90	6.4	V	35837.992	9.660	F6Ib
RY	UMa	107397	12 20 18	+61 19.8	SRb	6.68	8.5	V	40810	311	M2−M3IIIe
SS	Vir	108105	12 25 03	+ 0 47.3	M	6.0	9.6	v	40653	354.66	Ne(C5,3e)
BO	Mus	109372	12 34 42	−67 44.2	Lb	6.0	6.7	v			Mb
R	Vir	109914	12 38 19	+ 7 00.5	M	6.0	12.1	v	42512	145.64	M4.5IIIe
R	Mus	110311	12 41 52	−69 23.3	δ Cep	5.93	6.7	V	40896.13	7.476	F7Ib
SW	Vir	114961	13 13 53	− 2 47.3	SRb	6.85	7.8	V	40709	150:	M7III
FH	Vir	115322	13 16 14	+ 6 31.4	SRb	6.92	7.4	V	40740	70:	M6III
V	CVn	115898	13 19 19	+45 32.8	SRa	6.52	8.5	V	43929	191.89	M4e−M6eIIIa:
R	Hya	117287	13 29 32	−23 15.8	M	4.5	9.5	v	41676	389.61	M7IIIe
T	Cen	119090	13 41 34	−33 34.8	SRa	5.5	9.0	v	43242	90.44	K0:e−M4II:e
V412	Cen	121518	13 57 14	−57 41.6	Lb	7.1	9.6	B			M3Iab−Ib − M7
θ	Aps	122250	14 05 00	−76 46.7	SRb	6.4	8.6	p		119	M7III
R	Cen	124601	14 16 19	−59 53.9	M	5.3	11.8	v	41942	546.2	M4e−M8IIe

See page H74 for Type codes.

PULSATING VARIABLES

Name		H.D.	Right Ascension	Declination	Type	Magnitude Max	Min	Mag. Type	Epoch (2400000+)	Period	Spectrum
			h m s	° ′						d	
τ^4	Ser	139216	15 36 18	+15 06.7	Lb	7.5	8.9	p			M5IIb–IIIa
R	Ser	141850	15 50 32	+15 08.7	M	5.16	14.4	v	42315	356.41	M7IIIe
AT	Dra	147232	16 17 12	+59 45.8	Lb	6.8	7.5	p			M4IIIa
α	Sco	148478	16 29 11	−26 25.4	SRc	0.88	1.8	V	08600	1733	M1.5Iab–Ib + B4Ve
g	Her	148783	16 28 32	+41 53.4	SRb	5.7	7.2	p		70:	M6III
RS	Sco	152476	16 55 22	−45 05.8	M	6.2	13.0	v	42134	320.06	M5e–M8e
α^1	Her	156014	17 14 29	+14 23.6	SRc	3	4	v			M5Ib–II
VW	Dra	156947	17 16 27	+60 40.4	SRd	6.0	6.5	v		170:	K1.5IIIb
BM	Sco	160371	17 40 44	−32 12.7	SRd	6.8	8.7	p		850:	K2.5Ib
X	Sgr	161592	17 47 20	−27 49.8	δ Cep	4.24	4.8	V	36968.852	7.012	F7II
OP	Her	163990	17 56 42	+45 21.0	Lb	7.7	8.3	p			M5IIb–IIIa
W	Sgr	164975	18 04 48	−29 34.9	δ Cep	4.30	5.0	V	37678.578	7.594	F4–G1Ib
VX	Sgr	165674	18 07 51	−22 13.4	SRc	6.5	12.5	v	36493	732	M4Iae–M9.5
Y	Sgr	168608	18 21 11	−18 51.7	δ Cep	5.40	6.1	V	36230.180	5.773	F8I
T	Lyr	———	18 32 12	+36 59.8	Lb	7.8	9.6	v			R6(C5,3)
X	Oph	172171	18 38 11	+ 8 49.8	M	5.9	9.2	v	41478	334.39	M6IIIe + K1III
XY	Lyr	172380	18 37 59	+39 39.9	Lc	7.3	7.8	p			M4–M5 Ib–II
κ	Pav	174694	18 56 35	−67 14.3	CWa	3.94	4.7	V	40858.53	9.088	F5I–II
R	Lyr	175865	18 55 14	+43 56.4	SRb	3.88	5.0	V	35920	46.0	M5III
FF	Aql	176155	18 58 06	+17 21.4	δ Cep	5.18	5.6	V	41576.428	4.470	F5Ia–F8Ia
MT	Tel	176387	19 01 58	−46 39.3	RRc	8.68	9.2	V	38479.332	0.316	A0
R	Aql	177940	19 06 12	+ 8 13.6	M	5.5	12.0	v	43458	284.2	M5e–M9e
RR	Lyr	182989	19 25 22	+42 46.8	RRab	7.06	8.1	V	42995.405	0.566	A8–F7
UX	Dra	183556	19 21 43	+76 33.2	SRa	5.94	7.1	V		168:	C7,3
χ	Cyg	187796	19 50 26	+32 54.3	M	3.3	14.2	v	42143	406.93	S6,2e–S10,4e
η	Aql	187929	19 52 18	+ 0 59.8	δ Cep	3.48	4.3	V	36084.656	7.176	F6Ib–G4Ib
V449	Cyg	188344	19 53 13	+33 56.4	Lb	7.4	9.0	p			M1–M4
RR	Sgr	188378	19 55 43	−29 12.0	M	5.6	14.0	v	41133	334.58	M5e–M7e
S	Sge	188727	19 55 52	+16 37.5	δ Cep	5.28	6.0	V	36082.168	8.382	F6Ib–G5Ibv
EU	Del	196610	20 37 45	+18 15.3	SRb	5.8	6.9	v	35794	59.5	M6IIIFe
X	Cyg	197572	20 43 16	+35 34.5	δ Cep	5.87	6.8	V	35915.918	16.386	F7Ib–G8Ibv
T	Vul	198726	20 51 19	+28 14.2	δ Cep	5.44	6.0	V	35934.758	4.435	F5Ib–G0Ib
T	Cep	202012	21 09 30	+68 28.7	M	5.2	11.3	v	44177	388.14	M5.5e–M8.8e
W	Cyg	205730	21 35 55	+45 21.5	SRb	6.8	8.9	p	38659.73	126.26	M5IIIae
V460	Cyg	206570	21 41 52	+35 29.6	Lb	5.6	7.0	v			N1(C6,5)
μ	Cep	206936	21 43 24	+58 45.9	SRc	3.43	5.1	V		730	M2Iae
π^1	Gru	212087	22 22 31	−45 57.9	SRb	5.41	6.7	V		150:	S5
δ	Cep	213306	22 29 02	+58 23.8	δ Cep	3.48	4.3	V	36075.445	5.366	F5Ib–G1Ib
ER	Aqr	218074	23 05 14	−22 30.4	Lb	7.14	7.8	V			M3
R	Aqr	222800	23 43 39	−15 18.2	M	5.8	12.4	v	42398	386.96	M5e–M8.5e + P
TX	Psc	223075	23 46 13	+ 3 28.1	Lb	6.9	7.7	p			N0(C6,2)

See page H74 for Type codes.

ERUPTIVE VARIABLES

Name	H.D.	Right Ascension	Declination	Type	Magnitude Max	Magnitude Min	Mag. Type	Epoch (2400000+)	Period	Spectrum
		h m s	° ′						d	
WW Cet	———	0 11 15	−11 30.0	Z Cam	9.3	16.8	p		31.2:	P(UG)
RX And	———	1 04 23	+41 16.9	Z Cam	10.3	14.0	v		14.3:	
KT Per	———	1 36 52	+54 49.6	Z Cam	10.7	15.0	p		12:	
WX Hyi	———	2 09 45	−63 20.0	UG	9.6	14.7	v			
VW Hyi	———	4 09 10	−71 18.2	UG	8.4	14.4	v		27.8:	
SS Aur	———	6 13 06	+47 44.6	UG	10.5	15.0	v		55.8	
IR Gem	———	6 47 26	+28 05.0	UG	10.7	14.5			75:	
U Gem	64511	7 54 53	+22 00.8	UG	8.2	14.9	v		103:	M4.5 + WD
Z Cam	———	8 24 51	+73 07.4	Z Cam	10.2	14.5	v		22:	
SW UMa	———	8 36 27	+53 29.4	UG	10.8	16.0	v		459:	
BZ UMa	———	8 53 39	+59 28.2	UG	10.5	16.0	p		110:	
CU Vel	———	8 58 20	−41 47.2	UG	10.7	15.5	p		150:	
SY Cnc	———	9 00 51	+17 55.1	Z Cam	10.6	13.7	p		27.3	
T Pyx	———	9 04 32	−32 21.7	Nr	6.3	14.0	v	39501	7000:	P
CH UMa	———	10 07 08	+68 31.9	UG	10.7	15.9	p		204:	
T Leo	———	11 38 16	+ 3 23.4	UG	10.0	15.4	p			
BC UMa	———	11 52 09	+56 17.8	UG	10.9	17.5	p			
BV Cen	———	13 31 07	−54 57.4	UG	10.7	13.6	v		149.4:	
Z Aps	———	14 06 37	−71 21.2	Z Cam	10.7	12.7	v		19:	
T CrB	143454	15 59 21	+25 55.8	Nr	2.0	10.8	v	31860	9000:	M3III + P(Q)
U Sco	———	16 22 19	−17 52.2	Nr	8.8	19.0	p	44048	3400:	
AH Her	———	16 44 01	+25 15.4	Z Cam	10.2	14.7	v		19.8:	
RS Oph	162214	17 50 02	− 6 42.5	Nr	5.3	12.3	p	39791		0cp + M2ep
MV Lyr	———	19 07 10	+44 00.8	NL	10.5	14.0	p			
WZ Sge	———	20 07 26	+17 41.7	Nr(E)	7.0	15.5	p	32001	1900:	P(Q)
P Cyg	193237	20 17 39	+38 01.3	S Dor	3.0	6.0	v			B2pe
V Sge	———	20 20 06	+21 05.6	NL	9.5	13.9	v			
AE Aqr	———	20 39 57	− 0 53.1	UG?	10.4	12.0	B			
VY Aqr	———	21 11 58	− 8 50.6	UG	8.0	16.6	p	45667		
SS Cyg	206697	21 42 34	+43 34.2	UG	8.2	12.4	v		50.1:	A1−dGep
RU Peg	———	22 13 53	+12 41.1	UG	9.0	13.1	v		67.8	sdBe + G8IVn

See Page H74 for Type codes.

OTHER VARIABLES

Name		H.D.	Right Ascension	Declination	Type	Magnitude Max	Magnitude Min	Mag. Type	Epoch (2400000+)	Period	Spectrum
			h m s	o '						d	
EG	And	4174	0 44 25	+40 39.6	Z And	7.08	7.8	V			M2IIIep
SU	Tau	247925	5 48 53	+19 04.0	RCB	9.1	16.0	v			G0ep(C1,0)
U	Mon	59693	7 30 37	− 9 46.2	RVb	6.1	8.1	p	37395	92.26	F8e−K0Ib:p
AR	Pup	———	8 02 53	−36 35.2	RVb	8.7	10.9	p		75	cF0−cF8
AI	Vel	69213	8 13 58	−44 33.9	δ Sct	6.4	7.1	v		0.111	A2p−F2p
VZ	Cnc	73857	8 40 41	+ 9 50.3	δ Sct	7.18	7.9	V	41304.364	0.178	A7III−F2III
WY	Vel	81137	9 21 52	−52 32.9	Z And	8.8	10.2	p			M3Ib:ep + B
IW	Car	82085	9 26 48	−63 36.9	RVb	7.9	9.6	p	29401	67.5	F7−F8
RU	Cen	105578	12 09 13	−45 24.3	RV	8.7	10.7	p	28015.51	64.727	A7Ib−G2pe
UW	Cen	———	12 43 05	−54 30.5	RCB	9.1	14.5	v			K
TX	CVn	———	12 44 32	+36 47.0	Z And	9.2	11.8	p			B1−B9Veq + K0III−M4
S	Aps	———	15 09 02	−72 02.7	RCB	9.6	15.2	v			R3
R	CrB	141527	15 48 26	+28 10.1	RCB	5.71	14.8	V			C0,0(F8pep)
AG	Dra	———	16 01 40	+66 48.8	Z And	8.8	11.8	p			Gep
RY	Ara	———	17 20 48	−51 07.0	RV	9.2	12.1	p	30220	143.5	G5−K0
V703	Sco	160589	17 42 03	−32 31.4	δ Sct	7.82	8.5	B	37186.365	0.115	F0−F5
RS	Tel	———	18 18 35	−46 32.9	RCB	9.3	13.0	p			R8
AC	Her	170756	18 30 07	+21 51.8	RVa	7.43	9.7	B	35052	75.461	F2Ibp−K4e
V	CrA	173539	18 47 18	−38 09.6	RCB	8.3	16.5	v			C(r0)
R	Sct	173819	18 47 17	− 5 42.6	RVa	4.45	8.2	V	32078.3	140.05	G0Iae−K0Ibpv
FN	Sgr	———	18 53 41	−19 00.0	Z And	9.0	13.9	p			P
RY	Sgr	180093	19 16 19	−33 31.7	RCB	6.0	15.0	v			G0Ipe(C1,0)
BF	Cyg	———	19 23 45	+29 40.1	Z And	9.3	13.4	p			Bep + M5III
CH	Cyg	182917	19 24 27	+50 14.0	Z And	6.4	8.7	V		97	M7IIIab + B
CI	Cyg	———	19 50 05	+35 40.6	Z And	9.0	11.6	v			
RR	Tel	———	20 03 59	−55 43.9	Z And	6.5	16.5	p			F5ep
RS	Gru	206379	21 42 51	−48 12.3	δ Sct	7.93	8.4	V	41599.999	0.147	A6−F0
AG	Peg	207757	21 50 52	+12 36.6	Z And	6.0	9.4	v		830.14	WN6 + M1−M3II−III
Z	And	221650	23 33 29	+48 48.0	Z And	8.0	12.4	p			M2III + B1eq
SX	Phe	223065	23 46 21	−41 35.3	δ Sct	6.78	7.5	V	38636.617	0.054	A2V

TYPE OF VARIATION

E	eclipsing	EA	eclipsing, Algol type
EB	eclipsing, β Lyr type	EW	eclipsing, W UMa type
δ Cep	cepheid, classical type	CWa	cepheid, W Vir type
Lb	slow irregular type	Lc	irregular supergiants of late spectral type
RV	RV Tauri type	RVa	RV Tauri type with constant mean brightness
M	Mira, long period variable	RVb	RV Tauri type with varying mean brightness
Nr	recurrent novae	δ Sct	δ Sct type, pulsating stars of spectral class A and F
Nr(E)	recurrent novae and eclipsing variable	NL	nova like stars
UG	U Gem, SS Cyg type, outbursts	Z Cam	Z Cam type, UG type variations with standstills
SR	semi-regular	Z And	Z And type (symbiotic stars)

SRa	semi-regular, late spectral class, strong periodicities
SRb	semi-regular, late spectral class, weak periodicities
SRc	semi-regular, late spectral class, disk component stars
SRd	semi-regular, spectrum F, G, or K
RRab	RR Lyr with sharp asymmetric light curves
RRc	RR Lyr with symmetric sinusoidal light curves
RCB	R CrB type, high luminosity stars with non-periodic drops in brightness
S Dor	high luminosity stars of spectral classes Bpeq-Fpeq, irregular variations

TYPE OF MAGNITUDE

p	photographic magnitudes	V	photoelectric visual magnitudes
v	visual magnitudes	B	photoelectric blue magnitudes

Name	Right Ascension	Declination	Flux 6 cm	Flux 11 cm	V	B−V	z	M(abs)	Code
	h m s	° ′ ″	Jy	Jy					
UM 18	0 05 09.5	+ 5 23 00	0.257	0.17	16.00		1.890	−30.3	R
S5 0014+81	0 16 55.4	+81 33 59	0.551	0.61	16.50		3.410	−30.8	R
PG 0026+12	0 29 02.8	+13 14 55	0.002		14.78	0.26	0.142	−24.8	O
UM 281	0 50 51.7	− 1 03 52			16.00		1.870	−30.2	
PG 0052+251	0 54 40.8	+25 24 31			15.42		0.155		
DHM0054−284	0 56 15.1	−27 44 54			19.55		3.610	−28.1	
UM 294	0 58 13.9	+ 0 40 06			16.00		1.920	−30.3	
PHL 957	1 03 0 .3	+13 15 10			16.57	0.40	2.690	−30.5	O
PKS 0106+01	1 08 27.9	+ 1 33 53	3.730	2.04	18.39	0.15	2.107	−28.2	O
UM 100	1 22 45.3	+ 2 56 27			18.00		3.272	−29.3	
Q 0122−380	1 24 07.9	−37 45 30			16.50		2.190	−30.2	
Q 0130−403	1 32 52.7	−40 07 32			17.02	0.66	3.015	−30.5	
UM 673	1 45 06.8	− 9 46 15			17.00		2.720	−30.2	
UM 141	1 49 07.9	+ 1 56 21			17.00		2.909	−30.5	
UM 148	1 56 25.1	+ 4 44 35			17.00		2.990	−30.6	
UM 154	2 01 48.8	+ 3 49 42		0.01	16.00		2.440	−30.7	
NAB 0205+02	2 07 38.9	+ 2 41 56	0.002		15.41	0.26	0.155		O
Q 0207−398	2 09 19.5	−39 39 50			17.15	0.20	2.805	−30.2	
UM 402	2 09 40.2	+ 0 32 16			16.00		2.840	−31.4	
UM 678	2 51 31.3	−22 01 11			18.40		3.200	−28.8	
UM 679	2 51 38.8	−18 14 55			18.60		3.210	−28.6	
Q 0254−334	2 56 39.4	−33 16 13			16.00		1.849	−30.2	
Q 0347−383	3 49 35.4	−38 11 05			17.30		3.230	−29.9	
Q 0401−350B	4 03 03.5	−34 57 31			19.50		3.250	−27.7	
PKS 0405−12	4 07 38.6	−12 12 09	1.990	2.36	14.57	0.18	0.574	−28.4	O
Q 0420−388	4 22 07.5	−38 45 21	0.107	0.14	16.90		3.120	−30.4	O
PKS 0438−43	4 40 10.5	−43 33 31	7.580	6.17	18.80		2.852	−28.6	O
3C 138.0	5 20 57.7	+16 38 10	4.160	5.99	18.84	0.53	0.759	−24.9	O
PKS0537−441	5 38 44.0	−44 05 16	3.960	3.84	16.48	0.52	0.894	−27.5	O
3C 147.0	5 42 19.8	+49 51 02	8.180	12.98	17.80	0.65	0.545	−25.1	O
B2 0552+39A	5 55 16.1	+39 48 48	4.814	3.53	18.00		2.365	−28.6	O
PKS 0637−75	6 35 53.2	−75 16 07	6.190	4.51	15.75	0.33	0.651	−27.6	O
OH 471	6 46 16.7	+44 51 31	0.778	1.27	18.49	1.08	3.400	−28.8	O
MARK 380	7 19 24.4	+74 28 20			17.00		2.737	−30.2	O
1E0754+3928	7 57 45.8	+39 21 01			14.36	0.38	0.096	−24.5	
PG 0804+761	8 10 32.0	+76 03 19			15.15		0.100	−23.7	
3C 196.0	8 13 21.0	+48 13 41	4.360	7.66	17.79	0.57	0.871	−26.2	O
PG 0844+349	8 47 29.3	+34 45 51			14.00		0.064	−23.9	
0846+51W1	8 49 43.0	+51 09 16	0.258	0.25	15.72	0.56	1.860	−30.5	O
PG 0906+48	9 09 55.8	+48 14 33			16.06	0.40	0.118		O
B2 0923+39	9 26 49.9	+39 03 16	7.570	4.54	17.86	0.06	0.698	−25.7	O
PG 0953+415	9 56 39.7	+41 16 41			14.50		0.239	−26.3	
PKS 1004+13	10 07 14.9	+12 49 58	0.420	0.64	15.15	0.13	0.240		O
TON 34	10 19 43.0	+27 46 58			15.69	0.37	1.924	−30.6	
EX 1059+730	11 02 23.0	+72 47 53			14.70	1.70	0.089	−24.0	
Q 1101−264	11 03 15.1	−26 44 08			16.02	0.06	2.145	−30.6	O
PG 1114+445	11 16 55.1	+44 14 46			16.05		0.144		
PG 1115+080	11 18 06.0	+ 7 47 09			15.80		1.722	−30.2	
PG 1116+215	11 18 57.5	+21 20 27			15.17		0.177		
PKS 1127−14	11 29 56.4	−14 48 17	7.310	6.43	16.90	0.27	1.187	−28.0	O

Code: O=Optical position, R=Radio position with an accuracy better than one arc second.

Name	Right Ascension	Declination	Flux 6 cm	Flux 11 cm	V	B−V	z	M(abs)	Code
	h m s	° ′ ″	Jy	Jy					
PG 1138+040	11 41 05.7	+ 3 48 09			16.05		1.876	−30.2	
Q 1159+124	12 01 22.9	+12 08 28					3.510		
PG 1211+143	12 14 06.8	+14 04 22			14.63		0.085	−23.9	
B2 1225+31	12 28 14.3	+31 29 48	0.330	0.33	15.87	0.28	2.200	−30.7	O
PG 1241+176	12 44 0 .4	+17 22 13			15.38		1.273		
PG 1247+268	12 49 55.4	+26 31 49			15.80		2.038	−30.7	
3C 279	12 56 0 .2	− 5 46 14	5.340	11.96	17.75	0.26	0.536	−25.1	O
PKS1302−102	13 05 22.0	−10 32 12	1.280	1.23	15.23	−0.05	0.286		O
PG 1307+085	13 09 36.4	+ 8 20 56			15.28		0.155		
3C 286.0	13 30 58.6	+30 31 37	7.480	10.26	17.25	0.26	0.846	−26.6	O
Q 1346+001	13 49 06.9	+ 0 02 27					3.268		O
PG 1351+64	13 53 09.5	+63 46 46	0.032		14.84	0.34	0.088	−23.8	O
PKS1402+044	14 04 50.5	+ 4 16 35	0.710	0.58	18.50		3.202	−28.7	O
PG 1404+226	14 06 12.4	+22 24 42			15.82		0.098	−23.1	
PG 1411+442	14 13 40.1	+44 01 12			14.99		0.089	−23.7	
PG 1415+451	14 16 52.4	+44 57 05			15.74		0.114		
PG 1416−129	14 18 52.4	−13 09 47			15.40		0.129		
S4 1435+63	14 36 40.8	+63 37 32	1.240	1.41	15.00		2.060	−31.5	O
PG 1435−067	14 38 05.2	− 6 57 24			15.54		0.129	−23.8	
OQ 172	14 45 06.3	+ 9 59 29	1.150	1.77	17.78	0.80	3.530	−29.7	O
3C 309.1	14 59 06.7	+71 41 09	3.760	5.30	16.78	0.46	0.905	−27.3	O
PG 1519+226	15 21 05.3	+22 28 23			16.09		0.137		
PG 1552+085	15 54 34.3	+ 8 22 57			16.02		0.119		
1601+182	16 03 09.4	+18 09 38					3.280		
TON 256	16 14 04.4	+26 04 47		0.02	15.41	0.65	0.131		O
PKS1614+051	16 16 27.1	+ 5 00 02	0.850	0.67	19.50		3.208	−27.7	R
PKS 1610−77	16 17 19.9	−77 16 47	5.550	3.80	19.00		1.710	−26.9	O
1623.7+268B	16 25 39.6	+26 47 38			16.00		2.518	−30.8	
PG 1626+554	16 27 51.6	+55 22 58			16.17		0.133		
PG 1634+706	16 34 30.5	+70 31 58			14.90		1.334	−30.4	
B2 1633+38	16 35 08.1	+38 08 28	4.080	2.57	18.00		1.814	−28.1	O
MC 1635+119	16 37 36.6	+11 50 14	0.080	0.11	16.57	0.49	0.146		O
3C 345.0	16 42 51.6	+39 49 00	5.650	6.01	15.96	0.29	0.594	−27.1	O
PG 1700+518	17 01 19.9	+51 49 39			15.43		0.292		
3C 351.0	17 04 38.7	+60 44 45	1.210	2.03	15.28	0.13	0.371		O
PG 1718+481	17 19 32.6	+48 04 25			15.33		1.084		
NRAO 530	17 32 50.7	−13 04 41	4.220	4.90	18.50		0.902	−25.6	O
PKS2000−330	20 03 10.6	−32 52 23	1.030	0.62	19.00		3.780	−28.8	O
20 05+40	20 07 37.5	+40 29 11	4.450	4.60	19.00		1.736	−27.0	O
3C 418.0	20 38 30.5	+51 18 28	3.790	4.71	21.00		1.687	−24.9	O
PKS 2126−15	21 29 0 .5	−15 39 37	1.240	1.17	17.30		3.275	−30.0	O
PKS 2145+06	21 47 55.0	+ 6 56 40	4.410	3.46	16.47	0.38	0.990	−27.8	O
PKS 2203−18	22 05 58.8	−18 36 41	4.240	5.25	18.50		0.618	−24.7	
PKS2204−573	22 07 39.4	−57 08 36	0.360	0.43	16.60		2.725	−30.6	
3C 446	22 25 36.2	− 4 58 05	4.070	4.28	18.39	0.44	1.404	−27.1	O
	22 30 20.7	−39 14 14			18.80		3.450	−28.5	
CTA 102	22 32 25.9	+11 42 47	3.650	4.93	17.33	0.42	1.037	−27.2	O
Q 2313−423	23 15 55.8	−42 06 05			19.50		3.360	−27.7	

Code: O=Optical position, R=Radio position with an accuracy better than one arc second.

PSR	Right Ascension	Declination	Period	$\dot{P}$	Epoch	DM	S_{400}
	h m s	° ′ ″	s	10^{-15} ss^{-1}	24	cm^{-3}pc	Jy
0031–07	0 34 08.9	– 7 22 01	0.94295078486	0.40	40690	10.8	25
0136+57	1 39 19.9	+ 58 14 32.0	0.27244563408	10.68	43890	72.2	50
0138+59	1 41 40.0	+ 60 09 29.8	1.22294826723	0.39	41794	34.8	55
0329+54	3 32 59.2	+ 54 34 42.9	0.71451866398	2.04	40621	26.7	1400
0355+54	3 58 53.6	+ 54 13 14.5	0.15638005591	4.38	41593	57.0	60
0450+55	4 54 07.6	+ 55 43 39.5	0.34072820672	2.36	43890	15.6	40
0450–18	4 52 34.4	– 17 59 25.5	0.5489353684	5.74	41536	39.9	55
0525+21	5 28 52.1	+ 22 00 22.8	3.74549702902	40.05	41994	50.9	93
0531+21	5 34 31.9	+ 22 00 52.0	0.03313404075	422.43	41351	56.7	800
0538–75	5 36 30.8	– 75 43 59.3	1.2458554349	0.57	43555	18.3	75
0611+22	6 14 16.2	+ 22 25 10.4	0.33492505401	59.63	42881	96.7	25
0628–28	6 30 49.5	– 28 34 43.8	1.2444170726	7.10	44124	34.3	90
0655+64*	7 00 37.6	+ 64 18 11.0	0.19567094486	0.00	43987	8.7	40
0736–40	7 38 32.4	– 40 42 39.4	0.37491871098	1.61	42554	160.8	190
0740–28	7 42 48.9	– 28 22 52	0.16675244661	16.83	42554	73.7	195
0808–47	8 09 43.9	– 47 53 55.4	0.54719837196	3.08	43556	228.3	46
0809+74	8 14 59.4	+ 74 29 06.7	1.29224132384	0.16	40689	5.7	50
0818–13	8 20 26.3	– 13 50 54.9	1.23812810723	2.10	41006	40.9	90
0818–41	8 20 15.5	– 41 14 36.6	0.5454455279	0.02	43557	111.0	65
0820+02*	8 23 09.7	+ 1 59 12.9	0.86487275	< 0.5	43419	22.2	22
0823+26	8 26 51.2	+ 26 37 25.2	0.53065995906	1.72	42717	19.4	70
0833–45	8 35 20.6	– 45 10 35.8	0.08924726825	124.68	43892	69.0	5000
0834+06	8 37 05.5	+ 6 10 13.7	1.27376417152	6.79	41708	12.8	65
0835–41	8 37 21.1	– 41 35 14.3	0.75162112843	3.54	43557	147.6	197
0919+06	9 22 13.8	+ 6 38 21.6	0.43061431165	13.72	43890	27.2	40
0940–55	9 42 15.6	– 55 52 55.4	0.66436112446	22.73	43555	180.2	55
0950+08	9 53 09.3	+ 7 55 35.7	0.25306506819	0.22	41501	2.9	900
0959–54	10 01 37.9	– 55 07 08.8	1.4365681929	51.66	43558	130.6	80
1054–62	10 56 25.5	– 62 58 47.6	0.42244618669	3.57	43556	323.4	45
1055–52	10 57 58.7	– 52 26 56.5	0.19710760818	5.83	43556	30.1	80
1112+50	11 15 38.3	+ 50 30 13.9	1.65643808033	2.49	41536	9.1	20
1133+16	11 36 03.3	+ 15 51 00.8	1.18791153608	3.73	41665	4.8	340
1154–62	11 57 15.2	– 62 24 50.6	0.40052094651	3.93	43556	325.2	145
1221–63	12 24 22.2	– 64 07 53.7	0.21647481429	4.95	43556	96.9	48
1237+25	12 39 40.5	+ 24 53 49.1	1.38244861210	0.95	40611	9.2	160
1240–64	12 43 17.2	– 64 23 23.4	0.38847933086	4.50	42710	297.4	110
1323–58	13 26 58.3	– 58 59 30.1	0.4779896901	3.21	43556	283.0	120
1323–62	13 27 17.2	– 62 22 43	0.5299062943	18.89	43556	318.4	135
1356–60	13 59 58.2	– 60 38 08.2	0.12750077685	6.33	43556	295.0	105
1426–66	14 30 40.9	– 66 23 04.5	0.78543998083	2.77	43556	65.3	130
1449–64	14 53 32.7	– 64 13 15.0	0.17948389392	2.74	43177	71.0	230
1451–68	14 56 00.2	– 68 43 38.9	0.26337677865	0.09	42554	8.6	350
1508+55	15 09 25.9	+ 55 31 35.2	0.73967789896	5.03	40625	19.5	125
1509–58	15 13 56	– 59 08 08	0.15021718	520.00	45042	235.0	2
1530–53	15 34 08.3	– 53 34 19.1	1.3688805090	1.42	43559	24.8	70
1540–06	15 43 30.1	– 6 20 44.0	0.70906364986	0.88	43890	18.6	50
1541+09	15 43 38.8	+ 9 29 16.9	0.74844817748	0.43	42304	34.9	100

*Member of a binary system

PSR	Right Ascension	Declination	Period	$\dot{P}$	Epoch	DM	S_{400}
	h m s	° ′ ″	s	$10^{-15}\,\text{ss}^{-1}$	24	cm^{-3}pc	Jy
1556–44	15 59 41.5	− 44 38 45.9	0.25705572352	1.01	42554	58.8	110
1558–50	16 02 18.9	− 51 00 04.4	0.8642020784	69.57	43559	169.5	45
1600–49	16 04 23.0	− 49 09 57.3	0.32741728797	1.01	43557	140.8	44
1604–00	16 07 12.1	+ 0 32 40.1	0.42181611020	0.30	42307	10.7	45
1641–45	16 44 49.3	− 45 59 09.2	0.45505464292	20.13	43634	475.0	375
1642–03	16 45 02.0	− 3 17 58.5	0.38768879135	1.78	40622	35.6	300
1706–16	17 09 26.4	− 16 40 57	0.65305047326	6.38	40622	24.8	60
1727–47	17 31 41.9	− 47 44 33.1	0.82972364148	163.67	43494	121.9	190
1737+13	17 40 07.4	+ 3 11 57.6	0.80304971623	1.45	43893	48.4	70
1738–08	17 41 22.5	− 8 40 33	2.0430815106	2.27	43891	74.0	40
1747–46	17 51 42.2	− 46 57 24.0	0.74235203333	1.29	43557	21.7	70
1749 28	17 52 58.6	− 28 06 37.8	0.56255316830	8.15	40128	50.8	1300
1804–08	18 07 38.0	− 8 47 42.8	0.16372736083	0.02	43891	112.8	55
1818–04	18 20 52.6	− 4 27 40	0.59807263930	6.33	40622	84.3	170
1821–19	18 24 00.4	− 19 45 51	0.18933213477	5.23	43557	226.0	52
1831–04	18 34 25.3	− 4 26 35	0.29010815629	0.19	44054	79.0	75
1844–04	18 47 23	− 4 02 12	0.5977390	51.9	42004	141.9	100
1845–01	18 48 24	− 1 24 05	0.65942849	5.2	42005	163.0	60
1857–26	19 00 48	− 26 00 38	0.61220908	0.16	42005	38.1	120
1859+03	19 01 31.8	+ 3 31 06.2	0.65544511516	7.48	42100	402.9	125
1900+01	19 03 29.9	+ 1 35 38.2	0.72930163274	4.03	42346	243.4	60
1907+10	19 09 48.7	+ 11 02 03.3	0.28363867083	2.63	42540	144.0	55
1911–04	19 13 54.1	− 4 40 47.6	0.82593368968	4.06	40624	89.4	120
1913+16*	19 15 28.0	+ 16 06 27.4	0.05902999526	0.00	42321	167.0	6
1914+13	19 16 58.7	+ 13 12 50.7	0.28184027865	3.61	42847	230.0	45
1919+21	19 21 44.8	+ 21 53 01.8	1.33730119226	1.34	40689	12.4	240
1920+21	19 22 53.5	+ 21 10 42.2	1.07791915514	8.18	42547	220.0	45
1929+10	19 32 13.8	+ 10 59 31.4	0.22651715301	1.15	41704	3.1	130
1929+20	19 32 08.1	+ 20 20 45.3	0.26821490434	4.17	43029	210.0	50
1933+16	19 35 47.8	+ 16 16 40.6	0.35873624827	6.00	42265	158.5	260
1937+21	19 39 38.5	+ 21 34 59.1	0.00155780649	0.00	45303	71.2	200
1944+17	19 46 53.0	+ 18 05 41.5	0.44061846173	0.02	41501	16.3	60
1946+35	19 48 25.0	+ 35 40 11.1	0.71730676525	7.05	42221	129.1	120
1952+29	19 54 22.6	+ 29 23 17.9	0.42667678559	0.00	42434	7.9	20
1953+29*	19 55 27.9	+ 29 08 41.9	0.00613317	< 0.04		104.5	15
2016+28	20 18 03.8	+ 28 39 54.2	0.55795340728	0.14	40689	14.1	150
2020+28	20 22 37.0	+ 28 54 23.5	0.34340079150	1.89	41348	24.6	250
2021+51	20 22 49.9	+ 51 54 49	0.52919532782	3.05	40625	22.5	60
2045–16	20 48 35.3	− 16 16 45	1.96156687985	10.96	40695	11.5	130
2111+46	21 13 24.3	+ 46 44 08.4	1.01468444504	0.71	41006	141.5	190
2217+47	22 19 48.1	+ 47 54 53.9	0.53846739454	2.76	40624	43.5	63
2255+58	22 57 57.7	+ 59 09 14.6	0.36824365392	5.75	42629	148.0	60
2303+30	23 05 58.2	+ 31 00 01.6	1.57588474427	2.89	42341	49.9	25
2310+42	23 13 08.5	+ 42 53 12.5	0.34943363975	0.11	43891	17.3	40
2319+60	23 21 55.3	+ 60 24 29.5	2.2564837049	7.03	41535	96.0	70

*Member of a binary system

CONTENTS OF SECTION J

Pages J6–J15 contain as complete a list as possible of observatories that are currently engaged in professional programs of astronomical observations. Entries are in alphabetical order according to geographical location. If only the formal name of an observatory is known, its location can be found in the Index List (pp. J2–J5). In the General List, observatories with radio instruments, infrared instruments or laser instruments are designated with an 'R', 'I' or 'L', respectively, in the Description column. The column labelled Ref. specifies the year in which an observatory appeared in the Instrumentation Lists of the 1981–1984 editions. East longitudes and north latitudes are considered to be positive.

INDEX LIST

INDEX LIST

OBSERVATORIES, 1996

INDEX LIST

INDEX LIST

Location	Name of Observatory*		East Longitude	Latitude	Height (Sea Level)	Ref.
			° ′	° ′	m	
Abastumani/Mt. Kanobili, Georgia	Abastumani Astrophysical Obs.	R	+ 42 49.3	+41 45.3	1583	83
Abu, India	Gurushikhar Infrared Obs.	I	+ 72 46.8	+24 39.1	1700	
Albuquerque, New Mexico	Capilla Peak Obs.		−106 24.3	+34 41.8	2842	82
Alma–Ata, Kazakhstan	Mountain Obs.		+ 76 57.4	+43 11.3	1450	84
Amado/Mt. Hopkins, Arizona	Fred L. Whipple (MMT) Obs.		−110 53.1	+31 41.3	2608	84
Anacapri, Italy	Damecuta Obs.		+ 14 11.8	+40 33.5	137	82
Ankara, Turkey	Univ. of Ankara Obs.	R	+ 32 46.8	+39 50.6	1266	82
Arcetri, Italy	Arcetri Astrophysical Obs.		+ 11 15.3	+43 45.2	184	82
Arecibo, Puerto Rico	Arecibo Obs.	R	− 66 45.2	+18 20.6	496	81
Århus, Denmark	Ole Rømer Obs.		+ 10 11.8	+56 07.7	50	82
Armagh, Northern Ireland	Armagh Obs.		− 6 38.9	+54 21.2	64	82
Arosa, Switzerland	Arosa Astrophysical Obs.		+ 9 40.1	+46 47.0	2050	82
Asiago, Italy	Asiago Astrophysical Obs.		+ 11 31.7	+45 51.7	1045	81
Asiago, Italy	Mount Ekar Obs.		+ 11 34.3	+45 50.6	1350	81
Athens, Greece	National Obs. of Athens		+ 23 43.2	+37 58.4	110	81
Atibaia, Brazil	Itapetinga Radio Obs.	R	− 46 33.5	−23 11.1	806	83
Atlanta, Georgia	Fernbank Obs.		− 84 19.1	+33 46.7	320	81
Auckland, New Zealand	Auckland Obs.		+174 46.7	−36 54.4	80	82
Bagnères–de–Bigorre, France	Pic du Midi Obs.		+ 0 08.7	+42 56.2	2861	82
Bailey/Dick Mtn., Colorado	Chamberlin Obs. Sta.		−105 26.2	+39 25.6	2675	83
Bamberg, Germany	Remeis Obs.		+ 10 53.4	+49 53.1	288	82
Beijing, China	Beijing Normal Univ. Obs.	R	+116 21.6	+39 57.4	70	
Belo Horizonte, Brazil	Piedade Obs.		− 43 30.7	−19 49.3	1746	82
Beloit, Wisconsin	Thompson Obs.		− 89 01.9	+42 30.3	255	82
Bergedorf, Germany	Hamburg Obs.		+ 10 14.5	+53 28.9	45	83
Berlin, Germany	Archenhold Obs.		+ 13 28.7	+52 29.2	41	81
Berlin, Germany	Wilhelm Foerster Obs.		+ 13 21.2	+52 27.5	78	82
Besançon, France	Besançon Obs.		+ 5 59.2	+47 15.0	312	81
Bickley, Australia	Perth Obs.		+116 08.1	−32 00.5	391	83
Big Bear City, California	Big Bear Solar Obs.		−116 54.9	+34 15.2	2067	82
Big Pine, California	Owens Valley Radio Obs.	R	−118 16.9	+37 13.9	1236	81
Binningen, Switzerland	Univ. of Basle Ast. Inst.		+ 7 35.0	+47 32.5	318	82
Björnstorp, Sweden	Lund Obs. Jävan Sta.		+ 13 26.0	+55 37.4	145	82
Blenheim/Black Birch, New Zealand	Carter Obs. Sta.		+173 48.2	−41 44.9	1396	
Blenheim/Black Birch, New Zealand	U.S. Naval Obs. Sta.		+173 48.2	−41 44.7	1366	
Bochum, Germany	Bochum Obs.		+ 7 13.4	+51 27.9	132	82
Bogotá, Colombia	National Ast. Obs.		− 74 04.9	+ 4 35.9	2640	82
Bologna, Italy	San Vittore Obs.		+ 11 20.5	+44 28.1	280	83
Boone, Iowa	Erwin W. Fick Obs.		− 93 56.5	+42 00.3	332	82
Bornova, Turkey	Ege Univ. Obs.		+ 27 16.5	+38 23.9	795	82
Borowiec, Poland	Astronomical Latitude Obs.	L	+ 17 04.5	+52 16.6	80	84
Bosque Alegre, Argentina	Córdoba Obs. Astrophys. Sta.		− 64 32.8	−31 35.9	1250	81
Boulder, Colorado	Sommers–Bausch Obs.		−105 15.8	+40 00.2	1653	82
Bouzaréa, Algeria	Alger Obs.		+ 3 02.1	+36 48.1	345	82
Brannenburg, Germany	Wendelstein Solar Obs.		+ 12 00.8	+47 42.5	1838	82

* 'R' denotes an observatory with radio instruments.
  'I' denotes an observatory with infrared instruments.
  'L' denotes an observatory with laser equipment.

Location	Name of Observatory*	East Longitude	Latitude	Height (Sea Level)	Ref.
		° ′	° ′	m	
Bratislava, Slovakia	Slovak Technical Univ. Obs.	+ 17 07.2	+48 09.3	171	82
Bristol Springs, New York	C.E. Kenneth Mees Obs.	− 77 24.5	+42 42.0	701	82
Brno, Czech Republic	Nicholas Copernicus Obs.	+ 16 35.3	+49 12.3	310	81
Bro, Sweden	Kvistaberg Obs.	+ 17 36.4	+59 30.1	—	81
Bronson, Florida	Rosemary Hill Obs.	− 82 35.2	+29 24.0	44	82
Brooklyn, Indiana	Goethe Link Obs.	− 86 23.7	+39 33.0	300	81
Brorfelde, Denmark	Copenhagen Univ. Obs.	+ 11 40.0	+55 37.5	90	82
Brownsboro, Kentucky	Moore Obs.	− 85 31.8	+38 20.1	216	82
Brussels, Belgium	Ast. and Astrophys. Inst.	+ 4 23.0	+50 48.8	147	81
Bucharest, Romania	Bucharest Ast. Obs.	+ 26 05.8	+44 24.8	81	82
Budapest, Hungary	Konkoly Obs.	+ 18 57.9	+47 30.0	474	82
Budapest, Hungary	Urania Obs.	+ 19 03.9	+47 29.1	166	82
Buenos Aires, Argentina	Naval Obs.	− 58 21.3	−34 37.3	6	82
Calern, France	Côte d'Azur Obs. I,L	+ 6 55.6	+43 44.9	1270	84
Cambridge, England	Cambridge Univ. Obss.	+ 0 05.7	+52 12.8	30	
Cambridge, England	Mullard Radio Ast. Obs. R	+ 0 02.6	+52 10.2	17	81
Cambridge, England	Royal Greenwich Obs.	+ 0 05.7	+52 12.8	30	83
Cambridge, Massachusetts	Harvard–Smith. Ctr. for Astrophys. R	− 71 07.8	+42 22.8	24	82
Cananea, Mexico	Guillermo Haro Astrophysical Obs.	−110 23.0	+31 03.2	2480	
Canberra, Australia	Mount Stromlo Obs.	+149 00.5	−35 19.2	767	83
Cape Town, South Africa	South African Ast. Obs.	+ 18 28.7	−33 56.1	18	81
Capoterra, Italy	Cagliari Ast. Obs. L	+ 8 58.6	+39 08.2	205	82
Caracas, Venezuela	Cagigal Obs.	− 66 55.7	+10 30.4	1026	82
Carloforte, Italy	International Latitude Obs.	+ 8 18.7	+39 08.2	22	82
Cassel, California	Hat Creek Radio Ast. Obs. R	−121 28.4	+40 49.1	1043	81
Castleknock, Ireland	Dunsink Obs.	− 6 20.2	+53 23.3	85	82
Catania, Italy	Catania Astrophysical Obs.	+ 15 05.2	+37 30.2	47	82
Catania/Serra la Nave, Italy	Catania Obs. Stellar Sta.	+ 14 58.4	+37 41.5	1735	81
Cebreros, Spain	Deep Space Sta. R	− 4 22.0	+40 27.3	789	84
Chapel Hill, North Carolina	Morehead Obs.	− 79 03.0	+35 54.8	161	
Charlottesville, Virginia	Leander McCormick Obs.	− 78 31.4	+38 02.0	264	82
Charlottesville/Fan Mtn., Virginia	Leander McCormick Obs. Sta.	− 78 41.6	+37 52.7	566	82
Chavannes–des–Bois, Switzerland	Univ. of Lausanne Obs.	+ 6 08.2	+46 18.4	465	83
Chilbolton, England	Chilbolton Obs. R	− 1 26.2	+51 08.7	92	81
Chions, Italy	Chaonis Obs.	+ 12 42.7	+45 50.6	15	
Chung–li, Taiwan	National Central Univ. Obs.	+121 11.2	+24 58.2	152	82
Cincinnati, Ohio	Cincinnati Obs. R	− 84 25.4	+39 08.3	247	82
Cluj–Napoca, Romania	Cluj–Napoca Ast. Obs.	+ 23 35.9	+46 42.8	750	82
Cocoa, Florida	Brevard Community College Obs.	− 80 45.7	+28 23.1	17	82
Coimbra, Portugal	Coimbra Ast. Obs.	− 8 25.8	+40 12.4	99	82
College Park, Maryland	Univ. of Maryland Obs. R	− 76 57.4	+39 00.1	53	82
Colorado Springs, Colorado	U.S. Air Force Academy Obs.	−104 52.5	+39 00.4	2187	82
Columbia, South Carolina	Melton Memorial Obs.	− 81 01.6	+33 59.8	98	82
Columbia, South Carolina	Univ. of S.C. Radio Obs. R	− 81 01.9	+33 59.8	127	
Coonabarabran/Siding Spg., Austl.	Anglo–Australian Obs. R	+149 03.7	−31 16.4	1149	83

* 'R' denotes an observatory with radio instruments.
  'I' denotes an observatory with infrared instruments.
  'L' denotes an observatory with laser equipment.

Location	Name of Observatory*		East Longitude	Latitude	Height (Sea Level)	Ref.
			° ′	° ′	m	
Coonabarabran/Siding Spg., Austl.	Royal Obs. Edinburgh Sta.		+149 04.2	−31 16.5	1145	
Copenhagen, Denmark	Copenhagen Univ. Obs.		+ 12 34.6	+55 41.2	—	82
Córdoba, Argentina	Córdoba Ast. Obs.		− 64 11.8	−31 25.3	434	82
Cracow, Poland	Jagellonian Obs. Ft. Skala Sta.	R	+ 19 49.6	+50 03.3	314	81
Cracow, Poland	Jagellonian Univ. Ast. Obs.		+ 19 57.6	+50 03.9	225	82
Culgoora, Australia	Australia Tel. Natl. Facility	R	+149 33.7	−30 18.9	217	81
Danbury, Connecticut	Western Conn. State Univ. Obs.		− 73 26.7	+41 24.0	128	82
Danyang, South Korea	Sobaeksan Ast. Obs.		+128 27.4	+36 56.0	1390	82
Daun, Germany	Hoher List Obs.		+ 6 51.0	+50 09.8	533	81
Debrecen, Hungary	Heliophysical Obs.		+ 21 37.4	+47 33.6	132	84
Decatur, Georgia	Bradley Obs.		− 84 17.6	+33 45.9	316	82
Delaware, Ohio	Ohio State Radio Obs.	R	− 83 02.9	+40 15.1	282	81
Delaware, Ohio	Perkins Obs.		− 83 03.3	+40 15.1	280	81
Denver, Colorado	Chamberlin Obs.		−104 57.2	+39 40.6	1644	83
Devon, Alberta	Devon Ast. Obs.		−113 45.5	+53 23.4	708	82
Dexter, Michigan	Univ. of Mich. Radio Ast. Obs.	R	− 83 56.2	+42 23.9	345	81
Dresden, Germany	Lohrmann Obs.		+ 13 52.3	+51 03.0	324	83
Dundee, Scotland	Mills Obs.		− 3 00.7	+56 27.9	152	82
Dushanbe, Tadzhikistan	Inst. of Astrophysics		+ 68 46.9	+38 33.7	820	83
Dwingeloo, Netherlands	Dwingeloo Radio Obs.	R	+ 6 23.8	+52 48.8	25	81
East Lansing, Michigan	Michigan State Univ. Obs.		− 84 29.0	+42 42.4	274	82
Edinburgh, Scotland	City Obs.		− 3 10.8	+55 57.4	107	82
Edinburgh, Scotland	Royal Obs. Edinburgh		− 3 11.0	+55 55.5	146	81
Effelsberg, Germany	Max Planck Inst. for Radio Ast.	R	+ 6 53.1	+50 31.6	369	81
Ellensburg, Washington	Manastash Ridge Obs.		−120 43.4	+46 57.1	1198	82
Eschweiler, Germany	Stockert Radio Obs.	R	+ 6 43.4	+50 34.2	435	81
Evanston, Illinois	Dearborn Obs.		− 87 40.5	+42 03.4	195	82
Evanston, Illinois	Lindheimer Ast. Research Center		− 87 40.3	+42 03.6	205	82
Fayette, Missouri	Morrison Obs.		− 92 41.8	+39 09.1	228	82
Feira de Santana, Brazil	Antares Ast. Obs.		− 38 57.9	−12 15.4	256	
Flagstaff, Arizona	Lowell Obs.		−111 39.9	+35 12.2	2219	81
Flagstaff/Anderson Mesa, Arizona	Lowell Obs. Sta.		−111 32.2	+35 05.8	2200	
Flagstaff, Arizona	Northern Arizona Univ. Obs.		−111 39.2	+35 11.1	2110	82
Flagstaff, Arizona	U.S. Naval Obs. Sta.		−111 44.4	+35 11.0	2316	81
Floirac, France	Bordeaux Univ. Obs.	R	− 0 31.7	+44 50.1	73	82
Forcalquier/St. Michel, France	Obs. of Haute–Provence		+ 5 42.8	+43 55.9	665	81
Fort Davis, Texas	George R. Agassiz Sta.	R	−103 56.8	+30 38.1	1603	82
Fort Davis/Mt. Locke, Texas	McDonald Obs.	L	−104 01.3	+30 40.3	2075	84
Fort Davis/Mt. Locke, Texas	Millimeter Wave Obs.	R	−104 01.7	+30 40.3	2031	81
Fort Irwin, California	Goldstone Complex	R	−116 50.9	+35 23.4	1036	81
Freiburg, Germany	Schauinsland Obs.		+ 7 54.4	+47 54.9	1240	82
Gap/Plateau de Bure, France	Grenoble Obs.	R	+ 5 54.5	+44 38.0	2552	
Gap/Plateau de Bure, France	Millimeter Radio Ast. Inst.	R	+ 5 54.4	+44 38.0	2552	
Gauribidanur, India	Gauribidanur Radio Obs.	R	+ 77 26.1	+13 36.2	686	
Georgetown, Colorado	Mount Evans Obs.		−105 38.4	+39 35.2	4313	82

* 'R' denotes an observatory with radio instruments.
  'I' denotes an observatory with infrared instruments.
  'L' denotes an observatory with laser equipment.

Location	Name of Observatory*		East Longitude	Latitude	Height (Sea Level)	Ref.
			° ′	° ′	m	
Gérgal/Calar Alto, Spain	German Spanish Ast. Center		− 2 32.2	+37 13.8	2168	81
Glasgow, Scotland	Univ. of Glasgow Obs.		− 4 18.3	+55 54.1	53	81
Göttingen, Germany	Göttingen Univ. Obs.		+ 9 56.6	+51 31.8	159	
Granada/Pico Veleta, Spain	Millimeter Radio Ast. Inst.	R	− 3 24.0	+37 04.1	2870	
Graz, Austria	Lustbühel Obs.		+ 15 29.7	+47 03.9	480	82
Graz, Austria	Univ. of Graz Obs.		+ 15 26.9	+47 04.6	375	82
Green Bank, West Virginia	National Radio Ast. Obs.	R	− 79 50.5	+38 25.8	836	83
Greenbelt, Maryland	GSFC Optical Test Site		− 76 49.6	+39 01.3	53	81
Greenville, Delaware	Mount Cuba Ast. Obs.		− 75 38.0	+39 47.1	92	82
Grinnell, Iowa	Grant O. Gale Obs.		− 92 43.2	+41 45.4	318	
Gyula, Hungary	Heliophysical Obs. Sta.		+ 21 16.2	+46 39.2	135	84
Hamilton, Massachusetts	Sagamore Hill Radio Obs.	R	− 70 49.3	+42 37.9	53	81
Hannover, Germany	Inst. of Geodesy Ast. Obs.		+ 9 42.8	+52 23.3	71	82
Hanover, New Hampshire	Shattuck Obs.		− 72 17.0	+43 42.3	183	82
Hartebeeshoek, South Africa	Hartebeeshoek Radio Ast. Obs.	R	+ 27 41.1	−25 53.4	1391	
Hartebeespoort, South Africa	Leiden Obs. Southern Sta.		+ 27 52.6	−25 46.4	1220	81
Harvard, Massachusetts	Oak Ridge Obs.	R	− 71 33.5	+42 30.3	185	81
Haverford, Pennsylvania	Strawbridge Obs.	R	− 75 18.2	+40 00.7	116	82
Heidelberg/Königstúhl, Germany	State Obs.		+ 8 43.3	+49 23.9	570	82
Helsinki, Finland	Univ. of Helsinki Obs.		+ 24 57.3	+60 09.7	33	82
Helwân, Egypt	Helwân Obs.		+ 31 22.8	+29 51.5	116	82
Herstmonceux, England	Satellite Laser Ranger Group	L	+ 0 20.3	+50 52.0	31	83
Hilo/Mauna Kea, Hawaiian Islands	Caltech Submillimeter Obs.	R	−155 28.7	+19 49.5	4072	
Hilo/Mauna Kea, Hawaiian Islands	Canada–France–Hawaii Tel. Corp.		−155 28.3	+19 49.7	4204	
Hilo/Mauna Kea, Hawaiian Islands	Joint Astronomy Centre	R,I	−155 28.4	+19 49.5	4194	
Hilo/Mauna Kea, Hawaiian Islands	Mauna Kea Obs.	I	−155 28.3	+19 49.6	4215	81
Hilo/Mauna Kea, Hawaiian Islands	W.M. Keck Obs.		−155 28.7	+19 49.7	4160	
Hobart, Australia	Univ. of Tasmania Obs.	R	+147 32.0	−42 50.0	300	81
Hoeven, Netherlands	Simon Stevin Obs.	R	+ 4 33.8	+51 34.0	9	82
Holmdel, New Jersey	Crawford Hill Obs.	R	− 74 11.2	+40 23.5	114	81
Hoskinstown, Australia	Molongo Radio Obs.	R	+149 25.4	−35 22.3	732	84
Humain, Belgium	Royal Obs. Radio Ast. Sta.	R	+ 5 15.3	+50 11.5	293	84
Hvar, Croatia	Hvar Obs.		+ 16 26.9	+43 10.7	238	
Hyderabad, India	Nizamiah Obs.		+ 78 27.2	+17 25.9	554	82
Incline Village, Nevada	Maclean Obs.		−119 55.7	+39 17.7	2546	82
Irkutsk, Russia	Irkutsk Ast. Obs.		+104 20.7	+52 16.7	468	83
Istanbul, Turkey	Istanbul Univ. Obs.		+ 28 57.9	+41 00.7	65	82
Istanbul, Turkey	Kandilli Obs.		+ 29 03.7	+41 03.8	120	82
Itajubá, Brazil	Pico dos Dias Obs.		− 45 35.0	−22 32.1	1870	82
Ithaca, New York	Hartung–Boothroyd Obs.		− 76 23.1	+42 27.5	534	82
Izaña, Tenerife Is., Canaries	Teide Obs.	R,I	− 16 29.8	+28 17.5	2395	
Japal, India	Japal–Rangapur Obs.	R	+ 78 43.7	+17 05.9	695	83
Jelm, Wyoming	Wyoming Infrared Obs.	I	−105 58.6	+41 05.9	2943	
Jena, Germany	Friedrich Schiller Univ. Obs.		+ 11 29.2	+50 55.8	356	82
Kaeleku/Haleakala, Hawaiian Is.	C.E.K. Mees Solar Obs.		−156 15.4	+20 42.4	3054	

* 'R' denotes an observatory with radio instruments.
'I' denotes an observatory with infrared instruments.
'L' denotes an observatory with laser equipment.

Location	Name of Observatory*		East Longitude	Latitude	Height (Sea Level)	Ref.
			° ′	° ′	m	
Kaeleku/Haleakala, Hawaiian Is.	LURE Obs.	L	−156 15.5	+20 42.6	3048	82
Kaliningrad, Russia	Kaliningrad Univ. Obs.		+ 20 29.7	+54 42.8	24	83
Kamiku Isshiki, Japan	Nagoya Univ. Fujigane Sta.	R	+138 36.7	+35 25.6	1015	81
Kamitakara, Japan	Hida Obs.		+137 18.5	+36 14.9	1276	84
Kashima, Japan	Kashima Space Research Center	R	+140 39.8	+35 57.3	32	81
Kavalur, India	Vainu Bappu Obs.		+ 78 49.6	+12 34.6	725	
Kazan, Russia	Engelhardt Ast. Obs.		+ 48 48.9	+55 50.3	98	81
Kazan, Russia	Kazan Univ. Obs.		+ 49 07.3	+55 47.4	79	83
Kemps Creek, Australia	Fleurs Radio Obs.	R	+150 46.5	−33 51.8	45	81
Kharkov, Ukraine	Inst. of Radio Ast.	R	+ 36 56.0	+49 38.0	150	
Kharkov, Ukraine	Kharkov Univ. Ast. Obs.		+ 36 13.9	+50 00.2	138	82
Kiáton/Mt. Killini, Greece	Kryonerion Ast. Obs.		+ 22 37.3	+37 58.4	905	82
Kiev, Ukraine	Kiev Univ. Obs.		+ 30 29.9	+50 27.2	184	83
Kiev, Ukraine	Main Ast. Obs.		+ 30 30.4	+50 21.9	188	83
Kirkkonummi, Finland	Metsähovi Obs.		+ 24 23.8	+60 13.2	60	81
Kirkkonummi, Finland	Metsähovi Obs. Radio Rsch. Sta.	R	+ 24 23.6	+60 13.1	61	81
Kiruna, Sweden	European Incoh. Scatter Facility	R	+ 20 26.1	+67 51.6	418	
Kislovodsk, Russia	Pulkovo Obs. Sta.		+ 42 31.8	+43 44.0	2130	84
Kiso, Japan	Kiso Obs.		+137 37.7	+35 47.6	1130	81
Kitab, Uzbekistan	Uluk–Bek Latitude Sta.		+ 66 52.9	+39 08.0	658	83
Klagenfurt, Austria	Kanzelhöhe Solar Obs.		+ 13 54.4	+46 40.7	1526	82
Kodaikanal, India	Kodaikanal Solar Obs.		+ 77 28.1	+10 13.8	2343	
Kottamia, Egypt	Kottamia Obs.		+ 31 49.5	+29 55.9	476	81
Kunming, China	Yunnan Obs.	R	+102 47.3	+25 01.5	1940	82
Kurashiki/Mt. Chikurin, Japan	Okayama Astrophysical Obs.		+133 35.8	+34 34.4	372	81
Kutztown, Pennsylvania	Kutztown Univ. Obs		− 75 47.1	+40 30.9	158	82
Kyoto, Japan	Kwasan Obs.		+135 47.6	+34 59.7	221	84
Kyoto, Japan	Kyoto Univ. Ast. Dept. Obs.		+135 47.2	+35 01.7	86	81
Kyoto, Japan	Kyoto Univ. Physics Dept. Obs.		+135 47.2	+35 01.7	80	
Lafayette, California	Leuschner Obs.		−122 09.4	+37 55.1	304	82
Lake Tekapo, New Zealand	Mount John Univ. Obs.		+170 27.9	−43 59.2	1027	83
Lake Traverse, Ontario	Algonquin Radio Obs.	R	− 78 04.4	+45 57.3	260	81
Lane Cove, Australia	Riverview College Obs.		+151 09.5	−33 49.8	25	82
La Palma Island, Canary Islands	Roque de los Muchachos Obs.	R	− 17 52.9	+28 45.6	2326	
La Plata, Argentina	La Plata Ast. Obs.		− 57 55.9	−34 54.5	17	81
Las Cruces, New Mexico	Corralitos Obs.		−107 02.6	+32 22.8	1453	82
Las Cruces/Blue Mesa, New Mexico	New Mexico State Univ. Obs. Sta.		−107 09.9	+32 29.5	2025	82
Las Cruces/Tortugas Mtn., New Mex.	New Mexico State Univ. Obs. Sta.		−106 41.8	+32 17.6	1505	82
La Serena, Chile	Cerro Tololo Inter–Amer. Obs.	R	− 70 48.9	−30 09.9	2215	82
La Serena, Chile	European Southern Obs.	R	− 70 43.8	−29 15.4	2347	81
Lawrence, Kansas	Clyde W. Tombaugh Obs.		− 95 15.0	+38 57.6	323	82
Leiden, Netherlands	Leiden Obs.		+ 4 29.1	+52 09.3	12	81
Lembang, (Java), Indonesia	Bosscha Obs.		+107 37.0	− 6 49.5	1300	84
Liège, Belgium	Cointe Obs.		+ 5 33.9	+50 37.1	127	81
Lintong, China	Shaanxi Ast. Obs.	R	+109 33.1	+34 56.7	468	

* 'R' denotes an observatory with radio instruments.
 'I' denotes an observatory with infrared instruments.
 'L' denotes an observatory with laser equipment.

Location	Name of Observatory*		East Longitude	Latitude	Height (Sea Level)	Ref.
			° ′	° ′	m	
Lisbon, Portugal	Lisbon Ast. Obs.		− 9 11.2	+38 42.7	111	82
Loiano, Italy	Bologna Univ. Obs.		+ 11 20.2	+44 15.5	785	81
London, Ontario	Univ. of Western Ontario Obs.		− 81 18.9	+43 11.5	323	
Los Angeles, California	Griffith Obs.		−118 17.9	+34 07.1	357	82
Lund, Sweden	Lund Obs.		+ 13 11.2	+55 41.9	34	82
Lvov, Ukraine	Lvov Univ. Obs.		+ 24 01.8	+49 50.0	330	83
Macclesfield/Jodrell Bank, Eng.	Nuffield Radio Ast. Labs.	R	− 2 18.4	+53 14.2	78	81
Madison, Wisconsin	Washburn Obs.		− 89 24.5	+43 04.6	292	82
Madrid, Spain	National Ast. Obs.		− 3 41.1	+40 24.6	670	82
Maipu, Chile	Maipu Radio Ast. Obs.	R	− 70 51.5	−33 30.1	446	81
Malvern, Pennsylvania	Flower and Cook Obs.		− 75 29.6	+40 00.0	155	81
Manchester, England	Godlee Obs.		− 2 14.0	+53 28.6	77	82
Marine–on–St. Croix, Minnesota	O'Brien Obs.		− 92 46.6	+45 10.9	308	82
Matsumoto, Japan	Norikura Solar Obs.	I	+137 33.3	+36 06.8	2876	82
Mazelspoort, South Africa	Boyden Obs.		+ 26 24.3	−29 02.3	1387	81
Mead, Nebraska	Behlen Obs.		− 96 26.8	+41 10.3	362	82
Medicina, Italy	Medicina Radio Ast. Sta.	R	+ 11 38.7	+44 31.2	44	
Mégantic, Quebec	Mont Mégantic Ast. Obs.		− 71 09.2	+45 27.3	1114	81
Merate, Italy	Brera–Milan Ast. Obs.		+ 9 25.7	+45 42.0	340	81
Mérida, Venezuela	Llano del Hato Obs.		− 70 52.0	+ 8 47.4	3610	81
Meudon, France	Meudon Obs.		+ 2 13.9	+48 48.3	162	84
Miami, Florida	U.S. Naval Obs. Time Sta.	R	− 80 23.1	+25 36.8	7	81
Middletown, Connecticut	Van Vleck Obs.		− 72 39.6	+41 33.3	65	82
Milan, Italy	Brera–Milan Ast. Obs.		+ 9 11.5	+45 28.0	146	82
Mill Hill, England	Univ. of London Obs.		− 0 14.4	+51 36.8	81	82
Mitaka, Japan	National Ast. Obs.	R	+139 32.5	+35 40.3	58	81
Mitzpe Ramon/Mt. Zin, Israel	Florence and George Wise Obs.		+ 34 45.8	+30 35.8	874	81
Miyun, China	Beijing Obs. Sta.	R	+116 45.9	+40 33.4	160	84
Mizusawa, Japan	Mizusawa Astrogeodynamics Obs.		+141 07.9	+39 08.1	61	82
Monterey/Chews Ridge, California	MIRA Oliver Observing Sta.		−121 34.2	+36 18.3	1525	
Montevideo, Uruguay	Montevideo Obs.		− 56 12.8	−34 54.6	24	84
Mont Gros, France	Nice Obs.		+ 7 18.1	+43 43.4	372	81
Montville, Ohio	Nassau Ast. Obs.		− 81 04.5	+41 35.5	390	83
Moscow, Russia	Sternberg State Ast. Inst.		+ 37 32.7	+55 42.0	195	83
Mount Laguna, California	Mount Laguna Obs.	L	−116 25.6	+32 50.4	1859	82
Mount Pleasant, Michigan	Central Michigan Univ. Obs.		− 84 46.5	+43 35.3	258	82
Munich, Germany	Munich Univ. Obs.		+ 11 36.5	+48 08.7	529	82
Mürren/Jungfraujoch, Switzerland	High Alpine Research Obs.		+ 7 59.1	+46 32.9	3576	81
Nagoya, Japan	Nagoya Univ. Radio Ast. Lab.	R	+136 58.4	+35 08.9	75	81
Naini Tal/Manora Peak, India	Uttar Pradesh State Obs.		+ 79 27.4	+29 21.7	1927	82
Nakaminato, Japan	Hiraiso Solar Terr. Rsch. Center	R	+140 37.5	+36 22.0	27	82
Nançay, France	Paris Obs. Radio Ast. Sta.	R	+ 2 11.8	+47 22.8	150	81
Nanjing, China	Purple Mountain Obs.	R	+118 49.3	+32 04.0	367	83
Nantucket, Massachusetts	Maria Mitchell Obs.		− 70 06.3	+41 16.8	20	82
Naples, Italy	Capodimonte Ast. Obs.		+ 14 15.3	+40 51.8	150	81

* 'R' denotes an observatory with radio instruments.
 'I' denotes an observatory with infrared instruments.
 'L' denotes an observatory with laser equipment.

Location	Name of Observatory*		East Longitude	Latitude	Height (Sea Level)	Ref.
			° ′	° ′	m	
Nashville, Tennessee	Arthur J. Dyer Obs.		− 86 48.3	+36 03.1	345	82
Neuchâtel, Switzerland	Cantonal Obs.		+ 6 57.5	+46 59.9	488	82
New Salem, Massachusetts	Five College Radio Ast. Obs.	R	− 72 20.7	+42 23.5	314	
New York, New York	Rutherfurd Obs.		− 73 57.5	+40 48.6	25	82
Nijmegen, Netherlands	Catholic Univ. Ast. Inst.		+ 5 52.1	+51 49.5	62	82
Nikolaev, Ukraine	Nikolaev Ast. Obs.		+ 31 58.5	+46 58.3	54	83
Nobeyama, Japan	Nobeyama Cosmic Radio Obs.	R	+138 29.0	+35 56.0	1350	
Nobeyama, Japan	Nobeyama Solar Radio Obs.	R	+138 28.8	+35 56.3	1350	81
North Liberty, Iowa	North Liberty Radio Obs.	R	− 91 34.5	+41 46.3	241	81
Oakland, California	Chabot Obs.		−122 10.6	+37 47.2	100	82
Odessa, Ukraine	Odessa Obs.		+ 30 45.5	+46 28.6	60	83
Old Town, Florida	Univ. of Florida Radio Obs.	R	− 83 02.1	+29 31.7	8	81
Ondřejov, Czech Republic	Ondřejov Obs.	R	+ 14 47.0	+49 54.6	533	
Onsala, Sweden	Onsala Space Obs.	R	+ 11 55.1	+57 23.6	24	81
Ostrowik, Poland	Warsaw Univ. Ast. Obs.		+ 21 25.2	+52 05.4	138	82
Ottawa, Ontario	Ottawa River Solar Obs.		− 75 53.6	+45 23.2	58	82
Padua, Italy	Padua Ast. Obs.		+ 11 52.3	+45 24.0	38	82
Palermo, Italy	Palermo Univ. Ast. Obs.		+ 13 21.5	+38 06.7	72	82
Palo Alto, California	Stanford Center for Radar Ast.	R	−122 10.7	+37 27.5	172	
Palomar Mtn., California	Palomar Obs.		−116 51.8	+33 21.4	1706	81
Paris, France	Paris Obs.		+ 2 20.2	+48 50.2	67	81
Parkes, Australia	Australian Natl. Radio Ast. Obs.	R	+148 15.7	−33 00.0	392	81
Partizanskoye, Ukraine	Crimean Astrophysical Obs.		+ 34 01.0	+44 43.7	550	
Pasadena, California	Mount Wilson Obs.	R	−118 03.6	+34 13.0	1742	82
Pentele, Greece	National Obs. Sta.	R	+ 23 51.8	+38 02.9	509	82
Penticton, British Columbia	Dominion Radio Astrophys. Obs.	R	−119 37.2	+49 19.2	545	81
Philadelphia, Pennsylvania	The Franklin Inst. Obs.		− 75 10.4	+39 57.5	30	82
Piikkiö, Finland	Tuorla Obs.		+ 22 26.8	+60 25.0	40	83
Pine Bluff, Wisconsin	Pine Bluff Obs.		− 89 41.1	+43 04.7	366	82
Pino Torinese, Italy	Turin Ast. Obs.		+ 7 46.5	+45 02.3	622	83
Piszkéstetö, Hungary	Konkoly Obs. Mountain Sta.		+ 19 53.7	+47 55.1	958	81
Pittsburgh, Pennsylvania	Allegheny Obs.		− 80 01.3	+40 29.0	380	82
Piwnice, Poland	Piwnice Ast. Obs.	R	+ 18 33.4	+53 05.7	100	82
Poprad, Slovakia	Lomnický Štít Coronal Obs.		+ 20 13.2	+49 11.8	2632	82
Poprad, Slovakia	Skalnaté Pleso Obs.		+ 20 14.7	+49 11.3	1783	82
Porto Alegre, Brazil	Morro Santana Obs.		− 51 07.6	−30 03.2	300	
Potsdam, Germany	Central Inst. for Earth Physics		+ 13 04.0	+52 22.9	91	82
Potsdam, Germany	Einstein Tower Solar Obs.	R	+ 13 03.9	+52 22.8	100	83
Potsdam, Germany	Potsdam Astrophysical Obs.		+ 13 04.0	+52 22.9	107	
Poznań, Poland	Poznań Univ. Ast. Obs.	L	+ 16 52.7	+52 23.8	85	82
Prague, Czech Republic	Charles Univ. Ast. Inst.		+ 14 23.7	+50 04.6	267	82
Priddis, Alberta	Rothney Astrophysical Obs.	I	−114 17.3	+50 52.1	1272	82
Princeton, New Jersey	FitzRandolph Obs.		− 74 38.8	+40 20.7	43	81
Prostějov, Czech Republic	Prostějov Obs.		+ 17 09.8	+49 29.2	225	83
Providence, Rhode Island	Ladd Obs.		− 71 24.0	+41 50.3	69	82

* 'R' denotes an observatory with radio instruments.
 'I' denotes an observatory with infrared instruments.
 'L' denotes an observatory with laser equipment.

Location	Name of Observatory*		East Longitude	Latitude	Height (Sea Level)	Ref.
			° ′	° ′	m	
Pulkovo, Russia	Pulkovo Obs.	R	+ 30 19.6	+59 46.4	75	83
Quezon City, Philippines	Manila Obs.	R	+121 04.6	+14 38.2	58	82
Quezon City, Philippines	Pagasa Ast. Obs.		+121 04.3	+14 39.2	70	82
Quito, Ecuador	Quito Ast. Obs.		− 78 29.9	− 0 13.0	2818	82
Richmond Hill, Ontario	David Dunlap Obs.		− 79 25.3	+43 51.8	244	81
Riga, Latvia	Latvian State Univ. Ast. Obs.	L	+ 24 07.0	+56 57.1	39	84
Riga, Latvia	Riga Radio–Astrophysical Obs.	R	+ 24 24.0	+56 47.0	75	
Rio de Janeiro, Brazil	National Obs.		− 43 13.4	−22 53.7	33	81
Rio de Janeiro, Brazil	Valongo Obs.		− 43 11.2	−22 53.9	52	82
Riverside, Iowa	Univ. Of Iowa Obs.		− 91 33.6	+41 30.9	221	82
Riverside, Maryland	Maryland Point Obs.	R	− 77 13.9	+38 22.4	20	81
Robledo, Spain	Deep Space Sta.	R	− 4 14.9	+40 25.8	774	
Roden, Netherlands	Kapteyn Obs.		+ 6 26.6	+53 07.7	12	82
Rome/Monte Mario, Italy	Rome Obs.		+ 12 27.1	+41 55.3	152	82
Rome/Castel Gandolfo, Italy	Vatican Obs.		+ 12 39.1	+41 44.8	450	82
Roquetas, Spain	Ebro Obs.	R	+ 0 29.6	+40 49.2	50	82
Safford/Mt. Graham, Arizona	Vatican Obs. Research Group	I	−109 53.5	+32 42.1	3181	
St. Andrews, Scotland	Univ. of St. Andrews Obs.		− 2 48.9	+56 20.2	30	82
St. Corona at Schöpfl, Austria	L. Figl Astrophysical Obs.		+ 15 55.4	+48 05.0	890	82
St. Genis Laval, France	Lyon Univ. Obs.		+ 4 47.1	+45 41.7	299	82
St. Petersburg, Russia	St. Petersburg Univ. Obs.		+ 30 17.7	+59 56.5	3	83
Saltsjöbaden, Sweden	Stockholm Obs.		+ 18 18.5	+59 16.3	60	82
San Felipe, (Baja), Mexico	National Ast. Obs.		−115 27.8	+31 02.6	2830	81
San Fernando, California	San Fernando Obs.	R	−118 29.5	+34 18.5	371	81
San Fernando, Spain	Naval Obs.	L	− 6 12.2	+36 28.0	27	81
San Jose/Mt. Hamilton, Calif.	Lick Obs.		−121 38.2	+37 20.6	1290	84
San Juan/El Leoncito, Argentina	Dr. Carlos U. Cesco Sta.		− 69 19.8	−31 48.1	2348	
San Juan/El Leoncito, Argentina	El Leoncito Ast. Complex		− 69 18.0	−31 48.0	2552	
San Juan, Argentina	Félix Aguilar Obs.		− 68 37.2	−31 30.6	700	82
San Miguel, Argentina	National Obs. of Cosmic Physics		− 58 43.9	−34 33.4	37	82
Santiago, Chile	Cerro Calán National Ast. Obs.		− 70 32.8	−33 23.8	860	82
Santiago, Chile	Cerro El Roble Ast. Obs.		− 71 01.2	−32 58.9	2220	81
Santiago, Chile	Manuel Foster Astrophys. Obs.		− 70 37.8	−33 25.1	840	82
Santiago de Compostela, Spain	Ramon Maria Aller Obs.		− 8 33.6	+42 52.5	240	82
Sauverny, Switzerland	Geneva Obs.		+ 6 08.2	+46 18.4	465	81
Saxapahaw, North Carolina	Three College Obs.		− 79 24.4	+35 56.7	183	
Sendai, Japan	Sendai Ast. Obs.		+140 51.9	+38 15.4	45	82
Sendai, Japan	Tohoku Univ. Obs.		+140 50.6	+38 15.4	153	82
Shahe, China	Beijing Obs. Sta.	R,L	+116 19.7	+40 06.1	40	84
Sheshan, China	Shanghai Obs. Sta.	R,L	+121 11.2	+31 05.8	100	
Simeis, Ukraine	Crimean Astrophysical Obs.	R	+ 34 01.0	+44 32.1	676	84
Simosato, Japan	Simosato Hydrographic Obs.	R,L	+135 56.4	+33 34.5	63	
Sirahama, Japan	Sirahama Hydrographic Obs.		+138 59.3	+34 42.8	172	
Skibotn, Norway	Skibotn Ast. Obs.		+ 20 21.9	+69 20.9	157	82
Socorro, New Mexico	Joint Obs. for Cometary Rsch.		−107 11.3	+33 59.1	3235	82

* 'R' denotes an observatory with radio instruments.
　'I' denotes an observatory with infrared instruments.
　'L' denotes an observatory with laser equipment.

Location	Name of Observatory*		East Longitude	Latitude	Height (Sea Level)	Ref.
			° ′	° ′	m	
Socorro, New Mexico	National Radio Ast. Obs.	R	−107 37.1	+34 04.7	2124	81
Sodankylä, Finland	European Incoh. Scatter Facility	R	+ 26 37.6	+67 21.8	197	
Søndre Strømfjord, Greenland	Incoherent Scatter Facility	R	− 50 57.0	+66 59.2	180	
Sonneberg, Germany	Sonneberg Obs.		+ 11 11.5	+50 22.7	640	81
South Park, Colorado	Tiara Obs.		−105 31.0	+38 58.2	2679	82
Stanford, California	Radio Ast. Inst.	R	−122 11.3	+37 23.9	80	81
Stanford, California	SRI Radio Ast. Obs.	R	−122 10.6	+37 24.3	168	
State College, Pennsylvania	Black Moshannon Obs.		− 78 00.3	+40 55.3	738	
Stephanion, Greece	Stephanion Obs.		+ 22 49.7	+37 45.3	800	
Strasbourg, France	Strasbourg Obs.		+ 7 46.2	+48 35.0	142	81
Sugar Grove, West Virginia	Naval Research Lab. Radio Sta.	R	− 79 16.4	+38 31.2	705	81
Sunspot, New Mexico	Apache Point Obs.		−105 49.2	+32 46.8	2781	
Sunspot, New Mexico	National Solar Obs.		−105 49.2	+32 47.2	2811	82
Sutherland, South Africa	South African Ast. Obs. Sta.		+ 20 48.7	−32 22.7	1771	81
Swarthmore, Pennsylvania	Sproul Obs.		− 75 21.4	+39 54.3	63	82
Syracuse, New York	Syracuse Univ. Obs.		− 76 08.3	+43 02.2	160	82
Taejeon, South Korea	Daeduk Radio Ast. Obs.	R	+127 22.3	+36 23.9	120	
Taejeon, South Korea	Korea Ast. Obs.		+127 22.3	+36 23.9	120	
Taipei, Taiwan	Taipei Obs.		+121 31.6	+25 04.7	31	
Tartu, Estonia	Wilhelm Struve Astrophys. Obs.		+ 26 28.0	+58 16.0	—	83
Tashkent, Uzbekistan	Tashkent Obs.		+ 69 17.6	+41 19.5	477	83
Tautenburg, Germany	Karl Schwarzschild Obs.		+ 11 42.8	+50 58.9	331	83
Teramo, Italy	Collurania Ast. Obs.		+ 13 44.0	+42 39.5	388	82
Thessaloníki, Greece	Univ. of Thessaloníki Obs.		+ 22 57.5	+40 37.0	28	82
Tianjing, China	Beijing Obs. Latitude Sta.		+117 03.5	+39 08.0	5	84
Tidbinbilla, Australia	Deep Space Sta.	R	+148 58.8	−35 24.1	656	82
Tokyo, Japan	Dodaira Obs.	L	+139 11.8	+36 00.2	879	81
Tokyo, Japan	Tokyo Hydrographic Obs.		+139 46.2	+35 39.7	41	
Toledo, Ohio	Ritter Obs.		− 83 36.8	+41 39.7	201	81
Tomsk, Russia	Tomsk Univ. Obs.		+ 84 56.8	+56 28.1	130	84
Tonantzintla, Mexico	National Ast. Obs.	R	− 98 18.8	+19 02.0	2150	82
Topeka, Kansas	Zenas Crane Obs.		− 95 41.8	+39 02.2	306	82
Toulouse, France	Toulouse Univ. Obs.		+ 1 27.8	+43 36.7	195	82
Toyokawa, Japan	Nagoya Univ. Sta.	R	+137 22.2	+34 50.1	25	81
Toyokawa, Japan	Nagoya Univ. Sugadaira Sta.	R	+138 19.3	+36 31.2	1280	81
Toyokawa, Japan	Toyokawa Obs.	R	+137 22.3	+34 50.2	18	
Tremsdorf, Germany	Tremsdorf Radio Ast. Obs.	R	+ 13 08.2	+52 17.1	35	83
Trieste, Italy	Trieste Ast. Obs.	R	+ 13 52.5	+45 38.5	400	81
Tromsø, Norway	European Incoh. Scatter Facility	R	+ 19 31.2	+69 35.2	85	
Tübingen, Germany	Tübingen Univ. Ast. Obs.	R	+ 9 03.5	+48 32.3	470	82
Tucson/Kitt Peak, Arizona	Kitt Peak National Obs.		−111 36.0	+31 57.8	2120	81
Tucson/Kitt Peak, Arizona	McGraw–Hill Obs.		−111 37.0	+31 57.0	1925	81
Tucson/Mt. Lemmon, Arizona	Mount Lemmon Infrared Obs.	I	−110 47.5	+32 26.5	2776	81
Tucson/Kitt Peak, Arizona	National Radio Ast. Obs.	R	−111 36.9	+31 57.2	1938	81
Tucson, Arizona	Steward Obs.		−110 56.9	+32 14.0	757	81

* 'R' denotes an observatory with radio instruments.
 'I' denotes an observatory with infrared instruments.
 'L' denotes an observatory with laser equipment.

Location	Name of Observatory*		East Longitude	Latitude	Height (Sea Level)	Ref.
			° ′	° ′	m	
Tucson/Kitt Peak, Arizona	Steward Obs. Sta.		−111 36.0	+31 57.8	2071	81
Tucson/Mt. Bigelow, Arizona	Steward Obs. Catalina Sta.		−110 43.9	+32 25.0	2510	81
Tucson/Mt. Lemmon, Arizona	Steward Obs. Catalina Sta.		−110 47.3	+32 26.6	2790	81
Tucson/Tumamoc Hill, Arizona	Steward Obs. Catalina Sta.		−111 00.3	+32 12.8	950	81
Tucson/Kitt Peak, Arizona	Warner and Swasey Obs. Sta.		−111 35.9	+31 57.6	2084	83
Uccle, Belgium	Royal Obs. of Belgium	R	+ 4 21.5	+50 47.9	105	81
Uchinoura, Japan	Kagoshima Space Center	R	+131 04.0	+31 13.7	228	82
Udhagamandalam (Ooty), India	Radio Ast. Center	R	+ 76 40.0	+11 22.9	2150	81
University, Alabama	Univ. of Alabama Obs.		− 87 32.5	+33 12.6	87	82
Urumqui, China	Shanghai Obs. Sta.		+ 87 10.7	+43 28.3	2080	
Utrecht, Netherlands	Sonenborgh Obs.		+ 5 07.8	+52 05.2	14	82
Valašské Meziříčí, Czech Republic	Valašské Meziříčí Obs.		+ 17 58.5	+49 27.8	338	82
Valinhos, Brazil	Abrahão de Moraes Obs.	R	− 46 58.0	−23 00.1	850	
Vallenar, Chile	Las Campanas Obs.		− 70 42.0	−29 00.5	2282	83
Victoria, British Columbia	Climenhaga Obs.		−123 18.5	+48 27.8	74	82
Victoria, British Columbia	Dominion Astrophysical Obs.		−123 25.0	+48 31.2	238	84
Vienna, Austria	Kuffner Obs.		+ 16 17.8	+48 12.8	302	82
Vienna, Austria	Urania Obs.		+ 16 23.1	+48 12.7	193	82
Vienna, Austria	Vienna Univ. Obs.		+ 16 20.2	+48 13.9	241	82
Vila Nova de Gaia, Portugal	Prof. Manuel de Barros Obs.	R	− 8 35.3	+41 06.5	232	82
Villa Elisa, Argentina	Argentine Radio Ast. Inst.	R	− 58 08.2	−34 52.1	11	81
Villanova, Pennsylvania	Villanova Univ. Obs.	R	− 75 20.5	+40 02.4	—	82
Vilnius, Lithuania	Vilnius Ast. Obs.		+ 25 17.2	+54 41.0	122	83
Washington, D.C.	NRL Radio Ast. Obs.	R	− 77 01.6	+38 49.3	30	81
Washington, D.C.	U.S. Naval Obs.		− 77 04.0	+38 55.3	92	81
Wasosz, Poland	Wroclaw Univ. Bialkow Sta.		+ 16 39.6	+51 28.5	140	
Wellesley, Massachusetts	Whitin Obs.		− 71 18.2	+42 17.7	32	82
Wellington, New Zealand	Carter Obs.		+174 46.0	−41 17.2	129	83
Westerbork, Netherlands	Westerbork Radio Ast. Obs.	R	+ 6 36.3	+52 55.0	16	81
Westford, Massachusetts	George R. Wallace Jr. Aph. Obs.		− 71 29.1	+42 36.6	107	82
Westford, Massachusetts	Haystack Obs.	R	− 71 29.3	+42 37.4	146	81
Westford, Massachusetts	Millstone Hill Atm. Sci. Fac.	R	− 71 29.7	+42 36.6	146	
Westford, Massachusetts	Millstone Hill Radar Fac.	R	− 71 29.5	+42 37.0	156	81
Westford, Massachusetts	Westford Antenna Facility	R	− 71 29.7	+42 36.8	115	
Williams Bay, Wisconsin	Yerkes Obs.		− 88 33.4	+42 34.2	334	81
Williamstown, Massachusetts	Hopkins Obs.	R	− 73 12.1	+42 42.7	215	82
Wrightwood, California	Table Mountain Obs.	R	−117 40.9	+34 22.9	2286	82
Wroclaw, Poland	Wroclaw Univ. Ast. Obs.		+ 17 05.3	+51 06.7	115	82
Wuhan, China	Wuchang Time Obs.	L	+114 20.7	+30 32.5	28	
Xinglong, China	Beijing Obs. Sta.	I	+117 34.5	+40 23.7	870	84
Xujiahui, China	Shanghai Obs. Sta.	R	+121 25.6	+31 11.4	5	
Yebes, Spain	National Obs. Ast. Center	R	− 3 06.0	+40 31.5	914	82
Yerevan/Mt. Aragatz, Armenia	Byurakan Astrophysical Obs.	R	+ 44 17.5	+40 20.1	1500	84
Youngchun, South Korea	Bohyunsan Optical Ast. Obs.		+128 58.6	+36 10.0	1127	
Zagreb, Croatia	Geodetical Faculty Obs.		+ 16 01.3	+45 49.5	146	82

* 'R' denotes an observatory with radio instruments.
  'I' denotes an observatory with infrared instruments.
  'L' denotes an observatory with laser equipment.

Location	Name of Observatory*		East Longitude	Latitude	Height (Sea Level)	Ref.
			° ′	° ′	m	
Zelenchukskaya, Russia	Special Astrophysical Obs.	R	+ 41 26.5	+43 39.2	2100	81
Zermatt, Switzerland	Gornergrat North & South Obs.	R,I	+ 7 47.1	+45 59.1	3135	81
Zimmerwald, Switzerland	Zimmerwald Obs.		+ 7 27.9	+46 52.6	929	81
Zürich, Switzerland	Swiss Federal Obs.		+ 8 33.1	+47 22.6	469	81

* 'R' denotes an observatory with radio instruments.
  'I' denotes an observatory with infrared instruments.
  'L' denotes an observatory with laser equipment.

CONTENTS OF SECTION K

JULIAN DAY NUMBER, 1950–2000

OF DAY COMMENCING AT GREENWICH NOON ON:

Year	Jan. 0	Feb. 0	Mar. 0	Apr. 0	May 0	June 0	July 0	Aug. 0	Sept. 0	Oct. 0	Nov. 0	Dec. 0
1950	243 3282	3313	3341	3372	3402	3433	3463	3494	3525	3555	3586	3616
1951	3647	3678	3706	3737	3767	3798	3828	3859	3890	3920	3951	3981
1952	4012	4043	4072	4103	4133	4164	4194	4225	4256	4286	4317	4347
1953	4378	4409	4437	4468	4498	4529	4559	4590	4621	4651	4682	4712
1954	4743	4774	4802	4833	4863	4894	4924	4955	4986	5016	5047	5077
1955	243 5108	5139	5167	5198	5228	5259	5289	5320	5351	5381	5412	5442
1956	5473	5504	5533	5564	5594	5625	5655	5686	5717	5747	5778	5808
1957	5839	5870	5898	5929	5959	5990	6020	6051	6082	6112	6143	6173
1958	6204	6235	6263	6294	6324	6355	6385	6416	6447	6477	6508	6538
1959	6569	6600	6628	6659	6689	6720	6750	6781	6812	6842	6873	6903
1960	243 6934	6965	6994	7025	7055	7086	7116	7147	7178	7208	7239	7269
1961	7300	7331	7359	7390	7420	7451	7481	7512	7543	7573	7604	7634
1962	7665	7696	7724	7755	7785	7816	7846	7877	7908	7938	7969	7999
1963	8030	8061	8089	8120	8150	8181	8211	8242	8273	8303	8334	8364
1964	8395	8426	8455	8486	8516	8547	8577	8608	8639	8669	8700	8730
1965	243 8761	8792	8820	8851	8881	8912	8942	8973	9004	9034	9065	9095
1966	9126	9157	9185	9216	9246	9277	9307	9338	9369	9399	9430	9460
1967	9491	9522	9550	9581	9611	9642	9672	9703	9734	9764	9795	9825
1968	9856	9887	9916	9947	9977	*0008	*0038	*0069	*0100	*0130	*0161	*0191
1969	244 0222	0253	0281	0312	0342	0373	0403	0434	0465	0495	0526	0556
1970	244 0587	0618	0646	0677	0707	0738	0768	0799	0830	0860	0891	0921
1971	0952	0983	1011	1042	1072	1103	1133	1164	1195	1225	1256	1286
1972	1317	1348	1377	1408	1438	1469	1499	1530	1561	1591	1622	1652
1973	1683	1714	1742	1773	1803	1834	1864	1895	1926	1956	1987	2017
1974	2048	2079	2107	2138	2168	2199	2229	2260	2291	2321	2352	2382
1975	244 2413	2444	2472	2503	2533	2564	2594	2625	2656	2686	2717	2747
1976	2778	2809	2838	2869	2899	2930	2960	2991	3022	3052	3083	3113
1977	3144	3175	3203	3234	3264	3295	3325	3356	3387	3417	3448	3478
1978	3509	3540	3568	3599	3629	3660	3690	3721	3752	3782	3813	3843
1979	3874	3905	3933	3964	3994	4025	4055	4086	4117	4147	4178	4208
1980	244 4239	4270	4299	4330	4360	4391	4421	4452	4483	4513	4544	4574
1981	4605	4636	4664	4695	4725	4756	4786	4817	4848	4878	4909	4939
1982	4970	5001	5029	5060	5090	5121	5151	5182	5213	5243	5274	5304
1983	5335	5366	5394	5425	5455	5486	5516	5547	5578	5608	5639	5669
1984	5700	5731	5760	5791	5821	5852	5882	5913	5944	5974	6005	6035
1985	244 6066	6097	6125	6156	6186	6217	6247	6278	6309	6339	6370	6400
1986	6431	6462	6490	6521	6551	6582	6612	6643	6674	6704	6735	6765
1987	6796	6827	6855	6886	6916	6947	6977	7008	7039	7069	7100	7130
1988	7161	7192	7221	7252	7282	7313	7343	7374	7405	7435	7466	7496
1989	7527	7558	7586	7617	7647	7678	7708	7739	7770	7800	7831	7861
1990	244 7892	7923	7951	7982	8012	8043	8073	8104	8135	8165	8196	8226
1991	8257	8288	8316	8347	8377	8408	8438	8469	8500	8530	8561	8591
1992	8622	8653	8682	8713	8743	8774	8804	8835	8866	8896	8927	8957
1993	8988	9019	9047	9078	9108	9139	9169	9200	9231	9261	9292	9322
1994	9353	9384	9412	9443	9473	9504	9534	9565	9596	9626	9657	9687
1995	244 9718	9749	9777	9808	9838	9869	9899	9930	9961	9991	*0022	*0052
1996	245 0083	0114	0143	0174	0204	0235	0265	0296	0327	0357	0388	0418
1997	0449	0480	0508	0539	0569	0600	0630	0661	0692	0722	0753	0783
1998	0814	0845	0873	0904	0934	0965	0995	1026	1057	1087	1118	1148
1999	1179	1210	1238	1269	1299	1330	1360	1391	1422	1452	1483	1513
2000	245 1544	1575	1604	1635	1665	1696	1726	1757	1788	1818	1849	1879

OF DAY COMMENCING AT GREENWICH NOON ON:

Year	Jan. 0	Feb. 0	Mar. 0	Apr. 0	May 0	June 0	July 0	Aug. 0	Sept. 0	Oct. 0	Nov. 0	Dec. 0
2000	245 1544	1575	1604	1635	1665	1696	1726	1757	1788	1818	1849	1879
2001	1910	1941	1969	2000	2030	2061	2091	2122	2153	2183	2214	2244
2002	2275	2306	2334	2365	2395	2426	2456	2487	2518	2548	2579	2609
2003	2640	2671	2699	2730	2760	2791	2821	2852	2883	2913	2944	2974
2004	3005	3036	3065	3096	3126	3157	3187	3218	3249	3279	3310	3340
2005	245 3371	3402	3430	3461	3491	3522	3552	3583	3614	3644	3675	3705
2006	3736	3767	3795	3826	3856	3887	3917	3948	3979	4009	4040	4070
2007	4101	4132	4160	4191	4221	4252	4282	4313	4344	4374	4405	4435
2008	4466	4497	4526	4557	4587	4618	4648	4679	4710	4740	4771	4801
2009	4832	4863	4891	4922	4952	4983	5013	5044	5075	5105	5136	5166
2010	245 5197	5228	5256	5287	5317	5348	5378	5409	5440	5470	5501	5531
2011	5562	5593	5621	5652	5682	5713	5743	5774	5805	5835	5866	5896
2012	5927	5958	5987	6018	6048	6079	6109	6140	6171	6201	6232	6262
2013	6293	6324	6352	6383	6413	6444	6474	6505	6536	6566	6597	6627
2014	6658	6689	6717	6748	6778	6809	6839	6870	6901	6931	6962	6992
2015	245 7023	7054	7082	7113	7143	7174	7204	7235	7266	7296	7327	7357
2016	7388	7419	7448	7479	7509	7540	7570	7601	7632	7662	7693	7723
2017	7754	7785	7813	7844	7874	7905	7935	7966	7997	8027	8058	8088
2018	8119	8150	8178	8209	8239	8270	8300	8331	8362	8392	8423	8453
2019	8484	8515	8543	8574	8604	8635	8665	8696	8727	8757	8788	8818
2020	245 8849	8880	8909	8940	8970	9001	9031	9062	9093	9123	9154	9184
2021	9215	9246	9274	9305	9335	9366	9396	9427	9458	9488	9519	9549
2022	9580	9611	9639	9670	9700	9731	9761	9792	9823	9853	9884	9914
2023	9945	9976	*0004	*0035	*0065	*0096	*0126	*0157	*0188	*0218	*0249	*0279
2024	246 0310	0341	0370	0401	0431	0462	0492	0523	0554	0584	0615	0645
2025	246 0676	0707	0735	0766	0796	0827	0857	0888	0919	0949	0980	1010
2026	1041	1072	1100	1131	1161	1192	1222	1253	1284	1314	1345	1375
2027	1406	1437	1465	1496	1526	1557	1587	1618	1649	1679	1710	1740
2028	1771	1802	1831	1862	1892	1923	1953	1984	2015	2045	2076	2106
2029	2137	2168	2196	2227	2257	2288	2318	2349	2380	2410	2441	2471
2030	246 2502	2533	2561	2592	2622	2653	2683	2714	2745	2775	2806	2836
2031	2867	2898	2926	2957	2987	3018	3048	3079	3110	3140	3171	3201
2032	3232	3263	3292	3323	3353	3384	3414	3445	3476	3506	3537	3567
2033	3598	3629	3657	3688	3718	3749	3779	3810	3841	3871	3902	3932
2034	3963	3994	4022	4053	4083	4114	4144	4175	4206	4236	4267	4297
2035	246 4328	4359	4387	4418	4448	4479	4509	4540	4571	4601	4632	4662
2036	4693	4724	4753	4784	4814	4845	4875	4906	4937	4967	4998	5028
2037	5059	5090	5118	5149	5179	5210	5240	5271	5302	5332	5363	5393
2038	5424	5455	5483	5514	5544	5575	5605	5636	5667	5697	5728	5758
2039	5789	5820	5848	5879	5909	5940	5970	6001	6032	6062	6093	6123
2040	246 6154	6185	6214	6245	6275	6306	6336	6367	6398	6428	6459	6489
2041	6520	6551	6579	6610	6640	6671	6701	6732	6763	6793	6824	6854
2042	6885	6916	6944	6975	7005	7036	7066	7097	7128	7158	7189	7219
2043	7250	7281	7309	7340	7370	7401	7431	7462	7493	7523	7554	7584
2044	7615	7646	7675	7706	7736	7767	7797	7828	7859	7889	7920	7950
2045	246 7981	8012	8040	8071	8101	8132	8162	8193	8224	8254	8285	8315
2046	8346	8377	8405	8436	8466	8497	8527	8558	8589	8619	8650	8680
2047	8711	8742	8770	8801	8831	8862	8892	8923	8954	8984	9015	9045
2048	9076	9107	9136	9167	9197	9228	9258	9289	9320	9350	9381	9411
2049	9442	9473	9501	9532	9562	9593	9623	9654	9685	9715	9746	9776
2050	246 9807	9838	9866	9897	9927	9958	9988	*0019	*0050	*0080	*0111	*0141

K4 JULIAN DATES OF GREGORIAN CALENDAR DATES

The Julian date (JD) corresponding to any instant is the interval in mean solar days elapsed since 4713 BC January 1 at Greenwich mean noon (12^h UT). To determine the JD at 0^h UT for a given Gregorian calendar date, sum the values from Table A for century, Table B for year and Table C for month; then add the day of the month. Julian dates for the current year are given on page B4.

A. Julian date at January 0^d 0^h UT of centurial year

Year	1600†	1700	1800	1900	2000†	2100
Julian date	230 5447·5	234 1971·5	237 8495·5	241 5019·5	245 1544·5	248 8068·5

† Centurial years that are exactly divisible by 400 are leap years in the Gregorian calendar. To determine the JD for any date in such a year, subtract 1 from the JD in Table A and use the leap year portion of Table C. (For 1600 and 2000 the JDs tabulated in Table A are actually for January 1^d 0^h.)

B. Addition to give Julian date for January 0^d 0^h UT of year

Year	Add	Year	Add	Year	Add	Year	Add
0	0	25	9131	50	18262	75	27393
1	365	26	9496	51	18627	76*	27758
2	730	27	9861	52*	18992	77	28124
3	1095	28*	10226	53	19358	78	28489
4*	1460	29	10592	54	19723	79	28854
5	1826	30	10957	55	20088	80*	29219
6	2191	31	11322	56*	20453	81	29585
7	2556	32*	11687	57	20819	82	29950
8*	2921	33	12053	58	21184	83	30315
9	3287	34	12418	59	21549	84*	30680
10	3652	35	12783	60*	21914	85	31046
11	4017	36*	13148	61	22280	86	31411
12*	4382	37	13514	62	22645	87	31776
13	4748	38	13879	63	23010	88*	32141
14	5113	39	14244	64*	23375	89	32507
15	5478	40*	14609	65	23741	90	32872
16*	5843	41	14975	66	24106	91	33237
17	6209	42	15340	67	24471	92*	33602
18	6574	43	15705	68*	24836	93	33968
19	6939	44*	16070	69	25202	94	34333
20*	7304	45	16436	70	25567	95	34698
21	7670	46	16801	71	25932	96*	35063
22	8035	47	17166	72*	26297	97	35429
23	8400	48*	17531	73	26663	98	35794
24*	8765	49	17897	74	27028	99	36159

* Leap years

Examples

a. 1981 November 14

Table A	
1900 Jan. 0	241 5019·5
+ Table B	+ 2 9585
1981 Jan. 0	244 4604·5
+ Table C (n.y.)	+ 304
1981 Nov. 0	244 4908·5
+ Day of Month	+ 14
1981 Nov. 14	244 4922·5

b. 2000 September 24

Table A	
2000 Jan. 1	245 1544·5
−1 (for 2000)	− 1
2000 Jan. 0	245 1543·5
+ Table B	+ 0
2000 Jan. 0	245 1543·5
+ Table C (l.y.)	+ 244
2000 Sept. 0	245 1787·5
+ Day of Month	+ 24
2000 Sept. 24	245 1811·5

c. 2001 June 21

Table A	
2000 Jan. 1	245 1544·5
+ Table B	+ 365
2001 Jan. 0	245 1909·5
+ Table C (n.y.)	+ 151
2001 June 0	245 2060·5
+ Day of Month	+ 21
2001 June 21	245 2081·5

C. Addition to give Julian date for beginning of month (0^d 0^h UT)

	Jan.	Feb.	Mar.	Apr.	May	June	July	Aug.	Sept.	Oct.	Nov.	Dec.
Normal year	0	31	59	90	120	151	181	212	243	273	304	334
Leap year	0	31	60	91	121	152	182	213	244	274	305	335

WARNING: prior to 1925 Greenwich mean noon (i.e. 12^h UT) was usually denoted by 0^h GMT in astronomical publications.

IAU (1964) System of Astronomical Constants

This system of constants was replaced for the 1984 edition of the *Astronomical Almanac* by the IAU (1976) System of Astronomical Constants given on pages K6 to K7.

Defining constants

Number of ephemeris seconds in one tropical year (1900)	$s = 31\ 556\ 925 \cdot 974\ 7$
Gaussian gravitational constant	$k = 0 \cdot 017\ 202\ 098\ 950\ 000$
	$= 3\ 548'' \cdot 187\ 606\ 965\ 1$

Primary constants

Astronomical unit	$149\ 600 \times 10^6$ m
Velocity of light	$299\ 792 \cdot 5 \times 10^3$ m / sec
Equatorial radius of the Earth	$6\ 378\ 160$ m
Dynamical form-factor for Earth	$0 \cdot 001\ 082\ 7$
Geocentric gravitational constant	$398\ 603 \times 10^9\ m^3\ s^{-2}$
Mass ratio: Earth / Moon	$81 \cdot 30$
General precession in longitude per tropical century (1900)	$5025'' \cdot 64$
Constant of nutation (1900)	$9'' \cdot 210$

Derived constants

Solar parallax	$8'' \cdot 794$
Light-time for unit distance	$499^s \cdot 012$
Constant of aberration	$20'' \cdot 496$
Flattening factor for Earth	$1 / 298 \cdot 25$
	$= \quad 0 \cdot 003\ 352\ 89$
Heliocentric gravitational constant	$132\ 718 \times 10^{15}\ m^3\ s^{-2}$
Mass ratio: Sun / Earth	$332\ 958$
Mass ratio: Sun /(Earth + Moon)	$328\ 912$
Mean distance of the Moon	$384\ 400 \times 10^3$ m
Constant of sine parallax for Moon	$3\ 422'' \cdot 451$

Constants related to the Figure of the Earth

Equatorial radius (primary)	$a = 6\ 378\ 160$ m
Polar radius	$a\,(1 - f) = 6\ 356\ 774 \cdot 7$ m
Square of eccentricity	$e^2 = 0 \cdot 006\ 694\ 54$

Reduction from geodetic latitude ϕ to geocentric latitude ϕ'
$$\phi' - \phi = -11'\ 32'' \cdot 743\ 0 \sin 2\phi + 1'' \cdot 163\ 3 \sin 4\phi - 0'' \cdot 002\ 6 \sin 6\phi$$
Radius vector
$$\rho = a\,(0 \cdot 998\ 327\ 073 + 0 \cdot 001\ 676\ 438 \cos 2\phi - 0 \cdot 000\ 003\ 519 \cos 4\phi$$
$$+ 0 \cdot 000\ 000\ 008 \cos 6\phi)$$
One degree of latitude (m)
$$111\ 133 \cdot 35 - 559 \cdot 84 \cos 2\phi + 1 \cdot 17 \cos 4\phi \ (\phi = \text{mid-latitude of arc})$$
One degree of longitude (m)
$$111\ 413 \cdot 28 \cos \phi - 93 \cdot 51 \cos 3\phi + 0 \cdot 12 \cos 5\phi$$

The complete system of astronomical constants is given in *Supplement to the A.E. 1968* (pages 4s–7s).

Old Constants

The IAU (1964) system was introduced into the planetary ephemerides in 1968 except that those for the Sun and inner planets continued to be based on the following values of the constants that were in use immediately prior to the introduction of the IAU (1964) System.

Solar parallax	$8'' \cdot 80$
Light-time for unit distance	$498^s \cdot 38$
Constant of aberration	$20'' \cdot 47$
Mass ratio	
Sun /(Earth + Moon)	$329\ 390$
Earth / Moon (planetary theory)	$81 \cdot 45$

IAU (1976) System of Astronomical Constants

Units:

The units meter (m), kilogram (kg), and second (s) are the units of length, mass, and time in the International System of Units (SI).

The astronomical unit of time is a time interval of one day (D) of 86400 seconds. An interval of 36525 days is one Julian century.

The astronomical unit of mass is the mass of the Sun (S).

The astronomical unit of length is that length (A) for which the Gaussian gravitational constant (k) takes the value 0·017 202 098 95 when the units of measurement are the astronomical units of length, mass, and time. The dimensions of k^2 are those of the constant of gravitation (G), i.e., $L^3 M^{-1} T^{-2}$. The term "unit distance" is also used for the length A.

In the preparation of the ephemerides and the fitting of the ephemerides to all the observational data available, it was necessary to modify some of the constants and planetary masses. The modified values of the constants are indicated in brackets following the (1976) System values.

Defining constants:

   1. Gaussian gravitational constant $k = 0·017\ 202\ 098\ 95$

   2. Speed of light $c = 299\ 792\ 458\ \text{m s}^{-1}$

Primary constants:

   3. Light-time for unit distance $\tau_A = 499·004\ 782\ \text{s}$
                                                   $[499·004\ 7837\ldots]$

   4. Equatorial radius for Earth $a_e = 6378\ 140\ \text{m}$
       [IUGG value $a_e = 6378\ 137\ \text{m}]$

   5. Dynamical form-factor for Earth $J_2 = 0·001\ 082\ 63$

   6. Geocentric gravitational constant $GE = 3·986\ 005 \times 10^{14}\ \text{m}^3\ \text{s}^{-2}$
                                                   $[3·986\ 004\ 48\ldots \times 10^{14}]$

   7. Constant of gravitation $G = 6·672 \times 10^{-11}\ \text{m}^3\ \text{kg}^{-1}\ \text{s}^{-2}$

   8. Ratio of mass of Moon to that of Earth $\mu = 0·012\ 300\ 02$
                                                   $[0·012\ 300\ 034]$

   9. General precession in longitude, per Julian
        century, at standard epoch 2000 $\rho = 5029''·0966$

  10. Obliquity of the ecliptic, at standard
        epoch 2000 $\varepsilon = 23°\ 26'\ 21''·448$
                                                   $[23°\ 26'\ 21''·4119]$

Derived constants:

  11. Constant of nutation, at standard
        epoch 2000 $N = 9''·2025$

  12. Unit distance $c\tau_A = A = 1·495\ 978\ 70 \times 10^{11}\ \text{m}$
                                                   $[1·495\ 978\ 706\ 6 \times 10^{11}]$

  13. Solar parallax $\arcsin(a_e/A) = \pi_\odot = 8''·794\ 148$

  14. Constant of aberration, for
        standard epoch 2000 $\kappa = 20''·49\ 552$

  15. Flattening factor for the Earth $f = 0·003\ 352\ 81$
                                                    $= 1/298·257$

  16. Heliocentric gravitational constant $A^3 k^2/D^2 = GS = 1·327\ 124\ 38 \times 10^{20}\ \text{m}^3\ \text{s}^{-2}$
                                                   $[1·327\ 124\ 40\ldots \times 10^{20}]$

  17. Ratio of mass of Sun to that
        of the Earth $(GS)/(GE) = S/E = 332\ 946·0$
                                                    $[332\ 946·038\ldots]$

  18. Ratio of mass of Sun to that
        of Earth + Moon $(S/E)/(1+\mu) = 328\ 900·5$
                                                    $[328\ 900·55]$

  19. Mass of the Sun $(GS)/G = S = 1·9891 \times 10^{30}\ \text{kg}$

IAU (1976) System of Astronomical Constants (continued)

20. System of planetary masses

Ratios of mass of Sun to masses of the planets

Mercury	6 023 600	Jupiter	1 047·355	[1 047·350]
Venus	408 523·5	Saturn	3 498·5	[3 498·0]
Earth + Moon	328 900·5	Uranus	22 869	[22 960]
Mars	3 098 710	Neptune	19 314	
		Pluto	3 000 000	[130 000 000]

Other Quantities for Use in the Preparation of Ephemerides

It is recommended that the values given in the following list should normally be used in the preparation of new ephemerides.

21. Masses of minor planets

Minor planet	Mass in solar mass
(1) Ceres	$5·9 \times 10^{-10}$
(2) Pallas	1.1×10^{-10} $[1·081 \times 10^{-10}]$
(4) Vesta	$1·2 \times 10^{-10}$ $[1·379 \times 10^{-10}]$

22. Masses of satellites

Planet	Satellite	Satellite/Planet
Jupiter	Io	$4·70 \times 10^{-5}$
	Europa	$2·56 \times 10^{-5}$
	Ganymede	$7·84 \times 10^{-5}$
	Callisto	$5·6 \times 10^{-5}$
Saturn	Titan	$2·41 \times 10^{-4}$
Neptune	Triton	2×10^{-3}

23. Equatorial radii in km

Mercury	2 439	Jupiter	71 398	Pluto	2 500
Venus	6 052	Saturn	60 000		
Earth	6 378·140	Uranus	25 400	Moon	1 738
Mars	3 397·2	Neptune	24 300	Sun	696 000

24. Gravity fields of planets

Planet	J_2	J_3	J_4
Earth	$+0·001\ 082\ 63$	$-0·254 \times 10^{-5}$	$-0·161 \times 10^{-5}$
Mars	$+0·001\ 964$	$+0·36 \times 10^{-4}$	
Jupiter	$+0·014\ 75$		$-0·58 \times 10^{-3}$
Saturn	$+0·016\ 45$		$-0·10 \times 10^{-2}$
Uranus	$+0·012$		
Neptune	$+0·004$		

(Mars: $C_{22} = -0·000\ 055$, $S_{22} = +0·000\ 031$, $S_{31} = +0·000\ 026$)

25. Gravity field of the Moon

$\gamma = (B - A)/C = 0·000\ 2278$

$\beta = (C - A)/B = 0·000\ 6313$

$C_{20} = -0·000\ 2027$

$C_{22} = +0·000\ 0223$

$C/MR^2 = 0·392$

$I = 5552''·7 = 1° 32' 32''·7$

$C_{30} = -0·000\ 006$

$C_{31} = +0·000\ 029$

$S_{31} = +0·000\ 004$

$C_{32} = +0·000\ 0048$

$S_{32} = +0·000\ 0017$

$C_{33} = +0·000\ 0018$

$S_{33} = -0·000\ 001$

$$\Delta T = ET - UT$$

Year	ΔT	Year	ΔT	Year	ΔT	Year	ΔT	Year	ΔT
	s		s		s		s		s
1620·0	+124	1660·0	+37	1700·0	+ 9	1740·0	+12	1780·0	+17
1621	119	1661	36	1701	9	1741	12	1781	17
1622	115	1662	35	1702	9	1742	12	1782	17
1623	110	1663	34	1703	9	1743	12	1783	17
1624	106	1664	33	1704	9	1744	13	1784	17
1625·0	+102	1665·0	+32	1705·0	+ 9	1745·0	+13	1785·0	+17
1626	98	1666	31	1706	9	1746	13	1786	17
1627	95	1667	30	1707	9	1747	13	1787	17
1628	91	1668	28	1708	10	1748	13	1788	17
1629	88	1669	27	1709	10	1749	13	1789	17
1630·0	+ 85	1670·0	+26	1710·0	+10	1750·0	+13	1790·0	+17
1631	82	1671	25	1711	10	1751	14	1791	17
1632	79	1672	24	1712	10	1752	14	1792	16
1633	77	1673	23	1713	10	1753	14	1793	16
1634	74	1674	22	1714	10	1754	14	1794	16
1635·0	+ 72	1675·0	+21	1715·0	+10	1755·0	+14	1795·0	+16
1636	70	1676	20	1716	10	1756	14	1796	15
1637	67	1677	19	1717	11	1757	14	1797	15
1638	65	1678	18	1718	11	1758	15	1798	14
1639	63	1679	17	1719	11	1759	15	1799	14
1640·0	+ 62	1680·0	+16	1720·0	+11	1760·0	+15	1800·0	+13·7
1641	60	1681	15	1721	11	1761	15	1801	13·4
1642	58	1682	14	1722	11	1762	15	1802	13·1
1643	57	1683	14	1723	11	1763	15	1803	12·9
1644	55	1684	13	1724	11	1764	15	1804	12·7
1645·0	+ 54	1685·0	+12	1725·0	+11	1765·0	+16	1805·0	+12·6
1646	53	1686	12	1726	11	1766	16	1806	12·5
1647	51	1687	11	1727	11	1767	16	1807	12·5
1648	50	1688	11	1728	11	1768	16	1808	12·5
1649	49	1689	10	1729	11	1769	16	1809	12·5
1650·0	+ 48	1690·0	+10	1730·0	+11	1770·0	+16	1810·0	+12·5
1651	47	1691	10	1731	11	1771	16	1811	12·5
1652	46	1692	9	1732	11	1772	16	1812	12·5
1653	45	1693	9	1733	11	1773	16	1813	12·5
1654	44	1694	9	1734	12	1774	16	1814	12·5
1655·0	+ 43	1695·0	+ 9	1735·0	+12	1775·0	+17	1815·0	+12·5
1656	42	1696	9	1736	12	1776	17	1816	12·5
1657	41	1697	9	1737	12	1777	17	1817	12·4
1658	40	1698	9	1738	12	1778	17	1818	12·3
1659·0	+ 38	1699·0	+ 9	1739·0	+12	1779·0	+17	1819·0	+12·2

This table is based on an adopted value of $-26''/\text{cy}^2$ for the tidal term $(\dot{n})$ in the mean motion of the Moon from the results of analyses of observations of lunar occultations of stars, eclipses of the Sun, and transits of Mercury. (See F. R. Stephenson and L. V. Morrison, 1984, *Phil. Trans. R. Soc. London*, in press.)

To calculate the values of ΔT for a different value of the tidal term $(\dot{n}')$, add

$$-0 \cdot 000\,091\,(\dot{n}' + 26)(\text{year} - 1955)^2 \text{ seconds}$$

to the tabulated values of ΔT.

1820–1983, ΔT = ET − UT.   FROM 1984, ΔT = TDT − UT.

Year	ΔT	Year	ΔT	Year	ΔT	Year	ΔT	Year	ΔT
	s		s		s		s		s
1820·0	+12·0	1860·0	+ 7·88	1900·0	− 2·72	1940·0	+24·33	1980·0	+50·54
1821	11·7	1861	7·82	1901	1·54	1941	24·83	1981	51·38
1822	11·4	1862	7·54	1902	− 0·02	1942	25·30	1982	52·17
1823	11·1	1863	6·97	1903	+ 1·24	1943	25·70	1983	52·96
1824	10·6	1864	6·40	1904	2·64	1944	26·24	1984	53·79
1825·0	+10·2	1865·0	+ 6·02	1905·0	+ 3·86	1945·0	+26·77	1985·0	+54·34
1826	9·6	1866	5·41	1906	5·37	1946	27·28	1986	54·87
1827	9·1	1867	4·10	1907	6·14	1947	27·78	1987	55·32
1828	8·6	1868	2·92	1908	7·75	1948	28·25	1988	55·82
1829	8·0	1869	1·82	1909	9·13	1949	28·71	1989	56·30
1830·0	+ 7·5	1870·0	+ 1·61	1910·0	+10·46	1950·0	+29·15	1990·0	+56·86
1831	7·0	1871	+ 0·10	1911	11·53	1951	29·57	1991	57·57
1832	6·6	1872	− 1·02	1912	13·36	1952	29·97	1992	58·31
1833	6·3	1873	1·28	1913	14·65	1953	30·36	1993	59·12
1834	6·0	1874	2·69	1914	16·01	1954	30·72	1994	59·98
1835·0	+ 5·8	1875·0	− 3·24	1915·0	+17·20	1955·0	+31·07	Extrapolated	
1836	5·7	1876	3·64	1916	18·24	1956	31·35	1995	+61
1837	5·6	1877	4·54	1917	19·06	1957	31·68	1996	62
1838	5·6	1878	4·71	1918	20·25	1958	32·18	1997	+63
1839	5·6	1879	5·11	1919	20·95	1959	32·68		
1840·0	+ 5·7	1880·0	− 5·40	1920·0	+21·16	1960·0	+33·15		
1841	5·8	1881	5·42	1921	22·25	1961	33·59		
1842	5·9	1882	5·20	1922	22·41	1962	34·00		
1843	6·1	1883	5·46	1923	23·03	1963	34·47		
1844	6·2	1884	5·46	1924	23·49	1964	35·03		
1845·0	+ 6·3	1885·0	− 5·79	1925·0	+23·62	1965·0	+35·73		
1846	6·5	1886	5·63	1926	23·86	1966	36·54		
1847	6·6	1887	5·64	1927	24·49	1967	37·43		
1848	6·8	1888	5·80	1928	24·34	1968	38·29		
1849	6·9	1889	5·66	1929	24·08	1969	39·20		
1850·0	+ 7·1	1890·0	− 5·87	1930·0	+24·02	1970·0	+40·18		
1851	7·2	1891	6·01	1931	24·00	1971	41·17		
1852	7·3	1892	6·19	1932	23·87	1972	42·23		
1853	7·4	1893	6·64	1933	23·95	1973	43·37		
1854	7·5	1894	6·44	1934	23·86	1974	44·49		
1855·0	+ 7·6	1895·0	− 6·47	1935·0	+23·93	1975·0	+45·48		
1856	7·7	1896	6·09	1936	23·73	1976	46·46		
1857	7·7	1897	5·76	1937	23·92	1977	47·52		
1858	7·8	1898	4·66	1938	23·96	1978	48·53		
1859·0	+ 7·8	1899·0	− 3·74	1939·0	+24·02	1979·0	+49·59		

From 1990 onwards, ΔT is for Jan. 1 0^{h} UTC.

See page B4 for a summary of the notation for time-scales.

Difference TAI–UTC

Date	ΔAT
	s
1972 Jan. 1	+10·00
1972 July 1	+11·00
1973 Jan. 1	+12·00
1974 Jan. 1	+13·00
1975 Jan. 1	+14·00
1976 Jan. 1	+15·00
1977 Jan. 1	+16·00
1978 Jan. 1	+17·00
1979 Jan. 1	+18·00
1980 Jan. 1	+19·00
1981 July 1	+20·00
1982 July 1	+21·00
1983 July 1	+22·00
1985 July 1	+23·00
1988 Jan. 1	+24·00
1990 Jan. 1	+25·00
1991 Jan. 1	+26·00
1992 July 1	+27·00
1993 July 1	+28·00
1994 July 1	+29·00

In critical cases descend

$$\frac{\Delta\mathrm{ET}}{\Delta\mathrm{TT}} = \Delta\mathrm{AT} + 32^{\mathrm{s}}184$$

1979 BIH SYSTEM

Date	x	y	Date	x	y	Date	x	y
1970	$''$	$''$	1979	$''$	$''$	1988	$''$	$''$
Jan. 1	−0·140	+0·144	Jan. 1	+0·140	+0·076	Jan. 1	−0·023	+0·414
Apr. 1	−0·097	+0·397	Apr. 1	−0·107	+0·133	Apr. 1	+0·134	+0·407
July 1	+0·139	+0·405	July 1	−0·117	+0·351	July 1	+0·171	+0·253
Oct. 1	+0·174	+0·125	Oct. 1	+0·092	+0·408	Oct. 1	+0·011	+0·132
1971			1980			1989		
Jan. 1	−0·081	+0·026	Jan. 1	+0·129	+0·251	Jan. 1	−0·159	+0·316
Apr. 1	−0·199	+0·313	Apr. 1	+0·014	+0·189	Apr. 1	+0·028	+0·482
July 1	+0·050	+0·523	July 1	−0·044	+0·280	July 1	+0·238	+0·369
Oct. 1	+0·249	+0·263	Oct. 1	−0·006	+0·338	Oct. 1	+0·167	+0·106
1972			1981			1990		
Jan. 1	+0·045	+0·050	Jan. 1	+0·056	+0·361	Jan. 1	−0·132	+0·165
Apr. 1	−0·180	+0·174	Apr. 1	+0·088	+0·285	Apr. 1	−0·154	+0·469
July 1	−0·031	+0·409	July 1	+0·075	+0·209	July 1	+0·161	+0·542
Oct. 1	+0·142	+0·344	Oct. 1	−0·045	+0·210	Oct. 1	+0·297	+0·243
1973			1982			1991		
Jan. 1	+0·129	+0·139	Jan. 1	−0·091	+0·378	Jan. 1	+0·023	+0·069
Apr. 1	−0·035	+0·129	Apr. 1	+0·093	+0·431	Apr. 1	−0·217	+0·281
July 1	−0·075	+0·286	July 1	+0·231	+0·239	Jul. 1	−0·033	+0·560
Oct. 1	+0·035	+0·347	Oct. 1	+0·036	+0·060	Oct. 1	+0·250	+0·436
1974			1983			1992		
Jan. 1	+0·115	+0·252	Jan. 1	−0·211	+0·249	Jan. 1	+0·182	+0·168
Apr. 1	+0·037	+0·185	Apr. 1	−0·069	+0·538	Apr. 1	−0·083	+0·162
July 1	+0·014	+0·216	July 1	+0·269	+0·436	July 1	−0·142	+0·378
Oct. 1	+0·002	+0·225	Oct. 1	+0·235	+0·069	Oct. 1	+0·055	+0·503
1975			1984			1993		
Jan. 1	−0·055	+0·281	Jan. 1	−0·125	+0·089	Jan. 1	+0·208	+0·359
Apr. 1	+0·027	+0·344	Apr. 1	−0·211	+0·410	Apr. 1	+0·115	+0·170
July 1	+0·151	+0·249	July 1	+0·119	+0·543	July 1	−0·062	+0·209
Oct. 1	+0·063	+0·115	Oct. 1	+0·313	+0·246	Oct. 1	−0·095	+0·370
1976			1985			1994		
Jan. 1	−0·145	+0·204	Jan. 1	+0·051	+0·025	Jan. 1	+0·010	+0·476
Apr. 1	−0·091	+0·399	Apr. 1	−0·196	+0·220			
July 1	+0·159	+0·390	July 1	−0·044	+0·482			
Oct. 1	+0·227	+0·158	Oct. 1	+0·214	+0·404			
1977			1986					
Jan. 1	−0·065	+0·076	Jan. 1	+0·187	+0·072			
Apr. 1	−0·226	+0·362	Apr. 1	−0·041	+0·139			
July 1	+0·085	+0·500	July 1	−0·075	+0·324			
Oct. 1	+0·281	+0·230	Oct. 1	+0·062	+0·395			
1978			1987					
Jan. 1	+0·007	+0·015	Jan. 1	+0·146	+0·315			
Apr. 1	−0·231	+0·240	Apr. 1	+0·096	+0·212			
July 1	−0·042	+0·483	July 1	−0·003	+0·208			
Oct. 1	+0·236	+0·353	Oct. 1	−0·053	+0·295			

The angles x, y, are defined on page B60. From 1988 the values of x and y have been taken from the IERS Bulletin B, published by the Bureau Central de L'IERS, Observatoire de Paris, 61 Avenue de l'Observatoire, F-75014 Paris, France.

Introduction

In the reduction of astrometric observations of high precision it is necessary to distinguish between several different systems of terrestrial coordinates that are used to specify the positions of points on or near the surface of the Earth. The formulae on page B60 for the reduction for polar motion give the relationships between the representations of a geocentric vector referred to the celestial reference frame of the true equator and equinox of date and to the current conventional terrestrial reference frame, which is the IERS Terrestrial Reference Frame (ITRF). The ITRF has been published annually since 1989 in the form of the geocentric rectangular coordinates of about 200 reference points around the world, mostly VLBI, SLR and GPS stations. The ITRF axes are consistent with the axes of the former BIH Terrestrial System (BTS) to within $\pm0.''005$, and the BTS was consistent with the earlier Conventional International Origin (CIO) to within $\pm0.''03$ The use of rectangular coordinates is precise and unambiguous, but for some purposes it is more convenient to represent the position by its longitude, latitude and height referred to a reference spheroid (the term "spheroid" is used here in the sense of an ellipsoid whose equatorial section is a circle and for which each meridional section is an ellipse). The precise transformation between these coordinate systems is given below. The spheroid is defined by two parameters, its equatorial radius and flattening (usually the reciprocal of the flattening is given). The values used should always be stated with any tabulation of spheroidal positions, but in case they should be omitted a list of the parameters of some commonly used spheroids is given in the table on page K13. For work such as mapping gravity anomalies it is convenient that the reference spheroid should also be an equipotential surface of a reference body that is in hydrostatic equilibrium, and has the equatorial radius, gravitational constant, dynamical form factor and angular velocity of the Earth. This is referred to as a Geodetic Reference System (rather than just a reference spheroid). It provides a suitable approximation to mean sea level (i.e. to the geoid), but may differ from it by up to 100m in some regions.

Reduction from geodetic to geocentric coordinates

The position of a point relative to a terrestrial reference frame may be expressed in three ways:

(i) geocentric equatorial rectangular coordinates, x, y, z;

(ii) geocentric longitude, latitude and radius, λ, ϕ', ρ;

(iii) geodetic longitude, latitude and height, λ, ϕ, h.

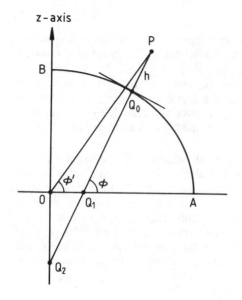

O is centre of Earth

OA = equatorial radius, a

OB = polar radius, b
$= a(1 - f)$

OP = geocentric radius, ap

PQ_0 is normal to the reference spheroid

$Q_0Q_1 = aS$

$Q_0Q_2 = aC$

ϕ = geodetic latitude

ϕ' = geocentric latitude

The geodetic and geocentric longitudes of a point are the same, while the relationship between the geodetic and geocentric latitudes of a point is illustrated in the figure on page K11, which represents a meridional section through the reference spheroid. The geocentric radius ρ is usually expressed in units of the equatorial radius of the reference spheroid. The following relationships hold between the geocentric and geodetic coordinates:

$$x = a\rho \cos\phi' \cos\lambda = (aC + h) \cos\phi \cos\lambda$$
$$y = a\rho \cos\phi' \sin\lambda = (aC + h) \cos\phi \sin\lambda$$
$$z = a\rho \sin\phi' \qquad = (aS + h) \sin\phi$$

where a is the equatorial radius of the spheroid and C and S are auxiliary functions that depend on the geodetic latitude and on the flattening f of the reference spheroid. The polar radius b and the eccentricity e of the ellipse are given by:

$$b = a(1 - f) \qquad e^2 = 2f - f^2 \qquad \text{or} \qquad 1 - e^2 = (1 - f)^2$$

It follows from the geometrical properties of the ellipse that:

$$C = \{\cos^2\phi + (1 - f)^2 \sin^2\phi\}^{-1/2} \qquad S = (1 - f)^2 C$$

Geocentric coordinates may be calculated directly from geodetic coordinates. The reverse calculation of geodetic coordinates from geocentric coordinates can be done in closed form (see for example, Borkowski, Bull. Geod. **63**, 50-56, 1989), but it is usually done using an iterative procedure. An iterative procedure for calculating λ, ϕ, h from x, y, z is as follows:

Calculate: $\qquad \lambda = \tan^{-1}(y/x) \qquad r = (x^2 + y^2)^{1/2} \qquad e^2 = 2f - f^2$

Calculate the first approximation to ϕ from: $\qquad \phi = \tan^{-1}(z/r)$

Then perform the following iteration until ϕ is unchanged to the required precision:

$$\phi_1 = \phi \qquad C = (1 - e^2 \sin^2\phi_1)^{-1/2} \qquad \phi = \tan^{-1}((z + aCe^2 \sin\phi_1)/r)$$

Then: $\qquad\qquad\qquad\qquad\qquad h = r/\cos\phi - aC$

Series expressions and tables are available for certain values of f for the calculation of C and S and also of ρ and $\phi - \phi'$ for points on the spheroid ($h = 0$). The quantity $\phi - \phi'$ is sometimes known as the "reduction of the latitude" or the "angle of the vertical", and it is of the order of $10'$ in mid-latitudes. To a first approximation when h is small the geocentric radius is increased by h/a and the angle of the vertical is unchanged. The height h refers to a height above the reference spheroid and differs from the height above mean sea level (i.e. above the geoid) by the "undulation of the geoid" at the point.

Other geodetic reference systems

In practice most geodetic positions are referred either (a) to a regional geodetic datum that is represented by a spheroid that approximates to the geoid in the region considered or (b) to a global reference system that is defined for a particular system of measurement (e.g. a satellite navigation system). Data for the reduction of such geodetic coordinates to the conventional reference frame are currently undergoing revision, mostly using GPS surveying. Lists of such data are available in the relevant geodetic publications, but it is hoped that the following notes and formulae and data will be useful.

(a) Each regional geodetic datum is specified by the size and shape of an adopted spheroid and by the coordinates of an "origin point". The principal axis of the spheroid is generally close to the mean axis of rotation of the Earth, but the centre of the spheroid may not coincide with the centre of mass of the Earth, The offset is usually represented by the geocentric rectangular coordinates (x_0, y_0, z_0) of the centre of the regional spheroid. The reduction from the regional geodetic coordinates (λ, ϕ, h) to the geocentric rectangular coordinates referred to the conventional reference frame (and hence to the geodetic coordinates relative to a reference spheroid) may then be made by using the expressions:

$$x = x_0 + (aC + h)\cos\phi\cos\lambda$$
$$y = y_0 + (aC + h)\cos\phi\sin\lambda$$
$$z = z_0 + (aS + h)\sin\phi$$

(b) The global reference systems for the various space techniques of measurement differ slightly, although all give good approximations to the conventional reference frame. The transformations from one system to another involve translation, rotation and scaling (i.e. 7 parameters in all) and some of these are given in IERS Technical Note 13, Observatoire de Paris (IERS Standards (1992)).

The space technique GPS is now widely used for position determination. Since January 1987 the broadcast orbits of the GPS satellites have been referred to the WGS84 terrestrial frame, and so positions determined using these orbits will also be referred to this frame. The parameters of the spheroid used are listed below, and the frame is defined to agree with the BIH frame. However the realisation of the frame depends on how well the coordinates actually adopted for the monitor stations do actually agree with the BIH (and later ITRF) frame. The IERS Standards (1992) gives the transformation from WGS84 to ITRF, involving centre offsets of up to 0·5m, rotations about the axes of up to $0''02$, and a scale difference of $1·1 \times 10^{-8}$.

GEODETIC REFERENCE SPHEROIDS

Name and Date	Equatorial Radius, a	Reciprocal of Flattening, $1/f$	Gravitational Constant, GM	Dynamical Form Factor, J_2	Ang. Velocity of earth, ω
	m		$10^{14}\text{m}^3\text{s}^{-2}$		10^{-5}rad s^{-1}
WGS 84	637 8137	298·257 223 563	3·986 005	0·001 082 63	7·292 115
MERIT 1983	8137	298·257	—	—	—
GRS 80 (IUGG, 1980)[†]	8137	298·257 222	3·986 005	0·001 082 63	7·292 115
IAU 1976	8140	298·257	3·986 005	0·001 082 63	—
South American 1969	8160	298·25	—	—	—
GRS 67 (IUGG, 1967)	8160	298·247 167	3·986 03	0·001 082 7	7·292 115 146 7
Australian National 1965	8160	298·25	—	—	—
IAU 1964	8160	298·25	3·986 03	0·001 082 7	7·292 1
Krassovski 1942	8245	298·3	—	—	—
International 1924 (Hayford)	8388	297	—	—	—
Clarke 1880 mod.	8249·145	293·466 3	—	—	—
Clarke 1866	8206·4	294·978 698	—	—	—
Bessel 1841	7397·155	299·152 813	—	—	—
Everest 1830	7276·345	300·801 7	—	—	—
Airy 1830	637 7563·396	299·324 964	—	—	—

[†]H. Moritz, Geodetic Reference System 1980, *Bull. Géodésique*, **58**(3), 388-398, 1984.

Astronomical coordinates

Many astrometric observations that are used in the determination of the terrestrial coordinates of the point of observation use the local vertical, which defines the zenith, as a principal reference axis; the coordinates so obtained are called "astronomical coordinates". The local vertical is in the direction of the vector sum of the acceleration due to the gravitational field of the Earth and of the apparent acceleration due to the rotation of the Earth on its axis. The vertical is normal to the equipotential (or level) surface at the point, but it is inclined to the normal to the geodetic reference spheroid; the angle of inclination is known as the "deflection of the vertical".

The astronomical coordinates of an observatory may differ significantly (e.g. by as much as $1'$) from its geodetic coordinates, which are required for the determination of the geocentric coordinates of the observatory for use in computing, for example, parallax corrections for solar system observations. The size and direction of the deflection may be estimated by studying the gravity field in the region concerned. The deflection may affect both the latitude and longitude, and hence local time. Astronomical coordinates also vary with time because they are affected by polar motion (see page B60).

INTRODUCTION AND NOTATION

The interpolation methods described in this section, together with the accompanying tables, are usually sufficient to interpolate to full precision the ephemerides in this volume. Additional notes, formulae and tables are given in the booklets *Interpolation and Allied Tables* and *Subtabulation* (see p. ix) and in many textbooks on numerical analysis. It is recommended that interpolated values of the Moon's right ascension, declination and horizontal parallax are derived from the daily polynomial coefficients that are provided for this purpose on pages D23–D45.

f_p denotes the value of the function $f(t)$ at the time $t = t_0 + ph$, where h is the interval of tabulation, t_0 is a tabular argument, and $p = (t - t_0)/h$ is known as the interpolating factor. The notation for the differences of the tabular values is shown in the following table; it is derived from the use of the central-difference operator δ, which is defined by:

$$\delta f_p = f_{p+1/2} - f_{p-1/2}$$

The symbol for the function is usually omitted in the notation for the differences. Tables are given for use with Bessel's interpolation formula for p in the range 0 to $+1$. The differences may be expressed in terms of function values for convenience in the use of programmable calculators or computers.

Arg. Function Differences

		1st	2nd	3rd	4th
t_{-2}	f_{-2}		δ^2_{-2}		
		$\delta_{-3/2}$		$\delta^3_{-3/2}$	
t_{-1}	f_{-1}		δ^2_{-1}		δ^4_{-1}
		$\delta_{-1/2}$		$\delta^3_{-1/2}$	
t_0	f_0		δ^2_0		δ^4_0
		$\delta_{1/2}$		$\delta^3_{1/2}$	
t_{+1}	f_{+1}		δ^2_1		δ^4_1
		$\delta_{3/2}$		$\delta^3_{3/2}$	
t_{+2}	f_{+2}		δ^2_2		

$$\delta_{1/2} = f_1 - f_0$$
$$\delta^2_0 = \delta_{1/2} - \delta_{-1/2}$$
$$= f_1 - 2f_0 + f_{-1}$$
$$\delta^2_0 + \delta^2_1 = f_2 - f_1 - f_0 + f_{-1}$$
$$\delta^3_{1/2} = \delta^2_1 - \delta^2_0$$
$$= f_2 - 3f_1 + 3f_0 - f_{-1}$$
$$\delta^4_0 = \delta^3_{1/2} - \delta^3_{-1/2}$$
$$= f_2 - 4f_1 + 6f_0 - 4f_{-1} + f_{-2}$$
$$\delta^4_0 + \delta^4_1 = f_3 - 3f_2 + 2f_1 + 2f_0 - 3f_{-1} + f_{-2}$$

$$p \equiv \text{the interpolating factor} = (t - t_0)/(t_1 - t_0) = (t - t_0)/h$$

BESSEL'S INTERPOLATION FORMULA

In this notation Bessel's interpolation formula is:

$$f_p = f_0 + p\,\delta_{1/2} + B_2\,(\delta^2_0 + \delta^2_1) + B_3\,\delta^3_{1/2} + B_4\,(\delta^4_0 + \delta^4_1) + \cdots$$

where
$$B_2 = p\,(p-1)/4 \qquad B_3 = p\,(p-1)\,(p-\tfrac{1}{2})/6$$
$$B_4 = (p+1)\,p\,(p-1)\,(p-2)/48$$

The maximum contribution to the truncation error of f_p, for $0 < p < 1$, from neglecting each order of difference is less than 0·5 in the unit of the end figure of the tabular function if

$$\delta^2 < 4 \qquad \delta^3 < 60 \qquad \delta^4 < 20 \qquad \delta^5 < 500.$$

The critical table of B_2 opposite provides a rapid means of interpolating when δ^2 is less than 500 and higher-order differences are negligible or when full precision is not required. The interpolating factor p should be rounded to 4 decimals, and the required value of B_2 is then the tabular value opposite the interval in which p lies, or it is the value above and to the right of p if p exactly equals a tabular argument. B_2 is always negative. The effects of the third and fourth differences can be estimated from the values of B_3 and B_4 given in the last column.

INVERSE INTERPOLATION

Inverse interpolation to derive the interpolating factor p, and hence the time, for which the function takes a specified value f_p is carried out by successive approximations. The first estimate p_1 is obtained from:

$$p_1 = (f_p - f_0)/\delta_{1/2}$$

This value of p is used to obtain an estimate of B_2, from the critical table or otherwise, and hence an improved estimate of p from:

$$p = p_1 - B_2\,(\delta_0^2 + \delta_1^2)/\delta_{1/2}$$

This last step is repeated until there is no further change in B_2 or p; the effects of higher-order differences may be taken into account in this step.

CRITICAL TABLE FOR B_2

p	B_2	p	B_2	p	B_2	p	B_2	p	B_2
0·0000	—	0·1101	—	0·2719	—	0·7280	—	0·8898	—
0·0020	·000	0·1152	·025	0·2809	·050	0·7366	·049	0·8949	·024
0·0060	·001	0·1205	·026	0·2902	·051	0·7449	·048	0·9000	·023
0·0101	·002	0·1258	·027	0·3000	·052	0·7529	·047	0·9049	·022
0·0142	·003	0·1312	·028	0·3102	·053	0·7607	·046	0·9098	·021
0·0183	·004	0·1366	·029	0·3211	·054	0·7683	·045	0·9147	·020
0·0225	·005	0·1422	·030	0·3326	·055	0·7756	·044	0·9195	·019
0·0267	·006	0·1478	·031	0·3450	·056	0·7828	·043	0·9242	·018
0·0309	·007	0·1535	·032	0·3585	·057	0·7898	·042	0·9289	·017
0·0352	·008	0·1594	·033	0·3735	·058	0·7966	·041	0·9335	·016
0·0395	·009	0·1653	·034	0·3904	·059	0·8033	·040	0·9381	·015
0·0439	·010	0·1713	·035	0·4105	·060	0·8098	·039	0·9427	·014
0·0483	·011	0·1775	·036	0·4367	·061	0·8162	·038	0·9472	·013
0·0527	·012	0·1837	·037	0·4367	·062	0·8224	·037	0·9516	·012
0·0572	·013	0·1901	·038	0·5632	·061	0·8286	·036	0·9560	·011
0·0618	·014	0·1966	·039	0·5894	·060	0·8346	·035	0·9604	·010
0·0664	·015	0·2033	·040	0·6095	·059	0·8405	·034	0·9647	·009
0·0710	·016	0·2101	·041	0·6264	·058	0·8464	·033	0·9690	·008
0·0757	·017	0·2171	·042	0·6414	·057	0·8521	·032	0·9732	·007
0·0804	·018	0·2243	·043	0·6549	·056	0·8577	·031	0·9774	·006
0·0852	·019	0·2316	·044	0·6673	·055	0·8633	·030	0·9816	·005
0·0901	·020	0·2392	·045	0·6788	·054	0·8687	·029	0·9857	·004
0·0950	·021	0·2470	·046	0·6897	·053	0·8741	·028	0·9898	·003
0·1000	·022	0·2550	·047	0·7000	·052	0·8794	·027	0·9939	·002
0·1050	·023	0·2633	·048	0·7097	·051	0·8847	·026	0·9979	·001
0·1101	·024	0·2719	·049	0·7190	·050	0·8898	·025	1·0000	·000
				0·7280					

p	B_3
0·0	0·000
0·1	+0·006
0·2	0·008
0·3	0·007
0·4	+0·004
0·5	0·000
0·6	−0·004
0·7	0·007
0·8	0·008
0·9	−0·006
1·0	0·000

p	B_4
0·0	0·000
0·1	+0·004
0·2	0·007
0·3	0·010
0·4	0·011
0·5	+0·012
0·6	0·011
0·7	0·010
0·8	0·007
0·9	+0·004
1·0	0·000

In critical cases ascend. B_2 is always negative.

POLYNOMIAL REPRESENTATIONS

It is sometimes convenient to construct a simple polynomial representation of the form

$$f_p = a_0 + a_1 p + a_2 p^2 + a_3 p^3 + a_4 p^4 + \cdots$$

which may be evaluated in the nested form

$$f_p = (((a_4 p + a_3) p + a_2) p + \dot{a}_1) p + a_0$$

Expressions for the coefficients $a_0, a_1, \ldots$ may be obtained from Stirling's interpolation formula, neglecting fifth-order differences:

$$a_4 = \delta_0^4/24 \qquad a_2 = \delta_0^2/2 - a_4 \qquad a_0 = f_0$$
$$a_3 = (\delta_{1/2}^3 + \delta_{-1/2}^3)/12 \qquad a_1 = (\delta_{1/2} + \delta_{-1/2})/2 - a_3$$

This is suitable for use in the range $-\tfrac{1}{2} \leqslant p \leqslant +\tfrac{1}{2}$, and it may be adequate in the range $-2 \leqslant p \leqslant 2$, but it should not normally be used outside this range. Techniques are available in the literature for obtaining polynomial representations which give smaller errors over similar or larger intervals. The coefficients may be expressed in terms of function values rather than differences.

EXAMPLES

To find (a) the declination of the Sun at $16^h 23^m 14^s\cdot 8$ TDT on 1984 January 19, (b) the right ascension of Mercury at $17^h 21^m 16^s\cdot 8$ TDT on 1984 January 8, and (c) the time on 1984 January 8 when Mercury's right ascension is exactly $18^h 04^m$.

Difference tables for the Sun and Mercury are constructed as shown below, where the differences are in units of the end figures of the function. Second-order differences are sufficient for the Sun, but fourth-order differences are required for Mercury.

1984 Jan	Sun Dec.	δ	δ^2
18	$-20°44'\ 48''3$		
		$+7212$	
19	$-20\ 32\ 47\cdot 1$		$+233$
		$+7445$	
20	$-20\ 20\ 22\cdot 6$		$+230$
		$+7675$	
21	$-20\ 07\ 35\cdot 1$		

1984 Jan	Mercury R.A.	δ	δ^2	δ^3	δ^4
6	$18^h 10^m\ 10\cdot 12$				
		-18709			
7	$18\ 07\ \ 03\cdot 03$		$+4299$		
		-14410		-16	
8	$18\ 04\ \ 38\cdot 93$		$+4283$		-104
		-10127		-120	
9	$18\ 02\ \ 57\cdot 66$		$+4163$		-76
		-5964		-196	
10	$18\ 01\ \ 58\cdot 02$		$+3967$		
		-1997			
11	$18\ 01\ \ 38\cdot 05$				

(a) *Use of Bessel's formula*

The tabular interval is one day, hence the interpolating factor is $0\cdot 68281$. From the critical table, $B_2 = -0\cdot 054$, and

$$f_p = -20° 32' 47''\cdot 1 + 0\cdot 68281\,(+744''\cdot 5) - 0\cdot 054\,(+23''\cdot 3 + 23''\cdot 0)$$
$$= -20° 24' 21''\cdot 2$$

(b) *Use of polynomial formula*

Using the polynomial method, the coefficients are:

$a_4 = -1^s\cdot 04/24 = -0^s\cdot 043$ $a_1 = (-101^s\cdot 27 - 144^s\cdot 10)/2 + 0^s\cdot 113 = -122^s\cdot 572$

$a_3 = (-1^s\cdot 20 - 0^s\cdot 16)/12 = -0^s\cdot 113$ $a_0 = 18^h + 278^s\cdot 93$

$a_2 = +42^s\cdot 83/2 + 0^s\cdot 043 = +21^s\cdot 458$

where an extra decimal place has been kept as a guarding figure.

Then $f_p = 18^h + 278^s\cdot 93 - 122^s\cdot 572p + 21^s\cdot 458p^2 - 0^s\cdot 113p^3 - 0^s\cdot 043p^4$
The interpolating factor $p = 0\cdot 72311$, hence $f_p = 18^h 03^m 21^s\cdot 46$

(c) *Inverse interpolation*

Since $f_p = 18^h 04^m$ the first estimate for p is:

$$p_1 = (18^h 04^m - 18^h 04^m 38^s\cdot 93)/(-101^s\cdot 27) = 0\cdot 38442$$

From the critical table, with $p = 0\cdot 3844$, $B_2 = -0\cdot 059$. Also

$$(\delta_0^2 + \delta_1^2)/\delta_{1/2} = (+42\cdot 83 + 41\cdot 63)/(-101\cdot 27) = -0\cdot 834$$

The second approximation to p is:

$$p = 0\cdot 38442 + 0\cdot 059\,(-0\cdot 834) = 0\cdot 33521 \text{ which gives } t = 8^h 02^m 42^s;$$

as a check, using the polynomial found in (b) with $p = 0\cdot 33521$ gives

$$f_p = 18^h 04^m 00^s\cdot 25.$$

The next approximation is $B_2 = -0\cdot 056$ and $p = 0\cdot 38442 + 0\cdot 056\,(-0\cdot 834) = 0\cdot 33772$ which gives $t = 8^h 06^m 19^s$; using the polynomial in (b) with $p = 0\cdot 33772$ gives

$$f_p = 18^h 03^m 59^s\cdot 98.$$

SUBTABULATION

Coefficients for use in the systematic interpolation of an ephemeris to a smaller interval are given in the following table for certain values of the ratio of the two intervals. The table is entered for each of the appropriate multiples of this ratio to give the corresponding decimal value of the interpolating factor p and the Bessel coefficients. The values of p are exact or recurring decimal numbers. The values of the coefficients may be rounded to suit the maximum number of figures in the differences.

BESSEL COEFFICIENTS FOR SUBTABULATION

| Ratio of intervals | | | | | | | | | | | | Bessel Coefficients | | |
$\frac{1}{2}$	$\frac{1}{3}$	$\frac{1}{4}$	$\frac{1}{5}$	$\frac{1}{6}$	$\frac{1}{8}$	$\frac{1}{10}$	$\frac{1}{12}$	$\frac{1}{20}$	$\frac{1}{24}$	$\frac{1}{40}$	p	B_2	B_3	B_4
										1	0.025	−0.006094	0.00193	0.0010
									1		0.0416	−0.009983	0.00305	0.0017
								1		2	0.050	−0.011875	0.00356	0.0020
										3	0.075	−0.017344	0.00491	0.0030
							1		2		0.0833	−0.019097	0.00530	0.0033
						1		2		4	0.100	−0.022500	0.00600	0.0039
					1				3	5	0.125	−0.027344	0.00684	0.0048
								3		6	0.150	−0.031875	0.00744	0.0057
				1			2		4		0.1666	−0.034722	0.00772	0.0062
										7	0.175	−0.036094	0.00782	0.0064
			1			2		4		8	0.200	−0.040000	0.00800	0.0072
									5		0.2083	−0.041233	0.00802	0.0074
										9	0.225	−0.043594	0.00799	0.0079
		1			2		3	5	6	10	0.250	−0.046875	0.00781	0.0085
										11	0.275	−0.049844	0.00748	0.0091
									7		0.2916	−0.051649	0.00717	0.0095
						3		6		12	0.300	−0.052500	0.00700	0.0097
										13	0.325	−0.054844	0.00640	0.0101
	1			2			4		8		0.3333	−0.055556	0.00617	0.0103
								7		14	0.350	−0.056875	0.00569	0.0106
					3				9	15	0.375	−0.058594	0.00488	0.0109
			2			4		8		16	0.400	−0.060000	0.00400	0.0112
							5		10		0.4166	−0.060764	0.00338	0.0114
										17	0.425	−0.061094	0.00305	0.0114
								9		18	0.450	−0.061875	0.00206	0.0116
									11		0.4583	−0.062066	0.00172	0.0116
										19	0.475	−0.062344	0.00104	0.0117
1		2		3	4	5	6	10	12	20	0.500	−0.062500	0.00000	0.0117
										21	0.525	−0.062344	−0.00104	0.0117
									13		0.5416	−0.062066	−0.00172	0.0116
								11		22	0.550	−0.061875	−0.00206	0.0116
										23	0.575	−0.061094	−0.00305	0.0114
							7		14		0.5833	−0.060764	−0.00338	0.0114
			3			6		12		24	0.600	−0.060000	−0.00400	0.0112
					5				15	25	0.625	−0.058594	−0.00488	0.0109
								13		26	0.650	−0.056875	−0.00569	0.0106
	2			4			8		16		0.6666	−0.055556	−0.00617	0.0103
										27	0.675	−0.054844	−0.00640	0.0101
						7		14		28	0.700	−0.052500	−0.00700	0.0097
									17		0.7083	−0.051649	−0.00717	0.0095
										29	0.725	−0.049844	−0.00748	0.0091
		3			6		9	15	18	30	0.750	−0.046875	−0.00781	0.0085
										31	0.775	−0.043594	−0.00799	0.0079
									19		0.7916	−0.041233	−0.00802	0.0074
			4			8		16		32	0.800	−0.040000	−0.00800	0.0072
										33	0.825	−0.036094	−0.00782	0.0064
				5			10		20		0.8333	−0.034722	−0.00772	0.0062
								17		34	0.850	−0.031875	−0.00744	0.0057
					7				21	35	0.875	−0.027344	−0.00684	0.0048
						9		18		36	0.900	−0.022500	−0.00600	0.0039
							11		22		0.9166	−0.019097	−0.00530	0.0033
										37	0.925	−0.017344	−0.00491	0.0030
								19		38	0.950	−0.011875	−0.00356	0.0020
									23		0.9583	−0.009983	−0.00305	0.0017
										39	0.975	−0.006094	−0.00193	0.0010

This explanation specifies the sources for the theories and data used in constructing the ephemerides in this volume, explains basic concepts required to use the ephemerides, and where appropriate states the precise meaning of tabulated quantities. Definitions of individual terms are given in the Glossary (Section M).

The IAU (1976) System of Astronomical Constants was adopted by the General Assembly of the IAU at Grenoble. These constants are given on page K6 of this volume. Additional resolutions concerning time scales and the astronomical reference system were adopted by the IAU in 1979 at Montreal and in 1982 at Patras. A complete list of these resolutions, with constants, formulae and explanatory notes, is given in the *Supplement to the Astronomical Almanac for 1984*, which is published in the 1984 *Astronomical Almanac*.

Fundamental ephemerides of the Sun, Moon and planets were calculated by a simultaneous numerical integration at the Jet Propulsion Laboratory. These ephemerides, designated DE200/LE200, cover the period 1800–2050. Optical, radar, laser, and spacecraft observations were analyzed to determine starting conditions for the numerical integration. In order to obtain the best fit of the ephemerides to the observational data, some modifications to the IAU (1976) System of Astronomical Constants were necessary. These modifications are listed on pages K6 and K7. A satisfactory ephemeris for Uranus for the 1980's could be computed only by excluding observations made before 1900. Additional information about the ephemerides is included in the *Explanatory Supplement to the Astronomical Almanac*. DE200/LE200 is available in machine readable form.

Reference Frame

Beginning in 1984 the standard epoch of the fundamental astronomical coordinate system is 2000 January 1, 12^h TDB (JD 245 1545.0), which is denoted J2000.0. The numerical integration used as the basis for ephemerides in this volume is in a reference frame defined by the mean equator and dynamical equinox of J2000.0. Rigorous reduction methods presented in Section B were used to construct the published tabular ephemerides.

In practice, the dynamical equinox, defined by the ascending node of the ecliptic on the mean equator at epoch J2000.0, differs from the origin of right ascension (the catalog equinox) of the FK5 star catalog. Although the exact value of the difference is uncertain, it is thought to be less than $0''.04$ at the current time. Likewise, the radio reference frame may differ from optical reference frames.

Time Scales

Terrestrial dynamical time (TDT) is the tabular argument of the fundamental geocentric ephemerides. For ephemerides referred to the barycenter of the solar system, the argument is barycentric dynamical time (TDB). In the terminology of the general theory of relativity, TDT corresponds to a proper time, while TDB corresponds to a coordinate time. These scales are defined so that the difference between them is purely periodic, with an amplitude less than $0^s.002$. Like their predecessor, ephemeris time (ET), TDT and TDB are independent of the Earth's rotation.

In the astronomical system of units, the unit of time is the day of 86400 seconds of barycentric dynamical time (TDB). For long periods, however, the Julian century of 36525 days is used. Use of the tropical year and Besselian epochs was discontinued in 1984.

International atomic time (TAI) is the most precisely determined time scale that is now available for astronomical use. This scale results from analyses by the Bureau International des Poids et Mesures in Paris of data from atomic time standards of many countries. Although TAI was not introduced until 1972 January 1, atomic time scales have been available since 1956. Therefore, TAI may be extrapolated backwards for the period 1956–1971. The fundamental unit of TAI is the unit of time in the international system of units, the SI second; it is defined as the duration of 9 192 631 770 periods of the radiation corresponding to the transition between two hyperfine levels of the ground state of the cesium 133 atom.

Universal time (UT), which serves as the basis of civil timekeeping, is formally defined by a mathematical formula which relates UT to Greenwich mean sidereal time. Thus UT is determined from observations of the diurnal motions of the stars. It implicitly contains nonuniformities due to variations in the rotation of the Earth. A UT scale determined directly from stellar observations is dependent on the place of observation; these scales are designated UT0. A time scale that is independent of the location of the observer is established by removing from UT0 the effect of the variation of the observer's meridian due to the observed motion of the geographic pole; this time scale is designated UT1. A tabulation of the quantity $\Delta T = \text{TDT} - \text{UT1}$ is given on page K9.

Since 1972 January 1, the time scale distributed by most broadcast time services has been based on the redefined coordinated universal time (UTC), which differs from TAI by an integral number of seconds. UTC is maintained within $0^s.90$ of UT1 by the introduction of one second steps (leap seconds) when necessary, normally at the end of June or December. DUT1, an approximation to the difference UT1 minus UTC, is transmitted in code on broadcast time signals. Beginning in 1962, an increasing number of broadcast time services cooperated to provide a consistent time standard, until most broadcast signals were synchronized to the redefined UTC in 1972. For a while prior to 1972, broadcast time signals were kept within $0^s.1$ of UT2 (UT1 corrected by an adopted formula for the seasonal variation) by the introduction of step adjustments, normally of $0^s.1$, and occasionally by changes in the duration of the second. Since the table on page K9 is based on the signals broadcast by WWV, special corrections may be required to derive UT1 times from other signals broadcast prior to 1972.

Universal time and UT are commonly used to mean UT0, UT1 or UTC, according to context. In this volume, UT1 is always implied where the differences are significant.

Greenwich mean sidereal time (GMST) is defined as the Greenwich hour angle of the mean equinox of date. The defining relation between sidereal and universal time is:

$$\text{GMST of } 0^h \text{ UT1} = 6^h41^m50^s.54841 + 8640\ 184^s.812\ 866\ T$$
$$+ 0^s.093\ 104\ T^2 - 6^s.2 \times 10^{-6}\ T^3$$

where T is measured in Julian centuries of 36525 days of UT1 from 2000 January 1, 12^h UT1 (JD 245 1545.0 UT1). (S. Aoki *et al.*, *Astron. Astrophys.*, **105**, 359, 1982).

To provide continuity with pre-1984 practices, the difference between TDT and TAI was set to the current estimate of the difference between ET and TAI:

$$\text{TDT} = \text{TAI} + 32^s.184.$$

Thus procedures analogous to those used with ephemerides tabulated as functions of ET are generally applicable to ephemerides based on TDT. The tabulations for 0^h TDT may be converted to 0^h UT1 by interpolation to time ΔT.

Since TDT is independent of the Earth's rotation, calculations of hour angles and phenomena referred to a geographic meridian are provisionally referred to the ephemeris meridian, which is 1.002 738 ΔT east of the Greenwich meridian. Only when ΔT is specified can quantities be referred to the Greenwich meridian.

In 1991, at the recommendation of the Working Group on Reference Systems, the IAU adopted new resolutions concerning time scales. Terrestrial Dynamical Time (TDT) was renamed Terrestrial Time (TT), and two new scales were defined to be consistent with the

SI second and the General Theory of Relativity. Geocentric Coordinate Time (TCG) and Barycentric Coordinate Time (TCB) are coordinate times in coordinate systems having their spatial origins at the center of mass of the Earth and at the solar system barycenter, respectively. These time scales will be introduced into *The Astronomical Almanac* when new fundamental theories and ephemerides based on these time scales are adopted by the IAU.

Section A: Summary of Principal Phenomena

The lunations given on page A1 are numbered in continuation of E. W. Brown's series, of which No. 1 commenced on 1923 January 16 (*Mon. Not. Roy. Astron. Soc.*, **93**, 603, 1933).

The list of occultations of planets and bright stars by the Moon on page A2 gives the approximate times and areas of visibility for the major planets, except Neptune and Pluto, and the bright stars Aldebaran, Antares, Pollux, Regulus and Spica. More detailed information about these events and of other occultations by the Moon may be obtained from the International Lunar Occultation Centre at the address given at the foot of page A2.

Times tabulated on page A3 for the stationary points of the planets are the instants at which the planet is stationary in apparent geocentric right ascension; but for elongations of the planets from the Sun, the tabular times are for the geometric configurations. From inferior conjunction to superior conjunction for Mercury or Venus, or from conjunction to opposition for a superior planet, the elongation from the Sun is west; from superior to inferior conjunction, or from opposition to conjunction, the elongation is east. Because planetary orbits do not lie exactly in the ecliptic plane, elongation passages from west to east or from east to west do not in general coincide with oppositions and conjunctions.

Dates of heliocentric phenomena are given on page A3. Since they are determined from the actual perturbed motion, these dates generally differ from dates obtained by using the elements of the mean orbit. The date on which the radius vector is a minimum may differ considerably from the date on which the heliocentric longitude of a planet is equal to the longitude of perihelion of the mean orbit. Similarly, when the heliocentric latitude of a planet is zero, the heliocentric longitude may not equal the longitude of the mean node.

Configurations of the Sun, Moon and Planets (pages A9–A11) is a chronological listing, with times to the nearest hour, of geocentric phenomena. Included are eclipses; lunar perigees, apogees and phases; phenomena in apparent geocentric longitude of the planets and of the minor planets Ceres, Pallas, Juno and Vesta; times when the planets and minor planets are stationary in right ascension and when the geocentric distance to Mars is a minimum; and geocentric conjunctions in apparent right ascension of the planets with the Moon, with each other, and with the bright stars Aldebaran, Pollux, Regulus, Spica and Antares, provided these conjunctions are considered to occur sufficiently far from the Sun to permit observation. Thus conjunctions in right ascension are excluded if they occur within 15° of the Sun for the Moon, Mars and Saturn; within 10° for Venus and Jupiter; and within approximately 10° for Mercury, depending on Mercury's brightness. The occurrence of occultations of planets and bright stars is indicated by "Occn."; the areas of visibility are given in the list on page A2. Geocentric phenomena differ from the actually observed configurations by the effects of the geocentric parallax at the place of observation, which for configurations with the Moon may be quite large.

The explanation for the tables of sunrise and sunset, twilight, moonrise and moonset is given on page A12; examples are given on page A13.

EXPLANATION

Eclipses

The elements and circumstances are computed according to Bessel's method from apparent right ascensions and declinations of the Sun and Moon. From 1986 onwards, positions of the Sun and Moon are derived from DE200/LE200. Semidiameters of the Sun and Moon used in the calculation of eclipses do not include irradiation. The adopted semidiameter of the Sun at unit distance is $15'59''.63$ (A. Auwers, *Astronomische Nachrichten,* No. 3068, 367, 1891), the same as in the ephemeris of the Sun. The apparent semidiameter of the Moon is equal to arcsin $(k \sin \pi)$, where π is the Moon's horizontal parallax and k is an adopted constant. In 1982, to be consistent with the System of Astronomical Constants (1976) and the ephemeris based on DE200/LE200, the IAU adopted $k = 0.272\,5076$, corresponding to the mean radius of Watts' datum as determined by observations of occultations and to the adopted radius of the Earth. This value is introduced for 1986 onwards. Corrections to the ephemerides, if any, are noted in the beginning of the eclipse section.

In calculating lunar eclipses the radius of the geocentric shadow of the Earth is increased by one-fiftieth part to allow for the effect of the atmosphere. Refraction is neglected in calculating solar and lunar eclipses. Because the circumstances of eclipses are calculated for the surface of the ellipsoid, refraction is not included in Besselian elements. For local predictions, corrections for refraction are unnecessary; they are required only in precise comparisons of theory with observation in which many other refinements are also necessary.

The solar eclipse maps show the path of the eclipse, beginning and ending times of the eclipse, and the region of visibility, including restrictions due to rising and setting of the Sun. The short-dash and long-dash lines show, respectively, the progress of the leading and trailing edge of the penumbra; thus, at a given location, times of first and last contact may be interpolated.

Besselian elements characterize the geometric position of the shadow of the Moon relative to the Earth. The exterior tangents to the surfaces of the Sun and Moon form the umbral cone; the interior tangents form the penumbral cone. The common axis of these two cones is the axis of the shadow. To form a system of geocentric rectangular coordinates, the geocentric plane perpendicular to the axis of the shadow is taken as the *xy*-plane. This is called the fundamental plane. The *x*-axis is the intersection of the fundamental plane with the plane of the equator; it is positive toward the east. The *y*-axis is positive toward the north. The *z*-axis is parallel to the axis of the shadow and is positive toward the Moon. The tabular values of x and y are the coordinates, in units of the Earth's equatorial radius, of the intersection of the axis of the shadow with the fundamental plane. The direction of the axis of the shadow is specified by the declination d and hour angle μ of the point on the celestial sphere toward which the axis is directed.

The radius of the umbral cone is regarded as positive for an annular eclipse and negative for a total eclipse. The angles f_1 and f_2 are the angles at which the tangents that form the penumbral and umbral cones, respectively, intersect the axis of the shadow.

To predict accurate local circumstances, calculate the geocentric coordinates $\rho \sin \phi'$ and $\rho \cos \phi'$ from the geodetic latitude ϕ and longitude λ, using the relationships given on page K11. Inclusion of the height h in this calculation is all that is necessary to obtain the local circumstances at high altitudes.

Obtain approximate times for the beginning, middle and end of the eclipse from the eclipse map. For each of these three times, take from the table of Besselian elements, or compute from the Besselian element polynomials, the values of x, y, sin d, cos d, μ and l_1 (the radius of the penumbra on the fundamental plane), except that at the approximate time of the middle of the eclipse l_2 (the radius of the umbra on the fundamental plane) is required instead of l_1 if the eclipse is central (i.e., total, annular or annular-total). The hourly variations x', y' of x and y are needed, and may be obtained with sufficient accuracy by multiplying the first differences of the tabular values by 6. Alternatively, these hourly variations may be obtained by evaluating the derivative of the polynomial expressions for x and y. Values of μ', d', $\tan f_1$ and $\tan f_2$ are nearly constant throughout the eclipse and are given at the bottom of the Besselian elements table.

For each of the three approximate times, calculate the coordinates ξ, η, ζ for the observer and the hourly variations ξ' and η' from

$$
\begin{aligned}
\xi &= \rho \cos \phi' \sin \theta, \\
\eta &= \rho \sin \phi' \cos d - \rho \cos \phi' \sin d \cos \theta, \\
\zeta &= \rho \sin \phi' \sin d + \rho \cos \phi' \cos d \cos \theta, \\
\xi' &= \mu' \rho \cos \phi' \cos \theta, \\
\eta' &= \mu' \xi \sin d - \zeta d',
\end{aligned}
$$

where

$$
\theta = \mu + \lambda
$$

for longitudes measured positive towards the east.

Next, calculate

$$
\begin{aligned}
u &= x - \xi & u' &= x' - x' \\
v &= y - \eta & v' &= y' - \eta' \\
m^2 &= u^2 + v^2 & n^2 &= u'^2 + v'^2
\end{aligned}
\qquad (m, n > 0)
$$

$$
L_i = l_i - \zeta \tan f_i
$$

$$
D = uu' + vv'
$$

$$
\Delta = \frac{1}{n}(uv' - u'v)
$$

$$
\sin \psi = \frac{\Delta}{L_i}
$$

where $i = 1, 2$. At the approximate times of the beginning and end of the eclipse, L_1 is required. At the approximate time of the middle of the eclipse, L_2 is required if the eclipse is central; L_1 is required if the eclipse is partial.

Neglecting the variation of L, the correction τ to be applied to the approximate time of the middle of the eclipse to obtain the *Universal Time of greatest phase* is

$$
\tau = -\frac{D}{n^2}
$$

which may be expressed in minutes by multiplying by 60.

The correction τ to be applied to the approximate times of the beginning and end of the eclipse to obtain the *Universal Times of the penumbral contacts* is

$$
\tau = \frac{L_1}{n} \cos \psi - \frac{D}{n^2},
$$

which may be expressed in minutes by multiplying by 60.

If the eclipse is central, use the approximate time for the middle of the eclipse as a first approximation to the times of umbral contact. The correction τ to be applied to obtain the *Universal Times of the umbral contacts* is

$$
\tau = \frac{L_2}{n} \cos \psi - \frac{D}{n^2}
$$

which may be expressed in minutes by multiplying by 60.

In the last two equations, the ambiguity in the quadrant of ψ is removed by noting that $\cos \psi$ must be *negative* for the beginning of the eclipse, for the beginning of the annular phase, or for the end of the total phase; cos ψ must be *positive* for the end of the eclipse, the end of the annular phase, or the beginning of the total phase.

For greater accuracy, the times resulting from the calculation outlined above should be used in place of the original approximate times, and the entire procedure repeated at least once. The calculations for each of the contact times and the time of greatest phase should be performed separately.

The *magnitude of greatest partial eclipse*, in units of the solar diameter is

$$M_1 = \frac{L_1 - m}{(2L_1 - 0.5459)},$$

where the value of m at the time of greatest phase is used. If the magnitude is negative at the time of greatest phase, no eclipse is visible from the location.

The *magnitude of the central phase*, in the same units is

$$M_2 = \frac{L_1 - L_2}{(L_1 + L_2)}.$$

The *position angle of a point of contact* measured eastward (counterclockwise) from the north point of the solar limb is given by

$$\tan P = \frac{u}{v},$$

where u and v are evaluated at the times of contacts computed in the final approximation. The quadrant of P is determined by noting that $\sin P$ has the algebraic sign of u, except for the contacts of the total phase, for which $\sin P$ has the opposite sign to u.

The position angle of the point of contact measured eastward from the vertex of the solar limb is given by

$$V = P - C,$$

where C, the parallactic angle, is obtained with sufficient accuracy from

$$\tan C = \frac{\xi}{\eta},$$

with $\sin C$ having the same algebraic sign as x, and the results of the final approximation again being used. The vertex point of the solar limb lies on a great circle arc drawn from the zenith to the center of the solar disk.

Section B: Time Scales and Coordinate Systems

Calendar

Over extended intervals, civil time is ordinarily reckoned according to conventional calendar years and adopted historical eras; in constructing and regulating civil calendars and fixing ecclesiastical calendars, a number of auxiliary cycles and periods are used.

To facilitate chronological reckoning, the system of Julian day (JD) numbers maintains a continuous count of astronomical days, beginning with JD 0 on 1 January 4713 B.C., Julian proleptic calendar. Julian day numbers for the current year are given on page B4 and in the Universal and Sidereal Times table, pages B8–B15. To determine JD numbers for other years on the Gregorian calendar, consult the Julian Day Number tables, pages K2–K4.

Note that the Julian day begins at noon, whereas the calendar day begins at the preceding midnight. Thus the Julian day system is consistent with astronomical practice before 1925, with the astronomical day being reckoned from noon. For critical applications, the Julian date should include a specification as to whether UT, TDT or TDB is used.

Universal and Sidereal Times

The tabulations of Greenwich mean sidereal time (GMST) at 0^h UT are calculated from the defining relation between sidereal time and universal time (see the introductory discussion of Time Scales in this Explanation). The tabulation of Greenwich apparent sidereal time (GAST) is calculated by adding the equation of the equinoxes (the total nutation in longitude, multiplied by the cosine of the true obliquity of the ecliptic) to GMST. Following the general practice of this volume, UT implies UT1 in critical applications. Useful formulae and examples are given on pages B6–B7.

Reduction of Astronomical Coordinates

Formulae and tables for a variety of methods of apparent place reduction are presented. Choice of a particular method should be made according to accuracy requirements.

Reduction to apparent place from mean place for standard epoch J2000.0 is most accurately accomplished by formulae given on pages B36–B41. These require the rectangular position and velocity components of the Earth with respect to the solar system barycenter (even pages B44–B58) and the precession and nutation matrix (odd pages B45–B59). The Earth's position and velocity components are derived from the simultaneous numerical integration DE200/LE200 described on page L1. In critical applications the tabular argument of the barycentric ephemeris is barycentric dynamical time (TDB).

Beginning in 1984 the standard epoch of the stellar data tabulations (Section H) is the middle of the Julian year, rather than the beginning of the Besselian year. Thus the Besselian and second-order day numbers are referred to the mean equator and equinox of the middle of the current Julian year. Formulae for precessing positions from the standard epoch J2000.0 to the current year are given on page B18. These formulae are based on expressions for annual rates of precession given by J. H. Lieske *et al.* (*Astron. Astrophys.*, **58**, 1–16, 1977), in conformance with the IAU (1976) value of the constant of precession.

Section C: The Sun

Apparent geocentric coordinates of the Sun are given on even pages C4–C18; geocentric rectangular coordinates referred to the mean equator and equinox of J2000.0 are given on pages C20–C23. These ephemerides are based on the simultaneous numerical integration DE200/LE200 described on page L1. The tabular argument of the solar ephemerides is terrestrial dynamical time (TDT). Although the apparent right ascension and declination are antedated for light-time, the true geocentric distance in astronomical units is the geometric distance at the tabular time.

The rotation elements listed on page C3, as well as the daily tabulations of rotational parameters (odd pages C5–C19), are due to R. C. Carrington (*Observations of the Spots on the Sun,* 1863). The synodic rotation numbers are in continuation of Carrington's Greenwich photoheliographic series, of which Number 1 commenced on 1853 November 9. The tabular values of the semidiameter are computed by taking the arc sine of the quantity formed by dividing the IAU solar radius (696 000 km) by the true distance in km.

Formulae for geocentric and heliographic coordinates are given on pages C1–C3.

Section D: The Moon

The geocentric ephemerides of the Moon are based on the numerical integration DE200/LE200 described on page L1. The tabular argument is terrestrial dynamical time (TDT).

For high precision calculations the polynomial ephemeris on pages D23–D45 should be used; procedures for evaluating the polynomials are given on page D22. A daily geocentric ephemeris to lower precision is given on the even numbered pages D6–D20. Although the tabular apparent right ascension and declination are antedated for light-time, the horizontal parallax is the geometric value for the tabular time. It is derived from arcsin($1/r$), where r is the true distance in units of the Earth's equatorial radius. The semidiameter s is computed from $s = $ arcsin (k sin π), where $k = 0.272\,493$ is the ratio of the equatorial radius of the Moon to the equatorial radius of the Earth and π is the horizontal parallax. No correction is made for irradiation.

Beginning in 1985 the physical ephemeris (odd pages D7–D21) is based on the formulae and constants for physical librations given by D. Eckhardt (*The Moon and the Planets*, **25**, 3, 1981; *High Precision Earth Rotation and Earth-Moon Dynamics,* ed. O. Calame, pages 193–198, 1982), but with the IAU value of 1°32′32″.7 for the inclination of the mean lunar equator to the ecliptic. Although values of Eckhardt's constants differ slightly from those of the IAU, this is of no consequence to the precision of the tabulation. Optical librations are first calculated from rigorous formulae; then the total librations (optical and physical) are calculated from the rigorous formulae by replacing I with $I + \rho$, Ω with $\Omega + \sigma$ and ☾ with ☾ $+ \tau$. Included in the calculations are perturbations for all terms greater than 0°.0001 in solution 500 of the first Eckhardt reference and in Table I of the second reference. Since apparent coordinates of the Sun and Moon are used in the calculations, aberration is fully included, except for the inappreciable difference between the light-time from the Sun to the Moon and from the Sun to the Earth.

The selenographic coordinates of the Earth and Sun specify the point on the lunar surface where the Earth and Sun are in the selenographic zenith. The selenographic longitude and latitude of the Earth are the total geocentric, optical and physical librations in longitude and latitude, respectively. When the longitude is positive, the mean central point of the disk is displaced eastward on the celestial sphere, exposing to view a region on the west limb. When the latitude is positive, the mean central point is displaced toward the south, exposing to view the north limb. If the principal moment of inertia axis toward the Earth is used as the origin for measuring librations, rather than the traditional origin in the mean direction of the Earth from the Moon, there is a constant offset of 214″.2 in τ, or equivalently a correction of –0°.059 to the Earth's selenographic longitude.

The tabulated selenographic colongitude of the Sun is the east selenographic longitude of the morning terminator. It is calculated by subtracting the selenographic longitude of the Sun from 90° or 450°. Colongitudes of 270°, 0°, 90° and 180° correspond to New Moon, First Quarter, Full Moon and Last Quarter, respectively.

The position angles of the axis of rotation and the midpoint of the bright limb are measured counterclockwise around the disk from the north point. The position angle of the terminator may be obtained by adding 90° to the position angle of the bright limb before Full Moon and by subtracting 90° after Full Moon.

For precise reductions of observations, the tabular data should be reduced to topocentric values. Formulae for this purpose by R. d'E. Atkinson (*Mon. Not. Roy. Astron. Soc.*, **111**, 448, 1951) are given on page D5.

Additional formulae and data pertaining to the Moon are given on pages D2–D5, D46.

Section E: Major Planets

The heliocentric and geocentric ephemerides of the planets are based on the numerical integration DE200/LE200 described on page L1. Terrestrial dynamical time (TDT) is the tabular argument of the geocentric ephemerides. The argument of the heliocentric ephemerides is barycentric dynamical time (TDB).

Although the apparent right ascension and declination are antedated for light-time, the true geocentric distance in astronomical units is the geometric distance for the tabular time. For Pluto the astrometric ephemeris is comparable with observations referred to catalog mean places of comparison stars (corrected for proper motion and annual parallax, if significant, to the epoch of observation), provided the catalog is referred to the J2000.0 reference frame and the observations are corrected for geocentric parallax.

Ephemerides for Physical Observations of the Planets

The physical ephemerides of the planets have been calculated from the fundamental solar system ephemerides used elsewhere in this volume. Except where otherwise noted, physical data are based on the "Report of the IAU Working Group on Cartographic Coordinates and Rotational Elements of the Planets and Satellites" (M. E. Davies *et al.,* *Celest. Mech.*, **29**, 309–321, 1983; hereafter referred to as the IAU Report on Cartographic Coordinates).

All tabulated quantities are corrected for light-time, so the given values apply to the disk that is visible at the tabular time. Except for planetographic longitudes, all tabulated quantities vary so slowly that they remain unchanged if the time argument is considered to be universal time rather than dynamical time. Conversion from dynamical to universal time affects the tabulated planetographic longitudes by several tenths of a degree for all planets except Mercury, Venus and Pluto.

The tabulated light-time is the travel time for light arriving at the Earth at the tabular time. Expressions for the visual magnitudes of the planets are due to D. L. Harris (*Planets and Satellites,* ed. G. P. Kuiper and B. L. Middlehurst, page 272, 1961), except that values for $V(1,0)$, the visual magnitude at unit distance, are those given on page E88 of this volume. The tabulated surface brightness is the average visual magnitude of an area of one square arc-second of the illuminated portion of the apparent disk. For a few days around inferior and superior conjunctions, the tabulated magnitude and surface brightness of Mercury and Venus are only approximate; surface brightness is not tabulated near inferior conjunction. For Saturn the magnitude includes the contribution due to the rings, but the surface brightness applies only to the disk of the planet.

The apparent disk of an oblate planet is always an ellipse, with an oblateness less than or equal to the oblateness of the planet itself, depending on the apparent tilt of the planet's axis. For planets with significant oblateness, the apparent equatorial and polar diameters are separately tabulated.

The phase is the ratio of the apparent illuminated area of the disk to the total area of the disk, as seen from the Earth. The phase angle is the planetocentric elongation of the Earth from the Sun. In the accompanying diagram of the apparent disk of a planet, the defect of illumination is designated by q. It is the length of the unilluminated section of the diameter passing through the sub-Earth point e (the center of the disk) and the sub-solar point s. The position angle of the defect of illumination can be computed by adding 180° to the tabulated position angle of the sub-solar point. Calculations of phase and defect of illumination are based on the geometric terminator, which is defined by the plane crossing through the planet's center of mass, orthogonal to the direction of the Sun.

The tabulated quantity L_s is the planetocentric orbital longitude of the Sun, measured eastward in the planet's orbital plane from the planet's vernal equinox. Instantaneous orbital and equatorial planes are used in computing L_s. Values of L_s of 0°, 90°, 180° and 270° correspond to the beginning of spring, summer, autumn and winter, respectively, for the planet's northern hemisphere.

The orientation of the pole of a planet is specified by the right ascension α_0 and declination δ_0 of the north pole, with respect to the Earth's mean equator and equinox of J2000.0. According to the IAU definition, the north pole is the pole that lies on the north side of the invariable plane of the solar system. Because of precession of a planet's axis, α_0 and δ_0 may vary slowly with time; values for the current year are given on page E87.

The angle W of the prime meridian is measured counterclockwise (when viewed from

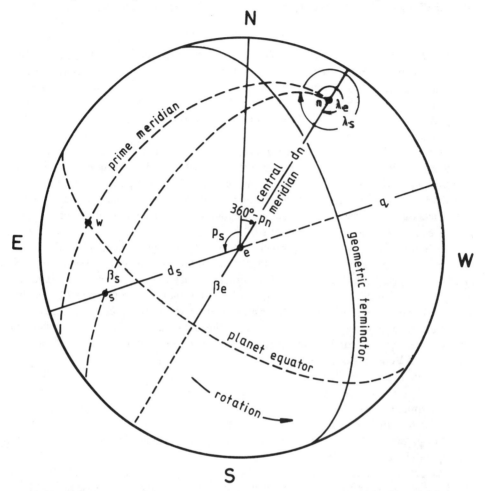

above the planet's north pole) along the planet's equator from the ascending node of the planet's equator on the Earth's mean equator of J2000.0. For a planet with direct rotation (counterclockwise as viewed from the planet's north pole), W increases with time. Values of W and its rate of change are given on page E87.

Except for Saturn and Pluto, expressions for the pole and prime meridian of each planet are based on the IAU Report on Cartographic Coordinates. The rotation of Saturn was provided by M. D. Desch and M. L. Kaiser. For Pluto the pole and rotation are due to R. S. Harrington and J. W. Christy (*Astron. Jour.*, **86**, 442, 1981), under the assumptions that the orbital motion of Pluto's satellite is synchronous with Pluto's rotation and that the satellite's orbital plane is coincident with Pluto's equatorial plane.

Tabulated longitudes and latitudes of the sub-Earth and sub-solar points are in planetographic coordinates. Planetographic longitude is reckoned from the prime meridian and increases from 0° to 360° in the direction opposite rotation. The planetographic latitude of a point is the angle between the planet's equator and the normal to the reference spheroid at the point. Latitudes north of the equator are positive. For Jupiter and Saturn multiple longitude systems are defined, each system corresponding to a different apparent rate of rotation. System I applies to the visible cloud layer in the equatorial region of each planet. System II applies to the visible cloud layer at higher latitudes of Jupiter; there is no System II for Saturn. System III applies to the origin of the radio emissions of both Jupiter and Saturn. Since rotational periods of Uranus and Neptune are not well known, no planetographic longitudes are given for these planets.

Planetographic coordinates are illustrated in the diagram. At the center of the apparent disk is the sub-Earth point e; other reference points are the sub-solar point s and the north pole n. For an oblate planet, the Earth and Sun are not at the zeniths of the sub-Earth and sub-solar points, respectively. Planetocentric longitudes of the sub-Earth and sub-solar points are λ_e and λ_s with corresponding latitudes β_e and β_s. Also indicated are the apparent distances d and position angles p of the north pole and sub-solar point with respect to the center of the disk e. Position angles are measured east from the north on the celestial sphere, with north defined in this case by the great circle on the celestial sphere passing through the center of the planet's apparent disk and the true celestial pole of date. Tabulated distances are positive for points on the visible hemisphere of the planet and negative for points on the far side. Thus, as point n or s passes from the visible hemisphere to the far side, or vice versa, the sign of the distance changes abruptly, but the position angle varies continuously. However, when the point passes close to the center of the disk, the sign of the distance remains unchanged, but both distance and position angle vary rapidly and may appear to be discontinuous in the fixed interval tabulations.

Useful data and formulae are given on pages E43, E87, E88.

Section F: Satellites of the Planets

The ephemerides of the satellites are intended only for search and identification, not for the exact comparison of theory with observation; they are calculated only to an accuracy sufficient for the purpose of facilitating observations. These ephemerides are corrected for light-time. The value of DT used in preparing the ephemerides is given on page F1. Orbital elements and constants are given on pages F2, F3. Reference planes for the satellite orbits are defined by the north poles of rotation given in the "Report of the IAU Working Group on Cartographic Coordinates and Rotational Elements of the Planets and Satellites" (M. E. Davies *et al.*, *Celest. Mech.*, **29**, 309–321, 1983).

The apparent orbit of a satellite is an ellipse on the celestial sphere, with semimajor axis a/Δ, where a is the apparent semimajor axis at unit distance in seconds of arc and Δ is the geocentric distance of the primary. In calculating the tables for finding the position angle and apparent angular distance with respect to the primary, the value of the eccentricity of the apparent orbit at opposition is used. The apparent geocentric distance s is measured from the central point of the geometric disk of the primary, and the position angle p is measured eastward from the north celestial pole. Neglected in the calculations are the effect of the eccentricity of the actual orbit upon its projection onto the apparent orbit and the variation of the eccentricity of the apparent orbit. Approximately, therefore, $s = F(a/\Delta)$, where F is the ratio of s to the apparent distance at greatest elongation. At greatest elongations $p = P \pm 90°$, where P is the position angle of the extremity of the minor axis of the apparent orbit that is directed toward the pole of the orbit from which motion appears counterclockwise. With P_0 denoting an arbitrary fixed integral number of degrees, usually the approximate value of P at opposition, the value of p at any time is expressed in the form $p_1 + p_2$, where p_1 is the sum of $P_0 + 90°$ plus the amount of motion in position angle since elongation, and p_2 denotes the correction $P - P_0$. In the tables of p_1 the tabular entry for argument 0^h00^m is the value of $P_0 + 90°$.

Approximate formulae for calculating differential coordinates of satellites are given with the relevant tables.

Satellites of Mars

The ephemerides of the satellites of Mars are computed from the orbital elements given by H. Struve (*Sitzungsberichte der Königlich Preuss. Akad. der Wiss.*, p. 1073, 1911).

Satellites of Jupiter

The ephemerides of Satellites I–IV are based on the theory of J. H. Lieske (*Astron. Astrophys.*, **56**, 333–352, 1977), with constants due to J.-E. Arlot (*Astron. Astrophys.*, **107**, 305–310, 1982).

Elongations of Satellite V are computed from circular orbital elements determined by A. J. J. Van Woerkom (*Astron. Pap. Amer. Ephem.*, Vol, XIII, Pt. I, pages 8, 14, 16, 1950). The differential coordinates of Satellites VI–XIII are computed from numerical integrations, using starting coordinates and velocities calculated at the U. S. Naval Observatory.

The actual geocentric phenomena of Satellites I–IV are not instantaneous. Since the tabulated times are for the middle of the phenomena, a satellite is usually observable after the tabulated time of eclipse disappearance (EcD) and before the time of eclipse reappearance (EcR). In the case of Satellite IV the difference is sometimes quite large. Light curves of eclipse phenomena are discussed by D. L. Harris (*Planets and Satellites,* ed. G. P. Kuiper and B. M. Middlehurst, pages 327–340, 1961).

To facilitate identification, approximate configurations of Satellites I–IV are shown in graphical form on pages facing the tabular ephemerides of the geocentric phenomena. Time is shown by the vertical scale, with horizontal lines denoting 0^h UT. For any time the curves specify the relative positions of the satellites in the equatorial plane of Jupiter. The width of the central band, which represents the disk of Jupiter, is scaled to the planet's equatorial diameter.

For eclipses the points d of immersion into the shadow and points r of emersion from the shadow are shown pictorially at the foot of the right-hand pages for the superior conjunctions nearest the middle of each month. At the foot of the left-hand pages, rectangular coordinates of these points are given in units of the equatorial radius of Jupiter. The x-axis lies in Jupiter's equatorial plane, positive toward the east; the y-axis is positive toward the north pole of Jupiter. The subscript 1 refers to the beginning of an eclipse, subscript 2 to the end of an eclipse.

Satellites and Rings of Saturn

Since the rings of Saturn lie in the equatorial plane of the planet, the inclination and ascending node of the ring plane are determined from the position of the north pole of Saturn, as defined by M. E. Davies *et al.* (*Celest. Mech.*, **29**, 309–321, 1983). The apparent dimensions of the outer ring and factors for computing relative dimensions of the rings are from L. W. Esposito *et al.* (*Saturn*, eds. T. Gehrels and M. S. Matthews, pages 468–478, 1984).

Since the appearance of the rings depends upon the Saturnicentric positions of the Earth and Sun, the following quantities are tabulated in the ephemeris:

U, the geocentric longitude of Saturn, measured in the plane of the rings eastward from its ascending node on the mean equator of the Earth; the Saturnicentric longitude of the Earth, measured in the same way, is $U + 180°$.

B, the Saturnicentric latitude of the Earth, referred to the plane of the rings, positive toward the north; when B is positive the visible surface of the rings is the northern surface.

P,   the geocentric position angle of the northern semiminor axis of the apparent ellipse of the rings, measured eastward from north.

U',   the heliocentric longitude of Saturn, measured in the plane of the rings eastward from its ascending node on the ecliptic; the Saturnicentric longitude of the Sun, measured in the same way, is *U'* + 180°.

B',   the Saturnicentric latitude of the Sun, referred to the plane of the rings, positive toward the north; when *B'* is positive the northern surface of the rings is illuminated.

P',   the heliocentric position angle of the northern semiminor axis of the rings on the heliocentric celestial sphere, measured eastward from the great circle that passes through Saturn and the poles of the ecliptic.

The ephemeris of the rings is corrected for light-time.

The ephemerides of Satellites I–VI and of Iapetus are computed from the orbital elements determined by G. Struve (*Veröff. der Universitätssternwarte zu Berlin-Babelsberg,* Vol. VI, Pt. 4, 1930, and Pt. 5, 1933). The ephemeris of Hyperion is computed from the elements given by J. Woltjer, Jr. (*Annalen van de Sterrewacht te Leiden,* Vol. XVI, Pt. 3, p. 64, 1928), and of Phoebe from the theory by F. E. Ross (*Annals of Harvard College Obs.,* Vol. LIII, No. VI, 1905).

For Satellites I–V times of eastern elongation are tabulated; for Satellites VI–VIII times of all elongations and conjunctions are tabulated. Tables for finding approximate distance *s* and position angle *p* are given for Satellites I–VIII. On the diagram of the orbits of Satellites I–VII, points of eastern elongation are marked "0". From the tabular times of these elongations the apparent position of a satellite at any other time can be marked on the diagram by setting off on the orbit the elapsed interval since last eastern elongation. For Hyperion and Iapetus ephemerides of differential coordinates are also included. An ephemeris of differential coordinates is given for Phoebe.

Solar perturbations are not included in calculating the tables of elongations and conjunctions, distances and position angles for Satellites I–VIII. For Satellites I–IV, the orbital eccentricity *e* is neglected. However, the 4-day tabulations of mean orbital longitude *L* and mean anomaly *M* for Satellites I–VIII are calculated from accurate values of the orbital elements; in the case of Titan, solar perturbations are included. Also tabulated are values of the elements that have large variations. The tabular values of the elements can thus be used to obtain perturbed orbital positions. Therefore, using the Saturnicentric position of the Earth, referred to the orbital plane of the satellite, one can calculate the perturbed apparent distance and position angle, and hence differential coordinates in right ascension and declination.

The ascending node of the ring-plane on the mean equator of the Earth serves as the origin for measuring mean orbital longitude *L,* true longitude *u,* and the longitude of the ascending node *θ* of the orbit on the plane of the rings. *L* and *u* are reckoned along the ring-plane to the node of the orbit, then along the orbit. Tabulated values of *L* and *M* are geometric values at the tabular times, not corrected for light-time.

Satellites and Rings of Uranus

Data for the Uranian Rings are from the analysis of J. L. Elliot *et al.* (*Astron. Jour.,* **86,** 444, 1981). Ephemerides of the satellites are calculated from orbital elements determined by J. Laskar and R. A. Jacobson (*Astron. Astrophys.,* **188,** 212–224, 1987).

Satellites of Neptune

The ephemerides of Triton and Nereid are calculated from elements by R. A. Jacobson (*Astron. Astrophys.,* **231,** 241–250, 1990).

Satellite of Pluto

The ephemeris of Charon is calculated from the elements of D. J. Tholen (*Astron. Jour.*, **90**, 2353, 1985).

Section G: Minor Planets

The ephemerides of Ceres, Pallas, Juno and Vesta give astrometric right ascensions and declinations, referred to the mean equator and equinox of J2000.0, geometric distances from the Earth, and times of ephemeris transit. Astrometric positions are obtained by adding planetary aberration to the geometric positions, referred to the origin of the FK5 system, and then subtracting stellar aberration. Thus these positions are comparable with observations that are referred to catalog mean places of reference stars on the FK5 system, provided the observations are corrected for geocentric parallax and the star positions are corrected for proper motion and annual parallax, if significant, to the epoch of observation. These ephemerides are based on the heliocentric ephemerides of R. L. Duncombe (*Astron. Pap. Amer. Ephem.*, Vol. XX, Pt. II, 1969).

Orbital elements and opposition dates for the larger minor planets are based on data from the Minor Planet Center and the Institute of Theoretical Astronomy. Data concerning physical characteristics are from D. Morrison (*Icarus*, **31**, 185, 1977).

Section H: Stellar Data

Except for the positions of radio sources and pulsars (pages H57–H62, H75, H76) all positions in this section are mean places for the middle of the current Julian year, referred to the origin of the FK5 system. The positions of radio sources and pulsars are mean places for J2000.0.

Bright Stars

Included in the list of bright stars are 1482 stars chosen according to the following criteria:

a. all stars of visual magnitude 4.5 or brighter, as listed in the third revised edition of the *Yale Bright Star Catalogue* (BSC);
b. all FK5 stars brighter than 5.5;
c. all MK atlas standards in the BSC (W. W. Morgan *et al.*, *Revised MK Spectral Atlas for Stars Earlier Than the Sun*, 1978; and P. C. Keenan and R. C. McNeil, Atlas of Spectra of the Cooler Stars: Types G, K, M, S, and C, 1976).

Flamsteed and Bayer designations are given with the constellation name and the BSC number. For FK5 stars, positions referred to J2000.0 are taken directly from the "basic" FK5 and precessed to the equator and equinox of the middle of the current year. For the remainder of the stars, B1950.0 positions are taken from the SAO Catalog and converted to J2000.0 by precepts given on page B42, then precessed to the equator and equinox of the middle of the current year. Orbital positions are given for these binary stars: BS 1948/49, 2890/91, 4825/26, 5477/78, 8085/86, 2491, 3579, 5459/60, 6134. Orbital elements were taken from the *Third Catalog of Orbits of Visual Binary Stars* (W. S. Finsen and C. E. Worley, *Republic Obs. Circ.* 129, 1970). Whenever possible V magnitudes and color indices *U–B* and *B–V* are due to B. Nicolet (*Astron. Astrophys. Supp.*, **34**, 1, 1978); otherwise these data are taken from the BSC. Spectral types were provided by W. P. Bidelman. Codes in the Notes column are explained at the end of the table (page H31).

Photometric Standards

A selection of 107 stars to serve as standards of the *UBVRI* photometric system was supplied by H. L. Johnson. Photometric data for these stars are due to Johnson *et al.*

(*Comm. Lunar Planetary Lab,* Vol. 4, Pt. 3, Table 2, 1966). Primary standards of the *UBVRI* and *UBV* systems are specified by 1 and 2, respectively, in the Standards Code column. As given in the above reference, the filter bands have the following effective wavelengths: *U*, 3600 Å; *B*, 4400 Å; *V*, 5500 Å; *R*, 7000 Å; *I*, 9000 Å.

The selection and photometric data for standards on the Strömgren four-color and Hβ systems are those of C. L. Perry, E. H. Olsen and D. L. Crawford (*Pub. Astron. Soc. Pac.*, **99**, 1184, 1987). Only the 319 stars which have four-color data are included. The *u* band is centered at 3500 Å; *v* at 4100 Å; *b* at 4700 Å; and *y* at 5500 Å. Four indices are tabulated: $b-y$, $m_1 = (v-b) - (b-y)$, $c_1 = (u-v) - (v-b)$ and Hβ.

In both photometric tables, star names and numbers are taken from the *Yale Bright Star Catalogue.* Spectral types are taken from the Bright Stars list (pages H2–H31) or from the photometric references cited above. Positions are obtained by the procedures used for the Bright Stars list.

Radial Velocity Standards

The selection of radial velocity standard stars is based on a list of bright standards taken from the report of IAU Sub-Commission 30a On Standard Velocity Stars (*Trans. IAU*, **IX**, 442, 1957) and list of faint standards (*Trans. IAU*, **XVA**, 409, 1973). The combined list represents the IAU radial velocity standard sstars with late spectral types. Stars whose velocities were in error or which vary by more than ±1 km/sec have been removed. These stars have been extensively observed for more than a decade at the Center for Astrophysics, Geneva Observatory, and the Dominion Astrophysical Observatory. A discussion and preliminary mean velocities from these monitoring programs can be found in the report of IAU Commission 30, Reports on Astronomy (*Trans. IAU*, **XXIB**, 1992). In this report one can also find lists of candidate stars of early and solar spectral types.

Positions are obtained by the procedures used for the Bright Stars list. V magnitudes are due to B. Nicolet (*Astron. Astrophys. Supp.*, **34**, 1, 1978) when possible; otherwise they are estimated from the given photographic magnitudes and spectral types. The spectral types are taken from the Bright Stars list (pages H2–H31), the *Yale Bright Star Catalogue*, or the original IAU list, in that order of preference.

Bright Galaxies

The list of galaxies is comprised of the brightest ($B_T^w \leq 11.50$) and largest ($\log D_{25} \leq$ 1.65) galaxies from *The Third Reference Catalogue of Bright Galaxies* (G. de Vaucouleurs *et al.*, 1991), hereafter referred to as RC3. The data have been reviewed and corrected where necessary, or supplemented by G. de Vaucouleurs, H. G. Corwin, and R. J. Buta. The columns are as follows (see RC3 for further explanation and references).

Catalog designations are from the *New General Catalog* (NGC) or from the *Index Catalog* (IC). A few galaxies with no NGC or IC number are identified by common names. Cross-identifications for these, as well as other named galaxies, are given at the end of the table. Right ascension and declination are for the equinox B1950.0. In several cases, the RC3 position is replaced with a more accurate position, usually from the *Guide Star Catalogue* (Russell *et al.*, *Astron. Jour.*, **99**, 2059, 1990). Morphological types are based on the revised Hubble system (see G. de Vaucouleurs, *Handbuch der Physik*, **53**, 275, 1959; *Astrophys. Jour. Supp.*, **8**, 31, 1963).

The column headed T gives a numerical index to the stages of the Hubble sequence. The correspondence between the numerical code and the revised Hubble stage is as follows:

T	-6	-5	-4	-3	-2	-1	0	+1	+2	+3	+4	+5	+6	+7	+8	+9	+10	+11
type	cE	E	E+	S0-	S0⁰	S0+	S0/a	Sa	Sab	Sb	Sbc	Sc	Scd	Sd	Sdm	Sm	Im	cI

where E=elliptical, L=lenticular, S=spiral, I=irregular, c=compact.

Most of these large and bright galaxies have classifications from large scale reflector plates (G. de Vaucouleurs, 1963) which replaced the mean value originally calculated for RC3. Therefore, even though the mean numerical type code is given to an accuracy of one-tenth step, the high weight types are given in the original system only to whole steps, thus accounting for the preponderance of numerical types that have zero as a final digit.

The column headed L gives the mean numerical van den Bergh luminosity classification for spiral galaxies. The numerical scale adopted in RC3 corresponds to van den Bergh classes as follows:

L	1	2	3	4	5	6	7	8	9	(10)	(11)
class	I	I–II	II	II–III	III	III–IV	IV	IV–V	V	(V–VI)	(VI)

Classes V–VI and VI (10 and 11 in the numerical scale) are an extension of van den Bergh's original system which stopped at class V.

Column headed Log D_{25} gives the logarithm to base 10 of the diameter (in tenths of arcmin.) of the major axis at the 25.0 blue mag/arcsec^2 isophote. With the the exception of the Fornax System, the diameters for the highly resolved Local Group dwarf spheroidal galaxies do not apply to this isophote, but to one that is much fainter by unknown amounts. Similarly, the diameters for other very low surface brightness galaxies refer to an unknown isophote that is considerably fainter than 25.0 mag/arcsec^2. The diameter for the Fornax System is a mean of measured values given by de Vaucouleurs and Ables (*Astrophys. Jour.*, **188**, 19, 1974), and replaces the RC3 value.

The column headed Log R_{25} gives the logarithm to base 10 of the ratio of the major to the minor axis at the 25.0 blue mag/arcsec^2 isophote.

The column headed PA gives the position angle in degrees measured from north through east of the major axis for the equinox of 1950.0. The total blue magnitude is derived from surface or aperture photometry, or from photographic photometry reduced to the system of surface and aperture photometry. Because of very low surface brightnesses, the magnitudes for the Draco and Ursa Minor Systems (reduced from photographic photometry) are extremely uncertain.

Columns headed $B–V$ and $U–B$ give the total colors. RC3 gives total colors only when there are aperture photometry data at apertures larger than the effective (half-light) aperture. However, a few of these galaxies have a considerable amount of data at smaller apertures, and also have small color gradients with aperture. Thus total colors for these objects have been determined by further extrapolation along standard color curves.

Observed radial velocities V in km/s give weighted mean heliocentric velocities. The final column, V_0, gives the weighted mean velocities reduced to the reference frame defined by the 3 K microwave background radiation.

Star Clusters

The list of 288 open clusters was supplied by G. Lyngå. It is a selection from the 5th (1987) edition of the Lund-Strasbourg catalogue (original edition described by G. Lyngå, *Astron. Data Cen. Bul.*, 2, 1981). The latest edition is available from the NASA World Data Center A, Greenbelt, MD or from Centre de Données Stellaires, Strasbourg. For each cluster, two identifications are given. First is the designation adopted by the IAU, while the second is the traditional name (G. Alter *et al.*, *Catalogue of Star Clusters and Associations*, 2nd ed., 1970).

Positions are referred to the mean equator and equinox of the middle of the Julian year. The tabulated angular diameter of a cluster pertains to the cluster's nucleus. Trumpler classification is defined by R. S. Trumpler (*Lick Obs. Bul.*, **XIV**, 154, 1930).

The total magnitude of the cluster usually refers to the integrated blue magnitude. The tabulated spectrum refers to the hottest member of the cluster. Under the heading Mag. is tabulated the magnitude of the brightest cluster member.

The logarithm to the base 10 of the cluster age is determined from the turnoff point on the main sequence. Log (Fe/H) is mostly determined from photometric narrow band or intermediate band studies.

Extinction in V is tabulated under A_V. This is determined using the assumption that $A_V = 3E_{(B-V)}$, where the color excess $E_{(B-V)}$ is derived from some of the brightest cluster members.

The table of 157 galactic globular clusters was supplied by R. E. White. It is based on a list circulated some years ago by IAU Commission 37. The entire table is sorted, first, according to the cluster's 1950.0 right ascension (first four digits) and second, according to its diminishing (north to south) declination. Both coordinates are folded into the IAU enumeration.

In keeping with IAU recommendations, at least two indentifications are provided, the IAU designation and the most common catalog name. Additional common aliases are given under Remarks. The positions are referred to the mean equator and equinox of the middle of the Julian year and are based on the 1950.0 coordinates of S. J. Shawl and R. E. White (*Astron. Jour.*, **91**, 312, 1986) or R. F. Webbink ("Coordinates of Reference Stars in the Fields of Globular Clusters", Univ. of Illinois preprint, 1982).

The integrated V magnitude and $(B-V)$, $(U-B)$ and $(V-I)$ color indicies are taken exclusively from Table F in the compilation of B. V. Kukarkin (*Globular Star Clusters*, 1974). Integrated spectral types are due to J. E. Hesser and S. J. Shawl (*Pub. Astron. Soc. Pac.*, **97**, 465, 1985) except for types enclosed in parentheses, which are from the Kukarkin compilation. The m/H values are from R. F. Webbink (*IAU Symposium No. 113, Dynamics of Star Clusters*, eds. J. Goodman and P. Hut, pages 541–577, Table IIa, 1985).

Values for $E_{(B-V)}$, $(m-M)_V$, distance from the Sun, D_0 and galactocentric distance, R (assuming $R_0 = 8.5$ kpc) are due to W. E. Harris (*Astron. Jour.*, **81**, 1095, Tables II and III, 1976) or to R. F. Webbink (denoted by Wb in column 11) from the previous reference. In addition to alternate names, the Remarks column also indicates which clusters have X-ray sources.

Radio Source Standards

The list of 233 radio source positions is that of Argue *et al.* (*Astron. Astrophys.* **130**, 191, 1984). This list was compiled by a working group under IAU Commission 24 as a first step in defining a catalog of extragalactic objects that have both radio and optical counterparts. Positions in the list were compiled from a number of previously published catalogs. The origin of right ascension is defined by the right ascension of 1226+023 (3C273B) at epoch J2000.0, $12^h 29^m 06^s.6997$, as computed by Kaplan *et al.* (*Astron. Jour.* **87**, 570, 1982), based on the B1950.0 position determined for the source by C. Hazard *et al.* (*Nature Phys. Sci.*, **233**, 89, 1971). An indication of the uncertainty of a position is given by the number of digits in the tabulated coordinates; the end figures may be subject to revision. The column headed S_{5GHz} gives the flux density in Janskys at 5 GHz. Fluxes of many of the sources vary, however, and the tabulated flux is meant to serve only as a rough guide.

Data for the list of flux standards are due to J. W. M. Baars *et al.* (*Astron. Astrophys.*, **61**, 99, 1977), as updated by the authors. Flux densities S. measured in Janskys, are given for ten frequencies ranging from 400 to 22235 MHz. Positions are referred to the mean equinox and equator of J2000.0. For flux calibration of interferometers, positions of three sources are given with increased precision. Positions of 3C 48 and 3C 147 are due to B. Elsmore and M. Ryle (*Mon. Not. Roy. Astron. Soc.*, **174**, 411, 1976); the position of 3C 286 is from the list of astrometric radio sources, pages H57–H61. Positions of the other sources are due to Baars *et al.*, as cited above.

EXPLANATION

Selected Identified X-Ray Sources

The X-ray sources were selected by J. F. Dolan from his unpublished survey file. Two common designations of X-ray sources are tabulated: the discovery designation, usually taken from the first published detection of the source, and the designation in the *Fourth Uhuru Catalog* (4U) of W. Forman *et al.* (*Astrophys. Jour. Supp.*, **38**, 357, 1978). When no discovery designation is listed, the source is consistently referred to by the common name of the identified counterpart. Although the listed counterparts are usually optical, the common designation of the radio or infrared counterpart is given in the absence of an optical counterpart. When no identified counterpart is listed, the counterpart has no common designation.

Tabulated positions are based on published positions of identified counterparts. The (2–6) kev flux, in units of 10^{-11} erg cm^{-2} s^{-1} (10^{-14} watts m^{-2}), is taken from the 4U catalog. For sources with variable X-ray intensities, the maximum observed flux from the 4U catalog is tabulated. The tabulated magnitude is the optical magnitude of the counterpart in the *V* filter, unless marked by an asterisk, in which case the *B* magnitude is given. Variable magnitude objects are denoted by V; for these objects the tabulated magnitude pertains to maximum brightness. Codes specifying the type of the identified counterpart are explained at the end of the table (page H69).

Variable Stars

The list containing 181 variable stars has been compiled by J. A. Mattei using as reference the Third Edition of the *General Catalogue of Variable Stars* and its three *Supplements,* the *Sky Catalog 2000.0, Volume 2,* and the data files of the American Association of Variable Star Observers. The brightest stars for each class with amplitude of 0.5 magnitude or more have been selected. The following magnitude criteria at maximum brightness have been used:

a. eclipsing variables brighter than magnitude 7.0;

b. pulsating variables:

RR Lyrae stars brighter than magnitude 9.0;

Cepheids brighter than 6.0;

Mira variables brighter than 7.0;

Semiregular variables brighter than 7.0;

Irregular variables brighter than 8.0;

c. eruptive variables:

U Geminorum, Z Camelopardalis, recurrent novae, and nova-like variables brighter than magnitude 11.0;

d. other types:

RV Tauri variables brighter than magnitude 9.0;

R Coronae Borealis variables brighter than 10.0;

Symbiotic stars (Z Andromedae) brighter than 10.0;

δ Scuti variables brighter than 9.0.

Selected Quasars

With the collaboration of T. M. Heckman, a set of 99 quasars was selected from the catalog of M.-P. Véron-Cetty and P. Véron (*A Catalogue of Quasars and Active Nuclei,* ESO Scientific Report No. 1, 1984). The following selection criteria were used:

V ≤ 15.45 (24 quasars);

M(*abs*) ≤ – 30.2 (27 quasars);

z (redshift) ≤ 0.150 (19 quasars) or z ≥ 3.200 (18 quasars);

6 cm flux density ≥ 3.6 Janskys (23 quasars).

No objects classified as Seyfert, BL Lac or HII were included.

Positions are given for the equator and equinox of the middle of the current year. Flux densities are given for 6 cm and 7 cm. The authors of the catalog caution that many of the V magnitudes are inaccurate and, in any case, variable. However, the $(B–V)$ color indices do not vary much and should be more accurate. Absolute magnitudes are computed assuming $H_0=50$ kms $^{-1}$Mpc^{-1}, $q_0=0$, and an optical spectral index of 0.7.

Selected Pulsars

A selection of 92 pulsars was provided by J. H. Taylor. The selection criterion is that S_{400}, the mean flux density at 400 MHz, be greater than 40 milli-Janskys. In addition about a dozen pulsars of special interest are included, such as the binary and millisecond pulsars.

Positions are referred to the equator and equinox of J2000.0. For each pulsar the period P in seconds and the time rate of change $\dot{P}$ in units of 10^{-15} ss^{-1} are given for the specified epoch. The dispersion measure DM is in pc cm^{-3}.

aberration: the apparent angular displacement of the observed position of a celestial object from its **geometric position**, caused by the finite velocity of light in combination with the motions of the observer and of the observed object. (See **aberration, planetary**.)

aberration, annual: the component of stellar aberration (see **aberration, stellar**) resulting from the motion of the Earth about the Sun.

aberration, diurnal: the component of stellar aberration (see **aberration, stellar**) resulting from the observer's diurnal motion about the center of the Earth.

aberration, E-terms of: terms of annual aberration (see **aberration, annual**) depending on the **eccentricity** and longitude of **perihelion** (see **longitude of pericenter**) of the Earth.

aberration, elliptic: see **aberration, E-terms of**.

aberration, planetary: the apparent angular displacement of the observed position of a celestial body produced by motion of the observer (see **aberration, stellar**) and the actual motion of the observed object.

aberration, secular: the component of stellar aberration (see **aberration, stellar**) resulting from the essentially uniform and rectilinear motion of the entire solar system in space. Secular aberration is usually disregarded.

aberration, stellar: the apparent angular displacement of the observed position of a celestial body resulting from the motion of the observer. Stellar aberration is divided into diurnal, annual, and secular components. (See **aberration, diurnal**; **aberration, annual**; **aberration, secular**.)

altitude: the angular distance of a celestial body above or below the horizon, measured along the great circle passing through the body and the **zenith**. Altitude is 90° minus **zenith distance.**

anomaly: angular measurement of a body in its **orbit** from its **perihelion**.

aphelion: the point in a planetary **orbit** that is at the greatest distance from the Sun.

apogee: the point at which a body in **orbit** around the Earth reaches its farthest distance from the Earth.

apparent place: the position on a **celestial sphere**, centered at the Earth, determined by removing from the directly observed position of a celestial body the effects that depend on the **topocentric** location of the observer; i.e., **refraction**, diurnal aberration (see **aberration, diurnal**) and geocentric (diurnal) **parallax**. Thus the position at which the object would actually be seen from the center of the Earth, displaced by planetary aberration (except the diurnal part – see **aberration, planetary**; **aberration, diurnal**) and referred to the **true equator and equinox**.

apparent solar time: the measure of time based on the diurnal motion of the true Sun. The rate of diurnal motion undergoes seasonal variation because of the **obliquity** of the **ecliptic** and because of the **eccentricity** of the Earth's **orbit**. Additional small variations result from irregularities in the rotation of the Earth on its axis.

aspect: the apparent position of any of the planets or the Moon relative to the Sun, as seen from Earth.

astrometric ephemeris: an **ephemeris** of a solar system body in which the tabulated positions are essentially comparable to catalog **mean places** of stars at a **standard epoch**. An astrometric position is obtained by adding to the **geometric position**, computed from gravitational theory, the correction for **light-time**. Prior to 1984, the E-terms of annual aberration (see **aberration, annual**; **aberration, E-terms of**) were also added to the geometric position.

astronomical coordinates: the longitude and latitude of a point on the Earth relative to the **geoid**. These coordinates are influenced by local gravity anomalies. (See **zenith**; **longitude, terrestrial**; **latitude, terrestrial**.)

astronomical unit (a.u.): the radius of a circular **orbit** in which a body of negligible mass, and free of **perturbations**, would revolve around the Sun in $2\pi/k$ days, where k is the **Gaussian gravitational constant**. This is slightly less than the **semimajor axis** of the Earth's orbit.

atomic second: see **second, Système International**.

augmentation: the amount by which the apparent **semidiameter** of a celestial body, as observed from the surface of the Earth, is greater than the semidiameter that would be observed from the center of the Earth.

azimuth: the angular distance measured clockwise along the **horizon** from a specified reference point (usually north) to the intersection with the great circle drawn from the **zenith** through a body on the **celestial sphere**.

barycenter: the center of mass of a system of bodies; e.g., the center of mass of the solar system or the Earth-Moon system.

Barycentric Dynamical Time (TDB): the independent argument of ephemerides and equations of motion that are referred to the **barycenter** of the solar system. A family of time scales results from the transformation by various theories and metrics of relativistic theories of **Terrestrial Dynamical Time (TDT)**. TDB differs from TDT only by periodic variations. In the terminology of the general theory of relativity, TDB may be considered to be a coordinate time. (See **dynamical time**.)

brilliancy: for Mercury and Venus the quantity ks^2/r^2, where $k = 0.5\ (1 + \cos i)$, i is the phase angle, s is the apparent **semidiameter**, and r is the heliocentric distance.

calendar: a system of reckoning time in which days are enumerated according to their position in cyclic patterns.

catalog equinox: the intersection of the **hour circle** of zero **right ascension** of a star catalog with the **celestial equator**. (See **dynamical equinox**; **equator**.)

celestial ephemeris pole: the reference pole for **nutation** and **polar motion**; the axis of figure for the mean surface of a model Earth in which the free motion has zero amplitude. This pole has no nearly-diurnal nutation with respect to a space-fixed or Earth-fixed coordinate system.

celestial equator: the plane perpendicular to the **celestial ephemeris pole**. Colloquially, the projection onto the **celestial sphere** of the Earth's **equator**. (See **mean equator and equinox**; **true equator and equinox**.)

celestial pole: either of the two points projected onto the **celestial sphere** by the extension of the Earth's axis of rotation to infinity.

celestial sphere: an imaginary sphere of arbitrary radius upon which celestial bodies may be considered to be located. As circumstances require, the celestial sphere may be centered at the observer, at the Earth's center, or at any other location.

conjunction: the phenomenon in which two bodies have the same apparent celestial longitude (see **longitude, celestial**) or **right ascension** as viewed from a third body. Conjunctions are usually tabulated as **geocentric** phenomena. For Mercury and Venus, geocentric inferior conjunction occurs when the planet is between the Earth and Sun, and superior conjunction occurs when the Sun is between the planet and Earth.

constellation: a grouping of stars, usually with pictorial or mythical associations, that serves to identify an area of the **celestial sphere**. Also one of the precisely defined areas of the celestial sphere, associated with a grouping of stars, that the International

Astronomical Union has designated as a constellation.

Coordinated Universal Time (UTC): the time scale available from broadcast time signals. UTC differs from TAI (see **International Atomic Time**) by an integral number of seconds; it is maintained within ±0.90 second of UT1 (see **Universal Time**) by the introduction of one second steps (leap seconds). (See **leap second**.)

culmination: passage of a celestial object across the observer's **meridian**; also called "meridian passage". More precisely, culmination is the passage through the point of greatest **altitude** in the diurnal path. Upper culmination (also called "culmination above pole" for circumpolar stars and the Moon) or transit is the crossing closer to the observer's **zenith**. Lower culmination (also called "culmination below pole" for circumpolar stars and the Moon) is the crossing farther from the zenith.

day: an interval of 86 400 SI seconds (see **second, Système International**), unless otherwise indicated.

day numbers: quantities that facilitate hand calculations of the reduction of **mean place** to **apparent place**. Besselian day numbers depend solely on the Earth's position and motion; second-order day numbers, used in higher precision reductions, depend on the positions of both the Earth and the star.

declination: angular distance on the **celestial sphere** north or south of the **celestial equator**. It is measured along the **hour circle** passing through the celestial object. Declination is usually given in combination with **right ascension** or **hour angle**.

defect of illumination: the angular amount of the observed lunar or planetary disk that is not illuminated to an observer on the Earth.

deflection of light: the angle by which the apparent path of a photon is altered from a straight line by the gravitational field of the Sun. The path is deflected radially away from the Sun by up to $1''.75$ at the Sun's limb. Correction for this effect, which is independent of wavelength, is included in the reduction from **mean place** to **apparent place**.

deflection of the vertical: the angle between the astronomical vertical and the geodetic vertical. (See **zenith; astronomical coordinates; geodetic coordinates**.)

Delta T (ΔT): the difference between **dynamical time** and **Universal Time**; specifically the difference between **Terrestrial Dynamical Time (TDT)** and UT1: $\Delta T = \text{TDT} - \text{UT1}$.

direct motion: for orbital motion in the solar system, motion that is counterclockwise in the orbit as seen from the north pole of the **ecliptic**; for an object observed on the celestial sphere, motion that is from west to east, resulting from the relative motion of the object and the Earth.

diurnal motion: the apparent daily motion caused by the Earth's rotation, of celestial bodies across the sky from east to west.

ΔUT1: the predicted value of the difference between UT1 and UTC, transmitted in code on broadcast time signals: $\Delta\text{UT1} = \text{UT1} - \text{UTC}$. (See **Universal Time; Coordinated Universal Time**.)

dynamical equinox: the ascending **node** of the Earth's mean **orbit** on the Earth's true **equator**; i.e., the intersection of the **ecliptic** with the celestial equator at which the Sun's **declination** is changing from south to north. (See **catalog equinox; equinox; true equator and equinox**.)

dynamical time: the family of time scales introduced in 1984 to replace **ephemeris time** as the independent argument of dynamical theories and ephemerides. (See **Barycentric Dynamical Time; Terrestrial Dynamical Time**.)

eccentric anomaly: in undisturbed elliptic motion, the angle measured at the center of the ellipse from **pericenter** to the point on the circumscribing auxiliary circle from which a perpendicular to the major axis would intersect the orbiting body. (See **mean anomaly**; **true anomaly**.)

eccentricity: a parameter that specifies the shape of a conic section; one of the standard elements used to describe an elliptic **orbit**. (See **elements, orbital**.)

eclipse: the obscuration of a celestial body caused by its passage through the shadow cast by another body.

eclipse, annular: a solar **eclipse** (see **eclipse, solar**) in which the solar disk is never completely covered but is seen as an annulus or ring at maximum eclipse. An annular eclipse occurs when the apparent disk of the Moon is smaller than that of the Sun.

eclipse, lunar: an **eclipse** in which the Moon passes through the shadow cast by the Earth. The eclipse may be total (the Moon passing completely through the Earth's **umbra**), partial (the Moon passing partially through the Earth's umbra at maximum eclipse), or penumbral (the Moon passing only through the Earth's **penumbra**).

eclipse, solar: an **eclipse** in which the Earth passes through the shadow cast by the Moon. It may be total (observer in the Moon's **umbra**), partial (observer in the Moon's **penumbra**), or annular. (See **eclipse, annular**.)

ecliptic: the mean plane of the Earth's **orbit** around the Sun.

elements, Besselian: quantities tabulated for the calculation of accurate predictions of an **eclipse** or **occultation** for any point on or above the surface of the Earth.

elements, orbital: parameters that specify the position and motion of a body in **orbit**. (See **osculating elements**; **mean elements**.)

elongation, greatest: the instants when the **geocentric** angular distances of Mercury and Venus from the Sun are at a maximum.

elongation (planetary): the **geocentric** angle between a planet and the Sun, measured in the plane of the planet, Earth and Sun. Planetary elongations are measured from 0° to 180°, east or west of the Sun.

elongation (satellite): the **geocentric** angle between a satellite and its primary, measured in the plane of the satellite, planet and Earth. Satellite elongations are measured from 0° east or west of the planet.

epact: the age of the Moon; the number of days since new moon, diminished by one day, on January 1 in the Gregorian ecclesiastical lunar cycle. (See **Gregorian calendar**; **lunar phases**.)

ephemeris: a tabulation of the positions of a celestial object in an orderly sequence for a number of dates.

ephemeris hour angle: an **hour angle** referred to the **ephemeris meridian**.

ephemeris longitude: longitude (see **longitude, terrestrial**) measured eastward from the **ephemeris meridian**.

ephemeris meridian: a fictitious **meridian** that rotates independently of the Earth at the uniform rate implicitly defined by **Terrestrial Dynamical Time (TDT)**. The ephemeris meridian is 1.002 738 ΔT east of the Greenwich meridian, where $\Delta T = \text{TDT} - \text{UT1}$

ephemeris time (ET): the time scale used prior to 1984 as the independent variable in gravitational theories of the solar system. In 1984, ET was replaced by **dynamical time**.

ephemeris transit: the passage of a celestial body or point across the **ephemeris meridian**.

epoch: an arbitrary fixed instant of time or date used as a chronological reference datum for calendars (see **calendar**), celestial reference systems, star catalogs, or orbital motions (see **orbit**).

equation of center: in elliptic motion the **true anomaly** minus the **mean anomaly**. It is the difference between the actual angular position in the elliptic **orbit** and the position the body would have if its angular motion were uniform.

equation of the equinoxes: the **right ascension** of the mean **equinox** (see **mean equator and equinox**) referred to the **true equator and equinox**; apparent **sidereal time** minus mean sidereal time. (See **apparent place**; **mean place**.)

equation of time: the **hour angle** of the true Sun minus the hour angle of the **fictitious mean sun**; alternatively, **apparent solar time** minus **mean solar time**.

equator: the great circle on the surface of a body formed by the intersection of the surface with the plane passing through the center of the body perpendicular to the axis of rotation. (See **celestial equator**.)

equinox: either of the two points on the **celestial sphere** at which the **ecliptic** intersects the **celestial equator**; also the time at which the Sun passes through either of these intersection points; ie., when the apparent longitude (see **apparent place**; **longitude, celestial**) of the Sun is 0° or 180°. (See **catalog equinox**; **dynamical equinox** for precise usage.)

era: a system of chronological notation reckoned from a given date.

fictitious mean sun: an imaginary body introduced to define **mean solar time**; essentially the name of a mathematical formula that defined mean solar time. This concept is no longer used in high precision work.

flattening: a parameter that specifies the degree by which a planet's figure differs from that of a sphere; the ratio $f = (a - b)/a$, where a is the equatorial radius and b is the polar radius.

frequency: the number of cycles or complete alternations per unit time of a carrier wave, band, or oscillation.

frequency standard: a generator whose output is used as a precise frequency reference; a primary frequency standard is one whose frequency corresponds to the adopted definition of the second (see **second, Système International**), with its specified accuracy achieved without calibration of the device.

Gaussian gravitational constant ($k = 0.017\,202\,098\,95$): the constant defining the astronomical system of units of length (**astronomical unit**), mass (solar mass) and time (day), by means of Kepler's third law. The dimensions of k^2 are those of Newton's constant of gravitation: $L^3 M^{-1} T^{-2}$.

gegenschein: faint nebulous light about 20° across near the **ecliptic** and opposite the Sun, best seen in September and October. Also called counterglow.

geocentric: with reference to, or pertaining to, the center of the Earth.

geocentric coordinates: the latitude and longitude of a point on the Earth's surface relative to the center of the Earth; also celestial coordinates given with respect to the center of the Earth. (See **zenith**; **latitude, terrestrial**; **longitude, terrestrial**.)

geodetic coordinates: the latitude and longitude of a point on the Earth's surface determined from the geodetic vertical (normal to the specified spheroid). (See **zenith**; **latitude, terrestrial**; **longitude, terrestrial**.)

geoid: an equipotential surface that coincides with mean sea level in the open ocean. On land it is the level surface that would be assumed by water in an imaginary network of frictionless channels connected to the ocean.

geometric position: the **geocentric** position of an object on the **celestial sphere** referred to the **true equator and equinox**, but without the displacement due to planetary aberration. (See **apparent place**; **mean place**; **aberration, planetary**.)

Greenwich sidereal date (GSD): the number of **sidereal days** elapsed at Greenwich since the beginning of the Greenwich sidereal day that was in progress at **Julian date** 0.0.

Greenwich sidereal day number: the integral part of the **Greenwich sidereal date**.

Gregorian calendar: the calendar introduced by Pope Gregory XIII in 1582 to replace the **Julian calendar**; the calendar now used as the civil calendar in most countries. Every year that is exactly divisible by four is a leap year, except for centurial years, which must be exactly divisible by 400 to be leap years. Thus 2000 is a leap year, but 1900 and 2100 are not leap years.

height: elevation above ground or distance upwards from a given level (especially sea level) to a fixed point. (See **altitude**.)

heliocentric: with reference to, or pertaining to, the center of the Sun.

horizon: a plane perpendicular to the line from an observer to the zenith. The great circle formed by the intersection of the **celestial sphere** with a plane perpendicular to the line from an observer to the **zenith** is called the astronomical horizon.

horizontal parallax: the difference between the **topocentric** and **geocentric** positions of an object, when the object is on the astronomical **horizon**.

hour angle: angular distance on the **celestial sphere** measured westward along the **celestial equator** from the **meridian** to the **hour circle** that passes through a celestial object.

hour circle: a great circle on the **celestial sphere** that passes through the **celestial poles** and is therefore perpendicular to the **celestial equator**.

inclination: the angle between two planes or their poles; usually the angle between an orbital plane and a reference plane; one of the standard orbital elements (see **elements, orbital**) that specifies the orientation of an **orbit**.

International Atomic Time (TAI): the continuous scale resulting from analyses by the Bureau International des Poids et Mesures of atomic time standards in many countries. The fundamental unit of TAI is the SI second (see **second, Système International**), and the epoch is 1958 January 1.

invariable plane: the plane through the center of mass of the solar system perpendicular to the angular momentum vector of the solar system.

irradiation: an optical effect of contrast that makes bright objects viewed against a dark background appear to be larger than they really are.

Julian calendar: the calendar introduced by Julius Caesar in 46 B.C. to replace the Roman calendar. In the Julian calendar a common year is defined to comprise 365 days, and every fourth year is a leap year comprising 366 days. The Julian calendar was superseded by the **Gregorian calendar**.

Julian date (JD): the interval of time in days and fraction of a day since 4713 B.C. January 1, Greenwich noon, **Julian proleptic calendar**. In precise work the timescale, e.g., **dynamical time** or **universal time**, should be specified.

Julian date, modified (MJD): the Julian date minus 2400000.5.

Julian day number (JD): the integral part of the **Julian date**.

Julian proleptic calendar: the calendric system employing the rules of the **Julian calendar**, but extended and applied to dates preceding the introduction of the Julian calendar.

Julian year: a period of 365.25 days. This period served as the basis for the **Julian calendar**.

Laplacian plane: for planets see **invariable plane**; for a system of satellites, the fixed plane relative to which the vector sum of the disturbing forces has no orthogonal component.

latitude, celestial: angular distance on the **celestial sphere** measured north or south of the **ecliptic** along the great circle passing through the poles of the ecliptic and the celestial object.

latitude, terrestrial: angular distance on the Earth measured north or south of the **equator** along the **meridian** of a geographic location.

leap second: a second (see **second, Système International**) added between 60^s and 0^s at announced times to keep UTC within $0^s.90$ of UT1. Generally, leap seconds are added at the end of June or December.

librations: variations in the orientation of the Moon's surface with respect to an observer on the Earth. Physical librations are due to variations in the orientation of the Moon's rotational exis in inertial space. The much larger optical librations are due to variations in the rate of the Moon's orbital motion, the **obliquity** of the Moon's **equator** to its orbital plane, and the diurnal changes of geometric perspective of an observer on the Earth's surface.

light, deflection of: the bending of the beam of light due to gravity. It is observable when the light from a star or planet passes a massive object such as the Sun.

light-time: the interval of time required for light to travel from a celestial body to the Earth. During this interval the motion of the body in space causes an angular displacement of its **apparent place** from its geometric place (see **geometric position**). (See **aberration, planetary**.)

light-year: the distance that light traverses in a vacuum during one year.

limb: the apparent edge of the Sun, Moon, or a planet or any other celestial body with a detectable disc.

limb correction: correction that must be made to the distance between the center of mass of the Moon and its limb. These corrections are due to the irregular surface of the Moon and are a function of the **librations** in longitude (see **longitude, celestial**) and latitude (see **latitude, celestial**) and the position angle from the central **meridian**.

local sidereal time: the local **hour angle** of a **catalog equinox**.

longitude, celestial: angular distance on the **celestial sphere** measured eastward along the **ecliptic** from the **dynamical equinox** to the great circle passing through the poles of the ecliptic and the celestial object.

longitude, terrestrial: angular distance measured along the Earth's **equator** from the Greenwich **meridian** to the meridian of a geographic location.

luminosity class: distinctions among stars of the same spectral class. (See **Spectral types or classes**.)

lunar phases: cyclically recurring apparent forms of the Moon. New moon, first quarter, full moon and last quarter are defined as the times at which the excess of the apparent celestial longitude (see **longitude, celestial**) of the Moon over that of the Sun is 0°, 90°, 180° and 270°, respectively.

lunation: the period of time between two consecutive new moons.

magnitude, stellar: a measure on a logarithmic scale of the brightness of a celestial object considered as a point source.

magnitude of a lunar eclipse: the fraction of the lunar diameter obscured by the shadow of the Earth at the greatest phase of a lunar eclipse (see **eclipse, lunar**), measured along the common diameter.

magnitude of a solar eclipse: the fraction of the solar diameter obscured by the Moon at the greatest phase of a solar eclipse (see **eclipse, solar**), measured along the common diameter.

mean anomaly: in undisturbed elliptic motion, the product of the **mean motion** of an orbiting body and the interval of time since the body passed **pericenter**. Thus the mean anomaly is the angle from pericenter of a hypothetical body moving with a constant angular speed that is equal to the mean motion. (See **true anomaly**; **eccentric anomaly**.)

mean distance: the **semimajor axis** of an elliptic **orbit**.

mean elements: elements of an adopted reference **orbit** (see **elements, orbital**) that approximates the actual, perturbed orbit. Mean elements may serve as the basis for calculating **perturbations**.

mean equator and equinox: the celestial reference system determined by ignoring small variations of short period in the motions of the **celestial equator**. Thus the mean equator and equinox are affected only by **precession**. Positions in star catalogs are normally referred to the mean catalog equator and equinox (see **catalog equinox**) of a **standard epoch**.

mean motion: in undisturbed elliptic motion, the constant angular speed required for a body to complete one revolution in an **orbit** of a specified **semimajor axis**.

mean place: the geocentric position, referred to the **mean equator and equinox** of a **standard epoch**, of an object on the **celestial sphere** centered at the Sun. A mean place is determined by removing from the directly observed position the effects of **refraction**, geocentric and stellar **parallax**, and stellar aberration (see **aberration, stellar**), and by referring the coordinates to the mean equator and equinox of a standard epoch. In compiling star catalogs it has been the practice not to remove the secular part of stellar aberration (see **aberration, secular**). Prior to 1984, it was additionally the practice not to remove the elliptic part of annual aberration (see **aberration, annual**; **aberration, E-terms of**).

mean solar time: a measure of time based conceptually on the diurnal motion of the **fictitious mean sun**, under the assumption that the Earth's rate of rotation is constant.

meridian: a great circle passing through the **celestial poles** and through the **zenith** of any location on Earth. For planetary observations a meridian is half the great circle passing through the planet's poles and through any location on the planet.

month: the period of one complete synodic or sidereal revolution of the Moon around the Earth; also a calendrical unit that approximates the period of revolution.

moonrise, moonset: the times at which the apparent upper **limb** of the Moon is on the astronomical **horizon**; i.e., when the true **zenith distance**, referred to the center of the Earth, of the central point of the disk is $90° 34' + s - \pi$, where s is the Moon's **semidiameter**, π is the **horizontal parallax**, and $34'$ is the adopted value of horizontal **refraction**.

nadir: the point on the **celestial sphere** diametrically opposite to the **zenith**.

node: either of the points on the **celestial sphere** at which the plane of an **orbit** intersects a reference plane. The position of a node is one of the standard orbital elements (see **elements, orbital**) used to specify the orientation of an orbit.

nutation: the short-period oscillations in the motion of the pole of rotation of a freely rotating body that is undergoing torque from external gravitational forces. Nutation of the Earth's pole is discussed in terms of components in **obliquity** and longitude (see **longitude, celestial**.)

obliquity: in general the angle between the equatorial and orbital planes of a body or, equivalently, between the rotational and orbital poles. For the Earth the obliquity of the **ecliptic** is the angle between the planes of the **equator** and the ecliptic.

occultation: the obscuration of one celestial body by another of greater apparent diameter; especially the passage of the Moon in front of a star or planet, or the disappearance of a satellite behind the disk of its primary. If the primary source of illumination of a reflecting body is cut off by the occultation, the phenomenon is also called an **eclipse**. The occultation of the Sun by the Moon is a solar eclipse (see **eclipse, solar**.)

opposition: a configuration of the Sun, Earth and a planet in which the apparent **geocentric** longitude (see **longitude, celestial**) of the planet differs by 180° from the apparent geocentric longitude of the Sun.

orbit: the path in space followed by a celestial body.

osculating elements: a set of parameters (see **elements, orbital**) that specifies the instantaneous position and velocity of a celestial body in its perturbed orbit. Osculating elements describe the unperturbed (two-body) orbit that the body would follow if **perturbations** were to cease instantaneously.

parallax: the difference in apparent direction of an object as seen from two different locations; conversely, the angle at the object that is subtended by the line joining two designated points. Geocentric (diurnal) parallax is the difference in direction between a **topocentric** observation and a hypothetical **geocentric** observation. Heliocentric or annual parallax is the difference between hypothetical geocentric and heliocentric observations; it is the angle subtended at the observed object by the **semimajor axis** of the Earth's **orbit**. (See also **horizontal parallax**.)

parsec: the distance at which one **astronomical unit** subtends an angle of one second of arc; equivalently the distance to an object having an annual **parallax** of one second of arc.

penumbra: the portion of a shadow in which light from an extended source is partially but not completely cut off by an intervening body; the area of partial shadow surrounding the **umbra**.

pericenter: the point in an **orbit** that is nearest to the center of force. (See **perigee**; **perihelion**.)

perigee: the point at which a body in **orbit** around the Earth most closely approaches the Earth. Perigee is sometimes used with reference to the apparent orbit of the Sun around the Earth.

perihelion: the point at which a body in **orbit** around the Sun most closely approaches the Sun.

period: the interval of time required to complete one revolution in an **orbit** or one cycle of a periodic phenomenon, such as a cycle of phases. (See **phase**.)

perturbations: deviations between the actual **orbit** of a celestial body and an assumed reference orbit; also the forces that cause deviations between the actual and reference orbits. Perturbations, according to the first meaning, are usually calculated as quantities to be added to the coordinates of the reference orbit to obtain the precise coordinates.

phase: the ratio of the illuminated area of the apparent disk of a celestial body to the area of the entire apparent disk taken as a circle. For the Moon, phase designations (see **lunar phases**) are defined by specific configurations of the Sun, Earth and Moon. For eclipses, phase designations (total, partial, penumbral, etc.) provide general descriptions of the phenomena. (See **eclipse, solar**; **eclipse, annular**; **eclipse, lunar**.)

phase angle: the angle measured at the center of an illuminated body between the light source and the observer.

photometry: a measurement of the intensity of light usually specified for a specific frequency range.

planetocentric coordinates: coordinates for general use, where the z-axis is the mean axis of rotation, the x-axis is the intersection of the planetary **equator** (normal to the z-

axis through the center of mass) and an arbitrary prime **meridian**, and the *y*-axis completes a right-hand coordinate system. Longitude (see **longitude, celestial**) of a point is measured positive to the prime meridian as defined by rotational elements. Latitude (see **latitude, celestial**) of a point is the angle between the planetary equator and a line to the center of mass. The radius is measured from the center of mass to the surface point.

planetographic coordinates: coordinates for cartographic purposes dependent on an equipotential surface as a reference surface. Longitude (see **longitude, celestial**) of a point is measured in the direction opposite to the rotation (positive to the west for direct rotation) from the cartographic position of the prime **meridian** defined by a clearly observable surface feature. Latitude (see **latitude, celestial**) of a point is the angle between the planetary **equator** (normal to the *z*-axis and through the center of mass) and normal to the reference surface at the point. The height of a point is specified as the distance above a point with the same longitude and latitude on the reference surface.

polar motion: the irregularly varying motion of the Earth's pole of rotation with respect to the Earth's crust. (See **celestial ephemeris pole**.)

precession: the uniformly progressing motion of the pole of rotation of a freely rotating body undergoing torque from external gravitational forces. In the case of the Earth, the component of precession caused by the Sun and Moon acting on the Earth's equatorial bulge is called lunisolar precession; the component caused by the action of the planets is called planetary precession. The sum of lunisolar and planetary precession is called general precession. (See **nutation**.)

proper motion: the projection onto the **celestial sphere** of the space motion of a star relative to the solar system; thus the transverse component of the space motion of a star with respect to the solar system. Proper motion is usually tabulated in star catalogs as changes in **right ascension** and **declination** per year or century.

quadrature: a configuration in which two celestial bodies have apparent longitudes (see **longitude, celestial**) that differ by 90° as viewed from a third body. Quadratures are usually tabulated with respect to the Sun as viewed from the center of the Earth.

radial velocity: the rate of change of the distance to an object.

refraction, astronomical: the change in direction of travel (bending) of a light ray as it passes obliquely through the atmosphere. As a result of refraction the observed **altitude** of a celestial object is greater than its geometric altitude. The amount of refraction depends on the altitude of the object and on atmospheric conditions.

retrograde motion: for orbital motion in the solar system, motion that is clockwise in the **orbit** as seen from the north pole of the **ecliptic**; for an object observed on the **celestial sphere**, motion that is from east to west, resulting from the relative motion of the object and the Earth. (See **direct motion**.)

right ascension: angular distance on the **celestial sphere** measured eastward along the **celestial equator** from the **equinox** to the **hour circle** passing through the celestial object. Right ascension is usually given in combination with **declination**.

satellite: natural body revolving around a planet.

satellite, artificial: device launched into a closed orbit around the Earth, another planet, the Sun, etc.

second, Système International (SI): the duration of 9 192 631 770 cycles of radiation corresponding to the transition between two hyperfine levels of the ground state of cesium 133.

selenocentric: with reference to, or pertaining to, the center of the Moon.

semidiameter: the angle at the observer subtended by the equatorial radius of the Sun, Moon or a planet.

semimajor axis: half the length of the major axis of an ellipse; a standard element used to describe an elliptical **orbit** (see **elements, orbital**.)

sidereal day: the interval of time between two consecutive **transits** of the **catalog equinox**. (See **sidereal time**.)

sidereal hour angle: angular distance on the **celestial sphere** measured westward along the **celestial equator** from the **catalog equinox** to the **hour circle** passing through the celestial object. It is equal to 360° minus **right ascension** in degrees.

sidereal time: the measure of time defined by the apparent diurnal motion of the **catalog equinox**; hence a measure of the rotation of the Earth with respect to the stars rather than the Sun.

solstice: either of the two points on the **ecliptic** at which the apparent longitude (see **longitude, celestial**) of the Sun is 90° or 270°; also the time at which the Sun is at either point.

spectral types or classes: catagorization of stars according to their spectra, primarily due to differing temperatures of the stellar atmosphere. From hottest to coolest, the spectral types are O, B, A, F, G, K and M.

standard epoch: a date and time that specifies the reference system to which celestial coordinates are referred. Prior to 1984 coordinates of star catalogs were commonly referred to the **mean equator and equinox** of the beginning of a Besselian year (see **year, Besselian**). Beginning with 1984 the **Julian year** has been used, as denoted by the prefix J, e.g., J2000.0.

stationary point (of a planet): the position at which the rate of change of the apparent **right ascension** (see **apparent place**) of a planet is momentarily zero.

sunrise, sunset: the times at which the apparent upper **limb** of the Sun is on the astronomical **horizon**; i.e., when the true **zenith distance**, referred to the center of the Earth, of the central point of the disk is 90° 50′, based on adopted values of 34′ for horizontal **refraction** and 16′ for the Sun's **semidiameter**.

surface brightness (of a planet): the visual magnitude of an average square arc-second area of the illuminated portion of the apparent disk.

synodic period: for planets, the mean interval of time between successive **conjunctions** of a pair of planets, as observed from the Sun; for satellites, the mean interval between successive conjunctions of a satellite with the Sun, as observed from the satellite's primary.

synodic time: pertaining to successive conjunctions; successive returns of a planet to the same **aspect** as determined by Earth.

Terrestrial Dynamical Time (TDT): the independent argument for apparent **geocentric** ephemerides. At 1977 January $1^d 00^h 00^m 00^s$ TAI, the value of TDT was exactly 1977 January $1^d.0003725$. The unit of TDT is 86 400 SI seconds at mean sea level. For practical purposes TDT = TAI + $32^s.184$. (See **Barycentric Dynamical Time; dynamical time; International Atomic Time**.)

terminator: the boundary between the illuminated and dark areas of the apparent disk of the Moon, a planet or a planetary satellite.

topocentric: with reference to, or pertaining to, a point on the surface of the Earth.

transit: the passage of the apparent center of the disk of a celestial object across a **meridian**; also the passage of one celestial body in front of another of greater apparent diameter (e.g., the passage of Mercury or Venus across the Sun or Jupiter's satellites across its disk); however, the passage of the Moon in front of the larger apparent Sun is called an annular eclipse (see **eclipse, annular**). The passage of a body's shadow across another body is called a shadow transit; however, the passage of the Moon's shadow across the Earth is called a solar eclipse. (See **eclipse, solar**.)

true anomaly: the angle, measured at the focus nearest the **pericenter** of an elliptical orbit, between the pericenter and the radius vector from the focus to the orbiting body; one of the standard orbital elements (see **elements, orbital**). (See also **eccentric anomaly; mean anomaly**.)

true equator and equinox: the celestial coordinate system determined by the instantaneous positions of the **celestial equator** and **ecliptic**. The motion of this system is due to the progressive effect of **precession** and the short-term, periodic variations of **nutation**. (See **mean equator and equinox**.)

twilight: the interval of time preceding sunrise and following sunset (see **sunrise, sunset**) during which the sky is partially illuminated. Civil twilight comprises the interval when the **zenith distance**, referred to the center of the Earth, of the central point of the Sun's disk is between 90° 50′ and 96°, nautical twilight comprises the interval from 96° to 102°, astronomical twilight comprises the interval from 102° to 108°.

umbra: the portion of a shadow cone in which none of the light from an extended light source (ignoring **refraction**) can be observed.

Universal Time (UT): a measure of time that conforms, within a close approximation, to the mean diurnal motion of the Sun and serves as the basis of all civil timekeeping. UT is formally defined by a mathematical formula as a function of **sidereal time**. Thus UT is determined from observations of the diurnal motions of the stars. The time scale determined directly from such observations is designated UT0; it is slightly dependent on the place of observation. When UT0 is corrected for the shift in longitude (see **longitude, terrestrial**) of the observing station caused by **polar motion**, the time scale UT1 is obtained. Whenever the designation UT is used in this volume, UT1 is implied.

vernal equinox: the ascending **node** of the **ecliptic** on the **celestial equator**; also the time at which the apparent longitude (see **apparent place; longitude, celestial**) of the Sun is 0°. (See **equinox**.)

vertical: apparent direction of gravity at the point of observation (normal to the plane of a free level surface.)

week: an arbitrary period of days, usually seven days; approximately equal to the number of days counted between the four phases of the Moon. (See **lunar phases**.)

year: a period of time based on the revolution of the Earth around the Sun. The calendar year (see **Gregorian calendar**) is an approximation to the tropical year (see **year, tropical**). The anomalistic year is the mean interval between successive passages of the Earth through **perihelion**. The sidereal year is the mean period of revolution with respect to the background stars. (See **Julian year; year, Besselian**.)

year, Besselian: the period of one complete revolution in **right ascension** of the **fictitious mean sun**, as defined by Newcomb. The beginning of a Besselian year, traditionally used as as **standard epoch**, is denoted by the suffix ".0". Since 1984 standard epochs have been defined by the **Julian year** rather that the Besselian year. For distinction, the beginning of the Besselian year is now identified by the prefix B (e.g., B1950.0).

year, tropical: the period of one complete revolution of the mean longitude of the sun with respect to the **dynamical equinox**. The tropical year is longer than the Besselian year (see **year, Besselian**) by $0^s.148T$, where T is centuries from B1900.0.

zenith: in general, the point directly overhead on the **celestial sphere**. The astronomical zenith is the extension to infinity of a plumb line. The geocentric zenith is defined by the line from the center of the Earth through the observer. The geodetic zenith is the normal to the geodetic ellipsoid at the observer's location. (See **deflection of the vertical**.)

zenith distance: angular distance on the **celestial sphere** measured along the great circle from the **zenith** to the celestial object. Zenith distance is 90° minus **altitude**.

zodiacal light: a nebulous light seen in the east before twilight and in the west after twilight. It is triangular in shape along the **ecliptic** with the base on the horizon and its apex at varying altitudes. It is best seen in middle latitudes (see **latitude, terrestrial**) on spring evenings and autumn mornings.

Definitions of astronomical terms are provided in the Glossary, Section M. Entries in the Glossary are not cited in the Index.

Definitions of astronomical terms are provided in the Glossary, Section M. Entries in the Glossary are not cited in the Index.

Definitions of astronomical terms are provided in the Glossary, Section M. Entries in the Glossary are not cited in the Index.

Definitions of astronomical terms are provided in the Glossary, Section M. Entries in the Glossary are not cited in the Index.

Definitions of astronomical terms are provided in the Glossary, Section M. Entries in the Glossary are not cited in the Index.

Definitions of astronomical terms are provided in the Glossary, Section M. Entries in the Glossary are not cited in the Index.

Definitions of astronomical terms are provided in the Glossary, Section M. Entries in the Glossary are not cited in the Index.